PHYSIOLOGIE

4ᵉ Édition

J.-B. BAILLIÈRE ET FILS

1918

1ᵉʳ Fascicule

Librairie J.-B. BAILLIÈRE et FILS, 19. rue Hautefeuille, Paris.

BON pour la livraison

du 2e fascicule de l'ouvrage de

GLEY : PHYSIOLOGIE — 4e **édition, 1918**

à son apparition.

TRAITÉ ÉLÉMENTAIRE

DE

PHYSIOLOGIE

OUVRAGES DU PROFESSEUR E. GLEY

Essais de philosophie et d'histoire de la biologie. 1 vol. in-18 jésus de
IV-341 pages, Paris, 1900.

Études de psychologie physiologique et pathologique. 1 vol. in-8 de
VIII-335 pages, Paris, 1903 (*Epuisé*).

Recherches sur l'action physiologique des ichtyotoxines. Contributions à
l'étude de l'immunité. 1 vol. grand in-8 de VIII-232 pages, Paris, 1912
(en collaboration avec L. Camus).

Les sécrétions internes, principes physiologiques, applications à la pathologie. 1 vol. in-16 de 96 pages, Paris, 1914. — Traduction anglaise,
New-York, 1917.

Tratado de fisiologia, version española de la tercera edición francesa por
el Dr J.-M. Bellido. Barcelona, 1914.

2132-17 — Corbeil. Imprimerie Crété.

TRAITÉ ÉLÉMENTAIRE

DE

PHYSIOLOGIE

PAR

E. GLEY

PROFESSEUR AU COLLÈGE DE FRANCE
PROFESSEUR AGRÉGÉ DE LA FACULTÉ DE MÉDECINE DE PARIS
MEMBRE DE L'ACADÉMIE DE MÉDECINE

Quatrième Édition revue et corrigée

PREMIÈRE PARTIE

Avec figures dans le texte.

PARIS

LIBRAIRIE J.-B. BAILLIÈRE ET FILS
19, RUE HAUTEFEUILLE, 19

1918

PRÉFACE

DE LA QUATRIÈME ÉDITION

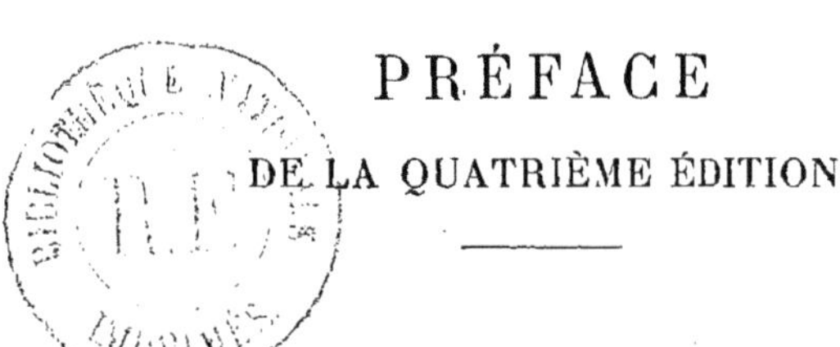

La première édition de ce livre avait été publiée en trois
parties, la première (p. 1-482) en 1906, la deuxième (p. 483-768)
en 1907 et la troisième et dernière (p. 769-1151) en 1909. Dès
1910 paraissait la deuxième édition et en 1913 la troisième.
L'édition présente était en préparation pour l'année 1915. La
guerre en a retardé la publication.

Le succès des éditions antérieures et l'exceptionnel accueil
que leur a fait la presse scientifique française et étrangère ont
prouvé que les idées qui m'avaient inspiré dans la conception et
dans la rédaction de ce Traité de physiologie, et qui sont exposées
dans la préface de la première édition, n'étaient point erronées.

Les additions ou les modifications de cette nouvelle édition
sont principalement relatives à l'étude des ferments (réversibilité des actions diastasiques), à la digestion (aliments, sensation de faim, sécrétions digestives, mouvements de l'estomac), à
la circulation (étude de la pression artérielle, innervation des
vaisseaux), aux sécrétions internes, au système nerveux, etc.

E. GLEY.

EXTRAITS DE LA PRÉFACE DE LA PREMIÈRE ÉDITION

... La nécessité s'impose maintenant de présenter, dès le début d'un ouvrage de physiologie, les données physico-chimiques essentielles qui ressortent du fonctionnement de tous les éléments cellulaires et qui constituent par conséquent les phénomènes les plus généraux et fondamentaux de la vie. Ce qui fait que cet ouvrage doit s'ouvrir sur une *physiologie cellulaire*. Et ce qui fait aussi que, par un curieux mais logique retour, on est conduit pour l'étude de la physiologie spéciale à l'ordonnance des anciens traités; de même, en effet, que les phénomènes de la physiologie cellulaire peuvent être répartis en deux groupes naturels, les échanges de matières et les transformations d'énergie, de même les fonctions des organismes supérieurs se divisent en fonctions de nutrition et fonctions de relation. Il convient, à la vérité, de ne pas oublier que toute classification est artificielle, et plus encore dans les sciences qui s'occupent des êtres vivants que dans les autres ; mais on est contraint de diviser les faits pour pouvoir les exposer...

... On n'a pas pensé que la simplicité et la clarté de l'exposition dussent entraîner des simplifications systématiques. La physiologie n'est pas une science faite, mais une science en plein développement. A côté de la masse des faits solidement fixés et formant corps, il y en a qui paraissent moins sûrs; il est aussi des théories hypothétiques, qui ne sont fondées que sur des expériences insuffisantes ou mal conduites ; par contre, il est des faits qui, incomplètement démontrés encore, donnent pourtant à penser qu'ils amèneront la modification et quelquefois le renversement d'une théorie admise; ainsi, bien des questions qui ont pu paraître résolues se posent de nouveau, parce qu'une méthode nouvelle d'investigation ou un simple perfectionnement de la technique ont fourni des résultats qui en offrent une idée plus complète ou même différente; et, d'autre part, fréquemment surgissent des questions neuves. Comme l'on a observé des régions où la face de la mer se modifie peu à peu par un double travail, puisqu'il est des rivages d'où l'eau s'éloigne et d'autres dont elle ronge les terres et qu'elle envahit, de même la figure de la science s'édifie lentement par un travail de construction et à la fois de désagrégation; des traits nouveaux s'y ajoutent, des parties mal venues s'en effacent. Bref, il y a une partie mouvante de la science, et qui est plus étendue peut-être ici que dans les autres sciences de la nature, en raison de la complexité de l'objet à étudier. Il ne faut donc pas que la rédaction d'un traité même élémentaire soit telle que l'étudiant incline à considérer comme définitives toutes les notions qui lui sont présentées; il ne faut pas que, pour des raisons pédagogiques et sous prétexte de clarté, on passe par-dessus les questions vacillantes ou indécises. Il importe, au contraire, de faire remarquer les brumes qui enveloppent encore la vérité et dont on est assuré que celle-ci se dégagera peu à peu grâce au travail patient des chercheurs. Quiconque étudie doit prendre connaissance de cette accession progressive, lente, souvent tortueuse et pénible, de l'esprit à la vérité : et puis doit se convaincre que la vérité ne saurait être tenue pour immuable, mais qu'elle s'offre toujours loyalement à la critique ; rien n'est d'une plus saine discipline intellectuelle.

On n'a pas pensé non plus que la sécheresse fût une condition et une marque de précision : le souci exagéré de la brièveté peut nuire à l'exactitude. On n'a pas craint, quand cela paraissait utile, d'expliquer les choses avec quelques détails. Un livre du genre de celui-ci n'est-il pas écrit pour être aisément compris de tous?

Il y a d'ailleurs une autre raison pour laquelle il a paru que ce livre ne saurait être un simple *compendium* des principaux faits classiques sur chaque question, mais devait montrer la signification de ces faits et aussi de quelques-uns de ceux qui, quoique moins bien établis, apparaissent pourtant déjà comme importants, et les théories auxquelles ont conduit les uns et les autres, indiquer la valeur de ces théories et surtout les idées générales qui ressortent de l'ensemble des données acquises, bref, devait contenir une partie critique et doctrinale. Et cette raison, c'est que, sortis de l'Université, la plupart des praticiens n'ont souvent point d'autre ouvrage à leur disposition que celui à l'aide duquel ils ont, à l'Université et en dehors des cours qu'ils y pouvaient suivre, appris la physiologie. Or les rapports de cette science avec la médecine pratique sont devenus et tendent à devenir de plus en plus étroits; ce ne sont point seulement, par exemple, les maladies du cœur et des vaisseaux, celles du système nerveux, etc., qu'on ne peut comprendre sans des notions physiologiques précises; la diététique, qui dépend tout entière de nos connaissances sur les aliments et de la physiologie de la digestion, a pris une importance capitale dans le traitement des maladies de l'appareil digestif et d'une foule d'autres affections, et acquiert la même valeur dans l'hygiène et la prophylaxie générales; d'autre part, l'énergétique animale a déjà des lois devenues assez précises pour être appliquées à l'homme; on prévoit l'époque où le médecin apprendra à des clients bien portants, et justement pour préserver leur santé, à se nourrir et à travailler suivant les règles de la physiologie, et non plus de la coutume, de la tradition et de la mode ou d'une économie privée ou sociale mal entendue. Il faut donc que le médecin puisse trouver dans le seul ouvrage de physiologie qu'il emportera de l'École les principes établis et les idées maîtresses de la science, à côté des renseignements positifs dont il aura besoin.

On a été sobre d'indications bibliographiques et de noms d'auteurs. Mais on n'est point tombé dans l'excès contraire de n'en point donner du tout. Les noms des physiologistes qui, dans chaque question de quelque importance, ont trouvé un fait essentiel ou dominateur, ont été cités. Dans les questions controversées, on a jugé utile de donner parfois, outre le nom de l'auteur, l'indication du travail utilisé; on a procédé de même quand il s'agissait d'une notion nouvelle, n'ayant pas encore été soumise à vérification; les faits de ce genre, dont la place n'est pas tout de suite assurée dans la science, ne peuvent être présentés que sous les noms de ceux qui les ont découverts. La science, si elle est œuvre collective, n'est pas œuvre anonyme. Laisser le lecteur, quand on expose la circulation du sang, dans l'ignorance de ce qu'ont fait essentiellement Harvey, Chauveau et Marey, Claude Bernard, Ludwig, n'est-ce pas lui porter préjudice ?...

On a indiqué la provenance des figures. De même qu'on ne fait pas une citation sans en fournir l'origine, il semble qu'on ne doive jamais reproduire une figure sans l'attribuer à son auteur. Les schémas et les tracés qui ne portent point de mention d'origine sont personnels.

Pour la composition matérielle de ce livre, deux sortes de caractères ont été employés. Je m'empresse de dire, contrairement à ce qui se lit dans beaucoup de préfaces, que les parties imprimées en petit texte ne sont pas moins importantes que les autres; elles le sont même plus. Car ce sont les observations, les relations d'expériences, les discussions critiques. On les a imprimées en petit texte justement pour les bien distinguer et, par conséquent, pour en faciliter la lecture, en les séparant un peu du reste. Cet intérêt allait d'ailleurs de pair avec cet autre, qui est de maintenir un livre élémentaire dans des limites au delà desquelles il cesse d'être aisément maniable.

Je tiens à remercier ici mon collègue et ami, V. Pachon, des notes précieuses qu'il a bien voulu me remettre sur la mécanique de la circulation et sur la respiration.

E. Gley.

TRAITÉ ÉLÉMENTAIRE

DE

PHYSIOLOGIE

INTRODUCTION

GÉNÉRALITÉS SUR LA PHYSIOLOGIE. SES PRINCIPALES DIVISIONS

I. — LA PHYSIOLOGIE ET LES FAITS PHYSIOLOGIQUES.

La *Biologie* est la science des êtres vivants ; elle se divise en deux grandes branches principales : l'*Anatomie*, qui a pour objet l'étude de la forme, des rapports et de la constitution des organes et des tissus de ces êtres ; la *Physiologie* qui a pour l'objet l'étude des propriétés de ces tissus et des fonctions de ces organes.

Les faits physiologiques ont été longtemps regardés comme des phénomènes soustraits à l'empire des lois physico-chimiques, dirigés et commandés par des causes impossibles à saisir et à localiser, étant immatérielles, indépendantes du substratum organique qu'elles régissent. Ces causes étaient désignées sous le terme générique de *principe vital, esprit, âme physiologique* ou *archée.* Avec et depuis LAVOISIER [1], la chimie moderne a montré que les phénomènes qui se passent dans les êtres vivants sont d'ordre physico-chimique, identiques à ceux que présentent les corps bruts ; ainsi les phénomènes de la *respiration*, de la *production de la chaleur animale* ont pu être identifiés aux combustions qui se passent dans nos foyers.

1. Chimiste et physiologiste français (1743-1794). Par sa découverte de la constitution de l'air atmosphérique et sa théorie de la combustion, il fut amené à étudier la respiration pulmonaire qu'il a, le premier, assimilée à une combustion. Il avait été fermier général et c'est pour cette raison que, le 8 mai 1794, il fut malheureusement envoyé à l'échafaud par le Tribunal révolutionnaire.

GLEY. — Physiologie.   1

Ce n'est pas à dire que la physique et la chimie sont à même dès maintenant d'expliquer tous les phénomènes que présentent les êtres vivants; mais du moins ces sciences nous permettent, grâce à leurs moyens d'investigation puissants et précis, de saisir et de *localiser* ces phénomènes, de les rattacher à un substratum organique, et nous dispensent d'invoquer l'existence d'un principe indépendant des formes organiques dans lesquelles il se manifesterait, immatériel et doué d'un mode propre et spécial d'activité.

C'est au commencement du xixe siècle que XAVIER BICHAT[1] énonça le premier nettement cette idée, « qu'on ne saurait chercher la cause des phénomènes qui se passent dans la matière vivante, ailleurs que dans les propriétés de cette matière même [2] », et non dans l'activité mystérieuse d'un principe d'ordre supérieur. BICHAT, créateur de la science des tissus, devait être amené à considérer les phénomènes vitaux comme résultant des activités particulières des tissus. A ce point de vue, il fait prévoir la physiologie cellulaire. Il retombe cependant, lorsqu'il s'agit de définir les propriétés de ces tissus, dans une hypothèse vitaliste, puisqu'il pose en principe que les propriétés vitales sont absolument opposées aux propriétés physiques ; la vie est à ses yeux une lutte entre des actions opposées ; les unes, les actions vitales, conservent le corps vivant en entravant les autres, les physico-chimiques, qui tendent à le détruire. La mort est le triomphe des propriétés physiques sur leurs antagonistes. BICHAT résumait ses idées dans cette définition de la vie : *La vie est l'ensemble des fonctions qui résistent à la mort* ; ce qui signifiait pour lui : La vie est l'ensemble des propriétés vitales qui résistent aux propriétés physiques.

L'œuvre de MAGENDIE[3] fut une réaction contre la doctrine de BICHAT. MAGENDIE s'appliqua à l'étude des phénomènes physico- chimiques des êtres vivants, cherchant à ramener à de tels phénomènes les actes dits vitaux. Il fut aussi un grand physiologiste, parce que, grâce à ses efforts, la méthode expérimentale devint définitivement la méthode essentielle de la physiologie.

Mais c'est surtout à CLAUDE BERNARD [4] que la physiologie est redevable

---

1. Anatomiste français (1771-1802); son *Traité d'anatomie générale* a créé la science qui traite des tissus et qu'on nomme aujourd'hui *Histologie*. Il a fait faire les plus grands progrès à l'anatomie, à la physiologie et à la médecine, malgré sa mort prématurée à trente et un ans. Il a attaché son nom à plusieurs découvertes d'anatomie descriptive (*canal de Bichat, grande fente cérébrale de Bichat*, dans l'encéphale).

2. E. GLEY, art. IRRITABILITÉ du *Dict. encyclopédique des sc. médicales*, t. XVI, 1889. p. 471. et *Essais de philosophie et d'histoire de la biologie*, Paris, 1900, p. 10.

3. Physiologiste français (1783-1855), professeur de médecine au Collège de France, médecin de l'Hôtel-Dieu, célèbre par l'impulsion qu'il a donnée aux recherches expérimentales ; outre sa découverte fondamentale sur les propriétés des racines des nerfs rachidiens. il étudia les fonctions de l'encéphale et des nerfs crâniens, la circulation. l'absorption etc. CLAUDE BERNARD fut son préparateur.

4. Physiologiste français (1813-1878), professeur de médecine au Collège de France, professeur de physiologie générale à la Sorbonne d'abord, puis au Muséum d'histoire naturelle. Il a été le fondateur de la physio-

de la démonstration de la nature physico-chimique des actes élémentaires de l'organisme, c'est-à-dire des phénomènes intimes dont les éléments anatomiques sont le siège. Soit la fonction spéciale du globule rouge du sang: cet élément, comme l'a démontré CLAUDE BERNARD, se charge d'oxygène et en devient le véhicule, du poumon vers les tissus. Or, cette propriété du globule rouge ou hématie n'est que le résultat des propriétés chimiques d'une substance qui entre dans sa constitution, l'*hémoglobine* ou matière rouge du globule ; cette matière colorante est avide d'oxygène et s'oxyde. Ainsi un phénomène physiologique, dit vital, paraît expliqué du moment qu'il est ramené à un acte physico-chimique. Ce qu'il y a de spécial, en effet, dans le globule sanguin, c'est la substance organique, l'hémoglobine, mais les propriétés de cette substance sont semblables à celles des corps inorganiques : il s'agit d'une affinité chimique et celle-ci s'exerce aussi bien en dehors de l'organisme vivant qu'au dedans de lui, car le globule du sang défibriné conserve les mêmes propriétés, et l'hémoglobine, chimiquement isolée et en dissolution, présente la même avidité pour l'oxygène.

On pourrait multiplier les exemples. Le muscle produit des phénomènes de mouvement qui, comme ceux des machines inertes, sont soumis aux lois de la mécanique générale. L'appareil de la circulation présente des phénomènes qui relèvent des lois de l'hydrodynamique. L'œil est un véritable appareil de dioptrique. La transformation de l'amidon en sucre, dans le tube digestif, est un simple fait chimique. Les Poissons électriques produisent de l'électricité qui ne diffère en rien de l'électricité d'une pile.

Les phénomènes de l'organisme vivant n'ont donc rien qui les distingue des phénomènes physiques ou chimiques en général, rien, si ce n'est les instruments qui les manifestent. Ce que les phénomènes vitaux offrent de particulier, ce ne sont ni les forces qu'ils mettent en jeu, ni les résultats qu'ils produisent, mais seulement la manière dont ils combinent ces forces. Il n'y a pas de *phénomènes vitaux* proprement dits, il y a des *procédés vitaux*.

Sans doute, les propriétés physico-chimiques des appareils et éléments n'entrent en exercice que dans certaines circonstances ; mais il en est de même des propriétés des corps inorganiques ; seulement les conditions qui mettent en jeu les propriétés des êtres organisés sont le plus souvent si complexes que, dans l'impossibilité de déterminer les causes des actions vitales, on a pu croire à leur spontanéité. Un examen exact montre ce qu'il faut voir au-dessous de cette prétendue spontanéité, surtout quand on

logie cellulaire et de la physiologie générale. Ses recherches expérimentales ont porté sur toutes les parties de la physiologie; on peut citer parmi les plus célèbres celles sur la glycogénie, les liquides digestifs, la chaleur animale, les nerfs vaso-moteurs, le sang et l'asphyxie, les anesthésiques, le curare, etc. De plus, dans trois ouvrages fameux, l'*Introduction à l'étude de la médecine expérimentale* (1865), le *Rapport sur les progrès et la marche de la physiologie générale en France* (1867) et les *Leçons sur les phénomènes de la vie communs aux animaux et aux végétaux* (1878), il a manifesté toutes les qualités d'un logicien et, pourrait-on dire, d'un législateur scientifique et celles d'un esprit philosophique élevé, capable des plus hautes généralisations.

étudie les formes élémentaires. Ainsi chez les êtres inférieurs, tels que les Infusoires, il n'y a pas d'indépendance réelle de l'organisme vis-à-vis du milieu cosmique. Ces êtres ne manifestent les propriétés vitales, souvent très actives, dont ils sont doués, que sous l'influence de l'humidité, de la lumière, de la chaleur extérieure ; dès qu'une ou plusieurs de ces conditions viennent à manquer, la manifestation vitale cesse, parce que les phénomènes physico-chimiques, qui la constituent en réalité, ne peuvent plus se produire. Si, chez les êtres supérieurs, la vie paraît moins dépendante des conditions physico-chimiques extérieures, c'est parce que ces êtres se trouvent dans un véritable *milieu intérieur*, grâce auquel ils sont d'une façon permanente dans les conditions d'humidité et de chaleur nécessaires à la manifestation des phénomènes physiologiques ; c'est la fixité de ce milieu intérieur qui assure la vie libre, en apparence indépendante ; mais on a prouvé que la fixité du milieu dépend elle-même du maintien de toutes les conditions nécessaires à la vie des éléments anatomiques. La vie n'est que le résultat des relations de l'organisme, quel qu'il soit, avec le milieu dans lequel il se trouve.

On peut donc dire avec Claude Bernard « qu'il n'y a, en réalité, qu'une physique, qu'une chimie et qu'une mécanique générales, dans lesquelles rentrent toutes les manifestations phénoménales de la nature, aussi bien celles des corps vivants que celles des corps bruts. Il n'apparaît pas, en un mot, dans l'être vivant, un seul phénomène qui ne retrouve ses lois en dehors de lui. De sorte qu'on pourrait dire que toutes les manifestations de la vie se composent de phénomènes empruntés, quant à leur nature, au monde cosmique extérieur, mais seulement manifestés sous des formes ou dans des arrangements particuliers à la matière organisée et à l'aide d'instruments physiologiques spéciaux [1] ».

II. — DISTINCTION DE LA PHYSIOLOGIE GÉNÉRALE, DE LA PHYSIOLOGIE CELLULAIRE ET DE LA PHYSIOLOGIE SPÉCIALE.

D'après les considérations précédentes, et notamment d'après l'exemple choisi des fonctions du globule rouge du sang, on voit que la physiologie porte ses investigations jusque sur les actes dont les éléments anatomiques eux-mêmes sont le siège. On a appelé et on appelle souvent encore cette physiologie, qui étudie les propriétés des éléments anatomiques et des tissus, *physiologie générale*, par opposition à la *physiologie spéciale* qui s'occupe des fonctions des organes ; c'est là une dénomination erronée.

Il est très vrai que les éléments anatomiques, étant répandus dans tous les organes, sont quelque chose de très général ; mais le mot *général* est pris ici dans le sens d'extension matérielle d'un objet. Il y a une autre acception du mot, dans laquelle celui-ci s'entend de la relation du particulier au général, c'est-à-dire d'une relation

1. *Rapport sur les progrès et la marche de la physiologie générale en France.* Paris, 1867, p. 223.

abstractive et non plus partitive. Ainsi, la « chimie générale » ne consiste pas dans l'étude des corps simples, dont l'extension matérielle est universelle, opposée à celle des corps composés, mais constitue cette partie de la chimie qui traite « des lois supérieures régissant les actions moléculaires des corps les uns sur les autres, quels qu'ils soient, et les modes de composition qui en résultent pour chacun d'eux [1] ». De même, la *physiologie générale* doit rechercher les lois supérieures qui s'appliquent aux diverses fonctions particulières, en quelque tissu ou organe que ces fonctions s'accomplissent. Comme toutes les lois naturelles, ces grandes lois de la physiologie consistent en des rapports établis entre plusieurs faits ou plusieurs ordres de faits. Ceux-ci peuvent être relatifs au fonctionnement des organes aussi bien qu'aux propriétés des cellules ou des tissus. La physiologie générale repose donc non moins sur les résultats de l'étude physiologique des organes que sur ceux de la physiologie des éléments cellulaires. Son œuvre est loin d'être terminée, parce que la physiologie elle-même est loin d'avoir complété les acquisitions indispensables pour l'édification de toutes ses lois. Dès maintenant, cependant, on peut en déterminer les grandes lignes, qui seraient les suivantes :

1° Conditions générales de la vie ;

2° Mécanismes généraux et essentiels de la vie ;

3° Résultats généraux de la vie (production de mouvement ou kinogenèse, thermogenèse, électrogenèse, photogenèse) ;

4° Relations réciproques des mécanismes fonctionnels ou corrélations fonctionnelles des organes et des appareils ;

5° Développement des diverses fonctions (physiogénie).

A quel point, dans un livre de physiologie, placer cette étude? La détermination des lois générales d'une catégorie donnée de phénomènes naturels est l'aboutissement et la conséquence ultime de l'observation répétée et variée de ces phénomènes. Puisqu'elle résulte de la connaissance et du rapprochement d'une foule de faits particuliers, il semble qu'il convient de la rejeter à la fin de la physiologie, lorsque toute celle-ci a été systématiquement exposée. Cette manière de voir, conforme à la logique, présente bien quelques inconvénients didactiques. L'étude des conditions de la vie, par exemple, est une étude préliminaire, faite surtout grâce à des observations sur les êtres unicellulaires ou sur des organismes très simples. L'étude des causes de la vie, des causes qui déterminent, en général, les fonctionnements cellulaires, a été faite de même en partie à l'aide de recherches sur les êtres inférieurs. Bref, il se trouve que la physiologie

---

1. J.-P. DURAND (DE GROS) : *L'idée et le fait en biologie.* Paris, 1896, p. 48 — DURAND (DE GROS), savant et philosophe français (1826-1900), auteur de remarquables ouvrages de philosophie scientifique, anthropologiste distingué et l'un des créateurs de l'hypnotisme.

cellulaire est à la base pour ainsi dire de la physiologie générale. Ainsi l'on serait amené à exposer les principales données de celle-ci à la suite de celle-là, si l'on ne craignait légitimement d'en morceler l'étude. Car on serait toujours obligé de remettre l'exposé, par exemple, des corrélations fonctionnelles entre les organes à la suite de la physiologie des divers organes qui peuvent entrer en rapport les uns avec les autres. De telle sorte qu'il nous paraît plus rationnel de traiter de la physiologie générale seulement après qu'il aura été traité de la physiologie cellulaire et de la physiologie spéciale, ces deux parties de la science présentant les faits desquels peuvent se tirer les lois générales des modes de fonctionnement des êtres vivants.

Qu'est-ce alors que la physiologie cellulaire? C'est la science des propriétés des éléments anatomiques; c'est ici l'application de la physiologie à ce qu'il y a de commun à l'universalité des êtres vivants. On pourrait par conséquent l'appeler *physiologie comparative*. La dénomination la plus exacte serait celle de *physiologie cellulaire comparative*. Il suffit de dire plus brièvement *physiologie cellulaire*.

La *physiologie spéciale* est celle qui étudie les fonctions des divers organes, c'est-à-dire des différents assemblages cellulaires; elle prend le nom de *physiologie comparée* quand elle poursuit cette étude dans les diverses espèces animales et végétales.

Avant les travaux de CLAUDE BERNARD, la physiologie spéciale était seule l'objet de recherches expérimentales méthodiques. Le *De usu partium* de GALIEN[1], était encore et paraissait devoir rester l'objectif unique des investigateurs. De là l'emploi de la vivisection, consistant en ablations d'organes, en lésions de nerfs. etc., l'expérimentateur cherchant à conclure des troubles observés à la nature et à l'importance des fonctions de l'organe enlevé. On découvrait et on déterminait ainsi les mécanismes fonctionnels; par exemple, pour la respiration, on déterminait le rôle de la glotte, de la trachée, du poumon; mais tous ces organes ne sont que pour amener l'air au contact du sang, et le sang lui-même, à ce point de vue, n'est que pour amener l'oxygène au contact des tissus. Que le mécanisme respiratoire soit assuré par un poumon, par des branchies ou par des trachées, ce qui paraît indiquer la différence la plus profonde dans le mode de respiration, l'acte intime d'utilisation de l'oxygène par les éléments des tissus est cependant toujours le même. Sous la grande variété des mécanismes respiratoires on trouve toujours les mêmes phénomènes élémentaires. Les mécanismes sont l'objet de la physiologie spéciale, presque exclusivement cultivée

---

1. GALIEN, médecin de Pergame (128 ou 131-200 ou 202 ap. J.-C.); ses doctrines ont fait loi en anatomie et en physiologie jusqu'à l'époque de HARVEY.

au commencement du xixe siècle ; les phénomènes élémentaires,
c'est-à-dire ceux qui se passent dans les éléments anatomiques des
tissus, sont l'objet de la physiologie cellulaire. C'est un des plus
beaux titres de gloire de CLAUDE BERNARD que d'avoir créé cette physiologie cellulaire, base principale de la physiologie générale.

Mais qu'il s'agisse de physiologie générale ou de physiologie
spéciale, c'est toujours à des phénomènes de nature physico-chimique ou même purement mécanique que l'on a affaire, comme on
l'a vu plus haut.

PHYSIOLOGIE CELLULAIRE

Les phénomènes physiologiques se localisent, avec leurs caractères de procédés spéciaux, dans les éléments anatomiques, *cellules* ou formes dérivées des cellules et en ayant conservé les propriétés (*fibres musculaires*, par exemple).

Les cellules sont changeantes; d'une existence plus ou moins courte, elles subissent de fréquentes métamorphoses, car leur forme et leur composition varient, depuis un moment qu'on peut appeler leur naissance, jusqu'à celui qui marque leur mort; bref, elles ont des *âges*, elles présentent une *évolution*. L'évolution est justement ce qu'offrent de plus particulier les éléments organisés.

Nous disons que ces métamorphoses sont des changements de *forme* et de *composition*. Les changements de composition ne caractérisent pas la vie par eux-mêmes, car tout corps organique, au contact de l'air, absorbe de l'oxygène et dégage de l'acide carbonique, jusqu'à ce qu'il soit complètement brûlé, ou bien il se putréfie peu à peu. La cellule, au contraire, ne se détruit pas par cet échange, elle se continue, elle se transforme, elle se multiplie; et c'est la vie.

C'est par l'étude des propriétés de la cellule que l'on peut commencer la physiologie, puisque la cellule est l'élément essentiellement vivant.

CHAPITRE PREMIER

MORPHOLOGIE DES CELLULES

Une donnée morphologique caractérise d'abord toutes les cellules: elles ont toutes des *dimensions microscopiques*. De là l'importance du microscope dans les études de physiologie cellulaire. En effet, le diamètre des cellules est assez petit pour que les histologistes aient dû adopter comme unité de mesure le millième de millimètre (désigné par la lettre grecque μ). Un seul élément, l'*ovule*, atteint chez les Mammifères jusqu'à 2/10ᵉ de millimètre, de façon à être déjà visible à l'œil nu, et présente chez les autres animaux des dimensions très considérables (jaune de l'œuf d'oiseau).

Quant à la forme des cellules, c'est une question dont il n'y a pas à s'occuper ici. Elle se trouve exposée dans les traités d'histologie. Rappelons seulement que les formes cellulaires sont des plus variées. Par les progrès de la nutrition, la cellule grossit alors, pressée par ses voisines et les pressant elle-même, elle prend des formes plus ou moins géométriques. Pour beaucoup d'autres causes, les cellules peuvent présenter des formes polyédriques, cylindro-coniques, fusiformes, étoilées, lamellaires. Il n'y a pas lieu de s'étendre sur ce sujet. Rappelons aussi que les éléments cellulaires, à l'état le plus parfait ou complet, sont constitués par une membrane d'enveloppe; *enveloppe amorphe* (formée de cellulose chez les végétaux), par un *contenu granuleux et transparent* (protoplasma[1] et substances diverses élaborées par ce protoplasma) et par une *vésicule* dénommée *noyau*, qui renferme elle-même une autre vésicule, le *nucléole*. Mais il s'en faut que toutes les cellules se présentent sous cette forme. Actuellement, on considère que la cellule se compose essentiellement d'une petite masse de protoplasma et d'un noyau. Les propriétés de la cellule se ramènent donc à celles du protoplasma et du noyau.

---

1. De πρῶτος, premier, et πλάσμα (de πλάσσω, je forme) ; le protoplasma est la matière organisée vivante, « la base physique de la vie », suivant l'expression du grand naturaliste anglais Huxley (1825-1895).

CHAPITRE II

COMPOSITION DES CELLULES

La composition chimique du protoplasma n'est pas la même que
celle du noyau. La manière toute spéciale dont celui-ci fixe diverses
matières colorantes suffit à le prouver. D'une façon générale, le protoplasma fixe les colorants dits acides (couleurs d'aniline dans lesquelles la matière colorante joue le rôle d'acide), et le noyau fixe
les colorants basiques (couleurs d'aniline dans lesquelles la matière
colorante joue le rôle de base)[1]. Ces colorants basiques et leurs sels,
rouge neutre, bleu de méthylène, safranine, etc., sont dits « colorants vitaux », parce qu'ils pénètrent dans les tissus vivants.

Le protoplasma contient de l'eau, une très petite quantité de sels
minéraux, une petite quantité d'hydrates de carbone et de graisse et
des matières albuminoïdes à l'état d'albumine et surtout de globuline ; mais on tend à admettre que ces substances sont plutôt des
matières nutritives de la cellule ou des produits de décomposition
du protoplasma que des matériaux constitutifs ; ces derniers consistent en protéides (nucléo-albumines [voy. plus loin, p. 41]). On voit
donc que le protoplasma n'est pas une individualité chimique, c'est
un complexus de substances.

Il en est de même du noyau. Il est difficile actuellement de distinguer avec certitude entre les constituants chimiques du protoplasma et ceux du noyau ; nous ne pouvons nous fonder pour cela
que sur les recherches microchimiques et sur quelques analyses d'éléments particuliers, tels que les spermatozoïdes de divers animaux,
considérés comme formés quasi exclusivement de substance nucléaire.
Selon toutes probabilités cependant, les albuminoïdes du noyau
sont des nucléo-protéides (voy. plus loin, p. 39). Le stroma du noyau,
la *chromatine*, ainsi appelée parce que c'est sur elle que se fixent les
colorants du noyau, est une nucléine ; la substance *achromatique*
serait constituée par une substance albuminoïde, probablement ana-

1. Cette distinction entre les couleurs d'aniline, très importante pour l'étude
des réactions intercellulaires, est due à P. EHRLICH (1879), célèbre biologiste
allemand (1854-1916).

logue aux globulines, la *linine* (de λίνον, filament). Le suc nucléaire contiendrait des albuminoïdes, albumines et globulines. Les réactions microchimiques ont démontré dans le noyau la présence du fer et celle du phosphore.

La question se pose nécessairement de savoir si la composition qui vient d'être indiquée est celle des éléments vivants ou des cellules mortes. L'application des agents usuels de la chimie aux cellules vivantes est, on le comprend de reste, immédiatement destructrice des fonctions de ces cellules, c'est-à-dire de la vie même. Les protoplasmas sont des composés trop délicats pour qu'une action un peu énergique n'en supprime pas le fonctionnement. On est en droit de se demander si les substances par lesquelles a lieu ce fonctionnement ne sont pas du même coup plus ou moins profondément altérées. Il est très vraisemblable que les matières albuminoïdes des protoplasmas vivants diffèrent des matières que l'étude chimique de la cellule est parvenue à distinguer. D'après Pflüger[1], l'albumine vivante différerait essentiellement de l'albumine morte en ce que ses molécules seraient constamment en état d'instabilité ; de là, l'extrême facilité et la grande variété de ses réactions ; l'albumine morte, au contraire, est en équilibre stable. « Ce qu'il y a de caractéristique dans l'état d'organisation, a dit aussi Ch. Robin[2], est représenté par un fait d'équilibre instable des molécules des principes immédiats faiblement associés ». La supposition de Pflüger est tout à fait vraisemblable ; nous ne savons cependant pas quelles sont exactement les différences entre la composition chimique de la cellule vivante et la composition de la cellule morte. Ces différences n'en sont pas moins réelles. Ainsi on a montré qu'à la suite de l'injection dans le sang d'un animal (lapin, par exemple) du sérum sanguin d'un animal d'une autre espèce (cobaye, par exemple), le sérum de l'animal injecté (lapin) acquiert la propriété de produire un trouble et un précipité dans le sérum du cobaye ; on suppose qu'il s'est formé dans le sang du lapin ainsi traité une *conguline* ou *précipitine* spécifique. Nous disons

---

1. Ed. Pflüger (1829-1910), un des grands physiologistes de xixe siècle, fut pendant cinquante ans professeur de physiologie à l'Université de Bonn. Son œuvre est des plus considérables et principalement sur la physiologie du système nerveux, sur les échanges de matières et sur la mécanique du développement et dans ces divers domaines il a fait des découvertes de premier ordre et en même temps accompli un travail énorme de détail, de détermination précise, de technique soignée et rigoureuse. Il a témoigné, d'autre part, d'un esprit capable de s'élever aux idées générales (loi de régulation de l'activité cellulaire d'après les besoins fonctionnels des cellules, loi morphologique de l'adaption fonctionnelle, théorie de l'albumine vivante, nature des processus vitaux).

2. *Anatomie et physiologie cellulaires*. Paris, 1873, p. 22. — Ch. Robin (1821-1885), célèbre histologiste, fut professeur d'histologie à la Faculté de médecine de Paris

spécifique, parce que cette substance supposée n'agit que sur le sérum
du cobaye, et nullement sur celui de l'homme, du chien, du lapin, etc.
On a semblablement obtenu les *précipitines* des sérums d'homme, de
chien, de lapin, etc., toutes spécifiques. Il est intéressant de noter que
la précipitine du sérum humain agit aussi, quoique faiblement, sur
le sérum du sang des Singes anthropoïdes (Chimpanzé, Orang), mais
non sur le sérum des autres Singes. Ces *serotoxines*, comme on les
appelle quelquefois, ont donc la propriété de précipiter les matières
albuminoïdes des sérums. Or, l'analyse chimique n'a point décelé de
grandes différences entre les sérum-albumines ou les sérum-globu-
lines du sang d'espèces voisines [1] ; mais voilà que les expériences de
ce genre nous apprennent qu'en réalité ces substances, à l'état de vie,
présentent d'importances réactions qui ne leur sont point communes
à toutes. Les faits de cette nature se multiplieront certainement au
fur et à mesure que se perfectionneront les procédés d'investigation.

C'est cette grande complexité moléculaire des matières protéiques, par laquelle ont été frappés tous les chimistes biologistes,
qui explique, au moins en partie, la diversité des opérations chimiques qui se passent dans les cellules; car elle rend possible cette
diversité ; celle-ci entraîne la diversité même des réactions des
êtres entre eux et avec le milieu. A son tour, cette diversité chimique
des substances constitutives des cellules et de leurs réactions
explique les différences spécifiques qui existent entre les organismes
et même les différences individuelles. On peut comprendre, par
exemple, que l'hérédité consiste dans le maintien des propriétés
chimiques spécifiques. Déjà, par une longue série de recherches sur
les variations de l'espèce *Vitis vinifera*, ARMAND GAUTIER[2] a pu montrer que chaque variation de race est accompagnée d'une variation
dans la nature des principes immédiats qui entrent dans la structure de la nouvelle variété ; chacun des changements morpholo-
giques est corrélatif d'une modification profonde des molécules
chimiques qui constituent les éléments de l'être. Ainsi, en modifiant expérimentalement les principes immédiats d'une plante, on
arriverait sans doute à modifier rapidement l'espèce. On peut donc
dire que « la spécificité des êtres vivants est toute chimique »[3]. De

1. Il faut noter cependant que depuis longtemps déjà les chimistes ont montré
qu'il paraît y avoir pour chaque espèce animale une hémoglobine spéciale (voy.
plus loin l'étude du sang). De même il y a longtemps que l'on sait que le pouvoir
rotatoire des différentes matières albuminoïdes n'est pas le même. Il n'en est
pas moins vrai que, si l'on constate déjà de telles différences entre les substances
protéiques extraites des éléments vivants, les différences doivent être encore
beaucoup plus grandes entre les mêmes substances à l'état de vie.

2. Célèbre chimiste contemporain, professeur honoraire à la Faculté de Médecine de Paris.

3. A. PRENANT, *La matière vivante et la vie* (*Revue médicale de l'Est*, 1902).

même on comprend qu'une espèce animale donnée soit réfractaire à tel ou tel microbe ; la poule est réfractaire au choléra asiatique et l'homme au choléra des poules. Ces exemples pourraient être aisément multipliés. Bref, la cause du fonctionnement des cellules, c'est-à-dire des divers modes de la vie, apparaît dans les propriétés chimiques des molécules constitutives des divers protoplasmas cellulaires, propriétés qui dépendent elles-mêmes de la structure si complexe de ces molécules ; c'est en raison de cette complexité même que le nombre des réactions physico-chimiques possible est si considérable ; de là l'extrême variété du jeu des phénomènes vitaux, à travers toutes les espèces végétales et animales. C'est « dans la structure et l'organisation des molécules chimiques dernières qui composent le protoplasma, ainsi que dans le mode physique d'association de ces molécules, qu'il faut chercher l'origine et la cause de la succession des phénomènes élémentaires de la vie... Si de nouvelles propriétés sont introduites, il est vrai, par l'association des molécules intégrantes en tissus, les propriétés vitales élémentaires dérivent *primitivement* de leurs fonctions chimiques, lesquelles ne dépendent que de l'arrangement des atomes dans les principes immédiats dont sont construits nos organes [1]. »

On ne saurait donc trop insister sur l'importance de toutes les questions relatives à la composition chimique des cellules.

1. Armand Gautier, *Chimie biologique.* Paris, 1892, p. 7-8.

CHAPITRE III

COMPOSITION CHIMIQUE DU CORPS HUMAIN

Les êtres supérieurs n'étant pas autre chose que des assemblages de cellules, il est à prévoir que leur composition ne diffère pas essentiellement de celle du protoplasma.

Dans ce livre, ici comme ailleurs, le corps humain doit être naturellement pris pour type, autant que cela est possible. Quels sont donc les constituants du corps de l'homme ?

I. — ÉLÉMENTS DU CORPS HUMAIN.

Les éléments qui entrent dans la constitution de cet organisme sont ceux des protoplasmas en général. Ce sont les suivants : oxygène, hydrogène, carbone, azote, soufre, phosphore, chlore, fluor, iode, brome, arsenic, silicium, sodium, potassium, calcium, magnésium, fer, manganèse. Le fluor, l'iode, le brome, l'arsenic, le silicium ne font pas partie intégrante de tout protoplasma ; ils ne se rencontrent que dans certaines cellules ; leur présence paraît presque toujours révéler des substances auxquelles ils confèrent des propriétés spéciales. Les autres éléments, au contraire, se trouvent partout [1].

Ajoutons que O, H, C, Az, S, P. Cl, Na, K, Ca, Mg et Fe sont essentiels non seulement à tous les éléments du corps des animaux supérieurs, mais aussi à la constitution de toute matière vivante, à cette exception près que Cl et Na ne sont pas indispensables aux végétaux. Les autres corps énumérés plus haut, c'est-à-dire Fl, I, Br, As, Si, Mn, n'ont été trouvés que chez certains organismes, animaux ou végétaux marins ou vertébrés supérieurs.

II. — PRINCIPES CONSTITUANTS DU CORPS HUMAIN.

Sous ces termes seront comprises et sommairement étudiées les substances inorganiques et les substances organiques que l'on trouve dans le corps.

1. Il est encore d'autres éléments que l'on rencontre dans divers organismes : tels le lithium, le cuivre, le plomb. Chez beaucoup d'Invertébrés (par exemple, Crustacés, Mollusques, etc.), le cuivre remplace le fer dans le sang.

I. — Substances inorganiques.

1º *Eau*.

Parmi ces substances se trouve d'abord l'eau.

L'eau fait partie de tous les tissus. La proportion est variable suivant les tissus ; elle dépasse en général 60 p. 100 du poids du tissu frais. La moyenne générale, pour le corps de l'homme adulte, est de 64 p. 100, et, pour le corps du nouveau-né, de 70 p. 100. Ainsi un homme de 75 kil. contient 48 kil. d'eau, soit presque les deux tiers de son poids.

Il en est de même pour tous les organismes. De là l'expression pittoresque du chimiste et physiologiste allemand Hoppe-Seyler[1] : « Tous les organismes vivent dans l'eau et même dans l'eau courante. » Aussi la vie sans eau n'est-elle pas possible. Il y a des animaux inférieurs (Rotifères, Tardigrades, etc.) que l'on peut dessécher et qui cessent alors de manifester toute propriété vitale ; mais, dès qu'on leur restitue l'eau nécessaire, les manifestations de la vie reparaissent chez eux. C'est ce que Pouchet[2] résumait en ces termes : « Là où l'eau fait entièrement défaut, la vie paraît tout à fait impossible ».

Le contenu en eau de chaque animal paraît dépendre de l'espèce et de l'âge, et cela pour les différents organes (*loi de Bezold*[3]) ; la loi est surtout prouvée en ce qui concerne l'âge, la proportion d'eau des tissus est plus forte dans le jeune âge.

L'eau existe dans l'organisme sous trois états : 1º à l'état de vapeur d'eau, dans les voies aériennes ; 2º comme véhicule des substances dissoutes ou en suspension, se trouvant ainsi dans tous les liquides du corps ; 3º comme eau d'imbibition des substances solides, faisant ainsi partie intégrante des éléments cellulaires, ou comme eau de combinaison, entrant ainsi dans la constitution même de certaines substances organiques (eau de cristallisation des chimistes) ; cette dernière portion est très faible par rapport à la quantité qui se trouve sous les deux autres formes.

---

1. F. Hoppe-Seyler (1825-1895), un des plus éminents chimistes physiologistes du xixᵉ siècle.

2. F.-A. Pouchet (1800-1872), directeur-fondateur du Muséum d'Histoire naturelle de Rouen, un des plus ardents défenseurs de la théorie de la génération spontanée.

3. A. von Bezold (1836-1868), physiologiste allemand, connu surtout par d'excellents travaux sur l'innervation du cœur et sur l'excitation des nerfs et des muscles.

Sous les deux premiers états, elle a un rôle physique important. Mais elle a un rôle chimique qui ne l'est pas moins, tenant à toutes les réactions d'hydratation et surtout d'hydrolyse (hydratation avec dédoublement) qui s'opèrent dans l'organisme et tenant aussi à des affinités spéciales pour les tissus (RAPHAEL DUBOIS[1]) ; il est probable en effet qu'une partie de l'eau des tissus est en combinaison avec les substances colloïdes.

Toute cette eau tient des sels en dissolution et en proportion variable suivant les éléments cellulaires et suivant les espèces animales. Il n'est point de cellule qui puisse vivre dans l'eau pure, dans l'eau distillée. Celle-ci est comme un poison pour toutes les cellules, parce qu'elle altère profondément leurs propriétés physiques essentielles (voy. plus loin, p. 73).

2° *Sels minéraux.*

Tous les organes et tous les liquides du corps humain (comme tous les êtres vivants) contiennent des sels, en dissolution dans l'eau ou combinés avec les matières protéiques et avec leurs dérivés. Les sels représentent environ 4,7 p. 100 du poids du corps. Un homme de 75 kilos a donc, dans ses tissus, $3^{kg},525$ de matières minérales. La teneur en sels des organes et des liquides organiques est très variable ; c'est l'émail et l'ivoire des dents qui en contiennent le plus, 96 et 71 p. 100 ; puis viennent les os (65 p. 100) ; c'est à ces substances minérales, et par conséquent au calcium surtout et au magnésium, qu'est due la solidité des os ; dans le cartilage, la quantité tombe à 3,4 p. 100, dans les muscles à 1,5-1,6 p. 100, dans le foie et le pancréas à 1, dans la rate à 0,5, dans les reins à 0,1. La proportion que l'on trouve dans les liquides de l'organisme n'est pas moins variable; elle sera indiquée pour chacun de ces liquides.

Ces sels sont surtout constitués par des chlorures de potassium, de sodium, d'ammonium ;

Du fluorure de calcium ;

Des carbonates de sodium, de calcium et de magnésium ;

Des phosphates de potassium, de sodium, de calcium et de magnésium ;

Des sulfates de potassium et de sodium.

A eux seuls, l'acide phosphorique et la chaux forment les trois quarts de la masse de ces matières minérales. Ce sont en effet ces substances qui composent en grande partie le squelette.

1. Physiologiste français contemporain, professeur à l'Université de Lyon.

3° *Métalloïdes.*

Dans l'énumération des éléments du corps faite plus haut, on a remarqué de nombreux métalloïdes.

Outre les combinaisons inorganiques dans lesquelles entrent ces métalloïdes, ainsi que les combinaisons organiques connues depuis fort longtemps et que constituent les assemblages variés des principaux d'entre eux (O, H, C, Az, S, P), on les trouve engagés dans des substances auxquelles ils paraissent conférer un rôle tout spécial. Tel est l'iode dans la glande thyroïde (on le trouve aussi dans le sang), tel l'arsenic dans la même glande et dans les poils et les productions cornées de la peau, tel aussi peut-être le fluor dans l'émail des dents et tel le silicium dans le tissu conjonctif.

Quant au brome, qui existerait dans la glande thyroïde, les capsules surrénales, le foie, l'hypophyse (?), les ongles, sa signification est encore inconnue ; sa présence dans l'organisme est peut-être accidentelle.

4° *Gaz.*

Ces gaz sont surtout l'oxygène, l'hydrogène, l'anhydride carbonique et l'azote.

Il existe de l'oxygène libre dans les voies aériennes et dans le tube intestinal. Dans le plasma du sang et de la lymphe et dans beaucoup d'autres liquides de l'organisme, sinon dans tous, il en existe à l'état de dissolution. Enfin l'oxygène est à l'état de combinaison lâche avec la matière colorante du sang (oxyhémoglobine des globules rouges).

On trouve de l'hydrogène libre dans le tube intestinal, en petite quantité. Ce gaz est dû à la fermentation butyrique que subissent, sous l'influence du *bacillus amylobacter*, microorganisme dont la présence est normale dans l'intestin, et sous celle aussi du *bacillus butylicus*, une foule de substances, telles que le sucre, les acides lactique, tartrique, malique, etc. :

$$C^6H^{12}O^6 \;=\; C^4H^8O^2 \;+\; 2CO^2 \;+\; H^4$$
$$\text{Glycose.} \quad\quad \text{Ac. butyrique.}$$

$$2C^3H^6O^3 \;=\; C^4H^8O^2 \;+\; 2CO^2 \;+\; H^4$$
$$\text{Ac. lactique.}$$

Il s'en forme probablement aussi une petite quantité dans les phénomènes anaérobics qui se passent dans les tissus. C'est peut-être l'hydrogène de cette provenance qui représenterait la trace de gaz combustibles que Gréhant[1] a trouvée dans le sang (0cc, 2 pour 100 centimètres cubes de sang). Il est vrai que cet hydrogène du sang pourrait aussi provenir de l'intestin, où il serait absorbé en faible proportion.

L'anhydride carbonique CO^2 existe à l'état libre notamment dans les poumons et dans le tube digestif, mais on en trouve aussi dans le plasma sanguin et dans la plupart des liquides organiques.

L'azote existe aussi à l'état gazeux dans les poumons et dans l'intestin ; il provient de l'air atmosphérique inspiré ou dégluti. Il en existe aussi des traces à l'état de dissolution dans les liquides de l'organisme.

Le gros intestin contient du gaz des marais ou méthane CH^4.

L'intestin contient aussi de l'hydrogène sulfuré H^2S, en faible quantité, surtout quand le régime alimentaire est de nature animale. Il provient de la décomposition des matières albuminoïdes et de leurs dérivés sulfurés ou des produits sulfurés de la bile.

II. — Substances organiques.

Ces substances comprennent les hydrates de carbone, les corps gras, les matières protéiques et quelques autres composés.

1° *Hydrates de carbone.*

Substances formées de carbone et, d'autre part, d'oxygène et d'hydrogène dans les mêmes proportions que dans l'eau. On les appelle aussi matières hydrocarbonées ou, brièvement, hydrocarbonés. Ce nom est resté en usage, encore que l'on ait reconnu qu'il n'est pas absolument exact, puisque des corps comme les acides acétique et lactique contiennent hydrogène et oxygène dans les mêmes proportions, sans être pour cela des hydrocarbonés, et que, d'autre part, il est des sucres dans lesquels ce rapport de l'hydrogène à l'oxygène n'existe pas ; tel est, par exemple, le rhamnose $C^6H^{12}O^5$.

Ces corps, qui se trouvent en très grande quantité dans les plantes, sont peu abondants chez les animaux ; ils y existent à l'état libre ou combinés à quelques substances protéiques. L'importance physiologique des hydrates de carbone tient surtout à leur rôle alimentaire ; ils fournissent les 60 centièmes environ de l'énergie que dépense journellement l'organisme.

---

1. *Arch. de physiologie*, 1894, 5e série, t. VI, p. 620. — N. Gréhant (1838-1910), qui fut professeur de physiologie générale au Muséum d'histoire naturelle, a laissé des travaux classiques sur la mesure du volume des poumons, sur l'élimination de l'urée, sur le dosage et l'action de l'oxyde de carbone.

Au point de vue chimique, les hydrates de carbone qui formaient autrefois, en série grasse, une classe spéciale de composés, sont rattachés aujourd'hui aux alcools polyatomiques, par l'intermédiaire des monosaccharides. On divise, en effet, les hydrates de carbone en mono, di et polysaccharides. Or, les monosaccharides, parmi lesquels se trouvent principalement les corps sucrés que l'on groupait autrefois sous la dénomination générale de glycoses, sont des dérivés aldéhydiques (*aldoses*) ou acétoniques (*cétoses*) d'alcools polyatomiques. Par fixation d'une molécule d'eau les disaccharides, que l'on appelle souvent *saccharoses* en général et dont le sucre ordinaire ou sucre de canne est le représentant le plus connu, sont dédoublables en deux monosaccharides. Quant aux polysaccharides, qui constituent les *amyloses* ou matières amylacées, l'hydrolyse les défait en un plus grand nombre de monosaccharides.

A. Monosaccharides. — Ce groupe n'a été formé pendant longtemps que par les glycoses, c'est-à-dire par des sucres de formule $C^6H^{12}O^6$. Puis on a successivement découvert des composés analogues à 2, 3, 4, 5, 7, 8, 9 atomes de carbone, que l'on désigne tous par la terminaison « ose », d'où les dénominations de dioses, trioses, tétroses, pentoses, heptoses, octoses, nonoses. Mais, parmi ces monosaccharides, ceux que l'on trouve communément chez les êtres vivants, et particulièrement dans l'organisme humain, sont des sucres à 6 atomes de carbone, donc des *hexoses*, plus ordinairement appelés *glycoses*.

Il n'y a rien à dire au point de vue physiologique des dioses, trioses et tétroses. Mais dans ces dernières années les *pentoses* $(C^5H^{10}O^5)$ ont acquis une réelle importance. Parmi ces sucres il faut en effet signaler l'*arabinose*, que l'on obtient de la gomme arabique, et la *xylose* ou *sucre de bois*. On a soutenu que ces corps peuvent donner lieu à la formation de glycogène dans le foie, c'est-à-dire qu'ils peuvent être utilisés, en partie du moins, dans l'organisme. D'autre part, on a trouvé dans des urines de diabétiques une arabinose. Il peut donc, dans des circonstances données, se former des pentoses dans l'organisme. Aussi bien Hammarsten[1] a découvert dans le pancréas un nucléoglycoprotéide qui, entre autres produits d'hydrolyse, fournit du l-xylose.

On distingue les hexoses en *aldoses* et en *cétoses*, suivant qu'elles représentent les aldéhydes ou acétones des alcools hexavalents, la mannite, la dulcite, la sorbite. Ainsi la *glycose* est une aldose, c'est-à-dire l'aldéhyde d'un alcool hexatomique, la sorbite :

1. Chimiste suédois contemporain très connu, professeur honoraire de chimie physiologique à l'Université d'Upsal.

$$CH^2OH \qquad\qquad CH^2OH$$
$$(CHOH)^4 - H^2 = (CHOH)^4$$
$$CH^2OH \qquad\qquad COH$$
Sorbite.   Glycose.

On sait que le groupement CO.H est caractéristique des aldéhydes. De même la galactose est l'aldéhyde d'un autre alcool hexatomique, la dulcite. La *lévulose* (ou *fructose*) est l'acétone de l'alcool hexavalent, la mannite :

$$CH^2OH \qquad\qquad CH^2OH$$
$$(CHOH)^4 - H^2 = (CHOH)^3$$
$$CH^2OH \qquad\qquad CO$$
$$\qquad\qquad\qquad CH^2OH$$
Mannite.   Lévulose.

Les propriétés fondamentales des hexoses sont : 1° leur action sur la lumière polarisée; elles dévient le plan de polarisation à droite (glycose, que l'on appelle aussi pour cette raison *dextrose*) ou à gauche (lévulose); — 2° leur pouvoir réducteur, c'est-à-dire la propriété qu'elles ont d'enlever de l'oxygène aux corps avec lesquels elles sont mises en présence ; ainsi elles réduisent les oxydes métalliques en solution alcaline, et le métal ou un sous-oxyde se précipitent (exemples : si à une solution de glycose on ajoute un peu de potasse et de sulfate de cuivre, le liquide devient bleu et par la chaleur il se produit un précipité jaune pulvérulent d'hydrate d'oxydule de cuivre ou rouge d'oxydule de cuivre anhydre [*réaction de Trommer*[1]] ; dans les mêmes conditions on a, avec le sous-nitrate de bismuth blanc, un précipité noir de bismuth métallique pulvérulent [*réaction de Böttger*]) ; — 3° leur propriété de se combiner avec la phénylhydrazine en solution acétique et de former ainsi une *phénylhydrazone* qui, si l'on prolonge la réaction en présence d'un excès de phénylhydrazine, donne une *osazone* (par exemple, phénylglycosazone), corps cristallisant assez rapidement et caractérisé par sa solubilité (toujours très faible) dans l'eau bouillante ou dans l'alcool bouillant et par son point de fusion : deux particularités qui ont fait utiliser cette propriété dans la recherche des hexoses ; — 4° leur propriété de fermenter sous l'action de diverses levures (par exemple, la levure de bière, *Saccharomyces cerevisiæ*), en donnant de l'alcool et de l'acide carbonique [2] :

1. Explication de la réaction : le liquide devient bleu intense, parce que le précipité de $Cu(OH)^2$ se dissout en présence du sucre, celui-ci, comme d'autres substances organiques, la glycérine, l'acide tartrique, etc., formant avec l'oxyde de cuivre des combinaisons solubles dans les alcalis ; par le chauffage vers 70° apparaît le précipité rouge d'oxydule de cuivre. La réduction est due à des acides organiques, avides d'oxygène.

C'est cette réaction que l'on utilise pour le dosage de la glycose au moyen de la liqueur de Fehling. Cette liqueur est une solution de sulfate de cuivre pur et de tartrate double de potasse et de soude (sel de Seignette) dans la soude caustique. Les quantités sont en général calculées de telle sorte que 10 centimètres cubes de liqueur de Fehling soient réduits par o gr. o5 de glycose pure.

2. On sait maintenant que cette réaction est beaucoup plus complexe et qu'à côté de l'alcool ordinaire et de l'acide carbonique il se forme de la glycérine, de l'acide succinique et des alcools homologues, à poids moléculaire plus élevé et dits pour cette raison supérieurs.

$$C^6H^{12}O^6 = 2(C^2H^5OH) + 2CO^2$$
Alcool.

Les hexoses qui nous intéressent sont la glycose (ou dextrose ou sucre de raisin), la galactose et la lévulose. On rencontre la première dans le sang (en petite quantité), dans le foie et dans les muscles. C'est aussi le sucre de l'urine de la plupart des diabétiques. — La galactose n'existe pas à l'état isolé dans l'organisme, mais se forme par hydratation quand la lactose ou sucre de lait, dont il sera parlé tout à l'heure, est dédoublée. — La lévulose existe en très petite quantité dans le sang et dans les muscles et dans l'urine (dans certains cas de diabète, *lévulosurie*).

B. **Disaccharides**. — On les appelle aussi *hexobioses*; on doit les considérer comme résultant de l'union de deux molécules d'hexose avec perte d'une molécule d'eau :

$$2 C^6H^{12}O^6 - H^2O = C^{12}H^{22}O^{11}$$
Glycose.   Saccharose.

Telle est leur formule générale. L'action des acides minéraux à chaud ou celle des diastases spécifiques les dédouble, avec addition d'une molécule d'eau, et ils reconstituent ainsi les monosaccharides correspondants :

$$C^{12}H^{22}O^{11} + H^2O = 2 C^6H^{12}O^6.$$

La saccharose ainsi traitée (*inversion*) donne une molécule de glycose et une molécule de lévulose; la maltose donne deux molécules de glycose ; la lactose donne une molécule de glycose et une de galactose.

Les disaccharides agissent sur la lumière polarisée. Les uns (maltose et lactose) réduisent et les autres (saccharose) ne réduisent pas les oxydes métalliques ; cela tient à ce que, suivant que la condensation des deux molécules d'hexose se fait d'une façon ou d'une autre, la fonction aldéhydique ou cétonique, c'est-à-dire réductrice, est ou n'est pas conservée. Quant à la fermentation par la levure de bière, ils la subissent tous, mais indirectement, c'est-à-dire qu'ils ne fermentent qu'après avoir subi la décomposition par hydrolyse dont il vient d'être question ou phénomène de l'*inversion*. La maltose ne se comporte pas autrement à ce point de vue que la saccharose et la lactose; la levure de bière sécrète en effet un ferment (maltase) qui la dédouble et elle détermine la fermentation alcoolique du produit de ce dédoublement (glycose) au fur et à mesure qu'il se forme[1]. C'est que « les bioses ne sont pas des sucres directement assimilables. Il faut qu'ils soient, au préalable, transformés en glycoses. Cette transformation est toujours déterminée chez les êtres vivants par un ferment soluble[2] ». On voit donc que la maltose, étant dextrogyre, réductrice et

1. E. Bourquelot*, *J. de l'Anat. et de la Physiol.*, 1886.
2. Bourquelot, *Revue scientifique*, 26 octobre 1895, p. 519.
* Chimiste français contemporain, professeur à l'École supérieure de pharmacie de Paris.

fermentescible (la fermentation alcoolique et le dédoublement qui en est la condition étant en effet des phénomènes quasi simultanés), possède les principales réactions de la glycose. C'est pour cela qu'il est assez difficile de séparer ces deux sucres que l'on rencontre souvent ensemble dans l'économie. La maltose se distingue de la glycose par son plus grand pouvoir rotatoire ($[\alpha]_D = + 144°$) et par son moindre pouvoir réducteur.

C'est la saccharose ou sucre de canne qui est le type de ces sucres. Ce corps existe en grande quantité dans un nombre considérable de végétaux, plantes et fruits. Mais ce n'est pas un des principes immédiats de l'organisme humain. Les hexobioses qui font partie de cet organisme sont la maltose et la lactose ; la première existe dans le sang en petite quantité ; la seconde constitue le sucre du lait.

C. **Polysaccharides**. — On les appelle aussi *amyloses*. Quelques auteurs les dénomment hydrates de carbone proprement dits, mais il est préférable en physiologie de maintenir ce nom à l'ensemble des mono, di et polysaccharides.

L'hydratation par les acides dilués ou au moyen des diastases spécifiques (amylolytiques) transforme finalement les polysaccharides en monosaccharides (par fixation d'eau). Ils peuvent donc être considérés comme les anhydrides de ceux-ci. Déjà les disaccharides résultent des monosaccharides par déshydratation (union de deux molécules d'hexose avec perte d'une molécule d'eau) ; on voit que les polysaccharides représentent un produit plus avancé de déshydratation (déshydratation d'une seule molécule d'hexose). Leur composition centésimale correspond en effet à la formule $C^6H^{10}O^5$. Mais leur poids moléculaire est beaucoup plus élevé ; ils répondent donc à la formule $(C^6H^{10}O^5)^n$. C'est ainsi que l'amidon soluble aurait un poids moléculaire de 17 750, ce qui conduirait pour ce corps à la formule $(C^6H^{10}O^5)^{109}$.

Les amyloses sont solubles dans l'eau (comme la dextrine et le glycogène) ou bien se gonflent dans ce liquide (comme l'amidon) ou bien y sont insolubles (comme la cellulose). Elles ne dialysent pas, à l'inverse des sucres, c'est-à-dire qu'elles ne traversent pas les membranes de papier-parchemin ; ce sont des substances *colloïdes* (voy. p. 35), d'où le nom qu'on leur donne aussi de *saccharocolloïdes*. Elles ne réduisent pas les sels métalliques en solution alcaline, elles ne se combinent pas avec la phénylhydrazine, elles ne fermentent pas sous l'influence de la levure de bière.

Les hydrocarbonés jouent un grand rôle dans la vie végétale ; l'amidon, l'inuline (corps analogue à l'amidon), les gommes (corps du groupe de la dextrine), la cellulose font partie intégrante des tissus végétaux. Chez certains animaux inférieurs, tels que les Ascidies, on trouve la *tunicine* qui est identique à la cellulose. Mais, chez les animaux supérieurs et chez l'homme, le seul hydrocarboné qui entre dans la constitution des cellules est le glycogène.

Le glycogène (ou *amidon animal*) $(C^6H^{10}O^5)^{10}$, dont le poids moléculaire serait de 1620, isolé du foie par Claude Bernard en 1857, peut s'obtenir sous la forme d'une poudre amorphe blanche, inodore, insipide, dont la solution dans l'eau est fortement opalescente et dextrogyre (déviant à droite la lumière polarisée); le glycogène est insoluble dans l'alcool et dans l'éther et ne dialyse pas. Avec l'iodure de potassium ioduré [1] il donne une coloration rouge brun qui disparaît quand on chauffe et qui reparaît par le refroidissement (ce dernier caractère le distingue de la dextrine). Bouilli avec les acides minéraux étendus, il s'hydrate et donne des dextrines, puis de la maltose et de la glycose. Cette transformation est de même produite par le ferment appelé *amylase*, que sécrètent, par exemple, les cellules pancréatiques.

Le glycogène se trouve en très petite quantité dans le protoplasma vivant des éléments de nombreux organes, la rate, les poumons, les reins, le placenta, mais surtout les muscles et le foie. Nous verrons plus tard quelle est la teneur des muscles et du foie en glycogène et qu'elle est assez élevée. On en trouve aussi dans les globules blancs du sang.

Il ne sera pas inutile de résumer dans le tableau suivant les principales propriétés des hydrates de carbone de l'organisme :

Monosaccharides.	Formule brute.	Pouvoir rotatoire. $[\alpha]_D$	Pouvoir réducteur.	Degré de fusion de l'osazone.	Nature de la fermentation.
Glycose.........	$C^6H^{12}O^6$	$+ 52^o.6$	100 [2]	204°	Alcoolique directe.
Galactose.......	$C^6H^{12}O^6$	$+ 83^o$	93	193°	»
Lévulose.......	$C^6H^{12}O^6$	$- 104^o$	96	204°	»
Disaccharides.					
Maltose.........	$C^{12}H^{22}O^{11}$	$+ 144^o$	66	206°	Alcoolique après inversion par la maltase.
Lactose	$C^{12}H^{22}O^{11}$	$+ 52^o,5$	70	200°	Alcoolique après inversion par la lactase.
Polysaccharides.					
Glycogène......	$(C^6H^{10}O^5)$	$+ 211^o$	0	0	0

Ajoutons-y les propriétés de la saccharose $C^{12}H^{22}O^{11}$, dont le pouvoir rotatoire est de $[\alpha]_D + 66^o,5$, dont l'osazone fond à 204° et qui éprouve la fermentation alcoolique après inversion par l'invertine

1. Réactif formé d'iodure de potassium (3 grammes), d'iode (1 gramme) et d'eau (500 grammes).

2. Par convention, on représente par 100 le pouvoir réducteur de la glycose; cela signifie qu'un poids donné de glycose réduit complètement 100 cc. de liqueur de Fehling.

ou sucrase; il a été dit déjà que la saccharose ne réduit pas la liqueur de Fehling.

D. Glycosides. — Ce sont des substances dédoublables en glycose et en des corps divers, gras ou aromatiques. Il s'en trouve beaucoup dans les végétaux, mais les tissus animaux en contiennent aussi; tels sont les *glyco-protéides* (mucines et mucoïdes) (voy. p. 39) et les *acides nucléiques* qui par dédoublement donnent des hydrates de carbone (voy. p. 40); telle est aussi la *cérébrine*, constituant azoté complexe de la matière cérébrale, qui est décomposée par hydrolyse en galactose et en d'autres corps mal connus (voy. p. 47).

2° *Corps gras.*

Les corps gras comprennent les graisses neutres et leurs dérivés, acides gras et savons, et les lécithines.

A. Graisses neutres. — Il convient de rappeler tout d'abord ici la constitution des graisses, nécessaire à connaître pour suivre leur sort dans l'organisme.

La glycérine est un alcool triatomique ; à l'atome d'hydrogène de ses trois oxhydriles OH peuvent donc être substitués un, deux ou trois radicaux d'acides ; il se formera ainsi des éthers de la glycérine ou *glycérides*. Ces éthers se forment aussi bien avec les acides organiques qu'avec les acides minéraux. Par exemple, l'union de la glycérine avec divers acides de la série acétique et oléique donne lieu à des mono-, di- et tripalmitine, stéarine et oléine :

$$
C^3H^5 \diagup{}^{OH}_{OH}\diagdown{}^{OH} \qquad C^3H^5 \diagup{}^{O.C^{16}H^{31}O}_{O.C^{16}H^{31}O}\diagdown{}^{O.C^{16}H^{31}O} \qquad C^3H^5 \diagup{}^{O.C^{18}H^{35}O}_{O.C^{18}H^{35}O}\diagdown{}^{O.C^{18}H^{35}O} \qquad C^3H^5 \diagup{}^{O.C^{18}H^{33}O}_{O.C^{18}H^{33}O}\diagdown{}^{O\ C^{18}H^{33}O}
$$

Glycérine.   Tripalmitine.   Tristéarine   Trioléine.

Ce sont donc là des *triglycérides* ou éthers tripalmitique, tristéarique et trioléique de la glycérine. Leur formation se fait avec perte d'eau :

$$C^3H^5(OH)^3 + 3\,C^{16}H^{32}O^2 = C^3H^5(C^{16}H^{31}O^2)^3 + 3\,H^2O$$
Glycérine.   Ac. palmitique.   Tripalmitine.

$$C^3H^5(OH)^3 + 3\,C^{18}H^{36}O^2 = C^3H^5(C^{18}H^{35}O^2)^3 + 3\,H^2O$$
Ac. stéarique.   Tristéarine.

$$C^3H^5(OH)^3 + 3\,C^{18}H^{34}O^2 = C^3H^5(C^{18}H^{33}O^2)^3 + 3\,H^2O$$
Ac. oléique.   Trioléine.

Ce sont ces corps qui constituent les *graisses neutres* de l'organisme, *neutres* puisqu'à l'hydrogène des trois oxhydriles de l'alcool ont été substitués trois radicaux d'acides.

Quelles sont les principales propriétés de ces graisses? Elles ont une densité inférieure à celle de l'eau, d'où la légèreté relative des organismes riches en graisse : elles sont insolubles dans l'eau ; elles se dissolvent dans l'alcool chaud, l'éther, le chloroforme, etc. Les graisses liquides, agitées avec les alcalis, forment des *émulsions*, c'est-à-dire qu'elles se divisent en gouttelettes extrêmement fines et persistantes. Elles n'agissent pas sur la lumière polarisée. Chauffées fortement, surtout avec un peu de sulfate acide de potasse, elles dégagent de l'*acroléine*, vapeurs très irritantes :

$$C^3H^5(OH)^3 \; - \; 2\,H^2O \; = \; C^3H^4O$$
Acroléine.

C'est une réaction qui les différencie des acides gras et de la cholestérine.

Quand on fait bouillir une graisse avec un alcali caustique (potasse ou soude), elle se *saponifie*, c'est-à-dire qu'elle se décompose, en s'hydratant, en glycérine et acide gras ; celui-ci se combine avec la soude ou la potasse en formant un sel qu'on appelle *savon*. Les savons sont les sels minéraux des acides palmitique, stéarique et oléique. Ce terme de *saponification* a été étendu à la décomposition des graisses neutres en acides gras et glycérine qui se fait sous l'influence de certaines diastases (*lipases*). — Dans l'organisme il se forme normalement des acides gras et des savons, lors de la digestion des graisses.

Il a été dit tout à l'heure que les graisses de l'organisme sont des triglycérides. A dire vrai, ce sont des mélanges des trois éthers tripalmitique, tristéarique et trioléique qui constituent ces graisses. Les mélanges sont en proportions variables, et c'est pourquoi les caractères physiques et la consistance des graisses sont différents.

La tripalmitine a un point de fusion égal à 62° environ, la tristéarine à 71°,5 (quand elle est pure) et la trioléine à 0°. Par conséquent le point de fusion des mélanges graisseux dépend de leur composition. Le point de fusion des graisses animales varie entre 20° et 52°. Les graisses solides, comme celles du mouton, contiennent surtout de la tripalmitine et de la tristéarine. Celle d'homme est plus liquide ; la trioléine y prédomine.

La graisse, à l'état de graisses neutres, se dépose dans certaines parties de l'organisme et particulièrement dans le tissu conjonctif sous-cutané ou intermusculaire, dans le péritoine, à l'entour des viscères abdominaux, dans la moelle osseuse. Tantôt elle se trouve dans les éléments mêmes de ces tissus ou de ces organes, tantôt elle est contenue dans des cellules spéciales, dites *adipeuses*. La graisse du tissu cellulaire sous-cutané est plus riche en trioléine que celle des viscères. La quantité totale de graisse du corps est très variable : on peut l'évaluer à 18 p. 100 en moyenne du poids total du corps, 44 p. 100 du poids sec. La proportion peut au moins doubler chez les individus obèses.

Les acides gras et les savons alcalins ne se trouvent à l'état libre qu'en très petite quantité dans le sang. Encore est-il très probable qu'ils n'y sont pas en tant que principes immédiats, mais comme simples produits de passage.

B. Lécithines. — Les lécithines sont des graisses phosphorées.

Elles résultent de l'union de la glycérine avec l'acide phosphorique,
un acide gras tel que l'acide stéarique et une base azotée, la choline.

Soit d'abord l'acide phosphoglycérique. C'est une combinaison de la
glycérine avec l'acide phosphorique PO^4H^3 :

$$C^3H^5{\overset{\diagup OH}{\underset{\diagdown OH}{-OH}}} + PO^4H^3 = C^3H^5{\overset{\diagup OH}{\underset{\diagdown O.PO^3H^2}{-OH}}} + H^2O\ ;$$

un oxhydrile de la glycérine a été remplacé par un reste d'acide phosphorique. Mais ce nouveau corps conserve deux oxhydriles substituables.
L'hydrogène de ces deux radicaux peut être remplacé par deux radicaux
d'acide gras, l'acide stéarique par exemple; on aura ainsi l'acide di-stéaro-
phospho-glycérique :

$$C^3H^5{\overset{\diagup OH}{\underset{\diagdown O.PO^3H^2}{-OH}}} + 2\,C^{18}H^{36}O^2 = C^3H^5{\overset{\diagup O.C^{18}H^{35}O}{\underset{\diagdown O.PO^3H^2}{-O.C^{18}H^{35}O}}} + 2\,H^2O.$$

Qu'est-ce maintenant que la choline? C'est une base forte, cristallisable,
déliquescente, $C^2H^4\!\!\left\langle{\begin{smallmatrix}OH\\ Az(CH^3)^3OH\end{smallmatrix}}\right.$, hydrate de triméthyloxéthylène-
ammonium. Il ne faut pas la confondre avec une autre base voisine, extrê-
mement toxique, la neurine ou hydrate de trimétylvinylammonium,
$C^2H^3.Az(CH^3)^3OH$, qui contient deux atomes H et un atome O en moins et
qui présente le radical vinyle C^2H^3 non saturé. Or, dans l'acide distéaro-
phosphoglycérique de tout à l'heure, le radical d'acide phosphorique peut
perdre un atome d'hydrogène et à cet atome H se substituera la choline,
avec perte de l'oxhydrile alcoolique du groupe C^2H^4OH :

$$C^3H^5{\overset{\diagup O.C^{18}H^{35}O}{\underset{\diagdown O.PO^3H^2}{-O.C^{18}H^{35}O}}} + C^2H^4\!\!\left\langle{\begin{smallmatrix}OH\\ Az(CH^3)^3OH\end{smallmatrix}}\right. = C^3H^5{\overset{\diagup O.C^{18}H^{35}O}{\underset{\diagdown O.PO\langle{\begin{smallmatrix}OH\\ O.C^2H^4.Az(CH^3)^3OH\end{smallmatrix}}}{-O.C^{18}H^{35}O}}} + H^2O.$$

C'est là la *lécithine distéarique* ou *distéaryllécithine*. Mais, comme on
peut remplacer un des deux radicaux d'acide stéarique par un radical
d'autre acide gras, palmitique ou oléique, ou ces deux radicaux par deux
radicaux d'un autre acide gras, ou encore chacun d'eux par un radical
différent, on voit qu'il y a diverses lécithines.

Les lécithines sont insolubles dans l'eau; elles sont solubles dans l'alcool
chaud et dans l'éther. Chauffées avec les alcalis caustiques, elles se
décomposent en acide gras (saponification), choline et acide phospho-
glycérique. Dans cette action, une partie de la choline mise en liberté est
transformée en neurine, par élimination d'une molécule d'eau.

Il existe de la lécithine dans presque toutes les cellules végétales
et animales. Le jaune d'œuf en contient une grande quantité. On en
trouve surtout, chez les animaux supérieurs et l'homme, dans
l'encéphale, les muscles, la graisse, les globules du sang, les spermatozoïdes, dans le plasma sanguin, dans le lait. Dans la substance
blanche du cerveau on en a trouvé jusqu'à 11 p. 100 et dans le foie de

2 à 3 p. 100. C'est donc un des composés importants de l'organisme.

Ce qui ajoute encore à l'intérêt de ce corps, c'est la constatation bien établie qu'il se trouve dans tous les tissus en voie de développement : jaune d'œuf, spermatozoïdes, globules blancs, spores, jeunes pousses au printemps, levures. Sa présence dans le lait paraît avoir la même signification.

C. Lipoïdes. — On a donne ce nom (E. OVERTON[1], 1900-1901) à un ensemble de corps hétérogènes au point de vue chimique, les uns phosphorés, les *lécithines*[2], les autres ne contenant pas de phosphore, les *cholestérines*, le *protagon*, la *cérébrine*, mais qui ont des propriétés physiques et biologiques communes. Ce sont des constituants de la membrane d'enveloppe des cellules. Ils forment tous avec l'eau des solutions colloïdales (voy. p. 35) et sont des solvants de l'éther et des substances analogues (des anesthésiques en général), se comportant vis-à-vis de ces substances à peu près comme les graisses ; ce sont aussi des solvants des *colorants vitaux* d'EHRLICH (voy. p. 11).

De leur propriété de dissoudre certains corps vient leur grand rôle dans la perméabilité des cellules[3]. HANS MEYER[4] et OVERTON ont découvert simultanément que les anesthésiques, par le fait de leur solubilité dans les lipoïdes, se fixent sur les lipoïdes des cellules. Aussi les organes les plus riches en ces substances sont-ils 'les plus sensibles aux narcotiques. Tel est le cas du tissu nerveux ; et des analyses directes (POHL[5], 1890-91 et surtout NICLOUX[6], 1906-1907) ont prouvé qu'après anesthésie c'est dans les centres nerveux que se trouve la plus forte proportion de l'anesthésique (alcool, chloroforme, éther).

L'action d'autres toxiques a été également expliquée par leur solubilité dans les lipoïdes des membranes cellulaires ; ainsi le venin de Cobra ne devient hémolytique pour les hématies lavées et mises en suspension dans l'eau salée que si on y ajoute du sérum (qui contient de la lécithine) ou un peu de lécithine pure (formation d'un lécithide hémolysant, *toxolécithide*). — Inversement, d'autres lipoïdes manifestent une action antitoxique, en fixant des hémolysines et les rendant par là inoffensives ; la cholestérine empêche l'hémolyse par le venin additionné de léci-

1. E. OVERTON, professeur à l'Université de Lund (Suède).
2. Seules parmi ces corps, les lécithines ont, au point de vue chimique, une analogie de structure avec les graisses.
3. La perméabilité des cellules pour certains corps apparaît donc comme liée à la solubilité de ces corps dans les lipoïdes des membranes cellulaires. Mais cette loi n'est pas générale ; on a fait remarquer qu'il y a des corps, et même ceux qui sont physiologiquement les plus nécessaires, des sels minéraux, les sucres, les acides aminés, pour lesquels la cellule est en apparence imperméable et qui cependant la traversent, sous l'influence d'autres facteurs que la nature lipoïdienne de la membrane.
4. HANS MEYER, professeur de pharmacologie à l'Université de Vienne.
5. J. POHL, professeur de pharmacologie à l'Université de Breslau.
6. Chimiste français contemporain, professeur agrégé à la Faculté de médecine de Paris.

thine ou par la saponine ou par les hémolysines bactériennes ; les hématies riches en cholestérine résistent fortement à la saponine.

3° *Substances protéiques.*

Les substances protéiques forment la masse la plus considérable et en même temps représentent les corps les plus importants des tissus. C'est la partie essentielle de tout protoplasma. « Il n'est pas très facile de définir brièvement ce groupe naturel des matières albuminoïdes ou protéiques. On a réuni sous cette dénomination un ensemble de substances qui présentent des analogies plus ou moins grandes avec l'albumine de l'œuf. Tout d'abord les limites de ce groupe sont demeurées assez étroites et n'ont compris que des substances telles que les diverses albumines, les globulines, les alcali-albumines et les acidalbumines dont les ressemblances avec l'albumine de l'œuf sautent aux yeux. Puis la notion chimique de l'albuminoïde est devenue de plus en plus large et elle se trouve être finalement bien plus compréhensive que la notion de l'albuminoïde alimentaire [1]. » Nos connaissances actuelles sur cette question sont d'ailleurs provisoires, puisque c'est une des questions les plus étudiées de la chimie physiologique, sur laquelle les faits et les idées sont en pleine évolution. Sous cette réserve, voici les groupes que l'on peut présentement distinguer dans la masse des substances protéiques :

1° Matières albuminoïdes proprement dites ou naturelles (celles des tissus et des humeurs) (protéines des auteurs allemands) ;

2° Matières albuminoïdes transformées, soit par coagulation, sous l'influence de la chaleur ou du contact prolongé de l'alcool ou de certaines diastases (fibrine), soit par l'action des acides ou des alcalis (acidalbumine, alcali-albumine), soit enfin par l'action des diastases protéolytiques (protéoses et peptones) ;

3° Protéides, qui comprennent les substances résultant de la combinaison d'une substance albuminoïde et d'une autre substance organique, c'est-à-dire les *glycoprotéides*, les *nucléoprotéides*, les *chromoprotéides* et les *lécithalbumines* ;

4° Albumoïdes (albuminoïdes de beaucoup d'auteurs allemands ou *scléroprotéines*) ; ce sont les substances qui ne rentrent ni dans le groupe des albuminoïdes naturelles, ni dans celui des protéides ; telles sont les gélatines, les élastines, les kératines, etc.

On ne s'occupera ici que des albuminoïdes naturelles, des protéides et des albumoïdes, les albuminoïdes de transformation ne

---

1. E. Lambling *, *Notions générales sur la nutrition à l'état normal* (in *Traité de pathologie générale* de Ch. Bouchard, t. III, p. 17, Paris, 1899).

* Chimiste français contemporain et écrivain scientifique des plus remarquables, professeur à la Faculté de médecine de l'Université de Lille.

faisant pas partie intégrante de l'organisme ; il en sera question lors de l'étude consacrée à la digestion des matières protéiques.

A. Composition. — Toutes les matières protéiques contiennent toujours des matières minérales (Ca, Mg, acide phosphorique, beaucoup aussi contiennent du fer) que l'on a longtemps considérées comme des impuretés, mais qui font probablement partie intégrante de la molécule (MOLESCHOTT[1], A. GAUTIER). L'albumine pure, exempte de matières minérales, ne s'obtient qu'au prix du changement profond de son état, décelé par exemple par la perte de ses propriétés de solubilité (elle devient insoluble dans l'eau), et d'ailleurs ne se rencontre jamais à l'état naturel, puisque toujours les matières protéiques sont intimement unies à des copules minérales. Aussi a-t-on pensé que le potassium, le sodium, le calcium, etc., de la même manière que le fer de l'hémoglobine, ne font pas seulement partie intégrante des diverses molécules albuminoïdes, mais encore que ces éléments jouent un rôle particulier duquel dépend la fonction spéciale de ces diverses molécules ; la substance unie à un métal alcalin ou alcalino-terreux ne doit pas se comporter de la même façon que celle qui est combinée au chlore et à l'acide phosphorique.

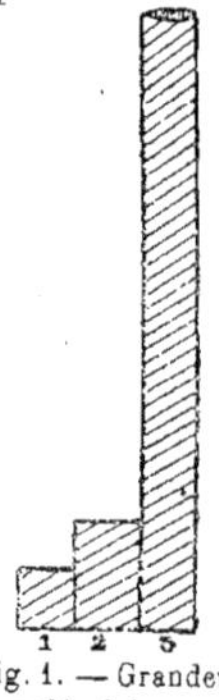

Quelle est la composition générale des matières protéiques ? Elles sont constituées par C, H, O, Az et S ; plusieurs contiennent en outre du phosphore et du fer. Leur composition centésimale oscille entre les limites ci-dessous :

	Limites de composition.	Moyennes approximatives.
Carbone	50,0 à 55,0	52 p. 100
Hydrogène	6.5 à 7.5	7 —
Azote	15.5 à 19,0	16 —
Soufre	0,4 à 5,0	2 —
Oxygène	19,0 à 24,0	23 —

La quantité de phosphore oscille entre 0.4 et 0,8 p. 100 et celle de fer entre 0,33 et 0,50 p. 100.

Le poids moléculaire des diverses substances protéiques est très différent, mais toujours très élevé (fig. 1). Pour en donner une idée, il suffira d'indiquer que la formule de l'albumine de l'œuf ou ovalbumine

Fig. 1. — Grandeur moléculaire comparée des principales substances de l'organisme (d'après HUGOUNENQ[3]).

1. Amidon, 486 ;
2. Tristéarine, 890 ;
3. Ovalbumine (d'après A. GAUTIER), 5739.

1. J. MOLÉSCHOTT (1822-1893), né en Hollande, professeur de physiologie à Heidelberg, qu'il fut obligé de quitter en 1854 à cause de ses opinions matérialistes, se fit par la suite naturaliser italien et devint professeur de physiologie à l'Université de Turin, puis à celle de Rome, où il resta jusqu'à sa mort. Ses ouvrages philosophiques, où il exposa la doctrine matérialiste, l'ont fait connaître non moins que ses recherches de physiologie.

2. E. LAMBLING, *loc. cit.*, p. 17.

3. Professeur de chimie à la Faculté de médecine de Lyon.

a été fixé par A. GAUTIER à $C^{250}H^{409}Az^{67}O^{81}S^3 = 5739$ (poids moléculaire) et par SCHÜTZENBERGER [1] à $C^{210}H^{392}Az^{65}O^{75}S^3 = 5378$. La composition centésimale des albumines végétales est du même ordre ; on a trouvé, par exemple, pour la globuline des semences de courge, $C^{204}H^{481}Az^{90}O^{83}S^2$. On a trouvé des chiffres encore plus élevés pour la matière protéique dérivée de l'oxyhémoglobine du cheval ou de l'oxyhémoglobine du chien

Poids moléculaires.

Protéine de l'hémoglobine de cheval.....	$C^{680}H^{1096}Az^{210}O^{241}S^2 = 16218$
Protéine de l'hémoglobiue de chien	$C^{726}H^{1171}Az^{191}O^{214}S^3 = 16077$

Une molécule d'aussi énorme dimension est extrêmement complexe. On conçoit alors toute la variété des réactions auxquelles elle se prête, lorsqu'elle se désagrège peu à peu par l'effet des processus vitaux, et la variété des produits qu'amène cette désagrégation.

B. Constitution. — C'est l'étude de ces *produits de dédoublement* qui a permis de distinguer les liens qui relient entre elles les substances protéiques et font donc de toutes ces substances une famille naturelle.

Deux grandes méthodes ont été employées pour obtenir la désagrégation ménagée de la molécule protéique : celle des alcalis caustiques (hydrate de baryte) dont s'est servi surtout SCHÜTZENBERGER, et celle des acides minéraux bouillants (acide chlorhydrique, par exemple, avec ou sans l'aide du chlorure stanneux) ; c'est cette seconde méthode qui dans ces dernières années a donné de si brillants résultats entre les mains de KOSSEL [2]. Le concours d'une troisième méthode, celle qui est fondée sur l'action des ferments albuminolytiques, fournissant les moyens de dissocier les albuminoïdes avec de très grands ménagements, a permis le contrôle des données acquises d'autre part, par les autres procédés. Ainsi, il a été établi que les albuminoïdes, sous l'influence prolongée des agents d'hydratation, se désagrègent totalement en dérivés cristallisables.

Le dédoublement par l'hydrate de baryte fournit, comme termes essentiels, de l'acide carbonique, de l'acide oxalique et de l'ammoniaque dans la proportion de l'urée

$$CO \big\langle {}^{AzH^2}_{AzH^2}$$

et de l'oxamide [3], corps voisin de l'urée :

$$CO - AzH^2$$
$$|$$
$$CO - AzH^2$$

---

1. P. SCHÜTZENBERGER (1829-1897), célèbre chimiste français, ancien professeur au Collège de France.

2. A. KOSSEL, chimiste allemand très connu, professeur de physiologie à l'Université de Heidelberg.

3. L'urée est l'amide de l'acide carbonique et l'oxamide est l'amide de l'acide oxalique.

et un mélange complexe d'acides aminés [1], glycocolle, leucines, leucéines, tyrosine [2], etc.

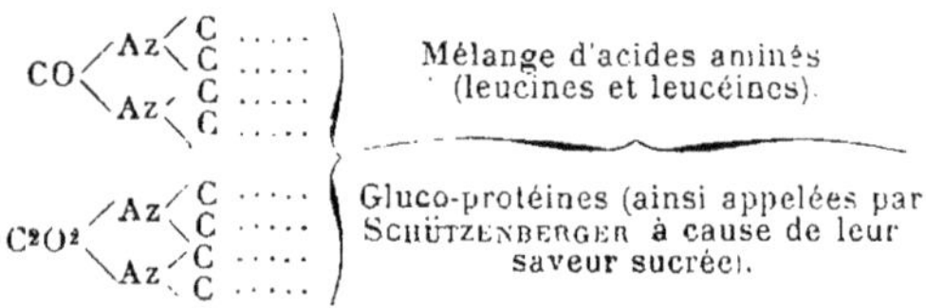

Tous ces corps, représentés par le signe C, constituent donc le gros morceau de la molécule qui était attenant aux atomes d'azote de l'urée et de l'oxamide à la place des atomes d'hydrogène.

Le dédoublement par les acides minéraux bouillants donne aussi des acides aminés [3], mais en même temps des acides diaminés, qui sont des corps azotés fortement basiques ; ce sont ces bases, que l'on retrouve lors de la décomposition de toutes les matières protéiques, que KOSSEL a appelées *bases hexoniques*, parce qu'elles contiennent toutes, comme les glycoses

1. C'est surtout aux remarquables travaux du chimiste allemand E. FISCHER (professeur à l'Université de Berlin) que l'on doit la connaissance de la constitution chimique de ces acides et de leurs rapports avec les matières protéiques dont ils dérivent.

Par exemple, Fischer, réussissant à accoupler deux ou plusieurs molécules d'acides aminés, a obtenu par synthèse des composés qu'il a appelés des *peptides*. Le type est un dipeptide qui résulte de l'union de deux molécules de glycocolle, la *glycylglycine* ; le groupement basique (AzH^2) d'une des molécules de glycocolle s'est unie au groupement acide (COOH) de la seconde avec perte d'une molécule d'eau. Par le même processus, au dipeptide ainsi formé peut s'unir une autre molécule de glycocolle ; et on aura un *tripeptide*. Or, les acides aminés plus complexes peuvent s'unir entre eux, comme le glycocolle, et se polymériser de semblable façon. Rien d'étonnant donc à ce que FISCHER et ses collaborateurs aient préparé un grand nombre de ces composés, de plus en plus compliqués (*polypeptides*). — Il importe de remarquer que parmi ces polypeptides il en est qui donnent la réaction du biuret, si caractéristique des matières protéiques, et qui sont attaqués par le suc pancréatique : celui-ci les décompose en leurs acides aminés constituants ; on verra qu'il fait justement subir cette désintégration aux albuminoïdes naturelles.

2. Le glycocolle, produit de dédoublement de la gélatine (et de beaucoup d'autres matières protéiques), est l'acide aminoacétique CH^2(AzH^2) — COOH. La leucine, qui se forme dans le dédoublement de la plupart des matières protéiques, est l'acide aminoisocaproïque. L'alanine est l'acide amino-propionique CH^{3}CH(AzH^2) — COOH, homologue supérieur du glycocolle, qui se rattache étroitement, par l'intermédiaire de la phénylalanine, à la tyrosine. La tyrosine est un acide paraoxyphénylamino-propionique ; elle contient donc un noyau aromatique C^{6}H^4. Les autres acides monoaminés que l'on a trouvés dans le dédoublement des albuminoïdes, sont moins importants, y compris les leucéines, acides amino-crotonique et amino-angélique.

3. Les acides monoaminés, tels que le glycocolle, la leucine, l'acide aspartique, l'acide glutamique, l'acide amino thio-lactique ou cystéine, la phénylalanine et son dérivé oxygéné, la tyrosine, etc., contiennent un seul groupement amidogène AzH^2. Les acides diaminés, ornithine, lysine, arginine, histidine, contiennent deux AzH^2.

ou hexoses, six atomes de carbone; ces bases sont la lysine, l'arginine, l'histidine[1].

Ce qui ajoute à l'importance de ces corps, c'est que Kossel les a retirés aussi d'un groupe important de substances qu'il a appelées *protamines*, matières protéiques extraites du sperme (sperme de saumon, d'esturgeon, de hareng), sortes d'albuminoïdes élémentaires qui constitueraient le noyau commun des albumines véritables. En effet, ces protamines sont décomposées par l'acide sulfurique dilué bouillant en formant des substances très voisines des corps originels et que Kossel a qualifiées de *protones*, par analogie avec les *peptones*. Une action plus prolongée de l'acide dédouble les protones et il se forme de l'arginine, de la lysine et de l'histidine, c'est-à-dire des bases hexoniques, produits de décomposition des protamines[2]. Ce ne sont pas seulement leurs produits de dédoublement qui rapprochent les protamines des albuminoïdes, ce sont aussi leurs réactions (réaction du biuret, par exemple). Les protamines, matières protéiques très simples, seraient donc des albumines en quelque sorte *embryonnaires*, d'où proviendraient par complications progressives les autres albuminoïdes. Celles-ci se différencient des premières par la soudure au noyau protaminique des autres acides aminés qui apparaissent, en même temps que les hexones, quand on dédouble les albuminoïdes. Les protamines présentent donc un très grand intérêt ; aussi faut-il regretter que l'on ne puisse obtenir du sperme de tous les animaux ces *albumines embryonnaires*.

L'action des ferments protéolytiques a donné des résultats analogues aux précédents. Dans cette hydrolyse de l'albumine, il se forme d'abord des corps d'un moindre poids moléculaire, ce sont les albumoses et les peptones, puis, par l'effet d'une destruction plus avancée, des acides aminés, comme la leucine, la tyrosine, l'acide aspartique. Par une destruction plus profonde encore (action de la trypsine), peuvent prendre naissance les bases hexoniques, la lysine, l'arginine et l'histidine. Dans ce stade de décomposition par la trypsine apparaît aussi un chromogène, qui donne une couleur violette avec l'eau chlorée ou bromée; ce chromogène, c'est le tryptophane[3], autre acide aminé.

---

1. La lysine $C^6H^{14}Az^2O^2$ est un acide diamino-caproïque ; l'arginine $C^6H^{14}Az^4O^2$ est un composé cyanamidé d'un acide amino-valérianique ; l'histidine $C^6H^9Az^3O^2$ est l'acide β-imidazol-α amino-proprionique. A ces corps il faut ajouter un autre acide aminé, l'ornithine $C^5H^{12}Az^2O^2$, qui est un acide diamino-valérianique. L'arginine, traitée par l'hydrate de baryte, se transforme en urée et en ornithine par fixation d'eau. Dans l'arginine, l'acide diaminé est lié à la cyanamide $CAz—AzH^2$, groupement générateur d'urée; au contraire la lysine, dans les produits de dédoublement basiques des matières protéiques, apparaît à l'état d'acide diaminé libre. Jusqu'à présent l'association du groupement générateur d'urée à l'acide diamino-valérianique, sous forme d'arginine, a été constatée dans toutes les albumines où on l'a cherchée.

2. Il y a cependant deux sortes de protamines jusqu'à présent (Kossel), celles qui par hydratation donnent les trois bases hexoniques et celles qui ne donnent que de l'arginine.

3. Le tryptophane est l'acide β-indol-α-aminopropionique. Ce corps est la

Gley. — Physiologie.   3

On peut donc dire que les trois grands procédés de destruction des matières protéiques ont fourni des produits identiques d'une manière générale; et le résultat capital de cette longue série d'analyses est que la molécule protéique consiste essentiellement en une association d'acides aminés.

Dès maintenant il est établi que les protéiques diffèrent d'abord par la nature et par la quantité de chacun des acides aminés qui le constituent. Tel de ces corps manque ou n'existe qu'en très petite quantité dans une matière albuminoïde et se trouve en abondance dans une autre; ainsi la leucine représente 20 p. 100 du poids de la sérum-albumine et 6 p. 100 seulement de celui de la gliadine, l'édestine (protéique des graines de coton) ne contient pas de groupement sulfuré, etc. « Une connaissance approfondie de tous ces fragments, dit justement Lambling [1], n'est pas uniquement d'intérêt chimique. Elle est une introduction indispensable à l'étude de la nutrition azotée. Elle est en outre le fil conducteur de cette étude elle-même, car faire la physiologie de la nutrition azotée, n'est-ce pas établir pour chaque fragment de l'aliment protéique ce qu'il devient et à quoi il sert? Et la pathologie de la nutrition ne doit-elle pas rechercher si ces fragments normaux ont été remplacés par d'autres ou s'ils ont été soit déviés, soit arrêtés dans leur dégradation? Elle devra expliquer, par exemple, pourquoi dans certaines affections du foie ou dans la cystinurie les fragments leucine, tyrosine, etc., ou le fragment cystine passent inaltérés par les urines... » Si cette étude est indispensable à la connaissance de la nutrition azotée, c'est que ces matériaux de démolition de la molécule albuminoïde servent, on le sait aujourd'hui, à la construction des protéiques des tissus; ils deviennent les pierres avec lesquelles se bâtit l'édifice protéique des cellules. Construction d'autant plus facile, on le conçoit, que les matériaux nécessaires sont offerts aux différents tissus en proportions convenables. Il semble bien, par exemple, que, si la gélatine ne peut jamais suppléer qu'une fraction de l'albumine alimentaire, c'est parce qu'il manque dans sa constitution les deux noyaux tyrosine et tryptophane, c'est-à-dire deux des *pierres à bâtir* essentielles. — De ces données sont sorties déjà, sur la valeur alimentaire des différentes matières protéiques, des indications très intéressantes dont l'importance ne peut que s'accroître. Nous verrons plus loin celle de la lysine et du tryptophane (voy. p. 146.

Cependant il existe dans cette molécule d'autres groupements importants, par exemple le groupement générateur d'ammoniaque et

substance mère de l'indol et du scatol, produits aromatiques de la décomposition des albuminoïdes.

1. *Précis de biochimie*, Paris, 1911, p. 32.

celui qui contient le soufre (les protamines ne contiennent pas de soufre)[1], un groupement hydrate de carbone[2], des noyaux hétérocycliques (du groupe pyrrolique, comme la proline, et du groupe indolique, comme le tryptophane). On s'est occupé et l'on s'occupe encore de déterminer la place et l'importance respectives de ces divers groupements dans la molécule. Par exemple, en employant comme agent d'hydrolyse des protéiques l'acide fluorhydrique (HUGOUNENQ), on ménage mieux les corps sucrés que si l'on se sert de l'acide sulfurique et alors on trouve (HUGOUNENQ), à côté des sucres aminés réducteurs comme la glycosamine, des polyalcools aminés non réducteurs, très voisins des sucres aminés. « Il se pourrait donc, remarque avec raison LAMBLING[3] que les noyaux hydrocarbonés des protéiques fussent plus abondants qu'on ne l'a cru jusqu'à présent, résultat important au point de vue de la question tant agitée de la production des sucres à partir des protéiques. »

C. Propriétés générales des matières protéiques. —
a. PROPRIÉTÉS PHYSIQUES. — Voyons d'abord leurs propriétés physiques.

1° Ce sont des substances *colloïdes*, c'est-à-dire que, de même que les colles, elles ne peuvent traverser les membranes animales ou le parchemin, à l'inverse des *cristalloïdes*[4] (solutions salines, par exemple), quand ces membranes sont en contact avec l'eau. Mais les produits de décomposition des matières albuminoïdes sont dialysables : ainsi les peptones ont la propriété de traverser une membrane de parchemin pour se répandre dans l'eau distillée qui baigne l'autre face de la membrane.

État colloïdal. — Cette propriété des protéiques de prendre en solution l'état colloïdal est d'une grande importance. Elle n'est d'ailleurs pas spéciale à ces corps ; nous avons vu (p. 28) que les lipoïdes la possèdent également ; il en est de même du glycogène, de la gomme, etc. Toutes ces matières composent la classe des *colloïdes naturels*, corps qui prennent toujours dans une solution l'état colloïdal. — A côté des colloïdes naturels, on a placé les *colloïdes artificiels*, dont on connaît maintenant un grand nombre (dissolutions colloïdales de sulfure d'arsenic, d'alumine, d'hydrate d'oxyde ferrique, etc).

Les solutions colloïdales ne sont pas des solutions vraies, c'est-à-dire homogènes ; ce sont des pseudo-solutions dont la caractéristique est l'hétérogénéité ; le corps à l'état colloïdal dans un liquide n'est pas dissous

---

1. Le soufre paraît être combiné dans la molécule d'albumine sous plusieurs formes, sous trois formes, d'après MÖRNER (chimiste suédois contemporain).
2. Ce groupe hydrate de carbone manque à la caséine et à l'édestine, matière albuminoïde des semences du chanvre ou du coton, tandis qu'il entre pour plus de 10 p. 100 dans l'ovalbumine.
3. *Précis de biochimie*, Paris, 1911. p. 28.
4. On sait que cette distinction est due au physicien anglais GRAHAM (1805-1869).

comme un sel dans l'eau ; il est en suspension très fine. En effet, à l'inverse des solutions vraies, ces pseudo-solutions n'abaissent pas la température de congélation du solvant et n'en augmentent pas la conductibilité électrique (voy. p. 64) ; d'autre part, il est possible, à l'aide de l'ultramicroscope (instrument qui recule la limite de visibilité du microscope ordinaire grâce à un puissant éclairage latéral sur fond obscur), d'apercevoir les particules en suspension comme des points brillants animés de mouvements browniens : la grosseur de ces particules varie de 1/15000ᵉ à 1/150000ᵉ de millimètre.

On distingue les *colloïdes instables* (silice, sulfure d'arsenic), qui sont précipités par de petites quantités de sel, des *colloïdes stables*, comme les matières protéiques, la gomme, qui ne précipitent que par de grandes quantités de sel. Le colloïde, séparé de sa solution aqueuse ou *sole*, prend le nom de *gel*. C'est GRAHAM qui a appelé *hydrosols* les solutions aqueuses de colloïdes et *hydrogels* leur état gélatineux. — La stabilité des solutions colloïdales s'expliquerait par ce fait, que les granules en suspension ont une charge électrique de même signe ; se repoussant mutuellement, ils n'ont donc aucune tendance à s'agglomérer, à se précipiter en flocons. Quand on fait passer un courant électrique à travers la solution colloïdale, les granules sont transportés vers le pôle négatif (*colloïdes positifs*) ou vers le pôle positif (*colloïdes négatifs*) et là se précipitent. Et si les électrolytes (acides, bases ou sels) précipitent (coagulent) les colloïdes, c'est aussi parce qu'ils neutraliseraient la charge électrique des granules par la charge de leurs ions positifs ou négatifs. Enfin deux colloïdes de signe contraire se précipitent réciproquement en formant des *complexes colloïdaux*.

Lorsqu'un colloïde est précipité par un sel, le précipité fixe une partie de l'agent précipitant. C'est là un phénomène d'adhésion moléculaire (comparable à l'adhésion des gaz à la surface des corps solides) ou d'*adsorption*. Il se forme ainsi des *combinaisons d'adsorption*. De même des colloïdes s'adsorbent réciproquement.

La détermination de ces caractères généraux des solutions colloïdales a été faite surtout au moyen des colloïdes artificiels, de constitution plus simple que les colloïdes naturels. L'étude de ceux-ci et *a fortiori* des colloïdes protoplasmiques est beaucoup moins avancée. Toujours est-il cependant que les constituants des cellules animales ou végétales sont tous des colloïdes et que les liquides de l'organisme sont des solutions de colloïdes et par conséquent que les réactions qui se passent dans et entre ces cellules ne se font pas sans l'intervention de colloïdes. Ainsi l'on a essayé d'expliquer l'action des sels sur les tissus par l'action physico-chimique de ces corps sur les colloïdes des cellules : des variations de la tension osmotique peuvent dépendre de réactions intra-cellulaires faisant passer des colloïdes (le glycogène, par exemple) à l'état de cristalloïdes (glycose) ; il est probable que, dans l'absorption et l'assimilation, des phénomènes d'adsorption entre colloïdes jouent un grand rôle ; la fixation des toxines par les antitoxines est peut-être souvent liée à des réactions d'adsorption (voy. p. 102). Mais toutes ces données ont encore besoin de déterminations précises.

2⁰ Les matières protéiques, comme les colloïdes en général, sont incristallisables. On sait pourtant que cette règle n'est pas absolue, beaucoup de substances peuvent exister sous les deux états, cristalloïde et colloïde. Ainsi la silice et l'alumine, qui se trouvent dans la nature à l'état cristallisé (quartz, rubis), sont connues aussi sous la forme de solutions colloïdales. Pendant longtemps les matières albuminoïdes n'ont été connues qu'à l'état de colloïdes, exception faite pour la seule oxyhémoglobine. Puis on a trouvé dans les tissus végétaux des albuminoïdes cristallisées, les *cristaux d'aleurone*, microscopiquement constatés dans les semences et les tubercules de diverses plantes et qui sont constitués par une globuline, puis on a obtenu une autre globuline végétale cristallisée, l'*édestine*, extraite des graines de chanvre, et, enfin, on a pu, par des artifices de laboratoire, faire cristalliser plusieurs albuminoïdes naturelles, la sérumalbumine, l'ovalbumine ; on a aussi préparé de la fibrine cristallisée.

3⁰ Les matières protéiques dévient la lumière polarisée à gauche. Cependant, A. Gamgee [1] a découvert que l'hémoglobine est dextrogyre, ayant un pouvoir rotatoire $[\alpha]_D = + 10°,4$; et, d'autre part, en collaboration avec le physiologiste américain Walter Jones, il a montré que les nucléoprotéides extraits du pancréas, des capsules surrénales et du thymus sont également dextrogyres, ayant un pouvoir rotatoire variant de $[\alpha]_D = + 37°,58$ à $[\alpha]_D = + 97°,9$ (nucléoprotéide du pancréas). En conséquence, A. Gamgee et W. Jones se sont demandé si tous les nucléoprotéides et les nucléines qui en dérivent ne formeraient pas une classe de substances protéiques dextrogyres.

b. Propriétés chimiques. — Parmi les propriétés chimiques des matières protéiques, il faut signaler les principales *réactions de coloration* et de *précipitation*, employées par les physiologistes.

1. Réactions de coloration. — Réaction xanthoprotéique. — Sous l'influence de l'acide azotique à froid et mieux à l'ébullition, les substances albuminoïdes ou leurs solutions se colorent en jaune-serin clair. Si l'on ajoute de l'ammoniaque jusqu'à réaction alcaline, la coloration devient jaune orangé foncé. Cette réaction serait due aux groupes phénylés des matières protéiques.

Réaction du biuret. — Les substances albuminoïdes ou leurs solutions, en présence d'un excès d'alcali (potasse ou soude caustique) et d'une très petite quantité de solution de sulfate de cuivre, se colorent en violet ou en rose, suivant la nature de la substance. Cette réaction est extrêmement sensible. On l'a appelée réaction du biuret, parce que ce corps, qui est un produit de condensation de l'urée, donne cette même réaction. On ne sait pas à quel groupement elle est due, peut-être à un complexe aspartique ou glycocollique.

Réaction de Millon. — Le réactif de Millon est une solution de nitrate de mercure dans l'acide nitrique nitreux ; il donne lieu, dans les solutions de

---

1. Physiologiste anglais (1841-1909).

substances albuminoïdes, à un précipité blanc. Ce précipité se colore rapidement en rouge-brique par l'ébullition. Cette réaction est due à la présence du noyau aromatique de la tyrosine : elle se produit en effet avec la tyrosine.

2. *Réactions de précipitation. — Coagulation par la chaleur.* — A l'exception des peptones, la plupart des matières protéiques sont coagulables par la chaleur, de 53° à 100°, suivant la substance. Ce phénomène est une précipitation, c'est-à-dire un passage à l'état solide, mais accompagnée d'un changement d'état du corps, tel que ce corps ne peut plus se redissoudre.

Précipitation par l'alcool, par les acides minéraux, par les sels, etc. — *L'alcool* précipite les matières protéiques. La plupart des *acides minéraux* et quelques acides organiques, comme *l'acide acétique en présence du ferrocyanure de potassium* (réaction très sensible), *l'acide trichloracétique,* etc., font de même. Les solutions saturées de *sulfate d'ammoniaque* ou de *sulfate de magnésie* les précipitent également (sauf les peptones). Le *réactif de Tanret* (acide acétique, iodure de potassium, bichlorure de mercure et eau) les précipite aussi ; le précipité est insoluble dans l'alcool, tandis que le précipité que donne le réactif de Tanret avec les alcaloïdes est soluble dans l'alcool.

Il convient maintenant de passer en revue les différents groupes de matières protéiques qui ont été distingués p. 29.

D. Matières albuminoïdes naturelles. — Ce sont les *albumines* et les *globulines.*

Les albumines sont solubles dans l'eau distillée, les globulines y sont insolubles et sont solubles dans les solutions étendues de sels neutres (à 1 p. 100, par exemple), comme le chlorure de sodium : le sulfate de magnésie dissous à saturation précipite totalement les globulines à la température ordinaire, tandis qu'il ne précipite pas les albumines.

Ces substances se trouvent en grande quantité dans l'organisme, en particulier dans le sang, dans le lait, dans les muscles.

Groupe des histones. — On peut rapprocher des globulines ces corps, dont l'importance est très grande, mais dont l'étude est loin d'être terminée.

Les histones possèdent les propriétés générales des globulines. Deux caractères principaux les distinguent, d'après Kossel, des autres matières albuminoïdes naturelles : leur teneur élevée en bases hexoniques (arginine surtout) et la propriété basique de leur molécule globale. L'histone que Kossel a isolée des globules rouges nucléés de l'oie, en solution neutre, n'est pas coagulable par la chaleur, précipite par l'ammoniaque, le précipité étant insoluble dans un excès de réactif, et enfin précipite par l'acide nitrique, le précipité se dissolvant à chaud et reparaissant par le refroidissement. Mais d'autres histones ont été isolées, du thymus, des ganglions lymphatiques, de la rate, de l'hémoglobine du cheval et du chien, qui ne présentent pas toutes ces propriétés ; il en est qui sont coagulables par la chaleur, vers 60° par exemple, qui sont précipitées par les alcalis, tels que la soude, mais le précipité est soluble dans un excès de réactif.

Il existe donc, selon toutes probabilités, différentes histones. La globine de l'hémoglobine, que l'on a longtemps considéré comme une globuline, est une histone. L'histone des leucocytes aurait la propriété, injectée dans les vaisseaux, de retarder ou d'empêcher la coagulation du sang. Ainsi, certaines histones, par cette remarquable propriété physiologique, se rattacheraient aux albumoses. L'attention se porte donc justement sur ces corps.

E. Protéides. — La matière protéique est ici unie à une autre substance organique non protéique. Il y a trois grands groupes de protéides : les *glyco-protéides*, les *nucléo-protéides* et les *chromo-protéides*.

a. Glyco-protéides. — Composés résultant de la combinaison d'une albuminoïde avec un groupement hydrate de carbone. Telle est la *mucine* qui, traitée par les acides à l'ébullition, donne un corps réduisant la liqueur de Fehling : ce corps réducteur est un sucre aminé, la glycosamine, $C^6H^{11}O^5$. AzH^2. Telles sont aussi l'*ovomucoïde*, un des constituants de l'albumine de l'œuf de poule, la *substance chondrogène* des cartilages, etc.

Les mucines sont insolubles dans l'eau ; elles se dissolvent dans les alcalis dilués ; leurs solutions sont filantes. L'acide acétique les précipite ; le précipité est insoluble dans un excès d'acide. L'acide chlorhydrique et l'acide azotique les précipitent également, mais le précipité est soluble dans un excès d'acide ; à cet égard elles se comportent donc comme les matières albuminoïdes proprement dites.

On trouve la mucine dans le tissu conjonctif, dans les tendons et dans plusieurs liquides de l'organisme, le mucus nasal, la salive, le suc gastrique. Il y a dans la bile du bœuf un corps analogue, mais qui n'est pas une vraie mucine ; c'est une *pseudo-mucine*, car, traitée par les acides bouillants, elle ne donne pas de substance réductrice ; c'est en réalité une nucléo-albumine ; la bile humaine contient au contraire une mucine vraie.

b. Nucléo-protéides. — Ce sont des corps formés par la combinaison d'une protéine avec une nucléine, composé organique phosphoré.

Il y a lieu de distinguer les nucléo-protéides vrais des *nucléo-albumins*, dont les produits de dédoublement sont différents.

Les nucléo-protéides, hydrolysés par digestion chlorhydropepsique, donnent des protéoses solubles et laissent un résidu insoluble de nucléine, corps azoté et phosphoré : celle-ci, hydrolysée à son tour par l'action des acides minéraux dilués et bouillants, se dédouble en une substance protéique et en *acide nucléinique*[1]; et enfin celui-ci, traité encore par les acides dilués, se dédouble en acide phosphorique, d'une part, et, d'autre part, en *bases puriques* (*bases nucléiniques* ou *xanthiques* ou *alloxuriques*) (adénine, guanine, xanthine, hypoxanthine), *bases pyrimidiques* (uracile, thymine, cytosine) et hydrate de carbone.

On peut représenter schématiquement de la façon suivante la série des décompositions que subissent les nucléo-protéides :

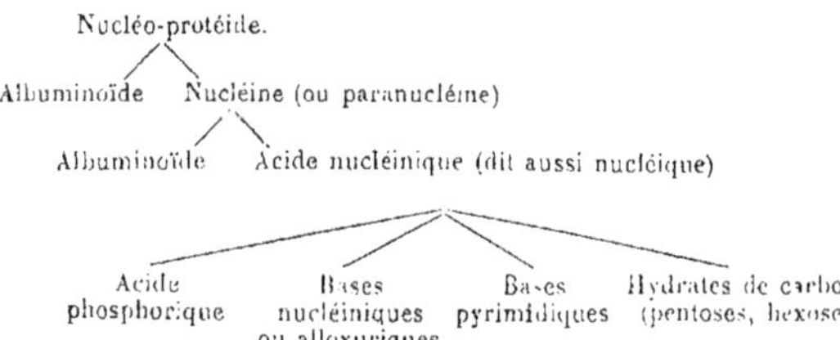

Les nucléo-protéides présentent la plupart des réactions des globulines. Ils sont insolubles dans l'eau et dans l'alcool; ils se dissolvent dans les

[1]. Les nucléines sont donc elles-mêmes des protéides, puisqu'elles sont constituées par une matière albuminoïde unie à un autre groupement. Elles présentent les réactions de coloration des matières albuminoïdes. Elles contiennent du soufre et du phosphore. Les acides qui en dérivent ne contiennent que du phosphore, environ 10 p. 100, tandis qu'elles-mêmes n'en contiennent que 3 à 4 p. 100. Les acides nucléiniques sont des corps très complexes; ainsi, quand on les attaque par les acides étendus bouillants (hydrolyse acide), ils fournissent, outre les composés énumérés ci-dessus, divers hydrates de carbone. C'est là un fait physiologiquement très intéressant. Quant aux bases qui dérivent des acides nucléiniques, leur importance physiologique est également très grande, à cause des relations constatées entre elles et l'acide urique. Les bases xanthiques et l'acide urique proviennent en effet d'une combinaison hypothétique, la *purine* (E. Fischer), groupement commun à tous ces corps. Les rapports entre les *bases puriques* et l'acide urique sont bien mis en évidence par les formules de constitution suivantes :

$$\text{Purine } C^5H^4Az^4$$
$$\text{Hypoxanthine } C^5H^4Az^4O \quad (6\text{-oxypurine}).$$
$$\text{Xanthine } C^5H^4Az^4O^2 \quad (2\text{-}6\text{-dioxypurine}).$$
$$\text{Acide urique } C^5H^4Az^4O^3 \quad (2\text{-}6\text{-}8\text{-trioxypurine}).$$
$$\text{Adénine } C^5H^5Az^5 \quad (6\text{-amino-purine}).$$
$$\text{Guanine } C^5H^5Az^5O \quad (2\text{-amino-}6\text{-oxypurine}).$$
$$\text{Caféine } C^8H^{10}Az^4O^2 \quad (1\text{-}3\text{-}7\text{-triméthylxanthine}).$$

Les purines comprennent donc les bases xanthiques, appelées aussi *alloxu-*

alcalis dilués ou les sels alcalins (carbonates, phosphates). En solutions
neutres ils sont coagulés par la chaleur. Cette dernière propriété n'appartient pas aux nucléo-albumines; et c'est pour cette raison que le lait, porté
à l'ébullition, ne se coagule pas (incoagulabilité de la *caséine*, qui est une
nucléo-albumine, par la chaleur).

Les nucléo-protéides forment la matière principale des noyaux
des cellules; la chromatine des histologistes est sans doute une
nucléine; on les trouve donc dans tous les tissus. Ils y jouent
un rôle très actif. On a montré que ceux de divers organes, du foie,
de la rate, etc., possèdent un remarquable pouvoir oxydant; ce
pouvoir serait dû à un noyau organique ferrugineux faisant partie
de leur molécule et capable de transporter l'oxygène. Ces substances
auraient aussi par elles-mêmes le pouvoir de détruire le glycogène,
la glycose, l'oxyhémoglobine. Plusieurs des propriétés des globules
blancs sont peut-être également attribuables aux réactions des
nucléo-protéides de ces éléments. On peut par suite se demander si
les actions chimiques que l'on considère encore généralement comme
le résultat de la vie même des cellules et qui sont caractéristiques
de leurs fonctions physiologiques, ne seraient pas dues en réalité à
des propriétés spéciales de diverses substances constitutives de ces
cellules, telles que les nucléo-protéides, propriétés indépendantes
de tout phénomène *vital*, au sens métaphysique de ce mot.

Un des principaux nucléo-protéides est la *nucléo-histone*, corps
soluble dans l'eau et dans les alcalis dilués, insoluble dans les acides
étendus, que l'on a isolée des cellules du thymus, des ganglions
lymphatiques, de la rate, des testicules (dont elle forme la principale matière protéique), et qui, sous l'influence de l'acide chlorhydrique étendu, se dédouble en histone et en une nucléine appelée
leuco-nucléine. Les bases nucléiniques qui dérivent de celle-ci sont
surtout l'adénine et l'hypoxanthine. Quant à l'histone, comme il a
été dit p. 38, c'est le type d'une classe d'albuminoïdes basiques,
possédant les propriétés générales des albuminoïdes, mais se rapprochant en même temps, plusieurs d'entre elles du moins, des albu-

riques et l'acide urique et les xanthines méthylées, comme la caféine et la théo-
bromine (3-7 diméthylxanthine). Bases xanthiques ou alloxuriques et acide
urique réunis sont dénommés souvent *corps alloxuriques*.

Quant aux bases pyrimidiques, dérivées d'une combinaison dite *pyrimidine,*
elles présentent la constitution suivante :

$$
\begin{array}{lll}
AzH-CO & AzH-CO & AzH-C.AzH^2 \\
|\quad\quad\; | & |\quad\quad\; | & |\quad\quad\; | \\
CO\quad CH & CO\quad C.CH^3 & CO\quad CH \\
|\quad\quad\; \| & |\quad\quad\; \| & |\quad\quad\; \| \\
AzH-CH & AzH-CH & Az\;=CH \\
\text{Uracile} & \text{Thymine} & \text{Cytosine} \\
\text{(2-6 dioxypyrimidine).} & \text{(5-méthyluracile.)} & \text{(6-amino-2-oxypyrimidine).}
\end{array}
$$

La cytosine est aisément transformée en uracile par oxydation.

moses par leur action anticoagulante. La leuconucléine, au contraire, quand on l'injecte, comme l'histone, dans les vaisseaux augmente la coagulabilité du sang.

Paranucléoprotéides ou *nucléo-albumines (protéines phosphorées)*. — On donne de préférence aujourd'hui à ces corps le nom de protéines phosphorées, les autres dénominations étant impropres, puisque ces composés, à l'inverse des nucléoprotéides, ne se trouvent pas dans les noyaux cellulaires, mais bien dans les protoplasmas.

Soumis à la digestion pepsique, ils fournissent des protéoses solubles et laissent un résidu de *pseudo-nucléine*, dit aussi *paranucléine*, dédoublable à son tour en protéine et *acide paranucléique*. Mais ce sont là des combinaisons mal définies. D'ailleurs l'hydrolyse de ces corps ne donne ni bases puriques ni bases pyrimidiques.

La caséine, principale matière albuminoïde du lait, les caséines végétales, la vitelline du jaune d'œuf (ovovitelline), d'où Bunge[1] a extrait un corps phosphoré très riche en fer qu'il a appelé *hématogène*, sont des représentants de ce groupe.

Nucléone. — On peut encore placer ici un corps décrit sous le nom de *nucléone*. C'est un composé phosphoré, résultant de la combinaison de l'acide phosphorique avec l'*acide carnique* — *acide phosphocarnique* — et avec une substance réduisant la liqueur de Fehling (groupement hydrocarboné).

L'acide carnique est précipité par quelques-uns des réactifs des matières protéiques et donne la réaction du biuret, mais non celle de Millon. Il a d'abord été trouvé dans les muscles, puis dans le lait et dans les urines; on l'a trouvé aussi dans le cerveau, dans les testicules, dans le sang, dans le sperme humain; les muscles en contiennent de 0,1 à 0,2 p. 100; le sang et le cerveau en contiennent un peu plus; le lait de femme en contient deux fois plus que le lait de vache. — Il est intéressant de remarquer que l'acide phosphocarnique, par simple hydrolyse, indépendamment de toute oxydation, peut fournir de l'acide carbonique: c'est ce qui arrive quand on le chauffe au dessous de 100° avec les acides minéraux étendus. Or, on sait de date déjà ancienne que, dans l'activité musculaire, il y a une partie de l'acide carbonique produit qui ne correspond pas à une consommation équivalente d'oxygène. Il est d'autant plus permis de penser que cette portion du CO_2 qui résulte du travail musculaire provient de l'acide phosphocarnique, que l'on a montré que cette substance diminue dans les muscles par l'effet du travail. Elle serait donc une source d'énergie pour le muscle. — A un autre point de vue, cette substance n'est pas moins intéressante. Traitée à chaud par le perchlorure de fer, elle donne un composé ferrugineux, insoluble dans l'eau, soluble dans les alcalis, la *carniferrine*, qui, comme l'hématogène de Bunge, est facilement assimilable et non toxique; et, comme dans l'hématogène, le fer est ici masqué, c'est-à-dire difficilement décelable par les réactifs ordinaires, par le sulfhydrate d'ammoniaque

---

1. G. von Bunge, contemporain, professeur de chimie physiologique à l'Université de Bâle, auteur d'un volume de *Leçons de chimie physiologique et pathologique*, qui a été très remarqué (trad. fr. sur la 2e édit. allemande, Paris, 1891).

par exemple. C'est en effet le propre de certaines combinaisons organiques
du fer que ce métal y soit en quelque sorte dissimulé, parce qu'il est étroitement uni à la matière protéique.

c. Chromo-protéides. — On appelle ainsi les substances résultant
de l'union d'une matière protéique avec un noyau coloré ou
pigment. Les diverses hémoglobines ou matières colorantes du sang
des Vertébrés constituent ce groupe. L'hémoglobine est formée
par la combinaison d'une globuline, la globine [1], avec une substance
organique ferrugineuse, l'hématine; son étude sera faite avec celle
du sang.

d. Lécithalbumines. — Parmi les protéides se trouvent encore les
lécithalbumines. Ces composés, qui ont été obtenus comme résidus de
la digestion chlorhydro-pepsique de beaucoup d'organes, muqueuse
gastrique, foie, rein, rate, poumons, sont des combinaisons très
stables et non encore définies d'une lécithine avec une albuminoïde.
Leur réaction est acide. Elles contiennent jusqu'à 7 p. 100 environ
d'anhydride phosphorique.

Ce sont des corps dont le rôle physiologique est probablement
fort intéressant en raison de leur propriété de fixer les alcalis, les
alcaloïdes, quelques glycosides, c'est-à-dire des substances toxiques.
D'autre part, cette propriété interviendrait dans la sécrétion des
liquides acides. Si, par exemple, on filtre sur une couche de léci-
thalbumine un liquide alcalin ou une solution saline. dans le
premier cas le filtrat est acide et le résidu, resté sur le filtre, alcalin,
et, dans le second cas, la plus grande partie est retenue, pendant
que l'acide passe facilement à travers le filtre. Ainsi pourraient
s'expliquer la formation de l'acide chlorhydrique du suc gastrique et
la production de l'acidité des urines chez les animaux carnivores.

F. Albumoïdes. — Ce sont des matières protéiques qui, tout en
ayant quelques caractères communs avec les matières des groupes
précédents, offrent aussi des différences, de composition, de réaction,
de solubilité, etc.

Ainsi elles contiennent moins de carbone et plus d'oxygène ; le noyau
benzénique, d'où provient la tyrosine dans la décomposition des albuminoïdes, y fait en général défaut; elles ne coagulent pas par la chaleur ;
elles ne précipitent pas par les acides. Elles ne peuvent suppléer les albuminoïdes dans l'alimentation.

Parmi ces corps se trouvent les substances collagènes, l'élastine,
la kératine.

---

1. Plusieurs de ses propriétés ont fait placer la globine parmi les histones,
comme il a été indiqué plus haut. p. 3.).

a. Substances collagènes et gélatine. — Les collagènes sont les substances fondamentales des fibres conjonctives, des os (osséine), des tendons, etc.

Elles sont insolubles dans l'eau, dans les solutions salines neutres, dans les acides et les alcalis dilués ; elles se gonflent dans les acides dilués. Dans l'eau bouillante elles se gonflent et se transforment en gélatine.

Celle-ci est un produit d'hydratation du collagène. Par l'action de la chaleur (130°), d'après Halliburton [1], la gélatine perdrait de l'eau et régénérerait le collagène.

La gélatine est un produit artificiel, ce n'est pas un principe immédiat de l'organisme ; le principe immédiat dont elle provient, c'est le collagène. Il en faut dire cependant quelques mots, à cause de l'intérêt qu'elle présente au point de vue physiologique, en raison de son rôle comme aliment.

La gélatine est une substance amorphe, incolore, transparente : insoluble dans l'eau froide, l'alcool, l'éther, le chloroforme, etc. ; soluble dans l'eau et la glycérine chaudes ; cette solution dans l'eau chaude, visqueuse et filante, se prend en gelée par le refroidissement (*gélification*). Les solutions de gélatine ne dialysent pas ; ce sont des colloïdes ; elles ne coagulent pas par la chaleur ; elles donnent la réaction du biuret, mais non celle de Millon (due à la présence de la tyrosine dans la molécule protéique) ni la réaction xanthoprotéique.

Les gélatines, même dites pures, du commerce contiennent une grande quantité de cendres.

b. Élastine. — Partie fondamentale des fibres et des membranes élastiques dans les tendons, les ligaments, les aponévroses, surtout les ligaments jaunes intervertébraux, la tunique moyenne des artères. La diffusion du tissu élastique dans tout l'organisme et les différences de l'élastine suivant les organes et suivant l'âge des animaux, suffisent à montrer l'importance de cette substance.

Elle est insoluble dans l'eau, soluble dans la lessive de potasse. Elle donne les réactions du biuret, de Millon et xanthoprotéique. Elle contient un peu de soufre, encore que le contraire ait été longtemps soutenu. — Sous l'influence de l'acide sulfurique bouillant, elle se décompose lentement en fournissant les produits de dédoublement des albuminoïdes. Les sucs gastrique et pancréatique la digèrent, mais plus difficilement que l'albumine.

c. Kératine. — La kératine est la substance essentielle des cellules superficielles de l'épiderme, des ongles, des cheveux et des poils, de la

---

1. W. D. Halliburton, contemporai   professeur de physiologie à King's College, à Londres.

capsule du cristallin, du sarcolemme des muscles, du névrilème, etc. Chez les animaux, elle forme le principal constituant de la corne, des écailles des Reptiles, des plumes des Oiseaux, etc. Suivant leur provenance, les kératines présentent une composition centésimale différente, surtout au point de vue de leur teneur en carbone et en soufre[1]. Elles se distinguent de toutes les matières protéiques par la forte proportion de soufre qu'elles présentent. Ce sont les poils roux qui contiennent le plus de soufre, jusqu'à 8 p. 100, la laine blanche en contient très peu.

On ne saurait dire si la substance trouvée par RANVIER[2] dans le stratum granulosum et dans le stratum lucidum de l'épiderme, sous forme de granulations, et qu'il a décrite sous le nom d'*éléidine*, en la représentant comme un stade de formation de la kératine, peut être considérée comme un individu chimique (F. BOTTAZZI[3]).

La *neurokératine*, que l'on a extraite des fibres nerveuses à myéline, et qui constituerait en quelque sorte le squelette de la myéline, présenterait tous les caractères de la kératine.

La kératine est une substance amorphe, de consistance cornée, insoluble dans l'eau, l'alcool, l'éther, se dissolvant lentement dans la lessive de potasse ou de soude. Elle se gonfle dans l'eau chaude, mais sans se gélifier par le refroidissement, elle se gonfle plus facilement encore dans l'acide acétique. Elle donne la réaction de Millon. Hydrolysée par les acides bouillants, elle fournit les produits généraux de décomposition des albuminoïdes (beaucoup de tyrosine).

d. RÉTICULINE. — Matière protéique découverte dans le tissu de soutien des ganglions lymphatiques, de la rate, de la muqueuse intestinale, du foie, des poumons et des reins.

La réticuline contient du phosphore. Parmi ses produits de décomposition on a trouvé de l'hydrogène sulfuré, de l'ammoniaque, de la lysine, de l'acide amino-valérianique, etc., mais non de la tyrosine. Elle est insoluble dans l'eau, l'alcool, l'éther, les acides minéraux étendus, le carbonate de soude, ainsi que dans les sucs gastrique et pancréatique. Elle donne la réaction xanthoprotéique et celle du biuret, mais non celle de Millon.

4° *Autres composés organiques.*

Outre les hydrates de carbone, les corps gras et les matières pro-

1. Il n'y a donc pas une kératine, mais plusieurs substances voisines les unes des autres par leur composition et ayant des propriétés communes, dont l'ensemble forme un groupe que l'on peut appeler le groupe des kératines (HAMMARSTEN).

2. Célèbre histologiste français contemporain, ancien professeur au Collège de France.

3. Physiologiste italien contemporain, professeur de physiologie à l'Université de Naples.

téiques, on trouve dans le corps divers autres composés organiques, dont plusieurs ont une grande importance physiologique.

A. Inosite. — L'inosite, que l'on a longtemps considérée comme un sucre répondant à la même formule ($C^6H^{12}O^6$) que les glycoses, mais non réducteur ni fermentescible, n'est pas un sucre. En réalité, c'est un alcool hexavalent, une véritable mannite, produit d'addition de la benzine dont elle dérive par substitution du groupe CH.OH aux six groupements CH de l'hexagone :

$$
\begin{array}{c}
\text{CH OH}\\
\text{CH.OH} \diagup\,\diagdown \text{CH.OH}\\
\text{CH.OH} \diagdown\,\diagup \text{CH.OH}\\
\text{CH.OH}
\end{array}
$$

Elle doit donc s'écrire $C^6H^6(OH)^6$ et s'appeler l'hexahydroxybenzine (MAQUENNE[1], 1887). Sous l'influence des agents réducteurs ou oxydants qui détruisent ses fonctions d'alcool, elle se transforme uniquement en corps de la série aromatique.

C'est un corps solide, blanc, de saveur sucrée, soluble dans l'eau, insoluble dans l'alcool absolu, l'éther, l'acide acétique, sans action sur le plan de polarisation de la lumière, ne fermentant pas avec la levure de bière.

L'inosite, qui se trouve dans beaucoup de plantes, existe dans tous les muscles et spécialement dans le cœur. On l'a trouvée dans les urines de quelques diabétiques (*inosurie*) ; de plus, la glycosurie par piqûre du quatrième ventricule et le diabète pancréatique s'accompagneraient d'inosurie transitoire (MÉILLÈRE[2], 1906, 1909). Ces faits tendent à montrer que, malgré leur différence de constitution, l'inosite et le sucre ne sont pas étrangers l'un à l'autre au point de vue biochimique.

B. Cholestérine. — Comme l'inosite, la cholestérine est un alcool, mais de formule beaucoup plus compliquée. On la considère généralement comme un alcool monovalent ($C^{27}H^{45}.OH$). Cependant sa constitution chimique n'est pas encore exactement connue.

C'est une substance cristallisable, insoluble dans l'eau, dans les acides étendus et dans les alcalis, soluble dans l'alcool bouillant, dans l'éther, le chloroforme, la benzine, la glycérine bouillante, etc.

La cholestérine se trouve normalement dans un grand nombre de plantes et dans beaucoup de tissus animaux ainsi que dans le lait.

[1]. Chimiste français contemporain, professeur au Muséum d'histoire naturelle.
[2]. Chimiste et pharmacien français contemporain.

On l'a en effet trouvée dans les globules rouges et les globules blancs du sang, dans la substance nerveuse (nerfs, moelle, cerveau), dans le foie, la rate, les surrénales dont elle est peut-être un produit de sécrétion important, dans le jaune d'œuf, etc., et, d'autre part, dans la bile, le sérum sanguin, le lait, la sueur, la matière sébacée, le *vernix caseosa* ou enduit graisseux du fœtus, le sperme, les fèces. Du sérum sanguin et de la lymphe on a extrait deux éthers de la cholestérine, l'éther cholestériloléique et l'éther cholestérilpalmitique, qui ont les réactions de la cholestérine, légèrement modifiées. Les calculs biliaires, chez l'homme, sont presque toujours et à peu près complètement formés de cholestérine.

La présence de ce corps dans les éléments en voie de formation (comme les graines), dans les éléments figurés du sang et dans le tissu nerveux et sa présence constante à côté de la lécithine paraissent être des preuves de sa valeur histogénétique. — L'importance de son rôle physiologique, en tant que lipoïde, a été signalée plus haut (p. 28).

La cholestérine serait d'origine exclusivement alimentaire.

C. Protagon. — Le protagon, qui fut d'abord retiré du cerveau et auquel on a de divers côtés refusé le caractère d'un individu chimique, est cependant, en général, considéré maintenant comme une espèce chimique. Il y a probablement d'ailleurs plusieurs protagons, quelque peu différents les uns des autres, suivant les organes d'où ils ont été extraits.

Ce sont des substances contenant C, H, Az, O, P et quelquefois S : oxydées par l'acide azotique, elles donnent des acides gras supérieurs; traitées par l'acide sulfurique ou chlorhydrique bouillant, elles donnent des corps réducteurs (hydrates de carbone); par l'action ménagée des alcalis, elles donnent des *cérébrosides* qui, à leur tour, se décomposent en ammoniaque, en sucre (galactose) et en un troisième groupement : celui-ci, oxydé par l'acide azotique ou traité par la potasse, donne des acides gras supérieurs (palmitique, stéarique). D'où la conception que les protagons sont des corps azotés et phosphorés qui peuvent être décomposés avec formation de cérébrosides.

Ceux-ci sont des corps azotés, mais non phosphorés, ainsi dénommés parce que leur constitution paraît rappeler celle des glycosides (voy. p. 25); ils sont au nombre de trois, la *cérébrine*, l'*homocérébrine* et l'*encéphaline*. Leur composition centésimale n'est pas encore tout à fait fixée. Traités par les acides dilués, ils fournissent un sucre réducteur que l'on a démontré identique à la galactose : soumis à l'action de la potasse ou oxydés par l'acide azotique, ils donnent un acide gras supérieur.

Le protagon ($C^{160}H^{308}Az^5PO^{35}$) (?) a été obtenu sous forme cristalline ou à l'état de précipité amorphe. Il est peu soluble dans l'alcool et dans l'éther à froid, mais soluble dans les liquides chauds et dans l'acide acétique glacial. Il est insoluble dans l'eau, il s'y gonfle en donnant une masse gélatineuse.

Le protagon n'a pas été trouvé seulement dans le système nerveux, où il est abondant, mais dans beaucoup d'autres tissus; il existe peut-être partout où il y a de la lécithine. Uni à cette dernière et à la cholestérine, il constitue ce que l'on appelle quelquefois les *substances myéliniques* (myéline des fibres nerveuses, suivant le mot employé par les histologistes).

D. Jécorine. — C'est un corps très complexe; parmi ses produits de décomposition on note la choline, l'acide glycérophosphorique, des acides gras, un sucre réducteur, qui est probablement la glycose. D'où la supposition que la jécorine est une combinaison de lécithine et de glycose. Son importance est due à ses propriétés réductrices[1] et au phosphore qu'elle contient.

On a trouvé de la jécorine dans le foie, la rate, le sang, les muscles, le cerveau, etc.

E. Pigments. — Ce sont des substances colorées qui existent, en général, dans les cellules sous forme de fines granulations. Leur constitution chimique n'est pas encore bien connue. On peut les diviser en lipochromes, pigments non azotés, et en pigments azotés, dérivés des matières protéiques.

a. Lipochromes. — Ce sont les pigments du tissu adipeux et des graisses en général (de là est venu leur dénomination), qui forment un groupe considérable de substances jaunes ou rouges, non azotées.

Les jaunes ont un spectre d'absorption formé d'une ligne dans la raie F et d'une autre entre F et G ; les substances rouges n'ont qu'une ligne d'absorption dans la raie F. A la lumière et à l'air, les lipochromes s'altèrent et pâlissent. Comme les graisses, ils sont solubles dans l'alcool, l'éther, le chloroforme, la benzine et insolubles dans l'eau.

A cette classe appartiennent le pigment du jaune d'œuf et celui du sérum sanguin de beaucoup d'animaux. La principale substance de ce groupe est la *lutéine*. Ce nom désigne spécialement le pigment du jaune d'œuf et celui des corps jaunes.

La *tétronérythrine*, le pigment rouge qui se trouve dans la peau et autour des yeux de beaucoup d'Oiseaux et dans les téguments d'un grand nombre d'Invertébrés, est un lipochrome.

Dans le règne végétal, ces substances sont largement représentées.

---

1. Le pouvoir réducteur du sang ne serait pas dû seulement à la glycose préformée dans ce liquide, mais dépendrait aussi pour partie d'autres substances parmi lesquelles la jécorine.

La mieux connue est la *carotine*, pigment des carottes et des tomates, et dont l'existence a été démontrée aussi par A. Arnaud[1] dans un grand nombre de feuilles.

b. Pigments azotés. — Il ne sera pas parlé ici des *pigments hémoglobiniques* et de leurs dérivés, dont l'existence a déjà été signalée p. 42. Leur étude sera faite avec le sang, avec la bile, avec l'urine, etc.

La *chlorophylle*, si importante dans la vie végétale, est une substance de ce groupe.

Dans cette classe des pigments azotés se trouvent aussi les *mélanines*.

Les *mélanines* proviennent-elles de la matière colorante du sang, comme l'hématoïdine, l'urobiline, les pigments biliaires, etc.? ou ont-elles, au contraire, une autre origine et dérivent-elles des matières protéiques, de fragments non colorés de celles-ci qui, par des transformations encore indéterminées, produiraient des matières colorantes? Les deux théories ont été soutenues. La seconde paraît plus en faveur. Du moins on en conçoit la possibilité, depuis que l'on a vu se former des matières colorantes foncées dans l'hydrolyse des albuminoïdes par les acides (Schmiedeberg[2]), et depuis aussi que l'on voit des oxydases (les tyrosinases) produire des pigments foncés avec des substances comme la tyrosine (formation de l'encre de Seiche, noircissement de l'hémolymphe de divers insectes, formation des tumeurs mélaniques du cheval, etc.). Or, les processus d'autolyse, qui se passent à peu près dans tous les organes, donnent naissance à des produits aromatiques, analogues à la tyrosine ; des tyrosinases transformeraient ensuite ces produits en mélanines. Comme il y a divers lipochromes, il y a sans doute des mélanines différentes, quoique assez voisines les unes des autres.

Ce sont des pigments bruns, amorphes, pouvant prendre en couche épaisse une teinte tout à fait noire, très résistants aux divers réactifs. Ils se présentent ordinairement sous la forme de granulations. Si on les fait bouillir avec une solution concentrée de potasse caustique, ils se dissolvent en donnant un liquide brun, qui se décolore quand on le soumet à l'action du chlore ; c'est là un caractère par lequel ces grains se différencient de la poudre de charbon.

Outre le carbone, l'hydrogène, l'oxygène et l'azote, ces substances contiennent généralement du fer et du soufre. Cependant le pigment choroïdien est privé de soufre, tandis que le pigment des cheveux en est relativement riche. Le rôle des matières minérales dans les pigments et la place qu'elles y occupent ne sont d'ailleurs pas encore exactement déter-

1. Chimiste contemporain, professeur de chimie au Muséum d'histoire naturelle.
2. O. Schmiedeberg, contemporain, professeur de pharmacologie à l'Université de Strasbourg.

mines. ARMAND GAUTIER a démontré la présence de l'arsenic dans les cheveux et les poils et il pense que ce corps joue un rôle important dans la coloration des appendices cutanés d'un grand nombre de Vertébrés (Oiseaux surtout).

On trouve des mélanines spécialement dans la peau et les poils, dans la choroïde, dans les tumeurs dites *mélaniques*.

C. PIGMENTS AZOTÉS DE LA SÉRIE AROMATIQUE. — Quoique l'on ne trouve pas de ces pigments dans l'organisme humain, il convient d'en signaler ici l'existence, parce qu'on en rencontre dans une classe d'êtres qui intéressent le médecin au plus haut point.

Il y a, en effet, un assez grand nombre de bactéries dites *chromogènes*, qui produisent des pigments rouges (tel le *Bacillus prodigiosus*), violets, bleus (*Bacillus pyocyaneus* ou du *pus bleu*), verts (même bacille), orangés, bruns, jaunes (*Staphylococcus aureus*), etc. Ces bactéries sont surtout des saprophytes, qu'on trouve sur le pain, la viande, le lait. Les espèces à pigment rouge paraissent être les plus fréquentes (bacilles de la sardine, de la morue, du lait, etc.). Plusieurs auteurs ont montré que la plupart de ces pigments, produits au contact de l'air, ont, par l'ensemble de leurs réactions et de leurs propriétés optiques, une grande analogie avec les couleurs d'aniline. Il est bon d'ajouter que l'on n'a pas encore pu déterminer la véritable nature chimique de ces matières colorantes.

La fonction pigmentaire des bactéries peut être modifiée et même supprimée sans que soit diminuée la vitalité de l'être. En changeant les conditions de milieu, on a transformé des microbes chromogènes en espèces incolores. De la même manière, on le sait, on modifie aussi la virulence des espèces microbiennes pathogènes. « On pourrait presque dire que le pouvoir chromogène et la virulence sont des fonctions de luxe, puisque, en somme, ces fonctions, distinctes de la nutrition élémentaire et de la multiplication, ne sont indispensables ni à la vie, ni à la reproduction du microorganisme[1]. »

1. L. GUIGNARD*, *Notions générales sur les bactéries* in *Traité de pathol. général.* de CH. BOUCHARD, t. II, p. 47. Paris, 1895.
* Célèbre botaniste français contemporain.

CHAPITRE IV

PROPRIÉTÉS PHYSIQUES ET CHIMIQUES
DES CELLULES
ET DES LIQUIDES INTERCELLULAIRES

I. — *PROPRIÉTÉS PHYSIQUES DES CELLULES*

Toutes les cellules ne sont pas pourvues d'une membrane d'enveloppe; ce sont surtout les cellules végétales qui présentent cette membrane à l'état de couche cellulosique plus ou moins épaisse. La plupart des cellules animales n'ont point de membrane d'enveloppe Mais, chez presque toutes, il existe à la périphérie une zone de protoplasma différencié, *condensé*, c'est l'*ectoplasma*, ou protoplasma plus dense, ou épaissi, et comme très légèrement solidifié.

C'est par cette couche limitante que les cellules sont en rapport avec le milieu extérieur. Pour qu'elles puissent se nourrir, c'est-à-dire absorber diverses substances nécessaires à leur vie et en rejeter d'autres qui leur sont devenues inutiles ou même nuisibles, il faut donc que cette couche se laisse traverser par toutes ces substances de dehors en dedans et de dedans en dehors. Ainsi se pose la question de savoir si les cellules sont perméables ou semi-perméables (voy. p. 55), si les lois physiques de l'imbibition et de l'osmose s'appliquent à leurs échanges avec le milieu.

Nous verrons dans quelle mesure se font ces applications et particulièrement les données importantes qui sont sorties déjà de l'extension à la physiologie des principes et des lois ainsi que des procédés d'investigation de cette partie de la physique qui a pris le nom de *chimie physique* (étude physique des solutions, tension osmotique, etc.).

I. — DIFFUSION.

Pour étudier le mécanisme du passage des substances étrangères du milieu extérieur jusque dans l'intérieur des éléments anatomiques, il faut d'abord savoir de quelle manière les liquides agissent sur les liquides.

Supposons deux liquides miscibles; sans qu'on les agite, ils se mélangent peu à peu au bout d'un temps plus ou moins long. C'est, par exemple, ce qui arrive avec l'eau et l'alcool qui, à cause de leur différence de densité, peuvent être placés en contact sans se mélanger tout d'abord ; au bout de quelque temps on constate que ies deux liquides se sont pénétrés. Cette diffusion se fait plus ou moins rapidement, suivant plusieurs conditions que les physiciens ont déterminées ; les principales sont : 1º la *nature des substances* ; les acides diffusent très vite, les sels alcalins et la glycose plus lentement. la gomme et l'albumine plus lentement encore ; GRAHAM a appelé *cristalloïdes* les substances qui se diffusent aisément (sels solubles. sucre) et *colloïdes* les substances dont la diffusion est plus ou moins lente (gomme, albumine, etc.) ; — 2º la *chaleur* qui accélère la diffusion dans de certaines limites ; — 3º la *quantité de substance* ; la diffusion est à peu près proportionnelle à la quantité de substance contenue dans la solution donnée ; etc.

On a vu la cause de la diffusion dans les actions qui se passent entre les molécules liquides (actions moléculaires d'attraction et de répulsion). Il y a en effet de très grandes variations dans l'intensité de la force de cohésion qui unit entre elles les molécules des divers liquides ; et il en est de même pour les attractions que les différents liquides exercent les uns sur les autres. Il suffit d'une attraction moléculaire, même faible, d'un liquide pour un autre, pour que les forces répulsives qui écartent les molécules homogènes, n'étant plus exactement balancées par l'attraction réciproque de ces molécules (cohésion), entrent en jeu et ajoutent leurs effets à ceux de l'attraction entre molécules hétérogènes; dès lors se produit le phénomène de la diffusion.

Cette force, qui tend à faire passer les molécules d'un corps d'un liquide dans la masse d'un autre liquide, doit jouer un grand rôle, chez les êtres vivants, dans l'absorption.

II. — IMBIBITION.

Supposons qu'entre deux liquides miscibles il se trouve une cloison poreuse. C'est le cas qui se présente constamment chez les êtres vivants, chez lesquels des membranes séparent les divers liquides ies uns des autres. Si la cloison poreuse (ou la membrane) est également perméable aux deux liquides, il est clair que le mélange se fera comme s'il n'y avait pas de membrane, à cela près qu'il pourra être plus ou moins ralenti. De fait, quand un corps solide est placé dans un liquide qui le mouille, étant supposé que ce solide ne se dissout pas dans ledit liquide, on constate que, plus ou moins rapidement, du liquide pénètre dans la masse solide; celle-ci augmente de volume; on dit qu'il y a eu imbibition. Ce phénomène consiste donc dans la pénétration d'un liquide à l'intérieur d'un solide, sans que celui-ci subisse la moindre désagrégation. C'est le cas des tissus organiques, la graisse exceptée. Une ancienne expérience, due à MAGENDIE, suffit à le prouver.

On isole une veine sur une certaine longueur, on la dispose en forme d'anse dont on fait plonger la partie inférieure dans de l'eau acidulée, puis on fait passer par une des extrémités de la veine un courant d'eau; l'eau qui sort par l'autre extrémité devient bientôt légèrement acide, comme il est facile de le constater au moyen de la teinture de tournesol.

Mais on doit se demander si les tissus vivants se comportent de la même façon. Des expériences de MAGENDIE et d'autres physiologistes répondent à cette question. En voici une de H. MILNE-EDWARDS [1].

On ouvre le thorax d'une grenouille vivante, on passe une ligature autour du paquet des gros vaisseaux sanguins auxquels le cœur est suspendu, puis on injecte un peu de strychnine sous la peau de l'une des pattes postérieures. Les phénomènes convulsifs, caractéristiques de l'action de la strychnine, se produisent, non pas au bout de quelques minutes, comme il arrive chez les grenouilles à l'état normal, mais au bout d'une heure environ. Or, la ligature placée autour du cœur a complètement interrompu la circulation; par conséquent la progression lente de la strychnine, depuis l'extrémité de la patte jusque dans la moelle épinière, n'a pu se faire que par imbibition.

La cause des phénomènes d'imbibition est l'adhésion qui s'exerce entre les molécules solides et les molécules liquides; elle a donc une grande analogie avec la capillarité. Par ce fait que le liquide mouille le solide (condition nécessaire de l'imbibition), des phénomènes capillaires prennent en effet naissance. Il est probable cependant que l'imbibition ne dépend pas entièrement d'actions capillaires.

---

1. HENRI MILNE-EDWARDS (1800-1885), célèbre zoologiste et physiologiste français, professeur à la Faculté des sciences de Paris et au Muséum d'histoire naturelle, auteur d'un des ouvrages les plus considérables et les plus précieux qui aient été écrits sur l'anatomie et la physiologie comparées : *Leçons sur la physiologie et l'anatomie comparées de l'homme et des animaux*, 14 vol. in-8°, Paris 1857-1881.

III. — FILTRATION.

Un liquide qui filtre est un liquide qui, passant à travers une cloison poreuse, s'y débarrasse des particules solides qu'il contient. Pour que ce phénomène se produise, il faut donc : 1º que le liquide puisse imbiber le filtre; 2º que celui-ci ait des pores assez petits pour arrêter les particules solides; et 3º que le liquide soit soumis à une certaine pression. La pression nécessaire dépend de la nature du liquide qui filtre, de la nature du corps à travers lequel s'opère la filtration et peut-être aussi de l'épaisseur de ce corps. Dans le cas du papier à filtrer ordinaire, il suffit d'une pression très faible pour que les liquides passent à travers le papier. La rapidité de la filtration dépend principalement de la nature de la membrane filtrante, de la nature du liquide (les cristalloïdes filtrent beaucoup plus facilement que les colloïdes), de la concentration de la solution à filtrer, de la pression.

Dans l'organisme, beaucoup de membranes jouent le rôle de filtres et les liquides qui sont en contact avec ces membranes se trouvent sous une certaine pression. Ainsi le plasma sanguin transsude à travers les parois des vaisseaux sous l'influence de la pression sanguine intravasculaire.

IV. — OSMOSE.

L'osmose (de ὠσμός, impulsion) n'est qu'un cas particulier de la diffusion; c'est la diffusion à travers une membrane. Il y a donc en jeu dans l'osmose, comme dans la diffusion, deux liquides différents. Il faut que ces liquides soient miscibles, première condition[1] : et il faut, seconde condition, que la membrane poreuse qui les sépare puisse être mouillée par les deux liquides ou au moins par l'un d'eux. Alors la diffusion pourra s'exercer entre les deux liquides, celui qui mouille la cloison traversant celle-ci par imbibition et, arrivé au contact de l'autre liquide, s'y mélangeant. Si les deux liquides mouillent la cloison, il s'établira un double courant.

Ces phénomènes ont été découverts et étudiés d'abord par DUTROCHET[2] sous le nom d'*endosmose*. On les désigne aujourd'hui par le nom plus général d'*osmose*, étant entendu que celle-ci consiste

1. Il n'y a pas d'osmose, par exemple, entre l'huile et l'eau.
2. HENRI DUTROCHET (1776-1847), médecin français, naturaliste et physiologiste, connu par d'importants travaux sur la structure intime et sur l'accroissement des végétaux, sur la constitution de l'œuf des Vertébrés et surtout par ses belles recherches sur l'osmose, dont il commença la publication en 1827 et qu'il poursuivit pendant plus de dix ans.

essentiellement en un mélange entre deux liquides miscibles au travers d'une membrane organique (ou d'une paroi cellulaire), avec prédominance du courant dans un sens.

On démontre l'osmose, expérience classique, au moyen d'un *endosmomètre* analogue à celui même qu'avait imaginé Dutrochet. On met de l'alcool (ou une solution saline ou sucrée) dans un petit vase de verre dont le fond est fermé par une membrane animale et dont le bouchon est traversé par un tube de verre, qui plonge verticalement dans le liquide : on place ensuite le vase dans un cristallisoir plein d'eau ; on voit le liquide s'élever peu à peu dans le tube, contrairement à la pesanteur ; il a attiré l'eau du cristallisoir. D'autre part, une petite quantité de la solution contenue dans le vase est passée dans le cristallisoir.

Il y a eu à la fois *endosmose* et *exosmose*. Mais ces deux termes étaient mal choisis ; car le dedans (ἔνδον) et le dehors (ἔξω) de l'endosmomètre ne signifient rien par rapport au phénomène lui-même ; l'eau peut être placée dans le vase intérieur et la solution sucrée ou salée dans le vase extérieur : le niveau baissera alors dans le tube de verre, au lieu de s'élever, le courant principal s'établissant du dedans au dehors, tout en portant le courant de l'eau vers la solution de sucre ou de sel. Aussi le mot *endosmose* a-t-il fini par désigner, pour Dutrochet lui-même, le courant le plus intense et l'*exosmose* le courant le plus faible. Les deux courants en effet ne sont pas égaux, et l'on voit en général augmenter le volume de l'un des liquides, tandis que l'autre diminue. Quand les deux courants sont égaux, ce qui peut arriver avec certains liquides, il ne se produit dans l'endosmomètre aucun changement de niveau ; dans ce cas, on dit aujourd'hui que les liquides sont *isotoniques* ; c'est là une expression que l'on retrouvera tout à l'heure.

Il y a un cas dans lequel nécessairement il ne se produit qu'un seul courant, c'est lorsque la membrane est *hémiperméable*. Une membrane est dite perméable quand elle se laisse traverser indifféremment par toutes les substances. Il existe des membranes qui ne se laissent traverser que par les substances cristalloïdes ; les colloïdes ne les traversent pas ou ne les traversent qu'après avoir subi des modifications déterminées ; telles sont les membranes animales. Au contraire, une membrane hémiperméable ne peut être traversée que par l'eau, aucune substance dissoute ne la traverse. Cette condition a simplifié l'étude de l'osmose et a permis de mesurer aisément les effets de cette force. En résumé donc, « suivant que l'on fera usage de tels ou tels liquides ou de telle ou telle membrane, l'énergie relative des deux courants endosmotique (le plus fort) et exosmotique (le plus faible) pourra varier de l'égalité (*isotonie*) à la plus extrême inégalité (*hémiperméabilité* de la membrane, l'un des deux courants étant nul) »[1].

Quelles sont les causes de l'osmose? En raison de la structure des membranes, on a fait jouer un grand rôle à la capillarité. Les cloisons poreuses, à travers lesquelles s'opère l'osmose, et par exemple les membranes organiques, présentent des interstices, des lacunes ou *pores (porosité de structure)* qui constituent des tubes capillaires à l'intérieur desquels s'élèvent l'eau et d'autres liquides. On voit en effet l'eau et beaucoup d'autres liquides monter dans les tubes étroits malgré l'influence de la pesanteur, les parois du tube exerçant une attraction adhésive sur les molécules du liquide; cette attraction, il est vrai, ne produit des effets marqués qu'à de très faibles distances. De là résulte la *perméabilité* des membranes. Mais les forces capillaires sont insuffisantes pour expliquer l'osmose. La preuve, c'est le désaccord qui existe entre la capacité de perméabilité et la capacité d'osmose (DUTROCHET); il peut même y avoir osmose à travers des cloisons sans perméabilité (cloisons formées par des liquides solidifiés, gélatine). D'ailleurs les actions capillaires ne seraient pas susceptibles de provoquer la formation d'un courant; elles peuvent seulement faire arriver les liquides jusqu'à l'extrémité des canaux creusés dans les membranes, à supposer qu'elles soient assez intenses. En réalité, la capillarité ne fait, comme on l'a dit, qu'amorcer le phénomène osmotique. Aussi l'imbibition, qui est due, sinon exclusivement, du moins en grande partie, au jeu des actions capillaires, n'est-elle pas une des causes, mais seulement une des conditions de l'osmose.

Il en est de même de l'attraction que les membranes exercent sur les liquides qu'elles séparent. On a cependant longtemps considéré l'osmose comme une propriété de membrane. Il est très vrai qu'il y a des différences plus ou moins marquées dans la rapidité du phénomène suivant la nature des cloisons poreuses. Et c'est là un facteur important chez les êtres vivants, où la variété des membranes est si grande, ectoplasmas divers, endothéliums, séreuses, parois vasculaires, etc. Ainsi l'influence de la membrane, de sa nature, de son épaisseur, est grande sur la durée du phénomène; la principale cause des différences de vitesse du courant osmotique se trouve là. Mais il a été montré que la membrane joue le rôle, non pas d'une cause, mais d'une condition; sans doute cette condition est nécessaire, puisque sans elle le phénomène n'a pas lieu; néanmoins elle ne le détermine pas.

Les expériences faites avec les membranes semi-perméables

---

1. A. DASTRE, *Osmose*, p. 468 (in *Traité de physique biologique*, par D'ARSONVAL, CHAUVEAU, GARIEL, MAREY et G. WEISS. Paris, t. I, 1901).

(voy. plus loin) ont montré que l'osmose est indépendante de la membrane ; les mesures de pression osmotique, réalisées avec des osmomètres munis de membranes diverses, donnent en effet des résultats à peu près identiques ; la pression osmotique ne dépend que de la solution employée, dont elle est une constante physique, dans des conditions déterminées. C'est donc dans les liquides eux-mêmes que se trouvent les forces vraiment productrices du phénomène.

C'est GRAHAM qui a rattaché l'osmose à la diffusion. Entre deux liquides miscibles séparés par une membrane il s'établit un courant, quand s'exercent l'attraction physique ou chimique des deux liquides l'un pour l'autre et la force répulsive qui suit et de laquelle résulte la propagation du mélange. Le phénomène est complexe, conditionné par la capillarité (imbibition de la membrane) et déterminé par l'affinité. Les recherches sur la pression osmotique l'ont éclairci.

V. — PRESSION OU TENSION OSMOTIQUE.

Dans la théorie actuelle des dissolutions, les molécules d'un corps dissous sont comparées aux molécules d'un gaz ; elles se meuvent dans le dissolvant, comme ces dernières dans un espace clos et, comme celles-ci, exercent une pression. La pression d'un gaz résulte de ce que les molécules de ce corps contenu dans un espace clos tendent à se répandre de tous côtés ; de là, la pression qu'elles exercent sur les parois qui empêchent leur expansion. De même, dans une solution, la substance dissoute tend à se diffuser dans le dissolvant ; ses molécules font effort contre tout obstacle qui les empêche de se répandre et, par exemple, contre les parois du vase qui renferme la solution ; elles exercent donc sur ces parois une pression résultant de leur effort même pour se répandre dans le dissolvant. C'est la pression osmotique.

Si le corps dissous tend à se répandre dans le dissolvant, c'est en raison de l'attraction que celui-ci exerce sur celui-là ou inversement. Telle est par exemple l'attraction des corps pour l'eau, dissolvant le plus commun, qu'elle peut produire des effets considérables. Qu'on emplisse de chaux vive un flacon que l'on bouche ensuite imparfaitement : la chaux attire l'eau contenue dans l'air, se gonfle et finit par faire éclater les parois du flacon. Toutes les substances solubles dans l'eau possèdent ainsi la propriété d'attirer ce solvant ou, inversement, celui-ci attire celles qui s'y diffusent. Aussi a-t-on pu ramener la force avec laquelle se fait cette attraction, ou *force hydrophile*, à la tension ou pression osmotique. Car cette dernière est la pression qui empêche les molécules du corps dissous de se mouvoir librement dans le solvant dont elles sont entourées, comme les molécules d'un gaz sont arrêtées dans leur libre expansion par les parois du récipient où ce gaz est enfermé.

I. — Les mesures de la pression osmotique.

La pression osmotique ne peut être connue que si elle peut être exactement évaluée. Ses mesures sont directes ou indirectes; ces dernières sont les plus importantes pour les physiologistes; les premières sont fondamentales.

1. — *Mesure directe de la pression osmotique.*

Comment mesure-t-on l'intensité de cette force, la valeur de cette pression? C'est grâce aux cloisons semi-perméables artificielles, c'est-à-dire perméables à l'eau seulement et imperméables aux autres corps, que la mesure directe a été possible. Ces membranes ont été découvertes par le naturaliste et chimiste allemand Traube[1] (1865) et bien étudiés par un autre savant allemand, le botaniste Pfeffer (1877). Ce ne sont pas autre chose que des précipités produits par diverses réactions chimiques et qui prennent une forme membraneuse à la surface de séparation des deux liquides réagissants.

On plonge, par exemple, dans une solution de sulfate de cuivre un vase poreux (vase en argile blanche, comme ceux que l'on emploie pour servir de diaphragme dans les piles de Daniell ou de Bunsen) et à l'intérieur de ce vase on verse une solution de ferrocyanure de potassium; les deux liquides pénètrent en sens inverse dans la paroi du vase poreux: leur rencontre, soit dans l'épaisseur de la paroi, soit à la face externe du vase d'argile, donne lieu à la formation d'un précipité continu de ferrocyanure de cuivre gélatineux[2], sorte de membrane très délicate, mais néanmoins très solide, puisqu'elle a comme support les parois du vase. On lave longtemps à l'eau pure, pour éliminer les sels solubles.

Un vase ainsi préparé constitue un osmomètre, après qu'on l'a muni d'un tube manométrique exactement adapté au diamètre du vase. On remplit celui-ci de la solution à étudier et on le plonge dans l'eau (fig. 2). Mesurons, par exemple, la pression osmotique développée par une solution de sucre; l'eau extérieure pénétrera en V, allant vers le sucre qui ne peut sortir, et s'élèvera dans le tube manométrique d'une hauteur HH' variable avec chaque concentration et qui représente la pression osmotique. Celle-ci peut être considérable et se mesure par des *atmosphères*, des *mètres d'eau* ou des *centimètres de mercure.*

Dans les cas de haute pression, on se sert d'un vase muni d'un tube manométrique à mercure, disposé comme on le voit sur la figure 3. La solution à étudier remplit complètement le vase et le tube manométrique jusqu'au mercure. Le vase est ensuite plongé dans l'eau distillée E qui

---

1. M. Traube (1826-1894), frère de l'illustre clinicien L. Traube.
2. D'autres précipités forment des membranes analogues, l'hydrate ferrique, l'acide silicique, la gélatine précipitée par le tannin, etc.

pénètre lentement à travers la paroi imperméable et qui force le mercure à s'élever dans la grande branche du tube manométrique.

A priori, on peut se demander comment il se fait, puisque la paroi semi-perméable laisse passer l'eau sur ses deux faces, que l'eau extérieure, qui est à la pression normale, entre dans un vase rempli d'une solution sous cette même pression. Il ne devrait rien passer, car si, par hypothèse, la tension de l'eau s'accroît, dans le vase interne, ce liquide peut sortir aussitôt à travers la paroi semi-per-

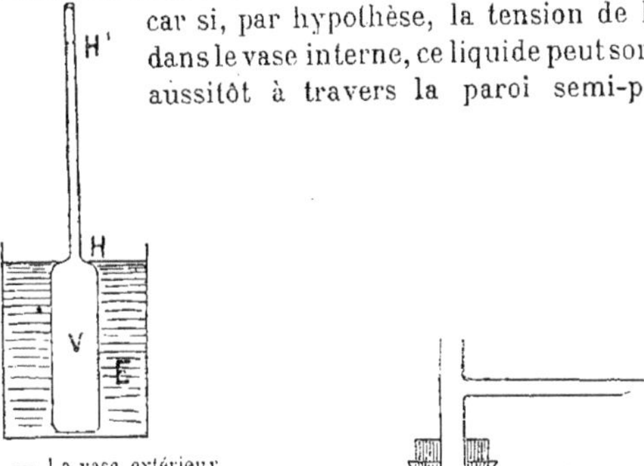

Fig. 2. — Le vase extérieur contient de l'eau. Le vase V, à paroi semi-perméable, contient une solution sucrée qui le remplit jusqu'au point H, où commence le tube de verre par lequel il est surmonté.

L'eau E peut traverser la paroi semi-perméable et s'élever jusqu'en H'.

La hauteur HH' mesure la pression osmotique.

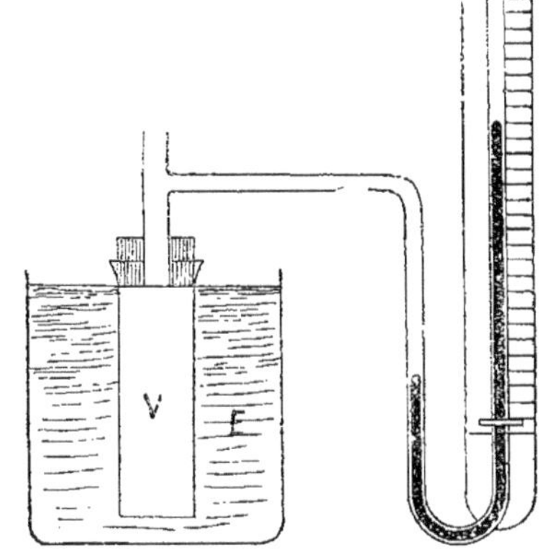

Fig. 3. — Schéma de l'osmomètre de Pfeffer.

méable, et ainsi se rétablira l'équilibre. « Mais c'est précisément un paradoxe apparent qui permet d'attribuer la pression osmotique aux molécules salines seules, en éliminant la pression du liquide, ainsi que Van't Hoff[1] l'a montré[2]. » L'eau extérieure est bien à la pression atmosphérique, et le vase interne a bien été rempli d'une solution à la même pression, mais dans cette solution le dissolvant et les molécules salines ont, l'un et les autres, une fraction de la tension totale comme dans le cas de mélanges gazeux. Par suite, le dissolvant, c'est-à-dire l'eau qui est à l'intérieur du vase à paroi semi-perméable, n'est pas à la même pression que l'eau extérieure; et celle-ci pénètre dans le vase jusqu'à ce que l'équilibre de pression de l'eau, des deux côtés de la paroi, soit établi. L'excès de pression

1. Célèbre chimiste hollandais (1852-1911).
2. A. ETARD, *La constitution des solutions étendues et la pression osmotique* (*Revue générale des sciences*, 15 avril 1890, p. 194). — A. ETARD, chimiste français (1852-1910).

qui se produit ainsi, c'est-à-dire la pression osmotique, dépend donc uniquement des molécules du corps dissous.

C'est cette explication aussi qui rend compte de la possibilité du mouvement osmotique. Ce mouvement est celui de l'eau qui pénètre de dehors en dedans, à travers la membrane semi-perméable de l'osmomètre. Au contraire, la pression osmotique, qui est due aux molécules du corps dissous, assimilées à des molécules gazeuses, s'exerce contre la paroi du vase, c'est-à-dire de dedans en dehors. Ainsi la direction de la force considérée est opposée au sens du mouvement qui se produit réellement. Cette difficulté disparaît si l'on remarque que la pression de l'eau, dans le vase intérieur de l'osmomètre, n'est qu'une fraction de la pression totale qui y règne ; elle est donc inférieure à la pression de l'eau extérieure ; celle-ci pénètre dans le vase intérieur, jusqu'à ce que sa pression partielle devienne égale à la pression de l'eau extérieure. Par suite, le mouvement de l'eau se fait bien dans le sens constaté par l'expérience.

A. Lois osmotiques. — Les principales mesures obtenues par la méthode directe sont relatives à l'influence de la température.
De ces déterminations sont sorties deux lois :

1° Loi des concentrations. — La pression osmotique π est proportionnelle à la concentration ou inversement proportionnelle au volume de la solution.

2° Loi des températures. — La pression osmotique π croît proportionnellement à la température absolue T[1].

Ces deux lois résultent directement des mesures de Pfeffer. Or, les mesures faites avec des membranes différentes, pourvu qu'elles fussent hémiperméables, ont donné sensiblement les mêmes résultats. D'où il suit que la pression osmotique dépend, non pas de la membrane, mais des solutions ; c'est une constante physique des solutions. On a vu alors que des solutions très diverses peuvent développer la même pression, à la condition qu'elles renferment le même nombre de molécules. De là deux autres lois :

3° La pression osmotique ne dépend que du nombre des molécules ; elle est indépendante de la nature des corps dissous et indépendante aussi du dissolvant (loi de Van't Hoff)[2] ;

---

1. Un gaz, supposé parfait, soumis au refroidissement ou au réchauffement, diminue ou augmente de $\frac{1}{273}$ de son volume par degré ; $\frac{1}{273}$ est le cofficient de dilatation des gaz. A 273° au-dessous de zéro, si la loi restait vraie, un gaz serait donc réduit à rien. Il est commode de considérer cette température de 273° comme la température absolue. On la désigne par T, qui est le zéro absolu. Un gaz à zéro centigrade est à + 273° absolus.

2. C'est ainsi que la pression gazeuse ne dépend pas de la nature du gaz, mais seulement du nombre des molécules dans un volume donné.

4° La pression osmotique est la même quand le nombre des molécules dissoutes est le même dans un même volume (loi d'Avogadro)[1].

Ainsi est devenue profonde l'analogie entre les pressions osmotiques et les pressions gazeuses. C'est pour cela que Van't Hoff, qui saisit le plus fortement cette analogie, assimila la loi des concentrations à la loi de Mariotte, et celle des températures à la loi de Gay-Lussac[2], c'est-à-dire aux lois fondamentales qui régissent les propriétés des gaz[3].

On a été amené cependant à remarquer que les lois osmotiques s'appliquent surtout aux solutions étendues des substances organiques. Elles s'appliquent moins bien aux solutions concentrées et aux solutions des substances électrolytes.

B. **Théorie des ions**. — On sait que les composés chimiques se divisent en deux grandes classes; ceux qui, comme les matières organiques, telles que le sucre, en solution, ne laissent pas passer le courant électrique, ce sont les *non-électrolytes* ou *non-conducteurs*, et ceux qui le conduisent et qu'on nomme pour cette raison *électrolytes*, tels que les sels métalliques, les acides.

Or, les électrolytes paraissent échapper au principe qui résume toutes les lois osmotiques, au principe de *l'équimolécularité : toute molécule, quelle qu'elle soit, exerce en dissolution la même pression osmotique* (loi de Van't Hoff). La pression osmotique des substances électrolytes est plus forte que ne l'indique la loi, c'est-à-dire le nombre de leurs molécules dissoutes.

Cette anomalie a été expliquée par le chimiste suédois S. Arrhenius, d'après qui tous ces corps à pression osmotique trop forte sont dissociés plus ou moins complètement dans leurs solutions. Cette dissociation a naturellement pour effet d'augmenter le nombre des molécules, augmentation qui a pour conséquence nécessaire à son tour l'augmentation de la pression. En effet, les molécules seraient, dans les solutions, dissociées en *ions*. C'est l'eau qui dissocie les

1. Van't Hoff a déduit cette loi du principe général posé par le célèbre chimiste italien Avogadro (1776-1856), à savoir que *des volumes égaux de gaz à la même température et à la même pression contiennent un nombre égal de molécules* ou, ce qui revient au même, que *des volumes égaux de gaz dans les mêmes conditions de température exercent la même pression.*

2. Rappelons ici la loi de Mariotte-Boyle : *A température constante, le volume d'une masse gazeuse est inversement proportionnel à la pression que le gaz supporte ;* et celle de Gay-Lussac : *A pression constante, une même élévation de température produit la même augmentation de volume. Quand le volume reste constant, l'augmentation de température amène une augmentation de la pression du gaz.*

3. De là la formule de Van't Hoff qui résume cette assimilation des solutions aux corps gazeux : *La pression osmotique d'une solution a la même valeur que la pression qu'exercerait la substance dissoute, si, à la température de l'expérience, elle était à l'état gazeux et occupait un volume égal à celui de la solution.*

électrolytes en leurs ions. Le nombre des ions augmente avec la dilution. Telle est essentiellement l'hypothèse d'Arrhenius que justifient d'assez nombreux faits.

On admet que, lorsqu'un courant électrique passe à travers une solution aqueuse saline, les atomes composant le sel transportent eux-mêmes l'électricité. Soit une auge à électrolyse (fig. 4) contenant une solution de chlorure de potassium ; le courant de la pile P entre par l'anode A et sort par la cathode C. Les molécules KCl ne restent intactes, en leur état de combinaison, qu'en petit nombre, la plupart sont tirées de leur état et dissociées en leurs *ions*.

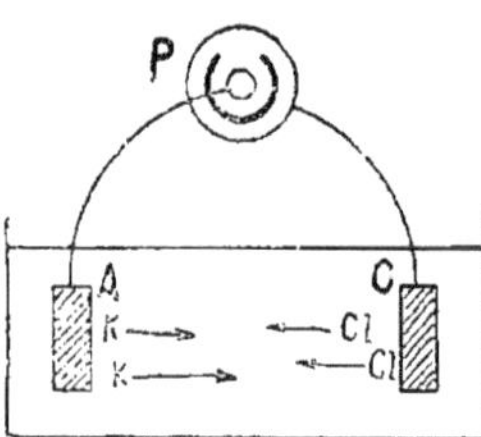

Fig. 4. — Electrolyse.

un *ion* K, chargé d'électricité positive et par conséquent attiré par la cathode, électrode négative, où il se décharge, et un *ion* Cl négatif, qui se rend à l'anode ou électrode positive. Le métal ou l'hydrogène va toujours dans le sens du courant, c'est-à-dire à l'électrode négative, et le corps ou les corps qui étaient combinés avec le métal ou avec l'hydrogène vont dans le sens opposé. Ainsi l'électrolyse consiste en la séparation des ions, dans les solutions d'acides, de bases ou de sels métalliques, et leur transport vers les électrodes, comme le représentent les flèches de la figure 4.

Or, dans l'hypothèse d'Arrhenius ou de la *dissociation électrolytique*, on admet que, dans les solutions, les molécules sont naturellement dissociées en ions ; plus la solution est étendue, plus la dissociation est complète. Comme chaque molécule fournit un nombre d'*ions* déterminé, le nombre des ions est dans un rapport simple avec celui des molécules primitives du corps en dissolution. Exemple : soit une solution de NaCl contenant le poids moléculaire de $58^{gr},35$ dans 1 000 litres d'eau ; dans une telle solution les molécules sont considérées comme étant toutes dissociées : chaque molécule a donc donné deux ions. Si l'hypothèse d'Arrhenius est exacte, la pression osmotique de cette solution est double de ce qu'elle devrait être. C'est bien ce qu'Arrhenius a constaté.

Cette théorie a donc permis l'application des lois osmotiques aux solutions des substances électrolytes.

APPLICATIONS PHYSIOLOGIQUES DE LA THÉORIE DES IONS. — Ces applications ont été tout de suite fort importantes, comme on peut en juger par quelques exemples.

Il en est une qui concerne la nutrition générale des cellules et dont l'importance par conséquent est très grande. On peut dire en effet que les substances qui subissent la décomposition électrolytique pénètrent par diosmose dans les cellules, tant que la paroi de celles-ci est intacte. La plupart des sels minéraux répondent à cette condition. Mais les substances qui ne subissent pas la dissociation électrolytique ou qui ne l'éprouvent que très faiblement, passent dans l'intérieur des cellules vivantes ou en sortent par un mécanisme que l'on ne connaît pas encore. Ainsi le rôle des sels en physiologie est fonction du degré de dissociation électrolytique ou d'ionisation de ces corps.

Cette absorption plus facile de certains ions explique vraisemblablement les actions toxiques de beaucoup de substances. En étudiant l'excitabilité du muscle par les courants induits, après un séjour déterminé dans diverses solutions de composés métalliques (métaux alcalins et métaux alcalino-terreux), on a obtenu une évaluation de la toxicité relative de ces métaux et l'on a vu que cette toxicité est en rapport avec la vitesse de migration des ions (conditions dont dépendent tant de propriétés des solutions, telles que leur conductibilité électrique et leur vitesse de diffusion). Il s'agit là d'ailleurs d'un fait très général. La toxicité du sulfate de cuivre pour une Mucédinée, comme le *Penicillium glaucum*, revient en grande partie aux ions Cu ; elle est abaissée par l'anion SO^4 des sels SO^4 Na^2, SO^4K^2, SO^4 $(AzH^4)^2$, l'influence des cathions Na, K et AzH^4 étant nulle. L'action toxique des sels de mercure paraît dépendre du degré d'ionisation de ces sels ; les composés qui ne renferment pas l'ion Hg ne sont pas toxiques.

Ces exemples pourraient être multipliés. Il suffira sans doute d'en donner encore un ou deux.

Le rôle du calcium, comme agent de coagulation du sang, de la lymphe et du lait, a été rapporté à une action d'ion. En effet, tous les sels qui, sans précipiter le calcium, forment avec ce métal des molécules plus dissociables et par suite diminuent la concentration de l'ion calcique, amènent l'incoagulabilité du sang ; le type de ces sels est le citrate trisodique.

Même influence des ions sur le fonctionnement des organes eux-mêmes. C'est ainsi que la grandeur de l'action toxique des divers sels de potassium sur le cœur varie suivant le coefficient de dissociation électrolytique de ces sels ; c'est la teneur des solutions en potassium ionisé qui règle l'intensité de la réaction physiologique (expérience de H. Busquet[1] et V. Pachon[2], 1907 et 1909).

2° *Mesures indirectes de la pression osmotique. — Méthodes physiques.*

La mesure directe de la pression osmotique est pratiquement très difficile. Mais on peut déterminer la valeur de π au moyen de la mesure de phénomènes qui en dépendent, comme l'abaissement de

1. Professeur agrégé à la Faculté de médecine de Nancy.
2. Professeur de physiologie à la Faculté de médecine de Bordeaux.

la tension de vapeur ou du point de congélation ou l'augmentation de la conductibilité électrique des solutions.

Tous ces phénomènes relèvent, en effet, d'un commun principe; ils sont tous fonction du nombre de molécules. C'est ce que l'on a vu plus haut pour la pression osmotique. On a reconnu que, lorsqu'on dissout une matière fixe quelconque dans un liquide, on diminue la tension de vapeur de ce dernier, et, d'autre part, dans le cas où le dissolvant est susceptible de se congeler, on en abaisse le point de congélation. Et il a été établi que ce retard dans la vaporisation ou dans la solidification du dissolvant dépend du nombre des molécules existant en dissolution ; il est proportionnel à ce nombre. Ainsi ces différentes grandeurs sont en relation avec le nombre moléculaire ; elles sont par cela même en relation entre elles. Étant, les unes et les autres, fonction de ce nombre de molécules, elles deviennent fonction les unes des autres. Elles peuvent donc se déduire les unes des autres. C'est pour la même raison, parce qu'elles dépendent toutes de la concentration moléculaire [1], que la concentration moléculaire peut inversement se déduire de chacune d'elles.

A. Tonométrie. — Si donc des dissolutions de corps différents, faites avec le même dissolvant, renferment le même nombre de molécules physiques, elles auront la même tension de vapeur et le même point de congélation, comme elles ont la même tension osmotique. Aussi l'étude des solutions fondée sur les tensions de vapeur (ou *tonométrie*) a-t-elle conduit aux mêmes résultats que l'étude des solutions fondée sur les variations du point de congélation (*cryoscopie*).

B. Conductibilité électrique. — Il en a été de même de l'étude des conductibilités électriques. La conductibilité électrique d'une solution d'une substance électrolyte est aussi une propriété liée au nombre des molécules. Tous les autres facteurs restant constants (dilution, température, etc.), la conductibilité (c'est-à-dire la quantité d'électricité transportée dans l'unité de temps par l'unité de force électromotrice) d'un liquide électrolyte est propor-

1. De ce principe découle une conséquence générale relative à la nature de ces propriétés physiques principales des solutions, propriétés osmotique, tonométrique, cryoscopique, pouvoir de conduire l'électricité, etc., à savoir qu'elles ne tiennent nullement à la spécificité chimique des corps dissous, mais seulement au nombre des molécules. Les phénomènes qui en dépendent ne sont en aucune façon liés à l'espèce de matière où ils se passent; ils ne sont liés qu'au nombre des particules physiques de la matière dans un espace donné. Chacune de ces propriétés n'est donc qu'une somme d'effets puisque chaque molécule, agissant en tant que particule physique, a la même part au phénomène, quelle que soit sa nature. Aussi ces propriétés sont-elles dites *additives* ou *collectives*, comme celles des gaz suivant le principe d'AVOGADRO, qui ne dépendent que de la concentration moléculaire.

tionnelle au nombre des molécules conductrices, c'est-à-dire au nombre des molécules dissociées en leurs ions, c'est-à-dire au nombre des ions libres. Pratiquement, la conductibilité d'un conducteur est inversement proportionnelle à la résistance que ce conducteur oppose au courant électrique, de telle sorte que l'on détermine la conductibilité en mesurant la résistance (celle-ci se mesure en *ohms-centimètres*).

C. Cryoscopie. — De ces trois méthodes physiques, la plus employée est la cryoscopie (de χρυός, glace, σκοπέω, j'examine ; examen de la glace, au sens étymologique du mot) qui consiste en la détermination de la température de congélation d'un liquide [1].

Il est d'observation vulgaire que l'eau qui tient en dissolution des matières étrangères, des sels par exemple, se congèle plus difficilement que l'eau pure ; il y a un retard dans la congélation. C'est le phénomène dont BLAGDEN (médecin militaire anglais), en 1788, a posé le principe en ces termes : l'abaissement du point de congélation d'une solution est proportionnel à la concentration, c'est-à-dire à la quantité de substance dissoute dans un même poids d'eau. Ainsi une solution de chlorure de sodium à 1 p. 100 se congèle à — 0°,585 ; la solution à 2 p. 100 se congèle à — 1°,170 ; la solution à 3 p. 100 à — 1°,755, etc. ; l'abaissement est donc double ou triple de celui de la première solution, conformément à la loi de proportionnalité entre les concentrations et les abaissements du point de congélation, qui s'applique exactement dans cet exemple. Les études consécutives, celles surtout de RAOULT [2], ont conduit à la loi suivante, très importante : *l'abaissement du point de congélation est indépendant de la nature du corps dissous et de celle du dissolvant, il dépend seulement du nombre de molécules de l'un et de l'autre* [3]. Cette loi s'applique aux solutions aqueuses des substances non électrolytes et aux solutions dans des solvants autres que l'eau. Par suite, chaque molécule d'un corps, quel qu'il soit, abaisse sem-

---

1. La cryoscopie a été appliquée aussi aux tissus organiques, comme on le verra plus loin.

2. Physicien français (1830-1901), ancien professeur de physique à la Faculté des sciences de Grenoble.

3. De là une application très importante de la cryoscopie, la détermination des poids moléculaires des corps. Soit Δ l'abaissement du point de congélation ; désignons par P le poids du corps contenu dans 100 d'eau et par M le poids moléculaire. On a : $\frac{\Delta}{P} M = K$, K étant une constante, établie pour chaque dissolvant ; K = 18,5 pour l'eau. On en déduit : $M = K \frac{P}{\Delta}$. Les mesures tonométriques ou celles de conductibilité électrique permettent semblablement d'établir le poids moléculaire des corps.

blablement le point de congélation. — On désigne l'abaissement du point de congélation par le symbole Δ.

Pour les solutions aqueuses d'électrolytes, l'abaissement moléculaire est toujours plus grand; en d'autres termes, la molécule d'électrolyte en solution abaisse le point de congélation d'une quantité variable plus grande que la molécule des corps non électrolytes. Ici encore, l'hypothèse d'ARRHENIUS (dissociation partielle de l'électrolyte en ions) fait disparaître cette anomalie, chaque ion se comportant comme une molécule dissoute et déprimant pour son compte le point de congélation.

On mesure l'abaissement du point de congélation au moyen d'appareils dont RAOULT a donné le principe. Le plus usité est celui d'un physicien allemand contemporain, c'est l'*appareil cryoscopique* ou *cryoscope* de BECKMANN, dont la description se trouve dans tous les traités de physique et qui consiste essentiellement en un tube contenant le liquide à congeler et un thermomètre spécial dont la graduation en centièmes de degré commence un peu au-dessus de zéro, à + 1°, par exemple, et descend à — 3° ou — 4°; ce tube plonge dans un récipient frigorifique, que l'on remplit d'un mélange réfrigérant.

Le point de congélation est fixé par l'apparition, dans le liquide, des premiers cristaux de glace. Ceux-ci sont formés de glace pure. L'abaissement Δ du point de congélation représente la différence entre la température à laquelle se congèle le dissolvant (eau pure, par exemple) et la température de congélation de la solution que l'on examine.

On verra tout à l'heure les résultats de l'application de cette méthode à la physiologie.

3° *Mesures indirectes de la pression osmotique. — Méthodes physiologiques.*

Ces méthodes sont au nombre de trois, celle de la *plasmolyse* du botaniste hollandais HUGO DE VRIES, celle des *globules rouges* du physiologiste hollandais HAMBURGER et celle de l'*hématocrite*.

A. **Plasmolyse.** — La cellule végétale est essentiellement constituée par une masse molle de protoplasma avec le suc cellulaire, solution de sels, de sucre et de quelques autres substances; une membrane *plasmique* très mince entoure complètement cette masse et adhère, d'autre part, à la membrane de la cellule, formée de cellulose; cette membrane de la cellule est perméable à l'eau et à toutes les solutions, au lieu que la membrane plasmique n'est perméable qu'à l'eau. C'est donc une membrane semi-perméable.

---

1 Voy. p. 71-72 les réserves nécessaires à faire sur ce point.

comme les membranes artificielles de PFEFFER. Très élastique et très flexible, elle suit tous les mouvements du protoplasma, dont elle n'est, en somme, qu'une condensation périphérique. Normalement, dans une cellule vivante intacte, le protoplasma est exactement appliqué contre la paroi. Ainsi la cellule végétale contient une solution complexe (le suc cellulaire) entourée de toutes parts par une membrane semi-perméable. Dans cette condition, on l'a vu plus haut, les molécules dissoutes dans le liquide exercent sur la paroi qui les retient une pression d'ailleurs variable.

Qu'arrive-t-il quand de telles cellules sont plongées dans l'eau ?

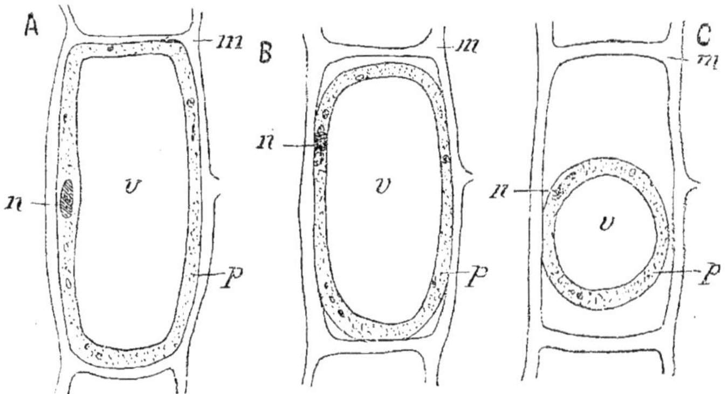

Fig. 5. — Schéma d'une cellule végétale contenant une grande vacuole v : A, normale, B et C, à deux stades de la plasmolyse provoquée par une solution diluée d'azotate de potasse, à 2,5 p. 100 (B), à 5 p. 100 (C) (d'après HUGO DE VRIES).

m, membrane de cellulose ; p, couche de protoplasma dont la couche limitante adhère normalement à la membrane cellulaire ; n, noyau ; v, vacuole.

L'eau, attirée par les sels du protoplasma, pénètre à travers la membrane cellulaire d'abord, puis à travers la membrane plasmique hémi-perméable ; le protoplasma, se gonflant de toute cette eau, est repoussé fortement contre la paroi cellulaire ; par conséquent, les cellules se gonflent et deviennent turgescentes ; leur volume tend à augmenter ou augmente plus ou moins. Au contraire, si la cellule est plongée dans une solution saline assez concentrée, le protoplasma abandonne de l'eau et se rétracte (fig. 5, B) ; la cellule diminue de volume[1] ; la force d'attraction de l'excès de sel pour l'eau (l'eau de la cellule, dans le cas dont il s'agit) a surpassé la force qui retient cette eau en dedans de la paroi. On voit alors,

1. Ces augmentations ou ces diminutions de volume des éléments cellulaires ne peuvent être que très limitées à cause de l'inextensibilité de la membrane cellulaire. C'est pour cela que la mesure des volumes des cellules ne peut servir de moyen sûr pour apprécier les pressions osmotiques et que H. DE VRIES a eu recours à une autre méthode de mesure, fondée sur le fait, qu'il avait découvert, de la *plasmolyse*.

à mesure que l'eau sort de la cellule, le protoplasma se détacher de la paroi cellulosique (en B, fig. 5), puis l'ensemble du protoplasma et de la vacuole se réduire à une masse arrondie (fig. 5, C). De cette façon, le suc cellulaire se concentre. Et ainsi s'établit l'équilibre osmotique (*isosmose*) entre la concentration de ce suc et celle du liquide ambiant. Dès que l'équilibre est atteint, l'eau ne sort plus. Le début de cette rétraction du protoplasma, H. DE VRIES l'a appelé *plasmolyse*. On en juge par ce simple fait, observable au microscope, que la membrane plasmique se détache de la paroi cellulaire, mais à la condition que cette séparation soit visible dans quelques-unes des cellules, non dans toutes. A ce moment il y a égalité de pression osmotique entre la solution extérieure, pour une concentration donnée qui ne détermine que cet effet, et le suc cellulaire.

Connaissant la valeur de π correspondant à la concentration d'une solution par laquelle est produit cet effet (concentration isotonique), on a, par un simple examen microscopique, le moyen de déterminer la pression osmotique d'un suc cellulaire.

C'est avec les plantes dont le protoplasma est coloré que le phénomène de la plasmolyse s'observe le mieux. Aux angles de la cellule (voy. fig. 5, A) s'accumule le suc incolore, tandis que le protoplasma qui reste coloré se condense vers le centre.

H. DE VRIES a distingué trois sortes de solutions : les *isotoniques*, dont la pression osmotique est égale à celle du suc d'une cellule donnée ; les *hypotoniques*, dont la pression osmotique est moindre que celle du suc cellulaire ; et les *hypertoniques* dont la pression osmotique est plus grande. Une solution isotonique, c'est une solution d'une concentration telle qu'il y a égalité de pression entre le liquide ambiant et le suc cellulaire. Dans ce cas, il ne se produit aucun changement dans le protosplasma des cellules observées. En multipliant les essais avec des solutions de diverses substances et, pour chaque substance, de concentrations variées, H. DE VRIES a trouvé pour chaque corps une concentration isotonique au suc cellulaire. Ces diverses solutions sont par suite isotoniques entre elles. Or, il a trouvé de plus qu'elles contiennent toutes *pour un volume égal un nombre égal de molécules*. Ce sont donc des solutions équimoléculaires.

Cette loi de l'*équimolécularité* s'applique à toutes les substances organiques. Mais les solutions des substances électrolytes paraissent y échapper. Une solution d'azotate de potasse, par exemple, manifeste une pression osmotique plus forte que celle d'une solution équimoléculaire de sucre de canne ; pour arriver à l'isosmose il faut diminuer la concentration de l'azotate. D'une manière générale, les titres des solutions isotoniques, pour la plupart des sels alcalins et alcalino-terreux, sont proportionnels non pas aux poids moléculaires, mais aux poids moléculaires multipliés par des nombres fractionnaires simples (3/2 pour les sels à un atome de métal, 2 pour les sels à deux atomes de métal, 5/2 pour les sels à trois atomes de métal). Ces nombres sont les *coefficients isotoniques* des corps considérés (H. DE VRIES).

L'hypothèse d'ARRHENIUS peut encore être invoquée ici pour expliquer cette anomalie apparente. Les sels en solution sont partiellement dissociés en leurs ions et cette dissociation a pour effet d'augmenter le nombre réel des molécules. La pression osmotique de l'une quelconque de ces solutions salines ne surpasse la valeur calculée d'après le nombre des molécules qu'elle renferme, que parce qu'il n'est pas tenu compte de la présence des ions libres.

B. Isotonie des globules rouges ou hématolyse. — C'est une méthode analogue à celle de H. DE VRIES, en ce qu'elle repose aussi sur les modifications subies par un élément cellulaire sous l'influence de solutions salines. L'élément cellulaire considéré ici, c'est le globule rouge.

Le fait fondamental, étudié par HAMBURGER, est le suivant : des globules rouges, placés dans une solution saline de faible concentration, abandonnent leur matière colorante à cette solution qui par suite se colore plus ou moins en rouge; si l'on augmente progressivement le titre de la solution, on arrive à un degré de concentration telle que cette sortie de l'hémoglobine hors du globule est empêchée; la solution reste incolore.

L'examen du phénomène est très facile. On fait tomber un nombre égal de gouttes de sang ou de globules rouges, préalablement séparés du plasma au moyen de la force centrifuge, dans le même volume de chacune des solutions salines préparées à des degrés de concentration croissante. On observe après un certain temps (12-24 heures) dans laquelle de ces solutions les globules se sont déposés au fond du tube, sans que se soit colorée la solution, c'est-à-dire sans que l'hémoglobine ait diffusé.

Une telle solution est dite *isotonique* au plasma sanguin, qui est naturellement le liquide dans lequel les hématies ne s'altèrent pas, et l'*hématolyse*[1] ou *hémolyse* ne peut se produire dans cette solution.

Pour qu'un sel ait cette propriété, il faut qu'il soit à un degré de dilution déterminé. On trouve pour d'autres sels des limites de concentration pour lesquelles le même effet d'isotonie est obtenu. Toutes ces solutions, qui sont isotoniques au plasma sanguin, sont isotoniques entre elles. Et l'on constate que le titre de chacune d'elles est proportionnel au poids moléculaire de la substance dissoute. Aussi n'est-il pas étonnant que les rapports de concentration trouvés pour les

---

1. Ce mot, qui signifie *destruction du sang*, désigne en réalité la *destruction des hématies*.

hématies soient justement ceux qu'ont donnés les expériences de H. DE VRIES sur les cellules végétales.

L'application de cette méthode à l'étude des différentes conditions dans lesquelles les hématies perdent plus ou moins facilement leur hémoglobine, a fourni de nombreux résultats, non moins intéressants au point de vue pathologique que physiologique. Nous aurons à en parler quand nous étudierons le sang.

C. Méthode de l'hématocrite. — C'est encore une méthode fondée sur l'observation des globules rouges dans les solutions salines. Ces éléments, plongés dans des solutions de concentrations différentes, changent de volume.

Le procédé employé pour mesurer ces changements de volume est simple. On mélange une quantité donnée de globules aux liquides que l'on veut éprouver; on centrifuge les mélanges avec la même force et pendant le même temps dans un tube bien calibré jusqu'à ce que le volume du dépôt globulaire ne diminue plus; on lit alors le susdit volume. Le petit appareil (centrifugeur et tube calibrés) au moyen duquel se fait cette recherche, a été appelé *hématocrite*.

Des expériences faites il résulte que, dans les solutions étendues, les hématies augmentent de volume par absorption d'une partie de l'eau de ces solutions; dans les solutions concentrées, elles diminuent de volume parce qu'une partie de leur eau sort du protoplasma et passe dans le liquide ambiant. Ainsi s'établit entre ce liquide et les globules un équilibre osmotique. Pour chaque sel il y a une concentration telle que le volume des hématies reste le même que dans le plasma. C'est la solution isotonique au plasma; c'est celle que l'on a vue tout à l'heure s'opposer à la diffusion de l'hémoglobine.

Cette méthode repose sur un principe très juste, à savoir que la constance du volume est le véritable signe de l'équilibre osmotique d'un élément cellulaire. Mais elle est passible de plusieurs critiques. Disons au moins que les mesures des changements de volume que fournit l'hématocrite ne sont qu'approximatives.

2. — Application des principes physiques aux phénomènes physiologiques.

Il faut considérer maintenant comment et dans quelles limites s'appliquent à la physiologie les phénomènes et les lois physiques qui viennent d'être énoncés.

A ce point de vue, ce sont les données concernant la pression osmotique qui offrent la plus haute importance. D'une part, en effet, le liquide dans lequel se produisent les phénomènes de la vie

animale, comme de la vie végétale, est toujours un électrolyte très
dilué et, d'autre part, les tissus dont est formé le corps des êtres
vivants sont constitués par des assemblages de cellules, c'est-à-dire,
à parler physiquement, de petits sacs osmotiques.

1° *Les éléments cellulaires.*

La première question qui se pose est celle de savoir si la membrane des éléments cellulaires, quelle qu'elle soit, membrane vraie
ou simple couche ectoplasmique, se comporte comme une membrane semi-perméable ou perméable. En fait, on ne connaît jusqu'à
présent que deux exemples de membranes réellement semi-perméables. C'est chez des animaux inférieurs qu'elles ont été trouvées;
c'est l'estomac de l'Aplysie et ce sont plusieurs des membranes qui,
chez les Oursins et chez les Holothuries, séparent les liquides
internes du milieu extérieur (eau de mer) (membrane du poumon
aqueux, membrane du tube digestif, etc.). Encore convient-il de
remarquer que cette propriété paraît être très délicate et qu'il suffit
de légères augmentations dans la proportion d'un sel ou de l'addition de quelque substance pour l'affaiblir ou la détruire. Remarquons aussi que l'existence de cette propriété n'a été constatée que
pour la durée, toujours assez courte, en somme, des expériences qui
l'ont révélée et qu'il se pourrait fort bien qu'il n'y eût là qu'un phénomène passager.

D'ailleurs les membranes de précipité elles-mêmes, les membranes
hémiperméables types, ne sont pas rigoureusement impénétrables
aux corps dissous. Elles se laissent, au contraire, traverser par tous
les acides, par différents sels, par des matières colorantes, etc. Telle
membrane est perméable pour un corps dissous, qui ne l'est pas
pour un autre corps. OSTWALD[1] constate que des membranes imperméables pour certains ions en laissent passer d'autres. Bref, l'imperméabilité n'est pas une propriété absolue.

S'il en va ainsi pour les membranes artificielles, les membranes
réelles, telles que les parois des cellules et les membranes proprement dites, ne doivent-elles pas vraisemblablement se comporter
vis-à-vis des substances dissoutes comme des cloisons plus ou moins
complètement perméables ? H. DE VRIES lui-même ne tient pas les
cellules végétales pour rigoureusement hémiperméables ; il suffit,
d'après lui, qu'elles le soient à peu près et pendant un temps assez
long pour que les lois osmotiques s'y appliquent. Toutes se laissent
pénétrer, quoiqu'à des degrés divers, par l'urée, par la glycérine ;

---

1. W. OSTWALD, ancien professeur à l'Université de Leipzig, un des maîtres
de la chimie physique.

beaucoup par le bleu de méthylène, etc., etc.; le protoplasma des bactéries est aisément pénétré par les matières salines ou organiques. D'ailleurs la plasmolyse n'est pas un phénomène persistant; le retrait du protoplasma ne se maintient pas indéfiniment; mais, dans beaucoup de cas, peu à peu le protoplasma revient s'appliquer à la membrane cellulaire. Comme il est difficile de supposer que les faibles quantités d'eau sorties des cellules aient pu diminuer notablement la concentration du liquide extérieur, il faut bien admettre que la pression osmotique du contenu cellulaire a augmenté par suite d'une pénétration de la substance plasmolysante. Cette régression de la plasmolyse prouve donc que la membrane plasmique n'est pas rigoureusement hémiperméable. Mêmes constatations à faire au sujet des cellules animales. Le protoplasma des globules rouges, imperméable aux sels de sodium, est perméable à l'urée. Les cellules du rein, normalement imperméables à la glycose et à l'albumine, sont perméables aux sels.

En somme, les éléments cellulaires vivants sont toujours perméables à l'eau et le sont, à des degrés divers, à un grand nombre de substances solubles dans l'eau. Quand une cellule animale se révèle comme hémiperméable, on peut se demander si, loin qu'elle le soit toujours, elle ne l'est pas devenue passagèrement en raison de conditions particulières. L'hémiperméabilité ne réaliserait-elle pas, par exemple, un excellent mode de défense [1] ? Ainsi, d'une façon très générale, ce sont ici des éléments à travers la paroi desquels le courant osmotique se fait dans les deux sens, à travers lesquels il y a diosmose.

On peut penser que c'est là le résultat de l'adaptation des éléments cellulaires à leurs conditions de vie. La permanence des phénomènes de nutrition n'est pas compatible avec la présence de membranes rigoureusement hémiperméables. Toute cellule vivante échange incessamment des matériaux avec le milieu liquide où elle se trouve, substances alimentaires qu'apporte ce liquide, substances de déchet du fonctionnement cellulaire qu'il emporte, toutes substances en dissolution. Mais toutes ne pénètrent pas indifféremment à travers toutes les membranes. Celles-ci opèrent ce que l'on pourrait appeler une *sélection chimique*, en rapport avec leur propre constitution et par suite relativement indépendante, dans une mesure non encore déterminée, des lois physiques. L'une laisse passer tel cristalloïde, l'autre tel autre ou une substance colloïde,

1. A. M. Cʜᴀɴᴏᴢ (*Considérations sur la pression osmotique et quelques propriétés des dissolutions* [*Thèse*, Lyon, 1899], p. 143) semble avoir émis le premier cette hypothèse, sans y insister d'ailleurs. « Peut-être », dit-il, la membrane de toute cellule vivante devient-elle hémiperméable « à certains moments, quand les conditions de défense ou autres l'exigent; cela n'est pas démontré ».

une troisième un autre colloïde, et cela à des degrés divers. Pour
connaître exactement le mécanisme de ce processus diosmotique, il
faudrait connaître la structure physique de chaque paroi cellulaire
(ou de chaque membrane) et la composition de chaque catégorie de
protoplasma. Les différences dans la structure physique peuvent
modifier les phénomènes de diffusion et d'osmose; et les variations
dans la composition des protoplasmas, dépendant des réactions
mêmes qui se passent presque constamment dans les cellules, c'est-
à-dire de l'activité de celles-ci, peuvent amener des changements de
la perméabilité des parois cellulaires. La perméabilité d'une cellule
glandulaire, par exemple, est-elle la même, quand cet élément se
charge des matériaux nécessaires à sa sécrétion ou quand il excrète
les produits de son travail? Il faut remarquer en effet qu'on n'a pas
à considérer des différences de perméabilité ou d'imperméabilité en
soi, mais que les diverses membranes sont perméables dans une
direction donnée à une *espèce donnée* de molécules ou d'ions; aussi
l'action élective cellulaire et les actions glandulaires en particulier ne peuvent-elles s'expliquer par des processus physiques
indifférents, communs, s'appliquant de la même façon dans toutes
les circonstances, comme la diffusion, l'osmose, la pression osmotique. De là l'importance, qui vient d'être signalée, des facteurs propres à chaque espèce de membranes, tels que différences dans le
pouvoir d'adsorption (voy. p. 36) (*affinités spécifiques d'adsorption,*
Bayliss[1], 1906), polarisation des membranes au contact de solutions
salines dont la neutralité n'est pas stricte, laquelle polarisation entraîne des variations de perméabilité de ces membranes, fixation de
certains corps par les lipoïdes des membranes (voy. p. 28), etc.

Ces réserves faites, et dans les limites qu'elles impliquent, la
tension osmotique n'en explique pas moins nombre de phénomènes
physiologiques ; quelques exemples le montreront.

A. **Action nocive de l'eau pure.** — Considérons d'abord un fait
très général, relatif à l'influence de l'eau pure sur les éléments vivants.
On connaît depuis fort longtemps cette influence nocive ; elle est
purement physique. Quand on plonge dans l'eau une cellule vivante,
le suc que celle-ci contient est comme une solution séparée du
liquide ambiant par une membrane ; or, celle-ci ne laisse pas passer,
au moins pendant un certain temps, les substances dissoutes, mais
laisse passer l'eau qui pénètre donc dans la cellule et, l'envahissant
peu à peu, la gonfle jusqu'à ce que les parois éclatent et donnent
issue aux substances dissoutes contenues dans l'intérieur. Sur les
hématies, par exemple, l'action de l'eau met l'hémoglobine en liberté ;

1. Physiologiste anglais contemporain.

par suite, les hématies se trouvent détruites. Inversement, des éléments vivants plongés dans des solutions salines concentrées perdent de leur eau ; cette perte peut être assez considérable pour que la plasmolyse soit maxima et pour que la vie cesse. Ainsi meurent les Poissons d'eau douce placés dans l'eau de mer ; de même une grenouille, plongée dans de l'eau de mer, meurt quand elle a perdu le quart ou le tiers de son poids.

B. Nutrition cellulaire. — Un autre fait général et d'une importance primordiale concerne la nutrition cellulaire. On peut dire en effet que la vie de tous les éléments anatomiques actifs est liée à la tension osmotique, à celle qui leur est propre comme à celle du milieu, cette propriété étant un des facteurs des échanges matériels entre eux et le milieu. Grâce à la digestion, les matériaux alimentaires, cristalloïdes ou colloïdes non dialysables, sont amenés aux cellules sous une forme diffusible qui en permet le passage à travers la couche ectoplasmique ; le travail digestif a, d'autre part, désagrégé les grosses molécules des substances protéiques en un grand nombre de molécules plus petites, d'où augmentation de la concentration moléculaire du sang du système porte et de la lymphe. A son tour le fonctionnement de beaucoup de cellules a pour effet la dissociation de composés intraprotoplasmiques complexes ; ce qui amène une augmentation de la tension osmotique dans ces cellules. Ainsi des variations périodiques de cette propriété influent sur la nutrition cellulaire et contribuent à la régler.

Voyons maintenant quelques cas particuliers.

C. Œuf et tension osmotique. — Chez certains animaux inférieurs, comme les Oursins, une augmentation de la pression osmotique peut jusqu'à un certain point remplacer l'acte de la fécondation. Les œufs d'Oursins, placés dans l'eau de mer, ne s'y développent qu'à la condition d'être fécondés ; mais si on ajoute à cette eau du chlorure de potassium ou de magnésium, ou du sucre ou de l'urée, c'est-à-dire différentes substances qui en augmentent la tension osmotique, le développement de l'œuf commence et peut même être poussé jusqu'à un stade assez avancé. On a été plus loin et, comme, dans son passage à travers le cytoplasma de l'œuf, la tête du spermatozoïde (noyau ou pronucléus mâle) se gonfle, on a pensé que ce noyau se charge ainsi d'eau qu'il emprunte au cytoplasma ; il déshydraterait celui-ci à l'instar d'une solution hypertonique. Ce phénomène osmotique pourrait donc déterminer l'embryogenèse.

D. Hématies et tension osmotique. — La vie des globules

rouges du sang, chez tous les animaux, dépend en grande partie de la pression osmotique; les hématies se comportent en effet comme des éléments entourés d'une membrane incomplètement perméable. Nous verrons les conséquences de cette donnée quand nous étudierons le sang.

E. **Muscles et tension osmotique.** — Les propriétés osmotiques des fibres musculaires striées ne paraissent pas moins importantes pour le fonctionnement de ces éléments. Si l'on plonge un muscle de grenouille dans une solution isotonique de chlorure de sodium, son volume ne change pas; mais si l'on ajoute une petite quantité d'un acide ou d'une base diluée, il y a une forte augmentation de poids par absorption d'eau, en une heure par exemple; et l'on constate que cette augmentation de poids est la même pour divers acides minéraux, HCl, $HAzO^3$, H^2SO^4, à la condition que leurs solutions contiennent toutes par unité de volume le même nombre d'ions hydrogène. Pour les acides organiques la relation est moins simple, l'augmentation de poids n'est pas seulement fonction du nombre des ions hydrogène, mais dépend aussi des anions et des molécules non dissociées. Les diverses bases, NaOH, KOH, LiOH, ont, comme les acides minéraux, une égale influence si leurs solutions contiennent le même nombre d'oxhydriles ionisés, OH; l'action des ions OH sur l'absorption de l'eau est d'ailleurs plus sensible que celle des ions H[1]. — D'autres recherches du même genre ont donné des résultats analogues. Mais il y a plus et l'on a essayé de montrer que la cause de la contraction musculaire se trouve dans des variations de la tension osmotique. Nous reviendrons sur ce dernier point lorsque nous étudierons le muscle

F. **OEil et tension osmotique.** — Voici enfin le cas d'un organe compliqué, tel que l'œil. Si on met l'œil en contact avec une solution saline plus concentrée que les larmes (la solution de NaCl isotonique avec les larmes est de 1,39 p. 100), il se ferme, la conjonctive étant très sensible à ces solutions concentrées[2], en même temps qu'il sé produit une sécrétion lacrymale abondante qui vient diminuer la concentration de la solution; si, au contraire, celle-ci est diluée audessous d'une certaine limite, les paupières restent largement ouvertes, la surface d'évaporation est plus grande, l'évaporation est

1. On a vu plus haut (p. 63) quelques applications intéressantes de la théorie des ions à la physiologie.
2. Le lavage des muqueuses, surtout quand elles sont enflammées, avec de l'eau pure est en général douloureux; il ne l'est pas quand on se sert d'eau salée isotonique.

active, de sorte que par ce mécanisme la concentration de la solution tend à augmenter.

2° *Les liquides organiques.*

La vie des éléments cellulaires est étroitement liée à la composition et aux propriétés du milieu liquide (*milieu intérieur*, pour employer l'expression que Cl. Bernard a faite classique, sang et lymphe) dans lequel ils se trouvent. Ce liquide ne sert pas seulement de véhicule pour les matériaux que les cellules y puisent ou y rejettent, il est aussi en quelque sorte un véhicule d'énergie, transportant et répartissant la chaleur inégalement produite en divers points de l'organisme ou à des moments différents ; mais, de plus, il est un lieu de réactions chimiques (on essayera plus loin de les déterminer) ; enfin, il agit par ses propriétés physiques dont les relations constantes avec les mêmes propriétés des cellules créent des accords ou des conflits qui règlent, limitent ou peuvent provisoirement suspendre les fonctionnements cellulaires.

Il importe donc de savoir si aux milieux organiques s'appliquent aussi les lois physiques qui ont été passées en revue.

A. Applications de la cryoscopie. — Nous avons rappelé qu'une des notions physiques essentielles présentement acquises au sujet de la tension osmotique c'est que les solutions équimoléculaires (ou mieux équiparticulaires, puisqu'à ce point de vue les ions ont la même valeur que les molécules proprement dites), qui ont même pression osmotique, ont même point de congélation ; *isosmotiques*, elles sont aussi *isocryoscopiques*. Par conséquent, la mesure de Δ (abaissement du point de congélation)[1] peut donner le nombre des particules dissoutes dans la solution. C'est ici que se révèle l'intérêt biologique de la question. Grâce aux déterminations cryoscopiques, en effet, il est possible de savoir si le nombre des molécules, dans un liquide organique donné, a diminué ou augmenté dans des conditions diverses. « Il est possible de constater, par là, si la liqueur tend vers la simplification ou la dislocation moléculaire ou vers la complication, et dans quelle mesure. Rien, *a priori*, ne paraît plus utile à la biologie qu'une notion de ce genre, puisqu'il est admis comme règle que le fonctionnement vital, chez les animaux et chez

1. Il y a une réserve importante à faire. Les lois de la cryoscopie n'ont été établies qu'avec et pour des solutions renfermant une seule substance. Les liquides organiques, sérum sanguin, lymphe, suc gastrique, etc., sont des liquides à substances multiples, des mélanges complexes de substances dissoutes dans l'eau. Il faut donc admettre que les lois cryoscopiques s'appliquent à un mélange de plusieurs corps comme aux solutions d'un corps unique. On peut dire pour le moins que cette application est approximative.

les plantes (sauf pour la fonction chlorophyllienne), a pour conséquence la dislocation des composés chimiques, aliments ou réserves,
qui fournissent, par transformation énergétique, l'énergie vitale »[1].

Ainsi ce que l'on a surtout besoin de savoir, en physiologie, c'est
si dans un liquide organique le nombre des molécules a diminué
ou augmenté. C'est pour cela que, dans la plupart des cas, comme l'a
fait observer VANT'HOFF, ce n'est pas la grandeur absolue de la pression osmotique qu'il importe d'obtenir, mais les valeurs relatives que
fournit directement l'abaissement du point de congélation ; l'égalité
des températures de congélation révèle immédiatement l'égalité
osmotique.

Les liquides organiques sont complexes. On doit se demander
de quels éléments dépend surtout leur pression osmotique. A
côté des matières minérales, ils contiennent en effet des composés organiques, corps azotés surtout, tels que l'urée, l'acide
urique, etc., et colloïdes, comme les matières protéiques. Or, on
a reconnu que la pression osmotique est due principalement
aux sels en dissolution. Les solutions, même concentrées, de
tous les colloïdes, y compris les colloïdes minéraux, ont une
pression osmotique faible. C'est ainsi que le point de congélation d'une solution de 14 gr. 5 d'albumine dans 100 grammes
d'eau n'est que de 0°,02. Il n'y a, entre le point de congélation
du sérum de sang de cheval, privé de ses albuminoïdes coagulables
par la chaleur, et celui du sérum complet, qu'une différence de
0°,006, c'est-à-dire une différence insignifiante. On en a conclu que les
matières protéiques du plasma sanguin n'ont pour ainsi dire pas
d'influence sur la pression osmotique de ce plasma. Les matières
organiques autres que les albuminoïdes n'ont-elles pas plus d'importance ? En fait, la pression osmotique du sérum est due pour les
trois quarts environ aux substances électrolytes et principalement à NaCl et à ses ions. — Toujours est-il néanmoins qu'il est
bon, dans la détermination du point de congélation d'un liquide
organique, de faire la part des deux groupes de substances, salines
et organiques. Pour cela on mesure d'abord la concentration moléculaire totale par la cryoscopie du liquide tout entier ; on a un abaissement total Δ. Ensuite on détermine la concentration en substances minérales, en évaporant un volume V du liquide et incinérant,
puis dissolvant les cendres dans un volume d'eau égal à V ; on pratique la cryoscopie de cette solution ; on a un abaissement Δ'. La différence entre Δ et Δ' ($\Delta - \Delta'$) donne l'abaissement dû aux substances
organiques Δ''. Pour le sérum humain Δ'' varie entre 0°,11 et 0°,14
(Δ total étant en moyenne 0°,55).

1. A. DASTRE, *Osmose*, in *Traité de physique biologique*, t. I, p. 675, Paris, 1901.

B. **Quelques résultats des recherches cryoscopiques.** - Examinons quelques-uns des résultats des recherches cryoscopiques. Le plus remarquable peut-être concerne la question des relations qui existent entre la concentration du sang et celle de l'urine. Le rôle principal des reins est de maintenir la composition du sang à peu près constante, cette constance étant nécessaire à la vie des éléments cellulaires ; des modifications trop grandes dans la réaction du plasma ou dans sa teneur en éléments minéraux altéreraient rapidement les tissus. Or, le point de congélation du sérum sanguin[1] dans les diverses espèces animales[2] est assez élevé ; il oscille, pour le sérum humain, autour de $0°,56$[3] ; mais le point de congélation de l'urine est plus bas[4], se tenant autour de la moyenne — $1°,5$. Car, tandis que le sang tend toujours à conserver une concentration moléculaire à peu près invariable (le point de congélation du sérum variant très peu dans une espèce animale donnée), celle de l'urine varie dans des limites qui peuvent être assez étendues[5]. Les injections intra-veineuses de matières salines ne modifient pas la concentration moléculaire du sang ; grâce à l'élimination rénale et souvent à d'autres sécrétions encore, le sérum ne devient pas hypertonique.

Un autre fait intéressant, relatif à la concentration moléculaire du sang, c'est que la concentration est, en général, plus grande pour le sang veineux que pour le sang artériel[6]. Celui-ci est partout le même. Le sang veineux, qui revient des organes où s'accomplissent de nombreuses et diverses réactions, de même qu'il n'a pas partout une composition identique, présente des différences dans le nombre total des molécules des corps constituants et, premièrement, une augmentation de ce nombre par rapport au sang artériel. A ce même point de vue, il faut noter que le sang des veines sus-hépatique, qui contient divers produits de l'activité du foie, a un point

---

1. HAMBURGER a montré que le point de congélation du sérum est très voisin de celui du sang total.

2. Exception faite pour les Invertébrés et les Poissons cartilagineux marins, dont tous les liquides organiques, quelle que soit leur composition chimique ont un point de congélation identique à celui de l'eau de mer (moyenne de $\Delta = - 2°$). Chez les Poissons osseux la pression osmotique du sang apparaît déjà indépendante de celle du milieu (Δ est égal en moyenne à $- 1°,05$). Seuls, les Vertébrés supérieurs, tels que les Mammifères qui vivent dans la mer, ont un sang analogue à ce point de vue à celui des Vertébrés terrestres.

3. Le sérum serait par conséquent isotonique avec une solution de chlorure de sodium à $0,93$ p. 100.

4. De tous les liquides de l'organisme, c'est l'urine qui a le point de congélation le plus bas, c'est-à-dire la concentration moléculaire la plus forte.

5. Le point de congélation varie chez l'homme entre $0,55$ et $- 2°$.

6. Cependant les résultats fournis par la méthode de la conductibilité électrique sont sur ce point en contradiction avec ceux de la cryoscopie. On n'a constaté en effet aucune différence de conductibilité entre le sang artériel et le sang veineux (OKER-BLOM, *Arch. f. die ges. Physi l.* LXXIX, p. 116-146; 1900).

ue congélation un peu plus bas que celui de la veine porte (d'après des expériences sur le chien, de Fano [1] et Bottazzi, 1896).

La concentration moléculaire de la lymphe est supérieure à celle du sang artériel. C'est que la lymphe, qui est le véritable milieu dans lequel sont plongés les éléments cellulaires, reçoit directement les produits de leur fonctionnement.

Les autres liquides de l'organisme peuvent, au point de vue qui nous occupe, être divisés en deux grands groupes [2] : 1° *liquides isotoniques au sérum sanguin* ; telles sont les différentes sérosités, liquide pleurétique, liquide d'ascite, etc., et quelques-unes des sécrétions, lait, bile, suc gastrique (?) ; — 2° *liquides allotoniques*, l'urine, dont nous venons de parler, la salive ($\Delta = 0°,36\text{-}0°,49$), le suc gastrique (?), le suc pancréatique (?), le suc entérique, le liquide céphalo-rachidien, les liquides muqueux [3].

En somme, plusieurs des sécrétions ne sont pas en équilibre osmotique avec le sang et la lymphe et entre elles. Les différences de concentration moléculaire qui existent entre ces liquides facilitent sans doute et entretiennent les échanges. Dès que la concentration d'un suc cellulaire ou d'un liquide, en un point de l'organisme, se modifie, des échanges osmotiques se produisent de manière que le suc considéré redevienne isotonique au suc des cellules voisines.

C. Quelques applications pathologiques. — On a cherché à appliquer à la pathologie les lois de la cryoscopie, particulièrement à l'étude des maladies des reins.

Quand les reins fonctionnent mal (dans les néphrites), le nombre des molécules éliminées diminue ; la concentration moléculaire du sang augmente par conséquent ; le sang tend à devenir hypertonique. On a vu plus haut que la pression osmotique de ce liquide est due surtout aux substances électrolytes et, parmi celles-ci, à la plus abondante, au chlorure de sodium. Par conséquent le phénomène dont nous parlons arrive d'autant plus rapidement que l'alimentation continue à fournir du sel à l'organisme. L'hyperisotonie du plasma est nuisible à la vie des

1. G. Fano, professeur de physiologie générale à l'Université de Rome
2. F. Bottazzi, *Chimica fisiologica*, t. II, p. 192, Milan, 1899.
3. Les résultats que l'on possède actuellement sur la température de congélation des tissus et des organes, quoique le nombre n'en soit pas encore suffisant pour que l'on en puisse tirer des conclusions tout à fait fermes, concordent, d'une manière générale, avec les données cryoscopiques relatives aux liquides de l'organisme. Ainsi le muscle et le cerveau ont des points de congélation assez élevés, voisins de celui du sang ; le foie et le rein, au contraire, organes dont l'activité chimique est très grande, ont des points de congélation beaucoup plus bas. Dans cet ordre de faits, il est intéressant de remarquer que, dans l'empoisonnement par le phosphore, le point de congélation du foie s'élève beaucoup ; c'est que le phosphore, en produisant la dégénérescence graisseuse de cet organe, en diminue rapidement et en abolit presque les fonctions.

hématies. Afin de parer à ce danger (augmentation de la concentration saline du milieu intérieur), l'organisme retient toute l'eau qui est nécessaire pour diluer le chlorure de sodium jusqu'au degré de concentration normale; le volume des urines diminue donc beaucoup ; alors cette eau envahit peu à peu les tissus; de là l'œdème général. Il suffit de mettre le malade à un régime pauvre en sel (régime lacté, par exemple [1]) pour que l'œdème disparaisse (*cure de déchloruration* de F. WIDAL, 1903-1904). — L'examen cryoscopique du sang et de l'urine a donné aussi d'utiles renseignements dans les maladies du cœur, dans les troubles de la nutrition, etc.

D. **Conclusion.** — Sur toutes ces applications de la cryoscopie à la physiologie et à la pathologie il y a des réserves nécessaires à faire, pour ne pas exagérer la portée de la méthode et par suite la signification des résultats obtenus. La cryoscopie donne la concentration moléculaire totale des liquides examinés. Que prouve dès lors la constatation d'une différence de concentration entre deux liquides séparés par une couche de cellules ou par une membrane proprement dite? Elle indique seulement qu'il n'y a pas équilibre osmotique ; si les membranes organiques étaient absolument imperméables, cette donnée rendrait compte des échanges intercellulaires, le courant liquide se dirigeant vers l'humeur la plus concentrée, de façon à la diluer. Mais les membranes organiques sont relativement perméables ; par suite l'équilibre moléculaire peut se rétablir par un autre moyen que la dilution, par un départ de substances dissoutes, celles-ci pouvant franchir la paroi des cellules. En somme, il ne suffit pas de connaître la concentration moléculaire totale; il faut aussi connaître le nombre de chaque espèce de particules existant de chaque côté d'une membrane, par exemple dans le sang et dans l'urine ou dans une sécrétion quelconque. Encore faut-il convenir que les lois osmotiques ne paraissent pas suffisantes pour expliquer les phénomènes d'absorption et ceux de sécrétion. Comme on l'a remarqué, d'autres facteurs interviennent, la perméabilité propre de chaque membrane et surtout l'affinité spéciale des divers protoplasmas ou de diverses substances des différents protoplasmas. Et le rôle respectif de ces facteurs n'a pas encore été suffisamment déterminé.

II. — *PROPRIÉTÉS CHIMIQUES DES CELLULES.*

I. — RÉACTION.

Quelque différente que soit la composition chimique des protoplasmas cellulaires, la réaction de ce complexus de substances est alcaline. Il semble qu'à cette réaction soit liée la vie même.

---

1. Le lait de vache ne contient que 1gr,5 en moyenne de chlorures par litre.

Les substances essentielles des cellules et surtout des noyaux, les
protéines phosphorées (nucléo-protéides et nucléo-albumines), sont
en effet précipitées par les acides. De la perte de l'alcalinité intracellulaire résulteraient la cessation des échanges intraprotoplasmiques et la destruction progressive de la cellule. Les tissus
mêmes qui sécrètent des acides, comme le tissu de la muqueuse
gastrique, ont une réaction alcaline; l'acide, aussitôt produit par le
dédoublement d'un sel neutre (chlorure de sodium, par exemple),
est excrété par la cellule dont le corps reste toujours alcalin.

II. — POUVOIR RÉDUCTEUR.

Le protoplasma vivant est réducteur. Chez tous les animaux dont
le sang contient de l'oxyhémoglobine, c'est-à-dire la substance par
le moyen de laquelle s'opère la respiration, un seul fait suffirait à
le prouver, à savoir que dans les tissus l'oxygène, nécessaire à la
vie des éléments cellulaires, est enlevé à l'oxyhémoglobine par un
phénomène de réduction. — L'organisme accomplit d'autres actions
analogues ; il réduit les sels ferriques en sels ferreux, les iodates et
les bromates en iodures et bromures; si l'on fait ingérer à des
chiens des iodates, on retrouve des iodures dans les urines.

On a étendu l'importance de ces phénomènes de réduction. Dès
1881 et dans les années suivantes A. Gautier, se fondant sur ce
fait que les processus de désassimilation des matières azotées du
protoplasma vivant commencent par des dédoublements qui ont lieu
avec hydrolyse, sans intervention d'oxygène, s'est efforcé de montrer
que des acides aminés ainsi formés proviennent des composés basiques, véritables alcaloïdes, les *leucomaïnes*. De même, les *ptomaï-
nes*, autres substances alcaloïdiques, découvertes aussi par A. Gautier,
résultent de la putréfaction des matières albuminoïdes (décomposition de ces matières par des bactéries vivant et opérant sans air
— *vie anaérobie*).

Des preuves directes du pouvoir réducteur du protoplasma ont
d'ailleurs été données par Ehrlich, à l'aide d'une ingénieuse méthode.
Si on injecte dans le sang d'un animal des matières colorantes,
telles que le bleu d'alizarine ou de céruléine, qui se décolorent en
fixant de l'hydrogène, on constate que certains organes prennent une
teinte bleue, mais que d'autres restent incolores, parce qu'ils ont
réduit la substance injectée; celle-ci a donc été désoxydée par des
corps réducteurs intracellulaires. Ainsi les muscles, le foie, la partie
corticale des reins, le parenchyme pulmonaire ont un pouvoir réducteur, hydrogénant, marqué. Si on pratique une section sur ces
organes et qu'on les expose à l'air, ils deviennent bleus; ce qui

prouve que leurs cellules avaient bien réduit la couleur sous forme d'un leucodérivé (λευκός, blanc, incolore).

III. — POUVOIR OXYDANT.

Le protoplasma possède aussi un pouvoir oxydant, variable suivant les cellules.

Les expériences de SPALLANZANI[1] avaient autrefois montré que des fragments de tissus séparés d'un animal absorbent de l'oxygène et émettent de l'acide carbonique. C'est même là un des faits sur lesquels repose solidement la notion de la respiration propre des éléments anatomiques, indépendamment de toute circulation sanguine. Plus tard beaucoup de physiologistes s'attachèrent à déterminer la capacité des divers tissus et organes isolés à fixer l'oxygène ; c'est dans le muscle que ces combustions respiratoires sont le plus intenses ; c'est le muscle qui, dans un laps de temps donné, absorbe le plus d'oxygène. Des fragments de muscles frais, introduits dans du sang défibriné, consomment rapidement l'oxygène contenu dans ce sang. Il s'accomplit donc des oxydations dans l'intimité des tissus.

On en a la preuve par une autre série de faits. Les sels alcalins à acides végétaux, les malates, citrates, tartrates, etc., ingérés, se retrouvent dans les urines à l'état de carbonates alcalins ; de même, dans l'organisme, les sulfites et hyposulfites sont transformés en sulfates, les nitrites en nitrates, l'acide arsénieux en acide arsénique, la benzine en phénol[2], le phénol en hydroquinone. Il a été établi que ces oxydations ont lieu sans le concours du sang. En effet, alors que des sels organiques oxydables, comme les lactates, les acétates, les formiates alcalins, ingérés, sont éliminés à l'état de carbonates, ils ne subissent aucune modification quand ils sont mis en contact *in vitro* avec du sang oxygéné. Mais, si à du sang défibriné on ajoute l'un de ces sels, du formiate d'ammoniaque, par exemple, et que l'on fasse passer ce mélange à travers le foie isolé de l'organisme (méthode des circulations artificielles), on constate la trans-

1. L'abbé LAZARE SPALLANZANI (1729-1799), illustre naturaliste italien, a fait en physiologie, particulièrement sur la génération et sur la digestion, plusieurs découvertes fondamentales : il a le premier réalisé et réussi la fécondation artificielle. Beaucoup de ses recherches, et les plus importantes, se trouvent réunies dans *Opuscules de physique animale et végétale* (trad. de l'italien par JEAN SENEBIER [de Genève], 2 vol. petit in-8°, Pavie et Paris, 1787), d'une lecture agréable et encore fort instructive, et dans *Expériences pour servir à l'histoire de la génération des animaux et des plantes* (trad. par JEAN SENEBIER, 1 vol. petit in-8°. Genève, 1786 et Pavie et Paris, 1787), ouvrage dont la lecture n'est pas restée moins intéressante.

2. Par substitution d'un oxydrile OH à un atome d'hydrogène du benzol C^6H^6 ; cette substitution, qui donne le phénol C^6H^5OH, peut être considérée comme une oxydation.

formation de ce sel en urée ; par oxydation, il s'est formé du carbonate d'ammonium qui, par déshydratation consécutive, a donné de l'urée :

$$2\ CHO^2(AzH^4) + O^2 = CO(OAzH^4)^2 + CO^2 + H^2O$$
$$CO(OAzH^4)^2 = CO(AzH^2)^2 + 2H^2O.$$

IV. — ACTIONS ZYMASIQUES OU DIASTASIQUES.

Comment, par quel mécanisme, s'accomplissent dans les cellules ces réductions, ces oxydations et toutes les autres réactions qui s'y passent ? La question se pose d'autant plus qu'il faut recourir à des agents énergiques pour réaliser ces opérations chimiques *in vitro*. Attribuer tout le travail chimique des éléments vivants à des « propriétés » de ces éléments, c'est dissimuler le problème sous un mot.

Aujourd'hui nous connaissons entre les cellules et leurs diverses opérations chimiques des intermédiaires, véritables *instruments* de ces opérations ; ce sont les *ferments solubles* ou *diastases*[1] (du nom, à tort ou à raison généralisé, du premier ferment qui fut décrit, la diastase de l'orge germé[2]) ou *zymases* (de Ζύμη, levain) ou *enzymes*[3]. Les ferments solubles sont ainsi appelés par opposition aux *ferments figurés*, organismes unicellulaires (bactéries, champignons) qui produisent des actions chimiques analogues.

Quels sont donc ces agents et que font-ils ? Si l'on introduit dans une solution de glycose peu aérée des globules de levure de bière, la plus grande partie de ce sucre est dédoublée en acide carbonique et en alcool : $C^6H^{12}O^6 = 2CO^2 + CO^2H^4.OH$; cette transformation du sucre sous l'influence de la levure, organisme unicellulaire, c'est la *fermentation alcoolique*. Et c'est le type des nombreuses actions analogues produites par les ferments figurés. De même, le *ferment lactique* scinde la molécule de lactose en molécules d'acide lactique dont le poids est équivalent à celui du sucre :

$$C^{12}H^{22}O^{11} + H^2O = 4C^3H^6O^2$$

---

1. De Διάστασις, séparation. Ce terme serait excellent, s'il n'existait que des ferments opérant des décompositions, des dislocations moléculaires ; mais on connaît quelques actions de ferments consistant en des recompositions, des constructions d'édifices chimiques. Morat et Doyon ont proposé (*Traité de physiol.*, I, p. 91, Paris, 1904) d'appeler *synaptases* (de συνάπτω, je réunis) ces nouveaux ferments. En tout cas, le mot diastase n'est plus assez compréhensif pour désigner tous ces agents. Cependant on continuera sans doute à l'employer souvent, parce qu'il est simple, commode et qu'il rappelle une grande découverte.

2. Retirée du liquide de macération du malt par Payen et Persoz, chimistes français, en 1832.

3. C'est le chimiste français Béchamp (1816-1908) qui a proposé le mot zymase en 1865. C'est Em. Duclaux (1840-1904) qui a proposé d'employer le mot diastase dans un sens générique. C'est Kühne (voy. p. 287) qui a proposé le mot enzyme en 1878 : ce terme a été généralement adopté à l'étranger.

et le *Mycoderma aceti* transforme l'alcool en acide acétique, etc. On pensait que toutes ces fermentations sont liées à la vie même des cellules qui les accomplissent. D'après Pasteur[1], l'acte chimique de la fermentation était essentiellement un phénomène corrélatif d'un acte vital, commençant et s'arrêtant avec ce dernier. « Je pense, ajoutait-il, qu'il n'y a jamais fermentation alcoolique sans qu'il y ait simultanément organisation, développement, multiplication des globules ou vie continuée, poursuivie des globules déjà formés. » Mais introduisons la levure de bière dans une solution de saccharose peu aérée, et non plus dans une solution de glycose. Cette saccharose est d'abord intervertie, c'est-à-dire dédoublée en glycose et lévulose; puis la glycose ainsi formée subit la fermentation alcoolique. Dans ce cas, par conséquent, l'opération se fait en deux temps. Or, Berthelot[2] le premier réussit à séparer de l'extrait aqueux de levure une matière azotée soluble dans l'eau et dont la solution intervertissait le sucre de canne; cette matière était précipitée par l'alcool de sa dissolution aqueuse; on pouvait ensuite la redissoudre et elle manifestait toujours sa propriété; elle n'était donc pas vivante. L'être vivant, concluait Berthelot, n'est pas le ferment; c'est lui qui l'engendre; mais les ferments solubles, une fois produits, exercent leur action indépendamment de tout acte vital; « cette action ne présente de corrélation nécessaire à l'égard d'aucun phénomène physiologique », spécifiquement vital.

Les fermentations qui se produisent, comme l'inversion de la saccharose, sous l'influence d'un ferment soluble, sont très nombreuses. Leur importance s'est d'autant plus accrue qu'il en a été découvert davantage. A tel point que l'on peut dire aujourd'hui que les propriétés chimiques des cellules se ramènent aux propriétés des ferments que ces cellules élaborent.

Comme les cellules accomplissent des actions chimiques diverses et importantes, le nombre des ferments solubles est grand. Chacun d'eux est caractérisé par la réaction spéciale qu'il provoque. Mais tous ont des propriétés communes qui les distinguent et en font une catégorie très particulière d'agents chimiques.

I. — Propriétés des enzymes.

Quelles sont ces propriétés générales des enzymes ?

Ce sont d'abord quelques propriétés physiques et chimiques qui n'offrent rien de spécifique.

---

1. L. Pasteur (1822-1895) était déjà célèbre par ses magnifiques découvertes en chimie avant qu'il ne fondât la microbiologie.

2. M. Berthelot (1827-1907), chimiste français, un des plus illustres savants du xixe siècle.

On a cru longtemps que les enzymes ne dialysent pas. En réalité, elles sont un peu dialysables ; elles passent très lentement et en très faible quantité à travers le dialyseur.

Elles sont solubles dans l'eau[1] et dans la glycérine. En faisant macérer dans l'un de ces liquides un tissu qui contient une enzyme, on peut donc obtenir une solution active.

Elles sont précipitables par l'alcool. Le précipité desséché peut être redissous par l'eau ; cette solution aqueuse du ferment est active.

Les antiseptiques n'arrêtent pas leur action, quoique parfois ils la diminuent (action de l'acide cyanhydrique sur l'invertine, par exemple). Au contraire, les antiseptiques arrêtent les fermentations vitales.

Enfin les diastases ont en commun avec les matières protéiques une propriété physiologique importante, ce sont des *antigènes* (voy. p. 100).

Voici maintenant des propriétés caractéristiques, quasi spécifiques, ou considérées comme telles.

En premier lieu, l'action des enzymes varie avec la température ; très faible ou nulle à 0°, elle augmente progressivement à mesure que s'élève la température, jusqu'à une limite *optima*, qui se trouve en général entre 40° et 60° ; au delà de cette limite l'activité du ferment diminue et finit par être absolument détruite avant 100°. C'est là un premier caractère fondamental. — L'eau bouillante détruit donc complètement les enzymes. Au contraire, quand celles-ci ont été préalablement desséchées avec soin à température peu élevée, on peut les porter en cet état à 100° et même au-desus de 100° sans les détruire.

Elles agissent à très faible dose, de telle sorte que la quantité de ferment est infiniment petite par rapport à la quantité de matière fermentescible. Une partie d'invertine peut dédoubler 200 000 parties de saccharose ; une partie en poids de présure peut coaguler plus de 400 000 parties de caséine. Ce fait d'une disproportion considérable entre la quantité de ferment et la quantité de matière mise en œuvre et transformée, entre la cause et l'effet, est caractéristique.

Elles ne se détruisent pour ainsi dire pas en agissant[2]. Si leur acti-

---

1. M. NICLOUX a montré (1904) que le ferment lipolytique, contenu dans les graines de ricin et qui se comporte de la même façon que les ferments solubles, n'est cependant pas soluble dans l'eau ; il est fixé au protoplasma cellulaire dont aucun dissolvant ne peut le séparer. Cette particularité se retrouve dans les autres lipases, ce qui se conçoit, puisque ce sont des ferments qui agissent sur des corps insolubles dans l'eau (les graisses).

2. « Sous ce point de vue, les diastases ressemblent aux acides qui, après avoir produit l'interversion d'une certaine quantité de sucre, sont théoriquement inaltérés et peuvent, si on les sépare du liquide où ils ont agi, recommencer une interversion nouvelle pareille en tout à la première. La raison profonde de cette

vité diminue, si, à partir d'un moment d'ailleurs variable suivant diverses conditions, la matière fermentescible ne paraît plus être transformée, c'est que les produits de la transformation arrêtent la fermentation. Dans ce fait de l'influence nuisible sur une enzyme des produits de son action même, il y a un troisième caractère essentiel. — Cette notion de la permanence d'activité ou de l'indestructibilité du ferment tend cependant à s'affaiblir. On a montré, par exemple, que la pepsine, au cours de son action, perd progressivement de son énergie, son pouvoir n'est donc point indéfini. De plus, le fait, établi pour quelques ferments, que le dédoublement de la substance fermentescible va d'autant plus vite que la quantité de ferment augmente, est contraire à la théorie d'après laquelle les diastases n'agiraient que par *catalyse* (de καταλύειν, dissoudre, voy. ci-dessous) et favorable à celle qui les considère comme des réactifs chimiques. Toujours est-il néanmoins que sous un volume extrêmement minime les ferments exercent des actions d'une énorme puissance.

Telles sont les trois propriétés essentielles des enzymes, leur destruction à 100°, la disproportion entre la quantité de substance active et la quantité de matière transformée, l'influence empêchante sur la fermentation des produits mêmes de la fermentation.

On ajoute que les enzymes sont des produits de la matière vivante, des cellules vivantes. On ajoute encore qu'il y a une sorte d'adaptation entre le ferment et la substance fermentescible ; c'est pourquoi l'on dit que chaque ferment a une action spécifique. Chacun d'eux serait adapté à la matière sur laquelle il agit comme une clef l'est à une serrure (Em. Fischer). Le sens de cette comparaison ressortira bien de ce qui sera dit plus loin des actions diastasiques sur les polysaccharides (voy. p. 91).

2. — Conditions d'action des enzymes.

L'action des enzymes est soumise à diverses conditions. Voici les principales :

Les enzymes ont besoin d'eau pour agir. La dessiccation ne supprime pas, on l'a dit plus haut, leur activité, mais la suspend complètement.

persistance, tant pour les acides que pour les diastases, est que les transformations produites s'accomplissent en dégageant de la chaleur. Elles sont, il est vrai, assez faiblement exothermiques en général, mais si peu qu'elles le soient, elles n'exigent aucune dépense extérieure, aucune décomposition du corps qui les produit, c'est le corps qui les subit qui les alimente seul, et il suffit qu'elles soient amorcées pour qu'elles continuent » (E. Duclaux, *Traité de microbiologie*, II. p. 16. Paris. 1899). Les ferments seraient donc des agents ayant la propriété de libérer de l'énergie.

La réaction du milieu a une influence, souvent très grande, sur leur activité. C'est ainsi que le ferment protéolytique sécrété par les glandes de l'estomac, la pepsine, n'agit qu'en présence d'acide, et surtout d'acide chlorhydrique.

A ce fait se rattache celui de la nécessité ou de l'extrême utilité, pour diverses fermentations, d'une matière minérale, par exemple d'un sel alcalino-terreux pour l'action de plusieurs ferments coagulants, la plasmase, la présure, la pectase, et du manganèse pour l'action des ferments oxydants. Aussi s'est-on demandé si toute réaction diastasique ne comporte pas deux substances, l'une apte à produire à elle seule l'action chimique considérée (ainsi les acides, quand ils sont concentrés, effectuent la désintégration des albuminoïdes), mais n'existant dans une sécrétion donnée que dans un état de dilution tel qu'elle ne peut exercer son action, et l'autre, inactive par elle-même, mais dont la présence suffit à augmenter la puissance de la première (ainsi l'addition de pepsine à une solution acide diluée détermine très rapidement la dissolution de la matière albuminoïde). Ces deux substances sont complémentaires l'une de l'autre (G. BERTRAND[1]), la complémentaire *active* étant, suivant le système diastasique, un acide ou un alcali, un sel de calcium ou de manganèse, etc., et la complémentaire *activante* étant une substance beaucoup moins simple, de nature protéique.

Les enzymes n'existent pas toujours préformées dans les cellules ou dans les liquides organiques. On a trouvé que plusieurs d'entre elles prennent naissance, sous diverses conditions, aux dépens de substances appelées *proferments* ou *zymogènes*. A chaque ferment correspondrait un proferment spécial ; la présure se formerait par l'action de l'acide chlorhydrique dilué sur une *proprésure*; il y aurait de même une *propepsine*, etc.

3. — Mode d'action des enzymes.

De la considération des propriétés caractéristiques des enzymes on a tiré quelques notions sur leur mode d'action. En effet, comme ces agents ne paraissent pas s'épuiser au cours de leur action[2] et comme par rapport à leur masse extrêmement faible ils produisent un effet infiniment grand, on les a rapprochés des agents *catalytiques*. Ceux-ci sont des corps qui, par leur seule présence, modifient la vitesse d'une réaction ; l'acide sulfurique qui transforme l'amidon en glycose et se retrouve totalement à la fin de la réaction,

1. Chimiste français contemporain, professeur à la Sorbonne.
2. Il a été fait ci-dessus (p. 80) quelque réserve sur ce point.

la mousse de platine qui détermine l'union de l'oxygène et de l'hydrogène à la température ordinaire, etc., sont de tels agents. Ces actions de catalyse sont soumises à des lois générales qui, dans l'état actuel de nos connaissances sur les fermentations, s'appliquent à celles-ci.

Pour plusieurs ferments (invertine, maltase, émulsine, trypsine) la preuve a déjà été fournie en effet que leur activité ne change pas au cours de la réaction et que la vitesse de celle-ci est soumise à la loi de l'action des masses, c'est-à-dire qu'elle est proportionnelle au produit des masses actives des corps qui interviennent dans la réaction ; seulement, comme la présence, en quantités variables, des produits de la réaction modifie la vitesse de cette dernière, le phénomène paraît se compliquer. En réalité, il rentre dans le groupe des réactions catalytiques dans lesquelles il y a formation de combinaisons intermédiaires.

Soit le cas de l'invertine. Ce ferment conserve son activité primitive pendant toute la durée d'une expérience de quinze à vingt heures ; la vitesse d'inversion augmente avec la concentration en saccharose jusqu'a une certaine valeur de cette concentration, au delà de laquelle d'abord elle n'augmente plus que très lentement, puis elle diminue ; la vitesse d'inversion est proportionnelle à la quantité de ferment ; le sucre interverti ralentit l'action de l'invertine et le ralentissement est d'autant plus grand que la quantité de ce sucre est plus grande et que la quantité de saccharose est plus petite.

Ce qui rapproche encore les actions diastasiques des actions catalytiques, c'est qu'il y a des substances inorganiques qui, en très petite quantité et dans certaines conditions, remplissent le rôle de ferments. Ainsi les solutions de platine colloïdal (obtenues en faisant passer entre deux fils de platine dans l'eau distillée un arc voltaïque) décomposent l'eau oxygénée à très faible dose ; par exemple, une solution de platine contenant 1/300 de milligramme de métal par litre manifeste cette propriété ; mais celle-ci diminue à partir de 60° ou sous l'influence de diverses substances, acide cyanhydrique, cyanure de mercure, iode, etc., toutes substances qui suspendent aussi l'activité des ferments ; de petites quantités d'alcali augmentent l'activité du platine, des quantités plus grandes la diminuent. Le platine colloïdal opère aussi l'inversion de la saccharose et hydrolyse le butyrate d'éthyle. Son action lipasique est réversible, c'est-à-dire qu'avec de l'alcool et de l'acide butyrique il peut faire synthétiquement du butyrate d'éthyle. Il peut donc agir comme une oxydase, comme une lipase et comme l'invertine. D'autres métaux en solution colloïdale se comportent de même. De tous ces faits, on a conclu qu'il existe des *ferments inorganiques* ; ce sont des corps qui exercent des actions de présence[1], qui opèrent par catalyse. Quoi qu'il en soit, il est permis de dire qu'il y a des analogies d'action entre ces corps et les véritables ferments, les enzymes.

Nos connaissances sur la nature des enzymes ne vont guère plus loin. Car nous ne savons encore rien de précis sur leur composition chimique. Elles paraissent être des corps azotés. Mais, comme jusqu'à présent aucun ferment n'a pu être préparé à l'état de pureté, on n'a point pénétré leur nature réelle.

4. — Classification des enzymes.

Pour la même raison, et aussi parce que nous ne connaissons encore qu'imparfaitement et incomplètement le mécanisme intime des actions diastasiques, il est difficile d'en donner une bonne classification. Le mieux paraît être de classer les enzymes suivant les réactions qu'elles provoquent.

De ce point de vue on distingue :

1° les *ferments dédoublants*, qui ont le pouvoir de détruire une molécule, de la dédoubler en deux corps de constitution plus simple;

2° les *ferments hydratants* ou *hydrolysants*; ces agents fixent de l'eau sur la matière fermentescible et la décomposent par ce mécanisme en deux ou plusieurs corps nouveaux; ils sont très nombreux;

3° les *ferments déshydratants*, agissant en sens inverse des précédents, c'est-à-dire reformant par déshydratation le corps qui avait été dédoublé par hydratation ; ici se pose la question de savoir si certaines actions diastasiques ne sont pas réversibles; elle sera examinée tout à l'heure ;

4° les *ferments oxydants* ou *oxydases* qui fixent de l'oxygène sur le corps fermentescible et les *ferments désoxydants* (*réducteurs* ou *hydrogénants*), agissant en sens inverse des précédents ;

5° les *ferments coagulants* (appelés quelquefois *coagulases*) et les *ferments décoagulants*, antagonistes des précédents ;

1. Ces actions de métaux dites de présence ne sont peut-être telles qu'en apparence; d'après les recherches d'un chimiste français, SABATIER (1906), le métal participe en réalité, mais d'une façon temporaire, à la réaction. Ainsi l'éthylène, au contact du nickel réduit en très fines particules et en présence de l'hydrogène, donne de l'éthane, tout comme au contact du noir de platine : $C^2H^4 + H^2 = C^2H^6$. SABATIER a montré que par le contact du métal et de l'hydrogène il se forme un hydrure de nickel ; ce corps très instable, au contact de l'éthylène, hydrogène ce dernier avec l'hydrogène qui s'est uni au métal; celui-ci se retrouve donc alors à son état primitif, apte à reformer une union passagère avec l'hydrogène disponible. Deux corps étant en présence, le *catalyseur* se comporte comme un vecteur de l'un de ces corps à unir avec l'autre.

Il se peut que les diastases soient de même des vecteurs, que la pepsine, par exemple, douée à la fois d'affinités pour l'acide chlorhydrique et pour la matière albuminoïde, transporte celui-là sur celle-ci.

6° les *ferments adjuvants* ou *favorisants*; ce sont des agents qui auraient la propriété de rendre actifs des ferments restant inactifs sans leur concours. PAVLOFF[1], qui a découvert le premier type de ces corps, l'*entérokinase*, l'a appelé un *ferment de ferment*.

Voyons maintenant sur quelles substances agissent tous ces ferments. Nous pourrons ainsi introduire dans leur foule des subdivisions utiles.

A. Ferments dédoublants. — Ce sont les enzymes qui effectuent la réaction la moins compliquée, en ce sens qu'elles dédoublent simplement un corps sans l'intervention de processus chimiques concomitants ou secondaires. Pour cette raison elles peuvent être placées en tête d'une classification, encore qu'elles soient les plus récemment connues.

Le type est le ferment que ED. BUCHNER[2], en 1897, a extrait de la levure de bière par broyage et compression énergiques des cellules et auquel il a donné le nom, beaucoup trop vague, de zymase[3]. Le suc ainsi obtenu et filtré, mélangé à une solution de saccharose[4], y provoque en quelques minutes un dégagement d'acide carbonique; on trouve ensuite de l'alcool dans le liquide. Il y a là une simple dislocation du sucre, avec dégagement de chaleur :

$$C^6H^{12}O^6 = 2CO^2 + 2C^2H^5.OH.$$

Du coup se trouve éclaircie la nature de la fermentation alcoolique, sur laquelle tant de discussions s'étaient élevées. L'existence d'un ferment soluble avait été en effet autrefois supposée par TRAUBE en 1858, puis entrevue par CLAUDE BERNARD et aussi par BERTHELOT. Mais PASTEUR avait combattu très vivement cette idée, soutenant, comme on l'a vu plus haut (p. 84), que le phénomène chimique de la fermentation constitue essentiellement un acte vital. Les expériences de ED. BUCHNER sont venues prouver que la diastase alcoolique fait de l'alcool, tout autant et tout aussi bien que la cellule de levure vivante.

On pourrait qualifier ce ferment producteur d'alcool de *glycolytique*, puisqu'il détruit la glycose, et conséquemment le rapprocher du ferment ainsi appelé, qui opère la destruction de la glycose dans le sang *in vitro* et dans les tissus. Mais, quoique des expériences

---

1. Célèbre physiologiste russe contemporain, professeur de physiologie à l'Institut de médecine expérimentale de Saint-Pétersbourg.
2. Chimiste allemand contemporain.
3. On l'appelle souvent *zymase de Buchner*.
4. Celle-ci est préalablement dédoublée par la sucrase ou invertine (voy. p. 34) qui existe dans le suc de levure. La glycose est décomposée directement.

récentes aient montré que l'on peut extraire des cellules de plusieurs organes, chez les animaux supérieurs, une enzyme qui détruit la glycose avec production d'alcool, nous ne connaissons pas encore exactement les substances qui résultent de l'activité de ce ferment. Dans d'autres expériences en effet la production d'alcool a été inconstante et d'ailleurs très minime, alors que celle d'acide carbonique était très nette. Quoi qu'il en soit, l'existence d'un *ferment glycolytique*, dans divers tissus, doit être considérée aujourd'hui comme établie ; nous aurons du reste à revenir sur cette question, soit à propos de la transformation des sucres dans l'organisme, soit à propos des fonctions du pancréas.

B. **Ferments hydratants.** — Les ferments hydratants, très nombreux, peuvent être divisés, suivant la nature des composés sur lesquels ils agissent, en :

1° ferments *amylolytiques*, hydrolysant les amyloses ou matières amylacées, comme l'*amylase* qui dédouble l'amidon en dextrine et maltose, l'*inulase* qui transforme l'inuline en lévulose ;

2° ferments hydrolysant les sucres ; exemples : *maltase* qui transforme la maltose en deux molécules de glycose ; *tréhalase* qui dédouble la tréhalose en deux molécules de glycose ; *sucrase* ou *invertine* ou *ferment inversif*, qui dédouble la saccharose en glycose et lévulose ; *lactase* qui dédouble la lactose en glycose et galactose. Tous ces ferments dédoublent donc des disaccharides ; par d'autres actions diastasiques sont décomposés les trisaccharides[1]. Ainsi les sucres en C^{12} ou en C^{18} qui entrent dans l'alimentation des êtres vivants, sont ramenés à l'état de monosaccharides, sucres en C^6 ; ceux-ci paraissent être en effet la forme de corps sucré seul utilisable par les êtres vivants ;

[1]. L'hydrolyse des polysaccharides se complique au fur et à mesure que le sucre à hydrolyser est plus complexe. Considérons d'abord les composés les plus simples ; la glycose, en se combinant avec elle-même, avec élimination d'eau, donne naissance à plusieurs composés isomériques, maltose, tréhalose, etc. ; il faut un ferment spécial pour hydrolyser chacune de ces combinaisons. La glycose peut se combiner de la même façon avec une autre hexose, telle que la lévulose ou la galactose, et donner ainsi la saccharose ou la lactose ; pour dédoubler chacun de ces corps il faut aussi un ferment spécial. Mais ces disaccharides ou hexobioses (voy. p. 29) peuvent à leur tour s'unir à de la glycose ou à une autre hexose de façon à former des hexotrioses ou trisaccharides. Or, les ferments qui dédoublent les disaccharides, lorsque ceux-ci sont libres, les dédoublent aussi lorsqu'ils sont engagés dans les combinaisons dont nous parlons ; seulement cette action diastasique ne sépare que l'une des deux molécules du disaccharide, l'autre reste unie à la troisième. Soit une hexotriose dérivée de la saccharose, la gentianose (sucre extrait de la racine fraîche de gentiane) ; si l'on fait agir l'invertine sur ce sucre, elle en décroche une molécule de lévulose, laissant les deux autres molécules engagées en une hexobiose, qui est la gentiobiose (BOURQUELOT et HÉRISSEY) ; l'hydrolyse n'est donc pas complète, un seul ferment ne suffit pas pour l'effectuer ; pour qu'elle soit totale, il faut l'intervention d'un second ferment, ce sera la *gen-*

3º ferments décomposant les glycosides (combinaisons de la glycose ou de diverses hexobioses avec différents composés organiques,
comme alcools, aldéhydes, phénols); on les trouve surtout dans les
végétaux supérieurs; tels sont l'*émulsine* qui décompose un grand
nombre de glycosides, l'amygdaline, la salicine, l'hélicine, l'esculine,
l'arbutine, la coniférine, etc. (l'amygdaline, par exemple, est décomposée en glycose, essence d'amandes amères et acide cyanhydrique),
et la *myrosine* que l'on trouve dans les graines de moutarde et qui
dédouble le myronate de potasse ou sinigrine en glycose, essence de
moutarde ou isosulfocyanate d'allyle et sulfate acide de potasse;

4º ferments dédoublant les matières grasses ou *lipolytiques* (de
λίπος, graisse); par ce mécanisme se produit la saponification qui est
un dédoublement avec hydratation d'une graisse neutre en glycérine
et acides gras qui s'unissent aux alcalis pour former des *savons*
(sels d'acides gras); ainsi agissent la *lipase* pancréatique et les *lipases*
extraites des végétaux, des graines de ricin, de colza, de pavot, de
chanvre, etc., et trouvées aussi dans quelques champignons, *Penicillium glaucum* et *Aspergillus niger*;

5º ferments hydratant les matières albuminoïdes ou *protéolytiques*
et leur faisant subir toute une série de transformations, comme la
pepsine, la *trypsine*, la *papaïne* (extraite du suc de *Carica papaya*);

6º ferment hydratant l'urée ou *uréase* qui est produit par divers
microbes; sous l'action de ce ferment l'urée fixe de l'eau et se
transforme en carbonate d'ammoniaque :

$$CO.(AzH^2)^2 + 2H^2O = CO^3(AzH^4)^2.$$

liobiase, qui sépare les deux molécules de glycose unies entre elles. On peut
passer à des combinaisons plus complexes, les hexotétroses ou tétrasaccharides;
pour en obtenir l'hydrolyse complète, il faudra autant de ferments moins un
que le polysaccharide contient de molécules d'hexose. Ainsi les molécules de ces
divers composés sont attachées entre elles comme si les unissaient des serrures
s'enclanchant les unes les autres (BOURQUELOT); et c'est la disposition même de
ces serrures qui détermine l'ordre dans lequel doivent agir les clefs pour les
ouvrir, c'est-à-dire les ferments qui opèrent la désagrégation moléculaire d'un
composé donné.

De la considération de tous ces faits BOURQUELOT (*Comptes rendus de la Soc. de
biol.*, 12 mars 1903, p. 386) a tiré des lois fort importantes pour notre connaissance
des actions diastasiques : 1º « pour hydrolyser les diverses combinaisons de la
glycose, il faut autant de ferments différents qu'il y a de combinaisons »; 2º « l'hydrolyse intégrale d'un polysaccharide exige autant d'actes fermentaires différents
que ce composé renferme de molécules sucrées moins une ». Ses recherches ont
conduit aussi BOURQUELOT à une troisième loi qui est la suivante : « Dans l'hydrolyse d'un polysaccharide, les ferments doivent agir successivement et dans un
ordre déterminé ».

Ces lois ne s'appliquent peut-être pas seulement à la décomposition des polysaccharides. On peut se demander si des lois semblables ne régiraient pas l'hydrolyse des corps à poids moléculaires élevés et si, pour désagréger la molécule
compliquée de l'un de ces composés, il ne faudrait pas l'intervention sériée de
plusieurs ferments agissant successivement.

Ce phénomène tient une grande place dans le cycle général des transformations de l'azote. C'est sous forme d'urée en effet que l'azote est éliminé de l'organisme animal.

Or, l'urée n'est utilisable par les plantes qu'à la condition de passer à l'état de sel ammoniacal. Les microorganismes qui produisent l'uréase sont donc des intermédiaires nécessaires entre les animaux et les végétaux supérieurs.

C. **Ferments déshydratants.** — En 1898 le chimiste anglais A. Croft Hill essaya de reproduire synthétiquement la maltose à l'aide de la maltase (ferment contenu dans l'extrait aqueux de la levure de bière basse).

La maltase dédouble la maltose en deux molécules de glycose, mais la réaction n'est complète que dans des solutions étendues de maltose; dans des solutions plus concentrées elle s'arrête lorsque les proportions de maltose et de glycose ont atteint un taux déterminé, pour lequel se produit l'équilibre chimique de la réaction; on constate que la proportion de maltose restant est d'autant plus grande que la concentration de la solution est plus forte. Inversement, si l'on introduit de la maltase dans une solution concentrée de glycose, on constate qu'il s'est formé au bout de quelques jours une certaine quantité d'un sucre à pouvoir rotatoire et à pouvoir réducteur analogues à ceux de la maltose. Mais on reconnut par la suite que ce sucre n'est en réalité qu'un isomère de la maltose, de l'*isomaltose*.

De même on n'obtint pas de la lactose en faisant agir la lactose sur un mélange de glycose et de galactose en solution concentrée, mais un isomère, l'*isolactose*.

Le fait suivant a permis de poser la question de savoir si les enzymes protéolytiques ne posséderaient pas cette propriété de réversibilité. Lorsqu'on ajoute à une solution concentrée d'albumoses des solutions de pepsine ou de trypsine, il se précipite une matière que l'on a désignée sous le nom de *plastéine* et qui, pour plusieurs physiologistes, consisterait soit en la matière albuminoïde originelle, soit en des isomères. La présure aurait aussi le pouvoir de régénérer l'albumine aux dépens des albumoses.

Cependant les preuves présentées à l'appui de cette manière de voir sont insuffisantes ; la nature réelle de la *plastéine* ne peut être considérée comme établie.

Un pas décisif, dans la question de la réversibilité des actions diastasiques, a été fait par Bourquelot et ses élèves (1911-1916) ; les expériences de ces auteurs ont montré que l'enzyme qui hydrolyse un glycoside ou un polysaccharide peut reconstituer ces corps par combinaison des produits de leur hydrolyse ; ainsi l'émulsine (mélange de ferments extraits des amandes) effectue la synthèse de toute une série de glycosides hydrolysables par ce ferment : et ces glycosides de synthèse ont été obtenus à l'état pur et cristallisé. L'émulsine possède donc à la fois les deux propriétés inverses, hydrolysante et synthétisante.

Nul doute que ce ne soit là une propriété appartenant à beaucoup de ferments.

Ceux-ci apparaissent dès lors comme des réactifs à la fois d'analyse (de décomposition) et de synthèse, dont le rôle serait, suivant les conditions de milieu, tantôt d'hydrolyser, tantôt de produire la même substance.

Ce pouvoir déshydratant des ferments est un cas particulier de l'action de ces corps.

Ceux-ci en effet se présentaient comme des corps à travail positif, dégageant par suite des quantités variables de chaleur, bref à action exothermique. Une réaction déshydratante, synthétique, est tout autre ; elle n'est possible que de la part d'enzymes à travail négatif, c'est-à-dire dont les actions absorbent de la chaleur. « Il est possible », écrit LAMBLING à la suite de DUCLAUX[1], que ces enzymes « opèrent des synthèses analogues à celles de la granulation chlorophyllienne. Mais de même que cette dernière doit emprunter à la radiation solaire l'énergie nécessaire à son travail de synthèse, de même ces diastases doivent demander à des opérations exothermiques concomitantes la chaleur dont elles ont besoin[2]. » De fait, on a montré que du tissu rénal, finement broyé et macéré dans une solution de fluorure de sodium à 2 p. 100 qui supprime la vie des cellules, réalise parfaitement la synthèse de l'acide hippurique, non pas au moyen du glycocolle et de l'acide benzoïque (opération que l'on savait être effectuée par les cellules rénales vivantes), mais au moyen du glycocolle et de l'alcool benzylique ; ce dernier, en s'oxydant pour donner de l'acide benzoïque, dégage par cela même une certaine quantité de chaleur qui paraît être utilisée pour la synthèse concomitante[3]. On est en droit dans ces expériences d'attribuer l'action chimique dont il s'agit à l'intervention d'une enzyme. — Théoriquement d'ailleurs, si les réactions diastasiques sont des réactions catalytiques, comme il a été dit p. 87, on doit admettre qu'il peut y en avoir qui se montrent réversibles ; de même que la diastase accélère une

---

1. Voy. E. DUCLAUX, *Traité de microbiologie*, t. II. p. 740. Paris, 1899.

2. E. LAMBLING, in *Traité de pathol. générale* de CH. BOUCHARD. 1re édition. t. III. p. 141.

3. E.-J. ABELOUS et H. RIBAUT, *Comptes rendus de la Soc. de biologie*, 9 juin 1900, p. 543-545.

réaction de décomposition, elle doit accélérer aussi bien une réaction de synthèse.

D. Ferments oxydants et désoxydants. — Les ferments oxydants portent de l'oxygène sur les corps sur lesquels ils agissent; cet oxygène, ils peuvent l'emprunter à l'air ou bien à un corps qui le retient plus ou moins fortement. De là deux sortes d'oxydases, *directes* et *indirectes* (E. BOURQUELOT).

DUCLAUX a parfaitement défini ces diastases en disant que « leur caractère essentiel, celui qui leur fait une place à part, est de permettre à l'oxygène atmosphérique de se porter rapidement à la température ordinaire, et dans des conditions qui restent physiologiques, sur des corps que, sans les oxydases, il n'attaquerait que plus lentement. On peut donc les considérer comme des agents de transport de l'oxygène, et elles font tout de suite penser aux globules du sang, ou plutôt à l'hémoglobine des globules. Nous pouvons donc les appeler diastases de respiration [1] ».

On a distingué deux sortes d'oxydases indirectes, les *catalases* et les *peroxydases*. Les premières décomposent l'eau oxygénée en eau et oxygène qui se dégage à l'état d'oxygène ordinaire, non pourvu de propriétés oxydantes spéciales; beaucoup de tissus et de liquides animaux et végétaux manifestent cette action. Les peroxydases, qui se trouvent aussi dans un grand nombre de tissus et de liquides animaux ou végétaux, décomposent l'eau oxygénée avec dégagement d'oxygène actif, susceptible d'oxyder des corps présents dans la solution.

Les oxydases directes fixent l'oxygène de l'air sur les corps à transformer. Il n'en a été trouvé jusqu'à présent que dans les végétaux [2]. Du latex de l'arbre à laque, suc très épais et presque blanc qui, au contact de l'air, en s'oxydant très rapidement, devient brunâtre et

----

[1]. E. DUCLAUX, *loc. cit.*, p. 565.

[2]. On a bien soutenu que les extraits de divers organes (poumons, reins, foie, etc.) qui ont la propriété, en présence du sang aéré, de transformer l'aldéhyde salicylique, agissent en ce cas comme s'ils contenaient une oxydase, d'après la réaction :

$$C^6H^4{<}^{OH}_{COH} + O^2 = C^6H^4{<}^{OH}_{COOH}$$

Aldéhyde salicylique.   Acide salicylique.

En réalité, *l'aldéhydase* qu'ils manifestent ainsi se comporte comme un ferment dédoublant, qui transforme par hydrolyse l'aldéhyde salicylique en acide salicylique et saligénine :

$$2C^6H^4{<}^{OH}_{COH} + H^2O = C^6H^4{<}^{OH}_{COOH} + C^6H^4{<}^{OH}_{CH^2OH}$$

Par contre, on a montré que le tissu hépatique (de cheval, de bœuf, de mouton, etc.) contient une oxydase qui oxyde l'alcool éthylique en acide acétique avec absorption d'oxygène (*alcoolase* de F. BATTELLI* et LINA STERN, *Soc. de Biol.*, 23 octobre 1909, p. 419, et 8 janvier 1910, p. 5).

* Professeur de physiologie à l'Université de Genève.

se recouvre d'une pellicule noire résistante (laque), on a extrait la *laccase* (Gabriel Bertrand, 1894-1897). Ce corps, qui se comporte exactement comme un ferment, transforme, en présence de l'oxygène de l'air, l'*acide uruschique* ou *laccol* en acide *oxyuruschique* ou *oxylaccol* ; c'est cette substance qui constitue la matière noire, insoluble dans la plupart des dissolvants, ou vernis laque des Chinois. — La laccase oxyde d'autres corps, tels que l'hydroquinone, le pyrogallol, l'acide gallique, le tannin, etc. — Dans toutes ces actions de la laccase on a constaté une absorption d'oxygène et un dégagement d'acide carbonique. C'est donc là une action diastasique avec échanges gazeux, tout à fait analogue à un phénomène respiratoire.

D'autres ferments oxydants ont été extraits de la betterave, de la pomme de terre, du tubercule de dahlia, d'un champignon, la *Russula nigricans*, etc., qui se colorent rapidement en noir au contact de l'air. Cette coloration est due, dans le cas de la Russule, à l'oxydation de la tyrosine qui s'y trouve par la *tyrosinase*. Une solution pure de tyrosine est colorée en noir par ce ferment, et on constate une absorption d'oxygène.

La laccase et probablement aussi d'autres oxydases présentent cette remarquable particularité de contenir du manganèse et que leur activité paraît être proportionnelle à la quantité de manganèse qu'elles contiennent. L'oxydase, pauvre en manganèse, que l'on extrait de la luzerne, est peu active, mais elle le devient beaucoup plus quand on l'additionne d'un sel de ce métal. La laccase, privée de manganèse, est presque inactive. Inversement, les sels manganeux, tout comme la laccase, oxydent l'hydroquinone. De là l'idée que la laccase est une sorte de sel de manganèse à acide faible, fixant l'oxygène de l'air pour former un sel manganique ; celui-ci oxyde la matière organique et repasse alors à l'état de sel manganeux, et ainsi de suite. Cependant tout n'est pas dit par là, et on ne voit pas quelle est l'action essentielle, celle du manganèse ou celle de la laccase, puisque, si les sels de manganèse oxydent l'hydroquinone, ce phénomène devient quantitativement beaucoup plus important, quand on ajoute de la laccase. « N'est-ce pas ici, fait observer Duclaux[1], la laccase qui aide l'action du manganèse plutôt que le manganèse l'action de la laccase ? »

Les ferments oxydants peuvent facilement jouer aussi le rôle de réducteurs. En effet, en prenant de l'oxygène à des substances qui le leur cèdent, ils exercent par là même une action réductrice.

L'existence de telles actions a été établie, et, par exemple, l'existence dans l'organisme animal d'un ferment soluble réducteur trans-

---

1. E. Duclaux, *loc. cit.*, t. II, p. 744.

formant les nitrates alcalins en nitrites. On peut penser que l'oxygène ainsi enlevé aux nitrates sert à des oxydations concomitantes.

E. Ferments coagulants et décoagulants. — Ces enzymes appartiennent en réalité à la classe des ferments hydratants. C'est Duclaux qui en a fait, en raison de leur grand intérêt physiologique, une catégorie spéciale. « La plupart des matériaux azotés ou hydrocarbonés, dit-il, qui circulent dans les tissus d'un animal ou d'une plante sont dans un état de gélatinisation qui, par nature, est instable. Un pas vers la solidification, un degré de plus de coagulation, ils sont arrêtés, immobilisés dans le protoplasma. Une fois coagulés, un pas du côté de la liquéfaction leur permet de se remettre en route. Les gommes végétales, les pectines, les gelées cellulosiques, le caséum du lait, l'albumine du sang se comportent ainsi »[1].

Les enzymes coagulantes paraissent produire des dédoublements avec hydratation ; la plasmase coagule la matière fibrinogène du plasma sanguin, la présure coagule la caséine du lait et la pectase (ferment découvert dans certains fruits et dans le suc des carottes, des navets, des betteraves) coagule la pectine (substance neutre, soluble dans l'eau, de nature encore inconnue, qui existe dans les mêmes végétaux).

Parmi les ferments décoagulants se placeraient en première ligne la pepsine, la trypsine, la papaïne. Les ferments *cyto-hydrolytiques* ou *cytases*, qui dissolvent les celluloses, sont, par rapport aux matières hydrocarbonées, du même ordre. Leur importance doit être très grande dans la vie végétale, puisque, pendant la germination, ils transforment en substance soluble (servant à la production de l'amidon ou à celle de sucres) les substances constitutives des parois cellulaires de divers végétaux.

F. Ferments adjuvants. — On connaît des ferments qui n'agissent qu'autant qu'ils sont aidés par un autre ferment ; celui-ci, de son côté, sans le premier, est complètement inactif. Ainsi la trypsine du suc pancréatique n'exercerait son action sur les matières albuminoïdes qu'à la condition d'être additionnée d'une petite quantité d'*entérokinase*, c'est-à-dire d'un ferment contenu dans le suc entérique (duodénal).

Un autre exemple de cette association de ferments. Le suc musculaire a un très faible pouvoir glycolytique ; si on l'additionne d'un extrait de pancréas qui n'a point d'action glycolytique propre, ce pouvoir augmente considérablement. De même, l'action glycolytique

---

1. E. Duclaux, *loc. cit.*, t. II, p. 22.

du suc hépatique, qui est d'ailleurs assez marquée par elle-même, est doublée par l'addition d'extrait pancréatique.

En présence de ce grand nombre d'actions diastasiques très diverses, on est en droit de penser qu'à ces actions se ramènent tous les phénomènes chimiques de la vie.

On trouve en effet les ferments que nous avons passés en revue chez tous les êtres vivants. Les cellules glandulaires des animaux supérieurs les sécrètent. Mais ils sont sécrétés aussi par les organes moins différenciés des animaux inférieurs ; ils existent aussi chez les végétaux ; et enfin on les constate dans les organismes unicellulaires. D'une moisissure comme l'*Aspergillus niger*, Bourquelot (1893) a extrait les ferments suivants : amylase, sucrase (invertine), maltase, tréhalase, inulase, émulsine, trypsine ; et il s'y trouve encore de la lipase (Lucien Camus, 1897).

G. Ferments intracellulaires. — Le rôle des actions diastasiques s'est encore accru depuis que l'on connaît des ferments intracellulaires. La plupart des phénomènes chimiques dont les cellules sont le siège apparaissent maintenant comme dus à des diastases qui, formées dans le cytoplasma, y restent incluses et y manifestent leur activité. Par là, elles diffèrent profondément des ferments digestifs qui, excrétés des cellules, agissent dans le tube gastro-intestinal et de ceux qui, excrétés aussi, agissent dans le sang.

Les enzymes intracellulaires ont été trouvées dans les extraits aqueux de divers organes, ceux du foie par exemple ; mais on les isole mieux par le procédé qui a servi à Ed. Buchner à extraire la zymase de la levure de bière (voy. p. 90) ; d'autre part, on étudie leur action par la méthode de l'autolyse des organes (voy. *Autolyse*).

Le nombre des enzymes intracellulaires est déjà considérable. On a constaté l'action :

1° D'endoenzymes amylolytiques (dans le foie particulièrement ; voy. p. 608) ; dans tout tissu qui contient du glycogène se trouve très vraisemblablement une amylase qui hydrolyse ce corps ;

2° De la zymase de la levure de bière (voy. p. 90) ainsi que du ferment glycolytique (voy. p, 90-91, 338, 352 et 643).

3° D'endoenzymes lipolytiques : le pouvoir lipolytique des extraits de foie est très marqué ;

4° D'endoenzymes protéolytiques contenues dans beaucoup de tissus ; ces ferments diffèrent de la trypsine par leur action sur des polypeptides que celle-ci n'attaque pas (expériences de Fischer et Abderhalden, 1905, et de ce dernier avec plusieurs collaborateurs, 1906) :

5° De toute une catégorie de ferments qui attaquent divers produits de dégradation des matières protéiques, l'érepsine (voy. p. 269), la diastase désaminante du foie (p. 627), l'arginase (p. 270 et 631), les nucléases, les ferments uricolytiques (uricase) ;

6° Des oxydases (voy. p. 95 et 352) ;

7° De ces endoenzymes à action synthétique dont il vient d'être parlé (p. 93) et dont le rôle dans le processus d'assimilation serait si important. Ainsi le glycogène se forme sans doute sous une action diastasique aux dépens de la glycose absorbée et la synthèse des graisses neutres se fait sans doute par un semblable mécanisme. A coup sûr, la formation des composés protéiques est plus compliquée. Ce n'est pas une raison pour l'attribuer à l'activité propre des protoplasmas cellulaires en tant que tels. Cette supposition, dont on s'est contenté pendant si longtemps, dissimule mal un aveu d'ignorance. Par l'étude des endoenzymes on a été conduit déjà à cette constatation, à savoir qu'il n'est point d'organe ou de tissu privé de ferments protéolytiques et d'érepsine. Peut-être n'en est-il point non plus qui ne soit pourvu de diastases douées du pouvoir de reconstruire les édifices protéiques détruits avec les matériaux mêmes provenant de la démolition (voy. p. 95, 224 et plus loin, le paragraphe sur la formation des albuminoïdes du sang).

V. — ACTIONS ANALOGUES AUX ACTIONS DIASTASIQUES.

D'autres phénomènes peuvent être rattachés aux actions produites par les enzymes ; on les a attribués à des corps analogues à ces dernières, mais en différant cependant plus ou moins ; pour cette raison, on a proposé de leur donner le nom d'*enzomoïdes* (ARTHUS[1]).

I. — Antiferments.

Le sérum du sang, ajouté en petite quantité à un liquide qui contient de la pepsine, de la trypsine ou de la présure, possède la propriété d'empêcher l'action de l'un quelconque de ces ferments. Si l'on injecte à un animal, dans une veine de la circulation générale ou sous la peau, une solution de l'un de ces ferments, le sérum de cet animal devient, au bout de quelque temps, beaucoup plus actif, c'est-à-dire beaucoup plus *antipepsique*, ou *antitryptique*, ou *antiprésurant*. L'activité *antidiastasique* disparaît par le chauffage du sérum entre 60 et 65°. On suppose qu'elle est due, dans chaque cas, à un corps spécial ; il y aurait donc une *antipepsine*, une *antitrypsine*[2], une *antiprésure*. L'antiprésure, obtenue à la suite d'injections de présure végétale (extraite des fleurs de l'artichaut. *Cynara cardunculus*) ou cynarase, est différente de l'antiprésure d'origine animale. On a également constaté la formation, dans le sérum,

---

1. Physiologiste français contemporain, professeur à l'Université de Lausanne.
2. L'antitrypsine serait peut-être, du moins on l'a prétendu, une *antikinase*, c'est-à-dire un corps empêchant l'action de l'entérokinase, du ferment qui rendrait la trypsine active.

d'*antityrosinase* et d'*antilaccase*, c'est-à-dire de corps antagonistes d'oxydases, et d'*antiémulsine*.

D'autres faits ont étendu le rôle des *antiferments*. Tels sont ceux qui montrent que les tissus des vers parasites de l'intestin (ténia par exemple) contiennent une substance qui les empêche d'être attaqués par la trypsine. Non moins importante est l'*antiplasmase*, appelée *thrombase* par Duclaux, qui se forme dans le foie dans certaines conditions, et qui s'oppose à l'action de la plasmase[1].

2. — Anticorps : bactériolysines, cytotoxines, agglutinines, précipitines, antitoxines.

On peut considérer aujourd'hui la production d'*anticorps*, dans le sérum sanguin, ce mot étant entendu dans un sens large, comme un phénomène très général. Et les substances qui, introduites dans l'organisme, ont la propriété d'y donner naissance à des anticorps, sont appelées *antigènes*. Tout sérum naturel possède en effet ou peut acquérir la propriété de dissoudre ou de détruire les éléments figurés du sang des autres espèces animales, à condition que celles-ci soient assez éloignées de l'espèce qui fournit le sérum examiné ; divers autres éléments anatomiques, tels que cils vibratiles, spermatozoïdes et même, quoique le fait soit moins sûr, cellules d'organes différenciés, comme quelques organes glandulaires, et enfin les microbes : c'est qu'il existe ou qu'il peut se former dans le sang des *lysines* ou *cytotoxines* (*hémolysines*, *spermotoxines*, *bactériolysines*, etc.).

Le procédé ordinaire, pour déterminer la formation de ces corps, consiste à injecter à un animal, à plusieurs reprises et à petites doses, un liquide tenant en suspension les éléments dont on recherche la lysine. Par cette réaction, l'organisme se trouve protégé contre les dangers qui résulteraient du passage d'éléments cellulaires dans la circulation, soit que ces éléments puissent jouer le rôle d'obstacles mécaniques, soit qu'ils possèdent, en outre, une action toxique. De là, par exemple, l'importance des substances bactéricides au point de vue de l'immunité contre les diverses maladies.

D'autres réactions du même ordre s'ajoutent à la précédente. Les sérums possèdent ou acquièrent la propriété d'agglutiner divers éléments cellulaires, levures, microbes, globules sanguins ; on dit qu'il s'y forme des *agglutinines*.

D'autre part, ils peuvent acquérir la propriété de précipiter diverses matières albuminoïdes, comme celles du sérum sanguin[2], du lait, l'albumine de l'œuf, etc. ; il s'y formerait des *précipitines*.

---

1. Nous retrouverons l'antiplasmase lorsque nous étudierons la coagulation du sang.

2. Voyez ce qui a été déjà dit à ce sujet, p. 12.

Il s'y formerait aussi des substances ayant la propriété de favoriser la phagocytose ou *opsonines* (de ὀψωνέω, je prépare les aliments) qui, se fixant sur les microbes, rendraient ceux-ci plus aptes à être phagocytés.

Enfin, il peut se développer dans les sérums des substances antagonistes de diverses substances toxiques, c'est-à-dire qui en neutralisent les effets ; ces substances sont dites *antitoxines*. On distingue les antitoxines microbiennes, comme l'antitoxine tétanique ou diphtérique ; les antitoxines végétales, comme l'antiricine[1] ; les antivenins (sérum antivenimeux) ; les anticytotoxines.

Tous ces corps sont évidemment de nature protéique. Ils offrent une grande résistance aux agents physiques, par exemple à la chaleur ; les agglutinines, en général, ne perdent leur activité qu'entre 60 et 80°, les antitoxines qu'au delà de 65° ; quelques-uns résistent à des températures supérieures.

On ne sait pas encore sûrement leur origine ; une opinion assez répandue est qu'ils se forment dans les leucocytes.

A. Loi de formation des anticorps. — On pourrait présenter les faits ci-dessus résumés sous la forme d'une sorte de loi générale et dire : l'introduction, dans l'organisme d'un animal, de bactéries ou de cellules d'une espèce étrangère détermine l'apparition, dans le sérum de cet animal, d'*agglutinines* et de *bactériolysines*, substances qui réunissent ces bactéries en amas ou les dissolvent plus ou moins complètement, ou de *cytotoxines*, substances qui détruisent ces éléments cellulaires, hématies, spermatozoïdes, cellules épithéliales diverses ; l'introduction, dans l'organisme, de toxines microbiennes, de diverses matières albuminoïdes ou de ferments, amène la formation d'*antitoxines*, de *précipitines* ou d'*antiferments*. Seuls, les composés albuminoïdes (albuminoïdes isolés ou protoplasmas en leur totalité) donneraient lieu à cette réaction de l'organisme. Tous ces anticorps, quels qu'ils soient, se fixent et agissent d'une façon élective sur les corps dont l'injection a provoqué leur formation ; par là est empêchée l'action de ces corps, c'est-à-dire l'action des antigènes.

B. Mode d'action des anticorps. — Comment agissent tous ces corps ? Quoique leur mode d'action ne soit pas encore complè-

---

1. La ricine est une toxalbumine, analogue aux toxalbumines des microbes, extraite des graines de ricin. C'est une substance qui possède la propriété d'agglutiner les globules du sang. Quand on l'injecte à petites doses à un animal, il se développe dans le sérum sanguin de cet animal une substance qui s'oppose à l'effet de la ricine, c'est l'antiricine.

tement connu, cependant on possède, sur ce point, des faits intéressants. Il importe de distinguer à cet égard les anticorps des substances solubles et ceux des éléments figurés.

Les antitoxines paraissent se combiner chimiquement avec les toxines correspondantes ; il en résulte des corps nouveaux dépourvus de toxicité ; cette neutralisation des toxines se fait d'ailleurs *in vitro* ; c'est donc là une action chimique directe. Les antiferments neutralisent de même l'action des ferments. Enfin, c'est sans doute aussi en se combinant avec les matières albuminoïdes que les précipitines précipitent ces matières.

Une autre explication a été proposée de l'action des anticorps sur les antigènes correspondants.

Diverses toxines ont, de même que les diastases, la propriété d'adhérer à des précipités produits dans les liquides où elles sont en dissolution (dissolution du moins apparente) ; ainsi la toxine diphtérique est entraînée par le phosphate de chaux ; ce même sel ou l'alumine entraîne en partie la toxine tétanique, et le noir animal a la même propriété, ainsi que les hydrates colloïdaux de chrome, de fer, de zinc ; la neuro-toxine du venin de cobra est entraînée par divers corps gras. — Ce sont là des phénomènes d'adsorption (voy. p. 36).

Dans la neutralisation d'une toxine par son anticorps, d'aucuns ont été conduits à admettre que le complexe colloïdal, formé dans un sérum immunisant par l'anticorps avec les protéines de ce sérum, adsorbe la toxine introduite dans le dit sérum ; il se forme alors un complexe toxine-antitoxine dépourvu de toxicité.

Quant aux anticorps des corps solides, leur mode d'action paraît être plus complexe. Les hémolysines et les bactériolysines, en effet, seraient composées de deux substances [1] agissant successivement pour produire l'effet que l'on constate, la destruction des hématies ou des bactéries. L'une de ces substances n'est détruite que par le chauffage à 65°-68° ; on l'appelle *sensibilisatrice* ou *fixateur*, parce qu'elle se fixe sur les hématies ou sur les bactéries à dissoudre, ou, en d'autres termes, qu'elle les rend sensibles à l'action de l'autre substance ; elle est thermostabile par rapport à l'autre substance, qu'un chauffage peu prolongé à 55°-56° suffit à détruire et qu'on qualifie, pour cette raison, de thermolabile ; cette seconde substance est désignée sous les noms de *complement* ou *addiment*, parce qu'elle complète l'action de la première, ou encore d'*alexine* (de ἀλέξειν, venir au secours). Les sérums normaux contiennent des alexines.

---

1. Il importe de remarquer que ces substances sont hypothétiques ; aucune d'elles n'a jamais été isolée. L'hypothèse de leur existence n'est actuellement qu'un moyen commode d'exprimer les processus qu'elles sont censées produire ; ces processus constituent ici la seule réalité connue jusqu'à présent.

mais les sensibilisatrices ne se développent que dans les sérums des animaux immunisés ; c'est pourquoi on donne aussi à ces dernières le nom d'*immunisines*. Les alexines seraient donc des substances banales et les sensibilisatrices seraient seules spécifiques. De fait, l'alexine, qui agit sur telles ou telles bactéries sensibilisées, paraît être la même qui agit sur les hématies dans le phénomène de l'hémolyse. Quelques expérimentateurs, cependant, auraient constaté la présence de sensibilisatrice dans les sérums normaux. On voit par là que ce mode d'hémolyse est un phénomène complexe ; on pourrait l'appeler l'*hémolyse indirecte*. — Il y a d'ailleurs des *hémolysines directes*, celle du sérum d'Anguille par exemple, comme sont hémolytiques certains glycosides (digitaline, solanine, saponine, etc.), par modification de la perméabilité de la paroi globulaire.

C. **Nature diastasique des anticorps**. — Quelle est la nature des anticorps ? Nous avons dit tout à l'heure qu'ils se rattachent à la classe des ferments solubles. Tous ces agents présentent, en effet, des caractères de solubilité (dans l'eau, la glycérine), de précipitabilité (par l'alcool), de destructibilité par la chaleur (à une température généralement plus élevée que celle qui altère les ferments, mais inférieure à 100°), qui sont analogues à ceux des enzymes. Ils s'en rapprochent aussi par le caractère de la spécificité d'action ; les antitoxines microbiennes sont spécifiques ; il en est de même des antitoxalbumines, des précipitines et des antiferments ; nous avons déjà dit plus haut que l'anticynarase n'empêche que l'action de la présure végétale (de la cynarase) et nullement celle de la présure ; semblablement l'antityrosinase d'origine végétale ne s'oppose pas à l'action de la tyrosinase animale. Les sensibilisatrices, elles aussi, sont spécifiques ; elles paraissent ne se fixer que sur les éléments microbiens ou cellulaires dont l'injection a provoqué leur formation. Il n'est pas jusqu'au caractère tiré de la disproportion qui existe entre la quantité de substance active et la quantité de matière modifiée ou détruite, que l'on ne retrouve plus ou moins dans les anticorps. Enfin, on a déjà pu appliquer à quelques-uns de ces agents plusieurs des lois de la chimie physique qui régissent les actions des enzymes ; la loi de l'action des masses (voy. p. 88) s'applique, par exemple, à l'action de l'antitoxine tétanique sur la toxine tétanique, du moins pour le phénomène de l'hémolyse que produit cette toxine ; d'autre part, la vitesse de cette hémolyse est accélérée par la chaleur, comme la vitesse d'action des enzymes.

D. **Rôle des anticorps**. — Le rôle de ces substances ressort directement de la constatation de leur action, en ce qui concerne les agglutinines, les bactériolysines, beaucoup de cytotoxines et les anti-toxines ; c'est un rôle souvent protecteur de l'organisme. Quant aux antiferments, leur propriété, définie semblablement par leur déno-mination même, et qui consiste à neutraliser l'action des ferments, peut s'exercer dans des cas où cette action serait nuisible. La propriété antitryptique du sérum sanguin, par exemple, a pour effet de proté-ger les matières albuminoïdes du sang contre l'action de la trypsine résorbée.

Ainsi, par la découverte de tous ces agents, s'est singulièrement élargi le champ des phénomènes diastasiques. L'importance des propriétés chimiques des cellules s'en est accrue d'autant.

CHAPITRE V

FONCTIONS DES CELLULES

Les fonctions des cellules ne résultent que de la mise en jeu de leurs propriétés physiques et chimiques. Ces fonctions se manifestent parce que les cellules sont irritables, c'est-à-dire parce qu'elles réagissent aux modifications du milieu dans lequel elles se trouvent. Ces modifications constituent des *excitants*. L'*irritabilité* est donc la propriété fondamentale du protoplasma vivant, la condition absolue de toutes les manifestations de sa vie. Un excitant provoque une réaction de la cellule sur laquelle il agit, quelle qu'elle soit, et, réciproquement, aucune activité cellulaire ne se produit qui ne soit précédée d'une excitation. En d'autres termes, les actions des cellules sont toujours provoquées, jamais spontanées (voy. p. 4). Les cellules n'agissent pas, elles réagissent.

I. — EXCITANTS DES CELLULES.

Les divers excitants se divisent en mécaniques, physiques (thermiques, électriques, lumineux) et chimiques. Leur effet, sur une cellule donnée, est toujours le même, c'est-à-dire que cette cellule présente, sous l'influence de certains excitants, la même réaction. C'est ce que l'on appelle la *spécificité de la réaction*. Une cellule musculaire réagit à toutes les excitations par une contraction, une cellule glandulaire par une sécrétion. Quand nous étudierons les fonctions du système nerveux, nous retrouverons ce fait dans la loi de l'*énergie spécifique des nerfs*. Tout le monde sait qu'une excitation portée sur l'œil ou sur l'oreille, choc, compression, courant électrique, produit toujours une sensation lumineuse ou auditive ; c'est que certaines cellules cérébrales répondent toujours de la même façon aux excitations transmises par le nerf optique ou par le nerf auditif.

I. — Excitants mécaniques.

Les ébranlements de toutes sortes, chocs, pressions, etc., déterminent des mouvements du protoplasma qui, suivant l'intensité de l'excitant, peuvent se manifester par des changements de forme de la cellule. Un léger attouchement sur une feuille de sensitive amène le rabattement des folioles les unes sur les autres. Les amibes rentrent leurs pseudopodes, sous l'influence d'un ébranlement assez fort, et prennent la forme de boules. Sous la même action, les leucocytes ne se comportent pas autrement.

Les excitants mécaniques peuvent donner lieu à d'autres réactions cellulaires, telles que sécrétions, production de lumière, etc. Il suffit d'agiter avec une baguette l'eau de mer d'un bocal dans lequel il y a des *Noctiluques* (petits infusoires flagellés) pour provoquer la phosphorescence de ces organismes.

Les excitants mécaniques sont aussi la cause de directions de mouvements ou *tropismes* (de τρόπος, direction ou τροπή, changement de direction). Mais, comme les autres excitants peuvent de même déterminer des tropismes, nous parlerons de tous ces faits un peu plus loin.

2. — Excitants physiques.

A. Excitants thermiques. — Les variations de température constituent un excitant de tous les protoplasmas. Les granulations protoplasmiques de beaucoup de cellules végétales se meuvent avec plus de vitesse au fur et à mesure que s'élève la température jusqu'à 37° environ. Les leucocytes ont des mouvements de plus en plus actifs à mesure que l'on chauffe la platine du microscope sous lequel on les examine. On peut dire qu'il y a un optimum de température pour chaque espèce de cellules. On constate aisément ce fait et on l'étudie sur les organismes unicellulaires, préalablement placés dans une goutte d'eau sur une platine chauffante.

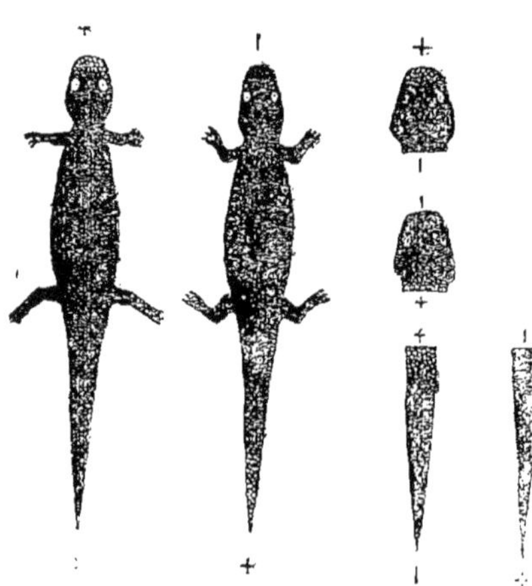

Fig. 6. — Excitation des cellules glandulaires de l'*Amblystoma* par un courant de pile. Sécrétion dans la région de l'anode (d'après J. Loeb[1]).

B. Excitants électriques. — Les diverses formes de l'énergie électrique, électricité statique, décharge de condensateur, courant de pile, courant induit, agissent sur le protoplasma. Ainsi, sous l'influence d'un courant induit, les amibes retirent rapidement leurs pseudopodes. Un courant constant fait sécréter des cellules glandulaires; l'expérience est très nette sur l'*Amblystoma*, batracien urodèle de l'Amérique; les glandes cutanées de cet animal apparaissent, lorsqu'elles sécrètent, comme de petits points blanchâtres sur la peau qui est noire; la sécrétion se produit

1. Professeur à l'institut Rockefeller, à New-York.

dans la région où l'anode a été placée, que l'excitation soit portée sur l'animal intact ou sur un tronçon préalablement isolé (fig. 6). Quant aux tissus différenciés des animaux, tels que le tissu musculaire et le tissu nerveux, l'électricité est l'excitant de choix pour mettre en jeu leur activité.

C. Excitants lumineux. — La lumière est l'excitant le plus important des cellules vertes des végétaux, puisqu'elle détermine la fonction chlorophyllienne. C'est là un point sur lequel nous reviendrons tout à l'heure. Mais la lumière agit aussi sur les autres protoplasmas.

Plusieurs espèces d'amibes y sont sensibles; ces êtres se ramassent tout de suite en boules quand on les éclaire brusquement. Chez les animaux privés d'yeux, tout le tégument externe est sensible aux excitations lumineuses. Les cellules pigmentaires de la peau (*chromatoblastes*) de beaucoup de Vertébrés forment dans l'obscurité des prolongements protoplasmiques, d'où la coloration foncée de la peau; à la lumière ces prolongements se rétractent et la peau s'éclaircit (voy. p. 122).

3. — Excitants chimiques.

Beaucoup de substances déterminent des mouvements des cellules.

L'oxygène est par excellence un de ces excitants; par la privation d'oxygène, les mouvements d'un grand nombre d'êtres inférieurs sont ralentis d'abord, puis arrêtés. Les acides, les alcalis, les sels, beaucoup de produits organiques peuvent aussi, à des doses diverses, provoquer la contraction des pseudopodes des organismes unicellulaires, ou le mouvement des cils vibratiles, ou celui des éléments différenciés des tissus contractiles, ou amener d'autres réactions, comme la phosphorescence des Noctiluques, par exemple. Si l'on verse doucement une goutte d'une solution concentrée de sel marin ou de sucre dans un vase rempli d'eau de mer et à la surface duquel il y a des Noctiluques, ceux-ci se mettent à briller dans tout le cercle de diffusion de la substance.
Inversement, les acides ou les alcalis, à des doses différentes, arrêtent les mouvements des amibes.

Parmi les substances qui suspendent l'activité cellulaire, il faut placer en première ligne les anesthésiques, comme l'éther, le chloroforme, le chloral, etc., et quelques alcaloïdes, tels que la cocaïne.

Claude Bernard a montré que les anesthésiques sont de véritables réactifs de toute matière vivante et de son irritabilité. Leur action paralysante atteint aussi bien le protoplasma dans ses fonctions les plus intimes, nutrition et développement, que dans ses mouvements. La fermentation alcoolique du sucre par la levure de bière est empêchée par l'eau chloroformée. De même, la germination des graines est arrêtée. Les mouvements des feuilles de la sensitive, si la plante a été soumise pendant quelque temps à l'action des vapeurs d'éther ou de chloroforme, ne peuvent plus se produire. Sous cette même influence, les amibes rétractent leurs pseudopodes, les infusoires perdent leurs mouvements. La vie des éléments cellulaires des animaux supérieurs, depuis les spermatozoïdes jusqu'aux cellules nerveuses du cerveau, est semblablement suspendue.

Les anesthésiques, en effet, abolissent temporairement, mais ne suppriment pas l'irritabilité de la matière vivante. C'est à la condition, il est vrai, que leur dose ne soit pas trop forte ou que leur action ne soit pas trop prolongée; si la dose a été trop forte ou si leur action a duré trop longtemps, les fonctions ne se rétablissent pas.

II. — RÉACTIONS DES CELLULES. LES FONCTIONNEMENTS CELLULAIRES.

Sous l'influence des excitants, les cellules réagissent de diverses manières. Elles incorporent à leur masse des parcelles de différentes matières, elles rejettent d'autres matières, elles se déplacent et elles changent de forme, elles produisent de la chaleur, elles peuvent produire de l'électricité. Tous ces phénomènes se réduisent: 1° à des *échanges* ou *transformations de matières* ; 2° à des *transformations d'énergie*. C'est à ces phénomènes aussi que se ramènent les fonctions complexes des organismes multicellulaires.

1. — Échanges de matières. Nutrition cellulaire.

L'ensemble des processus par le moyen desquels les cellules transforment la matière constitue le *métabolisme* (de μεταβολή, changement) *matériel*. Celui-ci comprend deux grandes phases, la phase synthétique ou de construction, dans laquelle des substances inorganiques et des substances organiques relativement simples servent à l'édification de substances organiques plus complexes; et la phase analytique ou de décomposition, dans laquelle les substances complexes des cellules vivantes subissent une désintégration progressive, se scindent en des composés organiques plus simples et en des corps inorganiques. Ainsi l'assimilation ou l'intégration de la matière, ou l'*anabolisme*, s'oppose à la désassimilation ou *catabolisme*.

Si l'assimilation l'emporte sur la décomposition, les cellules s'accroissent; dans le cas contraire, elles dépérissent et meurent. Il semble que par une exacte compensation entre les deux processus la vie pourrait se maintenir indéfiniment dans un organisme donné, uni ou pluricellulaire; en fait, cette compensation, que contrarient de nombreuses circonstances et de multiples accidents, n'est jamais réalisée que pour de courtes durées. Les conditions dans lesquelles les cellules arrivent à la vie et s'y adaptent sont trop complexes pour qu'un équilibre parfait entre les causes d'évolution et les causes de régression puisse être permanent. Là est une des raisons profondes de la sénescence et de la mort des êtres.

Le métabolisme matériel comprend plusieurs actes : l'*ingestion* des substances par lesquelles la cellule conserve sa propre substance : la transformation des substances introduites dans le corps de la cellule, ou *digestion*, avec l'*absorption* ; l'*assimilation*, c'est-à-dire la transformation des matières alimentaires plus ou moins modifiées en substance vivante, et la *désassimilation*; la fixation d'oxygène ou *respiration* est un phénomène d'absorption ; les sécrétions se rattachent aux phénomènes d'assimilation et de désassimilation. Toutes ces mutations de matières constituent la nutrition.

A. Ingestion et digestion. — Les substances qui servent aux cellules à maintenir leur existence se présentent à l'état de dissolution ou sous forme solide.

Les substances dissoutes pénètrent à travers l'ectoplasma par le mécanisme de l'osmose plus ou moins modifié (voy. p. 72); si elles sont de même nature que telles ou telles des substances constitutives du protoplasma, elles sont immédiatement absorbées et du même coup assimilées : il y a simple addition à la masse préexistante; si elles sont de nature différente, elles subiront des transformations : il y aura digestion précédant l'assimilation.

Les corps solides ne pénètrent pas dans les cellules ; ce sont celles-ci qui les englobent.

Lorsqu'une amibe, par exemple, se trouve en présence d'un débris solide ou d'une petite cellule, elle envoie des expansions protoplasmiques qui enveloppent peu à peu le corps étranger, de telle sorte que ce dernier finit par être englobé (fig. 7) ; il est entouré d'une mince couche de suc cellulaire, de sorte qu'il s'est formé ainsi une vacuole, dite *digestive*. Les substances actives

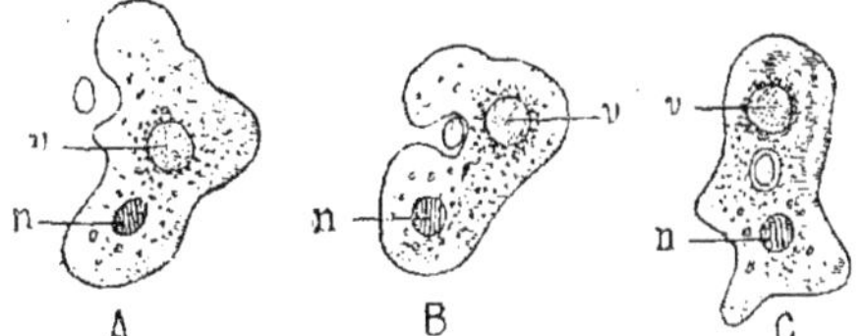

Fig. 7. — Amibe ingérant une algue (d'après Verworn[1]).
A, B, C, trois phases successives de l'ingestion. — *n*, noyau; *v*, vacuole contractile.

du suc cellulaire agissent sur ce corps étranger, maintenant ingéré, et le dissolvent s'il peut l'être. Cette dissolution (véritable *digestion intracellulaire*[2]) s'effectue grâce aux enzymes de la cellule, et les produits se répandent immédiatement dans le cytoplasme (*absorption*). La présence de ferments digestifs a été, en effet, constatée chez des protozoaires et d'autres êtres inférieurs. — Si le corps étranger n'est pas attaquable par les diastases intracellulaires, il sera plus ou moins rapidement rejeté. Les mouvements

1. Physiologiste allemand contemporain, professeur à l'Université de Bonn.
2. Cette épithète, comme on l'a fait remarquer, n'est pas tout à fait exacte, car la digestion est en réalité *intravacuolaire*: elle se fait à l'intérieur de la vacuole; et les produits de cette digestion diffusent peu à peu vers le protoplasma.

amiboïdes amènent la vacuole à la surface de la cellule; dans cette vacuole, des liquides du protoplasma ont pénétré; l'augmentation de pression osmotique qui en résulte la fait éclater et le corps étranger est expulsé.

Chez les animaux supérieurs, les éléments cellulaires ne possèdent plus en général la propriété de pousser des prolongements protoplasmiques qui, entourant les particules solides, les entraînent au milieu du cytoplasme. De même, la plupart d'entre eux ont perdu la capacité digestive. Celle-ci est localisée dans les cellules d'organes déterminés qui, à cet effet, sécrètent des liquides riches en ferments et ces ferments agissent sur les substances alimentaires dans les cavités où ils les rencontrent et où s'opère le conflit. C'est la *digestion extracellulaire* qui s'oppose à la digestion intracellulaire dont on vient de parler. Cependant quelques éléments ont conservé la propriété de se saisir des particules solides et de digérer celles qui sont alimentaires; tels sont les globules blancs du sang, les leucocytes, qui se comportent à cet égard comme les amibes. Les leucocytes peuvent s'emparer de différentes sortes de particules, grains de charbon ou de carmin, débris de globules rouges ou de globules blancs, cellules de levure, bactéries. etc., et les dissoudre; c'est à ce phénomène, d'une très grande importance dans la lutte de l'organisme contre les maladies infectieuses, que l'on a donné le nom de *phagocytose* (de φαγεῖν, manger : digestion intracellulaire); et le *phagocyte* (voy. fig. 8) est tout élément qui saisit activement et englobe des particules solides[2].

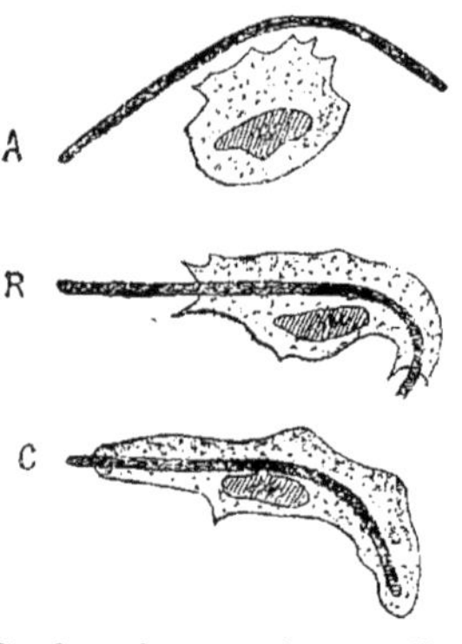

Fig. 8. — Leucocyte de grenouille englobant une bactérie (d'après METCHNIKOFF[1]). — A, B, C, trois phases successives de l'ingestion.

B. Assimilation et désassimilation. Excrétion. — Les matériaux alimentaires parvenus au milieu du protoplasma sont ensuite transformés en des substances identiques à celles mêmes qui constituent ce protoplasma. C'est l'*assimilation*. Celle-ci consiste donc en la formation de substances spécifiques, puisque les protoplasmas sont différents les uns des autres, que celui d'une amibe n'est pas

1. Célèbre biologiste russe (1845-1916). Ses découvertes bactériologiques et sa théorie cellulaire de l'immunité ont beaucoup contribué au renom de l'Institut Pasteur, où il travailla à partir de l'année 1887.

2. Il ne faut naturellement pas prendre cette expression à la lettre : c'est une simple image. Il n'est pas permis de supposer que la cellule avale et mange, au sens propre de ces termes : ce serait façon de penser et de parler purement anthropomorphique. La phagocytose consiste d'abord en un phénomène physique à la suite duquel peuvent se produire, dans l'intérieur de la cellule, divers phénomènes chimiques.

le même que celui d'un leucocyte, que les substances spécifiques des cellules hépatiques ne ressemblent pas à celles des
cellules rénales, etc. Dans un même organisme tous les éléments
cellulaires reçoivent les mêmes matériaux que leur apporte le même .
plasma sanguin et chacun, cellule musculaire, nerveuse, glandulaire, etc., n'en fabrique pas moins avec ces matières communes ses
substances spécifiques. Nous touchons ici le fond le plus intime,
mais encore le plus mystérieux, de la nutrition. La cellule est un
mécanisme qui se construit et se répare lui-même.

Corrélativement à l'addition de matières qui se fait dans la
cellule, il s'y opère une déperdition qui consiste dans la séparation
de substances qu'elle n'a pas employées ou de produits d'usure.
C'est la *désassimilation*.

Ces matériaux sont rejetés hors de la cellule. C'est l'*excrétion
cellulaire*. Dans un très grand nombre d'organismes, il est de ces
produits de désassimilation qui ne sont point rejetés, mais qui sont
d'abord utilisés par d'autres groupes de cellules ; on les appelle des
produits de *sécrétion* ou encore des *sécrétions*.

C. Fonction chlorophyllienne. — C'est un cas particulier de la
nutrition cellulaire, mais tellement important que la vie d'un nombre
immense d'êtres, animaux aussi bien que végétaux, en dépend.

Les feuilles des végétaux exposés à la lumière décomposent
l'acide carbonique de l'air, absorbent le carbone et laissent se
dégager l'oxygène. Or, la décomposition de l'acide carbonique exige
une grande quantité d'énergie ; il faut des températures très élevées
pour produire la dissociation de ce corps en ses éléments (94 calories, 3
par molécule). C'est à l'énergie solaire recueillie par une matière
spéciale des plantes vertes que celles-ci doivent leur propriété de
décomposer l'acide carbonique. Cette matière, c'est la chorophylle.

La chlorophylle est une substance azotée qui est fixée sur des corpuscules protoplasmiques, de dimensions et de formes variables, les *chloroplastes* ou *chloroleucites* ou *corps chlorophylliens*, qu'elle colore en vert ;
il n'y a pas une chlorophylle commune à tous les végétaux, mais chaque
espèce végétale a sa chlorophylle. C'est le protoplasma des chloroleucites
ou chloroplasme qui décompose l'acide carbonique. Tous les agents qui
suspendent l'activité du protoplasma ou qui le tuent suppriment l'action
de la chlorophylle. D'autre part, les solutions de chlorophylle n'agissent
nullement comme les corps chlorophylliens. Quel est donc le rôle propre
de la chlorophylle ?

Les solutions de chlorophylle absorbent certaines radiations lumineuses ;
le spectre d'absorption présente plusieurs bandes, situées surtout dans le
rouge et l'orangé, c'est-à-dire dans la partie la moins réfrangible du
spectre. Une portion de feuille verte donne les mêmes bandes d'absorption.

La chlorophylle forme donc un écran colorant, par lequel est recueillie l'énergie des radiations solaires ; cette énergie lumineuse, et probablement aussi calorifique, est employée par le protoplasma des chloroleucites à la décomposition de l'acide carbonique, c'est-à-dire à un travail chimique. — Ainsi, cette décomposition est fortement endothermique et elle aboutit à la formation de corps chargés d'énergie chimique.

Nous avons dit que le phénomène ne s'accomplit qu'à la lumière. Telle est, en effet, la condition de cette action des feuilles pourvues de chlorophylle. D'autre part, le phénomène est proportionnel à l'intensité de l'insolation. Et il cesse, quand la plante est mise dans un lieu obscur. Les végétaux incolores, comme les champignons, n'empruntent pas leur carbone à l'acide carbonique de l'air ; ils vivent aux dépens de matières organiques déjà formées ; ce sont des parasites. Une expérience fort ancienne, puisqu'elle date de 1772, due à l'illustre chimiste anglais Priestley, un des précurseurs de Lavoisier, montre bien toute l'étendue du rôle de la chlorophylle. Une souris placée sous une cloche finit par mourir dans cet air confiné ; une bougie s'éteint dans cette enceinte ; mais un pied de menthe en pleine végétation y est placé ; au bout de quelques jours une bougie ne s'y éteint plus et une souris n'y présente plus d'accidents. Ainsi l'air, devenu impropre à la combustion et à la respiration parce que tout l'oxygène a été consommé, a recouvré ses propriétés sous l'influence de la végétation. L'acide carbonique produit par la respiration des animaux est utilisé par les plantes vertes qui en prennent le carbone et qui restituent à l'atmosphère l'oxygène dont les êtres vivants ont besoin [1].

Que devient le carbone résultant du dédoublement de l'acide carbonique ?

Il est immédiatement assimilé par la cellule ; il s'unit à l'hydrogène de l'eau absorbée, d'autre part, par les racines : $CO^2 + H^2O = CH^2O + 2O$; il se produit ainsi de l'aldéhyde formique ; celle-ci se polymérise et donne des hydrates de carbone, sucre et amidons. Quoi qu'il en soit de ce mécanisme synthétique, ce qui est sûr, c'est que, proportionnellement au dédoublement de l'acide carbonique, il se forme dans les chloroleucites des grains d'amidon. Ceux-ci n'apparaissent pas dans les plantes incolores (qui ne décomposent pas l'acide carbonique).

D'autres processus de synthèse se passent probablement aussi dans les corps chlorophylliens. Ceux-ci ne fixeraient pas seulement le carbone, mais diverses substances minérales et l'azote, sous forme de composés ammoniacaux et de nitrates. Telles sont en effet les deux premières formes sous lesquelles l'azote est offert à la plante. L'ammoniaque est assimilée en nature ; l'assimilation, quoiqu'elle se fasse aussi à l'obscurité, est plus

---

1. Il suffit de rappeler ici que les plantes, comme les animaux, ont besoin d'oxygène. Seulement, à la lumière, la respiration des plantes (absorption d'oxygène et dégagement d'acide carbonique) est masquée par le phénomène, beaucoup plus important quantitativement, de l'assimilation chlorophyllienne. A l'obscurité celui-ci est supprimé. On peut le supprimer aussi en éthérisant la plante. Dans ces conditions, les échanges respiratoires persistent et peuvent être facilement étudiés.

active à la lumière. Quant aux nitrates, ils sont réduits dans les feuilles et peut-être aussi dans d'autres organes et transformés en ammoniaque; cette réduction est aussi plus active à la lumière. Il est une troisième forme d'azote que les plantes peuvent fixer : c'est l'azote libre de l'atmosphère. Cette fixation se fait, chez les légumineuses par exemple, par l'intermédiaire d'organismes inférieurs, de bactéries qui s'attachent aux racines et provoquent la formation de tubercules. C'est là un fait de *symbiose*[1], car les bactéries cèdent à la plante l'azote qu'elles ont fixé et en reçoivent les substances hydrocarbonées dont elles ont besoin. Quelle que soit la source de l'azote absorbé par les plantes, ce corps doit passer par une série de produits intermédiaires avant de pouvoir entrer dans la molécule protéique; on n'est pas encore fixé sur la nature des produits intermédiaires. Toujours est-il que, avec cet azote minéral, avec le soufre pris aux sulfates et avec les composés hydrocarbonés formés par les corps chlorophylliens, la plante fait synthétiquement les matières albuminoïdes qui constituent son protoplasma. Et cette synthèse reste dépendante de la fonction chlorophyllienne, puisque c'est celle-ci qui fournit le carbone nécessaire à la création des albuminoïdes. — Ainsi « les chloroplastes se révèlent comme les véritables appareils où se fait, aux dépens de l'énergie solaire, la transformation de la matière minérale inerte en matière organique chargée d'énergie potentielle, comme les véritables créateurs et rénovateurs du monde vivant, les autres plasmas se bornant à remanier cette substance vivante, à la transformer, à l'adapter à mille formes fonctionnelles ou spécifiques[2] ».

Il faut indiquer ici une conséquence que l'on a prétendu tirer de ces effets généraux de l'assimilation chlorophyllienne. On a voulu établir une opposition profonde, dans le cycle général des opérations chimiques de la vie, entre les plantes vertes et les animaux. Les premières empruntent au monde minéral de l'eau, de l'acide carbonique, des sels ammoniacaux ; « grâce à l'énergie de la radiation solaire, elles séparent, par un puissant travail de réduction, de l'oxygène libre de ces composés, en font les principes immédiats constituant leur organisme, puis les détruisent peu à peu par le jeu de leur activité vitale. De l'oxygène est fixé sur ces corps complexes qui se disloquent progressivement, en même temps que l'énergie accumulée en eux par le travail de la synthèse chlorophyllienne est libérée peu à peu et dépensée par l'animal[3] ». Ainsi « le végétal apparaît au point de vue chimique comme un appareil de réduction et de synthèse, l'animal, au contraire, comme un appareil d'oxydation et de décomposition. Au point de vue dynamique, le contraste n'est pas moins frappant. La plante transforme des forces vives (énergie de la radiation solaire) en forces de tension (énergie chimique des produits de la synthèse végétale); l'animal, au contraire, transforme des forces de

---

1. De σύν, avec, et βίος, vie ; vie associée.
2. A. PRENANT, P. BOUIN et L. MAILLARD, *Traité d'histologie*, t. I, Paris, 1904, p. 74.
3. E. LAMBLING, *Chimie physiologique*, 2ᵉ partie, *Notions préliminaires*, p. 20, in *Encyclopédie chimique* de FRÉMY, Paris, 1892.

GLEY. — Physiologie.   8

tension en forces vives[1] ». C'est cette théorie que J.-B. Dumas[2] et Boussingault[3] avaient développée avec tant d'ampleur dans leur *Essai sur la statique chimique des êtres vivants*[4].

En réalité, la théorie n'a pu être fondée que parce qu'il n'a pas été tenu compte de toute une partie de la physiologie des plantes aussi bien que des animaux. Chez tout être vivant, comme l'a fait remarquer Claude Bernard[5] qui a brillamment exposé cette thèse, la vie consiste toujours en un double mouvement d'assimilation et de désassimilation, de création et de destruction organiques. « Le végétal et l'animal ne possèdent pas chacun une sorte de demi-existence, le premier assimilant les matétériaux que le second va détruire[6] ». Seulement, chez les végétaux, les processus synthétiques sont si actifs qu'ils masquent les processus inverses. Ceux-ci n'en existent pas moins. D'abord, la plante respire comme l'animal, on l'a rappelé plus haut (p. 112). D'autre part, les matières amylacées et albuminoïdes qu'elle fabrique en grande quantité, elle les utilise et les décompose pour ses besoins, tout comme l'animal ; les phénomènes de destruction organique se manifestent particulièrement pendant la floraison des plantes et la germination des graines. Ainsi, au moment de la floraison, la betterave brûle une partie du sucre qu'elle avait accumulé dans sa racine, en le transformant en eau et en acide carbonique. La destruction l'emporte alors sur la création ; et la plante diminue de poids. Même perte de poids pendant la germination de la graine. — Considérons maintenant les opérations chimiques des animaux. On sait aujourd'hui que dans ces organismes, s'accomplissent de nombreux phénomènes de synthèse ou de réduction. Il est tout à fait inexact de croire que les phénomènes d'oxydation ou de décomposition caractérisent seuls les opérations chimiques des animaux.

La vraie différence entre les plantes vertes et les animaux se trouve ailleurs, dans la manière dont les uns et les autres empruntent au milieu extérieur la matière et l'énergie qui leur sont nécessaires. « La plante verte trouve les éléments de ses tissus dans le monde minéral... Elle est organisée de manière à faire ses emprunts de *matière* au milieu ambiant sous la forme de substances arrivées à un degré de simplification moléculaire très grand[7]. Elle possède, d'autre part, dans la granulation chlorophyllienne une sorte de commutateur d'énergie qui lui permet d'emprunter directement à la radiation solaire l'*énergie* nécessaire à l'entretien de la vie... L'animal, au contraire, ne peut assimiler le carbone, l'hydrogène, l'azote, une bonne partie de l'oxygène — pour nous en tenir aux éléments les plus importants — que sous la forme de combinaisons organiques complexes, qu'il trouve dans le règne végétal. A la vérité, il modifie

---

1. E. Lambling. *Ibid.*
2. J.-B. Dumas (1800-1884), illustre chimiste français.
3. J.-B. Boussingault (1802-1887), célèbre chimiste et agronome français.
4. Vol. in-8º de 145 p., 3ᵉ édit., Paris. 1844.
5. Cl. Bernard, *Leçons sur les phénomènes de la vie communs aux végétaux et aux animaux*, t. 1, Paris. 1878.
6. E. Lambling, *loc. cit.*, p. 21.
7. Eau, acide carbonique, azote sous forme de sels ammoniacaux et de nitrates et même azote libre.

profondément ces matériaux au cours du travail d'assimilation ; il opère
sur ceux-ci ou sur des fragments résultant de leur décomposition des synthèses puissantes. Mais l'énergie nécessaire à ce travail est empruntée à
d'autres principes immédiats, c'est-à-dire, en dernière analyse, toujours
au règne végétal... Les opérations synthétiques auxquelles se livre la
plante verte représentent donc seules le mécanisme par lequel de nouvelles quantités d'énergie sont empruntées à un agent extérieur et introduites sans cesse dans le cycle des opérations de vie [1]. »

**D. Accroissement et régénération cellulaires. — Repro-
duction.** — Les mutations de matières dans les cellules consistent
essentiellement en un rapport déterminé, mais variable, entre l'assimilation et la désassimilation. Quand le premier processus l'emporte sur le
second, il reste un excédent de matière avec lequel se fait l'*accroissement* de la cellule. Cet accroissement n'est pas continu ; il progresse
d'abord, puis survient une période durant laquelle on peut admettre
que la somme des substances cellulaires n'augmente ni ne diminue,
période d'équilibre nutritif ; enfin dans une phase de régression la
réparation des pertes subies par la cellule se fait incomplètement,
celle-ci vieillit et finit par mourir. Pour un protoplasma donné, il paraît
y avoir un optimum des dimensions de la cellule. — Certaines conditions favorisent cet accroissement. Telle est, par exemple, l'influence
du phosphore. En faisant végéter des filaments de *Spirogyra nitida*
dans une eau contenant 0,1 p. 100 de phosphate de potasse, d'autres
filaments de la même plante étant placés comme témoins dans de
l'eau pure, on a vu que les cellules qui avaient du phosphate à leur
disposition devenaient deux fois plus longues que celles qui en étaient
privées. On a montré aussi que la lécithine exerce une action très
favorable sur la croissance des cellules animales.

Si, sous une influence extérieure, la cellule perd une partie de
sa substance, elle a le pouvoir de reformer cette portion ; en
d'autres termes, elle peut se régénérer. Beaucoup d'animaux inférieurs peuvent ainsi reformer des segments de membres et des
organes entiers.

Pendant la période d'accroissement, il arrive qu'une partie de la
substance cellulaire (du noyau et du protoplasma) se sépare du reste
pour former une nouvelle cellule ; il y a alors *reproduction*.

On a cru longtemps que les cellules peuvent prendre naissance
spontanément dans un liquide plus ou moins amorphe ; on disait
que le nucléole se précipite d'abord comme un cristal dans une
solution saline sursaturée, puis, que le noyau et la masse cellulaire
se forment autour de lui et se différencient ; telle était la théorie de

1. E. LAMBLING, *loc. cit.*, p. 23.

la *formation libre des cellules* (Schleiden et Schwann[1], 1838). Schwann appelait le liquide générateur *cytoblastème*. Ch. Robin a soutenu cette théorie du *blastème*. Cette manière de voir était inexacte. Des observations plus précises ont montré que toute cellule provient d'une cellule préexistante : *omnis cellula e cellula* (Virchow[2]) et cette proposition a renouvelé en la perfectionnant celle déjà ancienne de Harvey[3] ; *omne vivum ex ovo*. La certitude de cette proposition résulte d'un grand nombre d'observations histologiques et de toutes les études d'embryologie sur la formation du blastoderme et sur la formation des éléments des tissus par évolution des cellules du blastoderme.

La *division* est le mode selon lequel se fait cette production des cellules, c'est-à-dire qu'une cellule primitive se divise en deux ou quelquefois un plus grand nombre. Cette division est *directe* ou *indirecte*. Dans le premier cas, qui est d'ailleurs rare, le noyau cellulaire s'étrangle en son milieu, puis se scinde en deux, le corps de la cellule subit ensuite la même division, de telle sorte qu'il se produit deux éléments. Dans le second cas, des phénomènes complexes (que l'on trouve décrits dans tous les traités d'histologie) se passent à peu près simultanément dans le noyau et dans le cytoplasma et aboutissent au partage intégral de la substance du noyau dans les deux noyaux qui en proviennent. Ces phénomènes ont reçu le nom de *caryokinèse* (de ϰάρυον, noyau, et ϰίνησις, mouvement, activité). Mais pour désigner la divison indirecte des cellules il est préférable de se servir du mot de *cytodiérèse* (Henneguy[4]) qui s'applique à l'ensemble des processus cellulaires, tandis que le terme caryokinèse s'applique seulement, d'après son étymologie, aux processus nucléaires.

Quel que soit le mode selon lequel les cellules se multiplient, cette multiplication n'est que le prolongement de leur faculté d'accroissement. L'évolution d'un être nouveau est, comme sa nutrition, une véritable « création organique », suivant l'expression de Claude Bernard. L'édification des tissus d'un être en voie de développement se fait par des processus chimiques analogues à ceux grâce auxquels se réparent et se maintiennent les tissus de l'être complètement formé. Nous savons en effet que la nutrition ne consiste pas en une simple et directe assimilation chimique des aliments, mais bien en

---

1. Schleiden (1804-1881), botaniste allemand. — Schwann (1810-1882), d'origine allemande, a professé l'anatomie à l'Université de Liége: c'est son nom qui a été donné à une partie des fibres nerveuses (*gaine de Schwann*).

2. R. Virchow (1821-1902), anatomiste et biologiste allemand, un des maitres de la pathologie du xixe siècle.

3. Voy. p. 306.

4. F. Henneguy, contemporain, professeur d'embryogénie comparée au Collège de France.

une création continuée de la matière organisée propre à chaque être. La nutrition est une création d'éléments, au même titre que la génération. De là, la conception de Claude Bernard, que « la nutrition n'est que la génération continuée »[1]. Réciproquement, on a dit que la reproduction est une croissance qui a lieu au delà de l'individu (Hæckel[2]).

E. Différenciation cellulaire. — Malgré l'identité fondamentale du processus de reproduction, il se forme des êtres très divers et, dans un être quelconque, des éléments cellulaires très différents les uns des autres. De toute nécessité donc, la structure ou la composition chimique de chaque protoplasma originel n'est point la même ; il existe des causes de variation.

Quelles sont ces causes ? Il faut sans doute les voir dans les influences du milieu sur les cellules et dans l'application à celles-ci des divers irritants ; ce sont donc des causes *extrinsèques* de différenciation, causes mécaniques ou chimiques. Mais, parmi celles-ci, beaucoup se sont peu à peu fixées, ayant agi sur la constitution propre de chaque cellule ; on ne voit plus que le résultat de leur action ; ce résultat, c'est un caractère ou un ensemble de caractères acquis définitivement et se transmettant aux descendants de la cellule ou de l'individu ; cette transmission intégrale, c'est l'hérédité[3], cause *intrinsèque* des différences qui existent entre les cellules comme entre les espèces. Mais quelle est la cause de l'hérédité elle-même ? La cause intime de la différenciation et de l'hérédité a fait l'objet de plusieurs grandes théories ; mais en dépit des théories elle nous échappe toujours ; ce qui est sûr, c'est la différenciation même.

Les organismes unicellulaires remplissent des fonctions multiples ; tous les actes de la vie digestive, assimilation, désassimilation, mouvement, leur protoplasma les effectue. Chez les animaux inférieurs, chacune des cellules dont l'agrégation constitue l'individu possède encore les propriétés physiologiques de toutes les autres. Aussi des fragments de cet organisme peuvent-ils, étant isolés, continuer à vivre et à fonctionner ; chaque portion de l'individu est à la fois organe

1. Claude Bernard, *Rapport sur les progrès et la marche de la physiologie générale en France*, Paris, 1867, p. 92.
2. En. Hæckel, zoologiste allemand contemporain, dont les travaux ont beaucoup contribué à répandre la théorie transformiste.
3. « L'hérédité est la loi biologique, en vertu de laquelle tous les êtres doués de vie tendent à se répéter dans leurs descendants ; elle est pour l'espèce ce que l'identité personnelle est pour l'individu. Par elle, au milieu des variations incessantes, il y a un fond qui demeure ; par elle, la nature se copie et s'imite incessamment. Considérée sous sa forme idéale, l'hérédité serait la reproduction pure et simple du semblable par le semblable. Mais cette conception est purement théorique, car les phénomènes de la vie ne se plient pas à cette régularité mathématique, leurs conditions d'existence se compliquant de plus en plus, à mesure qu'on s'élève du végétal aux animaux supérieurs et de ceux-ci à l'homme » (Th. Ribot, *De l'hérédité psychologique*, Paris, 1882, p. 1).

de nutrition, de reproduction, de sensibilité, de mouvement. Mais, à mesure que l'on s'élève dans la série animale, on remarque que les diverses fonctions se localisent ; pour chaque acte vital il s'est formé un instrument spécial ; la fonction, devenue par là même plus aisée, s'est perfectionnée ; ainsi la *division du travail* est une cause profonde du progrès des organismes. Les cellules, au cours du développement de l'être, acquièrent à la fois et leur structure caractéristique et leur propriété spécifique. Ce n'est pas à dire pour cela que telle cellule différenciée a perdu de par sa différenciation les propriétés générales des cellules ; elle conserve, au contraire, ses propriétés physiques et chimiques ; seulement une fonction est devenue prédominante en elle aux dépens des autres.

Malgré la division du travail et la multiplicité qui s'ensuit des instruments physiologiques, la vie de l'organisme tout entier n'est point troublée ; loin de là, elle est restée facile et s'effectue complètement ; il a donc fallu que des rapports s'établissent entre les diverses parties très spécialisées d'un organisme. De ces rapports résulte la coordination des fonctions.

Par leur groupement, dans un être donné, les cellules forment les tissus. Dans cet être, les différents groupements cellulaires ont des fonctions distinctes. Les grandes fonctions sont celles de nutrition, localisée dans des cellules épithéliales disposées de façons diverses ; celle de reproduction, accomplie par d'autres éléments épithéliaux, dits germinatifs ; celle de locomotion, dévolue au tissu musculaire, et celle de sensibilité, dévolue au tissu nerveux.

F. Rapports entre le protoplasma et le noyau. — C'est des expériences de mérotomie (de μέρος, partie, et τέμνειν, couper)[1] que ressort le plus nettement le rôle du noyau dans la vie de la cellule. Si un protozoaire, formé d'une seule cellule, est séparé mécaniquement en deux portions, dont une contient le noyau et l'autre uniquement du protoplasma, la première seule reproduira l'être tout entier ; la portion qui ne contient point de noyau vivra encore pendant quelque temps, mais dépérira peu à peu. « Un fragment d'infusoire privé de noyau ne régénère jamais aucune de ses parties ; sa plaie ne se cicatrise pas, par défaut de sécrétion d'une cuticule ; s'il ingère des aliments, ceux-ci ne sont pas absorbés, la sécrétion du suc digestif étant abolie. Les phénomènes de la vie de nutrition

1. Ce nom a été donné par BALBIANI à la méthode d'investigation qui consiste à retrancher une portion d'un organisme vivant afin d'étudier les modifications structurales ou fonctionnelles qui surviennent dans cette portion et dans les parties restantes. — G. BALBIANI (1822-1899), ancien professeur d'embryogénie comparée au Collège de France, célèbre par ses recherches sur les Sporozoaires et par ses travaux de cytologie. On donne souvent le nom de *noyau vitellin de Balbiani* à la *vésicule embryonnaire* qu'il a trouvée dans l'œuf de différents animaux.

de la cellule ne s'accomplissent donc pas en l'absence du noyau »[1]. Inversement, un noyau nu ne peut vivre; une quantité minima de protoplasma est nécessaire autour d'un fragment nucléaire de *Stentor cœruleus* (infusoire cilié sur lequel ces expériences ont été faites) pour que ce fragment puisse subsister. Ce sont les faits de ce genre qui ont permis de dire que « ni le protoplasma, ni le noyau pris isolément ne jouent le rôle principal dans la vie de la cellule, mais que tous deux participent d'égale manière à l'accomplissement des phénomènes vitaux »[2].

Les expériences de mérotomie n'ont fait qu'apporter une confirmation saisissante des observations histologiques si nombreuses qui démontrent que la reproduction des cellules est sous la dépendance directe du noyau, les phénomènes de cytodiérèse commençant par cet élément[3]. Elles ont, il est vrai, fourni quelque chose de plus ; elles ont étendu le rôle du noyau. Elles ont prouvé que l'assimilation ne se fait que dans le protoplasma nucléé ; par suite, la composition chimique de ce protoplasma reste constante, tant que le noyau est présent; celui-ci absent, la substance spécifique du protoplasma se détruit peu à peu ; de même, en l'absence du noyau, les ablations de substance ne peuvent se réparer ; il n'y a pas régénération du protoplasma. On a rapproché des expériences de mérotomie ce qui se passe dans la désassimilation normale. « La destruction vitale constante, a-t-on dit, fait... ce que nous faisons dans les expériences de mérotomie, elle fait une ablation de substance qui est réparée sous l'influence du noyau, et la forme ne change pas[4] ». — Le noyau, dans tous ces phénomènes, n'agit pas comme un organe, mais comme une substance chimique. En effet, une portion de noyau dans une portion du protoplasma correspondant produit les mêmes actions chimiques qu'un noyau entier et qui aboutissent aux mêmes dispositions structurales. Tel est le résultat des importantes expériences de Balbiani. Et ainsi la vie de la cellule se ramène à l'ensemble des réactions de deux complexes chimiques, les substances nucléaires et les substances cytoplasmiques.

Cependant, parmi les manifestations de la vie cellulaire, les phénomènes de mouvement font, semble-t-il, exception. Les mouvements des portions de protoplasma privées de substance nucléaire restent, du moins pendant quelque temps, identiques à ceux du protoplasma

1. F. Henneguy, *Leçons sur la cellule,* Paris, 1896, p. 458.
2. M. Verworn, *Physiologie générale,* trad. en fr. par Hédon sur la 2e édit. allemande, Paris, 1900, p. 563.
3. Telle est même son importance dans ces phénomènes, que l'on qualifie souvent, on l'a vu plus haut, la division cellulaire de karyokinèse.
4. F. Le Dantec, *La matière vivante,* Paris, 1895, p. 157.

nucléé. Il en va ainsi tant que la désorganisation ne s'est pas produite.

Chez les animaux supérieurs, on a observé aussi des faits qui établissent le rôle du noyau. On sait, par exemple, que le noyau des cellules glandulaires présente des modifications suivant que la glande est au repos ou en état d'activité fonctionnelle. D'autre part, les phénomènes de dégénération consécutifs à la section des nerfs prouvent que l'axone d'une cellule nerveuse, séparé du noyau de la cellule, meurt rapidement ; au contraire, la partie du prolongement resté en connexion avec la cellule continue à vivre.

G. **Mort des cellules**. — Virtuellement, il est des cellules qui ne meurent pas ; les cellules reproductrices, quand elles se trouvent dans des conditions déterminées, réédifient toujours un organisme ; elles transmettent donc à d'autres éléments la substance qu'elles avaient reçue elles-mêmes, et ainsi de suite indéfiniment. On comprend que l'on ait pu, dans ce sens, affirmer la *continuité du plasma germinatif* (A. WEISMANN[1]).

Les cellules que, par opposition aux précédentes, on appelle somatiques (de σῶμα, corps), meurent de différentes manières. D'abord par une sorte d'usure, si fréquemment observée qu'on la considère comme un phénomène normal ; les cellules du tégument se desquament sans cesse et sont remplacées par de nouveaux éléments ; il en est de même des cellules du revêtement intestinal, des cellules glandulaires, etc. D'autres cellules meurent à la suite de processus pathologiques ; les principaux de ces processus, qui conduisent la cellule à la mort, sont les dégénérescences graisseuse, amyloïde, muqueuse, calcaire ; toutes déviations de la nutrition. Enfin des cellules peuvent mourir, non plus par déviation, mais par arrêt de leurs échanges nutritifs ; on connaît en effet des processus dits de *nécrose*, tels que la nécrose de coagulation (coagulation des matières albuminoïdes des tissus), la gangrène sèche et la gangrène humide.

On voit que l'on a ainsi déterminé plusieurs séries de mécanismes suivant lesquels meurent les cellules. On n'a pas déterminé la cause intime de la mort.

2. — Transformations d'énergie.

En même temps que la cellule trouve dans son milieu les matières avec lesquelles elle répare sa substance propre, elle y trouve aussi l'énergie nécessaire aux manifestations diverses de son activité. Celle-ci en effet consomme de l'énergie. Toute cette énergie provient du milieu extérieur.

1. Zoologiste allemand (1834-1916).

Elle est fournie à la cellule par les aliments, donc sous forme d'énergie chimique. Dans la série des dédoublements et des oxydations exothermiques qui décomposent progressivement les substances provenant des matériaux alimentaires, cette énergie est libérée et apparaît sous forme de mouvement, de chaleur, d'électricité. Or, avec les corps de plus en plus simples qui résultent de ces réactions, les cellules des animaux, des champignons et de beaucoup de bactéries sont impuissantes à refaire de la matière organique complexe à haut potentiel chimique. Car la cellule ne crée pas, elle transforme seulement de l'énergie; on sait qu'il n'y a nulle part dans la nature création d'énergie (loi de la conservation d'énergie). Il faut donc que dans le monde vivant il pénètre de l'énergie autrement que sous la forme du potentiel chimique des aliments. Cela est fait par les chloroplastes des plantes vertes (voy. p. 111) qui reçoivent et transforment l'énergie lumineuse des radiations solaires. Les autres cellules, végétales ou animales, utilisent les substances produites par l'assimilation chlorophyllienne pour en dégager l'énergie chimique par les réactions de décomposition indiquées plus haut. C'est donc toujours en définitive la radiation solaire lumineuse qui est la source de l'énergie cellulaire.

Les manifestations énergétiques des cellules sont diverses : mouvement, chaleur, électricité, lumière.

A. Production de mouvement. — Ce sont les manifestations les plus simples et celles que l'on peut constater le plus facilement. On peut les diviser en mouvements internes et externes.

Parmi les mouvements internes de la cellule, rappelons ceux du noyau et simultanément du protoplasma, qui constituent la cytodiérèse. D'autre part, les granulations cytoplasmiques se déplacent sans cesse et il se forme dans le cytoplasma des vacuoles contractiles qui disparaissent après un temps variable pour reparaître ensuite.

En ce qui concerne les mouvements d'ensemble ou externes de la cellule, on en distingue trois sortes : amiboïde, vibratile et contractile.

a. MOUVEMENT AMIBOÏDE. — Le mouvement amiboïde consiste en une série de déformations superficielles, extensions et rétractions de pseudopodes (voy. fig. 7, p. 109).

Le protoplasma émet des prolongements (pseudopodes) qui peuvent ensuite se rétracter, mais dans l'un desquels peut aussi se porter graduellement toute sa masse, de sorte que la cellule se déplace. On observe facilement ces phénomènes sur les Amibes, et c'est pourquoi on les appelle mouvements amiboïdes. Les globules blancs du sang de tous les animaux présentent les mêmes phénomènes.

b. CHROMOBLASTES. — On peut rattacher aux mouvements amiboïdes les changements de forme des cellules pigmentaires, *chromoblastes* ou *chromatoblastes*, que l'on trouve chez un grand nombre d'animaux, surtout dans les téguments des Némertiens, des Hirudinées, des Céphalopodes, des Crustacés, des Poissons, des Amphibiens, des Reptiles. On trouve aussi ces éléments dans l'organe de la vue. où ils existent constamment. Ce sont des éléments du tissu conjonctif. Chez les Céphalopodes ils atteignent de très grandes dimensions.

Ces éléments peuvent étendre au loin leurs prolongements ramifiés ou, inversement, ils peuvent se ramasser en une petite masse noire par suite de la rétraction de leurs prolongements ou bien parce que le pigment. abandonnant ceux-ci, s'accumule au centre de la cellule (mouvement intra-protoplasmique). De ces changements de forme résultent des changements remarquables de couleur, par exemple chez le Caméléon.

Ces mouvements paraissent se produire surtout sous l'influence de phénomènes nerveux réflexes. Ainsi G. Pouchet[1] a vu qu'en aveuglant des animaux les changements de coloration du tégument ne se produisent plus. Cette expérience montre que les mouvements des chromatoblastes dépendent de nerfs spéciaux qui sont, d'autre part, en relation avec l'appareil visuel. Les nerfs qui font refluer les corpuscules colorés sous le derme ou qui provoquent leur contraction ont les plus grandes analogies avec les nerfs vaso-constricteurs; comme ceux-ci. ils suivent le trajet des nerfs mixtes des membres et du sympathique cervical, ils ne s'entrecroisent point dans la moelle épinière, ils ont, pour la tête. leur origine au commencement de la région dorsale, et enfin ils possèdent un centre réflexe très important dans la moelle allongée. Les nerfs qui amènent les chromatoblastes vers la surface ou qui déterminent l'expansion de leurs prolongements sont comparables aux nerfs vaso-dilatateurs ; leur distribution anatomique et leurs rapports avec les centres nerveux sont encore obscurs; très probablement ils traversent des cellules nerveuses avant de se rendre aux cellules pigmentaires. Chaque hémisphère cérébral commande, par l'intermédiaire des centres réflexes, aux *nerfs colorateurs* des deux côtés du corps; mais il agit principalement sur les nerfs analogues aux vaso-constricteurs de son côté, et sur les nerfs analogues aux vaso-dilatateurs du côté opposé.

L'adrénaline provoque la contraction des cellules pigmentaires.

Chez divers Batraciens les chromoblastes peuvent aussi se modifier : la peau peut changer de teinte sous l'influence de la lumière, en dehors de toute influence nerveuse réflexe ; c'est donc qu'il y a alors action excitante directe de la lumière sur les cellules pigmentées. Ainsi, quand on recouvre la peau du dos d'une Rainette avec un papier noir présentant des trous carrés et qu'on expose l'animal à la lumière, les surfaces

---

1. G. POUCHET. Des changements de coloration sous l'influence des nerfs (*Journ. de l'anat. et de la physiol.*, janvier et mars 1876). — G. POUCHET (1833-1894), éminent anatomiste et biologiste français, ancien professeur d'anatomie comparée au Muséum d'histoire naturelle, fils de F.-A. POUCHET (voy. p. 16).

carrées, soumises aux radiations lumineuses, prennent un ton vert clair qui tranche vivement sur le fond vert sombre du reste du dos. On enlève le papier noir et on transporte l'animal dans un lieu éclairé. Les surfaces carrées prennent alors un ton de plus en plus foncé, tandis que le reste du dos pâlit, de sorte que, au bout de peu de temps, on observe des carrés sombres sur fond relativement clair. Or, l'expérience réussit aussi bien sur une Rainette dont on a détruit le système nerveux central et les nerfs périphériques.

c. Mouvement vibratile. — Le mouvement vibratile est dû à des organes différenciés de la cellule. Les éléments qui en sont pourvus sont les *cellules à cils vibratiles*.

Les cils qui partent du plateau de la cellule sont d'ordinaire fins et droits ; parfois ils sont si volumineux et leurs mouvements si étendus qu'on peut apercevoir presque à l'œil nu les ondes mi-
roitantes qu'ils produisent à
la surface d'une muqueuse
recouverte de tels éléments.
En examinant ces mouve-
ments avec un fort grossis-

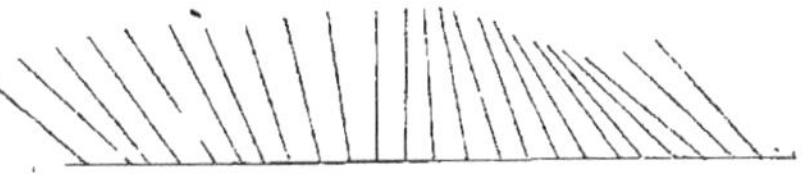

Fig. 9. — Schéma du mouvement ciliaire (A. Pütter)[1]
Mouvements coordonnés des cils.

sement, on voit les cils tantôt se plier en crochets ou subir un mouvement de circumduction de façon à décrire une sorte d'entonnoir, ou onduler comme un fouet (flagellum des infusoires flagellés, queue des spermatozoïdes), ou osciller simplement, mais toujours plus fortement dans un sens que dans l'autre. La rapidité du mouvement en rend souvent l'observation difficile, car parfois ces cils n'exécutent pas moins de 200 à 250 mouvements par seconde. A un plus faible grossissement, l'ensemble de ces mouvements donne à la surface épithéliale où ils se produisent l'aspect d'un champ de blé agité par le vent (voy. fig. 9) ou d'un ruisseau qui miroite au soleil. De petits corps (poussière de charbon) déposés sur cette surface s'y déplacent dans un sens déterminé. Ces phénomènes sont très faciles à observer sur la grenouille dont l'œsophage est revêtu d'un épithélium cylindrique vibratile (l'œsophage de l'homme a un épithélium pavimenteux stratifié) ; on voit que le mouvement, la vague ondulante, commence par les cils des cellules situées dans le conduit pharyngien ; le système nerveux n'entre pour rien dans cette coordination des mouvements, et sur un lambeau de muqueuse isolée on peut encore, d'après la direction régulière du mouvement, distinguer l'extrémité buccale de l'extrémité œsophagienne de ce fragment. Bien plus, si l'on détache un petit lambeau de cette muqueuse et qu'on l'applique sur une surface humide par sa face épithéliale, on voit ce lambeau se déplacer et progresser régulièrement sous l'action des cils vibratiles, comme d'une infinité de pieds microscopiques. Telle est l'expérience à laquelle Mathias Duval a donné le nom de *limace artificielle* pour

1. A. Pütter, Die Reizbeantwortungen der ciliaten Infusorien (Z. *für allg. Physiol.*, 1904, III, p. 427).

désigner le mode de progression de ce lambeau de muqueuse et l'illusion à laquelle il donne lieu. — Si l'on isole des cellules, les cils dont elles sont pourvues se meuvent toujours, mais désormais sans régularité ; la cellule nageant dans le liquide est alors déplacée par les mouvements de ses cils et elle tourbillonne au hasard. — Si l'on isole les cils d'une cellule, ils cessent de se mouvoir ; la vie de ces prolongements dépend donc de celle du protoplasma de la cellule dont ils font partie. En effet, on peut constater que, chez les Mollusques, les cils vibratiles traversent le plateau dont est munie la base libre de la cellule et viennent directement se mettre en rapport avec le contenu cellulaire ; chez l'homme même, on a pu vérifier ce détail important de structure, par exemple dans les cellules vibratiles de la muqueuse pituitaire.

Diverses circonstances modifient l'activité des mouvements vibratiles des épithéliums à cellules ciliées ; elles ont été étudiées avec soin sur l'œsophage de la grenouille. Une basse température ralentit ces mouvements, une température élevée les accélère. Le courant galvanique les accélère semblablement. Les anesthésiques (éther, chloroforme) les arrêtent ; mais ils reprennent leur vivacité dès qu'on suspend l'action de ces vapeurs ; le manque d'oxygène les paralyserait aussi par une sorte d'asphyxie. Les acides les immobilisent, mais en altérant leur structure ; cependant, si l'acide est très dilué, les mouvements peuvent revenir quand on le neutralise par une solution alcaline ; ces solutions alcalines sont très aptes à activer leurs mouvements (les acides et les alcalis produisent exactement ces mêmes actions sur les spermatozoïdes).

Le mouvement des cils vibratiles persiste encore un certain temps après la mort ; on l'a constaté trente heures après la mort sur la muqueuse des fosses nasales d'un supplicié et quinze jours sur une tortue.

Ces épithéliums à cils vibratiles, étudiés d'abord chez les animaux inférieurs, ont été depuis constatés sur diverses muqueuses des Vertébrés et des Mammifères, l'homme adulte compris.

Chez les autres Vertébrés, ces épithéliums sont encore plus répandus, et ils deviennent encore plus nombreux chez les Invertébrés (surtout les Mollusques, où ils tapissent parfois tout le tégument externe et toute la muqueuse digestive).

d. CONTRACTILITÉ. — Le mouvement contractile est un changement de forme. Il est particulièrement développé dans certains éléments. Les cellules musculaires (fibres lisses ou fibres striées) sont douées à un haut degré de cette propriété de contractilité, dont nous étudierons les manifestations quand nous parlerons des muscles.

B. **Direction des mouvements cellulaires. Tropismes.** — Jusqu'ici nous avons considéré les causes (action des excitants) et les divers modes du mouvement cellulaire. Mais ce mouvement se fait normalement dans une direction déterminée. Les causes qui provoquent le mouvement sont aussi celles qui le dirigent. On va

donc retrouver ici l'action des excitants dont l'influence générale
a été indiquée plus haut.

Ce sont ces phénomènes de direction que l'on appelle *tropismes*,
tactismes ou *taxies*. Les tropismes sont des mouvements irrésistibles.

a. BAROTROPISMES[1]. — On désigne sous ce nom les actions directrices que produisent les excitants mécaniques.

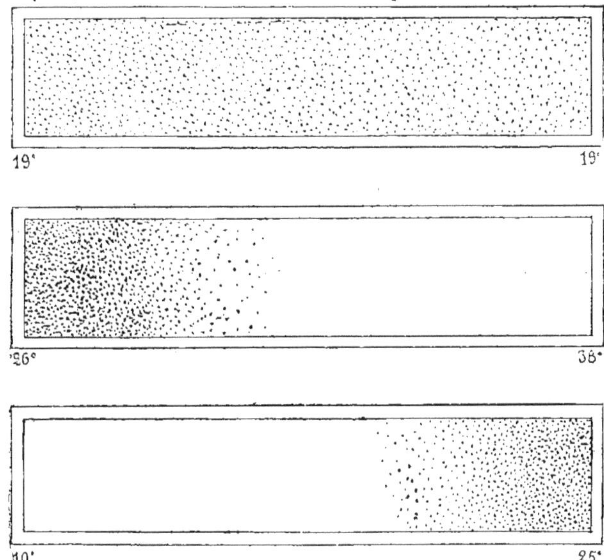

Fig. 10. — Action de la chaleur sur les Paramécies (M. MENDELSSOHN[2]).

On en distingue plusieurs sortes : le *thigmotropisme* (de θίγμα, attouchement); c'est l'action réciproque qui s'exerce entre un corps solide et
une cellule appliquée sur ce corps, c'est donc une action de contact ; ainsi
un leucocyte s'applique à un objet qu'il touche légèrement (thigmotropisme positif) et s'en éloigne si le contact est fort (thigmotropisme négatif) ; les cils vibratiles des Paramécies s'appliquent à un objet qu'ils tou-
chent; l'enroulement des tiges et des vrilles des plantes grimpantes est un
phénomène du même ordre ; — le *rhéotropisme* (de ῥέω, couler) : ici l'excitant
est un courant liquide lent et continu, ou plutôt résulte des différences
de pression qui existent dans un tel liquide ; les spermatozoïdes de
l'homme remontent un courant de liquide muqueux dirigé vers l'extérieur
par le mouvement des cils vibratiles de la muqueuse utérine ; — le *géotropisme* : c'est la propriété de la radicelle d'une plantule de croître en se
dirigeant vers le centre de la terre, et de la tigelle de croître dans le sens

1. De Βάρος, pression.
2. M. MENDELSSOHN (physiologiste russe contemporain), *Archiv für die ges.
Physiol.*, 1895, LV, p. 14, fig. 3.

inverse, celle-là s'orientant par conséquent dans le sens de la pression verticale (géotropisme positif), celle-ci dans le sens de la moindre pression (géotropisme négatif).

b. PHYSICO-TROPISMES. — *Thermotropisme.* — C'est un tropisme dû à l'action de la chaleur : les cellules (Amibes, leucocytes) se dirigent du côté où la température est la plus élevée ou bien du côté où elle est la plus basse (thermotropisme négatif). Une expérience très exacte peut être faite sur les Paramécies (*Paramæcium aurelia*) ; la figure 10 montre qu'à une température uniforme de 19° ces êtres se répandent également dans tout le liquide (eau) où on les observe ; si l'on fait baisser la température de 38° à 26°, ils s'accumulent dans l'endroit le moins chaud de la préparation et, si on l'élève de 10 à 26°, ils s'accumulent à l'endroit le plus chaud.

Phototropisme. — Les actions directrices produites par les rayons lumineux sont très nombreuses.

Beaucoup d'Algues et d'Infusoires recherchent ou fuient la lumière, suivant qu'elle est plus ou moins intense. Les corps chlorophylliens (intra-protoplasmiques) sont attirés par la lumière. Les régions violettes et bleues du spectre sont plus actives que le rouge.

On rattache au phototropisme les phénomènes connus depuis longtemps chez les végétaux supérieurs sous le nom d'*héliotropisme*. On sait que les plantes dont un côté est éclairé et l'autre dans l'ombre se tournent vers la lumière du soleil.

Électrotropisme. — Le courant galvanique détermine des directions de mouvement (*galvanotropisme*).

Par exemple, des larves de grenouille ou des embryons de Poissons, dans un vase que l'on fait traverser par un courant constant, disposent le grand axe de leur corps suivant le sens du courant (tête vers l'anode, queue vers la cathode). Quand on fait passer un courant constant à travers une goutte d'eau contenant des Paramécies, on voit ces Infusoires, au moment de la fermeture du courant, se diriger vers la cathode ; sous la même influence, les Amibes par leurs pseudopodes se dirigent vers le pôle négatif. D'autres organismes, des Bactéries, des Flagellés, présentent le phénomène inverse, c'est-à-dire se portent, à la fermeture du courant, vers l'anode (*galvanotropisme positif*).

c. CHIMIOTROPISMES. — Des excitants chimiques produisent aussi des actions directrices des mouvements cellulaires.

A cet égard, l'oxygène a une action remarquable. Beaucoup de Bactéries, celles de la putréfaction par exemple, se portent toujours là où elles peuvent trouver des traces d'oxygène ; ainsi elles s'accumulent autour d'une cellule d'algue verte exposée à la lumière et qui par suite dégage un peu d'oxygène par sa fonction chlorophyllienne. Cette influence de l'oxygène sur une foule de cellules est un cas typique de chimiotropisme *positif.*

D'autres corps produisent le même effet ou l'effet inverse. Les Paramécies sont indifférentes à l'oxygène, mais l'acide carbonique les attire : ou le constate de la façon la plus nette en introduisant sous la lamelle de la préparation une bulle d'air et une bulle d'acide carbonique (voy. fig. 11).

On multiplierait aisément ces exemples. Des nombreuses recherches faites sur le chimiotropisme il résulte que les cellules sont attirées de préférence par certaines substances. Les anthérozoïdes des Fougères sont attirés par l'acide malique, même en dilution à un cent millllième. Les anthérozoïdes des Mousses sont indifférents à cet acide, mais très sensibles au sucre de canne.

Chez les êtres complexes, les cellules mobiles que sont les leucocytes

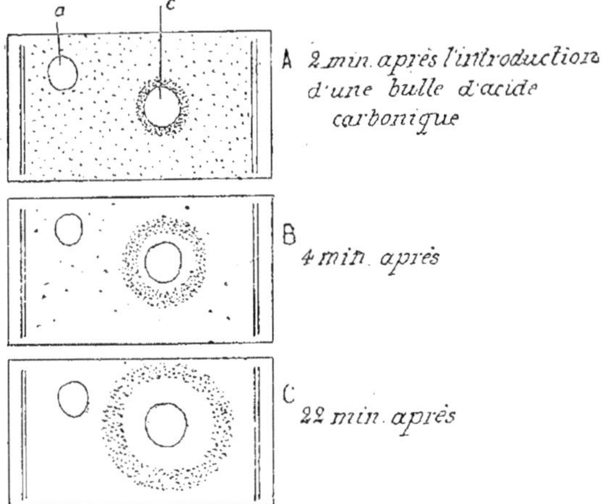

Fig. 11. — Action de l'acide carbonique sur les Paramécies (H. S. Jennings) [1] : chimiotropisme positif.

a, bulle d'air, c, bulle d'acide carbonique.

présentent cette propriété chimiotropique, à un degré tel qu'elle constitue pour les animaux supérieurs une condition d'existence importante. En effet, les leucocytes affluent en grand nombre aux points d'invasion de l'organisme par diverses bactéries, attirés qu'ils sont par ces bactéries ou par leurs produits solubles ; ensuite les microbes sont englobés par ces leucocytes (phagocytose). Les produits de décomposition des cellules dégénérées et vieillies attireraient aussi les leucocytes ; de là le rôle que leur a supposé Metchnikoff dans la sénescence. Leur rôle dans l'histolyse chez les Insectes (destruction des tissus des larves lors de la métamorphose) est moins important qu'on ne l'a cru.

Par ces quelques faits on voit toute l'importance physiologique des chimiotropismes, pour la nutrition, pour la reproduction (attraction des spermatozoïdes vers l'ovule), pour la défense de l'organisme.

C. **Production de chaleur.** — Beaucoup de réactions chimiques

1. H. S. Jennings, Studies on reactions to stimuli in unicellular organisms. (*J. of physiol.*, 1897, XXI, p. 289).

qui se passent dans les cellules sont exothermiques; l'oxydation de leurs matériaux combustibles, qui est une des conditions mêmes de la vie, dégage de la chaleur. Mais nous n'avons pas de moyens pour mesurer les quantités de chaleur produites dans une cellule, ni même pour mesurer les variations de sa température. Pour que ces mesures soient possibles, il faut que les cellules soient réunies en assez grande masse, tas de graines en germination, insectes groupés ensemble (par exemple, abeilles réunies dans une ruche, organes des animaux supérieurs, corps des animaux [voy. *Chaleur animale*]).

D. Production d'électricité. — La même remarque est à faire au sujet de la production d'électricité dans une cellule isolée. Mais quand les cellules sont réunies en tissus, on constate aisément des différences de potentiel entre les parties d'un tissu qui ne sont pas dans le même état. Cette question sera étudiée à propos du muscle et du nerf.

Il y a des animaux chez lesquels cette production d'électricité est considérable; ce sont les Poissons dits électriques, Raies et Torpilles (Méditerranée et Atlantique) parmi les Sélaciens, Gymnote (rivières de l'Amérique du Sud) et Malaptérure (Nil et Sénégal) parmi les Téléostéens.

Ces animaux ont des organes spéciaux, *organes électrogènes*, souvent très développés, très volumineux, comme chez les Torpilles, que l'on a maintes fois considérés comme étant des muscles différenciés, mais qui sont très différents des muscles et qui fournissent, lorsque les animaux sont excités, des décharges d'intensité variable. On dit que celle du Gymnote peut foudroyer de gros animaux. Celle de la Torpille est souvent très désagréable pour l'homme. Sur des Torpilles de 25 à 35 centimètres de diamètre on a trouvé (A. d'ARSONVAL[1]) que la force électro-motrice de la décharge oscille entre 8 et 17 volts et l'intensité entre 1 et 7 ampères en court circuit ; à circuit ouvert, la force électro-motrice de l'organe peut dépasser 100 volts ; elle est assez grande pour allumer une lampe à incandescence consommant 4 volts et 1 ampère.

Ces organes sont en relation par des nerfs, dits électriques, avec une partie spéciale de la moelle allongée ou de la moelle épinière, suivant les espèces; les cellules nerveuses de cette région spéciale des centres nerveux sont groupées en un lobe, dit *lobe électrique*. L'excitation de ces lobes ou des nerfs qui en proviennent provoque une décharge.

L'origine de cette énergie électrique est vraisemblablement chimique; mais on ignore la nature des matériaux et des réactions qui l'engendrent.

E. Production de lumière. — C'est un phénomène très général et facile à observer.

On le constate chez des êtres très élémentaires, Bactéries et Infusoires

[1]. Physiologiste français contemporain, professeur de médecine au Collège de France.

(Noctiluques[1]), chez des végétaux dépourvus de chlorophylle (Champignons, fleurs du Souci, du Lis bulbifère, etc.), des Cœlentérés, des Échinodermes, des Vers, quelques Crustacés, des Mollusques (*Pholas dactylus* en particulier), des Tuniciers, beaucoup d'Insectes (par exemple, *Lampyris Pyrophorus*), quelques Poissons. D'autres animaux ne sont pas lumineux par eux-mêmes, mais le deviennent parce qu'ils sont envahis par des parasites photogènes. La viande des animaux, différents liquides organiques (urines, sueur) peuvent être envahis aussi par des bactéries photogènes.

La couleur de la lumière émise varie avec les espèces, elle varie aussi quelquefois chez un même individu.

La production de la lumière est indépendante de la nature des organes lumineux, elle est liée à l'activité du protoplasma. L'énergie qui l'engendre est sans doute de nature chimique ; du moins, on peut citer à l'appui de cette supposition le fait que l'organe photogène du lampyre, desséché et broyé, émet de la lumière quand on ajoute de l'eau à ce résidu, et cet autre fait que du corps de la Pholade dactyle on a extrait une substance qui devient lumineuse sous l'action d'un ferment spécial, la *luciférase* (Raphael Dubois) ; on sait aussi que le pouvoir photogénique des Noctiluques appartient à des granulations très réfringentes du protoplasma. D'autre part, chez les Insectes lumineux, les anesthésiques suspendent la fonction photogénique. — De même que l'eau, l'oxygène paraît nécessaire à cette fonction ; les bactéries ou les Noctiluques, privés d'oxygène, ne sont plus lumineux, mais ils le redeviennent quand on les agite à l'air. — La matière photogène a son optimum d'action de 35° à 55° ; elle s'éteint à 60°. — On voit donc que la luminosité ne dépend de l'intégrité, ni d'un organe spécial, ni des cellules composant cet organe, mais d'une substance photogène formée dans ces cellules et qui réagit dans les conditions nécessaires de température, d'humidité et d'oxygénation.

Les cellules photogéniques sont excitables par les excitants mécaniques, électriques et chimiques.

C'est chez les Insectes lumineux que les organes photogènes spéciaux, leur structure, leurs nerfs, les réactions de la lumière qu'ils produisent, ont été le mieux étudiés (en particulier chez les Elatérides [R. Dubois, 1886].

1. Le phénomène connu sous le nom de *phosphorescence de la mer* est dû surtout aux Noctiluques qui s'éclairent par le moindre ébranlement (voy. p. 107).

DEUXIÈME PARTIE

PHYSIOLOGIE SPÉCIALE

La physiologie spéciale consiste en l'étude des fonctions des organes.

Il peut y avoir une physiologie spéciale pour chaque espèce animale; on peut exposer, par exemple, la physiologie de la Grenouille, du Lapin ou du Chien. Mais il ne serait pas possible de faire une physiologie de l'Homme uniquement. On en saisit tout de suite les raisons. La plupart des connaissances physiologiques sont acquises par l'expérimentation; or, on ne peut faire sur l'homme qu'un nombre restreint d'expériences, limitées à quelques points particuliers de la physiologie. C'est pour cela que toute physiologie humaine est une physiologie comparée. Il n'importe, puisque de très nombreux faits démontrent que les phénomènes généraux de la vie cellulaire chez tous les êtres et, dans les espèces supérieures, les fonctionnements organiques sont fondamentalement les mêmes.

Les organes et leurs fonctions peuvent être considérés comme appropriés à la conservation de l'être, au maintien de la vie — ce sont toutes les *fonctions de nutrition*, dans le sens étendu du mot — ou comme appropriés aux relations de l'être avec son milieu — ce sont les *fonctions* dites de *relation*. Mais il est clair que, à mesure que les animaux deviennent plus compliqués, des rapports très étroits unissent tous les actes physiologiques; pour prendre un exemple aussi simple que saisissant et quasi banal, l'alimentation n'est possible, dans presque toutes les espèces animales, que grâce à une série de mouvements adaptés, si bien que fonctions de relation et fonctions de nutrition se supposent, s'appellent et se conditionnent réciproquement. Toutefois, pour la commodité et pour la clarté de l'exposition des faits, il est nécessaire de les scinder et de les examiner les unes à la suite des autres.

Nous commencerons par l'étude de celles qui maintiennent la vie même des organismes et qui pour cela s'exercent d'une façon con-

tinue, les *fonctions nutritives*, que BICHAT appelait *fonctions de la vie
organique* ou *végétative*, avec leurs divisions : *digestion, absorption,
circulation, respiration, sécrétions, assimilation* et *désassimilation*; nous
y rattacherons les *fonctions de reproduction*, pour les raisons déjà
indiquées plus haut (p. 116). C'est là l'ensemble des faits qui ont été
distingués dans la Physiologie cellulaire sous le nom d'*échanges de
matières* ou *métabolisme matériel* (voy. p. 108). Ainsi sera formé le
livre I.

Le livre II comprendra les fonctions de la vie de relation (*vie animale* de BICHAT), c'est-à-dire l'étude des sensations par lesquelles
l'animal est mis en relations avec le milieu extérieur, celle des
réactions motrices consécutives à ces sensations et celle du système
nerveux qui commande à ces réactions et les règle. C'est l'ensemble
des faits considérés en Physiologie cellulaire sous la dénomination
de *transformations d'énergie* (voy. p. 120) avec, en plus, les actions
nerveuses, qui, chez les animaux supérieurs, déterminent et dirigent
ces phénomènes.

La physiologie spéciale sera donc divisée en deux grandes parties
ou livres.

LIVRE PREMIER

FONCTIONS DE NUTRITION

Tout être vivant, par sa vie même, s'use et a besoin de se réparer; pour cela *il se nourrit.* Étudier la nutrition, c'est étudier les phénomènes d'usure et de réparation de l'organisme.

Dans cet ensemble de questions complexes, les premières qui se présentent ont trait à la réception, à la transformation et à l'utilisation des substances alimentaires. Celles-ci pénètrent dans des cavités spéciales où elles subissent presque toutes des modifications profondes; les produits de ces modifications sont absorbés, c'est-à-dire passent à travers la couche épithéliale de l'estomac et de l'intestin et pénètrent dans le milieu sanguin (milieu intérieur); c'est alors seulement qu'ils entrent aisément dans l'organisme et peuvent être assimilés par les différents éléments cellulaires; tant que les aliments et leurs produits de transformation restent dans le tube digestif, ils sont en dehors de l'organisme (voy. fig. 12). Il en est de même des médicaments; tant qu'ils n'ont pas passé dans la circulation, ils sont aussi extérieurs à l'organisme que s'ils se trouvaient simplement sur la peau. Ainsi « on peut concevoir la digestion comme une sorte d'élaboration des aliments pratiquée dans un tube à analyse chimique, extérieur à l'édifice organique » [2].

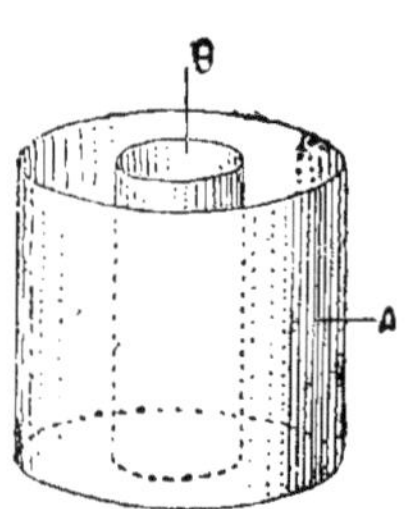

Fig. 12. — Représentation très schématique de l'organisme (LAUDER BRUNTON) [1].

A, boîte représentant les tissus. B, boîte intérieure représentant le tube digestif. Tout ce qui est dans cette boîte intérieure est évidemment au dehors de la boîte A; de même tout ce qui se trouve dans le tube digestif est en réalité en dehors du corps.

Nous avons déjà indiqué plus haut l'ordre dans lequel nous étudierons les fonctions de nutrition.

1. LAUDER BRUNTON, *Traité de pharmacologie, de thérapeutique et de matière médicale*, traduit par L. DENIAU et E. LAUWERS, Bruxelles, 1888, p. 52.

L. BRUNTON (1844-1916), médecin et pharmacologue anglais très connu, un des fondateurs de la pharmacologie expérimentale.

2. CLAUDE BERNARD, *Leçons sur les phénomènes de la vie communs aux animaux et aux végétaux*, t. II, p. 243, Paris, 1879.

CHAPITRE PREMIER

DIGESTION

Le but des fonctions digestives est de transformer les matières empruntées à l'extérieur, de façon à les rendre aptes à passer dans l'économie, à être absorbées et portées dans le torrent de la circulation, pour réparer les organes et entretenir les fonctions (production de chaleur et d'énergie), en d'autres termes, pour le maintien du *sta u quo* de l'organisme développé et l'accroissement de cet organisme tant que son développement est incomplet.

Ces matériaux reconstitutifs ou producteurs d'énergie sont les aliments.

I. — ALIMENTS. ALIMENTATION.

L'expérience a appris qu'un homme adulte, en fonctionnement normal, perd tous les jours :

$$\text{Environ 2500 grammes d'eau} : \begin{cases} 1\,300 \text{ à } 1\,400 \text{ par les urines,} \\ 600 \qquad\quad \text{par la sueur,} \\ 400 \text{ à } 500 \text{ par les poumons,} \\ 100 \qquad\quad \text{par les fèces ;} \end{cases}$$

25 grammes au moins de sels minéraux (par les urines, les fèces, la sueur) ; 280 grammes de carbone (par l'air expiré [sous forme de CO^2], par les urines [C de l'urée et C sous d'autres formes], par les fèces, etc.); 18 grammes environ d'azote (sous forme de l'urée, de l'acide urique, etc., des urines); et qu'il consomme une quantité d'énergie qui, calculée en chaleur, s'élève à 2 600 calories environ.

Il faut réparer toutes ces pertes. C'est l'alimentation qui doit y subvenir. L'alimentation consiste donc dans l'ingestion des matériaux qui, dans l'organisme, constituent ou réparent les tissus et produisent de l'énergie.

On a pendant longtemps considéré comme aliment toute substance qui sert à la réparation de nos tissus. Cette définition a justement vieilli, elle est trop étroite, car l'alimentation ne consiste pas seulement en un apport de matière, mais aussi en un apport d'énergie. De ce point de vue, la classification des aliments proposée par BUNGE paraît rationnelle ; elle distingue en effet : 1° les aliments qui servent à la fois à la réparation des tissus et à la production d'énergie : albumines, graisses ;

2° Les aliments qui fournissent seulement de l'énergie : hydrates de carbone, oxygène ;

3° Les aliments qui servent seulement à la réparation des tissus : eau et sels.

Il faut remarquer que cette classification n'est pas tout à fait exacte, puisque les corps gras peuvent brûler seulement, donnant ainsi de l'énergie et que, parmi les sels, il en est, les sels d'acides organiques, comme les acides citrique, malique, tartrique, qui, décomposés dans l'organisme en CO^2 et H^2O, sont brûlés, étant donc producteurs d'énergie.

Quoi qu'il en soit, on considère actuellement comme substances alimentaires : 1° celles qui servent à l'édification des tissus ou à la réparation de l'usure qu'ils subissent de par leur fonctionnement même, et 2° celles qui, en se combinant avec l'oxygène, produisent l'énergie nécessaire à l'entretien de la vie.

Un caractère distinctif de beaucoup de ces substances consisterait en ceci qu'elles servent à la formation de *réserves* que l'organisme utilise à plus ou moins longue échéance. Ce n'est en effet pas aux dépens des aliments qui viennent d'être ingérés que vit l'animal, c'est sur des substances déposées dans ses tissus (réserves) ou sur des matières constitutives des tissus. — Ce fait important ressort de tout ce que l'on sait de la digestion proprement dite et de l'assimilation. Les aliments, tels qu'ils sont ingérés, ne sont pas, en effet, transportés en cet état dans les organes qui en ont besoin pour rétablir leur constitution ou pour la consommation d'énergie que nécessite leur fonctionnement. Mais ils ont préalablement subi des modifications dans l'appareil digestif, souvent aussi dans le foie et enfin dans les divers organes eux-mêmes qui, de la substance alimentaire modifiée, font leur propre substance. A la suite de cette assimilation (voy. p. 110), l'aliment a cessé d'être tel ; il est devenu partie constitutive d'un tissu, ou il y est incorporé sous forme de dépôt, de matière de réserve ; c'est l'énergie chimique de ces dernières substances que les organes dépensent, et non l'énergie chimique potentielle des aliments. On pourrait donc juger de la valeur des aliments par leur capacité à former des réserves. De là, pour plusieurs physiologistes, parmi lesquels Chauveau[1], l'importance de ce caractère des substances alimentaires, telle que l'on ne doit pas considérer comme aliment un composé qui ne le possède point. C'est

1. A. Chauveau (1827-1917), un des grands physiologistes français du xixᵉ siècle, célèbre non moins par ses recherches et sa théorie sur l'immunité contre les infections que par ses découvertes en physiologie : détermination des divers temps de la révolution cardiaque et du fonctionnement des diverses parties du cœur (avec Marey), le phénomène de l'intersystole, la glycémie normale et le sort du sucre sanguin, les lois du travail musculaire, etc., etc.

une des raisons pour lesquelles Chauveau ne reconnaît point à l'alcool,
par exemple (voy. plus loin, p. 148), de véritable valeur alimentaire.

Nous nous contenterons de diviser les aliments en organiques
et inorganiques.

I. — Aliments inorganiques.

A. Oxygène. — L'homme prend par vingt-quatre heures dans l'air
atmosphérique environ 700 grammes d'oxygène, c'est-dire la quantité nécessaire pour brûler sa ration alimentaire.

L'oxygène de l'air est donc le premier de tous les aliments, puisqu'il est indispensable au maintien et au fonctionnement de l'organisme. — L'étude de l'absorption et de la consommation de l'oxygène sera faite avec la respiration.

B. Eau. — On a indiqué plus haut la grandeur de la perte journalière d'eau par l'organisme humain. On a aussi indiqué déjà (p. 16)
la quantité d'eau de l'organisme.

Les pertes en eau sont couvertes par l'eau que l'on boit, soit en
nature, soit dans les diverses boissons usuelles, et par l'eau des
substances alimentaires. Celles-ci sont en effet riches en eau, comme
le montrent les quelques chiffres ci-dessous :

Teneur en eau de quelques aliments.

Céréales et légumineuses	10 à 14	p. 100
Racines, tubercules	75 à 90	—
Fruits	85	—
Pain	30 à 40	—
Viandes	55 à 75	—
Laits	75 à 90	—
Fromages	35 à 45	—

Le pain, d'après Armand Gautier, ne doit pas contenir plus de
34 p. 100 d'eau. La quantité d'eau de la viande varie suivant les
espèces animales et suivant la teneur en graisse.

C. Substances minérales. — Que les substances minérales
soient nécessaires à l'édification du corps de l'animal nouveau-né,
cela résulte des constatations chimiques relatives à la composition du
squelette et à la teneur du sang en fer. Chez le nourrisson, les os
s'accroissent rapidement et la quantité du sang augmente; il faut
que l'alimentation apporte les sels calcaires et le fer sans lesquels
cet accroissement ne se ferait pas.

La nature et la quantité des substances minérales qu'exige la
croissance des nourrissons sont clairement indiquées par la composition du lait; l'analyse comparative des cendres du lait et de celles
qui résultent de l'incinération du nouveau-né a montré qu'il existe

entre elles une analogie de composition remarquable et, d'autre part, que la teneur du lait en substances minérales est toujours à peu près égale, quelquefois même supérieure à la quantité de ces substances que l'on trouve dans le corps du nouveau-né.

Il n'y a exception que pour le fer; la teneur en fer des cendres du lait est six fois plus faible (chez la chienne, par exemple) que celle des cendres du nouvel être. Il faut par suite admettre que celui-ci apporte en naissant la provision de fer nécessaire à son développement: on a constaté, en effet, qu'il contient un excès de fer accumulé pendant la vie fœtale; c'est dans le foie surtout que ce fer s'est fixé; le foie du nouveau-né est quatre à neuf fois plus riche en fer que le foie de l'adulte. Ainsi, ce n'est pas par le lait, c'est-à-dire par la voie intestinale, que le jeune animal reçoit son fer; il l'a reçu par la voie placentaire et l'a accumulé. Cet excès de fer disparaît vite après la naissance, se répartissant sur le poids vif de l'animal, à mesure qu'il s'accroît.

La nécessité d'un apport journalier de sels n'est plus évidente *a priori* pour l'adulte comme pour le jeune être, mais l'expérience l'a démontrée. On en a donné deux preuves.

1° Il est établi que l'organisme humain perd environ 25 grammes de substances minérales par jour (20 au moins par les urines et le reste par les fèces), dont la moitié environ est du chlorure de sodium, l'autre moitié consistant en phosphate et sulfate de potasse surtout, et aussi de soude, de chaux et de magnésie, en une petite quantité de fer (quelques milligrammes), en quelques centièmes ou millièmes de milligramme de manganèse, d'iode, de brome, d'arsenic. — La ration alimentaire journalière (eau comprise) doit donc apporter l'ensemble de ces aliments minéraux. On calcule qu'une ration moyenne en fournit 14 à 15 grammes ; le reste (une dizaine de grammes) est représenté par le sel marin ajouté directement à l'alimentation. — Ce sont les aliments d'origine végétale qui fournissent la plus grande quantité de ces matières minérales. Le chlorure de sodium est le seul qui soit ajouté directement aux aliments.

2° La seconde preuve ressort d'une expérience en apparence saisissante : des chiens, nourris avec de la viande débarrassée de ses sels aussi complètement que possible [1] par des épuisements répétés par l'eau distillée bouillante, et additionnée de graisse et de sucre en quantité suffisante, meurent plus vite que des animaux de la même espèce soumis au jeûne absolu (en 26 à 36 jours au lieu de 40 à 60). On verra tout à l'heure quelle paraît être la cause de la mort dans cette condition. Mais cette expérience a perdu de sa valeur démonstrative, parce qu'il a été établi qu'aucune alimentation arti-

1. Cette viande ne contenait plus que $0^{gr},8$ de cendres pour 100 de matière sèche.

ficielle, même largement suffisante en matières minérales, ne peut maintenir la vie (voy. la note 1 de la p. 139). On s'est demandé si l'épuisement prolongé par l'eau bouillante ne fait pas perdre à la viande des substances indispensables à l'organisme.

La nécessité des aliments minéraux n'en reste pas moins admise pour les raisons suivantes : les expériences faites sur le rôle de ces matières dans la nutrition des végétaux et des organismes inférieurs ont montré que le développement et l'entretien de ces êtres sont liés à l'apport d'un nombre fixes d'éléments minéraux (par exemple, expériences classiques de Raulin [1] sur le développement de l'*Aspergillus niger*) ; par analogie il doit en être de même chez les êtres supérieurs dont aucun tissu n'est privé de sels ; en second lieu, l'analyse a prouvé que les matières minérales sont des constituants de tous les tissus et humeurs de tous les organismes.

Mais le besoin de substances minérales ne résulte pas seulement de leur rôle *plastique*. Ces corps jouent aussi un rôle *fonctionnel*, non moins important, rôle général et spécial. Ils jouent un grand rôle physique, puisqu'ils assurent l'équilibre et les variations de tension osmotique entre les tissus et les liquides de l'organisme (voy. p. 78) ; de plus, beaucoup d'actions diastasiques paraissent liées à leur présence (voy. p. 87) ; de plus encore, les sels favorisent la dissolution des matières protéiques : la soustraction des sels du sérum sanguin, par exemple au moyen de la dialyse, amène la précipitation des albuminoïdes dissous. C'est surtout en combinaisons sodiques que circuleraient les matières protéiques. — D'autre part, on connaît des sels qui exercent des actions très spéciales ; leur privation ou simplement leur diminution en empêche l'accomplissement. Le fer est indispensable à la mise en jeu de la propriété de l'hémoglobine. Les sels de chaux sont nécessaires à la coagulation du lait. Ces sels de chaux et ceux de potasse soutiennent l'activité fonctionnelle du cœur et en général des tissus contractiles. Les sels de chaux, d'autre part, modèrent l'excitabilité du système nerveux central. Nul doute que la présence d'iode dans la matière protéique spécifique de la glande thyroïde ne soit indispensable à la fonction de cette matière. — Ces faits suffisent pour indiquer la variété et la multiplicité des troubles qui doivent résulter d'une alimentation pauvre en substances salines.

Passons rapidement en revue ces substances.

Chlore, fluor, iode, brome. — Le chlore se rencontre dans les tissus et surtout dans les liquides de l'organisme, combiné au potassium, au sodium, au calcium. Nous parlerons un peu plus loin du chlorure de sodium. D'autre part, l'acide chlorhydrique est un élément

---

1. J. Raulin (1836-1896), chimiste français, élève de Pasteur.

essentiel du suc gastrique. Les pertes quotidiennes en chlore doivent donc être réparées par l'alimentation.

Le fluor existe dans les os. Quelques aliments, le jaune d'œuf, le lait, en contiennent de petites quantités, ainsi que les eaux potables (sous forme de fluorures alcalins probablement). Le tissu osseux s'en empare énergiquement.

L'iode paraît nécessaire au fonctionnement de l'une des glandes les plus importantes de l'organisme, la glande thyroïde, encore que celle-ci n'en contienne que très peu sous forme de combinaison organique. De nombreux aliments en renferment de minimes quantités qui suffisent à couvrir les faibles pertes résultant du métabolisme de la glande thyroïde; les aliments les plus riches en iode sont des végétaux (asperges, carottes, haricots verts, champignons, etc.) et la chair des poissons.

Le brome accompagne l'iode. On l'a trouvé dans la glande thyroïde et aussi dans l'hypophyse. Nous ne connaissons pas l'étendue de ses variations dans la ration alimentaire.

La grandeur du besoin de l'organisme pour ces diverses substances, chlore, fluor, iode et brome, n'est pas déterminée.

Soufre, phosphore. — Le soufre nous est fourni surtout par les matières albuminoïdes végétales et animales. Les quatre cinquièmes environ de ce soufre reparaissent dans les urines à l'état d'acide sulfurique (sulfates alcalins et alcalino-terreux) et d'acide phénylsulfurique (phénolsulfates); le reste se retrouve à l'état de cystine, de taurine et d'autres corps sulfurés peu connus.

Le phosphore se trouve dans presque toutes les cellules sous forme de lécithine (voy. p. 26) ou de nucléo-protéides (voy. p. 39). C'est donc un aliment indispensable. C'est surtout à l'état de composés organiques qu'il est ingéré; les phosphates alcalins ou terreux sont très peu assimilables. L'organisme reçoit 3 à 4 grammes par jour d'acide phosphorique.

Arsenic. — Les recherches d'Armand Gautier (1900) ont établi que ce corps fait partie constituante de la glande thyroïde et des tissus ectodermiques, des poils surtout et des productions cornées; il y existe en combinaison organique. Quelques végétaux (le chou, la rave et quelques céréales), des poissons de mer et surtout le sel de cuisine (sel gris) en contiennent de très faibles quantités, mais largement suffisantes pour subvenir au besoin qu'en a l'organisme.

Silicium. — On en trouve dans le tissu conjonctif, dans les cheveux. Beaucoup d'aliments végétaux en contiennent d'assez grandes quantités; aussi en trouve-t-on toujours dans l'urine des herbivores. — Le rôle physiologique du silicium est inconnu.

Potassium et sodium. Rôle des métaux alcalins. — Le potassium se
rencontre dans toutes les cellules végétales et animales. Le sodium
se trouve surtout dans le plasma sanguin et dans les liquides de
l'organisme. Ces deux métaux sont surtout combinés aux acides
minéraux, à l'état de chlorures, de phosphates, de sulfates ; une
partie se trouve à l'état de carbonates.

Ces corps basiques ont paru indispensables au maintien de la vie
(Bunge) d'après l'expérience suivante : des souris soumises à une
alimentation déminéralisée, mais additionnée de carbonate de soude
ou de potasse, ont vécu beaucoup plus longtemps [1] que les animaux
témoins (soumis au même régime non additionné d'alcalis ou bien
additionné d'un sel neutre, tel que chlorure de sodium ou de
potassium).

Comment s'explique ce fait ? La décomposition des albuminoïdes alimentaires donne du soufre qui s'oxyde en grande partie et passe à l'état
d'anhydride sulfurique SO³. Les éléments anatomiques seraient profondément lésés par cet acide et sa présence dans le sang est incompatible
avec la vie. Non pas même l'existence d'acides dans le sang, mais la seule
neutralisation de son alcalinité amène la paralysie des centres respiratoires
et vaso-moteurs et par suite la mort. Il faut donc que l'anhydride SO³,
formé comme on vient de le dire, soit saturé par de la potasse ou de la
soude. Chez les herbivores, cette saturation est largement assurée. Chez
les carnivores, chez lesquels l'alimentation est pauvre en métaux alcalins,
il se produit régulièrement de l'ammoniaque (dans la destruction des
albuminoïdes) dont une partie, au lieu d'être employée à la formation de
l'urée [2], peut servir à saturer l'acide sulfurique formé en excès. De fait,
l'excrétion de l'ammoniaque par les urines augmente avec la quantité d'acide
à neutraliser. Mais ce mécanisme compensateur a des limites qui sont
vite atteintes ; elles le sont rapidement dans l'inanition minérale (cas de
l'expérience rapportée plus haut, voy. p. 136), plus rapidement que dans
l'inanition complète, où l'organisme réduit à un minimum la quantité
d'albumine qu'il est obligé de détruire et par conséquent la quantité de
soufre à éliminer.

1. Il est vrai que cette addition n'a pas empêché la mort. On s'est demandé avec
raison s'il est possible d'entretenir la vie avec une alimentation artificielle. Les
aliments composés, tels que le pain, la viande, les légumes, représentent en
réalité un mélange très complexe, qui, à côté des hydrates de carbone, de la
graisse et des albuminoïdes, renferme des lécithines, des nucléines, des matières
extractives, certains sels minéraux, bref un ensemble de substances dont le rôle
alimentaire est encore mal déterminé, mais probablement aussi nécessaire que
celui de l'albumine elle-même. On voit par ce seul exemple combien est compliquée la question de l'alimentation et que notre connaissance des substances indispensables à l'entretien de la vie est encore incomplète.

2. Dans les conditions normales, l'ammoniaque, comme nous le verrons en
traitant de la formation de l'urée, se transforme presque complètement en urée
dans le foie. Il faut admettre que, lorsqu'il y a production d'acides en excès,
cette transformation se fait de plus en plus incomplètement.

Par là se trouvent expliqués les effets si graves de l'inanition minérale. Mais en même temps et du même coup la théorie établit la nécessité d'un apport de substances minérales basiques. On a objecté, il est vrai, à cette théorie que les accidents de l'inanition minérale ne sont pas identiques à ceux que détermine l'intoxication acide. Le fait de la saturation normale des acides produits dans l'organisme indique bien cependant la nécessité d'un apport régulier d'alcalis.

Chlorure de sodium. — La pratique journalière a depuis longtemps montré que l'homme ne peut se passer de ce sel et, parmi les corporations religieuses, celles qui cherchaient à se soumettre aux privations les plus sévères avaient en vain tenté de supprimer le chlorure de sodium de leur alimentation.

C'est que le sel marin entre dans presque toutes les parties de l'organisme ; il est, de plus, indispensable à la constitution des plasmas sanguin et lymphatique et à la formation de la bile et de plusieurs autres sécrétions ; nous avons déjà dit que l'acide chlorhydrique du suc gastrique en provient.

Le chlorure de sodium a un autre rôle que ce rôle tout statique. D'abord il tient en dissolution la plupart des composés azotés, qui s'éliminent par les urines et il facilite ainsi leur élimination. Ensuite c'est surtout à ce corps qu'est due la concentration moléculaire normale des humeurs (voy. p. 78-79) ; il maintient donc l'équilibre physico-chimique des éléments cellulaires.

Nous ingérons quotidiennement 8 à 9 grammes de sel. Il semble que la quantité ajoutée aux aliments doive être d'autant plus grande que l'alimentation est plus végétale. Les végétaux contiennent en effet beaucoup de sels de potasse (3 à 4 fois plus que de sels de soude). Le carbonate de potasse, arrivant dans le sang, fait avec le chlorure de sodium la double décomposition ; il se forme du carbonate de soude et du chlorure de potassium ; celui-ci est en partie rapidement éliminé par les reins ; le carbonate de soude s'unit aux acides phosphorique et sulfurique, provenant de l'oxydation du phosphore et du soufre des albuminoïdes ; et ces phosphates et sulfates sont à leur tour éliminés avec les urines. Il y a donc ainsi spoliation constante du chlorure de sodium du plasma sanguin. C'est pour cette raison que les herbivores sont avides de sel et que les populations agricoles consomment plus de sel que les populations de chasseurs et de pêcheurs.

Si, dans ces termes généraux, cette théorie paraît fondée, il faut remarquer cependant que l'addition du sel aux aliments ne constitue souvent qu'un moyen d'excitation gustative et par suite un excitant des sécrétions digestives (voy. p. 146, 208 et 209). Notons néanmoins à ce propos que le passage quotidien à travers les reins d'une grande masse de matières salines[1] n'est pas sans inconvénients et, à la longue, sans danger pour ces organes.

Sels alcalino-terreux. — La chaux est particulièrement abondante dans les tissus de soutien, cartilagineux, osseux et conjonctif; la magnésie prédomine dans les globules du sang, dans les muscles, dans le cerveau, etc.

C'est à l'état de phosphates et en combinaisons organiques que ces deux bases pénètrent dans l'organisme. La quantité quotidiennement nécessaire est de 80 centigrammes environ chez l'adulte; les aliments n'en apportent guère que 65 à 70 ; encore sont-ce les légumes frais qui en fournissent le plus ; le supplément doit se trouver dans l'eau de boisson ; et c'est même là un fait qui met bien en évidence le rôle de l'eau comme aliment minéral[2].

Chez l'enfant, la quantité de chaux utilisée est beaucoup plus grande; on peut en juger par ce fait que le squelette d'un enfant, durant la première année, augmente de 1 kilogramme environ et que cet enfant fixe par semaine, pendant ladite année, 4 à 5 grammes de phosphate de chaux. C'est le lait qui fournit toute cette chaux.

Fer. Manganèse. — Le fer est un aliment indispensable, en raison de sa présence dans la matière colorante des globules rouges et dans les muscles. Presque tous les aliments en renferment sous forme organique. On trouve dans le jaune d'œuf une substance qui est comme le type de ces combinaisons organiques du fer (*hématogène* de Bunge) (voy. p. 41) et qui en contient 0,3 p. 100 environ. Ce fer des aliments est largement suffisant pour les besoins de l'organisme.

Nous avons déjà indiqué l'origine du fer chez l'être en voie de développement (p. 136).

De petites quantités de manganèse accompagnent souvent le fer. D'ailleurs on a trouvé ce métal dans tous les organes et dans tous les produits animaux dans lesquels on l'a cherché, au moyen d'une méthode très sensible (quelques centièmes ou dizièmes de milligr. pour 100 gr. de substance fraîche); les organes des Oiseaux se sont toujours montrés plus riches en ce corps que ceux des Mammifères. — La grandeur du besoin de manganèse est aussi inconnue que celle du fluor ou du silicium. — Rappelons ici le rôle du manganèse, signalé plus haut (voy. p. 96), dans les ferments oxydants.

2. — Aliments organiques.

A. Hydrates de carbone. — Nous avons dit déjà (voy. p. 19) que

1. La consommation journalière de sel marin est souvent de 20 à 30 grammes.
2. C'est aussi l'eau potable qui fournit à l'organisme, au moins en partie, la magnésie, les fluorures, les silicates dont il a besoin.

ces corps, peu abondants chez les animaux, se trouvent en grande
quantité dans les plantes. Ils forment la partie la plus considérable
des aliments **végétaux**, tels que les céréales, les légumineuses. Nous
avons aussi distingué les différents sucres les uns des autres (p. 20-23)
Mais, au point de vue alimentaire, on peut donner à tous ces composés la valeur de la glycose, car ils ne servent qu'autant qu'ils sont
transformés en glycose, comme nous le verrons en étudiant la digestion des sucres. C'est ce sucre qui est le principal combustible de la
machine animale.

Les céréales et les légumineuses contiennent de 50 à 80 p. 100 de
substances amylacées et les légumes herbacés seulement 10 p. 100
(moyenne approximative qui peut être donnée comme un chiffre facile
à retenir). Les aliments d'origine animale en contiennent de 4 (viande
de bœuf) à 40 p. 1 000 (lait); le lait étant mis à part, ils sont donc
très pauvres en hydrocarbonés.

Faisons mention des *gommes* et des *mucilages* qui se rencontrent
dans les graines et les fruits ; ils disparaîtraient dans l'intestin dans
la proportion de 50 à 80 p. 100, mais leur valeur alimentaire n'est
pas connue.

On est mieux renseigné sur le rôle de la cellulose qui forme la
paroi de toutes les cellules végétales. Elle est largement utilisée par
les herbivores. Chez l'homme, elle paraît avoir surtout une influence
mécanique sur la digestion ; grâce peut-être à sa dureté plutôt que
par une action chimique, elle excite les contractions péristaltiques de
l'intestin ; elle favorise donc la progression des matières qui y sont
contenues et empêche par conséquent la constipation. De là
l'utilité des aliments comme les raves, les salades, les concombres,
le pain de son, riches en cellulose, ou, à leur défaut, des fruits secs
(dattes, figues, pruneaux, raisins, etc.). Chez les herbivores, d'ailleurs,
des expériences directes ont démontré cette action ; des lapins
recevant une nourriture débarrassée de cellulose meurent par
inflammation intestinale ou par volvulus, la progression des matières
finissant par s'arrêter ; qu'on ajoute à cette même alimentation un
peu de cellulose, les animaux résistent.

Il est difficile d'évaluer exactement la quantité d'hydrates de carbone nécessaires journellement à l'organisme, parce que la graisse
peut remplacer cette classe d'aliments. On peut dire que des hommes
qui travaillent en consomment de 300 à 800 grammes.

B. **Corps gras**. — Les corps gras ont d'abord et principalement
la même destination physiologique que les hydrates de carbone ; ils
sont brûlés dans l'économie. Ils produisent beaucoup plus de chaleur,
étant beaucoup plus riches en carbone.

Tous les aliments renferment de la graisse, la viande de 15 à
25 p. 1 000, sauf la viande de porc où la proportion s'élève à plus de
50 p. 1 000 (porc maigre), le lait de vache 40 p. 1 000, le fromage environ 250, le jaune d'œuf plus de 300, les légumineuses environ
20 p. 1 000, certains fruits, comme les amandes et les noisettes, de 500
à 600 p. 1 000.

La ration en graisse d'un adulte est de 50 grammes environ par
jour. Suivant la proportion d'hydrocarbonés que contiendra cette
ration, la quantité de corps gras peut augmenter ou diminuer.

Outre ce rôle de corps producteurs d'énergie et de chaleur, les
graisses ont encore un rôle histogénétique. Il n'est pas de tissu qui
ne renferme de la graisse. La quantité de graisse du corps est très
variable ; on peut admettre qu'elle est en moyenne de 18 p. 100.
L'exagération de cette proportion constitue un phénomène pathologique, l'*obésité*.

C. **Matières albuminoïdes**. — La première question qui se pose
est celle de la nécessité de cette catégorie d'aliments, puis viendra
celle de la valeur alimentaire des différentes matières protéiques.

a. Nécessité des aliments albuminoïdes. — C'est l'aliment par excellence, en ce sens qu'aucun ne peut le remplacer. On ne peut
nourrir un animal exclusivement avec des hydrates de carbone
ou avec de la graisse ; il meurt fatalement. On peut le nourrir
avec des albuminoïdes. Tel est le résultat de l'expérience fondamentale dans l'histoire de la nutrition, faite par Magendie en 1816,
et qui consista à nourrir des chiens avec du sucre et de l'eau, ou
de l'huile d'olive et de l'eau, ou du beurre et de l'eau ; les premiers
moururent au bout de trente-deux jours, les autres au bout de trente-
six jours. La nécessité des aliments azotés fut établie par cette très
simple expérience. Pflüger l'a perfectionnée (1891) en nourrissant
un chien de 30 kilogrammes, très maigre, pendant six ou sept mois
uniquement avec de la viande ne contenant que très peu de
graisse et d'hydrocarbonés et en lui faisant exécuter un travail
musculaire considérable. Chez cet animal l'albumine suffit donc
à tous les besoins et à toutes les fonctions de l'organisme, nutrition et même engraissement, production de chaleur, travail mécanique.

Il ne peut, à la vérité, en être ainsi chez tous les animaux. Quelques-uns seulement, comme les carnivores, peuvent vivre d'un
seul aliment. L'homme n'est point de ceux-là. Il ne peut vivre
exclusivement de viande dégraissée. En effet, un homme bien
portant élimine par jour, par la respiration, par les urines et par
les fèces, environ 280 grammes de carbone. On a calculé que, pour

que l'alimentation animale fournît toute cette quantité de carbone, il faudrait qu'il y eût assimilation de plus de 2 kilogrammes de viande en vingt-quatre heures ; les organes digestifs ne pourraient longtemps se rendre maîtres de cette quantité de viande.

La nécessité des albuminoïdes ne ressort pas seulement de ces faits, elle résulte aussi de cette constatation, que la partie essentielle de tout protoplasma est formée d'albumine et qu'il en existe aussi beaucoup dans les liquides de l'organisme ; enfin il s'élimine par les urines environ 18 à 20 grammes d'azote par vingt-quatre heures qu'il faut remplacer ; c'est là, à la vérité, une élimination exagérée, preuve d'une alimentation azotée excessive ; ce qui montre que cette alimentation est supérieure au besoin réel d'albumine (voy. ci-dessous, p. 145), c'est le fait qu'un individu soumis au jeûne absolu n'élimine, du premier au dixième jour du jeûne, que 10 grammes d'azote par jour. Quoi qu'il en soit, les matières albuminoïdes seules peuvent fournir cet azote à l'organisme.

b. Valeur des différentes matières protéiques. — Toutes les matières protéiques n'ont pas une égale valeur alimentaire. Nous avons déjà posé cette question par son côté chimique (voy. p. 34). Les albuminoïdes proprement dits ou naturels (voy. p. 29), albumines et globulines d'une foule d'aliments complexes, et leurs produits de transformation diastasique, albumoses et peptones, tiennent la première place, à la condition, pour ces derniers, qu'ils aient été obtenus dans de bonnes conditions de pureté. La plupart des protéides (voy. p. 29 et 39) sont dédoublables par les sucs digestifs et par conséquent utilisables ; mais on manque d'expériences précises sur le degré de cette utilisation. Les albumoïdes (voy. p. 29 et 43) ne sont pas alimentaires. Exception doit être faite, à quelque égard, pour la gélatine.

Voici le sens de cette réserve. Des expériences bien conduites ont prouvé que la gélatine ne peut jamais remplacer l'albumine, qu'elle soit ingérée seule ou qu'on y ajoute de la graisse ou des hydrocarbonés[1]. Mais elle peut suppléer une fraction assez importante de cette albumine. C'est donc, en ce sens, un aliment d'*épargne* de la matière albuminoïde.

Restent encore deux questions à examiner, celle de la composition en albuminoïdes des aliments complexes et celle du besoin minimum d'albumine.

---

1. Nous avons vu (p. 34) que son insuffisance tient sans doute à ce que sa molécule ne contient pas plusieurs acides aminés importants, et particulièrement le tryptophane dont le rôle est essentiel dans le maintien de l'équilibre corporel (voy. p. 146).

c. Composition en albuminoïdes des aliments complexes. — Cette composition ne résulte pas d'une détermination directe. En pratique, en effet, on ne dose pas les albuminoïdes, on dose l'azote d'une matière donnée et on calcule la quantité d'albumine en multipliant le poids d'azote trouvé par 6,25. Ce chiffre de 6,25 n'est exact que si la substance albuminoïde à laquelle on a affaire contient 16 p. 100 d'azote (100 : 16 = 6,25); beaucoup d'albuminoïdes en contiennent davantage. D'autre part, surtout dans les aliments végétaux, tout l'azote trouvé n'est pas de l'azote sous forme de matière albuminoïde.

Ces réserves faites, la teneur des aliments composés en albuminoïdes est très variable. La viande de bœuf en contient de 17 à 21 p. 100; la viande de cheval 21 p. 100; la chair de certains poissons (maquereau, saumon) 20 p. 100 en moyenne; celle d'autres poissons 12 à 14 p. 100; le lait de vache 4 p. 100; le lait de femme 2 p. 100; différents fromages de 25 à 35 p. 100. Les graines de légumineuses (haricots, pois, lentilles) contiennent plus de 20 p. 100 de matières protéiques (il y en a 25 p. 100 dans les lentilles); celles des céréales (blé, seigle, orge) de 11 à 12 p. 100; les graines de riz sont moins riches (6 p. 100 seulement environ). On voit donc qu'il y a des aliments végétaux dont la teneur en albuminoïdes est aussi forte que celle d'aliments d'origine animale. Il est vrai qu'en ce qui concerne la céréale la plus utilisée dans la nourriture de l'Européen, le blé, ce n'est pas la graine de blé qui est consommée, mais la farine de blé, débarrassée de son; cette farine ne contient plus que 9 p. 100 environ de substances protéiques.

d. Besoin minimum d'albumine. — On a longtemps cru qu'il fallait à l'homme 120 grammes d'albuminoïdes par jour, mais cette quantité est trop forte. L'équilibre azoté (égalité des entrées et des sorties d'azote) peut être maintenu avec des quantités moindres, à la condition, bien entendu, que la valeur calorifique de la ration alimentaire totale (voy. ci-dessous) soit suffisante. Le minimum nécessaire, d'après des données recueillies par Lapicque[1] (1894), serait de 1 gramme d'albumine par kilogramme de poids vif. D'après d'autres recherches, celles surtout de Chittenden[2] (de New-York) (1904), ce chiffre serait encore trop élevé et le minimum d'albumine pourrait être abaissé jusqu'à 0,75-0,80 par kilogr. et par jour.

Mais est-ce là la ration d'albumine la plus avantageuse, pour l'individu et pour la race? « Tout ce que l'on peut dire, c'est que dans nos populations européennes la quantité d'albumine que l'on

---

1. Professeur de physiologie générale au Muséum national d'Histoire naturelle.
2. La valeur des recherches de Chittenden tient particulièrement à ce que faites sur plusieurs hommes ayant des genres de vie différents (étudiants et soldats), elles ont duré jusqu'à une année et plus, sans qu'il se soit produit le moindre trouble dans la santé des sujets en expérience.

trouve dans les rations librement choisies par des collectivités vigoureuses est en général supérieure à la ration minimum nécessaire pour obtenir, dans les expériences physiologiques, l'équilibre azoté, et que là où la ration azotée est plus faible, plus voisine du minimum en question, on est le plus souvent en présence de populations ou de catégories sociales misérables ou médiocrement résistantes [3]. »

Quelle est la cause du besoin d'albumine ? Les pertes d'azote subies par l'organisme sont minimes, déchets épidermiques, déchets de sécrétion du tube digestif, etc., et couvertes par une fraction extrêmement petite de la ration azotée. Pourquoi, alors la nécessité d'une destruction journalière de 70 à 100 grammes environ d'albumine ?

On peut la voir dans ce fait que, la molécule des diverses substances albuminoïdes étant formée par l'union de différents acides aminés, la reconstitution de la matière protéique d'un tissu ne peut s'effectuer économiquement que par l'usage d'une matière contenant en quantité suffisante les acides aminés mêmes qui font partie du tissu à réparer.

Soit la reconstitution de la globine, matière albuminoïde des hématies ; la globine contient 11 p. 100 d'histidine ; si, pour en refaire 100 grammes, l'organisme n'a à sa disposition que du pain, par exemple, dont la gliadine contient seulement 1,7 p. 100 d'histidine, il lui faudra 647 grammes de cette gliadine $(100 \times \frac{11}{1.7} = 647)$, et encore en supposant que toute l'histidine de ces 647 grammes parvienne sans aucune perte aux globules rouges. Et, d'autre part, les 647 grammes de gliadine apportent à l'organisme 203 gr. 81 d'acide glutamique (la gliadine contient au moins 31,5 p. 100 de cet acide) presque complètement inutiles à l'organisme, puisque 100 grammes de globine n'en contiennent que 1 gr. 73, et qu'il devra brûler.

Cet exemple montre combien il est physiologiquement économique que l'alimentation fournisse en quantité convenable les matières albuminoïdes les plus voisines de celles des tissus (voy. le paragraphe : *Formation des albuminoïdes du sang*). De là l'infériorité des albuminoïdes d'origine végétale à ce point de vue. Telle est l'explication du besoin d'albumine qu'a proposée ABDERHALDEN [2].

Le rôle des albuminoïdes d'origine animale ressort encore de ce fait que seules les matières protéiques qui contiennent du tryptophane (voy.

1. LAMPLING, *Notions générales sur la nutrition à l'état normal*, in *Traité de Pathol. générale* de CH. BOUCHARD. 1899. t. III. p. 89.

2. Chimiste-physiologiste suisse contemporain, professeur à l'Université de Halle.

p. 33) peuvent maintenir l'équilibre corporel et celles qui contiennent de la lysine (voy. p. 33) permettre la croissance (expériences sur des rats et des souris nourris avec de la gliadine ou de la zéine [protéine du maïs]), matières protéiques dépourvues la première de lysine, la seconde de lysine et de tryptophane ; il suffit d'ajouter à l'alimentation des animaux en expérience des quantités déterminées de tryptophane pour rétablir leur poids et de lysine pour que la croissance reprenne son cours.

Ces faits[1], parce qu'ils montrent le rôle spécial de quelques acides aminés dans la nutrition, conduisent à penser que le problème du besoin d'albumine n'est pas seulement d'ordre quantitatif, mais qualitatif aussi. Et ils paraissent bien signifier que le besoin d'azote n'est pas seulement un besoin global, mais consiste aussi et surtout en des besoins de corps parfaitement déterminés, d'acides aminés tels que le tryptophane et la lysine, sans compter ceux que nous ne connaissons pas encore.

Les différents éléments que nous venons d'examiner, substances minérales, hydrates de carbone, graisse, albumine, ne sont pas ingérés tels quels. Ils ne servent d'aliments que lorsqu'ils sont en combinaison. On les trouve abondamment dans la nature, dans les aliments dits *composés*, dont les principaux sont des végétaux et la chair de beaucoup d'animaux, ainsi que divers produits d'origine animale, tels que les œufs, le lait, le beurre, les fromages. Il convient de rappeler aussi que l'homme n'ingère presque jamais ces aliments sans leur avoir fait subir des préparations souvent compliquées, qui ont pour but de les rendre plus agréables au goût et par suite d'en favoriser la digestion. Les expériences de Pavloff ont en effet bien montré que tout ce qui excite l'appétit détermine la sécrétion des sucs digestifs. Ainsi a été justifié et expliqué le vieil aphorisme que l'appétit est le meilleur des condiments. Par là l'art de la cuisine offre un réel intérêt physiologique. Les moyens les plus usités dans la préparation des aliments naturels sont l'eau, la chaleur et les condiments.

D. Autres substances organiques entrant dans l'alimentation. — Il se place ici toute une série de substances que l'homme ingère en raison de leurs propriétés stimulantes ou qu'il ajoute à des aliments insipides parce qu'elles possèdent une action excitante sur les nerfs de l'odorat et du goût et conséquemment parce qu'elles favorisent la sécrétion des sucs digestifs. Ce sont : *a*, les boissons alcooliques, *b*) les boissons caféiques et leurs succédanés, *c*) les condiments proprement dits.

a. Boissons alcooliques. — Le principe commun et caractéristique

---

[1] La connaissance en est due aux recherches (1911-1916) de deux physiologistes américains, Thomas B.-Osborne et Lafayette B.-Mendel.

d'une foule de boissons fermentées, vins, bières, cidres, poirés, ou résultant de la distillation de ces boissons fermentées, comme les eaux-de-vie et les liqueurs fortes, c'est l'alcool. Leur teneur en alcool varie beaucoup. Le vin contient en général 10 p. 100 d'alcool, la bière 3 à 5 p. 100, le cidre 3 à 4 p. 100.

La question a été très discutée de savoir quel est le sort de l'alcool dans l'organisme. Des expériences précises ont montré qu'il est en grande partie oxydé, transformé en acide carbonique et eau, c'est-à-dire brûlé; 1 gramme d'alcool en brûlant dégage 7 calories; 1 litre de vin à 10 p. 100 d'alcool donnerait 700 calories, soit à peu près le quart de la quantité totale produite en vingt-quatre heures. L'alcool est par conséquent une source d'énergie comparable à celle que l'organisme trouve dans les hydrates de carbone et dans la graisse. Par là est établie la valeur alimentaire de l'alcool. De fait, par la chaleur qu'il dégage, il peut épargner une certaine quantité de sucre, à condition que la quantité ingérée ne dépasse pas $1^{gr},2$ par kilogramme du poids du corps et par jour; il peut épargner aussi une certaine quantité d'albumine; un sujet en équilibre azoté réalise un gain d'azote quand on ajoute de l'alcool à sa ration. En ce sens, à petite dose, l'alcool est un aliment d'*épargne*[1]; c'est pour une raison analogue que nous avons déjà qualifié de cette façon la gélatine.

---

1. Ce n'est que dans ce sens spécial que l'expression d'*aliments d'épargne* peut être conservée. On a établi que la gélatine peut être substituée dans la ration alimentaire à une quantité déterminée d'albumine, que la graisse peut être substituée au sucre, qu'une quantité donnée d'alcool peut remplacer une quantité donnée d'hydrates de carbone. Mais ce sont là en réalité des phénomènes d'*isotrophie* ou d'*isodynamie* (nous allons revenir tout à l'heure sur cette question de l'isodynamie), c'est-à-dire de substitutions équivalentes; et ce terme de substitution est beaucoup plus exact que celui d'épargne qui implique d'ailleurs des idées contraires au principe de la conservation de l'énergie. Car l'erreur a été souvent de croire qu'il y a des substances permettant à l'organisme de diminuer ses dépenses tout en accomplissant le même travail. Or, il ne peut y avoir production de travail sans dépense correspondante d'énergie potentielle. Et, *en fait, il n'y a pas diminution des dépenses sous l'influence de ces substances.* On va voir ci-dessous que le café et les boissons analogues n'ont point ce pouvoir d'épargne, au sens littéral du mot, qu'on leur a quelquefois attribué. Seulement les excitants de ce genre, excitants du système nerveux, atténuent ou suppriment temporairement les sensations de faim et de fatigue et restituent par suite à l'organisme épuisé la faculté de produire de nouveau du travail. Mais c'est sur ses réserves que cet organisme peut se remettre à fonctionner aussi aisément ou à peu près qu'à l'état normal. Les réserves nutritives sont en effet abondantes. Un homme normal, au repos, supporte un jeûne absolu de plus de vingt jours. Il n'est pas étonnant qu'il puisse, malgré un jeûne de 24 ou de 48 heures, fournir du travail s'il absorbe un poison (café, coca, kola) qui supprime ces sensations de faim et de fatigue dont l'inaptitude à tout effort est la conséquence. — La sensation de réconfort que provoque le bouillon est un phénomène du même ordre. Le bouillon, en effet, n'a qu'une valeur alimentaire minime; il ne contient par litre que 3 à 4 grammes d'albuminoïdes et 2 à 4 grammes de graisse, mais il contient 4 à 8 grammes de matières extractives (créatine, créatinine, xanthine, etc.) et 12 à 18 grammes de sels minéraux.

Mais tout cela n'implique pas que l'alcool soit un bon aliment ni
même un aliment utile. Il offre en effet de très graves inconvénients.
La tolérance de l'organisme pour cette substance n'est pas grande.
L'accoutumance aux boissons alcooliques, qui se produit assez vite
chez beaucoup d'individus, ne fait qu'en masquer les dangers, sans
les diminuer. Ces dangers sont réels. Même à petites doses, longtemps répétées, il agit sur l'estomac, l'intestin, le foie surtout et le
cerveau, ainsi que sur les glandes génitales ; dans tous ces organes
il finit par produire des lésions. C'est qu'il passe et séjourne assez
longtemps dans tous les plasmas et tous les tissus, dont il s'élimine
lentement. Enfin, contrairement à ce que l'on croit, il ne favorise
nullement le travail musculaire, à cause sans doute de son influence
déprimante (paralysante) sur le système nerveux. L'excitation qu'il
produit n'est qu'apparente, tenant à l'inhibition des centres nerveux
supérieurs (cérébraux). Pour toutes ces raisons on doit restreindre
beaucoup la consommation de l'alcool. On peut fixer à 1 gramme
par kilogramme du poids du corps et par jour la quantité à peu près
inoffensive, si elle est suffisamment diluée et chez la plupart des
individus. Encore est-il nécessaire d'ajouter que jamais l'alcool n'est un
aliment utile, puisque les hydrates de carbone et la graisse remplissent
le même rôle sans aucun inconvénient et plus économiquement[1].

b.ᵉ Boissons caféiques et succédanés. — Ces boissons sont le café, le
thé, la coca, la kola, le maté, le guarana. Elles doivent leurs propriétés stimulantes à la caféine (café, kola, guarana), à la théine
(thé, maté), à la cocaïne (coca), à l'acide matétannique (maté). Tous
ces principes sont des excitants du système nerveux. La caféine, par
exemple, n'est nullement un aliment d'épargne, comme quelques-
uns l'avaient cru autrefois ; c'est au contraire une substance qui
permet à l'organisme d'utiliser rapidement ses réserves ; en même
temps, à petite dose, elle régularise le cœur et la respiration ; par
suite la sensation de fatigue s'affaiblit et peut même disparaître sous
l'influence de ce corps.

c. Condiments proprement dits. — Armand Gautier divise les condiments en *aromatiques* (vanille, cannelle, girofle, muscade, cumin,
cerfeuil, persil, laurier, safran, etc.), *âcres* ou *poivrés* (poivre, piments),
alliacés (ail, échalote, oignon, raifort, moutarde, etc.), *acides*
(vinaigre, citron, cornichons, etc.), *salés* (sel marin) et *condiments
d'origine animale* (poissons demi-fermentés, comme les anchois, le
caviar, etc.). Il faut remarquer que ces derniers, tout en excitant
l'appétit, sont de véritables aliments, riches en nucléo-protéides. Le
sucre et le miel qui servent souvent aussi de condiments sont égale-

1. L'alcool est un aliment trois fois plus cher que le lait, huit fois plus cher que
le pain (A. Jaquet, *L'alcoolisme*, Paris. 1897.)

ment, on le sait, des aliments. — En somme, les condiments provoquent soit des sensations gustatives (l'acide, le salé ou le sucré), soit des sensations olfactives et en même temps des excitations de la muqueuse buccale (toutes les épices ont ce dernier effet). Ils constituent ainsi des excitants plus ou moins violents du goût ou de l'odorat, et par conséquent de l'activité digestive.

3. — Ration alimentaire.

Nous connaissons maintenant les substances alimentaires. La question est à présent de savoir quelles quantités il en faut quotidiennement : 1° pour réparer les pertes de matières dues à l'usure des organes, et 2° pour fournir la somme d'énergie nécessaire à l'organisme pour couvrir ses dépenses en chaleur et en travail mécanique ou autre. La détermination de ces quantités, dans le cas habituellement considéré d'un homme adulte de taille moyenne, constitue la fixation de ce qu'on appelle la *ration alimentaire*. Celle-ci correspond donc à deux ordres de besoins, besoin de substances chimiques déterminées que l'on peut qualifier aussi de *besoin d'aliments plastiques*, puisque ces substances servent à la formation ou à la reconstitution des tissus, et besoin d'aliments énergétiques ou *besoin d'énergie*.

La ration alimentaire est différente suivant qu'il s'agit d'un organisme au repos couvrant exactement toutes les dépenses causées par son fonctionnement (usure plastique, mouvements des organes, maintien de la température constante), sans gain ni perte de poids, ou du même organisme exécutant un travail mécanique moyen ou forcé et couvrant semblablement ses dépenses, ou qu'il s'agit d'un organisme en voie de développement qui a besoin de beaucoup plus d'aliments plastiques. Dans le premier cas la ration alimentaire est dénommée *ration d'entretien*; dans le deuxième cas, *ration d'exercice* ou plus communément de *travail*, et dans le troisième, *ration de croissance*. Il est clair que ce ne sont là que des types généraux et que, dans la réalité, il existe nombre d'autres rations, variables avec les conditions de la vie dans les divers milieux sociaux.

1° *Besoin d'aliments plastiques*.

La ration doit fournir en quantité convenable les substances minérales et organiques nécessaires au maintien des tissus en état normal. Nous connaissons ces substances : eau, métalloïdes et métaux, albumine.

Nous savons à peu près la grandeur du besoin d'eau (voy. p. 135).

Nous ne connaissons que très approximativement celle du besoin de substances minérales; nous avons indiqué plus haut, en parlant de chacun des aliments minéraux, le peu que l'on sait à ce sujet.

En ce qui concerne les aliments organiques, nous avons indiqué ce fait, que les hydrates de carbone et les graisses peuvent se remplacer réciproquement, parce qu'ils sont uniquement (hydrates de carbone) ou principalement (graisses) des aliments producteurs d'énergie ou *dynamogènes*, comme on disait autrefois. Nous reviendrons tout à l'heure sur cette question, en étudiant le besoin d'énergie. La graisse cependant est aussi un aliment plastique, puisque tous les tissus en contiennent. Mais on n'a point déterminé le minimum du besoin qu'en a l'organisme sous ce rapport; cette détermination offrirait d'ailleurs de singulières difficultés, puisque à une quantité donnée de graisse offerte à l'organisme il est toujours possible qu'il s'en ajoute une quantité non mesurable, l'organisme pouvant faire de la graisse avec de l'albumine.

C'est la grandeur du besoin d'albumine que l'on s'est efforcé de déterminer. Nous avons signalé plus haut (voy. p. 145) l'importance de cette notion du besoin minimum d'albumine, nous n'y reviendrons pas.

2o *Besoin d'énergie.*

Dans toutes les conditions, l'homme perd de la chaleur et produit du travail mécanique. Il dépense donc de l'énergie correspondant à ces pertes extérieures de chaleur et à cette production de travail. Cette énergie est presque exclusivement de l'énergie chimique. Nous verrons en effet que le travail des glandes consiste en des réactions chimiques, que le travail musculaire est lié à de semblables phénomènes et que c'est l'ensemble de ces réactions qui, produisant de la chaleur incessamment, maintient la température constante.

On pourrait représenter par des kilogrammètres la dépense d'énergie de l'organisme; en fait, on la représente par un certain nombre de calories[1]. Il y a à cette pratique une raison physiologique, et c'est que la plus grande quantité de l'énergie potentielle des aliments est dépensée sous forme de chaleur (voy. ci-dessous). D'ailleurs, c'est en calories que l'on mesure, au moyen du calorimètre, cette énergie chimique des aliments. En évaluant en calories

---

[1] La calorie est la quantité de chaleur nécessaire pour élever de 1o la température de 1 kilogramme d'eau. C'est toujours cette mesure que nous emploierons. La petite-calorie est la quantité de chaleur nécessaire pour élever de 1o la température de 1 gramme d'eau

la dépense d'énergie de l'organisme, on peut donc comparer plus facilement les recettes et les dépenses.

La première question qui se pose est celle de savoir quel est le minimum d'énergie dont l'organisme a besoin. Pour cela on considère celui-ci à l'état de repos. Les mesures calorimétriques remarquablement précises d'Atwater[1] ont montré que la dépense de chaleur, chez un adulte du poids moyen de 65 à 70 kilogrammes, s'élève à environ 31-33 calories par kilogramme et par vingt-quatre heures. Mais dans ce chiffre global il faut établir des distinctions ; ainsi, il est prouvé que le travail du cœur et de la circulation et celui des muscles respiratoires absorbent environ 10 à 20 centièmes de l'énergie totale dépensée[2] ; le travail des glandes, d'autre part, en représente aussi une portion. Que représentent donc les 80 centièmes restants de l'énergie fournie à l'organisme ? Ils se retrouvent sous forme de chaleur. On a constaté ce fait extrêmement important, que la chaleur recueillie par le calorimètre, pendant des journées entières, représente la valeur calorifique des aliments dépensés pendant le même temps ou celle des tissus détruits dans un jeûne d'égale durée. De toutes les causes du besoin total de calories pour l'organisme au repos, la principale de beaucoup est donc la calorification générale.

La deuxième question est celle de la provenance de l'énergie dont l'organisme a besoin. Elle est toute, on vient de le dire, dans l'énergie potentielle des aliments. Ceux-ci sont des composés chimiques dont la formation a nécessité une certaine quantité de chaleur et dont la destruction (par oxydation dans l'organisme ou par d'autres décompositions) met en liberté, dans le milieu où se produit cette destruction, l'énergie en eux accumulée. On a vu (p. 113) quelle est en définitive l'origine de cette énergie des principes immédiats des végétaux et des animaux utilisés comme aliments. — Mais comment celle-ci se répartit-elle ? Les trois sortes d'aliments, albuminoïdes, graisses, hydrates de carbone, représentent à poids égal des quantités d'énergie différentes ; on exprime, comme il a été dit plus haut, leur valeur énergétique par le nombre de calories que fournit la combustion totale de l'unité de poids de chacun d'eux. La détermination de ces chaleurs de combustion a été faite d'une manière très précise. Or, dans l'organisme comme dans le calorimètre, les graisses et les hydrates de carbone sont complètement brûlés, donnant de l'acide carbonique et de l'eau.

---

1. Atwater et Benedict. *Experiments on the metabolism of matter and energy in the human body* (1898-1900), Washington, 1902. — W. D. Atwater (1844-1907), physiologiste américain que ses admirables expériences sur la nutrition ont illustré.

2. Encore faut-il remarquer que la majeure partie du travail du cœur est restituée à l'organisme sous forme de chaleur, par le fait des frottements du sang dans les vaisseaux.

Les albuminoïdes ne le sont que partiellement, donnant de l'acide carbonique, de l'eau et de l'urée, alors que leur combustion totale donne acide carbonique, eau et azote. Encore tout l'azote de ces matières ne s'élimine-t-il pas sous forme d'urée, mais seulement les 9 dixièmes environ. Le reste se retrouve sous la forme de produits plus compliqués, tels que l'acide urique et divers autres corps. Pratiquement, on ne tient pas compte de ces produits et on admet que tout l'azote des albuminoïdes s'élimine à l'état d'urée. L'énergie qu'ils libèrent ne représente par conséquent que la différence entre l'énergie libérée par leur combustion totale et celle que donne la combustion totale de l'urée (acide carbonique, eau et azote). La chaleur de combustion des albuminoïdes est de 5,6 à 6,7 calories environ ; en faisant la correction due à la formation d'urée, on a un chiffre de 4,7 à 4,8. Ce chiffre doit encore être abaissé par une nouvelle correction. Il a été déjà remarqué (voy. p. 145) que la quantité d'albumine des divers aliments composés, pain, viande, etc., est évaluée d'après la teneur de ces matières en azote total ; on multiplie le poids d'azote trouvé par 6,25 $\left(\dfrac{100}{16}\right)$ pour avoir la quantité d'albumine. Mais cette pratique repose sur deux hypothèses : la première, c'est que tout l'azote trouvé provient uniquement des matières albuminoïdes, et la seconde, que toutes ces matières contiennent 16 p. 100 d'azote. On a reconnu que ces deux hypothèses peuvent être acceptées pour les aliments d'origine animale. Il en va autrement pour les aliments végétaux qui contiennent parfois des proportions sensibles d'autres corps azotés, nitrates, amides et dont les principes albuminoïdes renferment jusqu'à 19 p. 100 d'azote. Or, dans le régime mixte qui est celui de l'alimentation la plus répandue, 60 p. 100 des matières protéiques proviendraient des aliments d'origine animale et 40 p. 100 des aliments végétaux, du pain principalement. On a donc affaire ici à un mélange de matières protéiques ; la valeur moyenne de 1 gramme de ce mélange (évalué en albumine, d'après le dosage de l'azote total, et le chiffre obtenu étant multiplié par 6,25) a été trouvée égale à 4 cal. — Voici donc, pour les trois catégories d'aliments, les valeurs généralement admises[1] :

1 gramme d'albumine fournit.............................. 4^{cal}
1   —   de graisse................................. $8^{cal},9$
1   —   d'hydrate de carbone....................... 4^{cal}

1. ATWATER, d'après ces mesures calorimétriques, a donné des chiffres inférieurs à ceux-ci ; ses *coefficients pratiques*, 3 cal. 68 pour 1 gramme de matière protéique, 8 cal. 45 pour 1 gramme de graisse et 3 cal. 88 pour 1 gramme de matière hydrocarbonée, représentent l'énergie libérée réellement par les substances alimentaires dans l'organisme, parce qu'une petite proportion de chacun de ces matériaux est rejetée par l'intestin sans avoir été utilisée.

Théorie de l'isodynamie des aliments. — Ici se présente une nouvelle question de la plus haute importance. En ne tenant compte que de la valeur énergétique des aliments, la quantité d'énergie nécessaire à l'organisme peut-elle être empruntée indifféremment à l'une ou à l'autre catégorie d'aliments ? Et ainsi, puisque 1 gramme d'albumine ou 1 gramme d'hydrate de carbone fournit 4 cal., pourrait-on substituer à 100 grammes d'albumine ou d'hydrocarbonés qui fournissent 400 calories ($100 \times 4 = 400$) 45^{gr} de graisse qui représentent semblablement 400 calories ($45 \times 8,9 = 400,3$) ? Une fois satisfait le besoin minimum d'albumine, cette substitution serait possible. Car l'organisme fait de la chaleur et du travail indistinctement avec les différentes catégories d'aliments. Les quantités des diverses sortes d'aliments, équivalentes au point de vue énergétique, sont dites *isodynames*. On pourrait donc pratiquement, pour subvenir au besoin d'énergie de l'organisme, remplacer 100 grammes d'albumine ou d'hydrates de carbone par 45^{gr} de graisse ou réciproquement ; ces diverses quantités fournissent la même quantité de chaleur.

Chauveau n'admet pas cette loi de l'isodynamie, telle qu'elle résulte des travaux de M. Rubner[1]. Pour lui, il voit dans les hydrates de carbone (glycose et glycogène) la source unique où l'organisme puise en définitive l'énergie nécessaire à son travail, au travail musculaire par exemple. L'albumine et la graisse ne remplissent le même rôle que dans la mesure où leur décomposition fournit des hydrocarbonés (de la glycose). Or, cette transformation (par hydratation de l'albumine, par oxydation partielle de la graisse) entraîne nécessairement la perte d'une fraction de l'énergie de la substance transformée. Ce ne sont donc pas les valeurs iso-énergétiques (ou isodynames) des aliments qui importent, ce sont leurs valeurs isoglycosiques ou *isoglycogénétiques*. Et les quantités d'aliments équivalentes au point de vue de la production du travail ne sont point les quantités isodynames, celles qui peuvent libérer la même somme d'énergie, ce sont les quantités qui peuvent fournir le même poids de glycose, ce sont les quantités isoglycosiques. Par exemple, la graisse et le sucre de canne n'ont la même valeur nutritive qu'autant qu'on en fait ingérer, non pas des quantités équivalentes au point de vue thermique, mais des quantités devant fournir, après les transformations digestives nécessaires, le même poids de glycose[2]. De là l'extrême importance accordée par Chauveau aux hydrates de carbone dans la ration alimentaire. — Sans entrer dans l'étude

1. Max Rubner, physiologiste et hygiéniste allemand contemporain très connu, professeur à l'Université de Berlin.

2. Dans la théorie de l'isodynamie, 1 gramme de graisse (soit $8^{cal},9$) équivaut à $2^{gr},25$ de sucre de canne ($2,25 \times 4 = 8,9$). D'après la théorie de Chauveau, il suffit de $1^{gr},52$ de ce dernier corps pour remplacer 1 gramme de graisse. En effet, 1 gramme de graisse et $1^{gr},52$ de saccharose fournissent par oxydation (graisse) ou par hydratation (saccharose) la même quantité de glycose ($1^{gr},61$), donc aussi de glycogène.

critique de la théorie de Chauveau, on doit remarquer que les équations
proposées de transformation des graisses et de l'albumine en glycose sont
hypothétiques et, d'autre part, que les expériences effectuées jusqu'à présent pour démontrer le bien fondé de cette théorie n'ont pas convaincu
la majorité des physiologistes.

On a reconnu cependant que le principe de l'isodynamie n'est pas d'une
application constante. Considérons l'organisme au repos. Rubner avait
déjà vu que les aliments ne sont isodynames chez le chien que pour une
température extérieure de 15° et ne le sont plus à 30°. Quelle est la raison
de cette apparente contradiction? Lapicque l'a clairement montrée. Outre
la chaleur résultant des réactions chimiques indispensables au maintien de
la vie, *chaleur fonctionnelle*, l'organisme en produit une certaine quantité
qui est destinée au maintien de sa température propre; car la chaleur
résiduelle ne suffit pas à couvrir les pertes de calorique subies par les
animaux homéothermes dans un milieu plus ou moins froid; pour que la
température de ces animaux, dans cette condition, reste constante, il faut
que la thermogenèse s'élève au-dessus du minimum que représente la
chaleur fonctionnelle; ce complément, c'est ce que Lapicque appelle la
marge de la thermogenèse. Or, l'isodynamie ne s'applique pas à la production de la chaleur fonctionnelle, de cette chaleur qui ne sert pas à la
calorification, qui n'est qu'un résidu de ces travaux chimiques des cellules
sans lesquels s'arrêterait la vie; et c'est pourquoi elle ne joue pas lorsque
la température du milieu est assez élevée pour que l'animal n'ait pas
besoin de produire de la chaleur, n'étant pas exposé au refroidissement;
quand l'animal reçoit comme aliment des albumines ou des graisses, le
besoin minimum d'albumine une fois couvert, il les transforme en sucre
pour les besoins de sa dépense énergétique; ces transformations consistent
en des oxydations incomplètes, ce sont des réactions exothermiques et
cette chaleur de transformation, si la température extérieure est élevée,
est dépensée en pure perte, sans profit pour la calorification de l'organisme,
elle ne peut donc équivaloir à une quantité de glycose qui aurait directement servi à la chaleur fonctionnelle. Au contraire, l'isodynamie s'applique dans la limite de la marge de la thermogenèse, c'est-à-dire à cette
partie de l'énergie des aliments utilisée dans la lutte contre le froid; dans
ce cas, l'animal ne perd pas la chaleur qui résulte de la transformation
des albumines ou des graisses en sucre; ces calories, perdues pour le travail
physiologique des cellules, ne le sont pas pour la calorification; elles
servent à maintenir la température propre de l'organisme et ainsi permettent à celui-ci d'économiser les réserves de ses tissus sur lesquelles il
aurait été obligé de prélever le complément nécessaire; les calories provenant de cette source se substituent donc à celles qu'aurait données une
quantité équivalente de glycose.

Cette distinction était faite, il faut encore se demander dans
quelle mesure des régimes isodynames peuvent se substituer les
uns aux autres d'une manière efficace et sans inconvénient. Est-il
possible de remplacer dans l'alimentation journalière une quantité
notable de sucre par une proportion isodyname de graisse, et

surtout de remplacer l'une ou l'autre par un poids isodyname d'albumine ? Nous savons qu'il y a des animaux (les carnivores) à tous les besoins desquels suffisent les matières protéiques ; mais nous savons aussi que l'homme n'est point de ceux-là (voy. p. 143). D'une augmentation trop forte de la ration d'albuminoïdes résultent de graves malaises, nausées, céphalalgie, inappétence, refus des aliments, quelque bien préparés qu'ils soient ; bref, toute la nutrition est vite et profondément troublée. Données exclusivement, les matières albuminoïdes ne peuvent être supportées longtemps et même, chose curieuse et en apparence paradoxale, mais qui s'explique sans doute par les troubles nutritifs résultant de ce régime, elles ne peuvent maintenir que très difficilement l'équilibre azoté [1]. De ce côté donc, il y a une limite au principe de l'isodynamie. — Au contraire, les hydrates de carbone et les graisses peuvent être remplacés les uns par les autres presque totalement. Dans certains cas et grâce à une habitude héréditaire, l'homme peut se nourrir à peu près exclusivement de viandes très grasses. Témoins les Esquimaux et d'autres peuplades des régions du Nord. Cependant c'est là une exception. Et l'introduction des hydrates de carbone dans la ration alimentaire favorise beaucoup l'assimilation des matières albuminoïdes ou s'oppose à leur désassimilation. Les graisses jouent aussi ce rôle, mais moins efficacement que les hydrocarbonés.

Nous connaissons à présent, d'une part, la quantité d'énergie dont a besoin l'organisme, simplement pour maintenir son existence avec le minimum de dépense et, d'autre part, les sources où il puise cette énergie. Connaissant ce besoin, les matériaux avec lesquels le satisfaire et les chaleurs de combustion de ces matériaux, on peut aisément calculer la ration énergétique nécessaire à l'homme dans les multiples conditions de sa vie diverse.

3° *Méthodes d'évaluation de la ration alimentaire.*

Avant d'indiquer la grandeur de la ration alimentaire, il faut savoir comment on l'évalue.

Première méthode : c'est la méthode dite du *bilan nutritif*. On calcule les quantités d'azote et de carbone de tous les aliments ingérés (*ingesta*) ; on recueille tous les *excreta*, urine, fèces, produits de la respiration et on y dose l'azote et le carbone ; on peut alors, par une simple soustraction, connaître les quantités d'azote et de carbone que l'organisme a fixées pendant le temps qu'a duré l'expérience, ou qu'il a excrétées aux dépens de ses tissus. Comme on sait aussi quelle est la composition de la ration

1. C'est là une preuve de plus de la complexité des questions relatives à l'alimentation et de la nécessité d'une alimentation variée, points sur lesquels nous avons déjà appelé l'attention (voy. p. 13, note 1).

(en albumine, graissse et hydrates de carbone), on calcule aisément la quantité de calories qu'elle a fournies à l'organisme et, d'autre part, le dosage du carbone de l'air expiré et celui du carbone et de l'azote des urines et des fèces permettent de calculer le nombre de calories dépensées [1]. On établit ainsi une balance, on dresse ainsi un bilan à la fois matériel et énergétique. La ration peut être choisie de telle sorte que la balance entre les ingesta et les excreta soit exacte, que le bilan se solde sans perte ni gain. C'est le cas de la *ration d'entretien*, dans lequel il y a équilibre azoté et carboné et équilibre thermique (égalité des recettes et des dépenses en calories).

Deuxième méthode : c'est la méthode que l'on peut appeler *statistique*. L'expérience montre que des adultes bien portants et se livrant à un travail régulier adoptent instinctivement un mode d'alimentation grâce auquel ils conservent pendant des années à peu près le même poids et restent capables des mêmes efforts. Par conséquent, en mesurant, chez un assez grand nombre d'individus dans les mêmes conditions, la ration ainsi librement choisie, on peut déterminer la ration alimentaire moyenne de ces individus.

Quelle que soit la méthode employée, on ne peut, dans l'établissement de la ration, considérer comme ayant un effet utile toute la masse des aliments ingérés. Seules, les substances absorbées sont utilisées, fournissant un apport de matière ou un apport d'énergie. C'est que l'homme et l'animal ne digèrent pas intégralement tous les principes constitutifs des aliments ; une partie échappe aux opérations chimiques qui se passent dans le tube digestif et se retrouve dans les fèces. Il y a donc, dans l'alimentation, un déchet qui dépend de la digestibilité des aliments. C'est l'alimentation végétale qui fournit les déchets les plus abondants. Ce déchet n'est pas facile à mesurer exactement, parce que les fèces contiennent aussi des substances protéiques et des substances grasses qui sont des produits d'élimination de l'intestin. Quoi qu'il en soit, dans la pratique, pour une alimentation mixte (à la fois végétale et animale), on admet que la valeur calorifique totale de la ration doit être, du chef de la digestion ou de l'absorption imparfaites dans le tube intestinal, diminuée de 8 à 10 p. 100.

Troisième méthode : c'est celle qui repose sur l'étude des *échanges gazeux respiratoires*. Elle ne peut servir, il est vrai, à la mesure de toute la ration, mais seulement à la détermination des quantités d'énergie dépensées. — Les trois catégories d'aliments organiques, en se décomposant

---

1. En effet 1 gramme d'azote représente 6^{gr},25 d'albumine et 1 gramme de carbone, en admettant que la graisse contient en moyenne 76,5 p. 100 de carbone, correspond à 1^{gr},307 de graisse. On suppose en effet que le carbone des excreta provient uniquement de la graisse ; c'est là d'ailleurs très vraisemblablement une erreur. Du carbone trouvé dans les excreta on retranche celui qui fait partie de l'albumine, soit 3^{gr}.35 pour 1 d'azote ou 6^{gr},25 d'albumine, l'albumine contenant 53,6 p. 100 de carbone.

dans l'organisme, fournissent tous, en dernière analyse, de l'eau et de l'acide carbonique, c'est-à-dire ces produits mêmes d'oxydation qui résultent de la combustion complète des hydrates de carbone et des graisses et de la combustion incomplète des matières protéiques. Il a été établi, d'autre part, que la quantité d'oxygène absorbé dans la respiration est réglée uniquement par les besoins des cellules, en d'autres termes, par l'intensité du travail chimique effectué dans ces cellules. Par la consommation de l'oxygène ou par la production d'acide carbonique, on pourrait donc théoriquement mesurer la dépense d'énergie que fait l'organisme pendant un temps donné. En fait, l'application de cette méthode présente de graves difficultés. Cela tient à ce que la même quantité d'oxygène oxyde des quantités très différentes des divers aliments, d'où des quantités de chaleur différentes. Par suite la consommation d'oxygène ne peut mesurer la consommation d'énergie qu'à deux conditions : ou bien s'il ne se brûle dans l'organisme qu'une seule espèce d'aliments, du sucre par exemple, ou de la graisse, ce qui n'est point le cas pour l'homme ; ou bien si l'organisme est ramené à un état particulier, qui est l'état de jeûne et de repos ; dans ce cas, en effet, la constance remarquable du *quotient respiratoire* (rapport du volume d'acide carbonique exhalé au volume d'oxygène absorbé) permet d'admettre que les divers organismes consomment des combustibles analogues ; si donc, cette condition étant réalisée, on voit, sous l'influence d'un facteur donné, la consommation d'oxygène augmenter peu ou prou, on peut conclure que la dépense d'énergie a augmenté de même [1]. Ainsi l'on peut, par cette voie indirecte, connaître approximativement la dépense énergétique de l'organisme.

4° *Les principales rations alimentaires.*

A. Ration d'entretien. — Nous avons dit qu'on appelle ration d'entretien la ration qui suffit à l'exacte réparation de toutes les pertes faites quotidiennement par l'organisme adulte, au repos, sans que son poids augmente ou diminue.

En raison des indications données ci-dessus au sujet des divers principes alimentaires, il suffira de fixer ici brièvement la valeur de cette ration. On a vu en effet quels sont les besoins de l'organisme en eau, sels et aliments organiques. On admet que la ration journalière d'un adulte au repos, de poids moyen (70 kil.), ingérant une quantité d'albumine suffisante, doit contenir :

Eau.	2500 grammes.	
Sels minéraux	20 —	environ
Hydrates de carbone.	400 —	
Graisses	50 —	
Albuminoïdes	70 —	(1)

1. Encore convient-il d'être très prudent dans les conclusions à tirer à ce point de vue de la valeur du quotient respiratoire ; car, comme Berthelot (*Chaleur animale*, t. 1, p. 134 à 145, *passim*, Paris, 1899) l'a fait remarquer avec insistance, le quotient respiratoire n'apprend rien de certain sur la nature des réactions qui en sont l'origine ; or, la production de chaleur est liée à la nature de ces réactions.

Les calories fournies par cette ration se montent à 2 325 ; déduction faite du déchet intestinal de la ration (10 p. 100), elles se réduisent à peu près à 2 102 (2 093) ; pour simplifier, disons que la ration d'entretien fournit 2 000 calories[1].

B. **Ration de travail.** — Mais c'est là une ration insuffisante pour l'homme qui doit accomplir du travail mécanique. Le travail musculaire élève en effet considérablement la dépense de calories.

Voici, par exemple, un tableau de RUBNER qui montre, chez un homme de 70 kilogrammes, que l'augmentation de la dépense d'énergie, exprimée en calories nettes, c'est-à-dire fèces déduites, s'accroît avec le travail :

Conditions de l'organisme.	Calories dépensées par 24 heures.	Calories dépensées par kil. de poids vif.
Repos relatif	2 303	32,9
Travail faible	2 445	34,9
— moyen	2 868	41,0
— forcé	3 362	48,0

Parallèlement s'élève, bien entendu, le consommation d'oxygène.

D'un tableau dressé par ARMAND GAUTIER [1] à l'aide de nombreux chiffres obtenus par lui-même et par plusieurs autres expérimentateurs, en particulier par ATWATER, il résulte que la ration moyenne d'ouvriers se livrant à un travail fatigant.[2] s'élève à :

Hydrates de carbone	630	grammes par 24 heures.	
Graisses	85	—	—
Albuminoïdes	152	—	—
Calories (chiffre calculé)	3 884	—	—

Toutes corrections faites, la quantité de calories dépensées est de 3 700 à 3.800. La production de travail nécessite donc un surplus de 1 700 calories environ.

Des mesures calorimétriques directes ont donné à ATWATER un surplus de 1 400 calories (différence entre l'énergie mesurée à l'état de chaleur dégagée par l'homme au repos et celle que dégage le

1. ARMAND GAUTIER (*L'alimentation et les régimes chez l'homme sain et chez les malades*, Paris, 2ᵉ édition, 1904, p. 98-100) fixe la ration alimentaire de l'adulte au repos absolu de 250-300 grammes d'hydrates de carbone, 50 grammes de graisses et 80 grammes d'albuminoïdes, ce qui donne 2023 calories brutes et seulement 1823 calories nettes soit 1800 à 2000 calories. Il fixe à 400 grammes d'hydrates de carbone, 65 grammes de graisse et 107 d'albuminoïdes. la ration de l'homme au repos relatif, «c'est-à-dire à l'état d'activité, mais sans travail proprement dit » (*loc. cit.*, p. 100) ; une telle ration fournit plus de 2400 calories nettes. Tous ces chiffres sont calculés avec des coefficients reconnus maintenant un peu forts ($4^{cal},1$ pour 1 gramme d'albumine, $9^{cal},3$ pour 1 gramme de graisse et $4^{cal},1$ pour 1 gramme d'hydrate de carbone).
2. *Loc. cit.*, p. 108.
3. Ouvriers très divers, cultivateurs, bûcherons, forgerons, rameurs, etc.

même individu produisant un travail fatigant, mais non excessif).

Le surplus de calories, 1 400 à 1 700, fourni ainsi par la ration à l'organisme, est loin de servir tout entier à la production du travail mécanique. En effet, pour fournir un travail équivalent à 25 calories, l'organisme en a besoin de 100; autrement dit, l'équivalent mécanique de là chaleur étant de 425,5 kilogrammètres, une calorie devrait produire, en se transformant en travail, 425,5 kilogrammètres et 100 calories 42550 kilogrammètres; mais, en réalité, pour un travail de 42 550 kilogrammètres, 100 calories ne suffisent point; il en faut près de 400. C'est que l'organisme, en tant que producteur de travail mécanique, n'utilise que le quart environ de l'énergie mise à sa disposition; les trois quarts restants sont employés sous forme de chaleur rayonnée au dehors. Le rendement de la machine animale n'est donc que le quart du rendement théorique[1]. Il n'en est pas moins plus élevé que celui des bonnes machines industrielles qui ne transforment en travail que le huitième environ de l'énergie mise en jeu (voy. l'article : *Nature du moteur musculaire*). Encore convient-il d'ajouter que chez les ouvriers habiles et entraînés le rendement s'élève et peut atteindre le tiers du rendement théorique.

Dans la ration de travail la quantité d'eau augmente aussi. Elle passe de 2500 grammes environ à 3000. Ce surplus d'eau ne s'élimine pas par les reins, mais par les poumons et par la peau. Ainsi l'accroissement de l'évaporation pulmonaire et de l'excrétion sudorale défend l'organisme contre l'augmentation des combustions provoquées par le travail.

C. Ration de croissance. — La ration alimentaire du nourrisson et de l'enfant présente quelques particularités importantes.

Un fait domine la question, c'est que chez les animaux de petite taille les combustions sont beaucoup plus intenses par unité de poids que chez les animaux de grande taille. La cause en est que ces petits animaux ont, par rapport à leur poids, une surface plus grande, d'où il résulte que dans le même temps ils perdent des quantités de chaleur relativement plus considérables. On peut dire que la dépense énergétique, pour les animaux au repos, est sensiblement proportionnelle à la surface du corps. C'est là une question sur laquelle nous devrons revenir en traitant de la chaleur animale. La ration doit donc subvenir à cette dépense énergétique. — Où l'enfant trouve-t-il les calories dont il a besoin ? Le nourrisson les emprunte surtout à la graisse; la graisse du lait fournit en effet plus de 50 p. 100 (52.9. d'après M. Rubner) des calories totales de la ration.

---

1. Il n'est même pas le quart, parce qu'il comprend à la fois le travail non utilisable (travail du cœur, mouvements respiratoires, etc.) et le travail utilisable; ce dernier correspond seulement, d'après ce que l'on admet en général, à 1/5ᵉ de l'énergie disponible.

Dans la seconde enfance l'apport énergétique dû aux graisses est
encore considérable, 32 p. 100 environ. Ce n'est que plus tard que les
hydrates de carbone jouent un rôle prépondérant dans l'apport de
calories, pour arriver chez l'adulte à fournir 60 à 70 p. 100 de
l'énergie dépensée.

Un autre fait intéressant est celui du besoin d'aliments minéraux,
de fer surtout et de chaux. Cela tient au développement rapide, dès
la naissance, de la masse sanguine et du squelette. Le jeune organisme trouve dans le lait toute la chaux dont il a besoin (voy. p. 141).
Par contre, on sait (voy. p. 136) que le lait contient très peu de
fer. C'est pour cette raison qu'il convient de donner de bonne heure
au jeune enfant, dès qu'il est sevré, des œufs, aliment riche en fer
(voy. p. 141).

Un troisième fait concerne la consommation des albuminoïdes.
L enfant consomme par kilogramme et par jour environ deux fois
plus d'albumine que l'adulte. Lambling [1] fixe entre les limites ci-
dessous le besoin d'albumine chez les jeunes enfants :

	Albumine par kilogramme et par jour.
Jusqu'à 2 ans	3gr,5 à 4gr,5
De 2 à 5 ans	3 gr. à 4 gr.
De 5 à 12 ans	2 gr. à 3 gr.

4. — Inanition.

La privation des aliments met les animaux dans l'état d'*inanition*.
Le résultat de l'inanition prolongée, chez les animaux à sang chaud,
c'est, de par la persistance de la dépense énergétique, la diminution
graduelle et rapide du poids du corps, le refroidissement et la mort.
Chez ces animaux, le jeûne peut être d'autant moins prolongé qu'ils
ont à fournir du travail. C'est en effet le maintien de leur température
propre et de leur activité musculaire qui accélère les dépenses qu'ils
doivent faire aux dépens de leurs réserves d'abord, puis des substances constitutives de leurs tissus, puisqu'ils ne reçoivent plus
aucun aliment.

La preuve péremptoire de ce fait a été fournie par les observations
métnodiques soigneusement effectuées sur plusieurs jeûneurs fameux,
pendant vingt à trente jours consécutifs; ces individus se soumettaient
à l'abstinence totale, sauf à la privation d'eau. Voici la dépense totale
de calories chez l'un d'eux, calculée d'après ses excreta pour vingt-quatre
heures:

1. E. Lambling, *Notes sur l'alimentation*. Ch. V, *L'alimentation des enfants* (*Nord médical*, Lille, 1er janvier 1898).

	Calories totales.	Calories par kilogramme.
1ᵉʳ jour de jeûne......................	1 850	32,4
5ᵉ —	1 600	30

Il fut établi aussi, au cours des mêmes expériences, que les combustions respiratoires conservent pendant le jeûne leur intensité[1], fait qui concorde avec le précédent. Ainsi l'organisme, à l'état de jeûne, se procure, par la destruction de ses tissus, une quantité d'énergie à peu près égale à celle que lui fournit la ration d'entretien.

C'est aux dépens de la graisse et de l'albumine de ses tissus que l'organisme, mis à l'inanition, maintient presque intégralement ses dépenses énergétiques. Les réserves d'hydrates de carbone qu'il possède sous forme de glycogène sont relativement peu importantes ; d'ailleurs le glycogène du foie disparaît dès les premiers jours du jeûne ; celui des muscles, il est vrai, moins rapidement ; tandis qu'au terme extrême de l'inanition les graisses du corps ont diminué dans la proportion de 95 à 99 p. 100 et que les masses musculaires ont diminué de 50 p. 100. — La déperdition d'albumine se mesure par le dosage de l'azote total des urines ; elle est d'abord très lente, puis elle se maintient au même taux pendant longtemps (une vingtaine de jours chez l'homme qui reçoit de l'eau) ; dans les derniers jours, lorsque les réserves de graisses sont épuisées, la quantité d'azote urinaire augmente brusquement : ce fait annonce la mort prochaine, l'organisme étant alors obligé de consommer les matériaux constitutifs de ses tissus et ne pouvant résister à la déchéance profonde qui s'ensuit. — La quantité de graisse consommée pendant le jeûne varie plus que celle de l'albumine. Elle dépend des réserves graisseuses de l'organisme, mais, en première ligne, des besoins de l'organisme en calories. Par le travail la consommation en est naturellement augmentée. Elle se mesure par le dosage du carbone dans les urines et dans l'air expiré ; on trouve ainsi plus de carbone éliminé qu'il n'y en a dans l'albumine détruite, dont on connaît la quantité par le dosage de l'azote, effectué d'autre part : il résulte de là qu'un corps non azoté a été décomposé et, puisque ce processus dure jusqu'à la mort et que la réserve de glycogène a disparu en grande partie dès les premiers jours du jeûne, on admet que ce surplus de carbone provient de la destruction de la graisse. Une preuve indirecte de ce rôle des graisses doit être vue dans ce fait que les sujets gras résistent beaucoup mieux à l'inanition que les sujets maigres. La graisse protège donc l'organisme contre la destruction des matières constitutives essentielles (albuminoïdes) de ses tissus. Plus le jeûne se prolonge, plus tend à se réduire l'excrétion azotée ; l'organisme ne consomme ses albuminoïdes qu'avec parcimonie.

Dans l'inanition la mort arrive quand l'animal a perdu les 4/10 de son poids primitif (CHOSSAT[2]). Les jeunes animaux et les petits meurent plus

[1]. Le quotient respiratoire $\frac{CO_2}{O_2}$ s'abaisse cependant, l'organisme n'ayant pas à brûler d'hydrates de carbone avec lesquels le quotient respiratoire devient égal à 1, mais des graisses et de l'albumine dont la combustion donne moins d'acide carbonique que celle des hydrocarbonés.

[2]. CH. CHOSSAT (1796-1875), célèbre médecin genevois, connu par ses recherches sur la chaleur animale et plus encore par ses recherches sur l'inanition

vite. C'est que les combustions sont chez ceux-ci plus actives, en raison de la loi de proportionnalité de la dépense énergétique à la surface du corps (voy. p. 160). De là les grandes différences constatées entre les Mammifères; le chien de moyenne taille peut ne succomber qu'après trente à trente-cinq jours de jeûne, alors que le cobaye meurt au bout de six jours. Un petit oiseau meurt en deux jours.

Nous avons déjà noté que l'ingestion d'eau permet la prolongation du jeûne; des animaux qui boivent peuvent vivre deux fois plus longtemps que des animaux soumis au jeûne absolu (privation d'aliments solides et de boissons). Dans le cas de la privation d'eau, il survient très vite des accidents nerveux (parésie, paralysie, parésie du muscle cardiaque et des muscles respiratoires)[1].

Les animaux à sang froid supportent l'inanition pendant un an et plus. CLAUDE BERNARD a vu des crapauds résister au jeûne absolu près de trois ans. On a rapporté des exemples de serpents qui sont restés plus de deux ans sans prendre aucun aliment et qui ont résisté à cette abstinence prolongée. — Les Mammifères hibernants qui ne sont pas, comme les autres Mammifères, dans la nécessité de maintenir leur température constante, restent plusieurs mois sans manger en hiver.

LÉSIONS CAUSÉES PAR LE JEÛNE. — On a noté des altérations des fibres musculaires lisses et striées et des fibres cardiaques (atrophie simple et dégénérescence granuleuse des éléments), la dégénérescence granulo-graisseuse de nombreuses cellules des glandes salivaires, du pancréas, du foie, des reins, et surtout la diminution du volume du noyau des cellules hépatiques et pancréatiques, mais particulièrement des premières, la diminution du volume du protoplasma et surtout du noyau des cellules de la substance corticale des capsules surrénales, l'atrophie de la rate. Toutes ces lésions sont d'autant plus marquées que l'inanition a été de plus longue durée. De tous les organes, c'est le cerveau qui paraît résister le mieux et le plus longtemps au jeûne. L'intégrité de la charpente organique (os) et des organes les plus essentiels, cœur et cerveau, se maintient aussi longtemps que possible, tandis que le tissu adipeux et les muscles se désagrègent.

TROUBLES FONCTIONNELS CAUSÉS PAR LE JEÛNE. — Les troubles fonctionnels qui se présentent durant l'inanition peuvent être résumés brièvement : la température ne s'abaisse que dans les derniers jours, quand l'animal a perdu le tiers de son poids ; au moment de la mort elle n'est que de $+25°$ à $+30°$. La faiblesse musculaire (parésie) ne se produit que progressivement. A la dernière période, le pouls et la respiration ont diminué de fréquence. Les sucs digestifs ne sont plus sécrétés qu'en minime quantité et ne contiennent plus de ferments actifs (après une quinzaine de jours) On a constaté, sur des chiens et des lapins ayant perdu plus de 30 p. 100 de leur poids, que l'excitabilité de divers nerfs, pneumogastrique, sympathique cervical, grand splanchnique, nerf dépresseur, est diminuée et que la pression intra-artérielle est un peu abaissée.

_____

1. Chez des Oiseaux privés d'eau (pigeons nourris avec des graines seches), on a vu ces accidents se produire quand la perte d'eau était égale à peu près à 1/10 de leur poids. La mort survint quand cette perte atteignit 1/5 environ de leur poids.

On a vu plus haut (p. 136 et 139) les troubles qui résultent de l'inanition purement minérale.

Inanition partielle.

Nous venons d'examiner ce qui se passe dans le cas d'alimentation nulle. Qu'arrive-t-il quand il y a seulement alimentation *insuffisante?* C'est l'inanition partielle, qui peut être passagère ou chronique.

La première est réalisée dans des expériences de laboratoire et dans un grand nombre de maladies où brusquement la ration alimentaire est réduite. L'organisme se comporte alors comme dans le cas de l'inanition totale : il s'efforce de maintenir sa dépense totale de calories. Mais, au lieu d'emprunter à ses tissus tous les matériaux nécessaires pour couvrir cette dépense (ce qu'il est obligé de faire dans l'inanition totale), il n'emprunte qu'une quantité équivalente à la fraction même dont la ration a été diminuée. C'est surtout au moyen de ses réserves de graisse qu'il subvient à l'insuffisance de la ration qui lui est fournie ; secondairement il s'adresse à ses matières albuminoïdes, mais il n'use de celles-ci qu'avec la plus grande parcimonie.

Dans l'inanition partielle chronique, que l'on peut malheureusement encore observer chez des populations entières qui reçoivent de leur travail un salaire insuffisant, l'organisme paraît capable de s'adapter à cette alimentation défectueuse. La dépense de calories s'abaisse en effet à 30-35 calories par kilogramme. Mais les êtres soumis à ce régime ne peuvent fournir qu'un travail médiocre et sont d'ailleurs affaiblis et d'aspect chétif.

II. — APERÇU GÉNÉRAL SUR LE MÉCANISME DE LA DIGESTION.

Nous savons quel est le but de la digestion (voy. p. 133. Des liquides à actions chimiques puissantes, les *sucs digestifs*, transforment les matières alimentaires de façon à les rendre absorbables et assimilables[1]. La digestion consiste donc en une série d'actions chimiques. Il s'y ajoute des actions mécaniques concomitantes qui font passer d'une cavité digestive dans une autre les matériaux plus ou moins modifiés.

Les sucs digestifs agissent au moyen de ferments. A chaque classe d'aliments correspond une catégorie de ferments dont nous devrons étudier l'action. Ainsi les substances amylacées subissent l'action de l'amylase de la salive et de celle du suc pancréatique ; les sucres ali-

---

[1]. Il est toutefois quelques substances alimentaires, comme l'eau et plusieurs sels, qui sont absorbées telles quelles, sans subir de modifications, et directement assimilées. L'eau est le type de ces substances.

mentaires, comme la lactose et la saccharose, sont dédoublés dans l'intestin par la lactase ou par la sucrase ; les graisses sont transformées par la lipase pancréatique ; les matières albuminoïdes par la pepsine du suc gastrique et par la trypsine du suc pancréatique.

La sécrétion de ces divers ferments est provoquée par des excitations diverses ; mais chaque glande paraît posséder un excitant particulièrement efficace, sinon absolument spécifique ; tels sont les extraits de viande pour les glandes gastriques, tels sont les acides pour le pancréas. Ces substances agissent soit par un mécanisme nerveux, soit par un mécanisme humoral ; ou bien, en effet, elles agissent d'une façon élective sur les terminaisons nerveuses sensibles des muqueuses stomacale ou duodénale, produisant, par voie réflexe, des excitations sécrétoires ; il y a donc lieu de constater ici une excitabilité spécifique des terminaisons sensibles d'une muqueuse donnée ; ou bien elles déterminent dans une muqueuse la formation d'une substance qui provoque la sécrétion par une action directe sur l'épithélium glandulaire ; c'est le cas de la « sécrétine », substance formée dans la muqueuse duodénale sous l'influence des acides et qui passe dans le sang pour arriver au pancréas et en exciter la sécrétion ; on a donc affaire dans ce cas à une excitabilité spécifique d'un épithélium glandulaire.

D'autre part, il y a une relation étroite entre la sécrétion des sucs digestifs et la nature de l'alimentation. Le travail des glandes digestives s'adapte à la nature et à la quantité des aliments. Deux ordres de faits le prouvent. 1° Quand des aliments durs et secs sont offerts à la mastication, la sécrétion salivaire est abondante ; au contraire, quand les aliments sont riches en eau, la salive est sécrétée en moindre quantité. De même, le suc gastrique est sécrété en plus ou moins grande abondance suivant que le repas consiste surtout en viande, pain ou lait, le « suc de viande » étant le plus abondant et le plus acide ; grâce à cette quantité d'acide, les fibres de la viande sont aisément dissociées, ce qui rend l'attaque du ferment protéolytique beaucoup plus facile ; le « suc de pain » contient plus de pepsine, l'albumine végétale du pain étant plus difficile à digérer que l'albumine animale. Voilà une série d'adaptations quasi journalières. 2° Mais il s'en établirait de plus profondes, en rapport avec les régimes alimentaires eux-mêmes, quand ceux-ci sont d'assez longue durée. Chez un chien soumis au régime carné exclusif, l'amylase du suc pancréatique disparaît progressivement. Chez de jeunes canards (c'est-à-dire des animaux dans l'alimentation desquels n'entre pas habituellement le sucre de lait) recevant pour nourriture un mélange de son et de lactose, on trouve de la lactase dans l'intestin [1].

1. P. PORTIER et H. BIERRY, Soc. de biol., 20 juillet 1901. p. 810.

la même constatation a été faite sur des poussins après 63 jours d'a-
limentation lactée et, l'alimentation ordinaire ayant été reprise, la
lactase disparut en quinze jours[1]. — Ainsi, non seulement à chaque
aliment correspond un travail approprié des glandes digestives, mais
à chaque mode d'alimentation correspond un type de sécrétion qui
s'est établi progressivement et persiste plus ou moins longtemps
quand le régime vient à changer.

Cette sorte de plasticité physiologique des glandes constitue un
fait des plus remarquables, qui doit être rapproché des autres faits
connus d'adaptation organique, relatifs surtout aux systèmes osseux
et musculaire[2].

La question s'est posée de savoir si les ferments digestifs ne sont
pas aidés dans leurs actions par les ferments figurés. Les bactéries
du tube digestif sont très nombreuses chez tous les animaux (sauf
chez les fœtus, dont l'intestin est dépourvu de microbes); beaucoup
de ces bactéries produisent des ferments qui agissent sur les matières
alimentaires comme ceux des sucs digestifs. On pouvait donc se
demander si les bactéries ne jouent pas un rôle très utile à la digestion. L'expérience a montré que cette fonction peut s'exercer sans
intervention microbienne.

1° On a réalisé avec du suc gastrique ou avec des extraits pancréatiques
des digestions parfaites, encore qu'elles eussent été menées d'une façon
complètement aseptique.

2° On a réussi à faire vivre aseptiquement, dans une enceinte stérilisée,
des cobayes mis au monde de façon aseptique (par opération césarienne,
puis nourris avec des aliments stérilisés, et respirant de l'air stérilisé;
l'asepsie du tube digestif a été vérifiée au bout de quelques jours, à l'autopsie.

On a fait éclore aseptiquement des petits poussins qui ont pu se développer dans un vaste appareil stérilisé, maintenu à température constante
et où ils ne recevaient qu'une nourriture et un air stériles. Cet élevage a
duré de 15 à 40 jours et la croissance s'est effectuée aussi normalement
et dans des conditions aussi bonnes que celle de poussins élevés librement.

3° Chez un grand nombre d'animaux des régions arctiques, herbivores
aussi bien que carnivores, on n'a point trouvé de bactéries dans le contenu de l'intestin[3].

4° Il y a mieux. On a montré qu'un organisme peut passer la totalité
de son existence et se reproduire en milieu aseptique. L'expérience a été
faite avec des mouches du genre *Drosophila*[4]. Comme ces insectes se déve-

1. Expériences de P. Sisto, *Archivio di fisiol.*, 1909, IV, p. 116.
2. Cette adaptation des glandes digestives peut porter aussi sur leur structure.
Des oiseaux granivores nourris de viande pendant plusieurs mois présentent des
modifications du tube digestif, réduction du jabot, du gésier et des intestins,
les reins augmentent de poids. Au contraire, chez des oiseaux carnivores nourris
avec des graines, le gésier se développe.
3. On sait que l'air de ces régions, comme celui des hautes montagnes, est pur
de bactéries.
4. Expériences des deux biologistes français A. Delcourt et E. Guyénot (1912).

loppaient, dans l'étuve employée, en moins de 15 jours, de nombreuses générations successives ont pu être suivies en culture aseptique. La croissance se fait, dans cette condition, aussi rapidement que dans les élevages septiques, la mortalité est même extrêmement réduite. Ainsi les mouches peuvent sans microbes se développer, se métamorphoser et se reproduire pendant plusieurs générations.

Les espèces bactériennes qui poussent sur les milieux de culture habituels ne paraissent donc pas nécessaires à la digestion intestinale et à la nutrition.

Appétit. Faim. Soif.

Toute la série des actes digestifs, phénomènes chimiques et phénomènes mécaniques, est commandée par des sensations spéciales ; celles-ci déterminent la première mise en jeu des mécanismes divers dont l'ensemble constitue la digestion.

En effet, quand l'organisme a besoin de réparer ses pertes ou de subvenir à ses dépenses, il en est averti par des sensations spéciales dites *internes* ou *générales*, la faim et la soif.

Du point de vue psychologique, on peut discuter sur la question de savoir si l'appétit est une sensation spécifique ou s'il est seulement le premier degré de la faim et si celle-ci n'en est que l'exagération, jusqu'à la souffrance plus ou moins aiguë[1]. En fait, l'appétit est connu de tout le monde par expérience personnelle ; c'est une sensation légère et nullement désagréable, qui persiste encore quand le besoin de manger se satisfait. Quand nous parlerons de la sécrétion du suc gastrique, nous verrons que l'appétit est le premier et le plus puissant excitant de cette sécrétion.

La faim est un malaise qui se produit dès que le besoin de manger ne peut être satisfait. Mais l'intensité et la durée de cette sensation sont extrêmement variables suivant les indivus.

Il est difficile de localiser exactement la faim. Chez la plupart des individus cependant elle est marquée au début par un malaise épigastrique, de nombreuses observations l'ont fait communément admettre. Les expé-

---

1. « Le mot appétit exprime cependant une autre idée que celle de faim légère. On a de l'appétit pour certains mets plutôt que pour d'autres ; l'appétit peut être excité par des condiments, des épices : on peut avoir de l'appétit sans avoir faim réellement ; l'appétit est plutôt une affaire de goût et de gourmandise, il s'adresse plus à la qualité qu'à la quantité des aliments... » (H. BEAUNIS*, *Les sensations internes*, Paris, 1889, p. 24).

* Physiologiste français contemporain, professeur honoraire à la Faculté de médecine de Nancy, a publié de très intéressants travaux sur la physiologie des muscles et des nerfs, sur l'activité cérébrale, sur la mesure des sensations, etc., et sur l'hypnotisme ; il fut aussi un des propagateurs en France de la psychologie expérimentale. Ses *Nouveaux Éléments de physiologie humaine* (2 vol. grand in-8°), ouvrage considérable et d'une grande et très sûre érudition, ont eu le succès le plus mérité (3 éditions : 1876, 1881, 1888).

DIGESTION

riences de **W. B. Cannon**[1] et **A. L. Washburn** (1912) sur eux-mêmes ont montré que ce sont les contractions de l'estomac vide qui donnent lieu à la sensation de faim (fig. 13) ; les moments où celle-ci devient impérieuse

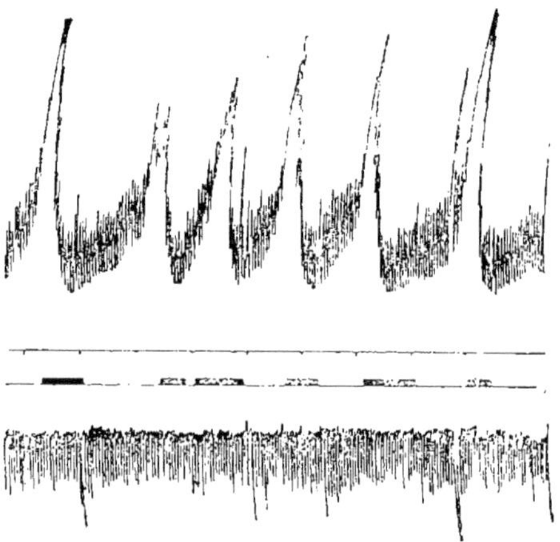

Fig. 13 (réduite de moitié). — Concordance entre les contractions de l'estomac et les sensations de faim (expérience de Cannon et Washburn).

La ligne supérieure représente les variations de la pression intra-stomacale (les petites oscillations sont dues à la respiration, les grandes aux contractions gastriques) ; sur la deuxième ligne est inscrit le temps, de dix en dix minutes ; sur la troisième s'inscrit le signal de chaque sensation de faim éprouvée par le sujet (Washburn) ; la ligne inférieure représente les mouvements de la respiration (pneumographe sur l'abdomen).

coïncident toujours avec une forte contraction. — Ces contractions sont périodiques et on sait que la faim est elle-même périodique ; elles disparaissent dans le jeûne prolongé et dans cet état la faim ne se fait plus sentir ; il en est de même dans le cas de grande fatigue.

Le rôle des centres nerveux dans la sensation de faim, comme dans toute sensation, est prouvé par des observations du genre de celle-ci : quand, sous des influences psychiques comme celles qui peuvent s'exercer chez les hystériques, la sensation de faim est supprimée, le jeûne est supporté beaucoup plus longtemps que par les individus normaux.

La soif est une sensation générale, qui tient à l'appauvrissement du sang et des tissus en eau, mais accompagnée d'une sensation spéciale de sécheresse des muqueuses buccale et pharyngienne (sécheresse de la gorge). L'application d'eau fraîche sur cette muqueuse calme la soif, mais ne la fait pas disparaître ; un chien à fistule gastrique maintenue ouverte ne peut satisfaire sa soif, l'eau s'écoulant incessamment par la fistule. D'autre part, toute perte d'eau, par sudation exagérée, par forte hémorragie, dans certaines maladies comme le choléra, s'accompagne d'une soif vive qui est apaisée par l'injection d'eau dans les veines ou dans le rectum.

1. Physiologiste américain contemporain, professeur à l'Université de Chicago.

III. — PREMIÈRE PARTIE DE L'ACTE DIGESTIF.

Les aliments introduits dans la cavité buccale sont divisés par les dents (*mastication*), humectés et quelques-uns d'entre eux modifiés par la salive (*insalivation*), puis, le bol alimentaire étant formé, portés vers le pharynx, saisis en quelque sorte dans ce conduit et poussés jusque dans l'estomac par l'œsophage (*déglutition*).

I. — Mastication.

La mastication consiste dans la division des aliments solides. Ainsi divisés, ceux-ci sont attaqués plus facilement par les liquides digestifs tant du reste du canal intestinal que de la bouche. La viande et les matières albuminoïdes sont beaucoup plus aisément digérées dans l'estomac, quand elles ont été soumises dans la cavité buccale à une suffisante mastication. Toutefois cette opération n'est pas toujours poussée très loin pour les aliments de cette nature; ainsi les animaux exclusivement carnivores ont surtout des dents pointues, de véritables crochets qui déchirent seulement la masse alimentaire. Pour les aliments végétaux, au contraire, la mastication doit être aussi complète que possible; de là le système des dents molaires si développées chez les herbivores; la plupart des matières nutritives végétales sont renfermées dans des enveloppes, en général réfractaires à l'action des sucs digestifs ; l'appareil masticateur doit donc fonctionner pour déchirer les enveloppes des graines, les cellules, etc. ; *prima digestio in ore*, disaient les anciens, qui ne considéraient, en parlant ainsi, que la mastication, ignorant l'action chimique de la salive.

A. **Rôle des dents, instruments principaux de la mastication.** — Les instruments de la mastication sont les dents. Grâce à leur sensibilité très fine, les dents sentent le degré de solidité des matières sur lesquelles elles ont à agir ; à la suite de cette impression le système nerveux central peut proportionner l'énergie des actions musculaires aux résistances que les muscles doivent vaincre. Les molaires seules *mâchent* les aliments ; les incisives les coupent et les canines, beaucoup moins importantes chez l'homme, perforent ou déchirent.

Les dents, supportées par les mâchoires, se meuvent par conséquent avec celles-ci. La mâchoire supérieure qui fait corps avec les os de la tête, est immobile. La mâchoire inférieure est mise en mouvement par des muscles *élévateurs* (masséters, temporaux et ptérygoïdiens internes) et *abaisseurs* (ventres antérieurs des digastriques, génio-hyoïdiens, mylo-hyoïdiens ; la contraction de ces muscles se combine avec celle des muscles sous-hyoïdiens qui fixe l'os hyoïde sur lequel les abaisseurs de la mâchoire prennent leur insertion fixe) ; le mouvement d'abaissement peut être simplement passif, par le relâchement des muscles élévateurs et la chute qui s'ensuit de la mâchoire par son propre poids ; d'autres muscles enfin déterminent des *mouvements de latéralité*, assez bornés chez l'homme, très étendus chez les Ruminants ; ces mouvements sont dus à la contraction du ptérygoïdien externe qui fait sortir de la cavité glénoïde, en le tirant en avant, un des condyles, tandis que la mâchoire pivote sur l'autre condyle. — Le résultat de tous ces mouvements est la rencontre des dents des deux mâchoires les unes avec les autres ; les incisives alors font office de ciseaux et les molaires peuvent exercer leur action triturante, leurs surfaces entrant en contact.

L'étude des mouvements de la mâchoire inférieure montre que la mastication, chez l'homme, est mixte et participe à la fois de celle des carnivores et de celle des herbivores (Ruminants), vu la nature mixte de son alimentation ; les carnivores qui ne font que déchirer leur proie, n'ont que des mouvements d'abaissement et d'élévation et n'ont point de mouvements de latéralité : aussi leur condyle ne peut-il tourner que sur son axe transversal. Chez les Ruminants, les mouvements de latéralité sont puissants, et, à cet effet, le condyle est plat et mobile en tous sens. Un autre type de condyle est celui des Rongeurs, condyle à grand diamètre antéro-postérieur, avec une cavité glénoïde creusée dans le même sens. Le condyle de l'homme a une forme intermédiaire entre toutes les précédentes, de même que chez lui les mouvements de mastication sont plus variés et se combinent d'une façon plus complexe que chez aucun animal.

B. Instruments accessoires de la mastication. — Les mouvements des lèvres, des joues et de la langue ramènent à chaque instant les aliments sous les arcades dentaires. La suppression de ces mouvements (paralysie des lèvres et des joues) rend la mastication difficile. Il en est de même, si la sensibilité de ces parties est abolie, ce qui prouve le rôle important des impressions sensitives nées de ces régions sur la coordination des mouvements de leurs muscles. Il faut que la langue, par exemple, qui va chercher dans toutes les parties de la bouche les parcelles alimentaires pour les ramener sous les dents, sente ces parcelles afin de leur donner la direction nécessaire.

C. Innervation des muscles de la mastication. — Les muscles de la mastication sont innervés, les masséters, les temporaux.

les ptérygoïdiens internes et externes, le ventre antérieur du digastrique et le mylo-hyoïdien par la branche motrice du trijumeau (dite aussi masticatrice, partie motrice du nerf maxillaire inférieur); le génio-hyoïdien et tous les muscles sous-hyoïdiens par l'hypoglosse [1]; ceux des joues (muscle buccinateur) par le facial, ceux des lèvres par ce même nerf.

D. Centre de la mastication. — Le centre de tous ces muscles se trouve dans le bulbe. C'est donc du bulbe que partent les incitations motrices qui règlent les mouvements synergiques dont l'ensemble contitue la mastication.

La mastication est tantôt un acte à point de départ volontaire, tantôt un acte d'emblée réflexe. Il suffit que des impressions périphériques (buccales) spéciales arrivent au bulbe par des fibres centripètes du trijumeau et du glosso-pharyngien pour que les incitations motrices en partent qui déterminent la contraction des muscles masticateurs. Ce qui prouve la nature réflexe du processus, c'est que l'extirpation de l'écorce cérébrale, chez le lapin, n'empêche pas la mastication d'une feuille de chou mise entre les dents [2]. On verra plus loin que c'est le phénomène masticateur proprement dit, la division des aliments (action des dents), qui seul est réflexe, et qu'il en faut distinguer la formation du bol alimentaire, acte cérébral.

2. — Sécrétion et rôle de la salive. Insalivation.

L'insalivation se fait non seulement par la sécrétion des glandes salivaires proprement dites, parotides, sous-maxillaires et sublinguales, mais aussi par celle de toutes les petites glandes disséminées dans la muqueuse buccale, glandes des joues, des lèvres, de la face inférieure de la langue, de la voûte palatine et du voile du palais. Cependant on ne connaît pas bien le liquide de toutes ces glandes, qu'il est très difficile de recueillir isolément et en quantité suffisante pour l'étudier [3].

La sécrétion de la salive est constante, mais irrégulière, augmentant pendant les repas. Suivant qu'elle provient de telle ou telle glande, la salive est un peu différente.

1. Trois de ces muscles, omo-hyoïdien, cléido-hyoïdien et sterno-hyoïdien sont innervés aussi par le plexus cervical.

2. La succion est aussi un phénomène réflexe. La moelle allongée suffit à son accomplissement, comme le prouve l'observation des fœtus anencéphales qui sont capables de téter.

3. Sur des animaux sur lesquels on avait lié les conduits des glandes parotides, sous-maxillaires et sublinguales, on a constaté que le liquide sécrété par les glandes buccales est opaque, très épais, riche en mucus.

La *salive parotidienne*, que l'on obtient chez les animaux par une fistule du canal de Stenon et que l'on peut obtenir chez l'homme par le cathétérisme dudit canal, est très liquide, claire, non visqueuse (absence de mucine) ; elle contient assez de carbonate de chaux pour faire effervescence quand on la traite par un acide fort. Claude Bernard l'a considérée comme étant la *salive de la mastication*. Sur un animal porteur d'une fistule du canal de Stenon, il est manifeste qu'elle augmente par cet acte. D'ailleurs la parotide n'existe que chez les animaux qui ont des dents pour broyer leurs aliments et son volume est en rapport avec le rôle de la mastication ; elle ne se trouve ni chez les Oiseaux, ni chez les Mammifères aquatiques (qui ingèrent de l'eau avec leurs aliments).

La *salive sous-maxillaire*, que l'on obtient par une fistule ou (chez l'homme) par le cathétérisme du canal de Wharton, est opalescente, filante, visqueuse (riche en mucine). Sa sécrétion serait surtout liée à l'exercice du goût (*salive de la gustation*, d'après Claude Bernard ; on la provoque à coup sûr, en effet, sur un animal porteur d'une fistule du canal de Wharton, en déposant un corps sapide sur la langue ou même en lui présentant un morceau de viande. Mais elle se produit aussi quand la formation et le glissement du bol alimentaire doivent être facilités ; on l'observe, par exemple, quand on donne à manger un morceau de pain sec à un chien porteur d'une fistule ; la vue seule du pain sec suffit même à amener l'écoulement de cette salive visqueuse. C'est donc aussi une *salive de déglutition*, analogue à la suivante.

La *salive sublinguale* présente les mêmes caractères que la précédente, plus épaisse encore et plus riche en éléments solides. Comme le liquide des glandes buccales et palatines, elle serait plus particulièrement associée à la *déglutition* (Claude Bernard). Elle servirait à agglutiner les éléments du bol alimentaire et à faciliter le glissement de celui-ci sur le dos de la langue et dans l'isthme du gosier. Mais il est clair que, dans ce rôle, les deux autres salives, préalablement sécrétées, et qui ont déjà humecté les aliments, se joignent à la salive sublinguale. Et ainsi la différenciation que Claude Bernard avait établie entre les trois sortes de salive ne doit pas être considérée comme absolue.

C'est le mélange normal dans la bouche de toutes ces salives et du liquide des glandes buccales qui constitue la *salive mixte*. Avant d'étudier celle-ci, sa composition et son rôle. il faut voir comment se forme chacun de ces liquides. Cela revient à déterminer le fonctionnement de chacune des glandes salivaires.

1° *Mécanisme de la sécrétion salivaire.*

Il y a des phénomènes communs à toute activité glandulaire. Ces phénomènes généraux consistent en des modifications du contenu cellulaire, puis, quand le produit glandulaire vient à être excrété, en des changements de la circulation dans la glande tout entière. Ceux-ci sont relativement simples et faciles à constater ; les premiers, qui se passent dans les éléments cellulaires, sont de deux ordres : ils sont constitués par des changements de forme du protoplasma et du noyau (phénomènes histologiques) et par des variations plus profondes, plus difficiles à saisir, de nature chimique, dont les phénomènes histologiques ne sont sans doute qu'une traduction.

A. Phénomènes histologiques. — Les cellules des glandes salivaires présentent des caractères différents, suivant qu'on les considère à l'état dit de repos ou pendant qu'elles sécrètent. Ces expressions sont d'ailleurs impropres ; l'état de repos est en réalité la période pendant laquelle les cellules sont en activité chimique, ces éléments élaborant alors les principes essentiels de la sécrétion ; et la phase appelée sécrétoire n'est au contraire que le moment de l'excrétion cellulaire. On reviendra sur cette importante distinction lorsque seront étudiés, dans un chapitre spécial, les phénomènes de sécrétion en général.

On ne fera que rappeler ici les caractères des cellules, dans leurs deux phases d'activité chimique (prétendu repos) et d'excrétion ; on les trouve décrits en détail dans tous les traités d'histologie.

Les cellules des glandes salivaires sont constituées, outre le noyau, par un protoplasma granuleux dans les mailles duquel s'accumulent les matières qui formeront les produits essentiels de la sécrétion. Dans les cellules dites *séreuses* (que HEIDENHAIN [1] appelait *albumineuses*), comme celles qui composent la glande parotide, les mailles du protoplasma sont remplies de granulations brillantes ; ce sont ces grains qui deviennent les produits mêmes de sécrétion ; quand les cellules entrent en activité excrétoire, ils se fondent dans la salive aqueuse qui est alors éliminée. On a admis hypothétiquement que ces cellules produisent la diastase. — Dans la glande sous-maxillaire, on trouve deux sortes d'éléments cellulaires : des

1. R. HEIDENHAIN (1834-1897), professeur de physiologie et d'histologie à l'Université de Breslau depuis l'année 1859 jusqu'à sa mort, un des maîtres de la physiologie allemande au XIX° siècle. Ses recherches ont enrichi la science de nombreux faits concernant la contraction et le travail des muscles, l'innervation vaso-motrice, le fonctionnement général du système nerveux central et surtout les fonctions glandulaires et l'origine de la lymphe. C'est lui qui, le premier, eut l'idée d'étudier les modifications histologiques des glandes après l'excitation prolongée des nerfs sécréteurs.

cellules volumineuses, transparentes (cellules claires), et d'autres cellules beaucoup plus petites, formées essentiellement d'une petite masse de protoplasma granuleux, avec un noyau arrondi ; ces cellules sont disposées par petits groupes, composés chacun de trois ou quatre éléments placés côte à côte sous forme d'un croissant (*croissants de Giannuzzi*). Il résulte de là que la sous-maxillaire est une glande mixte, c'est-à-dire à la fois *muqueuse* (par ses grandes cellules claires) et *séreuse* (par les cellules de Giannuzzi). Dans les grandes cellules muqueuses s'accumulent les grains de mucigène, gouttelettes claires, peu réfringentes, qui se fusionnent aisément en une seule masse ; celle-ci envahit toute la cellule, dont elle refoule le noyau vers la base de l'élément. Après une forte sécrétion, ces cellules ont expulsé leur mucigène devenu mucine et, débarrassées de cette substance qui les gonflait, apparaissent petites et opaques, réduites au protoplasma et au noyau. Les cellules séreuses ont en même temps expulsé la sérosité qu'elles produisent.

B. **Phénomènes chimiques**. — Plusieurs faits établissent l'importance des processus chimiques qui se passent dans les glandes salivaires lorsqu'elles sécrètent.

On a trouvé, à l'aide d'appareils thermo-électriques ou de thermomètres très sensibles, que la salive, produite par l'excitation du nerf sécréteur de la glande sous-maxillaire, présente une température supérieure à celle du sang de l'artère carotide du même côté ; la différence peut aller jusqu'à 1°,5. De même, le sang veineux de la glande qui sécrète est plus chaud que celui de la glande à l'état de repos et même plus chaud que la salive excrétée. Il convient, il est vrai, de remarquer que la température de la salive n'a pu être prise que dans le canal excréteur ; elle serait à coup sûr plus élevée, mesurée dans des culs-de-sac sécréteurs. L'augmentation de température de la salive, sécrétée sous l'influence de l'excitation de la corde du tympan, a été trouvée triple de celle de la salive produite par l'excitation du sympathique. — Ces faits décèlent déjà les phénomènes de combustion qui se produisent dans les cellules glandulaires,

Une autre preuve en est dans la nécessité du sang oxygéné pour le bon fonctionnement de la glande. Si on asphyxie un chien, l'excitation du nerf sécréteur de la glande sous-maxillaire est presque sans effet et ne redevient efficace que plusieurs minutes après le rétablissement de la respiration.

Enfin, par des expériences directes, faites sur de grands herbivores, on a montré que la parotide qui sécrète consomme deux fois plus d'oxygène que pendant qu'elle est au repos. Sur le chien, il a été trouvé que la glande sous-maxillaire, en état de sécrétion active, absorbe par minute trois fois plus d'oxygène et produit deux fois plus d'acide carbonique qu'à l'état de repos.

Tous ces faits prouvent l'intensité des phénomènes chimiques qui se passent dans les glandes salivaires. Mais on ne connaît pas ceux auxquels est liée l'activité intime des cellules et d'où dépend la formation des éléments caractéristiques de la sécrétion.

C. **Phénomènes circulatoires**. — La quantité de sang augmente dans les glandes qui sécrètent. L'observation directe, qui est facile pour la parotide et pour la sous-maxillaire, suffit pour voir que ces organes rougissent et se congestionnent pendant l'acte sécréteur, c'est-à-dire que celui-ci s'accompagne d'hyperémie. Des estimations assez précises ont montré que cette quantité de sang est trois ou quatre fois plus considérable qu'à l'état normal.

A quoi est due cette hyperémie? Elle tient à la dilatation des artérioles et des capillaires de la glande ; en raison de cet élargissement de leur calibre, les vaisseaux reçoivent beaucoup plus de sang. Ce phénomène de *vaso-dilatation* est d'ailleurs local, limité à la glande qui fonctionne et ne s'étendant nullement aux organes voisins.

INDÉPENDANCE RELATIVE DE LA SÉCRÉTION ET DE LA CIRCULATION. — Quelque importante qu'elle soit, l'hyperémie liée à la sécrétion n'en est point une condition nécessaire, mais seulement favorable. Ce sont les anciens physiologistes qui considéraient les glandes comme des filtres à travers lesquels passent en partie les éléments du plasma sanguin et la sécrétion comme une filtration commandée par les variations de la pression sanguine. Depuis le milieu du siècle dernier, on sait que les choses vont tout autrement. D'une part, en effet, comme on l'a vu plus haut, il a été peu à peu établi que les cellules glandulaires participent activement au processus de sécrétion ; d'autre part, on a dissocié les phénomènes circulatoires et sécrétoires.

Voici les preuves de cette dissociation : 1° la pression de la salive dans les conduits des glandes est bien supérieure à la pression du sang dans les artères de ces mêmes glandes ; ainsi, dans le canal de Wharton, la pression peut s'élever à plus de 20 centimètres de mercure (pression supérieure à celle du sang dans la carotide au même moment, *a fortiori* à celle du sang dans les capillaires de la glande). Ce seul fait prouve que le phénomène sécrétoire ne peut être dû à un processus de filtration ; — 2° la ligature des vaisseaux de la glande n'empêche pas l'excitation du nerf sécréteur de produire un effet, atténué sans doute et surtout de courte durée, réel cependant ; — 3° si l'on décapite un chien, sur la tête isolée l'excitation du nerf sécréteur de la sous-maxillaire reste efficace pendant une demi-heure environ ; — 4° une injection de pilocarpine[1] qui fait abondamment sécréter les glandes salivaires ne s'accompagne pas d'une augmentation de l'afflux sanguin ; — 5° l'excitation du nerf sécréteur de la sous-maxillaire, sur un chien qui a préalablement reçu quelques milligrammes

---

[1]. La pilocarpine est l'alcaloïde extrait des feuilles du *Jaborandi* ou *Pilocarpus pennatus* ou *pennatifolius*, plante du Brésil, de la famille des Rutacées. Son action est antagoniste de celle de l'atropine, non seulement sur les sécrétions, mais aussi sur le cœur et sur les muscles lisses. Cet antagonisme est réversible, c'est-à-dire que l'effet dû à une dose donnée de pilocarpine, un effet sécrétoire par exemple, peut être supprimé par la dose convenable d'atropine, puis reproduit par une nouvelle dose de pilocarpine et supprimé de nouveau par l'atropine.

d'atropine [1], fait rougir la glande (persistance de l'effet vaso-dilatateur; l'atropine ne paralyse pas les fibres vaso-dilatatrices), sans provoquer la salivation (l'atropine paralyse les filets sécréteurs). — Ces faits montrent qu'il peut y avoir sécrétion sans augmentation de la circulation dans la glande et même malgré la suppression de toute circulation et, inversement, que l'activité des éléments glandulaires peut être supprimée malgré l'accroissement de l'afflux sanguin.

Il y a donc indépendance entre les phenomènes circulatoires et sécrétoires. Cette indépendance néanmoins n'est pas absolue, elle est limitée surtout dans le temps.

Ainsi il est établi que, malgré la compression de l'artère principale de la glande sous-maxillaire, l'excitation du nerf sécréteur conserve son action; mais celle-ci dure beaucoup moins longtemps et la quantité de salive sécrétée est moindre que dans le cas où la glande est normalement irriguée. On verra tout à l'heure que cette même glande reçoit deux nerfs sécréteurs, la corde du tympan et des filets sympathiques; seulement ces derniers contiennent, outre leurs fibres sécrétoires, des fibres dont l'excitation fait resserrer les vaisseaux (fibres vaso-constrictives); aussi l'excitation du sympathique ne provoque-t-elle que l'écoulement de quelques gouttes de salive; si l'on excite en même temps les deux nerfs, corde du tympan et sympathique, la sécrétion est moindre que par l'excitation de la seule corde du tympan, ce qui ne peut guère s'expliquer que par la réduction de la circulation dans la glande, résultant du resserrement des vaisseaux.

On peut donc dire que, chaque fois que la circulation est moins active dans une glande salivaire, l'écoulement de la salive diminue.

Cette dépendance relative ou, comme on voudra, cette indépendance limitée de la sécrétion vis-à-vis de la circulation s'explique simplement. Les recherches histologiques nous ont appris que les produits essentiels de la sécrétion se forment dans les cellules en dehors des périodes d'excrétion. Quand il y a sécrétion de la glande (excrétion cellulaire), il faut qu'aux produits préformés dans les cellules s'ajoute de l'eau contenant divers sels ; or, ces substances ne proviennent pas directement du sang, mais de la lymphe, du liquide qui baigne les éléments cellulaires. Cette quantité de lymphe cependant peut être vite épuisée ; elle l'est d'autant plus vite que la sécrétion est plus abondante ; c'est le cas pour les glandes salivaires. Et la lymphe interstitielle ne se renouvelle que grâce à la transsudation de l'eau et d'une partie des éléments dissous du plasma sanguin à travers les parois des vaisseaux ; cette transsudation est d'autant plus active que l'apport sanguin est plus considérable (vaso-dilatation). C'est pour cela qu'une sécrétion abondante et très aqueuse,

1. Alcaloïde de la belladone, *Atropa belladona*, Solanée vireuse.

comme est celle des glandes salivaires, ne tarde pas à s'arrêter quand il y a arrêt ou ralentissement marqué de la circulation.

D. Innervation des glandes salivaires. — Tous les phénomènes que nous venons de passer en revue sont ou paraissent être sous la dépendance d'actions nerveuses. Des filets nerveux pénètrent jusqu'aux cellules et se terminent entre celles-ci par des extrémités libres. Divers excitants mettent en activité ces fibres nerveuses.

Quels sont ces nerfs dits *sécréteurs*?

Les glandes salivaires reçoivent aussi des nerfs qui modifient le calibre de leurs vaisseaux, nerfs *vaso-moteurs*, dont le rôle n'est pas sans importance pour la sécrétion, comme on l'a vu plus haut.

Les faits connus jusqu'à présent, relatifs à l'innervation des glandes salivaires, concernent plutôt. ainsi qu'on va le voir, l'excrétion du produit sécrété que la sécrétion proprement dite (l'élaboration intra-cellulaire) de ce produit. On peut représenter ce mécanisme par le schéma ci-dessus (fig. 14). Quant à l'influence du système nerveux sur la formation même de la sécrétion, on signalera, au cours de cet exposé, le peu que l'on en sait et ce que l'on infère de ces quelques données.

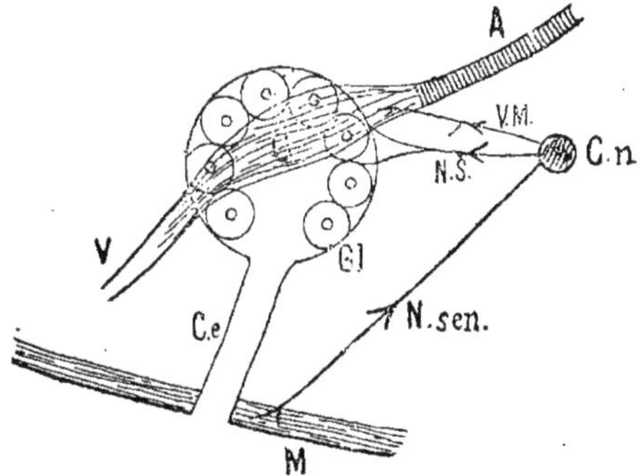

Fig. 13. — Schéma indiquant les relations des nerfs avec les cellules et les vaisseaux d'une glande salivaire (d'après LAUDER BRUNTON).

Gl, glande ; *Ce*, conduit excréteur; *A*, artère afférente; *V*, veine efférente ; *C*, capillaires ; *M*, muqueuse buccale; *N.sen*, nerfs sensitifs ; *Cn*, centres nerveux ; *Ns*, nerfs sécréteurs; *VM*, nerfs vaso-moteurs.

Le sens des flèches indique la direction du courant nerveux, centripète ou centrifuge.

E. Innervation parotidienne. — La parotide reçoit des filets (branche parotidienne) du nerf auriculo-temporal, branche du maxillaire inférieur, donc du trijumeau. L'excitation électrique de ce rameau provoque la sécrétion d'une salive aqueuse, pauvre en éléments solides et, après sa section, la glande ne peut plus sécréter.

D'où proviennent ces filets sécréteurs ?

On pourrait penser qu'ils sont fournis par le trijumeau, conformément à l'apparence anatomique? Il n'en est rien, car l'excitation intracranienne du trijumeau est sans effet sur la sécrétion parotidienne. — Ils pourraient venir du facial, car il y a une anastomose entre ce nerf et l'auriculo-temporal. Or, si, après avoir sectionné le facial, on en excite le bout périphérique, cette excitation est sans effet ; inversement, la section intracranienne du facial n'empêche nullement la sécrétion réflexe de la parotide. — Quelle est donc l'origine de ces filets ? Ils sortent du tronc du glosso-pharyngien par le rameau de Jacobson, s'engagent dans le petit nerf pétreux profond qui, s'accolant au petit pétreux superficiel venu du ganglion géniculé du facial, se rend avec celui-ci au ganglion otique (fig. 15). C'est de là qu'ils sortent pour arriver au nerf auriculo-temporal[1]. Et voici les preuves de ce trajet : l'excitation du glosso-pharyngien dans le crâne ou celle du nerf de Jacobson provoquent la sécrétion ; au contraire, la section intracranienne du glosso-pharyngien, celle du petit pétreux ou l'extirpation du ganglion otique suppriment l'action des excitants réflexes de la sécrétion (excitants de la muqueuse linguale).

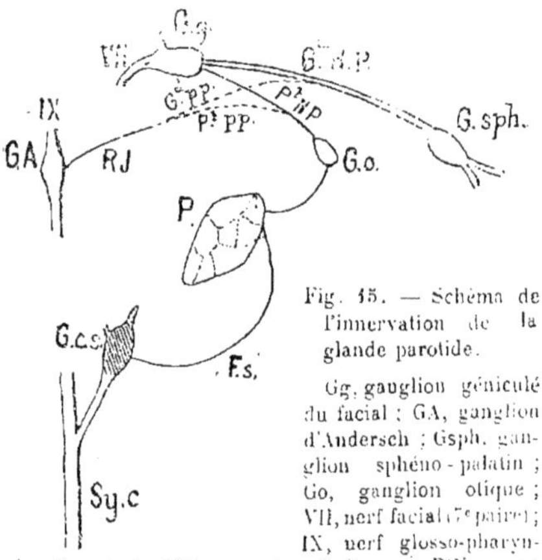

Fig. 15. — Schéma de l'innervation de la glande parotide.

Gg, ganglion géniculé du facial ; GA, ganglion d'Andersch ; Gsph, ganglion sphéno-palatin ; Go, ganglion otique ; VII, nerf facial (7e paire) ; IX, nerf glosso-pharyngien (9e paire) ; GdNp, grand nerf pétreux ; PtNp, petit nerf pétreux ; RJ, rameau de Jacobson ; Gdpp, grand nerf pétreux profond ; Ptpp, petit nerf pétreux profond ; Gcs, ganglion cervical supérieur ; Syc, sympathique cervical ; Fs, filets glandulaires sympathiques ; P, glande parotide.

Les petites doses d'atropine suspendent l'action de ce nerf sécréteur.

La parotide reçoit aussi des filets sympathiques, qui lui viennent du plexus de la carotide externe. L'excitation de ces filets n'a pas d'effet sécrétoire ou n'en a qu'un très minime, mais cependant détermine des modifications des cellules glandulaires[2]. De plus, l'excitation simultanée du sympathique cervical et du glosso-pharyngien (expérience faite sur le chien) augmente considérablement la teneur de la sécrétion en éléments solides.

Les nerfs vasculaires de la parotide ont été beaucoup moins étudiés que ceux de la sous-maxillaire. On sait toutefois que les nerfs vaso-dilatateurs viennent du glosso-pharyngien ; l'excitation du

---

1. Nous retrouverons tout à l'heure quelques autres de ces filets qui constituent les nerfs sécréteurs des glandules des joues et des lèvres (voy. p. 183).

2. Ainsi, dans la parotide du lapin, on voit les cellules qui, à l'état de repos, sont claires, avec très peu de substance granuleuse, avec un noyau petit et irrégulièrement dentelé, devenir, après l'excitation du sympathique cervical, moins grosses, la substance fondamentale diminuer, la substance granuleuse augmenter, surtout au voisinage du noyau, et celui-ci s'arrondir, etc.

rameau de Jacobson augmente la quantité de sang qui passe par la glande. Les nerfs vaso-constricteurs sont fournis par le sympathique.

F. Innervation de la glande sous-maxillaire. — C'est une innervation complexe. La glande reçoit de deux sources ses filets sécréteurs; elle reçoit, en outre, deux sortes de filets vaso-moteurs (voy. fig. 16).

a. INNERVATION SÉCRÉTOIRE. — Dans le hile de la glande s'engage un mince filet nerveux qui se détache du lingual, branche du trijumeau (maxillaire inférieur). Si, après avoir sectionné le lingual au-dessus du point d'émergence du filet glandulaire, on excite son bout périphérique, on voit la salive s'écouler abondamment par une canule préalablement introduite dans le canal de Wharton. Telle est l'expérience qui fut faite en 1851, sur le chien, par le célèbre physiologiste allemand CARL LUDWIG[1] et qui établit pour la première fois, de façon rigoureuse, l'influence directe d'un nerf sur une sécrétion.

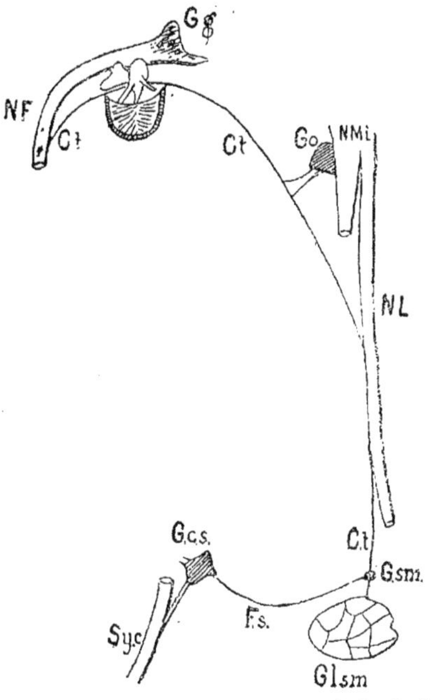

Depuis, de très nombreuses expériences ont montré que l'excitation électrique du bout périphérique

Fig. 16. — Schéma de l'innervation de la glande sous-maxillaire.

Gg, ganglion géniculé ; NF, nerf facial ; NMi, nerf maxillaire inférieur ; NL, nerf lingual ; Gp, ganglion otique ; Ct, corde du tympan ; Gsm. ganglion sous-maxillaire ; Gcs, ganglion cervical supérieur ; Fs, filets efférents du ganglion allant à la glande ; Syc, sympathique cervical ; Gsm, glande sous-maxillaire.

N. B. — La corde du tympan contient aussi les filets vaso-dilatateurs de la glande et les filets sympathiques contiennent aussi les vaso-constricteurs.

1. C. LUDWIG (1816-1895), professeur de physiologie à l'Université de Leipzig, célèbre par ses recherches sur la circulation du sang (il a le premier, en 1846, enregistré les oscillations de la pression sanguine avec un manomètre à mercure), sur la circulation lymphatique, sur les nerfs vaso-moteurs, sur les fonctions de la moelle, sur les fonctions des glandes etc., fut un des plus grands physiologistes du xixe siècle.

du filet glandulaire lui-même, au-dessous du point où il se dégage du
tronc du lingual, provoque une sécrétion abondante. La salive ainsi
obtenue est assez claire et pauvre en éléments solides (1 à 1,5 p. 100);
on la qualifie de *salive tympanique*. Le phénomène est des plus nets :
c'est sur le chien curarisé ou chloralosé[1] qu'on l'observe le plus facilement et le mieux (voy. fig. 17); quand on cesse l'excitation, l'écoulement

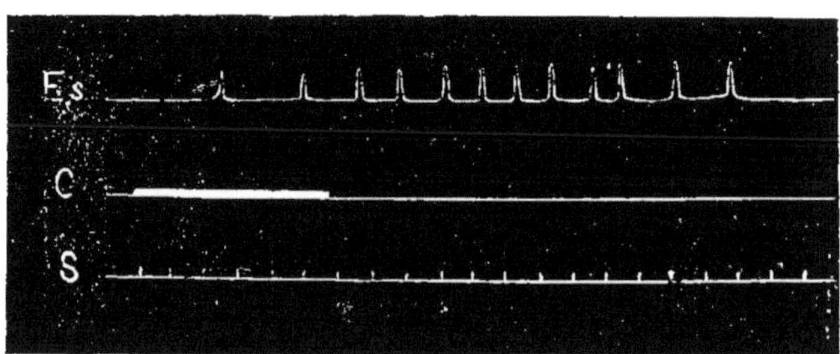

Fig. 17. — Excitation de la corde du tympan sur un chien curarisé. — Inscription, au
moyen d'un tambour rhéographe, des gouttes de salive qui s'écoulent du canal de Wharton.
Es, écoulement salivaire ; C, excitation du bout périphérique de la corde du tympan
(courant induit) ; S, temps en secondes.

de la salive dure encore quelques instants, puis s'arrête ; on le reproduit
par une nouvelle excitation, et cela presque indéfiniment. La section de
ce filet, au point où il se détache du lingual, supprime l'effet sécrétoire
des excitations de la muqueuse buccale ; cette expérience, que CLAUDE
BERNARD fit connaître en 1858, achève la démonstration du rôle du *nerf
tympanico-lingual*. On va voir tout de suite pourquoi on le dénomme
ainsi.

A quel nerf appartiennent en réalité ces filets sécréteurs ? La
question se pose, puisque le lingual reçoit, au niveau du bord postérieur du muscle ptérygoïdien interne, une anastomose importante
du facial, la corde du tympan. De là le nom de *tympanico-lingual*
donné au rameau qui du lingual gagne la glande. Or, c'est la corde
qui fournit les filets glandulaires dont il s'agit.

En effet, 1° la section de ce rameau dans la caisse du tympan, alors qu'il
n'est point entré encore en connexion avec le trijumeau, supprime les
réflexes sécrétoires (provoqués par l'excitation de la muqueuse buccale au
moyen d'un acide ou d'éther, par l'excitation du bout central du nerf lingual, etc.); de plus, cette section entraîne la dégénérescence de la plus
grande partie des fibres du nerf qui se rend à la glande[2]; — 2° l'excitation

1. Le chloralose, combinaison du chloral anhydre avec la glycose, étudiée par
HANRIOT et CH. RICHET (1893-1897), est un anesthésique général, précieux pour
l'expérimentation physiologique.
2 Toutes les fibres du nerf ne dégénèrent pas, parce que ce nerf est complexe
et contient des fibres gustatives qui passent peut-être par le trijumeau.

de ce rameau dans la caisse produit les mêmes effets que celle du nerf
après sa sortie du lingual, à la périphérie de la glande; — 3° au contraire,
l'excitation du bout périphérique du lingual, en avant de son anastomose
avec la corde du tympan, n'a point d'effet sécrétoire.

Ainsi c'est bien la corde du tympan qui donne à la glande ses fibres
secrétoires.

Quelle est la provenance réelle de ces fibres elles-mêmes ? Elles proviennent du facial. L'excitation intracranienne de ce nerf amène la sécrétion
de la glande sous-maxillaire, tout comme celle du filet glandulaire lui-
même. Après la section intracranienne du facial, au contraire, les fibres
sécrétoires de la corde subissent la dégénérescence wallérienne, de sorte
que l'excitation de la corde ne détermine plus la salivation.

Ce n'est pas là le seul nerf sécréteur que reçoive la glande sous-
maxillaire. Elle reçoit, du sympathique cervical, d'autres filets qui
gagnent la glande après avoir passé par le ganglion cervical supérieur et en cheminant le long de l'artère principale de la glande.
L'excitation électrique du cordon cervical ou des filets issus du ganglion cervical supérieur [1] provoque la sécrétion de quelques gouttes
(3 ou 4) d'une salive visqueuse, trouble, riche en matériaux solides
(2 à 3 p. 100) ; c'est ce liquide qu'on appelle *salive sympathique*.

Ces différences dans le produit sécrété, suivant que l'on excite le sympathique ou la corde du tympan, suffiraient à montrer que ces deux
nerfs n'agissent pas de la même façon. En effet, on a soutenu qu'il y a
des différences dans les modifications structurales que présente la sous-
maxillaire après la section de la corde ou après celle du sympathique;
dans le premier cas, le noyau des cellules ne subirait point de changements, mais le cytoplasma deviendrait opaque et finement granuleux; au
contraire, après la section du sympathique, le cytoplasma reste inaltéré,
mais le noyau cellulaire, non pourtant dans tous les éléments, se ratatine.
D'autre part, sur un chien qui a reçu la dose d'atropine suffisante pour
paralyser la corde, l'excitation du sympathique reste efficace; seules, des
doses énormes la rendent inefficace; c'est là un fait très remarquable. Et
il faut rappeler que Claude Bernard avait observé que, lors de l'excitation
du sympathique, les échanges paraissent être plus intimes entre le sang
et les éléments cellulaires, car le sang sort tout noir de la glande; aussi,
la salive sécrétée est-elle épaisse, riche en éléments fixes; au contraire,
sous l'influence de l'excitation de la corde, la glande sécrète un produit
très liquide et en même temps le sang sort rouge des veines, presque à
l'état de sang artériel. — On a conclu de ces faits que le sympathique
contient des fibres sécrétoires distinctes de celles de la corde. On les a
appelées, d'un nom plus ou moins heureux, *fibres trophiques*. Et on a
supposé qu'elles commandent aux réactions chimiques intracellulaires, à
la formation des matières organiques qui sont la partie essentielle de la

1. Parmi ces filets efférents du ganglion, il en est qui viennent certainement
du bulbe (voy. plus loin, p. 184).

sécrétion et peut-être aussi à l'excrétion de ces matières hors de la cellule. Les fibres de la corde, proprement *sécrétoires*, commanderaient aux phénomènes de transsudation de l'eau et des sels du plasma sanguin dans les espaces lymphatiques, puis dans le tissu même de la glande, par conséquent à la production de l'eau et des sels de la salive.

Cette théorie de Heidenhain a été combattue. On n'a pas retrouvé les modifications histologiques qu'il avait décrites comme étant plus marquées à la suite d'une excitation prolongée du sympathique que celles qui résultent d'une semblable excitation du nerf sécréteur cranien. D'autre part, on pense, non sans raison, que les différences constatées entre les deux sortes de sécrétions, *tympanique* et *sympathique*, sont simplement conditionnées par les modifications circulatoires concomitantes (voy. p. 176). Quant aux effets différents de l'atropine sur les deux espèces de nerfs, ils s'expliqueraient par une différence dans les terminaisons nerveuses (Langley[1]).

Salive paralytique. — Après la section de la corde, que le sympathique soit intact ou non, la sécrétion est arrêtée. La glande parait donc être paralysée, comme l'est un muscle par la section de son nerf moteur. Cependant, au bout de vingt-quatre à quarante-huit heures environ ou un peu plus, il s'établit un écoulement salivaire peu abondant, mais continu (qui dure plusieurs semaines) ; on appelle la salive ainsi produite *paralytique*. On en a attribué la sécrétion aux excitations causées par la section elle-même, celle-ci déterminant au point où le nerf a été coupé une irritation quasi constante ; on a remarqué aussi que le ganglion sous-maxillaire, dans ces conditions, continue à recevoir des excitations et que les filets qui en partent peuvent, tant qu'ils conservent leur intégrité, provoquer le fonctionnement de la glande ; seulement, ce fonctionnement serait exagéré, le ganglion, séparé des centres nerveux supérieurs, ne recevant plus l'influence modératrice de ces derniers (régulatrice de son activité).

b. Innervation vaso-motrice. — L'excitation soit de la corde, soit du sympathique ne se borne pas à des effets sécrétoires. Elle est suivie aussi de phénomènes circulatoires, car c'est par ces nerfs que la glande reçoit ses filets vaso-moteurs. L'excitation du bout périphérique de la corde fait dilater les vaisseaux de la glande ; par suite, le sang arrive à cet organe en beaucoup plus grande quantité, d'où l'augmentation de volume et la rougeur qu'il est facile de constater ; cet afflux de sang est tel que les veines mêmes de la glande se remplissent de sang rouge et battent comme des artères. Par cette expérience Claude Bernard découvrit et démontra, en 1858, l'existence de nerfs vaso-dilatateurs, découverte capitale dans l'histoire de la circulation du sang. L'effet vaso-dilatateur cesse peu après l'excita-

_____
1. Physiologiste anglais contemporain.

tion ; une nouvelle excitation le reproduit. — L'excitation du sympathique a un résultat inverse ; les vaisseaux de la glande se resserrent,
d'où diminution de volume et pâleur de l'organe ; cette excitation a
mis en jeu des filets vaso-constricteurs.

Les fibres vaso-dilatatrices de la corde ont-elles la même origine que les
fibres sécrétoires ? VULPIAN[1] a vu que, après la section de la corde dans
la caisse du tympan, si l'on attend que les fibres aient dégénéré et si l'on
excite alors le bout périphérique du nerf lingual, cette excitation n'est
pas suivie de vaso-dilatation ; d'autre part, que l'excitation du même nerf,
au-dessus du point où il reçoit la corde, ne détermine pas la vaso-dilatation ; et enfin et par contre que l'excitation du facial dans le crâne provoque à la fois la sécrétion et la dilatation des vaisseaux de la glande sous-
maxillaire. Voilà donc trois expériences qui montrent que le facial fournit
à cette glande et ses fibres sécrétoires et ses fibres vaso-dilatatrices   —
La question, il est vrai, se poserait maintenant de savoir si ces dernières
appartiennent bien en propre au facial ou si, originaires en réalité du système sympathique, elles ne font qu'emprunter la voie de ce nerf crânien
pour arriver à la glande. L'examen de ce point sera mieux en sa place,
quand nous étudierons la topographie générale du système sympathique.

Il résulte de ces faits que les fibres nerveuses sécrétoires et les
fibres vaso-dilatatrices sont distinctes les unes des autres. Nous
avons vu que, par l'atropine, on les dissocie aisément ; des doses de
ce poison qui paralysent les premières laissent à peu près intacte
l'excitabilité des autres.

G. Innervation de la glande sublinguale. — Cette glande a
été beaucoup moins étudiée que les deux autres glandes salivaires.
On a démontré qu'elle reçoit des filets sécréteurs de la corde du
tympan, donc du facial, comme la sous-maxillaire.

H. Innervation des glandules des joues et des lèvres. —
Toutes les autres glandes disséminées dans la muqueuse buccale
paraissent sécréter sous l'influence des mêmes excitants qui font
sécréter les glandes salivaires proprement dites ; les liquides excrétés
vont se joindre à la salive.

Les nerfs sécréteurs proviennent du glosso-pharyngien. Tandis qu'une
partie des fibres du petit nerf pétreux profond, après avoir traversé le ganglion otique, se jette dans le nerf auriculo-temporal pour s'en séparer
ensuite et former le nerf sécréteur de la parotide, une autre partie des
fibres de ce même filet pétreux, au sortir du ganglion otique, s'unit au
nerf buccal (rameau du maxillaire inférieur) et le quitte plus loin pour

---

1. A. VULPIAN (1826-1887), professeur de pathologie expérimentale à la Faculté
de médecine de Paris, est connu par ses beaux travaux sur le système nerveux,
en particulier sur la moelle, sur les nerfs crâniens et sur les nerfs vaso-moteurs
et par de nombreuses recherches de pharmacodynamie, sur le chloral, sur le
curare, sur la pilocarpine, sur la strychnine, etc. Son œuvre anatomo-pathologique n'est pas moins importante que son œuvre physiologique.

constituer les nerfs secréteurs de la *glande de Nuck*[1] (glande sous-zygo-
matique ou orbitaire) et des glandules des lèvres et des joues. En effet,
l'excitation du nerf buccal provoque la sécrétion de ces glandes, mais, alors
que la section intra-crânienne du trijumeau ne supprime pas cette sécrétion, celle du glosso-pharyngien l'abolit ; l'extirpation du ganglion otique
donne le même résultat.

I. Centres de la sécrétion salivaire. — Ces centres sont
situés dans le bulbe, dans la région des noyaux de la septième et de
la neuvième paire (facial [corde du tympan] et glosso-pharyngien).
En effet, la salivation réflexe (par exemple, la sécrétion à la suite
d'une excitation buccale) peut encore être obtenue après qu'on a fait
une section entre le bulbe et la protubérance ; il en est de même
après une section sous-bulbaire.

Les fibres sécrétoires du sympathique ont aussi leur centre dans
le bulbe. Après section de la corde du tympan, en effet, l'excitation
de la moelle allongée (une piqûre du plancher du 4e ventricule)
provoque encore la sécrétion de la glande sous-maxillaire (quelques
gouttes d'une salive trouble et visqueuse). Étant donné cependant
l'effet de l'excitation du tronc même du sympathique cervical sur la
parotide et sur la sous-maxillaire, il se peut que des fibres sympathiques salivaires aient leur origine dans la moelle cervico-dorsale,
tout comme les fibres pupillo-dilatatrices, par exemple, qui sont
contenues dans le même tronc.

Une autre partie du système nerveux jouerait encore le rôle de
centre pour les nerfs de la glande sous-maxillaire ; c'est un ganglion sympathique très petit, situé tout près de la glande, sur le
trajet du filet tympanico-lingual ; les fibres de ce nerf s'y termine-
raient et c'est un nouveau neurone qui porterait l'incitation sécrétoire du ganglion à la glande.

C'est une expérience de Claude Bernard qui, au sujet de ce ganglion, a
posé l'importante question du rôle réflexe des ganglions sympathiques.
Après section du lingual mixte (lingual et corde du tympan) au-dessus du
ganglion, on excite par un courant électrique, même faible, le lingual au-
dessous du ganglion, en un point aussi éloigné que possible de ce dernier,
à 3 ou 4 centimètres au-dessous, ce qui est réalisable chez les chiens de
grande taille ; on voit alors la salivation se produire au bout de six à
dix secondes. On obtient le même effet, mais plus difficilement (rarement),
en excitant la muqueuse linguale avec de l'éther, après section du tympanico-lingual au-dessus du ganglion. La transformation des excitations
centripètes en excitations sécrétoires pourrait donc se faire dans les cellules

1. La glande de Nuck est la glande molaire supérieure du chien qui, chez cet
animal, est parfaitement isolée. C'est pour cette raison que son nerf sécréteur a
pu être assez aisément étudié.

ganglionnaires. Plusieurs physiologistes ont vivement critiqué cette interprétation ; ils ont soutenu que l'excitation du lingual dont il s'agit ne
porte pas en réalité sur des fibres sensitives, mais sur des fibres sécrétoires
qui, au lieu de s'engager avec les autres dans le filet glandulaire au point
où il se sépare du lingual, sont restées accolées à ce dernier, puis, le
quittant à différents niveaux, ont refait le même chemin en sens inverse
pour retourner à la glande (fibres récurrentes centrifuges). Mais WER-
THEIMER [1] a obtenu le même résultat que CL. BERNARD, en excitant une des
branches terminales du lingual, c'est-à-dire des fibres distantes de 6 centimètres environ du point où le filet tympanique se sépare de ce nerf
pour gagner la glande en passant par le ganglion ; il paraît improbable
que des fibres récurrentes sécrétoires descendent aussi bas. Il y a plus.
On peut faire l'expérience en deux temps ; on sectionne d'abord le lingual
à 4 centimètres au-dessous du ganglion, puis on attend six à dix jours ;
les fibres récurrentes commencent à dégénérer et perdent leur excitabilité :
dans un second temps, on pratique la section du lingual au-dessus du
ganglion ; si l'on excite alors le bout central du nerf, au niveau de l'endroit
où a été faite la première opération, les fibres sensitives étant restées
intactes, il se produit un écoulement salivaire par la canule fixée dans le
canal de Wharton.

Le ganglion sous-maxillaire fonctionnerait donc comme un centre
nerveux. Nous verrons, en étudiant le système sympathique, s'il y
a lieu de reconnaître cette propriété aux cellules ganglionnaires en
général.

2° *Causes de la sécrétion.*

Normalement, les glandes salivaires se mettent à sécréter sous
l'influence d'excitations sensitives diverses ; celles-ci vont agir sur
les centres des nerfs sécréteurs et en provoquent le fonctionnement.

Au premier rang se placent les excitations d'origine buccale,
celles des terminaisons des nerfs du goût (glosso-pharyngien et
lingual) par les substances sapides, qui paraissent provoquer
surtout la sécrétion sous-maxillaire (voy. plus haut, p. 171) ; et
celles des terminaisons sensitives de la muqueuse buccale et des
dents (nerfs dentaires du maxillaire supérieur et nerfs buccal et
dentaire inférieur [du maxillaire inférieur]) par des irritants
mécaniques, tels que les mouvements de corps étrangers dans la
bouche, les mouvements des mâchoires, qui paraissent déterminer
spécialement la sécrétion parotidienne (voy. plus haut, p. 171).

Les excitations de l'odorat (odeurs des aliments) amènent aussi

1. E. WERTHEIMER, Recherches sur les propriétés réflexes du ganglion sous-
maxillaire (*Arch. de phys.ol.*, 5ᵉ série, II, 519-532 ; 1890,. — WERTHEIMER, physiologiste français contemporain, professeur de physiologie à la Faculté de médecine
de l'Université de Lille.

la sécrétion salivaire. Il en est de même de diverses impressions visuelles; nous avons déjà dit (p. 172) que la vue d'un morceau de pain détermine la sécrétion sous-maxillaire; c'est d'ailleurs une observation vulgaire que la vue ou seulement la représentation mentale, le souvenir d'un mets agréable fait « venir l'eau à la bouche ». Il y a donc une sécrétion salivaire d'origine cérébrale : les excitations mentionnées, olfactives ou visuelles, parviennent en effet à l'écorce cérébrale et de là, étant entrées ou non dans la conscience, sont transmises aux centres nerveux sécréteurs (centre bulbaire).

C'est l'étude de ces excitations qui a conduit à la conception des *réflexes conditionnels* (Pavloff).

Si l'on place sur la langue d'un chien, auquel on a fait une fistule permanente du canal de Wharton, un peu d'acide acétique ou chlorhydrique dilué, il survient, nous le savons, un flux abondant de salive aqueuse; que l'on colore cet acide en noir ou en rouge, de sorte que le chien puisse le reconnaître aisément, il suffit, après avoir répété l'expérience plusieurs jours de suite (pour que l'association entre la couleur et le goût ait eu le temps de s'établir), de présenter à l'animal le flacon coloré et la salivation abondante et aqueuse se produit. On peut de même associer à une impression gustative éprouvée une impression auditive, faire entendre, par exemple, à l'animal un sifflement aigu pendant qu'on lui donne un morceau de viande; au bout de quelques jours, le sifflement seul produira la sécrétion en l'absence de l'excitant alimentaire. Ce sont là des réflexes conditionnels.

Un tel réflexe a donc lieu quand l'excitation qui provoque le réflexe normal (*inconditionnel*, c'est-à-dire se produisant dans n'importe quelle condition) a été associée à une excitation sensorielle et que, par la répétition convenable de cette double excitation, la seconde suffit à déterminer la réaction, la première, l'excitation normale, étant supprimée.

L'influence du cerveau sur la sécrétion salivaire se manifeste aussi d'une autre façon, en sens inverse pour ainsi dire ; il est, en effet, des excitations cérébrales qui suspendent cette sécrétion, comme il en est qui l'exagèrent; les émotions vives ont cet effet, qui se traduit par une extrême sécheresse de la bouche et parfois une impossibilité à peu près complète de parler.

Au point de vue de la nature de la réaction (quantité et qualité de la salive produite), toutes ces excitations peuvent être réparties en deux groupes : les unes, mécaniques (mouvements des mâchoires faisant sécréter la parotide, substances pulvérulentes insipides, telles que le sable, le pain sec pulvérisé, etc.) ou chimiques (sels, acides, amers, comme la quinine, en somme substances excitant le goût), provoquent rapidement, en quelques secondes, une sécrétion abondante, de 5 à 6 centimètres cubes[1], aqueuse, transparente, contenant très peu de mucine et par suite peu visqueuse ; les autres (excitants chimiques spéciaux, excitants alimentaires comme la viande) amènent moins vite, en une dizaine de secondes, quelquefois plus, une sécrétion moins abondante, épaisse, opalescente, très riche en mucine, donc très visqueuse. Cette adaptation de la sécrétion salivaire se fait avec une grande facilité, immédiatement après qu'on a fait sécréter à un animal porteur d'une fistule permanente du canal de Warthon, par exemple, une salive épaisse et visqueuse par l'ingestion d'un gros morceau de viande, on peut provoquer un flux de salive liquide en lui mettant de la quinine sur la langue ; qu'on lui donne alors de nouveau de la viande, une salive visqueuse s'écoulera de nouveau. Tel est aussi l'effet des excitations psychiques, également double : si l'on dépose sur la langue d'un chien une substance acide, il se produit une sécrétion de salive aqueuse ; si l'on colore cet acide en noir, de façon à établir un réflexe conditionnel, il suffit de présenter à l'animal le flacon noirci pour provoquer aussitôt la même salivation ; — d'autre part, la vue seule de la viande, comme il a été dit tout à l'heure, est suffisante pour déterminer l'écoulement d'une salive visqueuse. On retrouve ainsi dans le fonctionnement des glandes salivaires la loi de la spécificité des excitants des sécrétions digestives (voy. p. 165 ; loi de Pavloff et de ses élèves).

A côté de ces excitations réflexes, dont nous venons d'étudier le rôle absolument prépondérant dans la vie normale, il en est d'autres que révèle l'expérimentation. L'excitation du bout central du nerf sciatique et probablement d'autres nerfs sensibles provoque la sécrétion salivaire. L'excitation du sympathique abdominal donne le même résultat. L'excitation mécanique (par l'introduction d'un corps étranger) du segment inférieur de l'œsophage préalablement sectionné amène dans ce conduit un flux de salive ; la section des deux pneumogastriques supprime ce réflexe œsophago-salivaire[2].

Ainsi ce ne sont pas seulement les excitations parties de la muqueuse buccale qui provoquent des réflexes salivaires, mais aussi des excitations venues du cerveau (excitations psychiques) ou d'autres muqueuses, nasale, œsophagienne ; il en est aussi qui ont leur point de départ dans l'estomac ; la nausée s'accompagne généralement d'une salivation abondante.

1. On peut admettre que, dans le cas où la substance excitante a quelque effet nuisible (acide plus ou moins caustique) ou désagréable (amers en général), cette sécrétion abondante sert à la diluer. C'est donc là une *salive de dilution* (PAVLOFF), qu'on pourrait appeler aussi salive de débarras ou de défense.

2. H. ROGER, Le réflexe œsophago-salivaire (*Presse médicale*, 14 décembre 1902, p. 793). — On peut penser que ce réflexe doit se produire fréquemment au cours de la déglutition, lorsqu'un bol un peu volumineux séjourne dans l'œsophage ou par son passage irrite ce conduit.

Les fibres afférentes qui portent au bulbe les irritations de la bouche sont contenues dans les diverses branches du trijumeau indiquées plus haut et dans le glosso-pharyngien ; celles qui transmettent les irritations de l'œsophage ou de l'estomac sont contenues dans les pneumogastriques. Quant aux nerfs olfactifs et optiques, ils n'agissent sur le centre salivaire du bulbe que par l'intermédiaire du cerveau.

Les excitants réflexes ne sont pas les seuls excitants de la sécrétion ; il y a des causes de sécrétion directes. Diverses substances, la pilocarpine, la muscarine[1], la physostigmine[2], la nicotine[3], excitent directement les terminaisons périphériques des nerfs sécréteurs ; injectées dans le sang, après section préalable de tous ces nerfs, elles provoquent encore la salivation. Ce sont des *sialagogues*[4] spécifiques. Le mercure augmente la sécrétion, en vertu d'une action directe sur le tissu glandulaire et aussi par excitation réflexe, par une action sur les nerfs de la bouche ; c'est un sialagogue à la fois spécifique et réflexe.

3° *Le produit de la sécrétion.*

A. Composition, propriétés et actions de la salive. — Il est difficile de mesurer exactement la quantité de salive sécrétée dans un jour ; chez l'homme on l'évalue à 200 ou 300 grammes, mais cette quantité peut s'élever à 1 500 grammes.

La salive mixte est le mélange du produit des trois paires de glandes salivaires et des glandes buccales. C'est un liquide opalin ou incolore, inodore, insipide, légèrement filant, très aqueux. Sa densité est de 1,002 à 1,008. Sa réaction est alcaline ; s'il séjourne entre les dents des parcelles alimentaires qui se décomposent rapiment, la salive devient légèrement acide[5].

Pour 1 000 la salive contient environ 994 à 995 d'eau et 5 à 6 grammes de matières solides qui se répartissent ainsi :

Débris épithéliaux et mucus	2gr,2
Ptyaline et albumine	1gr,2
Sels	2gr,2
Sulfocyanure de potassium[3]	0gr,04
	5gr,6

1. Alcaloïde très toxique, extrait de l'*Amanita muscaria* et que l'on peut retirer aussi de quelques autres champignons (*Amanita pantherina* et *A. bulbosa*, *Boletus luridus*, *Russula emetica*).

2. Physostigmine ou ésérine, alcaloïde extrait de la *fève de Calabar* ou semence du *Physostigma venenosum*, Papilionacée de la côte occidentale de l'Afrique.

3. Alcaloïde très toxique extrait de *Nicotiana Tabacum*, Solanée vireuse que tout le monde connaît.

4. De σίαλον, salive et ἄγειν, chasser.

5. La salive devient acide dans diverses maladies, le muguet, les dyspepsies, l'ulcère et le cancer de l'estomac, le diabète, la phtisie.

Les matières organiques comprennent des traces d'une matière albuminoïde coagulable par la chaleur et qui fait partie du groupe des globulines, de la mucine [1], la ptyaline, des traces de graisse et d'urée. — Les matières inorganiques sont formées de chlorures de sodium et de potassium, de traces de sulfate de potasse, de phosphates alcalins et terreux, de phosphate de fer (des traces), de bicarbonates alcalins et enfin d'un peu de sulfocyanate de potassium [2] (0^{gr},04, p. 100). — Enfin on trouve dans la salive des gaz, acide carbonique, oxygène et azote.

Le principe actif de la salive est un ferment soluble, une amylase, la *ptyaline* [3] ou *diastase animale* ; ce nom lui fut donné par analogie avec la diastase de l'orge germée qui a la même action.

Le ptyaline transforme rapidement par hydrolyse l'empois d'amidon ou amidon cuit [4] (quand il est cru, la transformation est lente et faible et le glycogène en dextrines et en maltose. Cette transformation est progressive ; il se produit des corps plus ou moins bien définis, mais que caractérise leur réaction vis-à-vis de l'eau iodée, l'*amylodextrine*, amidon soluble que l'iode colore en bleu, puis l'*érythrodextrine* qui se colore en rouge par l'iode, l'*achroodextrine* sur laquelle l'iode n'agit plus, enfin la maltose. Ainsi le ferment enlève à l'amylose une molécule de dextrine $(C^6H^{10}O^5)^n$ qui en s'hydratant donne de la maltose $C^{12}H^{22}O^{11}$; le ferment poursuit son attaque et la dextrine formée fournit une nouvelle dextrine et une nouvelle molécule de maltose ; et il en va de même jusqu'à ce que la dextrine formée (achroodextrine) résiste à la diastase. De fait, on trouve toujours dans les liqueurs à la fois de la dextrine et de la maltose. — Au fur et à mesure que se prolonge l'action de la salive sur l'empois d'amidon, la quantité de dextrine diminue et celle de maltose augmente, mais il reste toujours un peu d'achroodextrine dans les liqueurs.

On admettait que la diastase de l'orge germée, agissant sur l'empois d'amidon, donne exactement les mêmes produits (dextrines et maltose) que la diastase salivaire. Mais on a reconnu, d'une part. que l'amidon est un mélange de substances de deux sortes, les *amylocelluloses* qui présentent la réaction iodée et les *amylopectines*, qui ne présentent pas cette

---

1. Voy., pour les caractères des mucines, p. 39.
2. La salive, acidulée par l'acide chlorhydrique et additionnée d'une solution étendue de perchlorure de fer, prend une vive couleur rouge-sang qui ne disparaît pas par un excès d'acide. C'est là une réaction des sulfocyanures alcalins. — La quantité indiquée ci-dessus est une moyenne plutôt un peu forte. — On a trouvé ce corps dans d'autres liquides organiques, le sang, la bile, le lait, l'urine. La moyenne par litre d'urine (recherches faites sur les urines de 45 personnes) a été trouvée égale à 0 gr. 002 (calculé comme acide sulfocyanique). — Ce corps paraît donc être un produit normal de désassimilation chez les Mammifères, produit de dédoublement des albuminoïdes. On a supposé qu'il exercerait dans la salive une action antiseptique (?).
3. De πτύαλον, salive, nom donné par le célèbre chimiste suédois J.-J. BERZELIUS (1779-1848).
4. Cette action fut découverte en 1831 par le chimiste allemand E. Fr. LEUCKS (1800-1887).

réaction et auxquelles est due la gélification de l'empois ; et, d'autre part, on a soutenu que l'amylase ne transforme en maltose que les amylocelluloses, tandis que les amylopectines seraient seulement transformées en dextrines par l'action d'un autre ferment du malt. Or il se pourrait que la saccharification de l'amidon par la salive résultât semblablement de l'action de deux ferments, l'un donnant lieu à la formation de maltose et l'autre à celle de dextrines non transformables.

Quoi qu'il en soit, on peut aisément constater la formation de maltose dans l'action de la salive humaine sur l'empois d'amidon ; il suffit d'en garder un peu dans sa bouche pendant quelques instants ; on démontre dans le liquide obtenu la présence d'un sucre dont le pouvoir réducteur, moindre que celui de la glycose, est égal à celui de la maltose et dont le pouvoir rotatoire, bien supérieur à celui de la glycose, est égal à celui de la maltose.

La ptyaline agit surtout en milieu neutre ; elle agit aussi en milieu alcalin et même légèrement acide. — Son maximum d'activité est entre 38° et 41°, tandis que le maximum d'activité de la diastase de l'orge germée est entre 55° et 65°.

La salive humaine, surtout la salive mixte, contient de l'amylase très active. Cependant la propriété saccharifiante n'apparaît qu'avec la première dentition. La salive des herbivores est également très saccharifiante ; celle du chien, au contraire, n'a pas de pouvoir amylolytique. Il en est de même en général de la salive des carnassiers.

D'après quelques physiologistes, la salive contiendrait en très petite quantité de la maltase qui pourrait agir sur une portion de la maltose produite sous l'influence de la ptyaline et donner lieu à la formation d'un peu de glycose.

La salive aurait aussi la propriété de dégager, de l'huile sulfurée que contiennent le raifort, les radis, les oignons, etc., de l'hydrogène sulfuré.

B. **Rôle de la salive.** — Ce rôle est relatif surtout aux fonctions digestives.

La salive est-elle un suc digestif ? Il n'y a pas, à proprement parler, de digestion buccale ; sans doute, quand on mâche du pain, il est facile de constater que ce pain acquiert très rapidement un goût sucré[1] ; mais d'habitude les aliments restent peu de temps dans la bouche, la ptyaline ne peut guère y exercer son action ou ne l'exerce que dans d'étroites limites. Mais il faut ajouter que cette action peut se continuer dans l'estomac, puisqu'elle se fait même en milieu légèrement acide. Néanmoins la digestion des hydrates de carbone du groupe des amyloses a lieu surtout dans le duodénum, sous l'influence du suc pancréatique.

---

1. La salive humaine, dans la bouche, agit en général en moins d'une minute

On peut rattacher au rôle chimique de la salive son influence, et particulièrement celle de la salive sous-maxillaire (voy. p. 172), sur la gustation. On sait en effet que seules excitent le sens du goût les substances solubles ou qui se dissolvent dans les liquides buccaux.

Le rôle mécanique de la salive dans l'ensemble des actes digestifs est plus important. C'est ce liquide qui facilite la mastication et la déglutition en imbibant les aliments et par là en aidant d'abord à la formation du bol alimentaire et ensuite à son glissement le long des premières voies digestives. Nous avons déjà signalé à cet égard l'influence de la salive parotidienne (salive de mastication) et celle de la salive sublinguale (salive de déglutition). La salive sous-maxillaire participe aussi à ces actions.

Quelque réels que soient et ce rôle chimique et ce rôle mécanique de la salive, ils ne sont indispensables ni l'un ni l'autre. On peut en effet enlever chez le chien toutes les glandes salivaires, sans que l'animal opéré présente de troubles.

3. — Formation du bol alimentaire.

La mastication n'aboutit pas nécessairement à la formation d'un bol alimentaire, et, de son côté, l'insalivation n'en est non plus qu'une condition. Toutes deux, à la vérité, sont des conditions indispensables. Mais la formation même du bol est le résultat de mouvements adaptés de la langue, des lèvres et des joues, associés à la mastication et à la sécrétion salivaire. Ce sont ces mouvements, surtout ceux de la langue, qui jouent le rôle le plus important; grâce à eux, les substances alimentaires sont mélangées avec la salive (insalivation) et, selon que la mastication est plus ou moins parfaite, forment plus ou moins rapidement une masse pâteuse, propre à être aisément déglutie. La section de l'hypoglosse, nerf moteur de la langue, ou celle du lingual, nerf sensitif de cet organe [1], gêne singulièrement la formation du bol alimentaire.

L'innervation des muscles des lèvres et des joues a été indiquée page 171; on ne reviendra pas sur ce point.

On a vu aussi que la mastication est un phénomène réflexe bulbaire (p. 171). Au contraire, la formation du bol alimentaire est un phénomène qui dépend surtout du cerveau. Après l'extirpation des hémisphères cérébraux (expériences faites sur le lapin), la mastication, avons-nous dit (p. 171), est possible; mais la masse ainsi mastiquée reste éparse dans la gueule; elle ne finit pas par former,

---

1. L'intégrité de la sensibilité, nous avons déjà signalé ce fait (p. 170), est en effet nécessaire à la coordination des mouvements et par conséquent à leur exacte appropriation.

comme chez l'animal normal, un bol alimentaire. Ce n'est que le phénomène masticateur proprement dit, la division des aliments, qui est réflexe. La formation et la propulsion du bol alimentaire sont sous le contrôle de l'écorce cérébrale. — Chose remarquable, pour empêcher ce phénomène, il est inutile d'enlever tous les hémisphères cérébraux, il suffit d'extirper les régions où sont localisées les impressions gustatives. On voit par là le rapport qui existe entre la gustation et l'ingestion des aliments.

4. — Déglutition.

Quand l'aliment a été mêlé assez intimement à la salive pour devenir mobile presque comme les liquides, il est soumis à l'action d'un appareil qui le fait progresser par pression depuis le fond de la cavité buccale jusqu'à l'orifice cardiaque de l'estomac, c'est-à-dire qu'il quitte alors la cavité buccale pour suivre les canaux pharyngien et œsophagien. Le principe qui détermine le mouvement du bol alimentaire est celui qui préside au mouvement des liquides, c'est-à-dire une pression exagérée en un point et nulle dans les autres, d'où progression du bol alimentaire (ou des liquides déglutis) dans le sens de la pression la plus faible.

L'appareil de la déglutition se compose d'abord de la cavité buccale, limitée supérieurement par la voûte palatine, postérieurement par le voile du palais, en bas par la langue, en avant par les dents; puis de l'isthme du gosier (circonscrit par les piliers antérieurs du voile), du pharynx et de l'œsophage.

En quoi consiste le mouvement de progression des aliments, ou, en d'autres termes, comment ceux-ci sont-ils poussés dans une direction déterminée et seulement dans cette direction? C'est là, pour ainsi dire, la mécanique de la déglutition. — Vient alors une seconde question. Quelle est la mise en jeu de ce mécanisme? Quels sont les nerfs qui commandent aux divers mouvements par lesquels il se réalise?

1° *Mécanisme musculaire de la déglutition.*

Pour faire mieux comprendre la succession et l'enchaînement des multiples et divers mouvements grâce auxquels l'aliment est ingéré, on divise généralement la déglutition en trois temps.

Dans le *premier temps* ou *temps buccal*, l'aliment parcourt la cavité buccale.

Lorsque le bol alimentaire est formé, il se rassemble en une masse unique sur la base de la langue; la pointe de celle-ci s'applique contre la voûte du

palais, et le bol glisse vers les piliers antérieurs du voile du palais, c'est-à-
dire vers l'isthme du gosier. Ces mouvements sont volontaires, ou du moins
peuvent être arrêtés par la volonté. Si la langue est paralysée, le premier
temps de la déglutition ne peut s'accomplir et le bol alimentaire doit être
poussé avec le doigt jusqu'à l'isthme du gosier. Ce n'est qu'à partir de
ce point, en effet, que la déglutition vraie commence; celle-ci est un phénomène réflexe que rien n'arrête dès qu'il est commencé. L'acte par lequel
le bol franchit l'isthme du gosier ne doit donc pas être compris dans le
premier temps.

Le *deuxième temps* est le *temps pharyngien.*

Le bol alimentaire franchit d'abord l'isthme du gosier. Il a été poussé
par les contractions des muscles de la langue contre le voile du palais.
Pour que ces contractions puissent le presser contre le voile, il faut que
celui-ci offre une résistance suffisante; il faut pour cela qu'il soit tendu ;
la contraction des muscles péristaphylins externes le tend transversalement et celle des glosso-staphylins le tend de haut en bas. La contraction des mylo-hyoïdiens vient alors appliquer fortement la base de la
langue contre le palais. Les matières alimentaires, ainsi poussées par une
forte pression, ne peuvent s'échapper que par l'angle que forment la
langue et la voûte palatine. Cette contraction des mylo-hyoïdiens peut être
constatée au moyen du doigt introduit dans la bouche jusqu'au delà de la
dernière molaire, immédiatement au-dessus de la ligne mylo-hyoïdienne ;
à cet endroit, le doigt repose directement sur le muscle. Elle constitue le
premier mouvement essentiel de la déglutition; en effet, la paralysie
de ces muscles rend la déglutition très difficile ; des chiens sur lesquels
on sectionne les nerfs mylo-hyoïdiens ne peuvent déglutir qu'en rejetant
la tête en arrière, c'est-à-dire en s'aidant de la pesanteur pour faire tomber
les aliments dans le pharynx. — Par l'action des muscles mylo-hyoïdiens
et les contractions mêmes de la langue, le bol alimentaire est donc poussé
comme par un piston vers l'endroit de la moindre résistance, le canal pharyngo-œsophagien.

Et cela, d'autant plus qu'à ce moment précis le pharynx s'élève au-devant
de ce bol alimentaire. En effet, son extrémité inférieure mobile se rapproche de l'extrémité supérieure, immobile; et ce raccourcissement est
important, puisqu'il diminue la longueur du pharynx (14 centimètres) d'une
dizaine de centimètres. Ce raccourcissement du pharynx s'opère par la
contraction de ses constricteurs moyens et inférieurs et par celle des
stylo-pharyngiens et successivement par celle des muscles sus-hyoïdiens :
ventre antérieur des deux digastriques, génio, mylo et stylo-hyoïdiens. Pour
que les muscles sus-hyoïdiens se contractent, il faut que la mâchoire inférieure soit fixée par les muscles masticateurs; alors l'os hyoïde est sou-
levé, le larynx aussi se soulève en même temps que le pharynx et se
trouve porté en avant, d'où l'élargissement du diamètre du canal pharyngien à l'instant même où le bol y est jeté. Aussitôt les fibres musculaires
de ce canal, se contractant, le chassent très vite dans l'œsophage.

Pendant que le bol franchit le pharynx, les deux communications de ce canal avec les voies aériennes (fosses nasales, d'une part, en haut et en arrière, et larynx, d'autre part, en bas et en avant) et celle qu'il présente avec la cavité buccale sont oblitérées.

1. Le bol ne peut rétrograder dans la cavité buccale, à cause de la contraction des muscles des piliers antérieurs, des glosso-staphylins, qui se rapprochent l'un de l'autre par l'effet même de leur contraction, et en raison de l'application de la base de la langue contre le palais par la contraction des mylo-hyoïdiens.

2. L'occlusion des fosses nasales a lieu en même temps. Le facteur en est le voile du palais. La paralysie du voile du palais suffirait à le prouver, puisque cette paralysie entraîne le reflux par le nez des aliments et des boissons au moment de la déglutition. Le voile va former un plancher musculo-membraneux, qui empêchera l'aliment de pénétrer dans la partie nasale du pharynx, et de là dans les fosses nasales. — Comment a lieu cette fermeture de l'*isthme naso-pharyngien* (que circonscrivent les piliers postérieurs du voile)? 1° Le voile se soulève, comme le prouve la

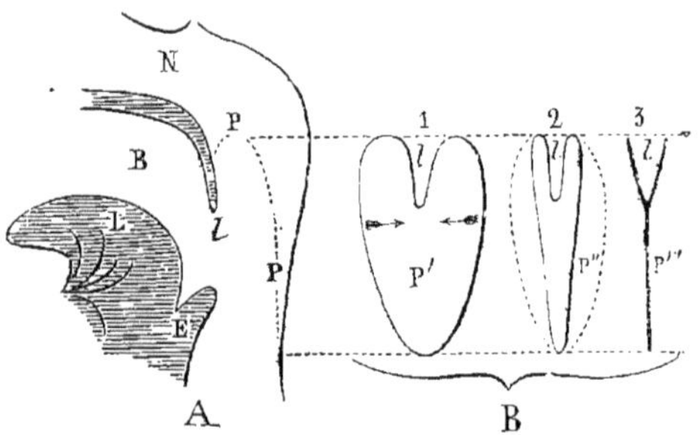

Fig. 18. — Schéma de l'occlusion du détroit naso-pharyngien, par l'action des muscles des piliers postérieurs (*staphylo-pharyngiens*) (è Mathias Duval).

A, cette région vue de profil ; N, cavité nasale ; B. bouche ; L, langue ; E, épiglotte ; *l*, luette ; P, P, trajet du muscle staphylo-pharyngien.

B, schéma de l'orifice circonscrit par les deux staphylo-pharyngiens comme par un sphincter ; 1 (P'), à l'état de repos ; 2 (P''), demi-occlusion ; 3 (P*), occlusion parfaite ; *l*, luette.

légère projection en avant (le soulèvement) d'un stylet introduit par une narine jusqu'à l'isthme naso-pharyngien ; — 2° les piliers postérieurs se rapprochent : les muscles staphylo-pharyngiens, concaves en dedans à l'état de repos (voy. fig. 18), redressent leur courbe et figurent à l'état de contraction la corde de l'arc qu'ils représentaient à l'état de repos (fig. 18, B. 2) ; mais il reste encore une fente plus ou moins large, qui néanmoins s'oblitère, en bas, par les contractions du sphincter moyen du pharynx ; en haut, la luette ferme l'ouverture en forme de fente qui pourrait encore rester, mais elle n'est pas indispensable (fig. 18, B, 3, *l*).

L'occlusion des fosses nasales ainsi réalisée est complète. En effet, la respiration est supprimée pendant la déglutition. D'autre part, si l'on fait un mouvement de déglutition en tenant bouchées les ouvertures des narines, on observe que l'ouïe devient après cela un peu dure. C'est que, dans la succession des mouvements péristaltiques du pharynx, sa partie supérieure s'abaisse et, le sphincter staphylo-pharyngien restant encore fermé, il en résulte une raréfaction de l'air dans les fosses nasales ; or, comme, pendant

la déglutition, la base du voile du palais est tendue et fixée par la contraction des péristaphylins externes, et que ceux-ci ont en même temps pour
action d'ouvrir la trompe d'Eustache, il s'ensuit que la raréfaction de l'air
des fosses nasales se communique jusque dans la caisse du tympan, et
s'y maintient alors jusqu'à ce qu'un nouveau mouvement de déglutition
vienne mettre cette caisse du tympan en communication avec les fosses
nasales que l'on a cessé de comprimer. Enfin, on peut encore faire l'expérience suivante : on introduit dans les fosses nasales un tube qui, d'autre
part, plonge dans de l'eau : à chaque mouvement de déglutition on voit
l'eau subir un mouvement d'ascension dans le tube, par suite de la raréfaction de l'air des fosses nasales (par descente de l'isthme naso-pharyngien
contracté), raréfaction qui se communique à l'air du tube, comme elle se
communique à celui de la caisse du tympan.

3. L'occlusion de l'orifice de communication antéro-inférieur, ou orifice
du larynx, s'opère au moyen de l'*épiglotte*, sorte de valvule inerte qui,
dans les circonstances où elle est libre, laisse découvert l'orifice respiratoire, mais qui, constituée par du tissu élastique (fibro-cartilage réticulé),
se plie sous le poids du bol alimentaire au moment de son passage. Mais
la présence de l'épiglotte n'est pas indispensable à cette oblitération. Au
moment de l'ascension du pharynx, le larynx, prenant part à ce mouvement, vient butter contre la base de la langue (proéminente en arrière en
ce moment), et ce mécanisme suffit pour protéger l'orifice respiratoire, ou
en tout cas pour assurer le renversement de l'épiglotte sur cet orifice. Les
petits cartilages placés au sommet des cartilages aryténoïdes contribuent
avec l'épiglotte à l'occlusion de l'ouverture du larynx. Aussi l'absence de
l'épiglotte n'a-t-elle presque aucun inconvénient pour la déglutition des
solides. Il n'en est plus de même pour la déglutition des liquides. En effet,
lorsque la déglutition d'une masse liquide est achevée, le larynx reprend
sa position normale ; mais il reste toujours sur le dos de la langue quelques
gouttes de liquide qui se réunissent, s'écoulent vers l'œsophage et tombe-
raient fatalement dans le larynx, si son opercule membraneux (épiglotte)
venait à manquer. Cependant les observations cliniques et les résultats de
l'expérimentation avaient souvent paru contradictoires à ce point de vue :
tantôt on observerait de la toux, tantôt on n'observerait aucun trouble
après la déglutition d'un liquide chez les malades ou chez les animaux privés
d'épiglotte. La variabilité de ces résultats s'explique facilement. D'abord,
chez l'homme, la destruction de l'épiglotte est toujours très irrégulière, vu
la nature de ses causes (blessures, érosions syphilitiques), de sorte que les
cas ne sont pas comparables entre eux, et que tel individu n'éprouvera
aucune gêne, tandis que tel autre sera pris d'accidents alarmants après la
déglutition d'un liquide. Si, chez les animaux auxquels on a régulièrement
et parfaitement enlevé l'épiglotte, on observe aussi une certaine variabilité
dans les résultats au point de vue des troubles qui suivent ou ne suivent
pas la déglutition des liquides, cette variabilité s'explique par ce fait que,
toutes les fois que l'animal est calme, il n'y a pas de troubles ; s'il est
dérangé à la fin de la déglutition, des accidents se produisent. En effet,
on a montré que, quand la déglutition des liquides est en apparence finie,
l'accumulation des dernières gouttes descendant de la langue vers les

ligaments glosso-épiglottiques provoque des mouvements de déglutition secondaires, mouvements qui se répètent deux ou trois fois de suite, jusqu'à ce qu'il ne reste plus aucune goutte de liquide dans l'isthme du gosier. Or, pour peu que l'animal soit troublé, quand on empêche, par exemple, un chien de se lécher après avoir vidé une jatte de lait, ces déglutitions secondaires n'ont pas lieu et, si l'épiglotte a été excisée, les dernières gouttes de liquide pourront s'introduire dans le larynx et y provoquer la toux.

Quand même des particules alimentaire solides ou liquides parviennent à s'introduire dans le larynx, elles n'arrivent que bien rarement dans la trachée; dès qu'elles sont au contact de la muqueuse du vestibule du larynx, elles mettent en jeu la sensibilité toute spéciale que cette région tient du nerf laryngé supérieur et provoquent le phénomène de la toux; cette toux les rejette aussitôt au dehors. La sensibilité du larynx joue donc un rôle important dans la protection des voies respiratoires; par là est prévenue la chute de corps étrangers dans les voies respiratoires, chute contre laquelle l'animal serait impuissant à réagir, si la fente glottique était une fois franchie.

Enfin, comme pour mettre un dernier obstacle à l'entrée de ces corps dans la trachée, la fente glottique se ferme à chaque déglutition. Ce n'est là qu'une occlusion de précaution, et il ne faudrait pas croire que dans la déglutition normale les substances dégluties vinssent jusqu'au contact des lèvres de la glotte. Au contraire, la déglutition reste parfaitement normale, quand on empêche la glotte de se fermer, en introduisant un écarteur entre les cordes vocales. C'est d'ailleurs par un mécanisme spécial que cette occlusion a lieu; elle n'est pas produite par la contraction des muscles propres de la glotte, mais elle est passive et due à ce que la contraction des constricteurs inférieurs du pharynx fait plier le cartilage thyroïde sur lequel ces muscles s'insèrent. Et ce mouvement n'est pas commandé par les nerfs qui régissent les mouvements respiratoires de la glotte; ce sont des filets du nerf spinal qui président à l'occlusion de la glotte pendant la déglutition, filets innervant le constricteur inférieur du pharynx.

Le *troisième temps* de la déglutition est le *temps œsophagien*.

Au moment où le bol est projeté à la partie supérieure de l'œsophage, les trois orifices, buccal, naso-pharyngien et laryngé se rouvrent. La contraction des fibres musculaires circulaires de l'œsophage pousse le bol en avant, en même temps que la contraction des fibres longitudinales amène vers lui les parties du canal où il doit s'engager. La pesanteur n'est pour rien dans cette progression des matières alimentaires, puisqu'on peut déglutir la tête en bas.

Le mouvement de l'œsophage présente plusieurs particularités [1] : c'est un mouvement toujours involontaire; des matières alimentaires, introduites,

1. Ces mouvements ont été bien étudiés grâce à l'emploi de sondes (analogues aux sondes cardiographiques) pourvues d'une ampoule en caoutchouc et reliées à un tambour enregistreur; on peut ainsi inscrire les variations de la pression intra-œsophagienne, résultant des contractions des parois du canal.

dans ce canal par une ouverture faite en l'un de ses points, n'y progressent nullement; elles ne sont entraînées que quand une déglutition pharyngienne se produit; — c'est un mouvement énergique : on a constaté qu'un corps solide (une boule en bois), introduit dans l'œsophage du chien, s'y trouve encore entraîné quand il est retenu par un poids de 250 à 450 grammes ; — c'est un mouvement lent; la partie supérieure de l'œsophage, composée de fibres striées (portion cervicale), se contracte d'abord ; cette contraction commence 0″,9 après celle du pharynx ; celle de la deuxième portion commence 1″,8 après celle-ci et celle de la portion inférieure, formée uniquement de fibres lisses, 3″ après la précédente. La durée de chacune de ces contractions est respectivement d'environ 2″, 5″ et 10″. Mais il ne s'agit ici que de la déglutition des aliments solides. Les liquides sont déglutis beaucoup plus rapidement ; une gorgée d'eau, lancée dans le canal pharyngo-œsophagien par le mouvement de piston des mylo-hyoïdiens et la compression de l'air qui se trouve à l'entrée du pharynx, traverse l'œsophage et arrive au cardia en moins d'une seconde ; il se produit ensuite une contraction secondaire de l'œsophage, qui n'est pas plus rapide que d'habitude et à la suite de laquelle le liquide franchit le cardia (8 à 10″ après avoir été avalé) ; — enfin, c'est un mouvement de tout l'œsophage ; une ligature posée sur ce conduit ou une section circulaire n'empêche pas l'onde de déglutition partie du pharynx de se propager jusqu'à l'extrémité inférieure de l'œsophage ; par contre, la section des nerfs œsophagiens (pneumogastriques), le conduit lui-même étant intact, empêche la propagation de la contraction. L'ordre de succession des mouvements œsophagiens (contraction des divers segments de ce canal) est donc déterminé par le système nerveux.

Tel est le mécanisme de la déglutition. Rappelons-en les facteurs essentiels : la contraction des muscles mylo-hyoïdiens, le raccourcissement du pharynx et l'occlusion simultanée de l'isthme du gosier, des fosses nasales et du larynx et enfin la contraction successive des trois parties de l'œsophage.

2° *Mécanisme nerveux de la déglutition.*

La déglutition consiste en une série de mouvements réflexes qui commencent dès qu'un bol alimentaire ou une petite quantité de salive vient irriter la base de la langue et les piliers antérieurs du voile du palais. Cette excitation locale est nécessaire. Quand on croit faire un mouvement de déglutition à vide, sous la seule influence de la volonté, celle-ci en réalité ne commande qu'au transport de quelques gouttes de salive vers l'isthme du gosier, où leur arrivée provoque le réflexe. De même la volonté est impuissante à arrêter la déglutition et elle est également impuissante à en déterminer la reprise, quand le bol alimentaire est accidentellement arrêté dans sa course ; celle-ci ne peut reprendre et se poursuivre que si un nouveau mouvement de déglutition part de l'isthme du gosier. '

On peut savoir quel est l'endroit d'où part l'impulsion initiale, provocatrice du réflexe, quels sont les nerfs sensitifs qui transmettent au bulbe cette excitation, quel est ce centre bulbaire et enfin quelles sont les voies centrifuges (motrices) que suivent les incitations parties du bulbe.

1. Le mouvement de déglutition se produit à coup sûr, quand on touche la partie antérieure du voile du palais (espace compris entre les amygdales jusqu'à l'os palatin, 2 centimètres de long sur 1 de large) ; le frôlement le plus léger suffit pour provoquer le mouvement. L'anesthésie de cette région par la cocaïne supprime complètement le réflexe, tout le temps qu'elle dure.

2. Les excitations du voile du palais sont transmises au bulbe par le trijumeau qui donne la sensibilité à cette région. La section des filets du maxillaire supérieur qui innervent le voile du palais abolit le réflexe consécutif à l'irritation de la région indiquée. Les excitations mécaniques de la muqueuse du larynx (face postérieure des cartilages aryténoïdes) peuvent aussi amener des déglutitions. L'excitation électrique du bout central du laryngé supérieur donne sûrement lieu à un mouvement de déglutition. — Ainsi les voies centripètes du réflexe sont le trijumeau (rameau palatin du maxillaire supérieur) et le pneumogastrique (laryngé supérieur), la voie du laryngé supérieur étant d'ailleurs beaucoup moins importante que la première.

3. La partie du système nerveux central qui reçoit les excitations spéciales à la suite desquelles se dégagent les incitations motrices destinées aux muscles de la déglutition, se trouve dans le bulbe. On peut enlever les portions de l'encéphale situées en avant du bulbe sans empêcher la déglutition ; d'autre part, une section de la moelle immédiatement au-dessous du bulbe ne l'empêche pas non plus. Inversement, la destruction, au moyen d'une forte aiguille, du plancher du quatrième ventricule, un peu au-dessus et en dehors de l'aile grise, au-dessus du centre respiratoire, supprime le réflexe de la déglutition.

La mise en activité de ce centre provoque, sans doute par propagation des excitations qui l'ont amenée, des réactions dans les centres bulbaires voisins, respiratoire et cardiaque. L'activité du premier est diminuée, d'où un court arrêt respiratoire. Celle du centre modérateur cardiaque est également diminuée chez l'homme, d'où, au moment de la déglutition, une accélération, souvent marquée, des battements du cœur ; chez d'autres animaux, comme le chien, elle est augmentée, d'où un ralentissement du cœur.

L'activité du centre de la déglutition est temporairement suspendue (*inhibée*) par les excitations du glosso-pharyngien ; l'électrisation du bout central de ce nerf empêche les mouvements de déglutition ou les arrête quand ils sont commencés.

4. Les excitations motrices parties du bulbe gagnent dans un ordre déterminé les différents muscles qui servent à la déglutition, d'abord ceux de l'isthme du gosier et du pharynx, puis ceux de l'œsophage ; les

muscles de la langue par l'hypoglosse, les muscles sus-hyoïdiens par le
trijumeau (branche motrice, maxillaire inférieur), les péristaphylins externes par le trijumeau (maxillaire inférieur), les autres muscles du voile
du palais par la racine inférieure du pneumogastrique ou la racine bulbaire du spinal (filets issus du plexus pharyngien), les muscles du pharynx par le pneumogastrique et aussi par le glosso-pharyngien (d'après
Chauveau) ; l'excitation des racines de ce dernier nerf amène la contraction
de la partie antéro-supérieure du constricteur supérieur (Chauveau) ; les
stylo-pharyngiens (dont la contraction contribue au raccourcissement du
pharynx, comme on l'a vu plus haut, p. 19?) recevraient aussi des fibres
du glosso-pharyngien. Les fibres des constricteurs du pharynx seraien..
en réalité, fournies au pneumogastrique par la branche interne du spinal ;
après l'arrachement de celle-ci, les muscles pharyngiens sont paralysés. —
Quant aux mouvements de l'œsophage, ils sont commandés par les pneumogastriques ; la région inférieure ou sous-bronchique de l'œsophage reçoit
son innervation motrice des cordons terminaux des pneumogastriques ;
la région supérieure la reçoit, soit des récurrents (homme et lapin), soit
du plexus pharyngien et du nerf laryngé externe (chien, cheval). La section des deux pneumogastriques au cou amène la paralysie de la moitié
inférieure environ de l'œsophage ; par suite, les aliments s'arrêtent et
s'accumulent à l'extrémité de segment qu'ils distendent peu à peu ; de là,
des régurgitations dans lesquelles des parcelles alimentaires peuvent pénétrer dans le larynx.

Chez les Ruminants et les Solipèdes, les nerfs moteurs de l'œsophage,
au moins pour sa partie supérieure ou trachéale, sont bien distincts des
nerfs sensitifs, ceux-ci étant représentés par quelques filets ascendants,
longs et grêles, qui se détachent de l'origine des récurrents. Aussi Chauveau
a-t-il pu faire des expériences intéressantes sur la suppression de la
sensibilité de cette partie de l'œsophage, et constater que la section de
ces nerfs sensibles amène soit la paralysie, soit une véritable *ataxie* de
l'œsophage, qui ne peut plus exécuter de contractions péristaltiques régulières. C'est là un exemple remarquable du rôle joué par les nerfs sensitifs
dans l'exécution des mouvements musculaires réflexes : en supprimant ou
diminuant l'action centripète, on supprime ou trouble l'action centrifuge,
c'est-à-dire on détruit le réflexe ou au moins sa coordination.

IV. — DEUXIÈME PARTIE DE L'ACTE DIGESTIF.

C'est la partie essentielle de la digestion.

Le bol alimentaire, arrivé dans l'estomac, y est presque entièrement divisé ; en outre, toute la partie albuminoïde y subit des transformations profondes (*digestion stomacale*) ; puis les mouvements de
l'estomac en chassent le contenu dans le duodénum ; là, des glandes
importantes, le pancréas et le foie, déversent des produits de sécrétion dont l'action, combinée à celle du suc sécrété par les glandes
intestinales elles-mêmes, donne lieu à la *digestion intestinale* ; le rôle
respectif du suc pancréatique et de la bile devra être examiné ici ;

la désagrégation des matières alimentaires déjà modifiées se poursuit dans le reste de l'intestin grêle dont ces matières parcourent les divers segments sous l'influence des contractions péristaltiques. — On a donc à étudier les phénomènes chimiques et mécaniques qui se passent dans l'estomac et dans l'intestin.

Après avoir vaguement parlé de *fermentations digestives*, les anciens physiologistes s'étaient surtout arrêtés à l'idée que la digestion consiste en des actes mécaniques produisant une sorte de trituration des aliments. Réaumur[1], le premier, établit que la digestion est essentiellement un acte chimique; en faisant avaler à des corbeaux de la viande enfermée dans des tubes percés de trous, il reconnut que cette viande était digérée, quoique soustraite à toute action triturante. Ses expériences furent confirmées par celles de Spallanzani[2], qui se procura du suc gastrique en faisant avaler aux animaux de petites éponges qu'il retirait et exprimait ensuite; avec le liquide ainsi obtenu, il fit des digestions artificielles *in vitro*. Le rôle chimique du suc gastrique étant dès lors établi, les physiologistes furent amenés à ne considérer la digestion que comme un acte stomacal, à faire jouer tout le rôle digestif au suc gastrique. Il était réservé aux physiologistes modernes, et notamment à Cl. Bernard, de montrer qu'il n'y a pas qu'un seul liquide digestif, qu'une seule digestion, mais que, outre celle qui se passe dans l'estomac et qui n'est que le début de la série, il y a encore une digestion pancréatique et une intestinale. En même temps les pathologistes ont reconnu qu'il n'y a pas une seule dyspepsie, la dyspepsie gastrique, mais aussi des dyspepsies d'origine intestinale ou d'origine pancréatique.

1. — Estomac. Sécrétion du suc gastrique. Digestion stomacale.

L'*estomac* est une poche qui reçoit les aliments que la déglutition y amène. Certains aliments ne font que le traverser. telles les boissons. Les autres s'y arrêtent en général, et d'autant plus longtemps qu'ils doivent y subir une élaboration plus importante, c'est-à-dire qu'ils sont plus difficilement attaquables; les aliments que l'estomac ne peut attaquer restent dans sa cavité le plus longtemps possible.

---

1. Réaumur (R.-A. Ferchault de), mathématicien. physicien, chimiste et naturaliste français (1683-1757), connu surtout en biologie par ses études sur les Insectes, sur la digestion des Oiseaux. sur l'incubation des œufs de poule (c'est à propos de ses recherches sur l'incubation artificielle qu'il fut amené à construire le thermomètre qui porte son nom. Les *Mémoires pour servir à l'histoire des insectes* (6 vol in-4°), son œuvre principale, sont pleins de faits ignorés avant lui et que l'on a, depuis, maintes fois retrouvés.

2. Sur Spallanzani, voy. p. 82.

Il y a à considérer dans l'estomac un *organe glandulaire* et un *organe moteur.*

1º *Mécanisme de la sécrétion gastrique.*

A. Phénomènes histologiques. — La surface interne de l'estomac est tapissée par un épithélium cylindrique formé d'une seule couche de cellules ; ce sont ces cellules qui sécrètent le mucus dont la surface de l'estomac est toujours recouverte ; mais elles **en** sécrètent beaucoup moins à l'état de jeûne que pendant le repas.

De la surface de l'estomac partent des diverticules tapissés aussi par des cellules épithéliales ; ce sont les glandes de l'estomac, glandes en tubes ramifiés. Celles du grand cul-de-sac ou fond (*fundus*) présentent des cellules de deux sortes : les *cellules de bordure* ou *de revêtement* (ou cellules *délomorphes* de ROLLETT [1], *Belegzellen* de HEIDENHAIN) et les *cellules principales* (*adélomorphes* de ROLLETT, de ἀ, privatif, et δῆλος, clair, apparent, *Hauptzellen* de HEIDENHAIN). Les cellules principales, de forme pyramidale ou conique, ont un contenu clair ou finement granuleux ; les cellules de bordure, de forme arrondie ou polygonale, plus volumineuses, en général, que les précédentes, ont un contenu homogène, plus granuleux que le cytoplasme des cellules principales. La région du pylore, très différente de la région du fond, contient des glandes spéciales, glandes pyloriques, qui ne seraient formées que de cellules principales.

Tel est sommairement l'aspect des cellules glandulaires à l'état de jeûne, dit à tort état de repos ; c'est, au contraire, comme nous l'avons déjà fait observer à propos des glandes salivaires, pendant cette période que les cellules élaborent les produits de leur sécrétion ; c'est la phase de travail *chimique* ou latent.

La phase qui s'oppose à celle-ci est la phase d'excrétion cellulaire ou de travail *physiologique* ou apparent. — Pendant la digestion, il y a des cellules principales qui augmentent un peu de volume et dont le cytoplasme devient plus granuleux et se vacuolise ; d'autres sont vidées presque complètement de leurs grains et dans celles-ci le noyau est à peine reconnaissable. En somme, le travail d'excrétion cellulaire paraît être caractérisé par une transformation granuleuse du protoplasma des cellules principales, puis par la fonte et la disparition de ces granulations. Il semble que les modifications des cellules bordantes soient moins importantes ; les granulations deviennent plus rares et se portent à la périphérie, le cytoplasma se vacuolise.

On va voir tout à l'heure quels sont les éléments du suc gastrique qu'élaborent et excrètent ces deux sortes de cellules.

B. Phénomènes chimiques. Formation des principes essentiels du suc gastrique. — Le suc sécrété par les glandes gastriques est caractérisé par la présence d'un acide, l'*acide chlorhy-*

---

1. **A.** ROLLETT (18 6-1903), physiologiste autrichien.

drique, et de deux ferments, la *pepsine*, ferment protéolytique, et la *présure*, ferment coagulant le lait. Il s'y trouverait aussi une *lipase*, ferment dédoublant la graisse. Où et comment se forment ces divers éléments?

a. Formation de l'acide chlorhydrique. — L'acide chlorhydrique se formerait exclusivement dans les glandes du grand cul-de-sac et seulement dans les cellules de bordure. En effet, la sécrétion du grand cul-de-sac est acide, tandis que celle des glandes pyloriques (constituées seulement par des cellules principales) est alcaline.

La démonstration directe de cette opinion paraît être fournie par l'étude du suc sécrété par l' « antre pylorique » isolé; on dissèque, et, par des sutures appropriées, on isole en forme de poche une partie plus ou moins étendue de la muqueuse stomacale, dans la région pylorique, en respectant et conservant les vaisseaux et les nerfs de cette région (formation d'un *petit estomac* pylorique, opération de Pavloff; voy. plus loin, p. 210). cette partie est mise en communication avec la paroi abdominale, tandis que la continuité du reste de l'organe est rétablie au moyen de sutures; par la fistule ainsi pratiquée, on recueille le liquide sécrété par le petit estomac. Or, ce suc se montre toujours faiblement alcalin. — La seule objection que l'on pourrait faire à cette expérience, c'est que l'acidité du suc sécrété par les glandes de la région pylorique se trouve peut-être masquée par l'alcalinité du suc des cellules muqueuses, abondantes en cette région. — Une autre preuve de la distinction qui existerait entre les glandes du fond et celles de la région pylorique au point de vue de la production de l'acide, résulte d'une expérience histo-chimique. On a remarqué que les cellules qui ont une sécrétion acide se colorent en noir par le nitrate d'argent; dans l'estomac, ce sont les cellules de bordure qui prennent cette coloration, les cellules principales ne se coloreraient pas[1]; de fait, les cellules des glandes pyloriques ne se colorent pas.

On a soutenu que l'acide ne se forme qu'à la surface des glandes.

Cette donnée est sortie d'une expérience déjà ancienne de Claude Bernard qui, injectant dans une veine d'un animal du lactate de fer et du ferrocyanure de potassium, vit à la suite de cette injection la surface seule de l'estomac se colorer en bleu (précipité bleu foncé de bleu de Prusse); le lactate de fer, en réagissant sur le ferrocyanure, ne donne du bleu de Prusse qu'en milieu acide. De cette expérience, on a conclu à tort que l'acide ne se produit pas dans la profondeur des glandes. Il se pourrait simplement que les éléments formateurs du bleu de Prusse ne fussent oint éliminés par les cellules glandulaires, mais par celles de l'épithélium

1. Les glandes stomacales des Vertébrés inférieurs, comme la grenouille, ne présentent qu'une seule espèce de cellules, et cependant chez ces animaux la sécrétion gastrique possède les propriétés de celle des animaux à épithélium plus différencié; la même cellule suffit à la sécrétion de l'acide et de la pepsine. Il ne suit pas de là que, chez les Mammifères, la différenciation morphologique des éléments cellulaires ne soit pas accompagnée d'une différenciation fonctionnelle.

superficiel. Une autre expérience d'ailleurs est contraire à celle de Claude
Bernard. Si l'on injecte dans une veine d'un animal en digestion (chien)
une solution neutre d'alizarinate de soude (substance rouge pourpre qui
donne un précipité jaune en présence d'un acide), toute la muqueuse
stomacale se colore en jaune dans toute son épaisseur; à partir du pylore
la muqueuse apparaît rouge, il en est de même au-dessus du cardia.

Ainsi les cellules glandulaires de l'estomac produiraient toutes
de l'acide. Cette conclusion est en contradiction avec le résultat
mentionné plus haut concernant l'alcalinité du suc pylorique. De
nouvelles recherches éclairciront ce point.

Voyons maintenant comment l'acide se forme. C'est aux dépens
du chlorure de sodium du sang.

En effet : 1° la suppression des chlorures dans l'alimentation finit, au
bout d'un long temps d'ailleurs, par faire disparaître du suc gastrique
l'acide chlorhydrique ; l'estomac ne sécrète plus qu'un suc neutre, qui
manifeste un pouvoir digestif énergique, dès qu'on l'additionne d'acide
chlorhydrique ; — 2° l'administration à un animal de fortes quantités
de bromures ou d'iodures, en même temps que l'on supprime les chlorures de l'alimentation, fait apparaître dans le suc gastrique de l'acide
bromhydrique ou iodhydrique qui s'est substitué à l'acide chlorhydrique
— Sous quelle influence le chlorure de sodium est-il décomposé ? On sait
que les acides les plus faibles peuvent déplacer l'acide fort d'un sel en
quantité d'autant plus grande que la masse de l'acide faible est plus considérable. C'est cet *effet de masse* qui explique la dissociation d'un acide
fort de ses combinaisons. L'acide carbonique lui-même, par effet de masse,
peut déplacer une petite quantité de tout autre acide. Or, le sang qui
contient toujours un excès d'acide carbonique est en réalité pour cette
raison un liquide acide ; ce liquide acide, incessamment renouvelé, qui baigne
les glandes gastriques, a le pouvoir de décomposer en partie le chlorure de
sodium : $NaCl + CO^2 + H^2O = HCl + CO^3NaH$; la petite quantité d'acide
chlorhydrique mise en liberté est immédiatement éliminée du champ de
la réaction, ce qui permet à celle-ci de recommencer, l'acide carbonique
restant toujours en grand excès [1] ; l'acide ne fait donc que traverser les
cellules ; quant au carbonate de soude produit en même temps, il passe
dans le sang par l'autre pôle de la cellule. — En fait, dès le début de la
digestion, alors que la sécrétion gastrique commence et tout le temps
qu'elle dure, on voit que l'alcalinité du sang augmente, celui-ci reprenant
la quantité d'alcalis correspondant à l'acide chlorhydrique formé et, d'un
autre côté, que l'acidité de l'urine diminue (quatre ou cinq heures après le
repas) ou parfois que l'urine devient neutre ou parfois même alcaline [2].

1. On a constaté dans l'estomac du chien une tension d'acide carbonique allant
de 30 (à l'état de jeûne) jusqu'à 140 (pendant la digestion) millimètres de mercure et variant dans le même sens que l'acidité. La courbe de la tension de CO^2
dans l'estomac est parallèle à la courbe de l'acidité du suc gastrique dans les
différentes phases de la digestion.

2. Une confirmation clinique intéressante de ces faits se trouve dans les observations qui prouvent que les malades atteints d'hyperchlorhydrie sont très amé-
liorés par un régime alimentaire aussi pauvre que possible en sel marin.

— Cependant ce mécanisme de la formation de l'acide chlorhydrique reste hypothétique. Car « où ne peut-on dans l'organisme saisir côte à côte le sel marin et l'acide carbonique? Et cependant la sécrétion chlorhydrique est limitée aux seules glandes gastriques » (E. LAMBLING. *Précis de bio-chimie*, Paris, 1911, p. 143).

b. FORMATION DE LA PEPSINE. — On a voulu localiser la formation de la pepsine dans les glandes du grand cul-de-sac parce que les extraits faits avec la muqueuse de cette partie sont riches en pepsine, tandis que les extraits de muqueuse pylorique en contiennent peu. Cependant les glandes pyloriques fournissent aussi de la pepsine. Une expérience suffit à le prouver.

On peut, comme il a été dit tout à l'heure, isoler la région pylorique de l'estomac et suturer à la peau de l'abdomen cette espèce de poche ou de sac en y pratiquant un orifice (fistule pylorique); de ce sac on extrait un liquide qui contient toujours de la pepsine, même plusieurs mois après l'opération. C'est surtout dans les cellules principales que se forme ce fer-ment. Chez l'embryon de mouton, on ne trouve, à une période de son déve-loppement, dans les glandes du grand cul-de-sac, que des cellules de revê-tement, les cellules principales n'apparaissant que plus tardivement; or, c'est à ce moment qu'apparaît aussi la pepsine. D'autre part, la richesse en pepsine d'une muqueuse est en proportion du nombre et du développement des cellules principales. — Les cellules de revêtement participent-elles à la formation de la pepsine? C'est une question qui n'est point encore résolue.

La pepsine n'est pas produite telle quelle par les cellules; celles-ci forment d'abord une substance que l'on a dénommée *propepsine*, qui se transforme rapidement en pepsine sous l'influence des acides dilués.

En effet : 1° en traitant par l'eau ou la glycérine une muqueuse stoma-cale, on enlève à cette muqueuse toute la pepsine qu'elle contient; si on la traite alors par de l'acide chlorhydrique dilué, on obtient une nouvelle quantité de pepsine; — 2° la pepsine est détruite par le carbonate de soude; si on soumet à l'action de ce corps (solution à 0,5-1 p. 100) une muqueuse gastrique, puis qu'on acidifie l'extrait par de l'acide chlorhy-drique dilué, on obtient une liqueur riche en ferment actif. Il y avait donc dans la muqueuse une substance que le carbonate de soude ne détruit point (qui n'était donc point de la pepsine) et qui, traitée par l'acide chlor-hydrique, engendre de la pepsine.

Voilà deux expériences qui démontrent la formation de la pepsine aux dépens d'un proferment. Ce proferment se trouve dans les granu-lations des cellules glandulaires

Il y a des substances qui paraissent donner à l'estomac la faculté de sécréter la pepsine; SCHIFF, qui a découvert leur action, les a appelées *pepto-gènes*; la dénomination de *pepsinogènes* est plus exacte, puisqu'il s'agit de

substances qui favoriseraient la production de la pepsine. Voici l'idée générale de la théorie de SCHIFF et les principaux faits sur lesquels elle repose.
La pepsine ne se formerait pas dans les glandes pepsiques d'une manière
continue, mais un estomac à jeun et *épuisé* par une copieuse digestion antérieure perd la propriété de donner un suc gastrique vraiment actif, jusqu'à ce qu'il ait absorbé diverses substances, sous l'influence desquelles il
se produit de nouveau de la pepsine ; ces substances sont les *peptogènes*.
Ainsi, après l'épuisement produit par une digestion copieuse remontant
à douze heures, le pouvoir digestif, par rapport à l'albumine, de l'estomac
vide est à peu près nul ; mais il augmente en proportion très notable
lorsque avec l'albumine on introduit dans l'estomac une quantité modérée
de certains autres aliments (*peptogènes*). Dans ce cas, l'estomac sécrète
d'abord un liquide acide qui sert à dissoudre les peptogènes et, à mesure
que ceux-ci sont absorbés et, se mêlant au sang, le rendent apte à
fournir de la pepsine aux glandes stomacales, on constate la sécrétion
d'un suc gastrique de plus en plus actif, de plus en plus pepsique. Ces
peptogènes sont essentiellement représentés par les éléments de la
viande solubles dans l'eau (extrait aqueux de viande, jus de viande crue),
par la gélatine, par la dextrine. Le bouillon, la soupe contiennent donc
au plus haut degré les matières peptogènes, et sous ce rapport l'expérience de tous les jours se trouve d'accord avec ces données. — Ces
peptogènes seraient absorbés par l'estomac, mais leur action est la même
s'ils sont introduits dans l'organisme par injection sous-cutanée, par voie
rectale, ou directement par les veines. Chose singulière, absorbés par
l'intestin grêle, ils perdraient complètement leur action. — Sur un
homme porteur d'une large fistule gastrique, on a pu vérifier l'exactitude
des idées de SCHIFF sur le rôle peptogène du bouillon, de la dextrine, du
lait ; on a vu que ces corps accélèrent notablement la digestion et que, de
tous, c'est le bouillon de viande fraîche qui donne les meilleurs résultats.

La théorie de SCHIFF consistait donc essentiellement à admettre que les
peptogènes permettent aux glandes gastriques « épuisées » de refaire
leur provision de pepsine. Comme, depuis, on a appris que la pepsine se
forme dans les cellules aux dépens d'un proferment, HERZEN[1] a modifié la
théorie de son maître en considérant les *peptogènes* comme des corps
aptes à transformer la propepsine en pepsine active (théorie de SCHIFF-
HERZEN). — Il se pourrait cependant que ces corps fussent simplement
des excitants de la sécrétion gastrique, car on a constaté que les extraits
et bouillons de viande provoquent la sécrétion de suc gastrique actif.
HERZEN, à la vérité, maintient que la propriété pepsinogénétique est distincte de la propriété excito-sécrétoire, puisqu'une même substance peut
ne pas posséder également les deux propriétés ; la dextrine, par exemple,
serait plus et l'extrait de Liebig moins pepsinogène qu'excito-sécrétoire.

c. FORMATION DE LA PRÉSURE. — On ne trouve pas le ferment tout
préparé, sauf dans le contenu stomacal des nourrissons, et cela

---

1. A. HERZEN (1839-1906), d'origine russe, physiologiste, psychologue et publiciste de talent, fut professeur de physiologie à l'Université de Lausanne depuis
1881 jusqu'à sa mort.

dès les heures qui suivent la naissance, et dans la muqueuse de l'agneau et du veau. Sa formation, comme celle de la pepsine, parait se faire aux dépens d'un proferment, soluble dans l'eau, beaucoup plus résistant à l'action des alcalis que le ferment lui-même[1], et qui, sous l'influence de l'acide chlorhydrique à 1 p. 1 000, donne rapidement de la présure active. Toutes les muqueuses gastriques contiennent cette substance. On a, en effet, de la muqueuse d'un grand nombre d'animaux, Poissons, Batraciens, Reptiles, Oiseaux, aussi bien que de celle des Mammifères, en la traitant par de l'eau acidulée par l'acide chlorhydrique, obtenu du ferment. — C'est même là un des faits qui ont donné à penser que la présure doit encore avoir un autre rôle que de coaguler le lait, cet aliment n'étant normalement jamais offert à ces animaux. Nous examinerons ce point en étudiant l'action de la présure.

Les glandes pyloriques, comme celles du grand cul-de-sac, produiraient de la présure, quoique en moindre quantité. Cependant, d'après plusieurs physiologistes, on ne trouverait le proferment que dans la muqueuse du grand cul-de-sac. La teneur de la muqueuse stomacale en présure serait toujours parallèle à sa teneur en pepsine.

La question a été posée de l'individualité de la présure; comme les pouvoirs coagulant et protéolytique du suc gastrique marchent toujours parallèlement, on a soutenu qu'elle serait identique à la pepsine, cependant HAMMARSTEN a montré que l'extrait de caillette de veau, contenant 3 p. 1000 d'acide chlorhydrique et maintenu à 40° durant quarantehuit heures, perd sa propriété de coaguler le lait, tandis qu'il conserve son pouvoir protéolytique ; inversement, l'addition de carbonate de magnésie à une autre portion de cet extrait lui fait perdre ses propriétés protéolytiques, mais non son action coagulante. Les preuves qu'on a apportées jusqu'ici en faveur de la thèse de l'identité des deux ferments ne sont pas convaincantes.

C. **Phénomènes circulatoires.** — Pendant la digestion, la circulation de la muqueuse stomacale devient beaucoup plus active; les artères se dilatent, le sang qui revient des veines est d'un rouge vif, toute la muqueuse prend une couleur rose foncé.

La réduction de la circulation dans l'estomac diminue et altère la sécrétion; en effet, la ligature des principales artères diminue la quantité du suc, en diminue aussi l'acidité et peut même le rendre alcalin.

Les nerfs vaso-moteurs seraient surtout fournis par le pneumogastrique qui contiendrait des filets dilatateurs et constricteurs. Le

---

1. Ce zymogène n'est pas détruit par le carbonate de soude. Il ne l'est pas non plus par une température de 70°, bien avant laquelle le ferment cesse d'être actif.

sympathique ne donnerait à l'estomac que des filets vaso-constricteurs.

D. Innervation sécrétoire de l'estomac. — Les filets sécréteurs des glandes stomacales se trouvent dans les pneumogastriques.
Mais les expériences ordinaires d'excitation et de section de ces nerfs,
ces opérations étant pratiquées au lieu d'élection, au cou, ne donnent
que des effets incertains; c'est que l'on excite ou que l'on coupe en
cet endroit des filets laryngés, pulmonaires et cardiaques et que l'on
provoque par suite des troubles respiratoires et cardiaques qui peuvent empêcher ou masquer l'effet sécrétoire. Il faut donc procéder
dans d'autres et meilleures conditions.

L'expérience suivante réalise ces conditions. Sur un chien à fistule gastrique et, de plus, œsophagotomisé, on sectionne un des pneumogastriques
dans le thorax, au-dessous des filets cardiaques, et l'autre au cou ; trois ou
quatre jours après, on recherche le bout périphérique de ce dernier (les
fibres d'arrêt pour la sécrétion stomacale que contient le pneumogastrique
ont ainsi le temps de dégénérer[1]) et on l'excite par un courant induit : il
s'écoule par l'ouverture de la fistule un suc clair et acide.

De même, pour que l'effet en soit net, la section des deux nerfs
vagues ne doit être pratiquée qu'avec des précautions analogues.

Sur un chien à fistule gastrique et œsophagotomisé, l'administration
d'un *repas fictif* (l'animal reçoit de la viande qu'il mâche, insalive et dé-
glutit, mais qui ne peut parvenir dans l'estomac, puisque les morceaux
tombent avec la salive par l'ouverture œsophagienne) fait sécréter une
grande quantité de suc protéolytique; si, sur cet animal, on sectionne les
pneumogastriques au-dessous du point où se détachent les filets cardiaques,
on constate que cette sécrétion *psychique* ne peut plus avoir lieu. Il en est
de même si, au lieu de sectionner les nerfs, on atropinise simplement
l'animal (l'atropine paralyse les fibres sécrétoires du pneumogastrique).

La vagotomie double ne paraît supprimer que cette sécrétion psychique.
L'estomac, soustrait à l'influence des pneumogastriques, peut encore sécréter[2], puisque les aliments introduits dans la cavité de l'organe sont bien
digérés. Par quel mécanisme se produit alors la sécrétion ? Les substances
alimentaires excitent-elles les terminaisons sensitives de la muqueuse et
cette impression met-elle en jeu l'activité des filets sympathiques que reçoit
l'estomac? Jusqu'à présent on n'a cependant constaté aucune action sécrétoire des nerfs splanchniques sur l'estomac. Seraient-ce les ganglions situés

1. L'existence de ces fibres fréno-sécrétoires, à côté des fibres sécrétoires, est
en effet probable. Quand, sur un chien dont on a sectionné la moelle au-dessous
du bulbe pour supprimer toutes les influences réflexes pouvant s'exercer sur les
glandes gastriques, on excite le bout périphérique du pneumogastrique au cou,
il ne survient de sécrétion stomacale qu'après une période latente de quinze minutes à une heure. D'autre part, bien des excitations douloureuses arrêtent pour
plusieurs heures la sécrétion et par suite la digestion gastriques.
2. Cependant le suc sécrété contient beaucoup moins de pepsine.

dans les parois mêmes de cet organe qui commanderaient à sa sécrétion ? Cette supposition est plausible, puisqu'on a trouvé qu'après la section de tous les nerfs se rendant à l'estomac, celui-ci étant par conséquent isolé du plexus solaire aussi bien que du système nerveux central, les glandes peuvent encore sécréter. On verra tout à l'heure quels sont les excitants qui agissent sur l'estomac après la vagotomie double ou après la section de tous les nerfs et quel peut être leur mode d'action.

Les noyaux d'origine des pneumogastriques constituent les centres nerveux sécréteurs de l'estomac. — On a pu par l'excitation de l'écorce cérébrale en quelques points (région avoisinant la partie antérieure du gyrus sigmoïde chez le chien) déterminer une sécrétion gastrique, mais ce résultat n'implique nullement l'existence d'un centre sécréteur cortical; cette excitation peut être vraisemblablement considérée comme l'analogue d'une excitation sensitive périphérique se transmettant au centre bulbaire (noyau du pneumogastrique).

2° *Causes de la sécrétion gastrique.*

Chez l'animal à jeun, l'estomac ne contient point de suc gastrique. C'est l'ingestion des aliments qui amène la sécrétion (excrétion cellulaire [1]). Celle-ci est donc intermittente. Sous quelles influences se produit-elle? Il y a deux sortes d'excitants de la sécrétion gastrique, l'*excitant psychique*, qui correspond à la sécrétion que commandent les nerfs sécréteurs (pneumogastriques), et les *excitants chimiques*, qui déterminent une sécrétion que l'on pourrait appeler *chimique*, sans rien préjuger d'ailleurs de son mécanisme intime, mais pour l'opposer seulement à la sécrétion *psychique*, liée à l'intégrité des nerfs vagues.

A. Excitant psychique. — C'est le premier excitant de la sécrétion.

A un chien à jeun depuis quinze à dix-huit heures, porteur d'une fistule gastrique et œsophagotomisé, on donne le *repas fictif* (voy. p. 207); la figure 19 montre un chien, dans le laboratoire de Pavloff, disposé à cette fin; cinq à six minutes après le début du repas, le suc gastrique s'écoule par la fistule et cette sécrétion dure de une à trois heures, même quand le repas fictif a été très court. Le suc ainsi obtenu contient de l'acide chlorhydrique (de 4 à 5 p. 1 000) et possède un fort pouvoir protéolytique. On a vu plus haut (p. 207) que la section préalable des pneumogastriques empêche ce réflexe.

Quelle est la véritable cause de ce réflexe? Ce ne sont pas les mouvements de mastication et de déglutition; on peut faire mâcher et déglutir

1 Voyez p. 171 et 203

à l'animal des matières non alimentaires, sans que sécrète l'estomac; et,
d'autre part, il peut avaler sans les mâcher des morceaux de viande,
et la sécrétion gastrique se produit néanmoins. Ce n'est pas non plus
la gustation ; beaucoup d'excitations des nerfs du goût par des sub-

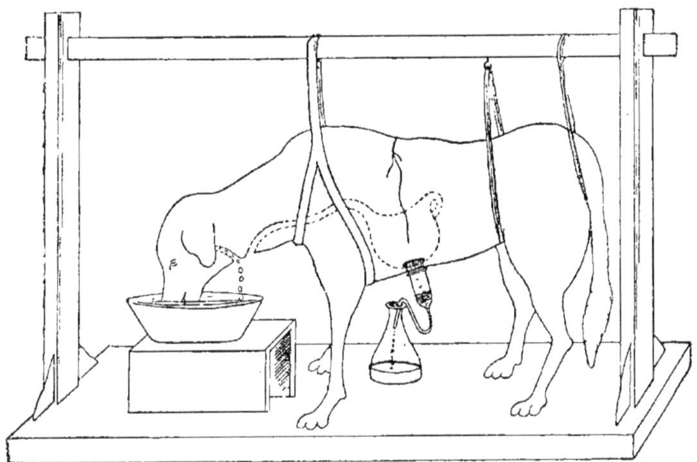

Fig 19. — Expérience du repas fictif (dessin schématique de E. S. London[1] d'après des
photographies d'animaux en observation dans le laboratoire de Pavloff.

stances acides, salées, amères, qui amènent une sécrétion abondante de
salive, ne déterminent nullement l'activité des glandes stomacales. Il n'y
a plus qu'une seule cause à invoquer, c'est l'envie de manger et le sentiment de jouissance qui accompagne l'acte. — Si cela est vrai, ne suffira-t-il
pas, pour provoquer la sécrétion, de faire passer sous les yeux et sous le
nez de notre animal de la viande, comme si on se disposait à lui en donner? Il en va bien ainsi et, au bout de cinq minutes, voilà que la sécrétion
commence; elle dure une heure et plus et donne souvent une centaine de
centimètres cubes d'un suc actif. Si le désir de manger, de la part de
l'animal, est intense, si l'aliment qu'on lui présente lui agrée[2], comme
fait en général la viande crue, cette expérience de « l'excitation psychique

1. Physiologiste russe contemporain.
2. L'importance de ce facteur psychique est telle qu'on peut dire que l'intensité
de la sécrétion est en proportion du plaisir qu'un aliment donné procure à l'animal.
Tel chien qui, par exception, préfère la viande bouillie à la viande crue, a une
abondante sécrétion quand on lui en présente, et une faible quand c'est la seconde
qui lui est offerte. Un aliment qui dégoûte ou même qui ne plaît pas peut arrêter
net la sécrétion. — On voit par ces faits quelle utilité il y a, pour la sécrétion du
suc gastrique et par suite pour la digestion, à ce que les repas soient composés
d'aliments qui plaisent tant par eux-mêmes que par la façon dont ils sont préparés et même présentés. Ainsi est justifiée physiologiquement la pratique de la
« bonne cuisine » ou cuisine savoureuse, au sens étymologique, c'est-à-dire physiologique, de cette épithète (voy. ce qui a été déjà dit à ce sujet, p. 146).

de la sécrétion gastrique » (Pavloff) réussit aussi bien que celle du repas fictif.

Dans l'acte de manger, l'excitant des nerfs sécréteurs de l'estomac est donc un phénomène psychique. Le désir de l'aliment, l'envie de s'en emparer qui en résulte, la prévision du plaisir qui s'ensuivra sont provoqués par la vue et l'odeur de cet aliment et renforcés par le goût; c'est ce complexe de sensations et de sentiments qui cons- · titue l'appétit; et ce complexe nous apparaît maintenant comme le premier et le plus puissant excitant des nerfs glandulaires gas- triques [1]. De là, pour le produit de cette excitation, les noms de suc « psychique » et suc « d'appétit ». L'appétit manquant, l'on mange sans goût, le suc « psychique » n'est pas sécrété et la digestion des aliments descendus dans l'estomac ne s'établit pas franchement.

B. **Excitants chimiques**. — Nous savons que la section des nerfs pneumogastriques supprime la sécrétion psychique ci-dessus étudiée et nous savons aussi qu'après cette section les glandes gastriques peuvent encore sécréter. Il y a donc une sécrétion indé· pendante de ces nerfs. Quelle en est la cause?

Ce sont des excitants chimiques qui la provoquent. C'est donc, de ce point de vue, une sécrétion que l'on peut appeler *chimique*, pour la distinguer de la sécrétion psychique.

Il faut d'abord établir la réalité de cette sécrétion.

Soit un chien sur lequel on a isolé une portion de l'estomac (petit estomac [opération de Pavloff], voy. ci-dessus, p. 202 et plus loin, p. 214); on donne à cet animal un repas de viande; la sécrétion du petit estomac commence cinq minutes après le début du repas, comme dans le cas du repas fictif (voy. plus haut, p. 207), mais elle dure, au lieu de deux heures environ, huit à dix heures. A la sécrétion psychique s'est donc ajoutée une autre sécrétion. — On peut réaliser une expérience dans laquelle cette sécrétion seule se produira. Sur un chien on a pratiqué une fistule gastrique et, d'autre part, l'opération du petit estomac; on introduit de la viande dans le grand estomac, par l'orifice fistuleux, en ayant soin que l'animal ne s'en aperçoive pas (pour éviter toute excitation psychique); environ vingt- cinq minutes après, commence une sécrétion du petit estomac qui dure huit à dix heures; rappelons encore que la sécrétion psychique commence six minutes environ après le début du repas fictif et dure seulement une paire d'heures; de plus, le suc est sécrété en moindre quantité que le suc psychique, son acidité est à peu près la même, mais sa puissance diges- tive est beaucoup moindre,

Quels sont les agents de cette sécrétion? De toutes les substances,

1. L'action thérapeutique des *amers*, si employés dans l'ancienne médecine, s'explique par ce fait, que ces substances excitent l'appétit, et par suite la sécré- tion gastrique.

alimentaires ou non, que l'on introduit dans l'estomac, le lait seulement, la gélatine et surtout la viande provoquent la sécrétion gastrique. Ni le pain ni l'albumine de l'œuf n'ont cette propriété. Cela seul suffirait à prouver qu'il ne s'agit point ici d'excitations mécaniques de la muqueuse stomacale. Les excitants mécaniques, quels qu'ils soient, comme, par exemple, les frottements de la muqueuse avec des objets divers, contrairement à ce que croyaient les anciens physiologistes, n'ont aucune action sécrétoire. — A quoi donc est due l'action de la viande? Elle est due à des corps qui se trouvent dans le muscle, de nature encore mal déterminée, solubles dans l'eau et précipitables par l'alcool, les substances extractives (la créatine et la créatinine ne rentrent pas dans ces substances), et à des corps qui se forment dans la digestion des albuminoïdes, les albumoses. En effet, les extraits de viande, l'extrait de Liebig qui n'est presque composé que de matières extractives, le bouillon et, d'autre part, les peptones du commerce, plus ou moins riches en albumoses, introduits dans l'estomac, manifestent la même propriété.

Enfin comment agissent ces substances? Il se pourrait qu'entrant en contact avec la muqueuse de l'estomac elles y formassent un corps doué de la propriété excito-sécrétoire (*sécrétine gastrique* de EDKINS). Ce physiologiste a trouvé, en effet, que les extraits de muqueuse pylorique avec de la dextrine ou de la glycose à 5 p. 100 ou avec de la peptone[1], ou encore avec de l'acide chlorhydrique à 4 p. 100, injectés dans les veines d'un animal, provoquent la sécrétion des glandes gastriques[2]; les extraits faits avec la muqueuse du grand cul-de-sac sont sans action; les extraits bouillis agissent aussi bien et même plus énergiquement que les extraits faits à froid. — On verra plus loin un exemple plus remarquable encore d'un mécanisme chimique excito-sécréteur (action de la sécrétine sur la sécrétion pancréatique).

ACTION DE L'EAU. — On peut rattacher aux excitants chimiques l'eau qui possède une légère action excito-sécrétoire.

Chez un chien à grand et à petit estomac, si l'on introduit 4 à 500 centimètres cubes d'eau dans le grand estomac, le cul-de-sac isolé contient toujours au bout de quelque temps une petite quantité de suc gastrique. Si l'on verse dans le grand estomac seulement 100 à 200 centimètres cubes d'eau, la sécrétion est inconstante. Il faut donc que cet excitant agisse sur une large surface de muqueuse. La section des pneumogastriques n'empêche pas l'action de l'eau.

1. On savait déjà que l'injection intraveineuse d'une solution de peptone du commerce détermine la sécrétion du suc gastrique. Mais il paraîtrait que l'effet ainsi produit est moindre que celui qui résulte de l'action d'un extrait de muqueuse pylorique avec de la peptone.

2. J. S. EDKINS. The chemical mecanism of gastric secretion (*J. of physiol.*, XXXIV, 133-144, 1906).

Il est possible que l'eau dégage de la muqueuse une petite quantité
de cette « sécrétine gastrique » dont l'effet vient d'être signalé.

De tous ces faits résulte une donnée très intéressante, à savoir que

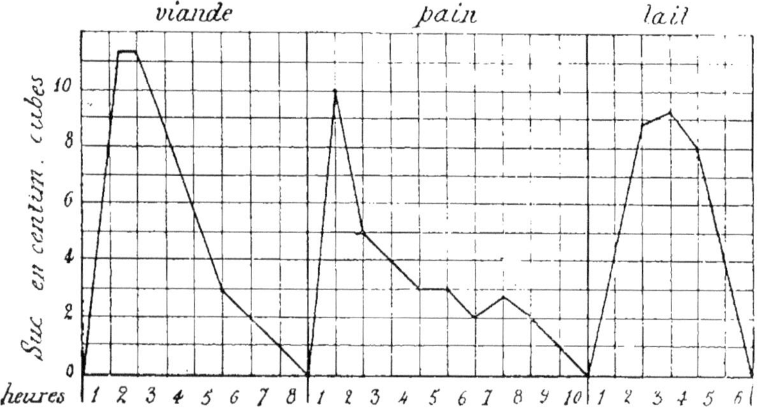

Fig. 20 — Variations noraires de la sécrétion du suc gastrique chez le chien sous l'influence
d'un repas de viande, de pain ou de lait (d'après Pavloff).

Sur la ligne des abscisses sont inscrites les heures ; sur la ligne des ordonnées, les quantités de suc en centimètres cubes.

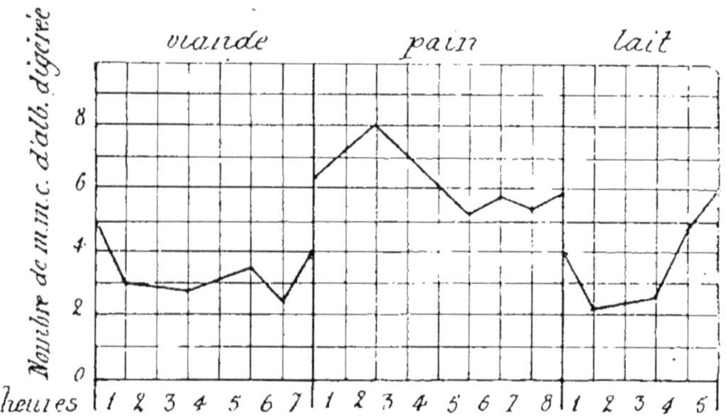

Fig. 21. — Variations horaires du pouvoir digestif du suc gastrique chez le chien dans un
repas de viande, de pain ou de lait (d'après Pavloff).

Sur la ligne des abscisses sont inscrites les heures ; sur la ligne des ordonnées, la puissance
digestive évaluée en millimètres cubes d'albumine digérée.

la sécrétion du suc gastrique est assurée par plusieurs mécanismes.
A défaut de la sécrétion psychique, la digestion stomacale pourra
encore s'établir, quoique plus lentement, grâce au suc dont l'action

de l'eau sur la muqueuse, puis celle des substances extractives de la viande amènent la production ; enfin les aliments étant ainsi attaqués, il se forme des albumoses qui, à leur tour, provoquant la sécrétion, contribuent sans doute à la maintenir à un taux suffisant.

En face des agents chimiques de la sécrétion se placent les substances qui mettent obstacle à celle-ci. Telle est la graisse ; si l'on ajoute de la graisse (par exemple 75 à 100 centimètres cubes d'huile d'olive) à la ration habituelle de viande d'un chien avec petit estomac, on voit la sécrétion du suc diminuer considérablement et la puissance digestive du suc sécrété se réduire d'un tiers environ. C'est la sécrétion psychique que la graisse affaiblit ainsi ; la présence d'un excès de graisse dans les aliments doit donc retarder la digestion gastrique. C'est sans doute pour cette raison que dans le repas de lait (voy. ci-dessous) la sécrétion est au début si paresseuse et que le « suc de lait » est doué d'un faible pouvoir digestif.

C. Adaptation de la sécrétion. — Comme la sécrétion salivaire, la sécrétion gastrique s'adapte à l'alimentation. La quantité et la qualité du suc varient suivant les aliments.

Pour des quantités égales de viande et de pain, la quantité de suc sécrété est un peu différente, moindre avec le pain ; elle diminue encore pour le lait (voy. fig. 2 ?). D'autre part, le suc sécrété sous l'influence du pain, le « suc de pain », comme on peut l'appeler, est celui qui contient le plus de ferment protéolytique, qui a, par suite, le plus de puissance digestive ; le « suc de viande » et le « suc de lait » ont à peu près le même pouvoir protéolytique (voy. fig. 21). Le suc le plus acide est le « suc de viande » ; le « suc de lait » l'est moins et le « suc de pain » moins encore [1].

Le travail des glandes gastriques est donc différent suivant les excitants. A la variété des aliments correspondent des variations quantitatives et qualitatives de la sécrétion.

3° Le produit de la sécrétion. Étude du suc gastrique.

A. Procédés employés pour obtenir du suc gastrique. — Nous avons indiqué (p. 200) de quelle manière RÉAUMUR (1752) et SPALLANZANI (1780) s'étaient procuré du suc gastrique.

On a préparé ensuite du *suc artificiel* (J. N. EBERLE dès 1834), en enlevant la muqueuse stomacale, la coupant en petits morceaux, les faisant macérer pendant vingt-quatre heures avec de l'eau acidulée par 6 à 10 centimètres cubes d'acide chlorhydrique fumant ; on filtre et on a un liquide très actif, mais très impur. On emploie encore aujourd'hui cette préparation ou des

---

1. Dans ce dernier fait apparaît bien encore le remarquable pouvoir d'adaptation des glandes gastriques, puisque la digestion de l'amidon, qui se trouve dans le pain en grande quantité, est entravée par un excès d'acide.

préparations analogues, quand on veut faire rapidement des digestions pepsiques artificielles.

Le procédé de choix pour recueillir du suc est le procédé des *fistules gastriques* (BLONDLOT[1]. 1843), inspiré par des recherches faites sur l'homme, à la suite d'accidents ou d'opérations chirurgicales ayant produit des ouvertures de l'estomac[2]. Par l'ouverture pratiquée à l'estomac et dont les bords, suturés à la paroi abdominale, adhèrent à celle-ci, on introduit une canule qui permet de recueillir aisément le suc gastrique. Il existe beaucoup de modèles de ces canules : un des plus simples est celui que représente la figure 22. Ces fistules gastriques ont un grave inconvénient ; le suc qu'elles fournissent est très impur, mélangé de salive et de produits de la digestion et même de débris alimentaires.

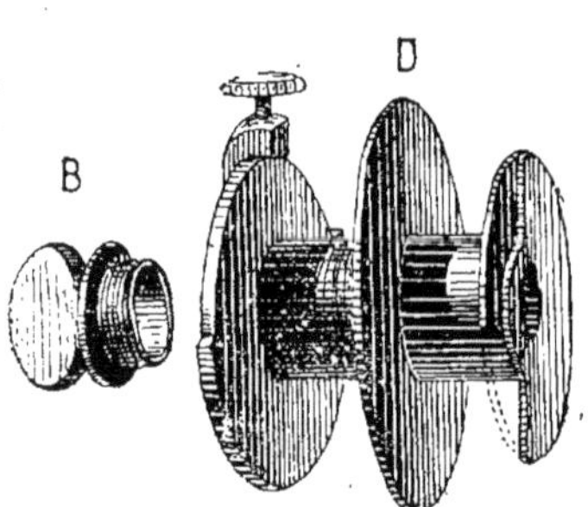

Fig. 22. — Modèle de canule à fistule gastrique (canule de LABORDE[3]), permettant une introduction facile à travers une étroite ouverture, grâce à la forme en demi-cercle de sa partie pénétrante ; une fois l'introduction faite, on referme le cercle.

Le disque du milieu D s'applique contre la paroi abdominale externe ; le bouton B ferme la canule.

On évite maintenant cet inconvénient en pratiquant, outre la fistule gastrique, une fistule œsophagienne. On a vu (p. 207) quelles expériences intéressantes cette opération a rendues possibles. Par l'opération du petit estomac de PAVLOFF (voy. p. 202) (fig. 23 et 24) on obtient aussi un suc gastrique pur. En somme, le petit estomac n'est pas autre chose qu'un diverticule de cet organe, complètement isolé de l'organe par une couche muqueuse, les tuniques séreuse et musculaire étant respectées et, par suite, les connexions vasculaires et nerveuses restant intactes[4]. —

<hr>

1. N. BLONDLOT (1810-1877), professeur à l'École de médecine de Nancy. a fait de très belles recherches sur la digestion. — Un médecin russe, BASSOV, réalisa en même temps que lui la fistule gastrique sur le chien. -

2. Le médecin américain WILLIAM BEAUMONT eut, en 1833, l'occasion d'étudier les propriétés du suc gastrique de l'homme ; il soignait un jeune chasseur canadien, du nom de Saint-Martin, dont un coup de fusil avait perforé l'estomac : après guérison de la plaie, une large fistule était restée, qui mettait l'estomac en communication avec l'extérieur.

3. J.-V. LABORDE (1830-1903), chef des travaux pratiques de physiologie à la Faculté de médecine de Paris de 1880 à 1903. auteur de recherches intéressantes sur le système nerveux et sur l'action des substances médicamenteuses et toxiques (alcaloïdes du quinquina, aconitine. colchicine. spartéine, etc.).

4. On a publié une observation de petit estomac chez l'homme. spontanément réalisé à la suite de l'étranglement d'une hernie épigastrique de l'estomac. Les fonctions de ce diverticule ne furent étudiées qu'après vingt ans d'isolement. Chez le sujet à jeun, le liquide était très faiblement acide et ne contenait que des traces d'albumine ; sous l'influence d'un repas il devenait très acide (près de 2 p. 1000) et protéolytique ; l'idée d'un bon repas provoquait la sécrétion d'un suc analogue (suc psychique) ; l'ingestion de lait était toujours suivie de la sécrétion d'un suc contenant de la présure (ADENOT et A. LATARJET, *Presse médicale*, sep-

Une autre opération, consistant à séparer l'estomac tout entier du tube
digestif (*exclusion* ou *isolement* de l'estomac) en suturant l'un à l'autre
l'œsophage et le duodénum et fermant chaque extrémité de l'estomac ainsi

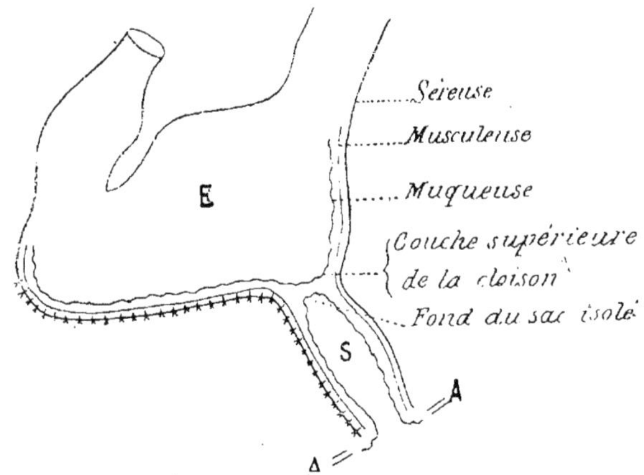

Fig. 23. — Schéma du petit estomac de Pavloff-Khigin (d'après Pavloff).
E, cavité de l'estomac ; S, cul-de-sac isolé ; AA, parois abdominales.

isolé, puis à pratiquer sur sa face antérieure une fistule (voy. fig. 25),
quelque avantageuse qu'elle paraisse être théoriquement, ne fournit pas

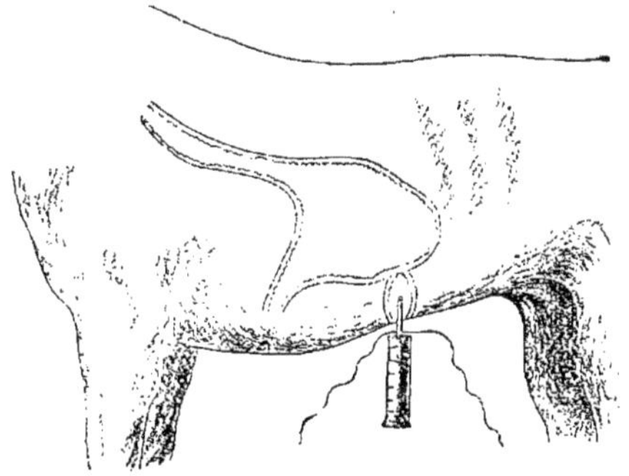

Fig. 24. — Chien avec un petit estomac (E. S. London).

un suc absolument normal ; dans une telle opération, en effet, on sectionne, malgré les précautions que l'on peut prendre, des filets des pneu-

tembre 1904, p. 561 ; A. Cade et A. Lalarjet, *Journ. de physiol. et de pathol.
générale*, 1905, VII, p. 221-233).

mogastriques en sectionnant le cardia et on sait que la vagotomie altère
la sécrétion.

Chez l'homme, on peut obtenir du suc gastrique en donnant au sujet en
observation un léger repas, dit *repas d'épreuve*, composé, en général, de pain

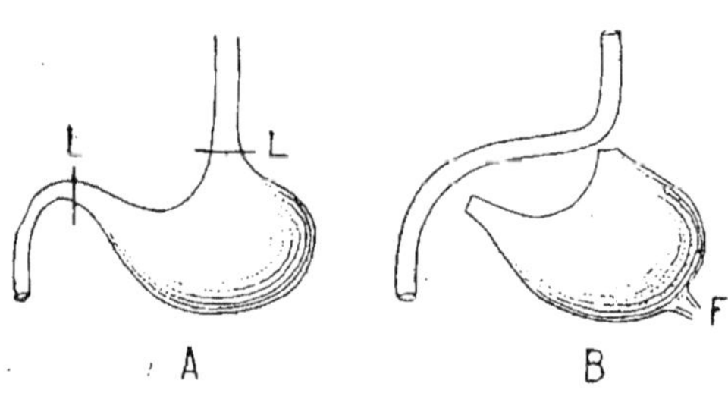

Fig. 25. — Schéma de l'exclusion de l'estomac.

A, estomac avant l'opération. LL, lignes de section du cardia et
du pylore.

B, Estomac après l'opération. Estomac isolé, avec l'indication de
son abouchement fistuleux, F, à la paroi abdominale.

(30 à 40 grammes)
et de 200 à 300 centi-
mètres cubes d'eau
ou d'un œuf et d'un
peu d'eau, ou d'une
soupe et d'un peu
de viande, etc.; une
heure après envi-
ron, on extrait le
suc contenu dans
l'estomac au moyen
de la sonde œso-
phagienne ou d'une
sonde reliée à un
entonnoir formant
siphon (*siphon sto-
macal*), ou d'une sonde reliée à un appareil aspirateur (l'aspirateur de
Potain[1] par exemple). Quel que soit le mode d'extraction, le suc recueilli
est toujours impur. — On a appliqué à l'homme la méthode du repas
fictif de Pavloff[2]; il suffit de faire simplement mastiquer pendant dix
minutes à un sujet à jeun un repas mixte (viande, pain, beurre et eau,
sans qu'il avale la moindre parcelle alimentaire; l'extraction du suc
sécrété sous cette influence (suc psychique) est facile avec un appareil
aspirateur : on retire ainsi de 15 à 40 centimètres cubes de suc pur, acide
et protéolytique.

B. Composition, propriétés et action du suc gastrique.

— On ne connaît pas exactement la quantité totale de la sécrétion
journalière; les uns estiment qu'elle n'est probablement pas inférieure, chez l'homme, à 4 ou 5 litres; pour d'autres elle ne dépasserait
pas 1 litre et demi à 2 litres[3].

Pur, et après filtration, qui le débarrasse de mucus, c'est un
liquide tout à fait clair, sans odeur, acide (rougit fortement le
papier bleu de tournesol), d'une densité de 1,003 à 1,010.

La composition du suc de chien, obtenu pur par un des deux procédés indiqués plus haut, est la suivante :

1. C. Potain (1825-1901), professeur de clinique médicale à l'Université de Paris,
célèbre surtout par ses travaux de clinique et de physiologie sur les bruits de
souffle, sur le pouls veineux, sur la pression artérielle, etc.

2. P. Carnot. Méthode clinique d'exploration stomacale après repas fictif (Soc.
de biologie, 26 novembre 1904, p. 451).

3. Une grande quantité de ce suc est résorbée, soit dans l'estomac lui même,
soit surtout dans l'intestin.

```
Acide....................................... 4,5-5,8 p. 1000
Chlore...................................... 5,0-6,0   —
Cendres..................................... 1,0-1,6   --
Résidu sec.................................. 4,0-6,0   —
Produit de la coagulation par l'alcool...... 1,4-1,9   —
    —              —        par la chaleur.......... 1,3-1,8   —
```

Il contient donc toujours des matières albuminoïdes. Il ne contient ni peptones, ni leucine, ni tyrosine. Les cendres consistent essentiellement en chlorures et phosphates de soude, de potasse, de chaux, de magnésie.

La composition chimique brute du suc gastrique, tel qu'on le recueillait avant les recherches de PAVLOFF, a été fixée schématiquement et en une formule commode par CH. RICHET, d'après qui on peut estimer que ce suc contient 10 p. 1000 de matières solides se répartissant ainsi :

```
Sels minéraux.................................... 2 grammes.
Acide............................................ 2    —
Matières organiques.............................. 6    —
```

Parmi ces matières organiques se trouvent la pepsine et la présure.

a. ACIDE DU SUC GASTRIQUE. — On démontre d'abord que cet acide est un acide minéral.

Si l'on agite avec de l'éther une solution aqueuse d'un acide, l'éther et l'eau se partagent l'acide suivant un rapport constant qu'on appelle le *coefficient de partage* (BERTHELOT). L'éther ne dissout presque pas les acides minéraux, tandis qu'il dissout les acides organiques en très forte proportion. Or, l'acide du suc gastrique se comporte avec le mélange d'eau et d'éther comme un acide minéral ; l'éther n'en enlève que des traces (CH. RICHET).

Cet acide minéral est de l'acide chlorhydrique (PROUT[1], 1824; C. SCHMIDT[2], 1852).

En effet, si l'on dose tout le chlore du suc gastrique et que, d'autre part, l'on dose toutes les bases, potasse, soude, chaux ou ammoniaque, contenues dans ce suc, puis que l'on calcule la quantité de bases pouvant fixer la quantité trouvée de chlore, on s'aperçoit que ces bases sont insuffisantes pour saturer tout le chlore ; elles en saturent à peine la moitié ; l'excès restant ne peut être que de l'acide chlorhydrique non combiné, d'autant plus qu'il correspond sensiblement à la quantité d'acide trouvée par le dosage acidimétrique.

A côté de cette preuve fondamentale, on peut en placer plusieurs autres que voici : 1° le suc gastrique *pur*, distillé dans le vide, donne à la température ordinaire des vapeurs d'acide chlorhydrique, tout comme une solution aqueuse de cet acide; — 2° le suc gastrique *pur* intervertit la même quantité

---

1. W. P. PROUT (1785-1850), célèbre médecin et chimiste anglais.
2. CARL E. H. SCHMIDT (1822-1894), chimiste physiologiste russe.

de sucre de canne qu'une solution aqueuse d'acide chlorhydrique au même
titre ; — 3° en faisant agir du suc gastrique sur la quinine, on obtient du chlorhydrate de quinine ; et la formation de ce sel ne peut être attribuée qu'à l'a-
cide chlorhydrique libre, puisque les chlorures n'agissent pas sur la quinine.

Le suc gastrique pur (suc de l'estomac séquestré [voy. fig. 25] du chien)
ne contient que de l'acide chlorhydrique *libre*, c'est-à-dire sous une forme
identique à celle de cet acide en solution dans l'eau. Mais le suc obtenu
par une fistule stomacale contient à la fois de l'acide libre et de l'acide
combiné (combinaisons à réaction acide) ; les matières protéiques, leurs
produits d'hydrolyse, c'est-à-dire les peptones et les acides aminés, le
mucus, etc., fixent une portion plus ou moins considérable d'acide
chlorhydrique. Il en est de même naturellement du suc des contenus
gastriques. L'acide chlorhydrique *total* est donc la somme de ces deux
quantités.

La quantité d'acide chlorhydrique dans le suc gastrique *pur* chez le
chien se monte à 5 à 6 p. 1000. Chez l'homme, dans des cas de
fistule gastrique, on en a trouvé de 1 à 3 ou même 4 p. 1000.

En clinique humaine, on peut s'assurer par quelques réactions
très simples de la présence d'acide chlorhydrique dans le contenu
gastrique retiré par la sonde.

Ainsi le *violet de méthyle* en solution aqueuse étendue (0,50 p. 100) vire
au bleu au contact des acides libres (minéraux ou organiques). Ce premier
point fixé, on emploie le *réactif de Günzburg* pour caractériser la nature
de l'acide ; on mélange, à volumes égaux, du suc gastrique et le réactif
(solution de 2 grammes de phloroglucine et 1 gramme de vanilline dans
30 grammes d'alcool), on évapore doucement à chaud en évitant l'ébullition ; il se produit une tache rouge, coloration que ne donnent point les
acides organiques ; la réaction est encore sensible avec 0^{gr},005 p. 100 d'acide
chlorhydrique.

Il peut se trouver dans le suc gastrique, à côté de l'acide chlorhydrique,
de petites quantités d'acide lactique qui proviennent du dédoublement des
aliments hydrocarbonés par les microorganismes introduits dans l'estomac
avec les aliments mêmes (ferments lactiques) ; on peut y trouver aussi de
l'acide butyrique. A l'état normal, la quantité de ces acides organiques
s'accroît pendant la première heure de la digestion, puis diminue, très vraisemblablement parce qu'il y a arrêt des fermentations en vertu de l'action
de l'acide chlorhydrique, comme on le verra un peu plus loin. Mais,
chez certains dyspeptiques, ces fermentations alimentaires sont très
intenses et les acides organiques abondants. — Il y a donc dans le suc gastrique, à côté de l'*acidité de sécrétion* (acidité normale, formation d'acide
chlorhydrique), une *acidité de fermentation*, due à la formation d'acides
organiques. Celle-ci, à l'état normal, est peu importante ; elle se développe
dans les cas de stase gastrique, lorsqu'il y a dilatation de l'estomac et
défaut d'acide chlorhydrique. — On peut déceler l'acide lactique dans le
contenu gastrique au moyen du *réactif d'Uffelmann* (solution de phénol
à 4 p. 100 étendue de deux fois son volume d'eau distillée et 1 à 2 gouttes

de perchlorure de fer), que cet acide (à 2 ou 3 p. 1 000) colore en jaune, tandis que l'acide chlorhydrique (en même proportion) le décolore simplement.

Action de l'acide chlorhydrique. — On peut présentement reconnaître à ce corps un triple rôle.

1° Il a un rôle digestif. En effet, le suc gastrique *exactement neutralisé* perd son pouvoir protéolytique ; acidulé de nouveau, il redevient actif. C'est que la pepsine est un ferment qui n'agit qu'en milieu acide et l'acide chlorhydrique est le mieux approprié à son action ; du moins cet acide à 1 ou 2 p. 1000 parait-il favoriser plus que tout autre, inorganique ou organique, l'attaque des matières albuminoïdes par l'enzyme. Cependant la quantité optima d'acide chlorhydrique varie avec les matières à digérer.

2° Il a un rôle antiseptique. Déjà SPALLANZANI avait vu que des morceaux de viande imbibés de suc gastrique se conservent pendant longtemps sans se putréfier. C'est l'acide chlorhydrique qui empêche cette putréfaction, comme on l'a reconnu en remplaçant le suc par des solutions aqueuses de cet acide au même titre. Plusieurs bactéries pathogènes sont détruites par le suc gastrique, de même que par une solution étendue d'acide chlorhydrique, le bacille du choléra, la bactéridie charbonneuse, des streptocoques, etc. Cette action antiseptique du suc gastrique peut se poursuivre dans presque tout l'intestin grêle, la réaction acide du chyme se maintenant jusqu'à une grande distance de l'estomac.

3° Il a un rôle sécrétoire. L'acide du contenu gastrique, passant dans le duodénum, provoque la formation d'une substance qui constitue le principal excitant de la sécrétion pancréatique ; c'est là une action des plus importantes qui sera examinée plus loin, à propos du suc pancréatique.

b. PEPSINE (de πέψις, coction, digestion). — Ce nom fut donné par SCHWANN, en 1836, au ferment soluble qui, en milieu acide, dédouble les matières albuminoïdes et la gélatine en combinaisons plus simples. Ce ferment existe dans l'estomac de tous les vertébrés.

Pas plus que les autres enzymes, on ne connaît celle-ci à l'état de pureté et en tant qu'individu chimique. On sait cependant que c'est un composé albuminoïde complexe.

Elle est soluble dans l'eau et dans la glycérine. Elle est précipitée par l'alcool. En solution neutre, elle est détruite à la température de + 55° ; en solution acide, à + 65° durant cinq minutes. Desséchée, elle peut, au contraire, supporter une température de plus de 100°, sans perdre ses propriétés. A 0°, elle n'agit plus, sauf celle que l'on trouve dans l'estomac des Poissons.

On a vu que les glandes stomacales ne sécrètent pas directement la

pepsine, mais une substance, la propepsine ou pepsinogène, qui engendre
le ferment au contact des acides (voy. p. 87 et 20*).

Action de la pepsine. — En présence de la pepsine acide, à la température optima du corps (de 37° à 40°), les matières albuminoïdes
subissent une série de transformations.

Ces transformations n'ont plus lieu qu'avec une très grande lenteur si le suc gastrique a été préalablement soumis à l'ébullition.
Or, le chauffage ne modifie point l'acidité du suc. Pour que le suc
manifeste rapidement son pouvoir protéolytique normal, il faut qu'à
l'acide se joigne le ferment.

La rapidité de la digestion et son intensité (quantité d'albumine
digérée) sont en un temps donné proportionnelles, au moins dans de
certaines limites, à la racine carrée des quantités de pepsine employées
(loi de Schütz-Borissov). Le pouvoir de la pepsine est considérable et
s'exerce sur un poids de matière 1 000 ou 2 000 fois supérieur au sien
propre.

La présence des produits de la digestion ralentit celle-ci, phénomène propre à toute action diastasique (voy. p. 86); ce fait est très
net dans les digestions artificielles, mais dans la digestion naturelle,
les produits formés étant éliminés de l'estomac ou résorbés à mesure
qu'ils se forment, son importance doit être très restreinte.

D'autres substances ont le même effet, les sels des métaux lourds,
les alcalis et carbonates alcalins, le vin, les épices à doses exa-
gérées, etc.

La pepsine n'agit pas également sur toutes les matières protéiques;
elle transforme énergiquement les albuminoïdes naturelles et les
albumoïdes (voy. p. 29); parmi ces dernières, citons la gélatine et
l'élastine qu'elle transforme en *gélatoses* ou *élastoses* et en *gélatine-
peptone* ou *élastine-peptone*. Gélatoses et élastoses sont, comme les
albumoses, précipitables par le sulfate d'ammoniaque à saturation.
La pepsine agit aussi sur les nucléo-protéides (voy. p. 29 et 39) et les
dédouble; la substance albuminoïde est peptonisée et la nucléine
reste inaltérée. Il n'est guère de digestion qui ne présente ce résidu
inattaqué constitué par les nucléines; c'est la *dyspeptone* riche en
phosphore des anciens auteurs.

En quoi consiste cette action de la pepsine ou plutôt du mélange
pepsine-acide ?

L'albumine, sous l'influence de l'acide, est transformée en *acidalbumine*
(ou *syntonine*), soluble dans les liqueurs acides et qui se précipite par neutralisation. Par l'action de la pepsine, ce corps fixe de l'eau ; alors apparaissent les *albumoses* ou *protéoses*, solubles dans les solutions salines
neutres étendues et quelques-unes (les hétéroprotéoses) dans l'eau distillée,
ne précipitant pas par l'ébullition (ce qui les distingue déjà profondément
des matières albuminoïdes), précipitables totalement par le sulfate d'ammo-

niaque à saturation. On a divisé les protéoses en *protéoses primaires* (*protoprotéose* et *hétéroprotéose*) et *secondaires* (*deutéroprotéose*), composés différant les uns des autres par leur degré d'insolubilité dans les solutions saturées de chlorure de sodium et aussi par leurs produits de décomposition. Les protéoses primaires correspondent au groupe de substances que l'on a longtemps désignées sous le nom de *propeptones*, dénomination d'ailleurs encore employée. — L'action du ferment donne aussi des *peptones*, corps solubles dans l'eau et dialysables, ne précipitant ni par la chaleur, ni par les acides minéraux, etc., ni par le sulfate d'ammoniaque à saturation (à l'inverse des protéoses), mais présentant encore la réaction du biuret[1]. — L'action de la pepsine ne s'arrête pas à ce stade ; elle se poursuit jusqu'à la formation de corps amorphes qu'on a appelés *polypeptides* ou *peptoïdes* et qui sont des associations d'aminoacides[2], ne donnant plus la réaction du biuret (corps *abiurétiques*), et même jusqu'à la formation d'acides aminés tels que leucine, alanine, tyrosine, lysine et divers autres, c'est-à-dire de produits cristallisables et *abiurétiques*, mais en petite quantité (sauf quand son action a une durée très longue[3]). Les peptones ne représentent donc point le produit *final* de la digestion, comme on l'a cru fort longtemps.

On pourrait représenter de la façon suivante la décomposition des albuminoïdes, sous l'influence de la pepsine[4] :

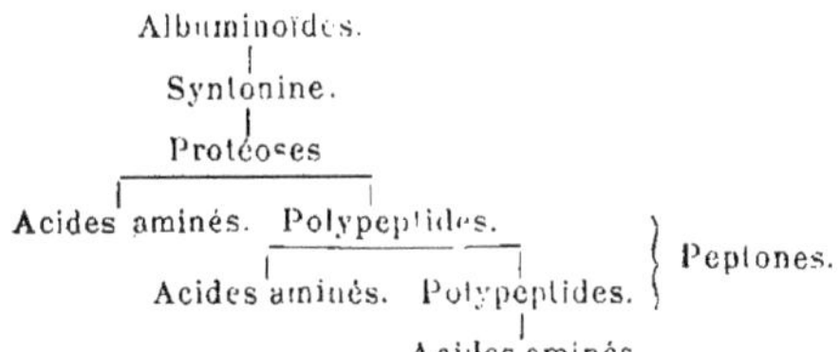

Encore ne doit-on pas s'imaginer sur ce schéma que chacun de ces groupes de corps, à partir des protéoses[5], sort nécessairement du précé-

1. Sur la réaction du biuret, voy. p. 37.

2. Sur les acides aminés, voy. p. 32 et 34. Les polypeptides ont été obtenus par synthèse, par la combinaison de deux ou plusieurs molécules de mêmes acides aminés ou d'acides différents (voy. p. 32).

3. L'hydrolyse complète de la proto et de l'hétéroalbumose a donné les amino-acides suivants, en quantité différente d'ailleurs selon qu'il s'agissait de l'un ou de l'autre de ces composés : glycocolle, alanine, valine, leucine et isoleucine, acide glutamique et acide aspartique, arginine, lysine, histidine, cystine, tyrosine, proline, phénylalanine.

4. Il ne faudrait pas croire que cette action fût spécifique. Les matières albuminoïdes éprouvent des modifications identiques sous l'influence d'autres agents, tels que les acides et les alcalis à chaud, ou la vapeur d'eau surchauffée (*albumose de cuisson*). Un ferment végétal, la *papaïne* (extrait du *Carica papaga*, arbre de la famille des Papayacées, voisine de celle des Cucurbitacées, répandu dans les Antilles et au Brésil), fait également subir les mêmes transformations aux albuminoïdes, en milieu neutre ou alcalin aussi bien que légèrement acide.

5. La syntonine, en effet, ne représente que la molécule primitive, non encore dédoublée.

dent et dans l'ordre indiqué. En réalité, toute la molécule albumine
passe pas successivement par les divers stades protéose et peptone[1]; m
par l'effet du travail pepsique il s'en détache de nombreux fragmen
dont chacun ne contient plus qu'une partie des noyaux associés dans
molécule primitive. D'autre part, on ne connaît pas encore d'une faç
sûre l'ordre d'apparition des multiples fragments fournis par le cliva
de l'énorme molécule albumine; dès le début de la digestion, p
exemple, E. Zunz[2] a vu apparaître des produits abiurétiques. Enfin
formation d'acides aminés, dans les conditions de durée de la digesti
in vivo, est minime. C'est là une différence importante entre la protéoly
pepsique et celle que provoque la trypsine, différence corroborée d'ailleu
par ce fait, que les polypeptides de synthèse ne sont pas attaqués par
pepsine, tandis que la trypsine en dédouble un grand nombre en leu
acides aminés constituants.

On voit donc combien s'est modifiée la conception d'après laquel
la digestion pepsique ne consistait qu'en la transformation d
matières albuminoïdes en propeptones et peptones, simples produi
d'hydratations successives sans dédoublement; elle consiste au co
traire en fragmentations, en dédoublements successifs résultant
processus continus d'hydratation. Par suite, elle ne peut plus êt
considérée comme très différente essentiellement de la digestio
trypsique (digestion pancréatique). Les seules différences qui su
sistent entre les deux processus sont les suivantes : la digestion pe
sique marche plus lentement, elle donne beaucoup moins de cor
abiurétiques, comme on vient de le noter déjà, elle n'aboutit pas à
formation de tryptophane[3].

Une autre remarque non moins importante concerne la proportio
relative des divers produits de la digestion pepsique. Les pepton
n'en représentent qu'une petite partie[4].

Pour des digestions *in vivo* de viande cuite (sur le chien) d'une dur
de une à six heures, on a trouvé en moyenne 90 p. 100 de l'azote du co
tenu stomacal sous forme d'albumoses et le reste sous forme de pepton
et de peptoïdes[5]. D'autre part, en faisant digérer *in vitro* de la sérumalb
mine cristallisée, on a trouvé sur 100 parties d'azote de la matière pr
téique, après huit heures, environ les deux tiers de cet azote dans l

1. Les peptones s'éloignent plus que les protéoses de la molécule primitiv
elles ne renferment plus ni soufre ni groupement hydrocarboné.
2. E. Zunz, chimiste physiologiste belge contemporain, auteur de travaux i
portants sur la digestion pepsique.
3. Sur le tryptophane, voy. p. 33.
4. Ces corps ne représentent donc plus le produit final de la digestion
a déjà eu l'occasion de le dire tout à l'heure (p. 221). De même qu'on les
dépossédés de leur importance chimique (ce ne sont pas des individus c
miques), on a réduit leur signification physiologique.
5. Cette grande différence tient à ce que l'estomac résorbe les albumoses p
lentement que les autres produits de la digestion.

albumoses et le tiers restant dans les acides monoaminés (à l'exception
de 2,6 dans les peptones); même après trente jours les peptones ne
forment que la moitié à peu près des produits de la digestion.

On voit par là que l'absorption des matières protéiques ne doit
pas se faire à l'état de peptones ou ne peut se faire en cet état que
dans une très faible mesure. C'est une question que nous retrouverons en parlant de l'absorption.

Action physiologique des albumoses. — Les albumoses, et plus spécialement les protéoses primaires, injectées dans les veines, sont très toxiques.
Elles déterminent de graves accidents à la dose de 0gr,10 à 0gr,50 par kilogramme d'animal : de la dyspnée avec cris, de violentes contractions stomacales (vomissements) et intestinales (défécation), la diminution de l'énergie
des contractions cardiaques, une baisse considérable de la pression sanguine,
une augmentation passagère de toutes les sécrétions, de la narcose et
l'incoagulabilité du sang. En étudiant le sang, nous reviendrons sur ce
dernier phénomène qui est fort important. Les peptones proprement dites
(non précipitables par le sulfate d'ammoniaque) n'ont aucune action de ce
genre.

c. Présure. — La présure *brute*, utilisée depuis fort longtemps
dans la fabrication des fromages pour la coagulation du lait employé
à cette fabrication, est le résultat de la macération dans l'eau légèrement salée de la caillette du veau ou du chevreau coupée en morceaux. L'extrait ainsi obtenu contient un ferment qui coagule le lait,
ferment de la présure ou simplement présure, *Lab*[1] ou *Labferment*
de Hammarsten et des Allemands, ou *chymosine* ou encore *caséase*.
On a vu (p. 206) que toutes les muqueuses gastriques contiennent
de la présure ou du proferment qui donne aisément la diastase elle-
même sous l'influence de l'acide chlorhydrique.

Pas plus que les autres enzymes on n'a obtenu celle-ci à l'état de
pureté.

Elle agit sur le lait en milieu neutre, acide ou légèrement alcalin,
En solution neutre elle n'agit pas au-dessous de 10° ; en solution
acide elle agit encore à 0° ; son optimum est à 40°; elle est détruite
vers 65°. Les alcalis retardent ou suppriment, suivant la dose, son
action.

Le pouvoir coagulant de la présure est extrêmement considérable ;
une partie peut caséifier environ 400 000 fois son poids de caséine,
et même davantage (voy. p. 85).

Action de la présure. — Les acides coagulent le lait. Mais la coagulation du lait par la présure du suc gastrique n'est pas due à l'acide

---

1. *Lab* est le mot allemand qui signifie présure. Le mot anglais est *rennet* dont
on a fait *rennin*, que les physiologistes anglais emploient souvent, concurrem-
ment avec le mot lab.

de ce suc, puisque celui-ci, exactement neutralisé, conserve son
action coagulante et que, non neutralisé, mais bouilli, il la perd

Sous l'influence de la présure le lait de vache se prend en une
masse solide, mais un peu tremblotante ; ce caillot se rétracte assez
rapidement et expulse un liquide clair, un sérum, le petit-lait ou *lacto-
sérum*. Le caillot obtenu avec le lait de vache bouilli est beaucoup
moins compact ; dans le lait stérilisé il ne se forme plus qu'un précipité floconneux. Avec le lait de femme le précipité est encore plus
fin et ces flocons ne se ramassent point. Cette condition physique
que réalise l'action de la présure sur le lait de femme ou sur le lait
de vache stérilisé rend ces deux laits beaucoup plus digestibles ; au
contraire, le caséum compact du lait de vache est moins aisément attaquable par la pepsine. — Que se passe-t-il dans cette coagulation ?
Ce sont surtout les travaux de HAMMARSTEN qui nous l'ont appris.

C'est sur la principale matière albuminoïde du lait, la caséine (voy.
p. 41), qu'agit la présure. Elle dédouble cette matière en *paracaséine* ou
substance caséogène et en une substance analogue aux albumoses. La
paracaséine, en présence des sels de chaux (le lait contient toujours du
chlorure de calcium), se précipite ; c'est à ce précipité que l'on donne le
nom de *caséum* ; ce caséum englobe les globules gras du lait ; quant à
l'albumose, elle passe dans le sérum, dans lequel elle est soluble. — La
coagulation est bien due à la précipitation de la paracaséine, car, si
l'on débarrasse le lait, avant de faire agir la présure, de ses sels de calcium
(par l'addition d'un oxalate neutre à 1 p. 1 000 [les oxalates précipitent
les sels de chaux]), le ferment ajouté ensuite n'y provoque plus la formation de caséine, le lait reste liquide. Cependant, l'action diastasique
essentielle, le dédoublement de la caséine, ne s'en est pas moins produite ;
ce qui le prouve, c'est que dans le lait ainsi traité la chaleur, contrairement à ce qui se passe dans le lait naturel, détermine une précipitation ;
ce précipité est composé de paracaséine.

La coagulation du lait par la présure ou caséification consiste donc
en un dédoublement. Cette coagulation précède la digestion de la
matière albuminoïde par le ferment protéolytique du suc gastrique ;
c'est un stade préliminaire, mais nécessaire, de cette digestion.

Action plastéinogène de la présure. — La présure aurait encore une autre
action, assez importante pour que par là puisse s'expliquer la généralité
de sa présence, même chez des animaux dont l'estomac ne reçoit jamais
de lait (voy. p. 206). On a observé (A. DANILEVSKY et son élève D. LAVROFF)
que dans les solutions d'albumoses la présure détermine un précipité et
l'on a soutenu que la substance qui se précipite ainsi et que l'on a appelée
plastéine (voy. p. 93) est la matière albuminoïde même d'où provenaient
les albumoses ; celles-ci se déshydratant sous l'influence du ferment, la
molécule de l'albumine originelle serait régénérée. Nous avons dit (p. 93)
que l'on n'est pas encore fixé sur 'a nature exacte de la plastéine. On ne
l'est pas davantage sur le rôle joué réellement ici par la présure.

d. LIPASE GASTRIQUE. — Le suc gastrique manifeste une troisième
action digestive ; il dédouble les graisses en glycérine et acides gras,
celles du moins qui se présentent à l'état d'émulsion, jaune d'œuf,
lait ou crème. La graisse du jaune d'œuf est hydrolysée en deux
heures dans une proportion qui peut atteindre 60 p. 100.

Cette action est due à une lipase qui paraît provenir d'un zymogène. Une forte acidité du suc gastrique la supprime rapidement.

4° *Digestion gastrique. Rôle de l'estomac.*

Par ce que l'on sait des actions du suc gastrique, on peut se faire
une idée de la digestion stomacale naturelle.

La digestion des matières amylacées (transformation en dextrines
et en maltose par la ptyaline) peut se continuer dans l'estomac tant
que l'acidité du suc gastrique n'est pas trop élevée (voy. p. 1 0 et 226).

On vient de voir que les graisses à l'état d'émulsions y sont partiellement dédoublées par une lipase. — Pour une autre cause la digestion des graisses dans l'estomac peut être plus importante qu'on ne
serait tenté de le croire. Cette cause, c'est la présence de suc pancréatique ; celui-ci, qui contient une lipase très active, reflue souvent à
travers le pylore et, comme la lipase pancréatique agit en présence
des acides, rien ne l'empêche dans la cavité stomacale d'exercer tout
son pouvoir. Or, il est une condition qui favorise ces reflux du suc
pancréatique, et c'est justement la présence de graisse dans l'estomac. Chaque fois que l'on introduit par une fistule stomacale des
graisses dans l'estomac de chiens à jeun ou que l'on donne à des
chiens une nourriture grasse, le suc pancréatique, mélangé à du suc
des glandes de Brunner, apparaît dans l'estomac (W. BOLDIREFF[1], 1904).
Ces reflux se font à intervalles réguliers. Dans ce cas les graisses sont
vite émulsionnées et saponifiées.

Ce sont surtout les matières albuminoïdes qui sont modifiées dans
l'estomac. L'ovalbumine, la fibrine, etc., bref, les matières solides
sont d'abord liquéfiées ; les morceaux de blanc d'œuf, par exemple,
se gonflent, leurs arêtes s'émoussent et ils finissent par être réduits
en une poussière très ténue ; à cet état de ramollissement, les albuminoïdes forment une bouillie qui, mêlée au reste du contenu gastrique (aliments non modifiés ou simplement dissous, sucres, corps
gras, etc.), se présente comme une sorte de pâte semi-fluide ; c'est
ce qu'on appelle le *chyme*. Mais, l'action du suc gastrique continuant,

---

1. Physiologiste russe contemporain, élève de PAVLOFF, actuellement professeur
de pharmacologie à l'Université de Kazan.

celte bouillie se liquéfie complètement et c'est sous la forme d un liquide que les produits de la digestion stomacale de la plupart des albuminoïdes passent dans l'intestin.

Le chyme ou contenu stomacal, d'après ce qui précède, est très complexe, mélange de matières non encore digérées (matières amylacées, dextrines, sucres, acide lactique, graisses, kératines et nucléines), de produits de la digestion gastrique et de suc gastrique, ce dernier en grande quantité ; enfin cette masse contient des gaz (Az, CO^2 et un peu d'oxygène) qui proviennent de l'air dégluti avec la salive et peut-être aussi des fermentations intrastomacales ; mention particulière doit être faite de l'acide carbonique que la muqueuse stomacale a la propriété de fournir ; nous avons signalé (p. 203) toute la signification de ce fait. Le chyme est nettement acide.

Le contenu stomacal ne passe pas intégralement dans l'intestin. Une partie des produits de la digestion gastrique est absorbée dans l'estomac. Mais la grandeur de ce phénomène est difficile à déterminer. C'est un point sur lequel nous reviendrons en étudiant l'absorption.

Trois conditions favorisent la digestion stomacale : la production incessante de suc gastrique, ce qui fait que son activité n'est pas limitée par une quantité donnée d'acide et de ferment ; l'absorption des produits de la digestion dont la présence, en quantité notable, diminuerait l'activité de la pepsine ; et enfin les mouvements de l'estomac qui mettent par intervalles le contenu stomacal plus ou moins en contact avec les parois sécrétantes de l'organe.

Le rôle des mouvements de l'estomac, à ce point de vue, est beaucoup moins important qu'on ne l'a cru longtemps. En réalité, le contenu des différentes régions gastriques ne se mélange pas, sauf au dernier stade de la digestion, alors que la masse intra-stomacale est très réduite de volume et très aqueuse. Les aliments déglutis séjournent donc d'abord dans le grand cul-de-sac ; ceux qui sont les premiers ingérés restent au contact de la muqueuse, les suivants s'enfoncent parmi les précédents. Il se forme ainsi une masse dans laquelle on peut, par exemple en colorant les divers aliments que l'on fait ingérer à des animaux et sacrifiant ceux-ci à des phases plus ou moins avancées de la digestion, distinguer plusieurs couches (expérience de GRUTZNER[1], 1905) ; à l'intérieur de cette masse, en raison même des mouvements peu énergiques du fond de l'estomac, le suc gastrique pénètre très lentement ; aussi la réaction en est-elle longtemps neutre, de telle sorte que la salive peut y continuer son action sur l'amidon.

De l'ensemble des conditions sus-énoncées dépend, au moins en

1. Physiologiste allemand contemporain, professeur à l'Université de Tubingen.

grande partie, la *digestibilité* des aliments. On a pensé juger de celle-
ci par la durée du séjour des aliments dans l'estomac. Mais de nombreux facteurs, les procédés culinaires, le degré de cuisson, les condiments, etc., peuvent modifier la digestibilité ; il y a aussi des causes
physiologiques de modification, telles que la mastication : une matière
albuminoïde insuffisamment mâchée ne peut s'imprégner complètement de suc gastrique ; elle passe dans l'intestin, n'ayant subi qu'une
transformation partielle ; on ne sera pas en droit de dire pour cela
qu'elle est moins digestible que d'autres. — Quoi qu'il en soit, la durée
maxima du séjour des aliments dans l'estomac (d'après des observations faites sur l'homme, dans des cas de fistule) varie entre une
heure et demie et cinq ou six heures. Sa durée minima s'observe
avec le lait qui disparaît en moins d'une heure.

Les faits établissent l'importance du processus digestif qui a
lieu dans l'estomac et par là même fixent la valeur du rôle de
cet organe. L'expérience a montré cependant que l'on peut
enlever complètement ou presque complètement l'estomac sans que
les animaux opérés (chiens, chats) perdent la vie ou même présentent
des troubles intestinaux ; point d'amaigrissement ; l'utilisation des
aliments, à la condition que ceux-ci soient donnés convenablement
hachés ou broyés, est parfaite ; la composition des fèces est normale;
l'élimination de l'azote des urines est normale. C'est que la digestion
intestinale peut suppléer et supplée en effet la digestion stomacale.
— D'autre part, le rôle antiseptique du suc gastrique n'est pas tellement important que l'organisme puisse éprouver, de sa suppression,
un dommage apparent, du moins avant un long temps. — Le trouble
qui paraît devoir se produire le plus sûrement, après l'extirpation de
l'estomac, c'est la diminution de la sécrétion pancréatique. Nous
avons dit (p. 219) que le passage de l'acide chlorhydrique dans le
duodénum donne lieu à la sécrétion du pancréas; il se forme en effet,
par action de l'acide sur la muqueuse intestinale, une substance
excito-sécrétoire, la *sécrétine*. Cette substance, quand l'estomac a été
enlevé, peut-elle encore se produire? On est en droit de le supposer,
puisque la digestion pancréatique, dans ce cas, se fait très activement[1].

De ce que la vie est possible sans estomac, il ne suit point que cet

[1]. Cela peut tenir à ce que les graisses par elles-mêmes déterminent aussi la
formation de cette substance, comme on le verra. Mais on peut encore recourir
à l'hypothèse suivante : lorsqu'on enlève l'estomac, il se fait, à l'endroit où
le cardia est suturé au duodénum, une dilatation, une poche plus ou moins
étendue: dans cette poche les hydrates de carbone doivent fermenter: il s'y
produit de l'acide lactique qui, arrivant dans l'intestin, suffit à la formation
de « sécrétine ».

organe ne soit pas utile. Grâce à lui, les aliments sont transformés en une masse molle, en une sorte de bouillie parfaitement préparée à subir l'action des sucs pancréatique et intestinal ; ils peuvent par suite être ingérés en assez grande quantité à la fois. Au contraire, la nourriture d'un animal sans estomac doit être soigneusement hachée menu et ne peut être prise qu'en petite quantité ; l'alimentation devient donc un acte difficile et compliqué. En la rendant commode et aisée, l'estomac se présente comme un organe préparatoire de la digestion intestinale, protecteur de l'intestin.

POURQUOI L'ESTOMAC NE SE DIGÈRE PAS LUI-MÊME. — Le suc gastrique digère les matières albuminoïdes. Comment se fait-il qu'il ne digère pas les parois de l'estomac, qui sont composées de matériaux essentiellement protéiques ? D'ailleurs, après la mort, si le cadavre reste à la température de 35° à 40°, l'estomac se digère. De nombreuses explications ont été proposées de ce fait ; aucune n'avait paru convaincante. On a trouvé que la muqueuse stomacale possède une action antipepsique (comme la muqueuse intestinale possède une action antitryptique) ; d'où l'on a conclu à l'existence d'un antiferment par la production duquel l'épithélium vivant se protégerait lui-même contre la pepsine. Cependant les extraits de muqueuse stomacale chauffés conservent leur action empêchante. Et, comme la surface interne de l'estomac et de l'intestin est recouverte d'une couche de mucus et que l'on a montré, d'autre part, que la mucine en poudre, quelle qu'en soit la provenance, arrête *in vitro* la digestion pepsique, on a admis que cette matière n'est que très peu attaquée par les ferments protéolytiques. C'est ainsi qu'elle protégerait les parois du tube gastro-intestinal contre ces ferments. Non seulement d'ailleurs elle résiste à l'action de ces derniers, mais encore et surtout elle les adsorbe, à la manière du charbon d'os.

5° *Mouvements de l'estomac.*

En tant qu'organe moteur, l'estomac se compose d'une tunique charnue, assez faible, renforcée au cardia et surtout au pylore (anneau ou sphincter pylorique). Cette paroi musculaire comprend trois plans de fibres lisses, les longitudinales ou externes, les circulaires ou moyennes et les obliques ou internes.

Les mouvements effectués par ces muscles sont de deux sortes, mouvements de brassage et mouvements d'évacuation.

L'estomac est à peu près immobile chez l'animal à jeun. Au fur et à mesure que les aliments y pénètrent par le cardia, il se dilate : il forme donc bien ainsi *réservoir* ; mais ses parois réagissent : il est par suite un réservoir à l'intérieur duquel se produisent des déplacements ou courants de matière provoqués par l'action de ses parois mêmes. — Les troubles qui résultent de la *dilatation de l'estomac*, état pathologique caractérisé par l'atonie des fibres musculaires de cet organe, montrent l'utilité de ces mouvements.

Pour que ces déplacements soient possibles et aient leur plein effet, il faut que les deux orifices de l'estomac, le cardia et le pylore, r'stent fermés.

Une ancienne expérience, due à HALLER, prouve qu'il en est ainsi. On re'ire vivement l'estomac de l'abdomen d'un animal qui a mangé, chien ou cheval, et on le presse entre les mains : rien ne s'échappe, ni par l'orifice pylorique, ni par l'orifice œsophagien.

Les mouvements de brassage sont suivis de mouvements d'évacuation. Dans les premières périodes de la digestion, aucun aliment ne franchit le pylore. Ce n'est que quand le contenu stomacal est réduit en bouillie, se trouve à l'état de chyme, que celui-ci passe dans l'intestin. Mais les contractions péristaltiques qui transportent le contenu de l'estomac du cardia au pylore ne sont pas assez fortes[1] pour en déterminer l'expulsion à travers un orifice resserré, comme est l'anneau pylorique. De fait, le passage du chyme dans le duodénum n'a pas lieu parce que les contractions forcent le pylore, mais parce que celui-ci se relâche. L'anneau pylorique s'ouvrant ainsi[2], les contractions chassent le chyme, par petites portions, dans le duodénum.

C'est ce que l'on put observer sur une femme qui, à la suite d'un traumatisme, portait une large fistule du duodénum. D'autre part, les expériences faites sur des chiens à fistule duodénale ont montré que la rapidité avec laquelle l'estomac se vide dépend beaucoup de la nature de son contenu. L'eau surtout, ainsi que les solutions faibles de sel marin, le bouillon ne font que le traverser et passent tout de suite dans le duodénum ; le lait, la bière et surtout le pain, la viande, etc., sont lentement évacués et par portions successives[3],

L'analyse des contractions stomacales au moyen d'appareils graphiques (inscription, au moyen d'ampoules remplies d'eau ou gonflées d'air, des variations de pression produites dans la cavité par la contraction des différentes parties de l'estomac) a fait voir que la forme, l'énergie et la durée de ces contractions varient avec les divers segments. Dans la région du cardia, les contractions consistent en des ondulations lentes, irrégulières, qui durent environ une minute, et en des mouvements plus rapides et

---

1. Ce sont des contractions douces et lentes, car on a vu aes corps très aigus, durs et blessants, éprouver dans l'estomac tous les déplacements de la masse alimentaire sans que la muqueuse soit lésée.

2. On verra tout à l'heure que le relâchement du pylore se produit sous l'influence du système nerveux.

3. Les matières solides séjournent d'autant plus longtemps dans l'estomac que la masse à digérer est plus volumineuse. Il y a des animaux, comme le lapin par exemple, dont l'estomac contient toujours des aliments, même après plusieurs jours de jeûne.

d'intensité variable, qui ressembleraient à des mouvements péristaltiques : dans la région du fond prédomineraient ces derniers : et enfin dans l'antre pylorique, on observe des contractions rythmiques et uniformes presque continues, beaucoup plus énergiques que les précédentes.

L'étude de l'évacuation du contenu stomacal a été faite, d'autre part, à l'aide des rayons X, grâce à l'incorporation dans une petite masse alimentaire de nitrate de bismuth, substance opaque aux rayons de RÖNTGEN ; on voit aisément la progression dans l'estomac et dans l'intestin des taches noires qui indiquent les masses bismuthées. Vingt minutes environ après l'ingestion des aliments, commencent à se produire, du côté du cardia, de faibles ondes contractiles qui se suivent les unes les autres, de dix en dix secondes (chez le chat), devenant peu à peu plus fortes, et progressent vers le pylore. Chacune de ces ondes met environ vingt secondes pour atteindre le pylore. Celui-ci présente à son tour une série de contractions, mais reste fermé, ce qui fait que la masse alimentaire est forcée de revenir en arrière et qu'ainsi ses diverses parties peuvent entrer en contact avec la muqueuse pylorique et se mêler plus intimement au suc gastrique. Le canal ne s'ouvre qu'après que plusieurs ondes contractiles se sont produites. A mesure que la digestion avance, le pylore s'ouvre plus fréquemment. — Ce sont les hydrates de carbone qui passent le plus vite. Après une demi-heure, les albuminoïdes commencent à quitter l'estomac, et en deux heures elles ont pour la plus grande partie gagné l'intestin. Les graisses séjournent beaucoup plus longtemps et, d'ailleurs, ralentissent le passage des deux autres sortes d'aliments [1].

A. Causes des mouvements de l'estomac. — La distension des parois gastriques paraît être une cause de contraction de ces parois ; c'est du moins ce que l'on constate avec les ampoulés exploratrices de la pression intra-stomacale ; plus on gonfle ces ampoules, plus facilement survient une contraction de la partie correspondante.

Mais les excitations chimiques sont plus importantes que cette excitation mécanique. Les solutions d'acide chlorhydrique, à 1-5 p. 1000, injectées dans l'estomac (30 à 50 c.c.), déterminent une série de mouvements péristaltiques dans la région du cardia et dans le fond. Les solutions d'acide lactique ont le même effet. Les solutions de propeptone (60 c.c. d'une solution à 10 p. 100) déterminent de fortes contractions de toutes les régions de l'estomac.

Ces faits donnent à penser que, dès que les glandes gastriques entrent en activité et sécrètent de l'acide chlorhydrique, celui-ci fait naître des contractions stomacales ; puis, que les albumoses, qui se forment bientôt sous l'action du suc sécrété, excitent à leur tour la contractilité des parois de l'estomac ; et qu'ainsi il existe entre la sécrétion et les mouvements de cet organe des rapports harmoni-

1. On a vu plus haut (p. 213), qu'elles diminuent aussi la sécrétion du suc gastrique.

ques; grâce à ces mouvements le contenu stomacal se trouve convenablement brassé et peut dans toute sa masse être pénétré par le suc gastrique.

Reste à voir comment les deux orifices de l'estomac, le cardia et le pylore, s'ouvrent et se ferment alternativement.

On a étudié la manière dont s'effectue l'évacuation de l'estomac en observant le passage du chyme dans le duodénum, au moyen de fistules gastriques et duodénales et, d'autre part, en faisant des radiographies de l'estomac et du duodénum après l'ingestion d'aliments auxquels a été mélangé du sous-nitrate de bismuth. Dans ces conditions, on a vu (expériences de W. B. Cannon, 1906-1908) que, dès que devient acide la région de l'antre du pylore (ce dont on peut s'assurer par un prélèvement du contenu stomacal sur un animal à fistule gastrique), l'orifice pylorique s'ouvre et l'estomac se vide (ce que montrent les radiographies) et, inversement, que la pénétration du chyme acide dans la partie supérieure du duodénum provoque la fermeture du pylore[1] (expériences de Serdjukoff, 1899; on peut constater le phénomène au moyen de la radiographie en même temps que, sur un animal à fistule duodénale, un prélèvement du contenu de ce segment intestinal en montre l'acidité). Mais cette fermeture ne persiste pas, l'acidité du contenu duodénal diminuant peu à peu par l'action des sécrétions alcalines de la bile et du suc pancréatique; alors le pylore peut se relâcher de nouveau et les contractions gastriques dont il a été parlé plus haut peuvent amener, à travers cet orifice dont la tonicité musculaire est très affaiblie, la décharge de l'estomac.

Preuves complémentaires : l'addition de bicarbonate de soude (pour neutraliser l'acide du suc gastrique) aux aliments que l'on fait ingérer aux animaux en expérience retarde et ralentit l'évacuation de l'estomac; et l'introduction d'un peu d'acide chlorhydrique par une fistule duodénale met obstacle à l'évacuation gastrique.

Ainsi le même agent chimique, l'acide chlorhydrique que sécrètent les glandes stomacales, produit successivement un phénomène d'inhibition, le relâchement du pylore, et un phénomène moteur, le resserrement du pylore, suivant qu'il agit au-dessus ou au-dessous de cet orifice. La région pylorique est donc soumise à ce que Bayliss et Starling[2] ont appelé la « loi de l'intestin » d'après laquelle une excitation portée sur un point de l'intestin détermine une contraction du segment immédiatement situé au-dessus de ce point et un relâchement de la portion située au-dessous.

Quant au cardia, il reste fermé par suite du développement de la réaction acide dans le contenu de l'estomac. En effet, quand ce contenu est neutre ou qu'on le rend légèrement alcalin par addition de bicarbonate de soude,

---

1. La fermeture du pylore serait aussi provoquée par la réplétion de l'intestin grêle (première moitié).
2. Physiologiste anglais contemporain, professeur à l'Université de Londres.

il se produit des régurgitations dans l'œsophage. — L'occlusion normale
du cardia nous empêche de sentir l'odeur et le goût désagréable du contenu gastrique.

On admet que les réactions motrices consécutives à ces excitations chimiques sont des mouvements réflexes. En effet, si l'on sectionne circulairement les deux couches musculaires du duodénum,
aussi près que possible du pylore, on voit que l'estomac se vide très
rapidement; l'action de l'acide sur la muqueuse duodénale ne peut
plus, dans ce cas, se transmettre jusqu'au pylore. Normalement donc
elle s'exerce sur le plexus d'Auerbach situé dans la musculaire duodénale et se réfléchit sur les filets moteurs du pylore. C'est un réflexe
périphérique. — De même, l'acide gastrique continue à provoquer la
fermeture du cardia après section des nerfs splanchniques et des
vagues.

B. **Innervation motrice de l'estomac.** — Les mouvements de
l'estomac persistent après la section de tous les nerfs de l'organe. On
admet qu'ils sont sous la dépendance des ganglions nerveux disséminés dans les parois gastriques. Les nerfs extrinsèques ne sont donc
point moteurs, au sens propre de ce mot, mais seulement modificateurs des mouvements. Telle est aussi la nature des nerfs du cœur,
organe auquel par conséquent l'estomac est, à cet égard, comparable.

L'innervation motrice de l'estomac n'en est pas moins importante. Elle est double, motrice et inhibitrice; en d'autres termes,
elle se répartit entre des nerfs dont l'excitation provoque des
mouvements et des nerfs dont l'excitation arrête les mouvements.

C'est l'excitation du bout périphérique d'un pneumogastrique qui
détermine des contractions rythmiques plus fortes et plus fréquentes.
Celle du bout périphérique d'un splanchnique amène le ralentissement ou l'arrêt de ces mouvements. Cependant les nerfs vagues
contiennent aussi des fibres d'arrêt dont on a pu montrer l'action[1] :
et, d'après quelques physiologistes, les splanchniques contiendraient
aussi des filets moteurs. — Les filets gastriques des splanchniques
proviennent de la moelle dorsale et ceux des pneumogastriques des
racines mêmes de ces nerfs.

VOMISSEMENT. — Par cet acte le contenu stomacal passe dans l'œsophage,
puis est rejeté au dehors.

---

1. Voici deux expériences démonstratives: 1° (M. DOYON, 1895) sur un chien
qui a reçu de la pilocarpine (ce poison augmente le tonus gastrique), l'excitation
du pneumogastrique arrête les mouvements de l'estomac; — 2°(F. BATTELLI,1895)
sur un animal atropinisé (l'atropine paralyse les fibres motrices du pneumogastrique), chez lequel on réveille la contractilité stomacale au moyen de la pilocarpine, on excite le bout périphérique d'un nerf vague; on constate que l'estomac se dilate rapidement. L'atropine respecte en effet les fibres inhibitrices
gastriques contenues dans le tronc du vague.

Dans la première phase, préparatoire, mais essentielle, il se produit une forte contraction du diaphragme et des muscles des parois abdominales, qui élève beaucoup la pression intra-abdominale. Une expérience célèbre de Magendie prouve le rôle de ces muscles ; Magendie, ayant enlevé l'estomac à un chien et mis à la place une vessie pleine d'eau en communication avec l'œsophage, put, après avoir recousu les parois abdominales, voir l'animal rejeter par des efforts de vomissement (après injection d'émétine dans les veines) le contenu de cette vessie, par le seul effet de la presse abdominale et diaphragmatique.

Cependant la tunique musculaire de l'estomac, si elle n'agit pas pour produire l'*effort* du vomissement, pour projeter au dehors le contenu du viscère, agit du moins pour en favoriser la sortie. D'une part, en effet, il faut que le pylore se contracte, de manière à empêcher le passage du contenu de l'estomac dans l'intestin. D'autre part, l'orifice cardiaque se dilate. Sans doute les efforts de vomissement n'aboutissent que si la *presse abdominale* se produit en même temps que cette ouverture du cardia. Celle-ci n'en est pas moins nécessaire ; l'expérience de Magendie, rapportée plus haut, ne réussit que si le cardia a été enlevé avec l'estomac ; car le relâchement du cardia n'est possible que quand l'estomac est intact. — Quelle est la cause de ce relâchement? L'étude de la pression thoracique montre que la brusque contraction du diaphragme augmente le vide thoracique ; l'œsophage devient alors béant ; c'est pendant cette dilatation du thorax que le cardia se laisse franchir et que s'opère la migration du contenu gastrique à travers cet orifice, puis à travers l'œsophage.

Dans la seconde phase du vomissement, *phase expulsive*, c'est par le mécanisme de l'effort que les matières sont rejetées au dehors. Après la forte inspiration de la première phase, le thorax s'immobilise par la contraction des muscles inspirateurs et la glotte se ferme ; le voile du palais se relève en même temps pour fermer les fosses nasales [1]. La pression intrathoracique s'élève par suite de la contraction des muscles expirateurs et, sous l'influence de cette augmentation de pression, les matières sont projetées hors du canal œsophagien.

Le vomissement est un acte réflexe. Il peut être provoqué par des excitations de la base de la langue, du voile du palais, de la muqueuse stomacale, de l'intestin, de l'utérus, du péritoine, etc., ou bien encore du cerveau (influences psychiques). — Il est produit aussi par différentes substances dont le type est l'ipécacuanha. Le principe actif de cette racine (de la famille des Rubiacées), l'*émétine* , agit directement sur les centres nerveux et peut-être aussi sur les filets sensitifs de la muqueuse gastrique ; il en est de même de l'émétique [2] ou tartre stibié (expérience célèbre de Magendie, provoquant le vomissement par injection d'émétique dans les veines).

On a vu que de nombreux muscles interviennent dans le vomissement ; ils agissent d'une façon coordonnée ; il est vraisemblable que cette coordination se fait dans un centre spécial. Chez le chien le vomissement

1. Quand l'effort est violent, les matières forcent le voile du palais et sont projetées aussi dans les fosses nasales, et non plus seulement dans la bouche.
2. De *emetinum*, qui vient lui-même de ἐμέω, je vomis.
2. De ἐμετικός, qui fait vomir. L'émétique est un tartrate double d'antimoine et de potasse.

est empêché par la destruction des couches profondes du milieu du bulbe, dans les environs du *calamus scriptorius*. Le centre réflexe du vomissement se trouve donc situé dans le bulbe.

2. — Digestion intestinale. Pancréas. Foie biliaire. Intestin grêle.

L'intestin grêle reçoit le contenu stomacal. C'est dans les premières parties de ce tube que vont se poursuivre et se compléter les phénomènes chimiques qui transforment les substances alimentaires en produits assimilables. Ici ces substances, plus ou moins ou nullement encore modifiées par le suc gastrique, entrent en conflit avec d'autres sucs digestifs, non seulement avec le liquide sécrété par les glandes duodénales (glandes de Brunner), puis par les glandes de Lieberkühn (glandes du reste de l'intestin grêle), mais d'abord avec le suc pancréatique et avec la bile, dont les conduits excréteurs débouchent à la partie supérieure du duodénum. Par suite, les actions qui se produisent dans ce segment du tube digestif sont complexes; elles le sont d'autant plus que les sucs sécrétés n'agissent pas successivement et isolément. Pour déterminer le rôle de chacun d'eux, les physiologistes ont été obligés de les étudier séparément; mais cette analyse rompt l'enchaînement, compliqué sans doute, mais harmonique des phénomènes naturels. Dans la réalité le suc pancréatique n'agit guère indépendamment du suc intestinal; on verra avec quelle synergie fonctionnent les glandes qui sécrètent l'un et l'autre et la haute importance de ce fonctionnement synergique. — Force est bien néanmoins d'exposer les unes après les autres nos connaissances sur les divers facteurs de la digestion intestinale; on s'attachera, au cours de cette exposition, à montrer les rapports qui existent entre tous ces facteurs.

3. — Sécrétion et rôle du suc pancréatique.

Le pancréas, glande en grappe annexée au duodénum, déverse sa sécrétion dans cette partie de l'intestin grêle, soit par un canal unique s'ouvrant beaucoup plus bas que le canal cholédoque (chez le lapin et quelques autres animaux), soit par deux canaux (chez l'homme, chez le chien), dits principal et accessoire.

Le suc sécrété contient plusieurs ferments digestifs, amylase, maltase, lipase et trypsine.

1° Mécanisme de la sécrétion.

A. Phénomènes histologiques. — La comparaison des cellules glandulaires pendant la digestion et en dehors de cette période a donné lieu à d'intéressantes constatations.

Sur des animaux qui ne sont pas en digestion (chiens, lapins), on distingue dans les cellules du pancréas deux zones, d'étendue à peu près égale, l'une interne (qui regarde la cavité de l'acinus), granuleuse ; l'autre externe, transparente, homogène, finement striée. Le noyau se trouve à la limite des deux zones. Pendant la digestion, lorsque la glande sécrète (période d'excrétion cellulaire), la zone externe s'accroît aux dépens de l'interne, dont les granulations deviennent plus petites, moins apparentes, s'avancent vers la lumière de l'acinus et enfin disparaissent. En même temps, le protoplasma de la zone externe se creuse de vacuoles dont le liquide aqueux dissout et entraîne les granulations de la zone interne. A partir de la sixième heure après le repas, la zone externe granuleuse se reforme, augmentant même d'étendue. Ces faits, disparition des grains de ségrégation (de *segregare*, choisir), lorsque la glande fonctionne (phase d'excrétion), et réapparition de ces grains quand l'action de la glande redevient purement intracellulaire (phase de prétendu repos), montrent bien que les grains constituent le matériel de la sécrétion. On admet, en effet, qu'ils sont formés d'une substance génératrice de l'un des principaux ferments du suc pancréatique, comme on le verra tout à l'heure. Ce sont des grains de *zymogène*.

Sur des chiens ayant reçu une injection de pilocarpine (la pilocarpine provoque la sécrétion d'un suc protéolytique), on a trouvé que la lumière des acini est distendue par un produit de sécrétion qui a tout l'aspect du zymogène, qui se colore comme celui-ci ; dans les cellules, au contraire, la quantité de zymogène avait notablement diminué.

B. Phénomènes chimiques. — On a pu en apprécier l'importance par l'étude des échanges gazeux dans le sang d'une des veines principales du pancréas comparativement avec le sang d'une artère fémorale. On fait sécréter la glande au moyen d'une injection de « sécrétine » ; l'absorption de l'oxygène augmente considérablement ; cette augmentation est indépendante de l'activité circulatoire. La sécrétion s'accompagne donc d'un accroissement des phénomènes d'oxydation. C'est ce que nous avons déjà vu pour les glandes salivaires (voy. p. 174).

Formation des ferments contenus dans le suc pancréatique. — On sait peu de chose sur la formation de l'amylase et de la lipase pancréatiques. D'après quelques expériences, cependant, le ferment amylolytique proviendrait d'un zymogène ; on a trouvé en effet que les extraits glycérinés du pancréas non seulement ne perdent pas leur activité diastasique avec le temps, mais présentent une augmentation graduelle de cette activité pendant plusieurs mois; dans quelques cas celle-ci peut être décuplée; ces expériences sont faites, bien entendu, dans des conditions d'asepsie rigoureuse.

En ce qui concerne le ferment protéolytique, la trypsine, on admet qu'il ne préexiste pas dans la glande ; celle-ci ne formerait d'ordinaire qu'un zymogène, le *trypsinogène* ou *protrypsine*.

Le suc pancréatique, en effet, quand on le recueille par une fistule du canal de Wirsung, après avoir laissé s'écouler les premières gouttes[1], se montre sans action sur les matières albuminoïdes ou du moins sur l'ovalbumine coagulée[2], sur laquelle il n'agit que quand on y ajoute un peu de suc intestinal (PAVLOFF et CHEPOWALNIKOFF) ou d'une macération de muqueuse duodéno-jéjunale. Ce suc intestinal contient une substance qui présente les propriétés générales des enzymes et à laquelle PAVLOFF a donné le nom de *kinase* ou *entérokinase* (voy. p. 97); c'est cette substance, inactive sur les matières protéiques, qui rend actif le suc pancréatique. Son rôle consisterait à transformer le trypsinogène en trypsine. Le chauffage du suc intestinal entre 67° et 100° supprime ce phénomène. Qu'il s'agisse ici d'une action diastasique, c'est ce que montrent bien les deux faits suivants : 1° il suffit de la plus minime quantité de kinase pour rendre actives des quantités variables de trypsinogène (BAYLISS et STARLING); 2° la proportion différente de kinase ajoutée au suc pancréatique ne change pas la quantité de trypsine finalement produite, mais seulement le temps nécessaire à cette production.

Dans quelques cas particuliers, la formation de trypsine paraît cependant s'opérer dans le pancréas lui-même. Quand on fait à un chien une série d'injections de sécrétine, on recueille, au moment de chaque reprise de sécrétion, un suc directement actif sur l'ovalbumine ; il en est de même à la suite d'une injection de pilocarpine, de physostigmine ou encore de choline[3] ; même résultat aussi après une injection intraveineuse d'albumoses. Mentionnons encore une condition dans laquelle le pancréas produirait directement un suc protéolytique ; comme l'extrait de rate d'un animal en digestion ou le sang veineux de cette rate active un extrait inactif de pancréas, on a conclu de là que la rate déverse dans le sang une substance qui transforme le trypsinogène en trypsine[4] : mais le rôle de cet organe n'est nullement indispensable, puisque chez les animaux

---

1. Cette précaution est indispensable, parce que l'embouchure du canal est toujours imprégnée de suc intestinal ; par suite, quand on provoque la sécrétion du pancréas, le suc qui s'écoule dans les premiers instants a un pouvoir protéolytique manifeste, mais celui-ci ne dépend que de la petite quantité de suc intestinal imprégnant les parois du canal de Wirsung.

2. Il importe en effet de remarquer que ce suc pancréatique, dit pur, agit parfaitement et directement sur d'autres matières albuminoïdes, la fibrine, la caséine, etc., et agit aussi bien que le suc kinasé ou additionné de chlorure de calcium (U. LOMBROSO[*], 1912).

[*] Physiologiste italien, fils de l'illustre anthropologiste

3. Sur la pilocarpine, voy. p. 175 ; sur la physostigmine, p. 188 et sur la choline, p. 27.

4. C'est SCHIFF qui a introduit dans la science cette idée d'un rapport fonctionnel entre la rate et le pancréas

dératés le suc pancréatique digère parfaitement les albuminoïdes; ce qui maintenant s'explique à merveille de par l'action sur ce suc du suc intestinal.

La cause de l'activité propre du « suc de pilocarpine » paraît tenir à la présence dans ce suc de sel de calcium. On a montré, en effet, que ces sels ont, *in vitro*, la propriété de rendre actif un suc primitivement inactif (sur l'ovalbumine), tel que le « suc de sécrétine ». Or, quand on précipite la chaux que peut contenir un suc de pilocarpine en y ajoutant un oxalate alcalin, on voit que l'action du suc subit un retard considérable, si elle n'est pas complètement empêchée; d'ailleurs l'activité protéolytique des sucs de pilocarpine paraît bien être en raison directe de leur teneur en calcium. — Quant à cette action même des sels de chaux sur le trypsinogène, elle est très différente de celle de l'entérokinase; il faut douze à seize heures pour qu'elle se produise, tandis que l'autre se manifeste en quelques minutes à peine, et d'ailleurs en l'absence de toute trace de chaux. Il est probable que cette action du calcium ne joue aucun rôle dans le processus normal de la digestion (STARLING); c'est un phénomène qui n'offre présentement qu'un intérêt théorique (STARLING).

Les faits rapportés ci-dessus montrent qu'il y a deux sortes de sécrétion pancréatique, du moins au point de vue de l'action du suc sur certains protéiques, l'une, inactive, l'autre active par elle-même (L. CAMUS et E. GLEY, 1902, 1907).

C. **Phénomènes circulatoires.** — Pendant la sécrétion, la glande rougit, le sang veineux devient rouge; il y arrive donc plus de sang. On a pu le constater directement en inscrivant les changements de volume qui se produisent à la suite d'une injection de « sécrétine »; une telle injection détermine en effet une vaso-dilatation pancréatique marquée. La sécrétion est néanmoins relativement indépendante de ce phénomène; car, malgré l'obstruction de l'aorte thoracique, on voit qu'elle continue. Semblablement l'excitation des filets sécrétoires du vague (voy. ci-dessous) peut provoquer la sécrétion pendant cinq minutes environ malgré la compression de l'aorte thoracique.

La circulation lymphatique se modifie aussi pendant la sécrétion; la quantité de lymphe qui provient du pancréas augmente. On le prouve en mesurant l'écoulement de la lymphe du canal thoracique, avant et après injection de « sécrétine »; on constate que durant la sécrétion l'écoulement s'accroît.

INNERVATION VASO-MOTRICE DU PANCRÉAS. — Les nerfs vaso-constricteurs viennent de la moelle dorsale par le sympathique thoracique à partir du cinquième rameau communicant dorsal jusqu'au premier lombaire; les filets se réunissent dans les splanchniques qui les conduisent au plexus solaire; l'excitation du bout périphérique d'un splanchnique détermine une diminution de volume du pancréas. — Les nerfs vaso-dilatateurs sont contenus dans les pneumogastriques ; l'excitation du bout périphérique d'un pneumogastrique au-dessous du cœur provoque une vaso-dilatation pancréatique durable.

D. **Innervation sécrétoire du pancréas.** — Les nerfs pneumogastriques contiennent des fibres sécrétoires pour le pancréas, d'après l'expérience suivante (Pavloff) :

Sur un chien porteur d'une fistule pancréatique permanente on sectionne un des vagues au cou ; quatre jours après, quand les fibres inhibitrices du cœur ont perdu leur excitabilité, on excite le bout périphérique de ce nerf ; il se produit un écoulement du suc pancréatique ; la sécrétion ne commence qu'après deux ou trois minutes d'excitation[1] et continue quatre à cinq minutes après qu'on a cessé celle-ci. — Supposerait-on que cette action du pneumogastrique n'est qu'indirecte, dépendant de la sécrétion du suc gastrique acide (voy. p. 207) et du passage de ce suc acide dans le duodénum, puisque l'excitation du vague, en même temps qu'elle provoque la sécrétion stomacale, accroît les mouvements de l'estomac (voy. p. 232) ? Cette hypothèse n'est pas admissible. En effet, par l'excitation du vague, le pancréas sécrète plus tôt que l'estomac et, d'autre part, cette sécrétion se produit même quand la ligature préalable du pylore empêche l'introduction du suc gastrique dans le duodénum.

Les splanchniques contiennent aussi des filets sécréteurs, mais leur action est moins importante que celle des pneumogastriques.

A côté des filets sécréteurs se trouvent dans les splanchniques comme dans les nerfs vagues des filets dont l'excitation ralentit ou suspend la sécrétion (nerfs fréno-sécréteurs).

Cette action d'arrêt se démontre de la façon suivante : on provoque la sécrétion pancréatique par l'injection intraduodénale d'une solution acide (voy. ci-dessous) ; la sécrétion bien établie, on excite le bout périphérique d'un nerf vague ; à chaque excitation, la sécrétion s'arrête. — L'excitation du sympathique, dans ces conditions, n'amène que le ralentissement de la sécrétion.

Ces nerfs contiennent-ils, outre les fibres sécrétoires (c'est-à-dire en réalité commandant à l'excrétion cellulaire), des fibres dites *trophiques*[2], qui présideraient aux phénomènes chimiques desquels résulte l'élaboration du produit sécrété ? On l'a pensé d'après ce fait, qu'il importerait d'ailleurs de vérifier, que, chez des animaux présentant une sécrétion spontanée, l'excitation du vague ou celle du splanchnique donnerait lieu à la sécrétion, plus abondante d'ailleurs, d'un suc protéolytique ; or, le suc sécrété avant l'excitation ne possède aucun pouvoir digestif sur les albuminoïdes.

1. Ce fait a été considéré comme une preuve de l'existence dans le tronc du vague de fibres fréno-sécrétoires (voy. ci-dessous), que l'on excite en même temps que les fibres sécrétoires et qui réagissent plus tôt que ces dernières.
2. Voy. p. 181 ce qui a été dit des fibres *trophiques* de la glande sous-maxillaire.

2° Causes de la sécrétion pancréatique.

Chez les animaux herbivores, la sécrétion paraît continue. Chez le chien, chez l'homme, elle est intermittente. Elle s'établit quelques minutes après l'introduction des aliments dans l'estomac, atteint assez rapidement son maximum (en deux heures environ), puis diminue peu à peu ; elle dure une douzaine d'heures. Quels sont les agents excitant cette sécrétion ? .

A. **Excitant psychique**. — Son influence, si elle est réelle, est peu importante ; elle s'exercerait par les nerfs pneumogastriques.

A un chien œsophagotomisé et porteur d'une fistule gastrique et pancréatique on donne le repas fictif. La sécrétion pancréatique se produit deux ou trois minutes après qu'on a commencé d'exciter l'animal par la présentation des aliments, tandis que la sécrétion gastrique ne commence jamais avant quatre minutes et demie. Celle-ci n'a donc pu être la cause de celle-là (en raison du passage du suc acide dans le duodénum ; voy. ci-dessous).

Il faut convenir cependant que cette légère différence dans la période latente des deux sécrétions ne suffit peut-être pas à établir la réalité de la sécrétion psychique du pancréas.

B. **Action des solutions acides**. — L'excitant principal et de beaucoup le plus important de la sécrétion pancréatique consiste dans le passage de solutions acides dans le duodénum. C'est ici la cause essentielle de la sécrétion normale : celle-ci est provoquée par l'action de la bouillie gastrique acide sur la muqueuse duodénale. La démonstration en a été sûrement établie par les expériences d'un élève de PAVLOFF, J. DOLINSKI (1894).

Si, chez un chien de taille moyenne porteur d'une fistule pancréatique, on introduit dans l'estomac au moyen d'une sonde 200 à 250 centimètres cubes d'une solution d'acide chlorhydrique à 4 ou 5 pour 1000 (acidité du suc gastrique), la sécrétion pancréatique commence au bout d'une ou deux minutes et en une heure on peut recueillir environ 80 centimètres cubes de suc. La quantité de suc obtenue diminue quand on diminue le titre acide de la solution. C'est dire que l'action stimulante est en raison directe du degré d'acidité.

Cette action est indépendante de la nature de l'acide. On a obtenu les mêmes résultats avec des solutions d'acide phosphorique, acétique, lactique, etc., avec du suc gastrique naturel et avec des breuvages acides, tels que le jus de citron. — L'action des acides ne s'exerce que s'ils sont introduits dans le duodénum ou dans le tiers supérieur de l'intestin grêle ; introduits dans le reste de l'intestin grêle ou dans le gros intestin, ils sont sans effet.

De tout cela il résulte que la sécrétion pancréatique normale est produite et entretenue par la sécrétion gastrique ou plus exactement par le passage du chyme acide dans l'intestin. La contre-épreuve a été donnée.

Une solution alcaline introduite dans l'estomac, en quantité suffisante pour neutraliser l'acide du suc gastrique, et au plus fort de la sécrétion pancréatique, arrête celle-ci presque tout de suite.

Dans le cas où, chez les animaux, on a enlevé l'estomac ou bien, chez l'homme, dans le cas où l'estomac ne sécrète plus d'acide, il est probable que l'acide lactique, qui se forme toujours aux dépens des matières alimentaires hydrocarbonées (fermentation lactique) là où l'acide chlorhydrique fait défaut, joue le rôle de stimulant de la sécrétion pancréatique (voy. p. **227**).

Comment les solutions acides agissent-elles sur la muqueuse intestinale? Pavloff a admis que la sécrétion qu'elles provoquent est réflexe, résultant d'une action de l'acide sur les terminaisons nerveuses sensitives qui se trouvent dans l'intestin et de l'excitation consécutive des centres et des nerfs sécréteurs. De fait, l'injection directe d'une solution acide dans le sang n'a aucune influence sur le pancréas.

Mais on a constaté que la sécrétion s'établit encore quand on a détruit toutes les voies par lesquelles l'excitation réflexe peut arriver aux cellules glandulaires, après la section des vagues et des sympathiques, l'arrachement des ganglions solaires et mésentériques supérieurs, la destruction de la moelle à partir de la septième vertèbre dorsale (expériences de Wertheimer et Lepage, 1899, et de Popielski, 1900). On pouvait donc penser que les acides agissent tout autrement que par un mécanisme réflexe. Comme ils n'ont point, on vient de le dire, d'action par eux-mêmes sur les cellules glandulaires, force est de conclure à un mécanisme humoral. Voici les preuves qu'en ont données W. M. Bayliss et E. H. Starling (1902).

Sur un chien dont les ganglions cœliaques ont été enlevés et les pneumogastriques coupés, on isole un segment du jéjunum et on sectionne tous les filets nerveux qui s'y rendent, de sorte que ce segment n'est plus en relation avec le reste du corps que par ses vaisseaux; on a, de plus, établi une fistule pancréatique. L'introduction d'une solution acide dans cette portion d'intestin énervé détermine une sécrétion du pancréas légale à celle que provoque la même solution portée dans le duodénum — Dans ces conditions, l'acide ne pouvait agir sur le pancréas par l'intermédiaire du système nerveux. Il devait se produire quelque chose qui, de la muqueuse intestinale, passait par le sang pour arriver au pancréas.

Si, en effet, on coupe en fins morceaux la muqueuse duodénale ou la portion supérieure de la muqueuse du jéjunum et qu'on la fasse macérer dans de l'acide chlorhydrique à 4 ou 5 pour 1 000 (ou dans beaucoup d'autres acides[1]), et qu'après filtration on injecte 1 ou 2 centimètres cubes de ce liquide dans le sang d'un animal, on voit s'écouler presque immédiatement (en général après 40 à 50 secondes) par le canal de Wirsung plusieurs centimètres cubes de suc pancréatique. Une nouvelle injection a le même résultat, et ainsi de suite.

Cette action n'est pas due à l'acide, nous le savons ; d'ailleurs on peut, avant de l'injecter, neutraliser le liquide, et l'effet est le même. Elle ne serait pas due à l'extrait de muqueuse intestinale en tant que tel, car les macérations aqueuses de cette muqueuse sont inefficaces. Elle tiendrait à un produit qui s'est formé dans la muqueuse intestinale sous l'influence de l'acide et qui passerait dans la circulation. C'est à ce produit que, pour ne rien préjuger de sa nature, BAYLISS et STARLING ont donné le nom de *sécrétine*. — Il se peut que cette substance préexiste dans la muqueuse, car elle en est extraite, non moins bien que par les acides, par l'eau salée bouillante et même, quoiqu'en moindre quantité, par l'eau ordinaire ou l'eau distillée à cette même température de 100° et par l'eau salée à 0°, par les sels neutres en solutions concentrées à la température ordinaire, etc. Il n'y aurait donc pas de *prosécrétine* que l'acide transformerait en sécrétine, mais celle-ci serait toute formée et des agents très divers pourraient la mettre en liberté, du moins de la muqueuse séparée de l'organisme. Il est trop clair en effet que tous les agents qui extraient la sécrétine dans cette condition ne sont pas excito-sécrétoires *in vivo*, c'est-à-dire après injection dans le duodénum.

La sécrétine agit sur le pancréas complètement énervé, d'où l'on suppose qu'elle agit sans doute directement sur les cellules glandulaires. De fait, l'atropine n'empêche pas son action.

La sécrétine résiste à l'ébullition ; d'après les recherches déjà faites sur sa nature, elle paraît être une substance assez simple.

Ainsi l'acide ne peut plus être considéré comme l'excitant spécifique de la sécrétion pancréatique, mais il est le générateur de cet excitant spécifique.

Normalement la sécrétion pancréatique est-elle déterminée par un mécanisme humoral, c'est-à-dire par le passage de sécrétine dans le sang ?

L'expérience de BAYLISS et STARLING, rapportée plus haut, sur un segment d'intestin énervé le prouvait déjà. On a vu, de plus, que si, après injection d'acide dans le duodénum, on recueille du sang veineux de cette portion de l'intestin et qu'on l'injecte dans une veine d'un autre animal, cette injection provoque la sécrétion pancréatique. On a obtenu aussi l'action de la sécrétine avec le sang de la circulation générale (sang carotidien) recueilli après l'injection d'une solution acide dans le duodénum.

1. Cependant, à acidité égale, tous les acides ne donnent pas un extrait également actif. Les macérations faites avec les acides minéraux sont les plus actives.

A vrai dire, il ne suit pas de toutes ces expériences que la sécrétion ne puisse être provoquée par d'autres excitations. Les acides eux-mêmes, dont on vient de montrer le rôle comme agents formateurs de la sécrétine, peuvent, indépendamment de ce mécanisme, avoir en tant qu'acides et par action réflexe un effet stimulant sur la sécrétion.

Voici quelques expériences qui le prouvent : 1° l'injection d'une solution acide dans un segment de jéjunum isolé, à connexions nerveuses intactes, mais dont tous les rapports vasculaires possibles avec le pancréas ont été supprimés (par dérivation du sang et ligature du canal thoracique), amène au bout de trois minutes environ une sécrétion assez abondante du pancréas ; — 2° il en est de même de l'injection, dans le duodénum, d'eau saturée d'acide carbonique ou d'une solution d'acide borique ; or, ces deux acides ne donnent pas lieu à la formation de sécrétine ; on constate d'ailleurs, au cours de la même expérience, que l'injection intraveineuse d'une macération d'une muqueuse duodénale dans l'anhydride carbonique ou dans l'acide borique reste sans effet.

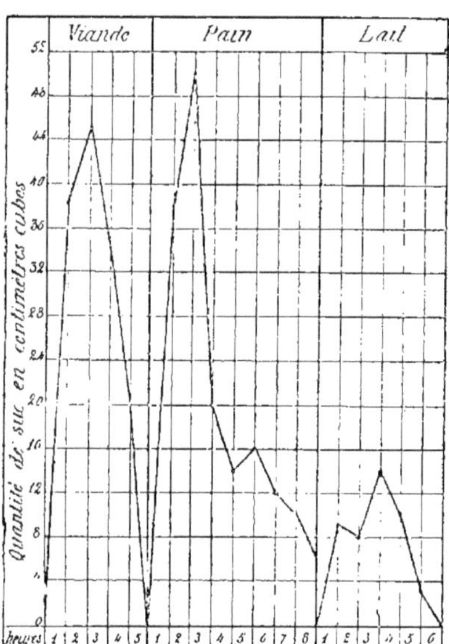

Fig. 26. — Variations horaires de la sécrétion pancréatique après un repas de viande, de pain ou de lait (d'après une courbe obtenue dans le laboratoire de Pavlow par un de ses élèves, A. Walther).

Ainsi les acides agissent d'une double façon sur la sécrétion pancréatique : leur action stimulante propre, qui met en jeu par excitation réflexe les nerfs sécréteurs du pancréas, est distincte et indépendante de l'action simultanée de la sécrétine. Il est vraisemblable que, dans la digestion normale, les deux effets sont synergiques, puisque, après l'introduction de l'acide dans l'intestin, le sang qui revient de cet organe contient de la sécrétine (voy. ci-dessus) et que, d'autre part, l'acide agit encore quand on supprime l'influence de la sécrétine. — Cependant, le rôle de l'excitation acide dans la sécrétion pancréatique normale paraît notablement moindre que celui de la sécrétine.

Quoi qu'il en soit, il existe entre l'estomac, le duodéno-jujénum et le pancréas une association fonctionnelle dès plus étroites, dont tous les faits ci-dessus rapportés ont solidement établi la réalité et la haute importance.

C. **Action des corps gras**. — L'introduction dans l'estomac d'une graisse neutre (100 centimètres cubes d'huile, par exemple), qui arrête la sécrétion gastrique (voy. p. 213), provoque une sécrétion assez abondante de suc pancréatique. Il faut pour cela que l'huile s'écoule dans le duodénum. Les savons alcalins exercent la même action. C'est encore à l'École de Pavloff que l'on doit la connaissance de ces faits.

Dans ce cas, comme dans celui de l'injection d'acide, le savon donnerait lieu à la formation dans la muqueuse intestinale d'une substance qui passe dans le sang et agit sur les cellules glandulaires. En tout cas, les macérations des parties supérieures de l'intestin grêle dans des solutions de savons de 0,5 à 10 pour 100 excitent énergiquement la sécrétion pancréatique, à la dose de quelques centimètres cubes.

Le principe actif contenu dans ces macérations et que l'on a appelé *sapocrinine* (C. Fleig[1], 1904) n'est pas différent de la sécrétine. De même que celle-ci, la sapocrinine n'est pas détruite à 100°. La sécrétion qu'elle détermine est identique à celle de la sécrétine. — Comme cette dernière elle provoque encore la sécrétion après énervation complète du pancréas.

D. **Action des albumoses**. — L'injection d'une solution de peptone commerciale dans le sang provoque la sécrétion pancréatique : le suc sécrété est directement protéolytique. Il suffit de très petites doses de peptone, tout à fait inactives sur les autres sécrétions, pour produire cet effet, si bien que l'action des albumoses sur le pancréas apparaît comme élective.

E. **Adaptation de la sécrétion**. — Il s'agit là de faits analogues à ceux déjà constatés pour les sécrétions salivaire et gastrique.

La quantité de suc sécrété varierait avec l'alimentation, beaucoup moindre pour le lait que pour la viande ou pour le pain (voy. fig. 26). D'autre part, la teneur du suc en ferment amylolytique serait beaucoup plus élevée chez un animal soumis à une alimentation riche en amylacés (pain) et la teneur en lipase plus élevée chez celui qui est à un régime contenant beaucoup de lait. Ces deux derniers faits sont actuellement contestés. Quant aux variations du ferment protéolytique suivant les régimes alimentaires, il est à remarquer qu'elles ont été observées avant la découverte de l'entérokinase; par suite, les conclusions qu'on en a tirées relativement à la richesse en trypsine du suc pancréatique ne peuvent plus être acceptées telles quelles.

1. Physiologiste français (1883-1912).

3° *Le produit de la sécrétion.*

A. Procédés employés pour obtenir du suc pancréatique. — Avant la découverte de l'action des injections intraduodénales d'acides sur la sécrétion du pancréas, il était assez difficile de se procurer ce suc en assez grande quantité. On ne pouvait guère en obtenir que sous l'influence d'une injection de pilocarpine.

Le suc pancréatique est aisément recueilli au moyen d'une canule introduite dans le canal de Wirsung (fistule *temporaire*) ou au moyen d'une fistule *permanente* de ce même canal. Pour réaliser cette dernière opération, on découpe dans le duodénum le fragment où s'ouvre le canal et on le fixe à la paroi abdominale, la muqueuse étant tournée vers l'extérieur, puis on suture l'intestin ; quand l'animal est guéri, on peut recueillir le suc, en disposant un petit entonnoir sous l'orifice du canal dans la portion de muqueuse suturée à la paroi de l'abdomen ; mais il est nécessaire de pratiquer le cathétérisme du canal (Delezenne), si l'on veut que le suc ne soit pas souillé par la petite quantité de suc entérique que sécrète la muqueuse isolée.

La quantité de suc recueillie est très variable (voy. fig. 26, p. 242). Chez des chiens à fistule permanente, on a trouvé qu'il s'en écoule en moyenne 390 centimètres cubes par vingt-quatre heures. Chez l'homme, dans des cas de fistule, on a constaté des sécrétions de 300 à 800 centimètres cubes par jour.

On s'est beaucoup servi pour l'étude des fonctions du pancréas, avant que l'on n'ait trouvé le moyen de faire sécréter aisément cette glande, de macérations de l'organe frais haché dans l'eau ou dans la glycérine (*sucs pancréatiques artificiels*). Ces extraits, qui digèrent les amylacés, les graisses et les albuminoïdes, diffèrent notablement, on l'a reconnu, du suc naturel et principalement en ce qu'ils sont toujours directement actifs sur l'ovalbumine. L'emploi en est de plus en plus abandonné.

B. Composition, propriétés et actions du suc pancréatique. — Le suc pancréatique est un liquide incolore, plus ou moins visqueux, suivant la nature de l'excitant qui a amené la sécrétion, alcalin, d'une saveur légèrement salée, très putrescible. Il se coagule par la chaleur (se prend en masse) et présente les réactions colorées des matières albuminoïdes.

Le suc du chien est riche en matériaux solides ; il en contient en moyenne 15 p. 1000, sur lesquels il y a 10 environ de matières minérales, le reste consistant en matières organiques. — Les cendres sont formées essentiellement de chaux et surtout de soude (chlorures, phosphates et carbonates) ; on trouve environ 3 p. 1000.

de chlorure de sodium; l'alcalinité est due au carbonate de soude CO_3Na_2.

La composition du suc varie suivant sa nature, selon qu'il s'agit, par exemple, de « suc de sécrétine » ou de « suc de pilocarpine ». Le premier est un peu plus alcalin et contient environ quatre fois moins de matériaux solides que le second; cette différence dans l'extrait sec est due surtout à la teneur du suc en matières protéiques. A cette différence paraît liée la diversité des propriétés physiologiques : on a indiqué plus haut (p. 237) que le suc de pilocarpine est directement protéolytique et la cause de cette propriété.

Le suc pancréatique est essentiellement caractérisé par ses diverses actions diastasiques. Disons une fois pour toutes que ces actions sont empêchées par le chauffage préalable de 70° à 100°.

a. Ferments hydrolysant les amylacés et les sucres. — Le suc pan-/créatique transforme l'amidon (action découverte par G. Valentin[1] en 1844 au moyen de l'infusion aqueuse de pancréas) et le glycogène en dextrines et en maltose, de la même manière que la salive (voy. p. 189) et grâce à une *amylase* analogue. L'action du ferment est renforcée par les chlorures ($NaCl$ et $CaCl_2$).

Mais la réaction ne s'arrête pas là; il intervient un autre ferment que sécrète aussi le pancréas, la *maltase*. Celle-ci dédouble la maltose (action découverte par T. H. Brown et John Héron en 1880) en deux molécules de glycose. C'est donc sous l'influence du suc pancréatique que les aliments hydrocarbonés sont transformés en sucre assimilable.

b. Ferment lipolytique ou lipase. — L'action du suc pancréatique sur les graisses se démontre très simplement *in vivo* (observation célèbre de Cl. Bernard); chez le lapin, tandis que le conduit biliaire débouche normalement dans le duodénum, tout près de l'estomac, le canal pancréatique ne débouche que 20 à 30 centimètres plus bas (fig. 27). Or, si l'on fait ingérer de la graisse à un lapin, on constate que les vaisseaux chylifères ne se remplissent de graisse (ne deviennent d'un blanc laiteux) qu'à partir du point où le canal pancréatique déverse son contenu dans l'intestin ; la graisse n'a donc été rendue absorbable que grâce à l'action du suc pancréatique.

On démontre *in vitro* non moins simplement l'action du ferment lipolytique, en agitant dans un tube à essai de l'huile d'olive bien neutre avec du suc pancréatique ; il se forme une émulsion (voy.

---

1. G. G. Valentin (1810-1883), célèbre physiologiste allemand, fut longtemps professeur à l'Université de Berne. C'est lui qui, avec son maître Purkinje, découvrit le mouvement des cils vibratiles. Il n'est guère de parties de la physiologie sur lesquelles il n'ait fait d'intéressants travaux; les plus importants concernent l'électro-physiologie des muscles et des nerfs, la circulation, la vie des animaux hibernants, etc. — Sur Purkinje voy. p. 248.

ci-dessous) stable et le liquide devient acide (formation d'acide oléique). La réaction est plus rapide à 37°-40°. Ainsi le suc pancréa-

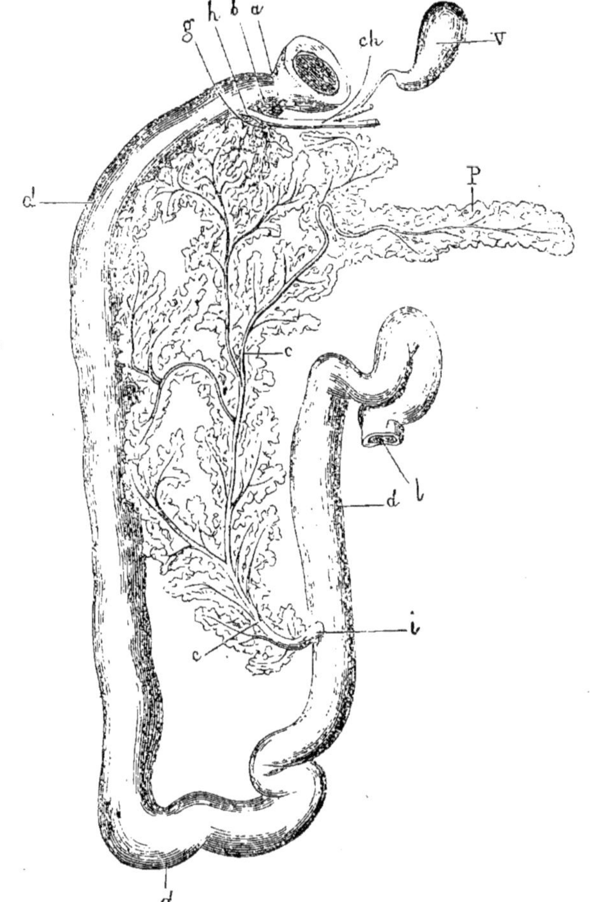

Fig. 27. — Disposition du pancréas chez le lapin (CLAUDE BERNARD).

a, pylore ; *dd*, duodénum ; *l*, bout de l'intestin coupé ; *v*. vésicule biliaire ; *ch*. canal cho-lédoque ; *h*, insertion du canal cholédoque ; *cc*, conduit pancréatique qui se ramifie dans le tissu pancréatique étalé en fines arborisations entre les deux feuillets du mésentère ; *i*. insertion de ce conduit à 35 centimètres du pylore ; *g*. petit conduit pancréatique exceptionnel venant s'ouvrir dans le canal cholédoque ; *b*. glandules de Brunner que l'on aperçoit dans les parois du duodénum.

tique dédouble les graisses neutres en acides gras et glycérine (voy. p. 26 et 92) ; les acides gras mis en liberté agissent sur les carbonates alcalins du suc pancréatique et du suc intestinal pour former des savons. C'est donc là une saponification.

Cette saponification n'est que partielle; une quantité variable de la graisse est décomposée, de sorte que la digestion des matières grasses aboutit à la formation d'un mélange de savons alcalins, d'acides gras libres et de glycérine, dans lequel il reste de la graisse neutre, le tout sous forme d'émulsion.

Les lécithines (voy. p. 26) subiraient également l'action de la lipase pancréatique qui les décomposerait en acide phospho-glycérique, choline et acides gras.

L'action de la lipase pancréatique est aidée et renforcée par la bile. C'est un point que nous retrouverons dans l'étude des propriétés de la bile.

Le suc pancréatique a encore une autre action sur les graisses, accessoire à la vérité et peut-être secondaire, il les émulsionne (action reconnue par J.-N. EBERLE dès 1834 avec l'infusion aqueuse de pancréas). Une émulsion est la division d'une graisse en une infinité de petits globules qui donnent au liquide dans lequel se produit le phénomène l'aspect laiteux. Si l'on ajoute à quelques centimètres cubes d'huile neutre une goutte de suc pancréatique et qu'on agite, il se fait instantanément une émulsion qui est persistante. Cette action émulsive du suc peut être due partie à sa viscosité, partie aux savons résultant de son action lipolytique; les liquides visqueux et les savons ont en effet la propriété de donner, par agitation avec les huiles, des émulsions stables.

Action physiologique des savons. — Les savons, injectés dans les veines, sont, comme les albumoses (voy. p. 223), toxiques; il suffit d'une dose de 0^{gr},10 par kilog. d'animal pour amener l'affaiblissement des contractions du cœur, l'abaissement de la pression sanguine, la narcose, l'incoagulabilité du sang[1].

Quel que soit le mécanisme de cette action (voy. la note ci-dessous), il est intéressant de constater la toxicité de l'un des principaux produits de la digestion des graisses, comme de la digestion des albuminoïdes

c. TRYPSINE (de θρύπτω, *je détruis, je décompose*), FERMENT PROTÉOLYTIQUE. — Le suc pancréatique kinasé a son optimum d'action sur les matières albuminoïdes (ovalbumine coagulée) à la température de

---

[1]. Ce phénomène se produit aussi *in vitro*, quand on ajoute au sang un volume égal d'une solution de savon à 2 p. 100. L'incoagulabilité paraît tenir (F. BOTTAZZI, *travail cité* ci-dessous) à la précipitation de la chaux du plasma sanguin (formation d'un savon calcique insoluble) : les savons agiraient donc sur la coagulation du sang à la manière des oxalates et des fluorures. — D'après F. BOTTAZZI (*Lo Sperimentale*, LII, 122-130, 1899 et *Riv. di sc. biologiche*, II, 1900), la toxicité des solutions de savons serait due en partie à la soude libre, caustique, qu'elles contiennent et en partie à la soustraction qu'elles opèrent de leur chaux aux cytoplasmes vivants, soustraction mortelle, par exemple, pour les éléments du myocarde.

40°. Cette action[1] se produit en milieu neutre ou alcalin ou légèrement acide; l'indifférence du milieu permet donc de distinguer la digestion trypsique de la pepsique, qui ne se fait qu'en milieu acide.

On a déjà dit (voy. p. 222) que la digestion trypsique ressemble d'une façon générale dans son mécanisme et dans sa marche à la digestion pepsique. Il suffira de noter ici que, sous l'influence du ferment protéolytique, il se forme des protéoses et des polypeptides, mais que la plus grande partie de la molécule protéique est rapidement décomposée en ses constituants, les acides aminés, en même temps que les albumoses et les peptones résultant de la digestion gastrique subissent la même décomposition. Parmi les produits abiurétiques formés se trouvent des bases hexoniques (voy. p. 32) et du tryptophane (voy. p. 33); la leucine et la tyrosine y sont aussi en forte proportion; cette dernière est facile à reconnaître à la forme de ses cristaux, faisceaux de fines aiguilles biréfringentes. Toute la molécule protéique n'est cependant pas démolie, même après une action prolongée du ferment; quelques-uns de ses groupements, quelques polypeptides, résistent à la trypsine. Ce sont ces corps résistants que Kuhne avait désignés sous le nom d' « antipeptone ».

Le suc pancréatique décompose les mêmes matières protéiques que le suc gastrique, y compris la gélatine, l'élastine, les nucléoprotéides; il dédouble ces derniers en substances protéiques et acides nucléiques[1]. Il agit aussi sur les polypeptides naturels et sur divers

1. L'action *dissolvante* de l'infusion acidulée de tissu pancréatique sur l'albumine fut découverte par Purkinje (a) et Pappenheim (b) en 1836; puis Claude Bernard, en 1856, montra que le suc mélangé à la bile transforme les aliments azotés. Mais c'est Lucien Corvisart (c) qui établit définitivement, en 1857, l'action protéolytique des infusions aqueuses de pancréas, et c'est W. Kuhne (d) qui, en 1867, isola le ferment : c'est Kuhne aussi qui, ensuite l'a dénommé *trypsine*.

2. La décomposition s'arrête à ce stade. Au contraire, les extraits de pancréas attaque l'acide nucléique et mettent des bases puriques en liberté. Ce qui serait dû à l'action d'une *nucléase*, diastase spéciale. C'est là une différence entre les diastases digestives proprement dites et les diastases de tissus (endoenzymes).

a. J.-E. von Purkinje, né à Liborhowitz, en Bohême, en 1787, mourut en 1869 à Prague où il professait la physiologie depuis l'année 1849. Il a fait sur la vision des recherches qui ont illustré son nom; deux ans avant Schwann (en 1837), il émit l'idée générale de la théorie cellulaire; son œuvre histologique (structure de la peau, des os, des plexus nerveux, etc.) est considérable; c'est lui qui a découvert la vésicule germinative de l'œuf d'oiseau. Purkinje est un des grands biologistes du xixe siècle.

b. S.-M. Pappenheim (1811-1882), physiologiste et médecin allemand, connu par ses recherches sur la digestion, sur les organes de la génération, sur le tissu conjonctif. Il travailla plusieurs années en France (de 1845 à 1849) avec Flourens.

c. L. Corvisart (1824-1882), médecin français, neveu du célèbre médecin de Napoléon Ier, J.-N. Corvisart.

d. W. Kuhne (1837-1900), un des physiologistes allemands les plus éminents du xixe siècle. Ses recherches sur les mouvements du protoplasma sont fondamentales; de même celles qu'il fit sur le pourpre rétinien; celles sur les terminaisons nerveuses motrices et sur la contraction musculaire ont enrichi la physiologie de nombreux faits originaux; pendant longtemps sa conception des phénomènes chimiques de la digestion pepsique et trypsique fut classique.

polypeptides de synthèse, les dédoublant en acides aminés.

Nous avons déjà examiné la question de savoir si le suc pancréatique possède par lui-même le pouvoir protéolytique qu'il manifeste ou si ce pouvoir ne peut dans tous les cas se développer qu'au contact d'une kinase. De ce qui a été dit à ce sujet page 236, il résulte qu'actuellement on ne peut plus considérer la kinase comme toujours indispensable à l'activation du suc pancréatique, puisque ce suc attaque directement diverses matières protéiques[1]. On peut se demander si, en outre, elle ne serait pas nécessaire à la trypsine pour l'attaque d'un fragment, d'un groupe constitutif de la molécule protéique; il y aurait là, dans la décomposition diastasique de cette molécule complexe, quelque chose d'analogue à ce qui se passe, d'après BOURQUELOT (voy. p. 91), dans l'hydrolyse des polysaccharides. — En traitant du suc entérique, nous aurons à étudier les propriétés de l'entérokinase.

d. PRÉSURE. — H.-M. VERNON a démontré (1902-1903) dans les extraits de pancréas la présence d'un zymogène d'un ferment coagulant le lait. Ce zymogène existe aussi dans le suc pancréatique (suc de sécrétine), car celui-ci, soumis à l'action du chlorure de calcium, acquiert la propriété de coaguler énergiquement le lait (expériences de DELEZENNE, 1907); la quantité de sel nécessaire pour produire cet effet est beaucoup plus considérable que celle qui suffit à rendre protéolytique un suc inactif (voy. p. 237); par là se distingueraient les deux proferments de la trypsine et de la présure pancréatique.

4° Rôle digestif du pancréas.

L'importance de la digestion pancréatique ressort suffisamment des propriétés des enzymes que sécrète le pancréas. A vrai dire, cet organe a une influence absolument prépondérante dans les transformations digestives des hydrates de carbone et des graisses et joue un rôle important dans la digestion des albuminoïdes, conjointement avec l'estomac.

Qu'arrive-t-il donc quand ces fonctions du pancréas ne peuvent plus s'exercer ?

On réalise cette épreuve, soit en sectionnant entre deux ligatures les canaux excréteurs, soit en enlevant, chez le chien, toute la partie horizontale (juxta-duodénale) du pancréas, la partie verticale, séparée de l'intestin

1. Voyez en particulier U. LOMBROSO, Contributi alla conoscenza degli enzimi proteolitici. I. Sulla cosidetta « ereptasi » del secreto pancreatico (*Archivio di fisiologia* 1912 X 318-338).

par une ligature en masse, étant conservée pour que l'animal ne devienne pas diabétique [1].

Dans le premier cas, on constate que les aliments amylacés sont encore assez bien utilisés, leur transformation en sucre pouvant s'opérer par la salive et peut-être aussi par une amylase intestinale et enfin sous l'influence des bactéries de l'intestin ; — que les matières grasses sont beaucoup moins bien utilisées qu'à l'état normal ; on a évalué la quantité de graisse non utilisée à 50 à 80 pour 100 de la masse ingérée [2], et cela malgré l'action de la lipase gastrique (voy. p. 225) et de celle qui existe, comme on le verra, dans le suc intestinal [3] ; — et enfin que les aliments albuminoïdes, grâce à la suractivité gastrique, grâce aussi au ferment protéolytique et à l'érepsine du duodénum, sont utilisés en grande partie [4]. — Aussi bien, les chiens auxquels on a lié les canaux pancréatiques, après avoir subi une perte de poids notable, reviennent-ils en général à leur poids normal. Il en est toutefois qui continuent à maigrir et qui meurent en un ou deux mois.

Dans le second cas (extirpation du pancréas), l'utilisation des matières alimentaires se fait d'une façon très incomplète. On retrouve dans les fèces environ 30 à 40 pour 100 des amylacés ingérés, 50 pour 100 des albuminoïdes et la plus grande partie des graisses ; les graisses déjà émulsionnées, comme celle du lait, sont encore résorbées en proportion assez forte (environ 70 pour 100). Aussi les animaux opérés subissent-ils un amaigrissement rapide et considérable, s'ils ne sont pas suralimentés.

4. — Sécrétion et rôle de la bile.

Le foie, la glande la plus volumineuse de l'organisme, est un organe complexe, à fonctions multiples. En tant que glande digestive, il sécrète la bile.

1° *Mécanisme de la sécrétion biliaire.*

A. Formation de la bile par les cellules hépatiques. — Les éléments caractéristiques de la bile, les *sels biliaires* et les *pigments*, sont formés par les cellules hépatiques.

En effet, 1° les cellules hépatiques, vivantes encore en dehors de l'organisme (bouillie de cellules obtenue en broyant de petits morceaux de foie), peuvent former, en présence de glycogène ou de glycose et d'hémoglobine, et aux dépens de ces substances qui sont consommées, un pigment analogue

1. L'extirpation complète du pancréas amène en effet le diabète, comme nous le verrons lorsque nous étudierons cet organe en tant que glande à sécrétion interne.
2. La graisse du lait est résorbée en grande partie.
3. La graisse peut être aussi décomposée par des microorganismes intestinaux, mais les acides gras résultant de cette décomposition sont ensuite transformés par les microorganismes en produits plus simples : ils ne sont donc point utilisés.
4. Dans un cas d'obstruction du canal de Wirsung chez l'homme. V. Harris (*Journ of pathol. and bacteriol.*, III, 245-258 ; 1895) a constaté que l'azote n'était plus utilisé que pour 60 p. 100.

à la bilirubine et des acides biliaires : — 2° après extirpation du foie (chez les Oiseaux qui survivent vingt-quatre heures environ à cette opération grâce à l'existence normale d'une communication [veine de Jacobson] entre le système porte et la veine cave par l'intermédiaire des veines rénales), on ne trouve dans le sang ni pigments ni acides biliaires, où cependant ils devraient dans ce cas s'accumuler, si le lieu de leur production n'était pas le foie ; — 3° par contre, la ligature du canal cholédoque est suivie de la résorption de la bile qui passe dans le sang et de là dans tous les tissus (d'où l'ictère)[1].

Au liquide, clair, fluide, provenant des cellules hépatiques, s'ajoute le produit de la sécrétion des glandes des canaux biliaires et de celles qui se trouvent dans la muqueuse de la vésicule ; la bile devient alors visqueuse et filante, à cause du mucus sécrété par ces glandes et en raison de la résorption d'eau qui se fait dans la vésicule.

B. **Formation des principes essentiels de la bile.** — Nous considérerons successivement la formation des sels biliaires et des pigments.

a. Formation des acides biliaires. — Ces acides sont des composés organiques azotés, acide glycocholique et acide taurocholique, ce dernier contenant du soufre ; ce sont leurs sels sodiques que l'on trouve dans la bile. Ils sont formés d'un noyau commun, l'acide cholique ou cholalique, composé ternaire, et d'un composé azoté, le glycocolle, d'une part, la taurine, de l'autre. En effet, l'action des acides ou des alcalis à chaud dédouble en ces corps les acides biliaires avec fixation d'eau :

$$C^{26}H^{43}AzO^6 \;+\; H^2O \;=\; C^{24}H^{40}O^5 \;+\; CH^2(AzH^2).CO^2H$$

Acide glycocholique. | Acide cholique. | Glycocolle.

$$C^{26}H^{45}AzSO^7 \;+\; H^2O \;=\; C^{24}H^{40}O^5 \;+\; CH^2(AzH^2).CH^2.SO^3H$$

Acide taurocholique. | Acide cholique. | Taurine.

La constitution de l'acide cholique n'est pas encore connue ; quant au glycocolle et à la taurine, ce sont des produits de décomposition des matières albuminoïdes ; la taurine provient du groupe sulfuré de ces matières, de la cystine ; chez les animaux auxquels on fait ingérer de la cystine, la bile (recueillie par une fistule) devient plus riche en soufre, donc en acide taurocholique.

On a supposé que ces éléments se réunissent par synthèse dans la cellule hépatique qui formerait ainsi les acides biliaires.

b. Formation des pigments biliaires. — La principale matière colorante de la bile est la bilirubine, $C^{32}H^{36}Az^4O^6$. Elle provient de la décomposition de la matière colorante du sang. Il n'y a pas, à vrai

---

[1]. Cette résorption de la bile se fait par les vaisseaux lymphatiques du foie qui la portent au canal thoracique et de là dans le sang ; mais elle se fait aussi par les veines.

dire, de preuve directe de cette transformation de l'hémoglobine en bilirubine ; mais les arguments que l'on peut invoquer en faveur de cette opinion sont suffisamment probants.

1° Dans les épanchements de sang sous la peau, peu à peu la matière colorante du sang extravasé s'oxyde, sa coloration rouge disparaît ; au bout de quelque temps on trouve des cristaux d'une substance qu'on avait appelée *hématoïdine*, mais qui présente en réalité toutes les propriétés de la bilirubine ; — 2° toutes les fois que dans le sang circulant il se détruit des globules rouges (par injection d'acides biliaires, d'ammoniaque, de grandes quantités d'eau distillée, de sérums étrangers, etc.) et que par conséquent de l'hémoglobine est mise en liberté dans les vaisseaux, on trouve dans la bile une plus grande quantité de pigments ; il en est de même dans les empoisonnements par le phosphore, l'arsenic, le tartre stibié ; si l'hémoglobinémie est très forte, il peut y avoir *cholurie*, c'est-à-dire élimination de pigments biliaires par l'urine ; — 3° l'injection directe d'une solution d'hémoglobine dans les veines fait apparaître la bilirubine dans les urines. — Dans tous ces cas, l'hémoglobine se dédouble d'abord en une globuline et en hématine[1] (matière azotée ferrugineuse) ; l'hématine, en perdant du fer et fixant de l'eau, se transforme en bilirubine .

$$C^{32}H^{32}Az^4FeO^4 + (H^2O)^2 - Fe = C^{32}H^{36}Az^4O^6$$
Hématine.   Bilirubine.

Le fer, ainsi libéré, est fixé dans le foie. Mais on ne sait pas sous quelles influences se produit normalement cette série de phénomènes. Il semble cependant que le processus préparatoire, la destruction des globules rouges et la mise en liberté du matériel avec lequel la cellule hépatique formera la matière colorante biliaire, soit très restreint dans le foie et qu'il ait surtout lieu dans une autre glande, la rate. En effet on a montré[2] que, chez des animaux (chiens) porteurs d'une fistule biliaire, l'extirpation de la rate diminue considérablement (de plus de moitié) la teneur de la bile en pigments. Les substances nécessaires à la formation de ces pigments seraient donc principalement amenées au foie par la veine splénique et par la veine porte. — Il y a là un exemple remarquable d'association fonctionnelle entre deux glandes, pareil à celui que nous avons déjà signalé entre l'estomac, l'intestin et le pancréas (voy. p. 242), et dont nous retrouverons d'autres types.

C. Influence de la circulation sur la sécrétion de la bile. — C'est au sang de la veine porte que les cellules hépatiques empruntent les substances nécessaires à la formation de la bile.

On ne peut juger de la question par la ligature extemporanée de la veine

---

1. L'hémoglobine est en effet constituée par une globuline combinée à une matière colorante noire qui contient tout le fer du sang, l'hématine (voy. p. 43).

2. A. PUGLIESE, Beiträge zur Lehre von der Milzfunction. Die Absonderung und Zusammensetzung der Galle nach Exstirpation der Milz (*Archiv f. Physiol.*, 1899, p. 60-76) ; — A. PUGLIESE et T. LUZZATTI, Contributo alla fisiologia della milza. Milza e veleni ematici (*Arch. per le sc. mediche*, XXIV, p. 1-48, 1900).

porte qui est rapidement suivie de mort, en une heure environ ; le sang
à la suite de cette ligature, distendant les parois des larges veines si nombreuses qui constituent le système porte, s'y accumule ; les autres organes
en sont privés et cette anémie amène la mort d'abord du système nerveux
central. — On a tourné la difficulté en pratiquant la ligature de l'une des
branches de division de la veine porte allant à un lobe du foie ; il se produit une diminution considérable de la quantité de bile sécrétée. — Même
résultat par l'excitation du bout périphérique d'un nerf splanchnique qui
provoque une vaso-constriction abdominale avec forte réduction de la
masse sanguine que la veine porte amène au foie.

Au contraire, la ligature de l'artère hépatique ne paraît pas avoir d'influence marquée sur la sécrétion biliaire.

D. Innervation sécrétoire du foie biliaire. — Il n'a pas été
possible jusqu'à présent de démontrer une influence directe du système nerveux sur la sécrétion biliaire. On sait seulement que l'énervation du foie ne la supprime pas, mais ce fait n'implique point que
le système nerveux soit normalement sans action ; c'est ainsi que
la sécrétion gastrique, par exemple (voy. p. 207), peut encore
se produire après la section de tous les nerfs qui se rendent à
l'estomac.

2° *Causes de la sécrétion biliaire.*

Dans tous les cas de fistule de la vésicule qui ont servi à étudier
l'écoulement de la bile, on a remarqué que cet écoulement est continu, que l'animal soit à jeun ou en digestion. Pour déterminer le
rôle de la bile dans la digestion, ce n'est pas son écoulement hors de
la vésicule qu'il faut observer, c'est sa pénétration dans le duodénum.
On y est arrivé en pratiquant la fistule permanente du canal cholédoque (voy. plus loin, p. 257) ; on a vu alors que le déversement de
la bile dans l'intestin se fait comme celui des autres sucs digestifs.
Quand l'animal est à jeun, il n'en arrive point[1] ; dès qu'il a mangé,
au bout de quelque temps l'écoulement s'établit et dure pendant
toute la digestion. Quelles sont les causes qui le produisent ?

Excitants de la sécrétion biliaire. — On retrouve ici les
deux principaux excitants de la sécrétion pancréatique, l'acide chlorhydrique et les graisses ; d'autres s'ajoutent à ceux-ci.

a. ACTION DES ACIDES. — L'introduction d'une solution acide dans le duodénum ou dans le jéjunum ou le passage dans le duodénum de la bouillie
acide qui vient de l'estomac augmente la sécrétion de la bile. Introduite
dans l'iléon, la même solution est inefficace.

1. En dehors de la digestion, la bile se collecte donc dans la vésicule où elle
perd de l'eau et devient par conséquent plus épaisse.

Le mécanisme de cette action paraît être double. D'une part, on a montré que l'injection intraveineuse de sécrétine provoque la sécrétion. D'autre part, l'acide peut agir par réflexe ; si l'on introduit une solution d'acide chlorhydrique à 6 p. 1 000 dans une anse jéjunale isolée entre deux ligatures et dont on détourne le sang veineux et la lymphe pour que la sécrétine formée ne puisse passer dans la circulation générale, l'acide n'en provoque pas moins la sécrétion biliaire [1]. Ce réflexe est d'origine périphérique, car il se produit encore après la section des cordons thoraciques du sympathique et des nerfs vagues et la destruction de la moelle ; comme l'anse intestinale est fortement liée aux deux bouts, l'excitation sensitive ne peut gagner le foie par les plexus des parois de l'intestin ; elle doit suivre les filets nerveux mésentériques, se réfléchir au niveau des centres ganglionnaires des plexus mésentérique supérieur, cœliaque et hépatique ou peut-être même directement au niveau des ganglions intrahépatiques ; la voie centrifuge serait constituée par les filets excito-sécréteurs dont on suppose l'existence (voy. ci-dessus, p. 253).

b. ACTION DES GRAISSES. — L'injection de graisses dans le duodénum augmente l'écoulement de la bile par le canal cholédoque.

Étant donné ce que nous savons de l'action de la sécrétine sur la sécrétion biliaire, on peut se demander si la sécrétion provoquée par les graisses ne serait pas due à la sapocrinine (voy. p. 243) qui se forme dans la muqueuse duodéno-jéjunale sous l'action de ces substances. La question mériterait d'être examinée.

c. ACTION DES ALBUMOSES ET DE LA CHOLINE. — Injectés dans les veines, les produits de digestion de la viande et en particulier les albumoses accélèrent l'écoulement de la bile. Il en est de même de la choline.

La question n'est pas encore tranchée de savoir si ces corps doivent être considérés comme des excitants vrais de la sécrétion ou s'ils provoquent seulement l'excrétion de la bile en augmentant la contraction de la vésicule. — Dans le premier cas, on pourrait se demander si, dans diverses circonstances, ils ne peuvent être résorbés et arriver au foie en quantité suffisante pour exciter les cellules.

d. ACTION DE LA BILE. — L'action cholagogue (de χολή, bile, et ἄγω, je chasse) de la bile elle-même est des plus remarquables. L'introduction de bile ou de sels biliaires dans l'estomac ou dans le duodénum détermine une augmentation notable de l'écoulement par une fistule de la vésicule ou par le canal cholédoque.

Circulation entéro-hépatique. — Est-il permis de supposer qu'à l'état normal il se fait une résorption de bile assez active pour en amener au foie une quantité qui puisse contribuer à l'entretien de la sécrétion ?

Cette résorption est vraisemblable. On ne retrouve qu'une très petite quantité d'acide cholalique dans les fèces et on n'y retrouve ni le glycocolle ni la taurine.

1. C. FLEIG, Réflexe de l'acide sur la sécrétion biliaire (*C. R. de la Soc. de Biol.*, 14 mars 1902, p. 353-355).

En fait, cette résorption a été démontrée. Il a d'abord été établi que, chez le chien auquel on a pratiqué une fistule biliaire, si toute la bile s'écoule à l'extérieur, la quantité de bile sécrétée diminue notablement; mais la sécrétion peut être ramenée à sa valeur primitive si on fait ingérer à l'animal la bile fournie par sa fistule ou une bile étrangère, ou bien si on injecte dans son sang des sels biliaires. — De plus, on a donné une preuve directe du fait. Si on injecte dans une veine mésentérique ou dans une veine de la circulation générale de la bile de mouton, celle-ci est résorbée et se retrouve aisément (grâce à ses caractères spectroscopiques très nets[1]), au bout de dix à vingt minutes environ, dans la bile sécrétée par le chien, en même temps la quantité de liquide recueillie est trois à quatre fois plus considérable qu'avant l'injection.

Ainsi une grande partie des éléments de la bile est résorbée par les capillaires veineux et revient au foie par la veine porte pour participer à une nouvelle sécrétion ; le foie utilise donc pour celle-ci les matériaux de la bile résorbée dans l'intestin ; c'est cette circulation de bile entre l'intestin et le foie, par l'intermédiaire du système porte, que l'on a appelée circulation *entéro-hépatique.*

3° *L'excrétion de la bile.*

La disposition des voies biliaires, chez l'homme et chez la plupart des Mammifères (fig. 28), est telle que la bile s'écoule directement vers l'intestin ou peut remonter vers un réservoir dont la capacité est d'environ 30 centimètres cubes.

Les voies biliaires, canaux et vésicule, sont pourvues de fibres musculaires lisses. D'autre part, à l'extrémité duodénale du canal cholédoque, il se trouve un véritable sphincter dont le rôle, comme on le verra, est très important (sphincter de R. Oddi[2]).

A. Causes de l'écoulement de la bile. — C'est d'abord, comme pour toutes les sécrétions, la *vis a tergo* ; le liquide nouvellement créé chasse devant lui le liquide précédemment formé.

La pression sous laquelle se fait cette progression n'est pas élevée; elle n'est que de 15 à 25 centimètres d'eau, suivant les animaux. C'est évidemment cette faible pression qui explique la facile résorption de la bile ; il suffit d'un médiocre obstacle à l'excrétion (pression de 30 centimètres d'eau environ) pour que l'on voie se produire de l'ictère.

1. La bile du mouton contient un pigment découvert par Mac-Mun en 1880, la *cholohématine*, qui est caractérisée par un spectre à quatre bandes. I entre B et G, II près de D, III et IV entre D et E. Il a été démontré par la suite (Marchlevski, 1905) que ce pigment est identique à la *phytlo-érythrine* qui provient de la chlorophylle; c'est donc en réalité un pigment d'origine végétale et alimentaire.
2. Physiologiste italien contemporain.

Les contractions de la vésicule et des principaux canaux, encore
que faibles, doivent accélérer le cours de la bile. Ce sont des mou_
vements en apparence spontanés, rythmés, analogues à ceux que
présentent les intestins, la vessie, les uretères. Normalement, ils
sont provoqués par les produits de la digestion gastrique des albuminoïdes, les albumoses surtout, et par les graisses. La question a
déjà été posée (voy. p. 254) de savoir si les albumoses n'agissent
sur l'écoulement de la bile qu'en excitant la contractilité de l'ap_

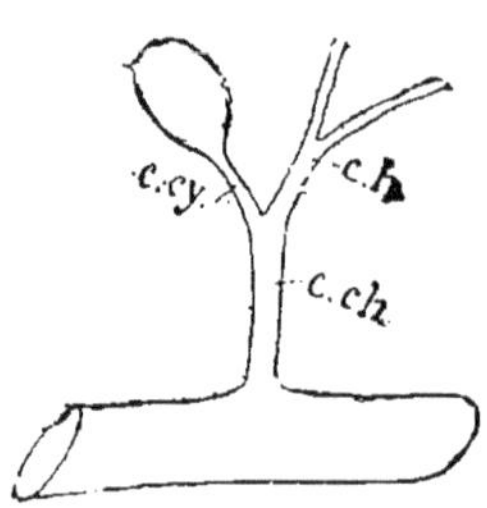

Fig. 28. — Disposition des canaux
biliaires chez la plupart des
Mammifères.

D, duodénum ; v, vésicule biliaire; c. ch, canal cholédoque; c.
h, canal hépatique ; c. cy, canal
cystique.

pareil excréteur. — Sous l'influence d'excitations de la muqueuse des conduits
biliaires, muqueuse très sensible, ces
contractions s'exagèrent, d'où la production de *coliques hépatiques*, véritable
spasme des canaux.

Quant à la contraction du sphincter
du cholédoque, c'est elle surtout qui
amène le reflux de la bile vers la vésicule.

**B. Innervation motrice des voies
biliaires.** — Les nerfs grands splanchniques sont les nerfs moteurs des
voies biliaires.

L'excitation du bout périphérique de l'un
de ces nerfs moteurs provoque la con traction de la vésicule: cette contraction offre tous les caractères de la contraction musculaire lisse : longue
période latente, mouvement progressif et qui dure longtemps ; l'obliquité
de la ligne de descente indique la lenteur avec laquelle le muscle revient
à son état antérieur.

L'excitation du même nerf amène le resserrement du canal cholédoque
et par suite ralentit l'écoulement de la bile. Cet effet s'oppose donc à
l'effet de la même excitation sur la vésicule. On peut inférer de là que
normalement l'excrétion de la bile ne doit pas se faire par simple excitation des nerfs moteurs des voies biliaires. D'autres expériences ont
révélé un mécanisme nerveux tout différent.

L'excitation du bout central des mêmes nerfs splanchniques amène en
effet le relâchement de la vésicule et du cholédoque et de son sphincter et
facilite par conséquent l'écoulement de la bile. Une autre excitation du
même genre est encore plus efficace, c'est l'excitation du bout central d'un
pneumogastrique, qui amène la contraction de la vésicule et le relâchement du sphincter; ainsi se trouvent réalisées les conditions les plus favorables à l'écoulement le plus rapide de la bile.

4° *Le produit de la sécrétion, la bile.*

A Procédés pour recueillir la bile. — La bile qui séjourne
dans la vésicule s'altère rapidement; la bile recueillie après la mort,
dans ce réservoir, n'est donc pas la bile normale; la couleur et la
réaction sont changées.

Il faut obtenir la bile au moyen d'une fistule pratiquée au fond de la vésicule biliaire à travers les parois abdominales : c'est la *fistule cholécystique*;
une canule *ad hoc* (voy. fig. 29) permet de recueillir aisément le liquide;
si l'on veut dériver toute la sécrétion à l'extérieur, on a soin, bien entendu,
de sectionner le canal cholédoque entre deux ligatures. Mais, dans ce cas,
le cours normal de la sécrétion est modifié.

Il est préférable de déplacer l'orifice du canal cholédoque, de l'aboucher
à l'extérieur. Pour cela on détache de l'intestin le fragment de muqueuse
où se trouve cet orifice et on suture les bords de ce fragment à la plaie
abdominale, la muqueuse tournée au dehors. C'est le même procédé que
celui que l'on emploie pour la fistule pancréatique permanente (**voy.** p. 244).

B. Composition et propriétés de la bile. — La quantité de
bile sécrétée en vingt-quatre heures peut être difficilement évaluée,
puisque, dans le cas
de fistule complète
(fistule cholécystique
par exemple, avec li-
gature du canal cho-
lédoque), cette quan-
tité est nécessaire-
ment réduite, toute
résorption de bile
étant supprimée et
par conséquent aussi
l'action cholagogue
qui en résulte. Quoi
qu'il en soit, on
recueille sur un chien
de 15 à 20 kilogram-
mes, dans ces condi-
tions, environ 200

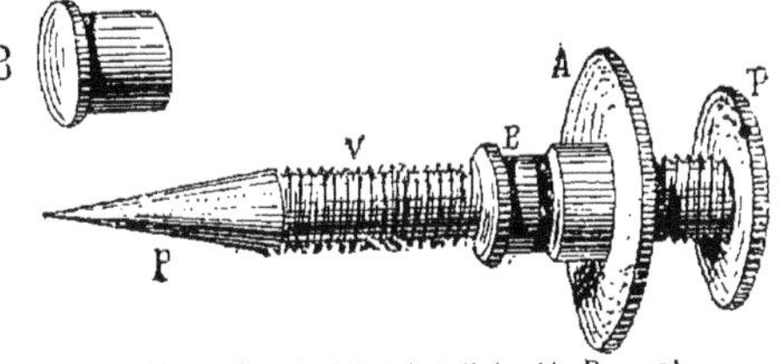

Fig. 29. — Canule à fistule biliaire (A. Dastre).

P, pavillon que l'on introduit dans la vésicule et qui
presse la paroi de celle-ci contre la paroi interne de l'abdomen; — *v*, tube à pas de vis qui porte le pavillon; —
p, pointe qui s'adapte à l'extrémité du tube à pas de vis.

On ouvre l'abdomen le long de la ligne blanche, puis on
incise la vésicule; on y introduit le pavillon P; par suite la
canule est placée de dedans en dehors, la pointe *p* traverse
les tissus en dehors de l'incision faite à la ligne blanche.
On referme la plaie abdominale. Une fois la canule en place,
on visse le pavillon A à la hauteur voulue et on le fixe au
moyen du contre-écrou E. On enlève alors la pointe *p*
qu'on remplace par le bouchon B.

centimètres cubes de bile par jour. Chez l'homme, dans des cas de
fistule, on a recueilli de 300 à 1 100 centimètres cubes.

On a déjà dit (p. 251) que la bile est le mélange de la sécrétion
des cellules hépatiques et des glandes des conduits biliaires ainsi
que de celles qui se trouvent dans la muqueuse de la vésicule. C'est

un liquide visqueux et filant, de couleur jaune orangé ou jaune brun, vert foncé ou bleu verdâtre, suivant les espèces animales (jaune chez l'homme — bile de la vésicule chez les suppliciés, examinée tout de suite après la mort), d'une odeur particulière chez quelques animaux, d'une saveur amère.

Sa densité (bile humaine) est de 1,01 à 1,04 ; son point de congélation oscille entre 0°.54 et 0°.58 : il est donc à peu près identique à celui du sérum sanguin (voy. p. 79.

Sa réaction est alcaline au papier de tournesol. Elle ne coagule pas par la chaleur absence de matières albuminoïdes). L'alcool et l'acide acétique la précipitent (mucine ou pseudo-mucine).

Deux réactions caractéristiques. — Ce sont celle des acides biliaires et de Pettenkofer[1] et celle des pigments biliaires ou de Gmelin[2].

Dans une petite capsule de porcelaine, on met un peu de bile diluée, une trace de sucre et quelques gouttes d'acide sulfurique concentré ; on chauffe au bain-marie à 60°-70° (il ne faut pas que la température dépasse 70°), il se produit une belle coloration rouge-pourpre. — Par l'action de l'acide sulfurique sur le sucre de canne, il se forme une aldéhyde, le furfurol ; c'est à l'action du furfurol sur les acides biliaires qu'est due la coloration dont il s'agit. — Cette réaction n'est pas très sensible ; elle commence à se produire dans les liquides (urine par exemple) contenant 3 à 4 p. 100 de sels biliaires.

La réaction de Gmelin tient à la propriété des matières colorantes de la bile de donner, sous l'influence des oxydants, une série de produits d'oxydation vivement et diversement colorés. Dans un verre à réaction on verse doucement une solution étendue de pigments biliaires[3] urine bilieuse, solution étendue de bilirubinate alcalin) sur de l'acide azotique (contenant des vapeurs nitreuses [acide azotique légèrement jaunâtre]), de façon que la solution ne se mêle pas à l'acide ; on voit se produire rapidement entre les deux liquides, de bas en haut, c'est-à-dire de la surface de l'acide à celle de la bile, une série d'anneaux colorés, jaune, rouge, violet, bleu et vert. A chacun de ces anneaux correspond un terme d'oxydation du pigment biliaire.

Autre réaction, réaction de Hay[4]. — C'est une réaction très sensible et très simple de la bile par laquelle on décèle dans un liquide comme l'urine la présence des acides biliaires. A la surface de l'urine contenue dans un verre à expérience on verse de la fleur de soufre ; s'il y a des acides biliaires

1. Max von Pettenkofer (1818 1901), physiologiste et hygiéniste allemand, célèbre par ses travaux sur la respiration en commun avec son collègue F. Voit), sur les urines, sur l'étiologie du choléra et de la fièvre typhoïde, etc.

2. Léopold G. Gmelin (1788-1853), connu par ses recherches sur la digestion (en collaboration avec Fr. Tiedemann). Ces recherches ont été traduites en français par A.-J.-L. Jourdan sous le titre de *Recherches expérimentales, physiologiques et chimiques sur la digestion,* 2 vol. in-8, Paris, 1827.

3. Avec la bile en nature la réaction n'est pas nette à cause du précipité (précipité d'acide glycocholique) qui se produit au contact de l'acide et de a bile et qui trouble la zone des anneaux colorés.

4. Matthew Hay, médecin anglais contemporain, professeur de médecine légale et hygiène publique à l'Université d'Aberdeen.

dans cette urine, le soufre tombe très rapidement au fond du verre ; sinon, il reste à la surface. La réaction est sensible à 1 p. 100000. Elle n'est pas spécifique, car l'acide acétique, l'acétone, l'alcool, l'éther, le phénol, etc., ajoutés à une urine. ont aussi la propriété de laisser tomber le soufre. — La réaction de Hay est due à l'abaissement de la tension superficielle des urines par les acides biliaires.

On peut diviser les substances qui composent la bile en deux groupes, les substances spécifiques ou éléments essentiels, et les substances annexes ou secondaires.

a. SUBSTANCES SPÉCIFIQUES. — *Acides biliaires*. — Il a été déjà remarqué (p. 250) que les acides biliaires n'existent pas à l'état libre dans la bile, mais sous forme de sels alcalins. Le glycocholate et le taurocholate de soude, sels biliaires, sont caractéristiques de la bile humaine, puisqu'ils ne se trouvent que dans ce liquide organique, et s'y trouvent toujours. Dans la bile du chien, il n'y a que du taurocholate de soude. Dans la bile humaine le glycocholate de soude est en plus grande quantité que le taurocholate (3/4 pour 1/4).

L'acide cholalique qui, en s'unissant au glycocolle ou à la taurine (voy. p. 251), donne les acides glycocholique et taurocholique, n'existe pas dans la bile fraîche ; il prend naissance dans le dédoublement des acides biliaires. Il présente la réaction de PETTENKOFER.

Les sels biliaires, solubles dans l'eau et dans l'alcool, sont insolubles dans l'éther. On utilise cette propriété pour préparer ce que l'on appelle la *bile cristallisée de Plattner* (précipitation des sels biliaires, au moyen de l'éther. de leur solution alcoolique sous forme de faisceaux de longues aiguilles soyeuses).

Pigments biliaires. — La bile fraîche, venant du foie, ne contient qu'un pigment jaune rouge, la bilirubine, $C^{32}H^{36}Az^4O^6$, substance mère de tous les autres pigments biliaires. Cette substance se comporte comme un acide faible et se combine aux alcalis. C'est à l'état de *bilirubinate alcalin, ayant d'ailleurs la même couleur que la bilirubine*, que celle-ci se trouve dans la bile. Plus une bile est alcaline, plus elle peut dissoudre de bilirubine ainsi que de biliverdine.

La biliverdine, $C^{32}H^{36}Az^4O^8$, que l'on trouve souvent dans la bile de la vésicule, diffère de la matière précédente par deux atomes d'oxygène ; c'en est un produit d'oxydation ; il suffit du contact de l'air pour que cette transformation ait lieu ; sous l'influence des oxydants ou des oxydases, elle est beaucoup plus rapide. Ce n'est pas en réalité la bilirubine qui se transforme en biliverdine, ce sont les bilirubinates qui deviennent des *biliverdinates*, dont la couleur est la même que celle de la biliverdine.

La bile de la vésicule de plusieurs Mammifères contient deux autres pigments intermédiaires aux deux précédents, le *biliprazinate de soude* et la *biliprazine*, le premier jaune brun, le second vert, le premier étant un sel alcalin du second. L'oxydation ménagée de la bile donne lieu à de la biliprazine avant que se forme la biliverdine; par exemple, l'oxydation par l'exposition prolongée à l'air et à la lumière suffit pour cela.

La *bilifuscine* est un autre pigment, de couleur brune, qui a été rencontré dans des calculs biliaires, chez l'homme, et qui résulte de l'hydratation de la bilirubine.

b Substances annexes. — *Matières minérales.* — Les sels de la bile sont des chlorures et des phosphates de soude, de potasse, de chaux et de magnésie ; la bile contient souvent des traces de cuivre. — La présence constante de phosphate de fer est d'un grand intérêt, quoique la quantité en soit très variable (1 à 6 milligrammes pour 100 centimètres cubes). Ce fer provient en partie de l'hématine qui a servi à la formation de la bilirubine (voy. p. 252); et il provient peut-être aussi pour une autre part des mutations propres auxquelles cet élément est soumis dans le tissu hépatique; c'est un point que nous examinerons quand nous étudierons l'ensemble des fonctions du foie.

Gaz. — La bile contient très peu d'oxygène et très peu d'azote, mais une assez grande quantité d'acide carbonique libre, environ 5 à 15 centimètres cubes pour 100; l'acide carbonique en combinaison (carbonates) est encore plus abondant. On a inféré de là que, les gaz étant « en quelque sorte les témoins des phénomènes de la formation biliaire[1] », la bile doit se produire dans des conditions correspondant à des oxydations qui consommeraient l'oxygène et donneraient de l'acide carbonique.

Matières organiques. — On trouve dans la bile environ 1 à 2 grammes de cholestérine (voy. p. 46) p. 1000. La bile de la vésicule est plus riche en ce corps que celle qui vient directement du foie. Cependant il s'en forme dans le foie, car on en a trouvé dans le tissu même de l'organe. Mais la plus grande partie vient du sang. On ne sait si elle ne représenterait dans la bile qu'un produit de désassimilation.

La bile contient des corps gras, graisses neutres, savons et lécithine, en petite quantité.

Elle contient aussi des traces d'urée.

La bile humaine contient de la mucine et celle de plusieurs espèces animales une pseudo-mucine (voy. p. 39). C'est ce corps qui la rend visqueuse.

c. Composition quantitative de la bile. — Cette composition a été

---

1. **A.** Dastre, article *Bile* du *Dictionn. de physiol.*, t. II. p. 161, 1896.

déterminée plusieurs fois pour l'homme sur de la bile de vésicule
et sur de la bile des canaux, venue directement du foie. En
prenant les moyennes de ces diverses analyses, on a les chiffres suivants pour 100 :

	Bile de la vésicule.	Bile du foie.
Eau....................................	82,5—89,8	96.5—97,5
Matières solides......................	10,2—17,7	2,5— 3,5
Sels biliaires........................	5,6—10,7	1,0— 1,8
Mucine et pigments....................	1,4— 2,6	0,4— 0,5
Cholestérine	0,2— 0,4	**0,15**
Corps gras............................	0,2— 0,9	0,1
Lécithine.............................	0,2	0,06
Matières inorganiques.................	0,6— 1,0	0,7— 0,3

C. **Rôle de la bile.** — a. ACTION DIGESTIVE. — Le rôle digestif de
la bile tient à ce que ce liquide renforce l'action de la lipase pancréatique et celle de la trypsine[1]. De plus, la bile, par ses alcalis,
émulsionne les graisses.

On peut prouver *in vivo* l'importance de la bile dans la digestion
des graisses, au moyen d'une expérience qui forme la contre-partie,
chez le chien, de l'observation de
CLAUDE BERNARD sur le lapin qui
a été rapportée p. 245. Après avoir
lié et réséqué le canal cholédoque sur un chien, on abouche la
vésicule biliaire dans l'intestin, à
environ 1 mètre au-dessous du
canal pancréatique (fistule *cholé-*
cysto-intestinale [A. DASTRE], voy.
fig. 30), et l'on constate que, quand
on a fait ingérer des graisses à
l'animal, ses chylifères ne deviennent lactescents qu'à partir du
point où la bile se déverse dans
l'intestin. D'autre part, chez les
animaux à fistule biliaire complète,

Fig. 30. — Fistule cholécysto-intestinale
(A. DASTRE).

V. *b*, vésicule biliaire ; — *i*, intestin.

l'absorption des graisses est notablement entravée (voy. ci-dessous).

In vitro, l'action lipolytique du suc pancréatique est considérablement renforcée si on ajoute de la bile. La bile chauffée a le même
pouvoir. Cette action est due aux sels biliaires.

Du rapprochement de ces observations et de celle de CL. BERNARD,
il résulte que les deux liquides, la bile et le suc pancréatique,
coopèrent à la digestion des graisses.

1. L'activation de la trypsine n'a qu'une importance secondaire, puisque les
chiens à fistule biliaire digèrent et absorbent les matières protéiques comme les
animaux normaux

Au rôle digestif de la bile on peut rattacher son rôle dans l'absorption. L'expérience de Cl. Bernard et celle de Dastre rapportées ci-dessus et les observations faites sur les animaux porteurs d'une fistule biliaire, que l'on trouvera résumées un peu plus bas, démontrent suffisamment cette influence. — Celle-ci ne tient pas à la propriété que présente la bile d'émulsionner les graisses; les graisses ne paraissent pas être absorbées à l'état d'émulsion. Mais la bile a la propriété de dissoudre les acides gras, non seulement par ses sels spéciaux, mais aussi par les colloïdes qu'elle contient et tout particulièrement par sa pseudo-mucine [1]; d'ailleurs les dilutions colloïdales autres que la bile, présentes dans le liquide intestinal, ont aussi le pouvoir de dissoudre les acides gras (expériences de G. Rossi, 1907); et la dissolution de ces corps rend possibles entre eux et les cellules intestinales des échanges qui, hors de cette condition, ne s'accompliraient point. De même, la bile dissout facilement les savons.

b. Action antiseptique. — Si la bile se putréfie aisément, toujours est-il qu'en milieu acide elle résiste, au contraire, à la putréfaction; bien plus, elle empêche celle-ci. Or, le contenu du duodénum et de près de la moitié de l'intestin grêle présente une réaction acide (au papier de tournesol), réaction due à l'acide chlorhydrique du chyme. Il est probable que, dans ces conditions, la bile exerce une action antiseptique dont l'importance varie sans doute avec l'acidité même du contenu intestinal [2].

c. Rôle excrémentitiel de la bile. — La bile est une de ces sécrétions que l'on a jadis qualifiées d'*excrémento-récrémentitielles*. On a vu, en effet (p. 254), qu'elle est en partie résorbée dans la circulation entéro-hépatique. Mais, une partie étant éliminée avec les fèces, la bile constitue aussi, par conséquent, un liquide d'excrétion. Ce sont surtout les pigments biliaires qui s'éliminent; produits de régression de l'hémoglobine et substances toxiques (voy. ci-dessous), ils doivent être rejetés hors de l'organisme; mais ils ne le sont pas complètement; à leurs dépens se forme dans l'intestin l'urobiline, qui est résorbée et passe par les reins. Quant aux sels biliaires, on n'en trouve point dans les fèces; on n'en trouve déjà plus d'ailleurs au delà des premières parties de l'intestin grêle; ils sont dédoublés dans l'intestin en leurs éléments, acide cholalique, d'une part, et

---

1. En débarrassant la bile de sa pseudo-mucine on voit diminuer son pouvoir dissolvant pour les acides gras (expériences de Moore et Rockwood, 1897 et de G. Rossi, 1907).

2. En présence de bile et en milieu acide, la putréfaction, appréciée par l'odeur, par l'examen microscopique et par la recherche de l'indol, ne s'établit avec quelque activité que si on abaisse le taux de l'acide chlorhydrique jusqu'à 0 gr.05 p. 1000 (E. Gley et E. Lambling, Sur les conditions dans lesquelles se manifestent les propriétés antiseptiques de la bile. (*Revue biol. du Nord de la France*, I, 1888).

glycocolle et taurine, d'autre part; on constate la présence de ces
derniers dans l'intestin grêle, mais non dans les fèces, sauf en
quantité insignifiante, et on retrouve l'acide avec ses dérivés dans
le gros intestin et dans les fèces; mais ce n'est qu'une petite partie
de l'acide que l'on retrouve ainsi, à peine 10 p. 100; la plus grande
partie est donc résorbée avec la taurine et le glycocolle (nous savons
que cette résorption ramène ces éléments au foie par la circulation
entéro-hépatique). — Le dédoublement des sels biliaires serait dû à
l'action des microorganismes intestinaux; chez le fœtus, dont l'intestin ne contient point de microbes, on trouve les acides biliaires
en nature dans le méconium. — La cholestérine est éliminée à peu
près en totalité par les fèces.

Quelle que soit l'importance de ces divers rôles de la bile, leur
suppression totale est loin d'entraîner nécessairement la mort.

Qu'arrive-t-il en effet chez les animaux dont on dérive toute la bile à
l'extérieur, par une fistule? Ces animaux peuvent survivre pendant longtemps en bonne santé à cette opération. Mais il faut augmenter la ration
alimentaire, la doubler au moins. Ce qui s'explique par la perte considérable en matériaux solides qui résulte quotidiennement de l'écoulement
de leur bile au dehors. De plus, il ne faut pas leur donner de graisses : ils
les refusent d'ailleurs; si on leur en fait ingérer, on en retrouve les deux
tiers dans les fèces; seuls, les aliments gras déjà émulsionnés (lait), — et
ceux-ci, l'animal les accepte et les recherche même, — sont absorbés. —
On ne maintient donc en vie et en bonne santé les animaux porteurs d'une
fistule biliaire qu'au prix de soins particuliers.

d. ACTION TOXIQUE DE LA BILE. — Les animaux dont on a lié le canal
cholédoque résorbent peu à peu et incessamment la bile qui continue à être
sécrétée par les cellules hépatiques. Ces animaux deviennent très malades
et meurent après avoir présenté des troubles graves, ralentissement du
pouls et de la respiration, hypothermie, amaigrissement, albuminurie,
affaiblissement général, — troubles accompagnés d'ictère et de décolora-
tion des fèces. Ces accidents se présentent chez l'homme dans les cas
d'obstruction du cholédoque par une tumeur ou plus souvent par des
calculs.

Il résulte de là que la bile est un liquide très toxique. En injection
intraveineuse la bile de bœuf diluée au tiers tue le lapin à la dose de 4 à 6
centimètres cubes par kilogramme (CH. BOUCHARD). La bile injectée dans les
vaisseaux ou sous la peau exerce une action dissolvante sur les globules
blancs et les globules rouges, les fibres musculaires, les épithéliums (action
des acides biliaires); elle ralentit le cœur et la respiration (action des
mêmes acides); elle détermine de l'hypothermie et des accidents convulsifs
et paralytiques (action des pigments biliaires).

C'est surtout aux pigments qu'est due la gravité des phénomènes
toxiques; en effet, la toxicité de la bile décolorée (par le charbon) diminue

des deux tiers environ (Ch. Bouchard); d'autre part, la bilirubine est mortelle (expériences sur le lapin) à la dose de 0gr,05 par kilogramme.

5. — Intestin grêle. Sécrétion et rôle du suc intestinal.

Comme l'estomac, l'intestin grêle est un organe à la fois glandulaire et moteur

L'organe glandulaire est constitué par les cellules à mucus de toute la muqueuse, par les glandes de Brunner du duodénum et par les glandes de Lieberkühn qui, les unes et les autres, versent dans le tube intestinal le produit de leur sécrétion; celui-ci rencontre la bile et le suc pancréatique et ce mélange entre en conflit avec le contenu stomacal.

1° *Sécrétion du suc intestinal.*

A. Phénomènes histologiques. — Les glandes de Brunner offrent des modifications histologiques analogues à celles que présentent les glandes pyloriques. Les cellules des glandes de Lieberkühn, à l'état de repos, sont remplies de granulations qui passent dans le produit de la sécrétion, quand celle-ci s'établit.

B. Innervation sécrétoire. — Les nerfs sécréteurs ne sont pas connus. La section des pneumogastriques ne modifie pas la sécrétion d'une anse intestinale isolée par le procédé de Thiry (voy. plus loin). Mais l'énervation d'un segment d'intestin compris entre deux ligatures est suivie d'une *sécrétion paralytique* qui rappelle celle que l'on observe après la section des nerfs de la glande sous-maxillaire (voy. p. 182); en quelques heures ce segment d'intestin se remplit en effet d'un liquide qui est du suc intestinal[1], tandis qu'un segment contigu, préparé en même temps pour servir de témoin, mais non énervé, reste à peu près vide (fig. 31). Au bout de vingt-quatre heures le phénomène a pris fin. On peut observer quelque chose de semblable après l'extirpation des ganglions cœliaques. — Tel est le fait le mieux établi au sujet de l'innervation sécrétoire de l'intestin. Tient-il à la vaso-dilatation consécutive à la section des nerfs ou à la suppression d'actions nerveuses d'arrêt s'exerçant normalement sur les glandes? Cette seconde hypothèse est la plus vraisemblable.

C. Excitants de la sécrétion. — Chez les carnivores (chiens à jeun on n'observe qu'une faible sécrétion (par une anse isolée . Chez

1. Ce liquide contient en effet de l'entérokinase et de l'érepsine (A. Falloise, *Arch. intern. de physiol.*, I, p. 260 277 ; 1904).

les herbivores, dans les quelques opérations de fistule duodénale qui
ont été réalisées sur ces animaux, on a constaté que la sécrétion est

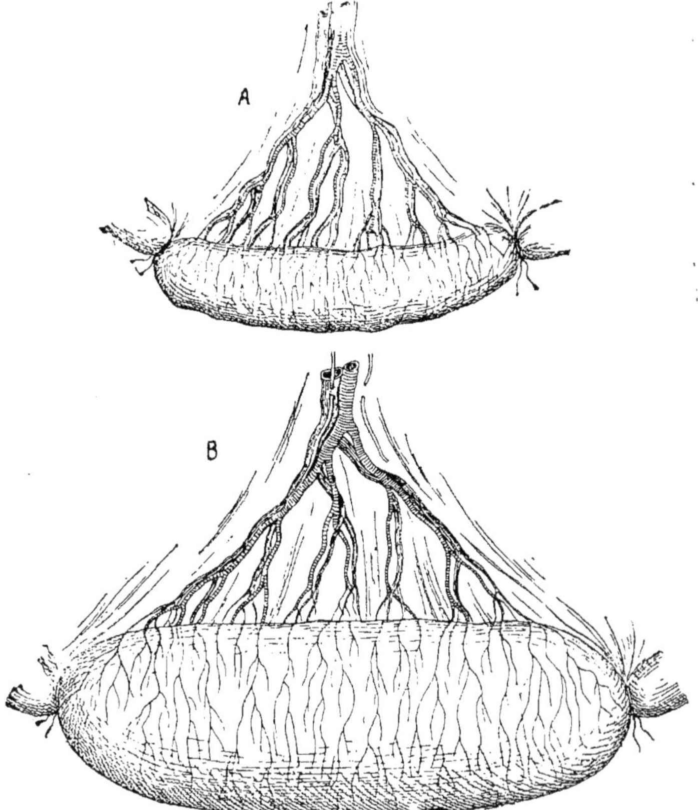

Fig. 31. — Aspect d'une anse intestinale avant et après énervation (ARMAND MOREAU)[1].

A, anse normale, dans les conditions dans lesquelles on opère, quand on veut pratiquer la
section des nerfs qui s'y distribuent.

B, la même anse plusieurs heures après la section des nerfs.

Les nerfs sont représentés par des lignes fines, interrompues au niveau de la section.

N.-B. — La distension de l'anse est souvent beaucoup plus grande encore que ne l'indique
ce dessin.

continue, mais augmente pendant la digestion. Chez un fort chien,
pendant la phase d'activité sécrétoire maxima, c'est-à-dire de la qua-

1. E.-A. MOREAU (1823-1881), physiologiste français, fut longtemps chef du laboratoire de CLAUDE BERNARD, au Muséum d'histoire naturelle.

Cette figure est extraite de ses *Mémoires de physiol.*, in-8°, 228 p. Paris, 1877.

trième à la sixième heure après le repas, on peut recueillir 10 à 20 centimètres cubes de suc par une fistule duodénale. Si la fistule siège sur la portion moyenne ou terminale du jéjunum, on recueille à peine de 1 à 2 centimètres cubes de suc en trois à quatre heures. Enfin, l'iléon ne fournit pas de sécrétion spontanée. — Il y a donc une différence considérable entre les parties supérieures de l'intestin grêle (duodénum et première portion du jéjunum) et le reste de cet intestin ; ce dernier ne prend presque aucune part à la sécrétion du suc entérique ; c'est une fonction localisée dans le segment supérieur.

Sous quelles influences s'établit cette sécrétion ? Le principal excitant paraît être, comme pour les glandes pancréatique et biliaire, l'acide du contenu stomacal.

Si en effet on introduit dans une anse duodénale isolée 10 à 20 centimètres cubes d'une solution aqueuse d'acide chlorhydrique à 4 p. 1000, la sécrétion se produit. Sur des chiens sur lesquels on a isolé deux anses du duodénum, on constate que l'introduction d'acide dans l'une provoque aussi la sécrétion de l'autre. Ceci n'arrive pas si l'acide est introduit, non plus dans le duodénum, mais dans l'iléon. — Beaucoup d'autres acides ont le même effet.

On a soutenu que c'est la sécrétine formée par l'action de l'acide sur la muqueuse qui constitue l'excitant ; l'injection intraveineuse d'une macération acide d'intestin, bouillie et neutralisée, déterminerait toujours une sécrétion plus ou moins abondante, assez tardivement d'ailleurs.

Les savons, dont on connaît l'action sur les sécrétions pancréatique et biliaire (voy. p. 243 et 254), excitent aussi les glandes du duodéno-jéjunum.

Les excitations mécaniques ou électriques provoquent également la sécrétion, mais seulement de l'anse directement excitée, aussi bien sur l'animal à jeun que sur l'animal en digestion ; l'excitation mécanique ne donnerait lieu qu'à la sécrétion de mucus et d'eau. — Dans un cas de fistule intestinale chez l'homme, très bien observé (H. J. Hamburger et E. Hekma, 1902), les excitations mécaniques de la muqueuse déterminaient la sécrétion d'un suc riche en érepsine et en kinase.

Enfin, d'après des expériences de V. V. Savitch[1], l'injection du suc pancréatique dans le duodénum amène la sécrétion, dans une anse intestinale isolée, d'un suc contenant de la kinase. — D'autres expériences, dues à A. Frouin[2], montrent que le suc intestinal serait lui-même un excitant des glandes qui le sécrètent.

---

1. *Thèse de Saint-Pétersbourg*, 1901.
2. *C. R. de la Soc. de Biol.*, 8 et 15 avril 1905, p. 653 et 702.

L'observation fondamentale de Frouin est celle-ci. Sur un chien à fistule duodénale, on voit que la sécrétion, abondante pendant les quinze premiers jours qui suivent l'opération, diminue progressivement (elle n'en contient pas moins toujours les ferments qui la caractérisent); et elle arrive peu à peu à se tarir presque. Or, l'injection de suc entérique à un animal porteur d'une telle fistule détermine une sécrétion très nette; cette action persiste quand le suc a été chauffé à 100°; le suc sécrété contient de la kinase. — L'auteur a conclu que la résorption de certains principes du suc intestinal est suivie de la sécrétion de ce suc.

2º *Le produit de la sécrétion.*

A. Procédé pour obtenir du suc intestinal. — On obtient du suc intestinal pur en sectionnant une anse intestinale, le mésentère étant respecté, fermant par des sutures une extrémité en cul-de-sac et suturant l'autre extrémité à la paroi abdominale; la continuité de l'intestin est en même temps rétablie. Cette opération, dite de Thiry[1] (1854), a été modifiée par Vella[2] qui eut l'idée d'aboucher à la peau les deux orifices de l'anse isolée. C'est la fistule que l'on pratique habituellement sous le nom de *fistule de Thiry-Vella* (fig. 32).

B. Composition et propriétés du suc intestinal. —

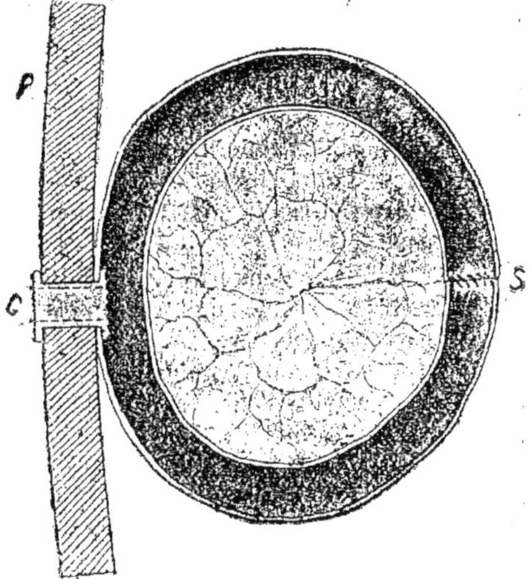

Fig. 32 — Fistule intestinale (opération de Thiry-Vella, modification de Schepovalnikoff dans le laboratoire de Pavloff [d'après A. Le Play[3]]).

Au lieu d'aboucher à la paroi intestinale les deux extrémités de l'anse isolée, on suture l'une à l'autre ces deux bouches et on pratique sur un autre point de l'anse une ouverture où on place une canule, *c*.

P, paroi abdominale; *c*, canule; *s*, suture des deux bouches de l'anse isolée.

1. L. Thiry, physiologiste autrichien du milieu du xixe siècle.
2. L. Vella (1825-1886), physiologiste italien, a fait d'intéressantes recherches sur la sécrétion salivaire, l'absorption, le suc entérique, etc.
3. A. Le Play, Technique opératoire physiologique, Paris, 1912.

Les quantités de suc obtenues par ce procédé sont très variables, on a vu pourquoi (p. 266).

Le suc intestinal de chien, d'une densité de 1,010 à 1,017, est filant. très alcalin; il contient de 12 à 20 p. 1000 de matières solides dont 5 environ de chlorure de sodium et 3 de carbonate de soude et, d'après quelques analyses, environ 5 p. 1000 de matières organiques.

Chez l'homme, dans les quatre cas connus de fistule intestinale, le suc recueilli avait une densité d'environ 1,007 et un point de congélation de 0°,62, était clair, très alcalin au tournesol et contenait à peu près 10 p. 1000 de matières solides sur lesquelles on a trouvé 2 de carbonate de soude et 5 à 6 de chlorure de sodium.

C. Propriétés physiologiques du suc intestinal. — Ces propriétés sont dues à plusieurs enzymes. On peut diviser celles-ci en deux groupes principaux, celui des ferments hydrolysant des sucres et celui des ferments protéolytiques; mais, en outre, le suc intestinal contient une lipase dont l'action n'est pas négligeable et le ferment si important, l'entérokinase, qui a pour propriété de rendre la trypsine active ou de préparer son action (voy. p. 249). On voit par là que ce suc, contrairement à ce que l'on a cru longtemps, a un rôle digestif considérable.

1° Le suc intestinal ne paraît contenir que de l'amylase et de la maltase. Mais on trouve en outre dans la muqueuse de l'invertine ou sucrase et de la lactase.

L'amylase intestinale, comme la ptyaline et comme l'amylase pancréatique, transforme l'amidon en maltose; mais l'activité amylolytique du suc intestinal est faible.

Le suc entérique est riche en maltase qui dédouble la maltose en deux molécules de glycose.

L'invertine intestinale, découverte par CLAUDE BERNARD (1873), dédouble le sucre de canne ou saccharose en sucre interverti, mélange à poids égaux de glycose et de lévulose. Le suc intestinal, obtenu aussi pur que possible, n'opère pas ce dédoublement (expériences de H. BIERRY et A. FROUIN, 1906), mais les macérations de muqueuse, même en présence de substances antiseptiques (de manière à ce que soit évitée l'intervention de sucrase d'origine microbienne), l'effectuent au contraire très énergiquement.

La lactase transforme le sucre de lait ou lactose en glycose et galactose (voy. p. 91). Le suc entérique « physiologique » n'en contient pas (expériences de H. BIERRY, 1904, 1911)[1], mais la présence de ce

---

[1]. Dans le cas de fistule chez l'homme observé par HAMBURGER et HEKMA (voy. ci-dessus, p. 266), le suc n'avait pas d'action sur la lactose.

ferment dans la muqueuse intestinale a été bien démontrée[1] (expériences simultanées de W. Pantz et J. Vogel et de F. Röhmann et J. Lappe, 1895, vérifiées maintes fois); la lactase se rencontrerait surtout dans la muqueuse des jeunes animaux et des adultes dont la nourriture comprend du lait. C'est donc un ferment endo-cellulaire et la digestion de la lactose, comme celle de la saccharose, n'aurait lieu qu'au cours de l'absorption de ces sucres, dans leur passage à travers la muqueuse.

2° Le suc intestinal (expériences de W. Boldireff sur le chien, 1904) a la propriété de dédoubler la monobutyrine, la graisse du lait et les autres graisses en émulsion; le suc chauffé à 100° perd cette propriété; il contient donc une lipase, ce qui explique que, chez le chien, quand on empêche le suc pancréatique d'arriver dans le duodénum, la graisse du lait (plus de 40 p. 100) soit encore saponifiée.

3° On a démontré la présence dans la muqueuse intestinale d'une substance qui ne décompose pas les albuminoïdes naturelles[2], excepté la caséine, mais seulement les albumoses et les peptones (et en outre la caséine) en produits plus simples, non précipitables par le sulfate d'ammoniaque, ne donnant plus la réaction du biuret et cristallisables (acides mono et diaminés). Cette substance, à laquelle O. Cohnheim[3] qui l'a découverte (1901), a donné le nom d'*érepsine*[4] (de ἐρείπω, je démolis), se comporte comme un ferment; elle est détruite à 60°; elle agit en milieu neutre et mieux en milieu alcalin. H. Hamburger et E. Hekma l'ont trouvée (1902) dans le suc intestinal de l'homme, en même temps que S. Salaskin dans le suc du chien. L'érepsine, produite dans les éléments glandulaires, est donc bien déversée dans le tube intestinal et y exerce son action sur les albumoses résultant des digestions gastrique et pancréatique. Cette action s'ajoute à celle de la pepsine et de la trypsine pour pousser la désintégration des matières protéiques jusqu'au stade des produits abiurétiques; les albuminoïdes à moitié dédoublées qui échappent à l'influence de la trypsine sont soumises le long de l'intestin grêle à celle de l'érepsine[5].

1. Déjà en 1887 F. Röhmann (de Breslau) avait admis que le dédoublement du sucre de canne se fait de façon prédominante, non pas dans la cavité de l'intestin et sous l'influence du suc excrété, mais à travers la muqueuse.

2. Cependant, d'après quelques physiologistes, le suc des glandes de Brunner contiendrait un ferment digérant les matières albuminoïdes; ce ferment agirait en milieu alcalin, neutre ou faiblement acide.

3. Physiologiste allemand contemporain.

4. On s'est demandé, étant donné que la pepsine et la trypsine, quand leur action se prolonge, conduisent la décomposition des albuminoïdes jusqu'à la formation de produits abiurétiques, si ces ferments ont cet effet par eux-mêmes ou si le suc gastrique et le suc pancréatique ne contiendraient pas, outre la pepsine et la trypsine, une érepsine. Des expériences à venir en décideront.

5. L'érepsine a été trouvée dans beaucoup d'autres tissus, dans le rein en première ligne, puis dans le pancréas, la rate, le foie, les muscles et surtout le

Les acides nucléiques seraient aussi digérés par l'érepsine avec mise en liberté de leur acide phosphorique (M. NAKAJAMA [de Kioto], 1904). Mais il est probable que cette action doit être attribuée à une *nucléase*.

A côté de l'érepsine il faut placer *l'arginase*, ferment découvert par A. KOSSEL et H. D. DAKIN (1904), non pas, il est vrai, dans le suc entérique, mais dans la muqueuse intestinale. L'arginase dédouble l'arginine, une des bases hexoniques (voy. p. 32-33) provenant de la digestion trypsique ou érepsinique ou des deux à la fois, en urée et ornithine (acide diamino-valérianique)[1].

4° Le suc intestinal a encore une propriété non moins importante que les précédentes et qui est de rendre actif le suc pancréatique inactif. On a vu (p. 236 et 249) que ce dernier, dans des conditions physiologiques, n'a pas par lui-même le pouvoir de décomposer certaines matières albuminoïdes; c'est le suc intestinal qui lui communique ce pouvoir. Cette transformation est produite par l'entérokinase, celle-ci étant, de son côté, dépourvue de la propriété de digérer l'albumine. — L'action kinasique du suc intestinal de l'homme a été démontrée par HAMBURGER et HEKMA (1902).

L'entérokinase agit comme un ferment à certains égards; ainsi elle est détruite par ébullition du suc intestinal ou par le chauffage à 67° pendant deux heures. Elle est complètement distincte de l'érepsine; le chauffage du suc intestinal à 59° pendant deux heures détruit celle-ci, tandis que la première n'est détruite que par le chauffage à 67° pendant le même laps de temps. Elle ne se différencie pas moins nettement de la sécrétine (sur cette dernière, voy. p. 241); en effet, les macérations de muqueuse duodéno-jéjunale dans l'eau salée sont toujours riches en kinase et, par contre, ne renferment pas de sécrétine ou seulement des traces; d'autre part, l'entérokinase est détruite par l'ébullition qui ne diminue pas l'activité de la sécrétine; enfin, l'entérokinase passe dans le suc intestinal, tandis que la sécrétine passe du côté opposé, dans le sang.

3° *Digestion intestinale.*

Les mots digestion intestinale doivent être entendus dans le sens de *digestion dans l'intestin.*

Signalons tout de suite une différence entre les deux parties de l'intestin grêle, le duodéno-jéjunum et l'iléon. Nous avons dit déjà que cette dernière partie ne sécrète ni kinase, ni sécrétine; mais on

muscle cardiaque. etc. (H.- M. VERNON. *J. of physiol.*, XXXII. p. 33-50; 1904), c'est donc une endoenzyme importante.

1. A. KOSSEL et DAKIN ont constaté aussi la présence d'arginase dans le tissu hépatique. Nous reviendrons sur ce fait en étudiant les fonctions du foie.

a trouvé.(W. N.Boldireff)l'amylase, l'invertine et la lipase aussi bien dans les parties inférieures que dans les parties supérieures de l'intestin grêle. Il n'en est pas moins vrai que le véritable intestin digestif, c'est le duodéno-jéjunum et spécialement le duodénum. C'est ici le lieu où se rencontrent le suc pancréatique, la bile et le suc intestinal avec le contenu stomacal (mélange de produits de digestion, de matières non digérées et de suc gastrique). Que va-t-il résulter de ce conflit ?

On a dit que la bile met fin à la digestion pepsique, soit parce qu'elle détermine dans le chyme un précipité d'albumine qui entraîne la pepsine, soit parce qu'elle neutralise l'acidité du chyme. Mais on a vu (p. 262) que le contenu duodénal et même jéjunal reste acide et, d'autre part, dans l'intestin d'un animal tué en pleine digestion on ne trouve point de précipité ; si donc l'action de la pepsine ne se continue point dans le duodénum, c'est vraisemblablement pour d'autres causes que celles que l'on a invoquées jusqu'ici.

Quoi qu'il en soit, **le travail digestif qui s'accomplit dans l'intestin** résulte surtout de l'action du suc pancréatique, plus ou moins aidé par la bile et par le suc intestinal. En effet les actions lipolytique et protéolytique du suc pancréatique sont renforcées par la bile et la dernière l'est au plus haut degré par la kinase du suc entérique (voy. p. 236). Ainsi la physiologie a solidement établi la réalité d'une association fonctionnelle que l'on pouvait induire de ce fait anatomique, que la bile et le suc pancréatique se déversent au même endroit dans l'intestin ou en des points peu distants l'un de l'autre. Et les processus chimiques intra-intestinaux doivent être maintenant considérés comme étant l'effet d'une remarquable et régulière coopération de plusieurs fonctions sécrétoires.

On connaît aussi les résultats de cette triple et énergique action des trois sécrétions, pancréatique, biliaire et intestinale : la transformation des hydrates de carbone en sucre assimilable, en glycose, c'est-à-dire la continuation et l'achèvement de la digestion salivaire ; — l'émulsion et la saponification des graisses ; on trouve en effet dans le contenu intestinal, jusqu'à l'iléon exclusivement, des acides gras que l'on y a dosés depuis longtemps et de la glycérine que l'on a pu enfin doser, grâce au procédé de M. Nicloux (1903); on a décelé aussi la glycérine dans le chyle de la citerne de Pecquet et, en proportion plus élevée, dans le sang de la veine porte ; — la décomposition des albuminoïdes en albumoses et produits plus simples, c'est-à-dire la continuation et l'achèvement de la digestion gastrique. Ainsi c'est dans l'intestin grêle que s'accomplit le travail digestif le plus important.

Ce qui augmente encore l'importance de ce travail, c'est l'intervention des ferments endo-intestinaux. Les autres glandes digestives, glandes salivaires, estomac, pancréas, foie, n'agissent sur les aliments que par leurs sécrétions. La sécrétion intestinale agit, elle aussi, sur les aliments ou sur leurs produits de transformation, mais, en outre, la muqueuse elle-même agit sur toutes ces substances pendant que celles-ci la traversent. Qu'on se reporte à ce qui a été dit plus haut (p. 268) de la transformation des sucres non directement assimilables, saccharose et lactose, en glycose, c'est-à-dire de la digestion de ces sucres dans la muqueuse. D'autre part, l'action érepsinique des macérations de muqueuse est bien plus puissante que celle du suc intestinal. On a là des exemples du grand rôle que peuvent jouer les ferments endo-cellulaires.

Parmi les hydrocarbonés qui sont attaqués dans l'intestin, il faut mentionner particulièrement la cellulose. Celle-ci, à l'état jeune (cellulose des végétaux jeunes et tendres, tels que carottes, radis, salades, etc.), se dissout d'abord et se digère ensuite chez l'homme[1] en assez grande quantité (25 à 60 p. 100); elle s'hydrate et se transforme en dextrine et en glycose, puis la fermentation se poursuit et aboutit à la production d'acide carbonique et d'hydrogène, d'une part, qui se dégagent et, d'autre part, d'acides acétique et butyrique. Mais tout le sucre formé ne subit pas cette fermentation, une bonne partie peut être absorbée et se trouve donc utilisée par l'organisme.

C'est sous l'influence d'un ferment figuré anaérobie, le *bacillus amylobacter*, que se passent ces processus, ou plutôt des diastases que produit ce bacille ; et cette fermentation de la cellulose qu'il détermine conduit aux mêmes corps que la fermentation butyrique des sucres. C'est pour cela que VAN TIEGHEM[2] a voulu considérer comme identiques le *bacillus amylobacter* et le *vibrion butyrique*. L'action de ce bacille est considérable chez tous les animaux herbivores et chez les Oiseaux granivores, puisqu'elle amène la dissolution des enveloppes végétales ; les grains d'amidon et les albumines végétales peuvent alors être soumis à l'action des sucs digestifs. On voit donc la grande importance de la vie même du bacillus amylobacter pour les animaux dans l'intestin desquels il végète. C'est là un bel exemple de vie associée ou *symbiose*.

Nous avons indiqué page 112 le rôle mécanique si utile de la cellulose chez l'homme. Cette substance doit toujours entrer dans une alimentation rationnelle.

Le *chyme* intestinal, coloré en jaune par la bile dans le duodénum et dans la portion supérieure du jéjunum, verdâtre dans le reste de l'intestin grêle, est un mélange complexe ; il contient tous les produits de digestion des féculents, des graisses et des albuminoïdes, les substances qui ont échappé à la digestion, les sucs digestifs et

---

1. Dans l'intestin des Ruminants, toutes les celluloses, même celles de la sciure de bois et du papier, sont digérées en quantité notable.
2. P. E. L. VAN TIEGHEM, éminent botaniste français (1839-1914).

le mucus sécrété par l'épithélium intestinal; il contient en outre des produits de fermentation secondaires, de fermentations bactériennes, y compris des gaz.

La flore intestinale est riche (*Bacillus subtilis*, *B. amylobacter*, *Bacterium coli commune*, *B. megaterium*, *Staphylococcus pyogenes aureus*, etc.), moins riche cependant que celle du côlon. Ce sont des levures et le B. coli commune qui font subir aux divers sucres les fermentations lactique et butyrique :

$$C^6H^{12}O^6 = 2\,C^3H^6O^3$$
Glycose.   Acide lactique.

$$C^{12}H^{22}O^{11} + H^2O = 4\,C^3H^6O^3$$
Saccharose, maltose   Acide lactique.
ou lactose.

$$C^6H^{12}O^6 = C^4H^8O^2 + 2\,CO^2 + 2\,H^2$$
Glycose.   Acide butyrique.

$$C^{12}H^{22}O^{11} + H^2O = 2\,C^4H^8O^2 + 4\,CO^2 + 4\,H^2$$
Saccharose, maltose   Acide butyrique.
ou lactose.

Dans ce processus il y a donc dégagement de volumes égaux des gaz anhydride carbonique et hydrogène que l'on retrouve dans l'intestin.

L'acide carbonique provient aussi de la fermentation alcoolique que peut subir la glycose dans l'intestin, sous l'influence de la levure, du B. coli communiset du *B. lactis aerogenes Escherich* : $C^6H^{12}O^6 = 2C^2H^6O + 2CO^2$.
Alcool éthylique.

Dans un cas de fistule intestinale, chez l'homme, il a été extrait de 4 kil. 500 de matières, soumises à la distillation, 4 centimètres cubes d'alcool[1]; la malade sujet de l'observation ne buvait pas d'alcool.

A côté des gaz sus-mentionnés, on trouve un peu d'azote qui paraît provenir de l'air dégluti avec la salive.

Dans le régime féculent la quantité d'acide carbonique et d'hydrogène augmente. Dans l'intestin des enfants mort-nés on ne trouve point de gaz. Nouvelle preuve que ceux-ci résultent bien des fermentations bactériennes, puisque l'intestin du fœtus est naturellement aseptique.

On a vu page 166 que les phénomènes chimiques de la digestion peuvent s'accomplir sans le concours des bactéries.

C'est à peu près à ces fermentations des hydrates de carbone que se borne l'action des bactéries de l'intestin grêle. Au contraire, dans le gros intestin, se fait la décomposition définitive des matières protéiques. Il y a là une différence importante entre les deux grandes parties du tube intestinal.

Malgré la haute signification de l'intestin grêle comme organe digestif et sa non moindre importance, ainsi qu'on le verra plus loin, comme organe d'absorption, on peut en enlever un segment très étendu sans que les fonctions digestives soient gravement lésées

1. M. Jakovski, Contribution à l'étude des processus chimiques dans les intestins de l'homme (*Arch. des sc. biol.*, Saint-Pétersbourg, I, p. 539-585; 1892).

L'expérience a été réalisée sur des chiens auxquels on réséqua la moitié, les sept huitièmes et même la presque totalité de l'intestin. Seule, l'absorption des corps gras fut diminuée. On s'est demandé dans le dernier cas (resection de la presque totalité) si le côlon ne peut pas suppléer l'intestin grêle dans sa fonction d'absorption. Après les résections étendues on a constaté une hypertrophie compensatrice de la partie restante, une augmentation du nombre et du volume des villosités.

Des observations analogues ont été faites sur l'homme ; des chirurgiens ont été amenés à réséquer 3 mètres et quelquefois plus d'intestin grêle. On constata une diminution de l'absorption des graisses et des matières azotées, mais les malades, dans des conditions de repos et de bien-être suffisantes, ne semblèrent pas en souffrir. Les selles étaient normales. Les substances non absorbables (telles que les pépins de raisin) mettaient pour parcourir l'intestin moitié moins de temps.

La question n'est cependant pas résolue d'après ces documents. Il faudrait voir quels seraient les phénomènes consécutifs à l'extirpation, non pas du jéjuno-iléon, mais de tout le duodénum.

Pourquoi l'intestin n'est pas digéré. — Le suc pancréatique additionné d'entérokinase possède une puissante action protéolytique. Celle-ci pourtant ne s'exerce pas sur les parois de l'intestin grêle. C'est sans doute pour la même raison que celle signalée p. 228, à propos de la non digestion des parois stomacales par la pepsine.

4° *Mouvements de l'intestin grêle.*

Les mouvements de l'intestin servent à mélanger le contenu de cette partie du tube digestif aux sécrétions qui s'y déversent, puis à le faire progresser vers le cæcum ; ils sont donc analogues à ceux de l'estomac, étant à la fois ou successivement mouvements de brassage et mouvements de progression ou d'évacuation.

Le brassage est assuré par les *mouvements pendulaires*, contractions rythmiques qui se produisent à des intervalles de quelques secondes sur divers segments de l'intestin et fragmentent en petites portions sphériques ou ovalaires la colonne alimentaire contenue dans le segment considéré, puis la contraction cesse pour renaître en un autre point. De là des oscillations du contenu intestinal qui d'ailleurs reste au même niveau : ces oscillations le mettent en contact plus intime avec la muqueuse.

Le contenu intestinal (aliments modifiés par les sucs pancréatique et entérique et par la bile) ne progresse le long de l'intestin grêle que sous l'influence des mouvements *péristaltiques* de ce canal.

Ces mouvements, à l'état normal, sont toujours lents, faibles et, s'ils s'exagèrent, ils produisent les douleurs connues sous le nom de *coliques*. Ces contractions sont réflexes ; on les voit augmenter d'intensité surtout dans les cas pathologiques. Certains purgatifs agissent en exagérant ces mouvements : telles sont les huiles et diverses substances végétales ; les purgatifs salins, au contraire, agissent surtout en amenant l'hypersécrétion des glandes de Lieberkühn, d'où une diarrhée séreuse, sans coliques.

Le *mouvement péristaltique* résulte de la contraction des tuniques musculaires transversale et longitudinale de l'intestin ; les fibres circulaires ou transversales se contractent en arrière des matières qu'elles chassent devant elles: les fibres longitudinales raccourcissent la portion de canal dans laquelle les matières vont s'engager et l'amènent au-devant d'elles.

On verra, dans la défécation, des muscles circulaires et des muscles longitudinaux agissant de même pour chasser les matières fécales ; on a vu aussi en jeu, dans le pharynx, des muscles circulaires (sphincters) et des muscles longitudinaux (stylo-pharyngiens), ces derniers produisant l'ascension du pharynx, c'est-à-dire l'amenant au-devant du bol alimentaire. C'est donc toujours par un mouvement péristaltique que se fait la progression des matières dans le tube digestif, de la bouche à l'anus. — Dans l'intestin, cette progression est singulièrement facilitée par l'association au mouvement péristaltique, en un point donné, d'un phénomène d'inhibition dans le segment sous-jacent ; celui-ci se relâche, sous l'influence d'une excitation portée sur le point considéré, alors qu'au-dessus de ce point il y a renforcement de la contraction ; c'est ce que BAYLISS et STARLING ont appelé la « loi de l'intestin » (voy. p. 234). Ainsi est assurée la marche régulière et progressive du bol intestinal, avec le minimum d'effort musculaire.

Quand le mouvement, dans l'intestin, se fait en sens inverse, on dit qu'il est *antipéristaltique*. La réalité des mouvements antipéristaltiques est mise en doute par beaucoup de physiologistes.

La marche du contenu intestinal paraît être rapide dans les deux premières parties de l'intestin grêle (duodénum et jéjunum); ce n'est que vers l'iléon que sa progression se ralentit, de sorte qu'à la fin de l'intestin grêle il y a accumulation de matières. Comme, pendant ce trajet, les matières alimentaires modifiées sont soumises à *l'absorption*, on peut dire que leur marche se ralentit à mesure que leur consistance augmente et que leur quantité diminue. Cette marche est mieux connue, d'une façon plus précise, depuis qu'on a pu l'étudier au moyen des rayons X (voy. p. 230 ce qui a été dit de l'application de cette méthode à l'estomac). D'après les observations radioscopiques, les hydrates de carbone parcourent l'intestin en quatre heures environ, les graisses en cinq heures et les albuminoïdes en six heures. Sur un animal dont on a ouvert l'abdomen, l'exposition de l'intestin à l'air y provoque des mouvements péristaltiques et antipéristaltiques très actifs, qui, vu l'aspect qu'ils présentent, sont dits *mouvements vermiculaires*.

Innervation motrice de l'intestin. — Les mouvements intestinaux sont sous la dépendance d'un système nerveux intrinsèque. On les observe en effet sur des fragments d'intestin extraits de l'organisme. Dans les parois intestinales il existe de petits ganglions (plexus nerveux d'Auerbach entre les couches musculaires, plexus de Meissner dans la couche sous-muqueuse), qui forment des centres réflexes périphériques communiquant entre eux ; l'excitation, en se propageant successivement d'un de ces centres au suivant, détermine la progression vermiculaire de la contraction. De plus, ces centres périphériques reçoivent de l'axe cérébro-spinal des fibres nerveuses qui excitent ou modèrent leur activité, de telle sorte que l'innervation de l'intestin, comme celle de l'estomac (voy. p. 232), rappelle celle du cœur, dans lequel des ganglions jouent aussi le rôle de centres autonomes, mais placés cependant sous l'influence d'un centre cérébro-spinal.

Ce sont les pneumogastriques et les splanchniques qui rattachent l'intestin à la moelle ; l'excitation du bout périphérique d'un pneumogastrique détermine de fortes contractions intestinales ; celle d'un splanchnique diminue ou arrête ces mouvements. — La section des deux pneumogastriques et des splanchniques ne supprime pas les contractions intestinales ; comme les nerfs dits moteurs de l'estomac, ce ne sont donc que des nerfs modificateurs, et non producteurs, du mouvement.

D'après ce qui a été dit plus haut de la combinaison des phénomènes de contraction avec ceux de relâchement des parois musculaires, tout le long de l'intestin grêle, il est vraisemblable que les excitations diverses qui mettent en jeu l'excitabilité des nerfs de ces parois provoquent simultanément l'activité des pneumogastriques, nerfs moteurs, et celle des splanchniques, nerfs inhibiteurs.

Outre ces fibres motrices, le pneumogastrique contient encore des fibres sensitives ; il en est de même du splanchnique qui, de plus, est le nerf constricteur des artères et des veines intestinales.

V. — TROISIÈME PARTIE DE L'ACTE DIGESTIF. PHYSIOLOGIE DU GROS INTESTIN.

Toutes les matières alimentaires ne sont pas digérées ; il y en a une portion, variable, mais assez restreinte toujours, qui échappe à l'attaque des ferments digestifs (voy. p. 157) ; d'autre part, parmi les produits de la digestion il y en a qui ne sont pas absorbés. Que deviennent toutes ces substances ? L'intestin grêle les pousse dans le gros intestin qui les évacue à l'extérieur, après qu'il s'y est ajouté divers autres corps, sous la forme définitive de matières fécales.

Le gros intestin n'est donc pas un organe digestif, ce n'est qu'un appareil d'évacuation.

1. — Rôle des glandes du gros intestin.

Le liquide que sécrètent les glandes de Lieberkühn du gros intestin est filant, un peu trouble, fortement alcalin[1] (en raison du carbonate de soude). Il contient 2 à 3 p. 100 de matériaux solides, consistant surtout en mucus et sels.

Les recherches sur une action digestive quelconque de ce suc, celles en particulier que l'on a faites dans plusieurs cas bien observés de fistule chez l'homme (anus artificiel siégeant à l'union du cæcum et du côlon ascendant ou en des points divers de ce dernier), n'ont point donné de résultat positif. Les glandes du gros intestin ne paraissent sécréter que du mucus, dont le rôle est certainement de faciliter le passage du contenu intestinal, devenu plus épais par suite de la résorption de l'eau.

2. — Les fèces. Leur formation.

Le contenu stomacal forme une masse presque liquide qui, dans le duodénum, devient de plus en plus liquide par l'addition du suc pancréatique, de la bile et du suc entérique. Mais, à mesure que ces matières parcourent l'intestin grêle, leur consistance augmente, en même temps que la masse diminue, parce que la plus grande partie en est absorbée. Ce que l'intestin grêle livre au gros intestin n'est donc plus qu'une masse déjà épaisse, qu'un résidu destiné à être expulsé, et qui ne peut plus revenir en arrière, vu la présence de la *valvule iléo-cæcale*, qui s'oppose à tout reflux. Le contenu de cette dernière portion du canal intestinal n'est donc formé que par des matières qui doivent être rejetées, en un mot par les *fèces*.

On a considéré souvent les fèces comme constituées essentiellement par la partie non assimilable des aliments. A ce compte, si tout l'aliment est absorbable, il ne doit pas y avoir de fèces; il s'en produit cependant encore dans ces cas. D'ailleurs le fœtus, dans le tube digestif duquel rien n'a été introduit, expulse dès la naissance des fèces, bien connues sous le nom de *méconium*. C'est qu'en effet les fèces sont principalement constituées par les sécrétions intestinales et par les *débris de l'épithélium desquamé*. Parfois, même chez

---

[1] Malgré cette sécrétion alcaline, le contenu du gros intestin est le plus souvent acide, en raison des fermentations microbiennes des résidus alimentaires.

l'adulte, ces débris peuvent former à eux seuls toutes les matières
fécales. Ils se montrent sous la forme de globules entiers ou mutilés,
de couleur blanchâtre, colorés alors diversement par la bile altérée.
Ces résidus, ces raclures épithéliales sont comparables au furfur
qui se détache de l'épithélium cutané, mais sont ici en plus grand
nombre. Des expériences de L. Hermann [1] (1890) ont directement
prouvé que, chez l'animal adulte lui-même, les matières fécales
représentent essentiellement des produits de sécrétion et de desqua-
mation de l'intestin :

> Sur le chien on isole un segment d'intestin grêle d'une certaine longueur
> au moyen de deux sections transversales, mais on conserve ses connexions
> vasculaires et nerveuses. Ce bout d'intestin, vidé et lavé convenablement,
> est transformé en un anneau creux par des points de suture rattachant
> l'une à l'autre ses deux extrémités. On réunit également les deux surfaces
> de section du reste du tube digestif, de manière à supprimer toute solution
> de continuité et à rétablir le cours normal des matières alimentaires, et on
> remet les organes en place et ferme la plaie abdominale. Au bout de quel-
> ques jours, on trouve l'anneau intestinal rempli d'une masse molle de cou-
> leur brunâtre ; si l'on attend plusieurs semaines, on y trouve de véritables
> boudins gris-verdâtre, en tout semblables à des matières fécales qui se
> sont donc formées indépendamment de tout résidu d'aliments.

Comment s'est produite cette masse solide, d'aspect fécal, de couleur grisâtre, d'odeur caractéristique, de réaction légèrement alcaline ?
par l'accumulation des sucs intestinaux et des débris d'épithélium,
ces éléments cellulaires s'étant rapidement transformés en détritus
sous l'action des bactéries ; les bactéries se trouvent aussi en grand
nombre dans cette masse.

Il y a, de cette formation des fèces indépendamment de l'alimentation, une autre preuve presque aussi démonstrative que la précédente, quoique indirecte. Chez des animaux soumis au jeûne ou
à un régime composé de sucre ou de graisse, on trouve dans les
fèces une quantité notable d'azote. Il a été ainsi établi que la plus
grande partie de l'azote excrémentitiel provient des excrétions intestinales et non des aliments.

Composition des fèces. — Ces produits de sécrétion intestinale
et de décomposition épithéliale qui, on vient de le voir, constituent en
grande partie les fèces, se trouvent aussi bien dans le gros intestin
que dans la dernière portion de l'intestin grêle. Mais les fèces comprennent encore :

1° Des fragments alimentaires ayant échappé à la digestion : il n'est
presque pas d'aliments qui soient digérés intégralement (voy. p. 157) ou

1. Physiologiste allemand contemporain, ancien professeur à l'Université de
Königsberg.

dont les produits de digestion soient intégralement absorbés ; ce déchet[1]
varie avec les aliments, étant environ de 3 p. 100 pour le pain blanc, de
4 p. 100 pour le riz, 4 à 5 p. 100 pour la viande, 15 p. 100 pour le pain noir
et pour les choux, 20 p. 100 pour les carottes, etc.; dans ces déchets on
trouve surtout des graisses, quand elles sont ingérées en excès, et des
savons; — 2º des résidus alimentaires, c'est-à-dire des substances non
digestibles, tels que les poils, les tissus cornés et élastiques, l'amidon cru,
les gommes, la chlorophylle ; — 3º les produits de la décomposition bactérienne des hydrocarbonés (voy. p. 273), acides acétique, lactique, butyrique,
alcool ; — 4º les produits de la décomposition bactérienne des albuminoïdes, composés aromatiques, tels que phénol C^6H^5OH, indol C^8H^7Az,
scatol C^9H^9Az, acides aminés, tels que la leucine, et ammoniaque ; l'indol
et le scatol se retrouvent dans les urines[2]; — 5º des produits de décomposition de la bile, acide cholalique et hydrobilirubine ou urobiline[3], et des
substances de la bile, comme la mucine, la cholestérine ; — 6º des composés minéraux insolubles, phosphates ammoniaco-magnésien, neutre de
chaux, neutre de magnésie, carbonate de chaux, fer ; l'intestin est *la voie
d'excrétion la plus importante* de la chaux, du fer, du manganèse ; — 7º une
grande quantité de microorganismes (20 millions par décigramme, d'après
W. Vignal[4]) ; — 8º des gaz, acide carbonique, hydrogène, azote, gaz des
marais ou méthane CH^4 et des traces d'hydrogène sulfuré ; le méthane
augmente beaucoup avec l'alimentation végétale (fermentation de la cellulose), surtout quand le régime est riche en légumes secs ; quand ces gaz
sont en assez grande quantité, ils distendent l'intestin.

Les excréments humains ainsi composés contiennent en moyenne,
pour une alimentation mixte, 25 p. 100 de matériaux solides, dont
3 à 4 p. 100 environ de matières minérales. Ils ont un poids variable :
la moyenne journalière est de 150 grammes environ. C'est la nature
de l'alimentation qui fait varier cette quantité ; les fèces sont abondantes avec le régime végétal et peu volumineuses avec le régime
carné. La couleur dépend des pigments biliaires réduits et transformés en urobiline (*stercobiline*). L'odeur caractéristique est due à
des produits de putréfaction non isolés encore, parmi lesquels des

1. On ne trouve de l'albumine qu'exceptionnellement : l'azote dosé, considéré
souvent à tort comme de l'albumine non absorbée, provient des substances
azotées non digestibles (substance cornée , nucléine, etc.) et de produits azotés
plus simples, leucine, tyrosine, etc., résultant particulièrement de la fermentation
microbienne des *excreta* intestinaux dont il a été parlé ci-dessus
2. Les expériences de NUTTALL et THIERFELDER (1895) (voy. p. 166) sur l'élevage
aseptique de petits cobayes ont montré que, dans l'urine de ces animaux, on ne
trouve ni indol ni scatol, ni corps analogues ; ces substances sont donc bien d'origine microbienne.
3. L'urobiline provient de la réduction de la bilirubine ou de la biliverdine ; sa
formation résulte d'un phénomène de putréfaction.
4. W. Vignal (1852-1893), biologiste français, connu par ses travaux histologiques
sur le développement du système nerveux, sur les ganglions du cœur, etc., et
par d'intéressantes recherches sur les microorganismes de la bouche et des
matières fécales.

acides gras, et non à l'indol et au scatol qui, purs, n'ont point d'odeur. La réaction est acide (acides gras) ou alcaline, quand il y a de l'ammoniaque en quantité assez grande.

Toxicité des fèces. — Les matières fécales sont toxiques. L'extrait alcoolique, en injection intraveineuse, est beaucoup plus toxique que l'extrait aqueux (Ch. Bouchard). Si l'on se débarrasse des substances minérales, la toxicité est moindre. Les animaux meurent après avoir présenté de fortes convulsions

Méconium. — La composition chimique des matières qui se trouvent dans l'intestin du nouveau-né prouve que pendant la vie intra-utérine il ne se produit aucune putréfaction intestinale (voy. p. 166). Le *méconium*, en effet, masse d'un brun verdâtre, visqueuse, sans odeur fétide, ne contient que du pigment (bilirubine) et des acides biliaires normaux, non altérés, de la cholestérine, de la mucine, des débris épithéliaux, des graisses, quelques sels, un peu de fer qui n'est évidemment qu'un produit de désintégration physiologique, point de gaz. La teneur en eau est de 80 p. 100 environ et la proportion des matières solides de 20 p. 100, sur laquelle il y a à peine 1 de cendres.

3. — Mouvements du gros intestin. Défécation.

Les matières fécales sont poussées par des contractions lentes et péristaltiques jusque vers l'S iliaque. Là elles paraissent s'arrêter. Les matières ne descendent ensuite dans le rectum que par intermittences, sous l'influence de contractions plus vives, et alors tend à se produire ce phénomène réflexe qui est la *défécation* ; mais si cette tentative d'évacuation ne réussit pas, si le passage leur est fermé, elles retournent dans l'S iliaque. Tous ces mouvements sont très lents, ce qui ne les empêche pas de pouvoir produire à la longue des compressions considérables. Ils sont de même forme et de même nature que ceux de l'intestin grêle (p. 274) ; ce sont des mouvements *péristaltiques*, c'est-à-dire dans lesquels les fibres circulaires de la membrane musculeuse se contractent successivement de haut en bas, à mesure que la matière progresse dans le tube intestinal, de sorte que cette matière, comprimée supérieurement, se trouve poussée dans la portion suivante de l'intestin, dont les fibres sont encore dans le relâchement.

Les mouvements dits *antipéristaltiques*, et qui se produisent en sens inverse, de manière à faire rétrograder les matières, étaient considérés comme exceptionnels ou n'existant que dans des cas pathologiques[1]. Mais, d'après des expériences très intéressantes de W. Can-

[1]. Les mouvements antipéristaltiques observés dans tout le tube intestinal d'un animal dont on ouvre l'abdomen immédiatement après l'avoir mis à mort, paraissent dus à l'impression du froid et à une interruption de la circulation abdominale, d'où une excitation ultime sur les fibres lisses, à la période d'agonie.

NON (1902, 1904), les mouvements des côlons transverse et ascendant et du cæcum sont habituellement antipéristaltiques, de telle sorte que le contenu intestinal, enfermé comme en un sac, est entièrement brassé et mélangé par ces contractions qui se font dans la direction du cæcum ; la valvule iléo-cæcale empêche complètement le retour dans l'intestin grêle ; quand la masse accumulée est en suffisante quantité, une contraction péristaltique la chasse plus loin.

Vers l'extrémité tout inférieure du tube digestif se produit le phénomène de la *défécation*.

Au niveau du rectum les fibres musculaires longitudinales forment un stratum épais et puissant ; d'autre part, les fibres circulaires se groupent et se multiplient de manière à constituer un sphincter, un anneau, dit *sphincter interne*, formé de fibres musculaires lisses, et doublé extérieurement par un autre sphincter plus puissant, le *sphincter externe*, formé de fibres striées. Ce dernier constitue non pas précisément un anneau, mais plutôt une *boutonnière antéro-postérieure* limitée par deux bandes musculaires parfaitement contiguës à l'état de repos. Ainsi ce sphincter ferme complètement, à l'état de repos et en vertu de sa seule élasticité, l'ouverture qu'il circonscrit, comme le font, du reste, tous les autres sphincters. Il n'est donc pas question ici, pas plus qu'ailleurs, de contractions permanentes proprement dites, mais seulement d'action de tonicité. L'ouverture anale est normalement oblitérée par la forme naturelle du sphincter à l'état de tonicité, et le sphincter ne se contracte que lorsqu'un corps quelconque tend à modifier sa forme, pour dilater l'orifice qu'il circonscrit ; dans ces circonstances, ou bien le sphincter ne réagit pas, se laisse facilement dilater, vu sa grande élasticité, et le passage a lieu ; ou bien le sphincter réagit, et alors, par sa contraction, ferme l'orifice d'une manière réellement active ; c'est dans le premier cas que la défécation se produit.

La défécation est un phénomène réflexe d'expulsion, dont le centre se trouve dans la partie inférieure de la moelle (voy. plus loin). Le point de départ de ce réflexe est une sensation vague, peu définissable, un sentiment de pesanteur vers le périnée, produit par la distension des parois rectales, qui résulte de la présence des matières fécales. Cette sensation, que l'on nomme un *besoin*, n'a son siège que dans le rectum et au niveau de l'anus ; le besoin de la défécation est provoqué par tout corps étranger introduit à ce niveau (emploi des *suppositoires* pour provoquer un réflexe trop paresseux à se produire) ; le réflexe est aussi provoqué par des excitations portant sur divers centres nerveux, comme dans la strangulation, l'asphyxie. Toujours est-il que les matières fécales ne provoquent le besoin que quand elles arrivent dans le rectum ; dans le reste du gros intestin, les matières ne sont pas senties à l'état normal.

Sous l'influence de ce besoin, tend à se faire toute une série d'efforts d'expulsion, qui, on vient de le dire, sont réflexes, mais que la volonté peut influencer, soit pour les renforcer, soit, au contraire, pour les arrêter. Si on ne satisfait pas à ce besoin, il s'établit, partant du sphincter anal, un mouvement antipéristaltique qui refoule les matières dans l'S iliaque, d'où elles reviennent au bout d'un certain temps, pour tenter de nouveau le passage. Si l'on résiste ainsi plusieurs fois de suite, la sensibilité du rectum finit par s'émousser, et la présence des matières fécales ne devient plus le signal des réflexes que nous allons étudier; de là les constipations habituelles chez les personnes qui négligent d'obéir aux exigences de ce besoin, et qui sont bientôt obligées d'exciter par des moyens artificiels (suppositoires, clystères) la sensibilité émoussée de la muqueuse rectale et des fibres nerveuses qui président à la partie centripète du réflexe. Si le besoin est écouté, il se produit une contraction réflexe des tuniques musculaires du rectum, un vrai mouvement péristaltique qui chasse les matières vers l'anus, dont le sphincter, très facilement dilatable, ne fait aucune résistance dans ce cas. En effet, si les fèces sont dans un état liquide anormal, le rectum seul suffit à les expulser, sans que la volonté intervienne autrement qu'en s'abstenant de mettre aucun obstacle à cette expulsion. Mais, dans les cas ordinaires, l'état solide des matières exige une intervention de forces plus nombreuses et plus considérables, qui entrent en jeu principalement sous l'action de la volonté. C'est d'abord le phénomène de l'*effort*, par lequel le larynx se ferme, de sorte que les parois de la cavité thoracique, remplie d'air, offrent un solide point d'appui aux muscles qui vont agir; alors se contractent tous les muscles qui peuvent comprimer l'abdomen, c'est-à-dire les muscles de la paroi abdominale, le diaphragme et les muscles du périnée (releveur de l'anus, véritable diaphragme inférieur), et ainsi la compression se produit dans tous les sens. Le releveur de l'anus, en même temps qu'il comprime les viscères de bas en haut, amène au-devant des matières fécales l'orifice qu'elles doivent franchir. Les fibres longitudinales si développées du rectum agissent dans le même sens: ce n'est là, du reste, qu'un des modes du mécanisme qui a été étudié dans l'analyse du mouvement péristaltique (voy. p. 273). De plus, ces fibres longitudinales se terminent en bas par des anses qui vont se perdre d'une façon plus ou moins distincte dans le périnée en formant une courbure à convexité dirigée vers le centre de l'anus; il en résulte donc que, pendant leur contraction, elles redressent leur courbure et par suite dilatent l'orifice que les matières fécales doivent franchir.

Innervation du gros intestin.

Le cæcum et les côlons ascendant et transverse reçoivent des filets nerveux du plexus cœliaque et du ganglion mésentérique supérieur, le côlon descendant du ganglion mésentérique inférieur. L'excitation des filets sympathiques issus de ces ganglions arrête les mouvements du gros intestin ; mais ces rameaux contiennent aussi des filets moteurs. Ceux-ci sont cependant plutôt contenus dans le tronc du pneumogastrique. La section de ces nerfs ou l'extirpation des ganglions n'abolit pas les mouvements du gros intestin ; c'est le fait constaté déjà pour l'estomac et pour l'intestin grêle.

Les nerfs du rectum et de l'anus viennent du plexus hypogastrique, formé lui-même par des fibres venues du plexus mésentérique inférieur et, d'autre part, des nerfs érecteurs (provenant des première et deuxième paires sacrées). L'excitation des rameaux fournis par le ganglion mésentérique inférieur ou celle du nerf hypogastrique détermine la contraction du sphincter interne de l'anus ; celle du nerf sacré fait contracter au contraire les fibres longitudinales du rectum et amène probablement le relâchement des sphincters. Pour quelques physiologistes c'est ce dernier nerf qui serait moteur du rectum et les filets inhibiteurs se trouveraient dans le nerf hypogastrique. On voit donc que l'innervation du gros intestin n'est pas encore sûrement établie.

Le centre des mouvements de l'anus se trouve dans la moelle lombaire (au niveau de la cinquième vertèbre chez le chien, entre la sixième et la septième chez le lapin). L'excitation de la moelle à ce niveau augmente les contractions des sphincters. Mais la section, faite au-dessous de cette région, ou même la destruction de cette partie de la moelle, ne supprime pas les mouvements de l'anus. C'est que les ganglions sympathiques périphériques peuvent aussi commander à ces mouvements. En sectionnant tous les nerfs qui se rendent à la partie inférieure de l'intestin ou en détruisant la moelle lombaire, on n'observe point d'incontinence des matières fécales : le sphincter reste fermé. L'incontinence qui s'observe chez l'homme dans des cas de lésions de la moelle lombaire tient peut-être à ce que la dépendance des sphincters vis-à-vis du centre ano-spinal, dans l'espèce humaine, est plus étroite. On a aussi supposé que l'excitation résultant de la lésion médullaire inhibe les centres périphériques.

L'action du cerveau sur le centre médullaire est manifeste ; le sphincter se contracte sous l'influence de la volonté et, inversement, des émotions, comme la peur, en provoquent le relâchement et par suite amènent l'issue involontaire des fèces.

4. — Extirpation du gros intestin.

Le gros intestin n'est pas un organe indispensable à la vie.

Durant trente-cinq ans une femme a pu non seulement vivre, mais se marier, élever trois enfants et gagner sa vie par son travail, malgré une fistule de l'intestin grêle au-dessus du cæcum (observation de M. JAKOVSKI[1]); tout le gros intestin était atrophié jusqu'au rectum ; les matières intestinales sortirent durant ces trente-cinq années par la fistule.

Les processus de la digestion peuvent donc s'accomplir entièrement sans le concours du gros intestin.

1. *Arch. des sc. biol.*, Saint-Pétersbourg, I, 539-586 ; 1892.

CHAPITRE II

ABSORPTION.

Les produits de la digestion passent à travers la muqueuse intestinale et pénètrent dans les vaisseaux sanguins ou lymphatiques, c'est-à-dire sont absorbés. C'est là l'*absorption digestive*.

Par extension, on entend par absorption en général la pénétration dans le milieu intérieur, sang ou lymphe, à travers une membrane organique quelconque, des substances liquides ou gazeuses (injection de ces substances sous la peau, résorption des liquides épanchés dans les cavités séreuses, etc.). C'est donc un phénomène très général. La respiration, qui consiste essentiellement en la pénétration de l'oxygène de l'air à travers la membrane pulmonaire, est par conséquent un phénomène d'absorption. Mais, comme cette fonction est dans un étroit rapport avec la circulation du sang, mieux vaut s'en occuper après celle-ci.

I. — Absorption digestive.

On étudiera d'abord l'absorption digestive. Puis viendra l'exposé des autres formes d'absorption.

1° *Mécanisme de l'absorption.*

L'absorption intestinale n'est ni une simple diffusion et imbibition (voy. p. 52), ni une simple osmose (p. 54) ou diffusion à travers une membrane hémiperméable. Si les lois de l'osmose s'appliquaient à ce phénomène, les solutions hypotoniques au plasma sanguin seules traverseraient l'épithélium, ce qui n'est pas le cas; quelle que soit la tension osmotique d'une solution qui se trouve dans l'intestin, que cette solution soit hypertonique ou hypotonique au plasma sanguin, l'équilibre osmotique s'établit d'abord avec ce liquide; la solution est rendue isotonique; et par là et jusqu'ici les lois de l'osmose sont satisfaites. Mais les substances dissoutes des solutions isotoniques sont absorbées comme l'eau, et les colloïdes le sont comme les cristalloïdes; s'il en était autrement, la nutrition ne serait point possible.

Ce qui a été dit (p. 72 et 80) de la perméabilité des éléments cellulaires en général s'applique d'une manière spéciale dans le cas présent, c'est-à-dire au passage des produits de la digestion à travers la paroi intestinale. Cette paroi, particulièrement dans le transport des colloïdes, manifeste une activité propre; elle joue un rôle. On ne sait pas encore en quoi consiste exactement ce rôle; il dépend probablement de telle ou telle propriété physique ou chimique (voy. p. 72-73) des constituants cellulaires; toujours est-il, on le verra tout à l'heure, que l'épithélium intestinal laisse passer diverses substances protéiques et qu'il fait subir à d'autres substances, les acides gras, une importante transformation.

On sait que l'appareil absorbant, la muqueuse intestinale, forme de nombreux plis, les *valvules conniventes*, et des saillies, les *villosités*; ces dispositions assurent la multiplicité des contacts avec les matières à absorber. Dans le tissu de la villosité se trouvent deux systèmes vasculaires: d'une part, un lacis de vaisseaux sanguins placés dans toute l'épaisseur et arrivant si près de la superficie qu'il est presque en contact avec l'épithélium; d'autre part, un canal central qui est le vaisseau chylifère. Les vaisseaux sanguins sont donc aussi bien disposés pour l'absorption que les chylifères.

2° *L'absorption des diverses substances alimentaires.*

A. Absorption de l'eau et des sels. — L'eau et les solutions de sels qui arrivent ou que l'on injecte dans l'intestin grêle passent rapidement dans le sang; on constate au bout de peu de temps leur présence dans les urines ou quelquefois dans la bile ou dans la salive. Il y a cependant des sels qui sont si lentement absorbés (sulfates, phosphates, ferrocyanures, succinates, malates, citrates, tartrates) qu'ils accroissent le péristaltisme et agissent comme laxatifs ou purgatifs et d'autres (oxalates, fluorures) qui ne sont pas du tout absorbés, ce qui doit tenir à un caractère physique ou chimique commun.

Dans l'estomac, cette absorption est très faible et lente; l'eau n'y est presque pas résorbée; une solution saline qu'on y introduit, après ligature du pylore, ne passe dans les urines qu'après un temps assez long, variable d'ailleurs suivant la nature du sel.

Dans le gros intestin l'eau est parfaitement résorbée.

B. Absorption des sucres. — Les solutions sucrées paraissent être absorbées très vite; elles ne séjournent point dans l'intestin, puisqu'elles n'ont pas le temps de manifester leur action purga-

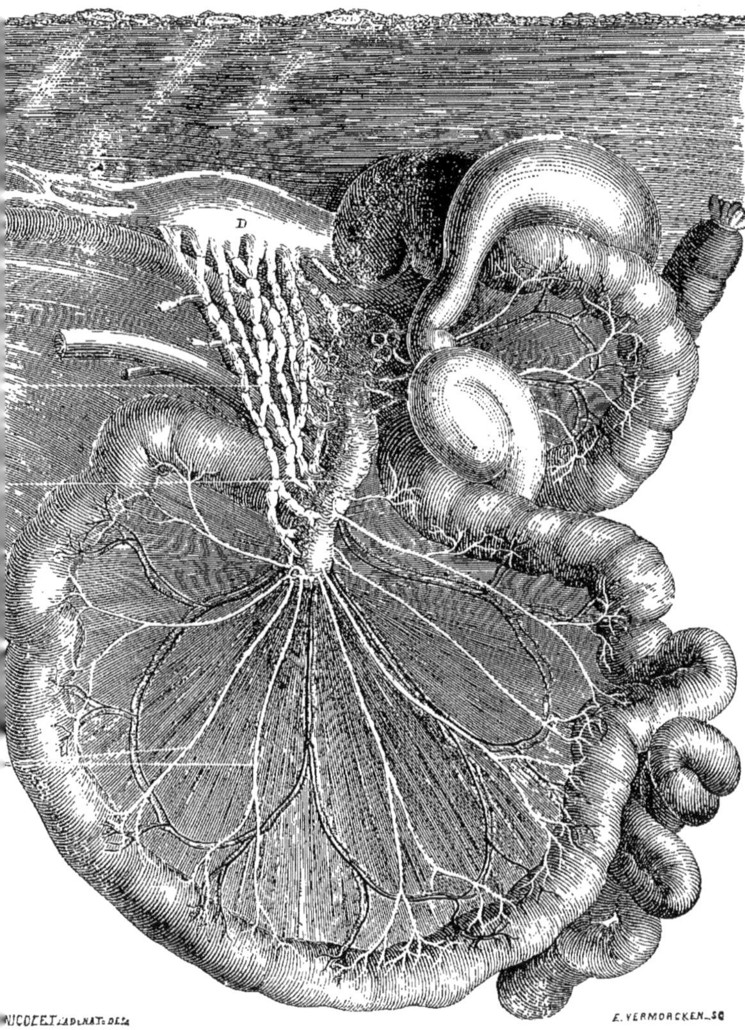

Fig. 33. — Chylifères d'un chien pendant la digestion (G. Colin[1])

A, Chylifères du mésentère ; B, glandes ou ganglions mésentériques ; C, chylifères efférents; D, réservoir du chyle (citerne de Pecquet[2]).

1. G. Colin (1825-1897), physiologiste français, fut professeur de physiologie à l'École vétérinaire d'Alfort.

2. J. Pecquet, médecin français du milieu du xviie siècle, natif de Dieppe. Il était étudiant à Montpellier lorsqu'il découvrit que les chylifères se rendent dans un confluent (citerne ou réservoir de Pecquet) qui est l'origine du canal thoracique.

tive. La glycose est résorbée au fur et à mesure de sa production, plus rapidement dans le duodénum et le jéjunum que dans l'iléon.

Les sucres sont également absorbés dans le gros intestin.

Ils ne le seraient pas dans l'estomac.

C. Absorption des graisses. — Quand on sacrifie un animal en digestion, on trouve la muqueuse intestinale blanche et transparente et on voit à l'œil nu (observation d'Aselli[1]) les chylifères intestinaux et mésentériques pleins d'un liquide laiteux (fig. 34), surtout si le repas était riche en graisse ; au microscope les cellules des villosités sont remplies de granulations graisseuses colorables en noir par l'acide osmique et que l'on peut ainsi suivre aisément; c'est l'épithélium du sommet de la villosité qui se gonfle d'abord et devient blanchâtre, puis le corps se modifie à son tour. Ainsi l'épithélium se gorge en quelque sorte de la substance alimentaire.

Quel est le mécanisme de l'absorption par les cellules épithéliales des villosités ? La surface libre de ces cellules est munie d'un *plateau strié*; ce plateau strié est formé de bâtonnets placés parallèlement côte à côte, qui, d'après plusieurs histologistes, seraient des prolongements du protoplasma de la cellule. Ces prolongements, analogues à des cils vibratiles, présenteraient des mouvements très lents, activés par la présence de la bile, et grâce auxquels ils plongeraient dans le liquide intestinal en contact avec la villosité et s'y empareraient des substances à absorber, comme une amibe, avec ses pseudopodes, va à la recherche de ses aliments, s'en empare et les amène dans son corps protoplasmique par la rétraction de ses pseudopodes. C'est ainsi notamment que les fines gouttelettes de la graisse émulsionnée seraient amenées dans le corps de la cellule épithéliale qui les transmettrait aux éléments anatomiques sous-jacents.

D'autres recherches, celles en particulier de A. Nicolas (1891), ont conduit à une autre idée du travail spécial de la cellule. Cet auteur a observé, dans les cellules épithéliales de l'intestin du triton à jeun, la présence de boules ou enclaves dont le rôle serait essentiel dans l'absorption des graisses: celles-ci pénétreraient dans les cellules épithéliales sous la forme de solution, après avoir été saponifiées dans la cavité intestinale, et se fixeraient sur les boules ou enclaves sus-indiquées; alors la graisse apparaîtrait de nouveau sous forme de gouttelettes, la substance des enclaves en question agissant à la manière d'un véritable ferment qui opère la synthèse de la graisse. — Il a été reconnu d'ailleurs que les autres substances absorbées ne sont, pas plus que les graisses, décelables

---

1. Aselli (ou Asellio) (1581-1626), médecin italien, professeur à Pavie où, en 1622, ouvrant l'abdomen d'un chien en digestion, il vit le mésentère des cordons blancs qu'il prit d'abord pour des nerfs; mais, ayant piqué un de ces cordons, il en vit sortir un liquide crémeux et comprit qu'il venait de faire une grande découverte.

dans la partie supérieure de la cellule intestinale et qu'elles n'apparaissent
que dans les formations spéciales (mitochondries[1], par exemple) de la zone
sous-basale. — La cellule absorbante se comporte donc comme une véritable
cellule glandulaire, mais elle se distingue des autres en ce qu'elle tire les
matériaux de sa sécrétion du milieu extérieur, du contenu intestinal (voy.
p. 132), et non du milieu intérieur, du sang[2].

Contre la théorie tout *histologique* de l'absorption des graisses s'est donc
fait 'jour une théorie *chimique*; ce sont les produits de la digestion des
graisses, glycérine et acides gras ou savons, qui pénètrent, en tant que
substances dissoutes, à travers les cellules épithéliales des villosités. De
fait, on a vu que les graisses neutres, introduites dans l'intestin, sont
dédoublées en leurs éléments constituants et que l'on trouve ceux-ci, acides
gras et glycérine (p. 271), dans la cavité intestinale ; comme les fèces, au
contraire, en contiennent très peu, force est de conclure que ces substances
ont traversé les cellules des villosités ; et, comme on décèle dans ces cellules des gouttelettes graisseuses, force est aussi de conclure que dans ces
éléments la graisse s'est reconstituée. — Réalisons l'expérience directe ; on
fait ingérer à un animal ou on introduit dans une anse intestinale isolée
des acides gras et de la glycérine ; les chylifères prennent l'aspect lactes-
cent et l'on trouve dans leur contenu de la graisse neutre. La cellule absorbante a donc la propriété d'opérer la synthèse de la graisse. D'ailleurs, on
peut, dans la ration d'entretien (expériences faites sur des chiens), substituer à une quantité donnée de graisse une quantité équivalente d'acides
gras, il ne se produit aucune variation de poids de l'animal. — Voici une
autre expérience directe qui a été effectuée sur l'homme. Dans un cas de
fistule de la citerne de Pecquet chez une jeune fille, par où s'écoulait tout le
chyle, I. Munk[3] (1890) a constaté qu'après ingestion de blanc de baleine
(palmitate de cétyle) par la malade, le chyle contenait de la tripalmitine ; le blanc de baleine avait donc été saponifié et l'acide palmitique
absorbé s'était combiné à la glycérine pour former de la palmitine. Inversement, la lanoline (combinaison d'acides gras avec la cholestérine, retirée
du suint des moutons et fusible à 40-42°), qui s'émulsionne aisément, mais
ne se saponifie pas dans l'intestin, se retrouve intégralement dans les
fèces ; elle n'est donc pas résorbée ; n'est-ce point justement parce qu'elle
n'a pas été dédoublée ?

---

1. De μίτος, filament et χονδρίον, grain.

2. La cellule intestinale « a une fonction double : d'une part, absorption ou
sécrétion interne, au sens de Pflüger et d'autre part sécrétion externe du suc entérique... La partie supérieure de la cellule représente la partie qui puise les
produits dans la lumière de l'intestin et les verse dans le sang, c'est le segment
absorbant. Les produits élaborés par lui s'accumulent surtout dans le tiers supérieur de la cellule et sont excrétés latéralement dans les espaces intercellulaires. La partie inférieure de la cellule sert vraisemblablement à la sécrétion.
Son appareil mitochondrial est disposé en effet comme celui d'une cellule glandulaire à sécrétion externe, comme celui des cellules à mucus par exemple. De cette
façon nous pouvons nous expliquer cette polarité double de la cellule intestinale »
(Chr. Champy, *Arch. d'anatomie microscopique*, 1911, t. XIII).

3. I. Munk (1852-1903), physiologiste allemand, très connu par ses nombreuses
recherches sur les échanges nutritifs.

En somme, c'est à l'état d'acides gras surtout et de savons[1] que sont absorbées les graisses.

La résorption des graisses varie avec le point de fusion de ces corps. Les graisses qui fondent à une température inférieure à celle du corps (huile d'olive, graisses de porc, d'oie) sont absorbées presque complètement dans l'intestin (98-97 p. 100); la graisse de mouton, dont le point de fusion est plus élevé, laisse un résidu de 10 p. 100 environ; la tristéarine pure[2] un résidu de 15 p. 100.

En étudiant le rôle de la bile, on a vu (p. 261) l'influence de cette humeur sur l'absorption des graisses.

D. Absorption des matières protéiques. — On a longtemps admis que les matières albuminoïdes ne sont absorbables qu'à l'état d'albumoses et de peptones.

Il a été reconnu que diverses albuminoïdes naturelles, l'*édestine* (albuminoïde extraite des graines de chanvre), l'ovalbumine, la sérumalbumine, la sérumglobuline, etc., injectées dans une anse intestinale isolée, disparaissent en quelques heures, sans qu'on puisse à aucun moment trouver d'albumoses dans ce segment d'intestin. — Cette absorption peut avoir lieu aussi dans le gros intestin.

Mais la plupart des albuminoïdes subissent des transformations que nous connaissons; elles ne sont absorbées qu'après ces transformations[3]. Est-ce à l'état d'albumoses et de peptones qu'elles le sont? On le croyait et d'autant plus que l'alimentation azotée des animaux et de l'homme peut être, au moins pendant quelque temps, entretenue avec des albumoses; mais comme pendant la digestion on ne trouvait point d'albumoses dans le sang, pas plus dans le sang de la veine porte que dans celui de la carotide après un repas riche en albuminoïdes, on admettait que ces corps, durant leur passage à travers la muqueuse intestinale, sont retransformés par déshydratation en albuminoïdes de même espèce que celles qui existent dans le sang. Et il semblait que le pouvoir déshydratant de la cellule absorbante vis-à-vis des albumoses fût analogue à celui qu'elle manifeste dans la synthèse de la graisse, puisque les acides gras et la glycérine ne s'unissent pour former des graisses qu'en éliminant de l'eau. En réalité, ces suppositions dépassaient les faits. Si l'on ne

---

1. Plusieurs faits déposent actuellement contre la possibilité de l'absorption des graisses à l'état de savons, celui-ci entre autres, que des solutions de savons introduites dans l'intestin grêle il se forme rapidement des acides gras; il suffit, pour que ce processus ait lieu, de l'action de l'anhydride carbonique (expériences de G. Rossi, 1907); or, il y a constamment, on le sait depuis longtemps, de l'ac. de carbonique dans le petit intestin.

2. Le point de fusion de la stéarine pure est de 67°.

3. On a vu, p. 222, que l'absorption des peptones proprement dites doit être très restreinte.

trouve point de protéoses dans le sang, c'est qu'elles subissent elles-mêmes pour la plupart une dégradation dont la découverte de l'érepsine (voy. p. 269) nous a livré la connaissance. — Est-ce donc à l'état de produits de destruction plus avancés (produits érepsiniques) que les albuminoïdes sont absorbées? Comme on n'en a pas trouvé dans le sang, pas plus qu'on n'y constatait d'albumoses, on a pu penser que les cellules de la muqueuse intestinale reconstituent avec ces corps des albuminoïdes naturelles. En faveur de cette opinion, on invoque le résultat des expériences qui ont montré que l'ingestion des substances obtenues par l'action prolongée de la trypsine et de l'érepsine sur les albuminoïdes suffit à maintenir l'équilibre azoté ; il en est de même avec les seuls produits de la digestion trypsique qui ne sont point précipités par l'acide phosphotungstique (acides monoaminés). Aussi a-t-on admis que les produits abiurétiques (acides aminés) s'unissent dans l'épithélium intestinal aux fragments restants plus volumineux de la protéolyse (albumoses et peptones) pour former, non pas les matières protéiques d'où ils proviennent, mais les albuminoïdes propres au milieu intérieur, les albuminoïdes du sang. Et ces dernières constitueraient le matériel commun avec lequel les tissus referaient leurs propres protéines. Cette synthèse des albuminoïdes dans la cellule intestinale a permis de considérer celle-ci comme sécrétant les protéiques du plasma sanguin.

On voit que cette hypothèse est surtout fondée sur le fait rappelé plus haut, à savoir que, pendant la digestion, on ne trouve dans le sang de la veine porte ni albumoses et peptones ni acides aminés. Mais on a fait remarquer que la quantité de sang circulant dans l'intestin durant la digestion est trop grande et la quantité d'azote aminé trop petite pour qu'il ne soit pas très difficile de déceler celle-ci dans cette masse de sang ; on a calculé, en effet, que le surcroît d'azote pouvant exister dans 100 cc. de sang vers la fin de la digestion, même en admettant que l'absorption azotée se fasse entièrement sous forme d'acides aminés, ne dépasse pas 2 à 3 milligrammes. Comment découvrir cette minime quantité au milieu des 3 000 milligrammes d'Az protéique que contient le même volume de sang? Or, les méthodes actuelles permettent de déceler des traces d'azote aminé ; en les appliquant à l'analyse du sang, on a trouvé dans le sang porte de chiens en digestion un surplus d'azote aminé par rapport à la quantité contenue dans le sang arté-riel ou dans le sang veineux général; ce surplus serait de 2 à 4 milli-grammes (dosages de H. Delaunay[1]).

Il suit de là que la question de la résorption des matières pro-téiques s'est éclaircie. Il se peut que des albuminoïdes naturelles

1. Physiologiste français contemporain, professeur agrégé à la Faculté de médecine de Bordeaux.

soient absorbées et assimilées telles quelles. Il se peut qu'une partie des albumoses produites dans les digestions pepsique et trypsique soit absorbée sous cette forme. Enfin, les produits abiurétiques sont certainement absorbés et fournissent à l'organisme les matériaux nécessaires à la synthèse de ses protéiques.

Dans l'estomac et dans le gros intestin les albumoses peuvent être résorbées.

E. Absorption dans le gros intestin. — Nous avons indiqué, au fur et à mesure que nous parlions de l'absorption des différentes matières alimentaires, celles qui peuvent être résorbées dans le gros intestin. Normalement, puisque dans cette partie du tube digestif il n'y a plus que des traces de substances absorbables, l'absorption digestive s'y réduit à rien. Mais, thérapeutiquement, cette voie est utilisée dans les cas où l'alimentation par la bouche est impossible ou insuffisante (rétrécissements de l'œsophage ou du cardia, gastrorrhagie, refus insurmontable d'aliments par les aliénés) ; les lavements administrés dans ces conditions sont qualifiés de lavements *nutritifs*. Ils doivent consister en substances dissoutes ; ils comprennent d'habitude une solution de glycose à laquelle on ajoute soit des peptones commerciales (mélange d'albumoses et de peptone), soit du jus de viande ou des œufs légèrement salés: quant à la graisse, le gros intestin n'en absorbe que très peu (5 p. 100 environ de la quantité introduite, par exemple sous forme d'émulsion). — Cette alimentation par le rectum ne peut maintenir l'équilibre nutritif que pendant un nombre restreint de jours. — L'absorption par le gros intestin est encore prouvée par ce fait que les urines contiennent des produits de fermentations qui s'y accomplissent, sels d'acides sulfo-conjugués et urobiline.

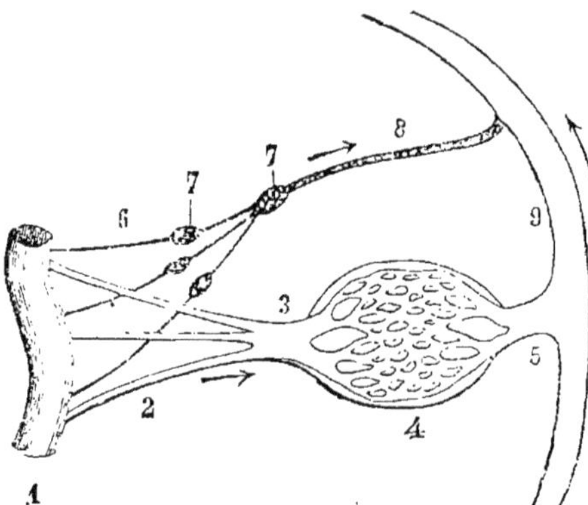

Fig. 34. — Schéma des voies de l'absorption digestive (H. BEAUNIS).

1, intestin ; 2, vaisseaux sanguins (veines d'origine de la veine porte) ; 3, veine porte ; 4, foie ; 5, veines sus-hépatiques ; 6, chylifères ; 7, 7, ganglions lymphatiques ; 8, canal thoracique ; 9, système veineux (veines caves).

3° *Les voies de l'absorption.*

Les matériaux de la digestion arrivent dans le corps même des villosités: quand celui-ci se vide, les éléments absorbés ont passé dans les vaisseaux.

Or, ces vaisseaux sont de deux espèces, les veines et les lymphaﬁques. Il y a donc deux voies possibles pour l'absorption, la voie veineuse ou sanguine (capillaires intestinaux, veines mésentériques, veine porte) et la voie lymphatique (chylifères intestinaux et canal thoracique, qui déverse son contenu dans le sang) (ﬁg. 34).

Par la voie sanguine sont entraînées la plupart des matières absorbées, sels, glycose, composés azotés, un peu de graisse ; lorsque la quantité de sucre à résorber est considérable, il en passe aussi par les lymphatiques ; il en est de même pour les sels solubles.

Par les lymphatiques passent surtout les graisses. En effet, en même temps que la graisse disparaît de la villosité, on voit le chylifère central devenir tout blanc (vaisseaux lactés d'Aselli, voy. ci-dessus, p. 288) et on y constate un grand nombre de gouttelettes graisseuses très fines (graisses finement émulsionnées). La graisse contenue dans l'intestin est donc absorbée par les cellules de la villosité (nous avons vu tout à l'heure sous quelle forme), qui l'excrètent ensuite dans le chylifère central.

2. — Absorption en général.

Nous avons dit que l'absorption est un phénomène général qui peut se faire à travers tout épithélium, à travers toute membrane organique. L'absorption digestive n'est qu'un cas particulier. Nous allons maintenant passer en revue les diverses absorptions locales.

1° *Absorption par la peau.*

L'absorption par la surface cutanée, épidermique, fut une question longtemps en litige. Il est vrai que toute une méthode d'administration des médicaments suppose l'existence de l'absorption cutanée ; mais il faut remarquer que dans ces cas on altère la peau par des actions mécaniques, par le frottement, comme dans les frictions mercurielles.

C'est par une action mécanique que G. Colin arrive à obtenir l'absorption dans une expérience souvent citée ; l'eau, chargée de cyanure de potassium, tombant pendant cinq heures sur le dos d'un cheval, n'a-t-elle pas déterminé, à la longue, par la percussion, la destruction de la matière sébacée et l'imbibition du cyanure à travers la peau, ce qui explique l'empoisonnement du cheval par l'absorption cutanée [1] ?

La question vraiment physiologique se réduit à savoir si la peau saine absorbe l'eau ; sur ce point l'expérience a répondu. Ainsi on a constaté qu'il n'y a pas d'eau absorbée après un long séjour dans un bain ; à Vienne, dans des essais d'un traitement des

[1] G. Colin. Physiologie comparée des animaux domestiques. 1873. t. II, p. 312.

maladies cutanées par une longue immersion, on a conservé des
malades plongés dans le bain pendant des semaines et des mois,
sans qu'il y ait eu d'absorption sensible, car les malades éprou-
vaient le sentiment de la soif et étaient obligés d'ingérer autant de
liquide que s'ils avaient vécu entièrement à l'air libre. Les solutions
aqueuses de sels ne sont pas davantage absorbées.

Les substances volatiles le sont au contraire assez facilement et
d'autant plus que l'on a le soin d'empêcher l'évaporation de ces
substances (iode, mercure, iodoforme, chloroforme, acide salicylique, salicylate de méthyle, etc.) par une enveloppe imperméable.

La peau est de même perméable aux gaz; une expérience très
connue de Bichat démontre que la surface cutanée d'un membre
plongé dans des gaz putrides les absorbe, de sorte que ceux-ci
transportés dans l'organisme, sont ensuite éliminés par la partie
inférieure du tube digestif. — Chez les Batraciens, cette pénétration
des gaz par la peau prend une grande importance fonctionnelle,
car il y a chez ces animaux une véritable *respiration cutanée*, qui
peut suppléer la respiration pulmonaire. De même chez les Mollusques.

2° *Absorption par le tissu cellulaire sous-cutané.*

Le tissu cellulaire sous-cutané absorbe très rapidement les substances dissoutes. Cette propriété est utilisée en thérapeutique; les
solutions médicamenteuses injectées sous la peau (*injections hypo-
dermiques*) pénètrent dans le sang. C'est surtout par les capillaires
sanguins que l'absorption se fait, comme le prouve une expérience
de Magendie.

Cette expérience consiste à séparer d'un animal une de ses cuisses, en
laissant cependant celle-ci en communication avec le reste du corps par
l'artère et la veine fémorales, puis à injecter sous la peau du membre ainsi
isolé un poison tel que la strychnine; l'animal présente des convulsions
et meurt. La substance toxique a donc été absorbée par la voie veineuse.

Les gaz s'absorbent aussi dans le tissu cellulaire, mais lentement.

3° *Absorption par les muqueuses.*

Les muqueuses absorbent l'eau et les substances dissoutes déposées à leur surface. Un lapin, sur la conjonctive duquel on verse
quelques gouttes d'acide cyanhydrique, meurt rapidement. Les
muqueuses bronchique et pulmonaire absorbent très facilement les
gaz et les vapeurs ainsi que les liquides; on emploie même en
thérapeutique les injections intra-trachéales pour faire pénétrer rapi-

dement dans le sang une substance médicamenteuse, l'absorption étant beaucoup plus rapide que par la voie hypodermique.

La muqueuse vésicale fait exception; si elle est intacte, elle est imperméable, comme le prouve l'expérience suivante :

On recueille les urines d'un chien qui a gardé dans sa vessie, sans accidents 0gr,10 d'arséniate de strychnine ; on injecte ces urines sous la peau de cet animal même et sous la peau d'une grenouille et d'un lapin; tous ces animaux meurent avec les symptômes habituels du strychnisme. — Voici une autre expérience faite sur l'homme : on injecte dans la vessie une solution de sel de lithium, dont l'analyse spectrale révèle aisément les moindres traces dans le sang et dans la salive; il n'y a d'absorption que lorsque l'épithélium vésical est altéré ou lorsque le sujet, même ayant la vessie saine, éprouve le besoin d'uriner et que l'urine arrive à baigner la portion prostatique de l'urètre.

Les substances constitutives des urines ne traversent pas davantage l'épithélium vésical, comme on l'a établi en particulier pour l'urée (expériences de CAZENEUVE [1] et CH. LIVON [2], 1878).

Toutes les expériences faites sur l'absorption par la muqueuse vésicale ont établi que le liquide contenu dans la vessie ne pénètre dans l'organisme que s'il altère l'épithélium de cet organe ou s'il arrivé dans les uretères ou s'il baigne la partie prostatique de l'urètre.

4° *Absorption par les séreuses*

La surface des séreuses (péritonéale, pleurale, etc.) absorbe souvent avec rapidité les substances dissoutes. La résorption se fait par la voie sanguine, mais aussi par la voie lymphatique. Pour l'expérimentation physiologique, on fait assez fréquemment usage des injections *intrapéritonéales*.

*

Les matériaux qui ont traversé les épithéliums pour pénétrer dans les capillaires sanguins ou dans les lymphatiques sont transportés, grâce à la circulation du sang, dans tout l'organisme, à tous les éléments anatomiques qui les utiliseront, chacun à sa manière. A l'absorption fait donc suite l'assimilation. Mais, avant d'étudier celle-ci, il importe de connaître le sang et la lymphe et la circulation de ces liquides. Il sera en même temps traité de la respiration, c'est-à-dire de la fonction par laquelle le sang qui circule dans l'organisme s'oxygène.

1. Chimiste français contemporain, professeur honoraire à la Faculté de médecine de Lyon.
2. Physiologiste français (1880-1917).

CHAPITRE III

CIRCULATION DU SANG ET DE LA LYMPHE

Dans l'organisme tout entier, du centre à la périphérie et de la périphérie au centre, circule un liquide, le sang, qui transporte les éléments absorbés normalement par la muqueuse intestinale et par la muqueuse pulmonaire et ceux éventuellement absorbés par d'autres surfaces épithéliales, et qui, d'autre part, entraîne les déchets des tissus vers divers organes dont la fonction est de rejeter ces déchets à l'extérieur. Il remplit ainsi, vis-à-vis des éléments anatomiques qui ne communiquent point directement avec l'extérieur, un rôle d'intermédiaire; ce rôle est double, *afférent* et *efférent*; le sang contient, en effet, les substances de *nutrition* et les produits de *dénutrition*.

En ayant égard à ce fait que c'est par son intermédiaire que tous les principes introduits dans l'organisme, y compris les gaz, viennent au contact des éléments anatomiques, c'est-à-dire que ces éléments vivent réellement dans le liquide sanguin, on peut appeler le sang le *milieu intérieur* [1] (Cl. Bernard). Ce nom convient encore mieux à la lymphe, puisque les cellules sont généralement séparées des capillaires sanguins par des espaces lymphatiques et puisque d'ailleurs ces capillaires forment un système de vaisseaux absolument clos. Mais la lymphe elle-même s'entend du liquide qui se trouve dans les vaisseaux lymphatiques. Le liquide dans lequel vivent en réalité les cellules, c'est un *plasma interstitiel*, transsudé à travers les parois des capillaires. Le nom de milieu intérieur n'en peut pas moins être attribué avec raison au sang et à la lymphe, parce que ces liquides sont les intermédiaires entre le milieu extérieur et les cellules et que le plasma interstitiel en provient.

Il est naturel, avant d'étudier de quelle manière circulent le sang et la lymphe, de chercher à connaître en eux-mêmes ces liquides.

1. « Il faut donner le nom de *milieux* à l'ensemble des circonstances qui environnent l'être vivant et dans lesquelles il trouve les conditions propres à développer, entretenir et manifester la vie qui l'anime…. Nous devons distinguer avec soin les *milieux cosmiques* ou *extérieurs* (air, eau, aliments, chaleur, lumière, électricité) entourant l'individu tout entier; et les *milieux organiques* ou *intérieurs*, en contact immédiat avec les éléments anatomiques qui composent l'être vivant » (Cl. Bernard, *Leçons sur les propriétés des tissus vivants*, Paris, 1866, p. 37 et 54-55).

I. — LE SANG.

Lu sang n'est pas un véritable liquide, puisque, comme l'examen microscopique le montre tout de suite, il renferme des corpuscules solides, que l'on décrit sous le nom de *globules*.

Une expérience très simple permet de faire cette constatation sur l'animal vivant. Il suffit d'examiner au microscope sur une grenouille immobilisée par le curare un organe transparent, tel qu'une membrane interdigitale, la langue, le mésentère ou le poumon, ou bien encore l'aile d'une

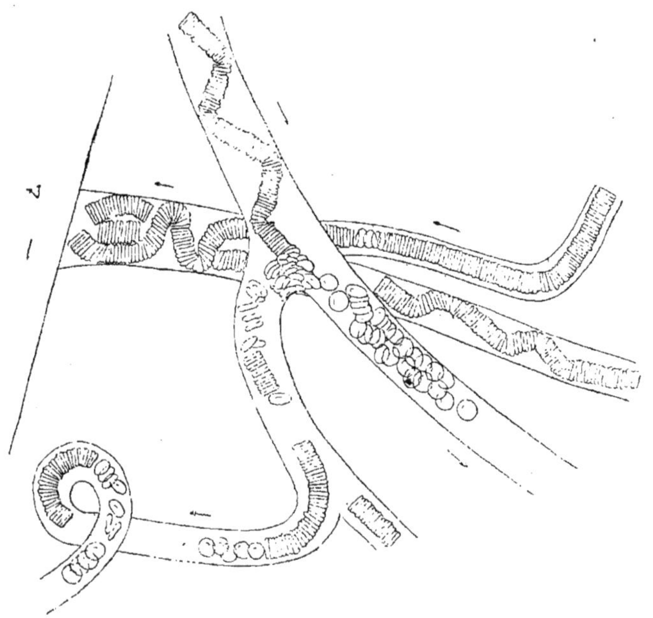

Fig. 35. — Circulation dans l'aile de la chauve-souris (J. Joux). Figure résumant une observation de trois heures consécutives pendant laquelle la circulation n'a pas été interrompue. Elle représente deux groupes de capillaires situés dans des plans différents ; un de ces capillaires aboutit à une veine V. On remarque les longues piles de globules dans les capillaires, le mode de cheminement de la pile lorsqu'elle rencontre sous un angle aigu la paroi du vaisseau, comment les piles se brisent contre un éperon vasculaire et se reforment peu après, enfin la forme discoïde des hématies libres.

chauve-souris (voy. fig. 35). On voit très nettement dans les vaisseaux une colonne centrale formée par la masse des globules cheminer plus ou moins vite; dans les vaisseaux les plus petits (capillaires) la progression des globules est beaucoup plus lente. Les leucocytes cheminent le long des parois des vaisseaux (fig. 36) et, dès que la circulation se ralentit, cette disposition s'exagère, amenant la formation d'amas leucocytaires dans les capillaires et les veinules où le courant est ralenti ou momentanément arrêté, ce qui explique les irrégularités qu'on peut trouver dans le nombre des éléments du sang dans les capillaires et dans les veines.

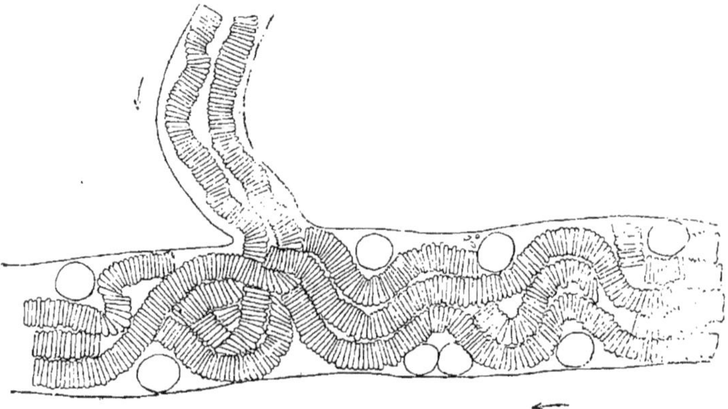

Fig. 36. — Circulation dans l'aile de la chauve-souris, margination des leucocytes (J. Jolly).

Veinule dans laquelle la circulation est très ralentie et qui reçoit un capillaire. On voit les piles de globules rouges et les leucocytes en marge du vaisseau.

Le sang est donc bien un tissu dans lequel la substance intercellulaire est liquide.

On peut le considérer au point de vue chimique et au point de vue physiologique. Du premier point de vue, on détermine ses propriétés et sa composition ; du second, on étudie les actes fonctionnels qu'accomplissent ses divers éléments ou qui se passent en lui ; il y a, en effet, une physiologie du sang, comme de tout autre assemblage de cellules.

I. — Étude analytique du sang.

Sous ce titre, on peut placer toutes les notions concernant les propriétés du sang, sa composition, la nature de ses divers éléments, etc.

1° Quantité du sang.

L'évaluation de la masse du sang paraît, au premier abord, facile à réaliser, mais présente de grandes difficultés pratiques.

Pour évaluer cette masse liquide, on avait essayé de *saigner un animal à blanc*; mais il reste toujours dans les vaisseaux une quantité de sang difficile à apprécier. Une *injection complète du système vasculaire*, destinée à en mesurer la capacité, ne donne pas de meilleurs résultats. Un moyen plus simple et en même temps plus ingénieux consiste à *calculer la quantité de sang d'après la dilution que lui fait subir l'injection d'une quantité d'eau déterminée*, étant connue la proportion de solide et de liquide qu'il contenait d'abord. Supposons qu'on ait constaté que le sang d'un animal contient, à un moment donné (sur un échantillon extrait par saignée), quatre parties de liquide pour une de solide. On introduit dans le système vasculaire une quantité d'eau égale à celle du sang qu'on avait retiré, puis on pratique une seconde saignée, qui naturellement donnera un liquide sanguin plus dilué que celui obtenu par la première. Si, par exemple, la première saignée était de 100 grammes et que, après injection de 100 grammes d'eau, la seconde saignée amène du sang deux fois plus aqueux, il sera facile, par une simple proportion, de calculer le sang que contenait primitivement l'animal.

Un procédé analogue, imaginé par Gréhant et Quinquaud[1] (1882), est fondé sur la propriété que possède l'oxyde de carbone de donner une hémoglobine oxycarbonée, combinaison fixe. On fait respirer à un animal une quantité de gaz contenant des proportions déterminées d'oxyde de carbone. Au bout d'un quart d'heure, par exemple, on constate quel est le volume d'oxyde de carbone fixé par l'animal, et quel est le volume fixé par une quantité donnée de sang; ces deux volumes étant connus, il suffit d'un simple calcul de proportion pour obtenir le volume du sang total.

La méthode qui paraît avoir donné les meilleurs résultats est celle du *lavage* de Welcker[2] (1858). Un animal est décapité; on recueille tout le sang qui s'en écoule et on mesure le pouvoir colorant de ce liquide. On divise alors le cadavre en fragments et, par un lavage complet, on en retire tout le sang. En comparant alors le pouvoir colorant de l'eau sanguinolente ainsi obtenue au pouvoir colorant du sang déjà extrait, on peut facilement calculer quelle est la proportion du sang contenu dans cette eau, et on obtient ainsi l'expression de la totalité de la masse sanguine. Il y a encore ici cependant de nombreuses causes d'erreur, parmi lesquelles il suffit de citer celle qui tient à ce que le lavage enlève non seulement le sang, mais encore la matière colorante des muscles, celle de la moelle des os spongieux, de la rate, etc., matières colorantes qui dérivent de celle du sang, mais qui, attribuées à ce liquide, donnent à l'évaluation de sa masse une valeur supérieure à ce qu'elle est en réalité.

On admet, en général, d'après les résultats fournis par cette méthode, que le poids total du sang est en moyenne la treizième partie

---

1. Ch. Quinquaud (1843-1894), médecin français, connu surtout par ses travaux de chimie médicale.

2. H. Welcker (1822-1897), anatomiste et anthropologiste allemand

du poids total du corps de l'homme, ce qui ferait donc 5 kilogrammes [1] de sang pour l'homme, dont le poids moyen est de 65 kilogrammes. — Cette proportion varie avec les espèces ; elle est de 1/13 environ du poids du corps chez le chien, 1/20 chez le lapin et le cobaye, soit de 7 à 9 p. 100 parties du corps chez le chien et 5 p. 100 chez le lapin.

Du reste, la *masse du sang* est très variable selon les circonstances : l'état de jeûne ou d'absorption digestive est la condition qui influe le plus sur cette quantité, et dans ces cas il peut y avoir des variations du simple au double.

C'est ce que Cl. Bernard avait indirectement prouvé en montrant qu'il faut, pour faire périr un animal en digestion, une dose de poison (strychnine, par exemple) double de celle qui suffit pour le tuer quand il est à jeun [2]. Il est vrai que dans ce cas il faut tenir compte non seulement de ce que l'organisme en général est gorgé de liquide, mais de ce que les éléments anatomiques eux-mêmes sont saturés et bien moins disposés à l'absorption du poison. Un fait plus significatif encore est le suivant : sur un lapin à l'état normal, il faut enlever 30 grammes de sang pour amener la mort par hémorragie ; au bout de trois jours d'inanition, il suffit d'enlever 7 grammes pour obtenir le même résultat. On comprend quelle importance a ce fait pour le médecin, au point de vue des saignées pratiquées au début d'une maladie ou après plusieurs jours de diète.

La diarrhée, les sudations font aussi diminuer la quantité du sang.

Comment la masse totale du sang, qui reste constante, est-elle répartie dans les divers organes ? Ce sont les muscles qui en contiennent le plus ; les viscères en contiennent moins (voy. p. 489). La quantité de sang d'un organe varie, suivant que l'organe est en repos ou en activité. On a vu (p. 175) que les glandes salivaires, lorsqu'elles sécrètent, reçoivent au moins quatre fois plus de sang qu'à l'état normal ; il n'a pas toujours été possible de mesurer d'une façon aussi précise l'afflux sanguin qui se fait dans les autres glandes, mais on sait par des constatations plus ou moins directes que cet afflux n'est pas moins considérable. Dans les muscles qui se contractent il en est de même, nous le verrons quand nous traiterons de la physiologie du muscle.

1. C'est-à-dire un peu moins de 5 litres, puisque la densité du sang (1.070 en moyenne) est un peu supérieure à celle de l'eau.

2. On comprend bien l'augmentation de la masse du sang pendant l'absorption intestinale, quand on sait que Colin a recueilli, sur une vache, jusqu'à 95 litres (en vingt-quatre heures) de lymphe par une fistule du canal thoracique, canal qui ne représente cependant que l'une des voies de l'absorption intestinale, l'autre voie étant représentée par la veine porte (G. Colin, *Traité de physiologie comparée des animaux*, Paris, 1873).

2° *Propriétés du sang.*

A. Propriétés organoleptiques. — Le sang est un liquide opaque, ce qui tient à la présence des globules ; d'une couleur rouge vermeil (sang artériel) ou rouge pourpre foncé (sang veineux, dit souvent *sang noir* ; il est presque noir à la lumière réfléchie), due à la matière colorante des globules rouges ; d'une odeur fade, différente suivant les espèces animales ; d'une saveur légèrement salée.

La coloration du sang veineux n'est pas toujours et partout la même : elle varie suivant que l'organe d'où revient le sang est au repos ou en activité. On a vu (p. 181, 206, 237) que le sang veineux des glandes qui sécrètent offre la couleur du sang artériel, malgré la plus grande consommation d'oxygène que font alors ces organes, tellement la circulation y devient plus active. Dans les reins, dont la sécrétion est continue, le sang est toujours rouge. Dans les muscles qui se contractent, comme la consommation d'oxygène augmente beaucoup, le sang veineux est presque noir.

La couleur du sang se modifie aussi dans diverses intoxications. Une des modifications les plus importantes à connaître est celle qui se produit sous l'influence de l'oxyde de carbone ; le sang de toutes les parties du corps devient alors rouge vermeil, d'une couleur cerise, plus vive et plus claire que celle du sang artériel.

B. Propriétés physiques. — a. VISCOSITÉ. — Le sang est un liquide visqueux.

On mesure la viscosité d'un liquide en calculant le temps qu'il met, par comparaison avec l'eau distillée, à remplir un espace donné après avoir parcouru un tube capillaire d'une longueur déterminée.

La viscosité des liquides de l'organisme est due principalement à leur richesse en matières protéiques. Celle du sang dépend surtout du nombre des globules qu'il contient ; aussi augmente-t-elle avec ce nombre, comme dans la pléthore vraie. Le sérum est par conséquent beaucoup moins visqueux que le sang et que le sang défibriné ; la viscosité du sérum est en rapport avec sa teneur en albuminoïdes.

La viscosité varie suivant les espèces animales et, dans la même espèce, suivant différentes conditions, en particulier l'alimentation ; dans le jeûne elle diminue, elle augmente avec un régime très azoté.

La viscosité du sang joue sûrement un rôle, à en juger par son influence sur le fonctionnement du cœur, dans l'entretien régulier de divers mécanismes fonctionnels. On a montré que les liquides employés pour faire vivre le cœur isolé de l'organisme doivent présenter une viscosité qui se rapproche de celle du sang; il semble que, grâce à cette propriété l'infiltration du liquide de circulation à travers les parois du cœur ne puisse se produire et que par suite se maintienne l'intégrité des fibres musculaires.

L'augmentation de viscosité du sang accroît le travail du cœur et peut ralentir la sécrétion urinaire.

b. DENSITÉ. — La densité du sang, chez l'homme, oscille entre 1,057 et 1,066; elle est un peu plus faible chez la femme, variant entre 1,051 et 1,061; la moyenne est donc, chez celui-là, de 1,061 et, chez celle-ci, de 1,058.

L'ingestion des aliments et des boissons, les exercices musculaires, etc., n'exercent qu'une très faible et passagère influence sur la densité. C'est que celle-ci tend à se maintenir toujours à la même valeur, grâce à des phénomènes de compensation qui se produisent rapidement entre le sang et l'eau des tissus. Le fait est général, du reste, et s'observe pour les autres propriétés du sang; la constance du milieu intérieur est nécessaire à la vie; des mécanismes régulateurs interviennent pour rétablir l'équilibre physique ou chimique troublé par quelque condition, de telle sorte que sa fixité est assurée (voy. p. 344).

En fait, les variations de la densité sont surtout liées à celles de l'hémoglobine. C'est dans les cas où il y a diminution de cette substance (saignées, anémies profondes, tuberculose fébrile, etc.) que la densité est diminuée.

c. PRESSION OSMOTIQUE. — La pression osmotique du sang total, comme il a été déjà noté (p. 78), est à peu près égale à celle de sa partie liquide, c'est-à-dire du plasma ou même du sérum.

Elle varie extrêmement peu [1], en raison de ce fait que la composition du sang se maintient à peu près constante; c'est ainsi que les injections intraveineuses de solutions salines hypertoniques ne peuvent modifier que très passagèrement et très peu la concentration moléculaire du sang; les reins éliminent tout de suite les sels en excès; si, inversement, on essaie de diminuer la proportion d'eau du sang, au moyen, par exemple, d'une sudation abondante, l'équilibre se rétablit vite par le passage de l'eau des tissus dans les vaisseaux sanguins, en quantité nécessaire. Aussi la concentration moléculaire du sang, mesurée par le point de congélation (voy. p. 66 et p. 77), ne subit-elle normalement que des changements insigni-

---

[1]. On a indiqué, page 75, la différence qui existe entre la pression osmotique du sang artériel et celle du sang veineux.

fiants. Δ pour le sérum humain (voy. p. 78) est en moyenne égal à
— 0°,55, c'est-à-dire un peu inférieur au Δ du sérum des Mammifères chez lesquels cette recherche a été faite (— 0°, 56 pour le sérum
de cheval, — 0°,62 pour le sérum de mouton).

C'est chez les animaux supérieurs que l'on observe cette constance
de la concentration moléculaire du sang et par conséquent l'indépendance du milieu intérieur vis-à-vis du milieu extérieur. Chez les
invertébrés marins, le point de congélation du liquide intérieur est
identique à celui de l'eau de mer (voy. la note 2 de la p. 78); le sang
des Poissons cartilagineux est dans la même dépendance du milieu
extérieur. Ce n'est qu'à partir des Poissons osseux que cette dépendance diminue.

d. Température. — La température du sang, chez les Mammifères et
chez les Oiseaux, est dite constante; cela signifie qu'elle est indépendante du milieu extérieur. Elle varie suivant les espèces animales
(de 36° à 40°, et plus [chez différents Oiseaux]). Chez le même
animal elle varie suivant les territoires organiques; le sang le plus
chaud est celui des veines sus-hépatiques et du cœur droit; le plus
froid, celui des veines de la peau. Les variations les plus grandes
sont dues à l'activité des organes et se constatent donc dans les
sangs veineux. La température du sang artériel est plus fixe.

Chez les animaux inférieurs, Poissons et Reptiles compris, la température du sang suit les variations de la température du milieu
ambiant.

C. **Propriétés chimiques**. — a. Réaction. — La réaction du
sang, au papier de tournesol et à divers autres indicateurs, est
alcaline. Cette alcalinité correspond à 2 ou 3 grammes de soude
caustique par litre. Elle est due surtout[1] au bicarbonate et au
phosphate de soude du plasma, CO_3NaH et PO_4Na_2H, sels qui ont la
propriété de bleuir le tournesol rouge. Mais cette alcalinité n'est
qu'*apparente*, puisque les sels dont elle dépend principalement
contiennent encore un H non saturé, remplaçable par un métal,
c'est-à-dire possédant encore une fonction acide. C'est pour cela
qu'on a pu parler justement de l'acidité *réelle* du sang. Mais, au
point de vue de la chimie pure, le sang n'est ni acide, ni alcalin, il
est neutre, comme l'a prouvé l'application à cette question d'une
méthode physico-chimique.

L'acidité *vraie* d'une solution est représentée par le nombre d'ions H
en liberté dans la solution, et l'alcalinité *vraie* par le nombre d'ions OH
en liberté. On a démontré que la méthode titrimétrique ne permet pas de

1. Il y a dans le sang une petite quantité de substances basiques, dans le sens
vrai du mot, bases ammoniacales ou alcaloïdiques.

mesurer la valeur exacte de la réaction d'une solution saline. La chimie physique a fourni une méthode électrométrique [1], grâce à laquelle on peut trouver la concentration, dans une solution quelconque, des ions H ou OH ; les résultats obtenus ont fait voir que le sang est un liquide très près de la neutralité, la concentration des ions OH étant à peu près la même dans le sang ou dans le sérum que dans l'eau distillée.

Le sang doit donc être considéré comme un liquide à peu près neutre.

Quelques-unes des données résultant de l'emploi des procédés titrimétriques et sur lesquelles a été établie la notion de l'alcalinité apparente du sang, n'en sont pas moins à retenir.

Une des plus importantes est celle, dont on doit la première démonstration à CLAUDE BERNARD, de l'incompatibilité de la vie avec l'acidité du sang : l'injection de substances acides dans les veines d'un animal amène rapidement la mort. Il suffit, à vrai dire, que la réaction alcaline du sang soit diminuée pour que ce résultat s'ensuive (troubles respiratoires dépendant du système nerveux et coma). On peut sauver les animaux, même peu de temps avant la mort, en leur injectant dans les veines du carbonate de soude. — Puisque telle est l'influence nocive des acides sur l'organisme, rien d'étonnant à ce que celui-ci s'efforce de maintenir constant le degré d'alcalinité du sang, dans tous les cas d'intoxication acide, exo ou endogène. Ici encore intervient un de ces mécanismes compensateurs dont il a été parlé plus haut (p. 302). L'organisme peut en effet dans ce cas augmenter la production de la petite quantité d'ammoniaque qui se forme normalement; cet excès d'ammoniaque sature les acides que l'on retrouve dans les urines à l'état de sels ammoniacaux. Les herbivores qui ne possèdent point ce mécanisme succombent beaucoup plus vite à l'intoxication acide.

Indiquons enfin deux autres particularités; la première est que le sang veineux présente une alcalinité moindre que celle du sang artériel, et la seconde, que l'exercice musculaire diminue notablement la réaction alcaline du sang.

b. Pouvoir réducteur du sang. — Le sang contient des substances réductrices. Si on conserve du sang artériel à l'abri de l'air, il passe rapidement à l'état de sang veineux.

3° *Composition générale du sang*.

On sait déjà que l'examen microscopique suffit pour montrer que le sang se compose de deux parties bien distinctes : une partie solide constituée par des éléments appelés *globules* et une partie liquide, le *plasma*.

1. Cette méthode, qui consiste en la *mesure des forces électro-motrices*, est fondée sur le principe suivant : entre deux solutions d'une même substance (deux solutions contenant un même acide, par exemple, dont la concentration est différente, placées dans deux vases qui communiquent par un tube capillaire, il se développe une différence de potentiel que l'on peut mesurer; or, cette différence de potentiel est proportionnelle au logarithme de la concentration.

On a essayé de déterminer par des méthodes précises le rapport en poids et en volume des globules au plasma. Ces déterminations comportent à peu près toutes des causes d'erreurs. On a décrit, p. 70, la méthode sur laquelle le physiologiste suédois S. G. Hedin a imaginé l'appareil auquel il a donné le nom d'*hématocrite* (1889). Dans ses recherches, Hedin (1891) a trouvé sur 60 hommes 48 p. 100 d'hématies et sur 43 femmes 43 p. 100.

En volume et en poids la partie solide du sang de l'homme et des Mammifères est normalement un peu inférieure à la partie liquide. On peut donc dire que le sang est une masse solide en suspension dans une masse un peu supérieure de liquide, contenant pour 1 000 par exemple, en schématisant les chiffres, 450 grammes de globules pour 550 grammes de plasma (sang humain).

Mais cette proportion varie, surtout dans les cas signalés à propos de la mesure de la quantité totale du sang (p. 290). Ainsi, pendant l'absorption, la masse du sang peut doubler; mais c'est alors la partie liquide qui augmente, car cette augmentation est due à la grande quantité de lymphe versée dans le torrent circulatoire, comme on l'a vu par une observation de G. Colin (voy. p. 300, note 2). De même, après une saignée abondante, le sang tend à revenir à sa masse primitive, en empruntant leurs liquides aux tissus; c'est donc le liquide qui augmente, et la masse des éléments solides ne se reconstitue que lentement. La mort arrive d'ordinaire quand une hémorragie a enlevé la moitié de la masse du sang; en réalité, c'est la moitié de la partie solide, de ce que les anciens appelaient le *cruor*, qu'il faudrait dire.

Quelle est la composition générale des deux parties du sang? C'est ce qu'il faut indiquer d'abord, puis on étudiera en détail chacune d'elles. On peut résumer schématiquement de la façon suivante cette composition générale :

Composition centésimale du sang humain.

ÉLÉMENTS SOLIDES DU SANG.

Globules rouges (45 p. 100 environ du sang).

Eau	68 p. 100.	
Matières solides.	32 —	
Substances inorganiques.......	0,7 p. 100.	Chlore. Potassium. Sodium [1]. Acide sulfurique. — phosphorique. Phosphate de calcium. — de magnésiu Fer.

---

[1]. Le sodium ne se trouve pas dans les hématies de toutes les espèces animales.

Substances organiques ....   31 p. 100.

{ Albuminoïdes (hémoglobine, globuline ou nucléoprotéide)............. 30 p. 100 env
Cholestérine, acide glycuronique [1], acides gras,
lécithine................. 1   —

Globules blancs (0,5 p. 100 environ du sang).

Eau .... 85 à 90 p. 100.
Matières solides. 10 à 12   —

Substances inorganiques........ { Chlore.
Potassium.
Sodium.
Calcium.
Acide phosphorique.

Substances organiques.......... { Albuminoïdes (globuline et
nucléoprotéide [nucléohistone]).
Glycogène, cholestérine,
lécithine, substances extractives.

PLASMA (55 p. 100 environ du sang).

Eau .... 90 p. 100.
Matières solides. 9 à 10   —

Substances inorganiques....... 0,8 p. 100.

{ Chlore.
Potassium.
Sodium.
Acide sulfurique.
  — phosphorique.
Phosphate de calcium.
  — de magnésium.

Substances organiques........   9 p. 100.

{ Albuminoïdes (albumine et
globuline = 8 p. 100 ; fibrinogène que la coagulation du sang transforme
en fibrine = 0,5 p. 100)... 8,5 p. 100
Cholestérine, sucres,
graisses, savons, lécithine, urée, substances
extractives............. 0,5   —

Parmi les substances inorganiques du plasma, il faut encore signaler
l'arsenic que l'on trouve seulement dans le sang menstruel (ARMAND GAU
TIER, 1900, 0mgr,28 p. 1000), l'iode (0mgr,013-0mgr,112 par litre de sang,
chez le chien [GLEY et BOURCET, 1901]) et le manganèse (quelques centièmes
de milligramme par litre de sang).

En outre, il y a des gaz dans l'une et dans l'autre partie : O, CO² et Az
dans les globules rouges ; O, CO², Az et traces d'argon, et enfin traces de H
et de CO dans le plasma.

**Différences entre le sang artériel et les sangs veineux.
Variations des sangs veineux.** — Cette composition générale
moyenne se rapporte au sang artériel. Celui-ci a en effet la même
composition dans tous les vaisseaux. Au contraire, la composition

1. R. LÉPINE et BOULUD, *C. R. de l'Acad. des sciences*, 17 juillet 1906.

du sang veineux diffère suivant les organes d'où provient ce sang. Non seulement il contient moins d'oxygène et plus d'acide carbonique que le sang artériel, mais il contient aussi des matériaux de déchet qui doivent être éliminés et des produits de sécrétion (sécrétions déversées dans le sang ou *sécrétions internes*). Les sangs veineux sont donc différents les uns des autres, suivant les organes et suivant que ceux-ci sont en activité ou au repos. Malheureusement il n'est pas toujours possible de doser avec la précision nécessaire des quantités quelquefois très petites de composés organiques ; il arrive aussi que le dosage exact ne soit pas réalisable, vu les ressources encore insuffisantes de l'analyse chimique ; les questions que soulèverait l'examen comparatif des divers sangs veineux avec le sang artériel sont à peine posées.

On peut donner néanmoins quelques indications parmi celles qui paraissent actuellement le mieux établies. Le sang de la veine porte reçoit une grande partie des substances absorbées durant la digestion, il contient plus de matières solides (plus de matières protéiques, de sucre, de graisse et de sels minéraux). Le sang des veines sushépatiques contient plus de glycose et plus d'urée que celui de tous les autres vaisseaux (formation de la glycose et de l'urée dans le foie). Le sang de la veine splénique contient plus d'hémoglobine (fait en rapport avec la fonction hématopoiétique de la rate ; voy. p. 329). Le sang des veines rénales contient moins d'eau, moins de chlorure de sodium, moins d'urée et d'acide urique.

4° *Éléments figurés du sang*.

Les éléments solides ou figurés du sang se divisent en globules rouges ou hématies, globules blancs ou leucocytes et globulins ou hématoblastes ou encore plaquettes.

A. Globules rouges. — La découverte des globules du sang est due à SWAMMERDAM (sur la grenouille) et à MALPIGHI (sur le hérisson) ; c'est LEEUWENHOEK qui les a vus le premier chez l'homme[1] (1773). Cette découverte ne fit d'ailleurs pas grand bruit.

1. SWAMMERDAM (1637-1680), médecin et naturaliste hollandais, célèbre par ses découvertes microscopiques (globules du sang, métamorphoses des insectes, etc.) qui n'ont été publiées que cinquante-huit ans après sa mort, dans un grand ouvrage intitulé : *Biblia naturæ*, 1738.
MALPIGHI, anatomiste italien (1628-1694), professa successivement à Bologne, à Pise, à Rome. Il fut des premiers à employer le microscope pour l'étude des organes animaux et végétaux et pour l'embryologie. Ses observations les plus célèbres portent sur la circulation dans les capillaires qu'il découvrit (voy. p. 306), sur la coagulation du sang, sur la structure de la peau (*couche de Malpighi* de l'épiderme), du poumon, du rein (*glomérules de Malpighi*), de la rate, de la langue, etc.
LEEUWENHOEK (1632-1723), célèbre naturaliste hollandais ; il occupait, à Delft, les

8. Caractères des globules rouges. — Les globules rouges sont chez l'homme de petits disques biconcaves, c'est-à-dire excavés sur leurs deux faces et épais sur leurs bords ; leur diamètre est d'environ 1/150 de millimètre et leur épaisseur de 1/600; en µ ou millièmes de millimètre, ils ont en diamètre de 6 à 7 µ et en épaisseur environ 2 µ.

La forme et les dimensions et même la composition des globules rouges ne sont pas les mêmes pour les différents animaux ni pour un même animal aux diverses époques de son développement.

Pour ne donner une idée que des différences de dimensions, il suffira de citer les chiffres extrêmes suivants : les globules rouges de l'homme mesurent 1/150 (7 µ) de millimètre, ceux du protée 1/12 (80 µ).

Quelle est la signification, au point de vue cytologique, de l'hématie? Rien n'est plus simple pour celle des Poissons, des Amphibies, des embryons des Mammifères, etc. Ce sont de véritables cellules, que l'on dénomme à juste titre des *érythrocytes* (de ἐρύθρος, rouge, et κύτος, cellule). Mais l'hématie sans noyau avait été profondément distinguée des érythrocytes ; on en avait fait une simple petite masse d'hémoglobine avec un résidu protoplasmique (stroma) servant en quelque sorte de support à cette substance. Des faits récents ont montré qu'il y a dans le globule « un corps central », d'une structure assez distincte, colorable, et rappelant un noyau. L'hématie des Mammifères ne serait donc pas « un simple disque sanguin, une sorte de concrétion hémoglobique, comme on l'a longtemps admis, mais elle offre des vestiges de constitution cellulaire et a la valeur d'une cellule profondément transformée [1] ».

Le *nombre* des hématies est immense. Ce sont elles qui forment *la plus grande masse de la partie solide du sang*. Il y en a environ 5 millions par millimètre cube dans le sang de l'homme (500 à 700 pour 1 globule blanc). On a calculé que 1 litre de sang en contient 5 000 milliards, ce qui porte à 25 000 milliards (25 000 000 000 000) leur somme totale pour les 5 litres de sang d'un homme de taille moyenne ; la surface occupée par cette masse est d'environ 3000 mètres carrés. Ce dernier fait est étroitement en rapport avec le rôle des hématies dans la respiration, puisque cette étendue représente la surface respiratoire.

modestes fonctions de gardien de la porte des Echevins, et, construisant lui-même des microscopes excellents pour l'époque, il s'en servait pour examiner, pour ainsi dire en amateur, tout ce qui tombait sous sa main. Aussi ses découvertes furent-elles innombrables dans ce monde des infiniment petits inconnu jusque-là (infusoires, globules du sang, cils vibratiles, fibres nerveuses, fibres musculaires, spermatozoïdes, etc.).

1. A. Prenant, P. Bouin et L. Maillard, *Traité d'histologie*, t. I, p. 503, Paris, 1904.

Pour faire la numération des globules rouges on calcule le nombre qu'en renferme 1 millimètre cube. Un procédé usité à cet effet est celui de VIERORDT[1], modifié par POTAIN, puis par MALASSEZ[2] et par HAYEM. Il con-

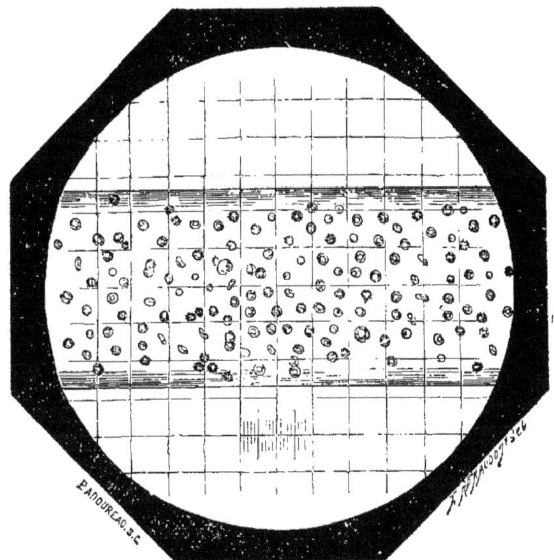

Fig. 37. — Tube capillaire de MALASSEZ examiné au microscope avec l'oculaire quadrillé

siste à diluer une quantité déterminée de sang dans une quantité également déterminée d'un liquide, dit sérum artificiel, et à recueillir une portion du mélange dans un tube capillaire, puis à compter à l'aide d'un micromètre gradué, sous le microscope, le contenu d'une portion de ce tube. — L'appareil de MALASSEZ est constitué par un tube capillaire très fin (compte-globules), dans lequel on fait arriver un mélange de sang et de sérum artificiel, et dans lequel on a marqué le rapport entre le volume du liquide et la longueur du trajet qu'il occupe dans ce tube. On peut donc, après avoir examiné avec un oculaire quadrillé et compté les globules qui se trouvent dans une certaine longueur, arriver au chiffre qui doit se trouver dans 1 millimètre cube (voy. fig. 37).

Variations du nombre des globules rouges. — Le nombre des hématies varie sous un grand nombre d'influences dont voici quelques-unes.

Quand, dans une région, les vaisseaux se resserrent, il y a augmentation

1. K. VON VIERORDT (1818-1884), physiologiste allemand, dont le nom a été illustré par ses travaux sur le sang et sur la circulation ; il a été en spectrophotométrie un précurseur et on lui doit le premier sphygmographe (1856).
2. L. MALASSEZ (1843-1909), biologiste français, connu par des travaux très précis, de nature surtout histologique, sur le sang, la tuberculose, les tumeurs, etc.

relative du nombre des globules dans ces vaisseaux ; la vaso-dilatation provoque l'effet inverse. Cela tient simplement à ce que, dans un vaisseau resserré ou dilaté, le volume étant moindre ou plus grand, il y a augmentation ou au contraire diminution apparente du nombre des globules.

Après les sueurs profuses, la polyurie, la diarrhée, il y a augmentation apparente des hématies, par diminution de la quantité d'eau du sang (concentration momentanée du sang).

Parmi les causes extérieures à l'organisme, susceptibles de faire varier le nombre des hématies, on a considéré comme très importante la raréfaction de l'air (climat d'altitude, ascension en ballon). Sous cette influence, qui se ramènerait en réalité à la diminution de tension de l'oxygène de l'air en rapport avec la diminution de la pression atmosphérique, le nombre des globules rouges augmenterait dans une forte proportion, pouvant atteindre 7 à 8 millions par millimètre cube chez l'homme (observation faite par F. Viault[1] (1890) sur lui-même à 4392 mètres, dans un voyage au Pérou[2]. Par le moyen de cette hyperglobulie l'organisme serait à même de fixer la même quantité d'oxygène qu'à la pression ordinaire, la surface d'absorption du sang pour ce gaz ayant été ainsi augmentée. Ce serait donc là un mécanisme régulateur ou de défense, entrant en jeu à mesure que la pression atmosphérique diminue. Quand les sujets soumis aux expériences redescendent dans la plaine, le nombre des globules revient rapidement à son taux normal. — Quelques-uns des faits qui ont servi à l'édification de cette théorie et surtout leur interprétation ont été vivement contestés. La question, en tout cas, est encore obscure. Mais ce qui paraît déjà démontré, c'est que l'hyperglobulie dont il s'agit est purement périphérique ; le nombre des globules du sang du cœur et des grosses artères n'est pas augmenté.

b. Propriétés des globules rouges. — *Élasticité*. — Les hématies sont remarquables par leur élasticité ; elles sont faiblement et parfaitement élastiques ; la moindre pression les déforme, mais elles reviennent facilement à leur forme primitive ; en examinant la circulation au microscope, dans le mésentère de la grenouille par exemple, on les voit parfois se mettre à cheval sur l'éperon résultant de la bifurcation d'un vaisseau ou s'étirer pour passer dans des vaisseaux très rétrécis, d'un calibre inférieur à leur diamètre.

Viscosité. — Une autre propriété physique des hématies est la viscosité, en vertu de laquelle elles adhèrent quelquefois les unes aux autres ; c'est ce que l'on voit dans les préparations microscopiques où elles forment comme des *piles de monnaie*; le même phénomène peut s'observer *in vivo* dans les petits vaisseaux, quand la circulation est très ralentie. — Il a été parlé p. 301 de la viscosité du sang en général.

---

1. F. Viault, biologiste français contemporain, professeur d'histologie à la Faculté de médecine de Bordeaux.

2. L'hyperglobulie se produirait à partir de 700 mètres d'altitude.

Isotonie et perméabilité. — Les hématies se comportent dans les solutions salines comme des éléments dont une enveloppe semi-perméable (voy. p. 55 et 58) enferme un contenu liquide (voy. p. 69). Pour chaque solution saline il y a un degré de concentration tel que le volume des hématies reste le même que dans le plasma ; si la proportion d'eau augmente, les hématies en absorbent une partie et se gonflent ; si la proportion de sel augmente, les hématies perdent une partie de l'eau qu'elles contiennent et se ratatinent. Les solutions dans lesquelles les hématies ne changent pas de volume sont *isotoniques* au plasma et toutes, quelle que soit la nature du sel, sont isotoniques entre elles ; les solutions plus étendues sont *hypotoniques* et les solutions plus concentrées sont *hypertoniques*. Mais cette semi-perméabilité n'est pas absolue ; en d'autres termes, les hématies sont *perméables* à d'autres corps qu'à l'eau. Et de cette propriété dépendent en grande partie leurs échanges avec le milieu où elles sont plongées.

Comme la perméabilité des éléments cellulaires vivants (voy. p. 71), celle des hématies est élective. Non perméables à différents sucres, par exemple (saccharose, lactose, glycose, etc.), les globules rouges sont perméables aux gaz, à l'urée, et même à quelques sels ou à leurs ions. — Cette perméabilité se modifie sous l'influence des alcalis ou des acides. Par l'action de l'acide carbonique, par exemple (ou d'autres acides), les globules retiennent moins fortement leur contenu ; ainsi les globules du sang veineux, c'est-à-dire chargés d'acide carbonique, cèdent leur matière colorante à des solutions salines qui sont encore isotoniques pour les globules du sang artériel, c'est-à-dire oxygéné. L'oxygène et les alcalis ont une action opposée et diminuent par conséquent la perméabilité des globules. — De là quelques données sur les échanges entre ces éléments et leur milieu, par conséquent sur leur vie intime. En modifiant la perméabilité des hématies, l'acide carbonique déterminerait un échange entre les substances constitutives de ces hématies et le plasma (HAMBURGER) : celles-là abandonneraient à celui-ci de l'albumine, des graisses, de l'acide phosphorique et lui enlèveraient des chlorures ; de fait, dans le sang asphyxique les hématies contiennent moins de matières azotées (F. BOTTAZZI, 1895) ; inversement, sous l'action de l'oxygène, l'albumine et les graisses pénétreraient dans les globules, d'où sortiraient des chlorures. Or, dans les capillaires le sang reçoit l'acide carbonique provenant des oxydations interstitielles et dans les poumons il se charge d'oxygène. Et ainsi les échanges entre les globules et leur milieu sont liés à la respiration.

Quelles qu'elles soient cependant, les variations de la perméabilité globulaire ne se font que dans des limites restreintes. La raison profonde en est que les hématies ont la remarquable propriété de maintenir constante leur tension osmotique.

Une expérience de HAMBURGER le prouve. Des globules, placés dans une solution saline d'une concentration donnée, pourront absorber une partie du sel de la solution, mais parallèlement il en sortira des chlorures et de l'albumine, de telle sorte que la tension osmotique de ces éléments ne change pas ; et, pour qu'elle ne change pas, il faut, on le sait (voy. p. 60 et 64), que le nombre des molécules de leur contenu reste le même. Or, on constate, dans cette expérience de HAMBURGER, que la solution chlorurée (NaCl) qui faisait diffuser l'hémoglobine des globules avant l'expérience, la fait encore diffuser après ; son titre n'a pas varié.

Résistance globulaire. Hématolyse. — A la question de la perméabilité des globules se rattache celle de la résistance de ces éléments aux nombreux agents qui ont le pouvoir de les *désagréger* ou de les *dissoudre*.

Il importerait en effet de distinguer, parmi les agents qui s'attaquent aux globules, deux catégories. Les uns séparent de son stroma la matière colorante qui diffuse dans le plasma[1] ; cette séparation, c'est le *laquage du sang* ou *hématolyse* ; dans ce cas, la perméabilité seule du globule parait modifiée, le stroma reste intact. Les autres agents sont vraiment destructeurs des globules, ils commencent sans doute par séparer l'hémoglobine du stroma globulaire, mais en outre opèrent aussi la dissolution de ce dernier ; l'élément tout entier est détruit. On appelle indifféremment tous ces agents *hématolytiques* ou *globulicides*. On pourrait réserver aux premiers, à ceux que nous qualifions d'agents de désagrégation, justement pour les différencier des autres, le nom d'hématolytiques et aux agents destructeurs proprement dits celui de globulicides. Tous les agents globulicides sont nécessairement hématolytiques, mais la réciproque n'est pas vraie, et tous les agents hématolytiques, si on donne à ce mot l'acception proposée ici, ne sont pas globulicides. Le type des agents de la première catégorie, agents de désagrégation, serait l'eau distillée ; la bile, au contraire, dissout complètement les globules ; elle pourrait être le type des agents destructeurs. — Mais, comme le mode d'action de ces divers agents n'a pas toujours été déterminé avec la précision nécessaire, on est obligé de les classer suivant un autre ordre, moins physiologique, suivant leur nature, en agents physiques et agents chimiques.

A tous ces agents, quels qu'ils soient, les hématies résistent plus ou moins. On apprécie le plus ordinairement cette résistance par la sortie de l'hémoglobine du globule. Remarquons tout de suite que ce phénomène n'est pas nécessairement, dans tous les cas, lié à une modification de l'isotonie des globules ; il y a en effet une différence notable entre la concentration de la solution saline dans laquelle

[1]: L'hémoglobine est en effet très soluble dans le plasma ; si elle n'y diffuse pas, c'est parce que la paroi des globules à l'état normal, est imperméable à cette substance.

les hématies ne perdent plus leur hémoglobine et la concentration nécessaire pour que le volume des hématies ne change pas. Soit une solution chlorurée (NaCl à 0^{gr},50 p. 100) où les hématies ne perdent plus leur hémoglobine. Cette solution ne pourrait être regardée comme isotonique que si elles y conservaient intégralement leur volume et leur forme. Pour qu'il en soit ainsi, il faut une solution de chlorure de sodium à 0^{gr},90 p. 100. La solution à 0^{gr},50 qui empêche l'hématolyse est en réalité une solution hypotonique. De fait, les globules s'y gonflent ; et l'hématocrite indique que du sang mélangé à une telle solution a en effet un volume supérieur à celui du sang témoin. Comme on l'a vu, la constance du volume est le véritable signe de l'équilibre osmotique d'un élément cellulaire (p. 70). Et on verra, d'autre part, que beaucoup des substances qui déterminent la sortie de l'hémoglobine ont cet effet vraisemblablement et seulement parce qu'elles altèrent la paroi globulaire. Il importe donc de ne pas confondre avec l'isotonie la résistance globulaire (résistance des globules à céder leur matière colorante).

Cette réserve faite, on peut mesurer la résistance des hématies par 'a méthode de HAMBURGER décrite p. 69. On apprécie (procédé de A. Mosso[1]) soit leur *résistance minima*, en les plaçant dans une solution salée (en général solution de chlorure de sodium) où les plus altérables seulement commencent à perdre leur hémoglobine, soit leur *résistance maxima*, en les plaçant dans une solution de concentration si faible que tous les globules y laissent diffuser leur hémoglobine ; il y a dans ce cas hématolyse totale, tandis que, dans le premier cas, il reste au fond du tube d'expérience un dépôt plus ou moins abondant de globules.

La diffusion de l'hémoglobine des hématies humaines commence en général (résistance minima) dans les solutions de chlorure de sodium à 0^{gr},44-0^{gr},48 p. 100. L'hématolyse est totale (résistance maxima) vers 0^{gr},32. — Ces chiffres varient dans un grand nombre d'états pathologiques, mais ces variations se bornent d'ordinaire à des différences de quelques centièmes et se montent assez rarement à un dixième.

Il y a des *agents physiques* qui détruisent rapidement la constitution du globule rouge : la chaleur (environ + 60°), la congélation et le dégel successifs, l'électricité (décharges d'une bouteille de Leyde ou d'un condensateur quelconque ; — l'addition au sang de solutions salines concentrées empêche cette action des décharges électriques). — C'est aussi par un processus physique (voy. p. 73 ; voy. aussi plus haut, p. 312), que l'eau

1. Les travaux du célèbre physiologiste italien Angelo Mosso (1846-1910) sur la circulation et particulièrement sur la circulation dans le cerveau, sur la respiration et les centres respiratoires, sur la température du cerveau, sur les muscles lisses et en particulier sur les mouvements de l'œsophage et de la vessie, sur les lois de la fatigue, etc., ont justement répandu son nom. Ses livres, fort intéressants et pleins d'aperçus ingénieux et qui ont été traduits en plusieurs langues, sur la fatigue, sur la peur, sur l'éducation physique de 'a jeunesse, sur la physiologie de l'homme dans les Alpes, l'avaient fait connaître du grand public cultivé.

distillée est hématolytique : elle n'est point toxique, mais, comme on l'a dit, *osmo-nocive* [1] ; les globules, plongés dans l'eau, se gonflent au point que leur paroi éclate et la solution d'hémoglobine passe dans le liquide ambiant. Cependant il faut injecter dans les veines d'un animal vivant une assez grande quantité d'eau pour provoquer la sortie de l'hémoglobine et par suite des troubles graves ; la mort survient chez le lapin quand on a injecté de 90 à 120 centimètres cubes par kilogramme à la vitesse de 5 centimètres cubes par minute et, chez le chien, quand on a injecté 170 centimètres cubes par kilogramme à la vitesse de 29 centimètres cubes par minute. Ces faits prouvent que l'organisme s'efforce de maintenir l'isotonicité du milieu dans lequel se trouvent les hématies, par exemple en éliminant l'excès d'eau introduite (par diurèse : et celle-ci se produit plus facilement chez le chien, ce qui explique qu'il soit besoin d'une plus grande quantité pour tuer cet animal), ou bien en soustrayant aux tissus le plus de sels possible,

Le nombre des *agents chimiques* qui produisent l'hématolyse est considérable. A côté des alcalis et des sels comme les silicates alcalins, le bichlorure de mercure, etc., plusieurs glycosides, tels que la cyclamine, la digitaline, la saponine, etc., et des liquides organiques, comme les sels biliaires et différents venins (de Serpents, de Poissons, etc.)[2], ont la propriété de dissoudre les globules. Il en est de même de plusieurs toxines microbiennes (provenant du staphylocoque pyogène, du microbe du tétanos, etc.). Mais ce sont surtout les sérums *hétérogènes* qui manifestent ce pouvoir. — On entend par sérum hétérogène tout sérum d'une autre espèce que celle d'où proviennent les globules d'un sang donné. Or, le sérum sanguin d'une espèce animale est plus ou moins hématolytique pour les globules de beaucoup d'autres espèces, pourvu que celles-ci soient assez éloignées de celle qui fournit le sérum. Ainsi le sérum sanguin du chien, du lapin, du mouton, etc., dissout les globules du sang de l'homme ; le sérum humain dissout les hématies du chien, du lapin, du mouton ; le sérum du sang de chien dissout en quelques minutes les hématies du lapin ; inutile de multiplier ces exemples [3] : le sérum connu jusqu'à présent comme le plus hématolytique est le sérum d'anguille (L. Camus et E. Gley, 1898), qui dissout encore les hématies du lapin ou du cobaye, par exemple, à des dilutions de 1/15 000 à 1/20 000. Cette hématolyse par les sérums se produit aussi bien sur les globules du sang circulant, *in vivo*.

---

1. D'autres substances paraissent agir par le même mécanisme, les sels d'ammonium, l'urée, la glycérine, puisque ces corps, dissous dans une solution saline isotonique (solution d'un sel qui ne traverse pas la paroi globulaire), sont sans effet sur les hématies, sauf à des doses énormes.

2. L'urine normale de l'homme, quand elle est acide, et diverses urines pathologiques ont une action hématolytique sur les globules du lapin (J. Camus et Ph. Pagniez, *Soc. de Biol.*, 20 octobre et 17 novembre 1900, p. 858 et 975, et Ph. Pagniez, *Thèse*, Paris, 1902).

3. Le sérum d'un animal d'un genre donné est à peu près sans action sur les hématies des animaux de même genre, encore que d'espèce différente. Ainsi le sérum du sang humain n'agit point sur les globules des singes anthropomorphes et réciproquement le sérum de ces derniers n'hématolyse pas les globules rouges de l'homme. Nous avons déjà noté un fait analogue au sujet des précipitines formées dans le sérum (voy. p. 12).

que sur les globules isolés, *in vitro*. De là les dangers de la transfusion de sang hétérogène [1].

Quel que soit l'agent qui dissout les globules, le résultat est le même : l'hémoglobine se détache du stroma globulaire, passe dans le plasma qui devient rouge, le sang perd son opacité et devient translucide ; il est *laqué* ; il peut être alors plus ou moins foncé suivant la quantité d'hémoglobine dissoute. Nous avons dit que plusieurs des agents considérés dissolvent en outre le stroma même des hématies.

Quant au mécanisme de l'hématolyse, il n'est pas toujours le même. En premier lieu, le mode d'action de l'eau distillée et de quelques sels est tout physique ; ce sont là des corps qui détruisent l'équilibre physique du globule en modifiant sa tension osmotique. D'un autre côté, les glycosides hématolysants et les hématolysines des sérums ou des venins paraissent agir tout différemment ; le départ de l'hémoglobine qu'ils produisent n'est point causé par une modification de l'isotonie du globule ; ils agissent parfaitement en solution hypertonique ; on peut supposer que leur action est surtout de nature chimique ; ils produiraient une altération de la paroi globulaire telle que cette paroi cesserait d'être imperméable à l'hémoglobine. En ce qui concerne les sérums, on a indiqué aux pages 100 et 102 ce que l'on sait de la nature des hématolysines qu'ils contiennent ; on a eu soin de remarquer (p. 103) qu'il y a des hématolysines sans doute moins complexes, agissant indépendamment de toute sensibilisatrice ; il y a même des sérums directement hématolytiques (sérum d'anguille).

Le rôle des lipoïdes dans le phénomène de l'hémolyse a été indiqué p. 28.

c. Composition des globules rouges. — Le tableau de la page 305 indique cette composition en général.

Quelques particularités sont à signaler : d'abord la pauvreté des globules en eau ; le tissu musculaire contient 75 p. 100 d'eau et le tissu nerveux 78 p. 100 ; il y a là un indice de la faible activité des échanges dans les globules rouges, l'activité des échanges étant en rapport avec la richesse en eau des éléments anatomiques ; — ensuite ce fait intéressant, que la matière minérale caractéristique de l'hématie est le potassium (environ 0^{gr},3 p. 100 sous forme de phosphate de potasse), tandis que le plasma contient surtout des sels de soude (environ 0^{gr},4 p. 100) ; — en troisième lieu, la présence du fer ; cet élément se trouve exclusivement lié à la matière albuminoïde spéciale dont nous allons parler, à l'hémoglobine. — Ajou-

1. Si, par exemple, on introduit dans du sang de chien du sang de lapin, les hématies de ce dernier sont dissoutes en quelques minutes. Il peut se produire des coagulations intravasculaires déterminées soit par le stroma lui-même des hématies, soit par la dissolution des globules blancs que l'hémoglobine mise en liberté a amenée. D'autre part, les globules rouges, avant de se désagréger, forment de petits amas visqueux (agglutination), qui obstruent les capillaires et peuvent donner lieu à des ruptures de petits vaisseaux.

tons que les acides dosés dans les cendres des hématies ne suffisent pas à saturer les bases; on doit penser qu'une partie de celles-ci est combinée a l'acide carbonique et aux substances protéiques.

Au point de vue de sa constitution chimique, le globule rouge est formé d'une globuline ou plus probablement d'une nucléoprotéide (avec de la lécithine et de la cholestérine) et d'une matière protéique du groupe des chromoprotéides (voy. p. 42), l'hémoglobine, à laquelle il doit sa couleur. Par l'action de l'eau, les globules se décolorent ; puis on dirait qu'ils disparaissent ; en réalité, la matière colorante s'est dissoute, comme on l'a dit plus haut, et le corps même de l'élément est incolore. Le globule est donc composé d'un stroma (réticulum protoplasmique) chargé de matière colorante. Celle-ci, qui constitue, somme toute, une substance élaborée par l'hématie, s'y trouve très probablement à l'état dissous entre les mailles du réseau protoplasmique (stroma). Le stroma est à la matière colorante comme 1 est à 10-12.

Cette dernière se présente sous deux formes, l'une, de couleur rouge vif, très abondante dans le sang artériel, l'oxyhémoglobine, l'autre, l'hémoglobine, de couleur rouge foncé, qui se trouve mélangée à la première dans le sang veineux et qui existe seule dans le sang asphyxique. L'oxyhémoglobine résulte de l'union de l'oxygène avec l'hémoglobine.

d. Oxyhémoglobine et hémoglobine[1]. — C'est le constituant principal, spécifique, des hématies. Ce n'est cependant pas un principe immédiat, ce n'est qu'un produit du globule. Elle se trouve dans le sang de tous les Vertébrés et chez quelques Invertébrés.

La quantité est variable suivant les espèces. Les globules à noyaux en contiennent moins que les globules anucléés. Les globules des petits animaux en ont davantage, sans doute parce que ces animaux, en raison de leur plus grande surface relative (voy. p. 160 et p. 554), ont à produire plus de chaleur et par conséquent doivent avoir des oxydations plus actives. — 100 grammes de sang d'homme contiennent 13^{gr}.6 d'hémoglobine[2]; d'où il suit que, pour les 5 litres de sang d'un homme de poids moyen, il y en a 680 grammes.

Préparation de l'oxyhémoglobine. — On prépare l'oxyhémoglobine en séparant les globules du plasma ou du sérum par la centrifugation, les lavant avec une solution de chlorure de sodium, puis les laquant par addi-

---

1. C'est le chimiste allemand HÜNEFELD qui. en 1840. a aperçu le premier « les cristaux du sang », c'est-à-dire l'oxyhémoglobine cristallisée, fortuitement il est vrai. Ce n'est que depuis les travaux de HOPPE-SEYLER (1866-1871) que l'oxyhémoglobine et l'hémoglobine ont commencé d'être bien connues ; ces noms mêmes sont dus à Hoppe-Seyler.

2. 100 grammes de sang de femme en contiennent un peu moins, 13 grammes environ

tion d'eau et d'éther. L'oxyhémoglobine cristallise de la solution ainsi obtenue. Il faut que le traitement par l'eau et l'éther et la cristallisation, qui est longue à se faire, s'opèrent à froid, car l'oxyhémoglobine s'altère à l'air au-dessus de 0°.

Composition de l'oxyhémoglobine. — On a déterminé la composition de la substance ainsi préparée, c'est-à-dire pure.

C'est une matière albuminoïde très complexe, cristallisable (voy. p. 37), à molécule énorme, la formule la plus plausible de l'oxyhémoglobine du cheval, par exemple, étant actuellement $C^{712}H^{1130}Az^{214}S^2FeO^{245}$ et celle de l'oxyhémoglobine du chien $C^{758}H^{1203}Az^{195}S^3FeO^{218}$. Elle résulte de l'union d'une matière colorante brune, azotée, ferrugineuse, l'*hématine*, $C^{32}H^{32}Az^4O^4Fe$, avec une substance albuminoïde, la *globine* (voy. p. 42). En effet, sous l'influence de divers agents, en particulier des acides minéraux, même étendus, ou des alcalis, l'oxyhémoglobine se décompose en ces deux corps. La globine, considérée d'abord comme une globuline, appartiendrait au groupe des histones (Fr. Schulz, 1898). On trouvera plus loin quelques indications sur l'hématine.

Le fer est l'élément caractéristique de la matière colorante du sang[1]; celle-ci en contient 0,29 — 0,33 p. 100. *Il y a à peine 3 grammes de fer dans la masse entière du sang.* La signification physiologique de cet élément est très importante ; c'est un puissant agent d'oxydation ; on sait par exemple que l'oxyde ferrique Fe^2O^3, en présence de matières organiques, les oxyde lentement ; il abandonne ainsi une partie de son oxygène et passe à l'état d'oxyde ferreux FeO ; au contact de l'air l'oxyde ferreux s'oxyde et le ferrique est régénéré. Le fer, dans la molécule d'hémoglobine, joue sans doute ce rôle de fixateur de l'oxygène; en effet, la partie ferrugineuse de l'hémoglobine, transformée en hématoporphyrine (voy. plus loin), c'est-à-dire privée de fer, ne peut plus se combiner à l'oxygène.

Propriétés de l'oxyhémoglobine. — L'oxyhémoglobine du sang de l'homme cristallise en prismes du système orthorombique (fig. 38).

Suivant les espèces animales la cristallisation se fait plus ou moins facilement et la forme des cristaux diffère (fig. 38). D'où l'on a justement inféré qu'il existe des oxyhémoglobines diverses, quoique très voisines les unes des autres. Ce qui prouve en effet leur étroite parenté, c'est qu'un de leurs caractères essentiels, leur spectre d'absorption, que nous allons étudier, est le même pour toutes et,

---

1. Dans le sang de plusieurs Crustacés et Mollusques gastéropodes et céphalopodes, le cuivre (voy. p. 15) remplace le fer dans une substance analogue à l'hémoglobine, de couleur bleue, cristallisable et qui forme une combinaison lâche avec l'oxygène (*oxyhémocyanine* de L. Frédéricq). 1 gramme d'hémocyanine ne fixe que 0ᶜᶜ,4 d'oxygène, quatre fois moins que l'hémoglobine (voy. p. 320).

d'autre part, que par leur décomposition elles donnent toutes la
même substance ferrugineuse, l'hématine.

L'oxyhémoglobine présente un spectre d'absorption caractéristique. Hoppe-Seyler, le premier (1862), appliquant à l'étude du sang
le procédé de l'*analyse spectrale* découvert par les physiciens allemands Kirchhoff et Bunsen, a démontré que, lorsqu'on regarde à travers un prisme (spectroscope), sous une faible épaisseur (1^{cc}), une solution de *sang artériel* très étendue (contenant 1 p. 1000 d'oxyhémoglobine), éclairée par la lumière solaire ou par la flamme d'une lampe, on voit, au lieu du spectre lumineux ordinaire, ce spectre interrompu par deux larges bandes obscures placées comme l'indique la figure 39. C'est ce qu'on appelle le *spectre d'absorption du sang oxygéné*; il est constitué essentiellement par deux bandes très sombres et très nettes dans la partie jaune vert (B, fig. 39), dont l'une est un peu plus large et un peu moins sombre (c'est celle qui est au voisinage de la raie E). Lorsque la teneur de la solution en oxyhémoglobine

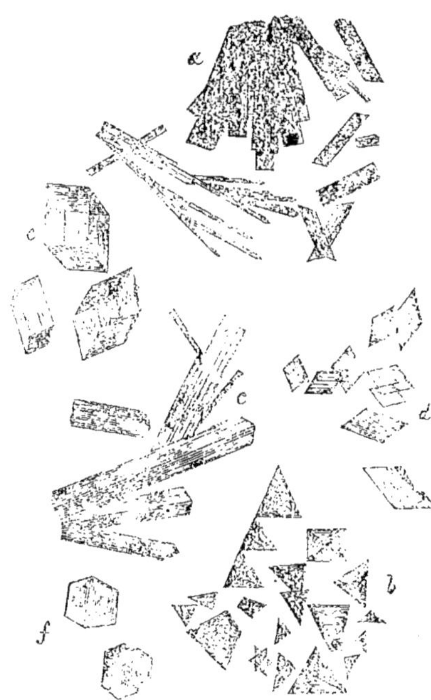

Fig. 39. — Cristaux d'oxyhémoglobine (d'après l'histologiste allemand Frey) :

a et *b*, de l'homme; *c*. du chat; *d*, du cochon d'Inde; *e*, du hamster; *f*, de l'écureuil.

augmente, l'épaisseur sous laquelle on l'examine restant constante (1^{cc}), toute la région indigo et bleue du spectre est absorbée et
les deux bandes d'absorption, devenant plus larges, se rapprochent
l'une de l'autre et en même temps des raies D et E. Lorsque la quantité d'oxyhémoglobine dissoute est d'environ 6,5 p. 1000, il se produit
une extinction à peu près complète de tous les rayons les plus réfrangibles à partir du bleu ou de l'indigo (depuis la raie F) et les deux
bandes d'absorption se confondent en une bande unique (C, fig. 39).
Lorsque la quantité d'oxyhémoglobine s'élève à environ 8,5 p. 1000,
toujours sous la même épaisseur, alors il y a absorption totale du

spectre, de l'orangé au violet, le rouge et le rouge orangé seuls
n'étant point absorbés (D, fig. 39). Le spectre à deux bandes comprises
entre les raies D et E du spectre solaire n'est donc caractéristique
que des solutions d'oxyhémoglobine convenablement diluées. —
Le sang en nature, convenablement étendu d'eau, présente le

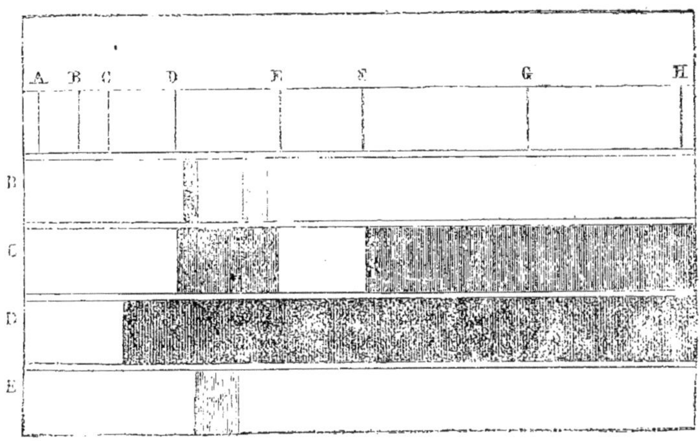

Fig. 39. — Absorption de certaines régions du spectre par des dissolutions sanguines.

A, B, C, etc., raies de Fraunhofer[1].
B, sang artériel oxygéné (deux bandes d'absorption entre les raies D et E de Fraunhofer,
c'est-à-dire dans la région du jaune et du vert du spectre). — C, sang artériel en dissolution
plus concentrée (absorption de tous les rayons à partir de la raie F, c'est-à-dire du bleu). —
D, dissolution plus concentrée encore. — E, sang veineux, sang réduit ; raie de réduction près
de la raie D de Fraunhofer (c'est-à-dire dans le jaune).

même spectre. — La sensibilité de cette méthode est très grande.

L'oxyhémoglobine est soluble dans l'eau et dans les alcalis très
dilués ; sa solubilité est différente suivant sa provenance (suivant
l'espèce animale qui l'a fournie). Cette solution s'altère très aisément :
abandonnée à l'air, à la température ordinaire, elle s'altère, comme
on l'a dit (p. 317) et se transforme lentement en hémoglobine
(voy. plus loin). — Les substances réductrices, en solution neutre
ou légèrement alcaline, comme le sulfure d'ammonium, transforment l'oxyhémoglobine en hémoglobine (*oxyhémoglobine réduite*).

Procédés de dosage de l'oxyhémoglobine. — Ils sont fondés soit sur ses
propriétés (procédés physiques), soit sur des particularités de sa composition (procédés chimiques). — *Procédés physiques* : 1° en se dissolvant,
l'oxyhémoglobine donne à l'eau une couleur plus ou moins vive suivant
sa concentration dans ce liquide ; par l'intensité de cette coloration, par
comparaison avec celle d'une solution d'hémoglobine, on peut mesurer la

1. J. von Fraunhofer (1787-1826), physicien allemand.

quantité d'oxyhémoglobine (*méthode colorimétrique* de Hoppe-Seyler) ; — 2° d'après la quantité de lumière absorbée dans une région déterminée du spectre et d'après les rapports qui existent entre cette absorption et la concentration de la solution colorée absorbante, on calcule la quantité d'oxyhémoglobine de la solution ; il existe en effet une loi reliant l'absorption de la lumière par les solutions colorées à la concentration de ces solutions ; les appareils qui permettent de déterminer la quantité de lumière absorbée s'appellent des *spectrophotomètres*. La méthode spectrophotométrique substitue à l'analyse spectrale qualitative une analyse spectrale quantitative ; c'est la seule méthode qui permette le dosage simultané de l'oxyhémoglobine et de l'hémoglobine. — *Procédés chimiques* : 1° comme l'oxyhémoglobine est la seule matière ferrugineuse du sang, on peut, d'après la quantité de fer (dosage du fer) contenue dans un volume donné de sang, calculer la quantité d'oxyhémoglobine de ce même volume de sang ; — 2° on peut extraire et doser tout l'oxygène fixé par une quantité de sang donnée, fortement agitée au contact de l'air (la matière colorante du sang fixe dans ces conditions le maximum d'oxygène ; c'est ce que l'on a appelé la *capacité respiratoire du sang*), et, d'après cette quantité, on calcule la quantité d'oxyhémoglobine ; 1 gramme d'oxyhémoglobine abandonne $1^{cc}.34$ d'oxygène (à 0° et à 760 millimètres de pression).

— L'hémoglobine est la matière colorante du sang, avec de l'oxygène en moins. Nous avons vu en effet que les agents réducteurs transforment l'oxyhémoglobine en hémoglobine. Inversement, celle-ci se transforme avec les plus grandes facilité et rapidité en oxyhémoglobine au contact de l'air (par fixation de l'oxygène de l'air).

Fixation de l'oxygène par l'hémoglobine et dissociation de l'oxyhémoglobine. — C'est là le caractère essentiel et la propriété fondamentale de l'hémoglobine. On s'est efforcé de déterminer la quantité d'oxygène qu'absorbe 1 gramme d'hémoglobine pour donner l'oxyhémoglobine (ou, ce qui revient au même, la quantité d'oxygène que dégage 1 gramme d'oxyhémoglobine pour se transformer en hémoglobine). L'intérêt de ces déterminations est considérable, puisque la fonction respiratoire dépend de la quantité et de la valeur de l'hémoglobine. Or, quand l'hémoglobine entre en contact avec un milieu oxygéné, elle ne passe pas toute à l'état d'oxyhémoglobine. La proportion qui se transforme dépend de la température et surtout de la pression de l'oxygène dans le milieu (pression partielle[1]). Il se forme d'autant plus d'oxyhémoglobine que la tension de l'oxygène est plus forte. Si, au contraire, celle-ci s'abaisse, une partie de l'oxyhémoglobine se dissocie, il apparaît de l'hémoglobine et l'oxygène est mis en liberté. En somme la combinaison de l'oxygène

---

1. Dans tout mélange gazeux, la pression partielle d'un gaz, à la pression normale, s'obtient en multipliant la proportion centésimale du gaz dans le mélange par la pression barométrique.

avec l'hémoglobine est une combinaison instable, qui se fait surtout sous l'influence de la pression partielle du gaz dans le milieu et qui se défait, à 15° par exemple (nous avons vu que l'oxyhémoglobine n'est stable qu'au-dessous de 0°), jusqu'à ce que l'oxygène dissocié ait atteint dans le mélange une tension qui a une valeur constante pour la température considérée. De même que la fixation de l'oxygène par l'hémoglobine, la *tension de dissociation* de l'oxyhémoglobine est donc mesurée par la pression partielle de l'oxygène. Quand la tension de l'oxygène est voisine de celle de l'air atmosphérique (1/5 ou 20 p. 100 d'une atmosphère, puisque l'air contient 21 d'oxygène pour 79 d'azote), l'hémoglobine du sang se trouve en presque totalité à l'état d'oxyhémoglobine (95 p. 100). Dans l'air intra-alvéolaire, comme on le verra au chapitre de la respiration, la tension de l'oxygène est inférieure à celle-ci, mais s'en rapproche cependant (16 p. 100 d'une atmosphère)[1] ; il y a donc formation facile d'oxyhémoglobine dans les poumons ; et le sang artériel contiendra surtout cette substance. — La quantité d'oxygène que fixe 1 gramme d'hémoglobine (du bœuf[2]) en se transformant en oxyhémoglobine ou que dégage 1 gramme d'oxyhémoglobine en se dissociant est de $1^{cc},34$ mesuré à 0° et à 760.

En réalité la substance active dans ces phénomènes, c'est la matière azotée ferrugineuse de l'hémoglobine, l'*hémochromogène* (voy. plus loin), $C^{32}H^{32}Az^4FeO^2$, qui engendre l'hématine, $C^{32}H^{32}Az^4FeO^4$, par addition d'une molécule d'oxygène O^2 ; et l'hématine, par réduction, redonne l'hémochromogène. L'oxydation et la réduction de cette substance ferrugineuse de l'hémoglobine, c'est la fonction essentielle des hématies et c'est une partie essentielle de la fonction respiratoire. Dans les poumons l'hémoglobine fixe deux atomes O ; dans les tissus cet oxygène est enlevé et se porte sur des produits excrétés par les éléments cellulaires et le globule se charge d'une molécule CO^2 (voy. sur la carbohémoglobine p. 323).

Autres propriétés de l'hémoglobine. — L'hémoglobine est plus soluble et, d'autre part, plus difficilement cristallisable que l'oxyhémoglobine ; la forme des cristaux est différente suivant les espèces animales[3]. Voilà deux propriétés qui la distinguent nettement de l'oxyhémoglobine. Son spectre d'absorption l'en distingue encore

1. A la température du corps il ne se fait un départ sensible d'oxygène que lorsque la pression partielle de ce gaz tombe à environ 80 millimètres de mercure, c'est-à-dire lorsqu'elle diminue de moitié, sa pression partielle à la pression atmosphérique étant de 159 millimètres.

2. Chiffre valable aussi pour celle du cheval, du chien, de la poule. 1 gramme d'hémoglobine de l'homme absorberait $1^{cc}.37$ d'oxygène (Fr. Kraus, 1899).

3. L'hémoglobine de cheval cristallise en prismes hexagonaux ; l'oxyhémoglobine correspondante en prismes quadrangulaires allongés. L'hémoglobine d'homme donne des cristaux rectangulaires.

davantage. Les solutions étendues d'hémoglobine (1 p. 1000) ou de sang veineux présentent en effet un spectre caractéristique. L'intervalle qui sépare les deux bandes de l'oxyhémoglobine est obscurci ou, en d'autres termes, les deux bandes sombres se fondent en une seule, dite *bande de réduction de Stokes*[1] (fig. 39, E). Il y a donc un spectre du sang oxygéné et un spectre du sang désoxygéné, de l'oxyhémoglobine et de l'oxyhémoglobine réduite ou hémoglobine.

Les acides étendus et les solutions aqueuses d'alcalis caustiques décomposent l'hémoglobine en une substance albuminoïde (voy. p. 315) et une matière ferrugineuse rouge, l'*hémochromogène* (la réaction doit se faire à l'abri de l'air). Celle-ci n'est autre chose que de l'hématine réduite ; au contact de l'air, l'hémochromogène absorbe en effet de l'oxygène et de rouge devient brune (couleur de l'hématine), et inversement les agents réducteurs transforment l'hématine en hémochromogène.

e. Produits de transformation et de décomposition de l'oxyhémoglobine et de l'hémoglobine. — *Méthémoglobine*. — Au contact de l'air, mais très lentement, ou sous l'influence d'un grand nombre de substances, comme les chlorates, les nitrites, le ferricyanure de potassium, l'aniline, l'antipyrine, etc., l'oxyhémoglobine se transforme en un isomère, la *méthémoglobine* (Hoppe-Seyler, 1865), matière colorante brune, cristallisable, dont le spectre d'absorption est formé de trois bandes, l'une entre C et D et les deux autres à la place des bandes de l'oxyhémoglobine. C'est une combinaison oxygénée très stable à l'inverse de l'oxyhémoglobine et quoique contenant la même quantité d'oxygène que celle-ci ; elle n'en différerait que par le mode de fixation, beaucoup plus énergique, de l'oxygène par la matière colorante du globule.

On trouve de la méthémoglobine dans les taches de sang anciennes, dans les anciennes extravasations sanguines et dans certaines urines.

Hémoglobine oxycarbonée ou carboxyhémoglobine. — L'hémoglobine forme avec l'oxyde de carbone une combinaison du même genre que celle qu'elle forme avec l'oxygène : une molécule d'hémoglobine s'unit à une molécule CO, exactement comme à une molécule O^2. De même, dans l'oxyhémoglobine, une molécule CO se substitue[2] à une molécule O^2. Cette combinaison est plus stable et plus difficilement dissociable que l'hémoglobine oxygénée, de sorte que, lorsque l'oxyde de carbone vient en contact avec le sang et qu'il se substitue à l'oxygène dans l'hémoglobine, ce gaz reste fixé sur les globules qui dès lors ne peuvent plus fixer d'oxygène et, par conséquent, remplir leur fonction essentielle ; il y a asphyxie, même dans une atmosphère contenant peu d'oxyde de carbone. Et c'est ce qui

1. G. G. Stokes (1819-1903), physicien anglais qui a laissé de nombreux et importants travaux.

2. Cette loi du déplacement de l'oxygène et de l'oxyhémoglobine par l'oxyde de carbone, volume à volume, découverte par Claude Bernard, avait été contestée. Des expériences très précises du médecin et physiologiste français L.-G. de Saint-Martin (1846-1906) en ont démontré l'exactitude (1893).

explique le grand danger des empoisonnements par les vapeurs de charbon. Cependant, en faisant respirer à un animal empoisonné par l'oxyde de carbone un grand excès d'oxygène (N. Gréhant) ou de l'oxygène sous pression (A. Mosso), on peut débarrasser son sang d'une grande partie du gaz toxique et par conséquent sauver de l'asphyxie cet animal.

L'hémoglobine oxycarbonée est cristallisable dans les mêmes formes que l'oxyhémoglobine. Elle présente un spectre d'absorption caractéristique. En effet, Claude Bernard et Hoppe-Seyler ont montré, à peu près en même temps (1864), que l'oxyde de carbone, qui chasse avec tant d'énergie l'oxygène du sang et prend sa place dans l'hémoglobine, donne un spectre (spectre du sang oxycarboné) identique à celui de l'oxyhémoglobine, si ce n'est que les deux bandes noires sont un peu déplacées vers la droite; mais ce que ce spectre a de caractéristique, c'est qu'il ne subit aucun changement par l'action des agents réducteurs; en d'autres termes, le spectre de l'hémoglobine oxycarbonée ne peut plus donner, comme celui de l'hémoglobine oxygénée, la *raie de réduction de Stokes*. Il est facile de comprendre l'intérêt de ces recherches et leur application, par exemple, à l'analyse du sang d'une personne asphyxiée par les vapeurs du charbon, par l'oxyde de carbone. A un point de vue analogue, il est très intéressant de constater que ces bandes caractéristiques s'obtiennent encore en traitant par l'eau des taches de sang même très anciennes, laissées sur du fer, du bois, du linge, etc., ou bien encore avec du sang déjà décomposé et putréfié.

Hémoglobine carbonique ou carbo-hémoglobine. — On a montré (S. Torup [1], 1887, Chr. Bohr [2], 1890) que l'hémoglobine peut fixer une certaine quantité d'acide carbonique (jusqu'à 5 centimètres cubes pour 1 gramme d'hémoglobine, CO^2 étant à la pression de 30 millimètres de mercure et à 18°). C'est sur la matière protéique et non sur le noyau pigmentaire de l'hémoglobine, simple supposition d'ailleurs, que celui-ci se fixerait. Cette combinaison n'empêcherait pas la fixation de l'oxygène; cependant l'absorption de ce gaz serait moindre qu'en l'absence d'acide carbonique.

Cette fixation de l'acide carbonique par les hématies n'est pas sans importance, comme on le verra, pour les échanges gazeux entre les tissus et le sang.

Hématine. — Nous avons dit p. 317 que l'hématine est un des deux produits de dédoublement de l'oxyhémoglobine [3]. On l'obtient aussi par oxydation de l'hémochromogène (voy. p. 322).

C'est une matière colorante noire, ferrugineuse, insoluble dans la plupart des réactifs, sauf dans les alcalis, même étendus, et dans l'alcool acidifié. Les solutions acides d'hématine présentent un spectre d'absorption à quatre bandes, la première entre C et D, la deuxième en D, la troi-

---

1. **Physiologiste norvégien contemporain, professeur à l'Université de Christiania.**

2. Physiologiste danois (1855-1911), auteur de remarquables travaux sur les gaz du sang et sur les échanges gazeux dans le poumon.

3. Les sucs gastrique et pancréatique, comme les acides et les alcalis, décomposent l'oxyhémoglobine en globine et hématine. La première est digérée, la seconde se retrouve dans les fèces, par exemple dans le cas d'une alimentation contenant du sang ou dans le cas d'hémorragies gastriques ou intestinales.

sième, plus large, à gauche de E et la quatrième, plus large encore à gauche de F. Les solutions alcalines d'hématine ont un spectre d'absorption à une seule et large bande, située sur le milieu de la raie D.

L'importance de cette matière est grande, puisqu'elle est la substance azotée qui contient tout le fer de l'oxyhémoglobine et qui en même temps en constitue le noyau pigmenté. Les propriétés caractéristiques de l'oxyhémoglobine reviennent donc à ce corps.

Chlorhydrate d'hématine ou hémine. — En faisant agir sur du sang desséché du chlorure de sodium et de l'acide acétique cristallisable, on obtient un dépôt bleu noirâtre, formé par des cristaux en tablettes rhomboïdales aplaties, à angle aigu (fig. 40), d'un brun intense, insolubles dans la plupart des réactifs, solubles dans les alcalis caustiques. Ce sont des cristaux d'hémine ou *cristaux de Teichmann*[1] (1853). Ces cristaux sont constitués par du chlorhydrate d'hématine, car on les a reproduits par l'action de l'acide chlorhydrique sur l'hématine.

Fig. 40. — Cristaux d'hémine (d'après Virchow).

Les cristaux d'hémine sont caractéristiques du sang. De là leur utilisation en médecine légale, pour reconnaître la nature des vieilles taches paraissant être des taches de sang.

Hématoporphyrine. — L'acide sulfurique concentré, agissant sur l'hématine, donne une matière colorante non ferrugineuse, le fer ayant été enlevé par l'acide (formation de sulfate) (Mulder[2], 1844); cette matière, appelée hématoporphyrine (Hoppe-Seyler, 1881), se précipite quand on étend d'eau distillée la liqueur préalablement neutralisée. C'est une poudre amorphe brun rougeâtre qui a pour formule $C^{32}H^{36}Az^4O^6$ et qui présente la réaction de Gmelin[3] ; ce n'est cependant pas la bilirubine elle-même, c'en est un isomère, et donc la substance intermédiaire entre le pigment sanguin et le pigment biliaire. On trouve ce pigment en petite quantité dans l'urine normale.

Hématoïdine. — C'est un dérivé de l'hématine que l'on trouve dans les anciens foyers hémorragiques et en général dans tous les épanchements sanguins (Virchow, 1847). Ce corps qui se présente sous forme de très petits cristaux rhomboïdaux obliques, est identique à la bilirubine, matière colorante de la bile (voy. p. 251). Le mot d'hématoïdine n'exprime donc pas une espèce chimique.

1. L. P. St. Teichmann (1823-1895), anatomiste autrichien, fut professeur d'anatomie à l'Université de Cracovie.

2. G.-J. Mulder (1802-1880), chimiste hollandais.

3. Par réduction énergique on obtient de l'hématoporphyrine l'*hémopyrrol* qui est un isobutylpyrrol ou un méthylpropylpyrrol. Or, parmi les dérivés de la chlorophylle, on a aussi obtenu l'hémopyrrol. On trouve donc ce même noyau pyrrolique dans la molécule des deux matières colorantes respiratoires des végétaux et des animaux, et on a vu là à juste titre une preuve de leur proche parenté. A. Gautier avait démontré cette parenté dès 1877-79 ; à noter toutefois avec lui que l'hématine est une substance ferrugineuse, tandis que la chlorophylle ne contient pas de fer.

Hémochromogène. — Comme on l'a vu p. 321, cette substance résulte d'une décomposition de l'hémoglobine comparable à celle de l'oxyhémoglobine :

Décomposition par un acide ou par un alcali

d'une solution d'oxyhémoglobine.   d'une solution d'hémoglobine
(*à l'abri de l'air*).

Globine. Hématine.   Globine. Hémochromogène.

On l'obtient en traitant l'hématine par un réducteur alcalin (Stokes, 1864); Stokes appela la substance obtenue *hématine réduite*; c'est Hoppe-Seyler qui lui donna le nom d'hémochromogène. Inversement, par l'action des oxydants, l'hémochromogène se transforme en hématine.

Les solutions alcalines sont d'une belle couleur rouge-cerise. Leur spectre d'absorption présente deux bandes, l'une, sombre, entre D et E, l'autre, plus pâle et plus large, sur E et b. — Les acides, à l'abri de l'air, transforment l'hémochromogène en hématine.

Le rôle physiologique important de cette substance a été indiqué p. 321-322.

B. **Globules blancs.** — Les globules blancs du sang ou *leucocytes* (de λευκός, blanc, et κύτος, cellule), ainsi nommés parce qu'ils sont incolores, sont identiques aux globules de la lymphe, que l'on trouve dans les vaisseaux lymphatiques; ils viennent en effet de ces vaisseaux, sont entraînés par la lymphe jusque dans le canal thoracique et passent alors dans le sang avec la lymphe.

a. Caractères des globules blancs. — Ce sont des éléments un peu plus gros que les hématies (8 à 9 μ de diamètre), mais bien moins nombreux (1 pour 400 à 600 globules rouges), arrondis, pourvus d'un noyau, à surface un peu granuleuse; dans l'intérieur du noyau on distingue un ou plusieurs nucléoles. Ce sont donc de véritables cellules. Leur petite masse de protoplasma, sans enveloppe, présente des mouvements amiboïdes (voy. p. 121) très marqués, quand on les examine dans une goutte de sérum ou de lymphe.

Ce ne sont point des éléments spécifiques du sang, comme les hématies; on les trouve en effet non seulement dans ce liquide, mais aussi dans la lymphe, dans les ganglions lymphatiques, dans le tissu conjonctif (*cellules migratrices*). On peut dire cependant que le vrai leucocyte du sang, c'est le polynucléaire (voy. ci-dessous); le lymphocyte est une cellule de la lymphe.

On distingue plusieurs espèces de globules blancs : les *lymphocytes* ou *petits mononucléaires*, les *grands mononucléaires* et les *polynucléaires*, à noyau découpé en lobes ou en forme de bissac, qui sont *basophiles, éosinophiles* ou *neutrophiles* (EHRLICH), suivant que leurs granulations ont de l'affinité pour les couleurs, d'aniline basiques ou acides et spécialement pour l'éosine, ou neutres. Les traités d'histologie indiquent les caractères distinctifs de ces divers éléments. Ce sont les polynucléaires et les grands mononucléaires qui présentent des mouvements amiboïdes et des phénomènes de chimiotropisme (voy. p. 127). Les lymphocytes représentent environ, chez l'homme, 20 à 30 p. 100 des leucocytes du sang; les gros mononucléaires sont peu nombreux (1 p. 100); parmi les polynucléaires

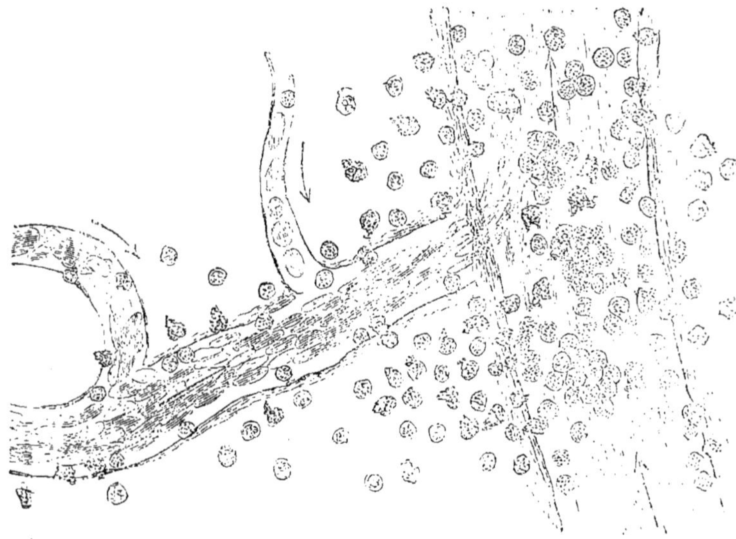

Fig. 41. — Migration des globules blancs (d'après PERLS).

Observations sur le mésentère de la grenouille six heures après sa mise à nu; les cellules ponctuées représentent les globules blancs, les cellules ombrées les globules rouges. Grossissement : 250.

(70 p. 100 environ des leucocytes), les éosinophiles sont en très petit nombre (1 à 3 p. 100) ainsi que les basophiles (0.5 p. 100). — C'est le maintien de ces proportions à peu près constantes des diverses variétés de leucocytes que l'on a qualifié d'*équilibre leucocytaire*. Les troubles de cet équilibre ont une signification pathologique très importante.

On compte les leucocytes comme les hématies. Le sang de l'homme en contient en moyenne de 7 à 9 000 par millimètre cube.

Ce nombre est soumis à de grandes variations. L'augmentation numérique des leucocytes a été appelée *leucocytose*. Il y aurait normalement

1. M. P. PERLS (1843-1881), histologiste et pathologiste allemand.

leucocytose sous l'influence des repas, avec une alimentation albuminoïde.
Mais c'est surtout sous des influences pathologiques qu'on observe des
variations de nombre en plus ou en moins. Les infections déterminent en
général de la leucocytose ; le nombre total des globules blancs peut s'élever
de 15 à 30 000 par millimètre cube. Dans les leucémies. il s'élève à plusieurs
centaines de mille et peut même égaler celui des hématies. La leucocytose
pathologique peut porter sur une seule des espèces de leucocytes (lym-
phocytose, éosinophilie, etc.). — Beaucoup d'intoxications augmentent
aussi ou diminuent le nombre des globules blancs.

b. Propriétés des globules blancs. — Les leucocytes se comportent
vis-à-vis des solutions salines comme les hématies ; ils diminuent
de volume dans les solutions hypertoniques et augmentent de
volume dans les solutions hypotoniques. L'eau distillée les dissout
lentement. Cependant ils paraissent avoir une perméabilité toute
spéciale ; on a prétendu, en effet, qu'ils absorbent un grand nombre
de substances dissoutes, arsenic, iode. fer, mercure, atropine, pilocarpine, abrine, etc., mais toutes les expériences faites jusqu'à
présent à ce sujet ne sont pas également probantes.

Les deux propriétés les mieux étudiées des leucocytes sont l'irritabilité et la contractilité. L'irritabilité se manifeste d'une façon particulière pour les variations de la composition chimique du milieu
dans lequel sont plongées ces cellules. De là l'importance des phénomènes de chimiotropisme qu'elles présentent et dont il a été
parlé p. 127. — Quant à la contractilité des leucocytes, c'est grâce à
cette propriété qu'ils changent constamment de forme, émettant des
prolongements, se rétractant, etc., bref accomplissant tous les mouvements dits amiboïdes rappelés tout à l'heure. C'est par cette contractilité que s'explique la *diapédèse,* c'est-à-dire le passage des
globules à travers les parois des vaisseaux et en général à travers les
membranes (fig. 41).

Les leucocytes possèdent aussi des propriétés digestives qui ont
été déjà signalées en même temps que le phénomène de la phagocytose, p. 110. — Ils sont riches en diastases, protéolytiques, lipolytiques, glycolytiques, etc., et contiennent aussi des oxydases (voy.
p. 350).

c. Composition des globules blancs. — Les tableau de la page 306
montre qu'il ne se trouve dans les matières constitutives de ces éléments aucune substance spécifique.

C. **Hématoblastes ou plaquettes**. — Les hématoblastes[1]
(découverts par Hayem, 1877), ou plaquettes (Bizzozero[2], 1881), sont

1. Ce sont les mêmes éléments que le médecin français Alf. Donné (1801-1875)
avait déjà décrits sous le nom de *globulins* en 1844.
2. G. Bizzozero (1846-1901), histologiste italien très connu par ses recherches

des éléments incolores, en forme de bâtonnets allongés, légèrement ovalaires, très petits (ayant en moyenne 2 à 3 μ de diamètre, quelquefois plus), que l'on peut observer dans le sang circulant. Leur nombre est de 200 000 à 300 000 par millimètre cube, mais il peut être plus élevé.

Ils s'altèrent très rapidement dans le sang extrait des vaisseaux, deviennent alors anguleux et s'agglomèrent en petites masses informes, ou bien ils se fragmentent et disparaissent. En empêchant la coagulation du sang, on a pu les isoler au moyen de la centrifugation et les étudier dans de bonnes conditions.

Leur substance serait formée de nucléo-albumine.

Leur rôle dans la coagulation du sang est assez important, comme on le verra plus loin. — HAYEM et quelques autres auteurs les ont considérés comme des éléments formateurs des hématies; de là le nom que HAYEM leur a donné.

D. Granulations. — On trouve enfin dans le sang de tout petits granules, communément appelés *granulations élémentaires*, qui ne paraissent être autre chose que des fragments irréguliers de protoplasma ; ces fragments proviennent vraisemblablement de la destruction des leucocytes ou des hématoblastes.

D'autres granulations, de nature graisseuse, et auxquelles on a donné le nom d'*hémoconies* [1], peuvent être distinguées dans le sang; elles y sont surtout abondantes après un repas riche en graisses.

E. Formation des éléments figurés du sang. Hématopoièse. — La vie des éléments figurés du sang n'est pas illimitée. On peut avoir une idée de la quantité des globules qui se détruisent journellement d'après la quantité des pigments biliaires et urinaires éliminée, puisque ces pigments proviennent de la transformation de l'hémoglobine. Et si l'on remarque qu'après chaque menstruation, de même qu'après toute hémorragie, le sang se reforme dans un temps relativement court, on est conduit à admettre l'existence d'un processus actif de régénération des globules.

Les deux questions de la destruction et de la formation des globules sont donc connexes.

Ce n'est point dans le sang lui-même que se réparent les pertes subies par ce liquide, mais dans des organes dits pour cette raison *hématopoiétiques*. — Quant à la destruction des hématies, elle peut se faire dans le sang, mais elle se fait aussi dans la rate et dans le foie.

sur le tissu conjonctif, sur la moelle des os et ses éléments, sur la structure des ganglions lymphatiques, sur l'origine des hématies, sur la régénération physiologique des éléments glandulaires, etc.

1. De αἷμα, sang et κονις, poussière, sable.

8. **Rôle de la rate.** — Le plus anciennement connu de ces organes est la rate ; cette glande est un organe à la fois destructeur et formateur de globules rouges.

D'expériences déjà anciennes de Malassez et Picard [1] il résulte que le tissu de la rate est riche en matériaux propres aux hématies, en fer et en potassium. Ce fait, qui a été invoqué en faveur du rôle hématopoiétique de la rate, peut s'expliquer aussi bien par la théorie d'après laquelle la rate est un organe où se détruisent les vieux globules rouges, les restes minéraux de cette destruction s'accumulant dans le parenchyme. Cette interprétation est confirmée d'ailleurs par les expériences rapportées p. 252 et qui montrent qu'après la splénectomie la teneur de la bile en pigment diminue de plus de moitié ; c'est donc que la rate fournit au foie les matériaux (l'hématine, produit de dédoublement de l'oxyhémoglobine) avec lesquels s'édifie la matière colorante biliaire. — Et voici d'autres preuves : 1º quand il se produit dans le sang circulant une destruction intense de globules rouges sous l'influence des poisons du sang (ammoniaque, paraldéhyde, etc.), ou dans certains cas pathologiques (intoxication paludéenne par exemple), on trouve dans la rate un véritable dépôt de fer, sous forme de granulations d'hydrate ferrique faiblement lié à une petite quantité de matière organique (*sidérine* de Quincke [2], ou *hémosidérine* de Neumann [3] ou *rubigine* [4] de L. Lapicque et E. Auscher) : — 2º on a constaté que les éléments de la pulpe splénique englobent les globules rouges vieux ou altérés ; ceux-ci s'y détruisent par phagocytose et il se dépose du pigment ocre, transformation de l'hématine que l'on peut caractériser par une réaction micro-chimique (le pigment bleuit par l'action successive du ferrocyanure de potassium et de l'acide chlorhydrique dilué et noircit par le sulfure d'ammonium [réactions des sels ferriques]).

D'autre part, la rate est un organe formateur de globules rouges.

En effet : 1º après l'extirpation de la rate, aussi bien chez l'homme que chez les animaux, on observe une diminution des globules rouges et de l'hémoglobine, assez lente d'ailleurs à survenir ; mais ce n'est là qu'une altération passagère du sang ; des organes vicariants interviennent qui suppléent à l'hématopoïèse ; — 2º le fonctionnement exagéré de ces organes est une des meilleures preuves du rôle hématopoiétique de la rate ; or, cette suractivité fonctionnelle a été constatée à coup sûr dans la moelle des os ; on reviendra tout à l'heure sur ce point ; — 3º si après l'extirpation de la rate on fait subir à l'animal opéré des saignées répétées, alors les organes de remplacement deviennent insuffisants, l'animal se cachectise et meurt ; — 4º la rate s'appauvrit en fer pendant la grossesse [5] (expé-

---

1. Pierre B. Picard (1844-1885), qui fut professeur de physiologie à la Faculté de médecine de Lyon, a fait d'intéressantes recherches sur l'urée du sang et des organes, sur les fonctions du foie et de la rate, etc.

2. H.-I. Quincke, médecin allemand contemporain.

3. Neumann, histologiste allemand contemporain, professeur d'anatomie pathologique à l'Université de Königsberg.

4. Du mot latin *rubigo*, rouille.

5. Il y a en effet dans la rate, avant la conception, une réserve de combinaisons organiques de fer.

riences de Charrin et Guillemonat sur des femelles de cobaye, 1899), à mesure que l'embryon se développe.

b. Rôle du foie. — Comme la rate, le foie est un organe qui sert et à la destruction et à la genèse des globules rouges, quoique peut-être dans une moindre mesure.

Voici d'abord les faits qui établissent son rôle destructeur : 1° il y a moins de globules rouges dans les veines sus-hépatiques que dans la veine porte ; — 2° dans les destructions globulaires intenses on trouve dans le tissu hépatique, comme dans le tissu splénique, mais en moindre quantité, un dépôt de pigment ocre (ou rubigine) qui se fait aux dépens de l'hémoglobine des globules : — 3° les globules blancs des capillaires du foie s'emparent des hématies qui doivent être détruites et transforment leur matière colorante en ce pigment ferrugineux dont il a été parlé tout à l'heure, décelable par des réactions microchimiques des sels ferriques.

Le rôle du foie dans la formation des hématies peut être inféré des constatations qui précèdent.

Dans les destructions globulaires intenses, la cellule hépatique produit et excrète plus de bilirubine ; sans doute le matériel nécessaire à la sécrétion de cette substance est en grande partie fourni par la rate (voy. p. 252); mais une partie provient du foie lui-même où se détruisent aussi des globules; que devient dès lors le fer restant de l'hématine employée à la formation de la bilirubine? On admet que le foie emmagasine pour ainsi dire ce fer qui est employé ensuite à la reconstitution du sang. De fait, la provision de fer du foie diminue à la suite des hémorragies profondes. — Que le foie puisse être considéré comme un réservoir de fer, c'est ce qui ressort aussi des observations de Bunge et de celles de L. Lapicque sur le foie des animaux nouveau-nés, quatre à neuf fois plus riche en ce métal que le foie de l'adulte. On a vu, p. 136, les raisons de l'accumulation du fer chez ces animaux.

c. Rôle de la moelle osseuse. — La moelle des os est l'organe formateur principal des hématies. Il y a deux espèces de moelle osseuse, l'une rouge ou fœtale (ainsi dénommée parce qu'elle prédomine chez le fœtus), l'autre graisseuse. C'est la moelle rouge seule (moelle des os courts et des épiphyses des os longs) qui est le lieu de la formation des hématies.

Les éléments de ce tissu décrits sous le nom de *médullocelles* ou *cellules de Neumann*, ou encore *cellules hémoglobiques* ou *hématoblastiques*, se chargent peu à peu d'hémoglobine, perdent leur noyau et se transforment en hématies. C'est une question d'ordre histologique de savoir comment a lieu cette transformation: elle n'est donc pas à examiner ici.

A côté de cette constatation directe, par le microscope, de la genèse d'hématies dans la moelle des os, se placent des preuves expérimentales :

1º après l'extirpation de la rate (expériences sur des chiens) les cellules
graisseuses de la moelle osseuse disparaissent, les éléments actifs se multiplient, on voit apparaître un grand nombre de globules rouges nuclées,
forme intermédiaire entre la cellule de Neumann et l'hématie ;—2º dans la
même condition, c'est-à-dire après splénectomie (chez le chien), on a
trouvé dans le sang de la veine fémorale (revenant d'un membre pourvu
d'un os à moelle rouge) un nombre de globules rouges beaucoup plus considérable que dans l'artère (près de 3 millions de plus).

d. FORMATION DE L'HÉMOGLOBINE. — La formation de l'hémoglobine ne
va pas toujours de pair avec celle des hématies. Après les saignées, par exemple, il arrive souvent que l'hémoglobine n'est pas
revenue à sa valeur normale, alors que le nombre des hématies est
revenu à sa moyenne. Comment se fait cette formation de la matière colorante du sang ? — L'alimentation d'un très grand nombre
d'animaux ne contient que des traces d'hémoglobine ; celle des herbivores n'en contient point du tout. Puisque les globules rouges se
détruisent dans un temps assez court, comment donc leur matière
colorante se reconstitue-t-elle ?

On peut supposer que l'hémoglobine des globules nouveaux provient des
matériaux que laisse la destruction des anciens. C'est là une raison théorique en faveur de la thèse qui vient d'être exposée dans les pages précédentes, de l'existence d'organes à la fois destructeurs et formateurs des
hématies. Les matériaux qui résultent de l'hématolyse seraient, en grande
partie, repris et utilisés sur place.

Notons à ce propos que le tissu hépatique, soigneusement lavé (pour
être débarrassé de sang complètement), contient beaucoup de fer sous
forme de combinaisons organiques et qu'il en est de même de la rate ; or,
on a vu plus haut que ces réserves de fer diminuent lorsqu'il y a formation de nouveaux globules, soit chez le nouveau-né (cas du foie), soit
chez l'embryon (cas de la rate de la mère).

Est-ce par le mécanisme qui vient d'être indiqué que se forme
toute l'hémoglobine ? Il est impossible de le dire, puisqu'on ignore
à la fois et la valeur de la destruction globulaire normale et la
grandeur de la réparation et s'il y a proportionnalité entre les deux
phénomènes. On est d'ailleurs en droit de supposer l'intervention
d'un autre mécanisme.

Il y a des aliments dans lesquels se trouvent toutes formées des matières organiques riches en fer (*hématogène* de BUNGE, par exemple ; voy.
p. 11 et 141). Comme l'élimination de fer par l'organisme est très faible, il
est possible que ce fer alimentaire puisse subvenir en partie aux besoins
de la réparation hémoglobique.

Ajoutons que le fer peut encore être absorbé sous une autre forme, et
c'est simplement sous sa forme la plus commune, à l'état de sels, que l'on

trouve aussi dans beaucoup de matières alimentaires, encore qu'en petite
quantité[1]. — Cette question de l'absorption des sels de fer a été longtemps
discutée. Les bons effets du traitement ferrugineux dans l'anémie et dans
la chlorose ont de tout temps incité les médecins à la résoudre par l'affir-
mative. Cependant la preuve expérimentale n'a été fournie que dans ces
dernières années. On a démontré que la muqueuse duodénale absorbe le
fer ingéré sous forme de granulations dont on suit la présence dans les
cellules épithéliales, dans le vaisseau lymphatique central de la villosité,
dans les ganglions lymphatiques du mésentère et dans le canal thoracique ;
dans ce transport les leucocytes ont donc un rôle capital. Mais ce fer ne
reste pas dans le sang ; il n'y a pas accumulation du métal dans ce liquide
à la suite de l'absorption des sels de fer. Il se dépose donc dans quelque
organe. Il semble bien que ce soit surtout dans le foie, puisqu'à la suite
de l'ingestion de protosulfate de fer avec les aliments, la quantité de fer
de cet organe augmente et que, si à des animaux recevant cette nourriture
on fait des saignées, la régénération des globules a lieu chez eux beaucoup
plus rapidement que chez des animaux témoins. Le fer inorganique résorbé
est entreposé en quelque sorte dans le foie, où il entre dans une combinaison organique ; il peut donc servir à la formation d'hémoglobine. —
Quant à la partie superflue, elle s'élimine non pas par les urines, mais par
les fèces. La voie intestinale est la voie normale d'excrétion du fer.

e. Formation des globules blancs. — La formation des leucocytes,
comme celle des hématies, peut se faire dans plusieurs organes.

Les ganglions lymphatiques surtout et la rate sont des organes
formateurs des lymphocytes, ainsi que l'observation histologique l'a
établi.

On trouve en effet dans le tissu de ces organes un grand nombre de
petits lymphocytes et on a constaté dans les ganglions leur multiplication
par karyokinèse. Après l'extirpation de la rate les ganglions s'hypertrophient, ce qui prouve à la fois leur rôle et celui de la rate. D'autre part, la
lymphe qui sort des ganglions contient plus de lymphocytes que la lymphe
qui y arrive.

Dans la moelle osseuse se forment les leucocytes polynucléaires.

Les histologistes ont en effet constaté la présence dans la moelle rouge
d'éléments appelés myélocytes, très volumineux, granuleux, desquels
dérivent, par des formes diverses de passage, les leucocytes granuleux.

Les leucocytes une fois formés peuvent se multiplier dans le sang
et dans la lymphe, soit par division directe, soit par division indirecte.

1. La quantité totale du fer alimentaire a été évaluée (L. Lapicque) à 2 ou
3 centigrammes par jour pour un adulte vivant à Paris et recevant une ration
moyenne. La quantité éliminée par jour serait à peu près la même, mais il est
impossible dans cette élimination de faire la part du fer résiduel résidu non
absorbé du fer alimentaire, et du fer excrémentitiel (élimine après absorption et
assimilation).

Quant à la destruction des globules blancs anciens, elle paraît se faire dans le sang. Lorsque cette destruction augmente (dans la leucocythémie, par exemple), on trouve dans les urines une grande quantité d'acide urique, corps auquel ont donné naissance les nucléo-albumines des leucocytes, mises en liberté et décomposées ; dans cette maladie l'élimination de l'acide urique peut en effet s'élever jusqu'à 1^{gr},50 et même 3 et 4 grammes par jour, au lieu de 0^{gr},60, chiffre de l'élimination rénale.

f. L'HÉMATOPOIÈSE DURANT LA VIE EMBRYONNAIRE ET FOETALE. — Tous les faits qui précèdent concernent l'animal adulte. Pendant la vie embryonnaire et fœtale l'hématopoièse se fait tout différemment. Mais c'est là une question d'ordre embryologique et histologique, une question d'histogenèse, à proprement parler, qui se trouve traitée dans tous les ouvrages d'histologie.

5° *Partie liquide du sang. Plasma et sérum.*

Le sang moins les éléments figurés, c'est le *plasma*, partie liquide du sang (*liquor* des anciens auteurs) qui peut être considérée comme une solution d'albuminoïdes renfermant de plus quelques sels, des graisses, des matières extractives, des gaz. — Le plasma est un liquide relativement chargé de matières albuminoïdes, car il en contient à peu près 1 p. 10, proportion qui se rencontre rarement dans les autres liquides de l'économie. De ces albuminoïdes, une faible partie est spontanément coagulable ; cette substance coagulée, c'est la *fibrine* (1 à 2 grammes de fibrine sèche [1] pour un litre de sang). L'autre partie (75 à 80 grammes pour un litre de sang) est formée d'albuminoïdes qui ne se coagulent que par la chaleur ou les réactifs. Celles-ci seront étudiées avec le sérum. — La fibrine n'est que le produit de la *coagulation* du sang, c'est-à-dire de ce phénomène bien connu par lequel, dès sa sortie des vaisseaux, le liquide sanguin se solidifie en une masse qui présente l'aspect d'une gelée ; il en sera parlé tout à l'heure.

Le liquide qui reste après la formation de la fibrine ou coagulation du sang constitue le *sérum*. Ce dernier ne diffère donc du plasma que par l'absence de la matière qui a donné naissance à la fibrine et que l'on a appelée pour cette raison *fibrinogène* (AL. SCHMIDT [2]) et aussi par une teneur légèrement moindre en sels, car la fibrine, en

---

1. 15 grammes en moyenne de fibrine humide.
2. AL. SCHMIDT (1831-1894), chimiste physiologiste russe, fut longtemps professeur à l'Université de Dorpat ; il est surtout connu par ses admirables et patientes recherches sur le sang et sur la coagulation du sang.

se formant, entraîne un peu de ceux-ci soit mécaniquement, soit par liaison chimique.

A. Plasma. — Puisque le sang, dès qu'il est sorti des vaisseaux, se coagule, on est obligé, pour obtenir du plasma, d'empêcher la coagulation.

La plupart des moyens employés dans ce but, ceux qui consistent dans l'adjonction au sang de substances empêchant la coagulation, fournissent par cela même un plasma impur. Ces substances sont très nombreuses : solutions de sucre ou de gomme, solutions concentrées de sels neutres (sulfate de soude ou de magnésie, chlorure de sodium, etc.), oxalates neutres d'alcalis (oxalate de potasse à 1-1.5 p. 1000 de sang), qui ont la propriété de précipiter les sels de chaux, fluorure de sodium à 1-2 p. 1000 de sang, extrait aqueux de têtes de sangsues (*Hirudo medicinalis*). D'autres substances s'opposent aussi à la coagulation et permettent par conséquent de recueillir du plasma, mais il faut les injecter dans les veines de l'animal vivant ; les solutions d'albumoses (voy. p. 223) peuvent être prises pour types de ces agents anticoagulants (voy. *Coagulation du sang*) : mais dans ce cas encore le plasma obtenu, dit *peptoné*, est impur, tout comme les plasmas *sucré, salé, oxalaté, fluoré, hirudiné*.

Il faut donc recourir à d'autres artifices pour avoir du plasma pur. Le premier repose sur une ancienne expérience (HEWSON[1], 1771), dans laquelle on voit le sang rester fluide dans une portion de carotide de chien isolée par deux ligatures ; le sang en effet ne se coagule pas dans les vaisseaux non altérés ; voici comment on fait aujourd'hui l'expérience (F. GLÉNARD, 1875) : on isole une jugulaire de cheval, qui est très longue, entre deux ligatures, l'une le plus haut possible, l'autre à la base du cou : les globules, très lourds chez le cheval, se déposent rapidement et la partie supérieure du vaisseau (plus de la moitié) est pleine d'un liquide clair, coloré en jaune[2]. — On peut aussi recevoir le sang dans une éprouvette placée dans un mélange réfrigérant ; à 0° en effet le sang ne se coagule pas : les globules, plus lourds, tombent au fond de l'éprouvette et on a du plasma liquide tant que la température ne s'élève pas. — On peut enfin recueillir le sang dans un récipient préalablement huilé, paraffiné ou vaseliné, de telle sorte qu'il n'y ait pas adhérence entre la paroi du vase et le sang, dans cette condition, la coagulation ne se produit pas et le plasma peut se former.

Mais ces trois plasmas, *de la jugulaire, refroidi* ou *paraffiné*, sont très instables et d'ailleurs difficiles à préparer.

Par contre, le sang des Oiseaux fournit un plasma pur et stable (pendant quelques heures) quand la saignée est faite aseptiquement et en prenant soin que le sang qui s'écoule de l'artère ne soit à aucun moment en contact

---

1. W. HEWSON (1739-1774), célèbre anatomiste et physiologiste anglais.
2. C'est ce procédé que L. Fredericq a appliqué à la préparation et à l'étude du plasma sanguin de cheval.

avec la surface de la plaie [1] (C. Delezenne, 1897). Il en est de même du sang des autres Vertébrés à hématies nucléées, Poissons, Batraciens, Reptiles.

Le plasma sanguin est un liquide transparent, incolore ou légèrement jaunâtre, alcalin, d'une densité de 1,027, qui se coagule spontanément comme le sang lui-même.

Les matières inorganiques et presque toutes les organiques qu'il contient se retrouvant dans le sérum, on ne parlera ici que de la seule substance caractéristique qui s'y trouve, le fibrinogène.

Fibrinogène et fibrine. — Le fibrinogène est une globuline, qui se coagule à 56° (L. Fredericq ; c'est un caractère distinctif très important), insoluble dans l'eau, l'alcool, l'éther ; ses solutions dans l'eau salée sont précipitées par le chlorure de sodium à saturation ou par le sulfate de magnésium. Ses solutions se coagulent quand on y ajoute un peu de plasmase ou simplement du sérum sanguin. — Chauffées à 56°, les solutions de fibrinogène se décomposeraient en deux globulines, l'une qui reste en solution et qui se coagule à 64° et que l'on a appelée *fibrinoglobuline*, et l'autre qui se coagule et qui est la fibrine. La même décomposition se passerait dans la coagulation du fibrinogène sous l'influence de la plasmase (O. Hammarsten). La question de savoir si la fibrinoglobuline est un véritable produit de dédoublement ou simplement une impureté présente dans les solutions de fibrinogène est encore indécise.

On trouve du fibrinogène dans d'autres liquides que le plasma, dans la lymphe, le chyle, les exsudats pathologiques, tels que le liquide péricardique, celui de l'hydrocèle, etc.

Quand on enlève aussi complètement que possible son sang à un animal (par des saignées successives) et que l'on défibrine ce sang pour le réinjecter ensuite, défibriné, au même animal (*défibrination totale*), on constate que la fibrine se reproduit assez rapidement (en quelques heures). Il doit donc exister des organes où se forme la matière fibrinogène. Un de ces organes, sinon le seul, serait le foie (expériences sur le chien); après l'ablation du foie ou sa destruction à la suite d'injection intra-stomacale de chloroforme ou de phosphore ou par injection sous-cutanée ou intra-péritonéale d'un sérum hépatotoxique [2], la quantité de fibrinogène du plasma diminue considérablement, en même temps que le sang devient incoagulable (M. Doyon, 1905 ; P. Nolf [3], 1905).

1. On a montré en effet que les tissus contiennent soit de la plasmase, soit des substances qui en activent la formation ou qui en augmentent le pouvoir.
2. On prépare ce sérum en injectant, par exemple à un canard, du foie de chien (pulpe de foie) ; le sérum sanguin de ce canard, injecté à des chiens, amène la destruction des cellules hépatiques. La préparation d'un tel sérum n'est pas réalisable à coup sûr (M. Doyon. Voy., p. 100, ce que nous avons dit des cytotoxines de ce genre.
3. P. Nolf, physiologiste belge contemporain.

Inversement, il y aurait des organes destructeurs de fibrinogène. Le poumon serait un de ces organes (A. Dastre, 1893), constatation en accord avec les résultats d'expériences curieuses de J. P. Pavloff (1887) et de Chr Bohr (1888), d'après lesquelles le sang, exclu de la grande circulation et contraint de circuler seulement dans le cœur et dans les poumons, perd rapidement sa coagulabilité.

— La fibrine résulte de la coagulation de la matière fibrinogène.

Pour avoir de la fibrine pure, il faut opérer sur du plasma de sang de cheval recueilli par le procédé de la jugulaire ou par refroidissement (voy. plus haut) ou sur un exsudat coagulable. En général on prépare la fibrine en battant avec des baguettes de verre ou des brindilles de bois le sang recueilli par saignée; il se forme par le battage des filaments élastiques adhérents aux brindilles et que l'on purifie par des lavages à l'eau légèrement salée.

Nous avons dit que la quantité de fibrine varie généralement de 1 à 2 grammes p. 1 000 de sang chez l'homme (fibrine sèche). Le sang artériel fournit plus de fibrine que le sang veineux.

La fibrine se présente sous la forme d'une masse blanche, constituée par des filaments élastiques, contenant environ 80 p. 100 d'eau. Elle est insoluble dans l'eau, l'alcool et l'éther. Elle se dissout dans les solutions salines étendues et ses solutions présentent les caractères des globulines (M. Arthus); en particulier elles sont totalement précipitées par le sulfate de magnésie à saturation et partiellement par le chlorure de sodium à saturation.

Dans la coagulation la quantité de fibrine formée est toujours inférieure à la quantité de fibrinogène; c'est là une donnée très importante et qui s'explique aisément si, comme il a été indiqué tout à l'heure, on admet qu'il se produit par dédoublement du fibrinogène une globuline que l'on retrouve dans le liquide.

La fibrine contient toujours des cendres et parmi ces cendres du calcium, mais cet élément ne s'y trouve pas en plus grande quantité que dans le fibrinogène. Nous verrons la signification de ce fait en étudiant la coagulation du sang.

Quand on laisse pendant un certain temps la fibrine en contact avec le sang même dans lequel elle s'est formée, elle s'y dissout en partie; c'est ce que A. Dastre (1893) a appelé la *fibrinolyse*; la perte serait en moyenne de 8 p. 100.

B. Sérum. — Nous savons que le sérum, c'est le plasma, moins le fibrogène.

On l'obtient très aisément en laissant le sang se coaguler et recueillant le liquide clair qui transsude du caillot. La formation du sérum, son exsudation ou expulsion du caillot, est assez lente; il y faut en général vingt-

quatre heures. On hâte beaucoup le phénomène en soumettant le sang de
la saignée à l'action de la force centrifuge.

Dans les vaisseaux de l'animal vivant il n'y a donc pas de sérum,
mais du plasma.

Le sérum est un liquide un peu visqueux, d'une couleur jaune
plus ou moins foncée [1], jaune pâle chez l'homme, limpide, sauf
après les repas un peu riches en graisse, devenant alors opalescent
et même laiteux (aspect dû à la présence de fins globules gras; —
ce fait s'observe très nettement chez le chien), d'une saveur salée.
Sa densité est en moyenne, chez l'homme, de 1,028-1,029. Sa réaction est plus alcaline que celle du plasma [2]. — La quantité de sérum
est très variable suivant les espèces animales. Le volume qu'on obtient en général est le tiers ou la moitié de celui du sang.

a. MATIÈRES MINÉRALES DU SÉRUM. — La proportion des matières
minérales dans le sérum de l'homme et dans celui des animaux est
très analogue. Ces substances (voy. p. 306) sont des chlorures de
sodium et de potassium et peut-être aussi de calcium, du sulfate de
potassium, des phosphates de sodium et de calcium, du phosphate
de magnésium, du carbonate de sodium. La quantité totale s'élève
à environ 7 à 8 p. 1 000. Le sel dominant est le chlorure de sodium
qui constitue au moins la moitié des matériaux inorganiques (3 à
5 grammes p. 1 000) du sérum.

Cette teneur du sérum et par conséquent du sang en chlorure de sodium
est très constante. Chez les animaux soumis à un régime privé de sel
marin, il faut longtemps pour que la proportion des chlorures du sang
diminue un peu ; c'est que l'excrétion de ces sels par les reins diminue
tout de suite pour remédier au déficit alimentaire. Inversement, l'ingestion
d'un excès de chlorure de sodium est rapidement suivie de l'élimination
par les reins de cet excès de sel. La signification de cette régulation de
la teneur du sérum en chlorure doit être cherchée dans l'importance de
cet élément pour le maintien de la tension osmotique du sérum qui
dépend surtout du nombre des molécules NaCl (voy. p. 77 et 79).

b. MATIÈRES ALBUMINOÏDES DU SÉRUM. — Elles sont au nombre
de deux principales, la sérumalbumine (*sérine* de DENIS [3]) et la
sérumglobuline.

« Dès 1859, Denis a fait voir que le sérum sanguin contient deux
matières albuminoïdes, la « fibrine dissoute » qui paraît être la sérumglobuline des auteurs actuels, et la « sérine », plus généralement appelée

1. Rougeâtre, quand quelques globules rouges se sont dissous pendant la coagulation, ce qui arrive souvent.
2. Voy. ce qui a été dit de la réaction du sang total, p. 303
3. PROSPER SYLVAIN DENIS (dit de COMMERCY) (1789-1863) exerça la médecine
pendant quelque temps à Paris, puis dans sa ville natale et enfin dans la petite
ville de Toul, proche de Commercy, de 1841 jusqu'à sa mort. Ses belles recherches
l'avaient mis en relation avec tous les chimistes physiologistes de l'Europe.

aujourd'hui sérumalbumine. Il précipitait la première en saturant le sérum sanguin de sulfate de magnésie, et la seconde en ajoutant au liquide filtré du sulfate de sodium (Denis, *Mémoires sur le sang*, Paris, 1859)... Nos connaissances actuelles sur cette question si controversée, et encombrée d'une nomenclature si touffue, s'insèrent encore sans effort dans le cadre tracé il y a quarante ans par le médecin de Commercy[1]. »

Ces deux substances présentent, l'une, tous les caractères généraux des albumines, et l'autre ceux des globulines (voy. p. 38). La sérumalbumine (du sang humain) se coagule à 73° et la sérumglobuline entre 68° et 75°. Il y a 3^{gr},1 de cette dernière pour 4^{gr},5 de la première dans 100 centimètres cubes de sérum sanguin de l'homme. Cette proportion est à peu près la même dans le sérum de chien. Les sérums de cheval et de bœuf contiennent au contraire plus de globuline que d'albumine. — Dans l'inanition, la quantité de sérumalbumine diminue et celle de globuline augmente.

Outre ces deux substances, on trouve encore dans le sérum (ou dans le plasma) une petite quantité d'une nucléo-protéide et une globuline, la fibrinoglobuline (voy. p. 335).

C. Autres matières organiques du sérum. — *Sucre*. — Le sucre est un constituant normal du plasma et du sérum. Ce sucre est de la glycose dont la quantité est de 1 gramme à 1^{gr},50 par litre de sang (chez l'homme). Lorsque la proportion de glycose s'élève à 2 p. 1 000, il y a *hyperglycémie*, et à 3 p. 1 000, *glycosurie*; en d'autres termes l'excès de sucre passe dans les urines. — A côté de ce sucre, se trouvent d'autres substances réductrices, mais non fermentescibles, de la jécorine (voy. p. 48) très probablement et des combinaisons glycuroniques[2].

La quantité de ces divers corps peut être désignée sous le nom de *sucre actuel*. Quand on traite le sang par des acides et surtout par l'acide fluorhydrique, la quantité de sucre trouvée est plus forte : la différence peut être égale et même légèrement supérieure à la quantité primitivement trouvée; cette différence, c'est ce que Lépine a appelé le *sucre actuel*.

Dans le sang sorti des vaisseaux et abandonné à lui-même, la glycose du sang se détruit (Cl. Bernard), fût-ce à l'abri des microorganismes. Ce phénomène de *glycolyse* est dû à un ferment, *ferment glycolytique*, dont l'activité est abolie à la température de 55° (Lépine et Barral). La question de la provenance de ce ferment est encore discutée. On la retrouvera un peu plus loin.

---

1. E. Lambling, *Chimie physiologique*, p. 109 (in *Encyclopédie chimique*, de Frémy, t. IX, 2ᵉ fasc., 3ᵉ partie, Paris, 1895).

2. L'acide glycuronique $C^6H^{10}O^7$ dévie à gauche la lumière polarisée et a un pouvoir réducteur égal à celui de la glycose. — On a vu, p. 306, que les globules contiennent une petite quantité d'acide glycuronique.

Corps gras. — La quantité de corps gras dans le sang est très variable. Chez l'animal à jeun elle oscille entre 1 et 7 p. 1 000 (chez le chien). Ces corps gras sont des graisses neutres, des savons, de la lécithine. — Les acides gras peuvent encore se trouver en combinaison éthérée avec la cholestérine (voy. p. 47); ce n'est que sous cette forme que la cholestérine se rencontrerait dans le sérum (HÜRTHLE [1]).

Il est intéressant de noter ici qu'il y a toujours normalement dans le sang de la glycérine (M. NICLOUX, 1903; 0^{gr},002 p. 1 000 dans le sang de chien).

Urée, matières extractives et leucomaïnes. — Depuis les célèbres expériences de PREVOST [2] et J.-B. DUMAS sur la formation de l'urée dans l'organisme indépendamment de toute action du rein (1821), on sait qu'il y a de l'urée dans le sang. La quantité est variable, de 0,2 à 0,5 p. 1 000 de sang.

A côté de l'urée on y trouve des traces d'acide carbamique (nous verrons l'importance de ce fait en étudiant les fonctions du foie), d'acide urique, de créatine et créatinine, d'acide hippurique, d'acide succinique, d'acide lactique.

Mentionnons encore la présence de petites quantités de substances toxiques du groupe des leucomaïnes (voy. p. 81).

Pigment. — La matière colorante jaune du sérum est mal connue. Elle appartient sans doute au groupe de la lutéine (voy. p. 48). On l'a souvent désignée sous les noms de *lipochrome* ou de *sérolutéine.*

Enzymes. — Il existe dans le sérum, comme dans le plasma, divers ferments ainsi que des antiferments et des corps que l'on ne peut semblablement caractériser que par leur action physiologique, et non point chimiquement, tels que les alexines, les hématolysines, les précipitines, etc. (voy. p. 100 et suiv.). Nous en parlerons en traitant de la physiologie du sang.

6° *Gaz du sang.*

On a vu, p. 306, quels sont les gaz qui se trouvent normalement dans le sang, oxygène, acide carbonique[3], un peu d'azote, traces

1. K. HÜRTHLE, physiologiste allemand contemporain, professeur à l'Université de Breslau.

2. JEAN-LOUIS PREVOST (1790-1850), connu par ses recherches sur la formation et la circulation du sang, sur la fécondation, etc., exerça la médecine à Genève où il naquit et où il mourut.

3. En 1636, le physicien et chimiste anglais R. BOYLE constata que du sang frais défibriné, soumis à l'action d'une machine pneumatique, dégage des gaz. En 1764, le célèbre physicien anglais HUMPHRY DAVY parvint à extraire du sang artériel, au moyen de la chaleur, de petites quantités d'oxygène et d'acide carbonique. Les premières recherches précises sur la teneur du sang en gaz sont dues à deux savants allemands, à MAGNUS (1838 et 1845) qui fixe la nature des gaz du sang, O, CO² et Az, et à LOTHAR MEYER (1857) qui tente les premières analyses quantita

d'argon (0cc,4 par litre de sang [P. Regnard et Th. Schlœsing, 1897]) et un peu d'oxyde de carbone (1cc,4 par litre de sang [M. Nicloux, 1898, L.-G. de Saint-Martin, 1898]).

On extrait les gaz du sang par l'action combinée de la chaleur et du vide, au moyen d'un appareil appelé *pompe à mercure* (C. Ludwig et Setsche-nov[1], 1858). La *trompe à mercure* réalise un vide plus parfait et dissocie plus complètement l'oxyhémoglobine. Les gaz une fois recueillis, on les analyse.

A. **Quantités de gaz du sang.** — La quantité d'azote est petite et paraît très constante, quel que soit le territoire vasculaire où l'on ait pris le sang dans lequel on veut la déterminer, 1cc,8 p. 100 centimètres cubes de sang (à 0° et à la pression de 760 millimètres de mercure). Pas plus que l'argon, l'azote ne paraît avoir d'action physiologique.

Quelles sont les quantités d'oxygène et d'acide carbonique ?

100 centimètres cubes de sang de chien fournissent en moyenne 60 centimètres cubes de gaz (à 0° et à 760 millimètres de pression), qui se répartissent ainsi (*moyenne schématique*), suivant qu'il s'agit des gaz du sang artériel. ou de ceux du sang veineux.

	100 c. c. sang artériel.	100 c. c. sang veineux (sang du cœur droit,.
Oxygène	19cc,0	11cc,0
Acide carbonique	39cc,0	46cc,0
Azote	1cc,8	1cc,8
Total	59cc,8	58cc,8

Dans le sang artériel de l'homme, la quantité d'oxygène est à peu près la même, et celle d'acide carbonique est d'environ 40 centimètres cubes.

La proportion d'oxygène, dans le sang artériel, tend toujours à rester fixe. Elle est, au contraire, très variable dans le sang veineux, suivant sa provenance ; chez le chien, par exemple, elle oscille entre 8 et 12 centimètres cubes pour 100.

La proportion d'acide carbonique, dans le sang artériel, varie de 30 à 40 centimètres cubes; elle paraît être le plus souvent de 40 centimètres cubes. On voit par là qu'il y a toujours dans le sang, même dans le sang artériel, plus d'acide carbonique que d'oxygène. La proportion d'acide carbonique varie aussi notablement dans le sang veineux (de 46 à 53 centimètres cubes) et suivant diverses conditions, suivant surtout l'état d'activité ou de repos des organes d'où revient le sang.

En somme, il n'y a que la quantité d'oxygène du sang artériel qui reste à peu près constante et celle d'azote (mais ce gaz ne joue aucun rôle physiologique, rappelons-le) qui ne varie pas dans l'un et l'autre sang.

tives ; ce sont ces recherches qui ont ouvert la voie dans laquelle l'emploi des machines barométriques allait enfin, quelques années plus tard, permettre de faire entrer la question.

1. I. Setschenov (1829-1905), physiologiste russe, très connu par ses recherches sur le sang, sur le système nerveux central, etc.

Capacité respiratoire du sang. — Chez beaucoup d'animaux le sang n'est pas saturé d'oxygène. On appelle *capacité respiratoire du sang* la quantité maxima d'oxygène qu'il peut fixer à la pression barométrique ordinaire par simple agitation à l'air ; cette quantité maxima varie suivant les espèces animales. 100 centimètres cubes de sang humain fixent, dans ces conditions, 26 centimètres cubes d'oxygène. La capacité respiratoire du sang de chien est à peu près la même. — Il y a donc, chez ces animaux, une quantité d'hémoglobine non utilisée, c'est-à-dire qui n'est pas toujours sous forme d'oxyhémoglobine, qui, par conséquent, reste pour ainsi dire en réserve.

Chez les Oiseaux, le sang est saturé d'oxygène.

B. État des gaz du sang. — L'azote est simplement dissous dans le plasma. Sa quantité augmente avec la pression du gaz.

C'est là la principale cause des accidents graves et même de la mort que l'on observe chez les ouvriers qui travaillent dans l'air comprimé. Si la décompression a lieu trop brusquement, l'azote dissous passe à l'état gazeux et il se produit des embolies gazeuses.

— L'oxygène ne peut être en solution dans le plasma.

S'il s'agissait d'une dissolution, celle-ci se ferait d'après les lois **physiques** qui règlent la solubilité des gaz dans les liquides, suivant la température et la pression. Or, la teneur du sang en oxygène ne subit que de faibles variations[1], portant seulement sur une très petite partie de la teneur totale, quand on fait varier la pression de ce gaz (EM. FERNET[2]) pour faire varier parallèlement son coefficient d'absorption par ce liquide. — Supposons, d'autre part, que l'oxygène puisse être en dissolution dans le sang et qu'il ait dans ce liquide le même coefficient de solubilité que dans l'eau ; un litre d'eau distillée, à 37°, agité avec de l'oxygène pur à la pression de 760 millimètres de mercure, absorbe 24^{cc},19 d'oxygène ; mais, agité avec de l'air, n'en absorbe que 5 centimètres cubes (la pression de l'oxygène étant mesurée par sa pression partielle et n'étant plus alors que de 1/5 d'atmosphère); 100 centimètres cubes de sang devraient donc dissoudre 0^{cc},5 d'oxygène. En fait, ils ne dissolvent même pas cette quantité. On n'a pu extraire du sérum (de chien) que 0^{cc},2 d'oxygène pour 100. Or, nous connaissons la proportion réelle de ce gaz dans le sang artériel, soit environ 20 centimètres cubes pour 100.

Étant donc exceptée la très petite quantité d'oxygène dissoute dans le plasma, comme on vient de le voir, presque tout ce gaz se trouve en combinaison chimique. Nous savons quelle est celle-ci :

1. LOTHAR MEYER (1817) avait soutenu que la fixation de l'oxygène est indépendante de la pression ; mais il y avait des causes d'erreur dans ses expériences (voy. E. LAMBLING, *Chimie physiologique* p. 265, in *Encyclopédie chimique* de FRÉMY, 2ᵉ section, 2ᵉ fasc., 3ᵉ partie, Paris, 1895).
2. EM. FERNET (1827-1905), physicien français.

c'est une combinaison lâche du gaz avec une matière albuminoïde, l'hémoglobine, et nous avons vu les lois de cette union (p. 329). Les 19 centimètres cubes d'oxygène que contiennent 100 centimètres cubes de sang sont en réalité fixés sur les 14 grammes d'hémoglobine contenus dans cette quantité de sang ; 1 gramme d'hémoglobine fixe $1^{cc},34$ d'oxygène (voy. p. 321).

— L'anhydride carbonique se trouve dans le sang en partie dissous et en partie à l'état de combinaisons chimiques.

Le coefficient d'absorption de l'anhydride carbonique est plus élevé que celui de l'oxygène et de l'azote. Néanmoins on a trouvé que la quantité de ce gaz dissoute dans le plasma n'est que de $1^{cc},5$ dans le sang artériel et 3 centimètres cubes dans le sang veineux.

Le reste, c'est-à-dire au moins 40 centimètres cubes p. 100. est engagé dans des combinaisons chimiques.

L'anhydride carbonique se combine en effet et avec les alcalis du plasma (et peut-être aussi avec les globulines) et avec l'hémoglobine des hématies et sans doute aussi avec les phosphates de celles-ci.

1° La quantité d'alcali disponible du sérum (non retenue énergiquement comme la chaux et la magnésie par les matières protéiques), et qui est la soude (la petite quantité de potasse est négligeable), est suffisante pour retenir, d'une part, l'acide chlorhydrique et, d'autre part, l'acide carbonique. Les calculs de BUNGE (1876) ont montré qu'il reste par litre, après la saturation du premier, $0^{gr},87$ de soude qui peuvent fixer $0^{gr},62$ d'acide carbonique, soit, en volume, 316 centimètres cubes de gaz avec formation de carbonate et le double, 632 centimètres cubes, avec formation de bicarbonate. En fait, de 100 centimètres cubes de sérum (provenant de sang artériel de chien) on n'extrait pas même 40 centimètres cubes d'acide carbonique, et non $63^{cc},2$. C'est qu'un peu de cette soude disponible a servi encore à la saturation de l'acide phosphorique et peut-être aussi d'autres corps faisant fonction d'acides faibles, tels que diverses matières albuminoïdes. L'importance de ce rôle de la soude ressort encore de cette observation, que le contenu du sang en acide carbonique augmente avec l'alcalinité du sang[1]. On trouve donc dans le sérum l'acide carbonique sous forme de carbonate et de bicarbonate de sodium. — 2° Mais tout l'acide carbonique du sang n'est pas dans le sérum. On peut en effet en extraire

---

1. Réciproquement, ce contenu diminue quand la proportion d'alcali du sang diminue. C'est ce qui arrive dans l'empoisonnement par les acides minéraux : on ne trouve plus dans le sang de lapins ainsi intoxiqués que 2 à 3 centim. cubes d'acide carbonique pour 100. Même observation dans le coma diabétique, chez l'homme, l'acide β-oxybutyrique produit en quantité saturant l'alcali du sang; dans un cas, MINKOWSKI* (1888) n'a plus trouvé que $2^{cc},3$ pour 100 d'acide carbonique.

* O. MINKOWSKI, médecin allemand contemporain, très connu par ses recherches sur la formation de l'acide urique et par la découverte qu'il fit avec J. VON MERING, en 1889, du diabète consécutif à l'extirpation complète du pancréas.

du caillot une notable quantité. En quelles combinaisons celle-ci est-elle
engagée ? L'hémoglobine en fixe une partie ; on a vu (p. 323) qu'il existe
une combinaison dite carbo-hémoglobine ; 1 gramme d'hémoglobine de
chien à 18° et pour une pression en acide carbonique de 30 millimètres
de mercure fixe $2^{cc},4$ d'acide carbonique. Mais les globules peuvent encore
retenir par un autre mécanisme de l'anhydride carbonique ; ils contiennent en effet des phosphates alcalins (ceux-ci y sont plus abondants que
dans le plasma) et entre ces sels et l'acide carbonique la réaction suivante
doit se faire :

$$PO^4Na^2H + CO^2 + H^2O = PO^4NaH^2 + CO^3NaH,$$

transformation par CO^2 du phosphate bisodique en phosphate monosodique,
avec production de bicarbonate de sodium. Au total, il y aurait 10 centimètres cubes d'acide carbonique retenus par les hématies dans 100 centimètres cubes de sang.

Ainsi les combinaisons de l'acide carbonique dans le sang sont
beaucoup plus complexes que celles de l'oxygène. On trouve ce gaz
sous cinq ou six formes différentes : en dissolution dans le plasma, à
l'état de carbonate et de bicarbonate dans le plasma, à l'état de phos-
pho-carbonate de soude et de carbo-hémoglobine dans les globules
rouges, sans parler des liaisons qu'il forme à peu près sûrement avec
les globulines. On a ainsi schématiquement la répartition suivante:
dans 100 centimètres cubes de sang veineux (de chien) il y a :

      1 à   2 c. c. de CO^2 en dissolution dans le plasma,
      35 à 40 c. c.   —   en combinaison dans le plasma,
      10 c. c. env.   —   —   dans les globules.

De ces combinaisons les unes, bicarbonates et carbo-hémoglobine,
sont facilement *dissociables* par le vide ; l'acide carbonique qui y est
retenu ainsi que celui qui est dissous dans le plasma sont donc
extraits complètement par le vide et la chaleur. Les autres, carbonates alcalins, sont des combinaisons *stables* dans le vide à 100° et
dont on ne peut extraire l'acide carbonique qu'avec l'aide d'un acide
faible. Cependant, quand on extrait les gaz du sang total par le vide
à 100°, il n'est pas besoin d'ajouter un acide pour que l'extraction de
l'acide carbonique soit complète ; c'est que l'oxyhémoglobine et
probablement aussi quelque autre substance du stroma des globules
paraissent jouer vis-à-vis du carbonate de sodium le rôle d'acides
faibles.

Les échanges gazeux qui se font entre le sang et les tissus et
réciproquement et, d'autre part, entre l'air atmosphérique et le sang

qui circule dans les poumons, constituent la chimie de la respiration ; ils seront étudiés avec cette fonction.

2. — Physiologie du sang.

Le sang a été pendant longtemps considéré comme un simple intermédiaire entre le milieu extérieur et les tissus ; le sang artériel apporte à ceux-ci les matériaux dont ils ont besoin pour leur nutrition et leur fonctionnement et le sang veineux emporte les déchets de toute cette vie. De là les expressions de *liquide nourricier* et *liquide dépurateur* dont on s'est souvent servi pour le caractériser. Du strict accomplissement de ce rôle dépend rigoureusement la vie de tous les organes. Cependant le sang n'est pas seulement cet intermédiaire, il est aussi un tissu qui a sa vie propre et un milieu dans lequel se passent des actions physiologiques importantes.

1° *Fixité du milieu intérieur.*

Dans toutes les conditions et quelle que soit l'activité des échanges auxquels il sert, soit avec le milieu extérieur, soit avec les tissus, le sang accomplit avec régularité ses fonctions. Pour qu'il en soit ainsi, il faut que sa composition et les propriétés de ses parties constituantes varient le moins possible. En fait, le milieu intérieur, sauf de très légères et passagères variations, reste remarquablement fixe ; sa composition se maintient constante, en dépit de toutes les causes perturbatrices. Des mécanismes régulateurs interviennent sans cesse pour rétablir l'équibre, quand celui-ci tend à être troublé.

D'abord le nombre des hématies et des leucocytes ne subit que des oscillations momentanées, ainsi que la proportion relative de chacune des variétés de globules blancs (*formule leucocytaire*, voy. p. 326). Lorsque, brusquement, par l'action d'une forte saignée, par exemple, le nombre de tous les éléments figurés diminue, il revient vite à la normale, non seulement parce que les vaisseaux, adaptant leur capacité au volume de leur contenu, se resserrent, mais aussi et surtout parce que l'activité des organes hématopoiétiques a tôt fait de combler les vides qui se sont produits ; le meilleur excitant de ces organes n'est-il pas justement la saignée ? Quand, sous l'influence de la digestion, le nombre des globules blancs augmente, il revient rapidement à son chiffre habituel ; l'excès de ces éléments est retenu dans les organes lymphoïdes.

De même la composition générale du plasma ne change que dans d'étroites limites et d'une façon toute transitoire. Les substances injectées dans le sang, sucres, peptones, alcaloïdes, toxines microbiennes, etc., sont excrétées la plupart du temps par les reins, ou vont se fixer rapidement dans les tissus. Inversement, celles que l'on peut considérer comme constitutives du sang y sont fortement retenues en cas de besoin ou y sont appelées des tissus. Qu'il s'agisse de la matière colorante des globules ou du fibrinogène et du chlorure de sodium du plasma, la proportion de ces substances ne varie pour ainsi dire pas. Dans le jeûne, pendant longtemps, ni l'hémoglobine, ni la sérumalbumine, ni le sucre ni les sels ne diminuent.

De même encore la constitution physique du sang ne peut éprouver que quelques oscillations momentanées. On a vu que les recherches cryoscopiques ont établi que le nombre des molécules dissoutes dans le sang reste à peu près invariable (constance du point de congélation ; voy. p. 78). Et cependant ce nombre tend sans cesse à croître en raison même du fonctionnement vital qui amène la dislocation des composés chimiques, aliments ou réserves, en molécules plus petites. Les reins, en éliminant avec la plus grande facilité les matières salines et en particulier le chlorure de sodium, si soluble, si diffusible, ramènent le nombre des molécules et par conséquent la pression osmotique à la moyenne (voy. p. 78). Ce rôle des reins est des plus manifeste dans le cas d'injection intraveineuse d'une solution hypertonique de chlorure de sodium ; une grande partie de ce sel est éliminée par les urines ; en même temps, il se fait une rapide dilution du sang (par appel d'eau des tissus), comme le prouvent et la diminution passagère de l'hémoglobine et la perte d'eau des tissus. Un autre facteur peut encore intervenir, c'est la fixation dans les tissus de l'excès de matière injectée [1] ; ce facteur peut même suffire à l'élimination de tout cet excès. Si en effet on lie les uretères d'un animal et qu'on injecte dans les veines du ferrocyanure de potassium ou du chlorure de sodium ou du bleu de méthylène, etc., on ne retrouve dans le sang, trois heures après l'injection, qu'une faible partie de la substance et, au bout de vingt-quatre heures, que des traces ; presque toute la substance a donc passé du sang dans les tissus [2]. Dans le cas de pénétration dans les vaisseaux d'une grande quantité d'une solution hypotonique, le rôle des reins n'est pas moins important que dans le cas précédemment considéré des injections hypertoniques ; l'eau qui se trouve ainsi en excès dans le sang est en effet rapidement éliminée par la sécrétion rénale.

Ainsi, grâce à des mécanismes régulateurs divers qui peuvent fonctionner isolément ou simultanément et quelquefois se compenser réciproquement, la composition du sang tend toujours à rester fixe. L'activité des organes hématopoïétiques règle l'équilibre des éléments figurés ; l'activité des reins et accessoirement de quelques autres glandes (glandes salivaires et intestinales), celle des organes hématopoïétiques, du foie surtout (formation de l'hémo-

---

1. Il importe de remarquer que les tissus présentent souvent des concentrations très fortes en cristalloïdes. Alors que le point de congélation du sérum de chien est de 0°,57, celui du muscle s'abaisse à 0°,71 et celui du foie est compris entre 0°,90 et 1°.

2. Ch. ACHARD et M. LOEPER, *Société de biologie*, 30 mars 1901, p. 382

globine, formation du fibrinogène) et le pouvoir de fixation de différents tissus pour différentes substances règlent l'équilibre chimique (proportion des matériaux du sang et rapport de ces matériaux entre eux) ; l'activité des reins et accessoirement de quelques autres glandes (glandes sudoripares, poumons [évaporation pulmonaire]) et le pouvoir de fixation des tissus pour les sels et surtout pour le chlorure de sodium règlent l'équilibre physique. C'est ce dernier qui est le plus important pour le bon fonctionnement de l'organisme et c'est aussi celui-là qui se rétablit le plus rapidement en cas de trouble.

2° *Vie propre des éléments figurés.*

Les hématies et les leucocytes consomment pour leur propre compte de l'oxygène et produisent un peu d'acide carbonique. 100 centimètres cubes de sang oxygéné, à l'étuve à 37°, perdent par heure 3 ou 4 centimètres cubes d'oxygène.

Les leucocytes fixent un grand nombre de substances ou de corps qui pénètrent dans le sang (globules de graisse, granulations pigmentaires, bactéries, etc.). On a vu et on verra surtout plus loin de quelle utilité est pour l'organisme l'exercice de cette propriété des leucocytes que mettent surtout en jeu les excitants chimiques (chimiotropismes) ; mais, au point de vue de la physiologie générale, ce sont là d'abord et avant tout des manifestations de la vie de ces éléments cellulaires pour elle-même.

3° *Rôle des globules rouges et du sang en général.*

Tout ce que nous avons dit de la propriété de l'hémoglobine de fixer l'oxygène de l'air s'applique au sang circulant.

Il est facile de le prouver par une expérience sur l'homme (K. Vierordt). On examine au moyen d'un spectroscope à vision directe la pulpe du doigt serré par un lien de caoutchouc ; on constate la disparition progressive des deux bandes d'absorption de l'oxyhémoglobine, l'oxygène, contenu dans la quantité de sang que l'on avait par ce moyen retenue dans le doigt, finissant par être consommé par les tissus (en 2 minutes — 2 minutes 1/2), et on observe alors la bande unique de l'oxyhémoglobine réduite.

Le rôle des globules rouges consiste donc à se charger d'oxygène qu'ils vont ensuite distribuer aux tissus ; ces globules sont des réceptacles de ce gaz. Lorsqu'ils traversent les capillaires du poumon, ils prennent à l'air extérieur son oxygène, qu'ils transportent ensuite vers les différents éléments de l'organisme. Ceux-ci, en échange de l'oxygène qu'ils emploient, donnent au sang de l'acide carbonique, qui se dissout dans le plasma ou s'y combine avec les alcalis libres.

Telle est l'importance de ce rôle des globules rouges qu'une diminution un peu considérable de leur nombre ou de leur valeur hémoglobique amène les troubles les plus graves. Chez les animaux supérieurs, le sang oxygéné est indispensable à la permanence de la vie
de tous les tissus.

Anémie. — Au point de vue physiologique, c'est la privation de sang.
La soustraction totale de sang cause la mort générale. La soustraction du
sang d'un tissu cause la mort de ce tissu. Exemples : le cerveau perd toutes
ses fonctions quelques minutes après la ligature de toutes les artères de
la tête (carotides et vertébrales) ; quant aux fonctions pyschiques, elles
sont presque immédiatement abolies ; — l'anémie de la moelle par oblitération de l'aorte abdominale (expérience dite de STENON[1], 1667), après une
courte période d'excitation, amène en moins d'une minute la paralysie et
en trois minutes l'anesthésie du train postérieur ; — l'anémie brusque du
cœur détermine la production de mouvements irréguliers et désordonnés
des ventricules, dits *trémulations ventriculaires*, à la suite desquelles le
cœur cesse de battre.

Inversement, un organe séparé du corps peut continuer à vivre quasi
indéfiniment si on y fait circuler artificiellement du sang. C'est en instituant cette méthode des *circulations artificielles* que K. LUDWIG a appris
aux physiologistes à étudier les fonctions des organes isolés.

Saignée. — La saignée est une anémie plus ou moins réduite. La résistance à la saignée varie beaucoup suivant les espèces animales et, dans la
même espèce, suivant les sujets. Les chiens bien portants supportent en
général une hémorragie de 1/30 du poids du corps ; mais ils meurent quand
l'hémorragie atteint 1/15 à 1/20 de ce poids. Chez l'homme, une perte de 2 à
3 litres de sang est souvent mortelle. Les troubles de la circulation[2] et de
la respiration[3] sont très importants, mais ceux du système nerveux ne le
sont pas moins : perte de la conscience, puis de la sensibilité, puis convulsions, symptôme mortel ; ce sont là les phénomènes nerveux de l'asphyxie.
Aussi bien, celle-ci se ramène à l'anémie.

Transfusion du sang. — On ne peut sauver un animal profondément
anémié par une forte hémorragie qu'en injectant dans ses vaisseaux le
sang d'un animal de même espèce ou d'une espèce très voisine. C'est la
transfusion du sang[4]. La condition relative à l'espèce est essentielle pour le
succès de l'opération. Les hématies ne peuvent vivre que dans leur propre
plasma ou un plasma aussi semblable que possible. Le sérum du sang
d'une autre espèce détruit les hématies d'une espèce donnée (hématolyse ;

1. NICOLAS STENON ou STENSON (déformation latine de son véritable nom, STEN
SEN [NIELS]) (1638-1686), illustre anatomiste et géologue danois.
2. Dans la saignée mortelle ils se terminent par une dépression extrême du
tonus vasculaire ; les vaisseaux presque vidés de sang ne peuvent plus réagir sur
leur contenu et le sang ne revient plus au cœur ; la circulation s'arrête.
3. Ceux-ci sont liés à la perte globulaire exagérée.
4. La première application à l'homme fut faite à Paris, en 1667, par le médecin
JEAN DENIS, qui transfusa du sang d'agneau.

voy. p. 312). C'est à cette propriété globulicide du sérum que sont dus tous les dangers de la transfusion de sang hétérogène (voy. p. 314) que l'on ne pratique d'ailleurs plus. Le sérum hétérogène ne dissout pas seulement des hématies, mais il dissout aussi des leucocytes ; et ainsi peut être mise en liberté une quantité de plasmase suffisante pour déterminer des coagulations intra-vasculaires.

Le retour à la vie, pour les organes au fonctionnement très délicat comme le système nerveux, n'est possible que s'ils n'ont été privés de sang que pendant un court laps de temps. Ainsi la moelle anémiée, dans l'expérience de STENON citée plus haut, ne reprend ses fonctions qu'à la condition que la durée de l'anémie n'ait pas dépassé vingt à trente minutes. Au delà de vingt minutes les cellules nerveuses présentent déjà des lésions qui vont s'aggravant rapidement. BROWN-SÉQUARD [1] a réussi, ayant décapité un chien, à faire revivre la tête en injectant, huit minutes après la décapitation, par les quatre troncs artériels, du sang oxygéné: il observa d'abord des contractions désordonnées, puis des mouvements des yeux et de la tête qui paraissaient volontaires. D'autres organes, tels que le cœur, le rein, l'intestin, etc., dans lesquels on rétablit la circulation, après les avoir séparés du corps, reprennent leur fonctionnement même lorsqu'ils ont été pendant plusieurs heures privés de sang.

Les difficultés de la transfusion du sang ont fait remplacer cette opération par la simple injection de solutions salines dans lesquelles les globules ne sont pas détruits (solutions isotoniques). On se sert en général d'une solution stérilisée de chlorure de sodium à 9 p. 1000. Il serait préférable d'employer le liquide de RINGER[2]-LOCKE (voy. ci-dessous). Dans les cas de grandes hémorragies ou de pertes profuses de liquides, comme dans le choléra, où la masse de sang a beaucoup diminué, ces injections ont d'excellents effets en relevant la pression sanguine quelquefois si basse que la circulation se maintient à peine[3].

Les circulations artificielles avec des solutions salines dans des organes isolés peuvent rétablir et entretenir le fonctionnement de ces organes durant un temps variable. L'exemple le plus remarquable est fourni par le cœur. La solution dont on se sert actuellement pour pratiquer la circulation artificielle dans le cœur (il suffit de faire arriver la solution dans les artères

1. C. E. BROWN-SÉQUARD (1817-1894), célèbre physiologiste français, a fait un grand nombre de recherches fondamentales sur la physiologie de la moelle et sur les fonctions du cerveau, sur les muscles, sur les glandes, etc. Il partage avec CLAUDE BERNARD la gloire de la découverte des nerfs vaso-constricteurs, il a généralisé la notion des actions d'arrêt, il a découvert l'épilepsie expérimentale, il a fait renaître et il a développé la question des glandes à sécrétion interne.

2. On a pu sauver des chiens (expériences de KRONECKER[*]), auxquels une hémorragie rapide avait fait perdre à peu près la moitié de leur sang, par la transfusion d'une égale quantité d'une solution de 6 grammes de chlorure de sodium et de 0gr,05 de soude pour 1000 d'eau.

* H. KRONECKER, physiologiste allemand (1839-1914), a fait de très bons travaux sur le muscle, la fatigue musculaire, le cœur, la respiration, etc.

3. SYDNEY RINGER (1835-1910) montra le premier qu'une solution contenant des ions déterminés (Cl, Na, Ca et K), sous forme de sels inorganiques en proportions définies, est apte à entretenir à la place du sang la vie des tissus. Il étendit ces recherches sur le rôle des sels à l'étude des actions diastasiques et vit

coronaires), est celle qui a été étudiée par deux physiologistes anglais,
S. RINGER d'abord (1880-85), puis F.-S. LOCKE (1895, 1901) et que l'on désigne sous le nom de *liquide de Ringer-Locke*; en voici la formule:

Eau distillée..............................	1 litre.
Chlorure de sodium...	8 ou 9 grammes.
— de potassium........................	$0^{gr},42$.
— de calcium	$0^{gr},24$.
Bicarbonate de soude.................	$0^{gr},15$.
Glycose....................................	1 gramme.

De plus, on fait passer un courant d'oxygène dans ce liquide. Avec une
telle solution on a pu non seulement entretenir le fonctionnement intégral
du cœur, mais aussi amener le retour de ce fonctionnement vingt heures
après la mort. L'expérience a aussi bien réussi avec le cœur de l'homme
(KULIABKO [1]) que sur le cœur du lapin ou du chat. On a de même avec le
liquide de RINGER-LOCKE entretenu la vie de l'utérus, de la vessie, d'un
fragment d'intestin.

4° *Fonctions des globules blancs.*

On a vu (p. 327) quelles sont les propriétés des globules blancs.
Leurs fonctions y sont naturellement liées.

A. Transport par les leucocytes de matériaux nutritifs.
— En vertu de leur irritabilité, mise en jeu par beaucoup d'excitants chimiques, les leucocytes englobent diverses substances; puis
ils transportent celles-ci au contact des éléments anatomiques. Leur
mobilité (voy. p. 127), grâce à laquelle ils franchissent la paroi
vasculaire (diapédèse, voy. p. 327), leur permet en effet de pénétrer
dans les tissus (*cellules migratrices*). Dans les villosités intestinales, par exemple, ils se chargeraient de produits de la digestion; de même, ils s'incorporent le fer qu'ils amènent ensuite,
selon toutes probabilités, dans les organes où s'accumule ce métal.
Peut-être s'emparent-ils aussi d'autres matières. En tout cas, leur
intervention dans le transport de la graisse et du fer absorbés est
bien réelle et suffit à établir leur rôle dans l'ensemble des phénomènes de nutrition. Comme les hématies sont les vecteurs de l'oxygène, les leucocytes sont des vecteurs de matériaux absorbés. Et les
uns et les autres se comportent en *honnêtes courtiers.*

**B. Fonction digestive propre des leucocytes. Ses rap-
ports avec l'épuration de l'organisme.** — Mais les leucocytes,
comme tous les éléments cellulaires, vivent d'abord pour eux-mêmes.

l'importance du calcium dans la coagulation du sang et dans celle du lait. Ses
travaux de pharmacodynamie, sur l'aconitine, la pilocarpine, la vératrine, etc , ont
les mêmes caractères de précision que son œuvre physiologique.

1. Physiologiste russe contemporain, professeur à l'Université de Tomsk.

Sous l'influence d'excitations mécaniques ou surtout chimiques (chimiotropismes, voy. p. 127), ils englobent des cellules animales (hématies vieillies ou mortes, spermatozoïdes, microbes, etc.) et les digèrent (voy. p. 110 et 127). Ils en débarrassent ainsi l'organisme qui n'en resterait pas encombré sans dommage ou sans danger. On a soutenu (Metchnikoff) que cette phagocytose est le facteur essentiel de l'immunité naturelle ou acquise.

C. Sécrétions des leucocytes. — Les globules blancs digèrent beaucoup des éléments morts ou vivants qu'ils englobent, et ils les digèrent au moyen de ferments que l'on a appelés *cytases* (agents décomposant les cellules). Ces cytases agissent dans les globules eux-mêmes. Mais ceux-ci produisent d'autres ferments qu'ils excrètent.

Le plus anciennement connu est le ferment coagulant du sang ou *ferment de la fibrine* ou *plasmase*. Nous nous en occuperons en étudiant la coagulation du sang.

Il en est d'autres, des diastases protéolytiques, le ferment glycolytique et un ferment oxydant ou oxydase. Mais, comme la plupart de ces ferments agissent dans le sérum, puisqu'ils sont excrétés par les leucocytes, il sera préférable d'en indiquer les propriétés en examinant le rôle même du plasma.

Outre des ferments, les leucocytes produisent des substances bactéricides et peut-être aussi, d'une façon générale, les lysines (voy. p. 100) et les alexines (voy. p. 102) que l'on trouve dans le sérum de différents animaux. Cette question se posera de nouveau tout à l'heure quand nous étudierons les propriétés du sérum.

5° *Rôle du plasma et du sérum.*

A. Fixation et transport de l'acide carbonique par le plasma. — De même que les globules rouges transportent l'oxygène dans tous les tissus, de même le plasma amène au poumon l'acide carbonique des tissus qui s'est combiné avec son alcali libre. On a vu (p. 342) que cette combinaison contient la plus grande partie de l'acide carbonique du sang. Le plasma est donc le principal vecteur de l'acide carbonique; à ce titre, son rôle, dans l'ensemble de la fonction respiratoire, ne le cède guère en importance à celui des globules, vecteurs de l'oxygène.

B. Fermentations dans le milieu sanguin. — Dans le sang se produisent des phénomènes de fermentation dont les résultats ne sont point sans importance.

a. Ferments digestifs du plasma. Digestion dans le sang. — Il se

passe dans le sang deux sortes d'action diastasique digestive, une
action saccharifiante et une action lipolytique.

Le plasma contient un ferment qui transforme l'amidon et le
glycogène en maltose, analogue par conséquent à l'amylase salivaire
et à l'amylase pancréatique, et un ferment qui transforme la maltose en glycose. Si on injecte de la maltose dans le sang, elle s'y
dédouble en ce dernier sucre. Le sucre du sang ne peut donc être
de la maltose. — Le ferment saccharifiant du plasma se retrouve
dans le sérum et dans la lymphe.

On a démontré (F. Röhmann, , 1892) que ce ferment existe et agit dans la
lymphe circulante. Après avoir établi une fistule du canal thoracique (sur
le chien), on injecte une solution de glycogène dans un vaisseau lymphatique de la patte; la lymphe est recueillie par la fistule au bout de quelques minutes; on y dose le sucre; la quantité de sucre est toujours plus
forte qu'avant l'injection; et cette augmentation correspond à la transformation du glycogène injecté,

Ce serait une erreur de croire que ce ferment représente simplement l'excès des ferments amylolytiques sécrétés par les organes
digestifs, qui ont passé dans la circulation et sont destinés à être
éliminés (par les urines), bref, un surplus inutile dans le sang.
L'expérience rapportée ci-dessus montre que cette diastase est très
active et que tout hydrate de carbone qui pénètre dans le sang doit
y être rapidement converti en glycose.

D'autre part, le sang contient un ferment qui saponifie la monobutyrine et beaucoup d'autres éthers (*lipase* de M. Hanriot, 1896). Cette
lipase n'agit pas sur les graisses neutres (expériences de M. Arthus
et de M. Doyon et A. Morel). Cependant le sang aurait le pouvoir
de transformer les graisses neutres (la graisse du chyle) en une substance soluble dans l'eau et dialysable (Cohnstein et Michaëlis, 1897);
cet agent lipolytique est détruit par le chauffage à 100°; il proviendrait des éléments figurés du sang. — Il est certain que le canal thoracique déverse dans les vaisseaux sanguins, pendant la digestion,
une assez grande quantité de graisses neutres et que ces graisses
disparaissent rapidement du sang. Nous verrons, en étudiant les
fonctions du foie, qu'elles sont retenues dans cet organe. On peut
toutefois se demander, d'après ce que l'on sait déjà des actions lipolytiques du sang, si dans ce milieu ne se consommerait pas, au moins
en partie, la digestion des graisses.

Antiferments. — A côté de ces ferments digestifs du sang, il importe
de rappeler qu'il s'y trouve des antiferments dont l'activité s'oppose
à celle d'autres ferments digestifs. Le sérum normal empêche en effet

l'action de la pepsine, celle de la trypsine et celle de la présure (voy.
p. 99) ; cette influence empêchante est abolie par le chauffage à 65°.

De tous ces faits il ressort que les ferments des hydrates de carbone
et sans doute aussi ceux des corps gras exercent leur action dans le
sang, mais que, par contre, les propriétés des ferments protéolytiques
ne peuvent s'y manifester. Pour une part donc, les phénomènes
digestifs ne se limitent pas aux organes spéciaux dans lesquels sont
sécrétés les sucs digestifs, mais se poursuivent jusque dans le milieu
intérieur.

b. FERMENT GLYCOLYTIQUE. — On a déjà signalé l'action glycolytique
du sang (voy. p. 90 et p. 338). Ce phénomène est assez important,
puisque le sang perd en une heure 20 à 40 p. 100 du sucre qu'il contient. Ce sucre disparaît d'autant plus rapidement que la température
est plus élevée, tout en restant au-dessous de 55°. Le chauffage à 55°
détruit l'agent de la glycolyse (R. LÉPINE et BARRAL). Cet agent ne
paraît pas préexister dans le plasma. Il proviendrait des globules
blancs et serait lié à leur destruction ; le sérum très frais, exempt
d'éléments figurés, ne perd pas son sucre à la température de 39°.

Les produits de destruction de la glycose dans le sang ne sont pas
connus encore.

On ne peut assurer que les propriétés de ce ferment s'exercent dans le
sang circulant. Si la preuve définitive de son action *in vivo* était administrée,
il faudrait considérer cette diastase comme ayant un rôle des plus importants dans la nutrition générale. — Nous retrouverons d'ailleurs cette
question à propos de la physiologie du pancréas.

c. FERMENT OXYDANT. DES OXYDATIONS DANS LE SANG. — Le sérum sanguin contient un ferment oxydant. Il semble que ce ferment pro-
vienne surtout des leucocytes ; on a pu en effet l'extraire de ces éléments préalablement isolés [1].

Ce ferment joue-t-il un rôle dans le sang circulant ? Ne se trouve-t-il pas
dans celui-ci des corps à brûler ? Et comment l'oxygène nécessaire à cette
combustion passe-t-il des globules sur ces corps ? On peut penser que,
s'il se produit des oxydations dans le milieu sanguin, le rôle d'intermédiaire entre l'oxygène et les corps oxydables est joué par l'oxydase.

Le sang contient encore des ferments oxydants indirects (voy. p. 95)
ou *catalases*, dont l'activité est mesurée par la quantité d'eau oxygénée
qu'ils décomposent dans des conditions déterminées. — Cette valeur, assez
constante chez l'homme sain, diminue notablement chez les malades.

C. **Propriétés du plasma et du sérum.** — Ces propriétés sont
multiples et diverses. Elles préexistent dans le sang (cas des *héma-*

1. P. PORTIER, *Thèse*, Faculté de médecine, Paris, 1898.

tolysines) ou s'y développent dans des conditions déterminées (cas des *cytolysines* ou *cytotoxines* en général, autres que les hématolysines, y compris les bactériolysines). Ce sont les propriétés *cytotoxiques* indiquées p. 100, *agglutinantes* [1] (voy. p. 100), *précipitantes* (voy. p. 12 et p. 100), opsonisantes (p. 101) et *antitoxiques* [2] (voy. p. 101).

On a pu démontrer que plusieurs des alexines (voy. p. 102) qui préexistent dans les sérums et des sensibilisatrices qui y apparaissent, de même que plusieurs des antitoxines connues, proviennent des leucocytes où elles se formeraient. La preuve de cette origine n'a pas été fournie pour toutes [3] Par les faits déjà acquis dans cette voie cependant, l'importance physiologique des globules blancs s'est beaucoup accrue.

ACTION TOXIQUE DU SÉRUM. — A toutes ces propriétés se rattache l'action toxique générale du sérum. Un sérum donné, en effet, injecté à des animaux d'autres espèces [4], tue ces animaux à des doses diverses. C'est ainsi qu'il faut environ 0cc,2 de sérum d'anguille [5], 10 centimètres cubes de sérum de chien, 10 à 15 centimètres cubes de sérum humain, plus de 300 centimètres cubes de sérum de cheval par kilogramme de son poids, pour tuer un lapin. Cette toxicité n'est pas due à l'action globulicide du sérum, car cette dernière est abolie par le chauffage à 55°, qui ne fait pas disparaître la toxicité. Les animaux meurent après avoir présenté des troubles cardio-vasculaires et respiratoires (dyspnée), du myosis, des convulsions ou des phénomènes de paralysie ; ce sont là du moins les accidents principaux.

On a prétendu que les substances toxiques des sérums normaux

---

1. A remarquer que les *agglutinines* des hématies, par exemple, sont différentes des hématolysines, celles-ci étant détruites à 55°, température à laquelle résistent les premières.

2. Parmi les antitoxines des sérums, les plus importantes pratiquement sont les antitoxines qui se produisent à la suite des injections de toxines microbiennes. La première connue fut l'antitoxine diphtérique (BEHRING et KITASATO, 1890-1891).

3. D'après R. TURRÓ et PI SUÑER*, les bactériolysines se formeraient dans tous les organes.

4. On a cependant constaté dans quelques cas une action toxique d'un sérum sur les animaux de même espèce. C'est par exemple ce qui arrive avec le sérum de chat qui, à la dose de 10 cc., provoque chez le chat la chute de la pression artérielle, le ralentissement du cœur et un arrêt respiratoire plus ou moins prolongé (T.G. BRODIE, *J. of. Physiol.*, 1906, XXVI, p. 48-72). Dans le même ordre d'idées on a constaté que le sérum humain peut quelquefois agglutiner les hématies du sang de l'homme (M. ASCOLI, 1903 ; J. CAMUS et Ph. PAGNIEZ, 1903) ; il y aurait des *auto-agglutinines*, à côté des hétéro-agglutinines, et qui coexisteraient dans le sang circulant (K. LANDSTEINER, 1903).

5. Le sérum d'anguille, dont la toxicité a été découverte par A. Mosso (1889), paraît être le plus toxique de tous les sérums expérimentés jusqu'à présent. On a vu que sa puissance hématolytique est extrême (p. 312).

* R. TURRÓ, physiologiste et psychologue espagnol contemporain, directeur du Laboratoire municipal de Barcelone. — A. PI SUÑER, professeur de physiologie à l'Université de Barcelone.

GLEY. — Physiologie.

sont des substances qui proviennent des leucocytes au moment où ceux-ci se détruisent pendant la coagulation du sang. Il se peut qu'une part de la toxicité du sérum revienne à des produits leucocytaires, mais il faut remarquer que le sang total est toxique, de même que le sérum.

Les phénomènes d'anaphylaxie. — Un effet toxique très spécial des sérums est l'effet *anaphylactique* (de ἀνα, qui en composition exprime l'idée de reculer ou de défaire, et φύλαξις, protection)[1].

Ce phénomène a d'abord été découvert par Ch. Richet[2] (1902) dans une substance qu'il a extraite du corps des Actinies ; il l'a ensuite constaté avec des substances semblablement extraites d'autres animaux marins, crevettes, huîtres, moules, etc.

L'injection d'une dose donnée de l'un de ces poisons provoque après quelques heures des accidents plus ou moins graves, abattement, diarrhée, hypothermie très forte, congestion viscérale ; l'animal se remet ; si, un mois plus tard environ, on fait une seconde injection, mais d'une dose vingt fois plus faible, les accidents sont immédiats, et beaucoup plus graves, plusieurs même diffèrent de ceux qu'avait déterminés la première injection, et souvent la mort est fatale. Ainsi la première injection a créé un état d'hypersensibilité au poison, c'est cela justement qui constitue l'anaphylaxie ; et, de plus, les choses se passent comme si l'on avait injecté un poison à effets différents de ceux antérieurement produits.

Or, les injections de sérum de cheval produisent aussi l'anaphylaxie (M. Arthus, 1903). On a même décrit chez l'homme ce que l'on a appelé la « maladie du sérum » (*Serumkrankheit*), consécutive à des injections répétées d'un sérum thérapeutique, tel que le sérum antidiphtérique.

Ainsi, sous l'influence de divers poisons de nature protéique (toxalbumines), il se forme dans le sang une substance, non plus immunisante, mais anaphylactisante. On a montré en effet (Ch. Richet) que le sérum d'un animal anaphylactisé, injecté à un autre animal, n'est pas toxique, mais si ce dernier reçoit ensuite une dose de poison non toxique pour un témoin, il ne résiste pas à cette dose. Le sérum des animaux anaphylactisés contient donc une substance anaphylactisante.

Les faits d'anaphylaxie ont pris la plus grande importance. La sensibilité des animaux tuberculeux à la tuberculine, celle des animaux morveux à la malléine, une foule d'intoxications alimentaires (par le lait, par la chair de poissons, de mollusques et de crustacés, par les fraises, etc.), etc., sont des réactions d'anaphylaxie.

6° *La mort du sang. Coagulation du sang.*

Le sang, en tant que tissu, meurt, dès qu'il est sorti des vaisseaux.

---

1. L'anaphylaxie est donc le contraire de la protection, de la prophylaxie.
2. Le premier travail de Richet a été fait en collaboration avec P. Portier.

Les éléments figurés perdent rapidement leurs propriétés. Seules, les
propriétés du sang qui tiennent à des substances solubles du plasma,
plus ou moins bien définies chimiquement, se conservent et se retrouvent dans le sérum. Cette mort du sang, c'est la coagulation de ce
liquide.

A. Description du phénomène. — Ce phénomène consiste en la
solidification du sang qui se
prend en une masse offrant
l'aspect d'une gelée. La fibrine forme une espèce de
réseau dans lequel sont emprisonnés les éléments figurés. La figure 42 montre un
réticulum fibrineux, tel qu'on
l'observe au microscope,
lorsqu'on laisse une très
mince couche de sang se
coaguler sur une lamelle de
verre ; la préparation a été
obtenue (procédé de RANVIER)
en lavant la tache coagulée
de manière à enlever les
globules et à ne laisser que
le réseau fibrineux, coloré
ensuite à l'aide de la fuchsine. On voit que les fibrilles de fibrine *b* paraissent émanées de plusieurs
centres ou nœuds *a*[1], au

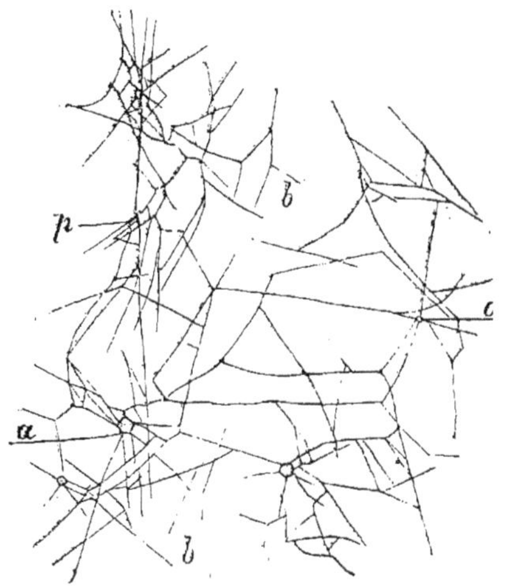

Fig. 42. — Réticulum fibrineux du sang de l'homme
(d'après RANVIER).

niveau desquels le réseau est plus serré ; ces centres, mesurant de 1 à
5 μ, présentent, du reste, les mêmes réactions colorées que les fibrilles
elles-mêmes. — Quand le sang se coagule en masse, la fibrine forme
une espèce de masse spongieuse qui contient dans ses mailles toutes
les autres parties du sang ; puis la solidification devenant de plus en
plus marquée, la partie liquide est exprimée sous la forme de *sérum*, liquide limpide ou un peu opalin, qui contient les albuminoïdes et les
divers sels du plasma ; la masse coagulée et rétractée forme le *caillot*. On
a établi p. 333 la distinction qui existe entre le plasma et le sérum.

La rétraction du caillot paraît due à l'action des plaquettes. En effet le
coagulum des liquides dépourvus de plaquettes, tels que la lymphe et
les sérosités pathologiques, n'est pas rétractile (HAYEM). De même, les

1. Par un léger lavage au sérum iodé, on voit que les nœuds du réticulum sont
occupés par des amas d'hématoblastes (HAYEM, *Du sang et de ses altérations anatomiques*, Paris, 1889) ; ceux-ci se sont transformés en corpuscules irréguliers,
anguleux, étoilés, de la surface desquels partent des fibrilles extrêmement fines
entre-croisées en réseau (voy. fig. 42). De là le rôle que HAYEM a attribué aux
hématoblastes dans la coagulation du sang.

plasmas oxalaté et salé et le liquide d'hydrocèle fournissent un caillot irrétractile, mais, si on y ajoute des plaquettes, la rétraction se produit et la rétractilité est proportionnelle à la quantité de plaquettes ajoutées (expériences de Le Sourd et Pagniez, 1907; voy. fig. 43): enfin les mêmes auteurs ont pu obtenir, par injection au cobaye de plaquettes extraites du sang oxalaté du lapin, un sérum antiplaquettes qui, ajouté à du sang de lapin, empêche *in vitro* la rétractilité du caillot de ce sang. — Cette propriété des plaquettes de provoquer la rétraction du caillot sanguin est détruite par le chauffage à 58°.

On peut résumer les phénomènes de la coagulation de la façon suivante :

Sang dans les vaisseaux.

Plasma.   Globules.

Sérum.   Fibrinogène.

Sang hors des vaisseaux (sang coagulé).

Sérum.   Caillot.

Fibrine.   Globules

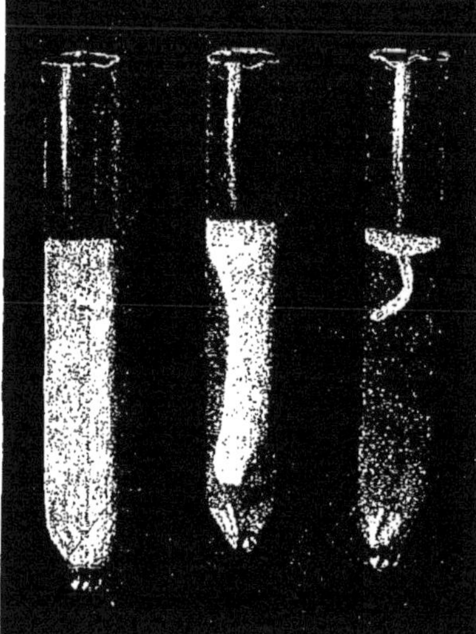

Fig. 43. — Influence des plaquettes sur la rétraction du caillot sanguin (Le Sourd et Pagniez).

Les trois tubes contiennent la même quantité de plasma oxalaté dont la coagulation a été provoquée par addition de chlorure de calcium. En 1, dans le plasma où il n'a pas été ajouté d'hématoblastes, le caillot est irrétractile. En 2 et 3, le degré de rétraction est proportionnel à la quantité d'hématoblastes ajoutée avant recalcification.

Il y a des variations dans la coagulation suivant l'espèce animale; très lente dans le sang du cheval (plusieurs heures en hiver), elle est très rapide dans celui du cochon d'Inde; elle commence, dans celui de l'homme, de cinq à dix minutes après l'extraction du sang.

Le contact de l'air l'accélère, ainsi que le battage, qui qui hâte la formation de la l'on emploie pour défibriner le sang et fibrine.

La coagulation est retardée par le froid ou par le mélange au sang de substances telles que le sucre, un sel ou un alcali. Dans ce cas, les globules rouges se déposent au fond du vase, et par suite la partie inférieure du caillot est fortement colorée, tandis que sa partie supérieure est plus pâle et peut même être tout à fait blanche dans les couches superficielles (*couennes*); ces *couennes fibrineuses* se rencontrent aussi dans diverses

conditions pathologiques, par exemple chez les pneumoniques ; on voit
alors l'éponge fibrineuse enfermant les globules, recouverte d'une couche
de fibrine simple, blanchâtre, lardacée, couenneuse en un mot ; à sa partie
inférieure se trouvent les globules blancs, qui, vu leur légèreté, tendent
à monter à la superficie du liquide (fig. 44). Ce phénomène peut avoir deux
causes différentes, et même indépendantes
d'un excès de fibrine : ou bien les globules
sanguins (rouges) sont devenus spécifiquement plus lourds, ou bien la coagulation est
plus lente. Dans le premier cas, les globules
n'occupent pas le même niveau du liquide que
la fibrine qui surnage et se coagule à part ;
dans le second, ils ont le temps de se précipiter pendant que la fibrine se forme lentement. Le sang de cheval coagulé présente
toujours une couenne.

B. Mécanisme de la coagulation.

— En quoi consiste cette séparation des
éléments du sang, cette sorte de dislocation ? en tout et pour tout, en la formation du caillot.

Qu'est-ce donc que le caillot ? Le caillot
est formé d'une matière albuminoïde, étudiée p. 335, de la classe des globulines,
qui emprisonne dans ses mailles les glo-

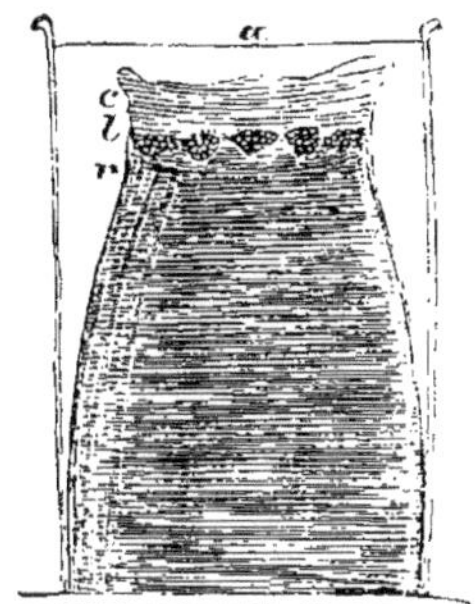

Fig. 44. — Tableau schématique d'un sang coagulé avec
couenne (d'après Virchow).

a, niveau du liquide sanguin ;
c, couenne ayant la forme d'une
coupe ; *l*, croûte granuleuse avec
les amas granuleux, puriformes,
des globules blancs ; *r*, caillot
avec les globules rouges.

bules. On a vu que le poids de la fibrine produite est assez faible ;
un litre de sang ne fournit que de 1 à 3 grammes de fibrine[1]. La
question posée se ramène donc à celle-ci : comment la fibrine
a-t-elle pris naissance ? En effet, elle n'existe pas dans le sang circulant (Denis, 1828, 1856)[2] ; le sang est toujours fluide dans les vaisseaux, on tâchera de voir pourquoi à la fin de ce chapitre ; la formation de fibrine dans les vaisseaux, sous l'action de causes pathologiques, est suivie de thrombus et d'arrêts localisés de la circulation
et peut amener des embolies mortelles.

Ainsi coagulation et formation de fibrine sont termes équivalents[3].
Comment alors se forme la fibrine ?

1. Dans la pneumonie, le caillot contient 8 à 22 grammes de fibrine.
2. P. S. Denis a montré dès 1828 que la matière albuminoïde appelée fibrine,
(on ne connaissait pas à cette époque le fibrinogène) est liquide dans le sang circulant, et, en 1856, qu'elle ne saurait en réalité s'y trouver à l'état de fibrine,
car sous cette forme elle y est insoluble.
3. Dès 1837, Denis a ramené tout le phénomène de la coagulation à une « solidification » de la fibrine. On n'a qu'à remplacer ce dernier mot par celui de
fibrinogène, ainsi qu'on va le voir.

Un premier fait important, entrevu dès 1831-1845 par A. Buchanan[1] et très bien étudié par Al. Schmidt, est le suivant : il existe dans l'organisme des liquides venus du sang et non spontanément coagulables ; tels sont le liquide du péricarde et surtout celui de l'hydrocèle ; mais ces exsudats se coagulent quand on y ajoute un peu de sang défibriné ou de sérum. A. Buchanan a même vu que cette coagulation se produit facilement par l'addition d'un peu de la *couenne* du caillot (la couenne est très riche en globules blancs). Cette question du rôle des globules blancs[2] va se retrouver un peu plus loin.

Il fallait donc isoler de ces exsudats et, d'autre part, du sang défibriné ou du sérum les substances dont l'action réciproque provoque le phénomène de la coagulation.

Du liquide d'hydrocèle, Al. Schmidt a pu extraire une globuline dont les solutions purifiées se coagulent sous l'influence d'un peu de sérum ; il considéra cette matière albuminoïde comme la génératrice de la fibrine et il l'appela matière *fibrinogène*. Cette substance a été étudiée p. 335. Quand on chauffe la solution de fibrinogène à 55°, température à laquelle se précipite le fibrinogène, cette solution ne se coagule plus.

Reste le corps qui se trouve dans le sang défibriné et dans le sérum. Qu'est-ce que ce corps ? Il ne préexiste pas dans le plasma, c'est un agent qui exsude des éléments figurés, surtout des globules blancs : on l'a prouvé de la façon suivante (expérience de Mantegazza[3], 1876, et surtout de Al. Schmidt, 1871, et de son école) : on reçoit du sang de cheval dans un vase entouré de glace (procédé du refroidissement pour la préparation du plasma, p. 334) ; la séparation se fait des hématies, des leucocytes et du plasma ; celui-ci, filtré, est très peu coagulable ; mais si on ajoute une goutte de la bouillie de leucocytes, il se coagule. Dans la défibrination du sang, il se détruit des leucocytes[4] ; dans le sérum il y a de même des produits leucocytaires. Qu'à un liquide non spontanément coagulable on ajoute un peu de sérum, ou de sang défibriné ou de la bouillie de globules blancs qui se sépare lors de la préparation du plasma par refroidissement du sang, le résultat sera le même, car on détermine toujours la même opération : on provoque l'action d'un produit leucocytaire sur la matière fibrinogène.

Ce produit leucocytaire ne serait pas autre chose qu'un ferment (Al. Schmidt). On l'obtient par précipitation du sang défibriné ou du sérum par un grand volume d'alcool ; le précipité produit, desséché, est soluble dans l'eau (caractère des diastases). Ces solutions agissent à très faible

1. Andrew Buchanan (1798-1882), médecin et physiologiste anglais.
2. De cette observation (1836) A. Buchanan avait déjà conclu que ce sont les globules blancs qui provoquent la coagulation et il avait comparé celle-ci à la coagulation du lait en présence des extraits de muqueuse gastrique (présure).
3. P. Mantegazza (1831-1910), médecin, physiologiste et anthropologiste italien, a publié plusieurs ouvrages qui ont répandu son nom dans le grand public, tels que la *Physiologie du plaisir*, la *Physiologie de la douleur*, la *Physiologie de l'amour*.
4. De là, les dangers de la transfusion du sang (voy. p. 347), quand elle est faite avec du sang défibriné qui contient toujours de la plasmase libre. Mais la quantité de plasmase peut n'être pas suffisante pour provoquer des coagulations intravasculaires : alors l'injection de sang défibriné sera inoffensive, ce qui arrive assez souvent.

dose soit sur le sang en nature, soit sur les plasmas (voy. p. 334), soit sur les solutions de fibrinogène, pour les coaguler; leur action est suspendue à 0°, elle est optima à 40°; chauffées entre 70° et 75°, elles perdent tout pouvoir; cette influence de la chaleur est caractéristique d'une action diastasique. On a appelé ce ferment *ferment de la fibrine* ou *thrombine* ou *plasmase*. La préférence sera donnée à ce dernier mot, si l'on veut se conformer à la nomenclature la plus usitée des ferments (nomenclature de DUCLAUX).

Ce ne sont pas seulement les leucocytes qui fournissent l'agent coagulant. Les plaquettes le produisent aussi. On a vu plus haut (p. 355, note 1) l'observation de HAYEM. De plus, on a montré (L. LE SOURD et PH. PAGNIEZ, 1907) que, si l'on ajoute à du liquide d'hydrocèle des plaquettes extraites d'un sang incoagulable (oxalaté) et lavées, on détermine à coup sûr la coagulation de ce sang; de même NOLF (1908) a fait coaguler une solution de fibrinogène pur par addition de plaquettes. Cette production de plasmase par les globulins se fait très activement en présence d'une petite quantité de sérum sanguin (quantité insuffisante pour provoquer la coagulation par elle-même) (expérience de BORDET et DELANGE, 1911).

C. Conditions de la coagulation. — Voilà donc connus les deux facteurs essentiels de la coagulation du sang, le fibrinogène et la plasmase.

Il résulte de là qu'il y a deux phases dans la coagulation : la première consiste dans la production de la substance coagulante et la seconde dans l'action de cette substance sur le fibrinogène, toutes deux étant soumises à des conditions déterminées.

1° On sait depuis longtemps (E. BRÜCKE[1]) que la fibrine contient toujours une petite quantité de sels minéraux, notamment de la chaux. Plus tard, on reconnut que le chlorure ou le sulfate de calcium facilite beaucoup et active la formation de fibrine. L'expérience décisive a été réalisée par M. ARTHUS et C. PAGÈS. Si l'on précipite à l'état de composés insolubles les sels de chaux du sang, par addition d'un oxalate d'alcali (à 1 pour 1 000 de sang) (l'oxalate de calcium est insoluble), le sang ne se coagule plus. Si on restitue à ce sang du chlorure de calcium en quantité suffisante, la coagulation se produit.

La chaux n'est cependant pas indispensable à la transformation du fibrinogène en fibrine, comme on l'avait cru. La fibrine n'est nullement un composé calcique; elle ne contient pas plus de chaux que la substance génératrice (expérience fondamentale de HAMMARSTEN, voy. p. 336). D'autre part, il peut y avoir formation de fibrine sans intervention aucune du calcium; en ajoutant un peu d'une solution de plasmase ne contenant pas de chaux à une solution de fibrinogène débarrassée de sels de chaux, on voit en effet se former de la fibrine (expérience non moins probante de HAMMARSTEN).

---

1. E. W. VON BRÜCKE (1819-1892), physiologiste allemand d'un grand renom, grâce à des travaux de haute importance sur la physiologie des muscles et des nerfs, sur l'optique physiologique, sur la théorie des couleurs, sur la phonation, etc., et à ses remarquables études de linguistique.

Ainsi le calcium n'est pas un facteur indispensable de la coagulation. Mais sa présence en est une condition normalement nécessaire. Les solutions de plasmase pure agissent bien sur les solutions de fibrinogène pur, comme on vient de le voir, et *a fortiori* sur les plasmas. Mais, dans les conditions de la coagulation naturelle, il faut d'abord que le ferment se forme ou devienne libre dans le milieu sanguin. C'est ici que la chaux intervient. On l'a prouvé de la manière suivante : le plasma oxalaté est un plasma que l'on a rendu incoagulable, on l'a vu tout à l'heure ; il semble donc qu'il ne contienne point de plasmase libre ou active ; on a vu qu'il redevient coagulable par addition de sel de calcium soluble ; par conséquent il s'y trouve un élément susceptible de devenir de la plasmase, justement sous l'influence du calcium. On suppose qu'il contient un proferment, une *proplasmase*, que la chaux fait passer à l'état de ferment actif, de plasmase. C'est l'idée soutenue par le physiologiste hollandais C. Pekelharing (1892), qui a beaucoup étudié la question de la coagulation.

2° Dans la production de la substance coagulante, à côté des sels de chaux interviennent d'autres facteurs, issus des leucocytes et des plaquettes, comme la proplasmase, et que contiennent aussi les extraits d'organes. Par suite, la notion de proplasmase s'est affaiblie, remplacée par une notion plus complexe : la plasmase active (*thrombine* des auteurs allemands) proviendrait d'une substance appelée *thrombogène* et présente dans tous les plasmas, sous l'influence d'une autre substance, la *thrombokinase* : c'est cette dernière que fourniraient les globules blancs et les plaquettes. ainsi que les extraits d'organes Quant au thrombogène, il serait, comme le fibrinogène, formé dans le foie. — Ces données nouvelles, dues aux travaux des physiologistes allemands Fuld et Spiro, d'une part, et Morawitz [1], d'autre part, et du physiologiste belge Nolf, doivent être prises en considération. Il est permis cependant de remarquer que le fait, qu'une action donnée favorise ou empêche un processus tel que la coagulation, ne suffit pas à démontrer par lui seul l'existence de la substance hypothétique à laquelle on s'est empressé d'attribuer la dite action

Deux autres conditions sont à examiner ; l'une est relative à l'état des leucocytes, l'autre à l'état du foie.

3° On a prétendu lier la genèse de la plasmase dans le sang à la destruction des globules blancs (Mantegazza, Al. Schmidt et son école. Or, c'est une erreur de croire que ceux-ci, hors des vaisseaux, se désagrègent rapidement ; la coagulation se fait bien avant leur désagrégation ; et l'on peut constater par l'examen microscopique qu'ils conservent au contraire longtemps leurs propriétés. Il n'y a donc pas de relation nécessaire entre la mort des globules blancs et l'apparition de la plasmase ; c'est d'une sécrétion et d'une excrétion du ferment qu'il s'agit [2]. Cette sécrétion se

---

1. Elles sont très bien exposées dans une étude de Morawitz sur la coagulation du sang, in *Ergebnisse der Physiol.*, t. IV, 1905.
2. Löwit, qui l'a étudié (1882, 1899). a qualifié ce phénomène de *plasmochise* (de plasma et σχίσις, séparation : séparation du protoplasma cellulaire. Par la suite, Lilienfeld. qui a fait provenir les substances coagulantes du noyau cellulaire. a appelé le phénomène *caryoschise* (de κάρυον, noyau, et σχίσις).

ferait surtout sous l'influence d'excitations mécaniques (contact des globules avec des corps étrangers, frottements, etc.).

4° De l'intégrité du foie paraît dépendre la quantité de fibrinogène nécessaire pour que la coagulation se fasse normalement. Nous avons présenté quelques faits concernant cette question p. 335.

POURQUOI LE SANG NE SE COAGULE PAS DANS LES VAISSEAUX. — On sait que le sang, dans les vaisseaux, ne se coagule pas. La raison en est que dans cette condition il ne se forme pas de plasmase. Si, dans l'expérience de la jugulaire du cheval (p. 334), au sang demeuré liquide on ajoute quelques gouttes d'une solution de ferment, ce sang se coagule rapidement (L. FREDERICQ). D'ailleurs, par injection intra-veineuse de plasmase à dose massive, on peut déterminer des coagulations telles dans les vaisseaux, qu'il y arrêt de la circulation et mort (AL. SCHMIDT).

SUBSTANCES ANTICOAGULANTES. — Il y a un grand nombre de substances qui empêchent la coagulation du sang. On peut les diviser en *substances anticoagulantes directes*, c'est-à-dire qui agissent directement sur le sang, qui mettent obstacle à sa coagulation *in vitro*, et en *substances anticoagulantes indirectes*, qui ne rendent le sang incoagulable que si on les injecte dans les vaisseaux de l'animal vivant.

Parmi les premières on connaît les solutions concentrées de sels neutres (chlorure de sodium, sulfate de soude, sulfate de magnésie), les solutions concentrées de sucre et de gomme, les décalcifiants (oxalates neutres d'alcalis, savons alcalins [voy. p. 224 et 247]) et les fluorures alcalins. On connaît déjà le mode d'action des décalcifiants (voy. **p. 359**). Quant aux sels neutres, aux solutions sucrées et aux fluorures, ils empêchent sans doute la sortie des produits leucocytaires. — Il faut ajouter à toutes ces substances l'extrait de têtes de sangsues[1] (J. B. HAYCRAFT, 1884).

Les substances anticoagulantes indirectes sont des plus diverses : extrait de têtes de sangsues (qui agit *in vivo* comme *in vitro*), extraits d'organes, extraits d'animaux entiers, tels que moules ou vers de terre, histone provenant des leucocytes (L. LILIENFELD, 1892), sérum de quelques animaux (comme le sérum d'anguille), lait, diastases diverses, plusieurs venins, plusieurs toxines microbiennes et d'abord et surtout les albumoses (pour l'action de celles-ci, voy. p. 223). — C'est spécialement de ces dernières que l'on s'est servi pour étudier le mode d'action de tous ces corps. L'injection intraveineuse très rapide d'une solution d'albumoses détermine la formation dans l'organisme d'une substance qui rend le sang incoagulable. L'addition d'une petite quantité de ce sang ou de son plasma à du sang normal provenant d'un autre animal empêche en effet la coagulation de ce sang normal. Cette substance se forme dans les intestins et dans le foie (CH. CONTEJEAN[2], 1895), dans le foie (E. GLEY et V. PACHON, 1895); quand ce

---

1. D'autres animaux suceurs de sang, tels que les Ixodes ou Tiques (*Ixodes ricinus*), sécrètent aussi une substance anticoagulante *in vitro* et *in vivo*. L'extrait d'ixodes est très anticoagulant (L. SABBATANI, 1899).

2. CH. CONTEJEAN (1860-1897), physiologiste français, a laissé d'excellents travaux sur la sécrétion gastrique, sur la contraction cardiaque, sur les fonctions du cerveau, sur la coagulabilité du sang, etc.

dernier organe a été préalablement détruit ou extirpé, les injections d'albumoses restent sans effet (expériences de GLEY et PACHON, 1895-1896). On a réalisé la contre-épreuve de ces expériences en pratiquant dans le foie isolé une circulation artificielle avec du sang chargé de propeptone : on peut recueillir par les veines sus-hépatiques un liquide qui possède un fort pouvoir anticoagulant (C. DELEZENNE, 1896). Les mêmes circulations artificielles, pratiquées dans d'autres organes (reins, intestin, etc.), ne donnent rien de semblable. — On a supposé que la substance qui se forme dans le foie sous l'action des albumoses met obstacle à la coagulation du sang en empêchant la formation de la plasmase. En réalité, elle agit à la manière d'un antiferment, ce serait une *antiplasmase* (L. CAMUS et E. GLEY) s'opposant à l'action de la plasmase.

Les autres substances anticoagulantes indirectes paraissent agir également sur le foie à la manière des albumoses. Du moins la preuve en a été fournie pour plusieurs d'entre elles.

Il est intéressant de faire remarquer que toutes ces recherches ont établi la réalité d'une fonction du foie inconnue jusqu'alors, la *fonction anticoagulante*. Rappelons à ce sujet que l'on savait depuis longtemps (LEHMANN, 1850 ; CL. BERNARD, 1855) que le sang des veines sus-hépatiques est naturellement moins coagulable que celui des autres vaisseaux [1]. Et il n'est pas sans intérêt non plus de rapprocher ces faits de ceux qui ont montré, d'autre part, que le foie, en tant qu'organe formateur du fibrinogène (voy. p. 335), assure la coagulabilité normale du sang.

D. **Nature de la coagulation.** — Comment du fibrinogène la fibrine est-elle engendrée ? On sait (voy. p. 336) que le poids de fibrine formée est toujours inférieur au poids de la matière génératrice. De là l'idée que la fibrine résulterait d'un dédoublement du fibrinogène s'opérant par l'action de la plasmase. Après la coagulation, il resterait en effet en dissolution dans le plasma une globuline, différente de la sérumglobuline, puisqu'elle coagule à 64° ; c'est la fibrino-globuline [2]. Sur ce point une réserve nécessaire a été faite plus haut (voy. p. 335). — Cette scission du fibrinogène serait le résultat d'une action diastasique (voy. ce qui a été dit à ce sujet p. 357).

<hr>

1. Dans des expériences poursuivies méthodiquement sur 25 chiens M. DOYON (1906), avec ses collaborateurs CL. GAUTIER et N. KAREFF, a toujours trouvé, sauf sur trois ou quatre de ces animaux, que le sang sus-hépatique se coagule plus lentement que le sang artériel.

2. Il est curieux de remarquer que l'on revient ainsi à l'ancienne conception de DENIS, pour qui la *plasmine* (il avait appelé ainsi la substance qu'il considérait comme la substance mère de la fibrine), dans la coagulation, se dédouble en *fibrine concrète* (c'est la fibrine typique) et en *fibrine dissoute* (il avait ainsi appelé une matière albuminoïde qu'il retrouvait dans le sérum). En réalité, la plasmine de DENIS, telle qu'il la préparait, n'était pas une espèce chimique : c'était un mélange de fibrinogène et de sérumglobuline (L. FREDERICQ). ARMAND GAUTIER n'en a pas moins eu raison de dire que les travaux de DENIS sont restés à la base de nos connaissances chimiques sur la coagulation du sang.

Une tout autre conception de la nature du processus coagulant s'est
fait jour (théorie de Nolf, 1908). On part de ce fait, démontré par le
physiologiste anglais Wooldridge dès 1886, que tous les plasmas naturels sont spontanément coagulables. S'il en est ainsi, le plasma contient donc tous les facteurs de la coagulation. Ceux-ci, de nature
colloïdale, se ramènent à trois, le fibrinogène et le thrombogène (dont
il a été dit p. 360 quelques mots), colloïdes d'origine hépatique, et
le *thrombozyme*, colloïde d'origine leucocytaire (c'est la thrombokinase de Morawitz), qui se maintiennent en équilibre au contact
des parois vasculaires, à condition que ces parois ne soient pas altérées; mais c'est un équilibre instable; différents agents, contact du
verre, corps étrangers, substances colloïdes extraites des tissus, etc.,
le rompent aisément (agents *thromboplastiques*). L'équilibre rompu,
les trois colloïdes s'unissent en donnant des produits d'addition, dont
une partie se précipite sous forme de fibrine. Dans le sang des Poissons le seul produit de la coagulation serait la fibrine, la formation de
celle-ci étant accompagnée de la disparition totale de la thrombozyme
et du fibrinogène et presque totale du thrombogène (Nolf, 1909); la
coagulation se présente donc bien ici comme le résultat de l'union
de trois colloïdes solubles en un complexe insoluble, la fibrine, union
pour laquelle il faut des sels **solubles** de chaux ; et, puisqu'elle consomme les colloïdes qui réagissent, elle ne peut être un phénomène
catalytique.

La coagulation du sang ne serait par conséquent qu'une précipitation réciproque de colloïdes. Une explication physique rempla-
cerait l'explication chimique du phénomène.

E. Rôle de la coagulation. — La coagulation du sang est le
moyen par lequel s'arrêtent naturellement les hémorragies acciden-
telles des capillaires, des veines et même des artérioles. C'est donc
un mode de défense de l'organisme. Chez les hémophiliques (malades
dont le sang se coagule avec difficulté ou même a perdu sa coagulabilité), la moindre hémorragie peut être mortelle.

On voit combien la question de la coagulation du sang est compliquée et combien de problèmes intéressants elle pose au physiologiste. C'est quasi le type du problème physiologique, à facteurs multiples, à conditions complexes. Et c'est pourquoi il a fallu, pour le
débrouiller d'abord, puis pour le résoudre, les efforts de tant de chercheurs, dont quelques-uns, comme Al. Schmidt, y ont consacré pres-

que toute leur existence scientifique. Encore la solution ne peut-elle passer pour définitive ; la somme des acquisitions l'emporte toutefois sur celle des incertitudes.

II. — LA CIRCULATION DU SANG.

La circulation du sang consiste dans le mouvement continuel de ce liquide dans un réservoir circulaire en forme de canaux ramifiés *appareil circulatoire*). Cet appareil, considéré dans son ensemble, forme essentiellement une série de tubes, à propriétés et à fonctions différentes. Ce sont : 1° le *cœur*, réservoir musculaire, muscle creux (Bichat), divisé en quatre cavités (chez l'homme, mais bien plus simple chez les animaux moins élevés). Primitivement il forme, lui aussi, un tube cylindrique qui, pendant la vie embryonnaire, se tord et se cloisonne de façon à donner les oreillettes et les ventricules ; 2° les *artères*, système de canaux ramifiés en forme d'arbre, remarquables au premier abord par l'épaisseur de leurs parois ; 3° les *veines*, autre système ramifié, comme celui qui constitue les artères, mais se distinguant de ces dernières par la minceur relative et la flaccidité de leurs parois ; 4° entre ces deux systèmes, le *système capillaire* (qui naît des artères et aboutit aux veines), ensemble de vaisseaux très fins disposés en réseau, dont les plus étroits ont généralement le diamètre des globules sanguins ; leur calibre est même quelquefois moindre, mais les globules étant élastiques peuvent s'allonger et s'amincir pour traverser des canaux plus fins qu'eux (voy. p. 310).

On peut diviser ce circuit (fig. 45) en un organe central, le *cœur*, et une série d'organes périphériques, les *vaisseaux* (artères, capillaires, veines). Il y a deux cercles semblables, celui de la circulation générale ou *grande circulation*, et celui de la circulation pulmonaire ou *petite circulation* (fig. 45).

Le sang circule dans le système des vaisseaux, parce qu'à l'origine de ce système (origine de l'aorte ou de l'artère pulmonaire) se trouve une des cavités du cœur, dont les parois contractiles, par leurs mouvements, y provoquent de continuelles variations de pression, cause nécessaire et suffisante pour produire le courant circulatoire et en maintenir la constance.

En effet, le sang circule par suite de *l'inégalité de pression* dans les différentes parties du système vasculaire ; et le cœur, dans son ensemble (oreillettes et ventricules), a pour fonction de produire et maintenir cette inégalité de pression, qui, des artères où la pression est forte, fait passer le sang dans les veines, où elle est de plus en plus faible.

Les anciens n'avaient que des notions fausses et incomplètes sur la circulation. GALIEN fait du foie l'organe formateur du sang ; il croit que, parti du foie, le sang se répand dans la partie inférieure du corps par la veine cave inférieure, dans la partie supérieure par la veine cave supérieure ; une portion de ce dernier sang arrive au cœur, et, filtrant à travers la cloison interventriculaire, y acquiert des propriétés nouvelles pour circuler dans les artères sous le nom d'*esprits vitaux*. Galien ne soupçonnait donc pas la *circulation pulmonaire*.

La découverte de la circulation comprend deux phases : la première, préliminaire, est la découverte de la circulation pulmonaire (COLOMBO [1], SERVET [2]) : arrivée du sang au poumon par l'artère pulmonaire et retour du sang du poumon au cœur ; la seconde, celle de la circulation générale.

1. R. COLOMBO (1494-1559 ou 1577(?)), anatomiste italien, remplaça Vésale comme professeur d'anatomie à Padoue.

2. MICHEL SERVET (1509-1553). C'est dans un livre de théologie (*Christianimi restitutio*, etc.) que Servet parle de la circulation pulmonaire. Servet, Espagnol d'origine, chassé de son pays pour avoir écrit sur la *Trinité* des opinions contraires au dogme, vint en France, où il étudia la médecine. En même temps, il se livrait à une polémique religieuse, dans laquelle il attaqua avec violence Calvin. Chassé de France et réfugié à Genève, Servet y fut arrêté sur l'ordre de Calvin et condamné à être brûlé vif (25 octobre 1553). Son livre (*Christianismi restitutio...*) fut également livré au bûcher. L'exemplaire qu'en possède la Bibliothèque nationale à Paris porte les traces des flammes auxquelles il a été arraché.

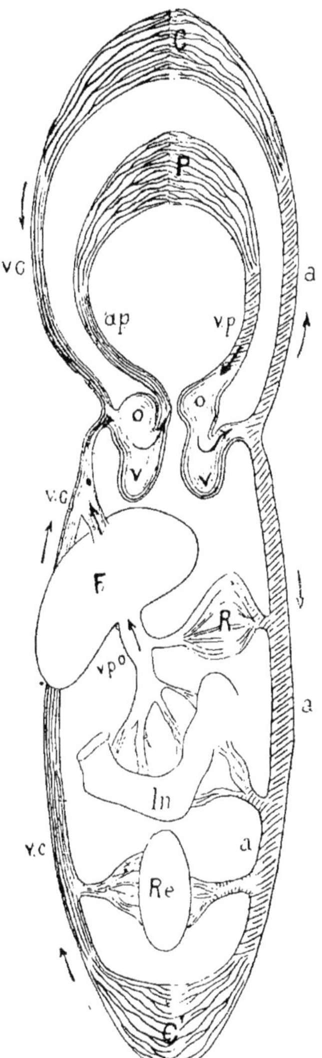

Fig. 45. — Appareil de la grande et de la petite circulation.

OO, oreillettes ; VV, ventricules ; *a*, *a*, *o*, système aortique ; C, capillaires de la tête et des membres supérieurs ; C', capillaires des membres inférieurs ; R, rate ; In, intestin ; Re, rein ; F, foie, V, C, veines de la grande circulation (à sang noir) ; *vpo*, veine porte ; *ap*, artère pulmonaire (à sang noir) : *vp*, veines pulmonaires à (sang rouge) ; P, capillaires pulmonaires.

Cette dernière est due à Harvey[1] qui, reprenant les observations de Césalpin[2] sur l'effet de la ligature des artères et des veines qui se gonflent, celles-là du côté du cœur et celles-ci du côté des organes, établit que le mouvement du sang se fait en sens contraire dans les artères et dans les veines, prouva le passage des artères aux veines en injectant un liquide qui des unes passait dans les autres et en même temps décrivit exactement les mouvements du cœur lui-même. Il est bon d'ajouter que Fabrice d'Aquapendente[3] avait antérieurement décrit la disposition des valvules veineuses et que c'est Malpighi qui découvrit le passage du sang des artères dans les veines par les capillaires (sur les poumons et la vessie de la grenouille).

Plus de deux cents ans après Harvey, Claude Bernard compléta nos connaissances sur la circulation du sang par sa conception des *circulations locales* (découverte des nerfs vaso-moteurs [Claude Bernard et surtout Brown-Séquard, 1852, suivis par de nombreux physiologistes du XIXe siècle]). « La seule circulation générale, telle qu'elle était connue depuis Harvey, ne donnait point l'explication des variations circulatoires si nombreuses qui surviennent dans les organes suivant l'état de fonction ou de repos, et suivant l'état normal ou pathologique. La découverte des *circulations locales* et du rôle des nerfs vaso-moteurs vient nous expliquer comment chaque organe, chaque élément peut avoir, pour ainsi dire, sa circulation indépendante, sa nutrition spéciale et, par suite, son fonctionnement distinct de celui de son voisin[4]. »

La figure 45 donne de l'ensemble de l'appareil circulatoire une vue générale ; les notions les plus élémentaires d'anatomie suffisent pour la comprendre.

I. — Action du cœur. Circulation du sang dans le cœur.

Le cœur, dont chaque ventricule est à l'origine du système artériel, aortique ou pulmonaire, est l'organe moteur du sang ; la force qui pousse le liquide, c'est en effet la contraction ventriculaire. On l'a souvent comparée à l'action d'une pompe foulante. Les parois du ventricule, en se contractant, resserrent la cavité et compriment le contenu ; le sang, ainsi pressé entre les parois et ne pouvant revenir en arrière, s'échappe par l'orifice artériel.

La physiologie du cœur comprend donc d'abord deux grandes

---

1. Harvey (William) (1578-1657), médecin de Charles Ier d'Angleterre, qui accorda à ses recherches expérimentales la plus libérale protection. Ses études ont porté sur la génération (l'aphorisme *omne vivum ex ovo* est de lui), sur le sang et sur la circulation. Son petit livre, *Exercitatio anatomica de motu cordis et sanguinis in animalibus*, est de 1628, et la première édition est de Francfort (traduction française par Ch. Richet, Paris, 1879).

2. A. Césalpino (1519-1603), philosophe, naturaliste et médecin italien.

3. G. Fabrizi d'Aquapendente (Fabricius ou Fabrice d'Aquapendente), anatomiste italien (1537-1619), professeur à Venise, puis à Padoue.

4. Claude Bernard, *Rapport sur les progrès et la marche de la physiologie générale en France*, Paris, 1867, p. 67.

questions, celle des mouvements du sang dans cet organe et celle de la contraction cardiaque étudiée en elle-même. La question de l'innervation cardiaque ne viendra qu'ensuite, quand auront été exposés les résultats mécaniques des mouvements du cœur, c'est-à-dire la circulation dans les vaisseaux.

1° *Étude de la révolution cardiaque.*

Pour savoir comment le sang sort du cœur et comment il y rentre, on a à étudier les mouvements de cet organe et, d'autre part, les mouvements que le sang même y éprouve. Mais ceux-ci sont à ceux-là dans la relation d'un effet à sa cause. Et cette étude, dans laquelle on est obligé de les confondre, c'est l'étude de la *révolution cardiaque*, c'est-à-dire des phases successives d'activité (contraction) et de repos (relâchement) par lesquelles passe continuellement le cœur.

L'analyse de la révolution cardiaque a été faite grâce à l'emploi de plusieurs méthodes, adaptées à la variété des phénomènes qui la constituent.

C'est d'abord l'*observation directe* qui, même aidée de la *percussion* et de l'*auscultation*, ne permet de saisir que le côté apparent du phénomène, la pulsation et les bruits du cœur, signes seulement et signes extérieurs de la révolution cardiaque; les mouvements propres du cœur et les mouvements du sang dans les cavités de cet organe échappent complètement à cette observation. Même l'observation du cœur à nu, sur un animal à poitrine ouverte, telle que HARVEY l'effectua et dont la pratique a été étendue à l'homme, dans les cas d'ectopies cardiaques ou chez les décapités, laisse entièrement cachés les mouvements du sang dans les cavités cardiaques.

D'autre part, la rapidité des phases successives d'activité et de repos de chacune des cavités du cœur est telle que l'œil est insuffisant pour en apprécier sûrement, dans les conditions normales de fréquence et de rythme, l'ordre exact de production, le temps respectif de durée, ainsi que tous les effets et caractères particuliers. — De nos jours, l'observation directe s'est aidée d'instruments; le microscope a été appliqué, avec grand profit, à l'étude du cœur de l'embryon et par la photographie, surtout par a chronophotographie, on a pu fixer les différentes phases de la révolution cardiaque et leur durée respective. Mais l'emploi de ces procédés ne donne toujours aucun renseignement sur la circulation du sang dans le cœur.

C'est l'application de la *méthode graphique* à l'étude du fonctionnement du cœur par CHAUVEAU et MAREY[1], qui nous a fourni la connaissance précise du mécanisme et des effets de la révolution cardiaque, dans ses complexes et intimes détails.

---

[1] E.-J. MAREY (1830-1904), célèbre physiologiste français à qui l'on doit la diffusion en physiologie de la méthode graphique et les découvertes les plus importantes dans le domaine de la circulation, inventeur d'un sphygmographe toujours employé, du cardiographe, du pneumographe, de l'odographe, de la chronophotographie, etc.

A. Détermination du mouvement du sang dans le cœur.

— Les expériences de *cardiographie intracardiaque*, selon la méthode de CHAUVEAU-MAREY, consistent à inscrire simultanément les variations de pression dans l'intérieur des cavités du cœur, chez l'animal intact, à l'aide de sondes exploratrices (fig. 46 et 47) introduites dans cet organe par les

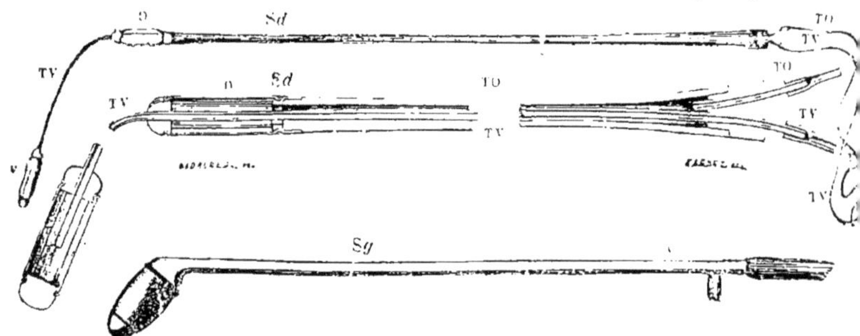

Fig. 46. — Sondes cardiaques pour le cheval, de CHAUVEAU et MAREY (d'après les figures de MAREY, *Circulation du sang*, 2e édition, fig. 32, Paris, 1881).

Sd, Sd, sonde droite, introduite par la veine jugulaire dans l'oreillette; V, ampoule placée dans le ventricule ; O, ampoule placée dans l'oreillette; TV, tube venant de l'ampoule ventriculaire ; TO, tube venant de l'ampoule auriculaire. — *Sg,* sonde gauche introduite par la carotide (ampoule exclusivement ventriculaire) ; *a,* ampoule.

gros vaisseaux du cou (veine jugulaire pour le cœur droit, artère carotide pour le cœur gauche).

Les sondes, comme l'indique la figure 46, sont terminées, à leur extrémité cardiaque, par des ampoules de caoutchouc hermétiquement closes, que soutient une carcasse métallique. Leur extrémité tubulaire opposée est mise en communication avec un tambour à levier de MAREY (fig. 48). Toutes les variations de pression du sang dans la cavité (oreillette ou

Fig. 47. — Sonde cardiaque pour le chien, modèle de GLEY (figure extraite du *Catalogue d'instruments de Physiologie,* de Ch. Verdin).

A, ampoule pour le ventricule droit ; O, ampoule pour l'oreillette droite.

ventricule) dans laquelle a été introduite chacune des ampoules (voy. la figure 49) seront donc fidèlement reproduites sur le cylindre enregistreur par le style du tambour à levier. On pourra ainsi avoir simultanément dans une même expérience les tracés des variations concomitantes de pression :

    a. dans l'oreillette droite ;

    b. dans le ventricule droit ;

c. dans le ventricule gauche. — C'est une expérience de ce genre que représente la figure 50.

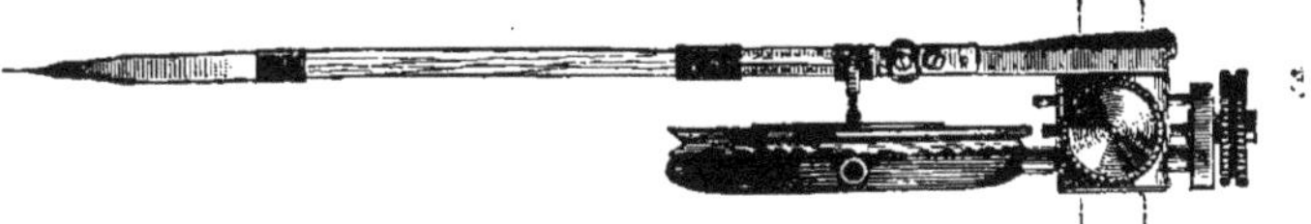

Fig. 48. — Tambour à levier de Marey (Marey, *Méthode graphique*).

C, cuvette métallique; *mm'*, membrane élastique formant la paroi mobile de la cuvette. Le levier du tambour traduit, très amplifiés, les déplacements de la membrane élastique *mm'*.

Cette figure contient tout ce que nous savons sur ce qui se passe à l'intérieur des cavités du cœur pendant une révolution cardiaque. C'est ce que fera ressortir l'analyse détaillée de ces tracés.

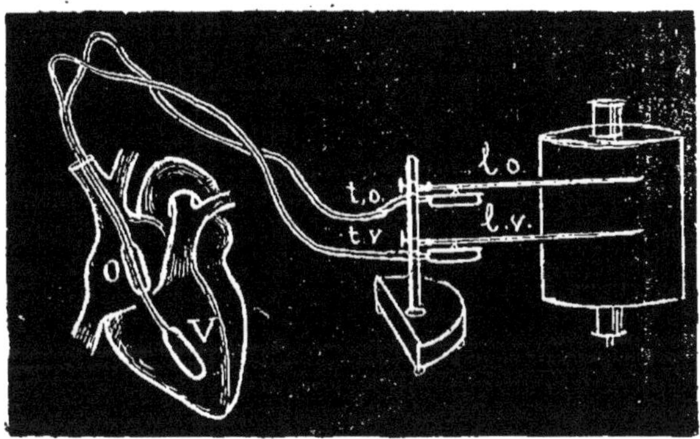

Fig. 49. — Schéma représentant la sonde cardiaque droite de Chauveau et Marey introduite dans le cœur (L. Frederico).

L'ampoule du ventricule V transmet les variations de pression, par l'intermédiaire du tube *tv*, au tambour à levier *lv*. L'ampoule de l'oreillette O agit pareillement sur un tambour à levier, *to* et *lo*. — Les graphiques s'inscrivent sur le cylindre.

Remarquons d'abord que toute élévation de pression, que décèle, cela est évident, la phase d'ascension des courbes, correspond nécessairement à la période d'activité, c'est-à-dire de *systole*[1], de la cavité, oreillette ou ventricule, où la courbe considérée la révèle. Et toute diminution de pression, traduite par la chute des courbes, correspond au contraire à la phase de relâchement, de repos, de *diastole*[2], de la cavité correspondante.

L'inscription simultanée des courbes de pression dans l'oreillette et le ventricule droit, d'une part, et dans le ventricule gauche, d'autre part, doit donc nous renseigner sur les phénomènes dont

1. De συστέλλω, resserrer.
2. De διαστέλλω, dilater.

l'ensemble constitue la révolution cardiaque : *l'ordre de succession* et la *durée* des phénomènes actifs et passifs dans les deux groupes de cavités du cœur (oreillettes et ventricules), le *synchronisme* et l'*isochronisme* de ces phénomènes dans chacune des cavités *homologues*, leurs *rapports respectifs*, à un même moment de la révolution cardiaque, dans les cavités *auriculaire* et *ventriculaire* d'un même côté. Ce sont là tous renseignements que, seule, la cardiographie intra-

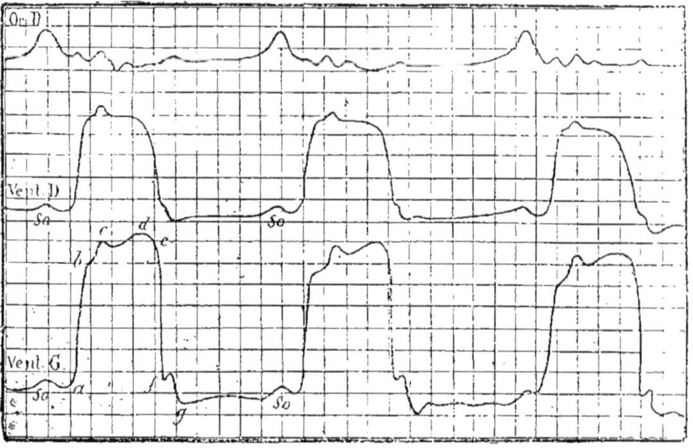

Fig. 50. — Tracés des variations de pression intracardiaque (Chauveau et Marey).

Or. D, tracé correspondant à l'oreillette droite ; Vent. D, tracé du ventricule droit; Vent. G, tracé du ventricule gauche. — Le quadrillé des tracés fixe les rapports de temps et de grandeur des phénomènes.

cardiaque, appliquée sur les grands Mammifères (cheval, chien. etc.), peut donner

Les phases de la révolution cardiaque. — a. *Systole auriculaire.* — Comme l'indique nettement la figure 50, sur laquelle le quadrillé permet de saisir immédiatement l'ordre de succession des phénomènes de la révolution cardiaque, celle-ci débute par la contraction de l'oreillette ou systole auriculaire. L'ondulation positive *Or. D.* exprime l'augmentation de pression produite dans la cavité de l'oreillette par la contraction de ce segment du cœur.

Cette augmentation de pression est peu considérable ($2^{mm},5$ de mercure chez le cheval); elle suffit néanmoins à chasser le sang dans le ventricule qui communique librement alors (comme pendant toute la diastole générale du cœur) avec l'oreillette et dont les parois relâchées n'offrent pas de résistance. D'autre part, en raison même de la faible valeur de cette pression, le sang ne peut refluer du côté

des grosses veines immédiatement voisines du cœur, dans lesquelles
la pression, cependant très basse, l'est toutefois moins, à ce moment, que dans le ventricule (voy. p. 376). D'ailleurs la contraction
même de l'oreillette amène la fermeture des orifices veineux ; on
verra cependant, à propos du pouls veineux normal, que cette fermeture n'est pas tout à fait hermétique. Pour cette raison et pour la
précédente (différence de pression entre l'oreillette et le ventricule
qui détermine le libre écoulement du sang vers celui-ci), l'absence
de valvules à l'embouchure des grosses veines du cœur ou la présence seulement à ce niveau de valvules insuffisantes (valvule
d'Eustachi) est, au point de vue du reflux veineux du sang auriculaire, sans effet fâcheux.

La durée de la systole auriculaire est d'environ 0″2 (chez le
cheval dont le cœur bat lentement [40 battements par minute en
moyenne]), 0″1 chez l'homme[1] dont le cœur bat environ 70 fois
par minute.

Si l'on enregistre sur le cœur à nu, chez un animal à poitrine
ouverte (que l'on maintient en vie en pratiquant la respiration
artificielle), le battement des deux oreillettes, on voit que les systoles
des oreillettes droite et gauche sont absolument synchrones. Sur
l'une et sur l'autre la contraction naît à l'embouchure des gros troncs
veineux correspondants pour gagner ensuite progressivement toute
la masse auriculaire. — Ce phénomène du point de départ veineux
de l'onde de contraction auriculaire se constate très bien chez le
lapin et peut-être mieux encore chez le cobaye, dont le thorax vient
d'être ouvert.

b. *Phénomène de l'intersystole.* — La succession des systoles auriculaire et ventriculaire ne serait pas absolument immédiate. Entre
ces deux actes il paraît y avoir un intervalle de temps que CHAUVEAU,
qui en a révélé l'existence (1900), a appelé *intersystole.*

Ce phénomène s'observe sur des tracés de pression intraventriculaire
recueillis sur le cœur du cheval (expériences de CHAUVEAU) ou du chien
(expériences de PACHON, 1908) : il consiste en une légère ondulation de
pression (fig. 51) qui se place entre l'ondulation de retentissement auriculaire *So* (voy. fig. 50) et le début de la ligne ascensionnelle par laquelle
se traduit l'effort de contraction du ventricule : il se produit donc alors
que la systole auriculaire est terminée et avant que commence la grande
élévation de la systole ventriculaire.

CHAUVEAU considère l'intersystole, ce que soutient aussi PACHON, comme
étant un phénomène actif, d'origine ventriculaire. Il ne dépend pas de
l'oreillette, puisqu'il ne survient qu'après l'achèvement du battement

---

1. Durée évaluée sur des cardiogrammes extra-cardiaques.

auriculaire ; et d'ailleurs il disparaît, malgré la persistance de l'activité de l'oreillette, quand cesse l'activité du ventricule, dans le cas de dissociation auriculo-ventriculaire (V. Pachon).

D'autre part, Chauveau croit avoir établi, d'après des inscriptions des déplacements du plancher aortique, qu'à l'intérieur du ventricule gauche, dans la région de l'orifice aortique, il se produit des mouvements actifs, contractions des muscles papillaires, précédant immédiatement la contraction d'ensemble du myocarde, et auxquels serait dû l'accroissement de la pression intra-ventriculaire qui caractérise l'intersystole. Or, les muscles papillaires, en tendant les valvules mitrale et tricuspide, les mettraient en état de résister à l'augmentation de la pression du sang intracardiaque. L'intersystole représenterait ainsi « un *temps de préparation valvulaire* à l'effort que les valvules auriculo-ventriculaires vont avoir à soutenir contre la poussée brusque du sang, au moment même de la systole des ventricules [1]. »

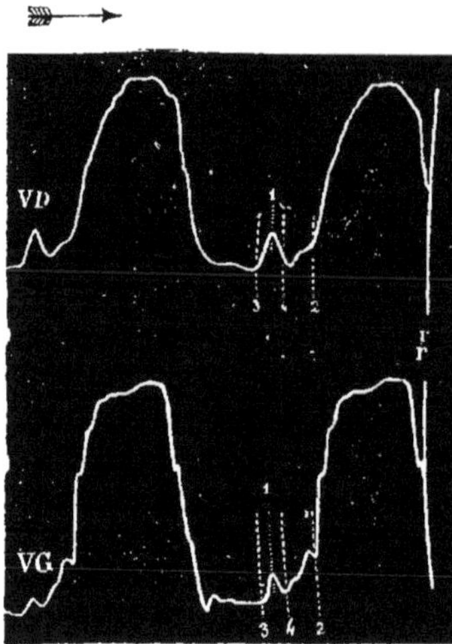

Fig. 51. — Démonstration de l'intersystole sur le cœur du cheval (Chauveau).

Tracé des pressions intracardiaques, VD, dans le ventricule droit ; VG, dans le ventricule gauche.

rr, repères naturels ; 1, fin de la systole auriculaire ; 2, début de la systole ventriculaire ; 3 et 4, commencement et fin du battement complet de l'oreillette (systole et diastole).

L'intersystole peut être placée entre 4 et 2. On voit que le battement auriculaire est nettement achevé avant que le battement ventriculaire ne commence.

c. *Systole ventriculaire.* — A la systole auriculaire succède comme le montre nettement la figure 50, la *systole ventriculaire*, nouvelle phase de la révolution cardiaque.

La phase de systole des ventricules est nettement décomposable en deux périodes distinctes (voy. fig. 50) : *ab*, période de *mise en tension* (*Anspannungszeit* des Allemands), correspondant à la ligne ascensionnelle de la courbe et *b c d*, période d'*évacuation* (*Austreibungszeit*), correspondant au plateau de la courbe. La courbe des variations de pression dans le ventricule, pendant sa systole, n'est plus en effet, comme pour l'oreillette, une ondulation simple, mais une courbe qui, arrivée à son maximum, se maintient un certain temps en plateau. Cette forme de courbe est très significative, au point de vue de ce qui se passe dans le ventricule. La première partie, brusquement ascendante, très peu oblique, traduit la brus-

1. Pachon, *Journ. de physiol. et de pathol. générale*, XI, p 394, 1909.

querie de l'effort ventriculaire et la rapidité avec laquelle celui-ci
atteint le maximum auquel il se maintient pendant la seconde période. A quoi correspondent ces deux phases de l'activité du ventricule, au cours de sa systole ? Pendant la première période le ventricule a mis brusquement et rapidement en tension la masse sanguine qu'il contient. Pourquoi ? C'est qu'il a une résistance à vaincre,
pour faire passer dans les artères le sang renfermé dans sa cavité.
Le système artériel est en effet plein de sang et, dans le système aortique par exemple, ce sang est à une pression élevée, de 14 à 18 cen
timètres de mercure. Cette pression s'exerce contre les valvules
sigmoïdes aortiques. Le ventricule gauche doit donc tout d'abord
vaincre cette résistance ; ce n'est évidemment qu'après avoir réussi à
ouvrir les valvules sigmoïdes qu'il lui sera possible de faire pénétrer
son ondée systolique dans l'aorte. D'où la première période de sa
phase systolique, période de mise en tension. Mais la résistance sigmoïdienne vaincue, le ventricule, pour chasser son ondée, n'a qu'à
maintenir la pression (15 à 20 centimètres Hg. pour le ventricule
gauche, 3 à 5 centimètres Hg. pour le ventricule droit) qui a triomphé
de la résistance artérielle. D'où le plateau de la courbe ventriculaire,
pendant la période d'évacuation systolique.

Le rapport de la durée respective des deux périodes de la systole
ventriculaire résulte nettement de la considération de la figure 57.
La systole ventriculaire a une durée totale d'environ 0″,4 (chez le
cheval ; 0″3 chez l'homme) ; sa période de mise en tension (ou encore
retard essentiel de CHAUVEAU et MAREY) peut varier de 0″2 (chez le
chien) à 0″,07 (chez l'homme)[1]. La valeur de cet élément particulier
sera ultérieurement à prendre en considération, à propos du retard
du pouls sur la pulsation cardiaque.

De même que les oreillettes, les ventricules accomplissent leur
systole d'une façon absolument synchrone, comme on le voit sur la
figure 50. Cette figure montre d'ailleurs que tous les phénomènes
actifs et passifs, dont ils sont le siège et que traduisent les courbes
de leurs variations respectives de pression, se passent suivant un
parallélisme parfait. L'intensité des phénomènes seule varie dans les
cavités ventriculaires droite et gauche. Ces variations d'intensité
sont elles-mêmes commandées par les différences de résistance à
vaincre dans les deux systèmes de la grande et de la petite circulation.

L'étude de la systole ventriculaire comprend encore la détermination du jeu des *valvules auriculo-ventriculaires*. Ces valvules, par

---

1. Elle n'est mesurée chez l'homme, bien entendu, que sur des cardiogrammes
extracardiaques.

leur fonctionnement, déterminent le sens du courant sanguin dans la circulation cardiaque. Pendant la diastole générale du cœur et pendant la systole auriculaire, elles laissent librement communiquer les cavités auriculaire et ventriculaire du cœur. Pendant la systole ventriculaire elles interceptent, au contraire, toute communication entre l'oreillette et le ventricule, si bien que le sang, sous l'influence de la contraction ventriculaire, ne peut refluer du côté de l'oreillette et doit nécessairement passer dans les artères aorte ou pulmonaire.

Comment se fait cette occlusion ?

Les valvules mitrale ou tricuspide ne flottent pas librement dans les ventricules, mais sont fixées par des cordages tendineux aux muscles papillaires des parois du myocarde. L'expérience sur le cheval vivant a montré (CHAUVEAU et FAIVRE) que, si l'on introduit le doigt par l'auricule jusque dans l'oreillette, on sent, à chaque systole du ventricule, les valvules auriculo-ventriculaires se redresser, s'affronter par leurs bords et se tendre de manière à devenir convexes par en haut et à former un *dôme multiconcave* au-dessus de la cavité ventriculaire : c'est ce dôme qui vient repousser fortement le doigt du côté de la cavité de l'oreillette. Sur le cadavre l'expérience montre aussi que, si l'on vient, par son orifice artériel, à remplir un ventricule de liquide sous une certaine pression, on voit, à travers

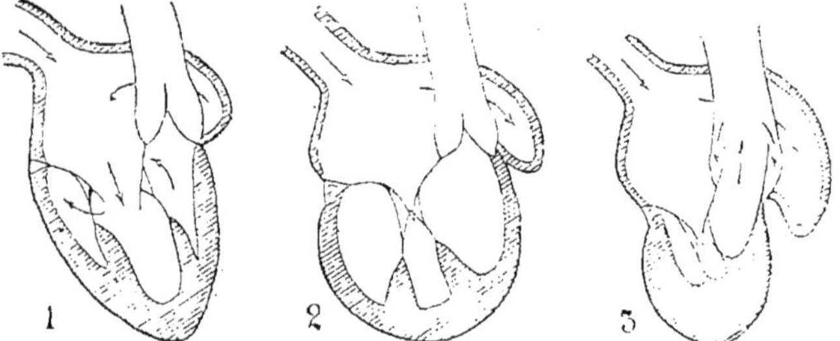

Fig. 52. — Situation des valvules et état des cavités cardiaques d'après Chauveau et Livon[1].
1, pendant la systole auriculaire et le remplissage du ventricule ; 2, durant la mission du ventricule (1re phase de la systole ventriculaire) ; 3, durant la seconde phase de la systole ventriculaire (expulsion du sang de la cavité ventriculaire).

l'oreillette excisée, les valvules venir former un dôme du côté de la cavité auriculaire, interceptant tout passage au liquide de ce côté (expérience de Lower[2]), leur occlusion est subite et hermétique et elle reste hermétique, même quand on comprime le cœur. Ainsi, sous l'influence de la forte pression à laquelle est soumis le sang ventriculaire pendant la systole du

1. Figure extraite du *Traité de physiol. humaine* de ces auteurs, t. I, fig. 1, Lyon et Paris, 1895.

2. R. Lower (1631-1691), anatomiste Anglais, connu surtout par ses travaux sur la structure du cœur.

ventricule, les bords des valvules sont projetés les uns contre les autres
et les valvules soulevées, de manière à oblitérer l'orifice sur les bords
duquel s'insèrent leurs bases ; et toute communication entre l'oreillette
et le ventricule est interceptée. La contraction des muscles papillaires
(colonnes charnues du cœur) qui font partie du ventricule, retient, grâce
aux cordons tendineux reliant ces muscles aux valvules, ces valvules pas-
sives et les empêche de se retourner complètement, sous l'influence de
la pression du sang ventriculaire, du côté de l'oreillette. Les muscles papillaires assurent donc la fixité et la résistance des valvules, nécessaires à leur bon fonctionnement ; ce sont les régulateurs de ce fonctionnement.

La figure 52 représente bien la situation des valvules auriculo-
ventriculaires et des valvules artérielles, ainsi que l'état des cavités
du cœur, au moment de la systole auriculaire et aux deux périodes
(de mise en tension et d'expulsion) de la systole ventriculaire[1] :

1° L'oreillette se vide ; le ventricule se remplit passivement ; valvule auriculo-ventriculaire ouverte ; valvules sigmoïdes fermées ;

2° Première période de la systole ventriculaire : mise en tension
du sang ventriculaire ; valvule auriculo-ventriculaire fermée et valves
projetées en dôme, sous l'influence de la poussée sanguine ; la tension nécessaire pour soulever les valvules sigmoïdes que tient fermées la pression du sang artériel n'est pas encore atteinte ;

3° Seconde période de la systole ventriculaire : expulsion du sang
ventriculaire ; la résistance sigmoïdienne est vaincue, les valvules
sigmoïdes sont ouvertes ; le dôme valvulaire intracardiaque persiste
tout le temps de l'effort ventriculaire.

Une fois le ventricule vidé, il se relâche. C'est à ce moment que
le cœur se repose.

d. *Pause ou Diastole générale du cœur.* — Reprenant l'analyse des
tracés de la figure 50, on voit qu'une chute brusque de la courbe de
pression ventriculaire fait suite au plateau systolique à ondulation
bcd ; cette chute, c'est la traduction du relâchement brusque, de la
décontraction du myocarde. Dès ce moment commence la diastole
ventriculaire.

La diastole auriculaire a déjà commencé dès avant le début *a* de
la systole ventriculaire et duré tout le temps de cette systole.

A partir de l'instant *e*, ventricule et oreillette sont tous les deux
en relâchement jusqu'à la nouvelle manifestation de l'activité auriculaire *So*. L'analyse de la courbe, de *e* à *So*, va donc nous révéler
les phénomènes de la circulation intracardiaque, pendant cette
diastole générale du cœur : 1° la chute *ef* indique la détente brusque

1. Les modifications de forme et de volume des cavités du cœur, concomitantes à ces phases de la révolution cardiaque et que montre aussi la figure 52,
seront étudiées plus loin.

des parois ventriculaires; — 2° en *f*, une petite ondulation, qui d'ailleurs peut être placée moins bas sur le tracé, traduit la clôture des valvules sigmoïdes artérielles; en effet, si on empêche celles-ci de fonctionner, elle disparaît du cardiogramme. Voici comment elle se produit : sous l'influence de la décontraction ventriculaire, il s'est fait un appel du côté du ventricule; d'autre part, la pression intra-artérielle, qui n'est plus, en ce moment, contre-balancée, comme à l'instant précédent, par l'action du ventricule, tend à fermer naturellement les valvules sigmoïdes; ces valvules se ferment donc; mais leur occlusion provoque un choc, un excès de pression du côté du ventricule; c'est ce léger choc que traduit l'ondulation *f*; — 3° la ligne *efg*, qui correspond à la détente cardiaque, descend au-dessous du zéro des abscisses. Il existe donc, à ce moment, une pression négative dans les ventricules; c'est le *vide post-systolique* de MAREY. Puis la courbe redevient peu à peu obliquement ascendante, ce qui indique la réplétion progressive de la cavité ventriculaire. Pendant la diastole générale du cœur, en effet, les cavités auriculaire et ventriculaire communiquant librement et largement entre elles, le sang parvenu des veines dans l'oreillette passe directement dans le ventricule. La systole auriculaire ne produit ultérieurement qu'un effet complémentaire de réplétion du ventricule.

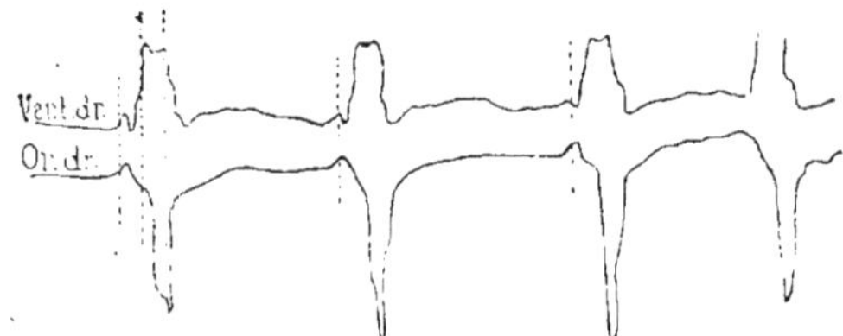

Fig. 53 — Tracé de la dépression auriculaire en rapport avec la phase d'évacuation de la systole ventriculaire (CH. CONTEJEAN).

Quel est le mécanisme intime de la *réplétion cardiaque*, pendant la diastole générale du cœur? Le sang est poussé dans les oreillettes et de là dans les ventricules relâchés sous l'influence de la pression intraveineuse. Mais trois causes concourent en outre à assurer la réplétion cardiaque; deux dépendent du cœur et la troisième, dont l'effet est le plus important, des poumons.

1° La première de ces causes consiste dans *l'aspiration propre du cœur*, produite par la brusquerie de la détente *eg*. La valeur négative de la pression au point *g* est une première force d'appel sur le sang auriculaire et, par son intermédiaire, sur le sang veineux des gros troncs thoraciques. Au vide post-systolique *g*, à la dépression qu'il marque répond un *flot de l'oreillette*, que traduit le tracé par une inflexion positive plus ou moins

accentuée. Cette aspiration diastolique du cœur, que provoque le relâchement brusque de ses parois contractiles et élastiques, n'est pas d'un autre
ordre que celle exercée par une poire de caoutchouc qui se détend
(diastole), après qu'on l'a préalablement comprimée (systole). Mais c'est
là une force d'appel intermittente et d'ailleurs relativement faible. — 2o La
deuxième cause en jeu est également intermittente, c'est *l'aspiration
exercée par la systole ventriculaire*, dont le rôle, souvent méconnu, fut

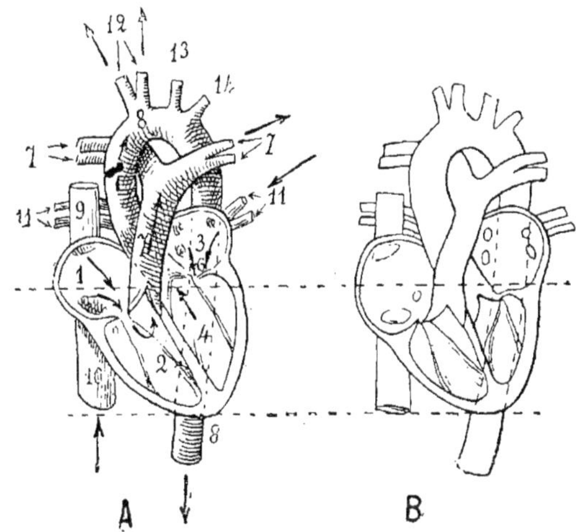

Fig. 54. — Schéma montrant le mécanisme de l'aspiration du sang dans les oreillettes,
pendant la systole ventriculaire. Descente de la base du cœur, agrandissement des cavités
auriculaires (d'après CH. CONTEJEAN).

1, oreillette droite ; 2, ventricule droit ; 3, oreillette gauche ; 4, ventricule gauche ; 5, orifice
auriculo-ventriculaire droit ; 6, orifice auriculo-ventriculaire gauche ; 7, artère pulmonaire ;
8, crosse de l'aorte ; 9 et 10, veines caves descendante et ascendante ; 11, 11, veines pulmonaires ; 12, tronc brachio-céphalique ; 13, carotide gauche ; 14, sous-clavière gauche

pourtant démontré par CHAUVEAU dès le début de ses études cardiographiques. Voici le fait qui établit la réalité de cette influence, tel qu'on
l'observe sur l'animal (cheval) préparé pour l'expérience classique de
cardiographie intracardiaque. Au moment de la systole ventriculaire, et
correspondant exactement à la période d'évacuation de cette systole, une
brusque dépression survient dans l'oreillette[1] (fig. 53) ; il s'ensuit une
aspiration du sang veineux dans cette cavité. A quoi est due cette dépression auriculaire ? Elle résulte de l'aspiration que crée pour le sang veineux,
dans l'oreillette, la systole ventriculaire (CHAUVEAU). Pendant cette systole,
en particulier pendant sa phase d'évacuation, la base et la pointe des
ventricules se rapprochent nécessairement par suite du raccourcissement
des fibres musculaires contractées. On peut en donner la preuve suivante :

1. Elle est indiquée aussi, mais beaucoup moins, sur le tracé de l'oreillette de
la figure 5o.

si l'on enfonce des aiguilles à la base des ventricules, les extrémités libres des aiguilles oscillent, pendant la systole ventriculaire, du côté du cou de l'animal ; c'est donc que, pendant cette systole, la base des ventricules, c'est-à-dire le plancher auriculo-ventriculaire, exécute un mouvement de descente vers la pointe du cœur. Quant à cette pointe elle-même, elle reste sensiblement au même niveau ; cela se comprend, si l'on songe que, tandis que le raccourcissement des fibres du myocarde contracté tend à faire remonter la pointe du cœur, celle-ci se trouve, d'autre part, au moment de la projection intra-aortique de l'ondée ventriculaire, dans les conditions de recul balistique d'une arme à feu ; dès lors, soumise à deux forces de sens opposé (raccourcissement des fibres qui tend à la faire monter, recul balistique qui tend à la faire descendre), cette pointe reste, en fait, au même niveau, comme si ces deux forces opposées s'équilibraient exactement. Mais si la pointe du cœur ne monte ni ne descend, si c'est la base des ventricules qui exécute un mouvement de descente pendant la systole ventriculaire, il résulte de ce fait une conséquence mécanique nécessaire pour les oreillettes. Celles-ci, d'une part, sont fortement rattachées par leur partie supérieure au péricarde et aux veines caves ; d'autre part, leurs parois, solidaires du mouvement de descente du plancher auriculo-ventriculaire, se trouvent distendues, et conséquemment leur cavité s'agrandit (fig. 94), d'où chute de pression à leur intérieur et aspiration du sang veineux voisin. Ainsi, en dernière analyse, par une conséquence mécanique inéluctable du raccourcissement des fibres des ventricules pendant leur systole, celle-ci met l'oreillette dans les conditions les plus propices à l'aspiration du sang veineux. — 3° La troisième cause qui favorise le retour du sang au cœur et la réplétion cardiaque diffère des deux précédentes en ce qu'elle agit d'une façon constante et beaucoup plus énergiquement ; cette cause, c'est l'*aspiration thoracique*. Les poumons sont exactement appliqués contre la cage thoracique : anatomiquement, on constate en effet qu'il n'existe pas le moindre espace entre la paroi thoracique et les poumons. D'autre part, autre constatation d'ordre anatomique, le tissu de ces organes est très élastique. Or, les poumons, même dans la plus forte expiration, sont toujours en état de distension. La preuve en est dans la simple expérience suivante : ouvrons la cage thoracique d'un animal mort ou vivant ; aussitôt le poumon se rétracte jusqu'à satisfaction complète de sa force élastique ; il se réduit à une petite masse ne contenant plus ni air, ni sang : c'est un parenchyme compact, hépatisé, pourrait-on dire[1]. Pendant la vie, à l'état normal, en vertu de son élasticité qui n'est jamais satisfaite, le poumon tend sans cesse à revenir sur lui-même, à se rétracter. Cet effort constant détermine une tendance au vide entre les deux feuillets de la plèvre, puisque le poumon travaille toujours à se détacher de la cage thoracique et d'abord de la plèvre pariétale. On le constate en mettant en communication, par une petite ouverture de la paroi thoracique, un manomètre à eau avec la cavité pleurale ; la colonne d'eau du manomètre est toujours aspirée vers le thorax plus ou moins, suivant que

---

1. Quand un épanchement abondant, occupant l'une des cavités pleurales, permet au poumon correspondant de revenir sur lui-même, il se rétracte comme dans cette expérience

le poumon est en inspiration ou en expiration. Cette force élastique ou de rétraction des poumons, qui crée ce que l'on appelle le *vide pleural*[1], s'exerce sur tous les organes contenus dans le thorax ; diaphragme, cœur, gros vaisseaux, œsophage subissent cette sorte de succion, cette *aspiration excentrique*, et chacun y cède dans la mesure de sa flaccidité ; la voussure du diaphragme en est l'effet le plus éclatant ; l'écartement des parois des organes creux en est un autre, dont l'importance fonctionnelle peut être aussi très grande. C'est ainsi que les cavités auriculaires, aux parois souples et très extensibles, restent toujours largement ouvertes sous cette influence aspiratrice, de même que les gros troncs veineux de la base du cou ; et par suite le contenu même de ces vaisseaux se trouve aspiré vers les oreillettes. Conséquemment les résistances à vaincre pour la progression du sang veineux intrathoracique se trouvent constamment diminuées et la réplétion diastolique des cavités cardiaques constamment et favorablement influencée par l'aspiration thoracique. Mieux encore, à chaque mouvement inspiratoire la distension pulmonaire créant une plus grande force de rétraction élastique des poumons, du même coup l'aspiration thoracique augmente. Les mouvements inspiratoires renforcent donc le courant du sang veineux vers le cœur.

En résumé, grâce à l'aspiration diastolique propre du relâchement ventriculaire, grâce à l'aspiration systolique, grâce surtout à l'aspiration thoracique constante, le cœur se remplit aisément.

La période de réplétion cardiaque ou de diastole générale du cœur dure, à elle seule, un temps sensiblement égal aux temps additionnés de la systole auriculaire et de la systole ventriculaire, soit 0″,4.

B. Mouvements propres du cœur ; les changements d'aspect, de forme, de volume et de consistance du cœur dans ses phases d'activité et de repos. — L'observation directe du cœur en place peut faire connaître les *mouvements propres du cœur*, ainsi que les diverses modifications d'*aspect*, de *forme*, de *volume*, de *consistance*, que subissent particulièrement les ventricules au cours de la révolution cardiaque.

Pour observer ces divers phénomènes, il faut s'adresser aux animaux à sang froid (grenouille, tortue) ou à des Mammifères (lapin, chien, etc.) préalablement refroidis. Sur ces derniers, dans les conditions ordinaires, les mouvements qui se passent dans les diverses cavités cardiaques, au cours de leur systole et de leur diastole respectives, sont trop rapides pour que l'œil puisse en saisir exactement l'ordre de succession et la nature. Le refroidissement à 26°-24° a pour effet de ralentir le rythme du cœur et de faciliter par cela même l'observation.

a. MOUVEMENT D'ENSEMBLE DU CŒUR. — Pendant la systole ventri-

---

1. Nous verrons, en étudiant la respiration, que le vide pleural, qui résulte de l'élasticité pulmonaire, en donne la mesure.

culaire, le cœur, dans son ensemble, subit un mouvement de *torsion* autour de son axe vertical, torsion de gauche à droite et d'arrière en avant. Cette torsion a comme conséquence directe de découvrir davantage le ventricule gauche et d'amener sa surface en avant. La pointe du cœur se trouve elle-même, par le fait de ce mouvement, légèrement redressée et poussée contre la paroi thoracique. Ce n'est pourtant point là la cause effective de la pulsation cardiaque, comme on le verra plus loin.

b. CHANGEMENTS D'ASPECT. — Les modifications d'aspect des cavités cardiaques, au cours de leur systole et de leur diastole, ne peuvent s'observer que sur les animaux à sang froid.

Si l'on met à nu le cœur d'une grenouille, on voit le ventricule prendre une couleur rouge foncé, au fur et à mesure de sa réplétion progressive, c'est-à-dire pendant sa diastole. Pendant sa systole, au fur et à mesure de l'évacuation sanguine, le ventricule perd sa coloration vive et devient de plus en plus pâle. Chez les Mammifères ces phénomènes ne se produisent pas parce que le cœur est irrigué par des vaisseaux (artères coronaires) qui ne se vident pas pendant la systole.

c. CHANGEMENTS DE FORME. — Les modifications de forme des ventricules, au cours de la révolution cardiaque, présentent un grand intérêt. Les cavités ventriculaires, pendant leur diastole, ont une forme générale conique qui devient, pendant leur systole, exactement globuleuse.

Tandis que, pendant la diastole, la coupe de la base des ventricules est elliptique, cette même coupe prend une forme circulaire pendant la systole, comme le montre la figure 57.

La transformation des cavités ventriculaires en sphères creuses pendant leur activité a un effet mécanique, qui doit être mis en évidence. La théorie démontre et l'expérimentation mécanique prouve que, de deux cavités de même volume, la cavité de forme sphérique, qui a une plus petite surface, aura le moins d'efforts à produire pour vaincre une même résistance. La forme prise par les ventricules en activité est donc une adaptation à leur travail dans les conditions de rendement les plus favorables.

Ces modifications de forme entraînent nécessairement des modifications corrélatives des diamètres des ventricules. Les diamètres vertical et transverse (de droite à gauche) se trouvent diminués, le premier par le fait même du raccourcissement des fibres ventriculaires contractées, le second par suite de la forme globuleuse prise pendant leur systole par les ventricules. Le diamètre antéro-postérieur est au contraire augmenté en raison même de la forme glo-

buleuse qu'a prise le ventricule. Une conséquence importante dérive
immédiatement de ce dernier fait, et c'est le contact plus intime
avec la paroi thoracique de la masse
ventriculaire pendant sa systole. Cette
particularité joue un grand rôle dans
le mécanisme de la pulsation cardiaque.

d. CHANGEMENT DE VOLUME. — Les
modifications de volume du cœur sont
nettement saisissables à l'œil sur les
animaux à sang froid.

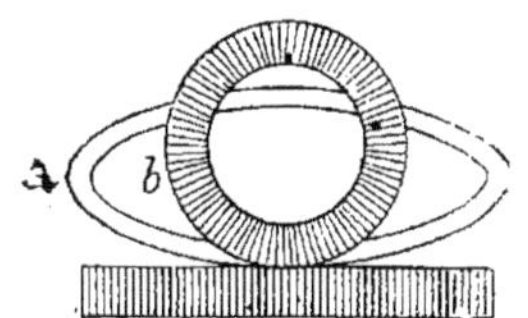

Fig. 55. — Coupe schématique du
ventricule (d'après LONGET [1]) : *a*, en
diastole ; *b*, en systole.

Sur le cœur de tortue ou de grenouille
on voit très bien l'augmentation de volume des oreillettes et celle des
ventricules pendant leur diastole, leur diminution de volume pendant la
systole. Chez les Mammifères (cobayes, lapins, chiens), sujets ordinaires
des expériences, les modifications volumétriques des cavités cardiaques
sont moins nettement visibles à l'observation directe, mais peuvent être
facilement étudiées par la méthode graphique.

Cette étude constitue la *pléthysmographie*[2] *cardiaque* ou inscription des
changements de volume du cœur. Sur les tracés obtenus les lignes ascendantes traduisent les augmentations de volume du cœur (diastoles) et les
lignes descendantes les phases d'évacuation cardiaque (systoles ventriculaires). Ce sont donc des tracés inverses de ceux que donnent les sondes
cardiaques (voy. p. 368) ou les cardiographes (voy. plus loin).

Les modifications volumétriques du cœur, et surtout sa diminution de
volume pendant la systole ventriculaire, ont un retentissement sur le poumon, intéressant à connaître pour le médecin. En effet, toute diminution
volumétrique du cœur devient une force d'aspiration vis-à-vis de la paroi
de la lame pulmonaire immédiatement en contact avec le cœur, ou la plus
voisine de lui. Il en résulte secondairement une entrée d'air dans cette
lame pulmonaire subitement distendue, et le courant d'air intra-alvéolaire
peut être assez intense pour donner lieu à la production d'un souffle. Ces
souffles, qui n'ont en rien affaire avec des lésions du cœur, sont dits pour
cette raison *extracardiaques*.

Les mouvements d'expansion pulmonaire qui leur donnent naissance sont
appelés *cardio-pneumiques*, pour bien marquer leur origine cardiaque. Ils
sont assez importants pour pouvoir être enregistrés à l'état normal. Pour
cela, chez un individu qui maintient la glotte ouverte, en même temps
qu'il prend soin de ne faire aucun mouvement respiratoire, on introduit
par l'une des narines (l'autre étant exactement fermée) ou par la bouche
(les deux narines alors fermées) une canule reliée par un tube de conduc-

---

1. F.-A. LONGET (1811-1871), connu surtout par ses recherches sur le système
nerveux central et sur les nerfs crâniens, fut professeur de physiologie à la
Faculté de médecine de Paris. Son *Traité de physiologie* (3 vol. in-8°, 3e édition,
Paris, 1873) est encore très utile à consulter.

2. De πληθυσμός, accroissement, augmentation de volume, et γράφω, j'écris.

tion assez court à un tambour à levier inscripteur. On obtient alors des tracés comme celui de la figure 56. La ligne verticale, brusquement descendante, dénote l'aspiration créée dans le poumon par la systole ventriculaire; la pulsation cardiaque se trouve ainsi traduite par un tracé *négatif*. Les parties ascendantes du tracé marquent la réplétion cardiaque progressive. Pour bien réussir ces expériences, il est nécessaire toutefois de tenir nettement et largement la glotte ouverte, sinon le tracé obtenu (en cas de glotte fermée, par exemple) n'a plus aucun rapport avec les mouvements cardio-pneumiques et devient la simple traduction du pouls des artères nasales ou buccales. \

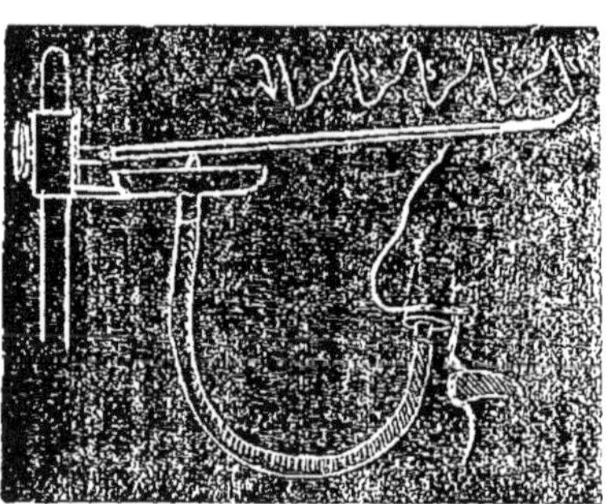

Fig. 56. — Disposition de l'expérience cardio-pneumographique destinée à enregistrer les variations de pression intrapulmonaire dues aux variations de volume du cœur (pendant la suspension de la respiration). Tracé *négatif* de la pulsation cardiaque (L. Fredericq).

a. Changements de consistance. — Les modifications de consistance du cœur, au cours de sa révolution, se rapportent essentiellement au jeu des ventricules. Comme tout muscle qui se contracte (le biceps brachial, par exemple, dont tout le monde connaît le changement de consistance), les ventricules se durcissent au moment de leur systole. Ce fait, nettement observé par Harvey, se constate très bien par le toucher, sur le cœur de l'animal vivant, soit de la grenouille ou de la tortue, soit plutôt du cobaye, du lapin, ou surtout du chien. Les parois ventriculaires, molles et dépressibles pendant la diastole, deviennent dures et fermes pendant la systole. « Il suffit d'avoir pu toucher le cœur d'un animal vivant pour avoir une idée de l'énergie de sa contraction » (Magendie). Le durcissement du cœur pendant la systole ventriculaire est de la plus grande importance pour l'explication de la pulsation cardiaque.

C. **Signes extérieurs de la révolution cardiaque.** — La révolution cardiaque se traduit extérieurement par deux ordres de phénomènes apparents, donc directement observables, et que, pour cette raison, le médecin met à contribution constante pour l'exploration fonctionnelle du cœur. Le premier de ces phénomènes est la *pulsation cardiaque*; les *bruits du cœur* constituent le second. Il y a *un choc* et *deux bruits* pour chaque révolution cardiaque.

a. Pulsation cardiaque (choc du cœur). — Le terme *pulsation car-*

diaque doit être exclusivement employé, de préférence à celui de choc du cœur, qui traduit d'une façon vicieuse la nature du phénomène dont il s'agit; il n'y a pas de choc dans le sens propre du mot, puisque la pointe du cœur est en contact permanent avec la paroi thoracique. Quand avec le doigt on déprime le thorax, dans la région du quatrième ou du cinquième espace intercostal[1], au niveau où, à l'inspection directe, on aperçoit quelquefois un léger soulèvement thoracique, le doigt sent un battement périodique; ce battement se reproduit, en effet, suivant un rythme régulier de 70 à 75 en moyenne, à la minute, chez l'homme adulte. C'est le battement cardiaque.

Deux problèmes se posent : à quel moment précis de la révolution cardiaque correspond ce battement? Et quel est son mécanisme?

Moment de la pulsation cardiaque. — La méthode graphique, par les expériences fondamentales de CHAUVEAU et MAREY (1860-1865), a donné la solution du problème.

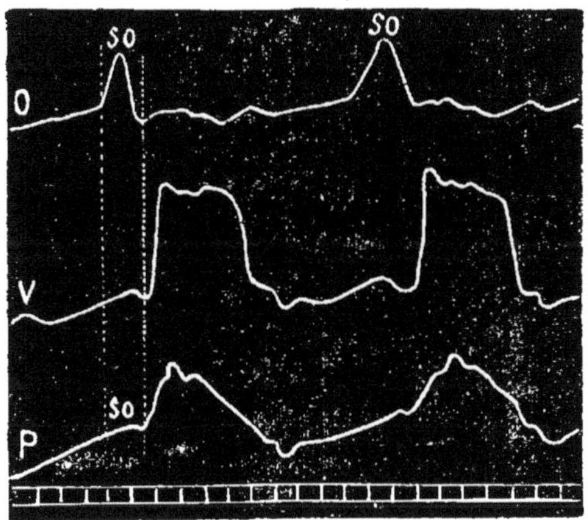

Fig. 57. — Pulsation cardiaque ; graphiques obtenus au moyen de la sonde cardiaque et d'un appareil enregistrant la pulsation cardiaque (cardiographe) (expérience sur le cheval, d'après CHAUVEAU et MAREY).

O, tracé de l'oreillette droite ; SO, systole auriculaire ; V, tracé du ventricule droit ; P, tracé de la pulsation cardiaque.

On a cette solution en reprenant et complétant l'expérience classique de cardiographie intracardiaque représentée par la figure 50.

On enregistre simultanément les variations de pression de l'oreillette droite et du ventricule droit au cours de la révolution cardiaque et, de plus,

1. Deux médecins italiens, MARIANNINI et NAMIAS, ont trouvé (1883) que le cœur, chez l'homme, bat 67 fois sur 100 dans le 4ᵉ espace et 33 fois sur 100 dans le 5ᵉ et, chez la femme, 80 fois sur 100 dans le 4ᵉ et 20 fois seulement dans le 5ᵉ.

grâce à un appareil explorateur (*cardiographe*; voy. ci-dessous) appliqué au niveau du point où l'on sent le battement cardiaque, on inscrit cette pulsation en même temps que les divers phénomènes précédents. On obtient, dans ce cas, un ensemble de tracés du type de ceux représentés par la figure 57.

Dans ces conditions, on voit nettement, sur le cheval, que la pulsa-

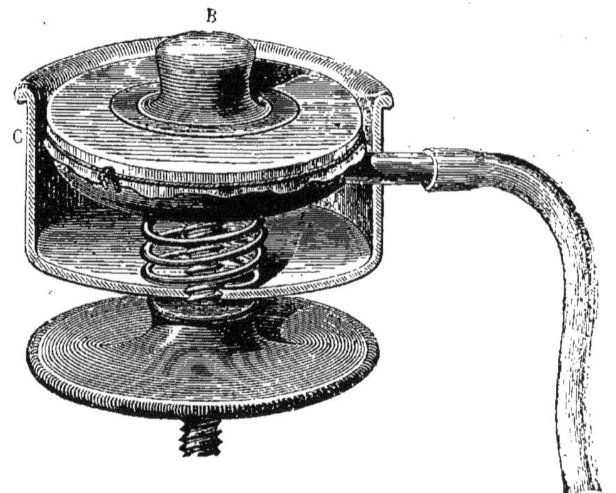

Fig. 58. — Cardiographe de Marey (explorateur à tambour) pour l'exploration de la pulsation cardiaque chez l'homme et les animaux).

Le bouton B de la capsule métallique C, recouverte d'une paroi élastique (en caoutchouc), est maintenu au point où bat le cœur.

N. B. — Il est bon de suspendre la respiration pendant la durée de l'expérience, à moins que l'on ne veuille obtenir les effets combinés de la respiration et de la pulsation cardiaque.

tion cardiaque correspond à la phase active du ventricule ; elle est isochrone avec la systole. C'est là ce qu'avait soutenu Harvey dans ses études sur le mouvement du cœur.

Ce n'est pas à dire que la systole auriculaire qui, pour divers cliniciens, fait partie intégrante de la pulsation cardiaque, ne se traduise sur le cardiogramme extracardiaque. Elle y retentit, comme elle retentit sur le tracé de pression intraventriculaire. De même que sur ce dernier, la systole de l'oreillette se signale sur le tracé de la pulsation cardiaque par l'ondulation *so* qui précède le battement ventriculaire proprement dit. Il est à remarquer en effet, dès maintenant, que les accidents du tracé de la pulsation cardiaque reproduisent ceux du tracé de pression intraventriculaire.

Mécanisme de la pulsation cardiaque. — A quoi tient la pulsation cardiaque? Le seul mouvement du cœur, au moment de sa systole, est un mouvement de torsion autour de son axe vertical, d'où

résulte pour la pointe un léger redressement qui la porte à droite et
en avant. Aussi bien, pas n'est besoin d'un mouvement proprement
dit de projection du cœur contre le thorax et indirectement contre la

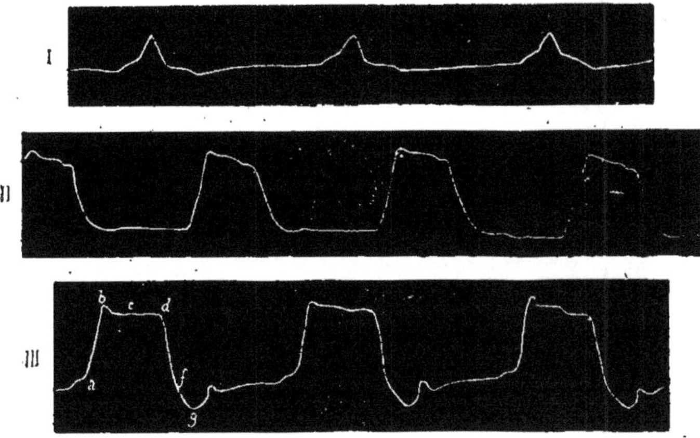

Fig. 59. — Cardiogrammes de l'homme dans différentes positions (V. Pachon).

I, Type fréquent (cardiogramme atypique), très différent des tracés de pression intraventriculaire. Sujet debout ; — II, type inconstant, rappelant les tracés de pression intraventriculaire. Sujet debout ; — III, type fixe, exactement semblable aux tracés de pression intraventriculaire (à rapprocher de la figure 30). Sujet en décubitus latéral gauche.

main qui l'explore, pour expliquer la sensation de choc que donne
chaque battement cardiaque.

Sur un animal (chien), dont on a ouvert la poitrine et qu'on maintient
en vie par la respiration artificielle, si l'on vient à saisir le cœur dans la
main ou à le déprimer simplement avec le doigt pendant le relâchement
ventriculaire, on sent un brusque choc contre le doigt explorateur, au
moment de la systole des ventricules. L'expérience est tout aussi nette,
les phénomènes sont seulement moins intenses, sur le cœur à nu de grenouille ou de tortue.

Comme Marey l'a montré, deux conditions, qui se reproduisent
justement à chaque systole ventriculaire, suffisent à expliquer la
pulsation cardiaque. Ces deux conditions sont, d'une part, le *contact
intime* qui s'établit entre le cœur et la paroi thoracique, sous l'influence de l'augmentation du diamètre antéro-postérieur de la masse
des ventricules au moment de leur systole, et, d'autre part, le *durcissement* concomitant des ventricules. A travers la paroi thoracique le
doigt explorateur suit ce changement de consistance, parce que le

ventricule durci presse plus fortement contre la paroi thoracique.
Il faut seulement que ce doigt s'enfonce assez fortement dans l'espace
intercostal, de façon à exercer immédiatement la dépression préalable
nécessaire pour que tout durcissement ventriculaire soit bien ressenti au moment de sa production.

*Exploration graphique de la pulsation cardiaque. Cardiographie extra-
cardiaque.* — La pulsation cardiaque peut être enregistrée chez l'homme

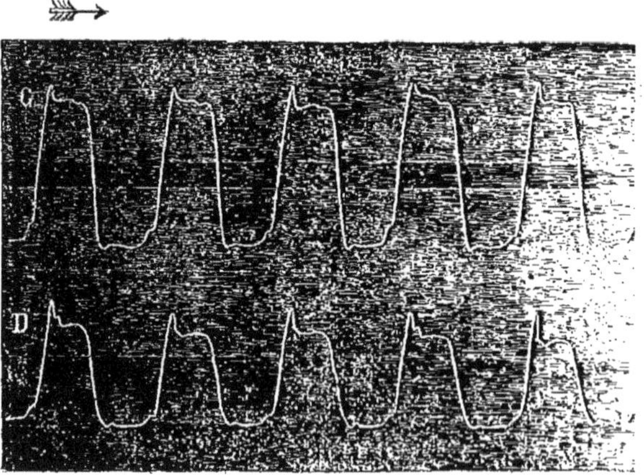

Fig. 60.— Cardiogrammes dans un cas d'ectopie cardiaque chez une femme (MAREY).
Pulsations recueillies simultanément sur les deux ventricules.

comme chez les animaux. On se sert pour cela d'appareils appropriés dits
cardiographes. Par la *cardiographie extra-cardiaque* on peut connaître les
détails intimes de la pulsation cardiaque, dont le doigt ne saurait donner
qu'une appréciation d'ensemble, très variable suivant l'intensité du phénomène. Le cardiographe ordinairement utilisé est le cardiographe de
MAREY (fig. 58). Les tracés obtenus chez l'homme avec cet instrument sont
assez variables, comme le montre la figure 59. C'est qu'ils peuvent être
les résultats de deux ordres de phénomènes associés et de sens inverse
dans la pulsation. Alors que le doigt n'éprouve que l'impression du soulèvement total du cœur, l'instrument inscrit tous les éléments du phénomène. Or, celui-ci est bien dû essentiellement au durcissement brusque
des parois ventriculaires, mais il peut être modifié par la diminution de
volume que subit la masse ventriculaire au même moment de la systole et
il peut présenter, en même temps qu'une altération de sa valeur, une déviation de sa forme. En effet, cette diminution de volume de la masse ventriculaire diminue d'autant le contact de l'organe avec la poitrine et par conséquent réduit l'effet positif du durcissement. Dans ces conditions, qui se
réalisent par exemple quand le bouton de l'explorateur se trouve à quelque
distance de la pointe du cœur, le tracé cardiographique représente un mé-

lange, à des degrés variables, des changements de consistance (élément
positif) et des changements de volume (élément négatif) du cœur au mo-

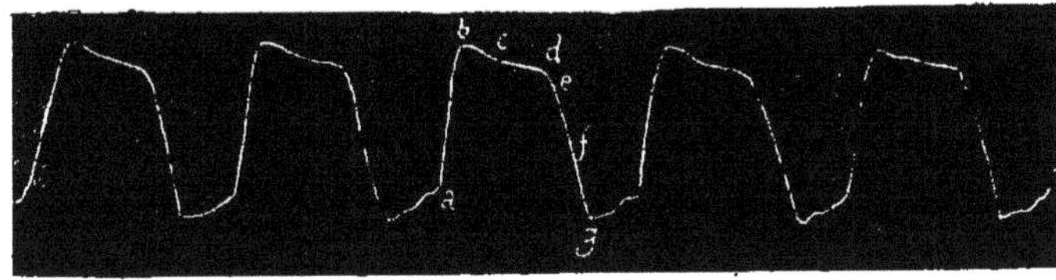

Fig. 61. — Pulsations du cœur de la grenouille, enregistrées *in situ* au moyen de la pince
cardiographique de Marey.

ment de la systole ventriculaire. L'effet de la diminution volumétrique du
cœur sur la pulsation cardiaque est parfois assez grand pour intervertir
complètement le cardiogramme et lui faire prendre les caractère d'un *cardiogramme négatif* (tracé de pulsation volumétrique du cœur), du type de
celui qui est représenté sur la figure 57 (p. 383).

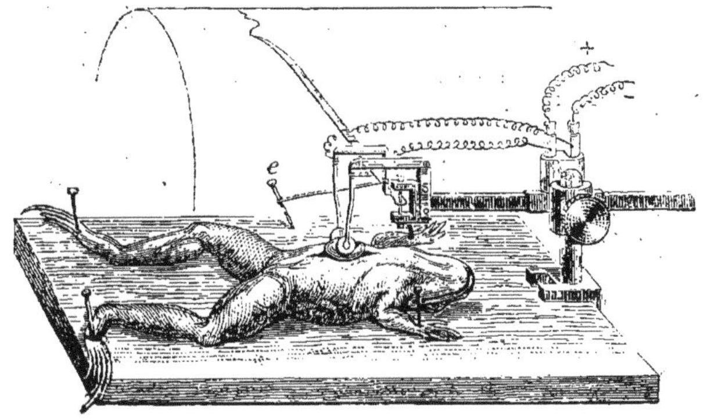

Fig. 62. — Pince cardiographique de Marey.

Le cœur est pris entre deux cuillerons dont l'un est mobile et déplace le style inscripteur
auquel il est soudé. A chaque diastole le style est ramené par un fil élastique fixé à
l'épingle *e*.

Pour pouvoir interpréter sûrement les cardiogrammes et arriver par
conséquent à les utiliser en clinique, il faut une méthode d'exploration qui
assure l'unité de type des tracés. Or, on obtient toujours un type fixe et
qui reproduit fidèlement les caractères des tracés de pression intraventriculaire (voy. le tracé III de la figure 60), en pratiquant systématiquement
l'exploration cardiographique dans le décubitus latéral gauche (V. Pachon,
1902). Dans cette condition, le contact constant du cœur avec le thorax
supprime l'effet négatif de la diminution volumétrique des ventricules. Et
les tracés deviennent superposables aux tracés des variations de pression

intracardiaque, ce qui est d'ailleurs la meilleure garantie de leur exactitude. Ondulation présystolique *o* (oreillette), ligne brusque d'ascension *ab* (à plateau *bcd*) (systole ventriculaire avec ses deux périodes de mise en tension et d'évacuation), ligne de descente avec l'inflexion *f* de la clôture sigmoïdienne et l'ondulation *g* (vide post-systolique) descendant au-dessous du zéro de la ligne des abscisses, tous les accidents du type fixe de cardiogramme extracardiaque en décubitus latéral gauche sont ceux du cardiogramme intracardiaque.

Dans des cas d'ectopie cardiaque, on a pu enregistrer directement chez l'homme, sur le cœur à nu, la pulsation cardiaque. Les tracés de la figure 60 reproduisent des cardiogrammes recueillis ainsi chez une femme. On remarquera leur ressemblance avec ceux que l'on obtient sur les grands animaux (voy. fig. 50, p. 370) et avec les tracés de la pulsation cardiaque explorée dans le décubitus latéral gauche.

Ce type de cardiogramme est d'ailleurs un type général. La figure 61 montre que le tracé de la pulsation cardiaque d'un animal à sang froid (grenouille), recueilli sur le cœur à nu et en place, à l'aide de la pince cardiographique de MAREY (fig. 62), est identique aux précédents.

Fréquence des pulsations cardiaques. — La fréquence des pulsations cardiaques varie suivant un grand nombre de conditions.

L'âge est une des principales, comme le montre le tableau suivant (QUÉTELET[1], 1835) :

Age.	Pulsations par minute.
1 an	120 à 130
2 ans	105
3 ans	100
4 ans	97
5 à 10 ans	90 à 95
10 à 15 ans	78
15 à 50 ans	70
60 ans	74
80 ans	79
80 à 90 ans	80

A noter aussi l'influence du sexe et de la taille ; chez la femme et chez les individus de petite taille, les pulsations sont un peu plus fréquentes.

A l'influence de la taille se rattachent sans doute les différences constatées suivant les espèces animales :

	Pulsations par minute.
Cheval	30 à 50
Bœuf	35 à 42
Chien de taille moyenne	90 à 100
Lapin	150
Cobaye	200 et plus.

1. L.-A.-J. QUÉTELET (1796-1874), savant belge, créa l'application de la statistique aux sciences morales. Ses principaux ouvrages sont : *Recherches sur la population, les naissances, les décès...*, Bruxelles, 1827; *Recherches sur la reproduction et la mortalité de l'homme aux différents âges*, Bruxelles, 1833; *Physique sociale*, Paris, 1859.

La station debout[1], l'exercice musculaire, la digestion, l'élévation de température, les émotions, etc., accélèrent les battements du cœur.

b. **Bruits du cœur.** — L'oreille appliquée sur la poitrine, dans la région cardiaque, entend deux bruits pour chaque pulsation. Le premier bruit est fort, grave, prolongé ; le second bruit est clair, bref et nettement frappé. Chacun est séparé de l'autre par des silences d'inégale durée.

Ces deux bruits, *premier* et *second* bruits, constituent pour le clinicien les deux temps du cœur. Tout ce qui coïncide à l'auscultation avec le premier bruit est dit correspondre au premier temps ; tout ce qui coïncide avec le second bruit correspond au second temps. Il est donc important, pour que ces données prennent une signification précise, de fixer exactement à quel phénomène et à quel moment de la révolution cardiaque correspond chacun des bruits du cœur.

Nature et causes des bruits du cœur. — Ces bruits du cœur sont dus essentiellement aux phénomènes vibratoires qui accompagnent la tension brusque des valvules intra et extracardiaques au moment de leur fermeture respective. La démonstration est particulièrement nette pour le second bruit.

En effet, 1° il s'entend le mieux à la base du cœur, au niveau de l'origine de l'aorte (extrémité interne du deuxième espace intercostal droit) et de l'artère pulmonaire (deuxième espace intercostal gauche, à 1 centimètre du bord du sternum). Le premier bruit, au contraire, a son maximum d'intensité à la pointe du cœur ; — 2° sur un tronçon d'aorte muni de ses valvules, on fixe un tube de verre assez long et, à l'extrémité opposée, au-dessous des valvules, un petit tube muni d'une poire élastique ou d'une vessie pleine d'eau ; en comprimant celle-ci, on fait pénétrer l'eau dans l'aorte et dans le tube vertical ; quand la compression cesse, le liquide retombe en fermant les valvules, et l'on peut entendre un claquement sonore identique au second bruit (expérience de Rouanei[2], 1832 et 1844) ; — 3° tout traumatisme expérimental altérant ou supprimant le fonctionnement des sigmoïdes altère ou fait disparaître le second bruit (Chauveau et Faivre).

L'analyse du premier bruit est plus délicate et démontre que des éléments complexes prennent part à sa production.

Par analogie, on l'a rapporté au claquement des valvules auriculo-ventriculaires au moment de leur brusque tension, au début de la systole des ventricules. En effet, tout traumatisme intéressant le fonctionnement de

---

[1]. L'influence des attitudes est très importante, puisque, debout, on a en moyenne 80 pulsations, tandis qu'assis ou couché on n'en a plus que 70 ou 67.

[2]. J.-R. Rouanet (1797-1865), médecin français, à qui son travail sur l'*analyse des bruits du cœur* (thèse de doctorat, Paris, 1832, 28 p.) a assuré un juste renom.

ces valvules altère le premier bruit. A l'état pathologique, les lésions de la mitrale et de la tricuspide sont diagnostiquées justement par ces altérations. Mais, si les deux bruits avaient exactement la même et unique cause, ils auraient le même timbre, ce qui n'est pas ; — et, d'autre part, sur le cœur extrait de l'animal, continuant à battre vide de sang, la systole ventriculaire s'accompagne encore d'un bruit sourd ; dans ce cas, les valvules ne sont plus tendues, puisque le cœur est vide de sang ; — et, enfin, l'introduction par l'oreillette droite d'un instrument écarteur des valvules (qui empêche leur fermeture) laisse au premier bruit à peu près tous ses caractères. Si donc la production de ce bruit dépend en partie de la fermeture des valvules (comme suffisent à le prouver ses modifications dans les cas d'altérations de celles-ci), elle dépend aussi et davantage d'une autre cause. D'après ce que l'on vient de voir de la persistance du premier bruit sur le cœur vide de sang, cette cause ne peut être que la contraction des ventricules. Toute contraction musculaire produit en effet un bruit (bruit rotatoire).

Le premier bruit, résultant à la fois de la tension des valvules et de la tension des parois ventriculaires elles-mêmes, est donc un mélange de son musculaire grave et de son valvulaire plus aigu. De là les différences entre les deux bruits du cœur.

Le rythme des bruits du cœur est le suivant :

1er bruit — petit silence
2e bruit — grand silence.

ce que l'on peut représenter par la notation ci-dessous :

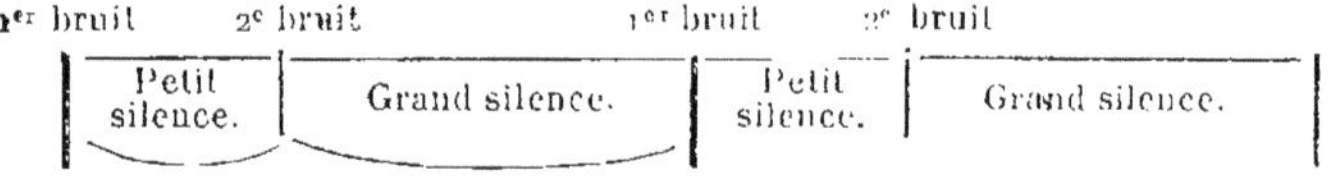

Moment de la production des bruits du cœur. — Comment fixer le moment exact où se produisent les bruits du cœur et leur correspondance avec les divers phénomènes de la révolution cardiaque ?

On a dans ce but employé plusieurs méthodes : l'auscultation associée à la palpation du cœur à nu ; l'auscultation associée à l'inscription graphique de la pulsation cardiaque ; l'inscription électrique des bruits du cœur associée à l'inscription graphique de la pulsation cardiaque. Mais la méthode la plus parfaite est la combinaison de l'inscription électrique des phénomènes valvulaires, dont dépendent les bruits du cœur, avec l'inscription des tracés de pression intraventriculaire (CHAUVEAU, 1894). Les signaux électriques sont mis en action par un ressort-contact qui, porté à l'aide d'une sonde spéciale, dans le cœur même au niveau des valvules, ferme ou ouvre le courant sous l'influence de la fermeture ou de l'ouverture des valvules. On obtient ainsi des tracés du type de ceux des figures 63 et 64, représentant le jeu respectif des valvules auriculo-ventriculaires et des valvules sigmoïdes en correspondance avec les mouvements intérieurs du sang dans le cœur.

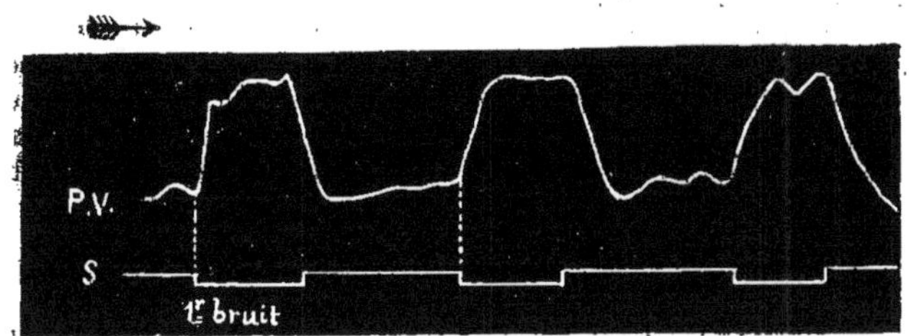

Fig. 63. — Jeu de la valvule tricuspide (d'après GHAUVEAU).
PV, tracé des variations de pression dans le ventricule droit ; — S, tracé du signal électrique indiquant le jeu de la valvule.
Le courant se ferme sous l'influence de la fermeture de la valvule.

On voit nettement que le premier bruit (fermeture des valvules auriculo-ventriculaires) est isochrone à la phase de début de la systole ventriculaire et se produit pendant la première partie de la brusque ascension de la courbe des pressions intraventriculaires (fig. 63). Le second bruit (fermeture des valvules sigmoïdes) correspond juste au moment où le ventricule se relâche, c'est-à-dire au début de la diastole ventriculaire (fig. 64). Aussi bien, on dit que le *premier* bruit est *systolique* et le *second* bruit *diastolique*.

Ces bruits, exactement connus dans leur correspondance avec les phénomènes de la révolution cardiaque, peuvent dès lors servir

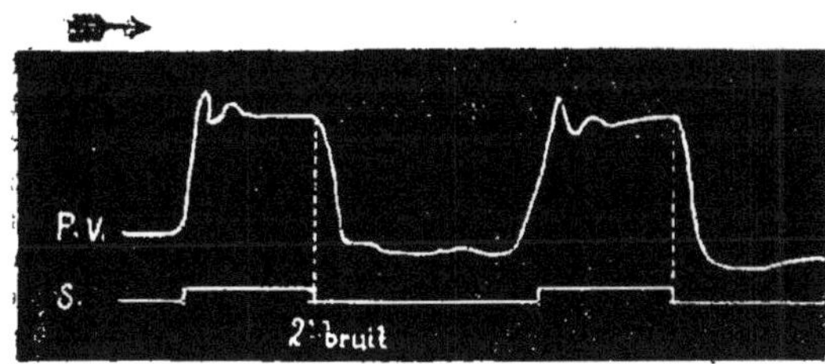

Fig. 64. — Jeu des sigmoïdes aortiques (d'après CHAUVEAU).
PV, tracé des variations de pression dans le ventricule gauche ; — S, tracé du signal électrique indiquant le jeu des sigmoïdes.
Le courant est fermé par la fermeture des valvules.

de repères aux cliniciens pour l'étude de cette révolution, à l'état pathologique.

D. **Travail du cœur.** — Le cœur fait circuler le sang, c'est-à-dire fait parcourir un chemin à une masse ; il accomplit donc un travail.

Par définition, un travail mécanique est représenté par le produit d'une force par le chemin parcouru ou d'une charge par la hauteur à laquelle elle a été soulevée. Soit P la charge, H la hauteur de soulèvement, le produit PH représente le travail effectué dans un temps considéré T. Le problème du travail du cœur consiste donc à rechercher la valeur de la charge soulevée et celle de la hauteur de soulèvement. Dans l'espèce, la hauteur de soulèvement est représentée par la résistance à vaincre.

Quelle est donc pour le cœur la charge à soulever? et quelle est la résistance qu'il a à vaincre?

a. Évaluation du travail du cœur. — La charge à soulever est évidemment représentée par l'ondée sanguine lancée dans les artères à chaque systole ventriculaire et la résistance à vaincre est représentée par la pression artérielle qui tient closes les sigmoïdes et contre laquelle le cœur doit lutter pour ouvrir ces valvules et faire pénétrer le sang dans l'aorte. Le sang ventriculaire, on l'a vu, réussit à passer soit dans l'aorte, soit dans l'artère pulmonaire, mais seulement lorsque les cavités ventriculaires gauche et droite ont soumis le sang qu'elles renferment à une pression, pour le moins un peu supérieure à celle qui règne à l'origine des deux systèmes artériels. Le problème du travail du cœur consiste donc à déterminer, d'une part, la valeur de l'ondée systolique ventriculaire, c'est-à-dire du débit cardiaque, et, d'autre part, la valeur des tensions artérielles aortique et pulmonaire.

La détermination du débit ventriculaire est chose très délicate.

On avait cru pouvoir y réussir, soit en pesant comparativement le cœur à l'état de vacuité et à l'état de réplétion, soit en évaluant le volume des cavités cardiaques remplies avec une masse solidifiable. Mais les résultats obtenus varient avec la pression sous laquelle se fait la réplétion ; et, d'autre part, il est démontré que les ventricules ne se vident pas complètement dans la systole. Les chiffres que l'emploi de ces méthodes a donnés sont beaucoup trop forts. La méthode la plus exacte consiste à enregistrer directement le débit du cœur (R. Tigerstedt[1], 1891) ; le cours du sang est endigué dans l'aorte, seule ou prolongée par une de ses branches principales, les collatérales ayant été liées ; puis on interpose sur son passage un compteur approprié.

Par cette méthode on est arrivé à des résultats précis sur les animaux. Étendus à l'homme, ils donnent pour le débit de chaque ventricule une valeur moyenne de 60 grammes par systole.

La détermination des tensions aortique et pulmonaire, faite par les méthodes manométriques qui seront décrites à propos de la circu-

___

1. Physiologiste finlandais contemporain, professeur à l'Université de Helsingfors.

lation dans les artères, conduit à admettre, chez l'homme, les valeurs moyennes suivantes : 15 centimètres Hg pour l'aorte et 5 centimètres pour l'artère pulmonaire. Le calcul du travail du cœur donne donc :

Pour le ventricule gauche 60×2 [1] $= 120$ grammètres ;

Pour le ventricule droit le tiers de cette valeur (5 étant le tiers de 15), soit 40 grammètres, — en ne tenant pas compte de la vitesse du sang ($0^m,50$ à la seconde, à l'origine de l'aorte), facteur relativement négligeable. La somme du travail du cœur est donc égale à $120 + 40$, soit à 160 grammètres ; et il vient :

Pour une minute 160×70 [2] $= 11$ kilogrammètres 200 ;

Pour une heure $11\,200 \times 60 = 672$ kilogrammètres ;

Pour vingt-quatre heures $672 \times 24 = 16\,128$ kilogrammètres.

L'équivalent mécanique de la chaleur étant de 425 kilogrammètres, ces 16128 kilogrammètres représentent $\dfrac{16\,128}{425} = 38$ calories, en chiffres ronds. — En résumé, le ventricule gauche lance à chaque systole 60 grammes de sang environ par les sigmoïdes aortiques sous une pression de 15 centimètres de mercure ; ou, en d'autres termes, il porte 60 grammes de sang à la hauteur de 2 mètres à chaque systole.

b. ORIGINE ET DESTINATION DE L'ÉNERGIE MÉCANIQUE DU CŒUR. — Quelle est la source de ce travail que nous venons d'évaluer ? et, d'autre part, sous quelle forme reparaît-il ultérieurement ?

Pour résoudre la première question on a recours à la méthode des circulations artificielles dont le principe a déjà été donné p. 348.

Il existe des appareils qui permettent l'application facile de cette méthode (voy. fig. 65). Si l'on se sert comme liquide de circulation d'un sérum artificiel, la composition de ce sérum doit être appropriée aux échanges chimiques qui conditionnent le fonctionnement cardiaque. C'est ainsi qu'il doit être oxygéné, contenir des éléments minéraux en proportion déterminée, en particulier des sels de sodium et de calcium, et contenir aussi de la glycose, substance fort importante au point de vue qui nous occupe (voy. p. 349 ce qui a été dit du liquide de RINGER-LOCKE). Dans ces conditions, non seulement un cœur d'animal à sang froid, mais un cœur de Mammifère (lapin, chien, homme), pourvu qu'il soit, en outre, soumis à une température de 38°-40°, peut être maintenu de longues heures en bon état de fonctionnement, comme il a été dit p. 349.

Au point de vue de l'origine énergétique du travail du cœur, on a pu constater que les albuminoïdes ne sont pas indispensables (le liquide de

---

1. La densité du mercure étant de 13,6 et celle du sang de 1,06. une colonne de 15 centimètres de mercure correspond sensiblement à une colonne de 2 mètres de sang.

2. Chiffre moyen des pulsations par minute, chez l'homme adulte.

RINGER-LOCKE n en contient point); les hydrates de carbone, au contraire, doivent être partie constituante du milieu nutritif, par exemple sous forme de glycose. Ainsi on a trouvé que le cœur isolé du lapin consomme 1 milligramme de glycose par gramme et par heure et que celui du chat consomme à peu près la même quantité. La même recherche a pu être faite sur un cœur humain (mis en expérience deux heures et demie après la mort); la quantité de glycose consommée fut de 0.07 milligramme par gramme et par heure (ce cœur pesait 368 grammes et la circulation fut entretenue pendant deux heures et demie environ) (expériences de H. STEWART, 1910). D'autre part, dans des recherches trop peu nombreuses. il est vrai, on a constaté que le cœur s'appauvrit en glycogène pendant son fonctionnement : chez des chiens privés d'aliments durant quarante-huit heures, le cœur ne contient plus que les deux tiers du glycogène que l'on trouve dans un poids égal de muscles.

Ces deux derniers ordres de faits démontrent donc que le cœur, comme tout muscle ordinaire, emprunte à des phénomènes d'oxydation des hydrates de carbone l'énergie chimique dont dérive son travail mécanique.

Quant à sa destination, ce travail mécanique du cœur, qui représente du travail positif et utile, distrait de l'énergie calorique totale que fournit la combustion des hydrates de carbone dont il dérive, reparaît finalement à l'extérieur sous forme de chaleur. L'énergie mécanique développée par le cœur est en effet consommée peu à peu par le frottement du sang dans les vaisseaux et, par ce frottement,

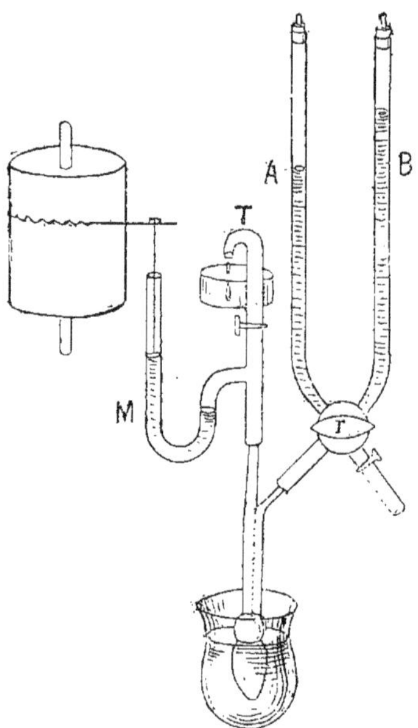

Fig. 65. — Dispositif de KRONECKER pour l'étude du travail du cœur. Une canule à double courant est introduite directement dans le ventricule.

A, B, réservoirs contenant le sang défibriné ou le sérum artificiel allant au cœur ; r, robinet à trois voies ; C, canule à double courant introduite directement dans le ventricule ; M, manomètre à flotteur ; T, tube à déversement pour la mesure du débit.

se convertit en chaleur. En fin de compte, l'énergie chimique, qui est à l'origine du travail du cœur, en partie d'abord distraite pour un effet mécanique positif, se retrouve restituée totalement à l'extérieur sous forme de chaleur.

c. Régulation et constance du travail du cœur. — La méthode des circulations artificielles a permis de constater un phénomène extrêmement curieux, à savoir la possibilité pour le cœur isolé de régler son travail. Si l'on fait travailler un cœur, soumis à une circulation artificielle, dans des conditions variables de température ou de pression, par exemple (ce que permet un dispositif comme celui de la figure 65), on voit s'établir entre le rythme du cœur, son débit et les pressions qu'il a à vaincre, des rapports tels que le travail du cœur reste sensiblement constant (*loi de l'uniformité du travail du cœur* [E. de Cyon[1], Marey]). Le cœur adapte son débit au rythme et aux pressions à vaincre. L'élévation de température accélère le rythme et diminue le débit ; on constate en effet que les systoles deviennent plus courtes, en même temps que plus fréquentes, de sorte que l'excès de leur nombre est compensé par la diminution de leur durée ; les élévations de pression ralentissent le rythme et diminuent le débit. Ainsi le produit PH oscille dans des limites restreintes.

Dans les conditions normales de son fonctionnement, le cœur est sous l'influence d'un mécanisme nerveux (nerfs sensitifs, nerfs modérateurs et accélérateurs) qui sera décrit ultérieurement, et qui, en commandant des modifications isolées ou associées de son rythme et de son débit et aussi des résistances qu'il a à vaincre, lui assure à chaque instant la possibilité de maintenir la constance de son travail. C'est là une loi fondamentale de l'activité cardiaque, loi d'adaptation à la grande mobilité que présente le fonctionnement circulatoire et qu'il doit présenter pour répondre à tout instant soit aux exigences variées des organes, soit au rôle que jouent dans la régulation thermique les phénomènes de vaso-constriction (lutte contre le froid) et de vaso-dilatation (lutte contre le chaud).

2o *Le muscle cardiaque, sa contraction.*

Le cœur est un muscle dont les manifestations doivent être

1. Physiologiste russe (1843-1912), l'un des physiologistes les plus originaux du xixe siècle, célèbre par sa découverte (avec Ludwig) du nerf dépresseur du cœur et par celle des nerfs accélérateurs du cœur, par ses recherches sur les canaux semi-circulaires et sur « le sens de l'espace », par ses études sur les fonctions de la glande thyroïde et de l'hypophyse et par beaucoup d'autres travaux importants. Dans la dernière partie de sa vie, ses ouvrages : *Das Ohrlabyrnth Als Organ der matematischen Sinne fur Raum und Zeit* (Berlin, 1908). *Dieu et sciences* (Paris, 1910), et divers articles de Revues révélèrent son esprit philosophique.

étudiées en elles-mêmes, comme celles de tout autre muscle, indépendamment des effets circulatoires qu'elles produisent.

A. Phénomènes mécaniques de la contraction cardiaque. — Le durcissement systolique se produit avec une très grande force. On a constaté sur un âne que chaque systole soulève un poids de 1 kilogramme placé sur le cœur. — Nous avons vu quel est l'effet de la contraction pour le travail du cœur.

B. Phénomènes physiques de la contraction cardiaque. — Tout mouvement de la matière vivante, du muscle en particulier, donne lieu à une différence de potentiel avec les éléments restés inactifs ; cette différence de potentiel détermine nécessairement un courant électrique. Les phénomènes électriques liés à la contraction cardiaque ont été très étudiés.

Si on relie la base et la pointe du cœur à un galvanomètre, on voit se produire une déviation de l'aiguille pendant la systole ventriculaire. Ce courant d'action, comme celui de tout muscle en activité, peut induire une secousse dans la patte galvanoscopique[1], placée convenablement sur le cœur. Voici sous une autre forme, très élégante, la même expérience : sur un chien à poitrine ouverte, si l'on sectionne préalablement le nerf phrénique gauche, on voit se produire dans le diaphragme des secousses rythmées, en rapport avec les systoles cardiaques. C'est que le nerf phrénique gauche passe directement sur le cœur et se trouve excité, à la façon d'une patte galvanoscopique, par le courant d'action du cœur.

Ce courant d'action a été démontré pour le cœur de l'homme parce qu'on a pu le recueillir à la surface du corps où il diffuse suivant les lois de la diffusion des courants électriques ; en reliant deux points quelconques de la peau humide à un galvanomètre ou à un électromètre capillaire de Lippmann[2], de part et d'autre d'une ligne allant du sommet de l'épaule gauche à l'hypocondre droit et passant à peu près par le milieu du cœur, on constate que les points situés

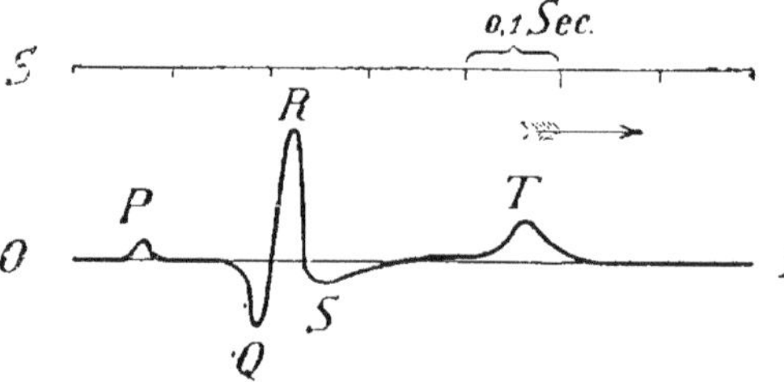

Fig. 66. — Électrocardiogramme normal (dessin schématique, d'après des photographies).

1. On appelle ainsi une patte de grenouille amputée au-dessus du genou et pourvue de son nerf (nerf sciatique) préalablement isolé sur une grande longueur.

2. Appareil essentiellement constitué par une colonne capillaire de mercure dont les oscillations obéissent à des variations électriques même très rapides. G. Lippmann, célèbre physicien français contemporain.

au-dessous de cette ligne, c'est-à-dire du côté de la pointe du cœur, deviennent négatifs au moment où commence la systole ventriculaire, alors que les points situés au-dessous deviennent positifs, que les phénomènes inverses se produisent à la fin de la systole et que pendant la diastole toutes les parties du corps reviennent à la neutralité (A. Waller[1], 1890) ; d'où Waller a conclu que, au repos, le cœur est en équilibre électrique et que, pendant la systole, la pointe devient négative, tandis que la base devient positive.

Ces phénomènes électriques ont été enregistrés par la photographie. Les électrogrammes de systole ventriculaire, obtenus avec l'électromètre capillaire, représentent une courbe simple, analogue à celle de la secousse élémentaire du muscle, chez les animaux à sang froid. Chez les Mammifères, cette courbe présente un plateau, correspondant au plateau systolique des tracés cardiographiques (L. Fredericq). Si l'on prend en même temps un électrogramme et un cardiogramme, on voit que les manifestations électriques précèdent, d'environ $\frac{1}{50^e}$ de seconde, les manifestations mécaniques de la pulsation cardiaque. Mais on a obtenu aussi des électrocardiogrammes sans plateau (Einthoven[2]), d'où il suit que la contraction ventriculaire est comparable à une secousse musculaire simple. Mais c'est là une question que nous examinerons tout à l'heure.

L'étude des variations électriques **du cœur**, chez l'homme sain **ou malade**, s'est beaucoup développée depuis l'application à cette étude du galvanomètre à corde d'Einthoven[2](1903-1906).

C'est un appareil d'une très grande sensibilité qui permet l'inscription photographique des déviations d'un mince fil de quartz argenté traversé par un courant et tendu entre les pôles d'un électro-aimant. Une fois l'appareil réglé, l'expérience est simple : à chaque pulsation, le cœur de l'homme développe un courant électrique qui diffuse dans toutes les parties de l'organisme, suivant les lois de la diffusion des courants ; le sujet plonge les deux mains ou bien une main et le pied du côté opposé dans deux vases remplis d'eau salée (liquide conducteur) ; les deux vases sont reliés au galvanomètre ; chaque battement du cœur détermine une déviation de la corde. Les électrocardiogrammes ainsi obtenus sont assez compliqués (voy. fig. 66) ; la courbe présente plusieurs inflexions, dont la première P correspond à la contraction des oreillettes et dont les autres QRST (au nombre de quatre) traduisent le mouvement électrique que produit la systole des ventricules ; les différentes parties de l'ondulation QRST ne sont pas encore bien expliquées ; il a été clairement montré cependant que la variation électrique d'origine ventriculaire commence un peu avant la contraction du ventricule.

C. Phénomènes chimiques de la contraction cardiaque.
— On sait très peu de chose des résultats chimiques de l'activité cardiaque.

1. Physiologiste anglais contemporain
2. Physiologiste hollandais contemporain, professeur à l'Université de Leyde.

Le cœur est constamment acide. Tout muscle qui travaille, en effet, devient acide ; cette acidité doit être rapportée à l'acide lactique, au moins en partie. — Comme tout organe en activité, le cœur produit de l'acide carbonique. Il importe que l'élimination en soit rapide. Car l'acide carbonique est très toxique pour le cœur. La présence de ce gaz dans un liquide de circulation artificielle ralentit les battements et peut même suspendre le fonctionnement du cœur ; mais celui-ci se rétablit quand on neutralise l'acide formé. — Enfin on a vu (p. 394) que l'activité cardiaque paraît consommer le glycogène du myocarde.

Les conditions chimiques de l'activité cardiaque sont mieux connues. C'est ici en grande partie la question même de la nutrition du cœur.

A propos du travail du cœur, nous avons déjà indiqué quelques-unes de ces conditions. On a vu la nécessité de divers sels minéraux, du sucre et, pour les Mammifères, de l'oxygène[1] et d'une température de 38° à 40°. Voici d'autres faits en rapport avec ces conditions. Une solution isotonique (7 à 9 p. 1000) de chlorure de sodium ne peut entretenir les mouvements du cœur. Le sérum sanguin, privé de ses matières protéiques, a, au contraire, cette propriété. La présence de matières albuminoïdes n'est donc pas indispensable ; on le sait d'ailleurs par les excellents effets du liquide de Ringer-Locke sur le fonctionnement du cœur isolé. Mais le sérum sanguin, si on le débarrasse de ses sels de chaux au moyen d'un oxalate neutre d'alcali, perd son action sur le cœur ; qu'on rende du calcium à ce sérum décalcifié, on lui rend en même temps sa propriété d'entretenir les contractions normales du cœur. L'élément calcium joue donc un rôle considérable dans l'activité du muscle cardiaque (W. H. Howell[2] et Eaton, 1893). L'élément potassium, au contraire, favoriserait le relâchement du myocarde. D'une manière générale, il a été établi que les ions calcium exercent sur le cœur une action systolique et les ions potassium une action diastolique ; à forte dose ceux-là l'arrêtent en systole et ceux-ci l'arrêtent en diastole.

Chez les Sélaciens la solution de Ringer doit être additionnée d'urée[3] pour entretenir les battements du cœur isolé (Baglioni[4], 1905). M. Lambert[5] a vu de son côté (1905) que cette substance, si elle n'est pas indispensable au fonctionnement du cœur isolé de grenouille, le facilite cependant beaucoup ou le rétablit, quand il est suspendu. Ce rôle de l'urée mérite d'être étudié.

Chez les animaux supérieurs, une condition essentielle de l'activité cardiaque, c'est l'intégrité de la circulation dans les vaisseaux du cœur (artères coronaires), d'où dépend la nutrition du myocarde.

Si un vaisseau coronaire important devient imperméable, le cœur, im-

---

1. Le cœur des animaux à sang froid résiste très longtemps à la privation d'oxygène (expérience de Pflüger sur la grenouille).
2. Physiologiste américain contemporain.
3. Le sang et les tissus des Sélaciens sont très riches en urée. Le sang en contient 2 gr. 6 pour 100.
4. Physiologiste italien contemporain.
5. Physiologiste français, professeur agrégé à la Faculté de médecine de Nancy.

puissant à résister à l'anémie qui en résulte, à la privation de sang oxygéné et chargé des matériaux qui sont les excitants de sa contraction, s'arrête. Il est plus difficile de s'expliquer l'effet de la ligature d'un gros tronc coronaire ; dans ce cas, les ventricules s'arrêtent bien aussi, mais après avoir présenté des secousses fibrillaires plus ou moins fortes, c'est-à-dire des contractions tout à fait arythmiques (*trémulations ventriculaires*; voy. plus loin, p. 401) ; ce phénomène se produit de une à deux minutes après la ligature et, une fois commencé, se continue jusqu'à l'arrêt du cœur ; en d'autres termes, la contraction coordonnée des faisceaux musculaires cardiaques ne peut se rétablir, même si on enlève la ligature. Aucune des explications, proposées jusqu'à présent, de ce fait si intéressant au point de vue des relations entre la nutrition du cœur et l'activité de ce muscle, n'est complètement satisfaisante. Inversement, on sait (voy. p. 348) que le rétablissement de la circulation coronaire, même dans des cœurs en apparence complètement morts, ramène la contractilité normale du muscle.

D. Propriétés du muscle cardiaque. — Ce sont celles du tissu musculaire en général. C'est sur le cœur de grenouille ou de tortue qu'on les étudie le plus facilement. On en sectionne la pointe ; cette pointe du cœur reste normalement immobile ; mais les excitations appropriées en réveillent la contractilité.

Notons tout de suite la vitalité du muscle cardiaque.

Quatre ou cinq jours après la mort, on peut encore voir se produire, après établissement d'une circulation artificielle avec le liquide de Ringer-Locke, des contractions de tout le cœur, sur le lapin (Kuliabko). — Les diverses parties du cœur ne possèdent pas la même vitalité. C'est le ventricule gauche qui cesse d'abord de battre, dans la mort du cœur, puis le droit. Les oreillettes battent encore longtemps après que les ventricules se sont arrêtés et c'est la droite qui bat le plus longtemps (*ultimum moriens*). Quand à son tour elle est arrêtée, les embouchures des grosses veines se contractent encore.

L'irritabilité du muscle cardiaque est mise en jeu par les excitants ordinaires du muscle, mécaniques, physiques (électriques, thermiques), chimiques (acides ou alcalis dilués, vapeurs d'ammoniaque, nitrate d'argent, alcool, etc.). — Parmi les excitations mécaniques, il en est une particulièrement efficace, c'est la pression ou distension exercée sur les parois intracardiaques.

Suspendons la pointe isolée d'un cœur de grenouille ou de tortue à l'extrémité d'un tube, et versons dans ce tube une solution salée isotonique ; dès que le liquide a atteint un certain niveau, la pointe du cœur se met à battre rythmiquement. Il en est de même si, au lieu de suspendre cette pointe du cœur à un tube sous pression, on la met en relation avec un autre cœur vivant, de telle sorte qu'elle reçoive de celui-ci du sang sous pression (expérience des *cœurs conjugués* [Dastre]).

La pression excentrique des parois du cœur est donc un excitan' pour la fibre musculaire cardiaque qui, notons-le dès maintenant, répond à cette excitation constante par une série de contractions régulières, c'est-à-dire suivant un rythme. Le rôle excitant de la pression pour le cœur est d'ailleurs un fait général de la physiologie des muscles creux : l'uretère, la vessie, l'utérus entrent de même en contraction sous l'influence de la distension suffisante de leurs cavités. — Les excitations thermiques agissent sur le cœur des Mammifères isolé comme sur celui de la grenouille ; l'élévation de la température (jusqu'à 41°) augmente le nombre des battements, l'abaissement de la température a l'action inverse. — On verra un peu plus loin l'effet des excitations électriques.

La réponse du myocarde à ses divers excitants, la systole, diffère de la réponse du muscle strié ordinaire. Celui-ci, sous l'influence d'une seule excitation, exécute un mouvement brusque, appelé *secousse*. Un choc mécanique soudain, le dépôt d'une goutte d'une solution acide à sa surface, une décharge de condensateur, provoquent de même une réaction du muscle cardiaque, c'est-à-dire une systole. Mais le *temps perdu* (on appelle ainsi l'intervalle mesurable qui sépare le début de la réaction du moment de l'excitation) de cette « secousse » est plus long, la durée de la période d'ascension plus longue, la descente également plus longue. — Ce ne sont là, à vrai dire, que des différences de degré et non de nature, qui ne suffiraient pas à donner à la systole un caractère spécial parmi les réactions musculaires. En voici de plus typiques :

1° Tandis que la contraction d'un muscle du squelette est plus ou moins forte suivant l'intensité de l'excitation électrique, celle du muscle cardiaque est *maxima* ; suivant l'expression de Ranvier, le cœur donne « tout ou rien ». Le fait s'observe, que l'on emploie un choc de fermeture ou d'ouverture de courant ou une décharge de condensateur ou un choc isolé d'induction. Dès qu'une excitation s'est montrée suffisante pour provoquer la systole, ce que l'on exprime en disant qu'on a atteint le *seuil de l'excitation*, toute augmentation d'intensité est impuissante à provoquer une systole plus ample ; la réaction du myocarde est, dès le seuil, maxima. — Ce n'est pas que le cœur ne puisse donner de systole plus ample. Il suffit, pour obtenir celle-ci, d'augmenter son excitabilité. C'est ce que l'on observe, comme avec tout muscle d'ailleurs, en soumettant le cœur à des excitations rythmées. Il se produit alors des systoles en *escalier* (H. P. Bowditch [1]), c'est-à-dire dont l'amplitude croît légèrement et régulièrement. Quand on veut exprimer la loi

---

1. Physiologiste américain (1840-1911), très connu par d'excellents travaux sur la physiologie du muscle cardiaque, sur l'infatigabilité des nerfs, etc., a beaucoup contribué au développement de la physiologie aux États-Unis.

de la réponse maxima du cœur à l'excitant électrique, il faut donc
bien marquer que cette réponse est maxima pour une excitabilité
donnée ; —

2° Le muscle cardiaque ne peut être mis en tétanos parfait par
des excitations électriques suffisamment fréquentes [1] ; son tétanos est
imparfait, c'est-à-dire à secousses incomplètement fusionnées; ou il
ne peut l'être que dans des conditions particulières, par exemple
quand sa température a été élevée à 40° ou sur des animaux empoi-
sonnés par le sulfure d'allyle, par la muscarine, etc. Encore ne s'a-
git-il là que du cœur des animaux à sang froid, tels que la grenouille.
— Sur le cœur des Mammifères on n'observe pas de tétanos suivi
du retour à l'état normal, mais un phénomène particulier que l'on
a quelquefois comparé, il est vrai, à un *tétanos dissocié*.

Si l'on soumet le cœur du chien, *in situ*, à des chocs induits répétés, le
myocarde, à partir d'une fréquence donnée pour une intensité fixe, présente
brusquement des contractions violentes et tout à fait désordonnées, dites
trémulations, analogues aux secousses fibrillaires dont il a été parlé
plus haut (p. 399) et n'en différant que par leur intensité ; le cœur ne peut
plus se resserrer et pendant tout ce temps ne peut expulser la moindre
quantité de sang des cavités ventriculaires. Les ventricules meurent toujours à la suite de ces trémulations ; les oreillettes, au contraire, reprennent
leurs battements normaux pour ne mourir que plus tard. C'est ainsi du
moins que les choses se passent chez le chien. — Le cœur d'autres animaux, le lapin, le cobaye, etc., résiste mieux aux courants à effet trému-
latoire. Cependant chez ces animaux aussi on peut amener la mort définitive des ventricules par addition des excitations. — La fibrillation des
seules oreillettes provoque des contractions rapides et irrégulières des
ventricules; cette fibrillation isolée des oreillettes a été observée grâce
aux électro-cardiogrammes obtenus chez des malades atteints d'*arythmie
perpétuelle* ; —

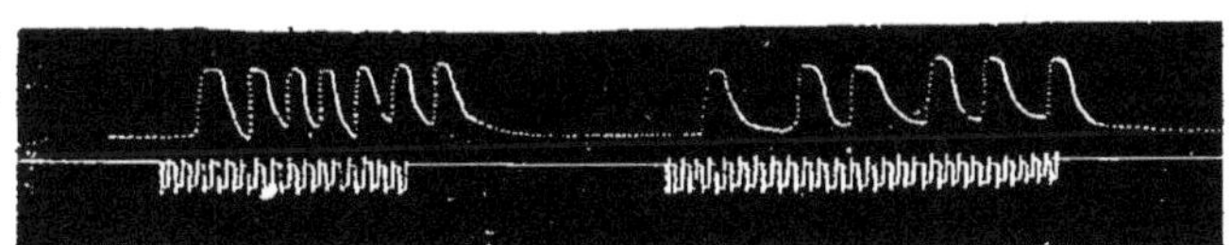

Fig. 67. — **Rythme** propre du muscle cardiaque.
Tracé de la pointe du cœur de grenouille soumis à des chocs périodiques d'induction.
Sur la ligne inférieure sont inscrits ces chocs.

3° Le muscle cardiaque répond aux excitations, non pas suivant
le nombre de celles-ci, mais suivant un rythme qui lui est propre.
Nous l'avons déjà fait observer à propos des excitants mécaniques
(effet de la pression constante qui provoque une série de systoles).

1. Le cœur du *Homarus americanus* forme une exception et répond aux irritations d'intensité différente comme les muscles de la vie de relation.

GLEY. — Physiologie.   26

Cette propriété du myocarde se manifeste de même quand on se
sert des excitants électriques.

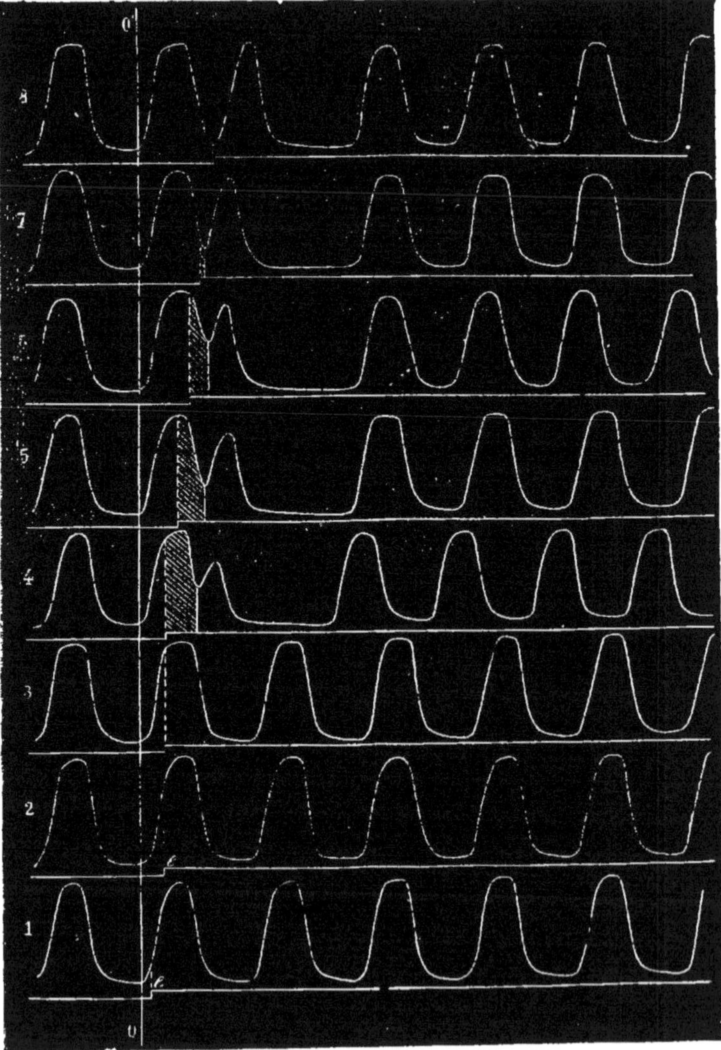

Fig. 68. — Démonstration de la loi de l'inexcitabilité périodique du cœur (MAREY).
Cœur de grenouille. Toute excitation *e* (de 1 à 3) qui tombe au début de la phase systolique
est inefficace. Toutes celles (de 4 à 8) qui tombent à la fin de cette phase ou dans la phase
diastolique sont efficaces.

Si on emploie un courant continu, on voit en effet le muscle se contracter

rythmiquement pendant que passe le courant. Si on a recours à des
ondes périodiques (chocs rythmés d'induction ou décharges rythmées de
condensateur),on constate que ces excitations discontinues provoquent aussi
des réponses rythmiques, mais dont le rythme ne correspond pas à celui
des excitations. Des excitations très fortes peuvent cependant se montrer
infaillibles à coup sûr (Bowditch) et provoquer des réponses cardiaques
exactement rythmées sur leur propre rythme. La figure 67 montre la réponse
rythmique propre du muscle cardiaque aux excitations électriques périodiques.

Cette indépendance relative des réactions du cœur vis-à-vis de ses
excitations s'explique par ce fait que, tout le temps que dure la systole, le cœur est inexcitable (Kronecker, Marey); c'est ce qu'on
appelle la « période réfractaire » du cœur.

On voit en effet, quand on excite par un choc simple d'induction le
cœur aux différentes phases de sa révolution, qu'il ne se produit de systole
supplémentaire qu'à certaines périodes. Il y a une phase réfractaire à
l'excitation, c'est la phase systolique des ventricules. Tout choc d'induction
tombant sur le cœur, soit au début de la systole, soit en pleine systole des
ventricules, est inefficace (fig. 68). Le cœur n'est excitable qu'en diastole.
Son excitabilité va en croissant du début du relâchement ventriculaire à
la fin de la diastole.

Toutes ces données constituent la *loi de l'inexcitabilité périodique du
cœur* ou *de la variation périodique de l'excitabilité du cœur*. Les choses
étant ainsi, rien de plus simple à concevoir que les réponses rythmiques du cœur à un courant continu, ou ses réponses suivant un rythme
propre à des excitations périodiques. Dans ce dernier cas, toutes les
excitations ne surprennent pas le cœur dans la phase excitable;
celles qui tombent dans sa phase systolique ou d'inexcitabilité sont
perdues; le rythme du cœur correspond désormais au rythme des
excitations efficaces. Dans le cas du courant continu, le fait de l'inexcitabilité périodique du cœur crée des intermittences du courant;
celui-ci se trouve, en somme, inexistant pendant la phase réfractaire
du cœur; et ces interruptions sont justement représentées par le
rythme des systoles ventriculaires. — Diverses conditions peuvent
influencer la durée de la phase réfractaire du cœur en influençant
l'excitabilité même de celui-ci. L'élévation de la température, en
augmentant l'excitabilité du cœur, diminue la durée de la phase réfractaire; la fatigue, le froid, par un mécanisme inverse, allongent
cette phase. — La loi de l'inexcitabilité périodique du cœur se vérifie
pour l'oreillette comme pour le ventricule. — Établie d'abord par des
expériences sur les animaux à sang froid, elle a été démontrée aussi
sur le cœur des Mammifères (chien, lapin) (Gley, 1889, 1890); c'est
donc une loi générale. — Pendant les contractions supplémentaires
ou *extrasystoles*, le cœur passe, comme pendant les systoles normales,

par une phase d'inexcitabilité. Si le stimulus normal, parti du sinus, arrive sur les oreillettes et les ventricules pendant cette phase réfractaire, il est inefficace et le cœur reste en *pause diastolique prolongée* (voy. la figure de la page 402) jusqu'à l'arrivée du stimulus suivant. La pause diastolique prolongée était attribuée autrefois à une propriété spéciale du muscle cardiaque, permettant à celui-ci de régler lui-même son travail; on appelait improprement cette pause *repos compensateur*. — Lorsque le cœur a un rythme lent, l'extrasystole peut *s'intercaler* entre deux contractions normales (fig. 69), cette systole est dite *interpolée*.

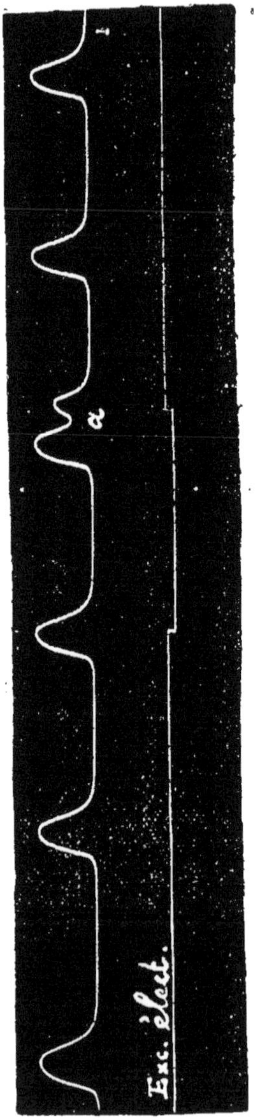

4° Les oreillettes de divers animaux, tortue (*Emys europæa*), crapaud (*Bufo viridis*), grenouille (*Rana esculenta*), présentent une propriété remarquable, découverte et bien étudiée par FANO (1886-1890).

Les pulsations de cette partie du cœur isolée s'effectuent sur une *ligne de tonicité* à oscillations plus ou moins régulièrement rythmées. Celles-ci constituent ce que FANO a appelé les *oscillations automatiques du tonus auriculaire* (voy. fig. 70). Tandis que les pulsations des oreillettes sont synchrones, les oscillations périodiques de tonicité sont indépendantes dans les deux oreillettes pour la fréquence et l'intensité. Le tonus du muscle auriculaire passe donc par des phases d'augmentation et de diminution. Par l'excitation des nerfs vagues on peut obtenir l'arrêt des contractions, les oscillations du tonus devenant, au contraire, plus fortes.

Il est intéressant de noter que de semblables oscillations toniques

Fig. 69. — Extrasystole interpolée (H. BUSQUET). Sur un cœur de grenouille dont le sinus a été refroidi, on provoque en *a* une extrasystole ventriculaire; cette extrasystole est interpolée.

ont été observées dans l'œsophage des amphibies, dans l'estomac du chien, etc., c'est-à-dire dans des tissus musculaires assez riches en sarcoplasma. C'est de cette substance que dépendraient les oscillations du tonus (théorie de BOTTAZZI, 1897 ; voy. *Propriétés du muscle*).

Voilà donc des caractères qui donnent à la systole quelque chose de spécial. Dès lors se pose la question de la nature de cette systole.

NATURE DE LA SYSTOLE CARDIAQUE. — Quand un muscle se contracte, cette contraction représente une série de secousses élémentaires fusionnées

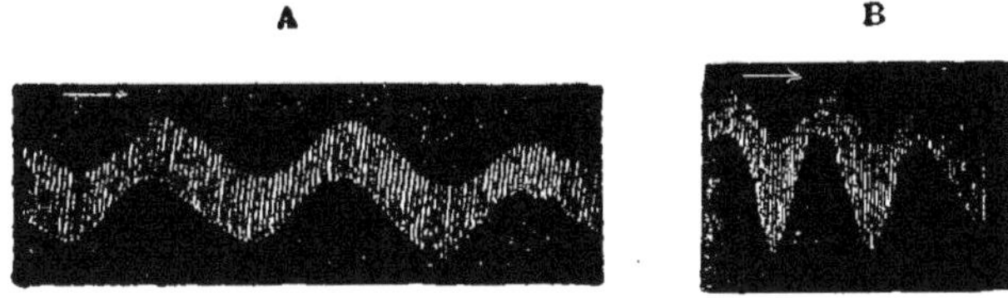

Fig. 70. — Oscillations rythmiques du tonus auriculaire (G. FANO).

Deux formes A et B de ces oscillations dans les oreillettes du cœur de la tortue (*Emys Europœa*).

(voy. *Physiologie du muscle*). La systole cardiaque ou, plus exactement, la systole ventriculaire représente-t-elle une contraction de ce genre ? MAREY et d'autres physiologistes ont soutenu que la systole ventriculaire ne saurait être assimilée à une telle contraction et consiste en réalité en une secousse élémentaire. Les arguments invoqués sont les suivants : 1° un seul choc d'induction ou une seule décharge de condensateur donne lieu à une systole supplémentaire sur le cœur isolé ; cette systole a les caractères d'une secousse musculaire ; — 2° la systole ventriculaire n'induit qu'une seule secousse dans la patte galvanoscopique ; — 3° le courant d'action du cœur, décelé par l'électromètre capillaire de LIPPMANN et photographié, donne une ondulation simple.

Quelle est la valeur de ces arguments ? Un choc d'induction ou une décharge de condensateur produit une systole du cœur isolé ; le fait est exact, mais il faut remarquer que la systole supplémentaire obtenue n'a pas les caractères graphiques du cardiogramme ventriculaire à plateau systolique (voy. fig. 50, *bcd*, p. 370) du cœur normal. On répond à cela qu'il s'agit d'un cœur vide et que les ondulations du plateau systolique représentent des ondes liquides transmises au ventricule qui communique librement avec l'aorte, au moment de son évacuation ; l'existence ou l'absence du plateau serait donc secondaire ; l'absence tient ici à l'état de vacuité du cœur. Cette argumentation ne tient pas contre ce fait, que le cœur isolé du chien et vide donne des cardiogrammes à plateau ; il y faut une condition, mais cette condition suffit, c'est le bon état de sa nutrition. Le cœur de chien isolé, vide et convenablement nourri avec un liquide de circulation artificielle par ses coronaires (procédé de LANGENDORFF [1]) ou le cœur fraîchement extrait donne des cardiogrammes à plateau ; le cœur vide, mal

---

1. O. LANGENDORFF (1853-1908), physiologiste allemand, a fait d'excellents travaux

nourri ou agonique, donne des cardiogrammes sans plateau. La première preuve destinée à démontrer que la systole ventriculaire est une secousse simple n'est donc pas décisive. — La deuxième ne l'est pas davantage. Il est vrai que la systole ventriculaire n'induit qu'une secousse dans la patte galvanoscopique. Mais un muscle tétanisé, en tétanos strychnique par exemple, ne produit non plus que des secousses non fusionnées dans la patte galvanoscopique. Celle-ci est donc, pour le moins, un réactif insuffisant du tétanos musculaire et un moyen d'analyse sans certitude, dans le cas particulier. — Le troisième argument est le plus important et se suffirait à lui-même, en raison de la sensibilité de la méthode employée. S'il était démontré que l'électrogramme de la systole ventriculaire ne comporte réellement qu'une ondulation simple, la question posée serait tranchée et la systole cardiaque devrait être considérée comme une secousse unique. Mais on a obtenu des électrogrammes du cœur du chien qui présentent un plateau à ondulations, analogue à celui de la pulsation cardiaque. Il est vrai que l'on a recueilli aussi (voy. p. 396) des électrocardiogrammes sans ondulations. Ce point reste donc encore incertain.

Prenons maintenant l'opinion inverse, dans laquelle la systole ventriculaire est considérée comme une véritable contraction, c'est-à-dire comme la fusion de plusieurs secousses. Voici les faits en faveur de cette opinion: 1° c'est d'abord l'existence même du plateau systolique, analogue au plateau de la courbe du tétanos musculaire : les ondulations b, c, d (fig. 59 et 60) représentent justement les secousses élémentaires dont se compose la contraction. La réalité de ce plateau, que l'on a essayé de contester, a été nettement démontrée par les tracés *hémautographiques*[1] sur lesquels il se retrouve ; le jet de sang, expulsé par une canule enfoncée à travers la pointe du cœur, reproduit exactement les tracés cardiographiques avec leur plateau (CONTEJEAN) : — 2° le plateau systolique tient bien à l'activité propre du muscle cardiaque et non à des ondes aortiques de transmission, puisque, d'une part, on l'a vu, il est encore donné par le cœur vide, mais bien nourri et que, d'autre part, ni la compression de l'aorte ni la ligature des veines caves ne le fait disparaître ; — 3° le bruit musculaire, qui entre dans la composition du premier bruit du cœur, serait aussi une preuve de la nature tétanique de la systole musculaire ; une secousse élémentaire ne donne pas de bruit rotatoire.

2. — Circulation dans les artères.

Les artères sont les vaisseaux qui conduisent le sang du cœur jusque dans les organes, où leurs branches se subdivisent en des ramifica-

sur les ferments digestifs, sur la physiologie du cœur, sur les fonctions de ganglions sympathiques, etc.

La méthode de LANGENDORFF (1895) repose sur un fait observé pour la première fois sur le cœur du lapin par un médecin français. H. ARNAUD, en 1891 et sur le cœur d'un supplicié par HÉNOS et GUIS en 1892 : un cœur complètement arrêté même depuis longtemps, se remet à battre quand on injecte sous pression dans les artères coronaires du sang artériel défibriné ou du liquide de RINGER-LOCKE (voy. p. 348).

1. Sur les tracés hémautographiques, voy. p. 431.

tions très fines, les capillaires. A l'origine du système artériel, aortique ou pulmonaire, se trouve le réservoir musculeux que constitue chaque ventricule; la pression développée par la contraction de chacun de ces ventricules est la cause première de l'écoulement du sang dans les artères; mais la façon dont se fait cet écoulement dépend aussi des propriétés mêmes des vaisseaux dans lesquels est projeté le sang.

1° *Propriétés des artères.*

Des trois tuniques ou membranes par lesquelles sont constituées les artères, c'est la tunique moyenne qui intéresse le plus le physiologiste. Celle-ci contient à la fois des fibres élastiques et des fibres musculaires.

Le tissu élastique domine de beaucoup à l'origine du système artériel : l'aorte est presque uniquement formée de membranes jaunes élastiques; c'est pourquoi on donne aux grosses artères (aorte, carotide) le nom d'*artères à type élastique*. Par contre, l'élément musculaire est prédominant dans les parois des petites artères et des artérioles qui précèdent les capillaires (*artères à type musculaire*). Dans les parties intermédiaires, les tissus élastique et musculaire se partagent la composition de la tunique moyenne proportionnellement à la distance à laquelle le point considéré se trouve de la base et du sommet du cône artériel[1] (voy. fig. 71).

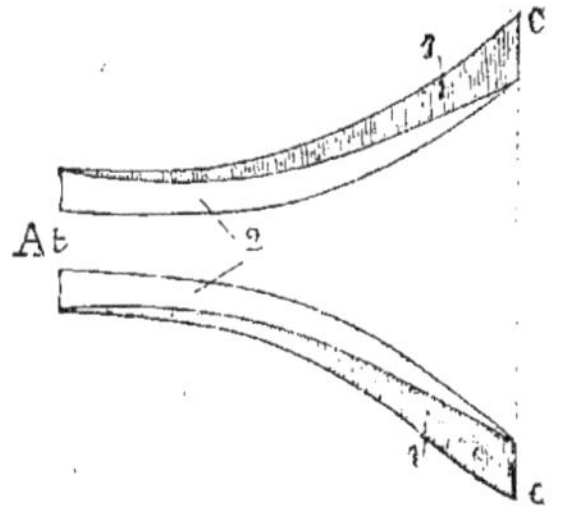

Fig. 71. — Schéma de la composition des parois artérielles (à MATHIAS DUVAL).

Proportion dans laquelle l'élément élastique et l'élément musculaire entrent dans la composition de la paroi du cône artériel, depuis le sommet At jusqu'à la base CC. — 1. 1. élément musculaire ; — 2. élément élastique.

Les artères sont donc, les unes très élastiques, les autres très contractiles, d'autres encore à peu près élastiques autant que contractiles. Grâce à ces propriétés, elles ne se comportent pas comme des tubes rigides; elles conduisent le sang, mais en modifiant les conditions premières (d'origine cardiaque) de sa circulation.

Caractères propres qu'impriment à la circulation l'élasticité et la contractilité artérielles. — L'hémodynamique

1. Quand un tronc vasculaire se divise, la somme des lumières des deux branches, tout au moins pour les branches périphériques des artères, est toujours plus forte que la lumière du tronc primitif, en sorte que la capacité du système augmente à mesure qu'on s'éloigne du tronc aortique. Par conséquent, en faisant abstraction de la forme ramifiée de l'arbre artériel, juxtaposant tous les troncs et supprimant toutes les cloisons qui résultent de l'accolement des vaisseaux, on obtient une figure conique.

satisfait à deux conditions fondamentales. D'une part, la circulation est assurée d'une façon continue dans les organes; par là, par cette suppression des intermittences cardiaques, l'apport sanguin est effectué sans à-coups qui troubleraient l'équilibre cellulaire. D'autre part, le débit du sang peut être à tous les instants proportionné aux besoins particuliers de chaque organe. Or, puisque le jeu du cœur est intermittent, il faut bien, pour rendre continu son effet utile, c'est-à-dire le mouvement du sang, qu'intervienne un mécanisme spécial. Ce mécanisme est constitué par l'élasticité artérielle. De son côté, le débit du cœur est et ne peut être que le même, au même moment; si pourtant le débit circulatoire est susceptible d'adaptation, au même moment, aux besoins de chaque organe, c'est qu'un mécanisme spécial intervient à cet effet. Ce mécanisme est constitué par la contractilité artérielle. L'élasticité des artères assure la continuité du cours du sang; la contractilité artérielle règle le débit sanguin pour chaque organe.

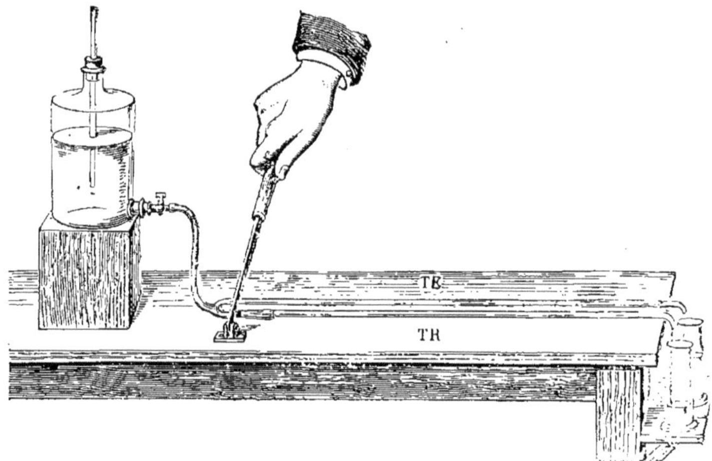

Fig. 72. — Appareil de MAREY, pour démontrer le rôle de l'élasticité transformant des afflux intermittents en courant continu (d'après MAREY).

TR, tube rigide (tube de verre) ; — TE, tube élastique.

a. RÔLE DE L'ÉLASTICITÉ ARTÉRIELLE. — La transformation de l'effort intermittent cardiaque en force de propulsion continue par l'élasticité artérielle est démontrée par une expérience fondamentale de MAREY.

Un flacon de MARIOTTE (fig. 72) est mis en communication par un branchement dépressible et inextensible (caoutchouc entoilé) en U avec deux tubes d'écoulement, l'un à parois rigides (en verre), l'autre à parois élas-

tiques (en caoutchouc mince), dont les orifices d'écoulement ont exactement le même calibre. Le liquide est reçu, à la sortie, dans deux éprou-
vettes graduées. Une manette mue à la main ou automatiquement permet,
pendant l'écoulement du liquide. d'exercer des compressions rythmées
sur le tube dépressible et inextensible en U. L'expérience est mise en train
et l'on constate que :

1° A chaque compression du tube en U, l'écoulement s'arrête à l'orifice du
tube rigide ; le tube à parois de verre émet donc des jets de liquide intermittents comme les afflux eux-mêmes ; — 2° l'écoulement par le tube élastique
est, au contraire, continu ; — 3° pour un même temps, un même régime d'afflux intermittents donne un débit plus considérable par le tube élastique.

Ces résultats expérimentaux sont faciles à comprendre. Sous l'influence
de la charge liquide les parois extensibles du tube de caoutchouc sont distendues ; ces parois distendues, revenant en vertu de leur élasticité sur
elles-mêmes, exercent par suite sur le liquide qui court entre elles une
pression plus ou moins énergique et plus ou moins prolongée. Leur. élasticité devient dès lors une force qui continue à faire progresser le liquide
pendant l'intervalle des afflux. Pour des afflux intermittents, l'écoulement
par le tube élastique est donc continu. Et c'est cette continuité même qui
est naturellement cause de l'augmentation du débit. — Au point de vue
des transformations énergétiques qui se sont produites, on doit considérer
que l'élasticité du tube a emmagasiné une partie de la force première de
propulsion du liquide qui se trouve ensuite restituée pendant l'intervalle
des afflux.

Ce même enchaînement de phénomènes, si nets dans l'expérience
de Marey, résulte de l'élasticité des artères. A chaque systole ventriculaire, les artères sont distendues, puis dans l'intervalle des systoles elles reviennent sur elles-mêmes ; et cette réaction pousse le
sang du côté de la périphérie, puisque le retour au cœur est empêché
par la fermeture des valvules sigmoïdes. Ainsi, une partie de l'effort
cardiaque est emmagasinée par les parois artérielles sous forme de
force élastique et restituée sous cette forme pendant les intervalles
des systoles ventriculaires. L'élasticité artérielle continue donc l'action
cardiaque, enlevant à l'effet utile de celle-ci son caractère originel
intermittent, et en faisant une force de propulsion continue ; elle
assure par cela même la continuité de la circulation. Elle est, pour
la circulation du sang, une force adjuvante du cœur. — Elle est
aussi une force auxiliaire du cœur lui-même, en ce sens qu'elle augmente le rendement de son travail. On a vu, dans l'expérience de
Marey, que, pour un même régime d'afflux intermittents, le débit
est plus considérable par le tube élastique. Cela revient à dire, dans
le cas du cœur, que, pour un même travail de cet organe, l'effet utile
est plus considérable, transmis par tubes élastiques. L'augmentation
du rendement d'un travail transmis par intermédiaires élastiques
est d'ailleurs une loi mécanique générale, qui, en physiologie, en

dehors du cas particulier de la circulation, s'applique d'une manière constante au fonctionnement musculaire.

Ces considérations sont grosses de conséquences pathologiques ; toute atteinte à l'élasticité artérielle est nuisible à l'activité cardiaque.

Dans l'*athérome*, par exemple, les parois des artères s'incrustent de sels calcaires et deviennent rigides ; elles perdent leur élasticité ; aussi le cœur doit-il augmenter l'énergie de ses contractions pour donner le même effet circulatoire ; peu à peu les ventricules s'hypertrophient pour produire, sans le secours de l'élasticité artérielle, le même travail que précédemment.

b. **Rôle de la contractilité artérielle.** — Ce rôle consiste en la régulation du débit sanguin. L'activité variable des organes commande un apport sanguin variable. Ces variations locales de la circulation ne peuvent dépendre du cœur, dont l'action accélère ou ralentit à la fois dans tout le système artériel le cours du sang ; elles ne peuvent tenir qu'à une cause locale. Cette cause, c'est la propriété que possèdent les artères de se resserrer plus ou moins, grâce à la contractilité de leurs parois. Par la mise en jeu de cette propriété, il peut s'établir des résistances à l'écoulement du sang et par conséquent des différences dans le débit. La circulation de chaque organe, en un même moment, peut donc être réglée par le jeu contractile des artères qui irriguent cet organe. Mais cette contractilité n'est pas livrée à elle-même ; elle est, au contraire, tenue étroitement sous la dépendance de nerfs particuliers, appelés justement *vaso-moteurs*, parce qu'ils commandent aux mouvements des vaisseaux. C'est à propos de ces nerfs que nous traiterons ultérieurement de la régulation du débit sanguin dans les organes, c'est-à-dire des circulations locales.

2° *Phénomènes intimes de la circulation dans les artères.*
La pression artérielle.

Le sang circule dans les artères sous pression. Pour s'en convaincre, il suffit d'assister, chez l'homme, à une hémorragie artérielle accidentelle, ou d'en provoquer une expérimentalement chez l'animal ; le sang rutilant est projeté avec violence hors du vaisseau, et ce jet présente des renforcements saccadés. Le sang circule donc sous une pression qui excède d'une valeur à déterminer la pression atmosphérique. C'est cette valeur que représente, dans le langage physiologique courant, la *tension artérielle* ou *pression du sang dans les artères*.

La tension artérielle est, à proprement parler, la réaction de l'artère à la pression latérale exercée sur ses parois par le sang qu'elle contient ; c'est cette force élastique de l'artère qui fait jaillir à distance le liquide lorsqu'on ouvre le vaisseau ; cette tension des parois fait nécessairement équilibre à la pression du liquide. Puisqu'il s'agit là de deux forces qui s'équilibrent, les termes par lesquels on les désigne représentent une même valeur et peuvent s'employer l'un pour l'autre.

Le premier, St. Hales[1], dès 1733, a donné de la pression intra-artérielle une détermination expérimentale en mettant directement en rapport l'artère carotide ou fémorale d'un chien avec un tube de verre, de fin calibre (non capillaire toutefois) et long de 3 mètres, maintenu verticalement ; le sang s'élève dans le tube à une hauteur moyenne de 2 m. 50 et s'y maintient en présentant des oscillations ; c'est donc une colonne sanguine de cette hauteur qui fait équilibre à la tension artérielle et qui, par conséquent, la mesure. La coagulation du sang qui se produit inévitablement dans le tube[2] limite le temps de l'expérience.

La mesure de la tension artérielle se fait actuellement dans des conditions très différentes et bien meilleures.

A. Sphygmomanométrie chez les animaux : ses résultats. — La pression artérielle est évaluée et enregistrée chez l'animal au moyen d'un manomètre inscripteur, à mercure ou élastique, mis en communication directe avec une artère (qui est d'ordinaire une carotide ou une fémorale).

a. Manomètres a mercure et manomètres élastiques. — Dans l'emploi de ces appareils le premier écueil à éviter est la formation de caillots entre l'artère et le manomètre, empêchant la transmission des oscillations de la pression. On interpose dans ce but, entre le sang et l'appareil,

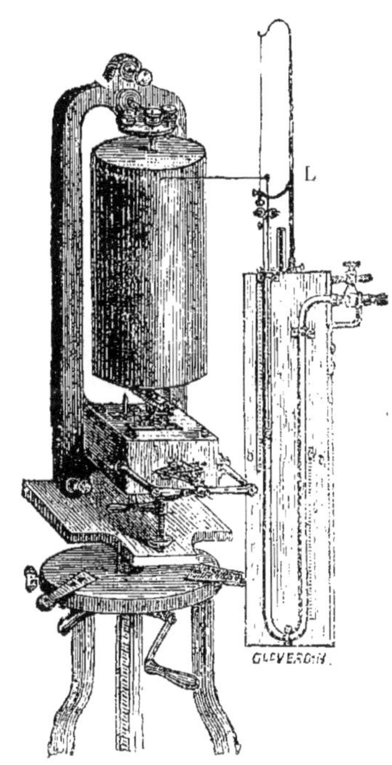

Fig. 73. — Kymographe de Ludwig (d'après Marey).

L, archet servant à maintenir le style du flotteur contre le cylindre enregistreur ; — OO, règles graduées en face desquelles oscille la colonne mercurielle du manomètre M.

1. Stephen Hales (1677-1761), physicien et naturaliste anglais, s'est occupé de la circulation des sucs dans les végétaux non moins que de celle du sang chez les animaux.

2. Pour retarder la coagulation, on a soin de remplir la partie inférieure du tube, celle qui est mise en rapport avec l'artère, avec une solution anticoagulante (solution saturée de sulfate de soude ou de sulfate de magnésie).

une couche de liquide retardant la coagulation (solutions saturées de sulfate de soude ou de magnésie, par exemple).

Le type des manomètres inscripteurs à mercure [1] est le *kymographe* [2] de *Ludwig*. Cet appareil n'est pas seulement intéressant par lui-même, mais aussi parce qu'il marque une date, celle de l'*introduction en physiologie de la méthode graphique* (1847). C'est le manomètre à mercure en U des physiciens, mais muni d'un flotteur portant une tige à l'extrémité de laquelle est fixé un style inscripteur (fig. 74). Beaucoup de physiologistes ont imaginé des appareils qui ont plus ou moins modifié ce premier type. Tous ces appareils ont l'avantage de donner des graphiques sur lesquels on peut mesurer en centimètres de mercure la valeur de la pression, à chaque moment de l'expérience, mais il faut savoir que les valeurs ainsi obtenues ne sont pas exactes, à cause de l'inertie de la colonne mercurielle oscillante.

Les manomètres élastiques sont plus exacts que les manomètres à mercure, puisque, n'ayant pas l'inertie d'une masse de mercure en mouvement, ils peuvent suivre et inscrire fidèlement les variations de la pression artérielle. Il faut seulement les graduer au préalable, ce que l'on fait en les conjuguant et les comparant, dans des combi-

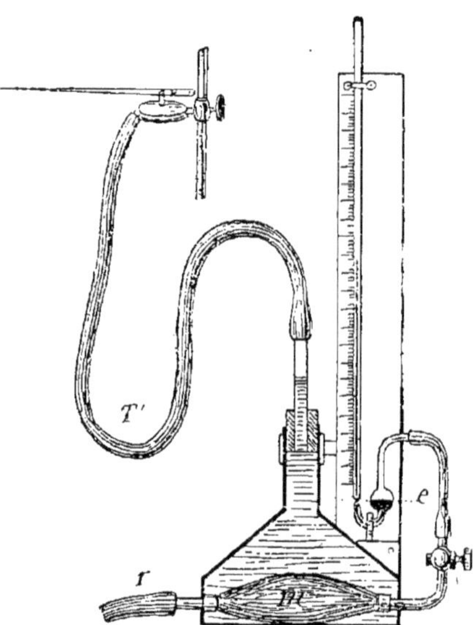

Fig. 74. — Manomètre métallique élastique de MAREY. conjugué à un manomètre compensateur indiquant la tension artérielle moyenne (d'après MAREY).

m, cuvette métallique à parois très extensibles (cuvette de baromètre anéroïde) en communication avec l'artère par le tube de caoutchouc T et incluse dans une autre cuvette métallique, au milieu d'un liquide auquel sont transmises toutes ses alternatives d'expansion et de retrait ; celles-ci à leur tour se transmettent par le tube T', plein d'air, à un tambour à levier. — Ce manomètre élastique est uni à un manomètre à mercure qui porte un étranglement *e* à la partie inférieure de sa colonne libre; cet étranglement crée une résistance destinée à éteindre les oscillations de la tension artérielle. Le niveau auquel se maintient la colonne de mercure indique la valeur moyenne de cette tension ou *tension moyenne* (manomètre compensateur de MAREY).

---

1. C'est le physicien français POISEUILLE qui, le premier, mit une artère en rapport avec un manomètre à mercure (1829) ; il donna à son instrument le nom d'*hémodynamomètre* (de αἷμα, sang, δύναμις, force, et μέτρον, mesure) : il notait la hauteur à laquelle s'élève le mercure dans la branche libre du manomètre. Le physiologiste allemand K. LUDWIG eut l'idée d'inscrire les oscillations de la colonne mercurielle.

2. De κῦμα, onde, et γράφω, j'écris.

tions de fonctionnement tatique, avec un manomètre à mercure. Un modèle usité est le manomètre métallique de MAREY (fig. 74) Un autre manomètre élastique, qui offre l'avantage d'être de construction très simple, est le *sphygmoscope* de CHAUVEAU et MAREY: cet appareil se compose essentiellement d'un tube large en verre et d'un bouchon que coiffe un doigt de gant en caoutchouc; le bouchon ainsi coiffé est introduit dans le tube (voy. fig. 75). Le tube *a* qui traverse le bouchon est prolongé par un petit branchement en caoutchouc muni de la canule artérielle; on le relie à l'artère après avoir, au moyen du tube latéral *t*, chargé tout le sphygmoscope avec une solution anticoagulante. Quant au tube *d*, il met en communication l'enceinte aérienne du sphygmoscope avec un tambour à levier qui inscrit tous les mouvements d'expansion et de retrait du doigt de gant. — Il existe d'autres manomètres élastiques constitués par de petites capsules dont la membrane élastique est soit une mince membrane métallique, soit une membrane de caoutchouc, c'est-à-dire toujours un corps aisément déformable, ayant peu de masse et par conséquent peu d'inertie.

b. ÉTUDE ANALYTIQUE DE LA PRESSION ARTÉRIELLE. — L'inscription de la pression artérielle fournit un tracé, sur le chien par exemple, du type de celui que représente la figure 76.

Ce tracé ne forme pas une ligne droite, mais une série d'oscillations régulières au-dessus d'un certain niveau. Ce qui conduit tout de suite à la considération d'un élément constant et d'un élément variable de la pression artérielle. L'élément constant, c'est la valeur minima au-dessous de laquelle ne descend pas la pression artérielle et au-dessus de laquelle se passent ses oscillations; l'élément variable est constitué justement par ces oscillations (voy. fig. 77).

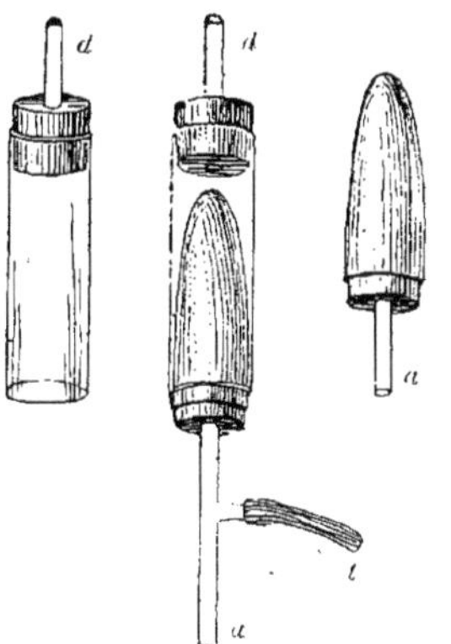

Fig. 75. — Sphygmoscope de CHAUVEAU et MAREY.

Pression constante. Eléments dont dépend la valeur de la pression constante. — La valeur de l'élément constant de la pression artérielle ou de la pression constante, à un moment donné, est une résultante de trois facteurs, *puissance cardiaque*, *résistance vasculaire* et *quantité de sang.*

Pour bien comprendre les rapports qui lient la tension artérielle constante et à la valeur de l'impulsion cardiaque et au calibre des vaisseaux.

contractiles, il est nécessaire de savoir comment s'établit et se règle la tension artérielle. Supposons le cœur arrêté; on réalise expérimentalement

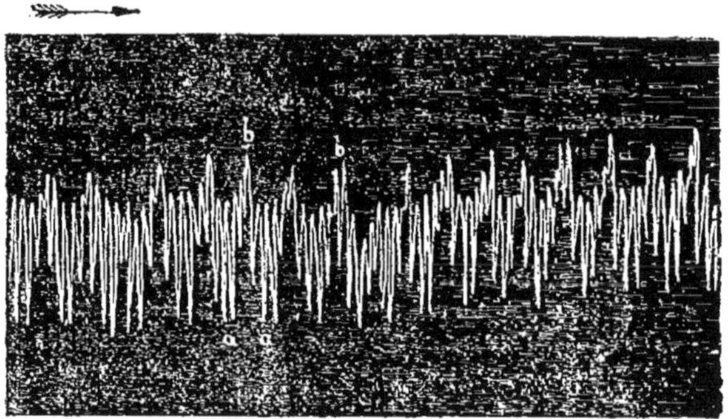

Fig. 76. — Tracé de la pression carotidienne chez le chien.

cette condition par l'excitation du bout périphérique d'un nerf pneumo-gastrique sectionné. Le système artériel se vide alors progressivement et quasi complètement; les artères du cadavre sont, on le sait, entièrement vides de sang. La tension artérielle est donc nulle, au moment de la vacuité complète des artères. Le cœur recommence alors à battre. Considérons le système de la grande circulation. Le ventricule gauche lance une première ondée, puis une deuxième, puis une troisième, etc.. qui se logent dans l'aorte, en distendant progressivement les parois de cette artère. Mais au fur et à mesure

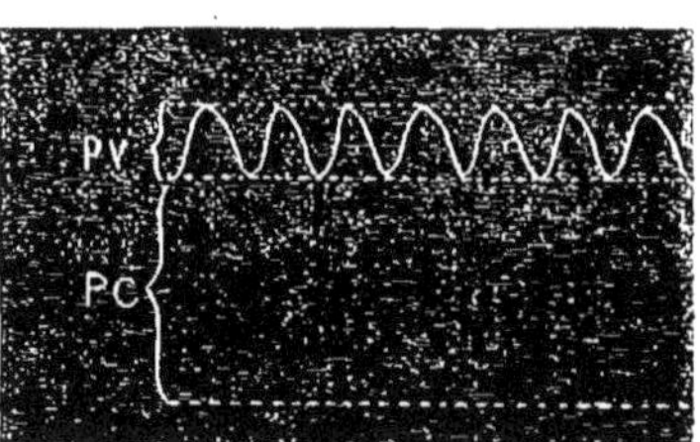

Fig. 77. — Élément constant et élément variable de la pression artérielle (Marey).
PC, pression constante; — PV, pression variable.

sure que celle-ci se distend, sa force élastique de retrait augmentant devient une force de propulsion de plus en plus grande pour le sang qu'elle contient. Il arrive un moment où, sous l'influence des ondées ventriculaires successives, cette force de retrait élastique est devenue telle qu'elle imprime au sang artériel une vitesse assez grande pour que, entre les deux systoles, le système artériel ait évacué une quantité de sang égale à celle qui y arrive par le débit systolique. A ce moment l'équilibre entre le débit cardiaque et le débit artériel est établi; le système artériel débite entre deux systoles ventriculaires autant qu'il reçoit à chaque systole; il n'y a plus de raison pour qu'il emmagasine de nouvelle charge sanguine; son régime de tension constante est établi. Mais il est établi évidemment pour des valeurs données du débit systo-

lique et du rythme cardiaque, et aussi de la résistance à l'écoulement du
sang commandée par le calibre des vaisseaux. Que l'une de ces valeurs
vienne, en effet, à varier, et l'équilibre entre les débits cardiaque et artériel est rompu. Un nouveau régime de tension constante seulement le
rétablira.

D'après ces considérations, il est facile de se rendre compte des variations de la tension artérielle constante, en fonction des divers facteurs,

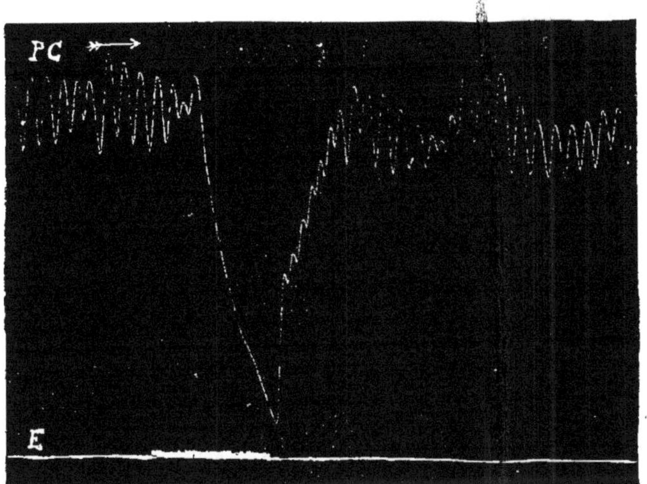

Fig. 78. — Chute de la pression artérielle par l'excitation du bout périphérique d'un
pneumogastrique (la pression subit une chute de 92 millimètres de mercure).

Chien chloralosé. — PC, pression carotidienne enregistrée au moyen d'un manomètre à
mercure ; — E, excitation du nerf par un courant induit de moyenne intensité.

débit systolique, rythme cardiaque, résistance vasculaire. Ces variations
sont exprimées par le tableau ci-dessous :

			Tension artérielle.
Puissance cardiaque.	Rythme ...	+ −	+ −
	Débit......	−	−
Résistance vasculaire.	+ (vaso-constriction)		+
	− (vaso-dilatation)		−

On voit par ce tableau que la pression artérielle constante croît ou
décroît comme la puissance cardiaque, croît ou décroît comme la
résistance vasculaire. Il va de soi que les variations de chaque facteur peuvent être isolées ou simultanées, de même sens ou de sens
contraire et que la tension artérielle représente toujours une *résul-*

tante dont on a, dans toute étude expérimentale, à dissocier les divers éléments que nous venons d'indiquer.

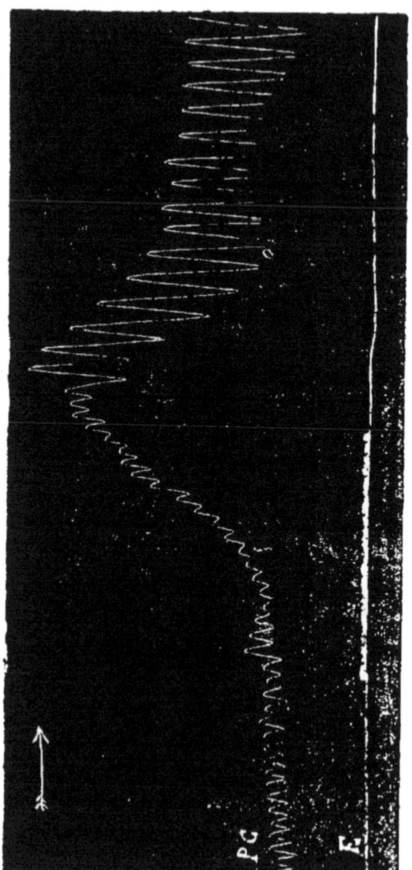

Fig. 79. — Augmentation de la pression artérielle par l'excitation du bout central d'un pneumogastrique (la pression s'élève de 60 millimètres de mercure). Chien chloralosé — PC, pression carotidienne enregistrée au moyen d'un manomètre à mercure; — E, excitation du nerf par un fort courant induit.

Une expérience classique fournit la démonstration des faits groupés dans le tableau ci-dessus. On excite le bout périphérique du pneumogastrique sectionné par un courant faradique ne produisant qu'un ralentissement ou un court arrêt des contractions cardiaques : le débit systolique devient moindre dans l'unité de temps; et l'on constate une chute de la pression artérielle que le kymographe inscrit (fig. 78). On cesse l'excitation : le cœur s'accélère, le débit systolique augmente dans l'unité de temps, la pression artérielle se relève. Voilà les facteurs cardiaques en jeu. — Excitons maintenant le bout central de ce même pneumogastrique : bien vite, la pression artérielle s'élève (fig. 79). Pourquoi? L'analyse du phénomène fait constater que l'excitation du bout central d'un nerf sensible donne lieu à un réflexe vaso-constricteur, c'est-à-dire à un resserrement du calibre des vaisseaux artériels contractiles, duquel résulte une augmentation de résistance vasculaire à l'écoulement sanguin; il s'ensuit une élévation de la tension artérielle. On cesse l'excitation du bout central du pneumogastrique : les vaisseaux resserrés reviennent à leur diamètre normal; cette dilatation produit une diminution de résistance à l'écoulement, d'où chute de la pression artérielle.

La tension artérielle constante est aussi en rapport avec la masse de sang contenue dans le système artériel. Mais ce rapport est moins étroit qu'on ne pourrait le supposer.

Dans le cas d'excès de la masse sanguine, le système veineux, dont la capacité est très mobile, sert de réservoir : ainsi les injections intravasculaires, même considérables, de liquide influencent très peu la pression artérielle ; c'est qu'une partie du liquide injecté n'arrive pas jusqu'au cœur, mais reste dans les veines ou séjourne dans le foie ; et une autre partie est très vite éliminée par la sécrétion rénale (voy. p. 345). D'autre part, dans le cas de soustraction sanguine il se produit des phénomènes réflexes de vaso-constriction, c'est-à-dire de resserrement des vaisseaux contractiles, qui, en augmentant la résistance à l'écoulement, compensent l'effet de chute qu'amènerait la soustraction sanguine ; en même temps, par un autre phénomène d'adaptation, toutes les glandes réduisent leur sécrétion. En réalité, une saignée, à la condition toutefois d'être faite lentement, sans brusque traumatisme, même si elle est importante, laisse la pression artérielle sensiblement intacte.

La pression constante a été appelée aussi pression *diastolique* ou *minima*. Peu importent les noms ; le fait essentiel, et qui n'intéresse pas moins le médecin que le physiologiste, c'est que cette pression représente « la charge réelle permanente » (V. PACHON) des artères, puisque c'est celle qui s'exerce sur leur face interne à tout instant, même pendant la diastole ventriculaire. Aussi est-ce la pression minima qui règle l'effort du cœur, au moment de l'évacuation du ventricule, celui-ci, pour ouvrir les sigmoïdes et faire passer l'ondée systolique dans le système artériel, devant « nécessairement, pour le moins, proportionner son effort à la résistance, c'est-à-dire à la valeur de la pression *minima* qui tient fermées les valvules sigmoïdes » (V. PACHON). Quant à la pression *maxima* (ou *systolique*, ou *variable* ; voy. ci-dessous), elle ne constitue pour les artères qu'une surcharge intermittente, amenée à chaque systole par la pénétration brusque de l'ondée ventriculaire à l'origine du système artériel : ce n'est qu'une valeur passagère, tandis que la pression minima donne la valeur permanente, par conséquent fondamentale, du régime de charge artérielle.

La pression varie aussi suivant l'espèce animale.

Pression variable ; ses oscillations physiologiques. — L'inscription de la pression artérielle nous a montré (fig. 76) que celle-ci n'a pas constamment la même valeur, — s'il en était ainsi, elle serait sur le tracé représentée par une ligne droite, — mais présente une série d'oscillations de grandeur différente qui se reproduisent suivant des rythmes réguliers. L'élément variable de la pression artérielle est constitué par l'ensemble de ces oscillations physiologiques.

On en distingue trois sortes : 1° le premier groupe est celui des *oscillations d'origine cardiaque*. Chaque contraction du cœur est cause d'une brusque élévation de la pression artérielle ; et sur le tracé de celle-ci se marquent toutes les systoles comme autant de variations cardiaques de la pression ; — 2° ces variations systoliques de la pression ne s'inscrivent pas elles-mêmes sur une ligne droite, elles s'étagent en quelque sorte le long d'oscillations plus amples (voy. fig. 76, *aa*, *bb*). *oscillations respiratoires*. La correspondance entre ces variations de la pression artérielle et les mouvements de la respiration est démontrée par l'inscription simultanée de ces mouvements et de la pression artérielle. Chez les animaux et chez les individus dont le cœur s'accélère au moment de l'inspiration, la pression artérielle s'élève pendant cette phase de la respiration et s'abaisse pendant l'expiration. Le chien, dont le cœur présente un type très marqué d'accélération inspiratoire, fournit un bel exemple de cette relation. Chez les animaux et chez les individus dont le cœur ne s'accélère pas au moment de l'inspiration, la pression artérielle s'abaisse pendant l'inspiration et s'élève pendant l'expiration. C'est ce que l'on observe chez le cheval, le lapin et beaucoup d'autres Mammifères. La raison en est que, toutes choses restant égales du côté du cœur, il se produit, sous l'influence de l'augmentation inspiratoire de l'aspiration thoracique, une diminution de pression à l'intérieur de tous les organes thoraciques, y compris les gros troncs artériels : de plus, la déplétion veineuse qui se fait à ce même moment entraîne, par appel du sang artériel, une déplétion des artères ; ces deux causes s'ajoutent pour faire tomber la pression artérielle pendant l'inspiration. Dans le cas des animaux et des individus dont le rythme cardiaque présente une accélération respiratoire, la diminution de pression, d'origine mécanique, à l'inspiration se trouve contre-balancée par l'effet de l'accélération cardiaque ; celui-ci est même assez puissant pour renverser le sens du phénomène ; — 3° si enfin on examine sur le tracé de la figure 76 tous les sommets des oscillations respiratoires de la pression artérielle, on voit qu'ils ne sont pas situés sur une ligne droite, mais que leur jonction par une ligne continue révèle des ondulations peu amples, mais très étendues. C'est là un troisième groupe d'oscillations de la pression artérielle, *d'origine vaso-motrice*[1]. Elles sont indépendantes de la respiration, car on les observe chez le chien curarisé soumis à une respiration artificielle régulière. On admet qu'elles représentent des modifications de la tonicité des artérioles, qui se produisent normalement suivant un rythme lent et avec peu d'amplitude.

---

1. Il ne faut pas confondre ces oscillations avec d'autres variations vasomotrices de la pression artérielle, dites *ondulations de Traube-Hering*, qui s'étudient dans des conditions expérimentales particulières chez le chien (ouverture large du thorax et de l'abdomen, section des pneumogastriques et des phréniques) et qui consistent en une chute de pression durant les efforts d'inspiration et une élévation au moment de l'expiration, c'est-à-dire en des phénomènes inverses de ceux que l'on observe d'ordinaire chez le chien. Ces oscillations sont dues à une augmentation de la tonicité artérielle pendant l'expiration, à une diminution pendant l'inspiration : elles sont donc vaso-motrices, mais par leur mécanisme, et non par leur origine qui est respiratoire, puisqu'elles sont isochrones aux mouvements de la respiration.

Valeur de la pression aux divers niveaux du système artériel. — La tension artérielle présente une valeur décroissante de l'origine à la périphérie du système artériel. Cette donnée résulte de la loi générale qui régit l'écoulement d'un liquide en système clos. Le fait même de l'écoulement ou de la circulation résulte de ce que les molécules du système liquide sont à une pression inégale, d'où écoulement ou circulation dans le sens de la plus forte pression à la moindre pression. L'expérience physique classique des tubes piézométriques de BERNOUILLI rend compte de ce fait.

Voici quelques chiffres qui suffiront à montrer la décroissance de la pression artérielle au fur et à mesure que l'on s'éloigne de l'aorte.

Chien.	Pression dans l'aorte	0,17 centim. de mercure.
	— la tibiale	0,13 —
Veau.	Pression dans la carotide	0,11 —
	— la métatarsienne	0,08 —

La pression constante ne présente qu'une décroissance très faible tout le long du système artériel; c'est, comme l'a fait remarquer PACHON, un « étalon » d'une remarquable fixité. Au contraire, les valeurs de la pression maxima sont très différentes d'un bout à l'autre du système artériel, parce que l'onde de variation de pression s'use pendant son long trajet.

Rapports de l'élément constant et de l'élément variable de la pression artérielle. — On considère en général ces deux éléments comme variant en sens inverse l'un de l'autre ; plus la pression constante est élevée, moindre est l'amplitude de ses oscillations, c'est-à-dire plus faible est la pression variable et réciproquement. Mais c'est là une question complexe que nous retrouverons à propos des

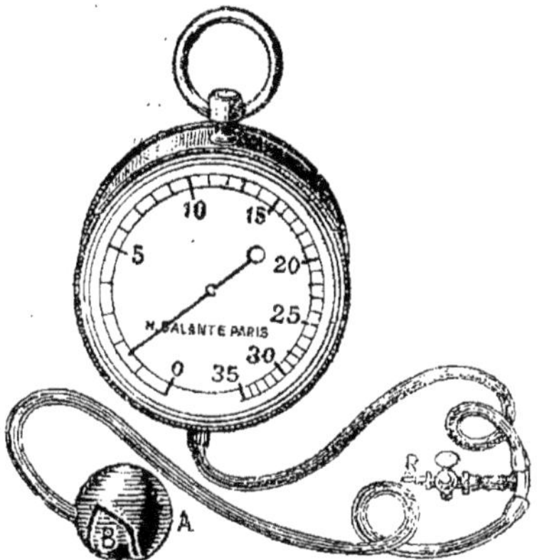

Fig. 86. — Sphygmomanomètre de POTAIN.

A, ampoule de caoutchouc, de forme ellipsoïde, composée de quatre secteurs collés les uns aux autres et dont trois doivent être résistants ; le quatrième, B, destiné à être appliqué sur le trajet de l'artère, est de paroi mince, renforcée seulement vers les pôles. — Un tube de transmission réunit l'ampoule à la cuvette d'un manomètre anéroïde, dont les divisions traduisent la pression en centimètres de mercure. — R, robinet placé sur le trajet du tube et permettant de mettre l'appareil sous pression convenable (environ 3 centimètres) avant l'expérience, de façon que l'ampoule soit tendue suffisamment et ne risque pas de s'aplatir au moment de l'application.

rapports du pouls avec la pression artérielle ; nous l'étudierons alors (voy. p. 435).

B. Sphygmomanométrie chez l'homme. Oscillométric. —

L'exploration de la pression artérielle se pratique chez l'homme dans des conditions imparfaites, puisqu'elle ne peut s'effectuer qu'indirectement, à travers les tissus. On la mesure cependant en vertu de deux principes.

1° Le premier et le plus simple est que la compression exercée sur un vaisseau par un fluide extérieur, nécessaire pour aplatir le vaisseau et ainsi empêcher, au-dessous du point comprimé, la transmission des ondes qui le parcourent, est égale à la pression qui détermine la progression de ces ondes à l'intérieur même du vaisseau.

MAREY, le premier, a montré la possibilité de l'application de ce principe à la mesure de la pression artérielle. K. VON BASCH[1], ensuite, imagina un appareil où la contre-pression exercée par l'eau était transmise à un manomètre à mercure. POTAIN a modifié et perfectionné cet appareil en substituant l'air à l'eau et un manomètre métallique anéroïde au manomètre à mercure (voy. fig. 80). Ce sphygmomanomètre, d'emploi commode, a été souvent utilisé en clinique. L'ampoule de l'appareil est appliquée sur l'artère, d'ordinaire la radiale, et comprimée progressivement jusqu'à ce que les battements ne soient plus sentis en aval. Le nombre indiqué par le manomètre à ce moment est considéré comme donnant la valeur de la pression artérielle (pression maxima).

2° L'autre principe sur lequel repose la mesure de la pression artérielle chez l'homme est le suivant : pour une pression extérieure

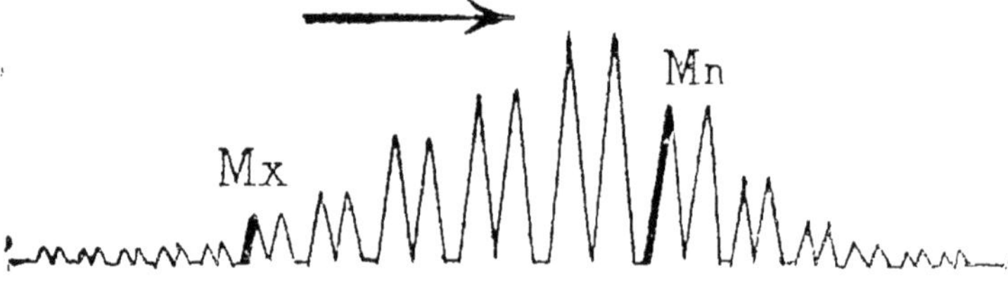

Fig. 81. — Diagramme des pulsations d'un membre sous des compressions graduellement décroissantes de ce membre (d'après PACHON).

contre-balançant exactement la pression interne qui distend les parois artérielles, les oscillations de ces parois ont leur maximum d'amplitude ; à ce moment, en effet, les parois des artères se trouvent

---

1. S. S. K. VON BASCH (1837-1905), médecin et physiologiste, a laissé d'intéressants travaux sur l'innervation de l'aorte, de l'intestin, sur la pression artérielle, etc.

dans une situation d'équilibre (une pression égale s'exerçant sur chacun de leurs côtés) qui leur permet, pour un même ébranlement ondulatoire, la vibration la plus grande.

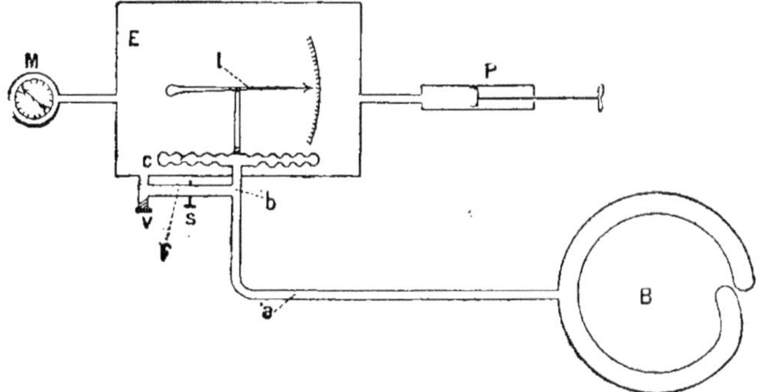

Fig. 82. — Schéma de l'oscillomètre sphygmométrique, *à sensibilité maximale constante*, de V. PACHON.

« Dans une enceinte rigide (boîtier métallique) et parfaitement hermétique E est enfermée une cuvette anéroïde c. Boîtier E, capsule manométrique c et brassard B sont normalement en communication par les conduits *f*, *b*, *a*. Une pompe P permet d'établir toute pression voulue dans le système constitué par ces organes ; le chiffre de pression est donné par le manomètre M ; une valve d'échappement *v* permet de diminuer *ad libitum* la valeur du régime de pression préalablement établi.

Étant donné un régime quelconque de pression, veut-on faire une lecture, c'est-à-dire reconnaître l'amplitude des pulsations artérielles à ce régime, il suffit alors d'agir sur un organe *séparateur* S, dont la manœuvre intercepte la communication entre le boîtier E, d'une part, et le système composé du brassard B et de la capsule manométrique c, d'autre part. A ce moment, les variations de pression, créées dans le brassard par les variations rythmiques de volume du segment de membre exploré (bras ou poignet), sont transmises exclusivement à la capsule manométrique, qui les traduit nécessairement avec une sensibilité constante et maxima, puisque ces variations de pression surprennent toujours la capsule manométrique dans un état de tension nulle, *ses parois supportant à l'extérieur comme à l'intérieur la pression de régime* à laquelle on fait la lecture, et donnée par le manomètre M. L'amplitude des oscillations est traduite par le déplacement sur un cadran d'une aiguille *l* reliée à la cuvette anéroïde par un système de commande approprié » (*Comptes rendus de la Soc. de Biologie*, 15 mai 1909, p. 777).

Manœuvre de l'oscillomètre. — Le brassard radial étant placé sur le poignet du sujet, on met la pompe P en action jusqu'à ce que le manomètre M indique une pression nettement supérieure à la pression maxima normale, 20 centimètres de mercure par exemple. « A partir de ce moment, on fait tomber peu à peu la pression, de centimètre en centimètre, en agissant sur la valve V. Entre chacune de ces chutes, on appuie avec la même main sur le séparateur S pour observer les indications de l'oscillomètre. Que le pouls ait été ou non éteint un moment, peu importe. Tant que les pulsations restent égales à elles-mêmes, il n'y a pas lieu d'en tenir compte. A l'apparition de la pulsation différentiée M_x, on lit le manomètre M. La pression lue est la *pression maxima*... On continue à faire tomber la pression... La première oscillation plus faible, Mn, succédant aux plus grandes oscillations, correspond à la *pression minima* » (V. PACHON, La mesure de la pression artérielle par la méthode des oscillations. L'oscillométrie pratique. *Paris médical*, 1er juillet 1911, p. 122-126).

Cette méthode a été justement dénommée par PACHON (1909) *méthode des oscillations*. Elle permet de mesurer à la fois la pression maxima et la minima. Elle dérive d'une expérience de MAREY (1876): si l'on comprime, au moyen d'un coussin pneumatique enfermé dans un brassard inextensible, un segment de membre de 0 à 20 centimètres de mercure par exemple, et qu'ensuite on le décomprime progressivement, on observe la série suivante de pulsations (voy. fig. 81), à mesure que décroit la compression. Il n'y a pas à s'occuper des premières pulsations, dites *indifférentes* (PACHON) et qui tiennent simplement aux chocs produits sur le brassard par les ondes sanguines arrêtées du fait de la compression. Dès que survient une pulsation différenciée Mx, commence la zone des oscillations graduellement croissantes : cette zone correspond exactement à l'étendue de la pression variable, c'est-à-dire aux valeurs entre lesquelles évolue la pression artérielle, aux valeurs maxima et minima de cette pression. Le début et la fin de cette phase indiquent les pressions maxima Mx et minima Mn.

Pour l'application correcte de la méthode des oscillations en sphygmomanométrie clinique, il faut, comme l'a montré PACHON, que l'appareil utilisé comme indicateur ou inscripteur des pulsations ait une grande sensibilité, pour que l'on puisse saisir nettement les différences de ces pulsations et, en même temps, une sensibilité rigoureusement constante, aux divers régimes de pression auxquels sont comparées entre elles les pulsations. L'*oscillomètre sphygmométrique* de PACHON répond justement à ces exigences grâce au principe sur lequel il est établi et qui consiste à maintenir automatiquement au zéro, sous tous les régimes de pression, la capsule oscillométrique (voy. fig. 82) : d'où grande sensibilité et à la fois sensibilité maximale constante.

3° *Phénomènes intimes de la circulation dans les artères (suite). La vitesse du sang dans les artères.*

On peut rechercher quelle est la vitesse *moyenne* du cours du sang dans une artère et quelle est sa vitesse à chaque instant et par conséquent ses *variations*.

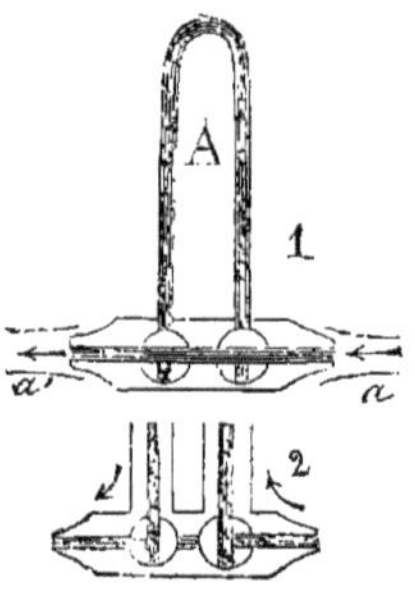

A. Vitesse moyenne du sang dans les artères. — Le problème à résoudre consiste à déterminer le temps que met une tranche de sang à parcourir une longueur donnée du vaisseau. Il faut évidemment pour cela recourir à des artifices.

Pour évaluer cette vitesse moyenne du sang, on a imaginé des appareils dont le principe consiste dans la substitution à une certaine longueur d'une grosse artère d'un tube de verre contenant un

Fig. 83. — Hémodromomètre de VOLKMANN.

liquide alcalin ; on détermine le temps qu'il faut au sang pour chasser du tube le liquide en question et, par suite, pour parcourir la longueur connue de ce canal artificiel. Cet appareil, dû à VOLKMANN[1] (1850), constitue

1. A W. VOLKMANN (1801-1877), physiologiste allemand, connu surtout par ses travaux d'hémodynamique et d'optique physiologique.

l'*hémodromomètre*[1] (fig. 83) ; il se compose d'un tube de verre A, recourbé en fer à cheval, garni à chacune de ses extrémités d'un ajutage métallique muni d'un robinet et communiquant avec un tube métallique droit que l'on enchâsse dans les deux bouts de l'artère, *a*, *a'*. Le tube étant rempli de la liqueur alcaline et toute communication supprimée avec l'artère (fig. 83, nº 1), grâce au jeu des robinets (à trois voies), de telle sorte que le sang suive le canal métallique, on tourne subitement les deux robinets : le sang s'engage nécessairement dans le tube de verre (fig. 83, nº 2) qu'il parcourt, en chassant devant lui la colonne de liquide incolore, pour gagner l'autre bout de l'artère. — Le *Stromuhr* ou compteur de Ludwig, qui mesure le débit moyen d'une artère en un temps donné, dérive du même principe que l'appareil de Volkmann : c'est le plus connu des instruments de ce type.

La vitesse moyenne du sang a été estimée chez les grands Mammifères à 50 centimètres par seconde dans l'aorte, à 30-40 centimètres dans les grosses artères. Elle varie, du reste, chez les divers animaux. Dans la carotide du chien, elle a été trouvée de 20 à 30 centimètres par seconde ; dans celle du lapin, de 10 à 20 centimètres.

B. Variations de la vitesse du sang dans les artères. Vitesse constante et vitesse variable.

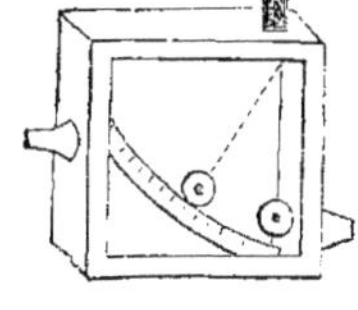

Fig. 84. — Hémotachomètre de Vierordt.

— La vitesse du sang varie suivant les différentes phases de la révolution cardiaque. On peut mesurer ces variations au moyen d'appareils dont le principe est tout différent de celui des appareils servant à la mesure de la vitesse moyenne.

Le premier de ces appareils, l'*hémotachomètre*[2] de Vierordt (1858), consiste en une petite boîte transparente (fig. 84) que l'on substitue à une portion d'artère ; dans cette boîte flotte un pendule que le courant dévie d'autant plus qu'il est plus rapide ; on peut, d'après le degré de la déviation, calculer la vitesse du sang.

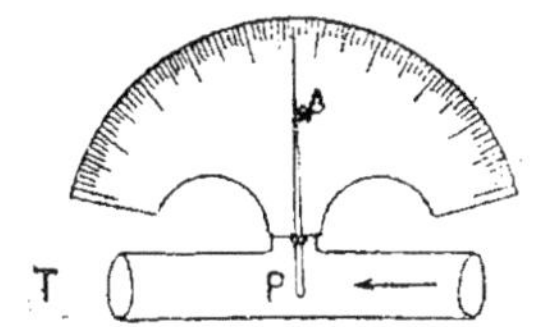

Fig. 85. — Schéma de l'hémodromomètre de Chauveau.

T, tube introduit dans la carotide du cheval. La flèche indique le sens du courant sanguin qui fait dévier l'extrémité P en forme de palette de l'aiguille mobile A.

Chauveau a construit un *hémodromomètre* sur le même principe (1860). Une aiguille, enfoncée verticalement dans une artère, oscille autour d'un point fixe devant un cadran et s'incline d'un angle plus ou moins grand suivant la vitesse du courant ; on lit sur le cadran les inclinaisons de l'aiguille (voy. fig. 85). Elle présente de plus des oscillations en rapport avec les contractions du cœur. On gradue l'appareil en y faisant passer des courants d'eau de vitesse connue et en notant la déviation de l'aiguille.

1. De αἷμα, sang, δρόμος, course, et μέτρον, mesure.
2. De αἷμα, sang, τάχος, vitesse, et μέτρον, mesure

Dans des expériences avec Lortet, Chauveau a rendu inscripteur cet appareil, le transformant ainsi en *hémodromographe*.

La vitesse du sang, ainsi étudiée, offre des rapports avec la pression artérielle. Comme celle-ci, elle n'a pas une valeur uniforme, mais présente un élément constant et un élément variable. Sous l'influence de chaque systole ventriculaire la vitesse du sang artériel présente un renforcement, *variation cardiaque* de la vitesse du sang, analogue à la variation cardiaque de la pression artérielle, et, d'autre part, même pendant le repos du cœur, elle conserve une certaine valeur. L'hémodromographe de Chauveau et Lortet permet d'enregistrer ce *pouls de vitesse*, dont le tracé de la figure 86 montre bien les rapports avec les variations cardiaques de la pression ou *pouls de pression*.

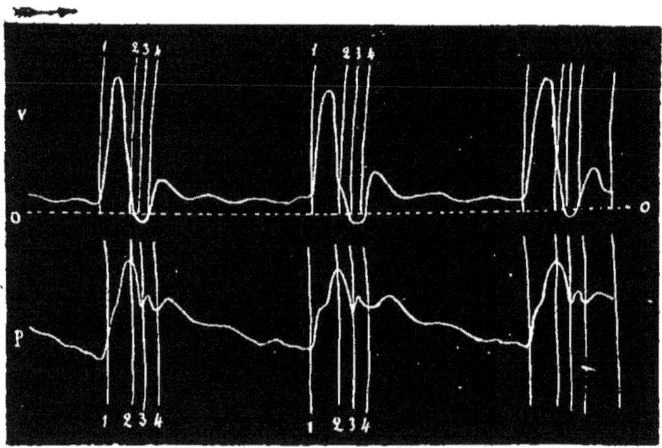

Fig. 86. — **Tracés simultanés de la vitesse du sang V et de la pression P, dans la carotide du cheval** (d'après Chauveau et Lortet). Des repères, 1, 2, 3, 4 servent à déterminer le synchronisme des différents éléments de ces courbes.

Si la pression et la vitesse du sang dans les artères ont un élément cardiaque commun auquel elles doivent de subir des variations systoliques parallèles, elles sont toutefois, en dehors de cette relation, dans une indépendance respective qu'il importe de marquer. Tout d'abord la vitesse du sang ne dépend pas, comme on a parfois tendance à le croire, de la valeur absolue de la pression artérielle. Elle dépend, dans un territoire artériel considéré, de la différence de pression entre les deux points extrêmes de ce territoire et, en un point quelconque, de la différence de pression en amont et en aval de ce point. Toutes les fois que les variations de la pression sont d'origine cardiaque, toutes choses égales du côté des résistances vasculaires, la vitesse du sang dans le système artériel varie comme la pression ; variations cardiaques de la vitesse et variations cardiaques de la pression se correspondent. Au contraire, toutes les fois que les variations de la pression artérielle sont d'origine périphérique, c'est-à-dire dues à des modifications du calibre des vaisseaux (vaso-constriction, vaso-dilatation) modifiant la résistance à l'écoulement du sang, vitesse et pression du sang dans les artères varient alors en sens contraire ; si la résistance augmente, la vitesse devient moindre, toutes choses égales du côté du cœur, tandis que la pression, en raison même de l'écoulement moindre, augmentera, et inversement. Le tableau ci-dessous réunit ces divers rapports de la pression et de la vitesse du sang dans les artères :

Variations concomitantes de la pression et de la vitesse du sang dans les artères, en fonction de l'origine cardiaque ou périphérique de ces variations :

			Pression.	Vitesse.
Puissance cardiaque...	Rythme........	+ / −	+ / −	+ / −
	Débit..........	+ / --	+ / −	± / −
Résistance vasculaire.	+ (vaso-constriction).		+	--
	− (vaso-dilatation)...		−	--

4° *Phénomènes extérieurs de la circulation dans les artères.*

De même que l'on considère, à côté des phénomènes intimes de la circulation dans le cœur (mouvement du sang dans les cavités cardiaques), des phénomènes extérieurs ou apparents (pulsation et bruits du cœur), de même la circulation dans les artères présente, outre les phénomènes intimes que nous venons d'étudier, relatifs au mouvement du sang dans le système artériel, des phénomènes extérieurs ou apparents : dilatation et locomotion des artères, pouls des artères et pouls des organes.

A. **Dilatation des artères.** — Sous l'influence de l'ondée systolique, les grosses artères voisines du cœur subissent une dilatation, puisqu'elles ont à loger la charge additionnelle de sang qui leur arrive. Nous avons vu comment cette distension met en jeu leur élasticité. Par le fait de l'incompressibilité des liquides, cette dilatation doit s'étendre de proche en proche dans tout le système artériel. Mais, en raison, d'une part, de la grande élasticité des troncs aortiques et, d'autre part, de la grande capacité du système artériel par rapport au volume de l'ondée systolique, le mouvement de dilatation des artères périphériques (radiale, fémorale par exemple) est extrêmement faible et non perceptible directement à la vue et au doigt.

Ce mouvement est rendu apparent par un artifice expérimental. On enferme une artère *aa* dans une boîte étanche formée de deux parties ajustables KK, remplie de liquide et munie d'un tube de fin calibre *b* (fig. 87). A chaque systole cardiaque, on voit le liquide monter dans le tube, ascension qui traduit la légère dilatation du segment artériel exploré.

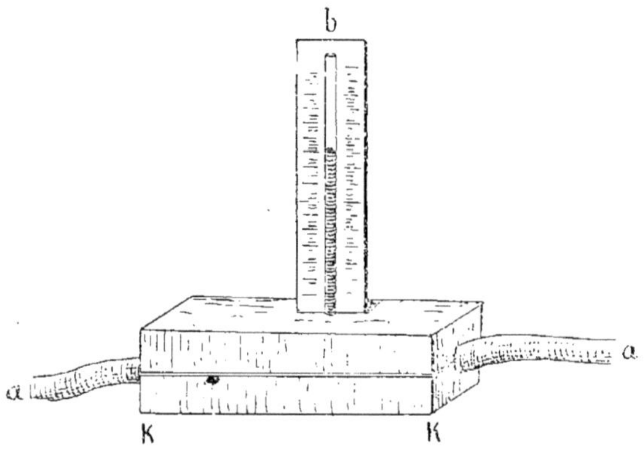

Fig. 87. — Appareil de Poiseuille, pour démontrer la dilatation des artères.

B. Locomotion des artères — Au cours d'une intervention chirurgicale, on peut observer des mouvements de locomotion d'une artère mise à nu, soit dans le sens de son axe longitudinal, soit dans le sens transversal.

S'il s'agit d'une artère sectionnée, dans le cas d'une amputation, par exemple, ou après simple ligature, au cours d'une excision d'organe ou de tumeur, on voit le moignon artériel projeté rythmiquement dans le sens longitudinal, à chaque pulsation cardiaque. Le mouvement dans le sens transversal se produit dans le cas, non plus d'une excision, mais d'une dissection artérielle ; le segment d'artère, libre de ses adhérences aponévrotiques et mobile latéralement tandis qu'il est retenu à ses extrémités, subit alors une projection en arc de cercle, à chaque pulsation cardiaque.

On donne parfois le nom de pouls à ce mouvement d'expansion artérielle ; en réalité, il ne s'agit pas là du phénomène de l'onde pulsatile constituant le pouls, que nous allons bientôt étudier, mais d'un mouvement de masse même de l'artère. Mouvement de masse et onde pulsatile sont bien isochrones, ils sont bien dus tous deux à la systole cardiaque comme cause originelle : mais leur mécanisme est différent.

C. Pouls des artères. — Le pouls est la sensation de choc ou soulèvement plus ou moins brusque éprouvée d'une façon rythmique par le doigt qui palpe la radiale ou toute autre artère superficielle située sur un plan résistant. Au point de vue de sa nature intime, c'est une onde liquide, née à l'origine du système artériel et se propageant régulièrement avec une vitesse propre dans tout le système. — L'étude du pouls comporte donc, d'une part, l'étude de sa manifestation objective, c'est-à-dire des conditions qui permettent de rendre sensible au doigt une onde liquide parcourant le système artériel ; et, d'autre part, l'étude de la formation même de l'onde pulsatile, des éléments qui la composent, des facteurs qui déterminent l'amplitude et les caractères particuliers de chacun d'eux, de leur propagation enfin et de leurs altérations successives tout le long de l'arbre artériel.

a. CONDITIONS DE LA SENSATION DU POULS. — L'exploration d'une artère superficielle (temporale, radiale, fémorale, etc.) par application simple du doigt, sans pression aucune, est insuffisante à déceler le pouls. Pour en avoir la sensation, il faut : 1° comprimer l'artère ; 2° exercer cette compression, l'artère reposant et maintenue contre un plan résistant. Que signifient ces conditions nécessaires à la manifestation du pouls ?

1° On sait que le sang est dans le système artériel sous pression. L'artère est donc constamment dans un état de tension élastique, qui fait justement équilibre, on l'a vu, à la pression du sang, si bien que force élastique des artères, tension artérielle et pression du sang dans les artères sont synonymes. Or, l'étude expérimentale de l'élasticité artérielle montre que la résistance des artères à l'extension, c'est-à-dire leur force élastique, croît plus vite que leur dilatation (MAREY). Quand les artères ont atteint une tension donnée, les variations de pression sanguine consécutives aux ondées systoliques (oscillations cardiaques de la pression) sont très vite équilibrées par une dilatation très faible des parois artérielles. Par suite, celle-ci, étant insignifiante, n'est pas ressentie. Mais si, par un artifice, on fait disparaître l'état préalable de tension artérielle, si on place la paroi de l'artère en position de repos, qu'arrivera-t-il ? La même variation cardiaque de pression qui précédemment ne produisait qu'une faible dilatation artérielle, produira, maintenant qu'elle s'exerce contre une paroi inerte, non tendue, une dilatation suffisante pour être sentie. C'est ce qui se passe quand on équilibre la pression constante qui s'exerce sur la face interne de l'artère par une contre-pression exactement égale sur sa face externe. La paroi artérielle, soumise alors de part et d'autre à des pressions égales, sera comme si elle n'était soumise à aucune : tandis que, pour une variation cardiaque donnée de la pression, elle subissait, tendue, une dilatation insensible, maintenant pour cette même variation de pression elle se trouve mise en état de répondre par une dilatation appréciable.

2° D'autre part, il est évident que cette pression extérieure destinée à annihiler la pression intérieure du vaisseau ne saurait être efficace que si l'artère ne peut fuir sous le doigt qui la comprime, en d'autres termes, que si elle est appliquée contre un plan résistant.

b. L'ONDE ARTÉRIELLE PULSATILE ET SES ÉLÉMENTS. SPHYGMOGRAPHIE. — La pénétration brusque de l'ondée ventriculaire dans le système artériel crée à l'origine de ce système, dans la masse sanguine, un ébranlement ondulatoire qui s'étend progressivement tout le long des artères et va en s'atténuant peu à peu par suite des résistances vasculaires, pour disparaître tout à fait à la limite extrême des petits vaisseaux contractiles. C'est là l'*onde pulsatile* et c'est la cause de ce soulèvement de la paroi artérielle par lequel est constitué et se définit le pouls.

Ces soulèvements ou battements réguliers résultent, on le voit, des variations cardiaques de la pression ou tension artérielle. La sensation de choc, éprouvée par le doigt qui déprime une artère, tient à la distension subite de celle-ci lorsqu'une ondée sanguine, poussée par le ventricule dans le système artériel, vient augmenter tout d'un coup la pression du sang dans ce système. A ce moment, l'artère, qui est élastique, se laisse dilater par cette augmentation de pression.

Il faut prouver que ce phénomène résulte bien, non pas du passage dans l'artère explorée du flot sanguin poussé par la systole ventriculaire, mais seulement du choc que le sang sorti du ventricule a transmis successivement aux colonnes de liquide placées au-devant de lui. Rappelons d'abord la comparaison faite par E. H. WEBER[1] entre les ondes pulsatiles et les ondes formées à la surface de l'eau par la chute d'un corps. Quand un corps tombe dans une masse liquide, il détermine des *ondes*, visibles sous la forme de soulèvements désignés par le nom de *vagues*, qui progressent en s'éloignant du point où le corps est tombé; ces vagues ne sont nullement constituées par les portions liquides entrées en contact avec le corps en question et qui se seraient déplacées; elles consistent en la propagation, sous forme de cercles de rayon croissant, de l'ondulation produite au point de chute. Si le corps tombe dans un liquide en mouvement, les ondes qu'il y produira se propageront indépendamment du mouvement du liquide. De même, l'onde pulsatile, produite dans la colonne sanguine, se propage du centre à la périphérie, indépendamment du mouvement du sang. En effet, sa vitesse est absolument différente (voy. p. 433) de celle du sang lui-même précédemment déterminée (p. 423). Ce n'est donc pas l'*ondée* ventriculaire qui passe sous le doigt éprouvant l'impression de la distension artérielle, c'est bien l'*onde*, la vibration produite dans la colonne sanguine.

La méthode graphique permet d'étudier dans le détail la forme et les divers accidents de l'onde pulsatile, dont le doigt ne donne qu'une connaissance très imparfaite.

1. E. H. WEBER (1795-1878), célèbre physiologiste allemand, a fait de nombreux et très importants travaux sur la mécanique animale, sur la contraction musculaire, sur les mouvements de l'iris, sur la nature du pouls, sur la sensibilité tactile, etc.

Les appareils explorateurs du pouls sont appelés sphygmographes (de σφυγμος, pouls, et γράφω, j'écris). Le sphygmographe le plus utilisé est celui de MAREY, dont il existe deux modèles (*sphygmographe direct* [fig. 91 et 92], et *sphygmographe à transmission* [fig. 93]). Les deux appa-

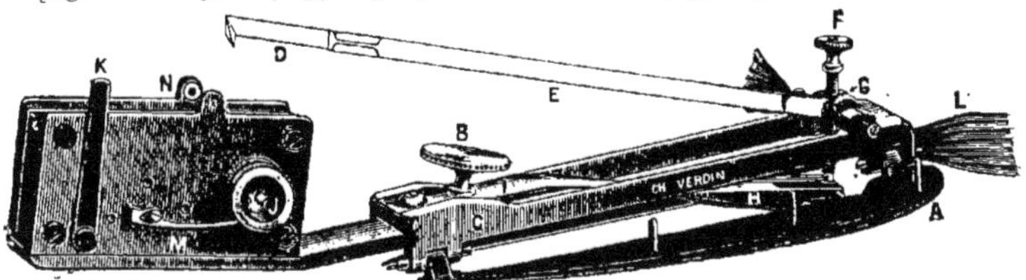

Fig. 88. — Spaygmographe de MAREY.

L'instrument est essentiellement cons itué par un ressort H et un levier ED. Le ressort est très flexible, fixé par une de ses extrémités, porte à l'autre extrémité une petite plaque d'ivoire qui doit reposer sur l'artère et la déprimer. Chaque pulsation de l'artère communique à cette plaque de faibles mouvements qu'amplifie le levier très léger (en paille ou en aluminium) qui reçoit l'impulsion très près de son centre de mouvement. F, vis verticale qui s'applique contre un godet avec lequel elle engrène, de manière à entraîner le levier inscripteur.

reils sont des sphygmographes à ressort. Le bouton explorateur, appliqué sur le trajet de l'artère radiale, est fixé à un ressort qui, grâce à son élasticité, le maintient constamment en étroite solidarité avec l'artère.

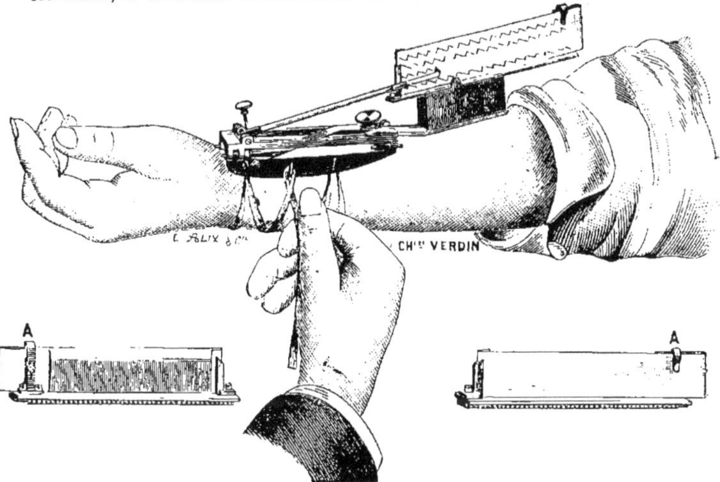

Fig. 89. — Sphygmographe de MAREY en position.

L'instrument est appliqué sur le poignet, autour duquel il est tenu par un lacet.

Le sphygmographe à transmission (fig. 90), du même principe, permet de prendre des tracés pendant un long temps.

Il existe beaucoup d'autres modèles de sphygmographes.

Le sphygmographe fournit des tracés analogues à celui de la figure 91. Ce tracé ou *sphygmogramme* traduit la forme des variations cardiaques de la pression artérielle ; il montre que l'onde pulsatile artérielle est complexe.

Fig. 90. — Sphygmographe à transmission de MAREY, permettant l'inscription de la pulsation artérielle par l'intermédiaire d'un tambour à levier inscripteur situé à distance.

Il y a en effet à considérer une ligne d'ascension *ab*, un sommet *b*, une ligne de descente *bcd*. La ligne d'ascension *ab* est droite, presque verticale : elle traduit la brusquerie de l'onde pulsatile née d'une pénétration soudaine du sang ventriculaire à l'origine du système artériel. Sa hauteur

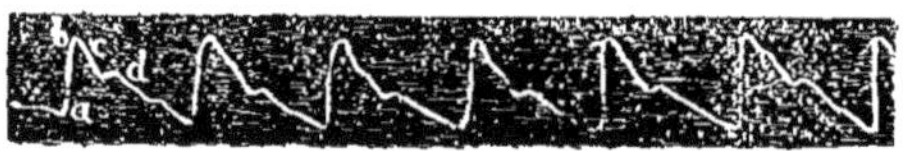

Fig. 91. — Tracé du pouls normal.

représente la force, c'est-à-dire l'amplitude du pouls. Le sommet *b* est aigu : c'est là l'indication que l'artère, brusquement distendue, réagit par une réaction également brusque. Toutefois, sur le pouls des artères assez voisines encore du cœur, telles que la carotide, on retrouve, au niveau *b* du sphygmogramme, la trace du plateau du cardiogramme. Ce plateau va s'atténuant de plus en plus, si bien que sur la radiale (fig. 91) il faut le rechercher minutieusement pour voir qu'il existe encore, mais très incliné, et que sa limite est représentée par le point *c*. Toute cette première partie, *abc*, du sphygmogramme, qui représente l'*onde primaire* du pouls, correspond à la phase systolique de la révolution cardiaque.

A partir du point *c* commence la phase diastolique du pouls, correspondant à la décontraction ventriculaire et au repos du cœur. Un accident important se manifeste sur cette seconde partie de la ligne de descente du sphygmogramme ; c'est l'ondulation *d*. Cette ondulation représente ce que l'on appelle *onde secondaire* ou *dicrotisme du pouls*[1]. Le dicrotisme est

---

1. A la suite de cette onde s'observent encore de légères ondulations, de signification moindre, et généralement négligées : *ondes d'élasticité* de LANDOIS, représentant pour cet auteur des vibrations propres de l'artère pendant son retour à l'état d'équilibre premier.

parfois assez ample pour que le doigt le sente; c'est alors le pouls *bis feriens* de certains états pathologiques (fièvre typhoïde, par exemple). Mais, dans les conditions physiologiques, le dicrotisme n'est pas ressenti. Pour cette raison, son existence avait été niée et sa manifestation attribuée à un défaut des sphygmographes. La démonstration péremptoire de sa réalité se trouve sur les *tracés hémautographiques* (fig. 92) de Landois [1].

Ces tracés sont obtenus par l'inscription même du jet de sang d'une artère sectionnée, que l'on reçoit directement sur le papier du cylindre enregistreur; ils montrent un dicrotisme très net. Cette ondulation est donc bien un phénomène normal du pouls. Quelle en est la cause?

C'est une onde de même sens que l'onde primaire et qui prend également naissance à l'origine du système artériel. Elle naît au début de la diastole ventriculaire. A ce moment, sous l'influence de la décontraction cardiaque, le régime de haute pression qui régnait dans le ventricule gauche, par exemple, pendant la durée de la systole, cesse tout d'un coup; la pression intraventriculaire devient même négative (vide post-systolique). Dans l'aorte, au contraire, règne toujours une tension élevée. Il survient donc une brusque différence de pression en amont et en aval des valvules sigmoïdes; celles-ci tombent du côté de la moindre pression, c'est-à-dire se ferment. Mais l'effet de l'aspiration ventriculaire diastolique et de l'excès de

Fig. 92. — Tracé hémautographique de l'artère tibiale postérieure du chien (Landois).

P, pulsation; R, rebondissement dicrote; ee, ondes d'élasticité.

la tension artérielle ne s'exerce pas seulement sur les valvules sigmoïdes pour les fermer, il s'exerce aussi sur la colonne de sang située en aval de ces valvules. Cette colonne sanguine, dans son mouvement rétrograde, vient dès lors se heurter contre les valvules qui sont une barrière à sa pénétration dans le ventricule. Ce choc engendre à son tour une onde secondaire centrifuge. C'est cette onde qui constitue le dicrotisme. De fait, après la destruction des valvules sigmoïdes, le dicrotisme fait défaut dans le pouls de toutes les artères.

Retard du pouls sur la pulsation cardiaque. Vitesse de propagation de l'onde pulsatile. — Lorsqu'on palpe le pouls et qu'on ausculte le cœur

---

1. L. L. Landois (1837-1905), physiologiste allemand, connu par d'excellents travaux sur le cœur, sur la pulsation artérielle, sur la transfusion du sang, etc.

simultanément, la pulsation artérielle paraît synchrone à la pulsa
tion cardiaque et au premier bruit du cœur. En réalité, elle retarde
sur la pulsation cardiaque. La méthode graphique permet d'évaluer
ce retard, variable pour les diverses artères, et d'en apprécier les éléments.

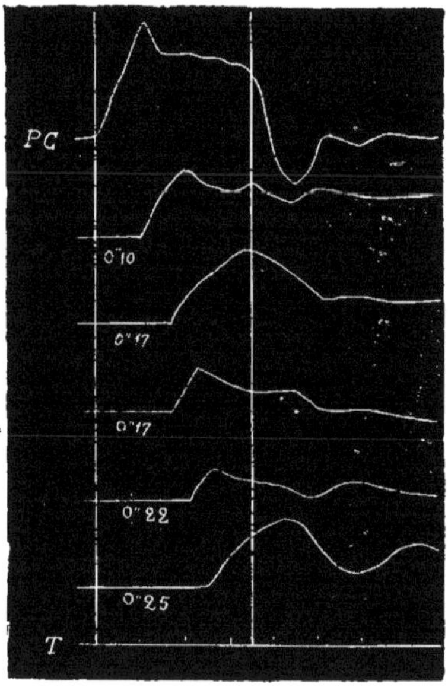

Les éléments du retard du pouls sur la pulsation cardiaque sont de deux ordres. Il y a d'abord un élément commun et de valeur uniforme pour toutes les artères, c'est le temps représenté par le *retard essentiel* du cœur ou période de mise en tension ventriculaire (voy. p. 372). On sait que, depuis le début de leur entrée en contraction, les ventricules mettent un temps appréciable à soulever les valvules sigmoïdes artérielles, à vaincre la pression qui pèse sur ces valvules et conséquemment à faire pénétrer l'ondée systolique dans le système artériel. Ce laps de temps, compris entre le début de la contraction ventriculaire et le moment ou les valvules sigmoïdes sont soulevées, appelé quelquefois *intervalle présphygmique* (KEYT[1]) (0",04-0",07), constitue un premier élément de retard de l'onde pulsatile

Fig. 93. — Retard du pouls sur le cœur (d'après
A. WALLER).

PC, pulsation cardiaque; — T, inscription du temps
en dixièmes de seconde.

La progression de l'onde pulsatile (retard du pouls)
se fait :
1 — du cœur à la carotide en 10 centièmes de seconde.
2 —   —   radiale   — 17   —
3 —   —   fémorale — 17   —
4 —   —   tibiale   — 22   —
5 —   —   pédieuse – 25   —

sur le début de la pulsation cardiaque. Le second élément du retard du
pouls est constitué par la *vitesse de propagation* de l'onde pulsatile dans
le système artériel. Suivant l'éloignement du point considéré par rapport
au cœur, le moment où se montre l'onde pulsatile sera variable et spécial
à chaque artère.

Pour mesurer la vitesse de propagation de l'onde pulsatile, on recueille

1. Médecin américain (1827-1875).

deux sphygmogrammes d'une même artère, les deux sphygmographes
étant distants d'une longueur connue. Le temps est enregistré simultanément sur le cylindre tournant. Or, le sphygmogramme recueilli en aval
présente un retard sur le sphygmogramme d'amont. On a ainsi le temps
que l'onde a mis à se propager d'un point à un autre ; on a, d'autre part,
l'espace parcouru pendant ce temps, puisque l'on connaît la distance qui
sépare les deux points où l'on a placé les sphygmographes ; on a donc tous
les éléments nécessaires pour calculer la vitesse de propagation de l'onde
pulsatile. — Pour mesurer le retard proprement dit du pouls sur la pulsation cardiaque, on inscrit simultanément sur le cylindre enregistreur la
pulsation cardiaque et le pouls des diverses artères ainsi que le temps.
Il est facile alors, par repérage des tracés, d'établir le retard propre du
pouls de chaque artère sur le début de la pulsation cardiaque (voy. fig. 93).

On a trouvé que la vitesse de propagation de l'onde pulsatile est
de 9 mètres environ à la seconde. Elle est donc très différente de la
vitesse du courant sanguin lui-même qui est seulement, on l'a
vu, de 30 à 40 centimètres à la seconde. C'est la preuve la plus écla-
tante que le pouls ne résulte pas du passage de l'*ondée sanguine*,
mais, comme il a été dit, du passage d'une *onde*. La systole ventriculaire lance dans l'aorte une ondée qui vient faire choc contre le
sang déjà contenu dans ce vaisseau ; l'ébranlement ondulatoire qui
en résulte se propage par voisinage dans tous les vaisseaux, indépendamment du mouvement de translation propre de la masse liquide
heurtée à l'origine. — On a trouvé, d'autre part, pour le retard du
pouls de différentes artères sur la systole ventriculaire les chiffres
moyens, variables suivant la distance de chaque artère au cœur,
que l'on peut lire au-dessous de la figure 93.

c. Variations physiologiques du pouls. — L'onde pulsatile n'est
pas constamment semblable à elle-même ; l'onde primaire et l'onde
dicrote varient sous l'influence de divers facteurs qu'il importe de
déterminer. L'étude de ces variations, à l'état physiologique, est particulièrement importante pour le médecin qui, sans cette connaissance,
ne pourrait se rendre compte du mécanisme des variations du pouls
à l'état pathologique. Quels sont donc les éléments dont dépend
l'amplitude de l'onde primaire ou la force proprement dite du pouls
et quels sont ceux qui déterminent l'amplitude de l'onde dicrote ?

1° L'ébranlement ondulatoire résultant du choc produit par l'ondée
systolique qui vient heurter la colonne sanguine contenue à l'origine
de l'aorte, est en fonction directe de la puissance de ce choc. Or, cette
puissance est proportionnelle à la masse et, d'autre part, au carré
de la vitesse dont cette masse est animée. La grandeur ou intensité de
l'onde pulsatile sera donc, toutes choses égales du côté des résistances
qu'elle rencontre pendant son parcours, proportionnelle, en premier
lieu, au volume de l'*ondée ventriculaire* et, en second lieu, à la *vitesse*

de cette ondée. Mais cette vitesse est liée de son côté et à la *force d'impulsion cardiaque* et aux conditions mécaniques qui s'offrent à sa pénétration dans le système artériel, c'est-à-dire à la résistance présentée par *l'état des orifices artériels* et par la *tension artérielle.* La vitesse de l'ondée ventriculaire varie évidemment comme la force d'impulsion cardiaque et en sens inverse de la résistance présentée par les orifices et par la tension artérielle. En fin de compte, l'onde pulsatile est directement proportionnelle à la force d'impulsion cardiaque et inversement proportionnelle à la résistance des orifices et à la tension artérielle. Le tableau suivant résume ces données :

Variations de l'onde primaire du pouls en fonction du débit systolique, de la force d'impulsion cardiaque, de l'état des orifices artériels et de la tension artérielle :

		Onde primaire ou force du pouls.
Débit systolique............	+	+
	—	—
Force d'impulsion cardiaque.	+	+
	—	—
Résistance des orifices arté-riels....................	+ (Rétrécissement d'orifice.)	—
	— (Insuffisance d'orifice.	+
Tension artérielle............	+	—
	—	+

2° Quels sont maintenant les éléments dont dépend la grandeur de l'onde dicrote? Ce ne peuvent être que ceux mêmes qui déterminent la puissance du choc duquel résulte cette onde (voy. p. 431). Or, la puissance de ce choc est proportionnelle à la *masse de sang rétrograde* qui vient heurter contre les valvules et, d'autre part, au carré de la vitesse dont cette masse de sang est animée. De quels éléments dépend à son tour cette vitesse? De la force d'aspiration diastolique du cœur, c'est-à-dire de la *vitesse de décontraction cardiaque,* d'une part, et de la *tension artérielle,* d'autre part. L'onde dicrote, toutes choses égales du côté des résistances présentées à sa propagation, est donc directement proportionnelle à la masse de sang rétrograde, à la vitesse de décontraction cardiaque, à la tension artérielle. Ses variations devront être recherchées dans les variations de ces divers éléments.

Ainsi, l'onde dicrote est d'autant plus ample que la vitesse de décontraction cardiaque est plus rapide; à une détente lente du cœur correspond au contraire un dicrotisme peu marqué (fig. 94). Quand les variations de la tension artérielle sont d'origine périphérique (vaso-motrices, le dicrotisme est d'autant plus marqué que la pression artérielle est plus faible (vaso-dilatation), et d'autant moins qu'elle est plus forte (vaso-constriction

Rapports du pouls avec la tension artérielle. — On a coutume de considérer les variations de la pression constante et de la pression variable comme étant dans un rapport inverse (voy. p. 419). Le problème est complexe. On ne saurait fixer, en une formule aussi simple, les rapports qui existent en particulier entre la tension artérielle et les variations cardiaques de cette pression, autrement dit le pouls. L'amplitude de l'onde primaire, c'est-à-dire la force du pouls, est, on l'a vu, constamment une *résultante* de divers facteurs; la tension artérielle n'est que l'un de ces facteurs. Toute formule de variations de l'onde pulsatile, envisagée en fonction d'une seule variable, ne peut donc avoir de valeur, parce que chacun des éléments dont dépend l'onde pulsatile agit synergiquement avec tous les autres pour la déterminer et parce que les combinaisons possibles des variations simultanées de ces divers éléments sont multiples. En fait, la *loi du pouls à forte et à faible tension*, c'est-à-dire des rapports inverses de la tension variable et de la tension constante, comporte de nombreuses exceptions, à l'état physiologique aussi bien que pathologique. Les variations de la tension artérielle peuvent être dues, on l'a vu, à des modifications de l'*impulsion cardiaque* (origine centrale) ou de la *résistance vasculaire* (origine périphérique). Or, quand ces variations sont dues à des variations du débit systolique, le pouls et la tension artérielle croissent ou décroissent dans le même sens. Quand elles sont d'origine vaso-motrice, le pouls et la tension artérielle croissent ou décroissent en sens contraire.

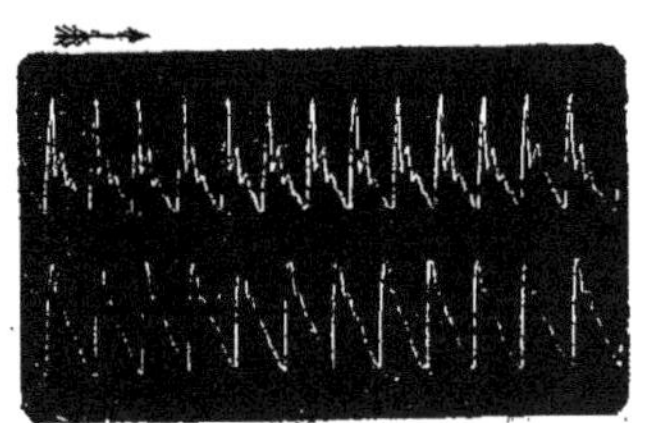

Fig. 94. — Influence de la vitesse de décontraction cardiaque sur le dicrotisme (V. PACHON).

Le sphygmogramme supérieur correspond à une détente *rapide*, le sphygmogramme inférieur à une détente *lente* de la poire cardiaque du schéma de circulation de PACHON.

Influences modificatrices du pouls. — Le pouls se modifie sous un grand nombre d'influences.

La *température* qui, en s'abaissant, provoque des phénomènes de vasoconstriction et, en s'élevant, des phénomènes de vaso-dilatation, donne lieu dans le premier cas à un pouls petit, à dicrotisme effacé et, dans le second cas, à un pouls ample, à dicrotisme marqué. Ces variations s'expliquent par le tableau de la page 434.

Parmi les influences physiologiques, citons l'*âge*, la *respiration*, la *digestion* et l'*exercice musculaire*.

L'âge, par les altérations qu'il apporte à l'élasticité artérielle, modifie considérablement le pouls. La figure 95 montre un pouls *sénile*, marqué par un plateau ascendant qui traduit la sclérose artérielle, par laquelle l'effort du cœur et la durée de l'évacuation ventriculaire sont augmentés.

Aux deux temps de la respiration se produisent des modifications du pouls : pendant l'inspiration l'onde primaire est moins ample, le dicrotisme plus marqué ; à l'expiration l'onde primaire est plus ample et le dicrotisme moins marqué ; les deux ondes du pouls varient donc en sens inverse. Les variations de l'onde primaire tiennent à celles de la pression artérielle : à une élévation de celle-ci (à l'inspiration, sous l'influence de l'accélération du rythme cardiaque), c'est-à-dire à une augmentation de la résistance vasculaire, correspond une décroissance dé l'onde primaire ; quant au dicrotisme, il croît, durant la phase de l'accélération cardiaque inspiratoire, comme la

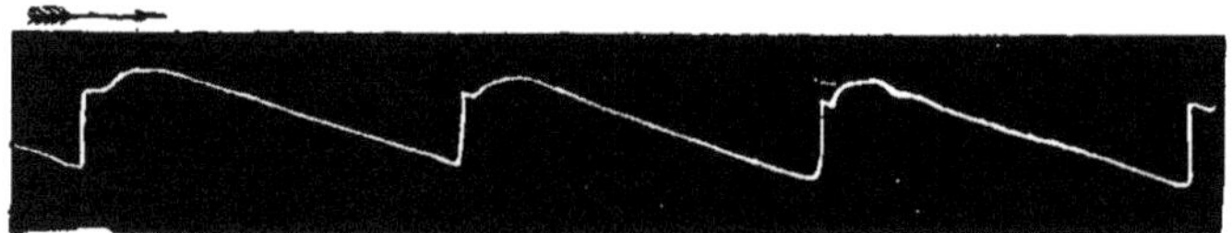

Fig. 95. — Pouls sénile à plateau ascendant traduisant l'effort de l'évacuation ventriculaire.

vitesse de décontraction du cœur et, dans la phase de ralentissement cardiaque expiratoire, décroît comme cet élément (V. PACHON).

La digestion et l'exercice musculaire, qui déterminent des phénomènes de vaso-dilatation, c'est-à-dire le relâchement de nombreux vaisseaux, amènent une pulsation plus ample et un dicrotisme plus marqué, conséquences de la diminution des résistances périphériques.

En résumé, toutes les influences susceptibles de modifier la puissance de contraction du cœur, le débit systolique ou le calibre des vaisseaux, c'est-à-dire la résistance vasculaire, retentiront secondairement sur le pouls. Chaque élément exercera son action suivant le sens indiqué dans le tableau de la page 434.

D. Changements de volume des organes. Pouls des organes. — La pénétration du sang ventriculaire dans une artère produit, on l'a vu, une dilatation de cette artère. La totalisation des dilatations de toutes les artères et artérioles d'un organe amène nécessairement une ampliation du volume de cet organe, au moment de la systole ventriculaire. Il y a donc un *pouls total* des organes[1].

Outre ces pulsations totalisées, variations rapides, synchrones à la pulsation artérielle, il peut se produire dans les organes d'autres

1. Ce pouls est considéré comme un pouls *volumétrique*, par opposition au pouls ordinaire, dit *pouls de pression*. En réalité, les deux phénomènes comportent l'un et l'autre des variations associées de pression et de volume. Quant au pouls volumétrique ou total, il a en réalité sa cause dans le pouls proprement dit.

changements de volume, dus, en dehors de toute intervention cardiaque, à des modifications du calibre des vaisseaux. Il ne s'agit plus ici du pouls total dépendant du *pouls de pression*, mais de changements de volume proprement dits.

a. PLÉTHYSMOGRAPHIE. — L'inscription du pouls des organes et des changements de volume constitue la *pléthysmographie*.

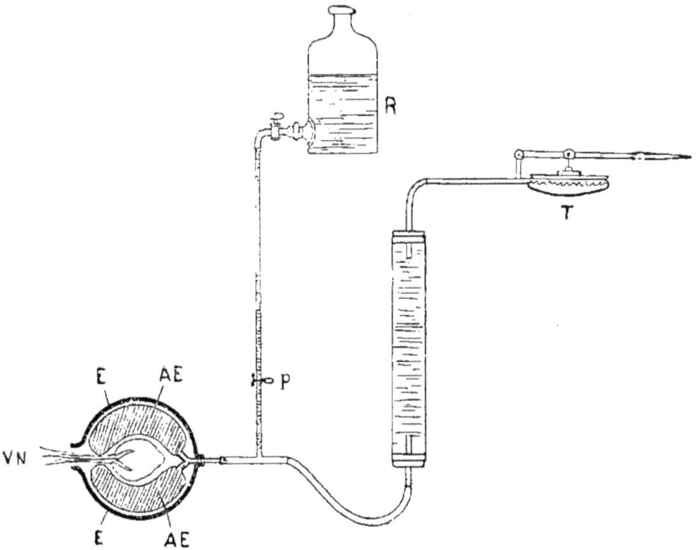

Fig. 96. — Schéma d'un appareil pléthysmographique (d'après MORAT et DOYON).

AE, AE, ampoule exploratrice ; E, enveloppe inextensible ; Re, organe (rein), enfermé dans l'appareil ; VN, vaisseaux et nerfs du rein ; R, réservoir destiné à charger l'appareil ; *p*, pince à pression ; *r*, réservoir intercalé sur le trajet du tube de communication ; T, tambour inscripteur.

Les pléthysmographes[1] ou *oncographes*[2] utilisés sur les animaux sont ordinairement des appareils à transmission liquide ou transmission mixte (liquide et aérienne). La figure 96 représente le dispositif général d'une expérience pléthysmographique. Les mouvements d'expansion et de retrait de l'organe sont communiqués à l'ampoule exploratrice entre les valves élastiques de laquelle est emprisonné l'organe et, de là, par le système de transmission liquide et aérienne, à un tambour inscripteur ou à un manomètre à eau. Une telle transmission comporte un retard, qu'il est bon de déterminer préalablement. — L'ampoule et ses valves exploratrices, ainsi que l'enveloppe rigide et exactement close qui enserre l'ampoule, doivent

1. Voy. p. 381.
2. De ὄγκος, volume, et γράφω, j'écris.

être adaptées à la forme de l'organe sur lequel on expérimente. De tels appareils ont été construits pour le rein, la rate, le foie, la glande thyroïde, le pénis, les membres, etc.

L'appareil de HALLION et COMTE (fig. 97), employé sur l'homme, est un appareil du même type, à transmission aérienne. La figure 98 représente un graphique obtenu avec un instrument construit sur ce modèle.

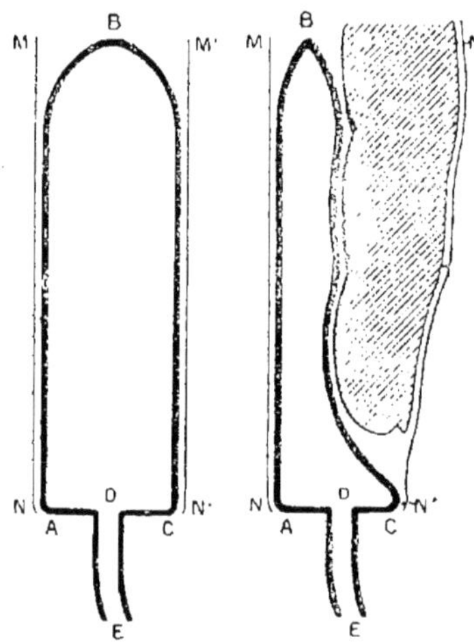

Fig. 97. — Pléthysmographe digital de HALLION et COMTE.

ABC, doigt de gant en caoutchouc, relié à un tambour de Marey par le tube de caoutchouc DE ; — MN, M'N', manchon inextensible en drap ou en cuir, à parois épaisses, assez résistantes par conséquent à la déformation, formant une enceinte dans laquelle est introduit le doigt.

La partie droite de la figure montre un doigt dans l'appareil ; le pouls total et tous les changements de volume du doigt sont communiqués à l'ampoule élastique qui les transmet au tambour inscripteur. Supposons que le doigt augmente de volume, il déprime la paroi BC de l'ampoule et par conséquent rétrécit la cavité de celle-ci ; qu'il vienne au contraire à diminuer de volume, la paroi BC, en vertu de son élasticité, le suit dans son mouvement et la cavité de l'ampoule se dilate.

b. VARIATIONS PHYSIOLOGIQUES DU POULS ET DU VOLUME DES ORGANES. — Le pouls total des organes présente de grandes variations. La cause la plus importante de ces variations se trouve dans l'excitabilité, très différente suivant les individus, du système nerveux vaso-moteur. Nous retrouverons ici les mêmes influences modificatrices que celles qui agissent sur le pouls artériel.

La *température* modifie le pouls des organes : par l'effet de la vaso-contriction due au froid, la pulsation s'affaiblit jusqu'à devenir imperceptible, le dicrotisme s'atténue sensiblement ; par l'effet de la vaso-dilatation due à la chaleur, la pulsation devient ample et le dicrotisme aigu. C'est cette action de la température qui rend compte de l'influence saisonnière sur le pouls des organes, affaibli en hiver, ample en été.

L'influence de la *respiration*, celle de la *digestion*, celle de l'*exercice musculaire* s'exercent comme sur le pouls artériel et dans le même sens. L'*activité psychique* (excitations sensorielles, travail mental), par la mise en jeu de réactions vaso-motrices importantes, modifie notablement le pouls volumétrique des membres.

Les variations proprement dites du volume des organes ne sont pas moins importantes.

Le volume total d'un organe augmente sous trois influences : par augmentation de la pression artérielle d'origine cardiaque (accélération du

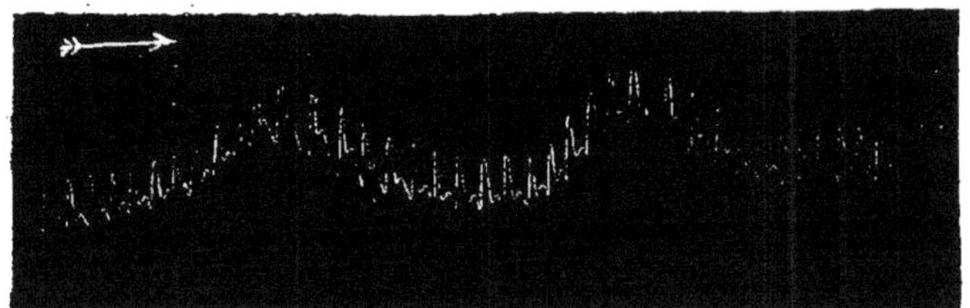

Fig. 98. — Tracé du pouls volumétrique d'un doigt (V. PACHON).
Le sujet (32 ans) présente très nettement l'accélération cardiaque inspiratoire. La phase de ralentissement correspond à l'expiration. Expérience faite en été.

rythme cardiaque ou augmentation du débit systolique) déterminant un apport plus grand de sang dans l'unité de temps ; — par augmentation de la pression veineuse déterminant une vitesse moindre dans l'évacuation

du sang (gêne à l'écoulement du sang veineux) ; — par vaso-dilatation agrandissant le calibre des vaisseaux. — Les influences inverses donnent lieu à des effets inverses.

3. — Circulation dans les capillaires.

Aux artères et artérioles font suite les capillaires, voie de passage entre les vaisseaux artériels et les vaisseaux veineux.

Au sens histologique du mot, les capillaires comprennent exclusivement les fines ramifica-

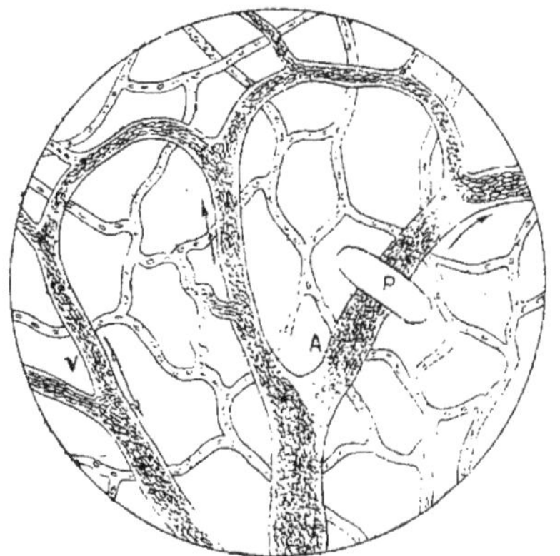

Fig. 99. — Aspect de la circulation capillaire au microscope (d'après POISEUILLE).

P, poids placé sur un vaisseau ; A, vaisseau dans lequel le courant est artériel ; V, vaisseau dans lequel le courant est veineux.

tions vasculaires dont la paroi n'est formée que d'une tunique endothéliale, sans fibres musculaires. Ces vaisseaux sont extensibles et élastiques et subissent, à ce titre, les variations du débit artériel. De plus, le protoplasma des cellules endothéliales est contractile. Pour ces raisons, les capillaires se rapprochent, en ce qui concerne

leur fonctionnement, des dernières ramifications des artérioles et
des premières ramifications des veinules.

1° *Caractères de la circulation capillaire.*

La circulation capillaire peut être observée au microscope dans
les parties transparentes des animaux vivants (MALPIGHI, 1661 ;
LEEUWENHOECK, 1695).

Les organes utilisés le plus souvent pour cette observation sont les
poumons, le mésentère, la langue, la membrane interdigitale de la grenouille, le mésentère des jeunes Mammifères, la troisième paupière du
lapin, l'aile de la chauve-souris, la lèvre de l'homme. La figure 99 montre
le spectacle auquel on assiste alors. Les globules sanguins filent en colonnes pressées, se déformant et s'allongeant suivant les nécessités du
passage, dans la partie centrale des petits vaisseaux, qui s'anastomosent
et se croisent et présentent des dispositions variées suivant les organes.
Dans les petits capillaires, dont le diamètre est de 2 à 5 µ, les globules ne
peuvent passer qu'un à un.

Dans les artères le courant est continu, mais non uniforme, il
subit des renforcements saccadés à chaque pulsation cardiaque.

Dans les capillaires, le courant sanguin est non seulement *continu*,
mais encore *uniforme*; les saccades se sont peu à peu amorties sous
l'influence des résistances croissantes dues à la multiplication progressive des branchements artériels.

Un fait remarquable, mis en évidence par POISEUILLE, est que la couche
de plasma qui mouille la paroi interne du vaisseau peut être considérée
comme immobile ; c'est la *couche adhésive*, sur laquelle glisse une autre
couche plus mobile, puis d'autres dont la vitesse est d'autant plus grande
qu'elles se trouvent plus près de l'axe du vaisseau. Toute modification de
vitesse du courant sanguin influe sur l'épaisseur de la couche adhésive ;
celle-ci augmente avec la vitesse du courant; si, au contraire, on ralentit
le courant ou si on l'arrête par une compression extérieure, on voit en
amont du point comprimé P (voy. fig. 99) les globules rouges envahir de
plus en plus toute la lumière du vaisseau ; c'est donc leur vitesse qui les
empêche de pénétrer ordinairement dans cette couche.

Nous savons que, si les leucocytes peuvent adhérer à la paroi endothéliale capillaire et s'engager à travers ses mailles pour la traverser (*diapé-
dese*, voy. p. 327), c'est grâce à leurs mouvements amiboïdes.

2° *La pression et la vitesse du sang dans les capillaires.*

A. Pression dans les capillaires. — On détermine les conditions générales de la pression du sang dans les capillaires au moyen
des piézomètres.

Dans l'expérience ordinaire des tubes de Bernouilli, le tube d'écoulement est régulièrement calibré et l'orifice de sortie a le même diamètre que le calibre général du tube. Les pressions, dans ce cas, décroissent suivant une ligne régulièrement oblique (voy. fig. 100). Mais étranglons le tube en un endroit, ou étirons-le sur une longueur donnée, de manière à diminuer son calibre (voy. fig. 101); la pression reste à un niveau plus élevé et décroît moins vite dans les premiers tubes, tandis qu'elle subit une chute brusque dans le tube rétréci.

Nous sommes, dans ce dernier cas, justement dans les conditions de la circulation animale. Tout l'ensemble des petits vaisseaux contractiles joue le rôle du rétrécissement tubulaire, c'est-à-dire d'une résistance considérable au passage du sang. La conséquence est une tension élevée, à décroissance lente, dans le système artériel, et une tension basse, à décroissance rapide, dans le système capillaire. La pression du sang dans les capillaires est donc basse.

On en a mesuré indirectement la valeur en cherchant la contre-pression nécessaire pour faire pâlir un organe, c'est-à-dire pour en chasser le contenu sanguin. On a ainsi trouvé pour les capillaires de la peau du doigt une valeur de 37 millimètres de mercure.

Rapports des variations simultanées de la pression du sang dans les artères et dans les capillaires. — Si, dans l'expérience représentée par la figure 101, on fait varier la charge du liquide dans le réservoir, il est clair que les pressions varieront dans tout le système dans le même sens que la charge.

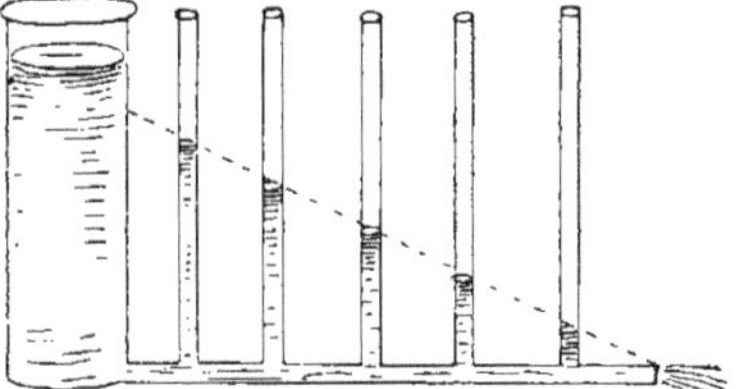

Fig. 100. — Écoulement d'un liquide dans un tube régulièrement calibré (Bernouilli).

A une augmentation de charge dans le réservoir correspondra une hausse de pression dans les tubes voisins (artères) comme dans le tube rétréci (capillaires), et inversement. Or, la charge du réservoir représente ici l'impulsion cardiaque.

Toute variation dans la valeur de la force impulsive du cœur fait donc varier dans le même sens les tensions artérielle et capillaire.

Au contraire, supposons que, toutes choses restant égales du

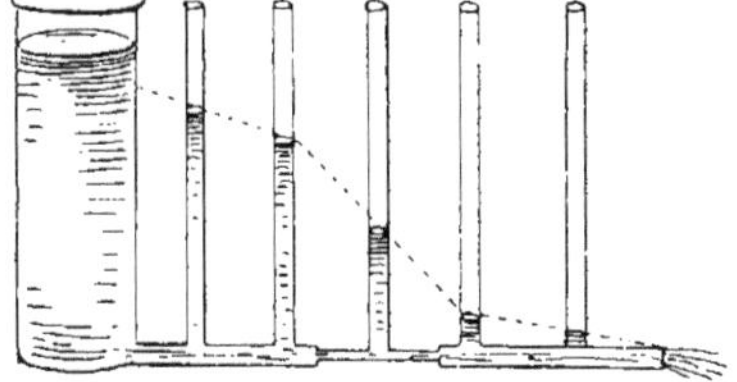

Fig. 101 — Écoulement d'un liquide dans un tube présentant un rétrécissement intermédiaire (Marey).

côté de la charge du réservoir, on vienne, dans l'expérience de la figure 100, à diminuer de plus en plus le calibre du tube rétréci, que va-t-il se passer ? La résistance à l'écoulement augmentant de plus en plus, la pression va, d'une part, augmenter en amont, en même temps que le débit diminue en aval. Mais si le débit diminue en aval, il s'ensuit simultanément une baisse de pression dans cette région. Donc, dans le cas de modification de la résistance à l'écoulement, les variations des tensions en amont et en aval du rétrécissement se font en sens inverse.

Quand, au cours d'un régime circulatoire, se produisent des modifications de calibre des vaisseaux contractiles (phénomènes vaso-moteurs), les variations de la pression du sang dans les artères et dans les capillaires sont donc de sens inverse. Le tableau ci-après résume ces données :

Variations simultanées des pressions artérielle et capillaire :

			Pression	
			Artérielle.	Capillaire.
Force d'impulsion cardiaque.	Rythme..........	{ + —	+ —	+ —
	Débit systolique..	{ + —	+ —	+ —
Résistance vasculaire.	Augmentée (vaso-constriction).		+	—
	Diminuée (vaso-dilatation).....		—	+

B. **Vitesse du sang dans les capillaires**. — Pour qu'un régime circulatoire puisse se maintenir régulier, il importe que le débit soit le même, dans un même temps, dans chacune des diverses parties (artères, capillaires, veines) qui constituent l'ensemble du système vasculaire. Tout ce qui rompra l'égalité de débit en une partie du système amènera nécessairement des perturbations en amont et en aval. Le système capillaire doit donc, dans l'unité de temps, assurer un même débit que le système artériel. Comme il présente une surface beaucoup plus considérable, la vitesse d'écoulement y sera donc très ralentie.

Poiseuille a donné la loi de l'écoulement dans les tubes capillaires. Le débit est tout d'abord proportionnel à la pression (et non à la racine carrée de la pression, comme dans les tubes larges) ; il est, en outre, pour une même pression, en raison inverse de la longueur du tube ; il est enfin proportionnel à la quatrième puissance des diamètres des tubes, c'est-à-dire que, si le diamètre double, il s'écoule 16 fois plus de liquide, et, s'il triple, il s'en écoule 81 fois plus.

La vitesse du sang dans les capillaires s'évalue directement par l'observation au microscope. On mesure la vitesse de déplacement des globules dans le champ de l'oculaire-micromètre ; connaissant le grossissement employé, il est facile de calculer leur vitesse absolue. Cette vitesse est, en moyenne, de 0^{mm},5 (chez la grenouille) à 0^{mm},8 (chez les Mammifères) par seconde.

4. — Circulation dans les veines.

Le sang revient au cœur par les veines; la circulation dans ces
vaisseaux se fait donc en sens inverse de la circulation dans les
artères et dans les capillaires, c'est-à-dire dans une direction centripète. Les expériences de Harvey l'ont démontré; une veine, liée
ou comprimée, se vide de sang et s'affaisse du côté du cœur, tandis
qu'elle se gonfle du côté périphérique; inversement, on voit, au
moment où on cesse la compression, que le segment périphérique
s'affaisse, par suite du départ du sang qui se précipite dans le
segment central.

Quelle est la cause de cette progression du sang dans les veines?
Faut-il la chercher dans les propriétés de ces vaisseaux?

1° *Propriétés des veines.*

Les veines contiennent beaucoup moins de tissu élastique que les
artères; leur élasticité est donc moindre; aussi est-elle aisément
vaincue dans les points où agit souvent et longtemps une cause de
distension. De là les varices des membres inférieurs. — En raison de
cette faible élasticité, les veines sont très dilatables. Par suite, elles
se prêtent à un facile écoulement du sang des capillaires et, outre
leur rôle de conducteurs, jouent souvent celui de réservoirs
(voy. p. 417).

Les veines sont contractiles; mais les fibres musculaires y sont
irrégulièrement distribuées. Les contractions de ces vaisseaux sont
faciles à constater; on peut, par exemple, voir les veines de la main
se dégonfler et se contracter par immersion dans l'eau froide; un
choc brusque sur une veine sous-cutanée y produit aussitôt une contraction à laquelle succède bientôt une paralysie amenant la dilatation du vaisseau; une excitation électrique a le même effet.

De tout cela il résulte que les propriétés des veines ont peu d'effet
sur la circulation veineuse.

2° *Causes de la circulation veineuse.*

On distingue une cause principale ou essentielle, des causes adjuvantes et des causes accessoires, très importantes néanmoins, de
la circulation veineuse.

A. Cause principale. Vis a tergo ou pression veineuse.—
Cette cause principale consiste en ce qui reste de l'impulsion cardiaque
première, progressivement affaiblie par les résistances à l'écoulement
du sang dans les artères et dans les capillaires. La pression du sang
à l'origine de l'aorte, sensiblement égale à la pression intraventriculaire, s'est atténuée déjà peu à peu, on l'a vu, sur tout le trajet du

système artériel ; puis dans les capillaires elle a subi une baisse considérable, en raison de la grande résistance créée par l'infinité de petits vaisseaux d'étroit diamètre résultant de la segmentation vasculaire. Dans les veines l'impulsion cardiaque, c'est-à-dire la pression qui la représente, n'a plus qu'une valeur de 5 à 15 millimètres de mercure. C'est là la force qui pousse le sang veineux, la *vis a tergo*, suivant une ancienne terminologie, qui assure essentiellement la circulation de retour. Quelque faible qu'elle paraisse, cette force peut en réalité suffire à la progression du sang dans les veines.

Chez un chien curarisé, privé par conséquent de respiration et de tout mouvement musculaire, et que l'on entretient en vie par la respiration artificielle, on peut suspendre celle-ci à divers intervalles : la circulation veineuse continue à se faire sous l'influence de la seule pression ou *vis a tergo*, résidu de l'impulsion cardiaque, qui existe dans les veines.

B. **Causes adjuvantes. Aspiration thoracique. Poussée abdominale.** — Il y a une cause adjuvante dont le rôle est considérable, c'est l'*aspiration thoracique*, que renforce une autre cause, la *poussée abdominale*. Nous avons déjà eu l'occasion de dire ce que l'on entend par aspiration thoracique (voy. p. 378).

Pour se rendre compte de cette force, il est nécessaire et suffisant de considérer : 1º que le poumon est un organe élastique ; 2º que son élasticité n'est jamais complètement satisfaite, même en expiration, c'est-à-dire qu'il n'est jamais complètement revenu sur lui-même ; 3º qu'il se trouve dans une cavité close. Il est clair, dans ces conditions, que le poumon, tendant constamment à revenir sur lui-même en raison de son élasticité, exerce sur tout ce qui l'entoure, dans le milieu où il est contenu, une *aspiration constante*. Cette aspiration s'exerce naturellement avec le plus d'effet sur les organes à parois faibles, très dilatables, comme les veines. L'expérience de Barry[1] (1825) suffit à le prouver : on introduit dans une des grosses veines du cou, sur un cheval, l'extrémité d'un tube coudé dont l'autre extrémité plonge dans un vase rempli d'un liquide coloré ; on voit à chaque inspiration le liquide monter dans le tube, de telle façon que la veine finit par l'*aspirer* en quelque sorte complètement. Les gros troncs veineux intrathoraciques sont donc constamment maintenus dans un état de large béance ; ils se trouvent ainsi toujours gorgés de sang et la réplétion ventriculaire, aidée par ce fait, est constamment assurée. La distension veineuse, due à l'aspiration thoracique, constitue aussi un état de moindre résistance à l'écoulement du sang, pour lequel une faible *vis a tergo* peut dès lors suffire. Il y a mieux encore. L'aspiration thoracique due aux poumons varie nécessairement avec les variations de l'état élastique de

1. David Barry (1780-1835), médecin anglais. Son principal travail, *Recherches expérimentales sur les causes du mouvement du sang dans les veines*, fut publié en français, en 1835, à Paris, où il avait travaillé. Il s'est aussi beaucoup occupé des maladies des vaisseaux.

es organes ; elle croît et décroît comme la force de rétraction élastique
pulmonaire. Or, celle-ci varie avec les deux temps de la respiration. Le
poumon, plus distendu en inspiration, acquiert alors une force de rétraction élastique plus grande ; en expiration, son état moindre de distension
crée une force moindre de rétraction. L'aspiration thoracique subit donc
un *renforcement inspiratoire*. Tandis qu'en expiration la valeur de l'aspiration thoracique, qui représente celle même de l'élasticité pulmonaire,
est de 6 à 8 millimètres de mercure, sa valeur en inspiration atteint 30 et
40 millimètres de mercure. De ce fait, l'aspiration thoracique en inspiration n'est plus seulement une cause constante de moindre résistance à
l'écoulement du sang, elle devient par ce renforcement inspiratoire une
véritable force d'appel périodique pour le sang veineux.

Ici intervient un nouveau facteur qui facilite encore l'afflux veineux vers
le thorax pendant l'inspiration ; c'est un phénomène qui se passe au même
moment dans l'abdomen. Le diaphragme, en même temps que sa contraction agrandit le thorax, refoule en s'abaissant les viscères abdominaux ;
il résulte de là une augmentation de la pression abdominale qui s'exerce
sur tout le système des veines de l'abdomen, à la face externe de ces vaisseaux (Bertin[1], 1756-1758). Par cette *poussée abdominale* le courant veineux est renforcé de l'abdomen vers le thorax ; le sang, aspiré d'un côté,
est simultanément poussé de ce même côté. Plus le diaphragme s'abais-
sera, plus par cela même l'aspiration thoracique sera énergique et plus
sera renforcé le courant du sang veineux vers la poitrine.

L'influence de l'aspiration thoracique s'exerce très loin. Ce ne sont pas
seulement les veines intrathoraciques ou de la base du cou qui la ressen-
tent, ce sont encore les veines éloignées, telles que les principales veines
des membres, l'humérale, la fémorale.

C'est grâce toutefois à certaines dispositions anatomiques que l'aspiration thoracique peut, par son renforcement inspiratoire, exercer une
action d'appel efficace sur le sang des veines extérieures au thorax. Ces
veines, comme la jugulaire, la fémorale, sont tenues constamment béantes
par des expansions aponévrotiques qui fixent leurs parois aux tissus
voisins. Dans certains cas, comme celui des veines hépatiques, leur paroi
est adhérente au tissu de l'organe même qu'elles traversent. Ces dispositions assurent l'efficacité de l'aspiration thoracique. Si elles n'existaient
pas, les veines extrathoraciques s'affaisseraient simplement sous l'influence
de la dépression intravasculaire créée par l'appel inspiratoire. Au contraire, comme elles sont maintenues largement béantes grâce à leurs liens
de fixité aponévrotiques, l'appel inspiratoire s'exerce efficacement sur le
sang veineux extrathoracique aussi bien qu'intrathoracique. — En cas de
blessure des veines dans certaines régions, de la veine jugulaire au cou,
par exemple, lors d'une intervention chirurgicale, l'appel inspiratoire peut
se traduire par une entrée d'air à l'intérieur de la veine, d'où des embolies mortelles, quand le sang spumeux est projeté dans les vaisseaux du
bulbe ou dans les artères coronaires. L'entrée d'air dans une veine des
membres ou même dans la jugulaire n'est toutefois pas nécessairement

1. E.-J. Bertin (1712-1781), médecin et anatomiste français.

mortelle. L'injection lente de quantités d'air considérables dans les vei
chez le chien par exemple, est inoffensive. Seule, l'*irruption brusque*
l'air est dangereuse et peut amener la mort.

**C. Causes accessoires. Aspirations systolique et di
tolique cardiaques. Contractions musculaires. Battemer
des artères. Valvules veineuses.** — D'autres causes agiss
encore pour favoriser le retour du sang au cœur, mais celles-ci
sont qu'accessoires, au sens propre du mot.

Indiquons d'abord l'influence de l'*aspiration systolique* et de l'a
ration *diastolique du cœur* sur le sang des veines en rapport dir
avec les oreillettes. Cet effet a été décrit à propos de la réplétion c
diaque (voy. p. 376), on n'y reviendra pas.

Le rôle des *contractions musculaires* est à mentionner ensui

Il faut distinguer entre les effets d'une contraction permanente et ce
de mouvements successifs, qu'ils soient simplement intermittents ou qu
soient rythmés. La contraction permanente d'un groupe musculaire
une cause générale de résistance à la circulation du sang dans le segm
auquel appartiennent les muscles contractés ; après l'expulsion premi
du sang contenu dans ce segment, il est évident que le gonflem
musculaire comprime les vaisseaux et que le rétrécissement de ceux
qui résulte de cette compression augmente d'autant la résistance à l'éc
lement du sang. Les contractions successives, simplement intermitten
ou rythmées, produisent seules un effet favorable sur la circulation v
neuse, en amenant des chasses successives de sang hors du segment d
font partie les muscles contractés. C'est ainsi que la marche, la course,
saut favorisent la circulation veineuse par les mouvements alterna
auxquels donnent lieu ces exercices, mais non point la contraction sim
et maintenue du bras ou de la jambe.

L'efficacité des contractions musculaires intermittentes ne po
toutefois se manifester réellement ou pleinement que grâce à la p
sence des *valvules veineuses*. — Celles-ci ont, sans doute, un rôle ｌ
elles-mêmes. Disposées de telle manière que, sous l'influence d'
courant sanguin rétrograde, elles se redressent, obturent la lumiｅ
du vaisseau et empêchent le sang de retourner vers les capillair
elles servent à soutenir, en les segmentant, les longues colonnes sa
guines, comme, par exemple, la colonne veineuse du membre inf
rieur[1]. Mais les valvules sont encore un auxiliaire indispensal
pour la manifestation de l'influence favorable du mouvement s
la circulation veineuse. Sans la présence des valvules, le sang chas
pendant la contraction musculaire n'aurait pas de direction déte
minée et, pendant le relâchement, la décompression veineu

1. Rappelons qu'il n'y a point de valvules dans les veines des poumons, d
reins, de l'utérus, du crâne, ni dans la veine porte.

créerait un appel aussi bien en amont qu'en aval. Ce serait un véritable trouble circulatoire que détermineraient dans ces conditions les contractions musculaires. Au contraire, la présence des valvules assure, pendant la compression veineuse, le départ du sang du côté du cœur et, d'autre part, pendant la décompression veineuse, l'appel exclusif du sang périphérique dans le segment vidé.

Du reste, comme on le voit, cette disposition anatomique ne constitue pas une cause, à proprement parler, de la circulation veineuse, mais elle facilite celle-ci en s'opposant au retour du sang des veines vers les capillaires.

Enfin les *battements des artères* exercent une influence sur les veines voisines. La plupart des grosses veines étant unies aux artères correspondantes par un tissu conjonctif serré ou même étant renfermées dans une gaine commune, la paroi veineuse ressent le contrecoup des mouvements artériels. On a constaté en effet que toute dilatation artérielle donne lieu à une ondulation veineuse.

3° *Phénomènes intimes de la circulation dans les veines.* *Pression et vitesse du sang.*

La *pression veineuse* se mesure avec des manomètres comme ceux qui servent à mesurer la pression artérielle.

Comme la pression dans les veines est basse, ces manomètres ne sont pas chargés avec du mercure, mais avec une solution saline anticoagulante: la densité de cette solution étant connue, on peut transformer les valeurs obtenues en centimètres de mercure[1]. — L'instrument est mis en relation avec la veine par un branchement latéral (tube en T), de manière que la circulation ne soit pas interrompue dans le vaisseau; sans cette précaution, c'est-à-dire si la canule était directement liée sur le bout périphérique d'une grosse veine, la pression s'élèverait progressivement et rapidement jusqu'au niveau de la pression artérielle, le sang continuant à affluer dans le segment veineux ainsi isolé sans pouvoir s'écouler latéralement.

La pression veineuse est très faible; elle ne s'élève pas dans les veines périphériques à plus de 5 à 11 millimètres de mercure (5 millimètres dans la fémorale du chien; 10 millimètres dans la crurale du mouton). Elle diminue de la périphérie au centre; dans les gros troncs veineux, voisins du cœur, elle ne dépasse pas $0^{mm},1$ à $0^{mm},6$ de mercure et même y devient négative; ainsi, chez le chien, dans la jugulaire, la pression est nulle ou négative. C'est que dans ces vaisseaux se fait sentir au maximum l'influence de l'aspiration thoracique. Et l'on saisit bien ici tout le mécanisme de la circulation

---

1. Il suffit pour cela de multiplier les chiffres de pression par le rapport des densités de la solution anticoagulante et du mercure.

veineuse ; le sang, poussé d'un côté par la légère pression veineuse,
est attiré du même côté par les forces conjointes de l'aspiration thoracique et de l'aspiration systolique et diastolique du cœur.

La valeur de la pression veineuse dépend principalement des résistances
à l'écoulement du sang veineux et du débit du sang dans les artères.
Abstraction faite des obstacles qui peuvent se trouver sur le trajet même
des veines, les résistances à l'écoulement, surtout pour les veines centrales, sont réglées par le débit cardiaque. Si ces veines ont de la peine à
se vider, alors la pression s'y élève; c'est ce qui arrive quand le cœur se
ralentit ou s'arrête sous l'influence de l'excitation du pneumogastrique :
le débit du cœur diminuant, le sang s'accumule dans le cœur droit et
cette accumulation entraîne une élévation notable de la pression veineuse.
Au contraire, celle-ci s'abaisse dans toutes les conditions où le retour du
sang au cœur droit et l'évacuation de ce dernier sont facilités; c'est ce que
l'on observe, par exemple, dans l'accélération du cœur consécutive à la
section des pneumogastriques, le cœur vidant alors plus complètement le
système veineux, si le débit cardiaque augmente dans l'unité de temps.
Ces variations de la pression veineuse sous l'influence du débit cardiaque
sont donc inverses de celles de la pression artérielle, puisque cette dernière augmente ou diminue suivant que le travail du cœur augmente ou
diminue. — Quant au débit artériel, toutes choses égales du côté du cœur,
il dépend des changements de calibre des artères (phénomènes vaso-moteurs); or, les artérioles se dilatant, la quantité de sang qui arrive dans les
veines augmente et simultanément la pression s'y élève; les artérioles se
resserrant, les veines reçoivent moins de sang et la pression s'y abaisse.
Dans ces cas encore les variations de cette pression sont inverses de celles
de la pression artérielle (voy. p. 415). On peut donc dire, d'une manière
générale, que les conditions qui déterminent l'élévation ou l'abaissement de
la pression artérielle font diminuer ou augmenter la pression veineuse.

Le tableau ci-dessous résume les variations de la pression veineuse en
fonction des différents facteurs que nous venons d'examiner.

		Pression veineuse.
Résistances à l'écoulement veineux......	+	+
	—	—
Débit artériel.............	+ (vaso-dilatation)	±
	— (vaso-constriction)	—

La *vitesse* moyenne du sang dans les veines a été mesurée, comme
dans les artères, au moyen des hémodromomètres (voy. p. 422).
Elle est un peu moindre que dans les artères correspondantes en
raison du diamètre plus grand des veines; ainsi dans la jugulaire
interne du chien elle est de 15 centimètres environ par seconde, tandis que dans la carotide elle est de 20 à 30 centimètres (p. 425). Mais,
les veines étant plus larges, le débit du sang dans ces vaisseaux
n'en est pas moins à peu près le même que dans les artères correspondantes. C'est là d'ailleurs la condition d'une circulation sans

troubles : il faut que la quantité de sang que les veines ramènent au cœur soit égale à celle que le cœur chasse dans les artères.

4º *Phénomène extérieur de la circulation veineuse. Pouls veineux normal.*

Le signe visible de la circulation veineuse est le *pouls veineux.* A l'état physiologique, on constate en effet, mais seulement sur les veines voisines du cœur, telles que la jugulaire externe, un phénomène que l'on peut qualifier de pouls.

La figure 102 représente un tracé de pouls jugulaire, inscrit simultanément avec la pulsation cardiaque. La première ondulation, la plus importante, celle qui constitue le pouls veineux proprement dit, est due à la systole auriculaire, qui produit non pas un reflux, mais un temps d'arrêt dans l'écoulement du sang, d'où hausse correspondante de la pression veineuse. La deuxième et la troisième ondulations correspondent au début et à la fin de la systole ventriculaire. L'allure descendante de la courbe générale correspondant à la phase systolique ventriculaire tient à l'aspiration propre créée par cette systole (voy. p. 377).

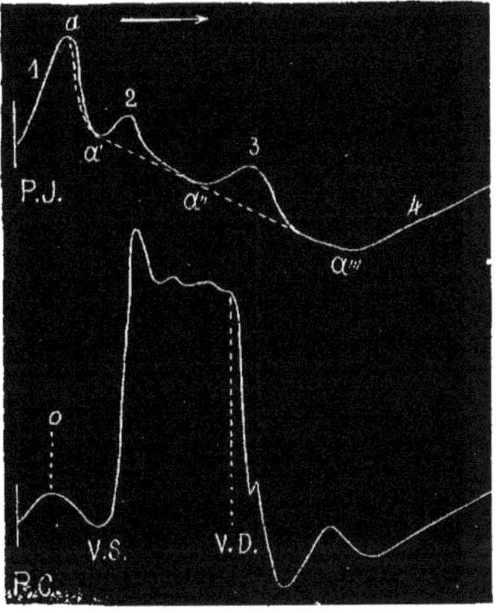

Fig. 102. — Schéma du pouls jugulaire normal PJ (François-Franck).

1, soulèvement dû à la systole de l'oreillette O ; — en *a*, affaissement qui commence à la diastole de l'oreillette et se continue jusque pendant la diastole ventriculaire VD, malgré deux petits soulèvements 2 et 3, dont l'un est produit par la tension brusque du muscle ventriculaire, au moment de la systole VS avec le soulèvement de la valvule tricuspide et dont l'autre marque la fin de la systole ventriculaire ; — en 4, gonflement terminal résultant de la réplétion graduelle du système veineux ; — PC, pulsation cardiaque.

Pouls veineux pathologique. — Le pouls veineux pathologique, qu'on observe aussi sur la jugulaire, diffère de celui qui vient d'être décrit. Dû à l'insuffisance tricuspidienne, il tient au reflux auriculaire du sang que chasse la contraction du ventricule ; dans ce cas, l'ondulation 2 prend une valeur prépondérante et sa hauteur dépasse le niveau de l'ondulation 1, produite par la systole de l'oreillette.

GLEY. — Physiologie.   29

5. — Innervation du cœur.

Le cœur est un muscle. Tout mouvement musculaire est provoqué soit par une excitation directe du muscle ou de son nerf moteur, soit par une impulsion venue du système nerveux central. Et c'est cette dernière cause qui est à prendre en particulière considération dans le fonctionnement physiologique d'un muscle; quand celui-ci vient à être séparé des centres nerveux, il perd le principe de ses mouvements. Or, le cœur est relié au bulbe et à la moelle par les nerfs peumogastriques et par des filets sympathiques et, en outre, il contient des petits groupes, assez mal délimités d'ailleurs, de cellules nerveuses, les ganglions intracardiaques.

Ceux-ci, chez les animaux à sang froid, la grenouille en particulier, sont au nombre de trois, le ganglion de Remak[1] (1844) ou du sinus veineux, à l'embouchure des veines caves dans l'oreillette droite, celui de Ludwig (1848) ou de la cloison interauriculaire et celui de Bidder[2] (1852) ou de la cloison auriculo-ventriculaire (voy. fig. 103).

Chez les animaux à sang chaud, il existe des amas ganglionnaires analogues au niveau de la cloison auriculo-ventriculaire et des oreillettes, dans le sillon interauriculaire; on en a trouvé aussi à la surface des oreillettes et des ventricules, dans la moitié supérieure.

Quant aux fibres nerveuses, chez les animaux à sang froid comme chez ceux à sang chaud, elles se distribuent à toutes les parties du myocarde.

Le cœur est donc pourvu d'une riche innervation, *extrinsèque* (nerfs du cœur) et *intrinsèque* (ganglions intracardiaques).

Quelle est l'influence de ce système nerveux sur le cœur et d'abord le mouvement cardiaque est-il produit par des influences nerveuses, est-il d'origine nerveuse?

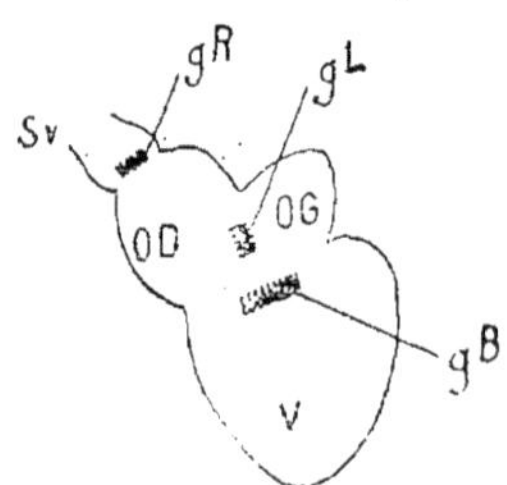

Fig. 103. — Schéma de la disposition des ganglions du cœur chez la grenouille.

Sv, sinus veineux; OD. OG. oreillettes droite et gauche; V. ventricule; gR, ganglion de Remak; gL, ganglion de Ludwig; gB, ganglion de Bidder.

1. R.-R. Remak (1815-1865), célèbre anatomiste et embryologiste allemand.
2. H.-Fr. Bidder (1810-1894), anatomiste et physiologiste russe des provinces baltiques, connu surtout par des recherches sur le système sympathique et par le grand travail qu'il publia avec son collègue de l'Université de Dorpat K. Schmidt, sur les sucs digestifs et les échanges nutritifs.

1° *Innervation intrinsèque du cœur. Ses rapports avec le rythme du cœur.*

A. Automatisme du cœur. — Le cœur n'a pas de nerfs moteurs proprement dits, c'est-à-dire producteurs de ses mouvements.

En effet, 1° extrait du corps, il continue à battre pendant assez longtemps (cœur des animaux à sang froid, tels que la grenouille) ; — 2° il continue à battre pendant fort longtemps chez les animaux à sang chaud sur lesquels on a détruit le bulbe et la moelle, à la condition que l'on entretienne artificiellement la respiration [1] ; — 3° chez les animaux à sang chaud, on peut sectionner les deux pneumogastriques et tous les filets sympathiques qui se rendent au cœur, sans que cet organe cesse de battre ; — 4° enfin on sait déjà (voy. p. 348) que le cœur de tous les animaux peut être maintenu en vie et fonctionne d'une façon normale quand on y entretient artificiellement une circulation avec du sang défibriné ou avec un liquide de composition convenable, tel que le liquide de Ringer-Locke.

Ainsi le cœur peut être séparé du système nerveux central, sans que son fonctionnement soit altéré. Il a donc en lui-même le principe de ses mouvements. Autrement dit, c'est un organe *auto-moteur*, c'est un muscle qui se meut par lui-même, et qui se meut à sa manière, suivant un rythme d'une remarquable constance (voy. p. 456). L'automatisme du cœur est une donnée solidement établie.

Mais le cœur contient des éléments nerveux. Ne se pourrait-il pas que son mouvement et le rythme de ce mouvement provinssent de ces éléments ganglionnaires ?

Fonctions des ganglions intracardiaques. — Le rôle de ces ganglions a été déterminé par les expériences fondamentales de Stannius [2] (1852). Le fait essentiel que ces expériences mettent en évidence est très simple : sur un cœur de grenouille divisé en segments par des ligatures ou des sections, les contractions persistent dans les segments qui contiennent des cellules nerveuses, tandis que ceux qui n'en contiennent point restent au repos et ne se contractent que quand on les excite artificiellement. Dans ce fait apparaît bien toute la différence qu'il y a entre la propriété du cœur de se contracter de lui-même (automatisme) et la propriété de se contracter rythmiquement que manifeste toute fibre musculaire cardiaque.

Voici les principales expériences de Stannius [3] (fig. 103) : 1° si l'on place une ligature au point où le sinus veineux cave débouche dans l'oreil-

---

1. Nous savons (voy. p. 393 et 398) que le cœur de ces animaux a besoin de sang oxygéné pour son fonctionnement.

2. H. Fr. Stannius (1808-1883), physiologiste et anatomiste allemand.

3. Il y a vingt-quatre expériences de Stannius sur le cœur. Trois sont fondamentales.

lette, le cœur tout entier s'arrête en diastole, tandis que le sinus continue à battre (7ᵉ expérience de Stannius); il en est de même à la suite d'une section séparant le sinus de l'oreillette; — 2º si, après avoir fait cette expérience, on place une ligature dans le sillon auriculo-ventriculaire, le ventricule se met à battre rythmiquement et ces contractions durent assez longtemps, tandis que les oreillettes restent au repos (10ᵉ expérience de Stannius); 3º si l'on place une ligature exactement sur le sillon auriculo-ventriculaire, à la limite du ventricule, les deux moitiés du cœur ainsi séparées l'une de l'autre continuent à présenter des contractions rythmiques, mais qui ne sont ni synchrones ni en nombre égal; il se produit généralement deux ou trois contractions des oreillettes et des veines caves pour une seule du ventricule (9ᵉ expérience de Stannius).

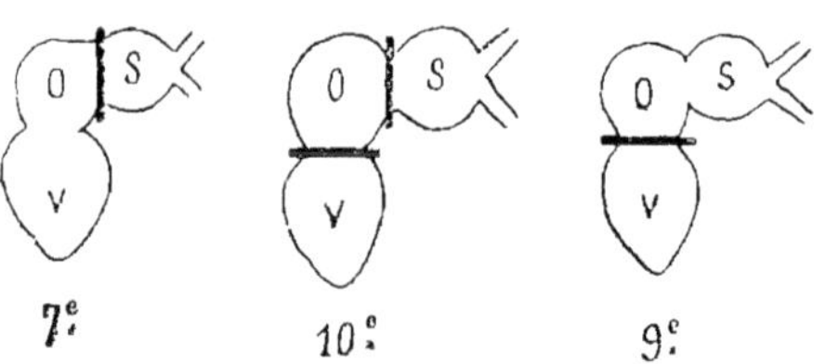

Fig. 104. — Schéma des principales expériences de Stannius.
S, sinus veineux; O, oreillettes; V, ventricule. — 7ᵉ, 10ᵉ et 9ᵉ expériences.

Quelle est la signification de ces faits? On admet souvent, et c'est une hypothèse très plausible, que les ganglions de Remak et de Bidder sont excito-moteurs, puisque les parties du cœur, séparées du premier (1º, expérience VII de Stannius), cessent de battre et, au contraire, que celles qui restent en rapport soit avec ce ganglion, soit avec celui de Bidder (3º, expérience IX de Stannius), continuent à se contracter. Le ganglion de Bidder a seulement un moindre pouvoir que son congénère, puisque le ventricule, lorsqu'il n'est plus en relation qu'avec ce ganglion, ne se contracte que pendant un temps limité (2º, expérience X de Stannius). — Il reste à expliquer cependant que dans la 1ʳᵉ expérience citée plus haut (expérience VII de Stannius), après la ligature au-dessous du sinus, le ventricule ne bat pas, malgré l'intégrité du ganglion de Bidder. On a pensé que le ganglion de Ludwig exerce une action d'arrêt sur les oreillettes et le ventricule, une fois ceux-ci soustraits à l'influence excito-motrice du ganglion de Remak; de fait, dans l'expérience 2 (expérience X de Stannius) les oreillettes ne se remettent pas à battre.

Ainsi, à l'exception de celui de Ludwig, qui serait inhibiteur, les ganglions constituent l'appareil excitateur du cœur. Puisqu'ils suffisent à eux seuls à entretenir le mouvement du cœur, il faut que ce soient eux qui émettent l'excitant nécessaire à la contraction, comme du bulbe et de la moelle partent les excitations qui provoquent la contraction des muscles striés ordinaires; c'est surtout le ganglion de Remak qui enverrait au muscle les impulsions régulières par lesquelles il est mis en mouvement. La pointe, qui ne contient pas de cellules ganglionnaires, encore qu'elle contienne des fibres

nerveuses, si on l'isole du reste du cœur par section ou par ligature, demeure sans mouvement, alors que le reste du cœur continue
à battre.

Cette conclusion, de même d'ailleurs que les faits qui précèdent
ne valent, il est vrai, que pour le cœur des Batraciens; on ne possède
que des expériences insuffisantes du même genre sur l'appareil
nerveux intracardiaque des Mammifères.

Une fois faite cette réserve, est-on d'ores et déjà en droit d'attribuer l'automatisme du cœur à ce mécanisme nerveux? Deux
remarques au moins sont à présenter ici : 1º voilà déjà longtemps
qu'on a fait observer que le cœur de l'embryon de poulet, dans lequel
on n'a trouvé ni fibres ni cellules nerveuses jusqu'à la fin du troisième jour de son développement, bat cependant rythmiquement
dès la 26e heure (observations de Mathias Duval et J.-V. Laborde,
1878) ; 2º on a vu (p. 349 et 399) que l'on peut, vingt-quatre heures
et plus après la mort, ramener à la vie le cœur des animaux supérieurs, en y rétablissant une circulation ; or, d'après ce que l'on
sait de la fragilité des cellules nerveuses (voy. en particulier ce qui
a été dit p. 347 de l'expérience de Stenon), il est permis de douter
que les cellules ganglionnaires du cœur conservent après vingt-
quatre et quarante-huit heures leurs propriétés. — On peut, à la
vérité, objecter à ce second argument qu'il ne constitue qu'une
supposition ; et l'on peut, en ce qui concerne le premier, demander
s'il est bien légitime de conclure du cœur de l'embryon au cœur de
l'animal développé.

Ces réserves sont d'autant plus légitimes que d'autres expériences,
faites sur le cœur d'un Invertébré, la limule (*Limulus polyphemus*[1]),
dans lequel fibres musculaires et cellules ganglionnaires sont expérimentalement séparables, il paraît bien résulter que l'automatisme cardiaque est d'origine nerveuse (expériences du physiologiste
américain A. Carlson, 1905-1908); chez cet invertébré du moins.

Le cœur de cet animal a la forme d'une outre allongée et présente un
cordon nerveux médian qui n'est qu'une sorte de ganglion allongé, mêlé
à des fibres nerveuses; deux nerfs latéraux et les filets d'union entre
ceux-ci et le cordon médian ne contiennent point de cellules nerveuses.
Si on extirpe le cordon ganglionnaire, le cœur cesse de battre; si on
l'incise en l'un de ses points, le synchronisme des pulsations des divers
segments du cœur est supprimé; si au contraire on sectionne transversalement le muscle cardiaque, mais en respectant le cordon ganglionnaire,
la coordination des pulsations est conservée.

Ce cordon ganglionnaire n'est pas seulement le centre de l'activité
automatique du cœur, il est aussi le centre de son activité réflexe. Des

____

1. Arthropode aquatique, dit *Crabe des Moluques*, vivant dans l'Océan paci-
fique.

filets modérateurs et accélérateurs des battements cardiaques y aboutissent en effet et, quand on l'a extirpé, si on excite les nerfs latéraux mentionnés ci-dessus, on ne voit se produire aucune contraction rythmique, mais seulement des contractions tétaniques.

Il n'est pas inutile de remarquer que le physiologiste à qui on doit ces belles recherches a constaté que, d'une façon générale, le cœur des Invertébrés et de la limule en particulier se comporte comme celui des Vertébrés et que, dans les différentes réactions de ces organes sous des influences variées, il n'existe que des différences de degrés.

B. Activité rythmique du cœur, son origine nerveuse ou musculaire. — La propriété du cœur de battre rythmiquement vient-elle de ce même système nerveux intracardiaque ou appartient-elle en propre au muscle? C'est une question très importante en elle-même, au point de vue de la physiologie générale, que celle de savoir à quel tissu, nerveux ou musculaire, est dévolue cette propriété ; et la question n'est guère moins importante au point de vue spécial de la fonction cardiaque, puisque le rythme est une des conditions essentielles à la production du travail utile du cœur; c'est le rythme cardiaque qui crée périodiquement les variations de pression auxquelles est dû le mouvement du sang dans le système vasculaire.

Or, la fonction rythmique a été considérée pour les raisons suivantes comme une fonction de la fibre musculaire cardiaque elle-même :

On a vu tout à l'heure que la pointe du cœur, qui paraît dépourvue de cellules ganglionnaires, si on la sépare du reste de l'organe, ne bat point; mais, si on l'excite, elle répond aux excitations et ses contractions sont rythmées. Voici en effet ce que l'on a observé :

1º La pointe du cœur, excitée par un courant continu (courant de pile), répond par des contractions rythmées. Dans ces conditions, un muscle ordinaire ne donne qu'une secousse à la fermeture et une à la rupture du courant; —

2º La pointe du cœur, excitée par un courant induit à interruptions fréquentes, réagit par des contractions dont le nombre ne correspond pas à celui des interruptions, contrairement à ce qui se passe pour un muscle ordinaire, mais qui se produisent suivant un rythme propre. Ce fait s'explique d'ailleurs par la loi de l'inexcitabilité périodique du cœur (voy. p. 403); —

3º Si on lie le cœur sur une canule au-dessous du sillon auriculo-ventriculaire, de manière que le muscle puisse être irrigué avec du sérum ou avec une solution saline convenable, on voit la pointe continuer ses battements rythmiques.

Dans toutes ces expériences l'excitant est donc soit le courant électrique, soit un liquide de circulation artificielle; dans tous les cas, le myocarde manifeste la propriété qu'il possède de répondre rythmiquement aux excitations.

4° D'autre part, rappelons que le cœur du poulet présente des mouvements rythmiques réguliers dès la fin du second jour de l'incubation, alors qu'il n'est encore constitué que par un tissu épithélial, revêtu à sa surface extérieure d'une couche de cellules mésodermiques.

C. Conduction des excitations dans le cœur ; nature nerveuse ou musculaire de ce phénomène. — Normalement, la contraction cardiaque, née à l'embouchure des veines dans les oreillettes, se propage à travers celles-ci, puis dans les ventricules. Expérimentalement, quand un point de la surface externe ou interne du cœur est excité, l'excitation est transmise à tout l'organe dont chaque partie répond par un mouvement.

Par quels éléments se fait cette transmission de l'excitation, que

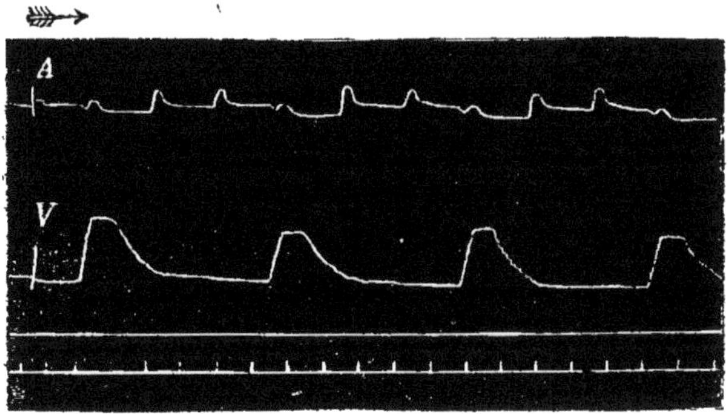

Fig. 105. — Dissociation des contractions auriculaires et ventriculaires après section du faisceau de His (tracé de H.-E. Hering. 1905).

Cœur de chien. A, tracé des mouvements de l'oreillette ; V, tracé des mouvements du ventricule. Le temps est inscrit en secondes.

celle-ci soit physiologique ou artificielle ? On a rapporté cette propriété au système nerveux du cœur, par extension apparemment légitime à ce système d'une propriété bien connue de la fibre nerveuse, la *conductibilité* ; quelques faits cependant ont été invoqués contre cette manière de voir.

1° Si on excite l'oreillette à des distances différentes du ventricule et qu'on mesure la durée de la période latente pour la systole ventriculaire, c'est-à-dire le temps qui sépare cette systole du moment de l'excitation, on constate que la systole est d'autant plus tardive que l'oreillette a été excitée plus loin. Et, comme la conduction de l'excitation est très lente (90 millimètres par seconde, soit trois cents fois plus petite que dans les nerfs moteurs), on en conclut qu'elle se fait par des fibres musculaires ; —

2° On a démontré l'existence, entre les oreillettes et les ventricules, de faisceaux ou « ponts » musculaires reliant la substance contractile des premières à celle de ces derniers (*faisceau de His* [1], 1893, ou fibres de passage auriculo-ventriculaires).

Or, les contractions auriculaires se transmettent encore aux ventricules, même quand on a sectionné toutes les communications entre les deux portions du cœur, sauf le faisceau de His. Mais si on comprime assez fortement ce faisceau interauriculo-ventriculaire, il se produit immédiatement de l'*allorythmie* : à deux ou trois systoles auriculaires succède seulement une systole ventriculaire (voy. fig. 105); si on écrase ou qu'on sectionne le faisceau, alors, après un arrêt plus ou moins long, les ventricules se remettent à battre avec un rythme qui leur est propre, indépendant de celui des oreillettes; la dissociation fonctionnelle est complète entre les deux parties du cœur.

Ces faits suffisent-ils à établir la nature musculaire de la transmission des excitations dans le cœur? Assurément non, parce que, d'une part, les expériences sur la vitesse de transmission des excitations des oreillettes aux ventricules ont été effectuées sur des cœurs privés de circulation, se trouvant par conséquent anémiés ou asphyxiés, dans lesquels par suite la vitesse de la conduction nerveuse peut être très diminuée; et, d'autre part, parce qu'il a été prouvé que le faisceau atrioventriculaire est largement pourvu de fibres nerveuses et même de cellules ganglionnaires.

D'ailleurs, chez des chiens sur lesquels le faisceau de His a subi une compression préalable, l'excitation des nerfs accélérateurs du cœur et surtout l'injection d'une petite quantité d'adrénaline font disparaître le *blocage* (dissociation auriculo-ventriculaire) résultant de la lésion [2]; quand l'effet de l'adrénaline s'est dissipé, le blocage se rétablit; on doit se rappeler ici que l'adrénaline agit sur les appareils sympathiques terminaux. — Ces expériences montrent bien que le faisceau de His contient des éléments nerveux.

D. Cause des mouvements rythmiques du cœur. — Ainsi l'automatisme et le pouvoir de conduction des excitations sont peut-être propriétés du système nerveux intracardiaque et le mouvement rythmique serait propriété du muscle cardiaque. Connaît-on pour cela la cause des contractions du cœur? Quel est en réalité le problème? Le cœur bat régulièrement chez l'homme 70 à 75 fois par minute, chaque révolution cardiaque dure 8/10 de seconde dont 1/10 pour la systole auriculaire, 3/10 pour la systole ventriculaire et 4/10 pour la diastole auriculo-ventriculaire; de la succession ponctuelle de ces fractions de temps dépend la permanence du rythme cardiaque,

1. W. His junior, médecin contemporain, professeur à l'Université de Berlin, est le fils du célèbre embryologiste suisse qui professa longtemps l'anatomie à Leipzig.

2. Expériences de Daniel Rottier dans mon laboratoire (1914). Voy. *C. R. de la Soc. de Biologie*, 26 juin 1915, LXXVIII, p. 371 et p. 375.

et c'est là ce qu'il s'agit d'expliquer. Il faudrait savoir quelles sont
les excitations qui arrivent par intervalles aux cellules ganglionnaires
et de quelle manière celles-ci les distribuent au muscle. En étudiant les propriétés de ce muscle, nous avons vu le rôle de la distension (p. 399) et celui du calcium (p. 398) comme excitants du cœur.
Mais il est difficile de comprendre comment le calcium, dont la
teneur dans le sang est constante, serait la cause du fonctionnement
régulièrement intermittent du cœur ; les mutations de cet élément
dans le cœur seraient-elles suffisantes pour qu'il en résultât une
source constante d'excitation ? Quant à la distension, il n'est point
aisé de décider actuellement si c'est là le seul excitant qui mette en
en d'une façon périodique la propriété neuro-musculaire cardiaque.

2º *Innervation extrinsèque du cœur.*

La condition fonctionnelle habituelle du cœur est un état de tonicité moyenne avec alternances régulières de contraction et de repos
(rythme). Les nerfs qui agissent sur le cœur modifient cet état dans
le sens positif ou dans le sens négatif, c'est-à-dire en augmentant ou
en diminuant le nombre des contractions et aussi la tonicité du
myocarde. Les nerfs extrinsèques du cœur qui ne sont nullement,
comme on l'a vu (p. 451), moteurs, sont donc seulement des *nerfs
modificateurs des mouvements cardiaques*. Ils n'en sont pas moins pour
cela très importants. La preuve en est dans l'expérience suivante :

H. Friedenthal[1] (1902) réussit à sectionner sur le chien et sur le lapin
tous les nerfs extracardiaques des deux côtés, extirpant en même temps
le ganglion cervical inférieur et le ganglion thoracique supérieur ; il faut
conserver d'un côté les filets sensitifs pulmonaires et les filets œsophagiens et stomacaux du pneumogastrique (sur les lapins il faut aussi
conserver un récurrent) ; de cette façon sont ménagées la fonction respiratoire, la déglutition et la digestion stomacale. Les animaux qui survé-
curent (un chien et plusieurs lapins [le chien fut conservé plus de huit
mois]) semblaient normaux; le nombre des battements du cœur n'était
pas sensiblement modifié ; mais, dès qu'on leur imposait un travail, immédiatement des troubles graves apparaissaient; c'est ainsi que le chien
ne pouvait faire une course de plus d'un kilomètre. La régulation durable
du travail du cœur est donc sous la dépendance du système nerveux central
ou des ganglions de la chaîne sympathique.

Les nerfs centrifuges qui relient le bulbe et la moelle au cœur
sont dits *accélérateurs* ou *modérateurs* du mouvement cardiaque. —
De plus, le cœur a des nerfs centripètes ou *sensitifs*.

1. Physiologiste allemand contemporain.

A. Nerfs accélérateurs du cœur. — Ce sont des nerfs du système sympathique et qui, pour arriver au cœur, suivent des voies multiples. Démontrons d'abord leur existence.

L'expérience fondamentale, celle des frères E. et M. Cyon (1866), qui a établi sûrement cette existence, consiste en l'excitation électrique, sur des chiens et des lapins curarisés, de la moelle préalablement sectionnée au-dessous de l'atlas et après section des deux pneumogastriques, des deux nerfs dépresseurs, du sympathique cervical de chaque côté et des deux splanchniques; on observe à la suite de cette excitation une accélération considérable des battements du cœur, sans modification de la pression sanguine. C'est donc là une action directe de la moelle sur le cœur et qui, dans les conditions de l'expérience, ne peut s'exercer que par l'intermédiaire des ganglions sympathiques restés seuls à assurer les relations entre l'organe et le système nerveux, et notamment le ganglion cervical inférieur et le premier thoracique. La contre-épreuve achève la démonstration; après l'extirpation de ces deux ganglions, l'excitation de la moelle, en effet, ne change rien au nombre des battements du cœur.

Quels sont les nerfs qui relient, par l'intermédiaire des deux ganglions susmentionnés, la moelle au cœur? Cette étude constitue la topographie des nerfs accélérateurs cardiaques.

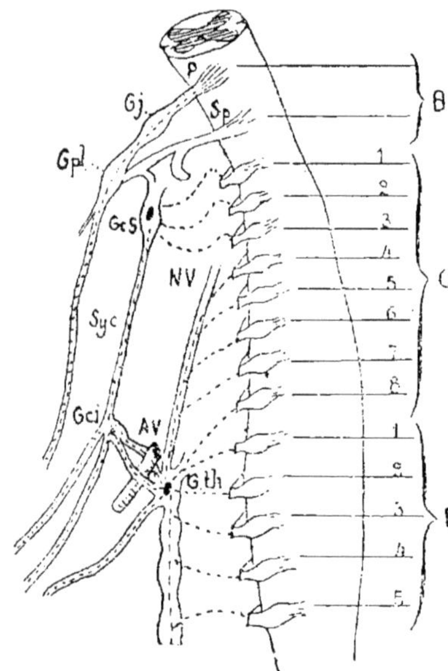

Fig. 106. — Schéma du système nerveux accélérateur du cœur, émanant du bulbe et de la moelle cervico-dorsale (d'après François-Franck).

Le trajet des nerfs accélérateurs est représenté par des lignes pointillées. — B, bulbe avec les origines du pneumogastrique P et du spinal Sp; — Gj, ganglion jugulaire; — Gpl, ganglion plexiforme; — Gcs, ganglion cervical supérieur; — Syc, sympathique cervical; — C, moelle cervicale; — NV, nerf vertébral; — D, moelle dorsale supérieure; — Gth, ganglion premier thoracique; — Gci, ganglion cervical inférieur; — AV, anneau de Vieussens.

a. TOPOGRAPHIE DES ACCÉLÉRATEURS DU CŒUR. — Ces nerfs sont très nombreux : on peut les diviser en deux grands groupes naturels (voy. fig. 106) :

1er groupe, *médullaire principal*, de beaucoup le plus important, qui se subdivise lui-même en trois portions : a. *descendante*, constituée par des fibres émanant des 4e, 5e, 6e et 7e paires cervicales et se réunissant dans le nerf vertébral (cordon cervical sympathique profond) pour aboutir au ganglion 1er thoracique, qui est le centre de convergence de tous les nerfs appartenant à ce grand groupe des accélérateurs ; — *b, transversale*, constituée par des fibres qui unissent directement la 8e paire cervicale et les 1re et 2e paires dorsales au ganglion 1er thoracique par les rameaux communicants ; — *c, ascendante*, constituée par des filets provenant des 3e, 4e et 5e paires dorsales et se jetant par les rameaux communicants dans le cordon sympathique thoracique pour remonter jusqu'au ganglion 1er thoracique. — L'excitation du bout thoracique du nerf vertébral ou de l'un quelconque des nombreux filets qui unissent les racines cervicales ou dorsales au sympathique thoracique ou directement au ganglion 1er thoracique détermine l'accélération du cœur ;

2e groupe, *bulbo-médullaire*, moins riche que le précédent et par conséquent beaucoup moins important, qui se subdivise en deux portions : *a, médullaire supérieure*, formée par des filets émanant des 1re, 2e et 3e paires cervicales et gagnant, par les rameaux communicants, directement le ganglion cervical supérieur d'où ils descendent vers le cœur par le cordon cervical sympathique. L'excitation du segment thoracique de ce cordon sectionné, sur le chat, sur le lapin, préalablement anesthésiés, détermine en effet l'accélération du cœur ; — *b, pneumogastrique*, formée par des filets d'origine bulbaire qui empruntent la voie des pneumogastriques pour arriver au plexus cardiaque. Comme, ainsi qu'on va le voir

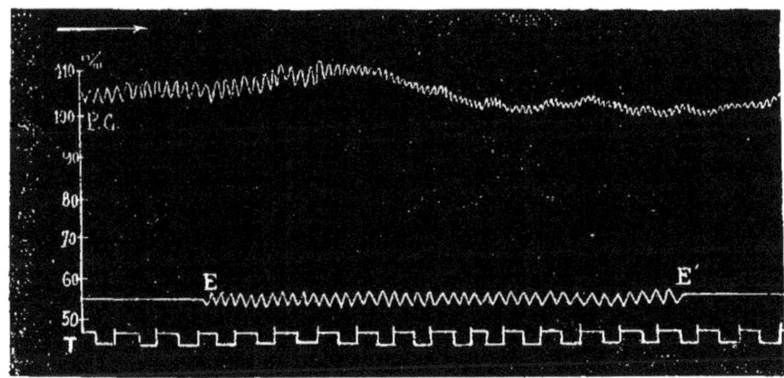

Fig. 107. — Accélération du cœur par l'excitation du bout inférieur du pneumogastrique droit (tracé de François-Frank).

Les deux vagues ont été sectionnés et l'animal (chat) soumis à l'action de l'atropine (0gr.002). On voit la pression carotidienne PC s'élever d'abord, puis, après cinq secondes d'excitation, l'accélération se produire brusquement ; à mesure que les battements deviennent plus fréquents, la pression s'abaisse légèrement, puis reste stationnaire. L'effet accélérateur persiste après l'excitation.

tout à l'heure, les pneumogastriques sont les nerfs modérateurs du cœur, force est, pour démontrer dans le tronc de ces nerfs la présence de filets accélérateurs, de recourir à un artifice expérimental ; on paralyse les fibres modératrices par une injection préalable d'atropine, sur le chien ; l'excitation du bout périphérique du pneumogastrique, dans cette condition, ne met plus en jeu que les fibres accélératrices (voy. fig. 107).

En somme, à part ces quelques filets qui s'engagent dans le tronc dès vagues[1], on voit que tous les accélérateurs convergent vers le ganglion 1er thoracique et vers le ganglion cervical inférieur, reliés d'ailleurs l'un à l'autre par l'anneau de VIEUSSENS. De chacun de ces ganglions sortent en général deux nerfs qui vont se jeter dans le plexus cardiaque qu'ils contribuent à former (avec les rameaux cardiaques des pneumogastriques). L'excitation de l'une quelconque de ces branches ganglionnaires ou de l'anneau de VIEUSSENS donne lieu à un effet accélérateur maximum (voy. fig. 108).

b. ANALYSE DE L'ACTION DES NERFS ACCÉLÉRATEURS. — Quels sont les résultats de l'excitation d'un nerf accélérateur, c'est-à-dire quel est l'effet du phénomène de l'accélération cardiaque? On recherchera ensuite, si possible, les caractères de l'action nerveuse elle-même.

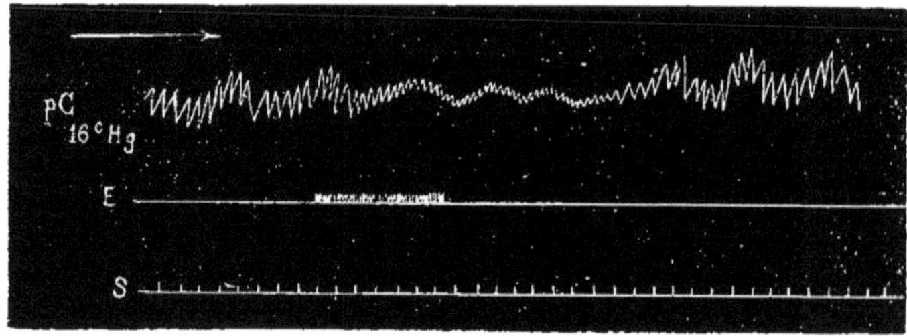

Fig. 108. — Accélération du cœur, consécutive à l'excitation d'un rameau efférent du ganglion 1er thoracique.

Expérience sur un chien curarisé. — PC, pression dans la carotide, dont la valeur, au début de ce fragment de tracé, est de 16 centim. de mercure ; — E, excitation du nerf par un courant induit; — S, temps en secondes. — La fréquence des pulsations augmente de plus du double.

Analyse du phénomène de l'accélération. — 1. L'excitation d'un nerf accélérateur donne lieu à un effet sur le rythme du cœur et à un effet sur la contraction du myocarde.

Comment le rythme se modifie-t-il? La phase diastolique et la phase systolique de la révolution cardiaque sont abrégées ; de là l'augmentation du nombre des battements du cœur dans l'unité de temps ; c'est surtout la phase diastolique qui est raccourcie.

D'autre part, dans la majorité des cas, la secousse systolique, en devenant plus brève, devient plus brusque, le volume moyen du cœur diminue.

1. Exception faite de ces filets, il est extrêmement intéressant de remarquer que les nerfs pupillo-dilatateurs sympathiques suivent un trajet analogue à celui des accélérateurs cardiaques ; c'est à peu près la même région médullaire qui donne naissance aux uns et aux autres. L'importance de ce fait dans l'étude du goitre exophtalmique a été souvent signalée.

les systoles auriculaire et ventriculaire sont plus énergiques; c'est ce que l'on a appelé l'action *cardio-tonique* des nerfs accélérateurs. Mais il peut arriver que ce renforcement de la systole ait lieu sans que l'accélération se produise ou, inversement, qu'il y ait augmentation du rythme cardiaque sans augmentation de l'énergie systolique. Aussi s'est-on demandé si ce sont les mêmes nerfs qui agissent sur le rythme et sur la contraction elle-même, ou bien si l'une et l'autre action ne dépendraient pas de filets distincts.

2. Le phénomène accélérateur persiste un certain temps après l'excitation. Il est suivi d'un ralentissement notable (phénomène de compensation), ce qui est conforme à la loi de l'uniformité du travail du cœur.

3. Quelle est la conséquence sur la pression artérielle du phénomène de l'accélération cardiaque? Dans la plupart des cas, la pression ne varie pas: loin même de s'élever, comme on pourrait le croire, elle tend quelquefois à s'abaisser. C'est que, en vertu de l'accélération de son rythme, le cœur, entre les systoles très rapprochées les unes des autres, n'a pas le temps de se remplir; nous savons en effet que les systoles sont moins amples; par suite la réplétion ventriculaire diminuant, la quantité de sang lancée à chaque systole dans les artères est moindre. Et le niveau moyen de la courbe de pression artérielle tend à s'abaisser par insuffisance d'afflux sanguin. Aussi l'augmentation de la fréquence du cœur n'implique-t-elle pas une augmentation de travail. Les choses ne se passent ainsi, bien entendu, que dans les cas d'excitation des nerfs accélérateurs bien isolés, de manière que soit évitée toute excitation vaso-motrice qui créerait une résistance au-devant du cœur et par là le forcerait à travailler davantage ; dans cette dernière condition la pression artérielle s'élève.

Caractères et conditions de l'action nerveuse accélératrice. — 1. Il faut d'abord noter la longue durée de la période d'excitation latente; le phénomène de l'accélération ne survient chez le chien qu'une ou plusieurs secondes après l'excitation.

2. On a cru pendant longtemps que la section des nerfs accélérateurs ne modifie nullement le rythme du cœur; d'où l'on concluait que ce système de nerfs ne constitue qu'un appareil surajouté, n'intervenant dans le fonctionnement du cœur que d'une façon éventuelle, c'est-à-dire n'exerçant point une action *tonique*; mais on a montré qu'après l'extirpation du ganglion cervical inférieur et du ganglion 1er thoracique, *des deux côtés*, les vagues ayant été préalablement sectionnés, le nombre des battements du cœur diminue. Les nerfs accélérateurs sont donc aussi nécessaires à l'activité cardiaque normale que les nerfs modérateurs.

3. L'action des nerfs accélérateurs se produit d'autant mieux que le cœur bat modérément; quand les battements sont déjà fréquents, l'excitation est sans effet (par exemple après la section des deux pneumogastriques qui est suivie d'une augmentation considérable du nombre des pulsations cardiaques).

B. Nerfs modérateurs du cœur. — Les nerfs *modérateurs* ou *inhibiteurs* ou d'*arrêt* du cœur sont contenus dans le tronc des pneu

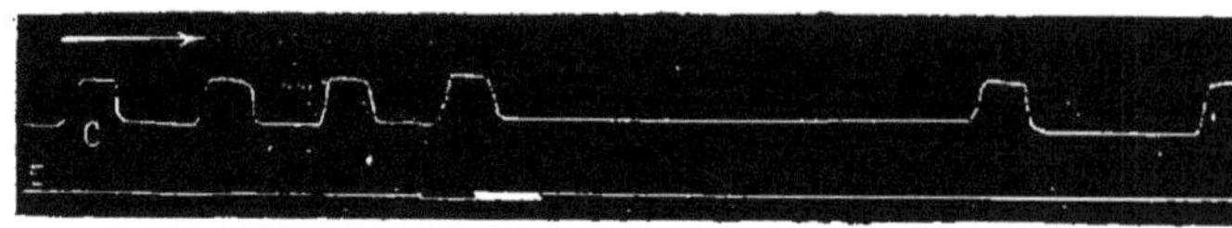

Fig. 109. — Arrêt du cœur de la grenouille par l'excitation du bout périphérique
d'un pneumogastrique.

C, contractions cardiaques ; E, excitation électrique. (Tracé pris avec une vitesse rapide
du cylindre, de façon que chaque contraction s'étale beaucoup. Tracé réduit des 2/3.)

mogastriques. Quand on sectionne un des nerfs vagues au cou e qu'on en excite le bout périphérique, il s produit un ralentissement des battemen du cœur ou un arrêt du cœur en diastol Telle est la fameuse expérience de frères E. H. et E. Fr. WEBER[1] (1845), un des plus importantes qui soient en phy siologie non seulement en raison de s signification propre par rapport au cœu et à la circulation, mais aussi parce qu'ell a introduit dans la science la notion de actions nerveuses d'arrêt.

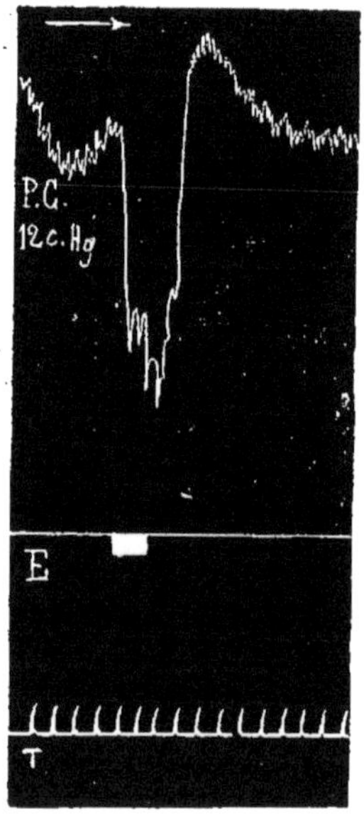

Cette action des vagues est très géné rale. Elle s'observe chez tous les ani maux, à sang froid comme à sang chau (voy. fig. 109 et 110 et la fig. 78, p. 41 on a constaté chez l'homme que la com pression du pneumogastrique au co (excitation mécanique du nerf) peut pro duire le ralentissement du cœur.

Les excitations faibles amènent le ra lentissement, les excitations plus forte l'arrêt diastolique des contractions ven triculaires. On doit donc considérer l'ar rêt complet du cœur comme la man festation exagérée de la fonction nor male du pneumogastrique, qui est d ralentir les battements cardiaques. L

Fig. 110. Arrêt du cœur du lapin
par l'excitation du bout périphérique d'un pneumogastrique, au
cou.

PC, pression carotidienne égale
à 12 centim. de mercure ; E, excitation du nerf par un courant in
duit. — Le temps s'inscrit de deux
en deux secondes sur la ligne inférieure du tracé.

1. Sur E. H. WEBER, voy. p. 428. — E. Fr. WEBER
(1806-1871) fit d'excellents travaux sur la circula
tion du sang, sur le fonctionnement du cœur, sur les nerfs d'arrêt, etc. Les deux
frères ont encore étudié ensemble la mécanique animale.

battements des oreillettes ne sont arrêtés que par une excitation forte. Cette résistance des oreillettes à l'action du vague doit être rapprochée du fait de leur résistance dans la mort générale du cœur (*ultimum moriens* [voy. p. 399]). Le pneumogastrique agit aussi sur les embouchures veineuses, dont les contractions rythmiques peuvent être arrêtées complètement par son excitation.

a. ORIGINE DES NERFS MODÉRATEURS CARDIAQUES. — On a longtemps cru que les fibres modératrices du vague viennent du nerf spinal, par la branche interne de celui-ci. Mais on a montré que, si l'on sectionne les filets d'origine du spinal et qu'on attende que les fibres provenant de ce nerf aient subi dans le tronc du pneumogastrique la dégénérescence, l'excitation du bout périphérique du dit tronc conserve son action sur le cœur (A. VAN GEHUCHTEN[1], 1901). Les fibres modératrices cardiaques contenues dans le tronc des nerfs vagues appartiennent donc bien à ces nerfs

b. ANALYSE DE L'ACTION DES NERFS MODÉRATEURS. — *Analyse du phénomène de ralentissement ou d'arrêt.* — 1. Il y a à distinguer ici, comme dans le phénomène inverse de l'accélération, l'effet sur le rythme de l'effet sur le myocarde.

En ce qui concerne la modification du rythme, il est facile de voir que le ralentissement porte surtout sur la phase diastolique; cette phase s'allongeant de plus en plus, les battements s'espacent naturellement.

Quant au changement qui se produit dans le muscle cardiaque, la nature même de l'arrêt que provoquent les excitations assez fortes le révèle; nous avons dit que, dans ce cas, le cœur s'arrête en diastole, c'est-à-dire en état de relâchement. Avant d'en arriver là, il se laisse progressivement distendre, il augmente peu à peu de volume. La conséquence toute naturelle de cette augmentation de volume est que, dans ce cœur ralenti, à diastoles allongées, les ventricules se remplissent plus complètement; par suite, ils lancent des ondées sanguines plus volumineuses, ce qui fait que leurs contractions deviennent plus amples; ce n'est pas à dire pour cela qu'elles soient plus énergiques. A cette action diastolique s'ajouterait en effet, d'après plusieurs physiologistes, une action antitonique, s'exerçant aussi bien sur les oreillettes que sur les ventricules et démontrée particulièrement par la diminution des impulsions systoliques auriculaires et par la diminution de la pression intraventriculaire. — Cependant tous les physiologistes n'admettent pas la réalité de cette action cardio-atonique.

2. L'effet modérateur persiste quelque temps après la cessation de l'excitation.

3. Que devient l'excitabilité du muscle cardiaque, durant l'action du pneumogastrique ? Si on porte directement sur le cœur, pendant qu'il est

---

1. Neuropathologiste belge (1861-1914), fut professeur à l'Université de Louvain. Ses nombreux travaux sur le neurone, sur la structure du système nerveux, sur l'origine réelle des nerfs périphériques, sur les réflexes, sur la dégénérescence wallérienne indirecte, etc., ont illustré son nom, de même que son grand et excellent traité d'*Anatomie du système nerveux de l'homme.*

arrêté, une excitation électrique, il répond à cette excitation par une révolution complète. On a constaté néanmoins que son excitabilité peut être diminuée et que ses contractions peuvent être moins amples qu'elles ne le sont, quand on l'excite sans excitation simultanée du pneumogastrique.

4. L'effet principal de l'excitation du nerf vague sur la circulation est une diminution considérable de la pression artérielle; celle-ci s'abaisse d'autant plus que le cœur se ralentit davantage et tend au zéro lorsqu'il s'arrête; quand l'excitation a pris fin, la pression se relève peu à peu (voy. fig. 110 et fig. 78, p. 445),

Caractères et conditions de l'action nerveuse modératrice. — 1. La durée de la période latente est variable suivant le moment de la révolution cardiaque où tombe l'excitation. Le retard est maximum quand l'excitation tombe au début d'une systole ou en pleine systole, minimum quand elle tombe en diastole, c'est-à-dire durant la phase d'excitabilité du cœur.

2. Si, quand le cœur est arrêté sous l'influence d'une excitation du vague, on continue cette excitation, le cœur recommence néanmoins à battre, quoique plus lentement qu'à l'état normal. On admet que ce phénomène est dû à la fatigue de l'appareil nerveux terminal.

3. L'action des nerfs modérateurs est une action constante ou *tonique*. La preuve en est dans ce fait que la section de ces deux nerfs est suivie d'une accélération très marquée des pulsations cardiaques, avec augmentation d'énergie des contractions ventriculaires. Il en résulte une forte élévation des pressions aortique et pulmonaire. Cet effet ne tient pas seulement à la suppression des influences modératrices que le bulbe exerce continûment sur le myocarde, mais aussi à l'action toni-cardiaque des accélérateurs qui peut, dans cette condition, s'exercer librement. — Cependant ce phénomène, très marqué chez le chien, ne s'observerait pas chez tous les animaux; la vagotomie double ne modifierait la fréquence des pulsations ni chez le lapin, ni chez la grenouille, par exemple.

4. Le pneumogastrique droit serait en général plus excitable que le gauche (E. Masoin[1], 1870).

5. La fonction des nerfs d'arrêt du cœur est liée à la présence de calcium libre dans le sang. Les sels qui précipitent ou immobilisent le calcium empêchent l'action de l'appareil nerveux inhibiteur (expériences de Busquet et Pachon, 1909); dans cette condition en effet l'excitation du pneumogastrique n'arrête plus les battements du cœur. Au contraire, l'addition de chlorure de calcium au sang circulant renforce les effets de l'excitation du nerf vague (Pi Suñer et J.-M. Bellido[2], 1909-1910).

6. Différents poisons suppriment l'action cardiaque modératrice des pneumogastriques; l'administration d'atropine produit les effets de la vagotomie double, c'est-à-dire l'accélération du cœur; si sur un animal atropinisé (il suffit de 1 ou 2 milligrammes de substance pour obtenir cet effet chez le chien) on excite le bout périphérique de l'un des nerfs vagues, cette excitation ne produit plus son effet. Elle redevient efficace quand on injecte à l'animal 1 ou 2 centigrammes de pilocarpine (antagonisme de la

---

1. Physiologiste belge contemporain, professeur à l'Université de Louvain.
2 Physiologiste espagnol contemporain, professeur à l'Université de Saragosse. Sur Pi Suñer, voy. p. 353.

pilocarpine et de l'atropine; voy. sur ce point p. 175); c'est que la pilocarpine, comme aussi la muscarine. excite les terminaisons du vague ; à
dose suffisante, ces deux substances provoquent l'arrêt du cœur en
diastole. — Le curare à dose forte paralyse, comme l'atropine, les terminaisons du nerf pneumogastrique. — Plusieurs toxines microbiennes, telles
que la toxine pyocyanique, la toxine diphtérique, diminuent notablement
l'action cardiaque modératrice.

7. Les nerfs modérateurs sont antagonistes des accélérateurs. La modification du rythme cardiaque qui se produit dans le cas d'excitations
simultanées des deux nerfs, dépend du rapport entre la valeur de ces excitations ; suivant que les modérateurs sont plus fortement excités que les
accélérateurs, le résultat sera un ralentissement du cœur, mais moindre
que si les premiers avaient été seuls excités ; et *vice versa*.

8. L'action des nerfs modérateurs se produit d'autant moins facilement
que le cœur bat déjà lentement; quand ses battements sont très lents, cette
action peut même être nulle.

c. Nature de l'action nerveuse modératrice. — L'action du pneumogastrique ne s'exerce pas directement sur le muscle, mais sur les
ganglions intracardiaques.

En effet : 1º le muscle, on vient de le voir (p. 463), reste excitable
tout le temps que se produit l'effet d'une excitation du vague ; — 2º sur
une grenouille empoisonnée par la nicotine l'excitation du vague n'amène
plus l'arrêt des mouvements du cœur. Or, J. N. LANGLEY a démontré que
la nicotine met obstacle à la propagation, à travers les cellules ganglionnaires sympathiques, des excitations venues du système nerveux central
et qui ont à traverser ces cellules, tandis que les filets issus des mêmes
cellules restent excitables.

On peut donc penser que le pneumogastrique agit en suspendant
momentanément l'activité des ganglions intracardiaques excito-
moteurs.

Mais quelle est la nature intime de cette action? On dit que c'est
un phénomène d'inhibition ou d'arrêt. Jusqu'à la découverte des
frères WEBER l'idée d'excitation fut en physiologie étroitement liée à
celle de mouvement ; après cette découverte il fallut bien admettre
que l'excitation d'un nerf centrifuge peut arrêter un mouvement.
Alors la notion des phénomènes d'arrêt s'étendit peu à peu et elle
est établie aujourd'hui sur de nombreuses preuves. Mais nous igno-
rons toujours en quoi consiste exactement l'action inhibitoire.

C. **Nerfs sensitifs du cœur**. — Le cœur ne possède pas de nerfs
qui transmettent des impressions tactiles ; il est insensible aux attou-
chements et aux piqûres. De cet organe partent néanmoins des nerfs
centripètes dont la fonction est très importante. Ce sont les deux
nerfs *dépresseurs*, découverts sur le lapin par LUDWIG et E. de

Cyon (1866) et que l'on appelle pour cette raison *nerfs de Ludwig-Cyon.*

Le nerf dépresseur, chez le lapin, naît du pneumogastrique, au cou, par deux racines, l'une provenant du laryngé supérieur, l'autre du tronc même du pneumogastrique : il suit alors le même chemin que le sympathique cervical, parallèlement à celui-ci, jusqu'au ganglion cervical inférieur. Chez le chat, le cheval, la tortue, le dépresseur est également isolé ; chez le chien il se confond avec le pneumogastrique. Les terminaisons de ces nerfs se trouveraient surtout dans l'endocarde des oreillettes et des ventricules et à la base des artères aorte et pulmonaire.

L'excitation du bout périphérique du dépresseur ne produit aucun effet. L'excitation du bout central, douloureuse d'ailleurs sur les animaux non anesthésiés, détermine une chute de la pression artérielle et un ralentissement du cœur (fig. 111). C'est la chute de pression qui est le phénomène important et essentiel. Si, avant de faire cette expérience, on sectionne les deux vagues, l'excitation du dépresseur ne produit plus de ralentissement du cœur, tandis que survient toujours l'abaissement de la pression. Le premier de ces deux effets n'est donc que le résultat de l'excitation réflexe du vague. — Le second est aussi le résultat d'une excitation réflexe, d'une dilatation réflexe des vaisseaux abdominaux. En effet, la section préalable des nerfs splanchniques (nerfs vaso-constricteurs des viscères abdominaux), qui amène la vaso-dilatation intestinale et, en raison de l'énorme capacité des vaisseaux abdominaux, une chute considérable de la pression aortique, si elle n'empêche pas absolument l'effet de l'excitation du dépresseur, le réduit beaucoup, des 9/10 au moins[1] (Ludwig et Cyon).

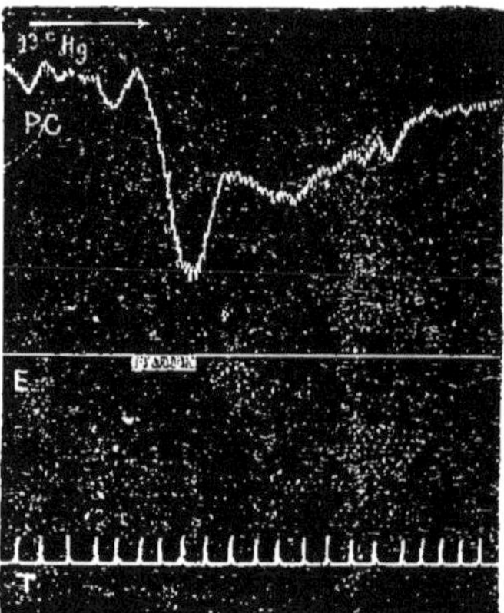

Fig. 111. — Chute de la pression artérielle par excitation du bout central d'un nerf dépresseur, sur le lapin.

PC, pression carotidienne, égale à 13 centim. de mercure ; — E, excitation du nerf par un courant induit ; — T, temps s'inscrivant de 2 en 2 secondes.

L'excitation du dépresseur, qui se transmet d'abord au bulbe, produit donc ensuite son effet surtout par l'intermédiaire des nerfs splanchniques, soit qu'elle paralyse les noyaux d'origine de ces nerfs (centres vaso-constricteurs), soit qu'elle agisse sur des centres vaso-dilatateurs dont elle mettrait en jeu le fonctionnement. La première théorie (inhibition réflexe des

---

1. De cette particularité E. de Cyon a conclu que, si le dépresseur agit surtout sur le système vasculaire de l'abdomen, il agit cependant aussi sur les autres artères du corps. Cette conclusion se trouve confirmée par des expériences de W. M. Bayliss (1893), qui a montré à l'aide de la méthode pléthysmographique que les vaisseaux des membres se dilatent sous l'influence de l'excitation du dépresseur.

centres vaso-constricteurs) a été jusqu'à présent plus en faveur que la seconde (excitation réflexe des centres vaso-dilatateurs)

Quel est le rôle des nerfs dépresseurs? Ce rôle est de protéger le cœur contre les trop grands accroissements de la pression dans l'aorte ou dans l'artère pulmonaire. Dans ces cas, le travail du cœur augmente et les terminaisons du dépresseur dans l'endocarde et dans la crosse de l'aorte sont excitées. Il se produit alors une baisse de la pression dans le système artériel, ce qui facilite l'écoulement du sang du ventricule et en même temps réduit l'afflux du sang dans les oreillettes; par suite le travail du cœur diminue. En même temps le ralentissement des battements cardiaques, que provoque en outre l'excitation du dépresseur, contribue pour sa part à diminuer encore le travail du cœur. Ainsi ce ralentissement et d'abord la vaso-dilatation intestinale que produit l'action du dépresseur constituent essentiellement des phénomènes défensifs pour le cœur.

D. **Centres nerveux cardiaques.** — On peut considérer comme centres cardiaques les régions du système nerveux par l'excitation automatique ou réflexe desquelles l'activité des nerfs du cœur est mise en jeu.

L'existence d'un centre accélérateur dans la région médullaire cervicale supérieure est démontrée par les expériences dans lesquelles, après section préalable des pneumogastriques (pour éviter une accélération possible du cœur par paralysie des modérateurs) et des splanchniques (pour éviter des réflexes vasculaires pouvant modifier la fréquence des battements du cœur), l'excitation de la partie supérieure de la moelle cervicale accélère le cœur.

L'existence d'un centre modérateur est démontrée par l'effet de l'excitation directe du bulbe qui amène l'arrêt du cœur. Ce centre se trouve dans les noyaux d'origine des pneumogastriques.

La mise en jeu des centres accélérateurs et modérateurs peut se faire suivant un des modes de fonctionnement du système nerveux :

1. Mode réflexe (excitations sensitives par exemple) ;

2. Mode automatique (excitation par des variations qualitatives ou quantitatives du sang) ;

3. Mode synergique (par association fonctionnelle avec d'autres centres.

1. Toute impression sensible, à moins qu'elle ne soit très légère, retentit sur le cœur. Les excitations faibles amènent en général l'accélération[1]. Les excitations fortes et brusques produisent le ralentissement

1. Les excitations qui se produisent dans le domaine du trijumeau agissent

ou l'arrêt plus ou moins prolongé du cœur en diastole [1]. L'excitation électrique du bout central des nerfs sensitifs (par exemple du nerf sciatique) a les mêmes effets suivant son intensité. Toutes ces excitations se propagent jusqu'aux centres bulbo-médullaires où elles sont transformées, puis réfléchies sur les nerfs accélérateurs ou modérateurs.

Les excitations des centres nerveux supérieurs, du cerveau, ont le même effet que celles des muqueuses ou de la peau. On connaît les palpitations du cœur auxquelles donnent lieu les diverses émotions, la joie, l'attente anxieuse, etc., ou au contraire l'arrêt que peut provoquer une brusque frayeur, une soudaine et violente colère, etc. Expérimentalement, les excitations de l'écorce cérébrale sont suivies de ces mêmes réactions du cœur, positives (accélération) ou négatives (ralentissement ou arrêt) selon leur intensité, selon le degré d'excitabilité de l'écorce elle-même et aussi selon l'état du cœur; en général, les excitations faibles ont pour conséquence l'accélération. Dans tous ces cas, le cerveau paraît se comporter comme une surface sensible quelconque, les excitations qu'il reçoit se transmettant jusqu'aux véritables centres cardiaques bulbo-médullaires. Il n'y a pas en effet de centres cardiaques dans l'écorce cérébrale, puisque les réactions observées sont les mêmes, quel que soit le point excité et que l'ablation des points excitables n'entraîne aucun trouble cardiaque.

Le réflexe d'arrêt, de quelque excitation qu'il soit le résultat, est particulièrement important. Il a fréquemment son point de départ dans les organes qui tiennent leur innervation sensitive des pneumogastriques ou des splanchniques. Ainsi l'excitation de la muqueuse trachéale, laryngée (nerf laryngé supérieur) ou pulmonaire par des vapeurs irritantes peut provoquer l'arrêt du cœur; tel est l'arrêt diastolique qui survient parfois au début de la chloroformisation chez des animaux ou des individus dont le système pneumogastrique est spécialement excitable. L'influence des impressions sensitives portées sur l'estomac ou sur l'intestin n'est pas moindre; si, sur une grenouille, l'on vient à porter un coup sur l'un de ces organes préalablement exposé à l'air pendant quelques instants, le cœur s'arrête en diastole (*expérience de Goltz* [2], 1862), ce qui ne se produit plus quand les deux vagues ont été coupés; et l'on sait qu'un coup violent à l'épigastre, chez l'homme, amène parfois une syncope; celle-ci peut même être mortelle (cas de mort sans lésions apparentes, par inhibition, dont les médecins légistes ont eu maintes fois à connaître).

seulement sur le pneumogastrique et amènent toujours un ralentissement des battements du cœur; ainsi l'excitation de la muqueuse nasale arrête le cœur (syncope cardiaque par irritation du trijumeau au début de la chloroformisation par exemple. C'est aussi par une excitation du trijumeau se transmettant aux origines du pneumogastrique que s'explique le ralentissement du cœur à la suite de la compression du globe oculaire *réflexe oculo-cardiaque de B. Aschner*, 1908, GALLAVARDIN**. DUFFOURT et PETZETAKIS, 1913. PETZETAKIS, 1914).

1. En même temps, on observe un spasme vasculaire généralisé (excitation des centres vaso-constricteurs) et un arrêt de la respiration.

2. FR. L. GOLTZ (1834-1902), célèbre physiologiste allemand qui a fait de nombreuses et importantes recherches sur les nerfs vaso-moteurs, sur les fonctions de la moelle, sur celles du cerveau, etc.

* Pathologiste viennois contemporain
** Médecin français contemporain.

Parmi ces faits, les uns s'expliquent par le résultat classique de l'excitation du bout central d'un pneumogastrique sectionné, arrêt du cœur et constriction vasculaire; pour que le premier de ces effets, l'arrêt du cœur, ait lieu, il faut naturellement que le pneumogastrique du côté opposé soit intact; et les autres s'expliquent par le résultat de l'excitation du bout central d'un nerf splanchique, ralentissement ou arrêt du cœur.

2. L'anémie brusque du bulbe (par la compression des carotides), l'élévation de température du sang qui va à cette région (par le chauffage du sang des carotides) donnent lieu à l'accélération du cœur. — Il en est de même de l'exercice musculaire, mais ici il intervient sans doute à la fois des influences chimiques (modifications du sang par les produits du travail des muscles) et des influences sensitives (excitations transmises par les nerfs sensibles des muscles). Dans ce cas, l'accélération du cœur paraît résulter, non pas d'une action sur les nerfs accélérateurs, mais d'une diminution du tonus des modérateurs. C'est par ce mécanisme aussi que se produit l'accélération causée par l'anémie du cerveau.

La veinosité exagérée du sang excite d'une façon prédominante les centres modérateurs. Sur un animal en voie d'asphyxie le cœur se ralentit. — L'augmentation de la pression intracranienne a le même effet: dès que cette pression tend à s'élever, immédiatement le cœur se ralentit, ce qui amène une baisse de la pression sanguine. Par ce mécanisme l'encéphale se trouve protégé contre les perturbations qu'apporteraient à ses fonctions les élévations brusques et prolongées de pression.

3 Il existe des associations fonctionnelles entre les centres des nerfs du cœur et divers autres centres nerveux, spécialement les centres respiratoires. Le cœur, chez le chien, chez le porc, et souvent aussi chez l'homme, s'accélère pendant l'inspiration, se ralentit pendant l'expiration (voy. p. 418 et 436). Ces modifications de rythme ne tiennent pas à des modifications de l'excitabilité du myocarde dépendant des variations respiratoires de l'aspiration thoracique; il ne faudrait pas croire que la fréquence plus grande du rythme, au moment de l'inspiration, fût le résultat d'une excitabilité accrue du myocarde, causée elle-même par l'accroissement de l'aspiration excentrique ventriculaire. En effet, on a montré que cette accélération inspiratoire persiste chez le chien dont on a réséqué la plus grande partie du thorax et qu'on maintient en vie à l'aide de la respiration artificielle; si, à un moment donné, on suspend celle-ci, l'animal respire avec son tronçon de thorax qui ne peut effectuer les modifications normales de l'aspiration thoracique; et aux mouvements respiratoires qu'il exécute n'en correspond pas moins toujours une accélération cardiaque. Celle-ci s'explique par une inhibition partielle du centre modérateur, se produisant en même temps que fonctionne le centre respiratoire; au contraire, à chaque expiration, le tonus d'arrêt s'exagère et les pulsations se ralentissent.

6. — Innervation des vaisseaux.

On sait (voy. p. 407 et 410) que les vaisseaux, et surtout les artères, sont contractiles. La contraction de leurs muscles lisses

modifie leur calibre et par cela même la circulation dans le territoire dont les artères se resserrent ou au contraire se relâchent.
Ainsi se produisent temporairement des circulations dites *locales*
(voy. p. 366), parce que,
localisées à un ou plusieurs
organes, elles se distinguent
par suite de la circulation
dans le reste de l'organisme
ou circulation générale qui
ne varie que très peu pendant le même temps ou
même ne varie pas du tout,
à la condition que les circulations locales soient limitées.

La contractilité des artères
de moyen ou de petit calibre
se constate aisément par l'irritation mécanique ou électrique
de ces vaisseaux. La première
expérience de ce genre est due
à Verschuir [1] (1766) qui vit se
produire sur l'artère crurale
d'un chien, en la grattant avec
une pointe de scalpel, des res-
serrements de distance en distance. Le froid a la même action : sous l'influence d'une
instillation d'eau froide on voit
les artères du mésentère du crapaud (expérience de Sarwey)
se réduire au tiers de leur calibre primitif ; il en est de
même de la membrane interdigitale de la grenouille (voy.
fig. 112). — Ces faits s'expliquent tout naturellement par
la découverte par Henle [2] (1840
et 1841) de fibres musculaires
lisses dans la paroi des artères

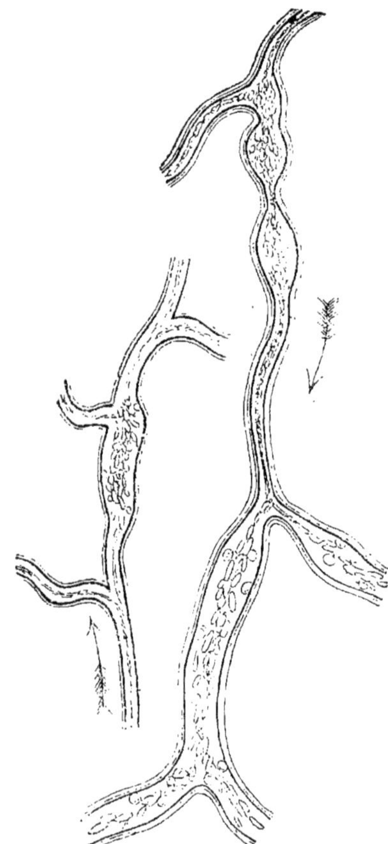

Fig. 112. — Contractions des petites artères.
Contractions irrégulières des petits vaisseaux de
la membrane interdigitale ou du mésentère de la
grenouille (d'après Virchow).

et des veines. À la même époque, Stilling [3] (1840) vit des nerfs se per-

1. G. F. Verschuir (1739-1793), médecin hollandais.
2. Fr. G. J. Henle (1809-1885), un des plus célèbres histologistes allemands
du XIXe siècle.
3. B. Stilling (1810-1879), anatomiste et chirurgien allemand, connu surtout par
ses recherches sur les fonctions de la moelle.

dans les parois des artères et ce fut lui qui, cherchant à rendre compte
de cette donnée anatomique par une hypothèse physiologique, qualifia ces
nerfs de *vaso-moteurs*. Mais les recherches des physiologistes sur cette
question ne commencent que dix ans plus tard, avec les mémorables
expériences de Claude Bernard et de Brown-Séquard (1851-1852).

Les mouvements des vaisseaux sont, en effet, sous la dépendance du système nerveux, par l'intermédiaire de nerfs vaso-moteurs
de deux sortes, les *vaso-constricteurs* et les *vaso-dilatateurs*, comparables, les premiers, aux accélérateurs cardiaques et, les seconds, aux
modérateurs[1]; car l'excitation de ceux-là augmente la tonicité des
parois musculaires des vaisseaux et l'excitation de ceux-ci diminue
ce tonus, et, en même temps que se resserrent ou se dilatent les
vaisseaux, les contractions rythmiques très lentes qu'ils présentent
normalement deviennent ou plus fréquentes, ou plus lentes encore,
ou même disparaissent.

1° *Nerfs vaso-constricteurs.*

Deux expériences très simples ont établi leur existence.

1. Si, sur un lapin de pelage clair, à oreilles transparentes par conséquent, on sectionne d'un côté le sympathique cervical (expérience de
Claude Bernard, 1851), on voit les vaisseaux de l'oreille de ce côté s'élargir ;
aussi les petits vaisseaux, artères et veines, que l'on ne distinguait point
auparavant, deviennent-ils visibles; l'oreille devient rouge : si l'on y
fait une incision, le sang s'écoule plus abondamment qu'avant la section
du nerf ; comme l'afflux sanguin est beaucoup plus considérable, le sang
reste rouge dans les veines ; en raison de cette augmentation de l'afflux
sanguin, la température de l'oreille s'élève rapidement de plusieurs degrés.
— Nous omettons volontairement les autres effets de cette opération, les
effets sur le globe oculaire et sur la pupille qui seront exposés en leur
place, avec la physiologie de l'œil.

2. Si l'on excite par un courant induit le segment céphalique du sympathique cervical préalablement coupé (expérience de Brown-Séquard, 1852),
on voit se produire les phénomènes inverses des précédents, le rétrécissement des vaisseaux de l'oreille et, par conséquent, la pâleur de celle-ci et
un abaissement de sa température, le ralentissement du cours du sang
veineux ; si l'on fait une incision à l'oreille, le sang s'écoule par la plaie
en très petite quantité.

Il résulte de ces deux expériences que le sympathique cervical
contient des filets qui commandent à la contraction des muscles des

1. Cette comparaison, quelque intéressante qu'elle soit, ne doit pas être tenue
pour juste de tous points, particulièrement en ce qui concerne les vaso-dilatateurs. On verra en effet que ces derniers, qui sont des inhibiteurs vasculaires,
n'ont point d'action tonique, contrairement aux inhibiteurs cardiaques. De plus,
l'atropine, qui, on le sait (voy. p. 459 et 464), paralyse les vagues, ne paralyse pas
les vaso-dilatateurs.

vaisseaux auriculaires et que ces filets nerveux tiennent du système nerveux central une influence tonique, c'est-à-dire continue, sur ces muscles. Ces expériences sont donc exactement superposables à celles de la section et de l'excitation d'un nerf moteur proprement dit, qui déterminent, la première, la paralysie du muscle innervé, la seconde, la contraction de ce muscle.

A. Topographie des nerfs vaso-constricteurs. — La notion résultant de ces premières expériences s'étendit vite à toutes les parties de l'organisme. Voici quelle est essentiellement la distribution des nerfs vaso-constricteurs. Cette étude a surtout été faite sur le chien.

Les nerfs vaso-constricteurs sortent de la moelle par les racines antérieures, se jettent dans le sympathique par les rameaux communicants et se rendent dans tous les organes, soit directement par les plexus qui entourent les artères, soit après avoir passé par les nerfs périphériques. La section des racines antérieures, depuis la première paire dorsale jusqu'à la première paire sacrée, ou celle des rameaux communicants correspondants, produisent en effet la dilatation des vaisseaux des régions successivement innervées par toutes ces racines; et leur excitation amène le resserrement très marqué de ces vaisseaux.

Les vaso-constricteurs de la tête et du cou quittent la moelle par les quatre premières dorsales et, après avoir traversé le ganglion étoilé, l'anneau de VIEUSSENS et le ganglion cervical inférieur, gagnent le tronc du sympathique cervical dans lequel ils remontent. Quelques-uns cependant s'engagent dans les nerfs crâniens : la plupart de ceux de la langue, par exemple, parviennent à cet organe avec le nerf hypoglosse, dans lequel ils se jettent par l'anastomose qui réunit ce nerf au ganglion cervical supérieur; d'autres gagnent le trijumeau par l'anastomose physiologiquement si importante qui existe entre le ganglion cervical supérieur et le ganglion de Gasser, *anastomose cervico-gassérienne.* Une partie des constricteurs de l'oreille, ceux qui vont aux vaisseaux de l'extrémité et des côtés, s'y rendent directement de la moelle sans passer par le sympathique; ils passent par le plexus cervical; on les trouve dans la 2e et la 3e branches et ils gagnent l'oreille par le nerf auriculo-cervical. — Le sympathique cervical contient aussi des filets constricteurs pour le cerveau. L'excitation d'un seul nerf agit sur les deux hémisphères.

Les vaso-constricteurs des membres supérieurs quittent la moelle par les racines dorsales, de la 4e à la 10e, puis par le ganglion étoilé passent dans la chaîne sympathique et de là dans le plexus brachial et dans les nerfs mixtes qui en partent; quelques-uns ne pénètrent pas dans le sympathique et sortent directement de la moelle avec les racines des nerfs du membre supérieur. — Les vaso-constricteurs des membres inférieurs quittent la moelle par les racines dorsales inférieures (11e et 12e) et les trois premières lombaires, passent dans le sympathique thoracique et dans l'abdominal, et de là dans le nerf sciatique. Quelques filets

sortent peut-être directement de la moelle avec les racines du sciatique et
du crural, sans passer par le sympathique. Il y a dans le crural quelques
fibres vaso-constrictives pour la partie interne de la cuisse. — Parmi les
vaso-constricteurs des membres, c'est le sciatique qui a été le plus et le
mieux étudié. Sa section produit la dilatation paralytique, son excitation
le resserrement des vaisseaux de la patte.

Les vaso-constricteurs des viscères viennent de la moelle dorso-lom-
baire. Ceux des poumons sortent par les racines dorsales, depuis la
deuxième jusqu'à la cinquième, remontent par le cordon sympathique
thoracique jusqu'au ganglion premier thoracique et s'engagent dans
l'anneau de VIEUSSENS; ils parviennent aux poumons par les branches
cardio-pulmonaires du ganglion cervical inférieur. — Ceux des viscères

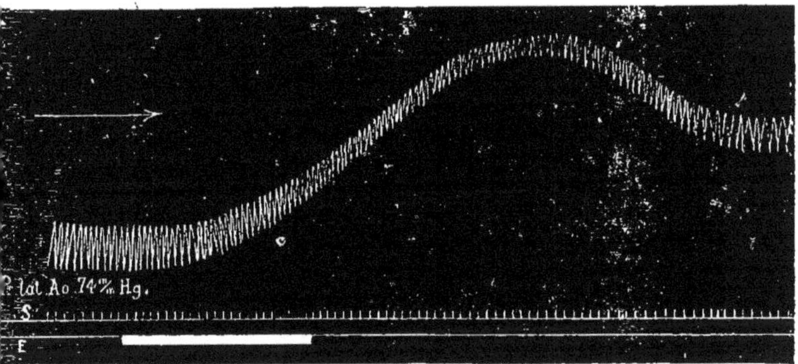

Fig. 113. — Effet de l'excitation d'un nerf splanchnique sur la pression aortique

Chien à bulbe sectionné
Pr. lat. Ao., pression latérale dans l'aorte thoracique ; — S, temps en secondes ; — E, excitation faradique du bout périphérique du splanchnique gauche.

abdominaux sortent de la moelle dorsale à partir de la 3e racine et de la
moelle lombaire par les deux ou trois premières racines, suivent le trajet
des splanchniques, pénètrent dans le plexus cœliaque et de là se rendent aux
divers organes, intestins, foie, rate, reins, par les plexus qui entourent les
artères de ces organes. Quelques filets vaso-constricteurs descendraient
par les pneumogastriques à l'estomac, à l'intestin et aux reins. — En
raison de l'étendue du territoire vasculaire qu'ils innervent, les splanchniques sont les nerfs vaso-constricteurs les plus importants de l'organisme :
leur excitation provoque l'élévation de la pression aortique (voy. fig. 113)
et leur section un abaissement de cette pression égal à celui qui résulte
de la section de la moelle elle-même.

Les vaso-constricteurs des organes génitaux sortent de la moelle par les
dernières racines lombaires et gagnent le plexus hypogastrique d'où ils se
rendent à leur destination.

B. Analyse de l'action des nerfs vaso-constricteurs. —
L'excitation électrique du bout périphérique d'un nerf vaso constric-

teur amène le resserrement de tous les vaisseaux auxquels se distribue ce nerf. Les conséquences de ce phénomène sont très simples, on en a déjà indiqué quelques-unes tout à l'heure (p. 471); en quelques mots, ce sont la pâleur de l'organe dont les vaisseaux se resserrent, l'abaissement de la température de cet organe, la diminution de son volume (puisqu'il reçoit moins de sang par ses artères rétrécies) et surtout ce fait important, que la pression du sang en amont du point resserré dans l'artère afférente s'élève et qu'elle s'abaisse au delà de ce point, dans la veine efférente (fig. 114). Au contraire, à la suite de la section du nerf, la pression diminue dans l'artère et augmente dans la veine (fig. 115). Et c'est même cette étude des variations des pressions artérielle et veineuse qui constitue un des meilleurs moyens que l'on

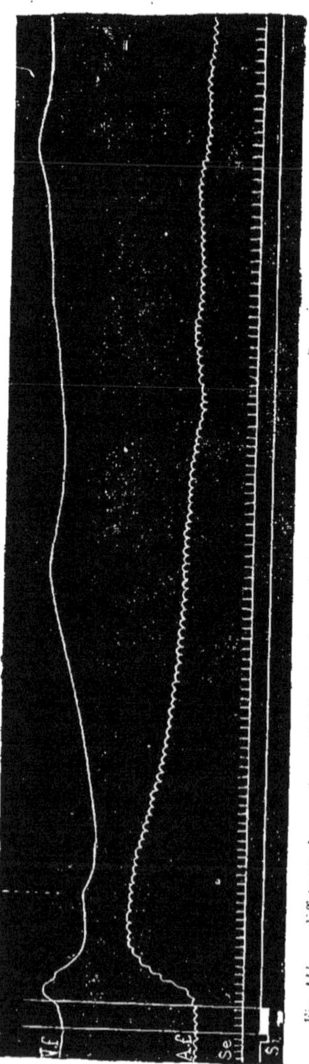

Fig. 114. — Effets sur la pression artérielle et veineuse de l'excitation d'un nerf vaso-constricteur (tracé de DASTRE et MORAT).

Expérience sur un âne chloralisé. Réduction au 1/5 du graphique réel.

Vf, pression dans le bout périphérique de la veine faciale ; — Af, pression dans le bout périphérique de l'artère faciale ; — Se, temps en secondes ; — Si, tracé du signal électrique indiquant le moment et la durée de l'excitation faradique du bout périphérique du sympathique cervical.

On voit sur ce tracé l'effet immédiat de l'excitation, la surélévation passagère de la pression veineuse (4") par la brusque décharge dans le système veineux des petits vaisseaux subitement resserrés, puis l'effet constricteur propre, élévation de la pression dans l'artère, abaissement dans la veine, et enfin la surdilatation, visible surtout par l'élévation de la pression dans la veine et qui résulte de la grande diminution du tonus artériel consécutive à l'excitation (paralysie par épuisement).

possède de juger du sens et de la grandeur des réactions vaso-motrices.

Cette élévation de pression, résultat essentiel de la vaso-constriction et le plus important au point de vue de la circulation, ne se produit pas instantanément, mais après un temps perdu qui n'est pas moindre d'une seconde et qui est souvent plus long. Elle persiste

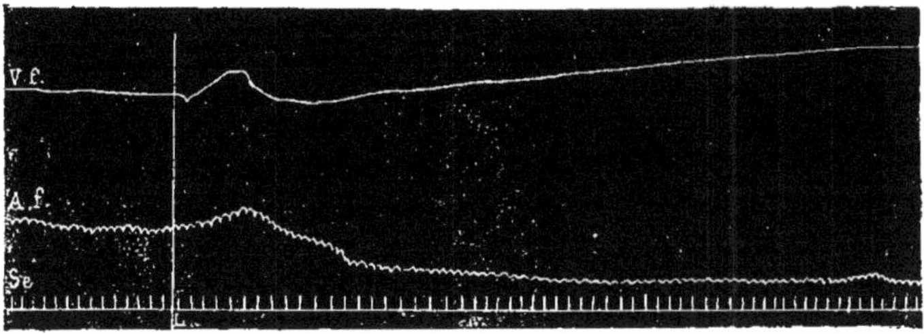

Fig. 115. — Effets sur la pression artérielle et veineuse de la section d'un nerf vaso-constricteur (tracé de Dastre et Morat).

Expérience sur un âne chloralisé. Réduction au 1/5 du graphique réel. Mêmes lettres que sur la figure 114.

En L, ligature du sympathique isolé du vague.

Ce tracé montre l'effet immédiat de la ligature, c'est-à-dire l'augmentation de la pression dans l'artère et dans la veine, résultant de la constriction brusque des petits vaisseaux que provoque l'excitation passagère du tronc nerveux au moment de la ligature et de la section, puis l'effet consécutif durable, c'est-à-dire la dilatation des vaisseaux périphériques qui amène l'abaissement de la pression dans l'artère afférente et l'élévation dans la veine efférente.

quelque temps après que l'excitation a cessé. Elle est suivie d'une variation inverse, plus ou moins marquée, de la pression (voy. fig. 114). Les mêmes remarques s'appliquent naturellement aux autres effets de l'excitation des vaso-constricteurs.

2º Nerfs vaso-dilatateurs.

Les vaso-dilatateurs, dont l'excitation a des effets antagonistes de ceux que provoque l'excitation des constricteurs, ne sont point, à proprement parler, des nerfs antagonistes de ces derniers. Ceux-ci sont, en effet, comme on l'a vu, des nerfs *toniques*, c'est-à-dire exerçant une action constante sur le tonus artériel, de façon que les artères soient maintenues en un état de resserrement moyen. Les dilatateurs n'ont pas d'action tonique sur les vaisseaux; leur section n'augmente pas ce degré de resserrement moyen, ce tonus des artères.

C'est une expérience de Claude Bernard qui a établi l'existence de ces nerfs, en 1858 (voy. p. 182). Cette expérience est celle de l'excitation du bout périphérique de la corde du tympan sectionnée, qui donne lieu aux phénomènes suivants : en même temps que la sécrétion de la glande sous-maxillaire est augmentée, on voit la glande se gonfler ; de petites artérioles, auparavant invisibles, grossissent, deviennent rouges et turgescentes : si le tronc veineux principal a été mis à nu, on le voit se gonfler et le sang qu'il contient, noirâtre avant l'expérience, devient rouge comme du sang artériel ; si cette veine est sectionnée, le sang en sort par jets saccadés, comme d'une artère, tandis qu'il ne s'en écoule qu'en bavant quand le nerf n'est pas encore excité.

Tous ces phénomènes s'opposent à ceux qui résultent de l'excitation d'un nerf vaso-constricteur. Ils indiquent donc une dilatation des artérioles, d'où dilatation des capillaires par afflux plus considérable du sang, d'où passage plus rapide du sang à travers leur réseau, de sorte que le sang arrive dans les veines encore à l'état artériel.

Les recherches qui suivirent cette célèbre expérience de CLAUDE BERNARD ont abouti à la généralisation et à la systématisation de ces nerfs, en ont montré les origines, les rapports, les trajets.

A. Topographie des nerfs vaso-dilatateurs. — Les origines des vaso-dilatateurs ne sont pas moins complexes que celles des vaso-constricteurs, et leur trajet est encore plus compliqué.

Ceux de la tête sont très disséminés. On sait quels sont ceux des glandes salivaires (voy. p. 172 et 188) et qu'ils viennent du glosso-pharyngien (pour la glande parotide) et du facial (pour la sous-maxillaire). Ce sont aussi les mêmes nerfs qui fournissent ses vaso-dilatateurs à la langue, le facial aux 2/3 antérieurs (par un filet de la corde du tympan) et le glosso-pharyngien à la partie postérieure (en même temps qu'aux piliers antérieurs du voile du palais et aux amygdales). Ceux de la muqueuse des lèvres et des joues, de la voûte palatine, des fosses nasales viennent du trijumeau par le maxillaire supérieur et aussi du sympathique cervical qui les reçoit de la moelle dorsale, par les 2e, 3e, 4e et 5e paires. Ceux de l'oreille quittent la moelle par la 8e paire cervicale et les 1re et 2e dorsales, et remontent dans le sympathique cervical, après avoir traversé le ganglion 1er thoracique, l'anneau de VIEUSSENS et le ganglion cervical inférieur.

Les vaso-dilatateurs des membres supérieurs quittent la moelle dorsale par les 5e, 6e, 7e et 8e paires et ceux des membres inférieurs par les 5e, 6e et 7e paires lombaires [1]. Ces derniers descendent dans le sciatique. — C'est un fait bien remarquable que les vaso-dilatateurs des membres inférieurs, au sortir de la moelle, s'engagent non pas dans les racines antérieures, mais dans les racines postérieures (STRICKER [2], 1876), contrairement à la loi, dite souvent *loi de Magendie*, expression très simple des nombreuses expé-

---

1. Le chien a sept vertèbres lombaires.
2 S. STRICKER (1834-1898), médecin hongrois, ancien professeur de pathologie expérimentale à l'Université de Vienne.

riences qui ont établi que *les fibres nerveuses centrifuges passent par les racines antérieures*, nerfs moteurs, vaso-moteurs, sécrétoires. Il y a ici une exception à cette loi.

Les vaso-dilatateurs des viscères abdominaux sortent par la moelle, de la 2e à la 12e paire dorsale et de la 1re à la 2e paire lombaire. Il est probable que ces fibres s'engagent dans les splanchniques, encore que l'excitation directe du bout périphérique de l'un de ces nerfs ne détermine d'habitude que des phénomènes de vaso-constriction, les vaso-constricteurs y prédominant de beaucoup. — Les nerfs vaso-dilatateurs du pénis, *nerfs érecteurs* de Eckhard[1] (1863), qui jouent un si grand rôle dans l'érection, sortent de la moelle par les racines antérieures des 1er, 2e et 3e nerfs sacrés et gagnent le plexus hypogastrique. Le sympathique lombaire en fournit aussi; on les trouve dans le filet mésentérique descendant qui relie le ganglion mésentérique inférieur au plexus hypogastrique (François-Franck, 1895).

Les vaso-dilatateurs de la muqueuse du larynx sont fournis par le pneumogastrique; l'excitation du bout périphérique du nerf laryngé supérieur fait rougir cette muqueuse (E. Hédon, 1896).

Toutes ces données montrent que, exception faite des vaso-dilatateurs qui suivent le trajet de différents nerfs crâniens, la plupart de ces filets se trouvent confondus avec les vaso-constricteurs dans les cordons sympathiques. Voici l'expérience principale qui a conduit à cette notion du mélange, dans un même cordon nerveux, de fibres à fonctions opposées (Dastre et Morat).

Sur un chien curarisé, on excite le bout céphalique du tronc vago-sympathique, le vague ayant été d'abord coupé à la base du crâne; on peut aussi exciter le sympathique sur un point où il est séparé du vague, soit au niveau de l'anse de Vieussens, soit au-dessous du ganglion cervical supérieur; on voit que par l'une ou l'autre de ces excitations la muqueuse des lèvres, des gencives et de la voûte palatine rougit fortement. C'est, sur le chien, la même expérience que celle de Brown-Séquard sur le lapin, l'excitation du même nerf sympathique, mais avec un résultat inverse, la dilatation au lieu de la constriction d'une partie des vaisseaux de la face.

Le résultat de cette expérience fut étendu à tout le système sympathique. Il suit de cette généralisation que l'excitation de l'un des nerfs complexes de ce système doit déterminer à la fois des effets constricteurs et dilatateurs, et que la résultante de ces effets doit être tantôt un resserrement, tantôt un élargissement des vaisseaux, suivant la *répartition* ou l'*excitabilité* dans un même cordon de telles ou telles fibres et aussi suivant l'*état des vaisseaux* au moment de l'excitation[2]. En général, le résultat de cette excita-

---

1. K. Eckhard (1822-1905), physiologiste allemand très connu par ses recherches sur le muscle cardiaque, sur les nerfs vaso-moteurs, sur les sécrétions et en particulier sur la sécrétion salivaire, etc.

2. Cette dernière condition est fort importante. C'est d'ailleurs une condition qui paraît générale de l'action des nerfs viscéraux aussi bien que vasculaires.

tion est une vaso-constriction, parce que l'action des vaso-constricteurs l'emporte d'ordinaire sur celle des vaso-dilatateurs.

Mais est-il possible, dans l'excitation d'un tronc nerveux contenant des fibres antagonistes, de n'obtenir que l'un des deux effets vasomoteurs qu'elle peut amener? On a observé que, après la section d'un tel nerf, le sciatique par exemple, les filets vaso-constricteurs qu'il contient dégénèrent plus rapidement que les vaso-constricteurs (Goltz); en excitant le nerf quelques jours après la section, on peut donc ne mettre en jeu que l'excitabilité subsistante encore des vasodilatateurs [1].

Nous allons voir, de plus, en étudiant l'action de ces nerfs en elle-même, que l'emploi de divers excitants permet de séparer les vasodilatateurs des vaso-constricteurs.

B. Analyse de l'action des nerfs vaso-dilatateurs. —

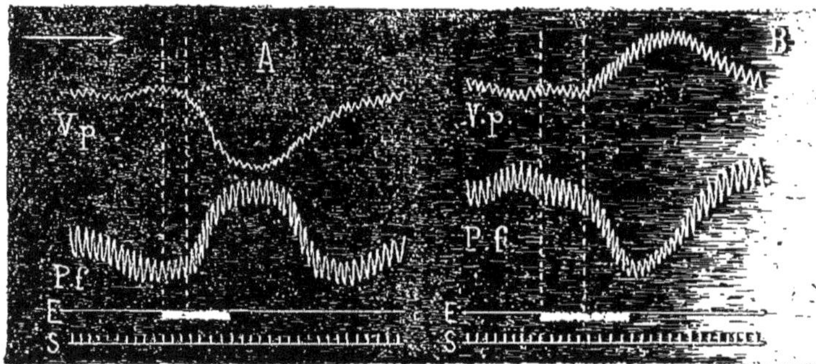

Fig. 116. — Effets vaso-moteurs inverses de l'excitation du sciatique (tracé de J.-P. Langlois). Chien chloralisé.

Vp, courbe pléthysmographique indiquant les variations de volume de la patte sous l'influence des modifications vaso-motrices ; — Pf, pression dans le bout périphérique de l'artère fémorale ; — E, excitation faradique au bout périphérique du nerf sciatique ; — S, temps en secondes.

A, vaso-constriction, la patte ayant été préalablement chauffée ; le temps perdu est de 2",5 ; — B, vaso-dilatation, la patte ayant été préalablement refroidie ; le temps perdu est de 4",5.

Nous l'avons déjà signalée à propos de l'effet des excitations des nerfs accélérateurs (p. 461) et modérateurs (p. 463) du cœur. En ce qui concerne les nerfs vasculaires, on la constate assez aisément par l'excitation du nerf sciatique sur un membre préalablement refroidi ou chauffé, c'est-à-dire dont les vaisseaux sont préalablement en état de vaso-constriction ou de vaso-dilatation (voy. fig. 116). De même, l'excitation de l'un des deux nerfs splanchniques ou pneumogastriques (voy. p. 232) met en activité les filets moteurs ou inhibiteurs de l'estomac qu'ils contiennent l'un et l'autre, suivant que cet organe est à l'état de repos ou en mouvement. Dans cette détermination du sens de l'action nerveuse par la condition actuelle de l'organe il convient donc de voir une loi générale.

1. Dans le cas du sciatique, les filets vaso-constricteurs cessent d'être excitables trois ou quatre jours après la section du nerf, et les vaso-dilatateurs sont encore excitables six ou sept jours après.

Pour qu'un nerf soit considéré comme vaso-dilatateur, il ne suffit pas que son excitation produise l'augmentation du calibre des vais-seaux d'une région donnée ; il pourrait se faire que ce fût là un phénomène réflexe et qu'on eût excité un nerf centripète dont la mise en jeu allât provoquer une action d'arrêt sur des centres constricteurs. Il faut que le nerf en question soit *centri-fuge*, c'est-à-dire que son effet soit produit d'*emblée*, sans être précédé d'un effet d'une autre nature, d'une constriction préalable par exemple.

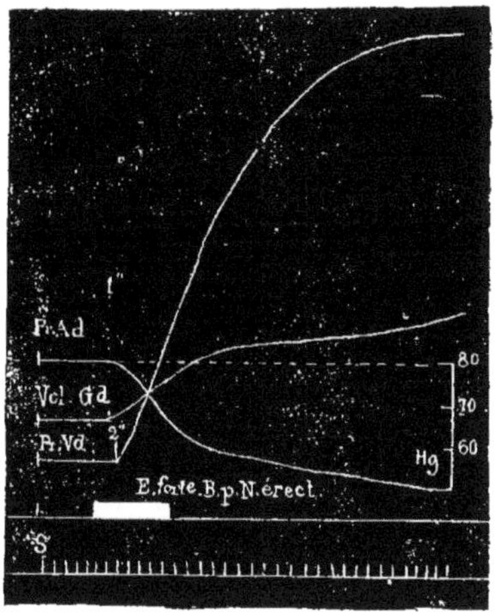

Les résultats de l'excitation d'un nerf vaso-dilatateur sont nécessairement inverses de ceux qu'amène l'excitation d'un vaso-constricteur : la pression du sang s'abaisse dans les artérioles relâchées et s'élève dans les veines, par suite de l'augmentation de l'afflux sanguin que cause l'élargissement des artères (voy. fig. 117); les organes dans lesquels se passent ces phénomènes deviennent plus rouges, leur volume augmente et leur température s'élève.

Comme les vaso-constricteurs, les vaso-dilatateurs ne répondent pas tout de suite à l'excitation ; mais la période latente d'excitation est généralement assez longue (3 à 5 secondes en moyenne).

Leur section ne donne lieu à aucune réaction ; la section de la corde du tympan, par exemple, ne modifie en rien la circulation

Fig. 117. — Effet sur les pressions artérielle et veineuse de l'excitation d'un nerf vaso-dilatateur (tracé de François-Franck).

Chien à bulbe détruit.

Pr A*d*, pression récurrente dans une artère dorsale du pénis (pression dans le bout périphérique de l'artère) ; — Vol. G*d*, courbe pléthysmographique indiquant les changements de volume du gland ; — Pr V*d*, pression dans le bout périphérique d'une veine dorsale du pénis (le manomètre veineux est chargé avec une solution d'oxalate de soude) ; — E, excitation faradique du bout périphérique d'un nerf érecteur sacré ; — S, temps en secondes.

L'excitation provoque, avec un faible retard (I"), la vaso-dilatation qui se traduit par une rapide dépression artérielle, de 30 millimètres de mercure environ, par l'augmentation de volume simultanée du pénis et par l'élévation plus tardive de la pression veineuse.

N.-B. — Les oscillations cardiaques de la pression sanguine ne s'inscrivent pas sur ces tracés, à cause de l'étroitesse des vaisseaux explorés ; seules, les oscillations du niveau général se transmettent.

dans la glande sous-maxillaire. Les vaso-dilatateurs n'ont point d'influence *tonique* sur les vaisseaux.

Ils répondent de préférence à divers excitants. Ainsi les irritations espacées (un ou deux chocs d'induction par seconde) les mettent plus facilement en activité, tandis que les vaso-constricteurs répondent plutôt aux secousses induites rapides. De même les irritations thermiques sont quasi spécifiques pour les vaso-dilatateurs; par exemple, l'excitation du bout périphérique du sciatique par une chaleur de 52° détermine, après une période latente très longue, l'augmentation de volume de la patte.

Nature de l'action vaso-dilatatrice. — Autant le mode d'action des vaso-constricteurs fut facilement connu, puisque ces nerfs déterminent directement la contraction des fibres musculaires disposées autour des vaisseaux, autant le mécanisme de la dilatation artérielle est resté hypothétique. On ne peut penser que les nerfs vaso-dilatateurs agissent sur la musculature des vaisseaux, puisque ceux-ci ne présentent pas de fibres musculaires longitudinales dont la contraction augmenterait leur dimension transversale. On a admis qu'ils agissent seulement sur les vaso-constricteurs pour en suspendre l'action, pour les paralyser temporairement; par suite, les vaisseaux, étant soustraits à l'influence tonique de ces nerfs, se laissent distendre *passivement* sous l'effort de la pression sanguine. C'est donc le nerf seul qui est *actif* dans le phénomène de la vaso-dilatation. Si tel est le mode d'action des vaso-dilatateurs, *ces nerfs se classent parmi les nerfs d'arrêt dont ils formeraient une catégorie*. On objecte, à la vérité, que la vaso-dilatation, produite par l'excitation d'un nerf vaso-dilatateur, est plus considérable que celle qui résulte de la paralysie des vaso-constricteurs, telle que la réalise la section de ces derniers. Mais cela tiendrait à ce que le tonus vasculaire n'est pas complètement supprimé par la section des constricteurs d'une région donnée, ce tonus ne dépendant pas seulement de la moelle et des ganglions de la chaîne sympathique, mais aussi de cellules ganglionnaires disséminées, situées à la périphérie. Or, en excitant un nerf vaso-dilatateur, on agit sur tous les vaso-constricteurs et jusque sur ceux qui sont issus des ganglions nerveux périphériques. — Cette hypothèse cependant est moins en faveur depuis qu'on a montré (Langley) que l'excitation de fibres issues d'un ganglion périphérique. ce ganglion ayant été d'ailleurs paralysé au moyen de la nicotine, donne lieu à la vaso-dilatation. Par suite. on pense que les vaso-dilatateurs agissent directement sur le tissu périphérique innervé.

Il faut encore remarquer que les nerfs vaso-dilatateurs peuvent exercer leur action même quand les vaso-constricteurs de la région ont été préalablement coupés.

3° *Nerfs sensitifs des vaisseaux*.

Quelques expériences paraissent montrer que de la face interne des vaisseaux peuvent partir des excitations qui, transmises aux centres nerveux, y provoquent des réactions aboutissant à la mise en activité des centres et des nerfs vaso-moteurs.

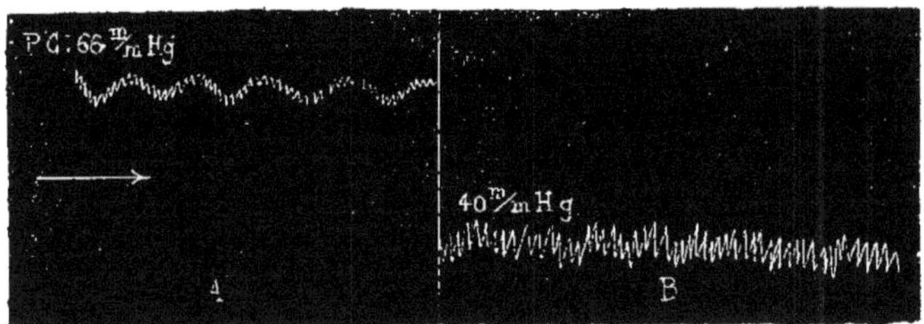

Fig. 118. — Pression carotidienne, chez le chien, après section du bulbe (A) et après destruction de la moelle (B).

Chien curarisé. La pression carotidienne est de 120 millimètres de mercure. Après section sous-bulbaire, elle tombe à 66 millimètres (en A). Après destruction complète de la moelle par un courant d'eau chaude (procédé de GLEY, 1889), elle n'est plus que de 40 millimètres (en B).

Telles sont les expériences de P. HEGER[1] (1887); on établit une circulation artificielle dans le membre postérieur d'un animal, après avoir séparé ce membre du reste du corps, auquel ses nerfs seuls le relient encore; on injecte dans l'artère fémorale un peu de nicotine ou de nitrate d'argent; la pression aortique de l'animal s'élève et le cœur s'accélère. D'autres auteurs ont fait des observations analogues. Mais des résultats contradictoires ont été obtenus, en particulier par A. STEFANI[2] (1896), de telle sorte que l'existence des nerfs *vaso-sensibles* n'est pas reconnue par tous les physiologistes.

4° *Centres nerveux vaso-moteurs*.

A. Centres vaso-constricteurs. — Les nerfs vaso-constricteurs tirent leur origine du bulbe et de la moelle.

Le centre bulbaire se trouve au niveau du plancher du 4e ventricule, de chaque côté de la ligne médiane; une excitation électrique portée en cette région détermine l'élévation de la pression artérielle générale, par suite du rétrécissement de toutes les artères, tandis que la suppression temporaire de ce centre par cocaïnisation locale ou sa destruction par section du bulbe amène la dilatation de toutes les artères et une chute profonde de la pression artérielle. C'est donc là un centre vaso-constricteur général.

1. Physiologiste belge contemporain.
2. Physiologiste italien contemporain.

Et c'est le principal centre, comme le prouvent les expériences précitées et comme le montre aussi l'action de l'anhydride carbonique: il suffit, en effet, pour provoquer une élévation rapide de la pression artérielle par excitation du centre bulbaire, de 5 p. 100 d'anhydride carbonique, tandis qu'il en faut 25 p. 100 pour obtenir une augmentation de la pression sur un animal réduit à sa moelle, après section sous-bulbaire.

Les fibres issues du centre bulbaire descendent par les cordons antéro-latéraux de la moelle et se mettent en rapport dans la substance grise de celle-ci avec des centres vaso-constricteurs secondaires.

Il se trouve en effet de tels centres dans la moelle, puisque la forte chute de pression artérielle qui se produit à la suite de la section de la moelle cervicale inférieure ne dure pas plus de une heure ou deux et que, passé ce temps, la pression commence à se relever et redevient peu à peu presque normale. Mais si, après la section du bulbe, on détruit la moelle (voy. fig. 118), il survient une nouvelle et très profonde chute de la pression artérielle. On peut aussi pratiquer des sections successives de la moelle, de bas en haut, et l'on voit que chaque opération est suivie de la dilatation paralytique des vaisseaux de la région correspondant au niveau de la section des membres inférieurs si celle-ci est faite à la hauteur de la première vertèbre lombaire, des membres supérieurs et inférieurs si elle est faite à la hauteur de la deuxième vertèbre dorsale; inversement, l'excitation électrique du segment de moelle coupée amène une élévation de pression dans les vaisseaux desdites régions.

D'autre part, le rôle du bulbe et de la moelle comme centres vaso-constricteurs ressort encore plus nettement, si possible, du pouvoir que manifestent ces parties du système nerveux, de *réfléchir* sur les vaisseaux ou plus exactement sur les nerfs vaso-constricteurs les excitations sensitives qu'elles reçoivent. C'est un point qui sera examiné tout à l'heure à propos du fonctionnement des centres vaso-moteurs.

Les fibres vaso-motrices, avant de se répandre dans les nerfs périphériques, passent par des ganglions sympathiques. Ceux-ci jouent-ils aussi le rôle des centres? On l'a pensé pour plusieurs raisons.

1° On a montré qu'après telle ou telle section de la moelle, ils suffisent à maintenir à quelque degré le tonus vasculaire dans la région où ils se trouvent; si on vient à les arracher, ce tonus est alors aboli. — 2° Ils posséderaient la propriété de transformer des excitations centripètes en réactions motrices. L'expérience relatée plus haut (p. 184) sur le pouvoir réflexe du ganglion sous-maxillaire a servi aussi à la démonstration de ce fait. Mais la réalité de ces réflexes n'est plus guère admise aujourd'hui. On en verra l'explication plausible au paragraphe: *ganglions sympathiques*.

Attribuera-t-on encore les mêmes fonctions à des éléments nerveux disséminés dans la paroi des vaisseaux? La question s'est posée, puisqu'il a été prouvé que le tonus des vaisseaux de la patte, par exemple, supprimé par la section du nerf sciatique, se rétablit au bout d'un jour ou deux et que l'on a même vu la pression aortique, à la suite de la section des deux splanchniques, remonter à peu près à son niveau normal au bout d'une ou deux semaines. — Mais l'existence de cellules nerveuses dans les parois artérielles n'est pas histologiquement certaine et il se peut que les adaptations signalées dépendent d'une activité automatique des fibres musculaires des vaisseaux eux-mêmes.

Ainsi le centre bulbaire peut être considéré comme le centre vaso-constricteur principal ou de premier ordre, parce que les phénomènes résultant de son excitation ou de sa section sont les plus considérables; les centres médullaires sont des centres de deuxième ordre et les centres périphériques (formations ganglionnaires) seraient des centres de troisième ordre.

B. Centres vaso-dilatateurs. — Puisqu'il y a des nerfs vasodilatateurs parfaitement différenciés, il faut admettre que ces nerfs ont dans le bulbe et dans la moelle des noyaux d'origine jouant le rôle de centres. La preuve en est que, comme nous le verrons en parlant du fonctionnement des centres vaso-moteurs, une même excitation peut donner lieu, toutes conditions d'excitabilité de l'axe bulbo-médullaire paraissant égales, à des réactions vasculaires de sens inverse dans le même temps, dans des territoires artériels plus ou moins distants, souvent même voisins les uns des autres. Or, il est difficile de supposer qu'une même excitation puisse à la fois et au même moment exciter et inhiber le même centre; dans l'asphyxie, par exemple, il se produit en même temps, sous l'influence excitante du sang noir, des phénomènes vaso-dilatateurs et vaso-constricteurs, et cela non pas seulement dans des départements vasculaires éloignés, mais aussi dans des départements voisins (voy. plus loin, p. 485). De plus, il y a des substances qui diminuent l'excitabilité des centres vaso-dilatateurs, celle des centres vaso-constricteurs restant intacte; c'est ainsi que la toxine pyocyanique atténue considérablement le réflexe dépresseur causé par l'excitation du nerf de Ludwig-Cyon et le phénomène de vaso-dilatation réflexe que provoque dans l'oreille l'excitation du bout central du nerf auriculo-cervical (Charrin et Guy, 1890).

Le principal centre vaso-dilatateur se trouve dans le bulbe, comme le montrent les résultats des nombreuses excitations sensitives qui y arrivent et déterminent des vaso-dilatations réflexes, soit dans les diverses parties de la tête (face, glandes salivaires, etc.), soit dans les viscères (action des nerf dépresseurs, voy. p. 466). — Parmi les centres vaso-dilatateurs médullaires, le mieux connu est celui du pénis; les excitations mécaniques du gland amènent parfaitement l'érection après la section de la moelle au niveau de la dernière vertèbre dorsale, l'animal (chien) étant remis du traumatisme; mais si on détruit la moelle lombaire, ce réflexe ne se produit plus (Goltz).

Les éléments nerveux périphériques se comportent-ils aussi comme des centres? Des expériences de E.-H. Weber ont montré que après la section de tous les nerfs qui se rendent à la membrane interdigitale de la grenouille, des excitations chimiques directes de cette membrane peuvent amener de la congestion, et l'hypothèse a été exclue que, dans ces expériences, l'irritation se porte sur les vaisseaux eux-mêmes; c'est le tégument de la palmure interdigitale qui serait excité, c'est-à-dire les nerfs centripètes de la peau.

C. Fonctionnement des appareils vaso-moteurs. — L'activité des centres vaso-moteurs, comme celle des centres cardiaques, est mise en jeu par des excitations réflexes, par des excitations chimiques (automatisme des centres), par association.

1° Les excitations des nerfs sensibles, quelles qu'elles soient, provoquent en général une augmentation de la pression aortique, par le resserrement des vaisseaux des organes profonds, en même temps qu'une dilatation des petits vaisseaux de la peau et des muscles; il y a donc réaction *simultanée* des centres vaso-constricteurs et des centres vaso-dilatateurs. C'est ce dernier fait qu'il est important de retenir, car le balancement entre les vaisseaux du tégument et des muscles et ceux des viscères n'est pas de règle absolue. Et des excitations sensitives peuvent donner lieu à des réactions de sens inverse dans des réseaux artériels voisins.

L'effet est le même des excitations des organes des sens et des excitations cérébrales (émotions diverses, sensations de plaisir, etc.), avec cette différence que ce sont surtout des phénomènes de vaso-constriction qui se produisent sous ces influences[1], tandis que le cerveau augmente de volume par dilatation de ses artères; ce dernier phénomène a été bien étudié par A. Mosso sur plusieurs individus qui présentaient des pertes de substance osseuse crânienne et sur lesquels on pouvait inscrire les changements de volume du cerveau pendant une émotion, un calcul mental, etc. (voy. fig. 119).

[1]. Il faut cependant remarquer la spécificité de la réaction des vaisseaux de la face sous l'influence soit de la pudeur ou de la honte, soit de la peur; dans le premier cas, c'est toujours une dilatation et, dans le second cas, toujours une constriction qui se produit. L'action des autres émotions sur les vaisseaux de la face n'est pas constante. Il est difficile de dire si, dans ces cas de vaso-dilatation, il s'agit toujours d'une excitation du centre vaso-dilatateur ou d'une paralysie du centre vaso-constricteur.

Le tonus artériel est en partie sous la dépendance de tout cet ensemble d'excitations sensibles.

2° Les excitations chimiques agissent également sur la pression artérielle. Celles qui sont causées par les modifications quantitatives des gaz du sang sont normalement les plus importantes. *On considère souvent le tonus vasculaire comme dépendant, du moins en grande partie, de la teneur du sang en oxygène et acide carbonique.* — Dans l'apnée, l'excitabilité des centres vaso-constricteurs diminue et la pression artérielle tend à s'abaisser. Si, au contraire, la teneur du sang en acide carbonique augmente, le centre vaso-constricteur est excité. Mais si cette augmentation est notable, comme dans l'asphyxie, tous les centres nerveux, les vaso-dilatateurs comme les constricteurs, vont être excités. Quelle sera, dans ce cas de l'asphyxie, la réaction artérielle prédominante? On a soutenu que, sous l'influence du sang noir, les vaisseaux des viscères se resserrent, tandis que les vaisseaux musculo-cutanés se dilatent; c'est cette constriction des vaisseaux profonds qui amène l'élévation de la pression aortique; ainsi se diviseraient, sous cette action, en deux groupes distincts les centres vasomoteurs. Si c'est là le sens général de la réaction, les choses cependant

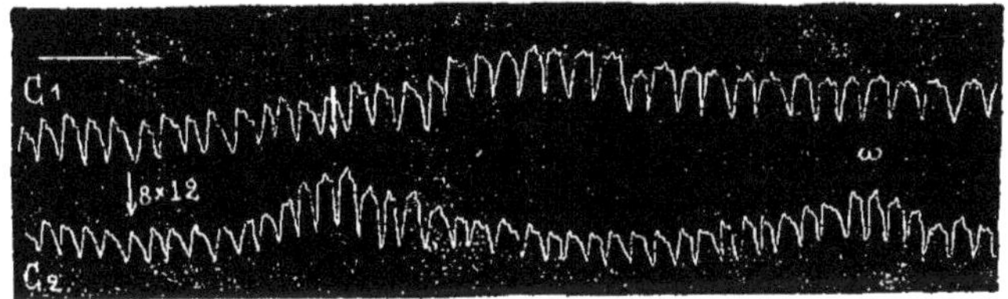

Fig. 149. — Vaso-dilatation cérébrale sous l'influence d'une émotion ou d'un travail intellectuel (A. Mosso). — Tracé réduit de moitié.

C₁, inscription des changements de volume du cerveau. La flèche indique le moment où, pendant son sommeil, on a appelé à voix basse le sujet par son nom sans qu'il se réveille; — C₂, idem. La flèche indique le début du travail mental, multiplication de 8 par 12; en ω, le sujet donne le résultat. — Le sujet est un paysan de trente-sept ans, qui avait reçu du haut d'un toit sur la tête, deux mois auparavant, une brique de 3 kilogrammes environ et auquel il était resté une brèche cranienne de 25 millimètres à peu près de diamètre, à la partie supérieure du front, du côté droit. Par cette ouverture se produisaient des mouvements d'expansion et de retrait du cerveau, faciles à inscrire par un dispositif approprié.

sont un peu moins simples que ne le veut cette formule, ou mieux la règle que celle-ci implique n'est pas absolue. Comme l'excitation des nerfs sensibles, l'asphyxie ne détermine pas d'une manière nécessaire et immuable le resserrement des vaisseaux de toute une partie de l'organisme et simultanément la dilatation de tous les vaisseaux d'une autre partie; mais il peut arriver que, dans le même département, les vaisseaux des diverses régions ne réagissent pas tous dans le même sens. L'expérience seule peut donc nous renseigner sur le sens de la réaction vasculaire dans des territoires même très voisins.

Beaucoup de substances qui se forment dans l'organisme, comme l'acide carbonique, et passent dans le sang, agissent sur les appareils vasomoteurs. L'urée augmente la pression artérielle par excitation des centres vaso-constricteurs[1]. L'adrénaline[2], principe actif des capsules surrénales et qui passe dans le sang veineux surrénal, produit le même effet par excitation des terminaisons sympathiques. L'extrait d'hypophyse élève aussi la pression artérielle, mais par action directe sur les vaisseaux. Au contraire, l'extrait de glande thyroïde ou l'iodothyrine, principe retiré de cette glande, détermine une baisse de la pression artérielle. — La question est de savoir si ces produits des glandes dites *à sécrétion interne* passent régulièrement dans le sang artériel et en quantité suffisante pour entretenir le jeu des appareils vaso-moteurs. Cette question sera examinée au chapitre des *sécrétions internes*.

Nous n'avons pas à étudier les nombreuses substances toxiques qui, introduites dans l'organisme, agissent sur les appareils vaso-moteurs. Ce serait faire œuvre de pharmacodynamie.

3° Nous avons déjà eu l'occasion de signaler l'étroite association qui existe entre les centres respiratoires et les centres vaso-moteurs (voy. p. 418). Des excitations provenant de ceux-là sont transmises à ceux-ci par des fibres intercentrales.

5° *Rôle des appareils nerveux vaso-moteurs. Conséquences des réactions vaso-motrices.*

Les nerfs vaso-moteurs ont été souvent comparés à des robinets par le jeu desquels est réglée l'arrivée du sang dans les différents organes suivant les besoins de ceux-ci. A ce point de vue de la *distribution du sang*, les vaso-dilatateurs ont le rôle le plus important, puisque par leur intervention les organes reçoivent tout le sang dont ils ont besoin pendant leurs périodes d'activité. On a montré, par exemple, que, durant l'activité musculaire, les échanges respiratoires généraux deviennent six ou huit fois plus intenses et que cet accroissement est dû presque exclusivement à l'augmentation du métabolisme résultant de cette activité même : dans cette condition, les muscles ont besoin de recevoir un surplus de sang pour en obtenir l'oxygène nécessaire à leur contraction. Alors il doit se faire une dérivation du sang des tissus inactifs vers les tissus en plein fonctionnement. Ce phénomène est sous la dépendance du système nerveux central.

Les nerfs vaso-moteurs sont aussi les *régulateurs de la pression du sang dans les vaisseaux*. On doit remarquer tout de suite le rôle que jouent à cet égard les vaso-constricteurs : on a vu, en effet, que le tonus vasculaire est en grande partie sous leur dépendance ; ces nerfs aident donc au maintien constant de la pression artérielle à

---

1. L'urée agit localement, en particulier sur les vaisseaux du rein, comme vaso-dilatateur.

2. L'adrénaline agit aussi localement sur tous les vaisseaux et en provoque le resserrement énergique. L'adrénaline est le plus puissant vaso-constricteur connu jusqu'à présent.

son niveau moyen. — Les faits qui suivent vont montrer encore
cette fonction régulatrice des nerfs vaso-moteurs. Examinons pour
cela les conséquences, sur la pression artérielle et par suite sur la
circulation, des excitations, soit directes, soit réflexes, des nerfs ou
des centres vaso-moteurs.

Le cas le plus simple est celui où les réactions vasculaires sont localisées ; telle est la dilatation des vaisseaux de la glande sous-maxillaire par
l'excitation de la langue ; la vaso-dilatation gastro-intestinale qui accompagne le travail digestif ; la dilatation des vaisseaux du pénis (d'où l'érection) par l'excitation du bout central d'un nerf honteux interne, etc., etc.
Dans tous ces cas la pression aortique ne subit aucune modification. Il en
est de même si les artères ne se contractent que dans une région limitée ;
la circulation générale n'est pas pour cela modifiée. La raison en est que
les veines correspondantes, grâce à leur calibre si aisément extensible,
s'accommodent tout de suite aux augmentations ou aux diminutions de
l'afflux sanguin qui résultent passagèrement des mouvements des artères.

Au contraire, les nombreux vaisseaux d'un ou de plusieurs territoires
artériels étendus peuvent se resserrer ou se dilater en même temps. On
a vu tout à l'heure que beaucoup d'excitations sensitives et, d'autre part,
que l'asphyxie et diverses substances provoquent de telles réactions
vasculaires, par exemple la vaso-dilatation de la peau et des muscles et
de quelques muqueuses et la vaso-constriction de la masse abdominale ;
d'autres excitations, comme l'application du froid sur la peau, déterminent
le resserrement des réseaux artériels du tégument externe et des reins et
la dilatation de ceux de la plupart des viscères. Quand cette sorte de
« balancement circulatoire » (DASTRE et MORAT) se produit, quand une vaso-
constriction sur un département étendu s'accompagne d'une vaso-dilatation dans un territoire approximativement égal, il est clair que par cela
même il y a compensation et que la pression aortique ne varie que dans
de faibles limites.

Mais on sait qu'il n'en va pas toujours ainsi et que l'excitation du nerf
dépresseur, par exemple, ne détermine pas seulement de la vaso-dilatation
abdominale, mais aussi périphérique (voy. p. 466) et que l'asphyxie donne
lieu souvent à de la vaso-constriction cutanée en même temps que viscérale
(p. 485) ; bref, qu'il n'y a pas une loi absolue de balancement circulatoire.
Dans ces cas la circulation serait troublée, s'il n'intervenait pas des mécanismes nerveux compensateurs pour rétablir l'équilibre menacé. Supposons une élévation de la pression aortique, par suite du resserrement des
artérioles dans un grand nombre de régions à la fois, chassant un excès
de sang dans les veines, et de là dans le cœur droit, puis, si les vaisseaux
pulmonaires ne modifient pas leur calibre, dans le cœur gauche. Or, ces
fortes et rapides augmentations de la pression aortique provoquent des
irritations des terminaisons nerveuses endocardiaques transmises au bulbe
par les nerfs dépresseurs (voy. p. 466) ; alors le cœur se ralentit : par
suite, entre les systoles moins fréquentes, la pression artérielle peut déjà
s'abaisser : en même temps les vaisseaux abdominaux se relâchent, ce qui
donne au sang une large et facile voie d'écoulement. — Inversement,

dans les cas d'abaissement trop considérable de la pression aortique (par diminution de l'énergie cardiaque, par exemple, ou par vaso-dilatation étendue', la diminution de la pression intracranienne qui en résulte ou l'anémie bulbaire qui se produit alors amène l'accélération des battements du cœur (par excitation des centres accélérateurs) et l'élévation de la pression artérielle (par excitation des centres vaso-constricteurs).

En résumé, quand il survient dans la circulation artérielle une modification profonde, aussitôt se produisent des réactions cardiaques et vasculaires de sens inverse, qui atténuent, puis suppriment la perturbation. Et ainsi par ces faits se montre bien toute l'importance du rôle régulateur des appareils vaso-moteurs.

Les nerfs vaso-moteurs exercent aussi une influence marquée sur la *répartition de la chaleur* dans l'organisme. La quantité de chaleur rayonnée au dehors dépend avant tout de la circulation cutanée et celle-ci est réglée par l'action des nerfs vaso-moteurs. Or, les pertes de chaleur, chez les animaux homéothermes et pour que leur température reste constante, doivent s'adapter aux variations thermiques du milieu extérieur. C'est une question dont l'étude sera faite au chapitre de la *chaleur animale*.

<h3 style="text-align:center">6° Nerfs des veines.</h3>

On a vu que les veines sont contractiles (p. 443). Cette propriété, comme la propriété similaire des artères, est-elle sous l'influence du système nerveux? On peut l'admettre d'après quelques expériences.

L'excitation du bout périphérique d'un splanchnique détermine le rétrécissement de la veine porte et de ses branches intra-hépatiques. L'excitation du bout périphérique d'un sciatique amène la constriction des veines du membre inférieur (expériences sur le chien et sur le lapin). — Il est à supposer que l'on trouvera d'autres vaso-moteurs veineux.

Les veines, d'ailleurs, sont normalement dans un état de demi-contraction permanente, analogue au tonus artériel et l'on admet que ce tonus est sous la dépendance du système nerveux central.

Le rôle des nerfs moteurs des veines ne peut encore être déterminé. Nul doute cependant que la connaissance exacte des actions de ces nerfs ne vienne nous apprendre que dans beaucoup de cas les phénomènes vaso-moteurs sont plus complexes encore que nous ne le voyons déjà.

<h3 style="text-align:center">7. — Distribution du sang dans l'organisme.</h3>

Maintenant que l'on sait comment circule le sang dans les diverses parties de l'appareil cardio-vasculaire, il reste à voir de quelle manière se fait sa répartition dans les principaux départements de l'organisme.

1° *Répartition générale du sang.*

Le sang passe des artères dans les veines à travers les vaisseaux de la peau, des muscles et des viscères, c'est-à-dire par trois grandes voies. La voie musculaire est assez large pour donner passage en un temps donné à une quantité de sang égale à celle que contiennent les vaisseaux cutanés et intestinaux (voy. fig. 120). Pour que la distribution du sang dans toutes les parties de l'organisme se fasse régulièrement, il faut qu'à chaque instant il revienne au cœur par les veines une quantité de sang égale à celle que le cœur envoie dans les artères (voy. p. 440. Or, le système veineux est tellement

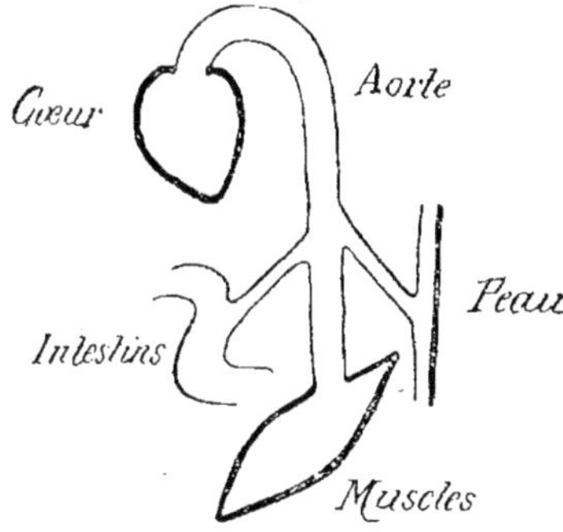

Fig. 120. — Schéma des trois grands territoires de la distribution du sang dans le corps humain : les muscles, l'intestin et la peau (LAUDER BRUNTON).

spacieux qu'après la mort, c'est-à-dire quand il est en état de relâchement complet, il contient tout le sang de l'organisme. Si, pendant la vie, le sang ne s'accumule pas dans les veines, c'est qu'il est sans cesse aspiré vers le cœur (voy. p. 444). Ainsi se maintient sa circulation. Quant à sa répartition, on peut dire qu'en général et normalement chaque partie du corps reçoit la quantité de sang nécessaire à ses besoins et que, suivant son activité plus ou moins grande, elle en reçoit davantage, grâce à la dilatation de ses vaisseaux. En même temps les vaisseaux se resserrent dans une autre partie de l'organisme. Nous avons examiné déjà (voy. p. 487) les phénomènes de compensation et leur grandeur. La quantité de sang contenue dans les organes n'est donc pas constante, mais au contraire varie beaucoup. C'est dans ce fait que se dévoile toute l'importance des mécanismes vaso-moteurs qui ont été étudiés et grâce auxquels est sans cesse possible et sans cesse réalisé l'établissement plus ou moins durable d'une foule de circulations locales.

2° *Circulations spéciales.*

Il faut avoir soin de ne pas confondre avec les circulations locales les *circulations spéciales* ou *particulières*, qui s'opposent aussi à la circulation générale, mais s'entendent des circulations propres à des organes placés dans des conditions anatomiques telles qu'il en résulte des dispositions mécaniques et physiques par lesquelles le cours du sang se trouve constamment influencé. C'est ainsi que les poumons et le cerveau présentent des conditions qui donnent à la circulation dans ces organes des caractères particuliers. Ainsi en va-t-il encore quand un système capillaire spécial se trouve placé sur un point du cône artériel ou veineux qu'il interrompt; une telle disposition s'observe dans les vaisseaux artériels du rein, au niveau des pelotons vasculaires qui constituent les glomérules de Malpighi, ou dans le système de la veine porte par lequel le sang, que les troncs cœliaque et mésentérique fournissent aux organes de la digestion, est conduit dans un tronc commun par un grand nombre de veines, et ce tronc, au lieu de se jeter immédiatement dans la veine cave, se ramifie d'abord dans le foie à la manière d'une artère; ce sont seulement les veines sus-hépatiques ou vaisseaux efférents de ce système surajouté de capillaires qui vont se jeter dans la veine cave. Dans quelque région qu'existe cette disposition, on donne toujours le nom de *vaisseau porte* ou de *système porte* à toute partie de l'appareil circulatoire dans laquelle le sang va des capillaires d'un organe vers les capillaires d'un autre organe. — Il nous paraît préférable de reporter l'étude des circulations spéciales à la physiologie de chacun des organes qui présente des dispositions particulières modificatrices des conditions de la circulation générale.

3° *Durée moyenne de la circulation.*

On a vu quelle est la vitesse du sang dans les divers départements de l'appareil vasculaire (p. 423, 442 et 448). Mais, en considérant la circulation dans son ensemble, il faut se demander quelle en est la vitesse générale, c'est-à-dire avec quelle vitesse moyenne le sang parcourt toute l'étendue du système cardio-vasculaire. La question revient à celle-ci : combien faut-il de temps à un globule sanguin pour aller du ventricule gauche à l'oreillette droite?

Les expériences de E. von Hering[1] (1827) ont permis d'y répondre en partie. Ces expériences consistent à injecter dans le bout central d'une veine une substance aisément décelable et à la reconnaître dès son apparition dans le bout périphérique du même vaisseau ou du vaisseau symétrique. On injecte d'ordinaire du ferrocyanure de potassium dans une veine jugulaire; on recueille de cinq en cinq secondes le sang qui s'écoule par le bout périphérique de cette veine et on a, au bout de quinze secondes environ chez le chien, de trente secondes chez le cheval, un échantillon qui donne avec le perchlorure de fer la réaction bleue caractéristique

---

1. E. von Hering (1799-1881), vétérinaire et physiologiste allemand.

(bleu de Prusse)[1]. — Chez les grands animaux la durée moyenne de la circulation est plus longue et chez les petits animaux plus courte. — La durée de la circulation pulmonaire, déterminée de la même façon, a été trouvée de six secondes chez le chien. — Il faut remarquer que les chiffres trouvés par cette méthode ne donnent pas en réalité la durée moyenne de la circulation, mais seulement une valeur minima, le temps le plus court que met une substance injectée dans le sang à accomplir une circulation. En effet la substance introduite dans le sang se divise, à partir de l'aorte, entre toutes les artères et ses différentes fractions ont à parcourir des trajets très inégaux. La durée moyenne nécessaire à un globule sanguin pour faire le tour complet de la grande et de la petite circulation est au moins le double de la durée minima ci-dessus indiquée.

Il y a de cette rapidité de la circulation une foule de preuves. Toutes les expériences d'intoxication par des substances étrangères à l'organisme sont très démonstratives à ce sujet. On sait qu'une ou deux gouttes d'acide cyanhydrique, déposées sur la conjonctive, font périr un lapin en huit ou dix secondes; si le poison est déposé en un point plus éloigné de la moelle allongée, sur une plaie du pied, par exemple, la mort est un peu moins rapide, parce que le sang met plus de temps à arriver au cœur par les saphènes que par les jugulaires. Toutes les fois qu'on empoisonne un animal par une injection sous-cutanée, l'action toxique est précédée des trois phases suivantes : pénétration du poison dans le sang des capillaires (voy. p. 292); transport par le sang de la substance absorbée; issue hors du sang de la substance, et c'est à la suite de cette dernière phase que se produit l'action toxique sur un tissu ou sur un ou plusieurs organes.

III. — LA LYMPHE.

Il a été dit déjà (voy. p. 296) que la lymphe est, comme le sang et mieux et plus que le sang, *le milieu intérieur*.

Une partie du plasma sanguin transsude à travers les parois des capillaires et se répand dans les *espaces lymphatiques* ou interstices des tissus qui se trouvent dans tout l'organisme ; ce *plasma* ou liquide *interstitiel*, qui se modifie par les échanges au contact des éléments cellulaires qu'il entoure, constitue le véritable milieu intérieur ; plus ou moins chargé des produits de l'activité des tissus, il est repris par les vaisseaux lymphatiques[2], traverse les ganglions

---

1. Cette réaction ne serait pas visible dans le sang total. On fait l'expérience avec le sérum des divers échantillons recueillis.

2. On a indiqué p. 288 la découverte des chylifères : les lymphatiques généraux ont été découverts en 1651 par OLAÜS RUDBECK (1630-1702), anatomiste suédois, qui montra que tous les organes contiennent des vaisseaux lymphatiques. En 1652, il fit la démonstration de ce système vasculaire devant la reine Christine de Suède.

lymphatiques et se jette dans le sang veineux par le canal thoracique et par la grande veine lymphatique droite. De là, la distinction que R. Heidenhain a faite, au point de vue de l'origine de la lymphe, entre « la lymphe du sang » et la « lymphe des tissus », *hémolymphe et histolymphe*. — Il n'est malheureusement pas possible de séparer l'un de l'autre ces deux liquides, puisqu'ils se confondent dans les mêmes espaces lymphatiques où l'hémolymphe se mêle à des produits d'origine cellulaire en proportion variable et indéterminée.

Quoi qu'il en soit, la lymphe (plasma interstitiel) apparaît comme un intermédiaire entre le milieu extérieur et les éléments cellulaires ; c'est elle qui du sang apporte aux divers organes les substances dont ils ont besoin et c'est elle qui déverse dans le sang, par le canal des vaisseaux lymphatiques, les produits de l'activité des tissus.

1. — Étude analytique de la lymphe.

D'après ce qui vient d'être dit, il est clair que la composition de la lymphe doit varier suivant les organes d'où elle provient ; ces différences de composition seraient, au point de vue de nos connaissances sur les processus chimiques intracellulaires caractéristiques de l'activité des organes, encore plus importantes à fixer que celles qui concernent le sang veineux (voy. p. 307) ; mais, faute d'analyses des divers plasmas interstitiels et de la lymphe qui revient des divers organes, on n'a guère de connaissances précises que sur la composition du liquide que l'on recueille du canal thoracique, mélange de toutes les lymphes.

1° *Quantité de lymphe.*

La quantité de lymphe est variable, selon les conditions de repos ou de fonctionnement des organes d'où elle provient. Ainsi, lorsqu'on fait une fistule lymphatique au cou d'un animal, de façon à suivre l'écoulement de la lymphe qui vient de la tête, on remarque que ce liquide est bien plus abondant pendant les mouvements de mastication que pendant le repos. La différence est encore bien plus considérable pour la lymphe qui vient des intestins, selon que l'animal est à jeun ou bien en pleine absorption des produits de la digestion : l'expérience citée p. 300 (en note) en est une preuve convaincante.

Il est donc très difficile, sinon impossible, de déterminer la quantité totale de lymphe du corps. Mais on a déterminé la quantité qui s'écoule par vingt-quatre heures d'une fistule du canal thoracique chez différents animaux. On a vu à la p. 300 la quantité fournie par une vache normalement nourrie. Un chien du poids de 10 kilogrammes donne en moyenne 500 à 650 centimètres cubes de lymphe. — Chez l'homme, dans un cas de fistule du membre inférieur (chez une jeune fille de dix-huit ans, de 60 kilogrammes [J. Munk et Rosenstein, 1890)]. on a recueilli, dans les douze à treize heures consécutives au repas, de 1134 à 1372 grammes de lymphe, et, après dix-huit heures de jeûne, 50 à 70 grammes par heure.

2° *Propriétés de la lymphe.*

La lymphe du canal thoracique est, chez les animaux à jeun, claire, incolore. Pendant la digestion, comme le chyle (lymphe des intestins) s'y mélange en grande quantité et que ce chyle (voy. p. 288-290) contient beaucoup de fines gouttelettes de graisse, la lymphe prend une couleur laiteuse. — Sa saveur est salée.

Sa densité est de 1 007 à 1 043 [1]. Son point de congélation est un peu plus bas que celui du sang, en raison de la présence des produits de désassimilation qui augmentent sa concentration moléculaire [2]. — Sa réaction est alcaline, mais moins que celle du sang.

La lymphe, sortie des vaisseaux, se coagule comme le sang. Le caillot cependant est plus lent à se former, beaucoup moins volumineux que celui que fournit le sang et très peu rétractile [3]. Le mécanisme de cette coagulation est le même que celui de la coagulation du sang et les agents qui s'opposent à cette dernière s'opposent aussi à celle de la lymphe. Le sérum lymphatique est identique, au point de vue qualitatif, au sérum sanguin.

Toxicité de la lymphe. — La lymphe est douée de propriétés toxiques, mais moindres que celles du sang et que le chauffage à 55° abolit (expériences faites avec la lymphe de chien par Pagano. 1893). Cette toxicité serait qualitativement différente de celle du sang, d'après les expériences de Asher et Barbéra [4] (1897) qui ont vu que l'injection de lymphe de chien dans le bout central de la carotide interne, sur le même animal, amène des changements de la pression sanguine par excitation et paralysie du système nerveux vaso-moteur.

1. Dans le cas de fistule chez l'homme cité plus haut, la densité a oscillé de 1 017 à 1 023.

2. Δ a été trouvé égal à $0°,625$ pour la lymphe du canal thoracique du chien, tandis que le Δ du sérum sanguin de la jugulaire, chez le même animal, était de $0°,617$ (G. Fano et F. Bottazzi, 1896).

3. Sur ce dernier point voy. p 375.

4. L. Asher, physiologiste allemand contemporain, professeur à l'Université de Berne. — A.-G. Barbéra, physiologiste italien, professeur à l'Université de Messine, mort à 40 ans dans le tremblement de terre qui détruisit cette ville, fin décembre 1908.

3° *Composition de la lymphe.*

La lymphe n'est pas un véritable liquide, puisque, comme le sang, elle tient en suspension des éléments figurés, des globules blancs. Elle contient aussi, après les repas riches en graisse, des globules graisseux en plus ou moins grande quantité ; on trouve ces granulations non seulement dans la lymphe des intestins (voy. p. 288), mais aussi dans celle du canal thoracique et même des membres inférieurs (par reflux du chyle dans les lymphatiques de la cuisse).

A. Éléments figurés. — Les globules blancs de la lymphe sont des lymphocytes. On en trouve environ 8000 par millimètre cube chez l'homme, de 5 à 8000 chez le chien, plus de 11000 chez le lapin. La proportion est plus considérable dans la lymphe qui sort des ganglions lymphatiques que dans celle qui y arrive (voy. p. 332 . Elle varie beaucoup suivant le point où est puisée la lymphe ; elle est moindre par exemple dans la lymphe des extrémités que dans celle du canal thoracique. — Cette dernière contient une proportion notable de globules rouges (très probablement par reflux du sang veineux).

B. Plasma et sérum. — Le plasma lymphatique est un liquide alcalin, jaune citrin ou à peu près incolore. Sa composition générale est qualitativement celle du plasma sanguin ; elle en diffère en ce qu'elle contient plus d'eau (95 p. 100 environ[1]) et moins de matières albuminoïdes, surtout de globulines ; ainsi sa teneur en fibrinogène est faible ; le plasma lymphatique ne donne en se coagulant que 0,2 à 0,5 p. 1000 de fibrine, tandis que 1 litre de sang en fournit de 1 à 3 grammes.

Les sels de la lymphe sont les mêmes que ceux du sérum sanguin ; on en trouve dans la lymphe humaine 0,7 à 0,9 p. 100 ; le chlorure de sodium y prédomine (environ 7 p. 1000).

Les matières organiques comprennent des matières albuminoïdes (3 à 5 p. 100), sérumalbumine et globulines : d'autres matières azotées en faible proportion, substances extractives, urée (en plus grande quantité que dans le sang : des graisses, graisses neutres, savons, lécithines (de 0,1 à 0,3 p. 100 à l'état de jeûne, consistant surtout en graisses neutres) : de la glycose (un peu moins que dans le sang). Enfin nous avons déjà signalé dans la lymphe (p. 351) la présence d'une amylase qui transforme le glycogène en glycose.

La lymphe contient aussi des gaz : ceux-ci (extraits de la lymphe

du chien) consistent en traces d'oxygène, 1,6 p. 100 d'azote et de
l'acide carbonique en grande quantité, 37 à 53 p. 100. Les analyses
comparatives des gaz du sang et de la lymphe montrent que celle-ci
contient plus d'acide carbonique que le sang artériel, mais moins
que le sang veineux.

C. Composition du chyle. — La lymphe des lymphatiques intestinaux pendant la digestion diffère de la précédente surtout par sa
teneur en graisse qui est beaucoup plus élevée. Dans le cas de
fistule lymphatique chez l'homme observé par I. Munk et Rosenstein
(voy. plus haut), la quantité de graisse s'éleva une fois après un
repas très gras jusqu'à 47 grammes pour mille. Chez le chien, la
quantité maxima de corps gras, très variable d'ailleurs et qui peut
s'élever jusqu'à 14 p. 100 environ, se trouve dans le chyle dix à
douze heures après l'ingestion de graisses. Le chyle transporte donc
dans le sang la graisse absorbée au cours de la digestion intestinale.

2. — Formation de la lymphe.

La lymphe se forme dans l'intimité même des tissus, dans les
interstices cellulaires ; les éléments cellulaires puisent dans les
fentes et les espaces conjonctifs les matériaux qu'apportent les
capillaires artériels et y rejettent les déchets qui vont être entraînés
dans les capillaires veineux et les vaisseaux lymphatiques eux-
mêmes. Comment se forme cette lymphe et d'où provient cette quantité (voy. p. 493) de liquide? Les faits acquis à ce sujet ne paraissent
pas dépendre d'une seule et unique cause, mais plutôt de plusieurs
causes dont il n'est pas facile encore de déterminer sûrement l'importance respective.

1° Facteurs physico-chimiques de la formation de la lymphe.

Les modifications de la pression sanguine modifient le courant
lymphatique. La quantité de liquide provenant d'un organe donné
augmente par la ligature des veines et diminue par la ligature
des artères, elle augmente aussi quand la quantité totale du sang
augmente (*pléthore*). On a par suite considéré la lymphe comme étant
le produit de la filtration du plasma sanguin à travers l'endothélium
des capillaires ; cette filtration se fait en raison de la différence de
pression qui existe entre le sang intracapillaire et le liquide
interstitiel (*théorie de Ludwig et de ses élèves*, régnante jusque
vers 1890).

Quelques expériences ont paru contraires à cette manière de voir ; voici une des plus importantes. Le courant lymphatique ne s'arrête pas après l'occlusion complète de l'aorte thoracique, mais persiste, quoique affaibli, pendant une heure ou deux; si, dans ce cas, la lymphe s'écoule encore par une fistule du canal thoracique, c'est qu'elle continue à se former, et cette formation doit se faire indépendamment de toute action de la pression artérielle, puisque celle-ci est tombée à zéro dans le territoire de l'aorte abdominale. — Remarquons d'abord que la lymphe recueillie après occlusion de l'aorte thoracique provient du foie ; la ligature des lymphatiques du foie arrête en effet immédiatement, dans cette condition, l'écoulement de la lymphe (E. STARLING, 1894). Or, la pression dans la veine porte et par suite dans les capillaires intra-hépatiques n'est que très peu diminuée par l'occlusion de l'aorte thoracique (E. STARLING). C'est en réalité la pression capillaire dans les viscères abdominaux qui règle l'écoulement de la lymphe, et non la pression artérielle.

A côté de la filtration interviennent des phénomènes de diffusion ou d'osmose. La différence même de composition qui existe entre le plasma sanguin et le plasma lymphatique prouve que la formation de la lymphe ne dépend pas d'une simple transsudation. Des phénomènes osmotiques modifient la composition du plasma sanguin.

Soit un exemple souvent cité. Le lait de vache contient par litre environ 2 grammes de chaux (1^{gr},7), alors que la lymphe du canal thoracique, chez le même animal, n'en contient que 0^{gr},2 (0^{gr},18). Les 25 litres de lait que donne journellement une vache contiennent donc 42 grammes de chaux environ. On a calculé qu'il ne faudrait pas moins de 236 litres de lymphe pour fournir au lait toute cette chaux. Or, la plus grande quantité de lymphe que l'on ait recueillie chez la vache en vingt-quatre heures ne s'élève qu'à 95 litres (voy. p. 300). Mais on fait observer qu'une quantité relativement grande de substances solides, cristalloïdes ou colloïdes, peut être transportée à travers l'endothélium des capillaires par une quantité relativement petite de liquide, si, à mesure que lesdites substances passent dans le plasma interstitiel, elles sont fixées par les cellules au contact desquelles elles arrivent: dans l'exemple cité, à mesure que les sels de chaux diffusent dans le plasma interstitiel, les cellules des glandes mammaires les retiennent ; la diffusion de la chaux peut donc constamment se faire du liquide intracapillaire dans un liquide auquel les cellules glandulaires enlèvent sans cesse ce corps.

En généralisant ce cas, on peut dire que la diffusion des substances solides du sang dans le liquide interstitiel est réglée par les besoins fonctionnels des éléments cellulaires.

D'autre part, il règne un courant d'eau du sang vers les espaces interstitiels en vertu de la différence qui existe entre la concentration moléculaire du sang et celle de la lymphe, celle-ci étant supérieure à celle-là (voy. p. 79). Les substances que produit sans cesse l'activité cellulaire et qui diffusent sans cesse dans le liquide interstitiel maintiennent la concentration moléculaire de ce dernier à un niveau assez élevé. De là résulte un double phénomène, diffusion des produits de la désintégration albuminoïde vers le sang et courant d'eau (courant osmotique) du sang vers les espaces lymphatiques. Ce double courant rendrait la concentration moléculaire du sang égale à celle du liquide interstitiel et par suite l'équilibre entre la lymphe et le sang s'établirait, si la fonction rénale n'intervenait constamment pour éliminer du sang les produits des décompositions protéiques. Le courant d'eau du sang vers le liquide interstitiel persiste donc. Ce courant est d'autant plus intense que l'activité fonctionnelle des cellules est plus grande, aboutissant à la dislocation des substances constitutives de leur protoplasma en une plus forte quantité de composés à molécules plus petites qui, passant dans le liquide interstitiel, en augmentent la concentration moléculaire, puisque la tension osmotique d'un liquide augmente avec le nombre des molécules contenues dans un volume donné du liquide (voy. p. 60 et 64). Aussi la quantité de liquide formée dans un organe est-elle en rapport avec l'activité même de cet organe (*théorie de L. Asher*, 1898); mais l'on voit que cette relation peut être considérée comme dépendant de phénomènes purement physico-chimiques. On a démontré pour un certain nombre d'organes, différents muscles, la glande sous-maxillaire, le foie, le pancréas, l'intestin, la glande thyroïde, que la lymphe formée dans ces organes augmente quand augmente leur activité, par le fait de la contraction de ces muscles ou de la sécrétion de ces glandes. Ainsi, que l'on provoque la sécrétion de la glande sous-maxillaire par l'excitation de la corde du tympan ou par une injection de pilocarpine, on observe une augmentation de la lymphe qui en provient.

Cette même explication de la production de la lymphe par des variations de la tension osmotique du plasma sanguin et respectivement du plasma interstitiel peut s'appliquer encore à l'action de tout un groupe de substances dites *lymphagogues*. Il s'agit là des lymphagogues cristalloïdes, solutions concentrées de sels neutres, de sucre ou d'urée (*lymphagogues de la seconde classe* de R. HEIDENHAIN, 1891; voy. ci-dessous). L'injection intraveineuse de l'une de ces solutions augmente considérablement l'écoulement de la lymphe du canal thoracique. Cette lymphe, plus aqueuse, est plus pauvre en matières solides. Comme le sang devient aussi plus aqueux, c'est donc aux dépens de l'eau des tissus que s'est accru le courant lymphatique. Que s'est-il passé? Dès que le cristalloïde pénètre dans le sang, le pouvoir osmotique de ce dernier augmente et l'eau de la lymphe est attirée dans les capillaires; mais la paroi des capillaires n'est pas imperméable aux cristalloïdes; ceux-ci la traversent et, à son tour, le pouvoir osmotique de la lymphe augmente et l'eau des tissus est attirée dans les lymphatiques. Le résultat est un accroissement de la quantité totale de lymphe qui passe en un temps donné dans le canal thoracique.

Parmi les faits relatifs à la formation de la lymphe, il en est cependant quelques-uns qui paraissent difficilement explicables par les causes que nous venons de voir en jeu. Il a fallu, pour en rendre compte, recourir à une hypothèse et admettre que, sous diverses influences, la perméabilité des capillaires se modifie et que cette perméabilité varie d'ailleurs suivant les organes.

Ce sont surtout les expériences faites par R. HEIDENHAIN sur l'action des *lymphagogues* qu'il a appelés *de la première classe* (1891) qui ont échappé à l'étreinte de la théorie mécanique de la lymphopoïèse. R. HEIDENHAIN a distingué (1891) deux sortes de substances lymphagogues, celles de la première classe, par l'action desquelles la quantité de lymphe est augmentée aux dépens du plasma sanguin ; — ce groupe comprend des colloïdes très divers et souvent de nature encore indéterminée, extrait de muscles d'écrevisses, extrait d'anodontes, de moules, de sangsues, solutions d'albumoses ou d'ovalbumine, plusieurs toxines microbiennes (toxines diphtérique, pyocyanique, tuberculine, etc.), extrait de fraises, etc.[1] ; — et celles de la seconde classe, par l'action desquelles la quantité de lymphe s'accroît aux dépens de l'eau des tissus ; ce sont les cristalloïdes dont il a été parlé tout à l'heure.

L'injection intraveineuse, chez le chien, d'un lymphagogue de la première classe détermine un écoulement plus ou moins abondant, quelquefois très abondant, suivant la substance injectée, et qui peut durer plus d'une heure, de la lymphe du canal thoracique[2]. Cette lymphe provient presque exclusivement du foie, car la ligature préalable des lymphatiques qui viennent de cet organe empêche l'action de ces lymphagogues. Elle est plus riche en substances albuminoïdes et conserve sa teneur normale en sels. Or, on remarque que toutes ces substances, bien loin d'augmenter la pression artérielle, la diminuent et que cette diminution est souvent très forte. D'autre part, si l'on a constaté que plusieurs de ces colloïdes, l'extrait de muscles d'écrevisses par exemple, élèvent la pression dans la veine porte et par suite dans les capillaires intra-hépatiques, cette élévation de pression dure beaucoup moins longtemps que l'accroissement du courant lymphatique. Enfin, il ne peut être question d'expliquer ce dernier par des phénomènes osmotiques, étant donnée la faible quantité de ces substances qu'il suffit d'injecter pour qu'elles produisent leur effet.

1. Les substances lymphagogues de cette catégorie sont en même temps anti-coagulantes (voy. p. 361) ; et ces deux propriétés tiennent sans doute à leur action sur la cellule hépatique (rapprocher ce que nous disons plus bas à ce sujet de ce que nous avons dit à la p. 362).

2. En même temps, la lymphe devient beaucoup moins coagulable ou même incoagulable.

Pour ces raisons, puisque la quantité de lymphe produite paraît être indépendante de la pression sanguine et que sa composition paraît être soustraite, en partie au moins, aux lois de la diffusion, Heidenhain a pensé que la lymphopoïèse doit être rangée parmi les phénomènes de sécrétion. Les cellules endothéliales des capillaires seraient ici les cellules glandulaires. Et les lymphagogues devraient être considérés comme des excitants de ces cellules au même titre que les sialagogues sont des excitants de la cellule salivaire. Ainsi l'activité sécrétoire, facteur proprement physiologique, jouerait un rôle important dans la formation de la lymphe.

Il est vrai que l'on peut aussi bien expliquer l'action des lymphagogues en supposant que ces substances modifient la perméabilité des capillaires, qu'elles l'augmentent dans divers organes, ce qui amène une filtration plus considérable. Que la perméabilité des éléments cellulaires, des cellules endothéliales vasculaires comme d'autres cellules, ne soit pas toujours et partout la même, cela peut être admis d'après quelques données. On a vu (p. 74) le principe et la possibilité de ces variations de la perméabilité des cellules en général. Pour le cas qui nous occupe, déjà, dans une expérience rapportée plus haut (p. 496), on ne comprend pas pourquoi l'écoulement lymphatique, qui persiste malgré l'obturation de l'aorte, ne dure qu'une heure environ. On a supposé que, dans ce cas, la perméabilité des capillaires, en raison peut-être de la suppression de la circulation artérielle, diminue peu à peu et finit par être nulle. D'autre part, la lymphe des membres est moins riche en matières albuminoïdes que celle de l'intestin et surtout que celle du foie. On ne peut guère attribuer ces différences qu'à des différences de perméabilité, les capillaires des membres laissent passer les albuminoïdes du plasma sanguin beaucoup plus difficilement. On a donc été amené à penser (*théorie de E. H. Starling*) que les lymphagogues de la première classe, qui agissent tous sur le foie, dont on a pu dire qu'ils sont des poisons du foie[1], augmentent la perméabilité des capillaires de cet organe. Comme en même temps ils élèvent la pression dans la veine porte (E. H. Starling), c'est-à-dire dans les capillaires hépatiques, cette élévation de la pression peut déterminer une transsudation extrêmement active à travers les parois altérées, plus perméables, des capillaires.

Malgré leur caractère plausible, ces explications gardent quelque chose d'hypothétique, et c'est le fait même de la modification de perméabilité de la membrane filtrante, qui n'est pas directement prouvé. Et ainsi on est conduit à considérer la formation de la lymphe comme dépendant assurément de facteurs physico-chimiques, pres-

---

1. Ils déterminent tous des altérations de la cellule hépatique.

sion intracapillaire, tension osmotique, perméabilité des parois des
capillaires, mais aussi de facteurs physiologiques, activité fonctionnelle des cellules, désintégration moléculaire, qui d'ailleurs se
ramènent sans doute eux-mêmes à des causes mécaniques.

2º *Rôle des ganglions lymphatiques.*

Le rôle des ganglions lymphatiques dans la formation de la lymphe
n'a été démontré que dans la production des éléments figurés de ce
liquide ; ce sont des organes générateurs de lymphocytes (voy.
p. 332). Il se peut qu'ils modifient aussi en quelque mesure la composition chimique de la lymphe qui les traverse. Mais les documents
que l'on a sur ce sujet sont insuffisants.

IV. — LA CIRCULATION LYMPHATIQUE.

La lymphe, formée comme on vient de le voir, dans tout l'organisme et en plus grande quantité dans les viscères abdominaux,
s'écoule par les lymphatiques et gagne le système veineux par le
canal thoracique et par la grande veine lymphatique droite.

D'après tout ce qui a été dit de la formation de la lymphe, on
voit d'abord qu'il ne s'agit pas ici d'une véritable circulation ; le
liquide en mouvement ne revient pas sans cesse à son point de
départ pour recommencer sans cesse le même trajet. Ce n'est que
par une extension abusive que le mot de circulation est appliqué au
cours de la lymphe.

Quoi qu'il en soit, voyons sous quelles influences la lymphe par-
vient des espaces interstitiels jusque dans le système veineux.

1. — Causes de la progression de la lymphe.

Ces causes sont multiples, dépendant soit du système lymphatique
lui-même, soit des conditions anatomiques ou physiologiques dans
lesquelles se trouvent placés les vaisseaux lymphatiques, et particulièrement les principaux d'entre eux.

Pour déterminer l'importance respective de ces causes, il faut pouvoir mesurer le courant de la lymphe, ce qui n'est possible que par
le moyen d'une fistule du canal thoracique ou d'un gros vaisseau
lymphatique, chez des animaux ayant au moins la taille du chien.

A. Cause principale. Vis a tergo. — Il résulte des faits
relatifs à la formation de la lymphe qu'il y a aux origines mêmes

du système lymphatique une force en vertu de laquelle le liquide
interstitiel est pour ainsi dire sans cesse poussé en avant, véritable
force de propulsion ou *vis a tergo*.

Si on lie un vaïsseau lymphatique, le segment situé en aval de la ligature s'affaisse, tandis que le segment situé en amont de l'obstacle se
gonfle, et ce gonflement est tel qu'il peut amener la rupture du vaisseau.
On voit par là quelle est l'intensité de la force de propulsion dont il est
question.

D'autre part, de nombreuses observations microscopiques ont démontré
(voy. p. 288) le passage à travers la muqueuse intestinale de diverses
substances et tout spécialement des graisses dans les lymphatiques; un
courant est ainsi déterminé de la muqueuse intestinale vers le système
lymphatique, courant plus ou moins rapide.

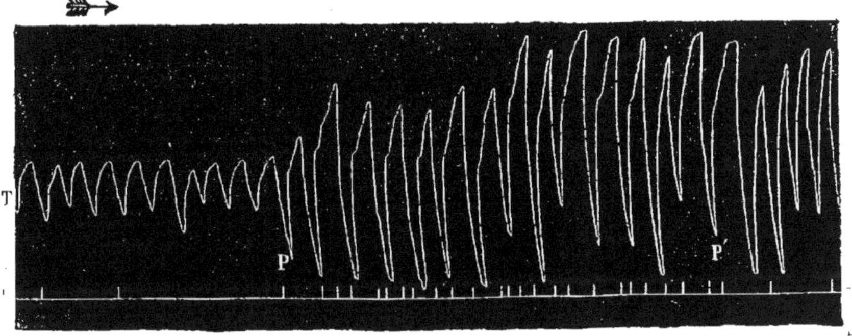

Fig. 121. — Augmentation de l'écoulement de la lymphe sous l'influence d'une compression
abdominale (tracé de L. Camus, 1894).

Expérience sur un chien. Les variations de la pression intra-thoracique PT sont inscrites
au moyen d'un trocart enfoncé dans la plèvre et relié à un tambour de Marey ; — EL, écoulement de la lymphe. — En P, on a placé un poids de 3 kilogrammes sur l'abdomen.
L'accélération de l'écoulement cesse dès qu'on enlève le poids, en P', alors que la respiration
continue à rester plus ample.

B. Causes accessoires. Aspiration thoracique. Poussée abdominale. Battements aortiques. Mouvements gastro-intestinaux. Contractions musculaires. Valvules lympha-tiques.

— Le renforcement inspiratoire de l'*aspiration thoracique*
(voy. p. 344 et 478) doit agir sur le cours de la lymphe du canal thoracique et de la veine lymphatique droite comme sur celui des grosses
veines de la base du cou. Ce même renforcement inspiratoire doit
déterminer un appel de liquide de la portion abdominale du canal
thoracique dans sa portion intrathoracique. Mais il importe de remarquer que cette action de la respiration ne peut que faciliter l'écoulement de la lymphe ; elle n'est et ne peut être qu'adjuvante et nulle-

ment déterminante, comme le prouvent amplement les expériences dans lesquelles on voit la lymphe, après la mort, continuer à s'écouler, même pendant plus d'une heure. Ce fait a été invoqué par HEIDENHAIN à l'appui de la théorie sécrétoire de la lymphopoïèse (voy. plus haut) et pour montrer à quel point la formation de la lymphe peut être indépendante de toute action de la pression sanguine.

A l'influence de l'aspiration thoracique et agissant dans le même sens s'ajoute celle de la *poussée abdominale* (voy. p. 445). Quand le diaphragme s'abaisse, il comprime les viscères abdominaux ; cette compression se transmet à la citerne de PECQUET qui se vide plus ou moins complètement ; en tout cas, l'écoulement de la lymphe par le canal thoracique devient beaucoup plus abondant. C'est ce que

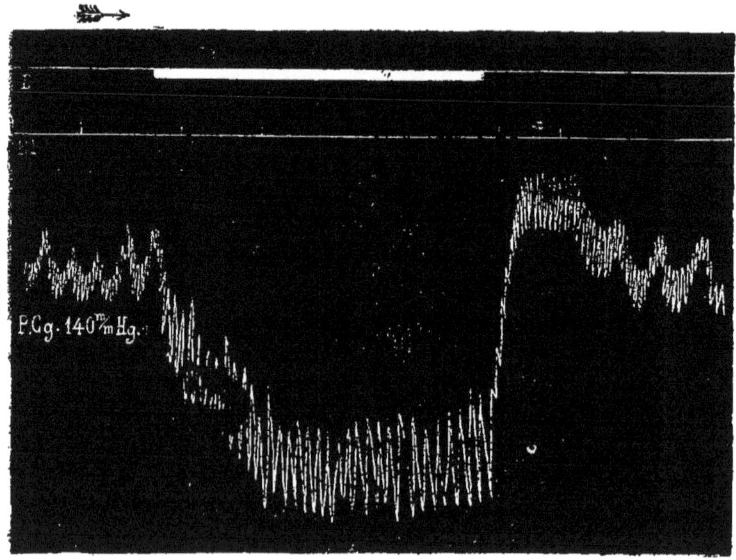

Fig. 122. — Diminution de l'écoulement de la lymphe sous l'influence du ralentissement du cœur (tracé de L. CAMUS, 1894).

Chien morphiné et chloroformé.

E, excitation du bout périphérique du pneumogastrique droit ; — Eℓ, écoulement de la lymphe par une canule placée dans le canal thoracique, à la base du cou : — PCg, pression dans le bout central de la carotide gauche, 140 millimètres de mercure.

l'on voit, quand on place un poids sur l'abdomen d'un animal ; immédiatement l'écoulement augmente (voy. fig. 124). On retrouve donc ici l'influence associée de l'aspiration thoracique et de la poussée abdominale qui s'exercent si heureusement pour faciliter le retour au cœur du sang veineux (voy. p. 445).

On connaît les rapports du canal thoracique et de l'aorte. Les *battements aortiques* facilitent la progression de la lymphe. En effet, quand on comprime l'aorte au moyen d'une large pince, l'écoulement de la lymphe se ralentit. *Le ralentissement du cœur* à la suite d'une excitation faible du bout périphérique d'un pneumogastrique amène un ralentissement analogue de l'écoulement (fig. 122), pendant la durée de l'excitation.

Les *contractions de l'estomac et des intestins,* quand ces organes sont remplis, peuvent comprimer dans une mesure variable la citerne de PECQUET et proportionnellement accélérer l'écoulement de la lymphe.

Il en est de même des *contractions musculaires* qui augmentent le cours de la lymphe dans les lymphatiques généraux. Il a même été établi que le lymphatique principal d'un membre, chez le chien, ne fournit point de lymphe, s'il ne se produit dans cette extrémité aucun mouvement, actif ou passif.

Tous ces faits démontrent l'analogie qu'il y a entre le cours du sang veineux et celui de la lymphe. Ce sont les mêmes influences qui s'exercent sur l'un et sur l'autre. Aussi bien, les lymphatiques ne sont-ils pas comparables pour leur disposition générale et pour leur rôle aux vaisseaux veineux[1]? Cette analogie se poursuit encore plus loin, puisque dans les deux systèmes de vaisseaux la direction du courant est due au même dispositif anatomique, à la présence de *valvules* qui empêchent le liquide, subissant l'action de la force qui le fait cheminer, de progresser vers la périphérie, mais le forcent à aller toujours du côté du cœur (voy. p. 446 ce qui a été dit du rôle des valvules veineuses). Les valvules existent dans tous les lymphatiques, les chylifères compris.

2. — Phénomènes intimes de la circulation dans les lymphatiques. — Pression et vitesse de la lymphe.

La pression sous laquelle la lymphe progresse et la vitesse de cette progression sont trop variables d'après la quantité de lymphe produite dans les divers organes et suivant toutes les causes qui viennent d'être passées en revue et dont il est quasi impossible de mesurer simultanément la valeur respective, pour que l'on ait pu obtenir des chiffres moyens. Dans les lymphatiques du cou, chez le chien et chez le cheval, la pression est en général de 10 à 20 milli-

---

[1]. RANVIER a montré qu'on peut considérer le système lymphatique comme une immense glande vasculaire ayant son origine embryologique dans le système veineux et déversant dans les veines son produit de sécrétion.

mètres d'une solution de soude. La vitesse de la lymphe est beaucoup moindre que celle du sang dans les veines de même grosseur.

3. — Innervation des vaisseaux lymphatiques.

Le cours de la lymphe peut être modifié par les contractions des vaisseaux lymphatiques [1].

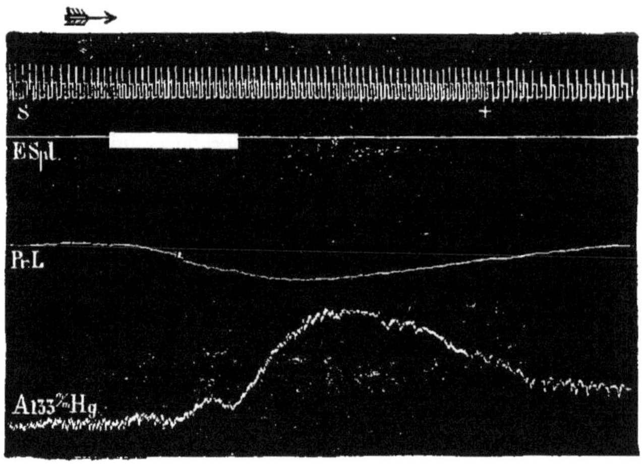

Fig. 123. — Dilatation de la citerne de Pecquet par l'excitation du bout périphérique d'un nerf splanchnique (L. CAMUS et E. GLEY, 1894).

Chien de 15 kilogrammes, curarisé, et dont la masse gastro-intestinale a été enlevée pour que les réactions de la citerne ne puissent être attribuées qu'à ses mouvements propres. — S, secondes ; — ESpl, excitation faradique du splanchnique gauche ; — PrL, pression dans la citerne ; — A, pression dans l'aorte ; cette pression, au début du tracé, est de 133 millimètres de mercure. — En +, on a accéléré la vitesse du cylindre enregistreur.

Ces vaisseaux en effet sont contractiles. Dès 1622, ASELLI avait remarqué que les chylifères, qu'il venait de découvrir (voy. p. 288), disparaissent sous l'influence de l'exposition à l'air. On a constaté à maintes reprises que les excitations mécaniques, électriques et chimiques amènent le resserrement des chylifères ou d'autres conduits lymphatiques et du canal

1. Chez les Vertébrés inférieurs, Reptiles et Batraciens, divers Poissons, il existe sur le trajet des lymphatiques des réservoirs contractiles qui présentent des mouvements rythmiques et auxquels pour cette raison on a donné le nom de *cœurs lymphatiques* ; ces organes musculaires possèdent un appareil nerveux. Chez la grenouille, par exemple, il y a quatre cœurs lymphatiques, un à la racine de chaque membre. Les contractions de ces organes font naturellement progresser le liquide qu'ils reçoivent.

thoracique. Quelques expériences de ce genre ont même été faites avec succès sur le canal thoracique de l'homme (chez des suppliciés).

Cette contractilité des vaisseaux lymphatiques est sous l'influence du système nerveux. Les faits relatifs à cette notion sont loin d'être aussi nombreux et aussi bien systématisés que ceux qui concernent l'influence du système nerveux sur les vaisseaux artériels, ils sont néanmoins suffisants pour qu'on puisse affirmer déjà l'importance de l'innervation lymphatico-motrice.

On a d'abord vu que l'excitation électrique des nerfs mésentériques provoque le resserrement et celle du splanchnique la dilatation des chylifères, sur un chien en digestion, mais c'est surtout l'innervation de la citerne de Pecquet et du canal thoracique qui a été étudiée. Les splan-

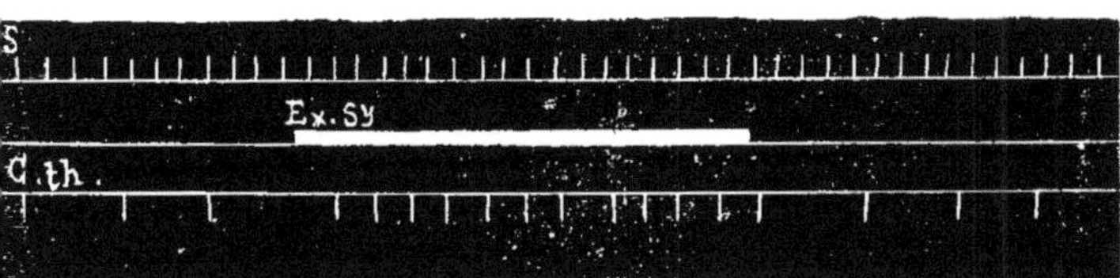

Fig 124. — Dilatation du canal thoracique par l'excitation du sympathique thoracique, accélération de l'écoulement de la lymphe (L. Camus et E. Gley, 1895).

Chien de 22 kilogr., à bulbe sectionné. — S, secondes ; — Ex. Sy, excitation du bout inférieur du sympathique thoracique, au-dessous du ganglion étoilé ; — C. th., écoulement dans le canal thoracique.
On s'est assuré que, pendant l'excitation, la pression carotidienne et la pression jugulaire latérale ne se modifient pas.

chniques contiennent des fibres dilatatrices pour la citerne (voy. fig. 123) et le sympathique thoracique contient des fibres dilatatrices pour le canal thoracique (voy. fig. 124) (chez le chien). On peut cependant aussi, par le moyen de l'excitation due à l'asphyxie (voy. p. 485), démontrer la présence de quelques filets constricteurs dans ces deux nerfs.

Or, le resserrement ou la dilatation du canal thoracique empêche ou facilite le cours de la lymphe (fig. 124). Quant à la citerne de Pecquet, si, par la contraction de ses parois, elle se vide plus ou moins brusquement, elle fait passer une grande partie de la lymphe qu'elle contient dans le canal thoracique et, si elle se dilate, il s'écoule beaucoup moins de lymphe.

Aux causes accessoires de la circulation lymphatique indiquées tout à l'heure, vient donc s'ajouter la contractilité même des conduits dans lesquels s'écoule la lymphe, contractilité régie par le système nerveux. On est également en droit de penser que des influences nerveuses peuvent faire varier la quantité de lymphe dans un territoire donné, comme la quantité de sang. Mais il est clair que ce facteur est de peu d'importance en comparaison du facteur essentiel qui règle l'écoulement de la lymphe ; cette cause essentielle, on l'a vu, c'est la production même de la lymphe, d'où dépend directement la pression sous laquelle celle-ci progresse, cette pression étant d'autant plus forte et par conséquent le débit de la lymphe d'autant plus considérable que la production est plus active.

CHAPITRE IV

RESPIRATION

Le sang que les vaisseaux artériels portent dans tous les organes doit, pour entretenir la vie, être oxygéné. Beaucoup des phénomènes chimiques qui se passent dans les êtres vivants peuvent en effet être assimilés à des oxydations. C'est ainsi que les matières hydrocarbonées et les graisses que l'alimentation fournit à l'organisme sont brûlées pour entretenir dans cet organisme l'énergie calorifique et mécanique qu'il manifeste.

La respiration est la fonction par laquelle l'organisme reçoit constamment l'oxygène nécessaire à ses combustions et, d'autre part, se débarrasse des produits gazeux qui sont des déchets de son activité chimique.

De là l'universalité de cette fonction. Tous les êtres vivants respirent, c'est-à-dire absorbent de l'oxygène et éliminent de l'acide carbonique. — Une remarque est cependant à faire ici. Tous les êtres vivants ont besoin d'oxygène, mais les uns ont besoin d'oxygène libre et d'autres sont capables d'utiliser l'oxygène combiné. Dans le premier cas, la respiration est *aérobie*; dans le second cas, elle est *anaérobie* (L. Pasteur). Seuls, des êtres monocellulaires, comme diverses levures, sont anaérobies.

C'est à Lavoisier qu'est due la fondation de la théorie exacte de la respiration. Un siècle auparavant, J. Mayow[1] avait bien émis l'idée que les corps en combustion et le sang dans la respiration fixent un principe aérien particulier, mais cette idée, que d'ailleurs des expériences ne vinrent pas appuyer, ne retint point les esprits. Ce sont les expériences de Lavoisier qui assimilèrent la respiration à une combustion. « La respiration, dit l'illustre chimiste, n'est qu'une combustion lente de carbone et d'hydrogène qui est semblable, en tout, à celle qui s'opère dans une lampe ou dans une bougie allumée. Sous ce rapport, les animaux qui respirent sont de véritables corps combustibles qui brûlent et se consument. »

Lavoisier ne s'est pas prononcé sur la question de savoir où s'opère la combustion respiratoire (voy. p. 583). Les premiers, Spallanzani, puis William Edwards[2] (voy. p. 583) montrèrent que les oxydations

1. J. Mayow (1645-1679), médecin et chimiste anglais.
2. W.-F. Edwards (1777-1842), physiologiste français, a fait aussi d'excellents travaux d'anthropologie. Ses principales recherches physiologiques sont réunies

se font au niveau des tissus. Par conséquent l'oxygène est simplement absorbé dans les poumons par le sang qui le porte aux tissus et qui, d'autre part, ramène des tissus aux poumons l'acide carbonique produit au niveau des capillaires généraux. Le sang, dans les organismes supérieurs, est l'intermédiaire nécessaire entre les tissus et le milieu extérieur. Les échanges gazeux respiratoires, dans ces organismes, doivent donc être considérés comme la somme des échanges respiratoires qui se passent dans les éléments cellulaires constitutifs de ces organismes.

De là il résulte que la fonction respiratoire comprend deux grandes phases. On appelle *respiration externe* ou *pulmonaire* l'ensemble des actes par lesquels l'oxygène pénètre du milieu extérieur dans le sang (milieu intérieur) et l'acide carbonique s'élimine du milieu intérieur. La *respiration interne* ou *des tissus* consiste dans les échanges gazeux qui se font entre le sang et les éléments anatomiques.

I. — RESPIRATION PULMONAIRE.

Le poumon peut être schématiquement considéré comme un double sac à paroi très mince, dont la surface interne est multipliée par une foule de petites logettes (alvéoles) serrées les unes contre les autres et sur laquelle se ramifie le réseau capillaire le plus étendu de tout l'organisme. Cette surface sanguine n'est séparée de l'air extérieur que par une membrane extrèmement mince, l'endothélium vasculaire, qui est recouvert par une seule couche de cellules épithéliales lamellaires, l'épithélium pulmonaire. Ainsi se trouvent réalisées les conditions les plus favorables à l'échange de gaz qui doit se faire dans les poumons : une très grande quantité d'air entre en contact intime avec une très grande quantité de sang, incessamment renouvelée.

La respiration dite externe consiste dans cet apport d'air et dans les échanges qui ont lieu entre l'air et le sang. Elle comprend donc des phénomènes de deux ordres, les uns, *mécaniques*, qui sont la condition de l'apport d'air, et les autres, *physico-chimiques*, qui en sont le résultat. De plus, il faudra, comme en toute fonction, considérer le *rôle du système nerveux* dans le maintien constant et la régulation des phénomènes respiratoires.

en un volume (*De l'influence des agents physiques sur la vie*, in-8°, Paris, 1824) d'une grande importance historique et dont la lecture est encore extrémement instructive.

I. — Phénomènes mécaniques de la respiration.

On peut se représenter l'ensemble des canaux aérifères, abstraction faite des cloisons, comme un cône très évasé, ayant pour base la surface alvéolaire des poumons et pour sommet l'ouverture des fosses nasales (fig. 125).

De cette disposition il suit que, lorsque l'air, par quelque mécanisme que ce soit, entrera ou sortira de ce réservoir, la vitesse de son courant devra être très différente dans les différentes zones du cône, d'autant plus rapide que la zone est plus étroite (plus élevée), d'autant plus lente que la zone est plus large (plus rapprochée de la base), et que, par exemple, vers la base du cône, vers

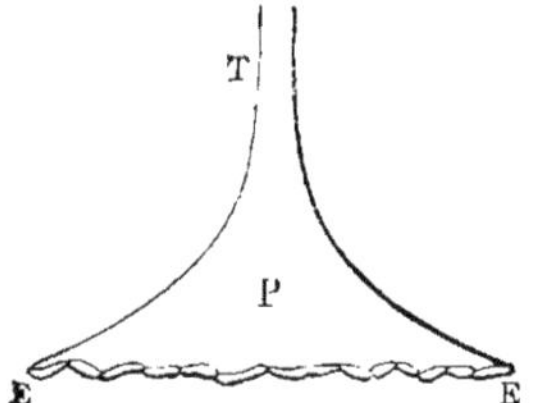

Fig. 125. — Schéma du cône pulmonaire (Mathias Duval).

T, trachée ; — P, cavité du poumon ; — E, E, surface respiratoire (épithélium pavimenteux des alvéoles).

la surface des alvéoles, il devra y avoir une stagnation relative d'air. Aussi, malgré le nombre de nos mouvements respiratoires, ne trouve-t-on jamais de l'air pur au niveau de la surface respirante, mais un air (*air alvéolaire*) contenant jusqu'à 8 p. 100 d'acide carbonique provenant des échanges gazeux antérieurs[1] ; la partie toute supérieure du cône contient à peu près de l'air atmosphérique ; dans les zones moyennes se trouve un air moins pur que celui-ci, mais moins altéré que le premier, car il contient seulement 4 p. 100 d'acide carbonique. Il s'en faut donc de beaucoup que la nappe sanguine respirante se trouve en contact avec l'air atmosphérique ordinaire. C'est là une donnée extrêmement importante à prendre dès maintenant en considération et sur laquelle il y aura à revenir à propos du mécanisme des échanges gazeux au niveau des poumons et en particulier de l'échange d'acide carbonique.

1. Ce chiffre de 8 p. 100 peut paraître fort, et cependant il est sans doute encore au-dessous de la vérité. Par l'expérience directe, N. Gréhant a trouvé le chiffre de 7,5 p. 100, mais il n'a pas analysé le gaz qui est en contact immédiat avec la surface respirante, puisque, comme on le verra plus tard, ce gaz ne peut être expiré, le poumon ne se vidant jamais complètement ; il n'a analysé que les couches qui précèdent la couche en question, de sorte qu'il est permis de conclure que, dans cette dernière, la proportion d'acide carbonique doit atteindre et même dépasser 8 et 9 p. 100. Voici, du reste, l'expérience de Gréhant : on inspire 5 centimètres cubes d'hydrogène et l'on fait immédiatement l'expiration *en deux temps* : le second temps de l'expiration se fait dans un petit ballon en caoutchouc muni d'un robinet, dont l'air a été chassé complètement par la compression et par un petit volume d'hydrogène préalablement introduit dans le ballon. Le volume de gaz recueilli dans ce ballon donne à l'analyse. et en remplaçant l'hydrogène par l'air, dont il tient expérimentalement la place : 7,5 p. 100 d'acide carbonique, 13,5 d'oxygène et 78,6 d'azote.

Le problème mécanique de la respiration consiste dans la déte
mination des conditions grâce auxquelles s'effectue à travers
poumon une véritable circulation d'air.

1° *Conditions nécessaires de l'acte respiratoire.*

Ces conditions sont, d'une part, l'*élasticité pulmonaire*, et, de l'autr
la *mobilité de la cage thoracique* qui, par des mouvements périodiqu
d'expansion (*inspiration*) et de retrait (*expiration*), assure, en raiso
de la *solidarité du thorax et des poumons*, des mouvements de mên
sens de ces derniers.

A. Élasticité pulmonaire. — Le poumon est un organe trè
élastique. Il est facile de le démontrer.

Suspendons à un tube muni d'un robinet les poumons d'un lapin c
d'un chien qui vient d'être sacrifié, puis insufflons-les par l'intermédiai
du tube. Tant que le robinet restera fermé après l'insufflation, les po
mons resteront dans l'état de distension auquel ils ont été amenés; ma
ouvrons le robinet : immédiatement, ils reviennent sur eux-mêmes e
expulsant l'air qu'ils contenaient. Par ce procédé, on peut, en reliant l
tube à un manomètre, mesurer la limite d'élasticité du poumon, c'est-à
dire la pression manométrique maxima à laquelle peut faire équilibre u
poumon distendu, sans se rompre.

Cette force élastique absolue du poumon est évidemment variabl
avec les espèces animales et l'âge de l'animal.

On peut encore constater autrement l'élasticité des poumons.

Sur l'animal vivant, ouvrons la cage thoracique [1] : immédiatement, o
voit le poumon se rétracter violemment contre la colonne vertébrale :
était distendu par le jeu normal de la respiration : sous l'influence de
conditions particulières que lui crée l'ouverture du thorax, il a pu satis
faire immédiatement son élasticité, comme un ballon de caoutchouc
revenant sur lui-même dans l'air libre, après avoir été préalablement dis
tendu. — Mais ce n'est pas seulement sur le vivant, c'est encore sur l
cadavre qu'on peut constater l'élasticité du poumon *in situ*. Ouvrons, e
effet, le thorax sur un cadavre : dans ce cas encore, on voit le poumon s
rétracter au-devant de la colonne vertébrale

C'est que le poumon *est toujours*, même après la plus forte expira
tion, même après l'expiration agonique, *en état de distension*. Cett
situation particulière du poumon trouvera son explication un peu
plus loin (p. 521), quand seront examinées les conditions d'équilibre
du poumon dans le thorax. Il suffit de la constater ici.

---

1. C'est l'expérience résumée p. 375.

Grâce à leur élasticité les poumons pourront donc se prêter à des mouvements d'expansion et de retrait, susceptibles de réaliser à travers leur cavité la circulation d'air qui constitue la respiration. Il suffira que, par un mécanisme approprié, l'élasticité pulmonaire soit périodiquement mise en jeu. C'est ce qui résulte justement de la solidarité des poumons avec le thorax.

B. Solidarité fonctionnelle des poumons et du thorax. — Les poumons sont contenus dans une cavité *close*, le thorax. Si cette cavité est susceptible de se distendre périodiquement, — ce qui existe, en fait, par le jeu des muscles inspirateurs, — comment se comportera donc le poumon, organe élastique, sous l'influence de la mobilité de la cage, close de toutes parts, qui le contient? Un schéma de Funke[1] rend nettement compte de ce qui se passe.

Soit (fig. 126) la cloche 1, close de toutes parts et fermée à sa partie

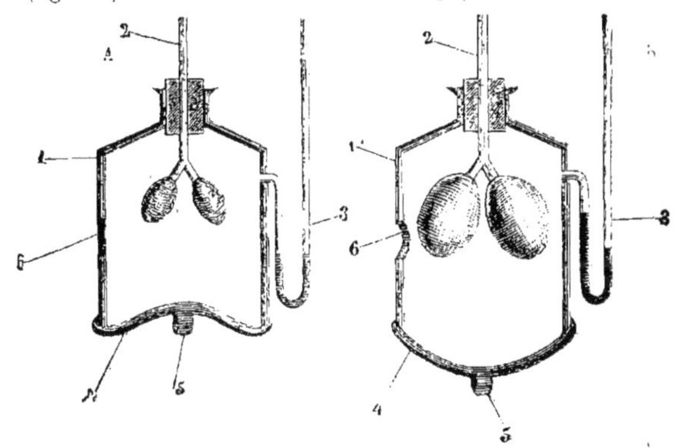

Fig. 126. — Schéma de Funke, montrant la solidarité des mouvements d'un organe élastique, ouvert à l'extérieur, avec ceux de la cavité close qui le contient.

inférieure par un diaphragme de caoutchouc épais, 4. A travers le bouchon qui ferme l'orifice supérieur passe le tube 2, figurant la trachée, et auquel on suspend soit un simple ballon de caoutchouc à paroi mince, soit deux vessies minces, soit encore des poumons d'animal quelconque. Ballon ou vessies ou poumons se trouvent ainsi contenus dans une cage close, comme est le thorax et, comme dans cette condition aussi, leur cavité reste en communication avec l'extérieur par le tube 2. Un manomètre 3, disposé sur la paroi latérale de la cloche, permet de suivre les variations de pression à l'intérieur de cette cloche. La membrane 6 représente les parties molles d'un espace intercostal. Au début de l'expérience, un vide

1. O.-F. Funke (1828-1879), chimiste et physiologiste allemand.

partiel, une pression négative faible a même été réalisée, ce qui crée une légère attraction excentrique des poumons ou du ballon (comme à l'état normal, au repos respiratoire) et du diaphragme 4, d'où la forme que prend celui-ci de dôme convexe du côté de la cavité close représentant le thorax (comme à l'état normal également). Que l'on exerce maintenant des mouvements périodiques de traction et de retrait du diaphragme au moyen du bouton 5. Ces mouvements réalisent des agrandissements et des diminutions de volume périodiques du thorax schématique. Or, le ballon de caoutchouc ou les poumons subissent des alternatives de dilatation et de retrait exactement synchrones aux mouvements d'expansion et de retrait du diaphragme schématique. En même temps, le manomètre indique des variations rythmiques de la dépression intérieure de la cloche. Cette dépression (*pression négative intra-thoracique*) augmente pendant la période d'expansion du diaphragme et des poumons, c'est-à-dire pendant l'inspiration, et diminue pendant la période de retrait du diaphragme et des poumons, c'est-à-dire pendant l'expiration.

Comme on le voit — et c'est là le fait qui explique tout le synchronisme du jeu des poumons et du jeu de la cage thoracique, — il y a *solidarité absolue* entre le poumon, *organe élastique* ouvert à l'extérieur, et le thorax, *cavité close*, qui le contient. La mobilité thoracique engendre la mobilité pulmonaire.

2° *Mécanisme de l'acte respiratoire.*

L'introduction de l'air dans les poumons et son expulsion se font par les mouvements d'inspiration et d'expiration qui amènent, les uns, la dilation, les autres, le retrait du thorax. Ce sont là des *forces respiratoires*. Ces mouvements créent dans l'atmosphère extra et intrapulmonaire des variations de pression qui ont des conséquences fonctionnelles importantes.

A. Les forces respiratoires. Mouvements du thorax : inspiration et expiration. — a. Inspiration. — Les forces inspiratoires consistent uniquement en des actions musculaires.

L'ampliation du thorax par le jeu des *muscles inspirateurs* se fait suivant ses trois diamètres : antéro-postérieur, transversal et vertical. L'ampliation des deux premiers diamètres s'effectue surtout par le moyen des côtes et de leurs muscles élévateurs ; l'ampliation du diamètre vertical est due à l'action du diaphragme.

Muscles élévateurs des côtes. — Les arcs osseux, constitués par les côtes, sont obliques de haut en bas, d'arrière en avant et de dedans en dehors, de sorte que, lorsque les côtes s'élèvent en ayant pour point fixe leur extrémité postérieure (articulation costo-vertébrale), leur extrémité antérieure se porte en avant et leur convexité externe se porte en dehors, d'où agrandissement des diamètres antéro-postérieur et transversal du thorax. La figure 127 fait mieux comprendre ce mécanisme qu'aucune explication. On voit notamment que le sternum doit s'éloigner de la colonne vertébrale ; le sternum et la colonne vertébrale, réunis par les côtes, forment comme les deux montants d'une échelle à échelons obliques ; et, lorsque ces échelons se rapprochent de l'horizontale, les deux montants s'éloignent l'un de l'autre.

Les *muscles* qui donnent aux côtes ces mouvements sont bien connus, ce sont ceux des parois thoraciques ; et le simple examen de la direction de leurs fibres suffit pour démontrer leur action. Ils n'agissent cependant pas toujours tous et peuvent, à ce point de vue, être divisés en deux groupes : ceux qui agissent dans l'inspiration ordinaire, calme ; et ceux qui agissent dans l'inspiration forcée.

Les inspirateurs ordinaires sont les *surcostaux*, qui, descendant, sous forme de triangle allongé, d'une apophyse transverse à la côte située au-

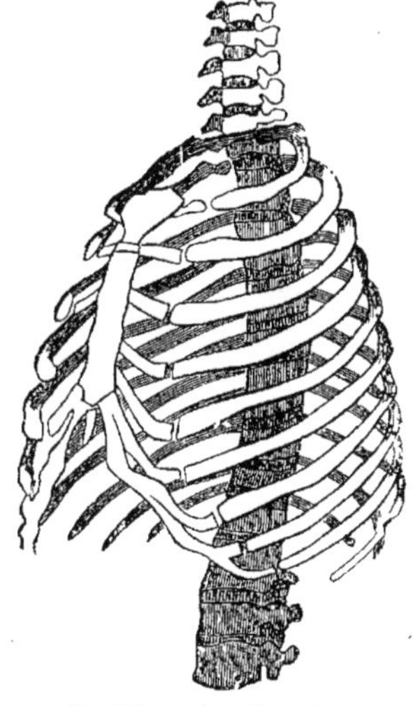

Fig. 127. — Cage thoracique

Colonne vertébrale avec les côtes qui y sont attachées (région dorsale) et qui viennent en avant s'unir au sternum (d'une manière directe pour les sept premières).

dessous, sont élévateurs de cette côte ; les *scalènes*, qui prennent de même leur insertion fixe sur les apophyses transverses cervicales pour agir sur les deux premières côtes ; le *petit dentelé postérieur et supérieur* qui prend son point fixe sur les apophyses épineuses de la dernière cervicale et des trois premières dorsales et élève les deuxième, troisième, quatrième et cinquième côtes. Tous ces muscles, comme on le voit, ont pour insertions fixes diverses parties de la colonne vertébrale. Dans la même catégorie doit sans doute être placé le muscle *cervical descendant* (portion cervico-dorsale du sacro-lombaire).

Le rôle de ces muscles est plus important qu'on ne le croyait. Le diaphragme, en effet, n'est pas le muscle dont on admettait l'action inspiratrice prépondérante. Des tracés de A. Mosso montrent que le type caractéristique de la respiration de l'homme pendant la veille (voy. p. 517) s'efface durant le sommeil (fig. 128) ; dans cet état, la respiration n'est presque plus abdominale, l'activité du diaphragme est réduite à un minimum, celle des muscles élévateurs des côtes augmente et la respiration prend le type

costal. Ce fait, d'ailleurs, est bien en rapport avec ce que l'on sait de la
persistance des mouvements respiratoires chez les animaux dont le

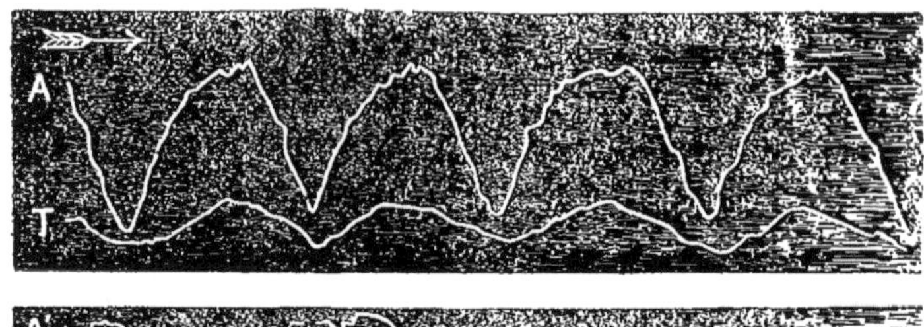

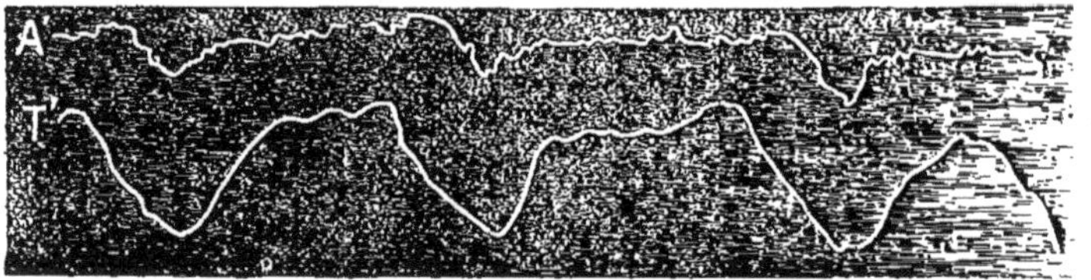

Fig. 128. — Inversion des mouvements respiratoires chez l'homme durant la veille et
le sommeil (A. Mosso).

A et T, tracés des mouvements abdominaux (A) et thoraciques (T) pendant la veille et
A' et T' pendant le sommeil.
Les tracés A et A' sont obtenus avec le levier du sphygmographe de Virmount appliqué au
voisinage de l'ombilic et les tracés T et T' avec le pneumographe de Marey.

diaphragme est paralysé (voy. p. 581). D'autre part, divers expérimenta-
tateurs ont montré que les intercostaux externes participent normalement
au mouvement d'inspiration.

Les muscles qui interviennent dans l'inspiration forcée n'ont pas
d'insertions fixes sur la colonne vertébrale. Ils vont du thorax à la
tête ou à la racine du membre supérieur, et ce n'est que dans des cas
exceptionnels, la tête ou le membre supérieur étant fixés, qu'ils agissent sur les côtes, leur fonction plus ordinaire étant de prendre leur
point fixe sur le thorax pour mouvoir l'épaule ou la tête. Tels sont le
sterno-cléido-mastoïdien, qui peut élever le sternum et, par suite, l'ensemble des côtes; le *grand dentelé*, uniquement par ses digitations
inférieures qui sont obliques de haut en bas et d'arrière en avant, du
bord spinal de l'omoplate à la face externe des sixième, septième,
huitième et neuvième côtes; le *grand pectoral*, seulement par ses
faisceaux les plus inférieurs, à moins que le bras ne soit élevé et fixé
dans cette attitude qui permet au muscle d'agir en élevant le thorax
en masse, puisque toutes ses insertions thoraciques sont alors plus
basses que ses insertions humérales; le *petit pectoral*, qui élève
les troisième, quatrième et cinquième côtes; enfin le *grand oblique*,

par les digitations qui prennent naissance sur la face externe des trois ou quatre dernières côtes.

Le jeu de tous ces muscles est facile à déterminer d'après la seule inspection anatomique. Il n'en est pas de même pour les *intercostaux* tant *internes* qu'*externes*, qui se croisent en sautoir. Toutes les opinions ont été soutenues sur le mode d'action de ces muscles. On admet généralement aujourd'hui que les intercostaux externes, étant élévateurs des côtes, sont inspirateurs, et que les internes, qui abaissent les côtes, sont expirateurs. En effet le schéma de la direction de ces muscles, dit *schéma de Hamberger*[1] (voy. fig. 129), montre que les points d'insertion des intercostaux externes s'éloignent quand les côtes s'abaissent (expiration) et se rapprochent quand elles s'élèvent (inspiration) ; l'inverse a lieu pour les intercostaux internes. — D'ailleurs, on a constaté, grâce à l'emploi de la méthode graphique (expériences sur le chien et sur le chat), que la contraction des intercostaux externes se produit en même temps que celle du diaphragme et qu'elle alterne avec celle des internes.

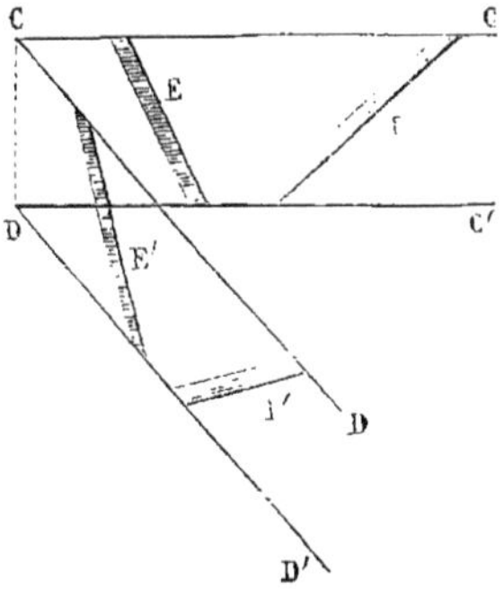

On admet cependant que l'action respiratoire de ces muscles, en raison de leur

Fig. 129. — Schéma du jeu des muscles intercostaux (Hamberger).

CC, DC', côtes élevées ; — CD, DD', côtes abaissées ; — I. I', intercostaux internes : tendus dans l'élévation (I), relâchés dans l'abaissement (I') des côtes ; — E, E', intercostaux externes : tendus dans l'abaissement (E'), relâchés dans l'élévation (E) des côtes.

très petit volume, doit être bien faible. Aussi serviraient-ils surtout à compléter la paroi thoracique en remplissant les espaces intercostaux, de telle sorte que, grâce à leur tension constante entre les côtes, ils empêcheraient les espaces intercostaux d'être déprimés de dehors en dedans par la pression atmosphérique pendant l'inspiration, ou de dedans en dehors pendant l'expiration.

En résumé, les diamètres transversal et antéro-postérieur de la poitrine sont augmentés par le jeu des arcs costaux, mis en mouvement par la contraction d'un grand nombre de muscles, les uns agissant normalement, les autres constituant des puissances accessoires utilisées seulement dans des cas exceptionnels. De plus, certains muscles servent à maintenir la forme des parois. tels sont surtout les intercostaux.

Diaphragme. — L'agrandissement du diamètre vertical du thorax se produit par le jeu du *diaphragme.* Ce muscle forme la base du

1. G. Erhard Hamberger 1697-1755), médecin allemand. un des principaux iatrophysiciens du xviii° siècle.

cône thoracique, de sorte qu'en s'abaissant il modifie considérablement la capacité de ce cône. Comme il a la forme d'une voûte, en se
contractant il redresse sa courbure ; ainsi il augmente le diamètre
vertical de la cavité dont il forme la base, base convexe vers le haut
pendant le repos du muscle et presque plane pendant sa contraction. Il est cependant à remarquer que la courbure du diaphragme
est moulée exactement sur celle des viscères abdominaux, et, par
exemple, à droite sur celle du foie ; donc, quand le muscle se contracte, il ne peut que faiblement modifier sa convexité, il la déplace plutôt de haut en bas, en refoulant les viscères devant lui
dans le même sens : aussi voit-on les parois abdominales se soulever
d'une manière synchrone à chaque dilatation inspiratrice du thorax.
Le diaphragme forme donc en somme un *piston de forme convexe*
qui se meut dans le corps de pompe constitué par la cage thoracique.

Mais, en s'abaissant, il n'agit pas seulement sur le diamètre vertical du thorax. Qu'on se rappelle que par sa périphérie il s'insère
sur les côtes, que celles-ci sont mobiles, et que, par suite, *en même
temps que le centre voûté du diaphragme se porte en bas, sa périphérie
doit sensiblement monter*. En d'autres termes, ce muscle, comme un
grand nombre d'autres (comme par exemple les lombricaux de la
main), n'a pas de points d'insertion réellement fixes, et ses fibres,
en se contractant, prennent en même temps un point relativement
fixe sur les côtes pour abaisser le centre phrénique et les viscères,
et en même temps un point relativement fixe sur les viscères (centre
phrénique) pour élever les côtes et le sternum. Par cette action,
le diaphragme porte les côtes en avant et en dehors ; il dilate par
conséquent le thorax dans ses diamètres antéro-postérieur et transversal.

On peut donc dire que le diaphragme agit à la fois sur les *trois
diamètres* de la poitrine. Aussi faut-il attribuer à ce muscle une
grand part dans les mouvements de l'inspiration, surtout chez les
jeunes sujets et chez l'homme[1]. Les femmes, à partir de l'âge de
puberté, font jusqu'à un certain point exception à cette règle, et
chez elles le type respiratoire, au lieu d'être *abdominal* (diaphragmatique) ou *costo-inférieur*, se caractérise plutôt par une forme
costo-supérieure ; sans doute, cette absence du jeu diaphragmatique

1. La paralysie du diaphragme apporte les plus grands troubles dans toutes
les fonctions qui ont pour condition le jeu complet de la cage thoracique. La
phonation n'est pas perdue, mais la voix est très faible ; la toux, l'éternument
provoquent une grande gêne dans la respiration (DUCHENNE de Boulogne[*]).

* G.-B. Duchenne (de Boulogne) (1806-1875), médecin français, un des principaux fondateurs de l'électropathologie et de l'électrothérapie. La première édition de son fameux ouvrage : *De l'électrisation localisée...* est de 1855.

est en rapport avec les fonctions génitales ; à l'époque de la gesta-
tion, le diaphragme ne peut sans inconvénient presser sur l'utérus
gravide.

En résumé, dans l'inspiration, la dilatation thoracique a lieu dans
tous les sens, et l'action du diaphragme paraît prédominante pour
produire cet effet ; une inspiration complète, nécessitée par un effort
à accomplir, utilisera toutes les puissances inspiratrices et mettra en

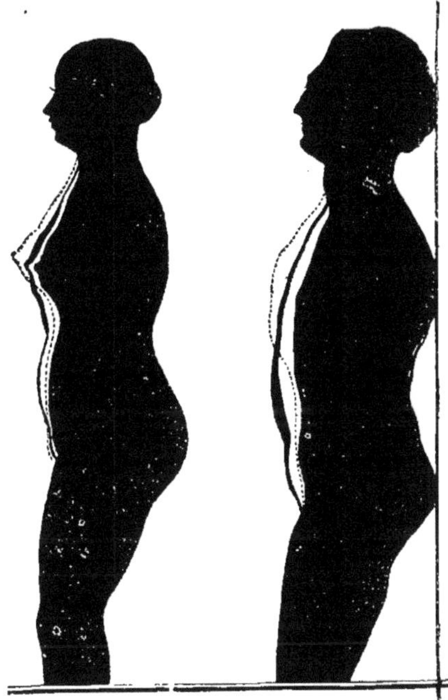

Fig. 130. — Diagramme des divers types respiratoires chez l'homme et chez la femme
(d'après Hutchinson[1]).

jeu toute la mobilité dont les côtes sont susceptibles ; le sternum
aussi pourra être élevé par les muscles qui s'insèrent à son extrémité
supérieure. Mais dans les circonstances ordinaires, dans la respiration
tranquille, spontanée, on peut observer que sur le même individu
certaines côtes jouissent d'une amplitude de mouvement remarquable, alors que d'autres se meuvent à peine, et que d'un sujet à

1. J. Hutchinson (1811-1861), médecin anglais.

l'autre, dans les mêmes conditions, ce ne sont point toujours les mêmes côtes qui ont les mouvements les plus étendus ; dans certains cas aussi, toute la cage thoracique paraît presque immobile, et aucune côte ne paraît se mouvoir.

Cette observation a donné lieu à la création des trois types respiratoires (Beau et Maissiat[1]), type abdominal, type costo-inférieur, type costo-supérieur. La respiration est *abdominale* chez l'enfant de l'un et de l'autre sexe (voy. plus haut) ; elle est *costo-inférieure* chez l'homme ; elle est, chez la femme, le plus souvent, *costo-supérieure* ou *pectorale*. Cette distinction ne peut être considérée comme absolue. Le diaphragme, même lorsqu'il agit seul, élève manifestement les côtes inférieures ; d'autre part, dans le type costo-supérieur, les côtes inférieures sont élevées aussi dans une certaine mesure, car le sternum ne saurait se mouvoir sans les entraîner dans son ascension. La figure 130 montre l'étendue des mouvements antéro-postérieurs du thorax dans les deux types extrêmes, respiration abdominale de l'homme et thoracique supérieure de la femme ; dans cette figure le profil de la face antérieure du tronc est marqué par un long trait noir dont les deux bords indiquent les limites de l'inspiration et de l'expiration normales. On y a surajouté un profil en ligne pointillée qui répond à l'inspiration forte pendant laquelle la respiration de l'homme lui-même prend le type costo-supérieur ; enfin le contour même de chacune des silhouettes répond à l'expiration forcée.

b. **Expiration.** — Il n'a été question jusqu'ici que d'une moitié de l'acte respiratoire. A l'introduction de l'air, à l'inspiration, succède aussitôt l'expulsion de l'air par un courant de sens inverse, l'expiration.

Les forces expiratoires consistent dans la tension élastique que les mouvements inspiratoires ont développée dans les côtes et les cartilages costaux, dans les parois abdominales et surtout dans les poumons ; elles comprennent aussi des actions musculaires.

La dilatation thoracique donne lieu solidairement, on l'a vu, à la distension pulmonaire. Celle-ci est en réalité une *violence* faite au poumon, qui éloigne de plus en plus cet organe de sa forme naturelle. Or, le poumon est un organe élastique. Dès lors se révèle le *mécanisme principal de l'expiration*. Dès que cesse la contraction des muscles inspirateurs, les poumons tendent à reprendre leur forme primitive ; ils reviennent donc sur eux-mêmes et entraînent à leur tour solidairement la paroi thoracique. Il semble que dans ce cas le poumon soit actif, contrairement à ce qui se passe dans l'inspiration, et que la paroi thoracique soit passive ; mais en réalité les deux organes sont passifs. Il en est de même pour le diaphragme, que

---

1. J.-H.-S. Beau (1806-1865), médecin français, que ses travaux de physiologie pathologique, particulièrement sur le cœur, ont fait connaître. — J. H. Maissiat (1805-1878), médecin français.

l'on peut voir remonter comme automatiquement, en observant sa face inférieure par l'abdomen ouvert et vidé ; c'est que le poumon tend à remonter très haut et entraîne puissamment le diaphragme, comme tantôt il le suivait. Aussi sur le cadavre trouve-t-on le diaphragme très bombé vers le haut et très tendu.

Il n'y a pas que l'élasticité du poumon qui produise la réaction expiratoire ; il faut encore tenir compte de celle des parois de la cage thoracique, parois qui ont été également violentées, comme, par exemple, les cartilages costaux, qui ont subi un mouvement de torsion assez notable selon leur axe pendant l'inspiration. Enfin les viscères et les parois abdominales, déplacés pendant l'inspiration, tendent à reprendre leurs dispositions normales ; l'estomac et l'intestin notamment, qui renferment des gaz élastiques, repoussent ainsi le diaphragme vers le haut.

Ainsi, à l'état normal, l'inspiration et l'expiration paraissent différer de mécanisme : la première est *active* et due à des contractions musculaires ; la seconde, *passive*, est due à des phénomènes d'élasticité de la part des organes violentés par l'inspiration. On a soutenu cependant qu'elle est aussi en partie un phénomène actif.

L'intervention des intercostaux internes, par exemple, dans l'expiration ordinaire, ne résulte-t-elle pas de ce fait que l'on peut interrompre à quelque moment que ce soit l'acte respiratoire (L. Luciani [1]) ? C'est là un acte d'inhibition volontaire qui ne peut s'exercer que sur les muscles expirateurs ; pour que cet acte soit possible, en effet, il faut bien que ces muscles soient actifs dans l'expiration normale. En faveur de cette opinion, V. Aducco (1887) a apporté toute une série de preuves directes dont les plus importantes peut-être sont les suivantes : 1° les facteurs passifs de l'expiration étant supprimés, par large ouverture des cavités thoracique et abdominale, de façon à rendre impossibles la réaction des poumons et celle des gaz intestinaux, le mouvement expiratoire ne s'en produit pas moins bien ; — 2° deux expirations d'égale intensité étant données, l'une sur l'animal vivant, l'autre artificiellement produite sur le cadavre du même animal, c'est la première qui développe la pression trachéale positive la plus élevée.

Des faits qu'il a réunis Aducco conclut que l'expiration thoracique normale n'est pas un phénomène exclusivement passif, mais aussi actif.

Ce caractère de l'expiration est encore plus manifeste dans des cas spéciaux. De même qu'il existe une *inspiration ordinaire* et une *inspiration forcée*, de même on observe une *expiration ordinaire* et une *expiration forcée*. C'est cette dernière particulièrement qui constitue un phénomène actif et où y voit intervenir des puissances

1. Physiologiste italien contemporain très connu, professeur à l'Université de Rome.

musculaires, telles que les *muscles de l'abdomen*, le *petit dentelé
inférieur*, et en général tous les muscles capables d'abaisser les
côtes. — Cette *expiration active* se produit spécialement dans la
toux; alors les parois thoraciques, bien loin de suivre simplement
le mouvement de retrait du poumon, compriment celui-ci pour
augmenter la vitesse et l'énergie du courant d'air expiré(contraction
des muscles abaisseurs des côtes, *grand oblique* et *petit oblique de
l'abdomen*; les muscles de l'abdomen abaissent les côtes et en même
temps compriment les viscères abdominaux, c'est-à-dire agissent
par leur intermédiaire sur le diaphragme qu'ils repoussent de bas
en haut).

B. Conséquences mécaniques de l'acte respiratoire. —
a. Pression négative intra-pleurale (vide pleural). Ses variations
pendant les phases inspiratoire et expiratoire d'une respiration. — A
l'état normal, existe constamment une pression négative entre les
deux feuillets de la plèvre qui maintiennent l'adhérence du poumon
au thorax. C'est que le poumon, enfermé dans une cavité close et
tendant sans cesse, en vertu de son élasticité, à revenir sur lui-
même, exerce à la face interne du thorax une *aspiration* constante;
de cette aspiration résulte dans la cavité pleurale virtuelle une pression inférieure à la pression atmosphérique. Puisque cette aspiration
thoracique est produite par la force de retrait élastique pulmonaire,
elle varie nécessairement dans le même sens que cette force. Aussi
peut-on avoir sa valeur soit par la mesure de la pression négative
pleurale (résultat de l'élasticité pulmonaire), soit par la mesure de
la pression dans les voies broncho-pulmonaires (appréciation directe
de la force élastique même du poumon).

On mesure en effet l'aspiration thoracique au moyen de deux méthodes
principales. La première, celle de Donders[1], consiste dans la détermination
de la pression à laquelle donne lieu, sur un manomètre introduit dans la
trachée d'un cadavre, l'affaissement du poumon résultant de l'ouverture du
thorax. Dès que celui-ci est ouvert, la pression atmosphérique s'exerce à la
surface externe du poumon; cet organe tend aussitôt à prendre sa forme
d'équilibre élastique; et par suite l'air qu'il contient s'échappe et vient
comprimer le mercure qui monte dans la branche libre du manomètre
trachéal. L'effort que le poumon exerce ainsi sur l'air qui y était contenu
mesure sa force de retrait élastique (Hutchinson, 1849). — Les mensu-
rations, faites avec cette méthode, ont montré que la force élastique du
poumon (affaissement élastique de cet organe consécutif à l'ouverture du
thorax) fait équilibre à une colonne de mercure de $3^{mm},9$. Mais, quand cet
organe élastique subit une traction qui le dilate, sa force de retrait augmente
suivant l'expansion même à laquelle il a été soumis. c'est pour cela que

1 Fr. Donders (1818-1889), célèbre physiologiste hollandais.

pendant l'inspiration la force élastique du poumon augmente ; dans les conditions expérimentales que nous venons d'indiquer, elle fait équilibre à une colonne de mercure de $9^{mm},4$. La différence entre la valeur de l'aspiration thoracique, à l'inspiration et à l'expiration, est donc en moyenne de $5^{mm},5$ de mercure.

La seconde méthode, applicable sur l'animal vivant, consiste à mettre en communication la cavité intrapleurale avec un manomètre à eau ou à mercure (Ludwig, 1847 ; A. d'Arsonval, 1877 ; L. Fredericq, 1882, et d'autres encore) ; le liquide s'élève du côté de la branche en rapport avec la canule intrapleurale. De plus, des oscillations manométriques se produisent suivant les phases inspiratoire et expiratoire. Dans la respiration normale, le manomètre indique une dépression de 10 à 15 millimètres de mercure environ pour l'inspiration et de 6 à 8 millimètres pour l'expiration.

Ces valeurs, a-t-il été dit tout à l'heure, mesurent la force élastique pulmonaire respectivement en inspiration et en expiration. Il est facile de s'en rendre compte par l'examen des conditions d'équilibre du poumon et du thorax dans ces deux phases. La figure 131 fixe exactement ces conditions. Elle montre les forces en présence qui se font équilibre en inspiration et en expiration.

Soit d'abord le cas de l'inspiration.

Une force musculaire, représentée par la grande flèche F synthétisant l'action d'ensemble des muscles inspirateurs, a déplacé le thorax en avant de sa ligne d'équilibre de repos absolu (ligne pointillée), comme le montre la figure 131 Il s'est donc développé dans le thorax violenté une force élastique (F. él. th.) qui s'exerce dans le sens indiqué par la figure, c'est-à-dire dans le même sens que la force élastique pulmonaire. En inspiration deux ordres de forces opposées se trouvent, par suite, en présence : d'une part, une force musculaire, celle des muscles inspirateurs ; d'autre part, les deux forces élastiques combinées, thoracique et pulmonaire, s'exerçant dans le même sens et en antagonisme avec la première. Quand ces deux systèmes de forces sont arrivés à se faire équilibre, à la phase d'inspiration, le poumon, très distendu, tâche, en raison de son élasticité, à revenir sur lui-même avec une grande force. Mais dès lors il y a, de ce fait, tendance à la création d'un vide partiel, c'est-à-dire d'une *pression négative* entre le thorax *maintenu à distance de sa position de repos par l'action des muscles inspirateurs* et le poumon *exerçant un mouvement de retrait*, c'est-à-dire tendant à séparer les deux feuillets pariétal et viscéral de la plèvre, en raison de la force élastique qu'a développée en lui sa distension inspiratoire. On comprend ainsi que la grandeur de la pression négative intrapleurale, à ce moment, donne justement la valeur de la force élastique pulmonaire, en inspiration, et qui est égale, comme on l'a vu, à 10-15 millimètres de mercure.

Soit maintenant le cas de l'expiration.

Celle-ci est habituellement un phénomène surtout passif. D'autre part, le poumon, ainsi qu'il a été dit (p. 378, 444 et 511), est toujours en un état

donné de distension, même après une expiration forcée, même après
la dernière expiration agonique ; le poumon du cadavre n'est pas complètement revenu sur lui-même et il n'y revient entièrement que si l'on ouvre
la cage thoracique.

Quelle est donc la cause de cette *tension permanente* du poumon dans
la cage thoracique close ? La figure 131 montre que le thorax en expiration,

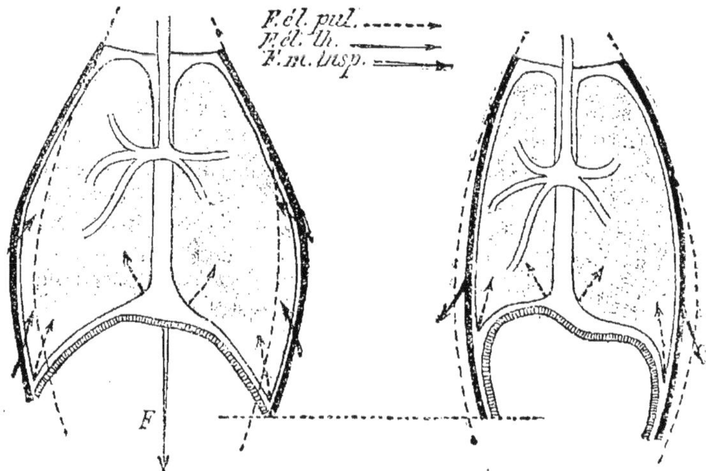

Fig. 131. — État d'équilibre du poumon et du thorax en inspiration et expiration
(schéma de V. Pachon).

Ligne pointillée : état de repos absolu du thorax (thorax *ouvert* du cadavre).
F. él. pulm. : force élastique pulmonaire.
F. él. th. : force élastique thoracique.
F. m. insp. : force musculaire inspiratoire.

c'est-à-dire après retour à sa position d'équilibre ou de repos (ligne pointillée), a dépassé cette ligne en deçà, d'une valeur déterminée. En effet, —
et c'est là le point essentiel qu'il importe de bien considérer, — la ligne
d'équilibre de repos absolu, pour le thorax, n'est point, comme il pourrait
paraître au premier abord, la ligne correspondant à l'état d'expiration. La
preuve expérimentale en est facile à donner. Appliquons d'abord sur le
thorax du cadavre un appareil explorateur tel qu'un cardiographe, par
exemple, et relions celui-ci à un tambour à levier inscripteur. Puis ouvrons
le thorax : immédiatement le levier inscripteur exécute un mouvement
d'ascension et trace sur le cylindre enregistreur une ligne ascendante
(P. Bert[1], voy. fig. 132). C'est donc que le thorax, après son ouverture, a

1. Paul Bert (1833-1886), physiologiste français que ses travaux sur les greffes
animales, sur la respiration, sur les effets de la pression barométrique, sur
l'anesthésie, etc., ont illustré. Homme politique et orateur de talent, il fut mi-
nistre de l'Instruction publique et mourut prématurément gouverneur général du
Tonkin, dont il s'efforçait d'organiser la récente conquête.

exécuté un mouvement en avant; en d'autres termes, il n'était pas à sa position de repos absolu, quand sa cavité était close, et il avait dépassé en deçà cette position d'une valeur déterminée, comme le montre la figure 131. Il faut savoir pourquoi. Que se passe-t-il dans l'expiration ? Le poumon et le thorax, tous deux très distendus en inspiration, reviennent naturellement sur eux-mêmes, dès que cesse l'effort des muscles inspirateurs. Dans ce mouvement de retrait il arrive un moment où le thorax passe exactement par sa position de repos absolu. A ce moment précis le thorax n'est plus le siège d'aucune force élastique. Au contraire, le poumon, encore distendu,

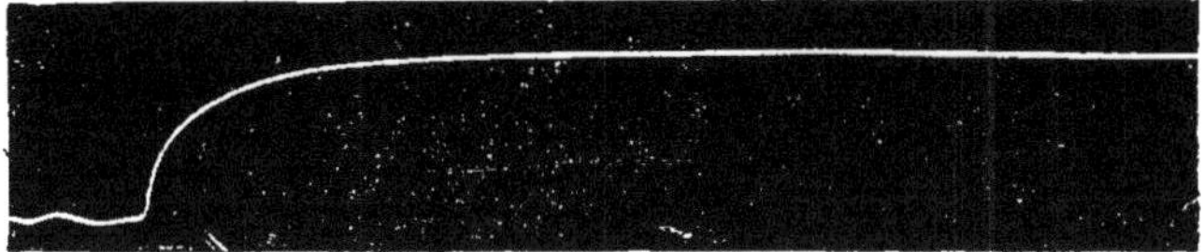

Fig. 132. — Effet de l'ouverture du thorax sur les côtes (PAUL BERT)

Expérience faite sur un chien. On voit « qu'après une forte expiration (celle qui suit la mort) les parois thoraciques sont tirées en dedans et maintenues avec une force qui triomphe en partie de leur élasticité même, laquelle fait effort pour les ramener au dehors. Quelle est cette force ? l'élasticité des poumons. Ainsi l'équilibre, à la fin de l'expiration, s'établit entre l'élasticité des poumons qui tire en dedans le diaphragme et les côtes, et celle du thorax, qui tend à ramener les côtes en dehors » (PAUL BERT, *Leçons sur la physiologie comparée de la respiration*, Paris, 1870, p. 360).

tend toujours à se rétracter de la valeur même de sa force élastique, à ce moment même. Or, le thorax n'étant plus le siège d'aucune force élastique, et aucune force antagoniste ne s'opposant au mouvement de retrait du poumon, ce mouvement va continuer à s'exécuter. Et, comme le poumon et le thorax sont deux organes entièrement solidaires, comme l'un et l'autre sont reliés par les feuillets viscéral et pariétal de la plèvre, comme il ne peut anatomiquement exister d'espace vide proprement dit entre eux, le thorax inerte (à sa position de repos absolu) accompagne un instant le poumon dans le mouvement de retrait que celui-ci continue. Mais alors le thorax dépasse en deçà sa position de repos ; conséquemment une force élastique de déformation s'y développe de nouveau. Mais, cette fois, la force élastique thoracique, développée vers la fin de l'expiration, est de sens opposé à la force élastique pulmonaire. Et il va arriver un moment où ces deux forces élastiques, pulmonaire et thoracique, *de sens opposé en expiration* (fig. 131), se feront équilibre. Ce moment marquera la fin de l'expiration. Le poumon n'aura pu exécuter jusqu'au bout son mouvement de retrait sur lui-même; il tendra néanmoins toujours à satisfaire son élasticité; de ce fait il résultera, comme dans le cas de l'inspiration, une tendance au décollement du poumon du thorax, c'est-à-dire une pression négative intrapleurale. La valeur de cette pression négative, en expiration, égale à 6 - 8 mm. de mercure, mesure ainsi la force élastique pulmonaire à la phase expiratoire, comme la pression négative intrapleurale en inspiration mesure la force élastique pulmonaire, à la phase inspiratoire.

Et maintenant, si l'ouverture de la cage thoracique permet au poumon et à la fois au thorax de satisfaire l'un et l'autre complètement leur élasticité, c'est que la *condition nécessaire* qui crée leur solidarité et qui maintient leurs conditions respectives d'équilibre, est justement la *situation particulière du poumon enfermé dans une cavité close*. Quand cette cavité est ouverte, alors la pression atmosphérique s'exerçant également sur les surfaces interne et externe du poumon, comme sur les faces interne et externe des côtes, poumons et thorax prennent naturellement leur position d'équilibre d'absolu repos.

 b. Effet de la pression négative intrapleurale sur la circulation et particulièrement sur la circulation pulmonaire. — La pression négative intrapleurale crée, nous le savons (voy. p. 378 et 444), une *aspiration thoracique* pour le sang veineux de la circulation générale, d'où le retour facile de ce sang au thorax, et par conséquent au cœur droit.

Le même effet favorable s'exerce sur la circulation pulmonaire. Il est même beaucoup plus important sur cette dernière, en raison de ce fait, que tout son territoire se trouve dans la zone d'influence de la pression négative intrathoracique[1]. En premier lieu, sous cette influence, les résistances à l'écoulement du sang dans les vaisseaux sont moindres. Mais, tandis que, pour la circulation générale, le système veineux bénéficie seul de cet effet, ce sont, au contraire, tous les vaisseaux (artères, capillaires, veines) du système de la circulation pulmonaire qui en bénéficient, parce que tous sont intrathoraciques. La pression négative intrapleurale constante tend à aspirer, à distendre excentriquement les parois de tous les vaisseaux, comme de tous les organes intrathoraciques (*aspiration thoracique*); elle en détermine donc la dilatation. Grâce à cette dilatation, l'écoulement du sang se fait constamment sous une résistance très diminuée, celle-ci s'affaiblissant nécessairement à mesure qu'augmente la béance des vaisseaux. Là est le caractère essentiel de la circulation pulmonaire. Aussi la pression dans l'artère pulmonaire est-elle très peu élevée (20 millimètres de mercure en moyenne chez le chien). Les résistances à l'écoulement du sang dans les vaisseaux pulmonaires sont donc beaucoup plus faibles qu'elles ne le seraient sans l'existence de la pression négative intrapleurale. Et c'est par là que s'expliquent la puissance et le développement

---

1. Il faut bien remarquer qu'il s'agit ici de pression négative *intrapleurale* ou *intrathoracique* (dite encore *vide pleural*) et non pas de pression *intrapulmonaire*. Celle-ci, très différente, se rapporte à l'atmosphère *intérieure* du poumon, tandis que la pression intrapleurale ou intrathoracique se rapporte à tout ce qui se trouve placé entre cet organe et le thorax, c'est-à-dire aux plèvres, aux vaisseaux et aux organes du médiastin.

moindres du ventricule droit par rapport au ventricule gauche, puissance et développement adaptés à un effort moindre à accomplir. L'effort se règle sur le degré de résistance. Et la différence de puissance mesure justement la différence d'effort, celle-ci commandant celle-là. Comme nous venons de l'indiquer, la pression du sang dans l'artère pulmonaire est en effet très basse.

En second lieu, ce n'est pas seulement par la diminution constante des résistances à l'écoulement du sang que la pression négative intrapleurale favorise la circulation pulmonaire, c'est aussi en raison de ses phases régulières de renforcement inspiratoire. A chaque inspiration, en effet, l'aspiration thoracique augmente notablement (p. 521); par l'action de cette force périodique d'aspiration, la dilatation des parties de l'appareil circulatoire qui se trouvent dans le thorax et spécialement des vaisseaux du poumon augmente périodiquement (à chaque inspiration); par conséquent ces vaisseaux dilatés reçoivent à ce moment une plus grande quantité de sang. On l'a démontré de deux façons :

1° On introduit dans une cloche de verre, hermétiquement close ensuite, les poumons d'un animal ; dans la trachée est fixé un tube qui communique avec l'air extérieur. On met l'artère pulmonaire en rapport avec un vase de Mariotte à pression constante qui contient du sang défibriné ; celui-ci sort des poumons par une canule liée sur l'oreillette gauche. Grâce à ce dispositif, on peut donc mesurer le débit du sang qui passe par les poumons. Or, si, au moyen d'une pompe aspirante réunie par un tube à la cloche où se trouve enfermé le poumon, on crée une dépression autour de celui-ci, on voit le débit du sang devenir beaucoup plus considérable. L'aspiration exercée autour du poumon a dilaté cet organe et par conséquent ses vaisseaux se sont dilatés comme les cavités respiratoires elles-mêmes ; par ces vaisseaux élargis passe une plus grande quantité de sang. — 2° On dose la quantité de sang contenue dans les poumons d'un animal pendant l'inspiration ou pendant l'expiration. Pour cela on pose une ligature à la base du cœur sans ouvrir les cavités pleurales (ce qui est possible sur le lapin) et on serre la ligature à la fin d'une inspiration ou d'une expiration. A la fin de cette dernière le poumon ne contient plus qu'une quantité de sang moindre que celle qu'il contient à la fin de l'inspiration (P. Heger et Spehl, 1881). Ces expériences ont été récemment répétées sur le chien avec le même résultat (L. Plumier[1], 1904).

Ainsi l'effet circulatoire de l'aspiration thoracique s'exagère quand se produit l'inspiration. Mais c'est à ce même moment que le poumon contient le plus d'air. Comme l'a très bien dit P. Heger, « le moment où le poumon contient le plus d'air est aussi celui où il contient le plus de sang ». Remarquable exemple d'harmonie fonction-

---

[1] Physiologiste et médecin belge contemporain.

nelle! Grâce au renforcement inspiratoire de la pression négative
intrapleurale, c'est-à-dire de l'aspiration thoracique, l'inspiration
détermine simultanément un appel d'air et de sang dans le poumon,
créant ainsi la condition la plus favorable à l'hématose.

D'après tout ce qui précède, on voit que la circulation pulmonaire
dépend de deux conditions essentielles, l'action du ventricule droit
et l'aspiration thoracique. Nous savons déjà que par l'effet de ces
deux conditions la pression dans l'artère pulmonaire est très basse.
— Quant à la vitesse du sang, elle est la même dans les vaisseaux
pulmonaires que dans ceux de la circulation générale ; il est en effet
nécessaire (voy. p. 448) qu'une égale quantité de sang passe au même
moment dans tout segment considéré de l'appareil circulatoire. —
Enfin la durée de la circulation pulmonaire est environ trois ou
quatre fois moindre (voy. p. 491) que celle de la circulation générale.
Or, la capacité du système pulmonaire a été justement évaluée au
quart de celle du système vasculaire général.

Ces faits et ces considérations ne concernent que le système de la
circulation pulmonaire proprement dite, la circulation dans les vaisseaux pulmonaires, artères et veines, qui servent à la fonction
spéciale d'hématose. Mais les poumons présentent d'autres vaisseaux, ce sont ceux qui assurent leur nutrition, artères et veines
bronchiques. De même, le foie a une double circulation (voy. p. 637,
l'une, la circulation porte, strictement fonctionnelle, et l'autre qui
apporte au foie, comme à tous les organes, le sang nécessaire. La
circulation dans les vaisseaux bronchiques est soumise aux lois de
la circulation générale.

c. Pression intrapulmonaire. Ses variations pendant l'inspiration et
l'expiration. — Les variations de pression intrapulmonaire que produit le jeu mécanique du thorax et qui ont pour résultat de créer à
travers le poumon la circulation d'air par laquelle se réalise la respiration, sont peu considérables à l'état normal. En effet, la pression
dans la cavité pulmonaire, en l'absence de tout mouvement respiratoire, est égale à la pression atmosphérique, puisque cette cavité, la
glotte étant ouverte, communique avec l'atmosphère. Au moment
de l'inspiration, le volume de la cavité pulmonaire augmente et par
conséquent la pression à l'intérieur diminue ; elle devient négative,
c'est-à-dire inférieure à la pression atmosphérique. Inversement, durant l'expiration, la cavité diminue, puisque le poumon se resserre,
et la pression pulmonaire doit augmenter. Mais la diminution de
pression, à l'inspiration, n'est ni forte ni longue, parce qu'elle donne
lieu à un courant d'air de l'extérieur vers l'intérieur du poumon qui
rétablit vite l'équilibre. De même, l'augmentation de pression expi-

ratoire est faible et brève, parce qu'elle détermine immédiatement un courant d'air de l'intérieur du poumon vers l'extérieur[1], ce qui rétablit l'équilibre.

On peut mesurer ces variations de pression et par suite la force du courant d'air à l'inspiration et à l'expiration en mettant la trachée en communication latérale avec un manomètre, ou bien en fixant un manomètre dans une narine et faisant respirer par l'autre (expérience de Donders sur l'homme). La diminution de pression, à l'inspiration, est de 1 millimètre de mercure chez l'homme, et même moins, et l'augmentation expiratoire de pression a la même valeur à peu près.

On a le moyen, par la méthode de Donders indiquée ci-dessus, de mesurer les pressions maxima que peuvent développer l'inspiration et l'expiration (*pneumatométrie*). On fait un effort d'inspiration ou d'expiration en fermant la bouche et la narine restée libre et, dans ces conditions, le manomètre indique à l'inspiration une pression de — 75 millimètres de mercure et à l'expiration[2] une pression de + 100 millimètres de mercure.

On voit par ces chiffres que la différence de pression est plus grande pour l'expiration que pour l'inspiration, dans la respiration profonde. Il est du reste facile de constater qu'on produit plus d'effet mécanique en expirant qu'en inspirant, en soufflant, par exemple, dans un tube qu'en aspirant par ce tube. Cette différence s'explique aisément si l'on se rappelle que les contractions des muscles inspirateurs ont à lutter contre l'élasticité d'un grand nombre d'organes qu'elles violentent (poumons, cartilages costaux, viscères abdominaux, etc.), tandis que les muscles expirateurs, au moins aussi puissants que leurs antagonistes, n'ont qu'à ajouter leur action à celle de ces parties élastiques agissant dans le même sens qu'eux. C'est cette puissance de l'expiration forcée qui vient se joindre aux conditions mécaniques résultant du rétrécissement de la trachée et de la glotte, pour provoquer l'expulsion des corps étrangers ou des mucosités (toux; celle-ci consiste en une expiration brusque, précédée d'une inspiration profonde).

d. Bruits respiratoires. — Le passage de l'air dans les tubes aériens donne lieu à des bruits, *bruit trachéo-bronchique* ou *souffle bronchique* et *bruit* ou *murmure vésiculaire*.

L'auscultation (Laennec)[3] au niveau du larynx ou de la trachée

1. C'est ce courant qui entraîne au dehors un volume d'air non pas égal à celui qui avait été introduit par l'inspiration, mais en réalité un peu supérieur, à cause de l'échauffement à travers le poumon (voy. plus loin, p. 539).

2. On sait que, dans l'expiration forcée, les muscles expirateurs (muscles abdominaux) interviennent.

3. Th. Laennec (1781-1826), illustre médecin français, un des fondateurs de l'anatomie pathologique moderne, fut professeur de clinique médicale à la Faculté de Paris. Son grand titre de gloire est la découverte de l'auscultation.

permet d'entendre le premier, à l'inspiration et à l'expiration. C'est
un souffle assez rude. Il est dû au passage de la colonne d'air à travers la glotte, partie rétrécie du larynx. En réalité, c'est donc un bruit
laryngé qui se propage tout le long du conduit trachéo-bronchique.

L'auscultation de toutes les parties de la poitrine correspondant
aux poumons permet d'entendre, surtout à l'inspiration, un souffle
doux, qui est le murmure vésiculaire ; on l'entend encore pendant la
première partie de l'expiration ; pendant la seconde partie, le courant d'air est trop lent et trop faible pour déterminer un bruit. Ainsi
au point de vue de l'auscultation, l'expiration peut être considérée
comme plus courte que l'inspiration, alors qu'en réalité elle est plus
longue (voy. p. 533); seulement pour l'oreille les deux tiers sont
inexistants. Le murmure vésiculaire, souvent attribué au déplisse-
ment des vésicules pulmonaires (de là son nom), est dû au passage
de l'air à travers l'espace rétréci par lequel les bronchioles aboutissent aux cavités pulmonaires.

En effet, la section des deux pneumogastriques supprime le murmure
vésiculaire. Or, cette section amène, entre autres effets, de la paralysie
des muscles des petites bronches (voy. plus loin, p. 530); par suite, le
rétrécissement terminal que celles-ci présentent, à l'entrée des canaux
alvéolaires, disparaît ; dès lors, l'air n'ayant plus à passer d'une partie
rétrécie dans un endroit plus large, il ne se produit plus de souffle.

C. **Mouvements associés à l'acte respiratoire.** — L'acte
respiratoire s'accompagne de mouvements des divers organes annexes
des poumons et, d'autre part, détermine des mouvements dans les
parties voisines du thorax.

a. Mouvements des divers conduits aériens. — L'air que les mouvements respiratoires amènent dans le poumon et en chassent passe
par les narines, les fosses nasales, le pharynx, le larynx et la trachée.
La béance des diverses voies que suit ce courant d'air est assurée
par des dispositifs très simples. En raison de leur charpente osseuse
les narines et le pharynx, en raison de leur charpente cartilagineuse
le larynx, la trachée et ses divisions, les bronches, restent constamment béants. De plus, les orifices que présentent ces conduits s'ouvrent plus ou moins sous l'action de mouvements associés à ceux
de la cage thoracique et du poumon, pendant l'acte respiratoire.

Narines. — Les narines se dilatent activement pendant l'inspiration, surtout chez les animaux, ou dans les grandes inspirations et,
en particulier, quand la respiration est difficile (dyspnéique [1]). Ce

La première édition de son fameux traité. *De l'auscultation médiate...*, est de
1819. Ce fut lui aussi qui inventa le stéthoscope.
1. De δυς, préfixe qui indique la difficulté, la peine, et πνεῖν, souffler, respirer.

mouvement se fait par l'action des muscles releveurs et dilatateurs
des ailes du nez auxquels commande le nerf facial (élévateur commun superficiel et élévateur commun profond de l'aile du nez et de
la lèvre supérieure et muscle propre du nez). — Nous verrons plus
loin, quand nous parlerons des modifications physiques de l'air respiré, le rôle spécial et important du nez dans la respiration.

Pharynx. — Au niveau du pharynx, le canal aérien croise le canal
alimentaire, et nous avons vu, en étudiant la déglutition, comment,
lors du passage des aliments, les orifices supérieur et inférieur du
pharynx se trouvent oblitérés (p. 194).

Chez quelques animaux, les communications entre le canal aérien et le
canal alimentaire sont oblitérées d'une manière permanente. Ainsi le
cheval ne peut respirer que par le nez, à cause de la disposition du voile
du palais et de l'épiglotte, qui remonte jusqu'à l'orifice postérieur des
fosses nasales. Il en résulte que, quand on coupe chez cet animal le nerf
facial qui innerve les muscles de la narine, celle-ci, devenue inerte, s'aplatit
comme une soupape au moment de l'inspiration, de sorte que l'animal,
ouvrant largement la bouche, suffoque malgré ses efforts pour respirer.
Cet accident ne se produit pas chez le chien ou chez d'autres animaux
qui peuvent inspirer par la bouche.

Larynx. — Le larynx, au moment de l'inspiration, s'abaisse, en
même temps que son orifice inférieur, la glotte, s'élargit ; au moment
de l'expiration, la glotte se rétrécit. Dans le phénomène de l'effort,
ce rétrécissement est complet et le thorax, comprimant l'air qui ne
peut s'échapper des poumons, forme un point d'appui solide pour les
muscles engagés dans l'effort. La dilatation de la glotte résulte de
l'écartement des cordes vocales inférieures l'une de l'autre, phénomène dû à la contraction des deux muscles crico-aryténoïdiens
postérieurs. Telle est l'importance de ces muscles dans la respiration
que l'on peut dire que la vie dépend de l'intégrité de leur fonctionnement, puisque le rétrécissement de la glotte gêne beaucoup
l'entrée et la sortie de l'air et que son obstruction l'empêche (d'où
la mort par suffocation). — Les muscles crico-aryténoïdiens postérieurs sont innervés par le nerf laryngé inférieur ou récurrent,
branche du pneumogastrique.

Trachée. — La trachée, dans la respiration calme, ne présente point
de mouvements, mais, dans la respiration forte, elle est soumise,
par l'action des muscles du cou (sous et sus-hyoïdiens), à des mouvements d'ascension et de descente qui correspondent aux mouvements de la respiration. Elle descend pendant l'inspiration ; par
suite, son calibre devient plus large et le courant d'air d'inspiration
s'y fait plus facilement. Pendant l'expiration elle monte, elle
s'allonge, donc elle se rétrécit ; il s'ensuit que l'air de l'expiration,

sortant par un canal plus étroit, doit circuler plus vite et avec plus de frottement contre la paroi.

Bronches. — Les bronches, surtout dans leurs fines ramifications, sont pourvues de fibres musculaires lisses, disposées circulairement (muscles de Reisseissen[1]), dont on a souvent comparé le rôle à celui des éléments musculaires des artères; par leur tonicité elles maintiendraient les bronches dans un état de resserrement moyen : ce resserrement s'exagère par leur contraction ou disparaît par leur relâchement; ainsi pourrait être réglé à l'intérieur même des poumons le mouvement de l'air qui y pénètre. Mais il faut noter que ces mouvements des muscles bronchiques, très lents comme ceux des muscles lisses en général, et qui ne sont point en relation avec les mouvements respiratoires, ne doivent avoir normalement qu'une influence très restreinte dans la respiration. Au contraire, sous des influences pathologiques, en particulier par irritation des voies respiratoires ou dans des cas d'irritation anormale de l'aorte et du cœur, etc., ces fibres musculaires présentent de fortes contractions réflexes qui donnent lieu à des *spasmes* bronchiques (*asthme nerveux*, dont les conséquences sont graves (insuffisance de l'aération du sang, dyspnée, suffocation). — Les muscles bronchiques sont innervés par les pneumogastriques (voy. plus haut. p. 528).

À signaler enfin ce fait intéressant que l'épithélium des muqueuses laryngée et trachéale est pourvu de cils vibratiles qui arrêtent les particules solides dont l'air est toujours plus ou moins souillé et que les mouvements des cils ramènent ces particules vers l'extérieur. On verra plus loin (p. 540) que l'épithélium nasal joue aussi le même rôle.

b. Mouvements de l'abdomen et pression intra-abdominale pendant la respiration. — On a vu (p. 516 et 517) que les types respiratoires sont différents suivant l'âge et le sexe. Chez l'enfant, où le type respiratoire est fortement abdominal, et chez l'homme adulte qui a conservé encore nettement ce type, quoique moins marqué (le type de l'homme adulte est, en effet, surtout costo-inférieur), les mouvements d'expansion et de retrait de l'abdomen se reproduisent d'une façon synchrone avec les mouvements thoraciques respiratoires. Ces mouvements abdominaux correspondent essentiellement à l'action du diaphragme : l'abdomen subit un mouvement d'expansion en inspiration, et un mouvement de retrait en expiration.

Le mouvement inspiratoire d'expansion abdominale est dû au refoulement par le diaphragme de la masse intestinale en bas et en avant, d'où la distension des parois abdominales. — Au moment de l'expiration, ces parois reviennent sur elles-mêmes par l'effet propre

---

1. F.-D. Reisseissen (1773-1828), médecin et anatomiste français.

de leur élasticité. Les muscles de l'abdomen, *grand oblique, petit oblique, transverse, grand droit*, interviennent surtout dans les expirations forcées. Ils servent, tout d'abord, de point d'appui fixe pour la contraction des muscles intercostaux internes. D'autre part, ils tirent les côtes par en bas, agissant d'autant plus efficacement qu'ils ont une surface d'insertion plus large à la partie antérieure des côtes. Ils peuvent, en outre, après l'abaissement des côtes, comprimer activement les organes intra-abdominaux, les repousser du côté du diaphragme, exagérer la convexité de ce muscle, diminuer encore ainsi la cavité pectorale. — On peut, par l'éducation, développer sa force expiratoire ; l'expiration de l'homme adulte fait équilibre normalement à une colonne manométrique de 10 cm. de mercure ; avec de l'entraînement professionnel (souffleurs de verre, chanteurs, joueurs d'instruments à vent) l'effort expiratoire peut atteindre une valeur double.

La *pression intra-abdominale* est, par le mécanisme même qui produit les mouvements de l'abdomen, soumise à des variations pério-

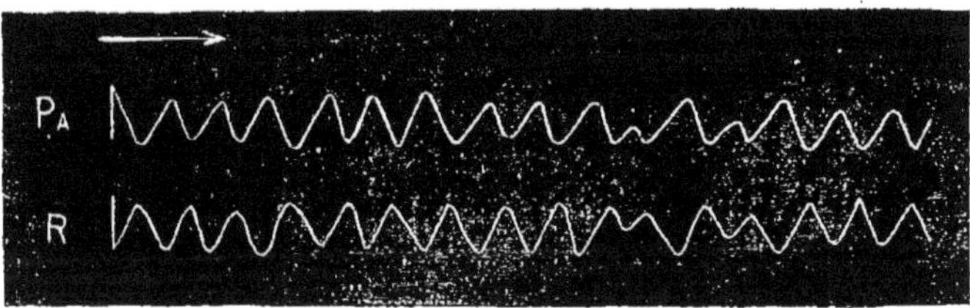

Fig. 133. — Graphiques simultanés des changements dans la pression intra-abdominale PA et de la respiration par la trachée R (Paul Bert). Expérience sur le chien.

diques respiratoires. Dans la respiration normale, sans effort, ces variations sont exactement inverses de celles de la pression intrapulmonaire. Cela se comprend facilement. L'inspiration produit, d'une part, de la distension du poumon, d'où diminution de pression intrapulmonaire, et, d'autre part, de la compression des organes abdominaux suffisante pour écarter les parois abdominales de leur position de repos, d'où augmentation de pression intra-abdominale. L'expiration produit des effets opposés. La figure 133 montre ces variations simultanées et inverses des pressions intrapulmonaire et intra-abdominale.

3° *Le rythme respiratoire. Pneumographie.*

Nous n'avons encore étudié que l'acte respiratoire considéré isolément et en lui-même. En réalité, les actes respiratoires se font en séries.

De même que la méthode graphique a permis l'analyse minutieuse et sûre des mouvements du sang et des diverses parties de l'appareil dans lequel circule le sang, de même cette méthode nous a fait connaître la forme exacte des deux mouvements de l'acte respiratoire.

Il faut maintenant étudier de quelle façon se succèdent ces deux phases d'un même acte et comment les actes respiratoires se suivent dans l'unité de temps (une minute) et enfin quels sont les résultats, pour la fonction respiratoire, de ces actes qui s'accomplissent ainsi en séries.

A. Rythme des mouvements respiratoires. — Ces mouvements peuvent être *inconscients* et *involontaires*, puisqu'ils s'accomplissent souvent d'une façon tout automatique et sans que nous nous en apercevions et puisqu'ils ont lieu durant le sommeil; mais nous pouvons aussi en prendre conscience à chaque instant et les modifier volontairement.

Sous cette réserve, ils se succèdent habituellement à intervalles réguliers ; ils sont rythmiques. Avant d'étudier ce rythme même, il faut analyser les divers temps dont se compose un mouvement respiratoire. L'inspiration et l'expiration ont une *forme* et une *durée* différentes, que la pneumographie permet de déterminer exactement.

On nomme *pneumographes* des appareils qui donnent le tracé des variations de dilatation du thorax, selon une ou plusieurs de ses lignes de circonférence.

Le pneumographe de Marey, le plus habituellement employé chez l'homme, est essentiellement constitué (fig. 134) par une capsule exploratrice, qu'un

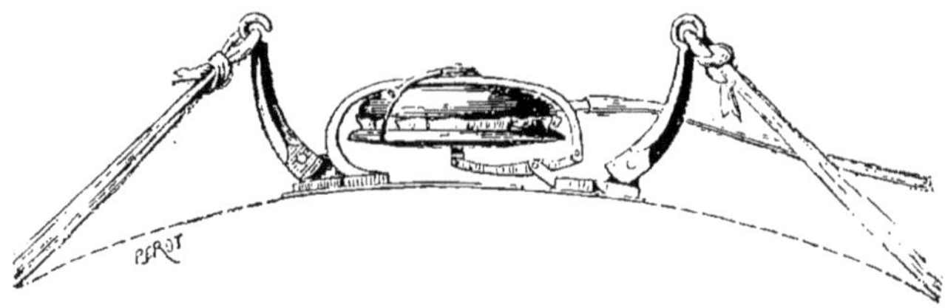

Fig. 134. — Pneumographe de Marey.

lien circulaire permet de fixer autour du thorax nu. A la membrane élastique de ce tambour est articulée une sorte de bielle, que fait jouer tout mouvement les branches métalliques auxquelles est attachée la ceinture thoracique. Dès lors, tout mouvement d'expansion du thorax, produisant un écartement de ces branches, amène, par le jeu de la bielle intermédiaire, un mouvement de dilatation de la membrane élastique du pneumographe, d'où dimi-

nution de pression dans sa cavité. Inversement l'expiration, laissant revenir
les deux branches latérales à leur position première, ramène une élévation
de pression dans l'appareil. Il suffit, dès lors, de relier le pneumographe
à un tambour à levier, et l'on a le diagramme respiratoire (voy. fig. 135).

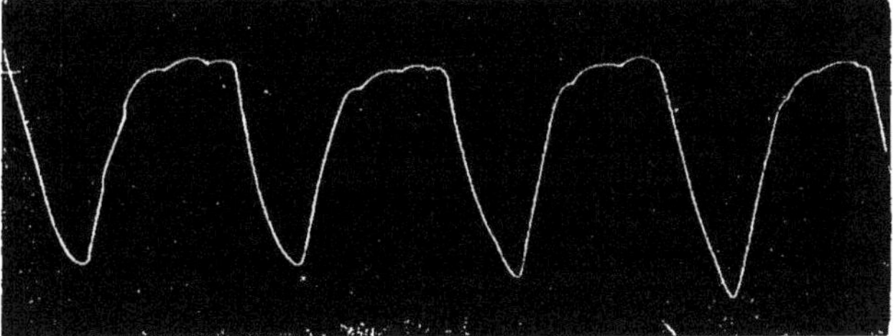

Fig. 135. — Tracé normal des mouvements respiratoires chez l'homme (MAREY).
Ligne descendante : inspiration ; ligne ascendante : expiration.

Comme on le voit, l'inspiration et l'expiration n'ont pas toutes
deux la même forme ni la même durée. L'inspiration, produite
par des contractions musculaires, s'effectue d'une manière à peu
près égale, et se trouve représentée par une ligne régulièrement
descendante (diminution de pression dans le pneumographe de
MAREY distendu). L'expiration, au contraire, résultat de réactions surtout élastiques, suit dans sa forme générale la loi de ces réactions.
Si, par exemple, l'on comprime un gaz dans le corps d'une seringue,
au moment où l'on cesse la compression, le piston remonte d'abord
brusquement sous l'influence de la détente brusque du gaz, puis,
dans un second temps, achève lentement sa réaction ascensionnelle.
Il en est de même dans l'expiration : d'abord brusque, elle s'achève
par un mouvement lent et d'une durée relativement longue, ce
qu'indique exactement le pneumogramme. L'expiration est ainsi, en
réalité, plus longue que l'inspiration ; le rapport normal de durée de
l'inspiration et de l'expiration est de 10/16 (VIERORDT) et ses variations
donnent des indications importantes dans les états pathologiques. Si,
à l'auscultation, l'expiration *paraît* plus courte que l'inspiration, c'est
que l'expiration ne donne lieu au murmure vésiculaire que dans sa
première partie (voy. p. 528).

Dans la respiration normale, il n'y a pas de *pause* après l'expiration ; mais, quand la respiration est lente, on observe une phase
de repos consécutive à l'expiration.

Toute ampoule élastique (poire de caoutchouc), tout explorateur quelconque, un cardiographe par exemple, peut servir de pneumographe. Seulement la distension du thorax produit alors une augmentation de pression
dans l'ampoule exploratrice ; la rétraction du thorax y produit, au contraire,

une diminution de pression. Dans ces conditions le tracé est ascendant à l'inspiration, descendant à l'expiration. Le sens des tracés dépend donc du pneumographe; pour s'entendre, dans une lecture, il faut donc spécifier si l'on s'est servi d'un pneumographe type MAREY (ligne descendante = inspiration, ligne ascendante = expiration) ou d'un appareil, tel qu'un cardiographe, à réaction inverse (ligne ascendante = inspiration, ligne descendante = expiration).

La pneumographie soigneusement appliquée et interprétée peut, en pathologie, donner des indications séméiotiques précieuses dans toutes les affections intéressant les organes actifs ou passifs de la respiration.

On peut aussi, chez les animaux, enregistrer la respiration par l'inscription des variations de pression de l'air dans les voies aériennes en introduisant dans la trachée une canule que l'on fait communiquer avec une grande bonbonne remplie d'air et qui est elle-même reliée à un tambour inscripteur de MAREY (procédé de PAUL BERT).

FRÉQUENCE DES MOUVEMENTS RESPIRATOIRES. — Différentes conditions individuelles, l'espèce *animale*, l'*âge*, la *taille*, règlent la fréquence respiratoire et diverses influences physiologiques, la *digestion*, l'état de *repos* ou l'*activité musculaire*, le *sommeil*, la *température*, la règlent aussi.

Les chiffres ci-dessous indiquent la fréquence des respirations, suivant l'*espèce animale* :

Espèce animale.	Respirations par minute.
Cheval	10-12
Chien	15-25 (suivant la taille).
Chat	24
Lapin (au repos)	55-60
Rat	150
Moineau	90

Dans l'espèce humaine, le nombre des respirations varie beaucoup avec l'*âge*, comme le montre le tableau suivant (QUÉTELET) :

Age (en années).	Respirations par minute.
0	44
5	26
15-20	20
20-25	18
25-30	16
40	18

La moyenne est donc, chez l'homme adulte, de 16 respirations par minute ; chez la femme, elle est de 18.

D'une façon très générale, la fréquence respiratoire est inversement proportionnelle à la *taille*, comme l'ont établi, en particulier, les recherches de P. BERT.

La *digestion* accélère un peu les mouvements respiratoires.

C'est surtout l'*exercice musculaire* qui accroît leur fréquence, à tel point que, sous cette influence, se produit chez le coureur, par exemple, le phénomène bien connu de l'*essoufflement*, phénomène complexe, dû à des causes multiples, parmi lesquelles on distingue les modifications des échanges chimiques (voy. p. 556) et des conditions mécaniques de la circulation générale et pulmonaire.

Le *sommeil* produit une diminution légère du nombre des respirations, et la respiration peut même prendre dans le sommeil profond, que ne trouble aucun bruit, un *type périodique* (A. Mosso), marqué par des alternatives périodiques de renforcement et de diminution dans l'amplitude des mouvements respiratoires.

La *température* exerce une grande influence sur la respiration, surtout chez les animaux qui, comme le chien, ne suent pas. Chez le chien, exposé au soleil ou dans une salle-thermostat de 37º-40º, la respiration s'accélère jusqu'à 150, 200, 300 respirations par minute. C'est la respiration du chien de chasse, par une journée chaude. Cette respiration accélérée s'exécute sans gêne; ce n'est pas de la dyspnée, mais bien de la *polypnée thermique*.

Ce phénomène, pour les animaux qui ne suent pas, tels que le chien, constitue un mécanisme de régulation thermique (Ch. Richet). En effet, la perte d'eau, par évaporation pulmonaire, équivaut pour le refroidissement à la perte d'eau par évaporation cutanée chez l'homme ou chez les animaux à sécrétion sudorale, comme le cheval. — Quoique particulièrement intense chez les homéothermes dépourvus de cette fonction, la polypnée thermique peut s'observer aussi chez les poïkilothermes, tels que les Reptiles désertiques (J.-P. Langlois, 1902).

B. Effet des mouvements respiratoires sériés : la ventilation pulmonaire. Spirométrie et ses résultats. — Du rythme des mouvements respiratoires, c'est-à-dire du nombre régulier de ces mouvements dans l'unité de temps, dépend le renouvellement de l'air dans les poumons et par conséquent la constance de l'hématose.

Le cône pulmonaire représente un réservoir dont la capacité totale s'élève en moyenne à 4 ou 5 litres (4 lit. 400 en moyenne), quand il est rempli au maximum, c'est-à-dire quand on a fait la plus grande inspiration possible ; quand on fait la plus grande expiration possible, il reste toujours dans les poumons 1 à 1 litre et demi qu'on ne peut en chasser d'aucune manière, puisque le poumon, on l'a vu, ne peut jamais réaliser complètement sa forme naturelle. La différence entre ce second nombre et le premier constitue la quantité d'air que l'on peut successivement introduire dans le poumon et en chasser ensuite en faisant les mouvements les plus énergiques de respiration ; c'est ce qu'on appelle la *capacité vitale* (HUTCHINSON) ; elle est égale à 3 litres et demi environ. Ce nombre est important ; il indique la grandeur des conditions physiques de nos échanges respiratoires et, par suite, il constitue comme une mesure de notre vie ; car respirer, c'est vivre.

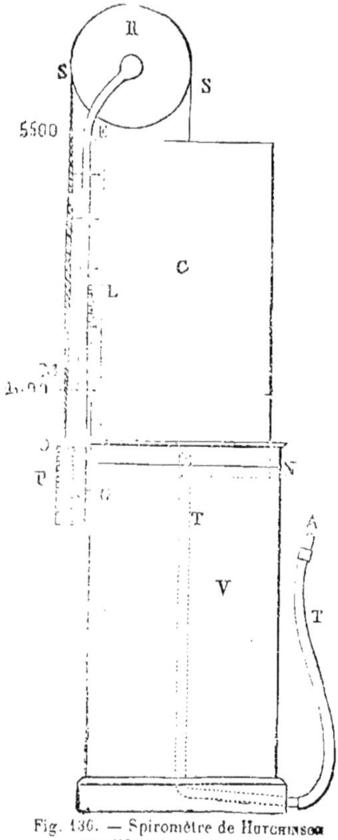

On a construit pour l'évaluer, un grand nombre d'appareils dont le plus connu est le *spiromètre* de HUTCHINSON (1846), qui consiste simplement en un gazomètre plongeant dans une cuve à eau et mis en rapport avec la bouche du sujet en expérience à l'aide d'un tube en caoutchouc. Un indicateur mobile et une échelle graduée et fixe permettent d'apprécier les mouvements du récipient à air. On fait faire d'abord une grande inspiration, puis on fait souffler dans le tube, et on a ainsi le volume maximum de l'air inspiré (capacité vitale). En opérant sur environ deux mille personnes, HUTCHINSON a pu formuler cette loi que le volume d'air expiré maximum à l'état normal serait en proportion régulière, sinon mathématique, avec la stature. La figure 136 représente le spiromètre de SCHNEPP[1] (1858), qui n'est que l'appareil d'HUTCHINSON modifié ; l'air expiré par le tube A, est reçu dans la cloche C, qui sert de gazomètre.

Fig. 136. — Spiromètre de HUTCHINSON (modification de SCHNEPP).

V, cylindre de laiton ; — TT, tube respiratoire : — A, embout du tube respiratoire ; — C, cloche ou gazomètre ; — P, contrepoids ; — S, chaîne ; — R, poulie ; — L, échelle ; — M, montant ; — G, gaine qui contient l'échelle ; — N, surface du liquide contenu dans le réservoir ; — E, fond du gazomètre ; — O, partie inférieure ouverte du gazomètre.

Les nombres indiqués plus haut sont des nombres extrêmes ; dans la respiration calme et ordinaire, chaque inspiration n'introduit et chaque expiration ne chasse qu'un demi-litre d'air, comme on peut le voir à l'aide du spiromètre. On pourrait appeler ce nombre le *chiffre de la respiration ordinaire* ou *air courant*.

1. B. SCHNEPP, médecin français du milieu du siècle dernier.

Pour apprécier exactement la capacité des poumons et les quantités d'air que les mouvements respiratoires y introduisent, il faut déterminer les diverses parties qui constituent successivement ces quantités d'air. On nomme *air respiratoire* ou *air courant* la quantité d'air inspirée et expirée à chaque mouvement de la respiration ordinaire ; *air complémentaire*, celle que l'on peut inspirer en plus par une inspiration énergique (c'est-à-dire la différence entre l'inspiration normale et l'inspiration forcée) ; *air de réserve*, la quantité que l'on peut expirer en sus d'une expiration ordinaire (c'est-à-dire la différence entre une expiration modérée et une expiration forcée), quantité sensiblement égale à celle de l'air complémentaire ; et enfin *air résidual* la quantité d'air qui ne peut être chassée du poumon même pendant l'expiration la plus énergique. Les trois premières de ces quantités constituent la *capacité vitale* d'HUTCHINSON.

Le tableau suivant montre comment on a groupé les différents éléments de la capacité totale des poumons :

Capacité totale du poumon 4ˡ,500 ⎰ Capacité vitale de HUTCHINSON 3ˡ,500 ⎰ d. *Air complémentaire*..... 1ˡ,500 ⎱ ; c. *Air courant*............. 0ˡ,500 ; b. *Air de réserve*.......... 1ˡ,500 ⎱ Capacité pulmonaire de GRÉHANT 2ˡ,500 ; **a**. *Air résidual*............. 1ˡ,000

Le schéma ci-dessous (fig. 137) fait bien voir aussi cette répartition.

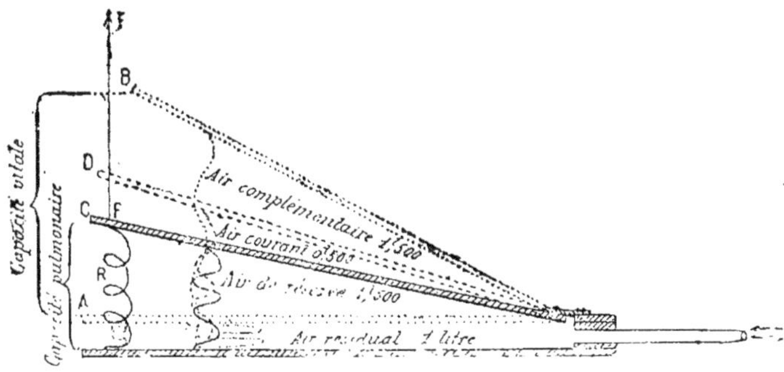

Fig. 137. — Schéma de la capacité totale du poumon (schéma de F. JOLYET et F. VIAULT, ou du *soufflet thoracique*).

A, position de la paroi mobile dans l'expiration forcée ; — B, sa position dans l'inspiration forcée ; — C à D, excursion de cette paroi dans la respiration calme ; — R, ressort représentant l'élasticité thoraco-pulmonaire. — La flèche FF' représente l'action des forces inspiratoires.

L'un des plus intéressants problèmes qui se pose ici est celui de la *ventilation du poumon*. Des recherches faites sur ce point il est résulté que dans chaque révolution respiratoire normale une partie seulement de l'air contenu dans les poumons (air vicié) est renouvelée. C'est au moyen de la *méthode* dite *de l'inspiration d'hydrogène* (H. DAVY, GRÉHANT), que cette notion a été acquise.

On fait une inspiration dans l'hydrogène pur: il entre ainsi dans le poumon 500 centimètres cubes de ce gaz; on recueille alors l'air des expirations qui suivent, jusqu'à ce qu'il ne s'y trouve plus d'hydrogène; on constate qu'il faut 6 à 10 révolutions respiratoires, pour que tout l'air pulmonaire soit renouvelé.

GRÉHANT (1864) a appelé *coefficient de ventilation* la quantité d'air nouveau qui, après chaque mouvement de ventilation, reste dans l'unité de volume de l'espace ventilé: le poumon est un espace de ce genre, et le mouvement respiratoire constitue un véritable mouvement de ventilation. Le coefficient de ventilation sera donc le quotient obtenu en divisant la quantité x d'air pur, qui reste dans le poumon après une expiration normale, par le volume commun du poumon après cette expiration (air résiduel + air de réserve, par exemple, $2^l,365$). GRÉHANT a trouvé, par la méthode de l'inspiration d'hydrogène, que la quantité $x =$ en moyenne $0^l,320$ (c'est-à-dire que, quand on exécute une inspiration et une expiration ordinaires, ou égales chacune à un demi-litre, *un tiers* environ de l'air inspiré est rendu à l'atmosphère, mélangé avec deux tiers d'air vicié, et *deux tiers* d'air pur entrent et renouvellent par le mélange le contenu du poumon). Donc le *coefficient de la ventilation* pulmonaire sera de $\dfrac{320}{2365} = 0,140$; il est un peu plus fort que 1·10. *On peut dire que la masse d'air vicié des poumons se mélange à chaque inspiration avec 1/10 de son volume d'air pur.* Ce coefficient varie, du reste, avec le volume des poumons et avec le volume de l'inspiration.

Ainsi une inspiration de un demi-litre renouvelle mieux l'air dans les poumons que deux inspirations de 300 centimètres cubes qui feraient ensemble 600 centimètres cubes (GRÉHANT).

Telles sont les valeurs des quantités d'air introduites dans les poumons par la respiration. Si l'on considère que le nombre moyen des mouvements respiratoires est de 16 à la minute, on a ainsi 20 000 inspirations par vingt-quatre heures, et comme chaque inspiration introduit un demi-litre, nous respirons en somme 10 000 litres d'air au moins dans une journée. Or, la quantité de sang mis en rapport avec cet air est considérable.

Au-dessous de l'épithélium pulmonaire se trouve en effet un riche réseau de capillaires sanguins. Ce sont des capillaires très petits, car ils ont une dimension juste assez grande pour le passage d'un globule sanguin et très serrés les uns contre les autres, de telle sorte que les mailles qui les séparent sont très étroites. On trouve, par exemple, que, sur une surface donnée d'alvéoles pulmonaires, l'étendue occupée par les capillaires équivaut aux trois quarts et les intervalles qu'ils laissent entre eux, seulement à un quart de la surface. La surface totale de l'ensemble des alvéoles a été approximativement évaluée à 100 mètres carrés[1]; il en résulterait que les capillaires forment une nappe de 75 mètres carrés, nappe très mince, en contact presque immédiat avec l'air et se renouvelant constamment. Malgré sa grande minceur, cette nappe, en raison de son étendue, n'en contient pas moins environ un litre de sang, et, en raison de la vitesse de la circulation pulmonaire, on a calculé qu'il y passe en vingt-quatre heures 15 à 20000 litres de sang. Quelque approximatifs que soient ces chiffres, ils indiquent bien la grandeur des échanges gazeux qui s'opèrent entre le sang et les masses d'air mises en contact avec ce liquide, dont elles ne sont séparées que par la mince paroi des capillaires et un épithélium d'une très faible épaisseur; c'est le développement considérable des surfaces de contact entre l'air et le sang qui assure à l'hématose les conditions les plus favorables.

2. — Phénomènes physico-chimiques de la respiration

Ces phénomènes consistent en l'absorption de l'oxygène de l'air par le sang qui traverse les poumons, en l'échange de cet oxygène, dans les tissus, contre une quantité correspondante d'acide carbonique et de vapeur d'eau (*respiration interne*) et en l'exhalation par les poumons de l'acide carbonique et de la vapeur d'eau. L'air subit donc, dans les poumons, des modifications qui constituent les échanges gazeux respiratoires. Mais, en pénétrant dans les poumons, il subit d'abord des modifications physiques qu'il faut signaler.

1º *Modifications physiques de l'air respiré.*

L'air dans la respiration subit un premier ordre de modifications, de température, de volume, d'état hygrométrique.

1. Les modifications de température concernent l'air inspiré et l'air expiré. Dans son passage à travers l'appareil respiratoire, l'air extérieur se réchauffe. Et il sort des poumons à une température voisine de celle du corps.

1. D'après des calculs ingénieux de MARC SÉE * (1886), la surface pulmonaire mesurerait seulement 81 mètres carrés à peu près. N. ZUNTZ l'évalue à environ 90 mètres carrés.

* Anatomiste français (1827-1912).

Si, après avoir fait une inspiration par le nez, on expire par la bouche dans un tube ouvert et contenant un thermomètre à son intérieur, on constate que, pour des températures extérieures moyennes entre 10° et 30°, l'air expiré a une température de + 33° à + 35°. A — 6°, l'air expiré a été trouvé de + 30° et, à + 44°, de + 38°.

Rôle respiratoire du nez. — Le rôle du nez est à ce point de vue prépondérant. Les fosses nasales sont tapissées par une muqueuse très vasculaire et, par conséquent, puisqu'elle reçoit beaucoup de sang. très chaude et très humide : elle recouvre une série de replis (*cornets*) circonscrivant des

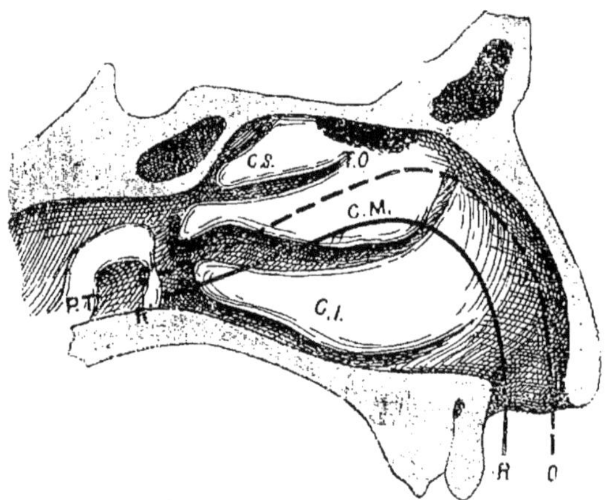

Fig. 138. — Passage de l'air dans les fosses nasales (coupe sagittale)
(schéma de M. LERMOYEZ[1]).

V, vestibule du nez ; — CI, cornet inférieur ; — CM, cornet moyen ; — CS, cornet supérieur ; — PT, pavillon tubaire ; — TO, tache olfactive ; — OO', colonne d'air antéro-supérieure, olfactive ; — RR', colonne d'air postéro-inférieure, respiratoire (non olfactive).

canaux étroits (*méats*), par lesquels l'air est obligé de passer ; à ce passage, en même temps qu'il se charge de vapeur d'eau (voy. plus loin), il se met à peu près à la température du corps. De plus, en circulant sur la muqueuse nasale (voy. fig. 138), l'air inspiré subit une sorte de filtration dans laquelle il se dépouille d'une grande partie des impuretés (poussières minérales de toutes sortes, spores, bactéries, etc.) qu'il entraîne ; toutes ces impuretés sont arrêtées dans les nombreuses anfractuosités du nez, d'où elles sont chassées par le moucher ainsi que par l'éternuement ; d'ailleurs, le mouvement des cils vibratiles (voy. p. 123), dont les cellules de la muqueuse sont munies, tend à ramener vers l'extérieur les particules qui se déposent sur la muqueuse[2]. D'autre part, le mucus nasal exerce une action bactéricide plus ou moins marquée. — Ces diverses observations prouvent

____

1. Médecin français contemporain.
2. Tel est aussi le rôle des cils vibratiles des bronches.

que c'est par le nez, et non par la bouche, que doit se faire la respiration normale et suffisent à montrer les inconvénients qu'il y a de respirer par la bouche quand on se trouve dans un milieu froid et sec.

2. L'élévation de température de l'air expiré a, comme conséquence physique, une augmentation du volume de cet air par rapport au volume de l'air inspiré. Le volume de l'air expiré est encore supérieur à ce dernier pour une autre raison, parce qu'il est saturé de vapeur d'eau, comme on va le voir ci-dessous. — En réalité, cet air, si on le ramène à la température et au degré d'humidité de l'air atmosphérique, occupe au contraire un volume un peu moindre, parce que le volume d'oxygène absorbé est plus grand que celui de l'acide carbonique exhalé, comme l'a constaté Lavoisier dès 1785 ; nous reviendrons plus loin, avec l'étude du *quotient respiratoire*, sur cette importante question.

3. L'état hygrométrique de l'air expiré est à peu près toujours le même. Dans le nez l'air inspiré se charge de vapeur d'eau ; au sortir du naso-pharynx, quand il arrive à l'entrée du larynx, il est déjà presque saturé. D'autre part, l'air se sature complètement au niveau de la surface pulmonaire, c'est-à-dire d'une surface constamment humide, et cela en fonction de sa température de + 35°. L'état hygrométrique d'une masse gazeuse est, en effet, fonction de sa température et de sa pression. Si l'air inspiré présente de grandes oscillations d'état hygrométrique, en raison des variations constantes de la température et de la pression barométrique, l'air expiré présente, au contraire, en raison de la fixité de sa température (+ 35°, dans les conditions habituelles), une grande constance dans sa valeur hygrométrique. Par conséquent, il y a continuellement une élimination de vapeur d'eau par les poumons. La quantité émise réellement par l'expiration, c'est-à-dire ayant effectivement une origine organique, est représentée, à tout instant, par la différence entre le point de saturation de l'air expiré, à 35°, et le point de saturation de l'air inspiré, à la température et à la pression barométrique du moment considéré.

Des expériences directes ont déterminé cette quantité. On peut l'obtenir en enregistrant les pertes de poids subies par l'organisme, en un temps donné. En dehors de toute évacuation rénale, gastrique ou intestinale, les pertes de poids que l'organisme subit de façon continue tiennent évidemment à l'évaporation pulmonaire. *Chez l'homme, la perte quotidienne d'eau par les poumons est de 400 à 500 grammes.*

L'évaporation pulmonaire, simple résultat des lois physiques dans les conditions normales, prend une signification particulière de défense dans les conditions de la polypnée thermique. Elle devient alors, Ch. Richet l'a montré et ceci a déjà été remarqué tout à l'heure (p. 535), une vraie fonction défensive contre l'augmentation de température et, chez les animaux qui ne disposent pas de l'évaporation sudorale, tels que le chien, l'évaporation pulmonaire intense, produite par l'accélération du rythme respiratoire, constitue le mécanisme fondamental de refroidissement dans la lutte contre le chaud.

2° *Modifications chimiques de l'air respiré.* *Échanges respiratoires.*

L'air subit, dans les poumons, d'autres modifications, d'ordre chimique, et ce sont ces changements qui constituent essentiellement la fonction respiratoire.

Nous allons voir quels sont ces changements et, les connaissant, nous aurons à déterminer leur *mécanisme*, puis leur *valeur* à l'état normal et leurs *variations* sous diverses influences extérieures et physiologiques.

A. Nature des échanges respiratoires. — a. ÉCHANGE D'OXYGÈNE ET D'ACIDE CARBONIQUE. — Comme l'a montré LAVOISIER à la fin du XVIII° siècle, la respiration consiste en une absorption d'oxygène et une élimination d'anhydride carbonique.

L'analyse comparée de l'air *inspiré* et de l'air *expiré* donne la preuve de ces échanges; on trouve, chez l'homme, *pour 100 vol. de gaz* :

	Dans l'air inspiré.	Dans l'air expiré.
Oxygène	20,95	16-17
Azote [1]	79,02	79,02
Acide carbonique	0,03	3-4

Ainsi l'air expiré contient, par rapport à l'air inspiré, un déficit d'oxygène et, au contraire, une quantité très appréciable d'anhydride carbonique. L'exhalation de ce dernier par la respiration pulmonaire est facile à mettre directement en évidence.

Il suffit d'expirer par un tube dans un verre à expérience contenant de l'eau de baryte ou de chaux. Après quelques barbotages du gaz expiré, on voit se former un trouble, qui bientôt se transforme en précipité donnant à l'analyse du carbonate de baryte ou de chaux. On peut d'ailleurs s'arranger de façon à doser l'anhydride carbonique exhalé en un temps donné par les poumons, en faisant passer très exactement tout le gaz qui a servi à la respiration, pendant ce temps, à travers une solution de baryte; cette solution a été préalablement titrée; on fait un titrage acidimétrique à la fin de l'expérience.

[1] Y compris un peu d'argon.

[2] Dans la respiration rapide et profonde, les poumons étant mieux ventilés, la quantité d'acide carbonique de l'air expiré tombe à 2,5 p. 100 environ

b. ÉCHANGE D'AZOTE. — Il a été dit que l'azote de l'air inspiré se retrouve dans l'air expiré. En réalité, il y a un léger excès d'azote dans ce dernier, de $0^{cc},1$ à $0^{cc},4$. On considère en général cet azote comme étant d'origine digestive, provenant de la décomposition bactérienne des albuminoïdes qui se fait dans le gros intestin (voy. p. 279); ce gaz serait en effet résorbé en partie et s'éliminerait par le poumon.

c. TOXICITÉ DE L'AIR EXPIRÉ. — On a soutenu que l'air expiré contient des produits toxiques volatils, de nature mal définie, mais probablement alcaloïdique; les accidents observés dans les atmosphères confinées seraient dus, indépendamment de toute action de l'acide carbonique, à ces produits. La question a été vivement débattue. Des recherches précises de E. FORMANEK[1] (1900) ont montré que, dans les expériences faites pour établir la toxicité de l'air expiré, les produits recueillis dont on éprouvait l'action contiennent de l'ammoniaque, mais que ce corps provient des excreta solides et liquides des animaux en observation. Il peut même provenir, chez l'homme, de décompositions intrabuccales, dans les cas, par exemple, de caries dentaires. L'air expiré n'est donc point toxique par lui-même.

3. **Mécanisme des échanges gazeux pulmonaires**. — Lorsqu'un même gaz se trouve dans deux enceintes séparées par une membrane perméable, il s'établit une *diffusion* de la masse gazeuse telle que le gaz tend à prendre et prend dans les deux enceintes la même tension. Dans le cas d'un gaz à même tension préalable dans les deux enceintes, l'équilibre est, par le fait même, immédiat. Dans le cas d'un gaz présentant des tensions de valeur différente dans les deux enceintes, le passage du gaz se fait de l'enceinte où sa tension est la plus forte à celle où sa tension est moindre. Ces notions rappelées, il devient évident que, si les gaz oxygène et acide carbonique sont, au niveau des poumons, à des tensions différentes dans les deux milieux (air pulmonaire et sang) qui communiquent entre eux, il se fera nécessairement entre eux, grâce à la perméabilité de l'épithélium alvéolaire, un échange gazeux commandé par les différences de tension, d'une part, de l'oxygène dans l'air alvéolaire et dans le sang veineux de l'artère pulmonaire, et, d'autre part, de l'acide carbonique dans ces deux mêmes milieux. Le problème se pose donc de savoir si un tel mécanisme s'applique aux échanges gazeux pulmonaires. Aussi a-t-on recherché les tensions partielles de l'oxygène et de l'anhydride carbonique dans l'air intrapulmonaire et dans le sang veineux venu du cœur droit.

a. TENSION DE O ET DE CO² DANS L'AIR ALVÉOLAIRE. — Rappelons que

---

[1]. Chimiste et médecin bohème contemporain.

ce qui est à considérer, ce n'est pas la tension partielle de l'oxygène dans l'air extérieur, mais bien celle de l'oxygène au niveau des alvéoles pulmonaires. L'une et l'autre n'ont point, en effet, la même valeur. L'air extérieur contient 20,95 p. 100 d'oxygène, l'air intra-alvéolaire n'en contient plus que 16 p. 100 environ. Les tensions de l'oxygène dans l'un et dans l'autre sont donc dans le même rapport : la première est de 20,95 p. 100 d'atmosphère, soit $0,760 \times \dfrac{20,95}{100}$ = 159 millim. de mercure, la seconde n'est plus que de 16 p. 100 d'atmosphère, soit $0,760 \times \dfrac{16}{100} = 121^{mm},6$ de mercure. Ce fait très simple est facile à comprendre. On a vu que les poumons offrent une capacité déterminée, oscillant chez les divers individus entre 3 lit. 1/2 et 5 litres. Il s'ensuit que les 500 centimètres cubes apportés par chaque inspiration ne présentent qu'une quote-part d'air pur qui va se mélanger, — et encore non complètement en raison de la vitesse de succession des deux mouvements respiratoires, — avec une quantité beaucoup plus considérable d'air pulmonaire altéré déjà par les échanges antérieurs. Les choses sont telles que l'air alvéolaire ne contient plus que 15 à 17 p. 100 d'oxygène. La tension partielle de l'oxygène dans le milieu aérien servant aux échanges intrapulmonaires est donc de 15 à 17 p. 100 d'atmosphère (et non de 21 p. 100 d'atmosphère, comme dans l'air extérieur).

Quelle est la tension de l'acide carbonique dans ce même milieu aérien intra-alvéolaire? L'air expiré contient 3 à 4 p. 100 de CO^2; la tension de CO^2 dans l'air expiré est donc de 3 à 4 p. 100 d'atmosphère. Mais dans l'air alvéolaire elle est encore plus forte. En effet, comme nous l'avons fait remarquer à l'instant, la vitesse de succession des deux mouvements respiratoires est telle que la diffusion gazeuse de l'air inspiré ne peut pas être parfaite dans la masse pulmonaire pendant le temps de l'acte respiratoire. Il en résulte qu'une partie de l'air inspiré (170 sur 500, d'après Gréhant) n'a pas pénétré au delà des grosses bronches et est rejetée, sans altération, par l'expiration. L'air expiré, quoique contenant une quantité appréciable d'anhydride carbonique, en contient donc toutefois une quantité moindre que l'air alvéolaire. Les déterminations directes sont assez difficiles; les plus précises ont donné des chiffres concordants (expérience sur le chien), compris entre 3,5 (Wolffberg, 1871) et 3,8 p. 100 (Nussbaum, 1872)[1]. Il faut donc compter avec une tension

1. Le chiffre de 7 p. 100 obtenu également sur le chien par Paul Bert, 1870, a été reconnu trop fort. Voy. plus loin (p. 556) des chiffres obtenus sur l'homme par Haldane et Priestley.

2. Wolffberg et M. Nussbaum, physiologistes allemands contemporains, élèves de Pflüger.

d'anhydride carbonique supérieure à celle de ce gaz dans l'air expiré, c'est-à-dire supérieure à 4 p. 100 d'atmosphère (voy. aussi ce qui a été dit p. 509).

b. TENSION DE O ET DE CO^2 DANS LE SANG DE L'ARTÈRE PULMONAIRE. — Tandis que dans une masse gazeuse la proportion centésimale d'un gaz permet de connaître sa tension partielle, il n'en est plus de même pour les liquides. La tension des gaz oxygène et anhydride carbonique dans le sang doit être recherchée directement.

On l'obtient par la méthode *aérotonométrique* (PFLÜGER). Le principe de cette méthode est le suivant. Étant donnée une enceinte, dans laquelle se trouve un mélange gazeux de composition centésimale connue, on y fait circuler le liquide contenant les gaz de même nature, dont on veut connaître la tension dans ce liquide. La circulation du liquide, du sang, par exemple, rendu incoagulable par injection d'extrait de têtes de sangsues ou de propeptone chez l'animal en expérience, doit être maintenue assez longtemps, une demi-heure et même une heure. Dans ces conditions, il s'établit un équilibre de tension entre les gaz de même nature dans l'enceinte et dans le sang. La détermination de la composition centésimale nouvelle du mélange gazeux de l'enceinte, après l'expérience, donne le chiffre des tensions d'équilibre entre les gaz de même nom du liquide circulant et de l'enceinte, c'est-à-dire, dans le cas particulier, les tensions mêmes de ces gaz dans le sang veineux de l'artère pulmonaire. Chez le chien, la tension de l'oxygène dans le sang veineux a été trouvée de 3 p. 100 d'atmosphère, celle de l'anhydride carbonique de 4 à 5 p. 100 d'atmosphère.

c. ABSORPTION D'OXYGÈNE. — D'après ce que nous avons rappelé des lois physiques de la diffusion des gaz, on voit que l'échange d'oxygène entre l'air alvéolaire et le sang veineux pulmonaire se fera très facilement de l'air dans le sang, conformément au sens commandé par les différences de tension de l'oxygène dans les deux milieux que met en contact l'épithélium perméable des alvéoles et des capillaires pulmonaires :

20,95 p. 100 d'atm.	16 p. 100 d'atm.	3 p. 100 d'atm.
(air extérieur)	air des alvéoles)	(sang veineux pulmonaire)

L'excès de tension de l'oxygène suffit donc à faire passer ce gaz de l'air intra-alvéolaire dans le sang. Dès lors, l'oxygène se dissoudra dans le plasma où sa tension augmentera progressivement de telle sorte que, grâce à cette tension croissante, l'hémoglobine se transformera en oxyhémoglobine (voy. p. 320). Dès lors, de nouvelles quantités d'oxygène peuvent se dissoudre dans le plasma, jusqu'à ce que soit atteint l'équilibre de tension.

d. ÉCHANGE D'ACIDE CARBONIQUE. — En raison des valeurs de tension de l'acide carbonique sensiblement égales dans l'air alvéolaire et le sang veineux ou même supérieures dans l'air alvéolaire (déterminations de Chr. Bohr, 1887-1889)[1], le passage de l'acide carbonique du sang dans l'air pulmonaire s'explique insuffisamment ou ne se comprend même pas par un simple phénomène de diffusion gazeuse. Aussi bien, depuis fort longtemps, a-t-on recherché l'élément acide qui pouvait intervenir pour déplacer l'acide carbonique des deux ordres de combinaisons stables et dissociables sous lesquelles il existe dans le sang. On a vu déjà (p. 342) comment on avait été conduit à soupçonner une fonction acide à certaines substances du stroma globulaire. Cette fonction acide, s'exerçant au niveau de l'épithélium pulmonaire, paraît mise en évidence par des expériences de L. Garnier [2] (1887).

L. Garnier a constaté d'abord que le tissu pulmonaire frais est toujours acide. D'autre part, il fait inhaler à des cobayes des poussières d'outremer bleu (corps résultant de l'action d'un mélange de soufre et de carbonate de soude sur le kaolin) deux fois par jour pendant dix minutes, cela pendant un et même deux mois. L'autopsie des animaux montre alors dans le poumon des granulations vert jaunâtre, coloration de virage que prend l'outremer bleu au contact des acides. A l'analyse chimique on retrouve de la silice et du kaolin, ce qui prouve la fixation de l'outremer par le poumon.

Ces expériences, qui ne sont qu'indirectes, ne sauraient être considérées comme suffisantes pour trancher l'importante question débattue; elles indiquent néanmoins la possibilité d'un mécanisme très différent du mécanisme purement physique pour expliquer l'élimination de l'acide carbonique. Par l'activité du tissu pulmonaire jouant le rôle d'un acide, l'acide carbonique du sang serait déplacé de ses combinaisons aisément dissociables (bicarbonates et combinaisons albuminoïdes), et sans doute aussi de ses combinaisons stables (carbonates) (voy. p. 342). Ainsi l'épithélium du poumon se comporterait, dans l'excrétion de l'acide carbonique, à la façon d'un épithélium glandulaire, dont il a du reste les caractères anatomiques et embryologiques [3].

D'après ces faits, on voit que le mécanisme des échanges gazeux pulmonaires n'est pas encore complètement éclairci. On se trouve en face de la question de savoir si les lois physico-chimiques actuellement connues suffisent à les expliquer ou s'il ne faut pas faire intervenir, pour en rendre compte, une activité cellulaire analogue à l'activité sécrétoire.

---

1. Voy. ce qui a été dit à ce sujet p. 509 et p. 544.
2. Chimiste contemporain, professeur de chimie physiologique à la Faculté de médecine de Nancy.
3. Chr. Bohr a soutenu très énergiquement la conception du rôle actif de l'épithélium pulmonaire dans les échanges gazeux respiratoires.

C. Valeur des échanges respiratoires. — Pour déterminer la grandeur de ces échanges, c'est-à-dire les quantités d'oxygène absorbé et d'acide carbonique et d'eau exhalés pendant un temps donné, on a eu recours à deux méthodes principales. Le principe de ces méthodes a été posé par Lavoisier [1], qui les a d'ailleurs mises en pratique dans ses recherches avec Laplace [2] ou avec G. Séguin.

a. Méthodes de détermination des échanges respiratoires. — Les unes sont des méthodes de *détermination partielle* dans lesquelles les analyses portent sur des échantillons de l'air respiré. L'air expiré est, par exemple, reçu dans un gazomètre, où l'on fait à des moments déterminés des prises de gaz pour doser l'oxygène et l'acide carbonique (Andral [3] et Gavarret [4], 1845). Une fraction de l'air respiré est, dans d'autres cas (Pettenkofer), amenée par un système d'aspiration à traverser des flacons contenant une solution titrée de baryte; le dosage pratiqué est, comme dans le cas précédent, rapporté à la quantité totale d'air respiré.

Les autres méthodes, dites de *détermination totale*, permettent l'analyse de l'air total respiré pendant un temps donné. Il est de toute évidence qu'elles sont préférables aux précédentes et devraient même être exclusivement employées. En effet, dans les méthodes de détermination partielle, c'est-à-dire portant sur des fractions de l'air respiré, les chiffres trouvés doivent être multipliés par un coefficient considérable, correspondant au volume total d'air ayant servi à la respiration; des erreurs insignifiantes d'analyses peuvent dès lors, dans le résultat final, avoir une valeur importante. Quant aux méthodes de détermination totale, toutes n'ont pas une égale valeur. On doit préférer celles dans lesquelles l'animal respire à l'air libre ou dans un milieu qu'un artifice permet de maintenir à une composition constante, reproduisant celle de l'air atmosphérique; ces méthodes sont *a priori* supérieures à celles dans lesquelles l'animal respire dans une enceinte dont l'air n'est pas renouvelé.

Pour l'application de ces méthodes aux animaux et à l'homme un grand nombre d'appareils ont été imaginés et employés. Comme

1. Voici les règles données par l'illustre chimiste pour l'étude des phénomènes chimiques de la respiration ; il faut, dit-il : « 1° enlever à l'air, par la chaux ou mieux par la potasse, la proportion d'acide crayeux aériforme qu'il contient ; 2° lui rendre une quantité d'air salubre, égale à celle qu'il a perdue ». C'est cette méthode qu'il suivit dans ses expériences avec G. Séguin.

2. P.-S. Laplace (1749-1827), illustre géomètre et astronome français, auteur du *Traité de la mécanique céleste* et de l'*Exposition du système du monde*, ouvrages fondamentaux dans l'histoire de nos connaissances.

3. Andral (1797-1876), célèbre médecin français, un des promoteurs des théories humorales modernes, fut professeur de pathologie et thérapeutique générales à la Faculté de Paris.

4. J. Gavarret (1809-1890), ancien professeur de physique médicale à la Faculté de médecine de Paris.

exemple de la première nous décrirons sommairement l'appareil de PETTENKOFER (1860), et, comme exemples de la seconde, nous décrirons les appareils de REGNAULT[1] et REISET[2] (1849) et de M. HANRIOT et CH. RICHET (1886-87).

Méthode de Pettenkofer et Voit. — L'appareil (voy. fig. 139) se compose d'une grande chambre de 12 à 13 mètres cubes de capacité, en tôle, munie de portes et de hublots étanches; l'aménagement en est tel que le sujet peut y demeurer plusieurs jours. La ventilation y est assurée par deux

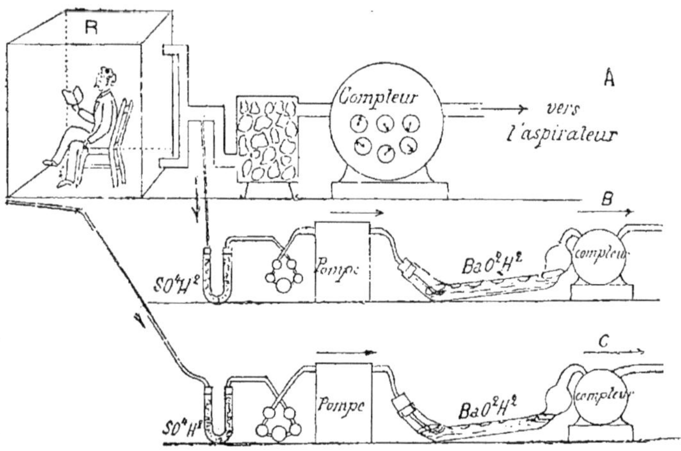

Fig. 139. — Schéma du grand appareil respiratoire de PETTENKOFER (d'après L. FREDERICQ).

R, chambre respiratoire; — A, courant d'air principal non analysé, mais mesuré au compteur; — B, portion d'air analysée, empruntée au courant d'air principal qui a traversé l'appareil respiratoire; — C, portion d'air analysée empruntée à l'air avant son entrée dans l'appareil.

pompes aspirantes assez puissantes pour y faire passer de 15 à 35 mètres cubes d'air par heure. On mesure l'air aspiré au moyen d'un compteur. A la sortie de l'appareil, une portion de l'air est dérivée et dirigée à travers des ballons tarés remplis de ponce sulfurique pour l'absorption de la vapeur d'eau et à travers des tubes remplis d'eau de baryte filtrée pour le dosage de l'acide carbonique et finalement à travers un compteur.

La méthode donne des résultats précis pour l'acide carbonique. Le dosage de la vapeur d'eau est moins sûr, parce qu'une partie variable de l'eau éliminée s'absorbe dans la chambre respiratoire qui contient des objets hygroscopiques (literie, objets divers, vêtements du sujet, etc,). Quant à la

1. H.-V. REGNAULT (1810-1878), illustre physicien français.
2. J. REISET (1818-1896), chimiste et agronome français.

détermination de l'oxygène, elle est sujette à caution, ne se faisant que par différence ; en effet, cette quantité s'obtient en retranchant du poids initial du sujet en expérience son poids final, y compris le poids des excreta recueillis (urines, fèces, CO_2 et vapeur d'eau).

Sur le principe de l'appareil de Pettenkofer ont été construites plus récemment la chambre respiratoire de Sondén et Tigerstedt (1895) et celle d'Atwater (1899), qui sert aussi de chambre calorimétrique.

Méthode de Regnault et Reiset. — L'animal (voy. fig. 140) respire dans une enceinte dont on connaît la composition constante, grâce à des dispositions qui assurent, d'une part, l'absorption de l'acide carbonique au fur et à mesure de sa production et, d'autre part, l'arrivée de quantités

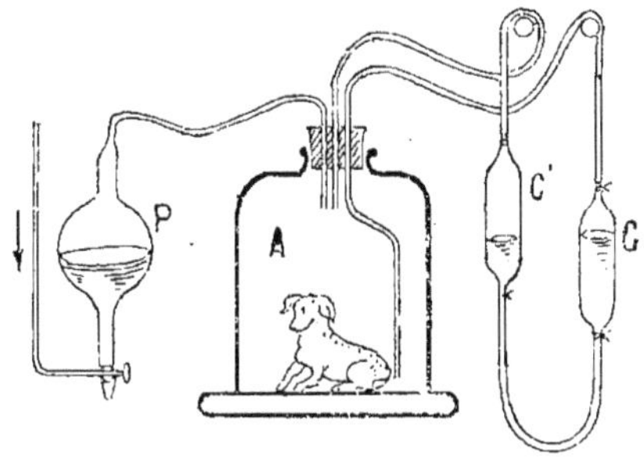

Fig. 140. — Schéma de l'appareil de Regnault et Reiset (d'après L. Fredericq).

L'animal respire l'air de la cloche A. Les réservoirs à potasse C et C' aspirent l'air, puis le réinjectent dans la cloche, après qu'il a été débarrassé de son acide carbonique. La pipette jaugée P, remplie d'oxygène, sert à remplacer l'oxygène absorbé par l'animal. L'air de la cloche est donc constamment de l'air normal.

d'oxygène constamment équivalentes à celles qui sont absorbées par l'animal. L'absorption de l'acide carbonique est réalisée par des solutions de potasse contenues dans des récipients recevant un mouvement continu de va-et-vient qui exerce une aspiration sur l'air de l'enceinte. D'autre part, une arrivée d'oxygène, à la pression atmosphérique, se fait dans l'enceinte où respire l'animal, au fur et à mesure de sa disparition. Cette méthode donne des résultats d'une grande exactitude.

Jolyet et Regnard ont fait construire, d'après le principe de cette méthode, un appareil excellent, dans lequel l'animal n'est plus placé dans l'enceinte respiratoire (ce qui était, dans l'appareil primitif de Regnault et Reiset, un défaut amenant la viciation de l'air par des émanations de la peau ou du tube digestif), mais à l'extérieur de cette enceinte et en communication avec celle-ci par l'intermédiaire d'une muselière parfaitement close. L'aspiration de l'acide carbonique est, d'autre part, rendue plus active.

Méthode de M. Hanriot et Ch. Richet. — Dans cette méthode (voy. fig. 141), l'animal respire à l'air libre, au moyen d'une muselière ou par une fistule trachéale. Le jeu d'une soupape de Müller permet l'arrivée de l'air d'un premier compteur A et l'évacuation de l'air expiré dans un deuxième compteur B; cet air est enfin aspiré à travers un troisième compteur C, après avoir traversé de longues colonnes de boules de verre sur lesquelles tombe en pluie de la lessive de potasse saturée; ainsi est réalisée une grande surface d'absorption pour l'acide carbonique. Il est clair que les valeurs

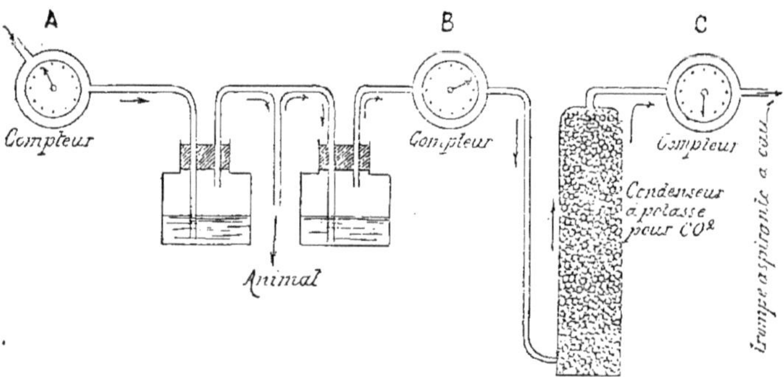

Fig. 141. — Schéma de l'appareil de HANRIOT et CH. RICHET, pour le dosage des gaz de la respiration.

A — C et B — C donnent, la première, le volume d'oxygène absorbé, la seconde le volume d'acide carbonique produit. En effet :

$$A = \text{air extérieur.}$$
$$B = \text{air extérieur} - O + CO^2,$$
$$C = \text{air extérieur} - O ;$$

d'où :

$$A - C = O \text{ absorbé,}$$
$$B - C = CO^2 \text{ produit.}$$

L'appareil est applicable et a été appliqué à l'homme

b. RÉSULTATS OBTENUS. LE QUOTIENT RESPIRATOIRE $\dfrac{CO^2}{O^2}$. — L'emploi de ces diverses méthodes a fourni des résultats suffisamment concordants pour qu'aient été fixés des chiffres moyens des échanges respiratoires chez l'homme et chez les animaux.

La quantité d'oxygène absorbé en vingt-quatre heures au repos par un homme adulte du poids moyen de 65 kilogrammes est d'environ 515 litres (mesurés à 0° et à 760 millimètres), soit, en poids de 740 grammes. La quantité d'anhydride carbonique dégagé dans le même temps et dans les

mêmes conditions physiologiques est d'environ 460 litres (mesurés à 0°
et à 760 millimètres), soit, en poids, d'un peu plus de 900 grammes.

On voit tout de suite que le volume d'acide carbonique produit est
moindre que celui de l'oxygène absorbé. La signification de ce fait
est grande par rapport à la destination de l'oxygène libre absorbé par
l'organisme. On sait en effet que, pour former un volume d'acide carbonique, il faut un volume d'oxygène. Puisque l'oxygène consommé
ne reparaît pas entièrement sous forme d'acide carbonique, c'est donc
que l'oxygène libre absorbé n'est pas entièrement employé à brûler
le carbone alimentaire, mais aussi à brûler de l'hydrogène, celui
des graisses, par exemple, qui se trouve incomplètement oxydé
dans ces substances, et à former de l'eau. *A priori*, la nature de
l'alimentation, c'est-à-dire des combustibles fournis à l'organisme,
doit donc influer sur la valeur du rapport des volumes de l'acide
carbonique et de l'oxygène $\frac{CO_2}{O_2}$ ou *quotient respiratoire* de Pflüger[1].

Dans les conditions ordinaires d'alimentation mixte, le quotient
respiratoire $\frac{CO_2}{O_2}$ est inférieur à l'unité et oscille entre 0,8 et 0,9.

Sous l'influence d'une alimentation hydrocarbonée, le quotient
respiratoire devient égal à 1; cette augmentation commence une
demi-heure déjà après le repas et dure deux à trois heures.

Il en est de même quand, sur des animaux, on injecte lentement dans
les vaisseaux une solution de glycose (expériences de J. von Mering et
N. Zuntz 1884); le quotient respiratoire se rapproche de sa valeur du
quotient théorique, et cela très vite parce que l'injection dans le sang a
réalisé l'économie des temps de la digestion et de l'absorption.

Ce résultat est facile à comprendre. Les hydrates de carbone sont
formés par l'union de carbone et de molécules d'eau, si bien qu'on
peut représenter par exemple le corps $C^6H^{12}O^6$ par le symbole équivalent $C^6(H^2O)^6$, symbole qui montre immédiatement que les substances de cette catégorie contiennent exactement la quantité d'oxygène nécessaire pour transformer en eau tout l'hydrogène de leur
molécule, c'est-à-dire pour le brûler intégralement et qu'elles n'exigent plus que la quantité d'oxygène nécessaire à la combustion de
leur carbone. Dans le cas de combustion des hydrates de carbone,
on aura donc :

$$C^6(H^2O)^6 + 6\,O^2 = 6\,CO^2 + 6\,H^2O.$$

---

1. La notion du quotient $\dfrac{\text{vol. } CO^2 \text{ exhalé}}{\text{vol. } O^2 \text{ absorbé}}$, entrevue par Lavoisier (voy. p. 541),
a été introduite dans la science par Regnault et Reiset et étudiée et approfondie
par Pflüger sous ce nom de *quotient respiratoire*. Voy. p. 158 ce que nous avons
déjà dit du quotient respiratoire.

Le volume de l'acide carbonique formé sera égal à celui de l'oxygène absorbé. Et c'est ce qui, dans la respiration animale, se traduit par un quotient respiratoire $\dfrac{CO^2}{O^2} = 1$.

Sous l'influence d'une alimentation riche en graisses, le quotient respiratoire s'abaisse, au contraire, et devient d'autant plus inférieur à l'unité que les graisses sont absorbées en plus grande quantité; il devient alors égal à 0,7. Que se passe-t-il en effet? Les graisses (stéarine $C^{57}H^{110}O^6$, palmitine $C^{51}H^{98}O^6$, oléine $C^{57}H^{104}O^6$) contiennent beaucoup d'hydrogène par rapport à l'oxygène. L'oxygène libre apporté par la respiration aura donc à brûler une grande quantité d'hydrogène; et ainsi, employé à former de l'eau, il ne peut être utilisé à la combustion du carbone; le quotient respiratoire $\dfrac{CO^2}{O^2}$ s'en trouve très abaissé.

Sous l'influence de l'alimentation albuminoïde, le quotient respiratoire prend des valeurs oscillant entre 0,7 et 0,8. Dans ce cas, en effet, comme dans celui des graisses, tout l'oxygène fourni par la respiration n'est pas employé à la combustion du carbone; une partie sert à former de l'eau; une autre partie sert à l'oxydation de l'azote (formation d'urée) et du soufre (formation d'acide sulfurique).

Il résulte de ces faits qu'une bonne partie des substances alimentaires ingérées est rapidement détruite dans l'organisme, puisque la valeur du quotient respiratoire varie très vite avec la nature de ces substances. Il s'ensuit, d'autre part, que l'on peut de la connaissance du quotient conclure à la nature des matériaux consommés par l'organisme dans le cas de jeûne. C'est ainsi que le quotient respiratoire, chez tous les animaux, même chez les herbivores, soumis à un jeûne absolu et vivant par conséquent sur leur propre substance, prend une valeur inférieure à l'unité. L'animal inanitié vit donc aux dépens des albuminoïdes et des graisses de ses tissus. — La connaissance de ce fait permet de calculer le bilan nutritif d'un animal (voy. p. 157) et de le comparer, le cas échéant, à ses dépenses énergétiques évaluées directement, par la méthode calorimétrique par exemple.

D. Variations des échanges respiratoires. — De nombreuses causes, d'ordre physiologique et quelques-unes extérieures à l'organisme, font varier les échanges gazeux.

a. Influence de l'espèce. — Les animaux à sang chaud ou homœothermes (Mammifères et Oiseaux) se distinguent nettement des animaux à sang froid ou poikilothermes par leur activité respiratoire. C'est que leurs combustions organiques sont très intenses, la plus grande partie de l'oxygène consommé étant employée à maintenir constamment leur température à un niveau élevé. Seuls, les Insectes consomment autant d'oxygène que les petits Mammifères. Le tableau suivant, dans lequel est donnée la quantité d'oxygène consommé par kilogramme et par heure, montrera bien cette influence de l'espèce animale :

Espèce animale.	Quantité d'oxygène consommé par heure et par kg. d'animal, à 0° et à 760 mm. Hg.	Auteurs.
Homme	0^l,300	Vierordt.
Cheval	0^l,233	Zuntz et Lehmann.
Veau, porc et mouton	0^l,300 — 350	Regnault et Reiset
Chien (de 20 à 30 kilogrammes)	0^l,400 — 450	Ch. Richet.
Chien (de 10 à 15 —)	0^l,500 — 600	—
Chien (de 3 à 4 —)	0^l,700 — 900	Regnault et Reiset. Ch. Richet.
Lapin	0^l,687	Pflüger.
Cobaye	1^l,110	Colasanti [1].
Rat blanc (de 180 grammes)	1^l,400 — 1^l,500	V. Pachon.
Poulet	0^l,750 — 1 litre	Regnault et Reiset.
Canard	1^l,160	Laulanié [2].
Petits oiseaux chanteurs	9 à 10 litres.	Regnault et Reiset.
Moineau	6^l,170	—
Marmotte en hibernation	0^l,030	—
Grenouille	0^l,044 — 073	—
Lézard	0^l,134	—
Anguille	0^l,048	Jolyet et Regnard.
Raie	0^l,047	—
Crabe	0^l,107	—
Écrevisse	0^l,038	—
Huître	0^l,135	—
Hanneton	0^l,700	Regnault et Reiset.
Ver à soie	0^l,600 — 800	—
Lombric	0^l,070	—
Sangsue	0^l,022	Jolyet et Regnard.
Astérie	0^l,032	—

b. Influence de la taille et de la surface. — Ce même tableau montre combien, dans le groupe des homœothermes en particulier, la quantité d'oxygène consommée varie en fonction de la taille[3]. Ce facteur exerce ici la même influence que sur la fréquence des mouvements respiratoires (voy. p. 534). Il y a là une loi qui paraît être en rap-

1. Physiologiste italien contemporain.
2. F. Laulanié (1852-1906), physiologiste français, connu surtout par ses recherches sur la circulation et sur la chaleur animale, a fait aussi d'excellents travaux d'embryologie.
3. « En trois ou quatre jours, un pinson brûle dans son corps, pour les besoins du chauffage, un poids d'oxygène égal au sien, tandis qu'il faudrait à l'homme et aux grands mammifères de cent à cent cinquante jours avant qu'ils aient consommé leur poids d'oxygène » (L. Fredericq et J.-P. Nuel, Éléments de physiologie humaine, 6e édit., p. 185, Gand et Paris, 1910).

port avec la nécessité dans laquelle se trouvent les homœothermes de lutter contre le refroidissement commandé par la surface. Par rapport à l'unité de poids, et en raison du principe géométrique d'après lequel les surfaces croissent comme les carrés, tandis que les volumes croissent comme les cubes, un petit animal a plus de surface qu'un grand. Un petit animal perd, dès lors, par rayonnement, plus de calories par rapport à 1 kilogramme de poids qu'un gros animal de même espèce. Il est donc nécessaire, pour le maintien de sa température, que ses combustions soient augmentées dans le même rapport. Déjà REGNAULT et REISET avaient établi que l'élimination de l'acide carbonique est en raison inverse de la taille. Mais c'est CHARLES RICHET qui a bien mis en évidence cette relation entre les échanges gazeux pulmonaires et la surface de refroidissement des homœothermes. Si, dans une espèce animale, la consommation d'oxygène ou l'élimination d'acide carbonique n'est plus rapportée au kilogramme d'animal, c'est-à-dire à l'unité de poids, mais au mètre carré, c'est-à-dire à l'unité de surface, on trouve alors des chiffres sensiblement identiques pour les grands et les petits animaux.

Voici ceux que donnent à cet égard M. HANRIOT et CH. RICHET :

Poids (en kilogr.).	Espèce.	CO^2 produit en 1 heure par mètre carré.
500	Bœufs.	3gr,70
70	Moutons.	2gr,25
60	Hommes [1]	2gr,00
3	Oies.	1gr,85
1,700	Poules.	1gr,72
2	Chats.	1gr,48
2	Lapins.	1gr,34
1	Marmottes.	1gr,07
0,300	Pigeons et tourterelles.	1gr,00

Les différences si considérables trouvées entre les quantités d'acide carbonique produit rapportées au poids disparaissent, on le voit, si on les rapporte à l'élément surface qui commande le rayonnement. Il existe cependant des différences entre chaque espèce. Mais, outre qu'elles sont souvent minimes, ne peuvent-elles s'expliquer par le revêtement cutané déterminant, chez les animaux à peau nue et lisse et chez ceux dont la peau est couverte de poils plus ou moins épais, une différence dans le rayonnement?

1. Cependant R. TIGERSTEDT et son élève K. SONDÉN (1895), dans leurs expériences avec un appareil très perfectionné (voy. p. 549) ont trouvé que l'élimination d'acide carbonique, rapportée à l'unité de surface, est plus forte chez l'enfant que chez l'adulte et, à âge et poids égaux, plus forte chez les garçons que chez les filles. Cette différence peut être due à la plus grande activité musculaire qui existe chez les garçons.

c. Influence de l'age, du sexe. — L'influence de l'âge se ramène, en définitive, à l'influence de la taille, pour des individus de même espèce.

Andral et Gavarret ont donné les chiffres suivants pour l'homme :

Age.	Poids d'anhydride carbonique dégagé en 24 heures.		Poids d'anhydride carbonique dégagé en 24 heures par kilogr.	
8 ans....................	440 grammes.		19,8 grammes.	
15 —	765	—	16,5	—
16 —	949	—	17,6	—
18 à 20 ans....................	1 002	—	16,5	—
20 à 40 —	1 072	—	15,7	—
40 à 60 —	887	—	13.2	—
60 à 80 —	808	—	12,4	—

L'activité respiratoire est plus grande chez l'homme que chez la femme. C'est ce que montrent les chiffres obtenus aussi par Andral et Gavarret et ceux beaucoup plus récents (1895) de Sondén et Tigerstedt. Cette différence diminue graduellement et disparaît aux approches de la vieillesse (Sondén et Tigerstedt).

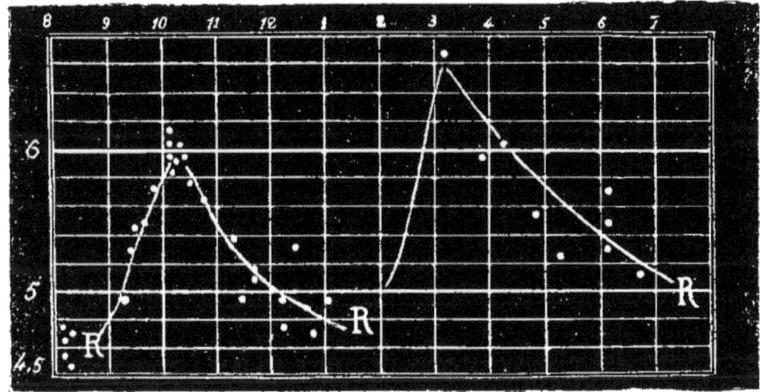

Fig. 142. — Courbe représentant en litres (4.5, 5, 6 litres) la quantité d'oxygène consommé en 15 minutes par un sujet du poids de 80 kilogrammes aux différentes heures de la journée (8 heures du matin à 8 heures du soir) (L. Fredericq).

Les heures sont indiquées sur la ligne des abscisses, les quantités d'oxygène sur celle des ordonnées. R, R, R, repas.

d. Influence de la digestion. — Les repas exercent une grande influence sur l'activité des échanges respiratoires. A ce moment se produit une vaso-dilatation intense des glandes digestives, accompagnant leur travail sécrétoire. La mise en train de la fonction des multiples glandes de l'appareil digestif provoque ainsi un renforcement des échanges respiratoires. Les courbes de la figure 142 (d'après des expériences de L. Fredericq, 1882) traduisent nettement cette influence des périodes digestives.

e. Influence de la fréquence et de l'ampleur des mouvements respiratoires. — Si les mouvements respiratoires s'accélèrent ou si volontairement on en augmente l'amplitude, la quantité d'acide carbonique exhalé s'accroît d'abord durant 15 ou 20 minutes, puis revient à la normale.

Voici, pour prouver ce fait, quelques chiffres empruntés à des expériences faites sur l'homme par deux physiologistes anglais contemporains, Haldane et Priestley, au moyen d'un appareil imaginé par Haldane :

Sujets.	Nombre de respirations par minute.	Quantité d'acide carbonique p. 100 dans l'air alvéolaire.		
		A la fin de l'inspiration.	A la fin de l'expiration.	Moyennes.
J. S. H.	9	5,59	5,87	5,73
	19	5,56	5,70	5,63
Idem.	9	5,33	5,47	5,40
	20	5,44	5,60	5,52
J. G. P.	10,5	5,95	6,74	6,35
	30	5,98	6,05	6,02

Ainsi, chez le même individu, la quantité d'acide carbonique contenu dans l'air alvéolaire ne change pas avec les variations de fréquence de la respiration, pourvu que celle-ci ne soit pas forcée.

On peut dire que l'augmentation volontaire de la ventilation pulmonaire est impuissante à modifier réellement les phénomènes chimiques de la respiration. C'est que le rythme des mouvements respiratoires ne règle pas la consommation d'oxygène, mais ce sont les besoins des tissus en oxygène qui commandent au contraire à ce rythme (E. Pflüger) (voy. plus loin, p. 558).

f. Influence de l'exercice musculaire. — Sous cette influence la valeur des échanges respiratoires peut devenir le triple ou le quadruple de ce qu'elle est à l'état de repos.

Déjà Lavoisier et G. Séguin, dans leurs mémorables expériences, à la fin du xviiie siècle, avaient noté cette action du travail musculaire. Voici quelques chiffres tirés des expériences de C. Voit et Pettenkofer sur l'homme :

	Poids de O^2 absorbé en 24 heures.	Poids de CO^2 dégagé en 24 heures.
Repos	867 grammes.	930 grammes.
Travail	1006 —	1134 —

On a constaté en outre que le travail musculaire augmente le quotient respiratoire qui tend vers l'unité. De ce fait on est amené à conclure, d'après ce que l'on sait de la valeur de ce quotient (voy.

p. 552), que le muscle emprunte son énergie à la combustion des hydrates de carbone.

L'action des mouvements musculaires et de leur fréquence ne ressort pas moins des chiffres ci-dessous obtenus par N. Zuntz et Lehmann dans leurs expériences sur des chevaux :

Condition physiologique.	Quantité d'air inspiré par minute.	Quantité d'oxygène absorbé par minute.	Quantité d'acide carbonique exhalé par minute.	$\dfrac{CO_2}{O_2}$
	lit.	lit.	lit.	
Repos.........	44	1,601	1,478	0,92
Marche	177	4,766	4,342	0,90
Trot..........	333	8,093	7,516	0,93

On remarquera que dans ces expériences le quotient respiratoire n'a pas varié.

g. Influence du sommeil. — Pendant le sommeil les échanges respiratoires sont très diminués. La diminution de l'activité glandulaire, peut-être aussi de la vie cérébrale, mais surtout le repos musculaire, amènent une réduction d'environ un quart de la valeur des échanges respiratoires par rapport à l'état de veille et d'activité modérée. La diminution porte surtout sur le dégagement d'acide carbonique ; de telle sorte qu'on peut se demander si, dans ce cas, de l'oxygène n'est pas mis en réserve par l'organisme[1].

h. Influence de la température extérieure. — Chez les animaux à sang froid les combustions organiques croissent avec la température. Inversement, chez les animaux à sang chaud, les échanges respiratoires augmentent avec l'abaissement de température. C'est qu'au fur et à mesure que la température extérieure diminue, l'homœotherme, pour maintenir sa propre température constante, est capable de produire plus de chaleur. Cette faculté de régulation s'exerce par l'intermédiaire des nerfs sensibles de la peau. Les excitations de ces nerfs causées par le froid, en même temps qu'elles commandent à des phénomènes de vaso-constriction périphérique, d'où résulte une diminution de la surface de rayonnement, c'est-

1. La réalité d'un processus d'emmagasinement de l'oxygène, dans des conditions données, est prouvée par d'autres faits. Ainsi, on a constaté que les animaux en hibernation (marmottes par exemple) offrent souvent une augmentation sensible de poids : dans cet état, les marmottes (expériences de Regnault et Reiset, 1849) absorbent un volume d'oxygène bien plus considérable que le volume d'acide carbonique exhalé. D'autre part, Ch. Bouchard (1898) a vu que, chez l'homme soumis au jeûne, on peut constater des augmentations de poids de 10 à 40 grammes en une heure, dues à un excès de poids de l'oxygène absorbé sur celui de l'acide carbonique et de la vapeur d'eau exhalés. Ces augmentations de poids tiendraient à des oxydations incomplètes et vraisemblablement à la transformation de la graisse en glycogène (Ch. Bouchard et A. Desgrez, *Journ. de physiol. et de pathol. génér.*, 1900, t. II, p. 237-242).

à-dire une moindre perte de chaleur, provoquent des combustions
interstitielles plus intenses, soit par l'irritation de centres thermiques spéciaux, soit par la mise en activité de tous les centres
bulbo-médullaires qui règlent le tonus des muscles. C'est surtout
à l'augmentation de ce tonus (tremblement musculaire, frissons
[A. Loevy [1], 1889; Ch. Richet, 1889]) qu'est due la résistance au froid;
chez l'homme, dès que le frisson s'est produit, les combustions
s'accroissent de 100 p. 100 (A. Loevy).

Cette influence du système nerveux dans la surproduction des
échanges respiratoires amenée par le refroidissement est démontrée
par le fait que, chez les animaux à moelle sectionnée ou curarisés
ou anesthésiés, c'est-à-dire chez tous les animaux à réactions nerveuses suspendues totalement ou très atténuées, les échanges respiratoires croissent, comme chez les poikilothermes, avec la température.

i. Influence des variations de la pression atmosphérique. — De ce
que nous savons du mécanisme de l'échange d'oxygène entre l'air
pulmonaire et le sang (voy. p. 543), il résulte que les variations de
la pression atmosphérique doivent exercer une grande influence sur
les échanges respiratoires.

1° Quels sont les effets de l'augmentation de la pression barométrique? Il y a dans ce cas augmentation de la tension partielle de
l'oxygène.

On peut réaliser cette condition, soit en comprimant l'air ordinaire à des
pressions au-dessus d'une atmosphère, soit en augmentant la teneur de
l'air en oxygène. Les Mammifères ne supportent pas sans dangers l'air
comprimé au-dessus de 15 à 20 atmosphères : la tension partielle de l'oxygène est alors de 3 à 4 atmosphères ; à cette tension l'oxygène tue non
seulement les animaux, mais les plantes et les ferments figurés (Paul Bert);
les animaux présentent des convulsions violentes analogues à celles que
produit la strychnine (Paul Bert).

Malgré la suroxygénation de l'atmosphère, les échanges respiratoires et la quantité d'oxygène contenue dans le sang n'augmentent
que très peu. Déjà Lavoisier et surtout Regnault et Reiset avaient
montré que la consommation d'oxygène reste la même dans l'oxygène pur ou dans l'air ordinaire, fait confirmé par des recherches
très précises de L. G. de Saint-Martin exécutées sur l'homme (1884
et de plusieurs autres expérimentateurs. De là la loi, si importante,
de Pflüger (1872-1877) et de Voit (1875-1878), que *ce n'est point la
quantité d'oxygène offerte aux tissus qui règle la consommation
de l'oxygène, mais que ce sont les besoins des cellules, c'est-à-dire*

1. Physiologiste allemand contemporain, élève du professeur N. Zuntz.

leur activité chimique, qui déterminent cette consommation [1].

Les hautes tensions auxquelles l'oxygène devient toxique ne sont pas atteintes dans les cloches à plongeurs, ou dans les caissons dans lesquels les ouvriers travaillent lors de la construction des ponts, des tunnels, etc. Mais, dans ces conditions, c'est le retour de l'ouvrier à l'air extérieur qui présente des dangers. La décompression doit s'effectuer très lentement. En effet, sous l'influence de l'augmentation de pression, le plasma du sang tient en dissolution une plus grande quantité de gaz (O, CO^2 et surtout Az^2) qu'à l'état normal. Quand la décompression se produit brusquement, le dégagement soudain de ces gaz donne lieu à des embolies, susceptibles d'arrêter la circulation dans les capillaires ; il en résulte des accidents très graves et même la mort, quand ces embolies surviennent dans la moelle ou dans le bulbe, dans le cœur, dans les poumons. Une décompression lente, au contraire, permet l'élimination progressive par le poumon de l'excès de gaz dissous dans le sang. Des équilibres successifs s'établissent, grâce au temps, entre l'air alvéolaire et le sang venu du ventricule droit : dès lors, le danger des embolies gazeuses est écarté.

2° Voyons maintenant ce que deviennent les échanges respiratoires dans le cas de diminution de la pression atmosphérique. On a reconnu qu'ils sont incompatibles avec une tension partielle de l'oxygène qui tombe à 3 p. 100 d'atmosphère, c'est-à-dire de

$$76 \times \frac{3}{100} = 22,8 \text{ millimètres Hg.}$$ Cette tension correspond, en effet, à la tension de dissociation presque complète de l'oxyhémoglobine, à 37° (voy. p. 319). Par suite, la formation de l'oxyhémoglobine dans les poumons devient très difficile et bientôt l'oxygène manque aux tissus. Au-dessus de cette valeur l'échange d'oxygène entre l'air et le sang sera *possible*, mais il pourra être *insuffisant*. C'est ce qui arrive lorsqu'on place les animaux dans une atmosphère où l'on fait descendre la tension partielle de l'oxygène au-dessous de sa valeur normale, soit 20,9 p. 100 d'atmosphère, c'est-à-dire 159 millimètres de mercure.

Cette diminution de la tension partielle de l'oxygène est réalisée soit en diminuant la proportion centésimale de ce gaz dans une atmosphère maintenue à la pression normale de 760 millimètres de mercure, soit en laissant à l'atmosphère ambiante la composition de l'air ordinaire et en faisant baisser la pression générale du mélange. La tension partielle d'oxygène à 10 p. 100 d'atmosphère, c'est-à-dire de 76 millimètres $Hg\left(\frac{760}{10}\right)$, sera obtenue, par exemple, soit en réduisant à 10 p. 100 la teneur en oxygène du mé-

---

1. La notion première de cette loi est due à Rosenthal [*] (1862).
2. En effet, comme il a été dit p. 341 l'azote se dissout dans le sang proportionnellement à sa tension.

[*] J. Rosenthal, physiologiste allemand contemporain, professeur à l'Université d'Erlangen.

lange gazeux maintenu à la pression de 760, soit en soumettant l'air normal (à 20,9 p. 100 d'oxygène) de l'enceinte à une dépression de 363 millimètres Hg[1].

A cette tension partielle d'oxygène, la teneur du sang artériel en
oxygène tombe au-dessous de la normale ; les Mammifères commencent déjà à avoir de la gêne et à ressentir les phénomènes du *mal
d'altitude.*

On sait que, lorsque l'homme fait des ascensions en montagne ou en
ballon, il arrive qu'il soit pris d'un malaise particulier, caractérisé par de
la céphalalgie, des congestions veineuses pouvant aboutir à des épistaxis
ou même des hémoptysies et des gastrorragies, de l'accélération de la
respiration, de l'accélération et de la faiblesse du pouls, allant jusqu'à la
syncope et pouvant, si la dépression est assez basse, aboutir à la mort[2].

Le mal des montagnes, dépendant d'ailleurs, comme toute réaction biologique, en outre de sa cause propre, des susceptibilités des individus,
se montre à des hauteurs moindres que le mal des aéronautes. Cela se
comprend de soi, puisque les ascensions en montagne exigent un travail
musculaire énergique, qui nécessite une grande consommation d'oxygène.
A 3 000 mètres, alors que la tension partielle de l'oxygène dépasse 13 p. 100
d'atmosphère, il est des ascensionnistes qui souffrent déjà. Au Mont Blanc,
où la pression atmosphérique est encore de 418 millimètres de mercure et
où la tension partielle de l'oxygène est de 11,5 p. 100 d'atmosphère, peu
de personnes échappent au mal.

Quelle est la cause de ces accidents? Il ne semble pas que l'on
puisse les rapporter à l'effet mécanique de la dépression barométrique, puisque la respiration d'un mélange très riche en oxygène,
à des pressions inférieures à celle de 262 millimètres de mercure, à
laquelle les deux aéronantes français CROCÉ-SPINELLI et SIVEL trouvèrent la mort, retarde ou empêche les accidents. Un facteur essentiel
paraît être la diminution de la tension partielle de l'oxygène. On
constate en effet que, pour de telles tensions, comme nous l'avons
dit, la quantité d'oxygène du sang artériel diminue[3]. C'est pourquoi
PAUL BERT avait rattaché tous les malaises et accidents du mal des

[1]. D'après le principe donné page 318, en note, on a, en effet : tension partielle
d'oxygène dans un air normal à 363 millim. $Hg = 363 \times \dfrac{20,9}{100} = 76$ millim. Hg.

[2]. Dans une ascension aéronautique célèbre (15 avril 1875), CROCÉ-SPINELLI et
SIVEL trouvèrent ainsi la mort. Seul, GASTON TISSANDIER survécut après avoir
perdu connaissance. Les trois aéronautes s'étaient élevés à 8 600 mètres. A cette
hauteur, la tension de l'oxygène est de 52 millimètres de mercure, soit 7 p. 100
d'atmosphère.

[3]. Cependant les combustions organiques ne sont pas ralenties, nouvelle preuve
en faveur de la loi de PFLÜGER mentionnée plus haut (voy. p. 558). Il résulte aussi
de ce fait que la quantité d'oxygène normalement absorbée dépasse de beaucoup
les besoins de l'organisme; par suite, elle peut être considérablement diminuée,
sans devenir insuffisante. Comme l'a soutenu A. MOSSO, il y a donc une *respiration de luxe,* grâce à laquelle justement l'organisme reste indépendant, dans une
mesure assez large, des variations de la pression atmosphérique.

montagnes à l'insuffisance de l'absorption d'oxygène (*anoxhémie* de
Jourdanet[1], 1861). Et cette explication paraissait d'autant plus juste
que par la respiration d'oxygène pur on était parvenu soit à prévenir, soit à combattre les accidents en question (Paul Bert). — Sans
doute on peut remarquer que, pour des pressions tombant à la
moitié de la pression atmosphérique et même encore plus basses,
la dissociation de l'oxyhémoglobine ne porte que sur une très petite
fraction de ce corps, comme l'ont montré les recherches si précises
de Hüfner sur la tension de dissociation de l'oxyhémoglobine (1881-
1889). Ce n'est donc pas parce que, sous l'influence de la dépression
croissante, l'oxygène se sépare de l'hémoglobine, qu'il y a anoxhémie.
Il faut recourir à une autre explication. On a pensé que, dès que la
tension partielle de l'oxygène est inférieure à 12 p. 100 dans l'atmosphère extérieure, la vitesse d'absorption de ce gaz n'est plus suffisante pour satisfaire aux besoins chimiques de l'organisme, surtout
quand ces besoins augmentent en raison de l'activité musculaire (le
mal d'altitude survient plus vite dans les excursions en montagne
que dans les ascensions en ballon ou dans les expériences de laboratoire avec l'air raréfié). On conçoit en effet que l'excès de tension de
l'oxygène de l'air sur la tension de ce gaz dans le sang doit être un
facteur prépondérant dans la vitesse d'absorption de ce gaz.

Cette théorie de l'anoxhémie n'est cependant pas universellement admise. D'après A. Mosso, c'est en acide carbonique que le sang s'appauvrit dans les régions élevées. De ce déficit ou *acapnie*[2] (de ἄκαπνος, sans
fumée) résulte une moindre excitation des centres respiratoires, l'acide
carbonique étant l'excitant normal de ces centres. De là, d'ailleurs, la respiration *périodique* que l'on observe sur les hautes montagnes. — On a
fait observer que, l'anhydride carbonique se produisant sans cesse dans
les tissus, il n'est point facile de comprendre comment l'abaissement de la
pression atmosphérique pourrait diminuer sa tension dans l'organisme. Si
des inhalations de ce gaz paraissent soulager des animaux soumis à l'action de l'air raréfié, c'est que ces inhalations vont exciter les centres respiratoires.

Au total, nous ne possédons pas encore d'explication satisfaisante
du mal des altitudes.

**E. Indépendance relative des échanges respiratoires et
de la teneur du sang en hémoglobine.** — L'étude de l'influence
des variations de la pression extérieure sur les échanges respiratoires
montre l'indépendance relative de ces échanges par rapport à la

1. Jourdanet (1815-1891), médecin français qui vécut longtemps au Mexique et
y conçut l'idée première de l'explication du mal des montagnes que P. Bert devait
faire sienne en l'approfondissant.
2. L'acapnie est donc un état du sang inverse de l'asphyxie.

teneur du sang en hémoglobine. De cette quantité, en effet, on ne saurait inférer la valeur des échanges respiratoires et des combustions organiques, en un temps donné. Tandis que le taux de l'hémoglobine du sang reste fixe au même moment, les échanges varient avec la digestion, l'état de repos ou d'exercice musculaire, l'état de veille ou de sommeil, sous l'influence de la température extérieure, sous celle des variations de pression barométrique. C'est qu'*une même quantité d'hémoglobine peut se prêter à des valeurs très différentes d'échanges respiratoires*, suivant la surface sur laquelle elle se trouve disséminée au niveau de la zone d'absorption gazeuse. Pour juger de la grandeur d'une absorption quelconque, ce qu'il importe de considérer, c'est moins le poids que la *surface de la substance absorbante*. Et c'est ce que l'on voit avec l'hémoglobine; F. Viault a montré que, dans l'adaptation de l'homme à la vie dans les régions très élevées, il se produit une augmentation du nombre des globules rouges, l'*hyperglobulie des altitudes*; F. Jolyet et J. Sellier (1895) ont reproduit expérimentalement cette hyperglobulie [1]. Or, quel est l'effet de cette réaction physiologique? Les globules rouges, en se multipliant, étalent sur une plus grande surface l'hémoglobine, c'est-à-dire la substance absorbant l'oxygène. Et ainsi cette augmentation de surface supplée à la diminution de tension de l'oxygène extérieur. Dans l'exercice musculaire, des phénomènes de vaso-dilatation augmentent de leur côté la surface de la nappe de sang absorbant et donnent lieu ainsi, pour une même quantité d'hémoglobine et pour une même pression extérieure, à l'augmentation de l'absorption d'oxygène. Quel que soit le procédé d'adaptation, hyperglobulie et vaso-dilatation aboutissent au même résultat, et c'est qu'une même quantité absolue d'hémoglobine acquiert la capacité de se prêter, suivant les conditions physiologiques ou extérieures, à des échanges respiratoires différents. Ceux-ci, de ce que l'on connaît la première, ne sont donc pas connus du même coup.

3. — Innervation respiratoire.

Les mouvements respiratoires sériés sont produits par les contractions régulières de différents muscles. Puisque ces contractions sont synergiques, il faut bien que les divers centres nerveux qui les commandent soient subordonnés à l'influence prédominante d'un centre supérieur. Les mouvements respiratoires dépendent, en effet, de l'activité d'un centre spécial, dit *centre respiratoire*. Il faut étudier le fonctionnement de cette partie du système nerveux: on verra ensuite le rôle des nerfs qui la relient aux muscles respirateurs.

1. Voy. les réserves faites à ce sujet p. 300.

1° *Centres respiratoires.*

La première chose à faire est de déterminer l'existence, puis, si possible, la nature de ces centres ; viendra alors la recherche de leur mode d'action.

A. Preuves de l'existence du centre respiratoire bulbaire. — La notion de l'influence du bulbe sur la respiration est bien ancienne, puisqu'elle date de Galien, qui avait observé que la section de la moelle, entre la première et la deuxième vertèbre cervicale, supprime la vie avec la respiration. Mais, en fait, la démonstration de cette action bulbaire est due aux expériences de Legallois[1] (1812).

Ces expériences ont consisté essentiellement en des sections de la moelle de bas en haut jusqu'au bulbe et, inversement, en l'extirpation du cerveau et du cervelet : la section de la moelle, à la hauteur de la septième vertèbre cervicale, supprime les mouvements des côtes et, à la hauteur de la quatrième, les mouvements du diaphragme, mais les mouvements respiratoires de la face sont conservés ; — l'ablation du cerveau et du cervelet, jusqu'au noyau d'origine du nerf facial (nerf dilatateur des narines), laisse intacts tous les mouvements respiratoires ; si la section porte entre le noyau du facial et celui du pneumogastrique, les mouvements respiratoires de la face sont supprimés, ceux du diaphragme persistent. Aussitôt qu'on enlève la portion de la moelle allongée avoisinant le trou occipital, tous les mouvements respiratoires sont abolis. — Toutes ces expériences étaient faites sur des animaux nouveau-nés, chats et lapins, qui supportent beaucoup mieux l'asphyxie que les adultes. — Legallois était donc bien en droit de conclure que la respiration dépend « d'un endroit assez circonscrit de la moelle allongée, lequel est situé à une petite distance du trou occipital et vers l'origine des nerfs de la huitième paire [2] (ou pneumogastriques) ».

A ces expériences qui sont restées fondamentales, d'autres, depuis un siècle, sont venues s'ajouter. Citons-en les deux séries les plus importantes.

1. Par une hémisection de la moelle cervicale, un peu en arrière du bec du *calamus scriptorius*, on supprime la respiration thoracique et abdominale dans la moitié correspondante du corps (*hémiplégie respiratoire*

1. J.-J.-C. Legallois (17-[date de naissance inconnue] 1814), médecin et physiologiste français, célèbre par ses recherches sur les mouvements du cœur et sur le système nerveux. Ses principaux travaux se trouvent réunis en deux volumes, dont la lecture, facile et agréable, est encore pleine d'intérêt. *Expériences sur le principe de la vie* et *Mémoires sur la chaleur animale et sur le sang*, 2 vol. in-8, Paris, 1812.

2. On entendait à cette époque par huitième paire, d'après la nomenclature des nerfs crâniens de Willis, le glosso-pharyngien, le pneumogastrique et le spinal réunis. — Thomas W. Willis (1622-1675), célèbre anatomiste anglais.

de Schiff et surtout de son élève H. Girard, 1891). Cette expérience prouve bien que les muscles respirateurs, quand ils ne sont plus en communication avec le bulbe, cessent de fonctionner dans la respiration normale. — Cette opération, suivie de l'opération similaire faite de l'autre côté, amène la cessation de la respiration.

2. On peut suspendre temporairement l'activité du centre respiratoire bulbaire, soit au moyen du refroidissement, par l'application de petits morceaux de glace et de sel (mélange réfrigérant) dans la région, soit au moyen de l'anesthésie locale, par l'application d'une solution de cocaïne (la cocaïne paralyse les cellules nerveuses) ; les mouvements respiratoires sont abolis aussi longtemps que dure le refroidissement ou l'anesthésie ; bien entendu, si l'expérience est faite sur un animal à sang chaud, il faut pratiquer la respiration artificielle pour le maintenir en vie, jusqu'à ce que le bulbe se soit réchauffé ou que la cocaïne ait été éliminée.

Les centres respiratoires sont pairs et symétriques, comme le prouvent les expériences d'hémisection sous-bulbaire dont nous venons de parler. La symétrie des mouvements respiratoires des deux côtés de la face et du thorax est assurée par des connexions intrabulbaires entre les parties droite et gauche du centre bulbaire. Cependant l'autonomie des deux moitiés du centre est assez grande, puisque la section longitudinale du bulbe, pratiquée exactement sur la ligne médiane, ne supprime pas la coordination des mouvements respiratoires. Mais cette autonomie n'est pas absolue, comme le prouve l'expérience suivante :

Sur un animal (lapin) sur lequel on a pratiqué la section longitudinale du bulbe, on excite le bout central d'un pneumogastrique ; les mouvements respiratoires ne se modifient que du côté correspondant au nerf excité. Sur un animal normal, au contraire, l'excitation du même nerf modifie les mouvements respiratoires des deux côtés du corps.

Quelle est la situation exacte de ces centres ? Flourens[1] (1842) a prétendu les localiser dans le V de substance grise qui se trouve à l'angle inférieur du quatrième ventricule ; la destruction de ce point limité, au moyen d'un emporte-pièce enfoncé dans le bulbe, n'abolirait pas seulement la fonction respiratoire, mais toutes les fonctions de la vie ; de là l'expression de *nœud vital* employée par Flourens pour désigner ce point ; il est vrai qu'il a lui-même varié d'opinion et qu'il a fini par ne plus considérer le résultat de son expérience que comme « une marque extérieure » du nœud vital. En somme, Flourens n'a ajouté aux faits découverts par Legallois qu'une expérience et la conception fausse du nœud vital. Plusieurs expérimentateurs ont, par la suite, cherché à déterminer avec pré-

1. M.-J.-P. Flourens (1794-1867), physiologiste français, célèbre surtout par ses travaux sur la formation des os et par ses recherches sur le système nerveux.

brusque (expériences de Gad sur le lapin, 1880), l'apnée est beaucoup plus
difficile, sinon impossible à produire, ou ne dure que quelques secondes.
Les insufflations pulmonaires fortes et répétées auraient donc la propriété,
mais seulement chez les animaux à pneumogastriques intacts, de diminuer
l'excitabilité du centre respiratoire [1] ; d'où résulterait une cessation temporaire de la respiration.

Cependant, l'importance de l'acide carbonique comme excitant
normal de la respiration est certainement plus grande que celle du
déficit d'oxygène.

Voici quelques faits qui le prouvent :

1° Une faible augmentation d'acide carbonique dans l'air inspiré augmente
la ventilation pulmonaire ; une diminution correspondante de la quantité
d'oxygène est sans effet (expériences de Gad, 1886).

2° L'expérience dite de la *circulation céphalique croisée* (L. Fredericq,
1890) démontre directement le rôle de la *veinosité du sang*. Sur deux chiens
A et B dont le sang est préalablement rendu incoagulable par une injection
d'extrait de têtes de sangsues ou d'albumoses, on lie les artères vertébrales
et on prépare les carotides de telle façon que les bouts centraux des carotides de l'un soient unis aux bouts périphériques des carotides de l'autre ;
la tête du chien B reçoit donc le sang de A, et la tête du chien A reçoit le
sang du chien B. On lie alors la trachée du chien A. La respiration reste
normale chez ce chien. Le chien B subit, au contraire, l'influence de l'asphyxie et est pris de dyspnée et de convulsions respiratoires. C'est qu'en
effet le bulbe de A est irrigué par le sang normal venu du chien B ; au contraire, le bulbe du chien B est irrigué par le sang de A soumis à l'asphyxie.

3° L'injection intraveineuse sur le chien ou le lapin d'une certaine quantité de soude, qui fixe l'acide carbonique du sang, suspend momentanément les mouvements respiratoires (expériences de Hougardy, élève de
Fredericq, 1904. Dans ces cas, la tension de l'acide carbonique du sang
artériel diminue ; l'apnée en résulte. Il semble donc que, par la disparition
de l'acide carbonique qui s'est combiné à la soude injectée, les centres
respiratoires soient privés de leur excitant naturel [2].

Les gaz du sang ne sont pas les seuls excitants chimiques de la
respiration. Il se forme dans la contraction musculaire des substances,
encore mal déterminées d'ailleurs, qui jouent le même rôle.

Sur un chien dont la moelle dorsale a été sectionnée à sa partie inférieure, on tétanise les muscles d'un membre postérieur. Tant que dure la
tétanisation, la veine efférente est comprimée. Aussitôt après la tétanisa-

---

1. L'action des nerfs vagues sur la respiration sera étudiée tout à l'heure.
2 Il est très intéressant de remarquer que, sur des chiens à moelle cervicale sectionnée et sur lesquels les mouvements respiratoires s'étaient rétablis,
dans les conditions signalées p. 568, Wertheimer (*Soc. de Biol.*,23 déc. 1905, p. 668)
a obtenu par l'injection intraveineuse de soude des résultats analogues à ceux de
Hougardy. Ce qui tendrait à prouver que « les centres respiratoires spinaux » sont
sensibles aux mêmes influences que le centre bulbaire.

respiration; mais cette inhibition est passagère. Au contraire, l'arrêt des mouvements respiratoires produit par l'ablation de la zone même de Legallois est définitif: d'autre part, la diminution des mouvements respiratoires, consécutive au refroidissement du bulbe et leur cessation consécutive au même refroidissement, quand il est plus intense, ou à la cocaïnisation locale, ne peuvent être dus qu'à la diminution ou à la perte de l'activité d'un centre bulbaire; enfin, le fait de l'hémiplégie respiratoire permanente, consécutive à l'hémisection de la moelle cervicale supérieure, est une preuve directe et des plus fortes de la dépendance dans laquelle se trouvent vis-à-vis du bulbe les centres spinaux des muscles respirateurs.

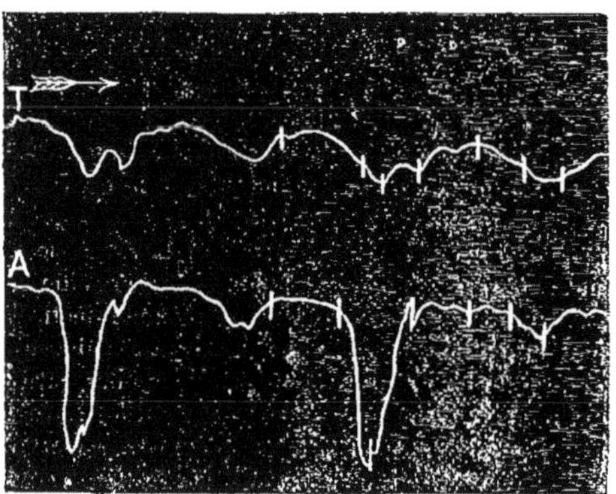

Fig. 143. — Dissociation des mouvements expiratoires du thorax et de l'abdomen sous l'influence du chloral (V. Aducco).

T, mouvements du thorax: — A, mouvements de l'abdomen, sur un chien, après injection intraveineuse de 3 grammes d'hydrate de chloral.

Les lignes descendantes du tracé A correspondent à des expirations actives. Les légers mouvements du tracé T sont passifs.

Le centre respiratoire bulbaire nous apparaît conséquemment comme un appareil nerveux autonome qui commande aux centres segmentaires des muscles respiratoires et assure leur synergie, de telle sorte que ces muscles n'agissent que pour autant que les connexions qui unissent leurs nerfs à cet appareil sont intactes. On verra plus loin quels sont les excitants qui mettent en jeu son activité.

Ce centre serait formé en réalité de deux parties, d'un centre inspirateur et d'un centre expirateur, fonctionnant alternativement et rythmiquement, puisque l'inspiration et l'expiration se font en vertu de coordinations propres. On a vu, en effet, que les mouvements expiratoires sont en partie des mouvements actifs. Et l'on verra un peu plus loin que l'excitation du principal nerf sensible de la respiration, du pneumogastrique, peut donner lieu uniquement à des réactions expiratoires. Enfin, une preuve de cette duplicité du centre respiratoire serait dans la dissociation, sous l'influence du chloral par exemple (expériences de V. Aducco sur le chien), des puissances expiratoires thoraciques et abdominales (le chloral pouvant paralyser, au moins temporairement, l'activité des centres inspirateurs et expirateurs thoraciques, celle des centres des muscles expirateurs abdominaux étant conservée et même exaltée, comme le montre la figure 143)[1].

C. Relations du centre respiratoire bulbaire avec les parties du système nerveux central situées au-dessus et au-dessous du bulbe. — Dans le bulbe seul se trouve un centre respiratoire autonome, à action continue et manifeste dans toutes les conditions physiologiques, suffisant par lui-même au maintien d'une respiration efficace. Cependant le cerveau et la moelle exercent une action respiratoire.

1. Le cerveau exerce une influence constante sur la respiration. Mais quelle est la nature de cette influence? Les expériences de LEGALLOIS l'indiquent bien. Ce n'est qu'une influence surajoutée. Tandis que la section sous-bulbaire, pratiquée chez l'animal adulte et dont le système nerveux fonctionne à la température normale, supprime toute respiration thoracique, en laissant persister les mouvements de la face (gueule, naseaux, narines, etc.), la section en coupes sériées du cerveau laisse, au contraire, la respiration thoracique persister, — avec des altérations de fréquence ou de rythme qui seront examinées plus loin, — et cette respiration suffit, chez les Mammifères ou les Oiseauxdécérébrés, au maintien de la vie. — L'excitation électrique de l'écorce cérébrale, en des points divers de la zone dite motrice, détermine soit une augmentation, soit une diminution de fréquence des mouvements respiratoires, c'est-à-dire des réactions variables, sans doute selon l'excitabilité de l'écorce elle-même ou selon l'état des organes périphériques. Ces excitations se transmettent au centre bulbaire soit directement, soit par l'intermédiaire des couches optiques et des tubercules quadrijumeaux postérieurs.

De ces faits il est légitime de conclure qu'il n'existe pas de centres cérébraux proprement dits, à *action initiale et suffisante*, ce qui n'empêche nullement un retentissement possible et important de la vie constante et intense des organes cérébraux sur les centres bulbaires respiratoires (voy. plus loin, p. 578).

2. Plusieurs physiologistes, à la suite de BROWN-SÉQUARD (1858), ont admis l'existence de centres respiratoires spinaux.

---

1. Il se pourrait cependant que cette action du chloral consistât en une dissociation, non pas des activités du centre respiratoire bulbaire, mais des activités spinales, c'est-à-dire du fonctionnement des divers centres médullaires des muscles inspirateurs. C'est là du moins une interprétation plausible.

Chez quelques animaux, dans des conditions spéciales (nouveau-nés ou animaux très jeunes, animaux refroidis ou strychnisés [la strychnine augmente l'excitabilité médullaire]), on peut voir apparaître, après section sous-bulbaire, des mouvements du tronc et de l'abdomen, si l'on a eu soin de prolonger assez longtemps (une demi-heure environ) la respiration artificielle. Les plus probants de ces faits sont dus aux expériences méthodiques de WERTHEIMER (1886-1887).

La question est de savoir si ce sont là de vrais mouvements respiratoires, ou de simples contractions des muscles thoraciques ou abdominaux, dues au fonctionnement des noyaux d'origine des nerfs de ces muscles et particulièrement des nerfs phréniques. Or, quels sont les caractères de ces mouvements? 1° Ils sont *inconstants*; ils ne se produisent que dans des conditions exceptionnelles, indiquées ci-dessus et, même dans ces conditions, ils ne surviennent pas à coup sûr; — 2° quand ils existent, ils présentent des types *très variables*; leur rythme n'est pas régulier; le plus souvent, ce sont des mouvements fréquents, superficiels, d'amplitude inégale; — 3° ils ne sont pas influencés, comme la respiration ordinaire, par une ventilation pulmonaire énergique ou par l'asphyxie; — 4° ils ne présentent pas de synchronisme rythmé avec les mouvements respiratoires de la gueule ou de la face; — 5° enfin ils ne peuvent subvenir à une *respiration suffisante* de l'animal. — N'est-ce pas là un ensemble de caractères qui empêche de considérer comme des mouvements respiratoires proprement dits ces contractions plus ou moins bien rythmées du diaphragme et des muscles du tronc et de l'abdomen qui apparaissent avec un type variable dans quelques conditions exceptionnelles chez les animaux à bulbe sectionné?

Les véritables centres respiratoires restent donc les centres bulbaires; ceux-ci détruits, il n'y a plus de respiration suffisante.

Quant à leurs relations avec les noyaux d'origine des nerfs moteurs du diaphragme et des muscles du tronc, elles se font par les cordons latéraux de la moelle; c'est par là que le centre bulbaire envoie à ces noyaux leurs impulsions motrices. Une petite partie seulement des fibres qui le relient aux cordons latéraux s'entrecroiserait dans la moelle (W.-T. PORTER[1]. 1895).

D. Fonctionnement des centres respiratoires. — Tout autonomes que sont les centres respiratoires bulbaires, ils fonctionnent, comme tous les appareils nerveux. sous l'action de divers excitants. Déterminer ceux-ci. c'est déterminer la ou les causes des mouvements réguliers de la respiration. Si ces

____
1. Physiologiste américain contemporain. professeur à l'Université Harvard, à Boston.

causes sont multiples, il faut fixer leur importance respective.

a. EXCITATIONS CHIMIQUES PROVENANT DES VARIATIONS DU MILIEU SANGUIN. — Le centre bulbaire peut fonctionner, isolé de ses connexions avec les centres encéphaliques ou médullaires et séparé des poumons par la section des pneumogastriques (voy. p. 565). C'est ce qu'on a désigné par le terme d'*automatisme respiratoire*. L'excitabilité des centres bulbaires ne peut être alors mise en jeu que par des excitations dues aux variations chimiques du sang. Quelles sont ces excitations ?

On sait que la respiration modifie doublement la composition du sang, l'appauvrissant en acide carbonique et l'enrichissant en oxygène dans les poumons; dans les tissus le sang se recharge, au contraire, d'acide carbonique et il s'en dégage de l'oxygène. Au niveau du bulbe, le sang veineux pourra donc être un excitant des centres qu'il baigne, soit par l'excès d'acide carbonique qu'il contient, soit par le déficit d'oxygène dont il est dépouillé. Or, les centres respiratoires subissent l'influence du sang veineux.

Des expériences déjà anciennes, faites vers le milieu du siècle dernier par BROWN-SÉQUARD, ont montré l'influence excitante du sang veineux sur tous les tissus en général et sur les centres nerveux respiratoires en particulier. Ceux-ci réagissent violemment à l'*asphyxie*, c'est-à-dire à la suppression de la respiration[1]. L'animal, dont la trachée est oblitérée et dont le sang artériel prend les caractères du sang veineux (*expérience de Bichat*), est saisi de secousses musculaires violentes, qui se traduisent, pour les muscles du tronc et de l'abdomen, par de véritables convulsions respiratoires. Même réaction des centres vaso-moteurs : il se produit une forte constriction des vaisseaux abdominaux, tandis que les vaisseaux de la peau se dilatent (voy. p. 485). Les centres de la dilatation pupillaire, de la miction, de la défécation subissent de leur côté l'excitation asphyxique. Et muscles lisses comme muscles striés, tous sont le siège de contractions violentes provoquées par l'action excitante du sang noir. Les centres respiratoires manifestent seulement d'une manière plus intense une réaction à laquelle prend part tout le système bulbo-médullaire.

Cette influence du sang asphyxique sur les mouvements respiratoires n'est que l'exagération des excitations normales que les variations de composition du sang exercent sur le centre respiratoire bulbaire.

Preuve en est qu'un animal, auquel on fait respirer un mélange gazeux pauvre en oxygène ou riche en acide carbonique présente tout de suite de la dyspnée, c'est-à-dire une respiration fréquente avec des inspirations profondes suivies d'expirations actives et accompagnées de plus ou moins d'angoisse. C'est ce qui arrive si on lui fait respirer de l'azote ou de l'hydrogène purs ou mélangés à une quantité insuffisante d'oxygène, quoique,

---

1. Sur l'asphyxie, voy. p. 589.

dans ces conditions, il élimine parfaitement l'acide carbonique qu'il produit. Et c'est ce qui arrive de même, si on lui fait respirer un excès d'acide carbonique dans un mélange contenant la proportion normale d'oxygène.

Ainsi se résout la question si souvent agitée de savoir quelle est la véritable cause des mouvements respiratoires, la diminution de l'oxygène du sang ou l'augmentation de l'acide carbonique. Il semble bien que chacun de ces facteurs ait sa part dans le processus. Le sang moins oxygéné agirait surtout sur le centre inspirateur et le sang plus riche en acide carbonique sur le centre expirateur (production d'expirations actives). C'est là, il est vrai, une interprétation qui n'est pas admise par tous les physiologistes ; beaucoup ont trouvé que les puissances inspiratoires sont mises en jeu par les deux facteurs.

L'influence du déficit d'oxygène résulte encore des expériences d'*apnée*[1]. Si la diminution d'oxygène stimule le centre respiratoire, l'excès d'oxygène doit amener une cessation temporaire de la respiration, par suspension de l'activité du centre (ROSENTHAL, 1862).

Cet état d'apnée s'obtient aisément sur le chien et sur le lapin en pratiquant pendant quelques instants une énergique ventilation pulmonaire (au moyen de la respiration artificielle). La preuve que cette suspension de la respiration est due à l'action sur le bulbe d'un sang riche en oxygène serait fournie par ce fait que la ligature des carotides et des vertébrales met immédiatement fin à l'apnée (expérience de ROSENTHAL, 1865). — On a remarqué, il est vrai, que la teneur du sang en oxygène ne peut jamais augmenter que très peu. C'est la teneur en acide carbonique qui s'abaisse par le fait de la ventilation pulmonaire plus active[2]. Aussi l'apnée ne dure-t-elle guère plus d'une demi-minute, soit chez le chien ou le lapin, soit chez l'homme (quand on la réalise par une série d'inspirations volontaires profondes). — De cette *apnée chimique*, dite quelquefois *apnée vraie*, qui est toujours de très courte durée (et il ne peut en être autrement, puisque les échanges gazeux ne s'arrêtent point dans les tissus, que l'oxygène y est rapidement consommé et que l'acide carbonique continue à s'y produire et s'accumule vite dans le sang), il faut distinguer l'apnée dite à tort *fausse* et que l'on peut appeler plus justement *nerveuse* (B. DANILEWSKI[3], 1882) ou *réflexe*. On a en effet observé que, chez les animaux à pneumogastriques sectionnés (expériences de BROWN-SÉQUARD, 1877, souvent confirmées) ou dont l'excitabilité centripète est supprimée par la congélation

1. De ἄπνοια, absence de respiration.

2. C'est dans cette diminution de l'anhydride carbonique du sang qu'il faudrait voir la cause de l'apnée *vraie* MIESCHER. 1885). Pour Mosso aussi (*Arch. ital. de Biol.*, 1903. t. XI. p. 1-30), l'apnée vraie est une forme d'acapnie (voy. p. 561).

FR. MIESCHER (1844-1895, physiologiste suisse, auteur de travaux d'une importance capitale sur la répartition des albuminoïdes du sang et des tissus. sur la nucléine qu'il découvrit d'ailleurs, sur la fonction respiratoire, etc.

3. Physiologiste russe contemporain, ancien professeur à l'Université de Kharkov.

cision le siège du centre respiratoire. Ce que l'on peut dire de plus sûr, c'est qu'il occupe une position symétrique de chaque côté de la ligne médiane du bulbe, un peu au-dessous des noyaux d'origine des pneumogastriques, en dedans des racines des nerfs hypoglosses (Mislavsky [1], 1885).

B. **Nature du centre respiratoire.** — Il faut le considérer comme un appareil nerveux qui envoie aux muscles respirateurs des excitations périodiques.

En effet, on peut isoler le bulbe en le séparant du cerveau, puis de la moelle au-dessous de la sixième vertèbre cervicale et sectionnant enfin les nerfs vagues : on voit que le diaphragme n'en continue pas moins ses mouvements réguliers (expérience de Rosenthal sur le lapin, 1865). De même, on peut sur une grenouille (expérience de Langendorff, 1887) enlever tout le cerveau, détruire la moelle à partir de l'atlas et enfin extirper les poumons et le cœur, de telle sorte que le bulbe soit entièrement soustrait à toutes les influences périphériques, on observe la persistance des mouvements réguliers de la bouche, des narines et des cordes vocales.

Inversement, quand la région respiratoire du bulbe, la *zone de Legallois*, est détruite (expérience de Flourens) ou que ses communications avec les différents centres des muscles respirateurs sont interrompues (expériences de Legallois vérifiées par tous les physiologistes), les mouvements nécessaires à la respiration normale ou bien ne peuvent plus se produire, comme on l'a vu, ou bien si, dans quelques conditions qui seront déterminées tout à l'heure, ils se produisent encore, ils sont, comme on le verra aussi, irréguliers et ne suffisent pas à entretenir la fonction.

On ne peut donc expliquer l'influence du bulbe sur la respiration, comme l'ont fait quelques physiologistes, par une action inhibitoire résultant du choc nerveux produit par la lésion même du bulbe ou par la section sous-bulbaire et s'exerçant sur les noyaux d'origine des nerfs inspirateurs. Sans doute il est des piqûres bulbaires, pratiquées dans le voisinage du centre respiratoire, qui suspendent la

1. Physiologiste russe contemporain, professeur à l'Université de Kazan. — Les expériences de Mislavsky ont été faites sur le chat. Chez le lapin, la marmotte, le spermophile, ce groupe de cellules déborde en dehors le noyau de l'hypoglosse (communication orale de Mislavsky). C'est ce qui explique le résultat en apparence contradictoire des recherches sur le lapin de Gad et Marinesco [2] (1893) qui ont situé le centre respiratoire dans la formation réticulaire du bulbe, en dehors des racines des nerfs hypoglosses. Chez l'homme (d'après une communication orale de Mislavsky), la disposition serait plutôt celle que l'on trouve chez le chat.

2. J. Gad, physiologiste allemand contemporain, ancien professeur à l'Université allemande de Prague. — Marinesco, médecin roumain contemporain, professeur de neuropathologie à l'Université de Bucarest.

tion, on rétablit le cours du sang : la respiration s'accélère immédiatement (expériences de GEPPERT et ZUNTZ, 1888). Or, cette accélération ne peut être due à une modification dans la quantité ou dans les tensions des gaz du sang, puisque après le travail musculaire le sang contient un peu plus d'oxygène et moins d'acide carbonique qu'à l'état de repos.

On sait d'ailleurs par l'observation journalière que le travail musculaire augmente le nombre et l'amplitude des mouvements respiratoires.

D'après GEPPERT et ZUNTZ, le sang recevrait des muscles en travail une substance non encore définie, mais probablement de nature acide, qui exciterait le centre respiratoire.

Causes du premier mouvement respiratoire. — Le fœtus, dans l'utérus de la mère, est à l'état d'apnée (*apnée fœtale*) ; son sang est chargé d'oxygène : la consommation de ce gaz est d'ailleurs chez lui réduite à un minimum ; la transformation du sang artériel en sang veineux est en effet à peine marquée. Aussitôt après la naissance, la circulation placentaire est interrompue, d'où perte d'oxygène, en même temps que la consommation de ce gaz augmente brusquement par les mouvements qui se produisent alors. La veinosité du sang, résultant de ces deux causes qui agissent simultanément, doit exciter le centre respiratoire. De fait, chez les fœtus encore enfermés dans leurs membranes, l'interruption de la circulation placentaire a suffi pour amener des mouvements respiratoires.

On a reconnu cependant que la production de ces premiers mouvements peut être due à une autre cause. Chez des fœtus de cobayes encore enfermés dans leurs membranes ou chez des poulets dans l'œuf, une forte excitation de la peau détermine des mouvements respiratoires. Il est vraisemblable que l'impression du froid sur la peau du nouveau-né met en jeu l'activité du centre respiratoire.

b. EXCITATIONS RÉFLEXES VENUES DE LA PÉRIPHÉRIE. — RÔLE SPÉCIAL DES NERFS PNEUMOGASTRIQUES. — Les centres respiratoires, outre qu'ils sont stimulés par les excitations chimiques que leur apporte constamment le sang veineux, réagissent par mode réflexe aux impressions sensitives venues de la périphérie générale ou de la périphérie pulmonaire.

De nombreuses observations démontrent que les excitations mécaniques, thermiques, électriques, chimiques de la surface cutanée ou des muqueuses en contact avec le milieu extérieur, telles que la muqueuse nasale, la muqueuse conjonctivale, etc., transmises au bulbe, peuvent provoquer des réflexes respiratoires. Voici de cette donnée générale quelques exemples.

L'application du froid sur la peau, à l'aide d'éponges ou de linges mouillés, l'inhalation de sels odorants sont des moyens journellement employés pour réveiller la respiration de l'individu en syncope ou du noyé. L'excitation brusque de la conjonctive par une forte impression lumineuse, par la contemplation soudaine et directe du soleil, provoque la toux ; c'est un réflexe rétinien. L'inhalation d'ammoniaque, de chloroforme peut provoquer un arrêt réflexe immédiat de la respiration ; chez le lapin l'effet est typique; chez l'homme, l'arrêt réflexe de la respiration est un accident contre lequel on doit prendre garde, au début de la chloroformisation, et qu'on évite en administrant le chloroforme par très petites doses, qu'on augmente progressivement avec prudence, suivant l'état du système nerveux du sujet.

L'excitation électrique, par des chocs d'induction, de tous les nerfs sensibles provoque des réactions respiratoires, le plus souvent une simple accélération des mouvements respiratoires pour une excitation faible ou moyenne, un arrêt de la respiration en expiration, si l'excitation est assez forte.

Parmi les nerfs sensibles qui interviennent le plus souvent pour provoquer des réflexes respiratoires, il faut citer surtout le trijumeau et le laryngé supérieur.

C'est en agissant sur les terminaisons nasales du trijumeau que l'ammoniaque ou le chloroforme produit l'effet que nous avons indiqué plus haut. Quant aux excitations du laryngé supérieur, il suffit qu'elles soient un peu fortes pour amener des réactions expiratoires défensives ; tout le monde sait que la toux a pour résultat d'expulser soit des corps étrangers introduits accidentellement dans les voies respiratoires, soit des produits d'inflammation de ces mêmes voies.

Il n'est cependant aucun de ces nerfs, quelle que soit l'importance des réflexes auxquels son excitation donne lieu, qui agisse de façon à provoquer des mouvements respiratoires régulièrement sériés. Ils n'exercent tous sur la respiration qu'une influence modificatrice. La cause du rythme respiratoire est ailleurs.

Action des nerfs pneumogastriques sur la respiration. — Par ce qui précède on voit tout d'abord que les nerfs vagues n'ont pas un rôle proprement spécifique, puisque beaucoup d'autres nerfs sensibles agissent sur la respiration. Si leur influence est spéciale, c'est qu'ils mettent les centres respiratoires en relation avec la surface sensible pulmonaire. De celle-ci partent des impressions transmises au bulbe par les fibres sensitives des pneumogastriques.

C'est bien en effet dans le poumon que l'influence régulatrice, exercée par ces nerfs sur la respiration, a sa source.

Une expérience célèbre de Breuer[1] et Hering[2] (1868) le démontre.

L'insufflation artificielle des poumons chez le lapin amène des mouvements expiratoires de l'abdomen et des narines ; au contraire, le retrait du poumon sous l'influence d'une entrée d'air par la plèvre, par plaie du

---

1. J. Breuer (1842-1873), physiologiste autrichien. Ses recherches sur les fonctions des canaux semi-circulaires sont particulièrement connues.
2. Ewald Hering, physiologiste allemand contemporain, professeur à l'Université de Leipzig.

thorax, provoque des spasmes du diaphragme et des mouvements inspiratoires des narines.

Ainsi l'inspiration appelle l'expiration et l'expiration appelle l'inspiration (BREUER et HERING). Tout se passe comme si l'inspiration, c'est-à-dire la distension pulmonaire, déterminait une excitation de fibres *expiratrices* du pneumogastrique, tandis que l'affaissement du poumon paraît déterminer une excitation de fibres *inspiratrices* du même nerf[1].

Aussi bien, on a pu constater, dans le tronc du pneumogastrique de l'animal vivant, des variations électriques périodiques correspondant aux excursions respiratoires du poumon et les enregistrer (électro-vagogrammes)[2]; chaque variation présente une phase allongée en rapport avec l'inspiration et une phase plus courte en rapport avec l'expiration. Or, on provoque artificiellement ces phases électriques dans le nerf, en réalisant mécaniquement soit l'insufflation, soit le retrait du poumon, c'est-à-dire l'inspiration ou l'expiration. Ces phases correspondent donc à l'excitation physiologique des fibres pulmonaires inspiratrices et expiratrices.

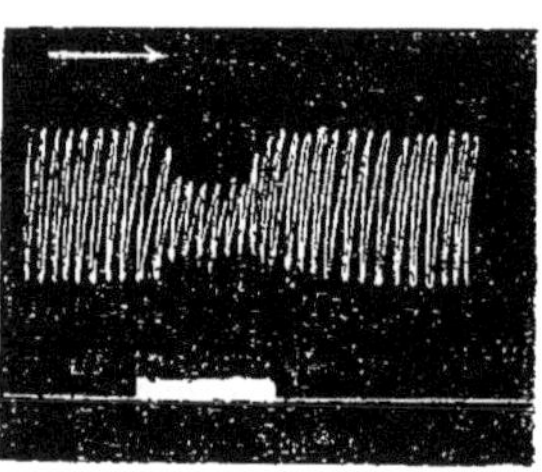

Fig. 144. — Excitation sur le lapin du bout central du pneumogastrique droit sectionné.

Accélération des mouvements respiratoires avec diminution d'amplitude. (La respiration est enregistrée par la méthode de PAUL BERT [voy. p. 534].)

Quels sont donc les effets des excitations électriques directes du bout central d'un des nerfs vagues?

Sur des animaux normaux l'effet le plus fréquemment obtenu par des excitations faibles est une accélération des mouvements respiratoires avec diminution de leur amplitude (ROSENTHAL, 1864). C'est ce que l'on voit sur la figure 144.

Si l'on emploie des excitations fortes (chocs d'induction intenses et fréquents), on observe un arrêt des mouvements respiratoires en inspiration ou en expiration, sans qu'il soit bien facile encore de déterminer la cause immédiate de ces effets opposés[3]. L'arrêt inspiratoire résulterait d'une

1. On a peut-être généralisé prématurément le résultat des expériences de BREUER et HERING. A. Mosso a en effet montré (*Arch. ital. de Biol.*, 1903, XL, p. 43-98 ; voy. surtout p. 56 et suiv.) que chez l'homme la loi des réflexes énoncée par les deux physiologistes allemands ne se vérifie pas. Dans la respiration normale de l'homme, l'action du centre respiratoire ne serait pas influencée par les excitations mécaniques venues de la surface pulmonaire.

2. Au moyen du galvanomètre à corde de EINTHOVEN (voy. p. 397).

3. C'est le célèbre médecin et physiologiste allemand TRAUBE, qui a vu le premier (1847) que l'excitation électrique du bout central d'un vague coupé arrête la respiration en inspiration, par contraction durable du diaphragme. En 1852, CL. BERNARD, sans connaître les expériences de TRAUBE, constata le même fait. BUDGE[*] et, de son côté, ECKHARD, la même année, en 1854, ignorant tous deux et les expériences de TRAUBE et celles de BERNARD, découvrirent l'arrêt en expiration.

[*] J.-L. BUDGE (1811-1884), physiologiste allemand.

série de très petites contractions ou d'un tétanos du diaphragme. L'arrêt
en expiration est surtout passif, mais il peut traduire aussi un effort d'expiration. Les figures 145 et 146 fournissent des exemples de ces deux ordres
d'effets, dans chacun desquels l'action propre des « fibres inspiratrices » et
des « fibres expiratrices » a respectivement prévalu.

Chez les animaux préalablement chloralisés, l'arrêt a toujours lieu en
expiration (L. FREDERICQ, 1879); le chloral aurait la propriété d'affaiblir les
fibres inspiratrices et de faire prédominer l'influence des fibres expiratrices
(L. FREDERICQ).

L'idée de la coexistence de deux sortes de fibres à action inverse
explique commodément les réactions respiratoires variables que
donne l'excitation du bout central d'un nerf vague. Mais tous les
physiologistes n'accep-
tent pas cette opinion.
D'après quelques-uns
(WEDENSKI[1] [1881] sur-
tout), la phase d'activité
— inspiratoire ou expi-
ratoire, — dans laquelle
se trouve l'organe au
moment de l'excitation
du nerf, aurait la plus
grande influence dans
la détermination du
sens de la réaction.
Pour d'autres physiolo-
gistes, les fibres dites
expiratrices des pneu-
mogastriques ne sau-
raient être, à propre-
ment parler, consi-
dérées comme telles ;
ce seraient seulement
des fibres inhibitrices,
ayant la propriété d'in-
hiber les mouvements
d'inspiration. Chez les
animaux anesthésiés

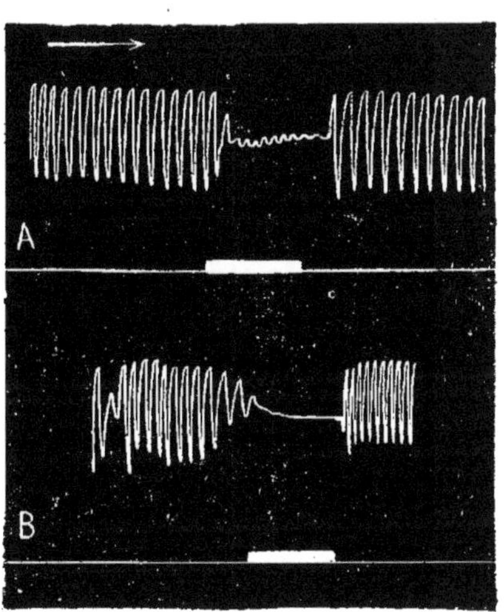

Fig. 145. — Excitation forte sur un lapin par un courant
induit du bout central du pneumogastrique droit sectionné.

A, arrêt en inspiration moyenne : — B, même expérience ; l'arrêt est plus complet. (Enregistrement de la
respiration par la méthode de P. BERT.)

l'excitation du bout central d'un vague ne produirait jamais qu'une
réaction expiratoire, caractérisée par la contraction des bronches et
le retrait de la paroi thoracique, avec inhibition du diaphragme
(expériences de FRANÇOIS-FRANCK, 1878-79). Quoi qu'il en soit, si l'in-

1. Physiologiste russe contemporain, professeur à l'Université de Petrograd.

fluence des vagues sur la fonction respiratoire est manifestement très grande, la nature de cette influence n'est pas encore complètement élucidée.

Restent à étudier les effets sur la respiration de la section des deux nerfs pneumogastriques.

A la suite de la vagotomie double surviennent des modifications importantes de fréquence et de forme des mouvements respiratoires. Ces effets offrent toutefois une particularité ; ils ne sont bien nets qu'au bout de quelques heures. La respiration est alors diminuée de fréquence, tombant à la moitié ou même au tiers de la valeur normale ; l'inspiration est plus ample et prolongée ; l'expiration est brusque et suivie d'une pause respira-

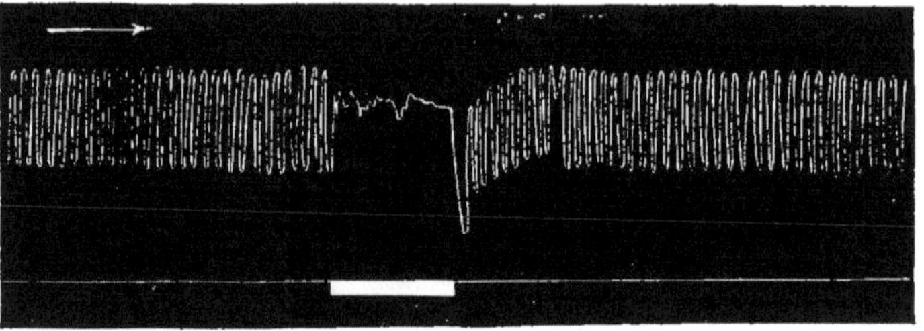

Fig. 116. — Excitation forte sur un lap'n par un courant induit du bout central du pneumogastrique droit sectionné. Arrêt en expiration.
(Enregistrement de la respiration par la méthode de P. Bert)

toire. Les tracés de la figure 147 donnent la série des modifications respiratoires dues à la section des pneumogastriques chez le lapin, après des intervalles de temps variables.

Les expériences de ce genre montrent bien le rôle régulateur qu'exercent les nerfs pneumogastriques sur la respiration ; la suppression des excitations centripètes venues des poumons et transmises au centre bulbaire par ces nerfs détermine des troubles profonds dans la respiration.

Quelle est la conséquence de ces troubles sur la vie de l'animal ?

La vagotomie *double*, si elle est pratiquée au cou, entraîne la mort [1]. Les lapins meurent en général en vingt-quatre ou quarante-huit heures ; les chiens, en trois ou quatre jours ; il est rare que la survie soit plus longue ; les Oiseaux et les Reptiles résistent plus longtemps. Chez les jeunes animaux la mort est beaucoup plus rapide, elle survient d'habitude en moins de vingt-quatre heures.

On s'est efforcé de déterminer la cause de cette mort. Les jeunes animaux meurent par asphyxie, en raison de la paralysie des muscles de

1. Les animaux survivent indéfiniment à la section d'un seul pneumogastrique.

la glotte; comme les récurrents, qui innervent les muscles du larynx, naissent des pneumogastriques au-dessous du point sectionné (au cou), la section des pneumogastriques entraîne la paralysie des cordes vocales inférieures , celles-ci, à chaque inspiration, obstruent à peu près com-

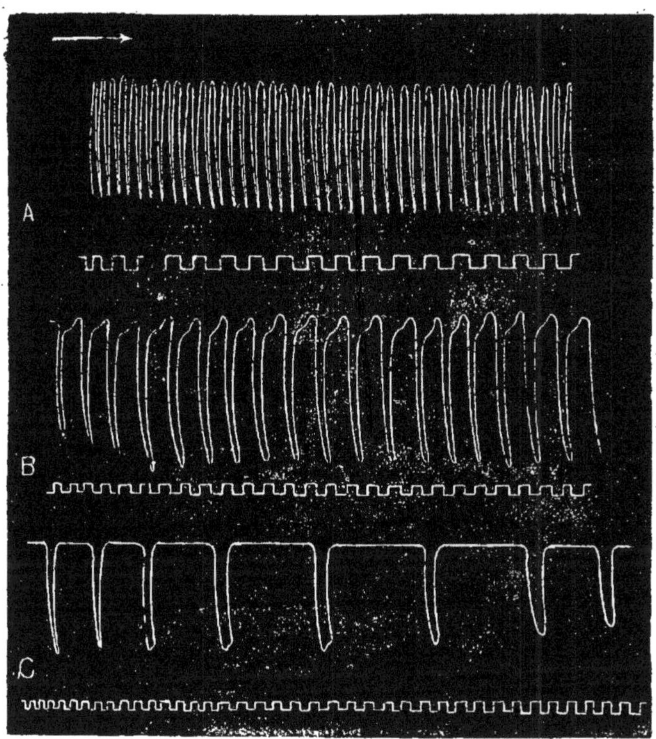

Fig. 147. — Effets de la vagotomie double sur le lapin.

A, respiration normale (enregistrement par la méthode de **P. Bert**) ; — B, respiration après la section des deux pneumogastriques au cou. Respiration une demi-heure après la section. Ralentissement, augmentation d'amplitude et pause respiratoire apparente ; — C, respiration une heure après la section. Respiration très ralentie avec pause respiratoire très prolongée.
Les trois lignes situées au-dessous des trois tracés respiratoires indiquent le temps en secondes.

plètement l'orifice glottique. Ce qui n'arrive pas chez les animaux adultes, en raison de la rigidité des cartilages aryténoïdes qui s'oppose à l'affaissement total des cordes vocales sous la pression de l'air inspiré et maintient par suite un certain degré de béance de la glotte. D'ailleurs, la section des deux récurrents, à peu près inoffensive chez les animaux adultes, est

GLEY. — Physiologie. 37

également mortelle, et pour la raison susdite, chez les jeunes animaux. —
L'asphyxie pure et simple étant écartée, à quoi donc attribuer la mort?
A l'autopsie des animaux, on trouve une inflammation des poumons, les
lésions de la broncho-pneumonie; cette inflammation paraît tenir à l'introduction de corps étrangers, de parcelles alimentaires en particulier,
dans la trachée et dans les bronches, conséquence de la paralysie de
l'œsophage (voy. p. 199) et du larynx. De fait, on a vu des chiens survivre
plus de six mois à la vagotomie double, sur lesquels on avait préalablement pratiqué une fistule stomacale, pour l'introduction directe des ali-

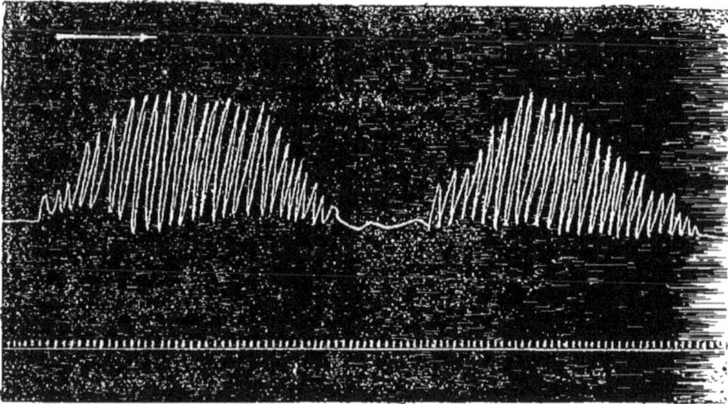

Fig. 148. — Respiration de Cheyne-Stokes chez l'homme (tracé de Pembrey et Allen [1]).
Sur la ligne inférieure, inscription du temps en secondes.

ments, et une fistule œsophagienne, pour éviter les dangers du vomissement
(expériences de Pavloff, 1896, 1901).

c. Excitations dynamiques venues des centres nerveux supérieurs.
Rôle du cerveau. — On a vu qu'il n'y a pas de centres cérébraux
respiratoires proprement dits. Mais de nombreuses expériences prouvent que l'activité cérébrale exerce une grande influence sur la respiration.

1º Les effets des excitations directes de l'écorce cérébrale ont été déjà
signalés plus haut (voy. p. 567).
2º La réalité de l'influence de l'activité cérébrale est établie d'une façon
immédiate par les effets de la volonté sur les mouvements respiratoires.
Si la respiration ne peut être suspendue qu'un temps, compatible avec les
besoins chimiques de l'organisme, du moins elle peut l'être pour un temps
donné, variable suivant les individus et les conditions physiologiques, et
à tout moment. La volonté peut de même modifier dans une large mesure
la fréquence et le rythme de la respiration. Cette influence est si manifeste

1. Physiologistes anglais contemporains.

qu'elle peut devenir le point de départ d'une véritable éducation de la
respiration (*gymnastique respiratoire*). La
respiration, fonction essentiellement bulbaire, est donc toutefois sous une dépendance assez étroite des centres cérébraux.

3° Les expériences de *décérébration* conduisent à la même conclusion. Chez les
pigeons auxquels on a enlevé le cerveau,
la fréquence des mouvements respiratoires
est diminuée de moitié (expériences de
V. Pachon, 1892). Cette diminution de fréquence tient bien à la suppression d'une
action excitante exercée normalement par
le cerveau, et non à une inhibition partielle
des centres respiratoires par lésion irrita-
tive de voisinage; les centres bulbaires
continuent en effet à réagir d'une façon
normale aux excitations périphériques ou
centrales, à l'influence de la température,
par exemple.

4° Chez l'homme, dans les maladies men-
tales, on observe souvent des rythmes respiratoires particuliers qui sont en rapport
avec les états de dépression ou d'excitation
cérébrale des malades. Un trouble fréquent
dans les états de dépression mentale est la
respiration périodique, dite de Cheyne-
Stokes[1] (voy. fig. 148), caractérisée par des
groupes de mouvements respiratoires alter-
nant avec des arrêts plus ou moins prolon-
gés de ces mouvements. — La respiration
périodique s'observe aussi sous l'influence
de diverses substances toxiques et spécialement de la morphine (observations de
Traube, 1871, sur des cardiopathes), et les
expériences de Pachon sur ce point (expériences sur le lapin, 1892; voy. fig. 149) ont
montré qu'elle survient après comme avant
la vagotomie double, et alors que les centres respiratoires bulbaires ont conservé
leur excitabilité normale. Il faut conclure
de là que l'apparition de la respiration périodique, dans cette condition, tient au défaut de l'action excitante normalement
exercée par le cerveau sur le bulbe.

La respiration périodique n'est pas exclu-

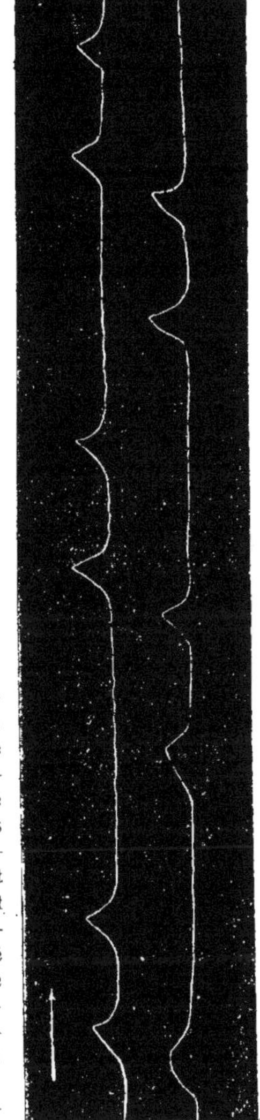

Fig. 149. — Respiration périodique sur un lapin morphiné (tracé de V. Pachon).

<hr>

1. J.-C. Cheyne (1777-1836) et W. Stokes (1804-1878), médecins anglais.

sivement un phénomène pathologique, elle s'observe encore dans le sommeil, surtout chez les enfants et les vieillards, chez l'homme séjournant dans les hautes montagnes, chez les animaux hibernants durant l'hibernation, et enfin, contre-épreuve intéressante au point de vue de sa signification, elle apparaît après qu'on a sectionné transversalement l'encéphale, immédiatement au-devant des centres respiratoires (expériences de MARCKWALD[1] sur le lapin, 1888; voy. fig. 150).

« Si, dit PACHON[2], le type de la respiration périodique peut se rencontrer dans des états physiologiques ou pathologiques aussi différents que le sommeil normal, l'urémie. la méningite tuberculeuse. la dépression mentale, l'intoxication morphinique, c'est que, dans toutes ces conditions diverses, il est l'image fidèle d'un syndrome commun, *l'insuffisance cérébrale.* »

C'est pour cela que l'intégrité de l'activité cérébrale apparait comme nécessaire au jeu normal du rythme respiratoire.

d. CONCLUSION. RÉSUMÉ DES CAUSES DU RYTHME RESPIRATOIRE. — Quelle est la véritable cause du rythme des mouvements respiratoires? La question est analogue à celle qui se pose à propos du rythme du cœur. Encore que l'on ait très bien déterminé les excitations qui

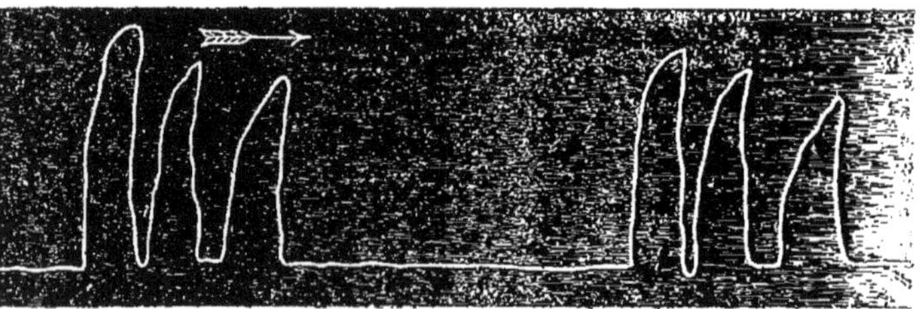

Fig. 150. — Respiration périodique sur le lapin, après section transversale du bulbe au niveau des ailes grises (M. MARCKWALD).

Tracé phrénographique. Les lignes ascendantes correspondent aux contractions du diaphragme.

arrivent par intervalles aux cellules des centres respiratoires, on n'est pas certain que ce soit la succession régulière de ces excitations qui commande le rythme respiratoire. Et l'on s'est demandé si celui-ci ne dépendrait pas d'une aptitude spéciale des cellules du centre à répondre rythmiquement à des excitations quasi continues. Mais qui ne voit qu'une telle réponse n'est qu'une façon de poser le problème? Le mieux est de s'en tenir aux conclusions que l'on peut tirer des faits.

1. Physiologiste et médecin allemand contemporain.
2. V. PACHON, *Recherches expérimentales et cliniques sur la fréquence et le rythme de la respiration.* (Thèse, Paris, 1892.)

De ce point de vue il est permis de dire que l'activité autonome du centre respiratoire est rythmique et, d'autre part, que le maintien de cette activité rythmique paraît être une résultante des effets d'excitations multiples qui arrivent dans le même temps au bulbe : 1° excitations chimiques venues du sang et résultat de la vie des tissus ; 2° excitations réflexes venues de la périphérie générale et surtout de la périphérie pulmonaire ; 3° excitations dynamiques venues des centres supérieurs, résultat de la vie cérébrale. — Dans ces conditions, les excitations d'ordre chimique ne représentent que l'un des facteurs de ce rythme. Il peut donc y avoir indépendance entre ce dernier et les besoins chimiques de l'organisme ; c'est cette indépendance qui se manifeste par l'existence d'une *respiration de luxe* (A. Mosso), c'est-à-dire par le fait que nous respirons plus que nous n'en avons chimiquement besoin.

2° *Voies respiratoires centrifuges.*

Nous connaissons les centres de la respiration et les **voies sensitives** respiratoires. Quelles sont les voies centrifuges ?

Ces voies sont multiples. L'anatomie suffit à montrer qu'elles sont constituées par tous les nerfs moteurs qui se détachent des parties cervicale et dorsale de la moelle et, d'autre part, du bulbe pour se rendre aux muscles des parois thoraciques et, d'autre part, aux muscles de la face et du larynx qui ont une action respiratoire (voy. p. 513, 519 et 529) : branches du plexus cervical et du plexus brachial (par ses branches collatérales) et nerfs dorsaux d'un côté et, d'un autre côté, nerf facial et nerfs récurrents ; enfin, il a été dit déjà que les muscles de Reisseissen sont innervés par les pneumogastriques.

Rôle des nerfs phréniques. — Restent les nerfs phréniques qui innervent le muscle inspirateur par excellence, le diaphragme. Les phréniques se détachent des troisième et quatrième nerfs du plexus cervical. Leur action est facile à démontrer.

L'excitation du bout périphérique d'un de ces nerfs détermine une contraction du diaphragme. — La section des deux nerfs, à la partie inférieure du cou, abolit les contractions de ce muscle et change la forme de la respiration ; le ventre ne se gonfle plus à l'inspiration, mais il s'affaisse au contraire ; pendant l'expiration le muscle n'est plus qu'une cloison inerte et flottante ; la respiration est dyspnéique. Tels sont les effets immédiats de la section.

En voici les effets tardifs. Chez les animaux à type respiratoire abdominal (lapins, cobayes), la paralysie du muscle est presque toujours définitive et la mort survient en vingt-quatre heures en général, par asphyxie, chez les jeunes animaux dont la cage thoracique n'est pas assez rigide et se laisse déprimer par la pression atmosphérique. Chez les animaux à type respiratoire costo-abdominal (chiens, rats), le jeu des autres muscles inspirateurs suffit à assurer l'acte respiratoire[1]. D'ailleurs, la fonction elle-même du diaphragme n'est pas complètement abolie par la section des phréniques.

On a remarqué en effet qu'après cette opération la perte des mouvements du diaphragme n'est pas absolue. C'est que ce muscle reçoit des fibres des derniers nerfs intercostaux. L'excitation de ces filets nerveux provoque des contractions du diaphragme, mais faibles et partielles, dans la zone costale du muscle. Impuissants au début à suppléer les deux phréniques, peu à peu ces rameaux intercostaux fournissent une innervation plus active et peuvent rétablir la tonicité des fibres musculaires.

Chez l'homme les paralysies du diaphragme ne sont pas suivies d'un trouble grave de la respiration, qui s'accomplit alors par l'action des seuls nerfs moteurs des côtes.

Les phréniques contiennent quelques fibres sensibles. L'excitation du bout central est douloureuse sur un animal anesthésié et détermine de l'accélération des mouvements respiratoires, quelquefois un arrêt en expiration. Du reste, les *névralgies diaphragmatiques* sont bien connues des médecins.

3° *Influence du système nerveux sur les échanges gazeux respiratoires.*

Si l'influence indirecte du système nerveux sur les échanges respiratoires est évidente (voy. en particulier p. 555 et 557), la question de savoir si ces échanges sont directement régis par le système nerveux est plus discutable.

Tandis que ZUNTZ et ses élèves continuent à soutenir que les lois de la diffusion gazeuse suffisent à expliquer les échanges entre l'air intra-alvéolaire et le sang, l'école de CHR. BOHR s'est efforcée de montrer que l'excitation des pneumogastriques peut faire varier ces échanges ; ces nerfs contiendraient des fibres par l'excitation desquelles serait augmentée l'absorption d'oxygène, et d'autres fibres dont l'excitation amènerait une diminution dans cette absorption. D'après des expériences de A. KROGH 1902 sur la respiration cutanée et pulmonaire de la grenouille, la première servirait spécialement à l'élimination de l'acide carbonique et se ferait indépendamment de toute action nerveuse, par un mécanisme purement physique : la respiration pulmonaire, adaptée surtout à l'absorption de l'oxygène, et comparable à un processus sécrétoire, serait régie par le système nerveux.

La question ne peut être actuellement tranchée.

1. D'après les expériences de G. BILLARD et M. CAVALIÉ (Soc. de Biol., 1898). Voy. aussi M. CAVALIÉ, *De l'innervation du diaphragme* Thèse, Toulouse, 1898.

II. — RESPIRATION DES TISSUS.

Les échanges gazeux pulmonaires ne constituent que la phase préparatoire, encore qu'indispensable, des véritables échanges respiratoires. Ceux-ci consistent en effet en la fixation d'oxygène dans les tissus et en l'élimination de l'acide carbonique résultant des combustions intracellulaires. Nous savons que le sang dit artériel passe à l'état de sang veineux en perdant de l'oxygène et gagnant de l'acide carbonique (voy. p. 340). Or, c'est seulement au niveau des capillaires généraux qu'il subit ces importants changements, signes d'une combustion de matériaux organiques. Ici se pose la question de savoir si ces combustions se font dans les capillaires eux-mêmes, dans lesquels pénétreraient les matériaux combustibles fournis par les tissus, ou bien si le sang cède son oxygène aux tissus où s'oxyderaient les matériaux combustibles et où, d'autre part et simultanément, il recevrait l'acide carbonique ainsi produit? On va voir que les combustions organiques se font dans les cellules mêmes. Cette première question résolue, il faudra rechercher quel est le mécanisme des échanges gazeux entre le sang et les tissus.

1. — Échanges gazeux respiratoires entre le sang et les tissus.

La vraie nature de la respiration une fois découverte, LAVOISIER déjà s'était demandé quel est le siège des combustions organiques. Il avait émis les deux hypothèses que le poumon peut être soit le siège de ces combustions, soit un simple milieu d'échanges. Cette question a été résolue par des expériences directes dont les plus démonstratives ont trait à la respiration élémentaire des tissus.

Ces expériences peuvent être divisées en trois groupes. Les unes ont été faites sur des animaux privés d'oxygène, les autres sur des tissus isolés du corps, et les dernières sur des organes fonctionnant isolément. Quels ont été les résultats de toutes ces recherches?

1° Si un animal respire dans un gaz dépourvu d'oxygène, par exemple dans de l'azote ou de l'hydrogène purs, et que l'on constate la production d'acide carbonique dans cette condition, il est clair que celui-ci ne peut provenir d'une combustion qui s'opérerait dans le poumon au moment même de l'acte respiratoire. Le premier, SPALLANZANI a réalisé cette expérience sur des escargots (1803) : il vit qu'au bout de quelques heures ces animaux avaient exhalé un volume d'acide carbonique à peu près équivalent au volume normal. W. EDWARDS obtint le même résultat (1824) sur des grenouilles, sur des poissons et sur un jeune chat de trois ou quatre jours. Ainsi, dans une atmosphère qui ne contient pas d'oxygène, des animaux exhalent de l'acide carbonique, et en quantité presque égale à celle qu'ils expirent dans l'air ordinaire.

Il y a plus. Des grenouilles auxquelles on enlève les poumons continuent d'exhaler de l'acide carbonique ; cette exhalation se fait par la peau : c'est aux dépens de l'oxygène que contenait le sang que peut se produire cet acide carbonique.

A cette catégorie d'expériences rattachons, moins à cause de sa valeur démonstrative qu'en raison de son intérêt historique et de curiosité, l'expérience dite des *grenouilles salées* de OEHTMANN (1877), inspirée par PFLÜGER. On injecte dans le bout central de la grande veine abdominale d'une grenouille une solution de chlorure de sodium à 7,5 p. 1000 jusqu'à ce que le liquide qui s'écoule par le bout périphérique de la même veine soit incolore. Les animaux ainsi traités peuvent vivre un ou deux jours. Or, placés dans une atmosphère d'oxygène pur, ils absorbent autant d'oxygène et produisent autant d'acide carbonique qu'une grenouille normale. — Cette expérience n'a pas la même signification que les précédentes ; elle montre seulement que le sang n'est pas nécessaire aux oxydations, mais non que celles-ci se font dans les tissus ; car on fait remarquer que les produits de désintégration des tissus peuvent passer par diffusion dans les capillaires où ils seraient oxydés, la tension de l'oxygène dissous dans l'eau salée suppléant au défaut d'oxyhémoglobine.

2° C'est encore SPALLANZANI qui, le premier (1803), montra que des fragments de tissus séparés du corps et placés dans un tube plein d'air, absorbent de l'oxygène en quantité inégale. Ces expériences, peu nombreuses et incomplètes d'ailleurs, puisque SPALLANZANI ne mesurait pas l'acide carbonique produit, ont été reprises surtout par PAUL BERT (1870). Voici quelques-uns des chiffres obtenus par ce dernier et qui établissent une sorte de hiérarchie des tissus d'après leur pouvoir oxydant :

Poids.	Nature du tissu.	Quantité d'oxygène absorbé.	Quantité d'acide carbonique produit.
100 grammes.	Muscles	50cc.	50cc.
—	Cerveau	45,8	42,8
—	Reins	37,0	15,6
—	Rate	27,3	15,4
—	Testicules	18,3	27,5
—	Os brisés	17,2	8,1

Il y a une température optima, voisine de 37°, pour laquelle les échanges sont le plus actifs (P. REGNARD, 1879).

Toutes ces expériences n'étaient cependant pas à l'abri d'une grave objection, l'intervention possible de phénomènes bactériens. Pour ce motif, J. TISSOT reprit (1895), dans le laboratoire de CHAUVEAU, l'étude de la respiration élémentaire du muscle dans des conditions d'asepsie rigoureuse. Ses résultats confirmèrent la réalité des échanges respiratoires du tissu isolé en milieu clos renfermant de l'oxygène, et fixèrent surtout l'évolution et la signification exacte de l'absorption d'oxygène et de l'élimination de CO_2 par le muscle extrait du corps. L'absorption d'oxygène et l'élimination d'acide carbonique, pour un muscle isolé aseptiquement et maintenu à l'abri de la putréfaction, sont deux phénomènes qui évoluent dans le même sens et vont décroissant comme la vitalité du muscle, mesurée par ses réponses à l'excitant électrique. Un muscle préalablement tué par la chaleur et placé dans une enceinte close dans des conditions parfaitement aseptiques ne modifie pas l'atmosphère qui l'entoure. Le quotient respiratoire du muscle isolé, respirant en milieu aseptique, présente des valeurs très variables. Cela tient à ce que, tandis que l'absorption d'oxygène est exclusivement fonction de l'activité vitale du tissu, l'élimination d'acide carbonique est due, pour une part, à l'élimination, par un mécanisme simple de diffusion physique, de l'acide carbonique préformé dans le tissu, au moment où on sépare celui-ci du corps. La valeur de cet acide carbonique préformé est donnée par la respiration du muscle dans un gaz inerte, tel que l'hydrogène. Si l'on tient dès lors exclusivement compte de l'acide carbonique dû à la respiration réelle du tissu, pour établir le quotient respiratoire, on trouve, pour le muscle, comme à l'état normal, un quotient respiratoire inférieur à 1, se rapprochant de l'unité sous l'influence du travail.

3° Dans des expériences faites sur l'animal vivant on s'est efforcé de déterminer les échanges respiratoires de divers muscles et des glandes. Ainsi, par la comparaison du sang artériel afférent et du sang veineux efférent du muscle releveur de la lèvre supérieure chez le cheval, on a pu mesurer la valeur de ces échanges dans ledit muscle (Chauveau et Kaufmann, 1887) ; voici les chiffres obtenus par ces auteurs :

Quantités rapportées à 1 minute et à 1 kilogr. de muscle.

	O² absorbé.	CO² exhalé.	Quotient respiratoire.
Repos........................	0ᵍʳ,0068	0ᵍʳ,0068	1
Travail......................	0ᵍʳ,140	0ᵍʳ,245	1.75

Une étude identique a été faite par les mêmes physiologistes pour la glande parotide et semblablement par comparaison du sang artériel afférent à la glande et du sang veineux efférent et a conduit à des résultats analogues (voy. p. 174). Des recherches du même genre, faites par un physiologiste anglais, Barcroft (1899-1901), sur la glande sous-maxillaire, ont montré que, de 0 cc. 25 par minute, la quantité d'oxygène, absorbée par la glande à l'état de repos, passe à 0 cc. 86 sous l'influence de l'excitation de la corde du tympan et que l'élimination de l'acide carbonique passe dans le même temps de 0 cc. 27 à 0 cc. 97. L'augmentation de la consommation d'oxygène a de même été démontrée pour le pancréas en fonctionnement (voy. p. 235). Même constatation encore pour le rein, quand on provoque la diurèse, par exemple par une injection d'urée[1]. — Des recherches analogues faites sur l'intestin du chien ont montré que la consommation d'oxygène et la production d'acide carbonique augmentent avec l'activité de

---

1. D'après ces expériences, dues à deux physiologistes anglais, Barcroft et T.-G. Brodie (*J. of physiol.*, 1904, XXXII, p. 18), la diurèse est accompagnée d'un accroissement notable dans l'absorption d'oxygène par le rein, sans qu'il y ait une augmentation simultanée dans la quantité d'acide carbonique éliminé.

l'organe. — On a trouvé aussi que la moelle épinière isolée de la grenouille consomme de 3 cc. 3 à 5 cc. d'oxygène par kilo et par minute, quantité qui augmente considérablement quand on excite la moelle.

A ces trois séries d'expériences on pourrait en ajouter une quatrième, consistant en les expériences qui démontrent que la tension de l'acide carbonique est plus grande dans les cavités organiques et leurs liquides que dans le sang des capillaires (voy. à ce sujet le tableau de la page 587 ; en comparaison des chiffres de ce tableau il faut placer le chiffre qui exprime la tension de CO^2 dans le sang artériel, soit 21 millim. 28 Hg [2,8 p. 100 d'atmosphère]).

Toutes ces expériences, en même temps qu'elles établissent la réalité de l'activité respiratoire des tissus, donnent la signification exacte des échanges gazeux intrapulmonaires. L'acide carbonique est un produit de décomposition, formé dans les tissus et *excrété* par les poumons ; seulement ceux-ci, comme on l'a vu (p. 546), interviennent activement dans cette excrétion. Toujours est-il qu'ils ne constituent essentiellement qu'un milieu d'échanges ; le siège des phénomènes de combustion se trouve dans les tissus eux-mêmes. Ces derniers, suivant leur activité, selon qu'ils sont en repos ou en travail, selon l'état de veille ou de sommeil, ont des besoins différents ; on comprend dès lors l'influence exercée sur les échanges gazeux respiratoires par le repos, l'exercice musculaire, le sommeil, les périodes d'activité glandulaire, surtout des glandes digestives.

Ce n'est pas que les phénomènes de fixation de l'oxygène sur le sang, au niveau du poumon, n'aient leur part dans la production de la chaleur animale. Dans des expériences délicates et assez complexes, BERTHELOT a pu montrer que la chaleur dégagée par la fixation d'oxygène sur la matière colorante du sang, pour le poids moléculaire $O^4 = 32$ grammes, est de 15 cal. 32. D'ailleurs, le sang, comme tout autre tissu, a sa respiration propre (voy. p. 346). Mais son pouvoir oxydant est très faible par rapport à celui des tissus. Au contraire, la puissance et la rapidité de l'activité réductrice qu'exercent les tissus sur l'oxygène de l'oxyhémoglobine du sang sont faciles à saisir dans une expérience élégante de VIERORDT, qui a déjà été rapportée (voy. p. 346).

De tout ceci il résulte que la respiration, chez les animaux supérieurs, comprend trois grands actes solidaires les uns des autres : 1° respiration des tissus ; 2° transport par le sang des agents et des produits gazeux de la respiration des tissus ; 3° échanges gazeux du sang au niveau de la surface pulmonaire.

2. — Mécanisme des échanges gazeux entre le sang et les tissus.

Les différences de tension qui existent entre l'oxygène du sang artériel et celui des tissus expliquent aisément le passage de l'oxygène aux tissus. Dans le sang artériel l'oxygène est à une tension de 14 p. 100 d'atmosphère au moins, tandis qu'il a dans les tissus une tension à peu près nulle, par le fait même de son utilisation constante par les éléments cellulaires; pour cette raison l'oxyhémoglobine se dissocie, d'autant plus facilement d'ailleurs que la température, dans les tissus, est au-dessus de 37° et que la tension de dissociation de l'oxyhémoglobine augmente avec la température; il passe ainsi de l'oxygène du sang aux éléments anatomiques. — La tension de CO^2 est, au contraire, dans les liquides de l'organisme où on peut l'apprécier, supérieure à celle du sang veineux, comme l'indique le tableau suivant (PFLÜGER et STRASSBURG, 1872) :

Tension de CO^2 dans quelques liquides organiques :

Bile	5o mm. Hg.	(6,6 p. 100 d'atm)
Urine	68 — —	(9 —)
Lymphe[1]	33.4-37,6 —	(4,4 à 4,9 —)
Liquide péritonéal }	58.5 —	(7,8 —)
Cavité péritonéale }		

De simples phénomènes de diffusion physique permettent donc le passage de l'acide carbonique des tissus dans le sang comme celui de l'oxygène du sang dans les tissus.

Ainsi sont rendus possibles les véritables échanges respiratoires. Nous savons en effet que la respiration n'est essentiellement qu'une combustion, par l'oxygène de l'air, du carbone fourni par les aliments. Mais alors une nouvelle question se pose. Comment peut s'effectuer dans l'organisme la combustion de ce carbone, à une température à laquelle pareilles oxydations ne se produisent jamais en dehors de l'organisme? On a pensé que l'oxygénation qui caractérise la respiration se réalise par l'intermédiaire de corps ayant la propriété de fixer. puis de transporter de grandes quantités d'oxygène sur des matières oxydables; ces vecteurs d'oxygène sont de véritables ferments, les *oxydases*. Nous nous sommes déjà occupés de ces ferments (voy. p. 95 et 352) et nous avons résumé les expériences qui établissent leur présence dans le sang et surtout dans la

---

1. Il s'agit de la lymphe du canal thoracique. On voit que la tension de l'acide carbonique y a été trouvée inférieure à celle du sang veineux (4 à 5 et même 6 p. 100 d'une atmosphère). C'est la tension de l'acide carbonique dans l'histolymphe seule qu'il faudrait connaitre ; on sait que la chose n'est pas possible (voy. p. 499).

plupart des tissus. L'action de ces oxydases n'a été démontrée, il est vrai, que par des expériences *in vitro*. Par exemple, la catalase du sang, qui décompose rapidement l'eau oxygénée en oxygène libre et en eau, dédouble aisément l'oxyhémoglobine en oxygène et en hémoglobine. Ces facteurs catalytiques favoriseraient les processus intracellulaires d'oxydation par des mécanismes qui ne sont pas encore parfaitement déterminés.

3. — Respiration cutanée.

Le sang, intermédiaire entre les tissus et le milieu respirable, peut aller accomplir les échanges gazeux au niveau de toute surface en rapport avec ce milieu. C'est ainsi que les échanges respiratoires peuvent se faire par la surface cutanée.

La respiration cutanée, c'est-à-dire la manifestation d'échanges respiratoires entre la surface cutanée de l'animal et le milieu ambiant, peut prendre chez les animaux à sang froid, comme les Batraciens, les Reptiles, dans certaines conditions, une grande importance et arriver à suppléer même la respiration pulmonaire. Chez les animaux à sang chaud les échanges entre la peau et l'atmosphère extérieure sont très réduits et ont une valeur quasi nulle par rapport aux échanges pulmonaires. Les tableaux ci-dessous donnent ces rapports :

CO^2 exhalé par la peau et l'ensemble de l'organisme en 24 heures (REGNAULT et REISET).

	Poids.	CO^2 exhalé par la peau.	CO^2 total.
	kilogr.	gr.	gr.
Chien..............	7,359	0,458	120
Lapin......................	2,425	0,833	120
Poule..........	1,940	0,553	52,37

CO^2 exhalé par la peau et le poumon chez l'homme en 24 h. (SCHARLING).

Age.	Poids.	CO^2 cutané.	CO^2 pulmonaire.
	kilogr.	gr.	gr.
Garçon de 10 ans..............	22	4,34	488,16
Fille de 11 ans...............	23	2,97	459,84
Jeune homme de 16 ans	57,7	4,34	812,72
Homme de 28 ans.............	82	8,95	878,88

III. — TROUBLES DE LA RESPIRATION.

Les troubles de la respiration sont multiples. On peut les diviser
en *mécaniques* et *chimiques*.

Les premiers sont dus aux modifications de pression de l'air
respiré, augmentation ou diminution de pression ; il a été déjà
parlé (voy. p. 558) de l'influence des variations de la pression atmosphérique sur la respiration. Les troubles d'origine chimique concernent surtout l'asphyxie.

Asphyxie[1]. — Toutes les fois que l'hématose diminue, par défaut
dans l'absorption d'oxygène ou dans l'élimination de l'acide carbonique, la dyspnée se produit. Par cette exagération de l'amplitude
des mouvements respiratoires[2] l'organisme lutte contre la diminution de l'hématose ; la production de la dyspnée apparaît donc
comme un mécanisme compensateur. Quand la compensation est
insuffisante, il y a asphyxie.

L'asphyxie est due à la *privation d'air respirable* ou à une *intoxication*, c'est-à-dire à l'absorption d'un gaz pernicieux.

1° L'asphyxie par *défaut d'air respirable* peut se produire de deux
manières : ou bien par privation d'oxygène, ou bien par accumulation
d'acide carbonique dans l'air respiré ou dans le sang.

Dans une atmosphère qui ne se renouvelle pas, les animaux ne
meurent que quand ils ont épuisé la plus grande partie de l'oxygène,
pourvu que l'on enlève tout l'acide carbonique formé, afin d'éviter
les troubles dus à l'accumulation de ce gaz. Les Oiseaux meurent
quand la proportion d'oxygène n'est plus que de 3 à 4 p. 100, et les
Mammifères quand elle tombe à 2 p. 100 (PAUL BERT). — La durée
de l'asphyxie est très variable suivant les animaux. Elle est très
courte chez les Oiseaux et chez les Mammifères, plus longue chez les
Reptiles. — L'animal qui se débat s'asphyxie plus vite, car il consomme plus rapidement l'oxygène du milieu.

Si l'on fournit à l'animal enfermé dans un espace clos une quantité toujours suffisante d'oxygène, mais qu'on laisse s'accumuler

1. De à privatif et σφυγμός pouls. Le sens étymologique du mot, c'est-à-dire *perte
ou privation du pouls*, est donc relatif à l'effet final du phénomène et ne désigne
nullement le phénomène lui-même, dont les anciens médecins ne pouvaient
connaître la cause.

2. Les autres grands effets de l'asphyxie ont été sommairement indiqués p. 317,
469, 485 et 569. Ajoutons que plusieurs centres nerveux sécréteurs sont semblablement excités par le sang asphyxique, en particulier les centres salivaires et
sudoraux. Ajoutons aussi qu'à la phase d'excitation bulbo-médullaire succède la
phase paralytique : les convulsions cessent, les réflexes des membres disparaissent, la respiration se ralentit extrêmement, puis s'arrête, le cœur s'accélère
brusquement (signe de la mort prochaine), la pupille se contracte ; la mort
arrive par arrêt du cœur.

dans cet espace l'acide carbonique produit par la respiration, on voit que les animaux meurent quand la proportion de ce gaz est devenue trop considérable. Ce n'est pas qu'il soit un poison très actif, mais sa trop grande quantité, par suite sa trop grande pression dans le milieu ambiant s'oppose à la sortie de celui qui est dans le sang ; dès lors celui que dégagent les combustions des tissus ne peut plus passer dans le sang et la respiration des tissus est entravée. — La durée de cette forme d'asphyxie est également variable suivant les animaux.

Dans l'asphyxie dans une atmosphère confinée, les deux causes en question se trouvent réunies. Aussi l'arrêt mécanique de la respiration, par ligature de la trachée, strangulation, submersion, etc., produit-il, tout le monde le sait, la mort très rapidement. Les plus habiles plongeurs ne peuvent rester plus de deux minutes sous l'eau ; les noyés ne peuvent généralement, après six ou huit minutes de submersion, être rappelés à la vie. Parmi les animaux à sang chaud cependant, les Mammifères et les Oiseaux aquatiques offrent une grande résistance à l'asphyxie (le canard, par exemple, peut résister une quinzaine de minutes); cette propriété paraît tenir à la résistance de leur système nerveux vis-à-vis de l'acide carbonique.

2° L'asphyxie par *intoxication* a pour type l'asphyxie par l'oxyde de carbone. Dans ce cas, c'est le globule rouge qui est primitivement atteint (voy. p. 322); l'oxyde de carbone vient prendre la place de l'oxygène dans l'hémoglobine. Cette asphyxie se ramène donc à une privation d'oxygène ; mais celle-ci relève d'un autre mécanisme que celui précédemment indiqué ; elle est due uniquement à ce que le globule rouge ne peut plus être le véhicule de l'oxygène. La toxicité de l'oxyde de carbone est très grande. Un chien qui respire un mélange d'air et d'oxyde de carbone à 1 p. 100 meurt en quinze minutes environ (N. Gréhant): le sang de cet animal ne contient plus que 3 c. c. environ d'oxygène pour 100.

Il est des gaz qui vont agir directement comme poisons sur les éléments anatomiques. Ce ne sont plus là des cas d'asphyxie proprement dite, ce sont des empoisonnements produits par des gaz. Ainsi agissent l'hydrogène sulfuré, l'hydrogène arsénié, divers composés du cyanogène, etc.

TABLE DES MATIÈRES

DE LA PREMIÈRE PARTIE

INTRODUCTION

GÉNÉRALITÉS SUR LA PHYSIOLOGIE SES PRINCIPALES DIVISIONS

PREMIÈRE PARTIE

PHYSIOLOGIE CELLULAIRE.......... 9

DEUXIEME PARTIE

PHYSIOLOGIE SPÉCIALE........... 130

2132-18. — Corbeil. Imprimerie Crété.

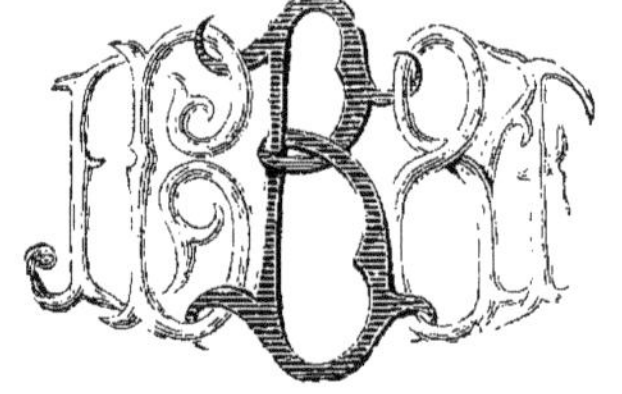